高等代数考研

——高频真题分类精解 300 例

第 2 版

陈现平　张 彬　编

机械工业出版社
CHINA MACHINE PRESS

高等代数是数学专业考研的必考课程，本书是作者在积累了多年为数学专业本科生进行高等代数考研辅导的经验的基础上编写而成的．全书共9章，包括行列式、线性方程组、矩阵、多项式、二次型、线性空间、线性变换、λ-矩阵、欧氏空间等内容．

书中对很多高校近年的高等代数考研高频真题进行了分类解析，力求使读者能够举一反三，熟悉考试中经常出现的题型，并且掌握每种题型的解法．同时对很多真题给出了多种解法，有助于开阔学生的视野与解题思路．

本书具有真题丰富、分类精解、解法多样的特点，非常适合作为研究生入学考试复习用书，也适合用作高等代数教学参考书．

图书在版编目（CIP）数据

高等代数考研：高频真题分类精解300例 / 陈现平，张彬编．—2版．—北京：机械工业出版社，2023.10

ISBN 978-7-111-73835-0

I. ①高…　II. ①陈…　②张…　III. ①高等代数-研究生-入学考试-题解　IV. ①O15-44

中国国家版本馆CIP数据核字（2023）第168590号

机械工业出版社（北京市百万庄大街22号　邮政编码100037）

策划编辑：汤　嘉　　　责任编辑：汤　嘉　李　乐

责任校对：张晓蓉　王　延　　封面设计：张　静

责任印制：刘　媛

唐山楠萍印务有限公司印刷

2024年3月第2版第1次印刷

184mm×260mm · 30印张 · 800千字

标准书号：ISBN 978-7-111-73835-0

定价：89.00元

电话服务　　　　　　　网络服务

客服电话：010-88361066　　机　工　官　网：www.cmpbook.com

010-88379833　　机　工　官　博：weibo.com/cmp1952

010-68326294　　金　书　网：www.golden-book.com

　机工教育服务网：www.cmpedu.com

第2版前言

本书第1版自2018年出版以来，得到了广大读者的支持、关心与肯定，我们陆续收到了很多读者的意见以及建议，有许多同学希望再版，同时在教学实践过程中，我们也积累了一些资料，为此开始了本书的第2版修订.

本书第2版保留了第1版的框架与特色，同时在以下几个方面做了修改或者完善.

1. 更正了第1版中发现的错误与不当之处.

2. 部分问题增加了一种或者多种解法或者证明方法，使得方法更全面.

3. 增加了近几年的各个高校的考研真题，紧跟命题趋势.

4. 对所有练习题提供解答或者提示.

5. 增加了更多的题目，由第1版的900多道题目增加到1400多道题目.

特别感谢王利广老师对本书的出版给予了大力支持和帮助，同时感谢机械工业出版社各位编辑的工作. 在此也感谢使用本书第1版的各位同学、老师提出的宝贵意见与建议. 由于编者水平有限，不妥之处在所难免，恳请读者指出、批评、赐教，如有任何问题，可以发邮件至：chenxianping@lcu.edu.cn 或 zhangb2015@qfnu.edu.cn.

本书的出版获得了山东省本科教学改革研究面上项目（编号：M2021123）和曲阜师范大学教学改革研究项目（编号：2023jg29）的资助.

编　者

第1版前言

高等代数是数学专业学生的一门重要的专业基础课，也是各高校数学类专业研究生入学考试必考的科目之一.

本书编者多年来一直从事高等代数教学与高等代数考研辅导工作，为了使学生深入理解高等代数的内容，掌握处理问题的方法与技巧，提高分析问题与解决问题的能力，我们精选了国内100多所高校多年的研究生入学考试高等代数试题，并对题目进行了分类整理与解答研究，总结了高等代数解题的基本方法，在此基础上编写了本书.

本书有以下特点：

1. 题目数量多，大约有900道题目，并且绝大部分都是各个学校往年的考研真题.

2. 题目按照类型或者方法归类，按照先易后难的顺序排列，使得学生易于理解，并且容易举一反三，提高解题能力.

3. 很多题目给出了多种解法，有助于学生对题目有更深入的理解，开阔解题思路.

4. 免费提供问题解答与问题讨论，请加入QQ群：816310654（高等代数考研－高频真题分类精解300例问题解答群）

特别感谢王利广老师对本书的出版给予了大力支持和帮助，同时感谢机械工业出版社各位编辑的工作. 在此也感谢使用本书的各位同学、老师提出的宝贵意见与建议. 由于编者水平有限，不妥之处在所难免，恳请读者指出、批评、赐教，如有任何问题，可以邮件至：chenxianping@lcu.edu.cn 或 zhangb2015@qfnu.edu.cn.

编　者

目　录

第 1 章 行列式

1.1 行列式的计算方法

行列式计算的原则

对于以数字为元素的行列式计算，可以先观察规律，若无规律，一般是先选定某一行 (列)，利用行列式的性质，将其中的元素尽可能地化为 0，然后按这一行 (列) 展开，如此继续下去，即可得结果.

对于以字母为元素的行列式计算，一般首先弄清行列式中元素的结构，找出规律，然后充分利用行列式的性质，化为三角形行列式或利用降阶法找出递推公式.

计算行列式有如下口诀: **认清元素，分析结构，先看特殊，再想一般，熟用性质，必要展开.**

1.1.1 化三角形法

化三角形法就是利用行列式的性质将所求的行列式化为上 (下) 三角形行列式计算.

例 1.1.1 (广西民族大学,2021) 计算 n 阶行列式

$$D=\begin{vmatrix}1 & 2 & 3 & \cdots & n-1 & n\\ 1 & -1 & 0 & \cdots & 0 & 0\\ 0 & 2 & -2 & \cdots & 0 & 0\\ \vdots & \vdots & \vdots & & \vdots & \vdots\\ 0 & 0 & 0 & \cdots & -(n-2) & 0\\ 0 & 0 & 0 & \cdots & n-1 & -(n-1)\end{vmatrix}.$$

解 (法 1) 将 D 的第 i 列加到第 $i-1(i=n,n-1,\cdots,2)$ 可得

$$D=\begin{vmatrix}\dfrac{n(n+1)}{2} & \dfrac{n^2+n-2}{2} & \dfrac{n^2+n-6}{2} & \cdots & 2n-1 & n\\ 0 & -1 & 0 & \cdots & 0 & 0\\ 0 & 0 & -2 & \cdots & 0 & 0\\ \vdots & \vdots & \vdots & & \vdots & \vdots\\ 0 & 0 & 0 & \cdots & -(n-2) & 0\\ 0 & 0 & 0 & \cdots & 0 & -(n-1)\end{vmatrix}=\frac{(-1)^{n-1}(n+1)!}{2}.$$

(法 2) 将第 $2, 3, \cdots, n-1, n$ 列都加到第一列, 可得

$$D = \begin{vmatrix} \dfrac{n(n+1)}{2} & 2 & 3 & \cdots & n-1 & n \\ 0 & -1 & 0 & \cdots & 0 & 0 \\ 0 & 2 & -2 & \cdots & 0 & 0 \\ \vdots & \vdots & \vdots & & \vdots & \vdots \\ 0 & 0 & 0 & \cdots & -(n-2) & 0 \\ 0 & 0 & 0 & \cdots & n-1 & -(n-1) \end{vmatrix},$$

按照第一列展开, 可得

$$D = \frac{n(n+1)}{2} \begin{vmatrix} -1 & 0 & \cdots & 0 & 0 \\ 2 & -2 & \cdots & 0 & 0 \\ \vdots & \vdots & & \vdots & \vdots \\ 0 & 0 & \cdots & -(n-2) & 0 \\ 0 & 0 & \cdots & n-1 & -(n-1) \end{vmatrix} = \frac{(-1)^{n-1}(n+1)!}{2}.$$

例 1.1.2　(武汉大学,2020) 计算 n 阶行列式

$$\begin{vmatrix} 0 & 1 & 2 & 3 & \cdots & n-1 \\ 1 & 0 & 1 & 2 & \cdots & n-2 \\ 2 & 1 & 0 & 1 & \cdots & n-3 \\ 3 & 2 & 1 & 0 & \cdots & n-4 \\ \vdots & \vdots & \vdots & \vdots & & \vdots \\ n-1 & n-2 & n-3 & n-4 & \cdots & 0 \end{vmatrix}.$$

例 1.1.3　(复旦大学高等代数每周一题 [问题 2021A01]) 求下列 n 阶行列式的值:

$$|\boldsymbol{A}| = \begin{vmatrix} 1 & a & a^2 & \cdots & a^{n-1} \\ a & 1 & a & \cdots & a^{n-2} \\ a^2 & a & 1 & \cdots & a^{n-3} \\ \vdots & \vdots & \vdots & & \vdots \\ a^{n-1} & a^{n-2} & a^{n-3} & \cdots & 1 \end{vmatrix}.$$

例 1.1.4　(中南大学,2023) 计算 $n+1$ 阶行列式

$$D_{n+1} = \begin{vmatrix} a & -1 & 0 & 0 & \cdots & 0 \\ ax & a & -1 & 0 & \cdots & 0 \\ ax^2 & ax & a & -1 & \cdots & 0 \\ \vdots & \vdots & \vdots & \vdots & & \vdots \\ ax^{n-1} & ax^{n-2} & ax^{n-3} & ax^{n-4} & \cdots & -1 \\ ax^n & ax^{n-1} & ax^{n-2} & ax^{n-3} & \cdots & a \end{vmatrix}.$$

1.1.2　降阶法

降阶法就是利用行列式的性质、拉普拉斯 (Laplace) 定理、行列式降阶定理降低行列式的阶数, 然后计算.

例 1.1.5 (中国石油大学,2021; 北京邮电大学,2021) 计算 n 阶行列式

$$D_n = \begin{vmatrix} \lambda & a & a & \cdots & a \\ b & \alpha & \beta & \cdots & \beta \\ b & \beta & \alpha & \cdots & \beta \\ \vdots & \vdots & \vdots & & \vdots \\ b & \beta & \beta & \cdots & \alpha \end{vmatrix}.$$

解 (法 1) 将 D_n 的最后一行乘以 -1 加到第 i 行 $(i=2,3,\cdots,n-1)$, 得

$$D_n = \begin{vmatrix} \lambda & a & a & \cdots & a & a \\ 0 & \alpha-\beta & 0 & \cdots & 0 & \beta-\alpha \\ 0 & 0 & \alpha-\beta & \cdots & 0 & \beta-\alpha \\ \vdots & \vdots & \vdots & & \vdots & \vdots \\ 0 & 0 & 0 & \cdots & \alpha-\beta & \beta-\alpha \\ b & \beta & \beta & \cdots & \beta & \alpha \end{vmatrix},$$

再将第 i 列 $(i=2,3,\cdots,n-1)$ 全加到第 n 列, 得

$$D_n = \begin{vmatrix} \lambda & a & a & \cdots & a & (n-1)a \\ 0 & \alpha-\beta & 0 & \cdots & 0 & 0 \\ \vdots & \vdots & \vdots & & \vdots & \vdots \\ 0 & 0 & 0 & \cdots & \alpha-\beta & 0 \\ b & \beta & \beta & \cdots & \beta & \alpha+(n-2)\beta \end{vmatrix},$$

再按第一列展开得

$$D_n = (\alpha-\beta)^{n-2}[\lambda\alpha+(n-2)\lambda\beta-(n-1)ab].$$

(法 2) 将 D_n 按照第一行拆成两个行列式的和，得

$$D_n = \begin{vmatrix} a+(\lambda-a) & a+0 & a+0 & \cdots & a+0 \\ b & \alpha & \beta & \cdots & \beta \\ b & \beta & \alpha & \cdots & \beta \\ \vdots & \vdots & \vdots & & \vdots \\ b & \beta & \beta & \cdots & \alpha \end{vmatrix} = \begin{vmatrix} a & a & a & \cdots & a \\ b & \alpha & \beta & \cdots & \beta \\ b & \beta & \alpha & \cdots & \beta \\ \vdots & \vdots & \vdots & & \vdots \\ b & \beta & \beta & \cdots & \alpha \end{vmatrix} + \begin{vmatrix} \lambda-a & 0 & 0 & \cdots & 0 \\ b & \alpha & \beta & \cdots & \beta \\ b & \beta & \alpha & \cdots & \beta \\ \vdots & \vdots & \vdots & & \vdots \\ b & \beta & \beta & \cdots & \alpha \end{vmatrix}$$

$$= a\begin{vmatrix} 1 & 1 & 1 & \cdots & 1 \\ b-\beta & \alpha-\beta & 0 & \cdots & 0 \\ b-\beta & 0 & \alpha-\beta & \cdots & 0 \\ \vdots & \vdots & \vdots & & \vdots \\ b-\beta & 0 & 0 & \cdots & \alpha-\beta \end{vmatrix} + (\lambda-a)[\alpha+(n-2)\beta](\alpha-\beta)^{n-2}$$

当 $\alpha \neq \beta$ 时, 第 $2,3,\cdots,n$ 列乘以 $-\dfrac{b-\beta}{\alpha-\beta}$ 都加到第一列, 则

$$\begin{vmatrix} 1 & 1 & 1 & \cdots & 1 \\ b-\beta & \alpha-\beta & 0 & \cdots & 0 \\ b-\beta & 0 & \alpha-\beta & \cdots & 0 \\ \vdots & \vdots & \vdots & & \vdots \\ b-\beta & 0 & 0 & \cdots & \alpha-\beta \end{vmatrix} = \begin{vmatrix} 1-\frac{(n-1)(b-\beta)}{\alpha-\beta} & 1 & 1 & \cdots & 1 \\ 0 & \alpha-\beta & 0 & \cdots & 0 \\ 0 & 0 & \alpha-\beta & \cdots & 0 \\ \vdots & \vdots & \vdots & & \vdots \\ 0 & 0 & 0 & \cdots & \alpha-\beta \end{vmatrix}$$

$$= (\alpha-\beta)^{n-1} - (n-1)(b-\beta)(\alpha-\beta)^{n-2}.$$

于是

$$\begin{aligned} D_n &= a[(\alpha-\beta)^{n-1} - (n-1)(b-\beta)(\alpha-\beta)^{n-2}] + (\lambda-a)[\alpha+(n-2)\beta](\alpha-\beta)^{n-2} \\ &= (\alpha-\beta)^{n-2}[\lambda\alpha + (n-2)\lambda\beta - (n-1)ab]. \end{aligned}$$

当 $\alpha=\beta$ 时, 由原行列式知 $D_n=0$, 上面的结果也成立. 因此,

$$D_n = (\alpha-\beta)^{n-2}[\lambda\alpha + (n-2)\lambda\beta - (n-1)ab].$$

例 1.1.6 (西安建筑科技大学,2018; 南昌大学,2020; 沈阳工业大学,2021) 计算 n 阶行列式

$$D_n = \begin{vmatrix} x & -1 & 0 & \cdots & 0 & 0 \\ 0 & x & -1 & \cdots & 0 & 0 \\ 0 & 0 & x & \cdots & 0 & 0 \\ \vdots & \vdots & \vdots & & \vdots & \vdots \\ 0 & 0 & 0 & \cdots & x & -1 \\ a_n & a_{n-1} & a_{n-2} & \cdots & a_2 & x+a_1 \end{vmatrix}.$$

解 (法 1) 将 D_n 按第一列展开可得递推关系式

$$D_n = xD_{n-1} + a_n,$$

由此可得

$$\begin{aligned} D_n &= xD_{n-1} + a_n = x(xD_{n-2} + a_{n-1}) + a_n \\ &= x^2 D_{n-2} + a_{n-1}x + a_n \\ &= \cdots \\ &= x^{n-1}D_1 + a_2 x^{n-2} + \cdots + a_{n-1}x + a_n. \end{aligned}$$

由于 $D_1 = x + a_1$, 故

$$D_n = x^n + a_1 x^{n-1} + a_2 x^{n-2} + \cdots + a_{n-1}x + a_n.$$

(法 2) 从最后一列开始, 每一列乘以 x 加到前一列可得

$$D_n = \begin{vmatrix} 0 & -1 & 0 & \cdots & 0 & 0 \\ 0 & 0 & -1 & \cdots & 0 & 0 \\ 0 & 0 & 0 & \cdots & 0 & 0 \\ \vdots & \vdots & \vdots & & \vdots & \vdots \\ 0 & 0 & 0 & \cdots & 0 & -1 \\ b_n & b_{n-1} & b_{n-2} & \cdots & b_2 & x+a_1 \end{vmatrix},$$

其中

$$b_2 = x^2 + a_1x + a_2, \cdots, b_{n-1} = x^{n-1} + a_1x^{n-2} + a_2x^{n-3} + \cdots + a_{n-1},$$

$$b_n = x^n + a_1x^{n-1} + a_2x^{n-2} + \cdots + a_{n-1}x + a_n.$$

再按第一列展开可得

$$D_n = x^n + a_1x^{n-1} + a_2x^{n-2} + \cdots + a_{n-1}x + a_n.$$

(法 3) 将 D_n 按最后一行展开可得

$$D_n = a_n + a_{n-1}x + \cdots + a_2x^{n-2} + a_1x^{n-1} + x^n.$$

(法 4) 当 $x = 0$ 时,$D_n = a_n$. 当 $x \neq 0$ 时, 令

$$\boldsymbol{A} = \begin{pmatrix} x & -1 & 0 & \cdots & 0 & 0 \\ 0 & x & -1 & \cdots & 0 & 0 \\ 0 & 0 & x & \cdots & 0 & 0 \\ \vdots & \vdots & \vdots & & \vdots & \vdots \\ 0 & 0 & 0 & \cdots & x & -1 \\ 0 & 0 & 0 & \cdots & 0 & x \end{pmatrix}, \boldsymbol{\alpha} = \begin{pmatrix} 0 \\ 0 \\ \vdots \\ 0 \\ -1 \end{pmatrix}, \boldsymbol{\beta} = \begin{pmatrix} a_n \\ a_{n-1} \\ \vdots \\ a_2 \end{pmatrix}, d = a_1 + x.$$

则 $|\boldsymbol{A}| = x^{n-1} \neq 0$, 且

$$D_n = \begin{vmatrix} \boldsymbol{A} & \boldsymbol{\alpha} \\ \boldsymbol{\beta}^{\mathrm{T}} & d \end{vmatrix} = |\boldsymbol{A}|(d - \boldsymbol{\beta}^{\mathrm{T}}\boldsymbol{A}^{-1}\boldsymbol{\alpha}) = x^n + a_1x^{n-1} + \cdots + a_{n-1}x + a_n.$$

例 1.1.7 (重庆大学,2022) 计算行列式

$$\begin{vmatrix} a_1 & -1 & 0 & \cdots & 0 & 0 \\ a_2 & x & -1 & \cdots & 0 & 0 \\ a_3 & 0 & x & \cdots & 0 & 0 \\ \vdots & \vdots & \vdots & & \vdots & \vdots \\ a_{n-1} & 0 & 0 & \cdots & x & -1 \\ a_n & 0 & 0 & \cdots & 0 & x \end{vmatrix}.$$

例 1.1.8 (重庆工学院,2009) 设 $f(x)$ 是一个整系数多项式, 且

$$f(x) = \begin{vmatrix} x & -1 & 0 & \cdots & 0 & 0 \\ 0 & x & -1 & \cdots & 0 & 0 \\ 0 & 0 & x & \cdots & 0 & 0 \\ \vdots & \vdots & \vdots & & \vdots & \vdots \\ 0 & 0 & 0 & \cdots & x & -1 \\ 3 & 3^2 & 3^3 & \cdots & 3^{n-1} & 3^n + x \end{vmatrix},$$

其中 $n \geqslant 2$. 证明:$f(x)$ 在有理数域上不可约.

例 1.1.9　(首都师范大学,2021) 求行列式

$$\begin{vmatrix}
17 & & & & & & & & & 18\\
 & 13 & & & & & & & 14 & \\
 & & 9 & & & & & 10 & & \\
 & & & 5 & & & 6 & & & \\
 & & & & 1 & 2 & & & & \\
 & & & & 3 & 4 & & & & \\
 & & & 7 & & & 8 & & & \\
 & & 11 & & & & & 12 & & \\
 & 15 & & & & & & & 16 & \\
19 & & & & & & & & & 20
\end{vmatrix}.$$

解　(法 1) 记所求的行列式为 D, 将 D 按照第 5,6 行展开可得

$$D=\begin{vmatrix}1 & 2\\3 & 4\end{vmatrix}\begin{vmatrix}
17 & & & & & & & 18\\
 & 13 & & & & & 14 & \\
 & & 9 & & & 10 & & \\
 & & & 5 & 6 & & & \\
 & & & 7 & 8 & & & \\
 & & 11 & & & 12 & & \\
 & 15 & & & & & 16 & \\
19 & & & & & & & 20
\end{vmatrix},$$

将等式右边第二个行列式按照 4,5 行展开可得

$$D=\begin{vmatrix}1 & 2\\3 & 4\end{vmatrix}\begin{vmatrix}5 & 6\\7 & 8\end{vmatrix}\begin{vmatrix}
17 & & & & & 18\\
 & 13 & & & 14 & \\
 & & 9 & 10 & & \\
 & & 11 & 12 & & \\
 & 15 & & & 16 & \\
19 & & & & & 20
\end{vmatrix},$$

如此下去, 可得 $D=(-2)^5=-2^5$.

(法 2) 记所求的行列式为 D, 将 D 的第 6,7,8,9,10 列分别乘以 $-\dfrac{3}{4},-\dfrac{7}{8},-\dfrac{11}{12},-\dfrac{15}{16},-\dfrac{19}{20}$ 加到

第 5,4,3,2,1 列, 可得

$$D=\begin{vmatrix}17-\dfrac{18\times19}{20} & & & & & & & & & 18\\ & 13-\dfrac{14\times15}{16} & & & & & & & 14 & \\ & & 9-\dfrac{10\times11}{12} & & & & & 10 & & \\ & & & 5-\dfrac{6\times7}{8} & & & 6 & & & \\ & & & & 1-\dfrac{2\times3}{4} & 2 & & & & \\ & & & & & 4 & & & & \\ & & & & & & 8 & & & \\ & & & & & & & 12 & & \\ & & & & & & & & 16 & \\ & & & & & & & & & 20\end{vmatrix}$$

$$=20\times\left(17-\frac{18\times19}{20}\right)\times16\times\left(13-\frac{14\times15}{16}\right)\times12\times\left(9-\frac{10\times11}{12}\right)\times8\times\left(5-\frac{6\times7}{8}\right)\times$$
$$4\times\left(1-\frac{2\times3}{4}\right)$$
$$=(-2)^5=-2^5.$$

例 1.1.10 (南京师范大学,2023) 计算 $2n$ 阶行列式

$$D_{2n}=\begin{vmatrix}a_n & & & & & b_n\\ & \ddots & & & \iddots & \\ & & a_1 & b_1 & & \\ & & c_1 & d_1 & & \\ & \iddots & & & \ddots & \\ c_n & & & & & d_n\end{vmatrix}.$$

例 1.1.11 计算 $2n+1$ 阶行列式

$$D_{2n+1}=\begin{vmatrix}a_n & & & & & & b_n\\ & \ddots & & & & \iddots & \\ & & a_1 & & b_1 & & \\ & & & e & & & \\ & & c_1 & & d_1 & & \\ & \iddots & & & & \ddots & \\ c_n & & & & & & d_n\end{vmatrix}.$$

1.1.3 加边法

加边法 (也称为升阶法) 是指在原行列式的基础上增加多行多列, 通常增加一行一列, 但新的行列式更易计算.

例 1.1.12 (杭州电子科技大学,2021) 计算 n 阶行列式

$$D_n=\begin{vmatrix}1+a & 2 & \cdots & n\\ 1 & 2+a & \cdots & n\\ \vdots & \vdots & & \vdots\\ 1 & 2 & \cdots & n+a\end{vmatrix}.$$

解 (法 1) 将 D_n 加边, 可得

$$D_n=\begin{vmatrix}1 & 1 & 2 & \cdots & n\\ 0 & 1+a & 2 & \cdots & n\\ 0 & 1 & 2+a & \cdots & n\\ \vdots & \vdots & \vdots & & \vdots\\ 0 & 1 & 2 & \cdots & n+a\end{vmatrix},$$

第一行乘以 -1 加到其余各行, 可得

$$D_n=\begin{vmatrix}1 & 1 & 2 & \cdots & n\\ -1 & a & 0 & \cdots & 0\\ -1 & 0 & a & \cdots & 0\\ \vdots & \vdots & \vdots & & \vdots\\ -1 & 0 & 0 & \cdots & a\end{vmatrix},$$

若 $a\neq 0$, 则第 $2,3,\cdots,n+1$ 列乘以 $\dfrac{1}{a}$ 后都加到第一列, 可得

$$D_n=\begin{vmatrix}1+\dfrac{\frac{n(n+1)}{2}}{a} & 1 & 2 & \cdots & n\\ 0 & a & 0 & \cdots & 0\\ 0 & 0 & a & \cdots & 0\\ \vdots & \vdots & \vdots & & \vdots\\ 0 & 0 & 0 & \cdots & a\end{vmatrix}=a^n\left[1+\dfrac{\frac{n(n+1)}{2}}{a}\right]=a^{n-1}\left[a+\frac{n(n+1)}{2}\right].$$

若 $a=0$ 且 $n\geqslant 2$, 由原行列式可得 $D_n=0$, 此时上式也成立. 当 $n=1$ 时, 上式也成立. 综上, 可得

$$D_n=a^{n-1}\left[a+\frac{n(n+1)}{2}\right].$$

(法 2) 将 D_n 的第 $2,3,\cdots,n$ 列都加到第一列, 然后第一列提出公因数, 可得

$$D_n=\left[a+\frac{n(n+1)}{2}\right]\begin{vmatrix}1 & 2 & \cdots & n\\ 1 & 2+a & \cdots & n\\ \vdots & \vdots & & \vdots\\ 1 & 2 & \cdots & n+a\end{vmatrix},$$

第一列乘以 $-i$ 加到第 $i(i=2,3,\cdots,n)$ 列, 可得

$$D_n=\left[a+\frac{n(n+1)}{2}\right]\begin{vmatrix}1 & 0 & \cdots & 0\\ 1 & a & \cdots & 0\\ \vdots & \vdots & & \vdots\\ 1 & 0 & \cdots & a\end{vmatrix}=a^{n-1}\left[a+\frac{n(n+1)}{2}\right].$$

(法 3) 当 $n=1$ 时,$D_n=1+a$. 下设 $n\geqslant 2$.

若 $a=0$, 则易知 $D_n=0$. 下设 $a\neq 0$, 令 $\boldsymbol{\alpha}=(1,1,\cdots,1)^{\mathrm{T}},\boldsymbol{\beta}=(1,2,\cdots,n)^{\mathrm{T}}$, 则

$$D_n=|a\boldsymbol{E}+\boldsymbol{\alpha}\boldsymbol{\beta}^{\mathrm{T}}|=|a\boldsymbol{E}|\left[1+\boldsymbol{\beta}^{\mathrm{T}}(a\boldsymbol{E})^{-1}\boldsymbol{\alpha}\right]=a^n\left[1+\frac{\frac{n(n+1)}{2}}{a}\right]=a^{n-1}\left[a+\frac{n(n+1)}{2}\right].$$

易知上述结果对 $a=0$ 以及 $n=1$ 都成立, 故

$$D_n=a^{n-1}\left[a+\frac{n(n+1)}{2}\right].$$

例 1.1.13 (广东财经大学,2022) 计算行列式

$$D=\begin{vmatrix}1+x_1 & x_2 & x_3 & \cdots & x_n\\ x_1 & 1+x_2 & x_3 & \cdots & x_n\\ x_1 & x_2 & 1+x_3 & \cdots & x_n\\ \vdots & \vdots & \vdots & & \vdots\\ x_1 & x_2 & x_3 & \cdots & 1+x_n\end{vmatrix}.$$

例 1.1.14 (北京科技大学,2008; 华东理工大学,2021) 求行列式

$$D_n=\begin{vmatrix}1 & 2 & \cdots & n-1 & n+x\\ 1 & 2 & \cdots & n-1+x & n\\ \vdots & \vdots & & \vdots & \vdots\\ 1+x & 2 & \cdots & n-1 & n\end{vmatrix}.$$

例 1.1.15 计算行列式

$$D=\begin{vmatrix}x_1 & y & \cdots & y\\ y & x_2 & \cdots & y\\ \vdots & \vdots & & \vdots\\ y & y & \cdots & x_n\end{vmatrix},$$

其中 $x_i-y\neq 0(i=1,2,\cdots,n)$.

解 加边可得

$$D=\begin{vmatrix}1 & y & y & \cdots & y\\ 0 & x_1 & y & \cdots & y\\ 0 & y & x_2 & \cdots & y\\ \vdots & \vdots & \vdots & & \vdots\\ 0 & y & y & \cdots & x_n\end{vmatrix}=\begin{vmatrix}1 & y & y & \cdots & y\\ -1 & x_1-y & 0 & \cdots & 0\\ -1 & 0 & x_2-y & \cdots & 0\\ \vdots & \vdots & \vdots & & \vdots\\ -1 & 0 & 0 & \cdots & x_n-y\end{vmatrix}$$

$$=(x_1-y)\cdots(x_n-y)\left(1+\sum_{i=1}^{n}\frac{y}{x_i-y}\right).$$

例 1.1.16 (东北大学,2021) 计算行列式

$$D_n=\begin{vmatrix}x_1+x & x_2 & \cdots & x_n\\ x_1 & x_2+x & \cdots & x_n\\ \vdots & \vdots & & \vdots\\ x_1 & x_2 & \cdots & x_n+x\end{vmatrix}.$$

例 1.1.17 (天津大学,2021; 兰州大学,2021; 南昌大学,2021) 计算行列式

$$\begin{vmatrix} a_1+x_1 & a_2 & a_3 & \cdots & a_n \\ a_1 & a_2+x_2 & a_3 & \cdots & a_n \\ a_1 & a_2 & a_3+x_3 & \cdots & a_n \\ \vdots & \vdots & \vdots & & \vdots \\ a_1 & a_2 & a_3 & \cdots & a_n+x_n \end{vmatrix}.$$

例 1.1.18 (首都师范大学,2015) 求行列式

$$\begin{vmatrix} 1 & 1 & 1 & 1 \\ a & b & c & d \\ a^2 & b^2 & c^2 & d^2 \\ a^4 & b^4 & c^4 & d^4 \end{vmatrix}.$$

解 记所求行列式为 D, 考虑如下的 5 阶行列式:

$$D_5=\begin{vmatrix} 1 & 1 & 1 & 1 & 1 \\ a & b & c & d & x \\ a^2 & b^2 & c^2 & d^2 & x^2 \\ a^3 & b^3 & c^3 & d^3 & x^3 \\ a^4 & b^4 & c^4 & d^4 & x^4 \end{vmatrix},$$

一方面,

$$D_5=(x-a)(x-b)(x-c)(x-d)(d-a)(d-b)(d-c)(c-a)(c-b)(b-a),$$

另一方面, 将 D_5 按照最后一列展开, 可得

$$D_5=1A_{15}+xA_{25}+x^2A_{35}+x^3(-1)^{4+5}D+x^4A_{55},$$

比较 D_5 的 x^3 的系数可得

$$D=(a+b+c+d)(d-a)(d-b)(d-c)(c-a)(c-b)(b-a).$$

例 1.1.19 (曲阜师范大学,2023) 计算如下行列式:

$$\begin{vmatrix} 1 & 1 & 1 & 1 & 1 \\ 1 & 2 & 3 & 4 & 5 \\ 1 & 4 & 9 & 16 & 25 \\ 1 & 8 & 27 & 64 & 125 \\ 1 & 32 & 243 & 1024 & 3125 \end{vmatrix}.$$

例 1.1.20 (汕头大学,2019) 计算行列式

$$D_n=\begin{vmatrix} 1 & 1 & 1 & \cdots & 1 \\ a_1^2 & a_2^2 & a_3^2 & \cdots & a_n^2 \\ a_1^3 & a_2^3 & a_3^3 & \cdots & a_n^3 \\ \vdots & \vdots & \vdots & & \vdots \\ a_1^n & a_2^n & a_3^n & \cdots & a_n^n \end{vmatrix}.$$

例 1.1.21 (湖南大学,2023) 计算 n 阶行列式

$$D_n=\begin{vmatrix}1 & 1 & \cdots & 1\\ 1 & 2 & \cdots & n\\ 1 & 2^2 & \cdots & n^2\\ \vdots & \vdots & & \vdots\\ 1 & 2^{n-2} & \cdots & n^{n-2}\\ 1 & 2^n & \cdots & n^n\end{vmatrix}.$$

例 1.1.22 (湘潭大学,2023) 求行列式

$$D=\begin{vmatrix}1 & a_1 & a_1^2 & \cdots & a_1^{n-3} & a_1^{n-1} & a_1^n\\ 1 & a_2 & a_2^2 & \cdots & a_2^{n-3} & a_2^{n-1} & a_2^n\\ \vdots & \vdots & \vdots & & \vdots & \vdots & \vdots\\ 1 & a_n & a_n^2 & \cdots & a_n^{n-3} & a_n^{n-1} & a_n^n\end{vmatrix}.$$

1.1.4 递推法

递推法就是将 n 阶行列式 D_n 用 D_{n-1} 或更低阶的行列式表示出来, 然后通过递推求出 D_n.

例 1.1.23 (江苏大学,2004; 西南师范大学,2004; 沈阳工业大学,2018; 长沙理工大学,2020; 山东师范大学,2021; 北京工业大学,2021; 陕西师范大学,2022) 计算行列式

$$D_n=\begin{vmatrix}x & a & a & \cdots & a\\ -a & x & a & \cdots & a\\ -a & -a & x & \cdots & a\\ \vdots & \vdots & \vdots & & \vdots\\ -a & -a & -a & \cdots & x\end{vmatrix}.$$

解 将 D_n 按第一行拆成两个行列式的和, 得

$$\begin{aligned}D_n&=\begin{vmatrix}x-a+a & 0+a & 0+a & \cdots & 0+a\\ -a & x & a & \cdots & a\\ -a & -a & x & \cdots & a\\ \vdots & \vdots & \vdots & & \vdots\\ -a & -a & -a & \cdots & x\end{vmatrix}\\ &=\begin{vmatrix}x-a & 0 & 0 & \cdots & 0\\ -a & x & a & \cdots & a\\ -a & -a & x & \cdots & a\\ \vdots & \vdots & \vdots & & \vdots\\ -a & -a & -a & \cdots & x\end{vmatrix}+\begin{vmatrix}a & a & a & \cdots & a\\ -a & x & a & \cdots & a\\ -a & -a & x & \cdots & a\\ \vdots & \vdots & \vdots & & \vdots\\ -a & -a & -a & \cdots & x\end{vmatrix}\\ &=(x-a)D_{n-1}+a(x+a)^{n-1}.\end{aligned}$$

由于 a 与 $-a$ 的地位是对称的, 可得

$$D_n=(x+a)D_{n-1}-a(x-a)^{n-1}.$$

当 $a \neq 0$ 时, 由上两式可得 $D_n = \frac{1}{2}[(x+a)^n + (x-a)^n]$, 当 $a=0$ 时,$D_n = x^n$. 因此, 不论 a 为何值, 都有

$$D_n = \frac{1}{2}[(x+a)^n + (x-a)^n].$$

例 1.1.24　(东北师范大学,2016; 河北工业大学,2020) 证明:

$$\begin{vmatrix} x & y & \cdots & y & y \\ z & x & \cdots & y & y \\ \vdots & \vdots & & \vdots & \vdots \\ z & z & \cdots & x & y \\ z & z & \cdots & z & x \end{vmatrix} = \frac{y(x-z)^n - z(x-y)^n}{y-z} (y \neq z).$$

例 1.1.25　(兰州大学,2010) 计算下列行列式的值:

$$D_n = \begin{vmatrix} x & b & \cdots & b & b \\ a & x & \cdots & b & b \\ \vdots & \vdots & & \vdots & \vdots \\ a & a & \cdots & x & b \\ a & a & \cdots & a & x \end{vmatrix}.$$

例 1.1.26　(西安建筑科技大学,2020; 武汉理工大学,2021) 计算 n 阶行列式

$$D_n = \begin{vmatrix} 1 & 2 & 3 & \cdots & n-1 & n \\ x & 1 & 2 & \cdots & n-2 & n-1 \\ x & x & 1 & \cdots & n-3 & n-2 \\ \vdots & \vdots & \vdots & & \vdots & \vdots \\ x & x & x & \cdots & 1 & 2 \\ x & x & x & \cdots & x & 1 \end{vmatrix}.$$

例 1.1.27　(赣南师范大学,2017; 山东科技大学,2020) 计算 n 阶行列式

$$D_n = \begin{vmatrix} \alpha+\beta & \alpha\beta & & \\ 1 & \alpha+\beta & \ddots & \\ & \ddots & \ddots & \alpha\beta \\ & & 1 & \alpha+\beta \end{vmatrix}.$$

解　将 D_n 按第一列展开得

$$D_n = (\alpha+\beta)D_{n-1} - \alpha\beta D_{n-2}.$$

于是

$$D_n - \alpha D_{n-1} = \beta(D_{n-1} - \alpha D_{n-2}),$$

若令 $Z_n = D_n - \alpha D_{n-1}$, 则

$$Z_n = \beta Z_{n-1},$$

由此有

$$Z_n = \beta Z_{n-1} = \beta(\beta Z_{n-2}) = \beta^2 Z_{n-2} = \cdots = \beta^{n-2} Z_2,$$

由于 $Z_2 = D_2 - \alpha D_1 = (\alpha+\beta)^2 - \alpha\beta - \alpha(\alpha+\beta) = \beta^2$, 故 $Z_n = \beta^n$, 从而

$$D_n = \alpha D_{n-1} + \beta^n.$$

注意到 α 与 β 的对称性, 可得

$$D_n = \beta D_{n-1} + \alpha^n.$$

(1) 若 $\alpha \neq \beta$, 可得

$$D_n = \frac{\alpha^{n+1} - \beta^{n+1}}{\alpha - \beta}.$$

(2) 若 $\alpha = \beta$, 则

$$\begin{aligned} D_n &= \alpha D_{n-1} + \alpha^n = \alpha(\alpha D_{n-2} + \alpha^{n-1}) + \alpha^n \\ &= \alpha^2 D_{n-2} + 2\alpha^n = \cdots = \alpha^{n-1} D_1 + (n-1)\alpha^n \\ &= (n+1)\alpha^n. \end{aligned}$$

故

$$D_n = \begin{cases} \dfrac{\alpha^{n+1} - \beta^{n+1}}{\alpha - \beta}, & \alpha \neq \beta, \\ (n+1)\alpha^n, & \alpha = \beta. \end{cases}$$

例 1.1.28 (河北大学,2014; 河北工业大学,2022) 计算 n 阶行列式

$$\begin{vmatrix} 2a & a^2 & & & & \\ 1 & 2a & a^2 & & & \\ & 1 & 2a & a^2 & & \\ & & \ddots & \ddots & \ddots & \\ & & & 1 & 2a & a^2 \\ & & & & 1 & 2a \end{vmatrix}.$$

例 1.1.29 (北京科技大学,2020) 计算下列行列式:

$$D_n = \begin{vmatrix} a^2+ab & a^2b & 0 & \cdots & 0 & 0 \\ 1 & a+b & ab & \cdots & 0 & 0 \\ 0 & 1 & a+b & \cdots & 0 & 0 \\ \vdots & \vdots & \vdots & & \vdots & \vdots \\ 0 & 0 & 0 & \cdots & a+b & ab \\ 0 & 0 & 0 & \cdots & 1 & a+b \end{vmatrix}.$$

例 1.1.30 计算 n 阶行列式

$$D_n=\begin{vmatrix}a&b&0&\cdots&0&0\\c&a&b&\cdots&0&0\\0&c&a&\cdots&0&0\\\vdots&\vdots&\vdots&&\vdots&\vdots\\0&0&0&\cdots&a&b\\0&0&0&\cdots&c&a\end{vmatrix}.$$

解 将 D_n 按照第一行展开可得

$$D_n=aD_{n-1}-bcD_{n-2}.$$

令 $a=\alpha+\beta,bc=\alpha\beta$, 则

$$D_n-\alpha D_{n-1}=\beta(D_{n-1}-\alpha D_{n-2}),$$

$$D_n-\beta D_{n-1}=\alpha(D_{n-1}-\beta D_{n-2}),$$

于是递推可得

$$D_n-\alpha D_{n-1}=\beta^n,D_n-\beta D_{n-1}=\alpha^n.$$

因此, 若 $\alpha\neq\beta$, 即 $a^2\neq 4bc$, 则

$$D_n=\frac{\alpha^{n+1}-\beta^{n+1}}{\alpha-\beta}=\frac{\left(a+\sqrt{a^2-4bc}\right)^{n+1}-\left(a-\sqrt{a^2-4bc}\right)^{n+1}}{2^{n+1}\sqrt{a^2-4bc}};$$

若 $\alpha=\beta$, 即 $a^2=4bc$, 则

$$D_n=(n+1)\left(\frac{a}{2}\right)^n.$$

例 1.1.31 (汕头大学,2014) 计算下列矩阵的行列式 ($\boldsymbol{A}_n$ 的 $(i,n-i+1)$ 元素为 a_i, 其他元素为 0;$\boldsymbol{B}_n$ 为三对角矩阵):

$$\boldsymbol{A}_n=\begin{pmatrix}0&0&\cdots&0&a_1\\0&0&\cdots&a_2&0\\\vdots&\vdots&&\vdots&\vdots\\0&a_{n-1}&\cdots&0&0\\a_n&0&\cdots&0&0\end{pmatrix};$$

$$\boldsymbol{B}_n=\begin{pmatrix}a_1&b_1&&&&\\-a_1&a_2-b_1&b_2&&&\\&-a_2&a_3-b_2&&&\\&&\ddots&\ddots&\ddots&\\&&&&a_{n-1}-b_{n-2}&b_{n-1}\\&&&&-a_{n-1}&a_n-b_{n-1}\end{pmatrix}.$$

解 只计算 $|\boldsymbol{B}_n|$.

(法 1) 将 $|\boldsymbol{B}_n|$ 从第一行开始, 将上一行加到下一行可得

$$|\boldsymbol{B}_n|=\begin{vmatrix} a_1 & b_1 & & & & \\ & a_2 & b_2 & & & \\ & & a_3 & & & \\ & & & \ddots & \ddots & \\ & & & & a_{n-1} & b_{n-1} \\ & & & & & a_n \end{vmatrix}=a_1a_2\cdots a_n.$$

(法 2) 将 $|\boldsymbol{B}_n|$ 的每行都加到最后一行可得

$$|\boldsymbol{B}_n|=\begin{vmatrix} a_1 & b_1 & & & & \\ -a_1 & a_2-b_1 & b_2 & & & \\ & -a_2 & a_3-b_2 & & & \\ & & \ddots & \ddots & \ddots & \\ & & & & a_{n-1}-b_{n-2} & b_{n-1} \\ & & & & 0 & a_n \end{vmatrix},$$

按照最后一行展开, 可得递推关系式 $|\boldsymbol{B}_n|=a_n|\boldsymbol{B}_{n-1}|$, 于是 $|\boldsymbol{B}_n|=a_na_{n-1}\cdots a_1$.

例 1.1.32 (华中科技大学,2010) 计算 n 阶行列式

$$\begin{vmatrix} 1-x & x & & & \\ -1 & 1-x & x & & \\ & \ddots & \ddots & \ddots & \\ & & -1 & 1-x & x \\ & & & -1 & 1-x \end{vmatrix}.$$

例 1.1.33 (中国科学院大学,2017) 求下列 n 阶行列式的值:

$$D_n=\begin{vmatrix} 1-a_1 & a_2 & 0 & 0 & \cdots & 0 & 0 \\ -1 & 1-a_2 & a_3 & 0 & \cdots & 0 & 0 \\ 0 & -1 & 1-a_3 & a_4 & \cdots & 0 & 0 \\ \vdots & \vdots & \vdots & \vdots & & \vdots & \vdots \\ 0 & 0 & 0 & 0 & \cdots & 1-a_{n-1} & a_n \\ 0 & 0 & 0 & 0 & \cdots & -1 & 1-a_n \end{vmatrix}.$$

1.1.5 利用已知行列式

利用范德蒙德行列式等的结论计算.

例 1.1.34 (南开大学,2022) 计算行列式

$$\begin{vmatrix} 2^4+1 & 2^3 & 2^2 & 2 \\ 3^4+1 & 3^3 & 3^2 & 3 \\ 4^4+1 & 4^3 & 4^2 & 4 \\ 5^4+1 & 5^3 & 5^2 & 5 \end{vmatrix}.$$

解 记所求的行列式为 D, 则

$$D=\begin{vmatrix}2^4&2^3&2^2&2\\3^4&3^3&3^2&3\\4^4&4^3&4^2&4\\5^4&5^3&5^2&5\end{vmatrix}+\begin{vmatrix}1&2^3&2^2&2\\1&3^3&3^2&3\\1&4^3&4^2&4\\1&5^3&5^2&5\end{vmatrix}=5!\begin{vmatrix}2^3&2^2&2&1\\3^3&3^2&3&1\\4^3&4^2&4&1\\5^3&5^2&5&1\end{vmatrix}-\begin{vmatrix}1&2&2^2&2^3\\1&3&3^2&3^3\\1&4&4^2&4^3\\1&5&5^2&5^3\end{vmatrix}$$

$$=(5!-1)\begin{vmatrix}1&2&2^2&2^3\\1&3&3^2&3^3\\1&4&4^2&4^3\\1&5&5^2&5^3\end{vmatrix}=1428.$$

例 1.1.35 (西南大学,2019) 计算行列式

$$\begin{vmatrix}1&1&1&1\\1&2&3&4\\1&4&9&16\\1&8&27&256\end{vmatrix}.$$

例 1.1.36 (湖北大学,2000) 设

$$V=\begin{vmatrix}1&1&\cdots&1&1\\1&2&\cdots&19&20\\1&2^2&\cdots&19^2&20^2\\\vdots&\vdots&&\vdots&\vdots\\1&2^{19}&\cdots&19^{19}&20^{19}\end{vmatrix}.$$

(1) 求 V 写成阶乘形式的值;(2) V 的值的末尾有多少个零?

解 (1) 易知

$$\begin{aligned}V&=[(2-1)(3-1)\cdots(20-1)][(3-2)(4-2)\cdots(20-2)]\cdots[(20-19)]\\&=(19!)(18!)(17!)\cdots(2!).\end{aligned}$$

(2) 由于 $(19!)(18!)(17!)\cdots(2!)$ 中有 15 个 5,5 个 15,10 个 10, 从而 V 的值的末尾有 $5+15+10=30$ 个零.

例 1.1.37 (福州大学,2006; 河北工业大学,2006; 北京交通大学,2007) 已知行列式

$$P(x)=\begin{vmatrix}1&x&x^2&\cdots&x^{n-1}\\1&a_1&a_1^2&\cdots&a_1^{n-1}\\1&a_2&a_2^2&\cdots&a_2^{n-1}\\\vdots&\vdots&\vdots&&\vdots\\1&a_{n-1}&a_{n-1}^2&\cdots&a_{n-1}^{n-1}\end{vmatrix},$$

其中 $a_1,a_2,\cdots,a_{n-1}$ 为互不相同的数. 证明: $P(x)$ 是一个 $n-1$ 次多项式, 并求其最高次项的系数和 $P(x)$ 的根.

例 1.1.38 计算行列式

$$D_n=\begin{vmatrix}1 & 1 & \cdots & 1\\ x_1+1 & x_2+1 & \cdots & x_n+1\\ x_1^2+x_1 & x_2^2+x_2 & \cdots & x_n^2+x_n\\ x_1^3+x_1^2 & x_2^3+x_2^2 & \cdots & x_n^3+x_n^2\\ \vdots & \vdots & & \vdots\\ x_1^{n-1}+x_1^{n-2} & x_2^{n-1}+x_2^{n-1} & \cdots & x_n^{n-1}+x_n^{n-2}\end{vmatrix}.$$

例 1.1.39 (深圳大学,2013; 西北大学,2014; 聊城大学,2015) 设 $a_i\neq 0(i=1,2,\cdots,n+1)$. 计算 $n+1$ 阶行列式

$$D=\begin{vmatrix}a_1^n & a_1^{n-1}b_1 & \cdots & a_1b_1^{n-1} & b_1^n\\ a_2^n & a_2^{n-1}b_2 & \cdots & a_2b_2^{n-1} & b_2^n\\ \vdots & \vdots & & \vdots & \vdots\\ a_{n+1}^n & a_{n+1}^{n-1}b_{n+1} & \cdots & a_{n+1}b_{n+1}^{n-1} & b_{n+1}^n\end{vmatrix}.$$

例 1.1.40 (扬州大学,2019) 设 $S_k=x_1^k+x_2^k+\cdots+x_n^k(k=0,1,2,3,\cdots)$, 证明:

(1) $n=3$ 时, 行列式 $D_3=\begin{vmatrix}S_0 & S_1 & S_2\\ S_1 & S_2 & S_3\\ S_2 & S_3 & S_4\end{vmatrix}=\prod\limits_{1\leqslant i<j\leqslant 3}(x_j-x_i)^2$;

(2) $n+1$ 阶行列式 $D_{n+1}=\begin{vmatrix}S_0 & S_1 & \cdots & S_{n-1} & 1\\ S_1 & S_2 & \cdots & S_n & x\\ S_2 & S_3 & \cdots & S_{n+1} & x^2\\ \vdots & \vdots & & \vdots & \vdots\\ S_n & S_{n+1} & \cdots & S_{2n-1} & x^n\end{vmatrix}=\prod\limits_{1\leqslant i<j\leqslant n}(x_j-x_i)^2\prod\limits_{i=1}^{n}(x-x_i)$.

证 (1) 易知

$$D_3=\begin{vmatrix}1 & 1 & 1\\ x_1 & x_2 & x_3\\ x_1^2 & x_2^2 & x_3^2\end{vmatrix}\begin{vmatrix}1 & x_1 & x_1^2\\ 1 & x_2 & x_2^2\\ 1 & x_3 & x_3^2\end{vmatrix}=\prod_{1\leqslant i<j\leqslant 3}(x_j-x_i)^2,$$

即结论成立.

(2) 由于

$$D_{n+1}=\begin{vmatrix}1 & 1 & \cdots & 1 & 1\\ x_1 & x_2 & \cdots & x_n & x\\ x_1^2 & x_2^2 & \cdots & x_n^2 & x^2\\ \vdots & \vdots & & \vdots & \vdots\\ x_1^n & x_2^n & \cdots & x_n^n & x^n\end{vmatrix}\begin{vmatrix}1 & x_1 & \cdots & x_1^n & 0\\ 1 & x_2 & \cdots & x_2^n & 0\\ 1 & x_3 & \cdots & x_3^n & 0\\ \vdots & \vdots & & \vdots & \vdots\\ 1 & x_n & \cdots & x_n^n & 0\\ 0 & 0 & \cdots & 0 & 1\end{vmatrix}$$

$$=\prod_{1\leqslant i<j\leqslant n}(x_j-x_i)^2\prod_{i=1}^{n}(x-x_i),$$

故结论成立.

例 1.1.41　(四川大学,2011) 设 F, K 都是数域且 $F \subseteq K$. 设 F 上的 n 次多项式 $f(x)$ 在 K 上有 n 个根 $x_1, x_2, \cdots, x_n$, 证明: $\prod\limits_{1 \leqslant i<j \leqslant n} (x_i - x_j)^2 \in F$.

例 1.1.42　(兰州大学,2010; 兰州大学,2015; 兰州大学,2020; 杭州师范大学,2020) 计算行列式

$$D_n = \begin{vmatrix} 1+x_1 & 1+x_1^2 & \cdots & 1+x_1^n \\ 1+x_2 & 1+x_2^2 & \cdots & 1+x_2^n \\ \vdots & \vdots & & \vdots \\ 1+x_n & 1+x_n^2 & \cdots & 1+x_n^n \end{vmatrix}.$$

解　将 D_n 加边可得

$$D_n = \begin{vmatrix} 1 & 0 & 0 & \cdots & 0 \\ 1 & 1+x_1 & 1+x_1^2 & \cdots & 1+x_1^n \\ 1 & 1+x_2 & 1+x_2^2 & \cdots & 1+x_2^n \\ \vdots & \vdots & \vdots & & \vdots \\ 1 & 1+x_n & 1+x_n^2 & \cdots & 1+x_n^n \end{vmatrix} = \begin{vmatrix} 1 & -1 & -1 & \cdots & -1 \\ 1 & x_1 & x_1^2 & \cdots & x_1^n \\ 1 & x_2 & x_2^2 & \cdots & x_2^n \\ \vdots & \vdots & \vdots & & \vdots \\ 1 & x_n & x_n^2 & \cdots & x_n^n \end{vmatrix},$$

将上述等式最右边的行列式按第一行拆开可得

$$D_n = \begin{vmatrix} 2-1 & 0-1 & 0-1 & \cdots & 0-1 \\ 1 & x_1 & x_1^2 & \cdots & x_1^n \\ 1 & x_2 & x_2^2 & \cdots & x_2^n \\ \vdots & \vdots & \vdots & & \vdots \\ 1 & x_n & x_n^2 & \cdots & x_n^n \end{vmatrix} = \begin{vmatrix} 2 & 0 & 0 & \cdots & 0 \\ 1 & x_1 & x_1^2 & \cdots & x_1^n \\ 1 & x_2 & x_2^2 & \cdots & x_2^n \\ \vdots & \vdots & \vdots & & \vdots \\ 1 & x_n & x_n^2 & \cdots & x_n^n \end{vmatrix} - \begin{vmatrix} 1 & 1 & 1 & \cdots & 1 \\ 1 & x_1 & x_1^2 & \cdots & x_1^n \\ 1 & x_2 & x_2^2 & \cdots & x_2^n \\ \vdots & \vdots & \vdots & & \vdots \\ 1 & x_n & x_n^2 & \cdots & x_n^n \end{vmatrix},$$

将上面等式右边的第一个行列式按照第一行展开然后每一行提出公因数, 可得

$$D_n = \left(2\prod_{i=1}^{n} x_i - \prod_{i=1}^{n}(x_i - 1)\right) \prod_{1 \leqslant i<j \leqslant n} (x_j - x_i).$$

例 1.1.43　(兰州大学,2021) 计算行列式

$$D_n = \begin{vmatrix} a+x_1 & a+x_2 & \cdots & a+x_n \\ a+x_1^2 & a+x_2^2 & \cdots & a+x_n^2 \\ \vdots & \vdots & & \vdots \\ a+x_1^n & a+x_2^n & \cdots & a+x_n^n \end{vmatrix}.$$

例 1.1.44　(陕西师范大学,2021; 兰州大学,2021; 北京邮电大学,2022) 计算如下 n 阶行列式:

$$D_n = \begin{vmatrix} a+x_1 & a+x_2 & \cdots & a+x_n \\ a^2+x_1^2 & a^2+x_2^2 & \cdots & a^2+x_n^2 \\ \vdots & \vdots & & \vdots \\ a^n+x_1^n & a^n+x_2^n & \cdots & a^n+x_n^n \end{vmatrix}.$$

例 1.1.45 (华中科技大学,2023) 计算行列式

$$\begin{vmatrix} 2^2-2 & 2^3-2 & \cdots & 2^{2023}-2 \\ 3^2-3 & 3^3-3 & \cdots & 3^{2023}-3 \\ \vdots & \vdots & & \vdots \\ 2023^2-2023 & 2023^3-2023 & \cdots & 2023^{2023}-2023 \end{vmatrix}.$$

1.1.6 数学归纳法

例 1.1.46 计算如下行列式:

$$D_n=\begin{vmatrix} x^2+1 & x & & \\ x & x^2+1 & \ddots & \\ & \ddots & \ddots & x \\ & & x & x^2+1 \end{vmatrix}.$$

解 (法 1) 由于 $D_1=1+x^2, D_2=1+x^2+x^4$, 猜想

$$D_n=1+x^2+\cdots+x^{2n}.$$

下面用数学归纳法证明.

当 $n=1,2$ 时, 结论成立.

假设结论对阶数小于 n 的行列式成立. 下证对阶数为 n 的行列式结论也成立.

将 D_n 按第一列展开, 有

$$\begin{aligned} D_n &= (x^2+1)D_{n-1}-x^2D_{n-2}=x^2(D_{n-1}-D_{n-2})+D_{n-1} \\ &= x^2x^{2(n-1)}+(1+x^2+\cdots+x^{2(n-1)}) \\ &= 1+x^2+\cdots+x^{2n}. \end{aligned}$$

所以由数学归纳法, 结论成立.

(法 2) 将 D_n 按照第一行展开, 可得

$$D_n=(1+x^2)D_{n-1}-x^2D_{n-2},$$

于是

$$D_n-D_{n-1}=x^2(D_{n-1}-D_{n-2}),$$

由此可得

$$D_n-D_{n-1}=x^4(D_{n-2}-D_{n-3})=\cdots=x^{2(n-2)}(D_2-D_1),$$

由于 $D_2-D_1=x^4$, 故

$$D_n=D_{n-1}+x^{2n},$$

由此递推可得

$$D_n=D_{n-2}+x^{2(n-1)}+x^{2n}=\cdots=D_1+x^4+\cdots+x^{2(n-1)}+x^{2n}=1+x^2+\cdots+x^{2n}.$$

例 1.1.47 (复旦大学高等代数每周一题 [问题 2017A03]) 求下列 n 阶行列式的值:

$$|\boldsymbol{A}|=\begin{vmatrix}1+x^2 & x & 0 & \cdots & 0 & 0\\ x+x^2 & 1+x^2 & x & \cdots & 0 & 0\\ 0 & x & 1+x^2 & \cdots & 0 & 0\\ \vdots & \vdots & \vdots & & \vdots & \vdots\\ 0 & 0 & 0 & \cdots & 1+x^2 & x\\ 0 & 0 & 0 & \cdots & x & 1+x^2\end{vmatrix}.$$

例 1.1.48 证明: 如果 n 阶行列式 $D=(a_{ij})$ 中的所有元素都是 1 或 -1, 则当 $n\geqslant 3$ 时,$|D|\leqslant \dfrac{2}{3}n!$.

证 对 n 用数学归纳法.

当 $n=3$ 时, 利用

$$D=a_{11}a_{22}a_{33}+a_{12}a_{23}a_{31}+a_{13}a_{21}a_{32}-a_{13}a_{22}a_{31}-a_{12}a_{21}a_{33}-a_{11}a_{32}a_{23},$$

以及行列式的性质可得

(1) 所有的元素都为 1(或 -1) 时,$D=0$;

(2) 1(或 -1) 的个数为 1 时,$D=0$;

(3) 1(或 -1) 的个数为 2 时,①在同一行 (或同一列),$D=0$;②在不同行不同列,$D=4$ 或 $D=-4$;

(4) 1(或 -1) 的个数为 3 时,① 在同一行 (或同一列), $D=0$; ② 在两行两列, $D=4$ 或 $D=-4$; ③ 在两行三列 (或三行两列), $D=0$;

(5) 1(或 -1) 的个数为 4 时,① 在两行两列,$D=0$;② 在两行三列 (或三行两列),$D=0$;

综上,$D\leqslant 4=\dfrac{2}{3}\times 3!$.

假设结论对 $3\leqslant m<n$ 成立, 则

$$D=a_{11}A_{11}+a_{12}A_{12}+\cdots+a_{1n}A_{1n}\leqslant n\frac{2}{3}(n-1)!=\frac{2}{3}n!.$$

故结论成立.

例 1.1.49 (第四届全国大学生数学竞赛预赛,2013) 设 n 阶实方阵 $\boldsymbol{A}$ 的每个元素的绝对值为 2. 证明: 当 $n\geqslant 3$ 时,$|\boldsymbol{A}|\leqslant \dfrac{1}{3}2^{n+1}n!$.

例 1.1.50 (第十三届全国大学生数学竞赛预赛数学 B 类,2021) 设 $R=\{0,1,-1\}$,S 为 R 上的 3 阶行列式的全体, 即 $S=\{\det(a_{ij})_{3\times 3}|a_{ij}\in R\}$. 证明:$S=\{-4,-3,-2,-1,0,1,2,3,4\}$.

1.1.7 定义法

例 1.1.51 证明:

$$\begin{vmatrix}1 & 2 & 3 & \cdots & n-1 & n\\ 2^2 & 3^2 & 4^2 & \cdots & n^2 & (n+1)^2\\ 3^3 & 4^3 & 5^3 & \cdots & (n+1)^3 & (n+1)^3\\ \vdots & \vdots & \vdots & & \vdots & \vdots\\ n^n & (n+1)^n & (n+1)^n & \cdots & (n+1)^n & (n+1)^n\end{vmatrix}\neq 0,$$

其中 n 为奇数.

证 由于行列式次对角线元素乘积为奇数, 而其他不同行与不同列的 n 个元素的乘积必然有次对角线右下方的偶数, 由行列式定义可知行列式不为 0.

例 1.1.52 求解齐次线性方程组

$$\begin{cases} a_{11}x_1 + a_{12}x_2 + \cdots + a_{1n}x_n = 0, \\ a_{21}x_1 + a_{22}x_2 + \cdots + a_{2n}x_n = 0, \\ \qquad \vdots \\ a_{n1}x_1 + a_{n2}x_2 + \cdots + a_{nn}x_n = 0, \end{cases}$$

其中 $a_{ii} = 2019, i = 1, 2, \cdots, n, a_{ij} \in \{2018, 610, -2018, -610\}, i \neq j(i, j = 1, 2, \cdots, n)$.

例 1.1.53 (武汉大学,2020) 设 $\boldsymbol{A} = (a_{ij})_{n\times n}, a_{ij} \in \mathbb{Z}(i, j = 1, 2, \cdots, n)$,$k$ 为正整数且 $k \geqslant 2$. 证明:

$$\begin{vmatrix} a_{11} - \dfrac{1}{k} & a_{12} & a_{13} & \cdots & a_{1n} \\ a_{21} & a_{22} - \dfrac{1}{k} & a_{23} & \cdots & a_{2n} \\ \vdots & \vdots & \vdots & & \vdots \\ a_{n1} & a_{n2} & a_{n3} & \cdots & a_{nn} - \dfrac{1}{k} \end{vmatrix} \neq 0.$$

解 (法 1) 记原行列式为 D, 由于

$$D = \left(\frac{1}{k}\right)^n \begin{vmatrix} ka_{11} - 1 & ka_{12} & ka_{13} & \cdots & ka_{1n} \\ ka_{21} & ka_{22} - 1 & ka_{23} & \cdots & ka_{2n} \\ \vdots & \vdots & \vdots & & \vdots \\ ka_{n1} & ka_{n2} & ka_{n3} & \cdots & ka_{nn} - 1 \end{vmatrix},$$

根据行列式的定义, 上面等式右边的行列式对角线元素乘积中的 $(-1)^n$ 是行列式的展开式中的一项, 而其余的项都有公因数 k, 故

$$D = \left(\frac{1}{k}\right)^n [(-1)^n + kl],$$

其中 l 为整数, 故原行列式不等于 0.

(法 2) 考虑

$$f(\lambda) = \begin{vmatrix} a_{11} - \lambda & a_{12} & a_{13} & \cdots & a_{1n} \\ a_{21} & a_{22} - \lambda & a_{23} & \cdots & a_{2n} \\ \vdots & \vdots & \vdots & & \vdots \\ a_{n1} & a_{n2} & a_{n3} & \cdots & a_{nn} - \lambda \end{vmatrix} = |\boldsymbol{A} - \lambda \boldsymbol{E}|.$$

由行列式定义,$f(\lambda)$ 的展开式为关于 λ 的多项式, 对角线元素乘积为其 $n!$ 项中的一项, 可知 $f(\lambda)$ 的首项为 $(-1)^n\lambda^n$, 其余各项系数都是整数, 于是可设

$$f(\lambda) = (-1)^n\lambda^n + b_{n-1}\lambda^{n-1} + \cdots + b_1\lambda + b_0,$$

其中 $b_i(i = 0, 1, \cdots, n-1)$ 为整数. 若 $f\left(\dfrac{1}{k}\right) = 0$, 则

$$(-1)^n \left(\frac{1}{k}\right)^n + b_{n-1}\left(\frac{1}{k}\right)^{n-1} + \cdots + b_1\left(\frac{1}{k}\right) + b_0 = 0,$$

即

$$(-1)^n + k(b_{n-1} + \cdots + b_1 k^{n-2} + b_0 k^{n-1}) = 0,$$

注意到 $b_{n-1} + \cdots + b_1 k^{n-2} + b_0 k^{n-1}$ 是整数, 可知上式不成立. 故 $f\left(\dfrac{1}{k}\right) \neq 0$, 所以结论成立.

例 1.1.54 (西北大学,2020) 已知 a_{ij} 都是整数, 证明:

$$\begin{vmatrix} a_{11}-\dfrac{1}{2} & a_{12} & a_{13} & \cdots & a_{1n} \\ a_{21} & a_{22}-\dfrac{1}{2} & a_{23} & \cdots & a_{2n} \\ \vdots & \vdots & \vdots & & \vdots \\ a_{n1} & a_{n2} & a_{n3} & \cdots & a_{nn}-\dfrac{1}{2} \end{vmatrix} \neq 0.$$

例 1.1.55 (河南师范大学,2015) 设 $\boldsymbol{A}$ 是整数方阵, 证明: 线性方程组 $\boldsymbol{AX} = \dfrac{1}{2}\boldsymbol{X}$ 只有零解.

例 1.1.56 (西安交通大学,2008) 设 n 阶方阵 $\boldsymbol{A}$ 的元素都是整数, 有理数 $b = \dfrac{q}{p}$ 为既约分数 (即 $p \neq 1$, 且 p, q 互质), 证明: 线性方程组 $\boldsymbol{Ax} = b\boldsymbol{x}$ 只有零解.

例 1.1.57 设 $\boldsymbol{A}$ 是 n 阶整数矩阵, 证明: 线性方程组 $\boldsymbol{AX} = \boldsymbol{BX}$ 只有零解, 其中 $\boldsymbol{B} = \mathbf{diag}\left(\dfrac{1}{2}, \dfrac{1}{2^2}, \cdots, \dfrac{1}{2^n}\right)$.

证 注意到 $\boldsymbol{B}$ 可逆, 只需证明 $(\boldsymbol{B}^{-1}\boldsymbol{A} - \boldsymbol{E})\boldsymbol{X} = \boldsymbol{0}$ 只有零解, 注意到 $\boldsymbol{B}^{-1}\boldsymbol{A}$ 的元素都是偶数, 从而由行列式定义易知 $\boldsymbol{B}^{-1}\boldsymbol{A} - \boldsymbol{E}$ 可逆, 故结论成立.

1.2 行列式的计算公式

常用的行列式计算公式

设 $\boldsymbol{A}, \boldsymbol{B} \in F^{n\times n}, k \in F$, 则

(1) 一般情况下,$|\boldsymbol{A} \pm \boldsymbol{B}| \neq |\boldsymbol{A}| \pm |\boldsymbol{B}|$;

(2) $|k\boldsymbol{A}| = k^n|\boldsymbol{A}|$;

(3) $|\boldsymbol{AB}| = |\boldsymbol{A}||\boldsymbol{B}|; |\boldsymbol{A}^k| = |\boldsymbol{A}|^k$;

(4) $|\boldsymbol{A}^{\mathrm{T}}| = |\boldsymbol{A}|$;

(5) $\boldsymbol{A}$ 可逆的充要条件是 $|\boldsymbol{A}| \neq 0$;

(6) 若 $\boldsymbol{A}$ 可逆, 则 $|\boldsymbol{A}^{-1}| = |\boldsymbol{A}|^{-1}$;

(7) $|\boldsymbol{A}^*| = |\boldsymbol{A}|^{n-1}$;

(8) 初等矩阵的行列式: $|\boldsymbol{P}(i,j)| = -1, |\boldsymbol{P}(i(c))| = c, |\boldsymbol{P}(i,j(k))| = 1$;

(9) 分块矩阵的行列式

$$\begin{vmatrix} \boldsymbol{A} & \boldsymbol{O} \\ \boldsymbol{O} & \boldsymbol{B} \end{vmatrix} = \begin{vmatrix} \boldsymbol{A} & \boldsymbol{O} \\ \boldsymbol{C} & \boldsymbol{B} \end{vmatrix} = \begin{vmatrix} \boldsymbol{A} & \boldsymbol{D} \\ \boldsymbol{O} & \boldsymbol{B} \end{vmatrix} = |\boldsymbol{A}||\boldsymbol{B}|;$$

$$\begin{vmatrix} \boldsymbol{O} & \boldsymbol{A}_{n\times n} \\ \boldsymbol{B}_{m\times m} & \boldsymbol{O} \end{vmatrix} = \begin{vmatrix} \boldsymbol{C} & \boldsymbol{A}_{n\times n} \\ \boldsymbol{B}_{m\times m} & \boldsymbol{O} \end{vmatrix} = \begin{vmatrix} \boldsymbol{O} & \boldsymbol{A}_{n\times n} \\ \boldsymbol{B}_{m\times m} & \boldsymbol{D} \end{vmatrix} = (-1)^{mn}|\boldsymbol{A}||\boldsymbol{B}|.$$

例 1.2.1 (东北师范大学,2022) 计算行列式

$$D_n=\begin{vmatrix}a_1+b_1 & a_1+b_2 & \cdots & a_1+b_n\\ a_2+b_1 & a_2+b_2 & \cdots & a_2+b_n\\ \vdots & \vdots & & \vdots\\ a_n+b_1 & a_n+b_2 & \cdots & a_n+b_n\end{vmatrix}.$$

解 (法 1) 由于

$$D_n=\begin{vmatrix}a_1 & 1 & 0 & \cdots & 0\\ a_2 & 1 & 0 & \cdots & 0\\ \vdots & \vdots & \vdots & & \vdots\\ a_n & 1 & 0 & \cdots & 0\end{vmatrix}\begin{vmatrix}1 & 1 & 1 & \cdots & 1\\ b_1 & b_2 & b_3 & \cdots & b_n\\ 0 & 0 & 0 & \cdots & 0\\ \vdots & \vdots & \vdots & & \vdots\\ 0 & 0 & 0 & \cdots & 0\end{vmatrix},$$

故

$$D_n=\begin{cases}a_1+b_1, & n=1;\\ (a_1-a_2)(b_2-b_1), & n=2;\\ 0, & n>2.\end{cases}$$

(法 2) 将 D_n 的第一行的 -1 倍加到其余各行, 可得

$$D_n=\begin{vmatrix}a_1+b_1 & a_1+b_2 & \cdots & a_1+b_n\\ a_2-a_1 & a_2-a_1 & \cdots & a_2-a_1\\ a_3-a_1 & a_3-a_1 & \cdots & a_3-a_1\\ \vdots & \vdots & & \vdots\\ a_n-a_1 & a_n-a_1 & \cdots & a_n-a_1\end{vmatrix},$$

当 $n>2$ 时,D_n 中有两行成比例, 故 $D_n=0$. 当 $n=2$ 时, 易知 $D_n=(a_1-a_2)(b_2-b_1)$. 故

$$D_n=\begin{cases}a_1+b_1, & n=1;\\ (a_1-a_2)(b_2-b_1), & n=2;\\ 0, & n>2.\end{cases}$$

(法 3) 由于

$$\begin{aligned}D_n&=\begin{vmatrix}a_1 & a_1+b_2 & \cdots & a_1+b_n\\ a_2 & a_2+b_2 & \cdots & a_2+b_n\\ \vdots & \vdots & & \vdots\\ a_n & a_n+b_2 & \cdots & a_n+b_n\end{vmatrix}+\begin{vmatrix}b_1 & a_1+b_2 & \cdots & a_1+b_n\\ b_1 & a_2+b_2 & \cdots & a_2+b_n\\ \vdots & \vdots & & \vdots\\ b_1 & a_n+b_2 & \cdots & a_n+b_n\end{vmatrix}\\ &=b_2\cdots b_n\begin{vmatrix}a_1 & 1 & \cdots & 1\\ a_2 & 1 & \cdots & 1\\ \vdots & \vdots & & \vdots\\ a_n & 1 & \cdots & 1\end{vmatrix}+b_1\begin{vmatrix}1 & a_1 & \cdots & a_1\\ 1 & a_2 & \cdots & a_2\\ \vdots & \vdots & & \vdots\\ 1 & a_n & \cdots & a_n\end{vmatrix},\end{aligned}$$

故

$$D_n=\begin{cases}a_1+b_1, & n=1;\\(a_1-a_2)(b_2-b_1), & n=2;\\0, & n>2.\end{cases}$$

(法 4) 当 $n=1$ 时,$D_1=a_1+b_1$.

当 $n=2$ 时,$D_2=\begin{vmatrix}a_1+b_1 & a_1+b_2\\a_2+b_1 & a_2+b_2\end{vmatrix}=(a_1+b_1)(a_2+b_2)-(a_2+b_1)(a_1+b_2)$
$=(a_1-a_2)(b_2-b_1)$.

当 $n\geqslant 3$ 时, 令

$$\boldsymbol{A}=\begin{pmatrix}a_1 & a_1 & \cdots & a_1\\a_2 & a_2 & \cdots & a_2\\\vdots & \vdots & & \vdots\\a_n & a_n & \cdots & a_n\end{pmatrix},\boldsymbol{B}=\begin{pmatrix}b_1 & b_2 & \cdots & b_n\\b_1 & b_2 & \cdots & b_n\\\vdots & \vdots & & \vdots\\b_1 & b_2 & \cdots & b_n\end{pmatrix},\boldsymbol{C}=\begin{pmatrix}a_1+b_1 & a_1+b_2 & \cdots & a_1+b_n\\a_2+b_1 & a_2+b_2 & \cdots & a_2+b_n\\\vdots & \vdots & & \vdots\\a_n+b_1 & a_n+b_2 & \cdots & a_n+b_n\end{pmatrix},$$

易知 $\boldsymbol{C}=\boldsymbol{A}+\boldsymbol{B}$, 于是 $r(\boldsymbol{C})=r(\boldsymbol{A}+\boldsymbol{B})\leqslant r(\boldsymbol{A})+r(\boldsymbol{B})\leqslant 2$, 从而 $D_n=|\boldsymbol{C}|=0$.

综上, 可得

$$D_n=\begin{cases}a_1+b_1, & n=1;\\(a_1-a_2)(b_2-b_1), & n=2;\\0, & n>2.\end{cases}$$

例 1.2.2 (杭州电子科技大学,2020) 计算行列式

$$D=\begin{vmatrix}a_1b_1+1 & a_1b_2+2 & \cdots & a_1b_n+n\\a_2b_1+1 & a_2b_2+2 & \cdots & a_2b_n+n\\\vdots & \vdots & & \vdots\\a_nb_1+1 & a_nb_2+2 & \cdots & a_nb_n+n\end{vmatrix}.$$

例 1.2.3 (兰州大学,2022) 计算 n 阶行列式

$$\begin{vmatrix}x_1+a_1b_1 & x_1+a_1b_2 & x_1+a_1b_3 & \cdots & x_1+a_1b_n\\x_2+a_2b_1 & x_2+a_2b_2 & x_2+a_2b_3 & \cdots & x_2+a_2b_n\\x_3+a_3b_1 & x_3+a_3b_2 & x_3+a_3b_3 & \cdots & x_3+a_3b_n\\\vdots & \vdots & \vdots & & \vdots\\x_n+a_nb_1 & x_n+a_nb_2 & x_n+a_nb_3 & \cdots & x_n+a_nb_n\end{vmatrix}.$$

例 1.2.4 设 $\boldsymbol{M}=\begin{pmatrix}\boldsymbol{A} & \boldsymbol{B}\\\boldsymbol{C} & \boldsymbol{D}\end{pmatrix}$ 为 $m+n$ 阶方阵, 其中 $\boldsymbol{A}$ 为 m 阶可逆方阵, 证明

$$\det\boldsymbol{M}=\det\boldsymbol{A}\det(\boldsymbol{D}-\boldsymbol{C}\boldsymbol{A}^{-1}\boldsymbol{B}).$$

证 由于

$$\begin{pmatrix}\boldsymbol{E}_m & \boldsymbol{O}\\-\boldsymbol{C}\boldsymbol{A}^{-1} & \boldsymbol{E}_n\end{pmatrix}\begin{pmatrix}\boldsymbol{A} & \boldsymbol{B}\\\boldsymbol{C} & \boldsymbol{D}\end{pmatrix}=\begin{pmatrix}\boldsymbol{A} & \boldsymbol{B}\\\boldsymbol{O} & \boldsymbol{D}-\boldsymbol{C}\boldsymbol{A}^{-1}\boldsymbol{B}\end{pmatrix},$$

两边取行列式, 并注意到

$$\det\begin{pmatrix} \boldsymbol{E}_m & \boldsymbol{O} \\ -\boldsymbol{C}\boldsymbol{A}^{-1} & \boldsymbol{E}_n \end{pmatrix} = 1,$$

即得结论成立.

例 1.2.5 (重庆大学,2022) 设 $\boldsymbol{A},\boldsymbol{B},\boldsymbol{C},\boldsymbol{D}$ 为 n 阶方阵, 且 $|\boldsymbol{A}| \neq 0, \boldsymbol{AC} = \boldsymbol{CA}$. 证明:

$$\begin{vmatrix} \boldsymbol{A} & \boldsymbol{B} \\ \boldsymbol{C} & \boldsymbol{D} \end{vmatrix} = |\boldsymbol{AD} - \boldsymbol{CB}|.$$

证 由于

$$\begin{pmatrix} \boldsymbol{E}_n & \boldsymbol{O} \\ -\boldsymbol{C}\boldsymbol{A}^{-1} & \boldsymbol{E}_n \end{pmatrix}\begin{pmatrix} \boldsymbol{A} & \boldsymbol{B} \\ \boldsymbol{C} & \boldsymbol{D} \end{pmatrix} = \begin{pmatrix} \boldsymbol{A} & \boldsymbol{B} \\ \boldsymbol{O} & \boldsymbol{D} - \boldsymbol{C}\boldsymbol{A}^{-1}\boldsymbol{B} \end{pmatrix},$$

两边取行列式, 注意到 $\boldsymbol{AC} = \boldsymbol{CA}$ 可得

$$\begin{vmatrix} \boldsymbol{A} & \boldsymbol{B} \\ \boldsymbol{C} & \boldsymbol{D} \end{vmatrix} = |\boldsymbol{A}||\boldsymbol{D} - \boldsymbol{C}\boldsymbol{A}^{-1}\boldsymbol{B}| = |\boldsymbol{AD} - \boldsymbol{AC}\boldsymbol{A}^{-1}\boldsymbol{B}| = |\boldsymbol{AD} - \boldsymbol{CB}|.$$

故结论成立.

例 1.2.6 (兰州大学,2015; 河北工业大学,2021; 天津大学,2022) 设 $\boldsymbol{A},\boldsymbol{B},\boldsymbol{C},\boldsymbol{D}$ 均为 n 阶方阵, 且 $\boldsymbol{AC} = \boldsymbol{CA}$, 则

$$\begin{vmatrix} \boldsymbol{A} & \boldsymbol{B} \\ \boldsymbol{C} & \boldsymbol{D} \end{vmatrix} = |\boldsymbol{AD} - \boldsymbol{CB}|.$$

证 (1) 若 $\boldsymbol{A}$ 可逆, 由于

$$\begin{pmatrix} \boldsymbol{E} & \boldsymbol{O} \\ -\boldsymbol{C}\boldsymbol{A}^{-1} & \boldsymbol{E} \end{pmatrix}\begin{pmatrix} \boldsymbol{A} & \boldsymbol{B} \\ \boldsymbol{C} & \boldsymbol{D} \end{pmatrix} = \begin{pmatrix} \boldsymbol{A} & \boldsymbol{B} \\ \boldsymbol{O} & \boldsymbol{D} - \boldsymbol{C}\boldsymbol{A}^{-1}\boldsymbol{B} \end{pmatrix},$$

两边取行列式, 并注意到 $\boldsymbol{AC} = \boldsymbol{CA}$, 可得

$$\begin{aligned}\begin{vmatrix} \boldsymbol{A} & \boldsymbol{B} \\ \boldsymbol{C} & \boldsymbol{D} \end{vmatrix} &= |\boldsymbol{A}||\boldsymbol{D} - \boldsymbol{C}\boldsymbol{A}^{-1}\boldsymbol{B}| = |\boldsymbol{AD} - \boldsymbol{AC}\boldsymbol{A}^{-1}\boldsymbol{B}| \\ &= |\boldsymbol{AD} - \boldsymbol{CA}\boldsymbol{A}^{-1}\boldsymbol{B}| = |\boldsymbol{AD} - \boldsymbol{CB}|.\end{aligned}$$

(2) 若 A 不可逆, 令 $\boldsymbol{A}_1 = \boldsymbol{A} + t\boldsymbol{E}$, 则 $|\boldsymbol{A}_1|$ 是 t 的 n 次多项式, 从而至多有 n 个根, 所以存在无穷多个 t 的值使得 $\boldsymbol{A}_1$ 可逆. 并且由 $\boldsymbol{AC} = \boldsymbol{CA}$ 有 $\boldsymbol{A}_1\boldsymbol{C} = \boldsymbol{C}\boldsymbol{A}_1$, 利用 (1) 的结论有

$$\begin{vmatrix} \boldsymbol{A}_1 & \boldsymbol{B} \\ \boldsymbol{C} & \boldsymbol{D} \end{vmatrix} = |\boldsymbol{A}_1\boldsymbol{D} - \boldsymbol{CB}|.$$

上式两边都是 t 的有限次多项式且有无穷多个 t 的值使得等式成立, 由多项式理论可知等式对任何 t 的值都成立, 令 $t = 0$ 即得结论成立.

例 1.2.7 (首都师范大学,2016) 求行列式

$$\begin{vmatrix} a^2 & ab & ab & b^2 \\ ac & ad & bc & bd \\ ac & bc & ad & bd \\ c^2 & cd & cd & d^2 \end{vmatrix}.$$

例 1.2.8 (首都师范大学,2015) 设 $\boldsymbol{A},\boldsymbol{B},\boldsymbol{C},\boldsymbol{D}$ 为 n 阶方阵, 其中 $\boldsymbol{D}$ 为可逆矩阵, 且 $\boldsymbol{CD}=\boldsymbol{DC}$. 证明:

$$\det\begin{pmatrix}\boldsymbol{A} & \boldsymbol{B}\\ \boldsymbol{C} & \boldsymbol{D}\end{pmatrix}=\det(\boldsymbol{AD}-\boldsymbol{BC}).$$

例 1.2.9 设 $\boldsymbol{A},\boldsymbol{D}$ 分别为 n 阶与 m 阶方阵, 则

$$\begin{vmatrix}\boldsymbol{A} & \boldsymbol{B}\\ \boldsymbol{C} & \boldsymbol{D}\end{vmatrix}=\begin{cases}|\boldsymbol{A}||\boldsymbol{D}-\boldsymbol{C}\boldsymbol{A}^{-1}\boldsymbol{B}|, & \boldsymbol{A}\text{ 可逆};\\ |\boldsymbol{D}||\boldsymbol{A}-\boldsymbol{B}\boldsymbol{D}^{-1}\boldsymbol{C}|, & \boldsymbol{D}\text{ 可逆}.\end{cases}$$

例 1.2.10 (南京师范大学,2016) 设矩阵 $\boldsymbol{A},\boldsymbol{C}$ 分别为 n 阶与 m 阶可逆矩阵,$\boldsymbol{B},\boldsymbol{D}$ 分别为 $n\times m$ 和 $m\times n$ 矩阵. 证明:

$$|\boldsymbol{C}||\boldsymbol{A}-\boldsymbol{B}\boldsymbol{C}^{-1}\boldsymbol{D}|=|\boldsymbol{A}||\boldsymbol{C}-\boldsymbol{A}^{-1}\boldsymbol{B}|.$$

例 1.2.11 (南京师范大学,2020) 设 $\boldsymbol{A},\boldsymbol{D}$ 分别为 n 阶和 m 阶可逆矩阵,$\boldsymbol{B},\boldsymbol{C}$ 分别为 $n\times m$ 和 $m\times n$ 矩阵. 证明:

(1) $\begin{vmatrix}\boldsymbol{A} & \boldsymbol{B}\\ \boldsymbol{C} & \boldsymbol{D}\end{vmatrix}=|\boldsymbol{A}||\boldsymbol{D}-\boldsymbol{C}\boldsymbol{A}^{-1}\boldsymbol{B}|$.

(2) $r(\boldsymbol{A}-\boldsymbol{B}\boldsymbol{D}^{-1}\boldsymbol{C})-r(\boldsymbol{D}-\boldsymbol{C}\boldsymbol{A}^{-1}\boldsymbol{B})=n-m$.

例 1.2.12 (中国科学技术大学,2021) 已知 $\begin{pmatrix}\boldsymbol{A} & \boldsymbol{B}\\ \boldsymbol{C} & \boldsymbol{D}\end{pmatrix}$ 为 n 阶实方阵, 且 $\boldsymbol{BD}=\boldsymbol{DB}$. 证明:

$$\begin{vmatrix}\boldsymbol{A} & \boldsymbol{B}\\ \boldsymbol{C} & \boldsymbol{D}\end{vmatrix}=|\boldsymbol{DA}-\boldsymbol{BC}|.$$

例 1.2.13 (北京邮电大学,2018) 设 $\boldsymbol{A}$ 可逆,$\boldsymbol{\alpha},\boldsymbol{\beta}$ 为 n 维列向量, 则

$$|\boldsymbol{A}+\boldsymbol{\alpha}\boldsymbol{\beta}^{\mathrm{T}}|=|\boldsymbol{A}|(1+\boldsymbol{\beta}^{\mathrm{T}}\boldsymbol{A}^{-1}\boldsymbol{\alpha}).$$

证 考虑分块矩阵

$$\begin{pmatrix}\boldsymbol{A} & \boldsymbol{\alpha}\\ -\boldsymbol{\beta}^{\mathrm{T}} & 1\end{pmatrix},$$

由于

$$\begin{pmatrix}\boldsymbol{E} & -\boldsymbol{\alpha}\\ \boldsymbol{0} & 1\end{pmatrix}\begin{pmatrix}\boldsymbol{A} & \boldsymbol{\alpha}\\ -\boldsymbol{\beta}^{\mathrm{T}} & 1\end{pmatrix}=\begin{pmatrix}\boldsymbol{A}+\boldsymbol{\alpha}\boldsymbol{\beta}^{\mathrm{T}} & \boldsymbol{0}\\ -\boldsymbol{\beta}^{\mathrm{T}} & 1\end{pmatrix},$$

$$\begin{pmatrix}\boldsymbol{E} & \boldsymbol{0}\\ \boldsymbol{\beta}^{\mathrm{T}}\boldsymbol{A}^{-1} & 1\end{pmatrix}\begin{pmatrix}\boldsymbol{A} & \boldsymbol{\alpha}\\ -\boldsymbol{\beta}^{\mathrm{T}} & 1\end{pmatrix}=\begin{pmatrix}\boldsymbol{A} & \boldsymbol{\alpha}\\ \boldsymbol{0} & 1+\boldsymbol{\beta}^{\mathrm{T}}\boldsymbol{A}^{-1}\boldsymbol{\alpha}\end{pmatrix},$$

上两式两边取行列式可得 $|\boldsymbol{A}+\boldsymbol{\alpha}\boldsymbol{\beta}^{\mathrm{T}}|=|\boldsymbol{A}|(1+\boldsymbol{\beta}^{\mathrm{T}}\boldsymbol{A}^{-1}\boldsymbol{\alpha})$.

例 1.2.14 (中山大学,2022) 求行列式

$$\begin{vmatrix} 2 & 1 & 1 & 1 & 1 \\ 1 & \dfrac{3}{2} & 1 & 1 & 1 \\ 1 & 1 & \dfrac{4}{3} & 1 & 1 \\ 1 & 1 & 1 & \dfrac{5}{4} & 1 \\ 1 & 1 & 1 & 1 & \dfrac{6}{5} \end{vmatrix}.$$

解 记所求的行列式为 D.

(法 1) 将 D 的第一行乘以 -1 加到其余各行, 可得

$$D = \begin{vmatrix} 2 & 1 & 1 & 1 & 1 \\ -1 & \dfrac{1}{2} & 0 & 0 & 0 \\ -1 & 0 & \dfrac{1}{3} & 0 & 0 \\ -1 & 0 & 0 & \dfrac{1}{4} & 0 \\ -1 & 0 & 0 & 0 & \dfrac{1}{5} \end{vmatrix} = \begin{vmatrix} 16 & 1 & 1 & 1 & 1 \\ 0 & \dfrac{1}{2} & 0 & 0 & 0 \\ 0 & 0 & \dfrac{1}{3} & 0 & 0 \\ 0 & 0 & 0 & \dfrac{1}{4} & 0 \\ 0 & 0 & 0 & 0 & \dfrac{1}{5} \end{vmatrix} = \frac{16}{5!} = \frac{2}{15}.$$

(法 2) 对 D 加边, 可得

$$D = \begin{vmatrix} 1 & 1 & 1 & 1 & 1 & 1 \\ 0 & 2 & 1 & 1 & 1 & 1 \\ 0 & 1 & \dfrac{3}{2} & 1 & 1 & 1 \\ 0 & 1 & 1 & \dfrac{4}{3} & 1 & 1 \\ 0 & 1 & 1 & 1 & \dfrac{5}{4} & 1 \\ 0 & 1 & 1 & 1 & 1 & \dfrac{6}{5} \end{vmatrix} = \begin{vmatrix} 1 & 1 & 1 & 1 & 1 & 1 \\ -1 & 1 & 0 & 0 & 0 & 0 \\ -1 & 0 & \dfrac{1}{2} & 0 & 0 & 0 \\ -1 & 0 & 0 & \dfrac{1}{3} & 0 & 0 \\ -1 & 0 & 0 & 0 & \dfrac{1}{4} & 0 \\ -1 & 0 & 0 & 0 & 0 & \dfrac{1}{5} \end{vmatrix} = \begin{vmatrix} 16 & 1 & 1 & 1 & 1 & 1 \\ 0 & 1 & 0 & 0 & 0 & 0 \\ 0 & 0 & \dfrac{1}{2} & 0 & 0 & 0 \\ 0 & 0 & 0 & \dfrac{1}{3} & 0 & 0 \\ 0 & 0 & 0 & 0 & \dfrac{1}{4} & 0 \\ 0 & 0 & 0 & 0 & 0 & \dfrac{1}{5} \end{vmatrix} = \frac{16}{5!} = \frac{2}{15}.$$

(法 3) 令

$$\boldsymbol{A} = \mathbf{diag}\left(1, \frac{1}{2}, \frac{1}{3}, \frac{1}{4}, \frac{1}{5}\right), \boldsymbol{\alpha} = (1,1,1,1,1)^{\mathrm{T}},$$

则

$$D = |\boldsymbol{A} + \boldsymbol{\alpha}\boldsymbol{\alpha}^{\mathrm{T}}| = |\boldsymbol{A}|(1 + \boldsymbol{\alpha}^{\mathrm{T}}\boldsymbol{A}^{-1}\boldsymbol{\alpha}) = \frac{16}{5!} = \frac{2}{15}.$$

例 1.2.15 (哈尔滨工业大学,2021) 设矩阵 $\boldsymbol{A} = (a_{ij})_{6\times 6}$, 其中 $a_{ii} = 2i, i \neq j$ 时 $a_{ij} = i$, 求 $\boldsymbol{A}$ 的行列式的值.

例 1.2.16 (汕头大学,2012) 计算行列式

$$D_n=\begin{vmatrix}\frac{3}{2} & 1 & 1 & \cdots & 1 & 1\\ 1 & \frac{4}{3} & 1 & \cdots & 1 & 1\\ 1 & 1 & \frac{5}{4} & \cdots & 1 & 1\\ \vdots & \vdots & \vdots & & \vdots & \vdots\\ 1 & 1 & 1 & \cdots & \frac{n+1}{n} & 1\\ 1 & 1 & 1 & \cdots & 1 & \frac{n+2}{n+1}\end{vmatrix}.$$

例 1.2.17 (沈阳工业大学,2022) 计算 n 阶行列式

$$\begin{vmatrix}2+1 & 2 & 2 & \cdots & 2\\ 2 & 2+\frac{1}{2} & 2 & \cdots & 2\\ 2 & 2 & 2+\frac{1}{3} & \cdots & 2\\ \vdots & \vdots & \vdots & & \vdots\\ 2 & 2 & 2 & \cdots & 2+\frac{1}{n}\end{vmatrix}.$$

例 1.2.18 (武汉大学,2009) 计算 n 阶行列式

$$D=\begin{vmatrix}a_1^2-\mu & a_1a_2 & \cdots & a_1a_n\\ a_2a_1 & a_2^2-\mu & \cdots & a_2a_n\\ \vdots & \vdots & & \vdots\\ a_na_1 & a_na_2 & \cdots & a_n^2-\mu\end{vmatrix}(\text{其中}\mu\neq 0).$$

解 (法 1) 将 D 加边可得

$$D=\begin{vmatrix}1 & a_1 & a_2 & \cdots & a_n\\ 0 & a_1^2-\mu & a_1a_2 & \cdots & a_1a_n\\ 0 & a_2a_1 & a_2^2-\mu & \cdots & a_2a_n\\ \vdots & \vdots & \vdots & & \vdots\\ 0 & a_na_1 & a_na_2 & \cdots & a_n^2-\mu\end{vmatrix},$$

将第一行乘以 $-a_i(i=1,2,\cdots,n)$ 加到第 $i+1$ 行可得

$$D=\begin{vmatrix}1 & a_1 & a_2 & \cdots & a_n\\ -a_1 & -\mu & 0 & \cdots & 0\\ -a_2 & 0 & -\mu & \cdots & 0\\ \vdots & \vdots & \vdots & & \vdots\\ -a_n & 0 & 0 & \cdots & -\mu\end{vmatrix},$$

则

$$D=\begin{vmatrix}1-\sum\limits_{i=1}^{n}\dfrac{a_i^2}{\mu} & a_1 & a_2 & \cdots & a_n\\ 0 & -\mu & 0 & \cdots & 0\\ 0 & 0 & -\mu & \cdots & 0\\ \vdots & \vdots & \vdots & & \vdots\\ 0 & 0 & 0 & \cdots & -\mu\end{vmatrix}=(-\mu)^n\left(1-\sum_{i=1}^{n}\frac{a_i^2}{\mu}\right).$$

(法 2) 令

$$\boldsymbol{A}=-\mu\boldsymbol{E},\boldsymbol{\alpha}=(a_1,a_2,\cdots,a_n)^{\mathrm{T}},$$

则 $\boldsymbol{A}$ 可逆, 且

$$D=|\boldsymbol{A}+\boldsymbol{\alpha}\boldsymbol{\alpha}^{\mathrm{T}}|=|\boldsymbol{A}|(1+\boldsymbol{\alpha}^{\mathrm{T}}\boldsymbol{A}^{-1}\boldsymbol{\alpha})=(-\mu)^n\left(1-\mu^{-1}\sum_{i=1}^{n}a_i^2\right).$$

例 1.2.19 (天津大学,2023)(1) 计算行列式

$$D=\begin{vmatrix}1+x_1y_1 & x_1y_2 & \cdots & x_1y_n\\ x_2y_1 & 1+x_2y_2 & \cdots & x_2y_n\\ \vdots & \vdots & & \vdots\\ x_ny_1 & x_ny_2 & \cdots & 1+x_ny_n\end{vmatrix};$$

(2) 若 $\boldsymbol{\alpha}^{\mathrm{T}}\boldsymbol{\beta}\neq-1$, 证明:$\boldsymbol{E}+\boldsymbol{\alpha}\boldsymbol{\beta}^{\mathrm{T}}$ 可逆;

(3) 若 $\boldsymbol{\alpha}^{\mathrm{T}}\boldsymbol{\beta}=-1$, 证明:$r\left(\boldsymbol{E}+\boldsymbol{\alpha}\boldsymbol{\beta}^{\mathrm{T}}\right)=n-1$.

例 1.2.20 (河海大学,2021) 若 $a_1,a_2,\cdots,a_n$ 和 μ 是 $n+1$ 个实数, 计算行列式

$$D_n=\begin{vmatrix}a_1^2-\mu & a_1a_2 & \cdots & a_1a_n\\ a_2a_1 & a_2^2-\mu & \cdots & a_2a_n\\ \vdots & \vdots & & \vdots\\ a_na_1 & a_na_2 & \cdots & a_n^2-\mu\end{vmatrix}.$$

例 1.2.21 (大连理工大学,2022) 设 $\boldsymbol{\alpha}$ 是 n 维列向量,$\boldsymbol{A}$ 是 n 阶可逆矩阵, 证明:

$$|\boldsymbol{A}+\boldsymbol{\alpha}\boldsymbol{\alpha}^{\mathrm{T}}|=|\boldsymbol{A}|+\boldsymbol{\alpha}^{\mathrm{T}}\boldsymbol{A}^*\boldsymbol{\alpha},$$

其中 $\boldsymbol{A}^*$ 表示 $\boldsymbol{A}$ 的伴随矩阵.

例 1.2.22 (中山大学,2016) 设 $\boldsymbol{A}$ 为 n 阶方阵,$\boldsymbol{u},\boldsymbol{v}$ 为 n 维列向量, 则

$$|\boldsymbol{A}+\boldsymbol{u}\boldsymbol{v}^{\mathrm{T}}|=|\boldsymbol{A}|+\boldsymbol{v}^{\mathrm{T}}\boldsymbol{A}^*\boldsymbol{u},$$

其中 $\boldsymbol{A}^*$ 为 $\boldsymbol{A}$ 的伴随矩阵.

证 (1) 若 $\boldsymbol{A}$ 可逆, 由于

$$\begin{pmatrix}\boldsymbol{E} & -\boldsymbol{u}\\ \boldsymbol{0} & 1\end{pmatrix}\begin{pmatrix}\boldsymbol{A} & \boldsymbol{u}\\ -\boldsymbol{v}^{\mathrm{T}} & 1\end{pmatrix}=\begin{pmatrix}\boldsymbol{A}+\boldsymbol{u}\boldsymbol{v}^{\mathrm{T}} & \boldsymbol{0}\\ -\boldsymbol{v}^{\mathrm{T}} & 1\end{pmatrix},$$

$$\begin{pmatrix} \boldsymbol{E} & \boldsymbol{0} \\ \boldsymbol{v}^{\mathrm{T}}\boldsymbol{A}^{-1} & 1 \end{pmatrix}\begin{pmatrix} \boldsymbol{A} & \boldsymbol{u} \\ -\boldsymbol{v}^{\mathrm{T}} & 1 \end{pmatrix}=\begin{pmatrix} \boldsymbol{A} & \boldsymbol{u} \\ \boldsymbol{0} & 1+\boldsymbol{v}^{\mathrm{T}}\boldsymbol{A}^{-1}\boldsymbol{u} \end{pmatrix},$$

上两式两边取行列式, 可得

$$|\boldsymbol{A}+\boldsymbol{u}\boldsymbol{v}^{\mathrm{T}}|=|\boldsymbol{A}|(1+\boldsymbol{v}^{\mathrm{T}}\boldsymbol{A}^{-1}\boldsymbol{u})=|\boldsymbol{A}|+\boldsymbol{v}^{\mathrm{T}}\boldsymbol{A}^{*}\boldsymbol{u}.$$

(2) 若 $\boldsymbol{A}$ 不可逆, 则存在无穷多 t 的值使得 $\boldsymbol{A}_1=\boldsymbol{A}+t\boldsymbol{E}$ 可逆. 由 (1) 知

$$\begin{vmatrix} \boldsymbol{A}_1 & \boldsymbol{u} \\ -\boldsymbol{v}^{\mathrm{T}} & 1 \end{vmatrix}=|\boldsymbol{A}_1|+\boldsymbol{v}^{\mathrm{T}}\boldsymbol{A}_1^{*}\boldsymbol{u}.$$

上式两边均为 t 的多项式, 且有无穷多 t 的值使得等式成立. 故当 $t=0$ 时, 等式也成立.

例 1.2.23 (华南理工大学,2013) 计算下列 n 阶行列式:

$$D=\begin{vmatrix} 1+a_1 & 1 & 1 & \cdots & 1 & 1 \\ 1 & 1+a_2 & 1 & \cdots & 1 & 1 \\ 1 & 1 & 1+a_3 & \cdots & 1 & 1 \\ \vdots & \vdots & \vdots & & \vdots & \vdots \\ 1 & 1 & 1 & \cdots & 1 & 1+a_n \end{vmatrix}.$$

解 令 $\boldsymbol{A}=\mathbf{diag}(a_1,a_2,\cdots,a_n),\boldsymbol{\alpha}=(1,1,\cdots,1)^{\mathrm{T}}$, 则

$$D=|\boldsymbol{A}+\boldsymbol{\alpha}\boldsymbol{\alpha}^{\mathrm{T}}|=|\boldsymbol{A}|+\boldsymbol{\alpha}^{\mathrm{T}}\boldsymbol{A}^{*}\boldsymbol{\alpha}=\prod_{i=1}^{n}a_i+\prod_{i=2}^{n}a_i+\prod_{i=1,i\neq 2}^{n}a_i+\cdots+\prod_{i=1}^{n-1}a_i.$$

例 1.2.24 设 $|\boldsymbol{A}|=|a_{ij}|$ 是一个 n 阶行列式,A_{ij} 是它的第 (i,j) 元素的代数余子式, 求证:

$$\begin{vmatrix} a_{11} & a_{12} & \cdots & a_{1n} & x_1 \\ a_{21} & a_{22} & \cdots & a_{2n} & x_2 \\ \vdots & \vdots & & \vdots & \vdots \\ a_{n1} & a_{n2} & \cdots & a_{nn} & x_n \\ y_1 & y_2 & \cdots & y_n & 1 \end{vmatrix}=|\boldsymbol{A}|-\sum_{i=1}^{n}\sum_{j=1}^{n}A_{ij}x_ix_j.$$

例 1.2.25 (中南大学,2012) 设 $\boldsymbol{\alpha}=(a_1,a_2,\cdots,a_n)^{\mathrm{T}}$ 是一个 $n(n\geqslant 1)$ 维非零实向量,$f(x)=|x\boldsymbol{E}-\boldsymbol{\alpha}\boldsymbol{\alpha}^{\mathrm{T}}|,g(x)=x^k-b^k$, 其中 $\boldsymbol{E}_n$ 为 n 阶单位矩阵,k 是一个正整数,$b=\boldsymbol{\alpha}^{\mathrm{T}}\boldsymbol{\alpha}$. 求 $(f(x),g(x))$.

例 1.2.26 (兰州大学,2011) 设 A_{ij} 是 n 阶矩阵 $\boldsymbol{A}=(a_{ij})_{n\times n}$ 的代数余子式. 证明:

$$\begin{vmatrix} a_{11} & a_{12} & \cdots & a_{1n} & x_1 \\ a_{21} & a_{22} & \cdots & a_{2n} & x_2 \\ \vdots & \vdots & & \vdots & \vdots \\ a_{n1} & a_{n2} & \cdots & a_{nn} & x_n \\ y_1 & y_2 & \cdots & y_n & z \end{vmatrix}=|\boldsymbol{A}|z-\sum_{i,j=1}^{n}A_{ij}x_ix_j.$$

例 1.2.27 设 $\boldsymbol{A}$ 为 n 阶方阵,$|\boldsymbol{A}|\neq 0$,$\boldsymbol{B}_1$ 为 $n\times 2$ 矩阵,$\boldsymbol{B}_2$ 为 $2\times n$ 矩阵, 则

$$|\boldsymbol{A}+\boldsymbol{B}_1\boldsymbol{B}_2|=|\boldsymbol{A}||\boldsymbol{E}_2+\boldsymbol{B}_2\boldsymbol{A}^{-1}\boldsymbol{B}_1|.$$

证 考虑分块矩阵

$$\begin{pmatrix} \boldsymbol{A} & \boldsymbol{B}_1 \\ -\boldsymbol{B}_2 & \boldsymbol{E}_2 \end{pmatrix}.$$

由于

$$\begin{pmatrix} \boldsymbol{E} & -\boldsymbol{B}_1 \\ \boldsymbol{O} & \boldsymbol{E}_2 \end{pmatrix}\begin{pmatrix} \boldsymbol{A} & \boldsymbol{B}_1 \\ -\boldsymbol{B}_2 & \boldsymbol{E}_2 \end{pmatrix}=\begin{pmatrix} \boldsymbol{A}+\boldsymbol{B}_1\boldsymbol{B}_2 & \boldsymbol{O} \\ -\boldsymbol{B}_2 & \boldsymbol{E}_2 \end{pmatrix},$$

$$\begin{pmatrix} \boldsymbol{E} & \boldsymbol{O} \\ \boldsymbol{B}_2\boldsymbol{A}^{-1} & \boldsymbol{E}_2 \end{pmatrix}\begin{pmatrix} \boldsymbol{A} & \boldsymbol{B}_1 \\ -\boldsymbol{B}_2 & \boldsymbol{E}_2 \end{pmatrix}=\begin{pmatrix} \boldsymbol{A} & \boldsymbol{B}_1 \\ \boldsymbol{O} & \boldsymbol{E}_2+\boldsymbol{B}_2\boldsymbol{A}^{-1}\boldsymbol{B}_1 \end{pmatrix},$$

上两式两边取行列式可得 $|\boldsymbol{A}+\boldsymbol{B}_1\boldsymbol{B}_2|=|\boldsymbol{A}||\boldsymbol{E}_2+\boldsymbol{B}_2\boldsymbol{A}^{-1}\boldsymbol{B}_1|$.

例 1.2.28 计算行列式

$$D_n=\begin{vmatrix} a_1^2 & 1+a_1a_2 & \cdots & 1+a_1a_n \\ 1+a_2a_1 & a_2^2 & \cdots & 1+a_2a_n \\ \vdots & \vdots & & \vdots \\ 1+a_na_1 & 1+a_na_2 & \cdots & a_n^2 \end{vmatrix}.$$

解 令

$$\boldsymbol{B}_1=\begin{pmatrix} 1 & a_1 \\ \vdots & \vdots \\ 1 & a_n \end{pmatrix},\boldsymbol{B}_2=\begin{pmatrix} 1 & \cdots & 1 \\ a_1 & \cdots & a_n \end{pmatrix},$$

则

$$\begin{aligned} D_n=&|-\boldsymbol{E}_n+\boldsymbol{B}_1\boldsymbol{B}_2|=|-\boldsymbol{E}_n||\boldsymbol{E}_2+\boldsymbol{B}_2(-\boldsymbol{E}_n)^{-1}\boldsymbol{B}_1| \\ =&(-1)^n\left[(1-n)\left(1-\sum_{i=1}^n a_i^2\right)-\left(\sum_{i=1}^n a_i\right)^2\right]. \end{aligned}$$

例 1.2.29 (中国科学院大学,2021) 试计算

$$D=\begin{vmatrix} 2+a_1c_1+b_1d_1 & a_2c_1+b_2d_1 & \cdots & a_nc_1+b_nd_1 \\ a_1c_2+b_1d_2 & 2+a_2c_2+b_2d_2 & \cdots & a_nc_2+b_nd_2 \\ \vdots & \vdots & & \vdots \\ a_1c_n+b_1d_n & a_2c_n+b_2d_n & \cdots & 2+a_nc_n+b_nd_n \end{vmatrix}.$$

例 1.2.30 (西安电子科技大学,2007; 武汉大学,2012; 中国科学院大学,2020) 设 $\boldsymbol{A}$ 为 $n\times m$ 矩阵,$\boldsymbol{B}$ 为 $m\times n$ 矩阵. 证明:

$$\lambda^n|\lambda\boldsymbol{E}_m-\boldsymbol{BA}|=\lambda^m|\lambda\boldsymbol{E}_n-\boldsymbol{AB}|.$$

证 (法 1) 由于

$$\begin{pmatrix} \boldsymbol{E}_n & \boldsymbol{O}_{n\times m} \\ -\boldsymbol{B}_{m\times n} & \boldsymbol{E}_{m\times m} \end{pmatrix}\begin{pmatrix} \lambda\boldsymbol{E}_n & \boldsymbol{A}_{n\times m} \\ \lambda\boldsymbol{B}_{m\times n} & \lambda\boldsymbol{E}_m \end{pmatrix}=\begin{pmatrix} \lambda\boldsymbol{E}_n & \boldsymbol{A}_{n\times m} \\ \boldsymbol{O} & \lambda\boldsymbol{E}_m-\boldsymbol{BA} \end{pmatrix},$$

$$\begin{pmatrix} \lambda \boldsymbol{E}_n & \boldsymbol{A}_{n\times m} \\ \lambda \boldsymbol{B}_{m\times n} & \lambda \boldsymbol{E}_m \end{pmatrix} \begin{pmatrix} \boldsymbol{E}_n & \boldsymbol{O} \\ -\boldsymbol{B}_{m\times n} & \boldsymbol{E}_m \end{pmatrix} = \begin{pmatrix} \lambda \boldsymbol{E}_n - \boldsymbol{AB} & \boldsymbol{A} \\ \boldsymbol{O} & \lambda \boldsymbol{E}_m \end{pmatrix},$$

两式两边取行列式可得.

(法 2)(1) 先证明 $m = n$ 时, 结论成立.

若 $\boldsymbol{A}$ 可逆, 则

$$|\lambda \boldsymbol{E}_n - \boldsymbol{AB}| = |\lambda \boldsymbol{A}\boldsymbol{E}_n\boldsymbol{A}^{-1} - \boldsymbol{A}(\boldsymbol{BA})\boldsymbol{A}^{-1}| = |\boldsymbol{A}(\lambda \boldsymbol{E}_n - \boldsymbol{BA})\boldsymbol{A}^{-1}| = |\lambda \boldsymbol{E}_n - \boldsymbol{BA}|.$$

若 $\boldsymbol{A}$ 不可逆, 则存在无穷多个 x 的值使得 $\boldsymbol{A}_1 = \boldsymbol{A} + x\boldsymbol{E}$ 可逆, 由前证有

$$|\lambda \boldsymbol{E}_n - \boldsymbol{A}_1\boldsymbol{B}| = |\lambda \boldsymbol{E}_n - \boldsymbol{B}\boldsymbol{A}_1|,$$

上式两边是关于 x 的多项式, 由于有无穷多个 x 的值使得等式成立, 故等式恒成立, 于是 $x = 0$ 时, 等式也成立, 即

$$|\lambda \boldsymbol{E}_n - \boldsymbol{AB}| = |\lambda \boldsymbol{E}_n - \boldsymbol{BA}|.$$

(2) 不妨设 $n > m$, 令 $\boldsymbol{A}_1 = (\boldsymbol{A}, \boldsymbol{O})_{n\times n}, \boldsymbol{B}_1 = (\boldsymbol{B}^{\mathrm{T}}, \boldsymbol{O})^{\mathrm{T}}_{n\times n}$, 则由 (1) 有

$$|\lambda \boldsymbol{E}_n - \boldsymbol{A}_1\boldsymbol{B}_1| = |\lambda \boldsymbol{E}_n - \boldsymbol{B}_1\boldsymbol{A}_1|,$$

注意到 $\boldsymbol{B}_1\boldsymbol{A}_1 = \begin{pmatrix} \boldsymbol{BA} & \boldsymbol{O} \\ \boldsymbol{O} & \boldsymbol{O} \end{pmatrix}, \boldsymbol{A}_1\boldsymbol{B}_1 = \boldsymbol{AB}$, 可得

$$|\lambda \boldsymbol{E}_n - \boldsymbol{AB}| = |\lambda \boldsymbol{E}_n - \boldsymbol{A}_1\boldsymbol{B}_1| = |\lambda \boldsymbol{E}_n - \boldsymbol{B}_1\boldsymbol{A}_1| = \lambda^{n-m}|\lambda \boldsymbol{E}_m - \boldsymbol{BA}|.$$

故结论成立.

(法 3) 设 $r(\boldsymbol{A}) = r$, 则存在可逆矩阵 $\boldsymbol{P}_{n\times n}, \boldsymbol{Q}_{m\times m}$ 使得

$$\boldsymbol{A} = \boldsymbol{P}\begin{pmatrix} \boldsymbol{E}_r & \boldsymbol{O} \\ \boldsymbol{O} & \boldsymbol{O} \end{pmatrix}\boldsymbol{Q},$$

设 $\boldsymbol{QBP}$ 分块为

$$\boldsymbol{QBP} = \begin{pmatrix} \boldsymbol{B}_1 & \boldsymbol{B}_2 \\ \boldsymbol{B}_3 & \boldsymbol{B}_4 \end{pmatrix},$$

其中 $\boldsymbol{B}_1$ 为 r 阶方阵, 则有

$$\begin{aligned} \lambda^m|\lambda \boldsymbol{E}_n - \boldsymbol{AB}| &= \lambda^m \left|\lambda \boldsymbol{P}\boldsymbol{E}_n\boldsymbol{P}^{-1} - \boldsymbol{P}\begin{pmatrix} \boldsymbol{E}_r & \boldsymbol{O} \\ \boldsymbol{O} & \boldsymbol{O} \end{pmatrix}\boldsymbol{QBP}\boldsymbol{P}^{-1}\right| \\ &= \lambda^m \left|\lambda \boldsymbol{E}_n - \begin{pmatrix} \boldsymbol{E}_r & \boldsymbol{O} \\ \boldsymbol{O} & \boldsymbol{O} \end{pmatrix}\boldsymbol{QBP}\right| \\ &= \lambda^m \left|\lambda \boldsymbol{E}_n - \begin{pmatrix} \boldsymbol{E}_r & \boldsymbol{O} \\ \boldsymbol{O} & \boldsymbol{O} \end{pmatrix}\begin{pmatrix} \boldsymbol{B}_1 & \boldsymbol{B}_2 \\ \boldsymbol{B}_3 & \boldsymbol{B}_4 \end{pmatrix}\right| \\ &= \lambda^m \left|\lambda \boldsymbol{E}_n - \begin{pmatrix} \boldsymbol{B}_1 & \boldsymbol{B}_2 \\ \boldsymbol{O} & \boldsymbol{O} \end{pmatrix}\right| \\ &= \lambda^m \left|\begin{pmatrix} \lambda \boldsymbol{E}_r - \boldsymbol{B}_1 & -\boldsymbol{B}_2 \\ \boldsymbol{O} & \lambda \boldsymbol{E}_{n-r} \end{pmatrix}\right| \\ &= \lambda^{m+n-r}|\lambda \boldsymbol{E}_r - \boldsymbol{B}_1|. \end{aligned}$$

同理可得 $\lambda^n|\lambda \boldsymbol{E}_m - \boldsymbol{BA}| = \lambda^{m+n-r}|\lambda \boldsymbol{E}_r - \boldsymbol{B}_1|$. 故结论成立.

例 1.2.31 (中国科学院大学,2010; 重庆大学,2021) 已知 $\boldsymbol{A},\boldsymbol{B}$ 分别为 $n\times m$ 与 $m\times n$ 矩阵.
(1) (福州大学,2022) 证明$|\boldsymbol{E}_n-\boldsymbol{AB}|=|\boldsymbol{E}_m-\boldsymbol{BA}|$, 其中$\boldsymbol{E}_n,\boldsymbol{E}_m$分别为$n$阶与$m$阶单位矩阵;
(2) (上海大学,2012; 山西大学,2021) 计算行列式

$$D_n=\begin{vmatrix}1+a_1+x_1 & a_1+x_2 & a_1+x_3 & \cdots & a_1+x_n\\ a_2+x_1 & 1+a_2+x_2 & a_2+x_3 & \cdots & a_2+x_n\\ a_3+x_1 & a_3+x_2 & 1+a_3+x_3 & \cdots & a_3+x_n\\ \vdots & \vdots & \vdots & & \vdots\\ a_n+x_1 & a_n+x_2 & a_n+x_3 & \cdots & 1+a_n+x_n\end{vmatrix}.$$

例 1.2.32 (湖南师范大学,2021) 已知实数 $a_1,a_2,\cdots,a_n$ 满足 $\sum\limits_{i=1}^{n}a_i=0$, 令

$$\boldsymbol{A}=\begin{pmatrix}a_1^2+1 & a_1a_2+1 & \cdots & a_1a_n+1\\ a_2a_1+1 & a_2^2+1 & \cdots & a_2a_n+1\\ \vdots & \vdots & & \vdots\\ a_na_1+1 & a_na_2+1 & \cdots & a_n^2+1\end{pmatrix}.$$

(1) 证明: 存在一个 $n\times 2$ 矩阵 $\boldsymbol{B}$, 使得 $\boldsymbol{A}=\boldsymbol{B}\boldsymbol{B}^{\mathrm{T}}$;
(2) 求 n 阶实矩阵 $\boldsymbol{A}$ 的特征值.

例 1.2.33 (电子科技大学,2022)$\boldsymbol{A}$ 为 3×4 矩阵,$\boldsymbol{B}$ 为 4×3 矩阵.
(1) 证明:$|\lambda\boldsymbol{E}_4-\boldsymbol{BA}|=\lambda|\lambda\boldsymbol{E}_3-\boldsymbol{AB}|$;
(2) 若 $\mathrm{tr}(\boldsymbol{AB})=6$, $\boldsymbol{AB}$ 的每行元素之和均为 1,$\boldsymbol{BA}-2\boldsymbol{E}$ 不可逆, 求 $|\boldsymbol{BA}+2\boldsymbol{E}|$.

例 1.2.34 设 $\boldsymbol{A},\boldsymbol{B}$ 均为 n 阶方阵, 且 $\boldsymbol{E}-\boldsymbol{AB}$ 可逆, 证明:$\boldsymbol{E}-\boldsymbol{BA}$ 可逆, 并求其逆.

证 先证 $\boldsymbol{E}-\boldsymbol{BA}$ 可逆.
(法 1) 在例1.2.30中令 $\lambda=1$, 可得 $|\boldsymbol{E}-\boldsymbol{BA}|=|\boldsymbol{E}-\boldsymbol{AB}|$, 故结论成立.
(法 2) 反证法. 若 $\boldsymbol{E}-\boldsymbol{BA}$ 不可逆, 则存在非零列向量 $\boldsymbol{x}$, 使得 $(\boldsymbol{E}-\boldsymbol{BA})\boldsymbol{x}=\boldsymbol{0}$, 即 $\boldsymbol{x}=\boldsymbol{BAx}$, 令 $\boldsymbol{y}=\boldsymbol{Ax}$, 则有 $\boldsymbol{x}=\boldsymbol{By}$. 由 $\boldsymbol{x}\neq\boldsymbol{0}$ 可得 $\boldsymbol{y}\neq\boldsymbol{0}$.(利用反证法可得) 于是

$$(\boldsymbol{E}-\boldsymbol{AB})\boldsymbol{y}=\boldsymbol{y}-\boldsymbol{ABy}=\boldsymbol{Ax}-\boldsymbol{Ax}=\boldsymbol{0},$$

这与 $\boldsymbol{E}-\boldsymbol{AB}$ 可逆矛盾.
再求 $\boldsymbol{E}-\boldsymbol{BA}$ 的逆矩阵.
(法 1) 由于

$$\begin{aligned}\boldsymbol{E}-\boldsymbol{BA}&=\boldsymbol{E}-\boldsymbol{B}(\boldsymbol{E}-\boldsymbol{AB})(\boldsymbol{E}-\boldsymbol{AB})^{-1}\boldsymbol{A}\\&=\boldsymbol{E}-(\boldsymbol{B}-\boldsymbol{BAB})(\boldsymbol{E}-\boldsymbol{AB})^{-1}\boldsymbol{A}\\&=\boldsymbol{E}-(\boldsymbol{E}-\boldsymbol{BA})\boldsymbol{B}(\boldsymbol{E}-\boldsymbol{AB})^{-1}\boldsymbol{A},\end{aligned}$$

于是 $(\boldsymbol{E}-\boldsymbol{BA})+(\boldsymbol{E}-\boldsymbol{BA})\boldsymbol{B}(\boldsymbol{E}-\boldsymbol{AB})^{-1}\boldsymbol{A}=\boldsymbol{E}$, 即 $(\boldsymbol{E}-\boldsymbol{BA})(\boldsymbol{E}+\boldsymbol{B}(\boldsymbol{E}-\boldsymbol{AB})^{-1}\boldsymbol{A})=\boldsymbol{E}$. 于是

$$(\boldsymbol{E}-\boldsymbol{BA})^{-1}=\boldsymbol{E}+\boldsymbol{B}(\boldsymbol{E}-\boldsymbol{AB})^{-1}\boldsymbol{A}.$$

(法 2) 设 $\boldsymbol{C}$ 为 $\boldsymbol{E}-\boldsymbol{AB}$ 的逆矩阵, 则有 $(\boldsymbol{E}-\boldsymbol{AB})\boldsymbol{C}=\boldsymbol{E}$, 即 $\boldsymbol{C}-\boldsymbol{ABC}=\boldsymbol{E}$, 左乘 $\boldsymbol{B}$, 右乘 $\boldsymbol{A}$ 可得 $\boldsymbol{BCA}-\boldsymbol{BABCA}=\boldsymbol{BA}$, 即 $(\boldsymbol{E}-\boldsymbol{BA})\boldsymbol{BCA}=\boldsymbol{BA}$, 从而

$$(\boldsymbol{E}-\boldsymbol{BA})\boldsymbol{BCA}+(\boldsymbol{E}-\boldsymbol{BA})=\boldsymbol{E},$$

故 $(\boldsymbol{E}-\boldsymbol{BA})(\boldsymbol{BCA}+\boldsymbol{E})=\boldsymbol{E}$, 于是 $\boldsymbol{E}-\boldsymbol{BA}$ 可逆, 且

$$(\boldsymbol{E}-\boldsymbol{BA})^{-1}=\boldsymbol{BCA}+\boldsymbol{E}=\boldsymbol{B}(\boldsymbol{E}-\boldsymbol{AB})^{-1}\boldsymbol{A}+\boldsymbol{E}.$$

例 1.2.35 设 $\boldsymbol{A},\boldsymbol{B}$ 均为 n 阶方阵, 且 $\boldsymbol{E}+\boldsymbol{AB}$ 可逆, 证明:$\boldsymbol{E}+\boldsymbol{BA}$ 可逆, 并求其逆.

例 1.2.36 (中山大学,2019) 设 $\boldsymbol{A}$ 为 $m\times n$ 矩阵,$\boldsymbol{B}$ 为 $n\times m$ 矩阵. 证明:$\boldsymbol{E}_m-\boldsymbol{AB}$ 可逆当且仅当 $\boldsymbol{E}_n-\boldsymbol{BA}$ 可逆.

例 1.2.37 (南京航空航天大学,2013) 设 $\boldsymbol{A},\boldsymbol{B}$ 是 n 阶方阵, 分块矩阵 $\boldsymbol{C}=\begin{pmatrix}\boldsymbol{A}&\boldsymbol{B}\\\boldsymbol{B}&\boldsymbol{A}\end{pmatrix}$, 证明:

(1) $|\boldsymbol{C}|=|\boldsymbol{A}+\boldsymbol{B}||\boldsymbol{A}-\boldsymbol{B}|$;

(2) 若 $\boldsymbol{B}$ 可逆, 则 $|\boldsymbol{C}|=|\boldsymbol{B}||\boldsymbol{AB}^{-1}\boldsymbol{A}-\boldsymbol{B}|$.

证 (1) 由于

$$\begin{pmatrix}\boldsymbol{E}&\boldsymbol{E}\\\boldsymbol{O}&\boldsymbol{E}\end{pmatrix}\begin{pmatrix}\boldsymbol{A}&\boldsymbol{B}\\\boldsymbol{B}&\boldsymbol{A}\end{pmatrix}\begin{pmatrix}\boldsymbol{E}&-\boldsymbol{E}\\\boldsymbol{O}&\boldsymbol{E}\end{pmatrix}=\begin{pmatrix}\boldsymbol{A}+\boldsymbol{B}&\boldsymbol{O}\\\boldsymbol{B}&\boldsymbol{A}-\boldsymbol{B}\end{pmatrix},$$

两边取行列式, 可得 $|\boldsymbol{C}|=|\boldsymbol{A}+\boldsymbol{B}||\boldsymbol{A}-\boldsymbol{B}|$.

(2) 由于

$$\begin{pmatrix}\boldsymbol{E}&\boldsymbol{O}\\-\boldsymbol{AB}^{-1}&\boldsymbol{E}\end{pmatrix}\begin{pmatrix}\boldsymbol{A}&\boldsymbol{B}\\\boldsymbol{B}&\boldsymbol{A}\end{pmatrix}=\begin{pmatrix}\boldsymbol{A}&\boldsymbol{B}\\\boldsymbol{B}-\boldsymbol{AB}^{-1}\boldsymbol{A}&\boldsymbol{O}\end{pmatrix},$$

上式两边取行列式可得

$$|\boldsymbol{C}|=(-1)^{n^2}|\boldsymbol{B}||\boldsymbol{B}-\boldsymbol{AB}^{-1}\boldsymbol{A}|=(-1)^{n^2+n}|\boldsymbol{B}||\boldsymbol{AB}^{-1}\boldsymbol{A}-\boldsymbol{B}|=|\boldsymbol{B}||\boldsymbol{AB}^{-1}\boldsymbol{A}-\boldsymbol{B}|.$$

即结论成立.

例 1.2.38 (武汉大学,2021) 设 $\boldsymbol{A},\boldsymbol{B}$ 为二阶矩阵, 且 $\boldsymbol{B}=2\boldsymbol{A}$, 其中二阶矩阵 $\boldsymbol{A}$ 的特征值为 $-\dfrac{1}{2},2$, 且 $\boldsymbol{M}=\begin{pmatrix}\boldsymbol{B}&\boldsymbol{A}\\\boldsymbol{A}&\boldsymbol{B}\end{pmatrix}$, 求 $\det(\boldsymbol{M})$.

例 1.2.39 (上海交通大学,2021) 设 $\boldsymbol{A},\boldsymbol{B}\in\mathbb{R}^{n\times n},\boldsymbol{A}^{\mathrm{T}}=\boldsymbol{A},\boldsymbol{B}^{\mathrm{T}}=\boldsymbol{B}$, 记 $\boldsymbol{C}=\begin{pmatrix}\boldsymbol{A}&\boldsymbol{B}\\\boldsymbol{B}&\boldsymbol{A}\end{pmatrix}$.

(1) 证明:$\boldsymbol{C}$ 可逆当且仅当 $\boldsymbol{A}-\boldsymbol{B},\boldsymbol{A}+\boldsymbol{B}$ 可逆;

(2) 证明:$\boldsymbol{C}$ 正定当且仅当 $\boldsymbol{A},\boldsymbol{A}-\boldsymbol{BA}^{-1}\boldsymbol{B}$ 都是正定矩阵.

例 1.2.40 设 $\boldsymbol{A},\boldsymbol{B}$ 为 n 阶方阵, 证明:

$$\begin{vmatrix}\boldsymbol{A}+\boldsymbol{B}&\boldsymbol{A}-\boldsymbol{B}\\\boldsymbol{A}-\boldsymbol{B}&\boldsymbol{A}+\boldsymbol{B}\end{vmatrix}=4^n|\boldsymbol{A}||\boldsymbol{B}|.$$

证 由于

$$\begin{pmatrix} \boldsymbol{E} & \boldsymbol{O} \\ \boldsymbol{E} & \boldsymbol{E} \end{pmatrix}\begin{pmatrix} \boldsymbol{A}+\boldsymbol{B} & \boldsymbol{A}-\boldsymbol{B} \\ \boldsymbol{A}-\boldsymbol{B} & \boldsymbol{A}+\boldsymbol{B} \end{pmatrix}\begin{pmatrix} \boldsymbol{E} & \boldsymbol{O} \\ -\boldsymbol{E} & \boldsymbol{E} \end{pmatrix}=\begin{pmatrix} 2\boldsymbol{B} & \boldsymbol{A}-\boldsymbol{B} \\ \boldsymbol{O} & 2\boldsymbol{A} \end{pmatrix},$$

等式两边取行列式, 可得

$$\begin{vmatrix} \boldsymbol{A}+\boldsymbol{B} & \boldsymbol{A}-\boldsymbol{B} \\ \boldsymbol{A}-\boldsymbol{B} & \boldsymbol{A}+\boldsymbol{B} \end{vmatrix}=|2\boldsymbol{A}||2\boldsymbol{B}|=4^n|\boldsymbol{A}||\boldsymbol{B}|.$$

例 1.2.41 (大连理工大学,2022) 设 $\boldsymbol{A},\boldsymbol{B}$ 均为 n 阶方阵，$\boldsymbol{C}=\begin{pmatrix} \boldsymbol{A} & \boldsymbol{B} \\ \boldsymbol{B} & \boldsymbol{A} \end{pmatrix}$, 证明:$\boldsymbol{C}$ 的特征值是 $\boldsymbol{A}+\boldsymbol{B}$ 或 $\boldsymbol{A}-\boldsymbol{B}$ 的特征值；反之，$\boldsymbol{A}+\boldsymbol{B}$ 和 $\boldsymbol{A}-\boldsymbol{B}$ 的特征值都是 $\boldsymbol{C}$ 的特征值.

例 1.2.42 (中国科学院大学,2020) 设 $\boldsymbol{A},\boldsymbol{B}$ 为 n 阶实方阵, 证明:

$$\begin{vmatrix} \boldsymbol{A} & \boldsymbol{B} \\ -\boldsymbol{B} & \boldsymbol{A} \end{vmatrix}=|\boldsymbol{A}+\sqrt{-1}\boldsymbol{B}|\cdot|\boldsymbol{A}-\sqrt{-1}\boldsymbol{B}|.$$

证 由于

$$\begin{pmatrix} \boldsymbol{E} & \mathrm{i}\boldsymbol{E} \\ \boldsymbol{O} & \boldsymbol{E} \end{pmatrix}\begin{pmatrix} \boldsymbol{A} & \boldsymbol{B} \\ \boldsymbol{B} & \boldsymbol{A} \end{pmatrix}\begin{pmatrix} \boldsymbol{E} & -\mathrm{i}\boldsymbol{E} \\ \boldsymbol{O} & \boldsymbol{E} \end{pmatrix}=\begin{pmatrix} \boldsymbol{A}+\mathrm{i}\boldsymbol{B} & \boldsymbol{O} \\ \boldsymbol{B} & \boldsymbol{A}-\mathrm{i}\boldsymbol{B} \end{pmatrix},$$

上式两边取行列式可得结论成立.

例 1.2.43 设 $\boldsymbol{A},\boldsymbol{B}$ 都是 n 阶方阵, 且 $\boldsymbol{AB}=\boldsymbol{BA}$. 证明:

$$\begin{vmatrix} \boldsymbol{A} & -\boldsymbol{B} \\ \boldsymbol{B} & \boldsymbol{A} \end{vmatrix}=|\boldsymbol{A}^2+\boldsymbol{B}^2|.$$

例 1.2.44 (首都师范大学,2018) 将行列式 $\begin{vmatrix} a & b & c & d \\ b & a & d & c \\ c & d & a & b \\ d & c & b & a \end{vmatrix}$ 表示为因式的乘积.

解 记所求的行列式为 D. 令

$$\boldsymbol{A}=\begin{pmatrix} a & b \\ b & a \end{pmatrix},\boldsymbol{B}=\begin{pmatrix} c & d \\ d & c \end{pmatrix},$$

则

$$D=\begin{vmatrix} \boldsymbol{A} & \boldsymbol{B} \\ \boldsymbol{B} & \boldsymbol{A} \end{vmatrix}=\begin{vmatrix} \boldsymbol{A}+\boldsymbol{B} & \boldsymbol{A}+\boldsymbol{B} \\ \boldsymbol{B} & \boldsymbol{A} \end{vmatrix}=\begin{vmatrix} \boldsymbol{A}+\boldsymbol{B} & \boldsymbol{O} \\ \boldsymbol{B} & \boldsymbol{A}-\boldsymbol{B} \end{vmatrix}=|\boldsymbol{A}+\boldsymbol{B}||\boldsymbol{A}-\boldsymbol{B}|,$$

由于

$$|\boldsymbol{A}+\boldsymbol{B}|=\begin{vmatrix} a+c & b+d \\ b+d & a+c \end{vmatrix}=(a+c+b+d)(a+c-b-d),$$

$$|\boldsymbol{A}-\boldsymbol{B}|=\begin{vmatrix} a-c & b-d \\ b-d & a-c \end{vmatrix}=(a-c+b-d)(a-c-b+d),$$

故 $D=(a+c+b+d)(a+c-b-d)(a-c+b-d)(a-c-b+d)$.

例 1.2.45 计算行列式

$$D=\begin{vmatrix} x & y & z & a & b & c \\ z & x & y & c & a & b \\ y & z & x & b & c & a \\ a & b & c & x & y & z \\ c & a & b & z & x & y \\ b & c & a & y & z & x \end{vmatrix}.$$

例 1.2.46 (南开大学,2021) 计算行列式

$$\begin{vmatrix} a & -a & -1 & 0 \\ a & -a & 0 & -1 \\ 1 & 0 & a & -a \\ 0 & 1 & a & -a \end{vmatrix}.$$

例 1.2.47 (首都师范大学,2020) 计算四阶行列式

$$D=\begin{vmatrix} ax & ay & bx & by \\ az & au & bz & bu \\ cx & cy & dx & dy \\ cz & cu & dz & du \end{vmatrix}.$$

例 1.2.48 (南京大学,2008) 设 $\boldsymbol{A}$ 是一个 n 阶矩阵,$\boldsymbol{\alpha}$ 是一个 n 维列向量. 证明: 如果

$$\begin{vmatrix} \boldsymbol{A} & \boldsymbol{\alpha} \\ \boldsymbol{\alpha}^{\mathrm{T}} & b \end{vmatrix}=0,$$

那么

$$\begin{vmatrix} \boldsymbol{A} & \boldsymbol{\alpha} \\ \boldsymbol{\alpha}^{\mathrm{T}} & a \end{vmatrix}=(a-b)|\boldsymbol{A}|.$$

证 由于

$$\begin{vmatrix} \boldsymbol{A} & \boldsymbol{\alpha} \\ \boldsymbol{\alpha}^{\mathrm{T}} & a \end{vmatrix}=\begin{vmatrix} \boldsymbol{A} & \boldsymbol{\alpha}+\boldsymbol{0} \\ \boldsymbol{\alpha}^{\mathrm{T}} & b+(a-b) \end{vmatrix}=\begin{vmatrix} \boldsymbol{A} & \boldsymbol{\alpha} \\ \boldsymbol{\alpha}^{\mathrm{T}} & b \end{vmatrix}+\begin{vmatrix} \boldsymbol{A} & \boldsymbol{0} \\ \boldsymbol{\alpha}^{\mathrm{T}} & a-b \end{vmatrix}=(a-b)|\boldsymbol{A}|.$$

故结论成立.

例 1.2.49 (华南理工大学,2011; 福州大学,2021) 设 $\boldsymbol{A},\boldsymbol{B},\boldsymbol{C},\boldsymbol{D}$ 为 n 阶方阵, 若 $r\begin{pmatrix} \boldsymbol{A} & \boldsymbol{B} \\ \boldsymbol{C} & \boldsymbol{D} \end{pmatrix}=n$, 证明:

$$\begin{vmatrix} |\boldsymbol{A}| & |\boldsymbol{B}| \\ |\boldsymbol{C}| & |\boldsymbol{D}| \end{vmatrix}=0.$$

而且若 $\boldsymbol{A}$ 可逆, 则 $\boldsymbol{D}=\boldsymbol{C}\boldsymbol{A}^{-1}\boldsymbol{B}$.

证 首先

$$\begin{vmatrix} |\boldsymbol{A}| & |\boldsymbol{B}| \\ |\boldsymbol{C}| & |\boldsymbol{D}| \end{vmatrix}=|\boldsymbol{A}||\boldsymbol{D}|-|\boldsymbol{B}||\boldsymbol{C}|.$$

(1) 若 $|\boldsymbol{A}|\neq 0$, 即 $\boldsymbol{A}$ 可逆, 由矩阵的初等变换不改变矩阵的秩, 于是由

$$\begin{pmatrix} \boldsymbol{E} & \boldsymbol{O} \\ -\boldsymbol{C}\boldsymbol{A}^{-1} & \boldsymbol{E} \end{pmatrix}\begin{pmatrix} \boldsymbol{A} & \boldsymbol{B} \\ \boldsymbol{C} & \boldsymbol{D} \end{pmatrix}\begin{pmatrix} \boldsymbol{E} & -\boldsymbol{A}^{-1}\boldsymbol{B} \\ \boldsymbol{O} & \boldsymbol{E} \end{pmatrix}=\begin{pmatrix} \boldsymbol{A} & \boldsymbol{O} \\ \boldsymbol{O} & \boldsymbol{D}-\boldsymbol{C}\boldsymbol{A}^{-1}\boldsymbol{B} \end{pmatrix},$$

以及条件 $r\begin{pmatrix} \boldsymbol{A} & \boldsymbol{B} \\ \boldsymbol{C} & \boldsymbol{D} \end{pmatrix}=n$, 可得 $\boldsymbol{D}-\boldsymbol{C}\boldsymbol{A}^{-1}\boldsymbol{B}=\boldsymbol{O}$, 即若 $\boldsymbol{A}$ 可逆, 则 $\boldsymbol{D}=\boldsymbol{C}\boldsymbol{A}^{-1}\boldsymbol{B}$, 并且

$$\begin{vmatrix} |\boldsymbol{A}| & |\boldsymbol{B}| \\ |\boldsymbol{C}| & |\boldsymbol{D}| \end{vmatrix}=|\boldsymbol{A}||\boldsymbol{C}\boldsymbol{A}^{-1}\boldsymbol{B}|-|\boldsymbol{B}||\boldsymbol{C}|=|\boldsymbol{A}||\boldsymbol{C}||\boldsymbol{A}^{-1}||\boldsymbol{B}|-|\boldsymbol{B}||\boldsymbol{C}|=0.$$

(2) 若 $|\boldsymbol{A}|=0$, 只需证 $|\boldsymbol{B}||\boldsymbol{C}|=0$. 若 $|\boldsymbol{B}|\neq 0$, 则由

$$\begin{pmatrix} \boldsymbol{E} & \boldsymbol{O} \\ -\boldsymbol{D}\boldsymbol{B}^{-1} & \boldsymbol{E} \end{pmatrix}\begin{pmatrix} \boldsymbol{A} & \boldsymbol{B} \\ \boldsymbol{C} & \boldsymbol{D} \end{pmatrix}\begin{pmatrix} \boldsymbol{E} & \boldsymbol{O} \\ -\boldsymbol{B}^{-1}\boldsymbol{A} & \boldsymbol{E} \end{pmatrix}=\begin{pmatrix} \boldsymbol{O} & \boldsymbol{B} \\ \boldsymbol{C}-\boldsymbol{D}\boldsymbol{B}^{-1}\boldsymbol{A} & \boldsymbol{O} \end{pmatrix},$$

有 $\boldsymbol{C}-\boldsymbol{D}\boldsymbol{B}^{-1}\boldsymbol{A}=\boldsymbol{O}$, 注意到 $|\boldsymbol{A}|=0$, 故

$$|\boldsymbol{C}|=|\boldsymbol{D}\boldsymbol{B}^{-1}\boldsymbol{A}|=|\boldsymbol{D}||\boldsymbol{B}^{-1}||\boldsymbol{A}|=0.$$

同理可证若 $|\boldsymbol{C}|\neq 0$, 则 $|\boldsymbol{B}|=0$.

综上, 结论成立.

例 1.2.50 (厦门大学,2013; 四川师范大学,2014) 设 $\boldsymbol{A},\boldsymbol{B},\boldsymbol{C},\boldsymbol{D}$ 为 n 阶方阵.

(1) 证明: 若 $\boldsymbol{A}$ 可逆, 则 $\begin{vmatrix} \boldsymbol{A} & \boldsymbol{B} \\ \boldsymbol{C} & \boldsymbol{D} \end{vmatrix}=\det(\boldsymbol{A})\det(\boldsymbol{D}-\boldsymbol{C}\boldsymbol{A}^{-1}\boldsymbol{B})$;

(2) 若 $r\begin{pmatrix} \boldsymbol{A} & \boldsymbol{B} \\ \boldsymbol{C} & \boldsymbol{D} \end{pmatrix}=n$, 问 $\begin{pmatrix} \det(\boldsymbol{A}) & \det(\boldsymbol{B}) \\ \det(\boldsymbol{C}) & \det(\boldsymbol{D}) \end{pmatrix}$ 是否可逆? 若可逆, 请证明; 若不可逆, 请举反例.

例 1.2.51 (天津大学,2019) 证明: (1) 已知 $r(\boldsymbol{E}_n+\boldsymbol{A}\boldsymbol{B})=n$, 证明:$r(\boldsymbol{E}_n+\boldsymbol{B}\boldsymbol{A})=n$.

(2) 设 $\boldsymbol{A},\boldsymbol{B},\boldsymbol{C},\boldsymbol{D}$ 为 n 阶方阵. 若 $r\begin{pmatrix} \boldsymbol{A} & \boldsymbol{B} \\ \boldsymbol{C} & \boldsymbol{D} \end{pmatrix}=2n$, 则 $\begin{pmatrix} |\boldsymbol{A}| & |\boldsymbol{B}| \\ |\boldsymbol{C}| & |\boldsymbol{D}| \end{pmatrix}$ 是否满秩? 是, 请给出证明; 不是, 请给出反例.

1.3 代数余子式求和问题

代数余子式求和的方法

行列式的余子式 (代数余子式) 之和的求解问题在研究生入学考试中经常出现. 解决这类问题的方法有:

(1) 用余子式 (代数余子式) 的定义直接计算. 此法一般计算量较大, 易出错.

(2) 利用行列式元素的余子式 (代数余子式) 与此元素的值无关的特点, 改变行列式的某个 (行或列) 元素, 然后利用行列式的展开定理处理. 此法应用较多.

(3) 考虑矩阵的伴随矩阵.

(4) 利用

$$\begin{vmatrix} a_{11}+x & a_{12}+x & \cdots & a_{1n}+x \\ a_{21}+x & a_{22}+x & \cdots & a_{2n}+x \\ \vdots & \vdots & & \vdots \\ a_{n1}+x & a_{n2}+x & \cdots & a_{nn}+x \end{vmatrix} = |a_{ij}| + x\sum_{i=1}^{n}\sum_{j=1}^{n} A_{ij},$$

其中 A_{ij} 是 $|a_{ij}|$ 中元素 a_{ij} 的代数余子式.

(5) 利用结论: 设 $\boldsymbol{A}=(a_{ij})$ 为 n 阶方阵,$\boldsymbol{u}=(u_1,u_2,\cdots,u_n)^{\mathrm{T}}$, $\boldsymbol{v}=(v_1,v_2,\cdots,v_n)^{\mathrm{T}}$ 为 n 维列向量, 则

$$|\boldsymbol{A}+\boldsymbol{u}\boldsymbol{v}^{\mathrm{T}}| = \begin{vmatrix} \boldsymbol{A} & \boldsymbol{u} \\ -\boldsymbol{v}^{\mathrm{T}} & 1 \end{vmatrix} = |\boldsymbol{A}| + \boldsymbol{v}^{\mathrm{T}}\boldsymbol{A}^*\boldsymbol{u} = |\boldsymbol{A}| + \sum_{i,j=1}^{n} u_i v_j A_{ij},$$

其中 $\boldsymbol{A}^*$ 为 $\boldsymbol{A}$ 的伴随矩阵.

(6) 利用结论: 设 n 阶行列式 $|\boldsymbol{A}|=|a_{ij}|$,$A_{ij}$ 是元素 a_{ij} 的代数余子式, 证明:

$$\begin{vmatrix} a_{11}-a_{12} & a_{12}-a_{13} & \cdots & a_{1(n-1)}-a_{1n} & 1 \\ a_{21}-a_{22} & a_{22}-a_{23} & \cdots & a_{2(n-1)}-a_{2n} & 1 \\ \vdots & \vdots & & \vdots & \vdots \\ a_{n1}-a_{n2} & a_{n2}-a_{n3} & \cdots & a_{n(n-1)}-a_{nn} & 1 \end{vmatrix} = \sum_{i,j=1}^{n} A_{ij}.$$

例 1.3.1　证明:

$$\begin{vmatrix} a_{11}+x & a_{12}+x & \cdots & a_{1n}+x \\ a_{21}+x & a_{22}+x & \cdots & a_{2n}+x \\ \vdots & \vdots & & \vdots \\ a_{n1}+x & a_{n2}+x & \cdots & a_{nn}+x \end{vmatrix} = |a_{ij}| + x\sum_{i=1}^{n}\sum_{j=1}^{n} A_{ij},$$

其中 A_{ij} 是 $|a_{ij}|$ 中元素 a_{ij} 的代数余子式.

证　记所证的等式左边的行列式为 D_n.

(法 1) 设 $\boldsymbol{A}=(a_{ij})$, 则

$$D_n = \left|\boldsymbol{A} + \begin{pmatrix} x \\ \vdots \\ x \end{pmatrix}\begin{pmatrix} 1, & \cdots & ,1 \end{pmatrix}\right| = |\boldsymbol{A}| + \begin{pmatrix} 1, & \cdots & ,1 \end{pmatrix}\boldsymbol{A}^*\begin{pmatrix} x \\ \vdots \\ x \end{pmatrix} = |a_{ij}| + x\sum_{i=1}^{n}\sum_{j=1}^{n} A_{ij}.$$

故结论成立.

(法 2) 将 D_n 按照第一行依次拆成两个行列式之和可得

$$D_n = \begin{vmatrix} a_{11} & a_{12} & \cdots & a_{1n} \\ a_{21}+x & a_{22}+x & \cdots & a_{2n}+x \\ \vdots & \vdots & & \vdots \\ a_{n1}+x & a_{n2}+x & \cdots & a_{nn}+x \end{vmatrix} + \begin{vmatrix} x & x & \cdots & x \\ a_{21}+x & a_{22}+x & \cdots & a_{2n}+x \\ \vdots & \vdots & & \vdots \\ a_{n1}+x & a_{n2}+x & \cdots & a_{nn}+x \end{vmatrix}$$

$$= \begin{vmatrix} a_{11} & a_{12} & \cdots & a_{1n} \\ a_{21}+x & a_{22}+x & \cdots & a_{2n}+x \\ \vdots & \vdots & & \vdots \\ a_{n1}+x & a_{n2}+x & \cdots & a_{nn}+x \end{vmatrix} + x\begin{vmatrix} 1 & 1 & \cdots & 1 \\ a_{21} & a_{22} & \cdots & a_{2n} \\ \vdots & \vdots & & \vdots \\ a_{n1} & a_{n2} & \cdots & a_{nn} \end{vmatrix}$$

$$= \begin{vmatrix} a_{11} & a_{12} & \cdots & a_{1n} \\ a_{21}+x & a_{22}+x & \cdots & a_{2n}+x \\ \vdots & \vdots & & \vdots \\ a_{n1}+x & a_{n2}+x & \cdots & a_{nn}+x \end{vmatrix} + x\sum_{i=1}^{n} A_{1i}$$

$$= \cdots = |a_{ij}| + x\sum_{i=1}^{n}\sum_{j=1}^{n} A_{ij}.$$

故结论成立.

例 1.3.2 设 n 阶行列式 $|\boldsymbol{A}| = |a_{ij}|$,$A_{ij}$ 是元素 a_{ij} 的代数余子式, 证明:

$$\begin{vmatrix} a_{11}-a_{12} & a_{12}-a_{13} & \cdots & a_{1(n-1)}-a_{1n} & 1 \\ a_{21}-a_{22} & a_{22}-a_{23} & \cdots & a_{2(n-1)}-a_{2n} & 1 \\ \vdots & \vdots & & \vdots & \vdots \\ a_{n1}-a_{n2} & a_{n2}-a_{n3} & \cdots & a_{n(n-1)}-a_{nn} & 1 \end{vmatrix} = \sum_{i,j=1}^{n} A_{ij}.$$

证 由于

$$\begin{vmatrix} a_{11}+x & a_{12}+x & \cdots & a_{1n}+x \\ a_{21}+x & a_{22}+x & \cdots & a_{2n}+x \\ \vdots & \vdots & & \vdots \\ a_{n1}+x & a_{n2}+x & \cdots & a_{nn}+x \end{vmatrix} = |\boldsymbol{A}| + x\sum_{i=1}^{n}\sum_{j=1}^{n} A_{ij},$$

在上式中, 令 $x=1$, 则有

$$|\boldsymbol{A}| + \sum_{i=1}^{n}\sum_{j=1}^{n} A_{ij} = \begin{vmatrix} a_{11}+1 & a_{12}+1 & \cdots & a_{1n}+1 \\ a_{21}+1 & a_{22}+1 & \cdots & a_{2n}+1 \\ \vdots & \vdots & & \vdots \\ a_{n1}+1 & a_{n2}+1 & \cdots & a_{nn}+1 \end{vmatrix},$$

从第一列开始, 后一列乘以 -1 加到前一列可得

$$|\boldsymbol{A}| + \sum_{i=1}^{n}\sum_{j=1}^{n} A_{ij} = \begin{vmatrix} a_{11}-a_{12} & a_{12}-a_{13} & \cdots & a_{1(n-1)}-a_{1n} & a_{1n}+1 \\ a_{21}-a_{22} & a_{22}-a_{23} & \cdots & a_{2(n-1)}-a_{2n} & a_{2n}+1 \\ \vdots & \vdots & & \vdots & \vdots \\ a_{n1}-a_{n2} & a_{n2}-a_{n3} & \cdots & a_{n(n-1)}-a_{nn} & a_{nn}+1 \end{vmatrix},$$

利用最后一列将行列式拆成两个行列式的和, 可得

$$|\boldsymbol{A}|+\sum_{i=1}^{n}\sum_{j=1}^{n}A_{ij}=\begin{vmatrix}a_{11}-a_{12} & a_{12}-a_{13} & \cdots & a_{1(n-1)}-a_{1n} & a_{1n}\\ a_{21}-a_{22} & a_{22}-a_{23} & \cdots & a_{2(n-1)}-a_{2n} & a_{2n}\\ \vdots & \vdots & & \vdots & \vdots\\ a_{n1}-a_{n2} & a_{n2}-a_{n3} & \cdots & a_{n(n-1)}-a_{nn} & a_{nn}\end{vmatrix}+\begin{vmatrix}a_{11}-a_{12} & a_{12}-a_{13} & \cdots & a_{1(n-1)}-a_{1n} & 1\\ a_{21}-a_{22} & a_{22}-a_{23} & \cdots & a_{2(n-1)}-a_{2n} & 1\\ \vdots & \vdots & & \vdots & \vdots\\ a_{n1}-a_{n2} & a_{n2}-a_{n3} & \cdots & a_{n(n-1)}-a_{nn} & 1\end{vmatrix},$$

对上式等号右边第一个行列式, 从最后一列开始, 后一列加到前一列, 可得

$$|\boldsymbol{A}|+\sum_{i=1}^{n}\sum_{j=1}^{n}A_{ij}=|\boldsymbol{A}|+\begin{vmatrix}a_{11}-a_{12} & a_{12}-a_{13} & \cdots & a_{1(n-1)}-a_{1n} & 1\\ a_{21}-a_{22} & a_{22}-a_{23} & \cdots & a_{2(n-1)}-a_{2n} & 1\\ \vdots & \vdots & & \vdots & \vdots\\ a_{n1}-a_{n2} & a_{n2}-a_{n3} & \cdots & a_{n(n-1)}-a_{nn} & 1\end{vmatrix},$$

故

$$\begin{vmatrix}a_{11}-a_{12} & a_{12}-a_{13} & \cdots & a_{1(n-1)}-a_{1n} & 1\\ a_{21}-a_{22} & a_{22}-a_{23} & \cdots & a_{2(n-1)}-a_{2n} & 1\\ \vdots & \vdots & & \vdots & \vdots\\ a_{n1}-a_{n2} & a_{n2}-a_{n3} & \cdots & a_{n(n-1)}-a_{nn} & 1\end{vmatrix}=\sum_{i,j=1}^{n}A_{ij}.$$

例 1.3.3　设 $|\boldsymbol{A}|=\begin{vmatrix}3 & 2 & 2 & 4\\ 5 & 3 & 1 & 2\\ 1 & 1 & 1 & 1\\ 5 & 4 & 7 & 8\end{vmatrix}$, 求 $A_{41}+A_{42}+A_{43}+A_{44}$ 以及 $M_{41}+M_{42}+M_{43}+M_{44}$.

解　(法 1) 直接计算. 略.

(法 2) 注意到行列式的第三行元素全为 1, 从而 $A_{41}+A_{42}+A_{43}+A_{44}$ 可以看作第三行元素与第四行元素的代数余子式的乘积之和, 从而为 0.

(法 3) 由于所求的代数余子式与第四行元素的值无关, 构造行列式

$$D=\begin{vmatrix}3 & 2 & 2 & 4\\ 5 & 3 & 1 & 2\\ 1 & 1 & 1 & 1\\ 1 & 1 & 1 & 1\end{vmatrix},$$

则 $A_{41}+A_{42}+A_{43}+A_{44}=D=0$.

注意到 $M_{41}=-A_{41},M_{42}=A_{42},M_{43}=-A_{43},M_{44}=A_{44}$, 故

$$M_{41}+M_{42}+M_{43}+M_{44}=-A_{41}+A_{42}-A_{43}+A_{44}=\begin{vmatrix}3 & 2 & 2 & 4\\ 5 & 3 & 1 & 2\\ 1 & 1 & 1 & 1\\ -1 & 1 & -1 & 1\end{vmatrix}=18.$$

例 1.3.4 (华侨大学,2012) 设行列式 $D=\begin{vmatrix}3&-5&2&1\\1&1&0&5\\-2&3&1&3\\2&-4&-1&-3\end{vmatrix}$, 求:

(1) $A_{11}+A_{12}+5A_{14}$;

(2) $M_{11}+M_{12}+M_{13}+M_{14}$.

例 1.3.5 (中山大学,2021) 记矩阵 $\begin{pmatrix}1&-3&1&-3\\2&-5&-2&-2\\0&-4&5&1\\-3&10&-6&8\end{pmatrix}$ 的 (i,j) 元素的余子式为 M_{ij}. 求 $M_{31}+3M_{32}-2M_{33}+2M_{34}$.

例 1.3.6 (湖南大学,2008) 已知五阶行列式

$$D_5=\begin{vmatrix}1&2&3&4&5\\2&2&2&1&1\\3&1&2&4&5\\1&1&1&2&2\\4&3&1&5&0\end{vmatrix}=27.$$

计算 $A_{41}+A_{42}+A_{43}+A_{44}+A_{45}$ 以及 A_{41}.

解 (1) 首先计算 $A_{41}+A_{42}+A_{43}+A_{44}+A_{45}$.

(法 1)

$$A_{41}+A_{42}+A_{43}+A_{44}+A_{45}=\begin{vmatrix}1&2&3&4&5\\2&2&2&1&1\\3&1&2&4&5\\1&1&1&1&1\\4&3&1&5&0\end{vmatrix}=9.$$

注 此法没有充分利用 $D_5=27$ 这一条件.

(法 2) 首先,

$$A_{41}+A_{42}+A_{43}+2A_{44}+2A_{45}=D_5=27.$$

其次, 将 D_5 的第二行乘以 -1 加到第四行可得

$$27=D_5=\begin{vmatrix}1&2&3&4&5\\2&2&2&1&1\\3&1&2&4&5\\-1&-1&-1&1&1\\4&3&1&5&0\end{vmatrix}=-A_{41}-A_{42}-A_{43}+A_{44}+A_{45}.$$

由此可得 $A_{44}+A_{45}=18$, 故 $A_{41}+A_{42}+A_{43}+A_{44}+A_{45}=A_{41}+A_{42}+A_{43}+2A_{44}+2A_{45}-A_{44}-A_{45}=27-18=9$.

(法 3) 由于

$$2(A_{41}+A_{42}+A_{43})+(A_{44}+A_{45})=0, (A_{41}+A_{42}+A_{43})+2(A_{44}+A_{45})=D_5=27,$$

解得 $A_{44}+A_{45}=18$, 故 $A_{41}+A_{42}+A_{43}+A_{44}+A_{45}=9$.

(2) 下面计算 A_{41}.

(法 1) 直接计算可得
$$A_{41}=-\begin{vmatrix}2&3&4&5\\2&2&1&1\\1&2&4&5\\3&1&5&0\end{vmatrix}=-3.$$

(法 2) 利用 D_5 的第一行元素与第三行元素, 有

$$A_{41}+2A_{42}+3A_{43}+4A_{44}+5A_{45}=0, 3A_{41}+A_{42}+2A_{43}+4A_{44}+5A_{45}=0,$$

于是可得 $2A_{41}-A_{42}-A_{43}=0$, 而由前知 $A_{41}+A_{42}+A_{43}=-9$, 故 $A_{41}=-3$.

例 1.3.7 (南开大学,2006;扬州大学,2020;武汉理工大学,2021;郑州大学,2021) 设 $\boldsymbol{A}=\begin{pmatrix}1&-1&-1&-1\\-1&1&-1&-1\\-1&-1&1&-1\\-1&-1&-1&1\end{pmatrix}$, 又 A_{ij} 为 $\boldsymbol{A}$ 中的 (i,j) 元素在 $|\boldsymbol{A}|$ 中的代数余子式, 试求 $\sum\limits_{i,j=1}^{4}A_{ij}$.

解 (法 1) 由于

$$A_{11}+A_{12}+A_{13}+A_{14}=\begin{vmatrix}1&1&1&1\\-1&1&-1&-1\\-1&-1&1&-1\\-1&-1&-1&1\end{vmatrix}=\begin{vmatrix}1&1&1&1\\0&2&0&0\\0&0&2&0\\0&0&0&2\end{vmatrix}=8.$$

类似可得 $A_{i1}+A_{i2}+A_{i3}+A_{i4}=8, i=2,3,4$. 故 $\sum\limits_{i,j=1}^{4}A_{ij}=32$.

(法 2) 首先,$|\boldsymbol{A}|=16$, 且 $\boldsymbol{A}^2=4\boldsymbol{E}$, 故 $\boldsymbol{A}$ 可逆, 且 $\boldsymbol{A}^{-1}=\dfrac{1}{4}\boldsymbol{A}$, 于是

$$\boldsymbol{A}^*=|\boldsymbol{A}|\boldsymbol{A}^{-1}=\begin{pmatrix}-4&4&4&4\\4&-4&4&4\\4&4&-4&4\\4&4&4&-4\end{pmatrix},$$

从而 $\sum\limits_{i,j=1}^{4}A_{ij}=32$.

(法 3) 首先 $|\boldsymbol{A}|=-16$, 又

$$\begin{vmatrix}2&&&\\&2&&\\&&2&\\&&&2\end{vmatrix}=\begin{vmatrix}1+1&-1+1&-1+1&-1+1\\-1+1&1+1&-1+1&-1+1\\-1+1&-1+1&1+1&-1+1\\-1+1&-1+1&-1+1&1+1\end{vmatrix}=|\boldsymbol{A}|+\sum_{i,j=1}^{4}A_{ij}.$$

故 $\sum\limits_{i,j=1}^{4}A_{ij}=32$.

(法 4) 令 $\boldsymbol{\alpha}=(1,1,1,1)^{\mathrm{T}}$, 由于

$$|\boldsymbol{A}|+\sum_{i,j=1}^{4}A_{ij}=|\boldsymbol{A}|+\boldsymbol{\alpha}^{\mathrm{T}}\boldsymbol{A}^{*}\boldsymbol{\alpha}=\begin{vmatrix}\boldsymbol{A} & \boldsymbol{\alpha}\\ -\boldsymbol{\alpha}^{\mathrm{T}} & 1\end{vmatrix}=\begin{vmatrix}1 & -1 & -1 & -1 & 1\\ -1 & 1 & -1 & -1 & 1\\ -1 & -1 & 1 & -1 & 1\\ -1 & -1 & -1 & 1 & 1\\ -1 & -1 & -1 & -1 & 1\end{vmatrix},$$

将上面最后一个行列式的最后一列加到其余各列可得

$$|\boldsymbol{A}|+\sum_{i,j=1}^{4}A_{ij}=\begin{vmatrix}2 & 0 & 0 & 0 & 1\\ 0 & 2 & 0 & 0 & 1\\ 0 & 0 & 2 & 0 & 1\\ 0 & 0 & 0 & 2 & 1\\ 0 & 0 & 0 & 0 & 1\end{vmatrix}=16,$$

又 $|\boldsymbol{A}|=-16$, 故 $\sum\limits_{i,j=1}^{4}A_{ij}=32$.

例 1.3.8 (华北水利水电学院,2005; 电子科技大学,2010; 华中科技大学,2012; 西安电子科技大学,2015) 设

$$D=\begin{vmatrix}1 & 1 & 1 & \cdots & 1\\ 0 & 1 & 1 & \cdots & 1\\ 0 & 0 & 1 & \cdots & 1\\ \vdots & \vdots & \vdots & & \vdots\\ 0 & 0 & 0 & \cdots & 1\end{vmatrix},$$

求 D 的所有元素的代数余子式之和.

解 (法 1) 注意到 D 的最后一列是 1, 利用行列式展开公式可得

$$A_{1k}+A_{2k}+\cdots+A_{nk}=\begin{cases}0, & k\neq n;\\ |D|=1, & k=n.\end{cases}$$

从而

$$\sum_{i=1}^{n}\sum_{j=1}^{n}A_{ij}=0+0+\cdots+0+1=1.$$

(法 2) 令

$$\boldsymbol{A}=\begin{pmatrix}1 & 1 & 1 & \cdots & 1\\ 0 & 1 & 1 & \cdots & 1\\ 0 & 0 & 1 & \cdots & 1\\ \vdots & \vdots & \vdots & & \vdots\\ 0 & 0 & 0 & \cdots & 1\end{pmatrix},$$

则 $\boldsymbol{A}$ 可逆, 且利用初等变换法易求得

$$\boldsymbol{A}^{-1}=\begin{pmatrix}1&-1&0&\cdots&0&0\\0&1&-1&\cdots&0&0\\\vdots&\vdots&\vdots&&\vdots&\vdots\\0&0&0&\cdots&1&-1\\0&0&0&\cdots&0&1\end{pmatrix},$$

从而由 $\boldsymbol{A}^*=|\boldsymbol{A}|\boldsymbol{A}^{-1}$ 可得 $\sum\limits_{i=1}^{n}\sum\limits_{j=1}^{n}A_{ij}=n-(n-1)=1$.

(法 3) 设

$$\boldsymbol{\alpha}=(1,1,\cdots,1)^{\mathrm{T}},\boldsymbol{A}=\begin{pmatrix}1&1&1&\cdots&1\\0&1&1&\cdots&1\\0&0&1&\cdots&1\\\vdots&\vdots&\vdots&&\vdots\\0&0&0&\cdots&1\end{pmatrix},$$

则

$$\begin{vmatrix}\boldsymbol{A}&\boldsymbol{\alpha}\\\boldsymbol{\alpha}^{\mathrm{T}}&1\end{vmatrix}=|\boldsymbol{A}|-\sum_{i,j=1}^{n}A_{ij}.$$

另一方面,

$$\begin{vmatrix}\boldsymbol{A}&\boldsymbol{\alpha}\\\boldsymbol{\alpha}^{\mathrm{T}}&1\end{vmatrix}=\begin{vmatrix}1&1&1&\cdots&1&1\\0&1&1&\cdots&1&1\\0&0&1&\cdots&1&1\\\vdots&\vdots&\vdots&&\vdots&\vdots\\0&0&0&\cdots&1&1\\1&1&1&\cdots&1&1\end{vmatrix}=0,$$

所以 $\sum\limits_{i=1}^{n}\sum\limits_{j=1}^{n}A_{ij}=|\boldsymbol{A}|=1$.

例 1.3.9 (扬州大学,2017; 河海大学,2021) 设 n 阶矩阵 $\boldsymbol{A}=\begin{pmatrix}1&1&1&\cdots&1\\0&1&1&\cdots&1\\0&0&1&\cdots&1\\\vdots&\vdots&\vdots&&\vdots\\0&0&0&\cdots&1\end{pmatrix}$, $\boldsymbol{A}^*$ 是 $\boldsymbol{A}$ 的伴随矩阵,A_{ij} 是 $\boldsymbol{A}$ 的行列式中元素 a_{ij} 的代数余子式.

(1) 求逆矩阵 $\boldsymbol{A}^{-1}$;

(2) 求 $(\boldsymbol{A}^*)^*$;

(3) 证明: $\sum\limits_{j=1}^{n}\sum\limits_{i=1}^{n}A_{ij}=1$.

例 1.3.10 (华南理工大学,2021) 设 n 阶矩阵

$$\boldsymbol{A}=\begin{pmatrix}1&1&1&\cdots&1\\0&1&1&\cdots&1\\0&0&1&\cdots&1\\\vdots&\vdots&\vdots&&\vdots\\0&0&0&\cdots&1\end{pmatrix},$$

其中 A_{ij} 为元素 a_{ij} 对应的代数余子式.

(1) 求 $2A_{11}+2^2A_{12}+\cdots+2^nA_{1n}$;

(2) 求 $|\boldsymbol{A}|$ 的所有代数余子式之和.

例 1.3.11 (北方交通大学,2005; 北京科技大学,2009; 北京交通大学,2021) 设 n 阶行列式

$$D=\begin{vmatrix}2&2&2&\cdots&2\\0&1&1&\cdots&1\\0&0&1&\cdots&1\\\vdots&\vdots&\vdots&&\vdots\\0&0&0&\cdots&1\end{vmatrix},$$

试求 D 的所有元素的代数余子式之和 $\sum\limits_{i,j=1}^{n}A_{ij}$.

例 1.3.12 (武汉大学,2013) 求 n 阶行列式 D_n 的所有元素的代数余子式之和, 其中

$$D_n=\begin{vmatrix}33&1&1&\cdots&1\\0&61&1&\cdots&1\\0&0&1&\cdots&1\\\vdots&\vdots&\vdots&&\vdots\\0&0&0&\cdots&1\end{vmatrix}.$$

例 1.3.13 (电子科技大学,2006; 南开大学,2016) 设 n 阶行列式

$$D_n=\begin{vmatrix}1&2&3&\cdots&n\\1&2&0&\cdots&0\\\vdots&\vdots&\vdots&&\vdots\\1&0&0&\cdots&n\end{vmatrix},$$

求第一行各元素的代数余子式之和 $A_{11}+A_{12}+\cdots+A_{1n}$.

例 1.3.14 (华北水利水电学院,2007) 设 n 阶行列式 $D_n=\begin{vmatrix}1&3&5&\cdots&2n-1\\1&2&0&\cdots&0\\\vdots&\vdots&\vdots&&\vdots\\1&0&0&\cdots&n\end{vmatrix}$, 则 $A_{11}+A_{12}+\cdots+A_{1n}=(\qquad)$.

例 1.3.15 (南开大学,2014; 上海理工大学,2021) 设 n 阶行列式

$$\begin{vmatrix} a_{11} & a_{12} & \cdots & a_{1n} \\ a_{21} & a_{22} & \cdots & a_{2n} \\ \vdots & \vdots & & \vdots \\ a_{n1} & a_{n2} & \cdots & a_{nn} \end{vmatrix} = 1,$$

且满足 $a_{ij} = -a_{ji}, i, j = 1, 2, \cdots, n$. 对任意数 b, 求 n 阶行列式

$$\begin{vmatrix} a_{11}+b & a_{12}+b & \cdots & a_{1n}+b \\ a_{21}+b & a_{22}+b & \cdots & a_{2n}+b \\ \vdots & \vdots & & \vdots \\ a_{n1}+b & a_{n2}+b & \cdots & a_{nn}+b \end{vmatrix}.$$

解 (法 1) 由于

$$\begin{vmatrix} a_{11}+b & a_{12}+b & \cdots & a_{1n}+b \\ a_{21}+b & a_{22}+b & \cdots & a_{2n}+b \\ \vdots & \vdots & & \vdots \\ a_{n1}+b & a_{n2}+b & \cdots & a_{nn}+b \end{vmatrix} = 1 + b\sum_{i=1}^{n}\sum_{j=1}^{n} A_{ji}.$$

记 $\boldsymbol{A} = (a_{ij})_{n\times n}$, 由条件知 $\boldsymbol{A}^{\mathrm{T}} = -\boldsymbol{A}$, 且 $\boldsymbol{A}^* = \boldsymbol{A}^{-1}$. 而

$$(\boldsymbol{A}^*)^{\mathrm{T}} = (\boldsymbol{A}^{-1})^{\mathrm{T}} = (\boldsymbol{A}^{\mathrm{T}})^{-1} = (-\boldsymbol{A})^{-1} = -\boldsymbol{A}^{-1} = -\boldsymbol{A}^*,$$

于是 $\sum\limits_{i=1}^{n}\sum\limits_{j=1}^{n} A_{ji} = 0$. 从而所求行列式的值为 1.

(法 2) 记 $\boldsymbol{A} = (a_{ij})_{n\times n}, \boldsymbol{e} = (1, \cdots, 1)^{\mathrm{T}}, \boldsymbol{B} = (a_{ij} + b), \boldsymbol{A}^{-1} = (c_{ij})_{n\times n}$, 则

$$|\boldsymbol{B}| = \begin{vmatrix} 1 & b & b & \cdots & b \\ 0 & a_{11}+b & a_{12}+b & \cdots & a_{1n}+b \\ 0 & a_{21}+b & a_{22}+b & \cdots & a_{2n}+b \\ \vdots & \vdots & \vdots & & \vdots \\ 0 & a_{n1}+b & a_{n2}+b & \cdots & a_{nn}+b \end{vmatrix} = \begin{vmatrix} 1 & b & b & \cdots & b \\ -1 & a_{11} & a_{12} & \cdots & a_{1n} \\ -1 & a_{21} & a_{22} & \cdots & a_{2n} \\ \vdots & \vdots & \vdots & & \vdots \\ -1 & a_{n1} & a_{n2} & \cdots & a_{nn} \end{vmatrix} = \begin{vmatrix} 1 & b\boldsymbol{e}^{\mathrm{T}} \\ -\boldsymbol{e} & \boldsymbol{A} \end{vmatrix},$$

由

$$\begin{pmatrix} 1 & -b\boldsymbol{e}^{\mathrm{T}}\boldsymbol{A}^{-1} \\ \boldsymbol{O} & \boldsymbol{E} \end{pmatrix}\begin{pmatrix} 1 & b\boldsymbol{e}^{\mathrm{T}} \\ -\boldsymbol{e} & \boldsymbol{A} \end{pmatrix} = \begin{pmatrix} 1 + b\boldsymbol{e}^{\mathrm{T}}\boldsymbol{A}^{-1}\boldsymbol{e} & \boldsymbol{O} \\ -\boldsymbol{e} & \boldsymbol{A} \end{pmatrix},$$

注意到 $\boldsymbol{A}^{-1}$ 为反对称矩阵, 所以 $\boldsymbol{e}^{\mathrm{T}}\boldsymbol{A}^{-1}\boldsymbol{e} = 0$, 从而 $|\boldsymbol{B}| = |\boldsymbol{A}|(1 - b\boldsymbol{e}^{\mathrm{T}}\boldsymbol{A}^{-1}\boldsymbol{e}) = 1$.

(法 3) 令

$$\boldsymbol{A} = \begin{pmatrix} a_{11} & a_{12} & \cdots & a_{1n} \\ a_{21} & a_{22} & \cdots & a_{2n} \\ \vdots & \vdots & & \vdots \\ a_{n1} & a_{n2} & \cdots & a_{nn} \end{pmatrix},$$

则由条件可知 $|\boldsymbol{A}|=1$, 且 $\boldsymbol{A}$ 是反对称矩阵, 于是 $\boldsymbol{A}^{-1}$ 也是反对称矩阵, 令 $\boldsymbol{\alpha}=(1,1,\cdots,1)^{\mathrm{T}}$, 则

$$\begin{vmatrix} a_{11}+b & a_{12}+b & \cdots & a_{1n}+b \\ a_{21}+b & a_{22}+b & \cdots & a_{2n}+b \\ \vdots & \vdots & & \vdots \\ a_{n1}+b & a_{n2}+b & \cdots & a_{nn}+b \end{vmatrix} = |\boldsymbol{A}+b\boldsymbol{\alpha}\boldsymbol{\alpha}^{\mathrm{T}}| = |\boldsymbol{A}|(1+b\boldsymbol{\alpha}^{\mathrm{T}}\boldsymbol{A}^{-1}\boldsymbol{\alpha}) = |\boldsymbol{A}| = 1.$$

例 1.3.16 (浙江大学,2006)(1) 把下列行列式表示成按 x 的幂次排列的多项式:

$$\begin{vmatrix} a_{11}+x & a_{12}+x & \cdots & a_{1n}+x \\ a_{21}+x & a_{22}+x & \cdots & a_{2n}+x \\ \vdots & \vdots & & \vdots \\ a_{n1}+x & a_{n2}+x & \cdots & a_{nn}+x \end{vmatrix};$$

(2) 把行列式 D 的所有元素都加上同一个数, 则行列式所有元素的代数余子式之和不变.

证 (1) 略.

(2) 设 $D=|a_{ij}|$, 记 $D(a)=|a_{ij}+a|, M, N$ 分别表示 $D, D(a)$ 的所有元素的代数余子式之和. 则

$$|a_{ij}+(a+x)| = D+(a+x)M,$$
$$|(a_{ij}+a)+x| = D(a)+xN = D+aM+xN,$$

于是 $(a+x)M=aM+xN$. 当 $x=1$ 时, 可得 $M=N$.

例 1.3.17 (上海大学,2011)(1) 设 $\boldsymbol{X},\boldsymbol{Y}\in F^n, \boldsymbol{A}\in F^{n\times n}$, 证明:$\det(\boldsymbol{A}+\boldsymbol{X}\boldsymbol{Y}^{\mathrm{T}})=\det(\boldsymbol{A})+\boldsymbol{Y}^{\mathrm{T}}\boldsymbol{A}^*\boldsymbol{X}$;

(2) 利用 (1) 的结论证明: 如果 n 阶方阵 $\boldsymbol{A}$ 的行列式为 1,$\det(\boldsymbol{A}+\boldsymbol{J})=2$, 其中 $\boldsymbol{J}$ 为 n 阶方阵, 且矩阵中的元素都是 1, 则 $\boldsymbol{A}^*$ 的所有元素之和为 1.

例 1.3.18 (北京工业大学,2012) 将 n(自然数 $n\geqslant 2$) 阶实矩阵 $\boldsymbol{A}$ 的第一行的 -1 倍加到其余所有行上, 得到矩阵 $\boldsymbol{A}_1$, 将 $\boldsymbol{A}_1$ 的第一列的 -1 倍加到其余所有列上, 得到矩阵 $\boldsymbol{A}_2$, 将 $\boldsymbol{A}_2$ 的第一行第一列删掉, 得到矩阵 $\boldsymbol{A}_3$. 记 $f(x_1,x_2,\cdots,x_n)=\boldsymbol{X}^{\mathrm{T}}\boldsymbol{A}^*\boldsymbol{X}$(其中行向量 $\boldsymbol{X}^{\mathrm{T}}=(x_1,x_2,\cdots,x_n)$, $\boldsymbol{A}^*$ 是 $\boldsymbol{A}$ 的伴随矩阵). 证明: 当 $x_i=1(i=1,2,\cdots,n)$ 时,$f(1,1,\cdots,1)=|\boldsymbol{A}_3|$.(提示: 可考虑 $\boldsymbol{A}+\boldsymbol{J}$ 及其行列式 $|\boldsymbol{A}+\boldsymbol{J}|$, 其中,$\boldsymbol{J}$ 表示所有元素都是 1 的 n 阶方阵.)

证 设

$$\boldsymbol{A}=\begin{pmatrix} a_{11} & a_{12} & \cdots & a_{1n} \\ a_{21} & a_{22} & \cdots & a_{2n} \\ \vdots & \vdots & & \vdots \\ a_{n1} & a_{n2} & \cdots & a_{nn} \end{pmatrix},$$

首先, 易知

$$f(1,1,\cdots,1)=\sum_{i=1}^{n}\sum_{j=1}^{n}A_{ij},$$

其中 A_{ij} 是 a_{ij} 的代数余子式. 其次,

$$|\boldsymbol{A}+\boldsymbol{J}|=|\boldsymbol{A}|+\sum_{i=1}^{n}\sum_{j=1}^{n}A_{ij}.$$

令

$$\boldsymbol{P}=\begin{pmatrix}1&0&\cdots&0\\-1&1&\cdots&0\\\vdots&\vdots&&\vdots\\-1&0&\cdots&1\end{pmatrix},$$

由条件有

$$\boldsymbol{PAP}^{\mathrm{T}}=\begin{pmatrix}a_{11}&a_{12}-a_{11}&\cdots&a_{1n}-a_{11}\\a_{21}-a_{11}&&&\\\vdots&&\boldsymbol{A}_3&\\a_{n1}-a_{11}&&&\end{pmatrix},$$

而

$$\boldsymbol{P}(\boldsymbol{A}+\boldsymbol{J})\boldsymbol{P}^{\mathrm{T}}=\begin{pmatrix}a_{11}+1&a_{12}-a_{11}&\cdots&a_{1n}-a_{11}\\a_{21}-a_{11}&&&\\\vdots&&\boldsymbol{A}_3&\\a_{n1}-a_{11}&&&\end{pmatrix},$$

注意到 $|\boldsymbol{P}|=1$, 于是

$$\begin{aligned}|\boldsymbol{A}+\boldsymbol{J}|&=\begin{vmatrix}a_{11}+1&a_{12}-a_{11}&\cdots&a_{1n}-a_{11}\\a_{21}-a_{11}&&&\\\vdots&&\boldsymbol{A}_3&\\a_{n1}-a_{11}&&&\end{vmatrix}\\&=\begin{vmatrix}a_{11}&a_{12}-a_{11}&\cdots&a_{1n}-a_{11}\\a_{21}-a_{11}&&&\\\vdots&&\boldsymbol{A}_3&\\a_{n1}-a_{11}&&&\end{vmatrix}+\begin{vmatrix}1&0&\cdots&0\\a_{21}-a_{11}&&&\\\vdots&&\boldsymbol{A}_3&\\a_{n1}-a_{11}&&&\end{vmatrix}\\&=|\boldsymbol{A}|+|\boldsymbol{A}_3|.\end{aligned}$$

由 $|\boldsymbol{A}+\boldsymbol{J}|=|\boldsymbol{A}|+\sum\limits_{i=1}^{n}\sum\limits_{j=1}^{n}A_{ij}$, 故 $\sum\limits_{i=1}^{n}\sum\limits_{j=1}^{n}A_{ij}=|\boldsymbol{A}_3|$.

例 1.3.19 (湖南大学,2006) 若把行列式

$$D=\begin{vmatrix}a_{11}&\cdots&a_{1(n-1)}&a_{1n}\\\vdots&&\vdots&\vdots\\a_{(n-1)1}&\cdots&a_{(n-1)(n-1)}&a_{(n-1)n}\\1&\cdots&1&1\end{vmatrix}$$

的第 j 列换成 $(x_1, x_2, \cdots, x_{n-1}, 1)^{\mathrm{T}}$ 后得到的新行列式记为 $D_j(j=1,2,\cdots,n)$, 试证:

$$D_1 + D_2 + \cdots + D_n = D.$$

证 (法 1) 由于

$$D_1 = \begin{vmatrix} x_1 & \cdots & a_{1(n-1)} & a_{1n} \\ \vdots & & \vdots & \vdots \\ x_{n-1} & \cdots & a_{(n-1)(n-1)} & a_{(n-1)n} \\ 1 & \cdots & 1 & 1 \end{vmatrix} = x_1 A_{11} + \cdots + x_{n-1} A_{(n-1)1} + A_{n1}.$$

类似地, 有

$$D_1 = x_1 A_{11} + \cdots + x_{n-1} A_{(n-1)1} + A_{n1},$$

$$D_2 = x_1 A_{12} + \cdots + x_{n-1} A_{(n-1)2} + A_{n2},$$

$$\vdots$$

$$D_n = x_1 A_{1n} + \cdots + x_{n-1} A_{(n-1)n} + A_{nn},$$

注意到 A_{ij} 是 D 中元素的代数余子式, 且 D 的最后一行是 1, 可得

$$A_{j1} + A_{j2} + \cdots + A_{jn} = 0, j = 1, 2, \cdots, n-1,$$

$$A_{n1} + A_{n2} + \cdots + A_{nn} = D,$$

则

$$\begin{aligned} & D_1 + D_2 + \cdots + D_n \\ = & x_1(A_{11} + A_{12} + \cdots + A_{1n}) + \cdots + x_{n-1}(A_{(n-1)1} + A_{(n-1)2} + \cdots + \\ & A_{(n-1)n}) + (A_{n1} + A_{n2} + \cdots + A_{nn}) \\ = & D. \end{aligned}$$

(法 2) 考虑

$$\begin{vmatrix} 1 & 1 & \cdots & 1 & 1 \\ x_1 & a_{11} & \cdots & a_{1(n-1)} & a_{1n} \\ \vdots & \vdots & & \vdots & \vdots \\ x_{n-1} & a_{(n-1)1} & \cdots & a_{(n-1)(n-1)} & a_{(n-1)n} \\ 1 & 1 & \cdots & 1 & 1 \end{vmatrix},$$

此行列式显然等于 0, 将其按照第一行展开可得

$$0 = D - D_1 - D_2 - \cdots - D_n,$$

故结论成立.

例 1.3.20 (华中科技大学,2016) 设

$$D=\begin{vmatrix} a_{11} & a_{12} & \cdots & a_{1(n-1)} & 1 \\ a_{21} & a_{22} & \cdots & a_{2(n-1)} & 1 \\ \vdots & \vdots & & \vdots & \vdots \\ a_{n1} & a_{n2} & \cdots & a_{n(n-1)} & 1 \end{vmatrix},$$

将 D 的第 j 行换为 $\alpha_1,\alpha_2,\cdots,\alpha_{n-1},1$ 得到 $D_j(j=1,2,\cdots,n)$. 证明:$D=D_1+D_2+\cdots+D_n$.

1.4 其他问题

例 1.4.1 (福建师范大学,2007) 设 $\boldsymbol{\alpha_1},\boldsymbol{\alpha_2},\boldsymbol{\alpha_3}\in\mathbb{R}^3$, 令 $\boldsymbol{A}=(\boldsymbol{\alpha}_1,\boldsymbol{\alpha}_2,\boldsymbol{\alpha}_3),\boldsymbol{B}=(\boldsymbol{\alpha}_1+\boldsymbol{\alpha}_2,2\boldsymbol{\alpha}_1+k\boldsymbol{\alpha}_2+3k\boldsymbol{\alpha}_3,\boldsymbol{\alpha}_3)$. 若 $|\boldsymbol{A}|=1,|\boldsymbol{B}|=3$, 则 $k=(\quad)$.

解 由于

$$\begin{aligned}3=&|\boldsymbol{B}|=|\boldsymbol{\alpha}_1,2\boldsymbol{\alpha}_1+k\boldsymbol{\alpha}_2+3k\boldsymbol{\alpha}_3,\boldsymbol{\alpha}_3|+|\boldsymbol{\alpha}_2,2\boldsymbol{\alpha}_1+k\boldsymbol{\alpha}_2+3k\boldsymbol{\alpha}_3,\boldsymbol{\alpha}_3|\\ =&|\boldsymbol{\alpha}_1,k\boldsymbol{\alpha}_2,\boldsymbol{\alpha}_3|+|\boldsymbol{\alpha}_2,2\boldsymbol{\alpha}_1,\boldsymbol{\alpha}_3|\\ =&k|\boldsymbol{A}|-2|\boldsymbol{A}|\\ =&k-2.\end{aligned}$$

于是 $k=5$.

例 1.4.2 若 n 阶矩阵 $\boldsymbol{A}$ 与 $\boldsymbol{B}$ 只是第 j 列不同, 试证:

$$2^{1-n}|\boldsymbol{A}+\boldsymbol{B}|=|\boldsymbol{A}|+|\boldsymbol{B}|.$$

证 设

$$\boldsymbol{A}=\begin{pmatrix} a_{11} & \cdots & x_1 & \cdots & a_{1n} \\ \vdots & & \vdots & & \vdots \\ a_{n1} & \cdots & x_n & \cdots & a_{nn} \end{pmatrix},\boldsymbol{B}=\begin{pmatrix} a_{11} & \cdots & y_1 & \cdots & a_{1n} \\ \vdots & & \vdots & & \vdots \\ a_{n1} & \cdots & y_n & \cdots & a_{nn} \end{pmatrix}.$$

则

$$\boldsymbol{A}+\boldsymbol{B}=\begin{pmatrix} 2a_{11} & \cdots & x_1+y_1 & \cdots & 2a_{1n} \\ \vdots & & \vdots & & \vdots \\ 2a_{n1} & \cdots & x_n+y_n & \cdots & 2a_{nn} \end{pmatrix}.$$

于是

$$|\boldsymbol{A}+\boldsymbol{B}|=2^{n-1}\begin{vmatrix} a_{11} & \cdots & x_1+y_1 & \cdots & a_{1n} \\ \vdots & & \vdots & & \vdots \\ a_{n1} & \cdots & x_n+y_n & \cdots & a_{nn} \end{vmatrix}=2^{n-1}(|\boldsymbol{A}|+|\boldsymbol{B}|),$$

故 $2^{1-n}|\boldsymbol{A}+\boldsymbol{B}|=|\boldsymbol{A}|+|\boldsymbol{B}|$.

例 1.4.3 (武汉大学,1998) 设 $n \geqslant 2, f_1(x), f_2(x), \cdots, f_n(x)$ 是关于 x 的次数小于等于 $n-2$ 的多项式,$a_1, a_2, \cdots, a_n$ 为任意数, 证明:

$$\begin{vmatrix} f_1(a_1) & f_2(a_1) & \cdots & f_n(a_1) \\ f_1(a_2) & f_2(a_2) & \cdots & f_n(a_2) \\ \vdots & \vdots & & \vdots \\ f_1(a_n) & f_2(a_n) & \cdots & f_n(a_n) \end{vmatrix} = 0.$$

证 (法 1)(1) 当 $a_1, a_2, \cdots, a_n$ 中有两数相同时, 结论显然成立.

(2) 当 $a_1, a_2, \cdots, a_n$ 互不相同时, 令

$$F(x) = \begin{vmatrix} f_1(x) & f_2(x) & \cdots & f_n(x) \\ f_1(a_2) & f_2(a_2) & \cdots & f_n(a_2) \\ \vdots & \vdots & & \vdots \\ f_1(a_n) & f_2(a_n) & \cdots & f_n(a_n) \end{vmatrix}.$$

由于 $\deg(f_i(x)) \leqslant n-2(i=1,2,\cdots,n)$, 故 $F(x)$ 只有两种可能:

1) 若 $F(x)=0$, 则将 $x=a_1$ 代入即得结论成立.

2) 若 $F(x) \neq 0$, 则 $\deg(F(x)) \leqslant n-2$. 但若令 $x=a_2, \cdots, a_n$ 代入均有

$$F(a_i)=0, i=2,3,\cdots,n.$$

即 $F(x)$ 有 $n-1$ 个互不相同的根, 矛盾. 故 $F(x)=0$.

(法 2) 由于 $f_1(x), f_2(x), \cdots, f_n(x) \in F[x]_{n-1}$, 故 $f_1(x), f_2(x), \cdots, f_n(x)$ 线性相关. 即存在不全为零的数 $k_1, k_2, \cdots, k_n$ 使得

$$k_1 f_1(x) + k_2 f_2(x) + \cdots + k_n f_n(x) = 0,$$

从而方程组

$$\begin{cases} k_1 f_1(a_1) + k_2 f_2(a_1) + \cdots + k_n f_n(a_1) = 0, \\ k_1 f_1(a_2) + k_2 f_2(a_2) + \cdots + k_n f_n(a_2) = 0, \\ \qquad \vdots \\ k_1 f_1(a_n) + k_2 f_2(a_n) + \cdots + k_n f_n(a_n) = 0 \end{cases}$$

有非零解. 故

$$\begin{vmatrix} f_1(a_1) & f_2(a_1) & \cdots & f_n(a_1) \\ f_1(a_2) & f_2(a_2) & \cdots & f_n(a_2) \\ \vdots & \vdots & & \vdots \\ f_1(a_n) & f_2(a_n) & \cdots & f_n(a_n) \end{vmatrix} = 0.$$

(法 3) 由于 $f_1(x), f_2(x), \cdots, f_n(x)$ 是关于 x 的次数小于等于 $n-2$ 的多项式, 故可设

$$f_j(x) = c_{(n-2)j} x^{n-2} + c_{(n-1)j} x^{n-1} + \cdots + c_{1j} x + c_{0j}, j=1,2,\cdots,n.$$

令

$$\boldsymbol{A} = \begin{pmatrix} f_1(a_1) & f_2(a_1) & \cdots & f_n(a_1) \\ f_1(a_2) & f_2(a_2) & \cdots & f_n(a_2) \\ \vdots & \vdots & & \vdots \\ f_1(a_n) & f_2(a_n) & \cdots & f_n(a_n) \end{pmatrix},$$

则 $\boldsymbol{A}=\boldsymbol{BC}$, 其中

$$\boldsymbol{B}=\begin{pmatrix}1 & a_1 & a_1^2 & \cdots & a_1^{n-2}\\ 1 & a_2 & a_2^2 & \cdots & a_2^{n-2}\\ \vdots & \vdots & \vdots & & \vdots\\ 1 & a_n & a_n^2 & \cdots & a_n^{n-2}\end{pmatrix}, \boldsymbol{C}=\begin{pmatrix}c_{01} & c_{02} & \cdots & c_{0n}\\ c_{11} & c_{12} & \cdots & c_{1n}\\ c_{21} & c_{22} & \cdots & c_{2n}\\ \vdots & \vdots & & \vdots\\ c_{(n-2)1} & c_{(n-2)2} & \cdots & c_{(n-2)n}\end{pmatrix},$$

注意到 $\boldsymbol{C}$ 是 $(n-1)\times n$ 矩阵, 故 $r(\boldsymbol{C})\leqslant n-1$, 从而 $r(\boldsymbol{A})=r(\boldsymbol{BC})\leqslant r(\boldsymbol{C})\leqslant n-1$, 于是 $|\boldsymbol{A}|=0$, 即结论成立.

例 1.4.4　(安徽师范大学,2017) 设 $a_1,a_2,\cdots,a_n$ 为 n 个互不相同的实数,$f_1(x),f_2(x),\cdots,$ $f_n(x)$ 为 n 个次数不超过 $n-2$ 的多项式, 计算 n 阶行列式

$$\begin{vmatrix}f_1(a_1) & f_1(a_2) & \cdots & f_1(a_n)\\ f_2(a_1) & f_2(a_2) & \cdots & f_2(a_n)\\ \vdots & \vdots & & \vdots\\ f_n(a_1) & f_n(a_2) & \cdots & f_n(a_n)\end{vmatrix}.$$

例 1.4.5　(西北大学,2010; 宁波大学,2019) 设 $n\geqslant 2, f_1(x),f_2(x),\cdots,f_n(x)$ 是关于 x 的次数小于等于 $n-2$ 的多项式,$a_1,a_2,\cdots,a_n$ 为任意数, 证明:

$$\begin{vmatrix}f_1(a_1) & f_2(a_1) & \cdots & f_n(a_1)\\ f_1(a_2) & f_2(a_2) & \cdots & f_n(a_2)\\ \vdots & \vdots & & \vdots\\ f_1(a_n) & f_2(a_n) & \cdots & f_n(a_n)\end{vmatrix}=0.$$

并举例说明条件“次数小于等于 $n-2$”是不可缺少的.

例 1.4.6　(四川大学,2003) 设 $f(x)$ 为首一的 n 次多项式, 对任意数 a, 计算行列式

$$\begin{vmatrix}f(a) & f'(a) & f''(a) & \cdots & f^{(n)}(a)\\ f'(a) & f''(a) & f'''(a) & \cdots & f^{(n+1)}(a)\\ f''(a) & f'''(a) & f^{(4)}(a) & \cdots & f^{(n+2)}(a)\\ \vdots & \vdots & \vdots & & \vdots\\ f^{(n)}(a) & f^{(n+1)}(a) & f^{(n+2)}(a) & \cdots & f^{(2n)}(a)\end{vmatrix}.$$

解　注意到 $f^{(n)}(x)$ 为常数, 而由 $f^{(n+1)}(x)=0$ 可知所求行列式的值为

$$(-1)^{\frac{n(n+1)}{2}}(f^{(n)}(a))^{n+1}.$$

例 1.4.7　(浙江大学,2016) 设 $\mathbb{R}[x]_{n+1}$ 是次数小于等于 n 的实系数多项式全体, $f(x)$ 是 n 次多项式, 证明: 对 $\mathbb{R}[x]_{n+1}$ 中的任意多项式 $g(x)$, 总存在常数 $c_0,\cdots,c_n$ 使得

$$g(x)=c_0f(x)+c_1f'(x)+\cdots+c_kf^{(k)}(x)+\cdots+c_nf^{(n)}(x),$$

其中 $f^{(k)}(x)$ 是 $f(x)$ 的 k 次导数.

证 首先, 证明 $\mathbb{R}[x]_{n+1}$ 对于多项式的加法与数与多项式的乘法构成 $\mathbb{R}$ 上的 $n+1$ 维线性空间. 其次,证明$f(x), f'(x), \cdots, f^{(n)}(x)$是线性空间 $\mathbb{R}[x]_{n+1}$ 的基即可. 只需证明 $f(x), f'(x), \cdots, f^{(n)}(x)$ 线性无关.

(法 1) 设

$$k_0 f(x) + k_1 f'(x) + \cdots + k_n f^{(n)}(x) = 0,$$

则有

$$\begin{cases} k_0 f(x) + k_1 f'(x) + \cdots + k_n f^{(n)}(x) = 0, \\ k_0 f'(x) + k_1 f''(x) + \cdots + k_n f^{(n+1)}(x) = 0, \\ \quad\vdots \\ k_0 f^{(n)}(x) + k_1 f^{(n+1)}(x) + \cdots + k_{2n} f^{(2n)}(x) = 0. \end{cases}$$

注意到此关于未知量 $k_0, k_1, \cdots, k_n$ 的线性方程组的系数行列式不为 0, 从而结论成立.

(法 2) 考虑线性空间 $\mathbb{R}[x]_{n+1}$ 上的微分线性变换 σ, 由于 $f(x)$ 是 n 次多项式, 则

$$\sigma^{n+1}(f(x)) = 0, \sigma^n(f(x)) \neq 0.$$

只需证明

$$f(x), \sigma(f(x)), \sigma^2(f(x)), \cdots, \sigma^n(f(x))$$

线性无关即可. 若

$$k_0 f(x) + k_1 \sigma(f(x)) + \cdots + k_n \sigma^n(f(x)) = 0,$$

且 $k_0, k_1, \cdots, k_n$ 不全为 0, 不妨设 $k_0 = k_1 = \cdots = k_{i-1} = 0, k_i \neq 0$, 则有

$$k_i \sigma^i(f(x)) + k_{i+1}\sigma^{i+1}(f(x)) + \cdots + k_n \sigma^n(f(x)) = 0,$$

两边作用 σ^{n-i}, 注意到 $\sigma^{n+1}(f(x)) = 0$, 可得 $k_i \sigma^n(f(x)) = 0$, 又 $\sigma^n(f(x)) \neq 0$, 于是 $k_i = 0$. 矛盾. 所以结论成立.

例 1.4.8 设 $n(\geqslant 2)$ 阶方阵 $\boldsymbol{A}$ 的元素全为 1 或者 -1, 证明: 2^{n-1} 整除 $|\boldsymbol{A}|$.

证 设

$$\boldsymbol{A} = \begin{pmatrix} a_{11} & a_{12} & \cdots & a_{1n} \\ a_{21} & a_{22} & \cdots & a_{2n} \\ \vdots & \vdots & & \vdots \\ a_{n1} & a_{n2} & \cdots & a_{nn} \end{pmatrix},$$

其中 $a_{11} \neq 0$, 于是将 $|\boldsymbol{A}|$ 的第一行乘以 $-\dfrac{a_{i1}}{a_{11}}(i = 2, 3, \cdots, n)$ 分别加到第 i 行, 可得

$$|\boldsymbol{A}| = \begin{vmatrix} a_{11} & a_{12} & \cdots & a_{1n} \\ 0 & b_{22} & \cdots & b_{2n} \\ \vdots & \vdots & & \vdots \\ 0 & b_{n2} & \cdots & b_{nn} \end{vmatrix},$$

其中 $b_{ij} = -2$或0或$2(i, j = 2, 3, \cdots, n)$, 即 b_{ij} 都有公因数 2, 于是可得 2^{n-1} 整除 $|\boldsymbol{A}|$.

第 2 章

线性方程组

2.1 线性方程组的基本问题

线性方程组的三种形式

线性方程组

$$\begin{cases} a_{11}x_1 + \ a_{12}x_2 + \cdots + \ a_{1n}x_n \ = b_1, \\ a_{21}x_1 + \ a_{22}x_2 + \cdots + \ a_{2n}x_n \ = b_2, \\ \qquad\qquad \vdots \\ a_{m1}x_1 + a_{m2}x_2 + \cdots + a_{mn}x_n = b_m, \end{cases}$$

除了上面的一般形式外, 若令

$$\boldsymbol{A} = \begin{pmatrix} a_{11} & a_{12} & \cdots & a_{1n} \\ a_{21} & a_{22} & \cdots & a_{2n} \\ \vdots & \vdots & & \vdots \\ a_{m1} & a_{m2} & \cdots & a_{mn} \end{pmatrix}, \boldsymbol{X} = \begin{pmatrix} x_1 \\ x_2 \\ \vdots \\ x_n \end{pmatrix}, \boldsymbol{\beta} = \begin{pmatrix} b_1 \\ b_2 \\ \vdots \\ b_m \end{pmatrix},$$

则还可以表示为矩阵形式

$$\boldsymbol{AX} = \boldsymbol{\beta}.$$

若将 $\boldsymbol{A}$ 按列分块为

$$\boldsymbol{A} = (\boldsymbol{\alpha}_1, \boldsymbol{\alpha}_2, \cdots, \boldsymbol{\alpha}_n),$$

则又可以表示为向量形式

$$x_1\boldsymbol{\alpha}_1 + x_2\boldsymbol{\alpha}_2 + \cdots + x_n\boldsymbol{\alpha}_n = \boldsymbol{\beta}.$$

三种形式可以根据需要灵活转换.

2.1.1 方程组的求解

对于方程组的求解, 可以考虑增广矩阵初等行变换法、克拉默 (Cramer) 法则等.

对于含有参数的方程组解的判断以及求解问题, 通用的方法是对增广矩阵进行初等行变换到一定程度再进行讨论, 需要注意的是初等行变换过程中尽可能避免参数做分数的分母, 否则需要讨论.

对于系数矩阵是方阵的线性方程组, 若系数矩阵的行列式与参数无关, 则只能利用上述通用方法求解; 若系数矩阵的行列式与参数有关, 则当系数矩阵的行列式不等于 0 时, 由克拉默法则可求出方程组的唯一解, 当系数矩阵的行列式等于 0 时, 可以得到参数的具体值或者参数之间的关系, 再对增广矩阵进行初等行变换然后讨论.

例 2.1.1 (中国矿业大学 (北京),2022) 讨论参数 a 取何值时, 线性方程组

$$\begin{cases} ax_1 + x_2 + x_3 = 1, \\ x_1 + ax_2 + x_3 = a, \\ 2x_1 + (1+a)x_2 + (1+a)x_3 = a(1+a) \end{cases}$$

有唯一解? 无解? 无穷多解? 有解时, 求解 (在无穷多解的情况下, 用基础解系表示解).

解 (法 1) 由于方程组的系数 $\boldsymbol{A}$ 的行列式

$$|\boldsymbol{A}| = \begin{vmatrix} a & 1 & 1 \\ 1 & a & 1 \\ 2 & 1+a & 1+a \end{vmatrix} = (a-1)^2(a+2),$$

于是

(1) 若 $|\boldsymbol{A}| \neq 0$, 即 $a \neq 1$ 且 $a \neq -2$ 时, 方程组有唯一解, 由克拉默法则可求唯一解为

$$\left(\frac{-(a+1)}{a+2}, \frac{1}{a+2}, \frac{(a+1)^2}{a+2}\right)^{\mathrm{T}}.$$

(2) 若 $|\boldsymbol{A}| = 0$, 则 $a = 1$ 或者 $a = -2$.

1) 若 $a = 1$, 则原方程组等价于 $x_1 + x_2 + x_3 = 1$, 于是方程组有无穷多解, 故所有解为

$$(1,0,0)^{\mathrm{T}} + k_1(-1,1,0)^{\mathrm{T}} + k_2(-1,0,1)^{\mathrm{T}},$$

其中 k_1, k_2 为任意数.

2) 若 $a = -2$, 对方程组的增广矩阵进行初等行变换, 可得

$$\begin{pmatrix} -2 & 1 & 1 & 1 \\ 1 & -2 & 1 & -2 \\ 2 & -1 & -1 & 2 \end{pmatrix} \to \begin{pmatrix} 1 & -2 & 1 & -2 \\ 0 & 1 & -1 & 1 \\ 0 & 0 & 0 & 3 \end{pmatrix},$$

此时方程组无解.

(法 2) 对方程组的增广矩阵进行初等行变换, 可得

$$\begin{pmatrix} a & 1 & 1 & 1 \\ 1 & a & 1 & a \\ 2 & 1+a & 1+a & a(1+a) \end{pmatrix} \to \begin{pmatrix} 1 & a & 1 & a \\ a & 1 & 1 & 1 \\ 2 & 1+a & 1+a & a(1+a) \end{pmatrix} \to \begin{pmatrix} 1 & a & 1 & a \\ 0 & 1-a & a-1 & a^2-a \\ 0 & 1-a^2 & 1-a & 1-a^2 \end{pmatrix}$$

$$\to \begin{pmatrix} 1 & a & 1 & a \\ 0 & 1-a & a-1 & a^2-a \\ 0 & 0 & (1-a)(a+2) & (a+1)^2(1-a) \end{pmatrix}.$$

(1) 当 $(1-a)(a+2) = 0, (a+1)^2(1-a) \neq 0$, 即 $a = -2$ 时, 易知方程组无解.

(2) 当 $(1-a)(a+2) = 0, (a+1)^2(1-a) = 0$, 即 $a = 1$ 时, 方程组有无穷多解, 易知所有解为

$$(1,0,0)^{\mathrm{T}} + k_1(-1,1,0)^{\mathrm{T}} + k_2(-1,0,1)^{\mathrm{T}},$$

其中 k_1, k_2 为任意数.

(3) 当 $(1-a)(a+2)\neq 0$, 即 $a\neq 1$ 且 $a\neq -2$ 时, 方程组有唯一解, 此时继续对方程组增广矩阵进行初等行变换, 可得

$$\begin{pmatrix}1 & a & 1 & a\\ 0 & 1-a & a-1 & a^2-a\\ 0 & 0 & (1-a)(a+2) & (a+1)^2(1-a)\end{pmatrix}\rightarrow\begin{pmatrix}1 & a & 1 & a\\ 0 & 1 & -1 & -a\\ 0 & 0 & 1 & \dfrac{(a+1)^2}{a+2}\end{pmatrix}$$

$$\rightarrow\begin{pmatrix}1 & 0 & 0 & \dfrac{-(a+1)}{a+2}\\ 0 & 1 & 0 & \dfrac{1}{a+2}\\ 0 & 0 & 1 & \dfrac{(a+1)^2}{a+2}\end{pmatrix},$$

故方程组的唯一解为

$$\left(\frac{-(a+1)}{a+2},\frac{1}{a+2},\frac{(a+1)^2}{a+2}\right)^{\mathrm{T}}.$$

例 2.1.2 (北京师范大学,2006) 当 a,b 取何值时, 线性方程组

$$\begin{cases}ax_1+(b+1)x_2+2x_3=1,\\ ax_1+(2b+1)x_2+3x_3=1,\\ ax_1+(b+1)x_2+(b+4)x_3=2b+1\end{cases}$$

有解? 并求解.

例 2.1.3 (南京师范大学,2020) 当常数 a,b,c 满足什么条件时, 下列线性方程组有解? 并在有解的条件下求出全部解 (用特解和相应齐次线性方程组的基础解系表示).

$$\begin{cases}x_1+2x_2+x_3-x_4+x_5-2x_6+3x_7=1,\\ 2x_1+4x_2+3x_3+5x_5-3x_6+7x_7=a,\\ -3x_1-6x_2-2x_3+5x_4+8x_6-7x_7=b,\\ -x_1-2x_2+x_3+5x_4+5x_5+5x_6=c.\end{cases}$$

例 2.1.4 (华东师范大学,2019) 当实数 λ 取何值时, 下列方程无解? 有唯一解? 有无穷多个解? 有解时, 并求出所有解.

$$\begin{cases}\lambda x_1+x_2+x_3=1,\\ (\lambda^2+1)x_1+2\lambda x_2+(\lambda+1)x_3=\lambda+1,\\ x_1+x_2+\lambda x_3=1,\\ 2x_1+(\lambda+1)x_2+(\lambda+1)x_3=2.\end{cases}$$

例 2.1.5 (南开大学,2005) 齐次线性方程组

$$\begin{cases}x_2+ax_3+bx_4=0,\\ -x_1+cx_3+dx_4=0,\\ ax_1+cx_2-ex_4=0,\\ bx_1+dx_2-ex_3=0\end{cases}$$

的一般解以 x_3,x_4 作为自由未知量.

(1) 求 a,b,c,d,e 满足的条件;

(2) 求齐次线性方程组的基础解系.

解 (1) 由条件知, 方程组系数矩阵的秩为 2, 对系数矩阵进行初等行变换, 可得

$$A=\begin{pmatrix}0&1&a&b\\-1&0&c&d\\a&c&0&-e\\b&d&-e&0\end{pmatrix}\to\begin{pmatrix}1&0&-c&-d\\0&1&a&b\\0&0&0&ad-bc-e\\0&0&-ad+bc-e&0\end{pmatrix},$$

若方程组的一般解以 x_3,x_4 作为自由未知量, 必有 $ad-bc-e=0,-ad+bc-e=0$, 即 $e=0,ad=bc$.

(2) 易求得基础解系为 $(c,-a,1,0)^{\mathrm{T}},(d,-b,0,1)^{\mathrm{T}}$.

例 2.1.6 (厦门大学,2011) 设齐次线性方程组

$$\begin{cases}ax_1+bx_2+\cdots+bx_n=0,\\bx_1+ax_2+\cdots+bx_n=0,\\\qquad\vdots\\bx_1+bx_2+\cdots+ax_n=0,\end{cases}$$

其中 $a\neq 0,b\neq 0,n\geqslant 2$. 试讨论 a,b 为何值时, 方程组仅有零解? 有无穷多组解? 在有无穷多组解时, 求其所有解.

解 (法 1) 对方程组的系数矩阵进行初等行变换, 可得

$$A=\begin{pmatrix}a&b&\cdots&b\\b&a&\cdots&b\\\vdots&\vdots&&\vdots\\b&b&\cdots&a\end{pmatrix}\to\begin{pmatrix}a&b&\cdots&b\\b-a&a-b&\cdots&0\\\vdots&\vdots&&\vdots\\b-a&0&\cdots&a-b\end{pmatrix}.$$

(1) 若 $a=b$, 则方程组的基础解系为

$$\boldsymbol{\alpha}_1=(-1,1,0,\cdots,0)^{\mathrm{T}},\boldsymbol{\alpha}_2=(-1,0,1,\cdots,0)^{\mathrm{T}},\cdots,\boldsymbol{\alpha}_{n-1}=(-1,0,0,\cdots,1)^{\mathrm{T}},$$

于是方程组的所有解为

$$\boldsymbol{x}=k_1\boldsymbol{\alpha}_1+k_2\boldsymbol{\alpha}_2+\cdots+k_{n-1}\boldsymbol{\alpha}_{n-1},$$

其中 $k_i(i=1,2,\cdots,n-1)$ 为任意数.

(2) 若 $a\neq b$, 对系数矩阵继续进行初等行变换, 可得

$$A=\begin{pmatrix}a&b&\cdots&b\\b&a&\cdots&b\\\vdots&\vdots&&\vdots\\b&b&\cdots&a\end{pmatrix}\to\begin{pmatrix}a&b&\cdots&b\\b-a&a-b&\cdots&0\\\vdots&\vdots&&\vdots\\b-a&0&\cdots&a-b\end{pmatrix}\to\begin{pmatrix}a+(n-1)b&0&\cdots&0\\-1&1&\cdots&0\\\vdots&\vdots&&\vdots\\-1&0&\cdots&1\end{pmatrix}.$$

1) 若 $a+(n-1)b\neq 0$, 则易知方程组只有零解.

2) 若 $a+(n-1)b=0$, 则方程组的基础解系为 $\boldsymbol{\beta}=(1,1,\cdots,1)^{\mathrm{T}}$, 方程组的所有解为 $l\boldsymbol{\beta}$, 其中 l 是任意数.

(法 2) 方程组的系数行列式

$$|\boldsymbol{A}|=\begin{vmatrix}a&b&\cdots&b\\b&a&\cdots&b\\\vdots&\vdots&&\vdots\\b&b&\cdots&a\end{vmatrix}=[a+(n-1)b](a-b)^{n-1}.$$

(1) 当 $|\boldsymbol{A}|\neq 0$, 即 $a\neq b$ 且 $a\neq(1-n)b$ 时, 方程组只有零解.

(2) 若 $|\boldsymbol{A}|=0$, 则 $a=b$ 或者 $a=(1-n)b$.

1) 若 $a=b$, 易知原方程组等价于 $x_1+x_2+\cdots+x_n=0$, 于是方程组的基础解系为

$$\boldsymbol{\alpha}_1=(-1,1,0,\cdots,0)^{\mathrm{T}},\boldsymbol{\alpha}_2=(-1,0,1,\cdots,0)^{\mathrm{T}},\cdots,\boldsymbol{\alpha}_{n-1}=(-1,0,0,\cdots,1)^{\mathrm{T}},$$

于是方程组的所有解为

$$\boldsymbol{x}=k_1\boldsymbol{\alpha}_1+k_2\boldsymbol{\alpha}_2+\cdots+k_{n-1}\boldsymbol{\alpha}_{n-1},$$

其中 $k_i(i=1,2,\cdots,n-1)$ 为任意数.

2) 若 $a=(1-n)b$, 对系数矩阵进行初等行变换, 可得

$$\boldsymbol{A}=\begin{pmatrix}a&b&\cdots&b\\b&a&\cdots&b\\\vdots&\vdots&&\vdots\\b&b&\cdots&a\end{pmatrix}\to\begin{pmatrix}a&b&\cdots&b\\b-a&a-b&\cdots&0\\\vdots&\vdots&&\vdots\\b-a&0&\cdots&a-b\end{pmatrix}\to\begin{pmatrix}0&0&\cdots&0\\-1&1&\cdots&0\\\vdots&\vdots&&\vdots\\-1&0&\cdots&1\end{pmatrix}.$$

则方程组的基础解系为 $\boldsymbol{\beta}=(1,1,\cdots,1)^{\mathrm{T}}$, 方程组的所有解为 $l\boldsymbol{\beta}$, 其中 l 是任意数.

例 2.1.7 (东南大学,2004; 西南师范大学,2005) 已知齐次线性方程组

$$\begin{cases}(a_1+b)x_1+a_2x_2+\cdots+a_nx_n=0,\\a_1x_1+(a_2+b)x_2+\cdots+a_nx_n=0,\\\qquad\vdots\\a_1x_1+a_2x_2+\cdots+(a_n+b)x_n=0,\end{cases}$$

其中 $\sum\limits_{i=1}^{n}a_i\neq 0$. 讨论 $a_1,a_2,\cdots,a_n$ 和 b 满足何条件时,

(1) 方程组仅有零解;

(2) 方程组有非零解, 此时用基础解系表示所有解.

例 2.1.8 (上海师范大学,2005; 河北工业大学,2022) 讨论齐次线性方程组

$$\begin{cases}(1+a)x_1+x_2+\cdots+x_n=0,\\2x_1+(2+a)x_2+\cdots+2x_n=0,\\\qquad\vdots\\nx_1+nx_2+\cdots+(n+a)x_n=0\end{cases}$$

何时有非零解? 并用其基础解系表示全部解.

例 2.1.9 (中国海洋大学,2021) 证明: 方程组

$$\begin{cases} x_1 - x_2 = a_1, \\ x_2 - x_3 = a_2, \\ x_3 - x_4 = a_3, \\ x_4 - x_5 = a_4, \\ x_5 - x_1 = a_5, \end{cases}$$

有解的充要条件是 $\sum\limits_{i=1}^{5} a_i = 0$. 在有解的情况下, 求出其全部解.

证 对方程组的增广矩阵进行初等行变换 (将前 4 行都加到最后一行), 可得

$$\overline{\boldsymbol{A}} = \begin{pmatrix} 1 & -1 & 0 & 0 & 0 & a_1 \\ 0 & 1 & -1 & 0 & 0 & a_2 \\ 0 & 0 & 1 & -1 & 0 & a_3 \\ 0 & 0 & 0 & 1 & -1 & a_4 \\ -1 & 0 & 0 & 0 & 1 & a_5 \end{pmatrix} \to \begin{pmatrix} 1 & -1 & 0 & 0 & 0 & a_1 \\ 0 & 1 & -1 & 0 & 0 & a_2 \\ 0 & 0 & 1 & -1 & 0 & a_3 \\ 0 & 0 & 0 & 1 & -1 & a_4 \\ 0 & 0 & 0 & 0 & 0 & \sum\limits_{i=1}^{5} a_i \end{pmatrix}.$$

由此可知方程组系数矩阵的秩为 4, 而方程组有解的充要条件是系数矩阵的秩等于增广矩阵的秩, 即 $\sum\limits_{i=1}^{5} a_i = 0$.

当方程组有解时, 继续对增广矩阵进行初等行变换可得

$$\begin{pmatrix} 1 & -1 & 0 & 0 & 0 & a_1 \\ 0 & 1 & -1 & 0 & 0 & a_2 \\ 0 & 0 & 1 & -1 & 0 & a_3 \\ 0 & 0 & 0 & 1 & -1 & a_4 \\ 0 & 0 & 0 & 0 & 0 & \sum\limits_{i=1}^{5} a_i \end{pmatrix} \to \begin{pmatrix} 1 & 0 & 0 & 0 & -1 & a_1 + a_2 + a_3 + a_4 \\ 0 & 1 & 0 & 0 & -1 & a_2 + a_3 + a_4 \\ 0 & 0 & 1 & 0 & -1 & a_3 + a_4 \\ 0 & 0 & 0 & 1 & -1 & a_4 \\ 0 & 0 & 0 & 0 & 0 & 0 \end{pmatrix},$$

此时方程组有无穷多解, 一般解为

$$(a_1 + a_2 + a_3 + a_4, a_2 + a_3 + a_4, a_3 + a_4, a_4, 0)^{\mathrm{T}} + k(1, 1, 1, 1, 1)^{\mathrm{T}},$$

其中 k 为任意数.

例 2.1.10 (北京科技大学,2021) 证明方程组

$$\begin{cases} x_1 - x_2 = a_1, \\ x_2 - x_3 = a_2, \\ \quad \vdots \\ x_{n-1} - x_n = a_{n-1}, \\ x_n - x_1 = a_n \end{cases}$$

有解的充要条件是 $\sum\limits_{i=1}^{n} a_i = 0$, 并在有解的条件下, 求通解的表达式.

例 2.1.11 (厦门大学,2023) 已知 $\boldsymbol{A}=\begin{pmatrix}1&a&0&0\\0&1&a&0\\0&0&1&a\\a&0&0&1\end{pmatrix},\boldsymbol{\beta}=\begin{pmatrix}1\\-1\\0\\0\end{pmatrix}$, $\boldsymbol{Ax}=\boldsymbol{\beta}$ 有无穷多解.

(1) $a=?$ (2) 求 $\boldsymbol{Ax}=\boldsymbol{\beta}$ 的通解.

例 2.1.12 (华东师范大学,2005) 讨论 $b_1,b_2,\cdots,b_n(n\geqslant 2)$ 满足什么条件时, 下列方程组

$$\begin{cases}x_1+x_2=b_1,\\x_2+x_3=b_2,\\\quad\vdots\\x_{n-1}+x_n=b_{n-1},\\x_n+x_1=b_n\end{cases}$$

有解, 并求解.

解 方程组的增广矩阵为

$$\overline{\boldsymbol{A}}=\begin{pmatrix}1&1&\cdots&0&0&b_1\\0&1&\cdots&0&0&b_2\\0&0&\cdots&0&0&b_3\\\vdots&\vdots&&\vdots&\vdots&\vdots\\0&0&\cdots&1&1&b_{n-1}\\1&0&\cdots&0&1&b_n\end{pmatrix}.$$

(1) 当 n 为偶数时, 将 $\overline{\boldsymbol{A}}$ 的第 $i(i=1,2,\cdots,n-1)$ 行乘以 $(-1)^i$ 加到最后一行, 得

$$\overline{\boldsymbol{A}}\to\begin{pmatrix}1&1&\cdots&0&0&b_1\\0&1&\cdots&0&0&b_2\\0&0&\cdots&0&0&b_3\\\vdots&\vdots&&\vdots&\vdots&\vdots\\0&0&\cdots&1&1&b_{n-1}\\0&0&\cdots&0&0&\sum\limits_{i=1}^{n}(-1)^ib_i\end{pmatrix}.$$

故当 $\sum\limits_{i=1}^{n}(-1)^ib_i=0$ 时, 方程组有无穷多解, 一般解为

$$\begin{cases}x_1&=\sum\limits_{i=1}^{n-1}(-1)^{i-1}b_i+(-1)^1x_n,\\x_2&=\sum\limits_{i=2}^{n-1}(-1)^{i-2}b_i+(-1)^2x_n,\\&\vdots\\x_{n-2}&=b_{n-2}-b_{n-1}+(-1)^{n-2}x_n,\\x_{n-1}&=b_{n-1}+(-1)^{n-1}x_n,\end{cases}$$

其中 x_n 为自由未知量.

(2) 当 n 为奇数时, 有

$$\overline{\boldsymbol{A}} \to \begin{pmatrix} 1 & 1 & \cdots & 0 & 0 & b_1 \\ 0 & 1 & \cdots & 0 & 0 & b_2 \\ 0 & 0 & \cdots & 0 & 0 & b_3 \\ \vdots & \vdots & & \vdots & \vdots & \vdots \\ 0 & 0 & \cdots & 1 & 1 & b_{n-1} \\ 0 & 0 & \cdots & 0 & 2 & b_n + \sum\limits_{i=1}^{n-1}(-1)^i b_i \end{pmatrix}.$$

此时无论 $b_1, b_2, \cdots, b_n (n \geqslant 2)$ 取何值, 方程组都有唯一解为

$$\begin{cases} x_1 &= \sum\limits_{i=1}^{n-1}(-1)^{i-1}b_i + (-1)^{n-1}x_n, \\ x_2 &= \sum\limits_{i=2}^{n-1}(-1)^{i-2}b_i + (-1)^{n-2}x_n, \\ &\vdots \\ x_{n-2} &= b_{n-2} - b_{n-1} + (-1)^2 x_n, \\ x_{n-1} &= b_{n-1} + (-1)^1 x_n, \\ x_n &= \dfrac{1}{2}b_n + \sum\limits_{i=1}^{n-1}(-1)^i b_i. \end{cases}$$

例 2.1.13 (上海交通大学,2007; 中国计量大学,2021) 已知 $a^2 \neq b^2$, 证明: 线性方程组

$$\begin{cases} ax_1 + bx_{2n} = 1, \\ ax_2 + bx_{2n-1} = 1, \\ \qquad \vdots \\ ax_n + bx_{n+1} = 1, \\ bx_n + ax_{n+1} = 1, \\ bx_{n-1} + ax_{n+2} = 1, \\ \qquad \vdots \\ bx_1 + ax_{2n} = 1 \end{cases}$$

有唯一解, 并求解.

证 (法 1) 方程组的系数行列式为

$$D = \begin{vmatrix} a & & & & & b \\ & \ddots & & & \unicode{x22F0} & \\ & & a & b & & \\ & & b & a & & \\ & \unicode{x22F0} & & & \ddots & \\ b & & & & & a \end{vmatrix},$$

若 $a = 0$, 则 $D = (-1)^{n(2n-1)}b^{2n} = (-1)^n b^{2n}$. 此时方程组有唯一解为 $\left(\dfrac{1}{b}, \cdots, \dfrac{1}{b}\right)^{\mathrm{T}}$.

若 $a \neq 0$, 则

$$D=\begin{vmatrix} a & & & & & b \\ & \ddots & & & \cdot^{\cdot^{\cdot}} & \\ & & a & b & & \\ & & 0 & a-\dfrac{b^2}{a} & & \\ & \cdot^{\cdot^{\cdot}} & & & \ddots & \\ 0 & & & & & a-\dfrac{b^2}{a} \end{vmatrix}=(a^2-b^2)^n,$$

此时, 方程组有唯一解. 由于

$$\begin{pmatrix} a & & & & & b & 1 \\ & \ddots & & & \cdot^{\cdot^{\cdot}} & & \vdots \\ & & a & b & & & 1 \\ & & b & a & & & 1 \\ & \cdot^{\cdot^{\cdot}} & & & \ddots & & \vdots \\ b & & & & & a & 1 \end{pmatrix} \to \begin{pmatrix} a & & & & & b & 1 \\ & \ddots & & & \cdot^{\cdot^{\cdot}} & & \vdots \\ & & a & b & & & 1 \\ & & 0 & a-\dfrac{b^2}{a} & & & 1-\dfrac{b}{a} \\ & \cdot^{\cdot^{\cdot}} & & & \ddots & & \vdots \\ 0 & & & & & a-\dfrac{b^2}{a} & 1-\dfrac{b}{a} \end{pmatrix},$$

所以原方程组唯一解为 $\left(\dfrac{1}{a+b},\cdots,\dfrac{1}{a+b}\right)^{\mathrm{T}}$.

(法 2) 由第 1 个与第 $2n$ 个方程, 可得

$$\begin{cases} (a^2-b^2)\ \ x_1=a-b, \\ (b^2-a^2)\ x_{2n}=b-a. \end{cases}$$

由于 $a^2-b^2\neq 0$, 所以

$$\begin{cases} x_1=\dfrac{1}{a+b}, \\ x_{2n}=\dfrac{1}{a+b}. \end{cases}$$

同理, 可解得 $x_2=\cdots=x_{2n-1}=\dfrac{1}{a+b}$, 所以方程组有唯一解为 $\left(\dfrac{1}{a+b},\cdots,\dfrac{1}{a+b}\right)^{\mathrm{T}}$.

2.1.2 方程组解的性质与结构

例 2.1.14 设四元非齐次线性方程组的系数矩阵的秩为 3, 已知 $\boldsymbol{\eta_1},\boldsymbol{\eta_2},\boldsymbol{\eta_3}$ 是它的三个解向量, 且

$$\boldsymbol{\eta_1}=(2,3,4,5)^{\mathrm{T}}, \boldsymbol{\eta_2}+\boldsymbol{\eta_3}=(1,2,3,4)^{\mathrm{T}}.$$

求该方程组的通解.

解 设方程组为 $\boldsymbol{Ax}=\boldsymbol{b}$, 由 $r(\boldsymbol{A})=3$ 知其导出组 $\boldsymbol{Ax}=\boldsymbol{0}$ 的基础解系只含有一个解向量, 而

$$\boldsymbol{A\eta_1}=\boldsymbol{b}, \boldsymbol{A}(\boldsymbol{\eta_2}+\boldsymbol{\eta_3})=2\boldsymbol{b},$$

故 $2\boldsymbol{\eta_1}-(\boldsymbol{\eta_2}+\boldsymbol{\eta_3})=(3,4,5,6)^{\mathrm{T}}$ 为 $\boldsymbol{Ax}=\boldsymbol{0}$ 的基础解系, 从而所求的通解为

$$\boldsymbol{x}=\boldsymbol{\eta_1}+c(3,4,5,6)^{\mathrm{T}}=(2,3,4,5)^{\mathrm{T}}+c(3,4,5,6)^{\mathrm{T}},$$

其中 c 为任意常数.

例 2.1.15 (山东科技大学,2006) 三阶方阵 $\boldsymbol{A}$ 的秩为 2, $\boldsymbol{\eta}_1,\boldsymbol{\eta}_2$ 为非齐次线性方程组 $\boldsymbol{Ax}=\boldsymbol{b}$ 的解, 且

$$\boldsymbol{\eta}_1+\boldsymbol{\eta}_2=(6,0,2)^{\mathrm{T}},\boldsymbol{\eta}_1+3\boldsymbol{\eta}_2=(12,-2,6)^{\mathrm{T}}.$$

求:

(1) 导出组 $\boldsymbol{Ax}=\mathbf{0}$ 的基础解系;

(2) $\boldsymbol{Ax}=\boldsymbol{b}$ 的通解.

例 2.1.16 (大连理工大学,2006; 华南理工大学,2017) 设三元非齐次线性方程组的系数矩阵的秩为 1, $\boldsymbol{\eta}_1,\boldsymbol{\eta}_2,\boldsymbol{\eta}_3$ 为其三个解向量, 且

$$\boldsymbol{\eta}_1+\boldsymbol{\eta}_2=(1,2,3)^{\mathrm{T}},\boldsymbol{\eta}_2+\boldsymbol{\eta}_3=(0,-1,1)^{\mathrm{T}},\boldsymbol{\eta}_3+\boldsymbol{\eta}_1=(1,0,-1)^{\mathrm{T}}.$$

求该方程组的通解.

解 (法 1) 设方程组为 $\boldsymbol{Ax}=\boldsymbol{b}$, 由条件可知 $\boldsymbol{A\eta}_i=\boldsymbol{b},i=1,2,3$, 于是

$$\frac{\boldsymbol{\eta}_1+\boldsymbol{\eta}_2}{2}=\left(\frac{1}{2},1,\frac{3}{2}\right)^{\mathrm{T}},\frac{\boldsymbol{\eta}_2+\boldsymbol{\eta}_3}{2}=\left(0,-\frac{1}{2},\frac{1}{2}\right)^{\mathrm{T}},\frac{\boldsymbol{\eta}_3+\boldsymbol{\eta}_1}{2}=\left(\frac{1}{2},0,-\frac{1}{2}\right)^{\mathrm{T}}$$

均为方程组的解, 由 $r(\boldsymbol{A})=1$ 知导出组的基础解系有 2 个解向量, 而

$$\frac{\boldsymbol{\eta}_1+\boldsymbol{\eta}_2}{2}-\frac{\boldsymbol{\eta}_2+\boldsymbol{\eta}_3}{2}=\left(\frac{1}{2},\frac{3}{2},1\right)^{\mathrm{T}},\frac{\boldsymbol{\eta}_1+\boldsymbol{\eta}_2}{2}-\frac{\boldsymbol{\eta}_3+\boldsymbol{\eta}_1}{2}=(0,1,2)^{\mathrm{T}}$$

是导出组的线性无关的解向量, 从而方程组的通解为

$$\left(\frac{1}{2},1,\frac{3}{2}\right)^{\mathrm{T}}+k\left(\frac{1}{2},\frac{3}{2},1\right)^{\mathrm{T}}+l(0,1,2)^{\mathrm{T}},$$

其中 k,l 为任意数.

(法 2) 由于

$$\boldsymbol{\eta}_1-\boldsymbol{\eta}_3=\boldsymbol{\eta}_1+\boldsymbol{\eta}_2-(\boldsymbol{\eta}_2+\boldsymbol{\eta}_3)=(1,3,2)^{\mathrm{T}},$$

$$\boldsymbol{\eta}_3+\boldsymbol{\eta}_1=(1,0,-1)^{\mathrm{T}},$$

故可解得

$$\boldsymbol{\eta}_1=\left(1,\frac{3}{2},\frac{1}{2}\right)^{\mathrm{T}},\boldsymbol{\eta}_2=\left(0,\frac{1}{2},\frac{5}{2}\right)^{\mathrm{T}},\boldsymbol{\eta}_3=\left(0,-\frac{3}{2},-\frac{3}{2}\right)^{\mathrm{T}},$$

由 $r(\boldsymbol{A})=1$ 知导出组的基础解系有 2 个解向量, 而

$$\boldsymbol{\eta}_1-\boldsymbol{\eta}_2=(1,1,-2)^{\mathrm{T}},\boldsymbol{\eta}_1-\boldsymbol{\eta}_3=(1,3,2)^{\mathrm{T}}$$

是导出组的线性无关的解向量, 从而方程组的通解为

$$\left(1,\frac{3}{2},\frac{1}{2}\right)^{\mathrm{T}}+k(1,1,-2)+l(1,3,2)^{\mathrm{T}},$$

其中 k,l 为任意数.

例 2.1.17 (中南大学,2011) 已知四元非齐次线性方程组系数矩阵的秩为 2, 它的三个解向量为 $\boldsymbol{\eta}_1,\boldsymbol{\eta}_2,\boldsymbol{\eta}_3$, 且

$$\boldsymbol{\eta}_1+2\boldsymbol{\eta}_2=\begin{pmatrix}2\\0\\5\\-1\end{pmatrix},\boldsymbol{\eta}_1+2\boldsymbol{\eta}_3=\begin{pmatrix}4\\3\\-1\\5\end{pmatrix},\boldsymbol{\eta}_3+2\boldsymbol{\eta}_1=\begin{pmatrix}1\\0\\-1\\2\end{pmatrix}.$$

求方程组的通解.

例 2.1.18 (扬州大学,2020) 设四阶矩阵 $\boldsymbol{A}$ 的秩等于 3, 且 $\boldsymbol{\xi}_1,\boldsymbol{\xi}_2,\boldsymbol{\xi}_3$ 是非齐次线性方程组 $\boldsymbol{AX}=\boldsymbol{\beta}$ 的三个解向量, 且 $\boldsymbol{\xi}_1+2\boldsymbol{\xi}_2+\boldsymbol{\xi}_3=(4,0,8,0)^{\mathrm{T}},\boldsymbol{\xi}_1+2\boldsymbol{\xi}_2=(0,3,0,6)^{\mathrm{T}}$.

(1) 求线性方程组 $\boldsymbol{AX}=\boldsymbol{\beta}$ 的通解;

(2) 如果存在四阶矩阵 $\boldsymbol{B}$, 使得 $\boldsymbol{AB}=(\boldsymbol{\beta},\boldsymbol{\beta},\boldsymbol{\beta},\boldsymbol{\beta})$, 则矩阵 $\boldsymbol{B}$ 的秩的最大值为多少? 证明你的结论.

例 2.1.19 (大连理工大学,2003; 河北工业大学,2004; 三峡大学,2006; 山东师范大学,2006; 青岛大学,2016; 河海大学,2021; 沈阳工业大学,2021; 上海师范大学,2021) 设矩阵

$$\boldsymbol{A}=(\boldsymbol{\alpha}_1,\boldsymbol{\alpha}_2,\boldsymbol{\alpha}_3,\boldsymbol{\alpha}_4),$$

其中 $\boldsymbol{\alpha}_1,\boldsymbol{\alpha}_2,\boldsymbol{\alpha}_3,\boldsymbol{\alpha}_4$ 均为 4 维列向量, 其中 $\boldsymbol{\alpha}_2,\boldsymbol{\alpha}_3,\boldsymbol{\alpha}_4$ 线性无关,$\boldsymbol{\alpha}_1=2\boldsymbol{\alpha}_2-\boldsymbol{\alpha}_3$. 向量 $\boldsymbol{b}=\boldsymbol{\alpha}_1+\boldsymbol{\alpha}_2+\boldsymbol{\alpha}_3+\boldsymbol{\alpha}_4$. 求方程组 $\boldsymbol{Ax}=\boldsymbol{b}$ 的通解.

解 由 $\boldsymbol{\alpha}_2,\boldsymbol{\alpha}_3,\boldsymbol{\alpha}_4$ 线性无关, 可知 $r(\boldsymbol{A})\geqslant 3$, 再由 $\boldsymbol{\alpha}_1=2\boldsymbol{\alpha}_2-\boldsymbol{\alpha}_3=2\boldsymbol{\alpha}_2-\boldsymbol{\alpha}_3+0\boldsymbol{\alpha}_4$, 可知 $r(\boldsymbol{A})=3$, 从而 $\boldsymbol{Ax}=\boldsymbol{b}$ 的导出组 $\boldsymbol{Ax}=\boldsymbol{0}$ 的基础解系只含有一个解向量. 由 $\boldsymbol{\alpha}_1=2\boldsymbol{\alpha}_2-\boldsymbol{\alpha}_3$ 有 $\boldsymbol{A}(1,-2,1,0)^{\mathrm{T}}=\boldsymbol{0}$, 故 $(1,-2,1,0)^{\mathrm{T}}$ 为 $\boldsymbol{Ax}=\boldsymbol{0}$ 的基础解系. 由 $\boldsymbol{b}=\boldsymbol{\alpha}_1+\boldsymbol{\alpha}_2+\boldsymbol{\alpha}_3+\boldsymbol{\alpha}_4$ 有 $\boldsymbol{A}(1,1,1,1)^{\mathrm{T}}=\boldsymbol{b}$, 即 $(1,1,1,1)^{\mathrm{T}}$ 是 $\boldsymbol{Ax}=\boldsymbol{b}$ 的特解, 故通解为 $\boldsymbol{x}=(1,1,1,1)^{\mathrm{T}}+c(1,-2,1,0)^{\mathrm{T}}$, 其中 c 为任意常数.

例 2.1.20 (上海师范大学,2022) 已知三阶矩阵 $\boldsymbol{A}$ 可写成列分块的形式 $\boldsymbol{A}=(\boldsymbol{\alpha}_1,\boldsymbol{\alpha}_2,\boldsymbol{\alpha}_3)$, 且 $\boldsymbol{A}$ 有 3 个不同的特征值, 且 $\boldsymbol{\alpha}_3=\boldsymbol{\alpha}_1+2\boldsymbol{\alpha}_2,\boldsymbol{\beta}=\boldsymbol{\alpha}_1+\boldsymbol{\alpha}_2+\boldsymbol{\alpha}_3$. 求线性方程组 $\boldsymbol{AX}=\boldsymbol{\beta}$ 的通解.

例 2.1.21 (河南大学生数学竞赛决赛,2020) 设 $\boldsymbol{A}$ 为 n 阶方阵,$\boldsymbol{\alpha}_1,\boldsymbol{\alpha}_2,\cdots,\boldsymbol{\alpha}_n$ 为 $\boldsymbol{A}$ 的列向量, 已知 $\sum\limits_{i=1}^{n-1}i\boldsymbol{\alpha}_i=\boldsymbol{0}$, 而 $\boldsymbol{\alpha}_2,\boldsymbol{\alpha}_3,\cdots,\boldsymbol{\alpha}_n$ 线性无关. 记 $\boldsymbol{\beta}=\boldsymbol{\alpha}_1+\boldsymbol{\alpha}_2+\cdots+\boldsymbol{\alpha}_n$. (1) 证明: 方程组 $\boldsymbol{AX}=\boldsymbol{\beta}$ 有无穷多解;(2) 求方程组 $\boldsymbol{AX}=\boldsymbol{\beta}$ 的通解.

例 2.1.22 (河北大学,2017) 设 $\boldsymbol{\beta}_1,\boldsymbol{\beta}_2,\boldsymbol{\beta}_3$ 是 n 元非齐次线性方程组 $\boldsymbol{AX}=\boldsymbol{b}$ 的三个线性无关的解, 且 $r(\boldsymbol{A})=n-2$. 求:

(1) 导出组 $\boldsymbol{AX}=\boldsymbol{0}$ 的一个基础解系，并对给出的答案进行证明;

(2) 写出 $\boldsymbol{AX}=2\boldsymbol{b}$ 的一般解.

例 2.1.23 (上海交通大学,2021) 设 $\boldsymbol{A}=(\boldsymbol{\alpha},\boldsymbol{\beta},\boldsymbol{\gamma},\boldsymbol{\delta})\in\mathbb{R}^{m\times 4}$, 且 $\boldsymbol{\alpha}-\boldsymbol{\beta}+2\boldsymbol{\gamma}+\boldsymbol{\delta}=\boldsymbol{0},\boldsymbol{\alpha}+2\boldsymbol{\beta}-\boldsymbol{\gamma}-2\boldsymbol{\delta}=\boldsymbol{0}$.

(1) 设 $\boldsymbol{\alpha},\boldsymbol{\beta}$ 线性无关, 求线性方程组 $\boldsymbol{AX}=\boldsymbol{\gamma}+\boldsymbol{\delta}$ 的通解;

(2) 设 $\boldsymbol{\alpha}^{\mathrm{T}}\boldsymbol{\alpha}=\boldsymbol{\beta}^{\mathrm{T}}\boldsymbol{\beta}=1,\boldsymbol{\alpha}^{\mathrm{T}}\boldsymbol{\beta}=0$, 求矩阵 $\boldsymbol{P}\in\mathbb{R}^{n\times m}$ 满足下列条件:

$$r(\boldsymbol{P})=r(\boldsymbol{A}),\boldsymbol{P}^{\mathrm{T}}=\boldsymbol{P}^2=\boldsymbol{P},\boldsymbol{P\gamma}=\boldsymbol{\gamma},\boldsymbol{P\delta}=\boldsymbol{\delta}.$$

例 2.1.24 (安徽师范大学,2016) 设 $\boldsymbol{r}_1,\boldsymbol{r}_2,\cdots,\boldsymbol{r}_t$ 是线性方程组 $\boldsymbol{Ax}=\boldsymbol{b}$ 的任意多个解 ($\boldsymbol{b}\neq\boldsymbol{0}$). 证明:(1) 若 $k_1\boldsymbol{r}_1+k_2\boldsymbol{r}_2+\cdots+k_t\boldsymbol{r}_t=\boldsymbol{0}$, 则 $\sum\limits_{i=1}^{t}k_i=0$;(2) 若 $k_1\boldsymbol{r}_1+k_2\boldsymbol{r}_2+\cdots+k_t\boldsymbol{r}_t$ 是 $\boldsymbol{Ax}=\boldsymbol{b}$ 的解, 则 $\sum\limits_{i=1}^{t}k_i=1$.

证 (1) 在 $k_1\boldsymbol{r}_1+k_2\boldsymbol{r}_2+\cdots+k_t\boldsymbol{r}_t=\boldsymbol{0}$ 两边左乘 $\boldsymbol{A}$ 得

$$\boldsymbol{0}=k_1\boldsymbol{Ar}_1+k_2\boldsymbol{Ar}_2+\cdots+k_t\boldsymbol{Ar}_t=\boldsymbol{b}\sum_{i=1}^{t}k_i.$$

由于 $\boldsymbol{b}\neq\boldsymbol{0}$, 故 $\sum\limits_{i=1}^{t}k_i=0$.

(2) 由题设知

$$\boldsymbol{b}=\boldsymbol{A}(k_1\boldsymbol{r}_1+k_2\boldsymbol{r}_2+\cdots+k_t\boldsymbol{r}_t)=\boldsymbol{b}\sum_{i=1}^{t}k_i,$$

从而 $\left(\sum\limits_{i=1}^{t}k_i-1\right)\boldsymbol{b}=\boldsymbol{0}$. 由于 $\boldsymbol{b}\neq\boldsymbol{0}$, 故有 $\sum\limits_{i=1}^{t}k_i=1$.

例 2.1.25 (广西民族大学,2022) 设 $\boldsymbol{\alpha}_1,\boldsymbol{\alpha}_2,\cdots,\boldsymbol{\alpha}_t$ 是非齐次线性方程组的一组解, 则 $k_1\boldsymbol{\alpha}_1+k_2\boldsymbol{\alpha}_2+\cdots+k_t\boldsymbol{\alpha}_t$ 也是该非齐次线性方程组的一组解的充要条件是 $k_1+k_2+\cdots+k_t=1$.

例 2.1.26 (江苏大学,2005; 上海大学,2005; 西南交通大学,2007) 设 $\boldsymbol{\eta}^*$ 是非齐次线性方程组 $\boldsymbol{A}_{m\times n}\boldsymbol{x}=\boldsymbol{b}\neq\boldsymbol{0}$ 的一个解, $\boldsymbol{\xi}_1,\cdots,\boldsymbol{\xi}_{n-r}$ 是其导出组 $\boldsymbol{Ax}=\boldsymbol{0}$ 的一个基础解系, 且矩阵 $\boldsymbol{A}_{m\times n}$ 的秩为 r. 证明:

(1) (浙江工商大学,2014)$\boldsymbol{\eta}^*,\boldsymbol{\xi}_1,\cdots,\boldsymbol{\xi}_{n-r}$ 线性无关;

(2) (浙江工商大学,2014)$\boldsymbol{\eta}^*,\boldsymbol{\eta}^*+\boldsymbol{\xi}_1,\cdots,\boldsymbol{\eta}^*+\boldsymbol{\xi}_{n-r}$ 线性无关;

(3) 方程组 $\boldsymbol{Ax}=\boldsymbol{b}$ 的任一解可以表示为

$$\boldsymbol{x}=k\boldsymbol{\eta}^*+k_1\boldsymbol{\eta}_1+\cdots+k_{n-r}\boldsymbol{\eta}_{n-r},$$

其中 $\boldsymbol{\eta}_1=\boldsymbol{\eta}^*+\boldsymbol{\xi}_1,\cdots,\boldsymbol{\eta}_{n-r}=\boldsymbol{\eta}^*+\boldsymbol{\xi}_{n-r},(k+k_1+\cdots+k_{n-r}=1)$.

证 (1) (法 1) 反证法. 若 $\boldsymbol{\eta}^*,\boldsymbol{\xi}_1,\cdots,\boldsymbol{\xi}_{n-r}$ 线性相关, 因 $\boldsymbol{\xi}_1,\cdots,\boldsymbol{\xi}_{n-r}$ 线性无关, 故 $\boldsymbol{\eta}^*$ 可由 $\boldsymbol{\xi}_1,\cdots,\boldsymbol{\xi}_{n-r}$ 线性表示, 故 $\boldsymbol{\eta}^*$ 为 $\boldsymbol{Ax}=\boldsymbol{0}$ 的解, 这与 $\boldsymbol{\eta}^*$ 为 $\boldsymbol{Ax}=\boldsymbol{b}$ 的解矛盾. 所以结论成立.

(法 2) 设

$$k_0\boldsymbol{\eta}^*+k_1\boldsymbol{\xi}_1+\cdots+k_{n-r}\boldsymbol{\xi}_{n-r}=\boldsymbol{0},$$

等式两边左乘 $\boldsymbol{A}$, 注意到 $\boldsymbol{A\eta}^*=\boldsymbol{b},\boldsymbol{A\xi}_i=\boldsymbol{0},i=1,2,\cdots,n-r$, 可得 $k_0\boldsymbol{b}=\boldsymbol{0}$, 由 $\boldsymbol{b}\neq\boldsymbol{0}$ 知 $k_0=0$, 于是

$$k_1\boldsymbol{\xi}_1+\cdots+k_{n-r}\boldsymbol{\xi}_{n-r}=\boldsymbol{0},$$

由于 $\boldsymbol{\xi}_1,\cdots,\boldsymbol{\xi}_{n-r}$ 线性无关, 故 $k_1=\cdots=k_{n-r}=0$. 即结论成立.

(法 3) 由于 $\boldsymbol{\xi}_1,\cdots,\boldsymbol{\xi}_{n-r}$ 线性无关, 故

$$n-r\leqslant r(\boldsymbol{\eta}^*,\boldsymbol{\xi}_1,\cdots,\boldsymbol{\xi}_{n-r})\leqslant n-r+1,$$

若 $n-r=r(\boldsymbol{\eta}^*,\boldsymbol{\xi}_1,\cdots,\boldsymbol{\xi}_{n-r})$, 则易知 $\boldsymbol{\xi}_1,\cdots,\boldsymbol{\xi}_{n-r}$ 为 $\boldsymbol{\eta}^*,\boldsymbol{\xi}_1,\cdots,\boldsymbol{\xi}_{n-r}$ 的极大无关组, 从而 $\boldsymbol{\eta}^*$ 可由 $\boldsymbol{\xi}_1,\cdots,\boldsymbol{\xi}_{n-r}$ 线性表示, 故 $\boldsymbol{\eta}^*$ 为 $\boldsymbol{Ax}=\boldsymbol{0}$ 的解, 这与 $\boldsymbol{\eta}^*$ 为 $\boldsymbol{Ax}=\boldsymbol{b}$ 的解矛盾. 所以 $r(\boldsymbol{\eta}^*,\boldsymbol{\xi}_1,\cdots,\boldsymbol{\xi}_{n-r})=n-r+1$, 即结论成立.

(2) 设

$$k\boldsymbol{\eta}^*+k_1(\boldsymbol{\eta}^*+\boldsymbol{\xi}_1)+\cdots+k_{n-r}(\boldsymbol{\eta}^*+\boldsymbol{\xi}_{n-r})=\boldsymbol{0}.$$

即

$$(k+k_1+\cdots+k_{n-r})\boldsymbol{\eta}^*+k_1\boldsymbol{\xi}_1+\cdots+k_{n-r}\boldsymbol{\xi}_{n-r}=\boldsymbol{0}.$$

由 (1) 有

$$k+k_1+\cdots+k_{n-r}=0, k_1=k_2=\cdots=k_{n-r}=0.$$

即 $k=k_1=\cdots=k_{n-r}=0$, 故结论成立.

(3) 方程组的任一解

$$\begin{aligned}\boldsymbol{x}&=\boldsymbol{\eta}^*+l_1\boldsymbol{\xi}_1+l_2\boldsymbol{\xi}_2+\cdots+l_{n-r}\boldsymbol{\xi}_{n-r}\\&=(1-l_1-l_2-\cdots-l_{n-r})\boldsymbol{\eta}^*+l_1(\boldsymbol{\eta}^*+\boldsymbol{\xi}_1)+l_2(\boldsymbol{\eta}^*+\boldsymbol{\xi}_2)+\cdots+l_{n-r}(\boldsymbol{\eta}^*+\boldsymbol{\xi}_{n-r})\\&=(1-l_1-l_2-\cdots-l_{n-r})\boldsymbol{\eta}^*+l_1\boldsymbol{\eta}_1+l_2\boldsymbol{\eta}_2+\cdots+l_{n-r}\boldsymbol{\eta}_{n-r},\end{aligned}$$

显然, 令 $k_1=l_1,k_2=l_2,\cdots,k_{n-r}=l_{n-r},k=1-k_1-k_2-\cdots-k_{n-r}$ 即得结论.

例 2.1.27　(青岛大学,2017) 设 n 元非齐次线性方程组 $\boldsymbol{Ax}=\boldsymbol{b}$ 有解, 令 γ 是 $\boldsymbol{Ax}=\boldsymbol{b}$ 的解向量,$\boldsymbol{\eta}_1,\boldsymbol{\eta}_2,\cdots,\boldsymbol{\eta}_s$ 为其导出组的基础解系. 证明:

(1) $\gamma,\gamma+\boldsymbol{\eta}_1,\cdots,\gamma+\boldsymbol{\eta}_s$ 线性无关;

(2) $\boldsymbol{Ax}=\boldsymbol{b}$ 的任意 $s+2$ 个解向量 $\gamma_0,\gamma_1,\cdots,\gamma_s,\gamma_{s+1}$ 必线性相关.

例 2.1.28　(安徽师范大学,2020) 设 γ_0 是非齐次线性方程组 $\boldsymbol{AX}=\boldsymbol{\beta}$($\boldsymbol{\beta}$ 为非零向量) 的一个解,$\boldsymbol{\eta}_1,\boldsymbol{\eta}_2,\cdots,\boldsymbol{\eta}_t$ 是其导出组 $\boldsymbol{AX}=\boldsymbol{0}$ 的一个基础解系, 证明:

(1) $\gamma_0,\boldsymbol{\beta}_1=\gamma_0-\boldsymbol{\eta}_1,\boldsymbol{\beta}_2=\gamma_0-\boldsymbol{\eta}_2,\cdots,\boldsymbol{\beta}_t=\gamma_0-\boldsymbol{\eta}_t$ 是线性方程组 $\boldsymbol{AX}=\boldsymbol{\beta}$ 的一组线性无关的解;

(2) 线性方程组 $\boldsymbol{AX}=\boldsymbol{\beta}$ 的任一解都可以表示为

$$k_0\gamma_0+k_1\boldsymbol{\beta}_1+k_2\boldsymbol{\beta}_2+\cdots+k_t\boldsymbol{\beta}_t,$$

其中 $k_1+k_2+\cdots+k_t=1-k_0$.

例 2.1.29　(河北工业大学,2022; 四川轻化工大学,2022; 南开大学,2023; 大连理工大学,2023) 设 $\boldsymbol{\alpha}_1,\boldsymbol{\alpha}_2,\cdots,\boldsymbol{\alpha}_t$ 是齐次线性方程组 $\boldsymbol{AX}=\boldsymbol{0}$ 的一个基础解系, 向量 $\boldsymbol{\beta}$ 不是 $\boldsymbol{AX}=\boldsymbol{0}$ 的解, 证明:$\boldsymbol{\beta},\boldsymbol{\alpha}_1+\boldsymbol{\beta},\boldsymbol{\alpha}_2+\boldsymbol{\beta},\cdots,\boldsymbol{\alpha}_t+\boldsymbol{\beta}$ 线性无关.

例 2.1.30　(西北大学,2002) 设非齐次线性方程组

$$\begin{cases}a_{11}x_1+a_{12}x_2+\cdots+a_{1n}x_n=b_1,\\a_{21}x_1+a_{22}x_2+\cdots+a_{2n}x_n=b_2,\\\qquad\vdots\\a_{m1}x_1+a_{m2}x_2+\cdots+a_{mn}x_n=b_m\end{cases}$$

有解且系数矩阵 $\boldsymbol{A}$ 的秩为 r. 试证其解集合的秩为 $n-r+1$.

例 2.1.31 设 $\boldsymbol{A}$ 为 $m\times n$ 矩阵, $r(\boldsymbol{A})=r$, $b_1,b_2,\cdots,b_m$ 不全为 0. 矩阵 $\boldsymbol{B}$ 满足

$$\boldsymbol{AB}=\begin{pmatrix} b_1 & b_1 & \cdots & b_1 \\ b_2 & b_2 & \cdots & b_2 \\ \vdots & \vdots & & \vdots \\ b_m & b_m & \cdots & b_m \end{pmatrix}.$$

证明:$r(\boldsymbol{B})\leqslant n-r+1$.

证 (法 1) 令 $\boldsymbol{b}=(b_1,b_2,\cdots,b_m)^{\mathrm{T}}, \boldsymbol{B}=(\boldsymbol{\beta}_1,\boldsymbol{\beta}_2,\cdots,\boldsymbol{\beta}_n)$, 则

$$\boldsymbol{A\beta_i}=\boldsymbol{b}, i=1,2,\cdots,n.$$

即 $\boldsymbol{B}$ 的列向量是方程组 $\boldsymbol{Ax}=\boldsymbol{b}$ 的解. 从而可得结论.

(法 2) 利用秩的不等式 $r(\boldsymbol{AB})\geqslant r(\boldsymbol{A})+r(\boldsymbol{B})-n$, 注意到 $r(\boldsymbol{AB})=1$ 可得.

例 2.1.32 (哈尔滨工业大学,2022) 已知实矩阵 $\boldsymbol{A}$ 的列向量组为 $\boldsymbol{\alpha}_1,\boldsymbol{\alpha}_2,\cdots,\boldsymbol{\alpha}_n$, 行向量组为 $\boldsymbol{\beta}_1,\boldsymbol{\beta}_2,\cdots,\boldsymbol{\beta}_n$, 证明: 对任意的 $\boldsymbol{\gamma}\in\mathbb{R}^n$, 方程组 $k_1\boldsymbol{\alpha}_1+k_2\boldsymbol{\alpha}_2+\cdots+k_n\boldsymbol{\alpha}_n=\boldsymbol{\gamma}$ 有解的充要条件是 $\boldsymbol{\beta}_1,\boldsymbol{\beta}_2,\cdots,\boldsymbol{\beta}_n$ 线性无关.

例 2.1.33 (1) 设 $\boldsymbol{A}$ 为 $s\times n$ 矩阵, 非齐次线性方程组 $\boldsymbol{Ax}=\boldsymbol{\beta}$ 有解, 且 $r(\boldsymbol{A})=r$, 则 $\boldsymbol{Ax}=\boldsymbol{\beta}$ 的解向量中线性无关的最多有多少个? 并找出一组个数最多的线性无关的解向量.

(2) $\boldsymbol{Ax}=\boldsymbol{\beta}$ 对所有的 s 维非零向量 $\boldsymbol{\beta}$ 都有解, 求 $r(\boldsymbol{A})$.

解 (1) 略.

(2) 由条件, 当 $\boldsymbol{\beta}$ 分别为 s 维单位列向量 $(1,0,\cdots,0)^{\mathrm{T}},(0,1,\cdots,0)^{\mathrm{T}},(0,0,\cdots,1)^{\mathrm{T}}$ 时,$\boldsymbol{Ax}=\boldsymbol{\beta}$ 有解, 设为 $\boldsymbol{\alpha}_1,\boldsymbol{\alpha}_2,\cdots,\boldsymbol{\alpha}_s$, 则有 $\boldsymbol{A}(\boldsymbol{\alpha}_1,\boldsymbol{\alpha}_2,\cdots,\boldsymbol{\alpha}_s)=\boldsymbol{E}_s$. 于是

$$s=r(\boldsymbol{E}_s)=r(\boldsymbol{A}(\boldsymbol{\alpha}_1,\boldsymbol{\alpha}_2,\cdots,\boldsymbol{\alpha}_s))\leqslant r(\boldsymbol{A})\leqslant s.$$

从而 $r(\boldsymbol{A})=s$.

例 2.1.34 (四川大学,2012) 设 $\boldsymbol{A}$ 是数域 F 上的 $m\times n$ 矩阵.

(1) $\boldsymbol{A}$ 应该满足什么条件, 使得对任意的 $\boldsymbol{\beta}\in F^m$, 线性方程组 $\boldsymbol{Ax}=\boldsymbol{\beta}$ 都有解? 说明理由.

(2) 设 $\mathrm{F}=\mathbb{R}$ 是实数域. 证明: 对任意 m 维实列向量 $\boldsymbol{\beta}$, 线性方程组 $\boldsymbol{A}^{\mathrm{T}}\boldsymbol{Ax}=\boldsymbol{A}^{\mathrm{T}}\boldsymbol{\beta}$ 都有解.

例 2.1.35 (武汉大学, 2010) 已知非齐次线性方程组

$$(\mathrm{I})\begin{cases} x_1+\ x_2+\ x_3+\ x_4=-1, \\ 3x_1+2x_2+4x_3-\ x_4=0, \\ 5x_1+3x_2+7x_3-3x_4=1, \\ ax_1+\ x_2+5x_3+bx_4=3 \end{cases}$$

有三个线性无关的解.

(1) 记方程组 (I) 的系数矩阵为 $\boldsymbol{A}$, 证明:$r(\boldsymbol{A})=2$; (2) 求 a,b 的值; (3) 求方程组 (I) 的通解.

解 对方程组的增广矩阵进行初等行变换, 可得

$$\overline{\boldsymbol{A}}=\begin{pmatrix} 1 & 1 & 1 & 1 & -1 \\ 3 & 2 & 4 & -1 & 0 \\ 5 & 3 & 7 & -3 & 1 \\ a & 1 & 5 & b & 3 \end{pmatrix}\to\begin{pmatrix} 1 & 0 & 2 & -3 & 2 \\ 0 & 1 & -1 & 4 & -3 \\ 0 & 0 & 6-2a & 3a+b-4 & 6-2a \\ 0 & 0 & 0 & 0 & 0 \end{pmatrix}.$$

(1) 设 (I) 的三个线性无关的解为 $\boldsymbol{\alpha}_1,\boldsymbol{\alpha}_2,\boldsymbol{\alpha}_3$. 令 $\boldsymbol{\beta}_1=\boldsymbol{\alpha}_3-\boldsymbol{\alpha}_1,\boldsymbol{\beta}_2=\boldsymbol{\alpha}_3-\boldsymbol{\alpha}_2$, 则易知 $\boldsymbol{\beta}_1,\boldsymbol{\beta}_2$ 线性无关, 且是 (I) 的导出组 $\boldsymbol{Ax}=\boldsymbol{0}$ 的解, 从而其基础解系中向量的个数大于等于 2, 即 $4-r(\boldsymbol{A})\geqslant 2$, 又由上面的初等变换的结果可知 $r(\boldsymbol{A})\geqslant 2$. 从而 $r(\boldsymbol{A})=2$.

(2) 由 $r(\boldsymbol{A})=2$ 知 $6-2a=0,3a+b-4=0$. 解得 $a=3,b=-5$.

(3) 方程组的通解为 $(2,-3,0,0)^{\mathrm{T}}+k(-2,1,1,0)^{\mathrm{T}}+l(3,-4,0,1)^{\mathrm{T}}$, 其中 k,l 为任意数.

例 2.1.36 (安徽大学,2022) 已知非齐次线性方程组

$$\begin{cases} x_1+x_2+x_3+x_4=-1,\\ 4x_1+3x_2+5x_3-x_4=-1,\\ ax_1+x_2+3x_3+bx_4=1 \end{cases}$$

有 3 个线性无关的解, 求参数 a,b 的值与方程组的通解.

例 2.1.37 (上海财经大学,2022) 已知非齐次线性方程组

$$\begin{cases} x_1-2x_2+x_3-x_4=1,\\ -x_1+x_2-x_3+x_4=0,\\ 2x_1-3x_2+ax_3-bx_4=c \end{cases}$$

有三个线性无关的解. 求 a,b,c 的值及方程组的通解.

例 2.1.38 (南京航空航天大学,2016) 已知非齐次线性方程组

$$\begin{cases} x_1+x_2+x_3+x_4=-1,\\ 4x_1+3x_2+5x_3-x_4=-1,\\ ax_1+x_2+3x_3+bx_4=1 \end{cases}$$

有 3 个线性无关的解.

(1) 证明: 方程组系数矩阵 $\boldsymbol{A}$ 的秩为 2;

(2) 求 a,b 的值;

(3) 求方程组在超平面 $x_3-x_4=0$ 上的模 (长度) 最小的特解.

例 2.1.39 (东北师范大学,2023) 设矩阵 $\boldsymbol{A}=\begin{pmatrix}1&1&a\\1&a&1\\a&1&1\end{pmatrix},\boldsymbol{\beta}=\begin{pmatrix}1\\1\\-2\end{pmatrix}$, 已知线性方程组 $\boldsymbol{AX}=\boldsymbol{\beta}$ 有解但不唯一.

(1) 求 a 的值;

(2) 求一个正交矩阵 $\boldsymbol{Q}$, 使得 $\boldsymbol{Q}^{\mathrm{T}}\boldsymbol{AQ}$ 为对角矩阵.

例 2.1.40 (北京理工大学, 2000) 设齐次线性方程组 $\boldsymbol{Ax}=\boldsymbol{0}$ 的系数矩阵 $\boldsymbol{A}=(a_{ij})_{n\times n}$ 且 $|\boldsymbol{A}|=0$, 但是 $\boldsymbol{A}$ 中某一元素 a_{ij} 的代数余子式 $A_{ij}\neq 0$. 证明: 此方程组的解可表示为

$$x_1=kA_{i1},x_2=kA_{i2},\cdots,x_n=kA_{in}.$$

证 由 $|\boldsymbol{A}|=0$ 知 $r(\boldsymbol{A})<n$, 而由 $\boldsymbol{A}$ 中某一元素 a_{ij} 的代数余子式 $A_{ij}\neq 0$ 可知,$\boldsymbol{A}$ 有一个 $n-1$ 阶子式不为 0, 故 $r(\boldsymbol{A})=n-1$. 于是 $\boldsymbol{Ax}=\boldsymbol{0}$ 的基础解系含有 $n-r(\boldsymbol{A})=1$ 个解向量, 由 $\boldsymbol{AA}^*=\boldsymbol{O}$ 以及 $A_{ij}\neq 0$, 可知

$$(A_{i1},A_{i2},\cdots,A_{ij},\cdots,A_{in})^{\mathrm{T}}$$

为 $\boldsymbol{Ax}=\boldsymbol{0}$ 的基础解系, 从而方程组的通解为

$$(x_1,x_2,\cdots,x_n)^{\mathrm{T}}=k(A_{i1},A_{i2},\cdots,A_{in})^{\mathrm{T}},$$

其中 k 为任意数. 即方程组的解可表示为

$$x_1=kA_{i1},x_2=kA_{i2},\cdots,x_n=kA_{in}.$$

例 2.1.41 (北京交通大学, 2003; 中国科学院大学, 2006; 河南大学, 2010; 四川师范大学, 2015; 山东大学, 2015; 北京交通大学,2017; 南京师范大学,2021; 华东理工大学,2021) 线性方程组

$$\begin{cases} a_{11}x_1+ & a_{12}x_2+\cdots+ & a_{1n}x_n=0,\\ a_{21}x_1+ & a_{22}x_2+\cdots+ & a_{2n}x_n=0,\\ & \vdots & \\ a_{n-1,1}x_1+ & a_{n-1,2}x_2+\cdots+ & a_{n-1,n}x_n=0 \end{cases}$$

的系数矩阵为

$$\boldsymbol{A}=\begin{pmatrix} a_{11} & a_{12} & \cdots & a_{1n}\\ a_{21} & a_{22} & \cdots & a_{2n}\\ \vdots & \vdots & & \vdots\\ a_{n-1,1} & a_{n-1,2} & \cdots & a_{n-1,n} \end{pmatrix}.$$

设 $M_j(j=1,2,\cdots,n)$ 表示 $\boldsymbol{A}$ 中划掉第 j 列所得的 $n-1$ 阶子式. 试证:

(1) (北京科技大学,2013)$(M_1,-M_2,\cdots,(-1)^{n-1}M_n)$ 为方程组的一个解;

(2) 若 $\boldsymbol{A}$ 的秩为 $n-1$, 则方程组的解全是 $(M_1,-M_2,\cdots,(-1)^{n-1}M_n)$ 的倍数.

证 (1) 由于行列式

$$D=\begin{vmatrix} a_{11} & a_{12} & a_{13} & \cdots & a_{1n}\\ a_{11} & a_{12} & a_{13} & \cdots & a_{1n}\\ a_{21} & a_{22} & a_{23} & \cdots & a_{2n}\\ \vdots & \vdots & \vdots & & \vdots\\ a_{n-1,1} & a_{n-1,2} & a_{n-1,3} & \cdots & a_{n-1,n} \end{vmatrix}=0,$$

而 $M_1,-M_2,\cdots,(-1)^{n-1}M_n$ 是 D 的第一行元素的代数余子式, 按第一行展开, 可知

$$a_{11}M_1+a_{12}(-M_2)+\cdots+a_{1n}(-1)^{n-1}M_n=0,$$

又 D 的其他行元素与第一行相应元素的代数余子式乘积之和为 0, 于是结论成立.

(2) 由 $r(\boldsymbol{A})=n-1$, 故 $M_1,-M_2,\cdots,(-1)^{n-1}M_n$ 不全为 0, 且原方程组基础解系只含有一个解向量. 由 (1) 可得结论成立.

例 2.1.42 (南开大学, 2004; 南昌大学,2023) 设

$$\boldsymbol{A}=\begin{pmatrix} a_{11} & a_{12} & \cdots & a_{1n}\\ a_{21} & a_{22} & \cdots & a_{2n}\\ \vdots & \vdots & & \vdots\\ a_{n-1,1} & a_{n-1,2} & \cdots & a_{n-1,n} \end{pmatrix}$$

的行向量组是线性方程 $x_1+x_2+\cdots+x_n=0$ 的解. 令 M_i 表示 $\boldsymbol{A}$ 中划掉第 i 列的 $n-1$ 阶行列式.

(1) 证明:$\sum\limits_{i=1}^{n}(-1)^i M_i = 0$ 的充要条件为 $\boldsymbol{A}$ 的行向量组不是

$$x_1 + x_2 + \cdots + x_n = 0$$

的基础解系.

(2) 设 $\sum\limits_{i=1}^{n}(-1)^i M_i = 1$, 求 M_i.

证 (1) 必要性. 若 $\boldsymbol{A}$ 的行向量组是 $x_1 + x_2 + \cdots + x_n = 0$ 的基础解系, 则 $\boldsymbol{A}$ 的行向量组线性无关, 于是行列式

$$D = \begin{vmatrix} a_{11} & a_{12} & a_{13} & \cdots & a_{1n} \\ 1 & 1 & 1 & \cdots & 1 \\ a_{21} & a_{22} & a_{23} & \cdots & a_{2n} \\ \vdots & \vdots & \vdots & & \vdots \\ a_{n-1,1} & a_{n-1,2} & a_{n-1,3} & \cdots & a_{n-1,n} \end{vmatrix} \neq 0,$$

(因为 D 的第二行不是 $x_1 + x_2 + \cdots + x_n = 0$ 的解, 故此行不能用其余行表示, 从而 D 的行向量组线性无关.) 而行列式 D 按第二行展开可得

$$0 \neq D = (-1)^{2+1}M_1 + (-1)^{2+2}M_2 + \cdots + (-1)^{2+n}M_n = \sum_{i=1}^{n}(-1)^i M_i.$$

这与条件矛盾. 故结论成立.

充分性. 可知 $\boldsymbol{A}$ 的行向量组的秩小于 $n-1$, 从而 $D = 0$ 可得.

(2) 由 (1) 以及条件知 $D = 1$, 将 D 的各列都加到第一列, 得

$$D = \begin{vmatrix} 0 & a_{12} & a_{13} & \cdots & a_{1n} \\ n & 1 & 1 & \cdots & 1 \\ 0 & a_{22} & a_{23} & \cdots & a_{2n} \\ \vdots & \vdots & \vdots & & \vdots \\ 0 & a_{n-1,2} & a_{n-1,3} & \cdots & a_{n-1,n} \end{vmatrix} = 1,$$

按第一列展开可得 $n(-1)^{2+1}M_1 = 1$, 故 $M_1 = (-1)^1\dfrac{1}{n}$. 同样, 将各列都加到第二列可求 $M_2 = (-1)^2\dfrac{1}{n}$, 如此下去可得 $M_i = (-1)^i\dfrac{1}{n}$.

2.2 线性方程组的公共解与同解的定义及理论

本节讨论两个线性方程组的公共解及同解问题.

定义 2.2.1 两个含有相同变元的线性方程组的公共解就是这两个线性方程组解集的交集.

定义 2.2.2 两个含有相同变元的线性方程组同解就是这两个线性方程组的解集相同. 这里应有两种情况:

(1) 两个线性方程组都无解, 即它们的解集均为空集;

(2) 两个线性方程组都有解, 且它们的解集相同.

2.2.1 公共解问题

对于齐次线性方程组的非零公共解, 有如下的结果:

例 2.2.1 对于 n 元齐次线性方程组 (Ⅰ) $\boldsymbol{A}_{m_1\times n}\boldsymbol{X}=\boldsymbol{0}$ 与 (Ⅱ) $\boldsymbol{B}_{m_2\times n}\boldsymbol{X}=\boldsymbol{0}$,

(1) (河海大学,2021)(Ⅰ) 与 (Ⅱ) 有非零公共解的充要条件是 $r\begin{pmatrix}\boldsymbol{A}\\\boldsymbol{B}\end{pmatrix}<n$.

(2) (河海大学,2021) 设 $\boldsymbol{\eta}_1,\boldsymbol{\eta}_2,\cdots,\boldsymbol{\eta}_s(s=n-r(\boldsymbol{B}))$ 是 (Ⅱ) 的基础解系, 则 (Ⅰ) 与 (Ⅱ) 有非零公共解的充要条件是 $\boldsymbol{A}\boldsymbol{\eta}_1,\boldsymbol{A}\boldsymbol{\eta}_2,\cdots,\boldsymbol{A}\boldsymbol{\eta}_s$ 线性相关.

(3) 设 $\boldsymbol{\gamma}_1,\boldsymbol{\gamma}_2,\cdots,\boldsymbol{\gamma}_t(t=n-r(\boldsymbol{A}))$ 为 (Ⅰ) 的基础解系, $\boldsymbol{\eta}_1,\boldsymbol{\eta}_2,\cdots,\boldsymbol{\eta}_s(s=n-r(\boldsymbol{B}))$ 是 (Ⅱ) 的基础解系, 则 (Ⅰ) 与 (Ⅱ) 有非零公共解的充要条件是 $\boldsymbol{\gamma}_1,\boldsymbol{\gamma}_2,\cdots,\boldsymbol{\gamma}_t,\boldsymbol{\eta}_1,\boldsymbol{\eta}_2,\cdots,\boldsymbol{\eta}_s$ 线性相关.

证 (1) 必要性. 设 (Ⅰ) 与 (Ⅱ) 的非零公共解为 $\boldsymbol{X}_0$, 即 $\boldsymbol{A}\boldsymbol{X}_0=\boldsymbol{0}$, $\boldsymbol{B}\boldsymbol{X}_0=\boldsymbol{0}$, 从而

$$\begin{pmatrix}\boldsymbol{A}\\\boldsymbol{B}\end{pmatrix}\boldsymbol{X}_0=\boldsymbol{0},$$

即线性方程组

$$\begin{pmatrix}\boldsymbol{A}\\\boldsymbol{B}\end{pmatrix}\boldsymbol{X}=\boldsymbol{0}$$

有非零解, 从而 $r\begin{pmatrix}\boldsymbol{A}\\\boldsymbol{B}\end{pmatrix}<n$.

充分性. 由 $r\begin{pmatrix}\boldsymbol{A}\\\boldsymbol{B}\end{pmatrix}<n$, 则线性方程组

$$\begin{pmatrix}\boldsymbol{A}\\\boldsymbol{B}\end{pmatrix}\boldsymbol{X}=\boldsymbol{0}$$

有非零解, 设为 $\boldsymbol{X}_0$, 即

$$\begin{pmatrix}\boldsymbol{A}\\\boldsymbol{B}\end{pmatrix}\boldsymbol{X}_0=\boldsymbol{0}.$$

从而 $\boldsymbol{A}\boldsymbol{X}_0=\boldsymbol{0}$, $\boldsymbol{B}\boldsymbol{X}_0=\boldsymbol{0}$, 即 $\boldsymbol{X}_0$ 是 (Ⅰ) 与 (Ⅱ) 的非零公共解.

(2) 必要性. 设 $\boldsymbol{X}_0$ 是 (Ⅰ) 与 (Ⅱ) 的非零公共解, 则 $\boldsymbol{X}_0$ 可由 $\boldsymbol{\eta}_1,\boldsymbol{\eta}_2,\cdots,\boldsymbol{\eta}_s$ 线性表示, 设为

$$\boldsymbol{X}_0=k_1\boldsymbol{\eta}_1+k_2\boldsymbol{\eta}_2+\cdots+k_s\boldsymbol{\eta}_s,$$

其中 $k_1,k_2,\cdots,k_s$ 不全为 0. 由 $\boldsymbol{A}\boldsymbol{X}_0=\boldsymbol{0}$ 有

$$\boldsymbol{0}=\boldsymbol{A}\boldsymbol{X}_0=\boldsymbol{A}(k_1\boldsymbol{\eta}_1+k_2\boldsymbol{\eta}_2+\cdots+k_s\boldsymbol{\eta}_s)=k_1\boldsymbol{A}\boldsymbol{\eta}_1+k_2\boldsymbol{A}\boldsymbol{\eta}_2+\cdots+k_s\boldsymbol{A}\boldsymbol{\eta}_s.$$

由于 $k_1,k_2,\cdots,k_s$ 不全为 0, 故 $\boldsymbol{A}\boldsymbol{\eta}_1,\boldsymbol{A}\boldsymbol{\eta}_2,\cdots,\boldsymbol{A}\boldsymbol{\eta}_s$ 线性相关.

充分性. 由 $\boldsymbol{A}\boldsymbol{\eta}_1,\boldsymbol{A}\boldsymbol{\eta}_2,\cdots,\boldsymbol{A}\boldsymbol{\eta}_s$ 线性相关, 则存在不全为 0 的数 $k_1,k_2,\cdots,k_s$ 使得

$$\boldsymbol{0}=k_1\boldsymbol{A}\boldsymbol{\eta}_1+k_2\boldsymbol{A}\boldsymbol{\eta}_2+\cdots+k_s\boldsymbol{A}\boldsymbol{\eta}_s=\boldsymbol{A}(k_1\boldsymbol{\eta}_1+k_2\boldsymbol{\eta}_2+\cdots+k_s\boldsymbol{\eta}_s),$$

令 $\boldsymbol{X}_0=k_1\boldsymbol{\eta}_1+k_2\boldsymbol{\eta}_2+\cdots+k_s\boldsymbol{\eta}_s$, 则 $\boldsymbol{X}_0$ 显然是 (Ⅱ) 的解, 且满足 $\boldsymbol{A}\boldsymbol{X}_0=\boldsymbol{0}$, 即 $\boldsymbol{X}_0$ 是 (Ⅰ) 与 (Ⅱ) 的公共解.

(3) 必要性. 设 $\boldsymbol{X}_0$ 是 (Ⅰ) 与 (Ⅱ) 的非零公共解, 则可设

$$\boldsymbol{X}_0=k_1\boldsymbol{\gamma}_1+k_2\boldsymbol{\gamma}_2+\cdots+k_t\boldsymbol{\gamma}_t=l_1\boldsymbol{\eta}_1+l_2\boldsymbol{\eta}_2+\cdots+l_s\boldsymbol{\eta}_s,$$

其中 $k_1,k_2,\cdots,k_t$ 不全为 0, $l_1,l_2,\cdots,l_s$ 不全为 0. 于是

$$k_1\boldsymbol{\gamma}_1+k_2\boldsymbol{\gamma}_2+\cdots+k_t\boldsymbol{\gamma}_t-l_1\boldsymbol{\eta}_1-l_2\boldsymbol{\eta}_2-\cdots-l_s\boldsymbol{\eta}_s=\mathbf{0}.$$

从而 $\boldsymbol{\gamma}_1,\boldsymbol{\gamma}_2,\cdots,\boldsymbol{\gamma}_t,\boldsymbol{\eta}_1,\boldsymbol{\eta}_2,\cdots,\boldsymbol{\eta}_s$ 线性相关.

充分性. 由 $\boldsymbol{\gamma}_1,\boldsymbol{\gamma}_2,\cdots,\boldsymbol{\gamma}_t,\boldsymbol{\eta}_1,\boldsymbol{\eta}_2,\cdots,\boldsymbol{\eta}_s$ 线性相关, 则存在不全为 0 的数 $k_1,k_2,\cdots,k_t$, $l_1,l_2,\cdots,l_s$ 使得

$$k_1\boldsymbol{\gamma}_1+k_2\boldsymbol{\gamma}_2+\cdots+k_t\boldsymbol{\gamma}_t+l_1\boldsymbol{\eta}_1+l_2\boldsymbol{\eta}_2+\cdots+l_s\boldsymbol{\eta}_s=\mathbf{0}.$$

令 $\boldsymbol{X}_0=k_1\boldsymbol{\gamma}_1+k_2\boldsymbol{\gamma}_2+\cdots+k_t\boldsymbol{\gamma}_t$, 则 $\boldsymbol{X}_0\neq\mathbf{0}$ (否则可得 $k_1,k_2,\cdots,k_t$, $l_1,l_2,\cdots,l_s$ 全为 0) 且 $\boldsymbol{X}_0=-l_1\boldsymbol{\eta}_1-l_2\boldsymbol{\eta}_2-\cdots-l_s\boldsymbol{\eta}_s$, 从而 $\boldsymbol{X}_0$ 是 (Ⅰ) 与 (Ⅱ) 的非零公共解.

类似齐次线性方程组, 对于非齐次线性方程组的公共解有相同的结论.

例 2.2.2　对于 n 元非齐次线性方程组 (Ⅰ)$\boldsymbol{AX}=\boldsymbol{b}$ 与 (Ⅱ)$\boldsymbol{BX}=\boldsymbol{d}$. 若 (Ⅰ) 与 (Ⅱ) 都有解, 则

(1) (Ⅰ) 与 (Ⅱ) 有公共解的充要条件是 $r\begin{pmatrix}\boldsymbol{A}\\\boldsymbol{B}\end{pmatrix}=r\begin{pmatrix}\boldsymbol{A}&\boldsymbol{b}\\\boldsymbol{B}&\boldsymbol{d}\end{pmatrix}$.

(2) 若 $r(\boldsymbol{B})=s$, 且 $\boldsymbol{\eta}_1,\boldsymbol{\eta}_2,\cdots,\boldsymbol{\eta}_{n-s+1}$ 是 (Ⅱ) 的 $n-s+1$ 个线性无关的解, 则 (Ⅰ) 与 (Ⅱ) 有公共解的充要条件是 $\boldsymbol{b}$ 是 $\boldsymbol{A\eta}_1,\boldsymbol{A\eta}_2,\cdots,\boldsymbol{A\eta}_{n-s+1}$ 的凸组合, 即存在数 $k_1,k_2,\cdots,k_{n-s+1}$ 使得

$$\boldsymbol{b}=k_1\boldsymbol{A\eta}_1+k_2\boldsymbol{A\eta}_2+\cdots+k_{n-s+1}\boldsymbol{A\eta}_{n-s+1},$$

其中 $k_1+k_2+\cdots+k_{n-s+1}=1$.

(3) 若 $r(\boldsymbol{A})=t,r(\boldsymbol{B})=s$, 且 $\boldsymbol{\gamma}_1,\boldsymbol{\gamma}_2,\cdots,\boldsymbol{\gamma}_{n-t+1}$ 是 (Ⅰ) 的 $n-t+1$ 个线性无关的解, $\boldsymbol{\eta}_1,\boldsymbol{\eta}_2,\cdots,\boldsymbol{\eta}_{n-s+1}$ 是 (Ⅱ) 的 $n-s+1$ 个线性无关的解, 则 (Ⅰ) 与 (Ⅱ) 有公共解的充要条件是存在数 $k_1,k_2,\cdots,k_{n-t+1}$ 与 $l_1,l_2,\cdots,l_{n-s+1}$ 使得

$$k_1\boldsymbol{\gamma}_1+k_2\boldsymbol{\gamma}_2+\cdots+k_{n-t+1}\boldsymbol{\gamma}_{n-t+1}-l_1\boldsymbol{\eta}_1-l_2\boldsymbol{\eta}_2-\cdots-l_{n-s+1}\boldsymbol{\eta}_{n-s+1}=\mathbf{0},$$

其中 $k_1+k_2+\cdots+k_{n-t+1}=1,l_1+l_2+\cdots+l_{n-s+1}=1$.

2.2.2　同解问题

例 2.2.3　n 元齐次线性方程组 (Ⅰ)$\boldsymbol{A}_{m_1\times n}\boldsymbol{X}=\mathbf{0}$ 与 (Ⅱ)$\boldsymbol{B}_{m_2\times n}\boldsymbol{X}=\mathbf{0}$ 同解的充要条件是 $r\begin{pmatrix}\boldsymbol{A}\\\boldsymbol{B}\end{pmatrix}=r(\boldsymbol{A})=r(\boldsymbol{B})$.

证　必要性. 由 (Ⅰ) 的解都是 (Ⅱ) 的解, 则 $\begin{cases}\boldsymbol{AX}=\mathbf{0},\\\boldsymbol{BX}=\mathbf{0}\end{cases}$ 与 $\boldsymbol{AX}=\mathbf{0}$ 同解, 于是 $r\begin{pmatrix}\boldsymbol{A}\\\boldsymbol{B}\end{pmatrix}=r(\boldsymbol{A})$. 同理可知 $r\begin{pmatrix}\boldsymbol{A}\\\boldsymbol{B}\end{pmatrix}=r(\boldsymbol{B})$.

充分性. 由于 $\begin{cases}\boldsymbol{AX}=\boldsymbol{0},\\ \boldsymbol{BX}=\boldsymbol{0}\end{cases}$ 的解一定是 $\boldsymbol{AX}=\boldsymbol{0}$ 的解, 从而 $\begin{cases}\boldsymbol{AX}=\boldsymbol{0},\\ \boldsymbol{BX}=\boldsymbol{0}\end{cases}$ 的基础解系是 $\boldsymbol{AX}=\boldsymbol{0}$ 的解, 而由 $r\begin{pmatrix}\boldsymbol{A}\\ \boldsymbol{B}\end{pmatrix}=r(\boldsymbol{A})$ 可知 $\begin{cases}\boldsymbol{AX}=\boldsymbol{0},\\ \boldsymbol{BX}=\boldsymbol{0}\end{cases}$ 与 $\boldsymbol{AX}=\boldsymbol{0}$ 的基础解系个数相同, 从而它们的基础解系等价, 故 $\begin{cases}\boldsymbol{AX}=\boldsymbol{0},\\ \boldsymbol{BX}=\boldsymbol{0}\end{cases}$ 与 $\boldsymbol{AX}=\boldsymbol{0}$ 同解. 同理可证,$\begin{cases}\boldsymbol{AX}=\boldsymbol{0},\\ \boldsymbol{BX}=\boldsymbol{0}\end{cases}$ 与 $\boldsymbol{BX}=\boldsymbol{0}$ 同解.

例 2.2.4 设 $\boldsymbol{A}$ 是 $m\times n$ 矩阵,$\boldsymbol{B}$ 是 $s\times n$ 矩阵,$W_{\boldsymbol{A}}$ 与 $W_{\boldsymbol{B}}$ 分别是齐次线性方程组 $\boldsymbol{Ax}=\boldsymbol{0}$ 与 $\boldsymbol{Bx}=\boldsymbol{0}$ 的解空间, 则 $W_{\boldsymbol{A}}\subseteq W_{\boldsymbol{B}}$ 的充要条件是存在 $s\times m$ 矩阵 $\boldsymbol{P}$, 使得 $\boldsymbol{PA}=\boldsymbol{B}$.

证 充分性. 任取 $\boldsymbol{x}\in W_{\boldsymbol{A}}$, 则 $\boldsymbol{Ax}=\boldsymbol{0}$, 由条件 $\boldsymbol{B}=\boldsymbol{PA}$, 可得 $\boldsymbol{Bx}=\boldsymbol{PAx}=\boldsymbol{0}$, 即 $\boldsymbol{x}\in W_{\boldsymbol{B}}$, 于是 $W_{\boldsymbol{A}}\subseteq W_{\boldsymbol{B}}$.

必要性. 由 $W_{\boldsymbol{A}}\subseteq W_{\boldsymbol{B}}$, 可知 $\boldsymbol{Ax}=\boldsymbol{0}$ 的解都是 $\boldsymbol{Bx}=\boldsymbol{0}$ 的解, 从而 $\boldsymbol{Ax}=\boldsymbol{0}$ 与 $\begin{pmatrix}\boldsymbol{A}\\ \boldsymbol{B}\end{pmatrix}\boldsymbol{x}=\boldsymbol{0}$ 同解, 于是

$$r\begin{pmatrix}\boldsymbol{A}\\ \boldsymbol{B}\end{pmatrix}=r(\boldsymbol{A}),$$

将 $\boldsymbol{A},\boldsymbol{B}$ 按行分块为

$$\boldsymbol{A}=\begin{pmatrix}\boldsymbol{\alpha}_1\\ \boldsymbol{\alpha}_2\\ \vdots\\ \boldsymbol{\alpha}_m\end{pmatrix},\boldsymbol{B}=\begin{pmatrix}\boldsymbol{\beta}_1\\ \boldsymbol{\beta}_2\\ \vdots\\ \boldsymbol{\beta}_s\end{pmatrix},$$

不妨设 $\boldsymbol{\alpha}_1,\boldsymbol{\alpha}_2,\cdots,\boldsymbol{\alpha}_r$ 是 $\boldsymbol{A}$ 的行向量组的一个极大无关组, 则由 $r\begin{pmatrix}\boldsymbol{A}\\ \boldsymbol{B}\end{pmatrix}=r(\boldsymbol{A})=r$, 可知 $\boldsymbol{\alpha}_1,\boldsymbol{\alpha}_2,\cdots,\boldsymbol{\alpha}_r$ 也是向量组 $\boldsymbol{\alpha}_1,\boldsymbol{\alpha}_2,\cdots,\boldsymbol{\alpha}_m,\boldsymbol{\beta}_1,\boldsymbol{\beta}_2,\cdots,\boldsymbol{\beta}_s$ 的一个极大无关组, 于是 $\boldsymbol{B}$ 的行向量组可由 $\boldsymbol{\alpha}_1,\boldsymbol{\alpha}_2,\cdots,\boldsymbol{\alpha}_r$ 线性表示, 而 $\boldsymbol{\alpha}_1,\boldsymbol{\alpha}_2,\cdots,\boldsymbol{\alpha}_r$ 可由 $\boldsymbol{A}$ 的行向量组线性表示, 从而 $\boldsymbol{B}$ 的行向量组可由 $\boldsymbol{A}$ 的行向量组线性表示, 即存在 $s\times m$ 矩阵 $\boldsymbol{P}$, 使得 $\boldsymbol{PA}=\boldsymbol{B}$.

例 2.2.5 (南京师范大学,2020) 设矩阵 $\boldsymbol{A},\boldsymbol{B}$ 分为数域 $\boldsymbol{P}$ 上的 $m\times n$ 和 $s\times n$ 矩阵, 证明: 线性方程组 $\boldsymbol{AX}=0$ 与 $\boldsymbol{BX}=0$ 同解的充要条件是存在矩阵 $\boldsymbol{T}_1,\boldsymbol{T}_2$ 使得 $\boldsymbol{A}=\boldsymbol{T}_1\boldsymbol{B},\boldsymbol{B}=\boldsymbol{T}_2\boldsymbol{A}$.

例 2.2.6 (四川大学,2016)n 元齐次线性方程组 (I)$\boldsymbol{A}_{m_1\times n}\boldsymbol{X}=\boldsymbol{0}$ 与 (II)$\boldsymbol{B}_{m_2\times n}\boldsymbol{X}=\boldsymbol{0}$ 同解的充要条件是 $\boldsymbol{A}$ 的行向量组与 $\boldsymbol{B}$ 的行向量组等价.

例 2.2.7 n 元非齐次线性方程组 (I)$\boldsymbol{AX}=\boldsymbol{b}$ 与 (II)$\boldsymbol{BX}=\boldsymbol{d}$ 都有解, 且 (I) 与 (II) 同解, 则其导出组 $\boldsymbol{AX}=\boldsymbol{0}$ 与 $\boldsymbol{BX}=\boldsymbol{0}$ 同解.

证 设 $\boldsymbol{\gamma}$ 是导出组 $\boldsymbol{AX}=\boldsymbol{0}$ 的任一解,$\boldsymbol{\eta}$ 是 $\boldsymbol{AX}=\boldsymbol{b}$ 的任一解, 则 $\boldsymbol{\eta}+\boldsymbol{\gamma}$ 是 $\boldsymbol{AX}=\boldsymbol{b}$ 的解, 也是 $\boldsymbol{BX}=\boldsymbol{d}$ 的解, 而 $\boldsymbol{\eta}$ 也是 $\boldsymbol{BX}=\boldsymbol{d}$ 的解, 故 $(\boldsymbol{\eta}+\boldsymbol{\gamma})-\boldsymbol{\eta}=\boldsymbol{\gamma}$ 是导出组 $\boldsymbol{BX}=\boldsymbol{0}$ 的解. 这就证明了 $\boldsymbol{AX}=\boldsymbol{0}$ 的解都是 $\boldsymbol{BX}=\boldsymbol{0}$ 的解. 同理可证,$\boldsymbol{BX}=\boldsymbol{0}$ 的任一解也是 $\boldsymbol{AX}=\boldsymbol{0}$ 的解. 从而 $\boldsymbol{AX}=\boldsymbol{0}$ 与 $\boldsymbol{BX}=\boldsymbol{0}$ 同解.

例 2.2.8 n 元非齐次线性方程组 (Ⅰ)$\boldsymbol{A}_{m_1\times n}\boldsymbol{X}=\boldsymbol{b}$ 与 (Ⅱ)$\boldsymbol{B}_{m_2\times n}\boldsymbol{X}=\boldsymbol{d}$ 同解的充要条件是

(1) $r(\boldsymbol{A})\neq r(\boldsymbol{A},\boldsymbol{b})$ 且 $r(\boldsymbol{B})\neq r(\boldsymbol{B},\boldsymbol{d})$ 或

(2) $r\begin{pmatrix}\boldsymbol{A} & \boldsymbol{b}\\ \boldsymbol{B} & \boldsymbol{d}\end{pmatrix}=r\begin{pmatrix}\boldsymbol{A}\\ \boldsymbol{B}\end{pmatrix}=r(\boldsymbol{A})=r(\boldsymbol{A},\boldsymbol{b})=r(\boldsymbol{B})=r(\boldsymbol{B},\boldsymbol{d})$.

证 (1) 易知此时 (Ⅰ) 与 (Ⅱ) 的解集为空集, 从而结论成立.

(2) 此时 (Ⅰ) 与 (Ⅱ) 都有解.

必要性. 由 $\boldsymbol{AX}=\boldsymbol{b}$ 与 $\boldsymbol{BX}=\boldsymbol{d}$ 都有解且同解, 则 $\begin{cases}\boldsymbol{AX}=\boldsymbol{b},\\ \boldsymbol{BX}=\boldsymbol{d}\end{cases}$ 有解, 从而 $r\begin{pmatrix}\boldsymbol{A} & \boldsymbol{b}\\ \boldsymbol{B} & \boldsymbol{d}\end{pmatrix}=r\begin{pmatrix}\boldsymbol{A}\\ \boldsymbol{B}\end{pmatrix}=r(\boldsymbol{A})=r(\boldsymbol{A},\boldsymbol{b})=r(\boldsymbol{B})=r(\boldsymbol{B},\boldsymbol{d})$.

充分性. 由 $r\begin{pmatrix}\boldsymbol{A} & \boldsymbol{b}\\ \boldsymbol{B} & \boldsymbol{d}\end{pmatrix}=r\begin{pmatrix}\boldsymbol{A}\\ \boldsymbol{B}\end{pmatrix}$ 知 $\begin{cases}\boldsymbol{AX}=\boldsymbol{b},\\ \boldsymbol{BX}=\boldsymbol{d}\end{cases}$ 有解, 注意到其解都是 $\boldsymbol{AX}=\boldsymbol{b}$ 的解, 且它们解集合的秩为 $n-r\begin{pmatrix}\boldsymbol{A}\\ \boldsymbol{B}\end{pmatrix}+1=n-r(\boldsymbol{A})+1$. 故 $\begin{cases}\boldsymbol{AX}=\boldsymbol{b},\\ \boldsymbol{BX}=\boldsymbol{d}\end{cases}$ 与 $\boldsymbol{AX}=\boldsymbol{b}$ 同解. 从而结论成立.

例 2.2.9 (东北大学,2023) 证明: 非齐次线性方程组 $\boldsymbol{A}_{s\times n}\boldsymbol{X}=\boldsymbol{\beta}_1,\boldsymbol{B}_{t\times n}\boldsymbol{X}=\boldsymbol{\beta}_2$ 同解的充要条件是

$$r(\boldsymbol{A},\boldsymbol{\beta}_1)+r(\boldsymbol{B},\boldsymbol{\beta}_2)=r(\boldsymbol{A})+r(\boldsymbol{B})+2$$

或者

$$r\begin{pmatrix}\boldsymbol{A} & \boldsymbol{\beta}_1\\ \boldsymbol{B} & \boldsymbol{\beta}_2\end{pmatrix}=r\begin{pmatrix}\boldsymbol{A}\\ \boldsymbol{B}\end{pmatrix}=r(\boldsymbol{A})=r(\boldsymbol{B})=r(\boldsymbol{A},\boldsymbol{\beta}_1)=r(\boldsymbol{B},\boldsymbol{\beta}_2).$$

2.2.3 应用

例 2.2.10 设线性方程组

$$(\text{Ⅰ})\begin{cases}x_1+x_2 \qquad\quad =0,\\ \qquad\ x_2-x_4=0,\end{cases}\qquad (\text{Ⅱ})\begin{cases}x_1-x_2+\qquad\ x_4=0,\\ \qquad\ x_2-x_3+x_4=0.\end{cases}$$

求 (Ⅰ) 与 (Ⅱ) 的公共解.

解 求解 (Ⅰ) 与 (Ⅱ) 联立得到的方程组

$$\begin{cases}x_1+x_2 \qquad\qquad\quad =0,\\ \qquad\ x_2 \qquad\ -x_4=0,\\ x_1-x_2 \qquad\ +x_4=0,\\ \qquad\ x_2-x_3+x_4=0.\end{cases}$$

上述方程组只有零解, 故 (Ⅰ) 与 (Ⅱ) 的公共解只有零解.

例 2.2.11 (中国科学院大学,2005; 广州大学,2011; 杭州师范大学,2011) 设四元齐次线性方程组 (Ⅰ) 为

$$(\text{Ⅰ})\begin{cases}x_1+\qquad x_3 \qquad =0,\\ \qquad\ x_2-\qquad x_4=0.\end{cases}$$

又已知某齐次线性方程组 (Ⅱ) 的通解为

$$k_1(0,1,1,0)^{\mathrm{T}}+k_2(-1,2,2,1)^{\mathrm{T}}.$$

(1) 求 (Ⅰ) 的基础解系;

(2) 问 (Ⅰ) 与 (Ⅱ) 是否有非零公共解? 若有, 则求出所有非零公共解; 否则, 说明理由.

解 (1) 易求得 (Ⅰ) 的基础解系为

$$\boldsymbol{\eta}_1=(-1,0,1,0)^{\mathrm{T}},\boldsymbol{\eta}_2=(0,1,0,1)^{\mathrm{T}}.$$

(2) (法 1) 将 (Ⅱ) 的通解代入方程组 (Ⅰ) 得

$$\begin{cases}k_1+k_2=0,\\ k_1+k_2=0.\end{cases}$$

解得 $k_1=-k_2$. 故方程组 (Ⅰ) 与 (Ⅱ) 有非零公共解, 所有非零公共解为 $k(1,-1,-1,-1)^{\mathrm{T}},k\neq 0$ 为任意常数.

(法 2) 令方程组 (Ⅰ) 与 (Ⅱ) 的通解相等, 即

$$k_1(0,1,1,0)^{\mathrm{T}}+k_2(-1,2,2,1)^{\mathrm{T}}=k_3(-1,0,1,0)^{\mathrm{T}}+k_4(0,1,0,1)^{\mathrm{T}},$$

得到关于 k_1,k_2,k_3,k_4 的一个方程组

$$\begin{cases}k_2-k_3=0,\\ k_1+2k_2-k_3=0,\\ k_1+2k_2-k_4=0,\\ k_2-k_4=0.\end{cases}$$

可求其通解为 $(k_1,k_2,k_3,k_4)^{\mathrm{T}}=k(-1,1,1,1)^{\mathrm{T}}$. 将 $k_1=-k,k_2=k$ 代入 (Ⅱ) 的通解可得 (Ⅰ) 与 (Ⅱ) 所有非零公共解为 $k(1,-1,-1,-1)^{\mathrm{T}},k\neq 0$ 为任意常数.

(法 3) 方程组 (Ⅱ) 可以是

$$(\text{Ⅱ})\begin{cases}\quad -x_2+x_3\qquad =0,\\ x_1+\qquad\qquad x_4=0.\end{cases}$$

解 (Ⅰ) 与 (Ⅱ) 的联立方程组可得所有非零公共解为 $k(1,-1,-1,-1)^{\mathrm{T}},k\neq 0$ 为任意常数.

例 2.2.12 (浙江师范大学,2002) 已知 $\boldsymbol{\xi}_1=(0,0,1,0)^{\mathrm{T}},\boldsymbol{\xi}_2=(-1,1,0,1)^{\mathrm{T}}$ 为齐次线性方程组 (Ⅰ) 的基础解系,$\boldsymbol{\eta}_1=(0,1,1,0)^{\mathrm{T}},\boldsymbol{\eta}_2=(-1,2,2,1)^{\mathrm{T}}$ 为齐次线性方程组 (Ⅱ) 的基础解系. 求齐次线性方程组 (Ⅰ) 与 (Ⅱ) 的公共解.

例 2.2.13 (西安电子科技大学,2005) 设四元齐次线性方程组 (Ⅰ) 为

$$\begin{cases}2x_1+3x_2-x_3\qquad =0,\\ x_1+2x_2+x_3-x_4=0.\end{cases}$$

已知另一个四元齐次线性方程组 (Ⅱ) 的基础解系为

$$\boldsymbol{\alpha}_1=(2,-1,a+2,1)^{\mathrm{T}},\boldsymbol{\alpha}_2=(-1,2,4,a+8)^{\mathrm{T}}.$$

(1) 求方程组 (Ⅰ) 的一个基础解系;

(2) 当 a 为何值时, 方程组 (Ⅰ) 与 (Ⅱ) 有非零公共解? 在有非零公共解时, 求出全部非零公共解.

例 2.2.14 (合肥工业大学,2022) 设有实数域 $\mathbb{R}$ 上的线性方程组

$$(\mathrm{I})\begin{cases}7x_1-6x_2+3x_3=b,\\8x_1-9x_2+ax_4=7,\end{cases}$$

其中 $a,b\in\mathbb{R}$. 又已知线性方程组 (Ⅱ) 的通解为 $\begin{pmatrix}1\\1\\0\\0\end{pmatrix}+k_1\begin{pmatrix}1\\0\\-1\\0\end{pmatrix}+k_2\begin{pmatrix}2\\3\\0\\1\end{pmatrix}$, 其中 k_1,k_2 是任意实数. 如果 (Ⅰ) 与 (Ⅱ) 有无穷多公共解, 求 a,b 的值及所有公共解.

例 2.2.15 (西北大学,2012) 设线性方程组

$$\begin{cases}x_1+ax_2+bx_3+x_4=0,\\2x_1+x_2+x_3+2x_4=0,\\3x_1+(2+a)x_2+(4+b)x_3+4x_4=1.\end{cases}$$

已知 $(1,-1,1,-1)^{\mathrm{T}}$ 为其一个解. 求:

(1) 方程组的全部解;

(2) 该方程组满足 $x_2=x_3$ 的全部解.

解 (1) 将 $(1,-1,1,-1)^{\mathrm{T}}$ 代入方程组可得 $a=b$. 对方程组增广矩阵进行初等行变换可得

$$\overline{\boldsymbol{A}}=\begin{pmatrix}1&a&a&1&0\\2&1&1&2&0\\3&2+a&4+a&4&1\end{pmatrix}\to\begin{pmatrix}1&0&-2a&1-a&-a\\0&1&3&1&1\\0&0&2(2a-1)&2a-1&2a-1\end{pmatrix},$$

当 $a\neq\dfrac{1}{2}$ 时, 方程组有无穷多解

$$\boldsymbol{x}=\left(0,-\frac{1}{2},\frac{1}{2},0\right)^{\mathrm{T}}+k(-2,1,-1,2)^{\mathrm{T}}, k\text{为任意常数}.$$

当 $a=\dfrac{1}{2}$ 时, 方程组有无穷多解:

$$\boldsymbol{x}=\left(-\frac{1}{2},1,0,0\right)^{\mathrm{T}}+k_1(1,-3,1,0)^{\mathrm{T}}+k_2(-1,-2,0,2)^{\mathrm{T}}, k_1,k_2\text{为任意常数}.$$

(2) 当 $a\neq\dfrac{1}{2}$ 时, 由于 $x_2=x_3$, 即 $-\dfrac{1}{2}+k=\dfrac{1}{2}-k$, 可得 $k=\dfrac{1}{2}$, 解为

$$\boldsymbol{x}=\left(0,-\frac{1}{2},\frac{1}{2},0\right)^{\mathrm{T}}+\frac{1}{2}(-2,1,-1,2)^{\mathrm{T}}=(-1,0,0,1)^{\mathrm{T}}.$$

当 $a=\dfrac{1}{2}$ 时, 同样可得

$$\boldsymbol{x}=\left(-\frac{1}{4},\frac{1}{4},\frac{1}{4},0\right)^{\mathrm{T}}+k_2\left(-\frac{3}{2},-\frac{1}{2},-\frac{1}{2},2\right)^{\mathrm{T}}, k_2\text{为任意常数}.$$

例 2.2.16 (合肥工业大学,2021; 哈尔滨工业大学,2023) 方程组

$$\begin{cases}x_1+x_2+x_3=0,\\x_1+2x_2+ax_3=0,\\x_1+4x_2+a^2x_3=0\end{cases}$$

与

$$x_1+2x_2+x_3=a-1$$

有公共解. 求 a 的值及所有公共解.

例 2.2.17 (西安电子科技大学,2012; 华南理工大学,2015; 南京师范大学,2015) 已知方程组

$$\begin{cases} x_1+2x_2+3x_3=0, \\ 2x_1+3x_2+5x_3=0, \\ x_1+\ \ x_2+ax_3=0 \end{cases} \tag{1}$$

与

$$\begin{cases} x_1+\ \ bx_2+\qquad cx_3=0, \\ 2x_1+b^2x_2+(c+1)x_3=0 \end{cases} \tag{2}$$

同解, 求 a,b,c 的值.

解 (法 1) 由于方程组 (2) 有无穷多解, 故方程组 (1) 也有无穷多解, 从而

$$0=\begin{vmatrix} 1 & 2 & 3 \\ 2 & 3 & 5 \\ 1 & 1 & a \end{vmatrix}=2-a,$$

即 $a=2$. 可求得方程组 (1) 的通解为 $k(-1,-1,1)^{\mathrm{T}}$. 由于 $(-1,-1,1)^{\mathrm{T}}$ 也是方程组 (2) 的解, 从而

$$\begin{cases} -1-b+c=0, \\ -2-b^2+c+1=0. \end{cases}$$

解得 $b=0,c=1$ 或 $b=1,c=2$.

若 $b=0,c=1$, 则方程组 (2) 的通解为 $k(0,1,0)^{\mathrm{T}}+l(-1,0,1)^{\mathrm{T}}$. 此时两个方程组不同解. 所以 $b=0,c=1$ 不合题意, 舍去.

当 $b=1,c=2$ 时, 可得方程组 (2) 的通解为 $k(-1,-1,1)^{\mathrm{T}}$. 此时两个方程组同解. 故 $a=2,b=1,c=2$.

(法 2) 由

$$\begin{pmatrix} \boldsymbol{A} \\ \boldsymbol{B} \end{pmatrix}=\begin{pmatrix} 1 & 2 & 3 \\ 2 & 3 & 5 \\ 1 & 1 & a \\ 1 & b & c \\ 2 & b^2 & c+1 \end{pmatrix}\rightarrow\begin{pmatrix} 1 & 0 & 1 \\ 0 & 1 & 1 \\ 0 & 0 & a-2 \\ 1 & b & c \\ 0 & b^2-2b & 1-c \end{pmatrix}\rightarrow\begin{pmatrix} 1 & 0 & 1 \\ 0 & 1 & 1 \\ 0 & 0 & a-2 \\ 0 & 0 & c-b-1 \\ 0 & 0 & c-b^2-1 \end{pmatrix}.$$

由 $r\begin{pmatrix} \boldsymbol{A} \\ \boldsymbol{B} \end{pmatrix}=r(\boldsymbol{A})=r(\boldsymbol{B})$ 可知 $r\begin{pmatrix} \boldsymbol{A} \\ \boldsymbol{B} \end{pmatrix}=r(\boldsymbol{A})=r(\boldsymbol{B})=2$, 从而 $a-2=0,c-b-1=0,c-b^2-1=0$, 故 $a=2,b=0,c=1$ 或 $a=2,b=1,c=2$. 当 $a=2,b=0,c=1$ 时,$r(\boldsymbol{B})=1\neq r(\boldsymbol{A})=2$. 不合题意, 舍去.

例 2.2.18 (河南大学,2006) 已知方程组

$$\begin{cases} x_1+2x_2+3x_3=0, \\ 2x_1+3x_2+5x_3=0, \\ x_1+2x_2+ax_3=0 \end{cases}$$

与

$$\begin{cases} x_1 + \ bx_2 + cx_3 = 0, \\ 2x_1 + b^2x_2 + 3x_3 = 0 \end{cases}$$

同解, 求 a, b, c 的值.

例 2.2.19 (山东师范大学,2006;北京交通大学,2007;沈阳工业大学,2018)设有两个线性方程组

$$(\text{I})\begin{cases} x_1 + x_2 \qquad - 2x_4 = -6, \\ 4x_1 - x_2 - x_3 - \ x_4 = \ 1, \\ 3x_1 - x_2 - x_3 \qquad = \ 3 \end{cases}$$

与

$$(\text{II})\begin{cases} x_1 + ax_2 - x_3 - \ x_4 = \ -5, \\ \qquad bx_2 - x_3 - 2x_4 = -11, \\ \qquad\qquad x_3 - 2x_4 = c + 1. \end{cases}$$

(1) 求 (I) 的通解;

(2) (湖北大学,2007) 当且仅当 (II) 中的参数 a, b, c 为何值时,(I) 和 (II) 同解?

例 2.2.20 (西北大学,2010; 北京邮电大学,2019) 设线性方程组

$$\begin{cases} 2x_1 + \ x_2 - \ x_3 = \ 1, \\ x_1 - \ x_2 + \ x_3 = \ 2, \\ 4x_1 - 5x_2 - 5x_3 = -1 \end{cases}$$

与

$$\begin{cases} ax_1 + bx_2 - \ x_3 = 0, \\ 2x_1 - \ x_2 + ax_3 = 3 \end{cases}$$

同解, 求线性方程组的通解及 a, b 的值.

例 2.2.21 (广东财经大学,2022) 已知齐次线性方程组

$$(\text{I})\begin{cases} x_1 + x_2 \qquad + ax_4 = 0, \\ 3x_1 - x_2 - x_3 \qquad = 0 \end{cases}$$

和

$$(\text{II})\begin{cases} x_1 - 3x_2 + bx_3 + \ 4x_4 = 0, \\ x_1 + 5x_2 + \ x_3 + 4ax_4 = 0, \\ 2x_1 - 2x_2 - \ x_3 + \ cx_4 = 0 \end{cases}$$

同解, 求 a, b, c 的值并求满足 $x_1 = x_2$ 的解.

例 2.2.22 (南京航空航天大学,2015) 设方程组

$$(\text{I})\begin{cases} ax_1 + \ x_2 + x_3 = a^3, \\ x_1 + ax_2 + x_3 = \ a, \end{cases} \qquad (\text{II})\begin{cases} ax_1 + \qquad\quad x_2 + \ x_3 = 1, \\ (a+1)x_1 + (a+1)x_2 + 2x_3 = a + 1, \\ x_1 + \qquad\quad x_2 + ax_3 = a^2 \end{cases}$$

同解.

(1) 求 a 的值;

(2) 求方程组的模 (长度) 最小的特解.

例 2.2.23 (南京航空航天大学,2017) 设有非齐次线性方程组

$$(\text{I})\begin{cases} x_1 \qquad\quad - x_3 = a, \\ 2x_1 + 3x_2 + x_3 = 2, \end{cases} \qquad (\text{II})\begin{cases} x_1 + 3x_2 + 2x_3 = 1, \\ x_1 + bx_2 + \ x_3 = 1. \end{cases}$$

(1) 证明: 对任意实数 a, 方程组 (I) 有无穷多解;

(2) 求 a,b 的值, 使得方程组 (I) 和 (II) 同解;

(3) 在方程组 (I) 和 (II) 同解的情况下, 求方程组在实数域上模最小的特解.

例 2.2.24 (中国科学院大学,2007) 已知方程组

$$(\text{I})\begin{cases} x_1 + x_2 + ax_3 + \ x_4 = 1, \\ -x_1 + x_2 - \ x_3 + bx_4 = 2, \\ 2x_1 + x_2 + \ x_3 + \ x_4 = c \end{cases}$$

与

$$(\text{II})\begin{cases} x_1 \qquad\qquad + \ x_4 = -1, \\ \qquad x_2 \qquad - 2x_4 = \ d, \\ \qquad\qquad x_3 + \ x_4 = \ e \end{cases}$$

同解. 求 a,b,c,d,e.

解 (法 1) 令 $x_4 = t$, 则方程组 (II) 的一般解为

$$\begin{cases} x_1 = -1 - \ t, \\ x_2 = \quad d + 2t, \\ x_3 = \quad e - \ t, \\ x_4 = \quad t. \end{cases}$$

代入方程组 (I), 可得

$$\begin{cases} (2-a)t = 2 - d - ae, \\ (b+4)t = 1 - d + e, \\ \qquad\ \ 0 = c - d - e + 2. \end{cases}$$

由 t 的任意性, 可得 $a = 2, b = -4$. 从而

$$\begin{cases} 0 = 2 - d - 2e, \\ 0 = 1 - d + e, \\ 0 = c - d - e + 2. \end{cases}$$

解得 $d = \dfrac{4}{3}, e = \dfrac{1}{3}, c = -\dfrac{1}{3}$.

当 $a = 2, b = -4, d = \dfrac{4}{3}, e = \dfrac{1}{3}, c = -\dfrac{1}{3}$ 时, 对方程组 (I) 的增广矩阵进行初等行变换, 可得

$$\begin{pmatrix} 1 & 1 & 2 & 1 & 1 \\ -1 & 1 & -1 & -4 & 2 \\ 2 & 1 & 1 & 1 & \dfrac{4}{3} \end{pmatrix} \to \begin{pmatrix} 1 & 0 & 0 & 1 & 1 \\ 0 & 1 & 0 & -2 & \dfrac{4}{3} \\ 0 & 0 & 1 & 1 & \dfrac{1}{3} \end{pmatrix},$$

即 (I) 与 (II) 同解.

综上, 可得 $a=2,b=-4,d=\dfrac{4}{3},e=\dfrac{1}{3},c=-\dfrac{1}{3}$.

(法 2) 由于

$$\begin{pmatrix} \boldsymbol{A} & \boldsymbol{b} \\ \boldsymbol{B} & \boldsymbol{d} \end{pmatrix}=\begin{pmatrix} 1 & 1 & a & 1 & 1 \\ -1 & 1 & -1 & b & 2 \\ 2 & 1 & 1 & 1 & c \\ 1 & 0 & 0 & 1 & -1 \\ 0 & 1 & 0 & -2 & d \\ 0 & 0 & 1 & 1 & e \end{pmatrix}\to\begin{pmatrix} 1 & 0 & 0 & 0 & 0 \\ 0 & 0 & 0 & b-a+6 & 3-2d+(1-a)e \\ 0 & 0 & 0 & 2a-4 & c-2+d+(2a-1)e \\ 0 & 0 & 0 & a-2 & d-2+ae \\ 0 & 1 & 0 & 0 & 0 \\ 0 & 0 & 1 & 0 & 0 \end{pmatrix}.$$

又易知 $r(\boldsymbol{B})=3$, 由 $r\begin{pmatrix} \boldsymbol{A} & \boldsymbol{b} \\ \boldsymbol{B} & \boldsymbol{d} \end{pmatrix}=r(\boldsymbol{B})$ 可得

$a-2=0,2a-4=0,b-a+6=0,3-2d+(1-a)e=0,c-2+d+(2a-1)e=0,d-2+ae=0.$

解得 $a=2,b=-4,d=\dfrac{4}{3},e=\dfrac{1}{3},c=-\dfrac{1}{3}$.

2.3 线性方程组理论的应用

例 2.3.1 (北京科技大学,2006) 设多项式 $f(x)=c_0+c_1x+c_2x^2+\cdots+c_nx^n$, 用克拉默法则证明: 若 $f(x)$ 有 $n+1$ 个不同的根, 则 $f(x)$ 是零多项式.

证 设 $\lambda_1,\cdots,\lambda_{n+1}$ 为 $f(x)$ 的 $n+1$ 个不同的根, 则有齐次线性方程组

$$\begin{cases} c_0+c_1\lambda_1+c_2\lambda_1^2+\cdots+c_n\lambda_1^n=0, \\ c_0+c_1\lambda_2+c_2\lambda_2^2+\cdots+c_n\lambda_2^n=0, \\ \qquad\vdots \\ c_0+c_1\lambda_{n+1}+c_2\lambda_{n+1}^2+\cdots+c_n\lambda_{n+1}^n=0, \end{cases}$$

此关于未知量 $c_0,c_1,c_2,\cdots,c_{n+1}$ 的方程组的系数矩阵为

$$\boldsymbol{A}=\begin{pmatrix} 1 & \lambda_1 & \lambda_1^2 & \cdots & \lambda_1^n \\ 1 & \lambda_2 & \lambda_2^2 & \cdots & \lambda_2^n \\ \vdots & \vdots & \vdots & & \vdots \\ 1 & \lambda_{n+1} & \lambda_{n+1}^2 & \cdots & \lambda_{n+1}^n \end{pmatrix}.$$

注意到 $\lambda_1,\cdots,\lambda_{n+1}$ 互不相同, 可知 $|\boldsymbol{A}|\neq 0$, 从而 $c_0=c_1=c_2=\cdots=c_{n+1}=0$. 即 $f(x)$ 是零多项式.

例 2.3.2 (湘潭大学,2022)(1) 设多项式 $f(x)=c_nx^n+c_{n-1}x^{n-1}+\cdots+c_1x+c_0$, 若 $f(x)$ 有 $n+1$ 个不同的根 $b_1,b_2,\cdots,b_{n+1}$, 求证:$f(x)$ 是零多项式, 即 $c_n=c_{n-1}=\cdots=c_1=c_0=0$.

(2) 设 $f_k(x)(k=1,2,\cdots,n)$ 是次数不超过 $n-2$ 的多项式, 求证: 对任意的 n 个数 $a_1,a_2,\cdots,a_n$ 均有

$$\begin{vmatrix} f_1(a_1) & f_2(a_1) & \cdots & f_n(a_1) \\ f_1(a_2) & f_2(a_2) & \cdots & f_n(a_2) \\ \vdots & \vdots & & \vdots \\ f_1(a_n) & f_2(a_n) & \cdots & f_n(a_n) \end{vmatrix}=0.$$

例 2.3.3 (湘潭大学,2001; 华南理工大学,2006; 北京科技大学,2007; 南京理工大学,2008; 西南大学,2013; 湘潭大学,2017; 浙江科技学院,2019) 设 $x_1,\cdots,x_n$ 是互不相同的实数,$y_1,\cdots,y_n$ 是任意一组给定的实数. 证明: 存在唯一的次数小于 n 的多项式 $P(x)$, 使得 $P(x_i)=y_i, i=1,\cdots,n$.

例 2.3.4 (西南大学,2013) 设 $a_1,a_2,\cdots,a_n$ 是数域 P 中的 n 个互不相同的数,$b_1,b_2,\cdots,b_n$ 是数域 P 中的任意 n 个数. 证明:

(1) (新疆大学,2004; 首都师范大学,2015) 存在数域 P 上的唯一的多项式 $f(x)=c_{n-1}x^{n-1}+\cdots+c_1x+c_0$ 使得 $f(a_i)=b_i, i=1,2,\cdots,n$;

(2) 取 $a_1,a_2,\cdots,a_n$ 分别为 $1,2,\cdots,n, b_1=b_2=\cdots=b_n=1$, 求出 (1) 中的多项式 $f(x)$.

例 2.3.5 (合肥工业大学,2022) 解答如下问题: (1) 设 $f(x)$ 为非零实系数多项式, 且对任意有理数 $q, f(q)$ 都是有理数, 问: $f(x)$ 是否一定为有理系数多项式?

(2) 设 $g(x)$ 为非零有理系数多项式, 且对任意的整数 $m, g(m)$ 都是整数, 问: $g(x)$ 是否一定为整系数多项式?

例 2.3.6 (重庆大学,2004; 华北水利水电学院,2005; 浙江工业大学,2015; 兰州大学,2020; 南昌大学,2022) 设 $\boldsymbol{A}=(a_{ij})\in\mathbb{R}^{n\times n}$, 证明:

(1)(兰州大学,2010; 汕头大学,2013; 西南交通大学,2021; 广西民族大学,2021; 广东财经大学,2022; 四川轻化工大学,2022) 若 $|a_{ii}|>\sum\limits_{j\neq i}|a_{ij}|, i=1,2,\cdots,n$, 则 $|\boldsymbol{A}|\neq 0$;

(2)(汕头大学,2019) 若 $a_{ii}>\sum\limits_{j\neq i}|a_{ij}|, i=1,2,\cdots,n$, 则 $|\boldsymbol{A}|>0$.

证 (1) 反证法. 若 $|\boldsymbol{A}|=0$, 则存在非零列向量 $\boldsymbol{X}=(x_1,\cdots,x_n)^{\mathrm{T}}$ 使得 $\boldsymbol{AX}=\boldsymbol{0}$, 即

$$a_{i1}x_1+\cdots+a_{it}x_t+\cdots+a_{in}x_n=0.$$

设 $|x_t|=\max\{|x_1|,\cdots,|x_n|\}$, 则

$$a_{tt}x_t=-\sum_{j\neq t}a_{tj}x_j,$$

于是

$$|a_{tt}x_t|=|a_{tt}||x_t|=|\sum_{j\neq t}a_{tj}x_j|\leqslant\sum_{j\neq t}|a_{tj}||x_j|\leqslant\sum_{j\neq t}|a_{tj}||x_t|.$$

从而

$$|a_{tt}|\leqslant\sum_{j\neq t}|a_{tj}|,$$

这与条件矛盾.

(2) 由 (1) 知 $|\boldsymbol{A}|\neq 0$, 若 $|\boldsymbol{A}|<0$, 由于 $f(x)=|x\boldsymbol{E}+\boldsymbol{A}|$ 是一个首项系数为 1 的 n 次多项式, 从而存在足够大的正数 M 使得当 $x\geqslant M$ 时,$f(x)>0$, 于是 $f(x)=|x\boldsymbol{E}+\boldsymbol{A}|$ 是 $[0,M]$ 上的连续函数, 且 $f(0)=|\boldsymbol{A}|<0, f(M)>0$, 由连续函数的介值定理知, 存在 $a\in[0,M]$ 使得

$$f(a)=|a\boldsymbol{E}+\boldsymbol{A}|=0,$$

显然 $a\boldsymbol{E}+\boldsymbol{A}$ 的元素满足 (1) 的条件, 从而 $f(a)=|a\boldsymbol{E}+\boldsymbol{A}|\neq 0$. 矛盾. 故 $|\boldsymbol{A}|>0$.

例 2.3.7 (东南大学,2008) 设 $\boldsymbol{A}=(a_{ij})$ 为 n 阶实矩阵, 证明:

(1) 如果 $|\boldsymbol{A}|=0$, 则存在 $i_0\in\{1,2,\cdots,n\}$ 使得 $|a_{i_0i_0}|\leqslant\sum\limits_{j=1,j\neq i_0}^{n}|a_{i_0j}|$;

(2) 如果 $a_{ii}>\sum\limits_{j\neq i}|a_{ij}|,i=1,2,\cdots,n$, 则 $|\boldsymbol{A}|>0$.

例 2.3.8 判断二次型 $99x_1^2-12x_1x_2+48x_1x_3+130x_2^2-60x_2x_3+71x_3^2$ 是否正定.

例 2.3.9 (北京邮电大学,2010; 南京师范大学,2012) 设矩阵

$$\boldsymbol{A}=\begin{pmatrix}a_{11}&a_{12}&\cdots&a_{1n}\\a_{21}&a_{22}&\cdots&a_{2n}\\\vdots&\vdots&&\vdots\\a_{n1}&a_{n2}&\cdots&a_{nn}\end{pmatrix}$$

满足条件

(1) $a_{ii}>0,i=1,2,\cdots,n$;

(2) $a_{ij}<0,i\neq j$;

(3) $a_{i1}+a_{i2}+\cdots+a_{in}=0,i=1,2,\cdots,n$.

证明:$\boldsymbol{A}$ 的秩为 $n-1$.

例 2.3.10 设 $\boldsymbol{A}$ 是 $m\times n$ 矩阵, 证明: 存在非零的 $n\times s$ 矩阵 $\boldsymbol{B}$, 使得 $\boldsymbol{AB}=\boldsymbol{O}$ 的充要条件是 $r(\boldsymbol{A})<n$.

证 必要性.(法 1) 由题设知 $\boldsymbol{B}$ 的列向量为方程组 $\boldsymbol{Ax}=\boldsymbol{0}$ 的解, 由 $\boldsymbol{B}\neq\boldsymbol{O}$ 知 $\boldsymbol{Ax}=\boldsymbol{0}$ 有非零解, 从而 $r(\boldsymbol{A})<n$.

(法 2) 将 $\boldsymbol{A}$ 按列分块为 $\boldsymbol{A}=(\boldsymbol{\alpha}_1,\boldsymbol{\alpha}_2,\cdots,\boldsymbol{\alpha}_n)$, 由 $\boldsymbol{B}\neq\boldsymbol{O}$, 不妨设 $\boldsymbol{B}$ 的第 j 列 $(b_{1j},b_{2j},\cdots,b_{nj})$ 不为零, 则由 $\boldsymbol{AB}=\boldsymbol{O}$ 有

$$b_{1j}\boldsymbol{\alpha}_1+b_{2j}\boldsymbol{\alpha}_2+\cdots+b_{nj}\boldsymbol{\alpha}_n=\boldsymbol{0},$$

从而 $\boldsymbol{A}$ 的列向量组线性相关, 故 $r(\boldsymbol{A})<n$.

(法 3) 由 $\boldsymbol{AB}=\boldsymbol{O}$ 有 $r(\boldsymbol{A})+r(\boldsymbol{B})\leqslant n$, 由 $\boldsymbol{B}\neq\boldsymbol{O}$ 知 $r(\boldsymbol{B})\geqslant 1$, 故 $r(\boldsymbol{A})<n$.

充分性.(法 1) 因 $r(\boldsymbol{A})<n$, 则方程组 $\boldsymbol{Ax}=\boldsymbol{0}$ 有非零解, 设为

$$\boldsymbol{x}_0=(x_1,x_2,\cdots,x_n)^{\mathrm{T}}\neq\boldsymbol{0},$$

令

$$\boldsymbol{B}=(\boldsymbol{x}_0,2\boldsymbol{x}_0,\cdots,s\boldsymbol{x}_0)=\begin{pmatrix}x_1&0&\cdots&0\\\vdots&\vdots&&\vdots\\x_n&0&\cdots&0\end{pmatrix},$$

则 $\boldsymbol{B}\neq\boldsymbol{O}$, 且 $\boldsymbol{AB}=\boldsymbol{O}$.

(法 2) 将 $\boldsymbol{A}$ 按列分块为

$$\boldsymbol{A}=(\boldsymbol{\alpha}_1,\boldsymbol{\alpha}_2,\cdots,\boldsymbol{\alpha}_n),$$

由 $r(\boldsymbol{A})<n$ 知 $\boldsymbol{\alpha}_1,\boldsymbol{\alpha}_2,\cdots,\boldsymbol{\alpha}_n$ 线性相关, 从而存在不全为 0 的数 $k_1,k_2,\cdots,k_n$ 使得

$$k_1\boldsymbol{\alpha}_1+k_2\boldsymbol{\alpha}_2+\cdots+k_n\boldsymbol{\alpha}_n=\boldsymbol{0},$$

令

$$B=\begin{pmatrix} k_1 & 0 & \cdots & 0 \\ \vdots & \vdots & & \vdots \\ k_n & 0 & \cdots & 0 \end{pmatrix},$$

则 $\boldsymbol{B}\neq\boldsymbol{O}$, 且 $\boldsymbol{AB}=\boldsymbol{O}$.

(法 3) 设 $r(\boldsymbol{A})=r<n$, 则存在 m 阶与 n 阶可逆矩阵 $\boldsymbol{P}$ 与 $\boldsymbol{Q}$, 使得

$$\boldsymbol{A}=\boldsymbol{P}\begin{pmatrix} \boldsymbol{E}_r & \boldsymbol{O} \\ \boldsymbol{O} & \boldsymbol{O} \end{pmatrix}\boldsymbol{Q},$$

令

$$\boldsymbol{B}=\boldsymbol{Q}^{-1}\begin{pmatrix} \boldsymbol{O}_{r\times s} \\ \boldsymbol{C} \end{pmatrix},$$

其中 $\boldsymbol{C}$ 为任意的 $(n-r)\times s$ 非零矩阵, 则 $\boldsymbol{B}\neq\boldsymbol{O}$, 且

$$\boldsymbol{AB}=\boldsymbol{P}\begin{pmatrix} \boldsymbol{E}_r & \boldsymbol{O} \\ \boldsymbol{O} & \boldsymbol{O} \end{pmatrix}\boldsymbol{Q}\boldsymbol{Q}^{-1}\begin{pmatrix} \boldsymbol{O}_{r\times s} \\ \boldsymbol{C} \end{pmatrix}=\boldsymbol{O}.$$

例 2.3.11 (华中师范大学,2022) 已知矩阵

$$\boldsymbol{A}=\begin{pmatrix} 2 & 1 & -1 \\ 1 & -1 & 1 \\ 4 & 5 & -5 \end{pmatrix}.$$

(1) 求一个秩为 1 的三阶方阵 $\boldsymbol{C}$, 使得 $\boldsymbol{AC}$ 为零矩阵;

(2) 证明: 不存在秩为 2 的三阶方阵 $\boldsymbol{C}$, 使得 $\boldsymbol{AC}$ 为零矩阵.

例 2.3.12 (北京工业大学,2018) 已知矩阵

$$\boldsymbol{A}=\begin{pmatrix} 1 & 0 & -1 & 2 & 1 \\ -1 & 1 & 3 & -1 & 0 \\ -2 & 1 & 4 & -1 & 3 \\ 3 & -1 & -5 & 1 & -6 \end{pmatrix}.$$

(1) 求一个 5×5 且秩为 2 的矩阵 $\boldsymbol{B}$, 使得 $\boldsymbol{AB}=\boldsymbol{O}$;

(2) 已知矩阵 $\boldsymbol{C}$ 是满足 $\boldsymbol{AC}=\boldsymbol{O}$ 的 5×5 矩阵, 证明:$r(\boldsymbol{C})\leqslant 2$.

例 2.3.13 (东华大学,2005) 已知齐次线性方程组 $\boldsymbol{AX}=\boldsymbol{0}(*)(\boldsymbol{A}=(a_{ij})_{m\times n})$ 的基础解系含 r 个向量 $\Leftrightarrow r(\boldsymbol{A})=n-r$. 由此

(1) 当 $\boldsymbol{A}=(a_{ij})_{m\times n},\boldsymbol{B}=(b_{ij})_{m\times n}$ 且 $r(\boldsymbol{A})<\dfrac{n}{2},r(\boldsymbol{B})<\dfrac{n}{2}$ 时, 证明: 存在 $\boldsymbol{C}=(c_{ij})_{n\times s}\neq\boldsymbol{O}$, 使得 $(\boldsymbol{A}+\boldsymbol{B})\boldsymbol{C}=\boldsymbol{O}$;

(2) 当 $\boldsymbol{\eta}_1=\begin{pmatrix} 1 \\ 2 \\ 3 \\ 4 \end{pmatrix},\boldsymbol{\eta}_2=\begin{pmatrix} 4 \\ 3 \\ 2 \\ 1 \end{pmatrix}$ 时, 求 $\boldsymbol{A}$ 使 $\boldsymbol{\eta}_1,\boldsymbol{\eta}_2$ 为式 $(*)$ 的基础解系.

证 (1) 由于

$$r(\boldsymbol{A}+\boldsymbol{B}) \leqslant r(\boldsymbol{A})+r(\boldsymbol{B})<n,$$

故方程组

$$(\boldsymbol{A}+\boldsymbol{B})\boldsymbol{x}=\boldsymbol{0}$$

有非零解, 设为 $\boldsymbol{x}_0=(c_1,\cdots,c_n)^{\mathrm{T}}$, 令

$$\boldsymbol{C}=(k_1\boldsymbol{x}_0,k_2\boldsymbol{x}_0,\cdots,k_s\boldsymbol{x}_0),$$

其中 $k_1,k_2,\cdots,k_s$ 为不全为 0 的常数, 可知结论成立.

(2) 由条件可知 $4-r(\boldsymbol{A})=2$, 于是 $r(\boldsymbol{A})=2$, 可设

$$\boldsymbol{A}=\begin{pmatrix} k_1 & k_2 & k_3 & k_4 \\ l_1 & l_2 & l_3 & l_4 \end{pmatrix},$$

于是由 $\boldsymbol{A}\boldsymbol{\eta}_1=\boldsymbol{A}\boldsymbol{\eta}_2=\boldsymbol{0}$, 可得

$$\begin{cases} k_1+2k_2+3k_3+4k_4=0, \\ 4k_1+3k_2+2k_3+k_4=0, \\ l_1+2l_2+3l_3+4l_4=0, \\ 4l_1+3l_2+2l_3+l_4=0, \end{cases}$$

上述方程组的一般解为

$$\begin{cases} k_1=k_3+2k_4, \quad k_3,k_4\text{是自由未知量}, \\ k_2=-2k_3-3k_4, \\ l_1=l_3+2l_4, \quad l_3,l_4\text{是自由未知量}, \\ l_2=-2l_3-3l_4, \end{cases}$$

注意到 $\boldsymbol{A}$ 的两行线性无关, 故可取

$$\boldsymbol{A}=\begin{pmatrix} 1 & -2 & 1 & 0 \\ 2 & -3 & 0 & 1 \end{pmatrix}.$$

例 2.3.14 (西南大学,2012; 中国矿业大学 (徐州),2023) 设 $\boldsymbol{A},\boldsymbol{B},\boldsymbol{C}$ 为 n 阶方阵, 满足 $\boldsymbol{BC}=\boldsymbol{O},r(\boldsymbol{A})<r(\boldsymbol{C})$. 证明: 存在 n 维非零列向量 $\boldsymbol{X}$, 使得 $\boldsymbol{AX}=\boldsymbol{BX}$.

例 2.3.15 (北京理工大学,2004; 华中科技大学,2005; 苏州大学,2013) 设 $\boldsymbol{A}$ 为 $m\times n$ 矩阵,$\boldsymbol{b}$ 为 m 维列向量. 证明:$\boldsymbol{Ax}=\boldsymbol{b}$ 有解的充要条件为对满足 $\boldsymbol{A}^{\mathrm{T}}\boldsymbol{z}=\boldsymbol{0}$ 的 m 维列向量 $\boldsymbol{z}$ 也一定满足 $\boldsymbol{b}^{\mathrm{T}}\boldsymbol{z}=0$.

证 必要性. 设 $\boldsymbol{x}_0$ 为 $\boldsymbol{Ax}=\boldsymbol{b}$ 的解, 则 $\boldsymbol{b}=\boldsymbol{Ax}_0$, 于是由 $\boldsymbol{A}^{\mathrm{T}}\boldsymbol{z}=\boldsymbol{0}$ 可得

$$\boldsymbol{b}^{\mathrm{T}}\boldsymbol{z}=\boldsymbol{x}_0^{\mathrm{T}}\boldsymbol{A}^{\mathrm{T}}\boldsymbol{z}=0.$$

故结论成立.

充分性. 由条件知 $\boldsymbol{A}^{\mathrm{T}}\boldsymbol{z}=\boldsymbol{0}$ 与

$$\begin{cases}\boldsymbol{A}^{\mathrm{T}}\boldsymbol{z}=\boldsymbol{0},\\ \boldsymbol{b}^{\mathrm{T}}\boldsymbol{z}=\boldsymbol{0}\end{cases}$$

同解, 故

$$r(\boldsymbol{A}^{\mathrm{T}})=r\begin{pmatrix}\boldsymbol{A}^{\mathrm{T}}\\ \boldsymbol{b}^{\mathrm{T}}\end{pmatrix}.$$

即 $r(\boldsymbol{A})=r(\boldsymbol{A},\boldsymbol{b})$, 于是结论成立.

例 2.3.16 (南京大学,2008; 中国矿业大学,2011; 上海交通大学,2021; 哈尔滨工程大学,2023) 设 $\boldsymbol{A}$ 是一个 $m\times n$ 矩阵,$\boldsymbol{b}$ 是一个 m 维列向量. 证明:$\boldsymbol{A}\boldsymbol{x}=\boldsymbol{b}$ 有解的充要条件为方程组 $\begin{pmatrix}\boldsymbol{A}^{\mathrm{T}}\\ \boldsymbol{b}^{\mathrm{T}}\end{pmatrix}\boldsymbol{x}=\begin{pmatrix}\boldsymbol{0}\\ 1\end{pmatrix}$ 无解.

证 必要性.(法 1) 若 $\boldsymbol{A}\boldsymbol{x}=\boldsymbol{b}$ 有解, 设 $\boldsymbol{x}_0$ 是其一个解, 即有 $\boldsymbol{A}\boldsymbol{x}_0=\boldsymbol{b}$. 设 $\boldsymbol{y}_0$ 是 $\boldsymbol{A}^{\mathrm{T}}\boldsymbol{x}=\boldsymbol{0}$ 的任一解, 即 $\boldsymbol{A}^{\mathrm{T}}\boldsymbol{y}_0=\boldsymbol{0}$, 则 $\boldsymbol{b}^{\mathrm{T}}\boldsymbol{y}_0=(\boldsymbol{A}\boldsymbol{x}_0)^{\mathrm{T}}\boldsymbol{y}_0=\boldsymbol{x}_0^{\mathrm{T}}\boldsymbol{A}^{\mathrm{T}}\boldsymbol{y}_0=0$, 即 $\boldsymbol{A}^{\mathrm{T}}\boldsymbol{x}=\boldsymbol{0}$ 的解都不满足 $\boldsymbol{b}^{\mathrm{T}}\boldsymbol{x}=1$, 故结论成立.

(法 2) 由 $\boldsymbol{A}\boldsymbol{x}=\boldsymbol{b}$ 有解, 则 $r(\boldsymbol{A})=r(\boldsymbol{A},\boldsymbol{b})$, 从而 $r(\boldsymbol{A}^{\mathrm{T}})=r\begin{pmatrix}\boldsymbol{A}^{\mathrm{T}}\\ \boldsymbol{b}^{\mathrm{T}}\end{pmatrix}$. 于是

$$r\begin{pmatrix}\boldsymbol{A}^{\mathrm{T}} & \boldsymbol{0}\\ \boldsymbol{b}^{\mathrm{T}} & 1\end{pmatrix}\geqslant r(\boldsymbol{A}^{\mathrm{T}})+1=r\begin{pmatrix}\boldsymbol{A}^{\mathrm{T}}\\ \boldsymbol{b}^{\mathrm{T}}\end{pmatrix}+1>r\begin{pmatrix}\boldsymbol{A}^{\mathrm{T}}\\ \boldsymbol{b}^{\mathrm{T}}\end{pmatrix}.$$

故结论成立.

充分性.(法 1) 由于

$$\begin{pmatrix}\boldsymbol{A}^{\mathrm{T}} & \boldsymbol{0}\\ \boldsymbol{b}^{\mathrm{T}} & 1\end{pmatrix}\begin{pmatrix}\boldsymbol{E}_m & \boldsymbol{0}\\ -\boldsymbol{b}^{\mathrm{T}} & 1\end{pmatrix}=\begin{pmatrix}\boldsymbol{A}^{\mathrm{T}} & \boldsymbol{0}\\ \boldsymbol{0} & 1\end{pmatrix},$$

又由条件有

$$r\begin{pmatrix}\boldsymbol{A}^{\mathrm{T}}\\ \boldsymbol{b}^{\mathrm{T}}\end{pmatrix}+1=r\begin{pmatrix}\boldsymbol{A}^{\mathrm{T}} & \boldsymbol{0}\\ \boldsymbol{b}^{\mathrm{T}} & 1\end{pmatrix}=r(\boldsymbol{A}^{\mathrm{T}})+1,$$

即 $r\begin{pmatrix}\boldsymbol{A}^{\mathrm{T}}\\ \boldsymbol{b}^{\mathrm{T}}\end{pmatrix}=r(\boldsymbol{A}^{\mathrm{T}})$, 从而 $r(\boldsymbol{A})=r(\boldsymbol{A},\boldsymbol{b})$. 即结论成立.

(法 2) 反证法. 若 $\boldsymbol{A}\boldsymbol{x}=\boldsymbol{b}$ 无解, 则

$$r(\boldsymbol{A}^{\mathrm{T}})<r\begin{pmatrix}\boldsymbol{A}^{\mathrm{T}}\\ \boldsymbol{b}^{\mathrm{T}}\end{pmatrix},$$

从而 $\boldsymbol{A}^{\mathrm{T}}\boldsymbol{y}=\boldsymbol{0}$ 与

$$\begin{cases}\boldsymbol{A}^{\mathrm{T}}\boldsymbol{y}=\boldsymbol{0},\\ \boldsymbol{b}^{\mathrm{T}}\boldsymbol{y}=0\end{cases}$$

不同解, 即存在 $\boldsymbol{y}_0$ 使得 $\boldsymbol{A}^{\mathrm{T}}\boldsymbol{y}_0=\mathbf{0}$ 而 $\boldsymbol{b}^{\mathrm{T}}\boldsymbol{y}_0=c\neq 0$. 于是

$$\begin{cases}\boldsymbol{A}^{\mathrm{T}}\left(\dfrac{\boldsymbol{y}_0}{c}\right)=\mathbf{0},\\ \boldsymbol{b}^{\mathrm{T}}\left(\dfrac{\boldsymbol{y}_0}{c}\right)=1.\end{cases}$$

即 $\dfrac{\boldsymbol{y}_0}{c}$ 为 $\begin{pmatrix}\boldsymbol{A}^{\mathrm{T}}\\ \boldsymbol{b}^{\mathrm{T}}\end{pmatrix}\boldsymbol{x}=\begin{pmatrix}\mathbf{0}\\ 1\end{pmatrix}$ 的解, 这与条件矛盾. 故结论成立.

(法 3) 由条件, 对任意的满足线性方程组 $\boldsymbol{A}^{\mathrm{T}}\boldsymbol{x}=\mathbf{0}$ 的列向量 $\boldsymbol{x}$, 都有 $\boldsymbol{b}^{\mathrm{T}}\boldsymbol{x}\neq 1$, 下证必有 $\boldsymbol{b}^{\mathrm{T}}\boldsymbol{x}=0$.

若不然, 设存在 $\boldsymbol{y}$ 满足 $\boldsymbol{A}^{\mathrm{T}}\boldsymbol{y}=\mathbf{0},\boldsymbol{b}^{\mathrm{T}}\boldsymbol{y}=k\neq 0$, 令 $\boldsymbol{x}=\dfrac{1}{k}\boldsymbol{y}$, 则 $\boldsymbol{A}^{\mathrm{T}}\boldsymbol{x}=\mathbf{0},\boldsymbol{b}^{\mathrm{T}}\boldsymbol{x}=1$, 这与条件矛盾, 从而对任意的满足 $\boldsymbol{A}^{\mathrm{T}}\boldsymbol{x}=\mathbf{0}$ 的 $\boldsymbol{x}$, 都有 $\boldsymbol{b}^{\mathrm{T}}\boldsymbol{x}=0$. 故 $\boldsymbol{A}^{\mathrm{T}}\boldsymbol{x}=\mathbf{0}$ 与

$$\begin{cases}\boldsymbol{A}^{\mathrm{T}}\boldsymbol{x}=\mathbf{0},\\ \boldsymbol{b}^{\mathrm{T}}\boldsymbol{x}=0\end{cases}$$

同解, 故 $r(\boldsymbol{A}^{\mathrm{T}})=r\begin{pmatrix}\boldsymbol{A}^{\mathrm{T}}\\ \boldsymbol{b}^{\mathrm{T}}\end{pmatrix}$, 即 $r(\boldsymbol{A})=r(\boldsymbol{A},\boldsymbol{b})$, 从而结论成立.

例 2.3.17 (武汉大学,2005; 湖南大学,2008) 设 $\boldsymbol{A}$ 为 $m\times n$ 矩阵,$\boldsymbol{\beta}=(b_1,b_2,\cdots,b_m)^{\mathrm{T}}$ 是 m 维列向量, 证明下述命题相互等价.

(1) 线性方程组 $\boldsymbol{A}\boldsymbol{x}=\boldsymbol{\beta}$ 有解;

(2) 齐次方程组 $\boldsymbol{A}^{\mathrm{T}}\boldsymbol{x}=\mathbf{0}$ 的任一解 $(x_1,x_2,\cdots,x_m)^{\mathrm{T}}$ 必满足 $x_1b_1+x_2b_2+\cdots+x_mb_m=0$;

(3) 方程组 $\begin{pmatrix}\boldsymbol{A}^{\mathrm{T}}\\ \boldsymbol{\beta}^{\mathrm{T}}\end{pmatrix}\boldsymbol{x}=\begin{pmatrix}\mathbf{0}\\ 1\end{pmatrix}$ 无解.

证 只证 (3) $\Rightarrow$(1).(法 1) 若 $\boldsymbol{A}x=\boldsymbol{\beta}$ 无解, 则

$$r(\boldsymbol{A}^{\mathrm{T}})<r\begin{pmatrix}\boldsymbol{A}^{\mathrm{T}}\\ \boldsymbol{\beta}^{\mathrm{T}}\end{pmatrix},$$

从而 $\boldsymbol{A}^{\mathrm{T}}\boldsymbol{y}=\mathbf{0}$ 与

$$\begin{cases}\boldsymbol{A}^{\mathrm{T}}\boldsymbol{y}=\mathbf{0},\\ \boldsymbol{\beta}^{\mathrm{T}}\boldsymbol{y}=0\end{cases}$$

不同解, 即存在 $\boldsymbol{y}_0$ 使得 $\boldsymbol{A}^{\mathrm{T}}\boldsymbol{y}_0=\mathbf{0}$ 而 $\boldsymbol{\beta}^{\mathrm{T}}\boldsymbol{y}_0=c\neq 0$. 于是

$$\begin{cases}\boldsymbol{A}^{\mathrm{T}}(\dfrac{\boldsymbol{y}_0}{c})=\mathbf{0},\\ \boldsymbol{\beta}^{\mathrm{T}}(\dfrac{\boldsymbol{y}_0}{c})=1.\end{cases}$$

即 $\dfrac{\boldsymbol{y}_0}{c}$ 为 $\begin{pmatrix}\boldsymbol{A}^{\mathrm{T}}\\ \boldsymbol{\beta}^{\mathrm{T}}\end{pmatrix}\boldsymbol{x}=\begin{pmatrix}\mathbf{0}\\ 1\end{pmatrix}$ 的解, 这与条件矛盾. 故结论成立.

(法 2) 参看例2.3.16.

(法 3) 由条件, 对任意的满足线性方程组 $\boldsymbol{A}^{\mathrm{T}}\boldsymbol{x}=\mathbf{0}$ 的列向量 $\boldsymbol{x}$, 都有 $\boldsymbol{\beta}^{\mathrm{T}}\boldsymbol{x}\neq 1$, 下证必有 $\boldsymbol{\beta}^{\mathrm{T}}\boldsymbol{x}=0$.

若不然, 设存在 $\boldsymbol{y}$ 满足 $\boldsymbol{A}^{\mathrm{T}}\boldsymbol{y}=\mathbf{0},\boldsymbol{\beta}^{\mathrm{T}}\boldsymbol{y}=k\neq 0$, 令 $\boldsymbol{x}=\dfrac{1}{k}\boldsymbol{y}$, 则

$$\boldsymbol{A}^{\mathrm{T}}\boldsymbol{x}=\mathbf{0},\boldsymbol{\beta}^{\mathrm{T}}\boldsymbol{x}=1,$$

这与条件矛盾, 从而对任意的满足 $\boldsymbol{A}^{\mathrm{T}}\boldsymbol{x}=\boldsymbol{0}$ 的 $\boldsymbol{x}$, 都有 $\boldsymbol{\beta}^{\mathrm{T}}\boldsymbol{x}=0$. 故 $\boldsymbol{A}^{\mathrm{T}}\boldsymbol{x}=\boldsymbol{0}$ 与

$$\begin{cases}\boldsymbol{A}^{\mathrm{T}}\boldsymbol{x}=\boldsymbol{0},\\ \boldsymbol{\beta}^{\mathrm{T}}\boldsymbol{x}=0\end{cases}$$

同解, 故 $r(\boldsymbol{A}^{\mathrm{T}})=r\begin{pmatrix}\boldsymbol{A}^{\mathrm{T}}\\ \boldsymbol{\beta}^{\mathrm{T}}\end{pmatrix}$, 即 $r(\boldsymbol{A})=r(\boldsymbol{A},\boldsymbol{\beta})$. 从而结论成立.

例 2.3.18 (上海交通大学,2006) 设有两个线性方程组

$$\begin{cases}a_{11}x_1+\ a_{12}x_2+\cdots+\ a_{1n}x_n=b_1,\\ a_{21}x_1+\ a_{22}x_2+\cdots+\ a_{2n}x_n=b_2,\\ \qquad\vdots\\ a_{m1}x_1+a_{m2}x_2+\cdots+a_{mn}x_n=b_m\end{cases}\tag{1}$$

与

$$\begin{cases}a_{11}y_1+a_{21}y_2+\cdots+a_{m1}y_m=0,\\ a_{12}y_1+a_{22}y_2+\cdots+a_{m2}y_m=0,\\ \qquad\vdots\\ a_{1n}y_1+a_{2n}y_2+\cdots+a_{mn}y_m=0,\\ \ b_1y_1+\ b_2y_2+\cdots+\ b_my_m=1.\end{cases}\tag{2}$$

证明: 方程组 (1) 有解的充要条件为方程组 (2) 无解.

例 2.3.19 (南京航空航天大学,2015) 设 $\boldsymbol{A}$ 是 n 阶对称矩阵,$\boldsymbol{\beta}$ 是 n 维非零列向量, 分块矩阵 $\boldsymbol{B}=\begin{pmatrix}\boldsymbol{A}&\boldsymbol{\beta}\\ \boldsymbol{\beta}^{\mathrm{T}}&0\end{pmatrix}$, 证明:

(1) 若 $\boldsymbol{A}$ 的秩为 n, 则 $\boldsymbol{B}$ 可逆的充要条件是 $\boldsymbol{\beta}^{\mathrm{T}}\boldsymbol{A}^{-1}\boldsymbol{\beta}\neq 0$;

(2) 若 $\boldsymbol{A}$ 的秩为 r, 则 $\boldsymbol{B}$ 的秩也为 r 的充要条件是方程组 $\begin{cases}\boldsymbol{A}\boldsymbol{X}=\boldsymbol{\beta},\\ \boldsymbol{\beta}^{\mathrm{T}}\boldsymbol{X}=0\end{cases}$ 有解;

(3) 若 $\boldsymbol{A}$ 的秩为 $n-1$, 则 $\boldsymbol{B}$ 可逆的充要条件是方程组 $\boldsymbol{A}\boldsymbol{X}=\boldsymbol{\beta}$ 无解.

证 (1) 由于

$$\begin{pmatrix}\boldsymbol{E}&\boldsymbol{0}\\ -\boldsymbol{\beta}^{\mathrm{T}}\boldsymbol{A}^{-1}&1\end{pmatrix}\begin{pmatrix}\boldsymbol{A}&\boldsymbol{\beta}\\ \boldsymbol{\beta}^{\mathrm{T}}&0\end{pmatrix}=\begin{pmatrix}\boldsymbol{A}&\boldsymbol{\beta}\\ \boldsymbol{0}&-\boldsymbol{\beta}^{\mathrm{T}}\boldsymbol{A}^{-1}\boldsymbol{\beta}\end{pmatrix},$$

故 $|\boldsymbol{B}|=|\boldsymbol{A}|(-\boldsymbol{\beta}^{\mathrm{T}}\boldsymbol{A}^{-1}\boldsymbol{\beta})$. 于是由 $\boldsymbol{A}$ 的秩为 n 知 $\boldsymbol{B}$ 可逆的充要条件为 $\boldsymbol{\beta}^{\mathrm{T}}\boldsymbol{A}^{-1}\boldsymbol{\beta}\neq 0$.

(2) 必要性. 由条件有

$$r=r(\boldsymbol{B})=r\begin{pmatrix}\boldsymbol{A}&\boldsymbol{\beta}\\ \boldsymbol{\beta}^{\mathrm{T}}&0\end{pmatrix}\geqslant r(\boldsymbol{A},\boldsymbol{\beta})\geqslant r(\boldsymbol{A})=r,$$

故

$$r(\boldsymbol{A},\boldsymbol{\beta})=r\begin{pmatrix}\boldsymbol{A}&\boldsymbol{\beta}\\ \boldsymbol{\beta}^{\mathrm{T}}&0\end{pmatrix},$$

于是

$$r\begin{pmatrix} \boldsymbol{A} \\ \boldsymbol{\beta}^{\mathrm{T}} \end{pmatrix} = r(\boldsymbol{A},\boldsymbol{\beta}) = r\begin{pmatrix} \boldsymbol{A} & \boldsymbol{\beta} \\ \boldsymbol{\beta}^{\mathrm{T}} & 0 \end{pmatrix},$$

即方程组 $\begin{cases} \boldsymbol{AX}=\boldsymbol{\beta}, \\ \boldsymbol{\beta}^{\mathrm{T}}\boldsymbol{X}=0 \end{cases}$ 有解.

充分性. 首先由条件有

$$r(\boldsymbol{B}) = r\begin{pmatrix} \boldsymbol{A} & \boldsymbol{\beta} \\ \boldsymbol{\beta}^{\mathrm{T}} & 0 \end{pmatrix} = r\begin{pmatrix} \boldsymbol{A} \\ \boldsymbol{\beta}^{\mathrm{T}} \end{pmatrix} = r(\boldsymbol{A},\boldsymbol{\beta}),$$

其次, 由 $\begin{cases} \boldsymbol{AX}=\boldsymbol{\beta}, \\ \boldsymbol{\beta}^{\mathrm{T}}\boldsymbol{X}=0 \end{cases}$ 有解知 $\boldsymbol{AX}=\boldsymbol{\beta}$ 有解, 故 $r(\boldsymbol{A},\boldsymbol{\beta})=r(\boldsymbol{A})$, 这样

$$r(\boldsymbol{B}) = r\begin{pmatrix} \boldsymbol{A} & \boldsymbol{\beta} \\ \boldsymbol{\beta}^{\mathrm{T}} & 0 \end{pmatrix} = \begin{pmatrix} \boldsymbol{A} \\ \boldsymbol{\beta}^{\mathrm{T}} \end{pmatrix} = r(\boldsymbol{A},\boldsymbol{\beta}) = r(\boldsymbol{A}) = r.$$

(3) 必要性. 由 $\boldsymbol{B}$ 可逆可知 $\boldsymbol{B}$ 的行向量组线性无关, 从而 $r(\boldsymbol{A},\boldsymbol{\beta})=n$, 而 $r(\boldsymbol{A})=n-1$, 故 $\boldsymbol{AX}=\boldsymbol{\beta}$ 无解.

充分性. 由 $\boldsymbol{AX}=\boldsymbol{\beta}$ 无解有 $r(\boldsymbol{A},\boldsymbol{\beta})=r(\boldsymbol{A})+1=n-1+1=n$, 而

$$n+1 \geqslant r(\boldsymbol{B}) = r\begin{pmatrix} \boldsymbol{A} & \boldsymbol{\beta} \\ \boldsymbol{\beta}^{\mathrm{T}} & 0 \end{pmatrix} \geqslant r(\boldsymbol{A},\boldsymbol{\beta}) = n,$$

若

$$r(\boldsymbol{B}) = r\begin{pmatrix} \boldsymbol{A} & \boldsymbol{\beta} \\ \boldsymbol{\beta}^{\mathrm{T}} & 0 \end{pmatrix} = n,$$

则有

$$n = r(\boldsymbol{B}) = r\begin{pmatrix} \boldsymbol{A} & \boldsymbol{\beta} \\ \boldsymbol{\beta}^{\mathrm{T}} & 0 \end{pmatrix} \geqslant r(\boldsymbol{A},\boldsymbol{\beta}) = n,$$

即

$$r\begin{pmatrix} \boldsymbol{A} & \boldsymbol{\beta} \\ \boldsymbol{\beta}^{\mathrm{T}} & 0 \end{pmatrix} = r(\boldsymbol{A},\boldsymbol{\beta}) = r\begin{pmatrix} \boldsymbol{A} \\ \boldsymbol{\beta}^{\mathrm{T}} \end{pmatrix},$$

于是方程组 $\begin{cases} \boldsymbol{AX}=\boldsymbol{\beta}, \\ \boldsymbol{\beta}^{\mathrm{T}}\boldsymbol{X}=0 \end{cases}$ 有解, 从而 $\boldsymbol{AX}=\boldsymbol{\beta}$ 有解, 这与条件矛盾. 所以结论成立.

例 2.3.20 (南京航空航天大学,2021) 设 $\boldsymbol{A}$ 是 n 阶对称矩阵,$\boldsymbol{\alpha},\boldsymbol{\beta}$ 是 n 维非零列向量, 分块矩阵 $\boldsymbol{B}=\begin{pmatrix} \boldsymbol{A} & \boldsymbol{\beta} \\ \boldsymbol{\alpha}^{\mathrm{T}} & c \end{pmatrix}$, 证明:

(1) 若 $\boldsymbol{A}$ 的秩为 n, 则 $\boldsymbol{B}$ 可逆的充要条件是 $c-\boldsymbol{\alpha}^{\mathrm{T}}\boldsymbol{A}^{-1}\boldsymbol{\beta}\neq 0$;

(2) 若 $\boldsymbol{A}$ 的秩为 r, 则 $\boldsymbol{B}$ 的秩为 r 的充要条件是 $\begin{cases} \boldsymbol{AX}=\boldsymbol{\beta}, \\ \boldsymbol{\alpha}^{\mathrm{T}}\boldsymbol{X}=c \end{cases}$ 有解; (**注** 充分性不正确, 可以举反例说明.)

(3) 若 $\boldsymbol{A}$ 的秩为 $n-1$, 则 $\boldsymbol{B}$ 可逆的充要条件是 $\boldsymbol{AX}=\boldsymbol{\beta}$ 无解且 $\boldsymbol{A}^{\mathrm{T}}\boldsymbol{X}=\boldsymbol{\alpha}$ 无解.

例 2.3.21 (华南理工大学,2005) 设 $\boldsymbol{A}$ 为 $s\times n$ 实矩阵, 证明:

(1) $\boldsymbol{Ax}=\boldsymbol{0}$ 与 $\boldsymbol{A}^{\mathrm{T}}\boldsymbol{Ax}=\boldsymbol{0}$ 同解;

(2) $r(\boldsymbol{A})=r(\boldsymbol{A}^{\mathrm{T}}\boldsymbol{A})$;

(3) $\boldsymbol{A}^{\mathrm{T}}\boldsymbol{Ax}=\boldsymbol{A}^{\mathrm{T}}\boldsymbol{B}$($\boldsymbol{B}$ 为任一 s 维列向量) 一定有解.

证 (1) 显然 $\boldsymbol{Ax}=\boldsymbol{0}$ 的解都是 $\boldsymbol{A}^{\mathrm{T}}\boldsymbol{Ax}=\boldsymbol{0}$ 的解. 设 $\boldsymbol{x}_0$ 为 $\boldsymbol{A}^{\mathrm{T}}\boldsymbol{Ax}=\boldsymbol{0}$ 的任一解, 即 $\boldsymbol{A}^{\mathrm{T}}\boldsymbol{Ax}_0=\boldsymbol{0}$, 于是

$$0={\boldsymbol{x}_0}^{\mathrm{T}}\boldsymbol{A}^{\mathrm{T}}\boldsymbol{Ax}_0=(\boldsymbol{Ax}_0)^{\mathrm{T}}(\boldsymbol{Ax}_0),$$

注意到 $\boldsymbol{A}$ 是实矩阵, 从而 $\boldsymbol{x}_0$ 也是实向量, 由上式可得 $\boldsymbol{Ax}_0=\boldsymbol{0}$.

(2) 由 (1) 可得.

(3) 由于

$$r(\boldsymbol{A}^{\mathrm{T}}\boldsymbol{A},\boldsymbol{A}^{\mathrm{T}}\boldsymbol{B})\geqslant r(\boldsymbol{A}^{\mathrm{T}}\boldsymbol{A})=r(\boldsymbol{A}),$$

又

$$r(\boldsymbol{A}^{\mathrm{T}}\boldsymbol{A},\boldsymbol{A}^{\mathrm{T}}\boldsymbol{B})=r(\boldsymbol{A}^{\mathrm{T}}(\boldsymbol{A},\boldsymbol{B}))\leqslant r(\boldsymbol{A}^{\mathrm{T}})=r(\boldsymbol{A}),$$

故 $r(\boldsymbol{A}^{\mathrm{T}}\boldsymbol{A},\boldsymbol{A}^{\mathrm{T}}\boldsymbol{B})=r(\boldsymbol{A}^{\mathrm{T}}\boldsymbol{A})=r(\boldsymbol{A})$, 从而结论成立.

例 2.3.22 (中南大学,2023) 设线性方程组 $\boldsymbol{AX}=\boldsymbol{b}$ 有唯一解, 其中 $\boldsymbol{A}$ 是 $m\times n$ 实矩阵, 且 $m\geqslant n$. 证明:$\boldsymbol{A}^{\mathrm{T}}\boldsymbol{A}$ 可逆, 且 $\boldsymbol{AX}=\boldsymbol{b}$ 的唯一解为 $(\boldsymbol{A}^{\mathrm{T}}\boldsymbol{A})^{-1}\boldsymbol{A}^{\mathrm{T}}\boldsymbol{b}$.

例 2.3.23 (华东师范大学,2007) 设 $\boldsymbol{A}$ 为 n 阶方阵,

(1) 证明: 如果 $\boldsymbol{A}$ 为实矩阵, 则非齐次线性方程组 $\boldsymbol{A}^{\mathrm{T}}\boldsymbol{AX}=\boldsymbol{A}^{\mathrm{T}}\boldsymbol{B}$ 有解;

(2) 对任意的复矩阵 $\boldsymbol{A}$, 非齐次线性方程组 $\boldsymbol{A}^{\mathrm{T}}\boldsymbol{AX}=\boldsymbol{A}^{\mathrm{T}}\boldsymbol{B}$ 是否一定有解?(请说明理由)

证 (1) 由于

$$r(\boldsymbol{A}^{\mathrm{T}}\boldsymbol{A},\boldsymbol{A}^{\mathrm{T}}\boldsymbol{B})\geqslant r(\boldsymbol{A}^{\mathrm{T}}\boldsymbol{A})=r(\boldsymbol{A}),$$

又

$$r(\boldsymbol{A}^{\mathrm{T}}\boldsymbol{A},\boldsymbol{A}^{\mathrm{T}}\boldsymbol{B})=r(\boldsymbol{A}^{\mathrm{T}}(\boldsymbol{A},\boldsymbol{B}))\leqslant r(\boldsymbol{A}^{\mathrm{T}})=r(\boldsymbol{A}),$$

故 $r(\boldsymbol{A}^{\mathrm{T}}\boldsymbol{A},\boldsymbol{A}^{\mathrm{T}}\boldsymbol{B})=r(\boldsymbol{A}^{\mathrm{T}}\boldsymbol{A})=r(\boldsymbol{A})$, 从而结论成立.

(2) 不一定有解, 如 $\boldsymbol{A}=\begin{pmatrix}1&\mathrm{i}\\-\mathrm{i}&1\end{pmatrix}$, $\boldsymbol{B}=(1,0)^{\mathrm{T}}$. 若将转置改为共轭转置, 则方程组总有解.

例 2.3.24 (华中师范大学,2007) 设 $\boldsymbol{A}$ 为 $m\times n$ 矩阵.

(1) 若 $\boldsymbol{A}$ 为实矩阵, 证明: 实线性方程组 $\boldsymbol{AX}=\boldsymbol{0}$ 与 $(\boldsymbol{A}^{\mathrm{T}}\boldsymbol{A})\boldsymbol{X}=\boldsymbol{0}$ 同解;

(2) 证明:$r(\boldsymbol{A})=r(\boldsymbol{A}^{\mathrm{T}}\boldsymbol{A})$;

(3) 在复数域上, 上述结论成立吗? 为什么?

(4) 对复数域, 你认为应如何修改命题 (2) 得到一个正确命题? 为什么?

例 2.3.25 (重庆大学,2003)(1) 设 $\boldsymbol{A},\boldsymbol{B}$ 为 n 阶方阵, 证明:$r(\boldsymbol{AB})=r(\boldsymbol{B})$ 的充要条件为 $\boldsymbol{ABx}=\boldsymbol{0}$ 的解均为 $\boldsymbol{Bx}=\boldsymbol{0}$ 的解;

(2) 设 $\boldsymbol{A},\boldsymbol{B}$ 为 n 阶方阵,$r(\boldsymbol{AB})=r(\boldsymbol{B})$, 证明: 对于任意可以相乘的矩阵 $\boldsymbol{C}$, 均有 $r(\boldsymbol{ABC})=r(\boldsymbol{BC})$;

(3) 若有自然数 k, 使得 $r(\boldsymbol{A}^k)=r(\boldsymbol{A}^{k+1})$, 则 $r(\boldsymbol{A}^k)=r(\boldsymbol{A}^{k+j}), j=1,2,\cdots$.

例 2.3.26 (大连理工大学,2001; 武汉大学,2011) 设 $\boldsymbol{A}$ 为 n 阶方阵, 证明:

(1)(暨南大学,2014) 如果 $\boldsymbol{A}^{k-1}\boldsymbol{\alpha} \neq \boldsymbol{0}$, 但是 $\boldsymbol{A}^k\boldsymbol{\alpha} = \boldsymbol{0}$, 则 $\boldsymbol{\alpha}, \boldsymbol{A}\boldsymbol{\alpha}, \cdots, \boldsymbol{A}^{k-1}\boldsymbol{\alpha}(k > 0)$ 线性无关;

(2) $r(\boldsymbol{A}^{n+1}) = r(\boldsymbol{A}^n)$.

证 (1)(法 1) 设

$$l_0\boldsymbol{\alpha} + l_1\boldsymbol{A}\boldsymbol{\alpha} + \cdots + l_{k-1}\boldsymbol{A}^{k-1}\boldsymbol{\alpha} = \boldsymbol{0},$$

上式两边左乘 $\boldsymbol{A}^{k-1}$, 并注意到 $\boldsymbol{A}^k\boldsymbol{\alpha} = \boldsymbol{0}$, 可得 $l_0\boldsymbol{A}^{k-1}\boldsymbol{\alpha} = \boldsymbol{0}$, 由 $\boldsymbol{A}^{k-1}\boldsymbol{\alpha} \neq \boldsymbol{0}$, 可得 $l_0 = 0$. 类似可得 $l_1 = \cdots = l_{k-1} = 0$. 于是结论成立.

(法 2) 设

$$l_0\boldsymbol{\alpha} + l_1\boldsymbol{A}\boldsymbol{\alpha} + \cdots + l_{k-1}\boldsymbol{A}^{k-1}\boldsymbol{\alpha} = \boldsymbol{0},$$

下证 $l_0 = l_1 = \cdots = l_{k-1} = 0$. 反证法, 若 $l_0, l_1, \cdots, l_{k-1}$ 不全为 0, 设

$$l_0 = l_1 = \cdots = l_{i-1} = 0, l_i \neq 0 (0 \leqslant i \leqslant k-1),$$

则

$$l_i\boldsymbol{A}^i\boldsymbol{\alpha} + \cdots + l_{k-1}\boldsymbol{A}^{k-1}\boldsymbol{\alpha} = \boldsymbol{0},$$

上式两边左乘 $\boldsymbol{A}^{k-1-i}$, 并注意到 $\boldsymbol{A}^k\boldsymbol{\alpha} = \boldsymbol{0}$, 可得 $l_i\boldsymbol{A}^{k-1}\boldsymbol{\alpha} = \boldsymbol{0}$, 由 $\boldsymbol{A}^{k-1}\boldsymbol{\alpha} \neq \boldsymbol{0}$, 可得 $l_i = 0$, 矛盾. 于是结论成立.

(2) 只需证明 $\boldsymbol{A}^n\boldsymbol{x} = \boldsymbol{0}$ 与 $\boldsymbol{A}^{n+1}\boldsymbol{x} = \boldsymbol{0}$ 同解即可. 显然 $\boldsymbol{A}^n\boldsymbol{x} = \boldsymbol{0}$ 的解都是 $\boldsymbol{A}^{n+1}\boldsymbol{x} = \boldsymbol{0}$ 的解. 设 $\boldsymbol{x}_0$ 为 $\boldsymbol{A}^{n+1}\boldsymbol{x} = \boldsymbol{0}$ 的任一解, 即 $\boldsymbol{A}^{n+1}\boldsymbol{x}_0 = \boldsymbol{0}$. 若 $\boldsymbol{A}^n\boldsymbol{x}_0 \neq \boldsymbol{0}$, 则由 (1) 知 $\boldsymbol{x}_0, \boldsymbol{A}\boldsymbol{x}_0, \cdots, \boldsymbol{A}^n\boldsymbol{x}_0$ 线性无关. 但这是 $n+1$ 个 n 维向量, 从而线性相关. 矛盾.

例 2.3.27 (曲阜师范大学,2006) 设 $\boldsymbol{A}$ 为 n 阶方阵. 证明:$r(\boldsymbol{A}^n) = r(\boldsymbol{A}^{n+1})$.

例 2.3.28 (曲阜师范大学,2007) 设 $\boldsymbol{A}$ 为 n 阶方阵. 证明: 线性方程组 $\boldsymbol{A}\boldsymbol{X} = \boldsymbol{0}$ 与 $\boldsymbol{A}^2\boldsymbol{X} = \boldsymbol{0}$ 同解的充要条件为 $r(\boldsymbol{A}) = r(\boldsymbol{A}^2)$.

例 2.3.29 (北京科技大学,2022) 设 $\boldsymbol{A}, \boldsymbol{B}$ 都是 n 阶方阵, 且 $r(\boldsymbol{A}) = r(\boldsymbol{B}\boldsymbol{A})$. 证明:$r(\boldsymbol{A}^2) = r(\boldsymbol{B}\boldsymbol{A}^2)$.

例 2.3.30 (浙江大学,2002; 西南交通大学,2006)$\boldsymbol{A}$ 为 $m \times n$ 矩阵,$r(\boldsymbol{A}) = m$,$\boldsymbol{B}$ 为 $n \times (n-m)$ 矩阵,$r(\boldsymbol{B}) = n - m$, 且 $\boldsymbol{A}\boldsymbol{B} = \boldsymbol{O}$. 若 n 维列向量 $\boldsymbol{\eta}$ 为齐次方程组 $\boldsymbol{A}\boldsymbol{x} = \boldsymbol{0}$ 的解, 求证: 存在唯一的 $n-m$ 维列向量 $\boldsymbol{\xi}$, 使得 $\boldsymbol{B}\boldsymbol{\xi} = \boldsymbol{\eta}$.

证 由条件知 $\boldsymbol{B}$ 的列向量为方程组 $\boldsymbol{A}\boldsymbol{x} = \boldsymbol{0}$ 的基础解系, 而 $\boldsymbol{\eta}$ 为齐次方程组 $\boldsymbol{A}\boldsymbol{x} = \boldsymbol{0}$ 的解, 故存在 $n-m$ 维列向量 $\boldsymbol{\xi}$, 使得 $\boldsymbol{B}\boldsymbol{\xi} = \boldsymbol{\eta}$.

若还存在 $\boldsymbol{\gamma}$ 使得 $\boldsymbol{B}\boldsymbol{\gamma} = \boldsymbol{\eta}$, 则 $\boldsymbol{B}(\boldsymbol{\xi} - \boldsymbol{\gamma}) = \boldsymbol{0}$, 又 $\boldsymbol{B}$ 列满秩, 故 $\boldsymbol{B}\boldsymbol{x} = \boldsymbol{0}$ 只有零解, 从而 $\boldsymbol{\xi} = \boldsymbol{\gamma}$.

例 2.3.31 (湖南大学,2011) 设 $\boldsymbol{A}, \boldsymbol{B}$ 分别为 $m \times n$ 与 $n \times m$ 矩阵,$\boldsymbol{C}$ 为 n 阶可逆矩阵, 且 $r(\boldsymbol{A}) = r < n, \boldsymbol{A}(\boldsymbol{C} + \boldsymbol{B}\boldsymbol{A}) = \boldsymbol{O}$. 证明:

(1) $r(\boldsymbol{C} + \boldsymbol{B}\boldsymbol{A}) = n - r$;

(2) 线性方程组 $\boldsymbol{A}\boldsymbol{x} = \boldsymbol{0}$ 的通解为 $\boldsymbol{x} = (\boldsymbol{C} + \boldsymbol{B}\boldsymbol{A})\boldsymbol{z}$, 其中 $\boldsymbol{z}$ 为任意的 n 维列向量.

证 (1) 首先, 由 $\boldsymbol{A}(\boldsymbol{C}+\boldsymbol{BA})=\boldsymbol{O}$ 有 $r(\boldsymbol{A})+r(\boldsymbol{C}+\boldsymbol{BA})\leqslant n$, 即

$$r(\boldsymbol{C}+\boldsymbol{BA})\leqslant n-r,$$

其次

$$r(\boldsymbol{C}+\boldsymbol{BA})\geqslant r(\boldsymbol{C})-r(\boldsymbol{BA})\geqslant r(\boldsymbol{C})-r(\boldsymbol{A})=n-r,$$

于是 $r(\boldsymbol{C}+\boldsymbol{BA})=n-r$.

(2) (法 1) 由于 $r(\boldsymbol{A})=r$, 从而 $\boldsymbol{Ax}=\boldsymbol{0}$ 的基础解系有 $n-r$ 个解向量, 由 $\boldsymbol{A}(\boldsymbol{C}+\boldsymbol{BA})=\boldsymbol{O}$, 知 $\boldsymbol{C}+\boldsymbol{BA}$ 的列向量为 $\boldsymbol{Ax}=\boldsymbol{0}$ 的解向量, 而 $r(\boldsymbol{C}+\boldsymbol{BA})=n-r$, 故 $\boldsymbol{C}+\boldsymbol{BA}$ 的列向量的极大无关组是 $\boldsymbol{Ax}=\boldsymbol{0}$ 的基础解系, 从而 $\boldsymbol{Ax}=\boldsymbol{0}$ 的通解可以用 $\boldsymbol{C}+\boldsymbol{BA}$ 的列向量的极大无关组线性表示, 而 $\boldsymbol{C}+\boldsymbol{BA}$ 的列向量组与其列向量组的极大无关组等价, 从而 $\boldsymbol{Ax}=\boldsymbol{0}$ 的通解可以用 $\boldsymbol{C}+\boldsymbol{BA}$ 的列向量组线性表示, 故结论成立.

(法 2) 不妨设 $\boldsymbol{A},\boldsymbol{B},\boldsymbol{C}$ 都是数域 F 上的矩阵, 设 $\boldsymbol{Ax}=\boldsymbol{0}$ 的列向量组生成的子空间为 $U\subseteq F^n$, 线性方程组 $\boldsymbol{Ax}=\boldsymbol{0}$ 的解空间为 $\boldsymbol{V_A}\subseteq F^n$, 由 $\boldsymbol{A}(\boldsymbol{C}+\boldsymbol{BA})=\boldsymbol{0}$ 可知 $U\subseteq V_A$, 于是

$$\dim U\leqslant \dim V_A=n-r.$$

另外, 由 (1) 知 $r(\boldsymbol{C}+\boldsymbol{BA})=n-r$, 故 $\dim U=n-r$, 这样就有 $U=V_A$, 即 $\boldsymbol{Ax}=\boldsymbol{0}$ 的任一解都是 $\boldsymbol{C}+\boldsymbol{BA}$ 的列向量组的线性组合, 从而结论成立.

例 2.3.32 (复旦大学高等代数每周一题 [问题 2018A08]) 设 $\boldsymbol{A},\boldsymbol{B}$ 分别为 $m\times n$ 和 $n\times m$ 矩阵,$\boldsymbol{C}$ 为 n 阶可逆矩阵, 满足 $\boldsymbol{A}(\boldsymbol{C}+\boldsymbol{BA})=\boldsymbol{O}$. 证明: 线性方程组 $\boldsymbol{Ax}=\boldsymbol{0}$ 的通解为 $(\boldsymbol{C}+\boldsymbol{BA})\boldsymbol{\alpha}$, 其中 $\boldsymbol{\alpha}$ 为任意的 n 维列向量.

例 2.3.33 (中南大学,2013) 设 $\boldsymbol{A},\boldsymbol{B}$ 分别为 $m\times n$ 与 $n\times m$ 矩阵, 满足 $\boldsymbol{ABA}=\boldsymbol{A}$,$\boldsymbol{b}$ 是一个 m 维列向量. 证明: 方程组 $\boldsymbol{Ax}=\boldsymbol{b}$ 有解的充要条件是 $\boldsymbol{ABb}=\boldsymbol{b}$, 且在有解时, 通解为

$$\boldsymbol{x}=\boldsymbol{Bb}+(\boldsymbol{E}_n-\boldsymbol{BA})\boldsymbol{y},$$

其中 $\boldsymbol{E}_n$ 是 n 阶单位矩阵,$\boldsymbol{y}$ 为任意 n 维列向量.

例 2.3.34 (首都师范大学,2023) 设 P 为一个数域,$\boldsymbol{A}\in P^{n\times m}$,$r(\boldsymbol{A})=n$,$\boldsymbol{B}\in P^{m\times(n-m)}$, $r(\boldsymbol{B})=m-n$, 且 $\boldsymbol{AB}=\boldsymbol{O}$, 同时 $\boldsymbol{\eta}$ 为 $\boldsymbol{Ax}=\boldsymbol{0}$ 的解, 证明方程组 $\boldsymbol{By}=\boldsymbol{\eta}$ 存在唯一解.

例 2.3.35 当今社会是一个信息化、网络化的社会, 网络已经渗透到人们生活中的各个方面. 城市规划专家和交通管理人员面对的是市区道路的交通网；电气工程师以及维护人员面对的是日益复杂的大规模电路网；经济学家面对的是制造商、分销商、零售商构成的销售网以及我们日常生活离不开的互联网等. 网络性能是否优良直接关系到人们的生活. 当网络在运行时, 大量的 “数据” 在网络的各个节点 (如十字路口、电气元件、销售点、交换站等) 之间流动、交换.

研究网络流的一个基本假设是网络的总流入量等于总流出量, 并且流经每个节点的总输入量等于总输出量. 网络分析的问题就是确定当局部信息已知时每一分支的流量. 为了说明这个问题, 我们来看某市区单行道路在某个下午的交通流量, 计算该网络的车流量, 如图 2–1 所示 (箭头表示车流的方向).

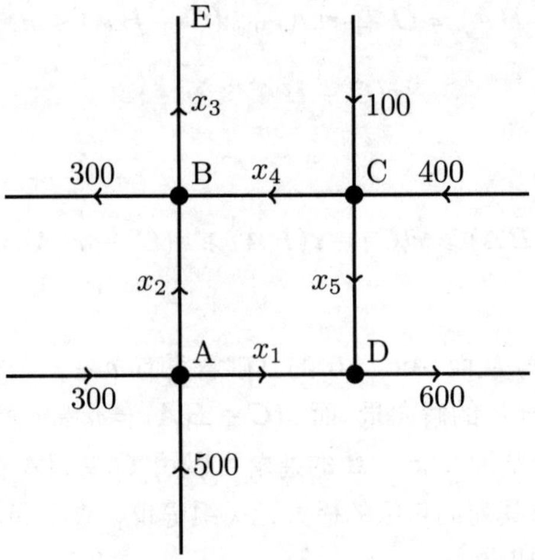

图 2–1

解 设市区单行道路 AD,AB,BE,CB,CD 上车流量分别为 x_1, x_2, x_3, x_4, x_5, 根据道路交叉口 (网络节点) 车辆驶入数目等于驶出数目, 以及网络中总流入量 $500 + 300 + 100 + 400$ 等于总流出量 $300 + x_3 + 600$, 列出线性方程组如下:

$$\begin{cases} x_1 + x_2 = 300 + 500, \\ x_2 - x_3 + x_4 = 300, \\ x_4 + x_5 = 500, \\ x_1 + x_5 = 600, \\ 300 + x_3 + 600 = 500 + 300 + 100 + 400. \end{cases}$$

解此线性方程组可得

$$\begin{cases} x_1 = 600 - x_5, \\ x_2 = 200 + x_5, \\ x_3 = 400, \\ x_4 = 500 - x_5, \end{cases}$$

其中 x_5 是自由未知量.

一般来说, 网络分支中的一个负流量表示对应模型中显示方向相反的流量. 由于本问题中的道路是单行道, 这里不允许取负值, 因此有 $0 \leqslant x_5 \leqslant 500$.

例 2.3.36 (大连海事大学,2011) 图 2–2 表示某城市金融区最繁忙的两个街区的街道平面图. 每条街道均为单行道且不能停车, 箭头表示通行方向. 交通控制中心利用安装的电子传感器来统计并记录进入和驶出每条街道的车流量. 图中所标的数字为高峰期每小时进出网络的车辆数, 进入网络的车辆数等于离开网络的车辆数, 进入每个节点的车辆数等于离开节点的车辆数. 试对道路交叉口间的特殊路段 AB,BC,CD,DA 上高峰期时每小时的车辆数进行讨论.

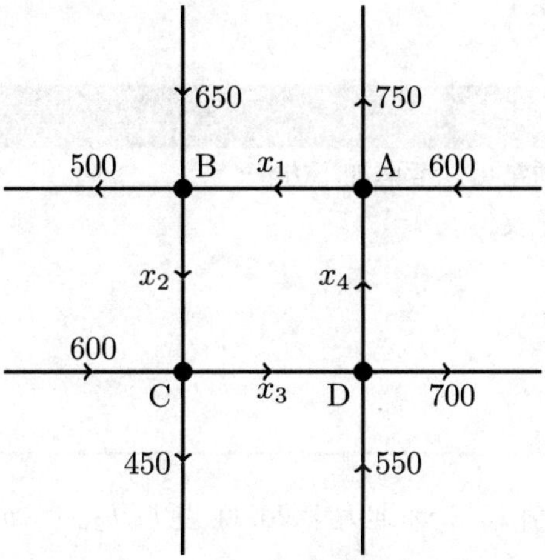

图 2–2

例 2.3.37 (聊城大学,2007) 图 2–3 给出了某城市 6 个交通枢纽 (如十字路口) 的交通网络图. 其中节点 A,$\cdots$,F 表示交通枢纽的编号, 数字和 $x_1,\cdots,x_7$ 表示在交通高峰期时每小时驶入和驶出某个交通枢纽的车辆数.

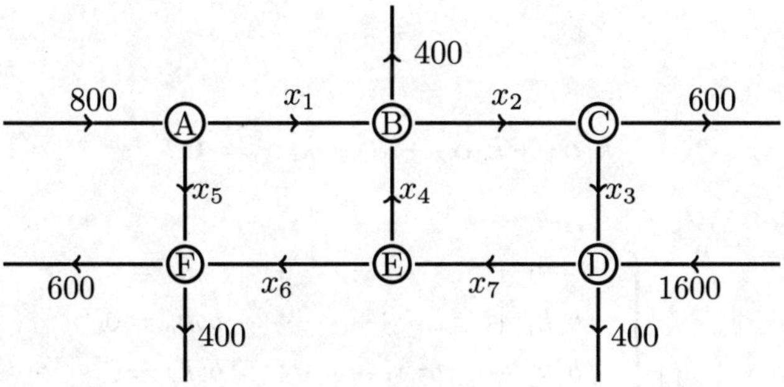

图 2–3

(1) 写出表示交通网络图各个交通枢纽的交通流量的线性方程组, 并求解该方程组;

(2) 若 $x_6 = 300$ 辆/h,$x_7 = 1300$ 辆/h, 求交通流量 x_1, x_2, x_3, x_4, x_5.

例 2.3.38 (云南大学,2021) 已知肼 (N_2H_4) 与四氧化二氮 (N_2O_4) 反应生成氮气 (N_2) 和水 (H_2O):

$$N_2H_4 + N_2O_4 \to N_2 + H_2O.$$

请配平上述化学式.

例 2.3.39 请配平下述化学式

$$PbN_6 + Cr(MnO_4)_2 \to Cr_2O_3 + MnO_2 + Pb_3O_4 + NO\uparrow.$$

2.4　线性相关 (无关)

线性相关 (无关) 的证明方法

证明向量组线性相关性通常可以考虑如下方法:

(1) 线性相关 (无关) 的定义;

(2) 利用相关的定理;

(3) 利用极大无关组与秩;

(4) 转化为矩阵的秩;

(5) 反证法.

例 2.4.1　(广西民族大学,2018; 东北大学,2021) 设 $b_1, b_2, \cdots, b_r$ 是互不相同的 r 个实数, 且 $r \leqslant n$, 证明: 向量组

$$\boldsymbol{\alpha}_1 = \begin{pmatrix} 1 \\ b_1 \\ b_1^2 \\ \vdots \\ b_1^{n-1} \end{pmatrix}, \boldsymbol{\alpha}_2 = \begin{pmatrix} 1 \\ b_2 \\ b_2^2 \\ \vdots \\ b_2^{n-1} \end{pmatrix}, \cdots, \boldsymbol{\alpha}_r = \begin{pmatrix} 1 \\ b_r \\ b_r^2 \\ \vdots \\ b_r^{n-1} \end{pmatrix}$$

线性无关.

证　(法 1) 设

$$k_1\boldsymbol{\alpha}_1 + k_2\boldsymbol{\alpha}_2 + \cdots + k_r\boldsymbol{\alpha}_r = \mathbf{0},$$

则有

$$(\text{I})\begin{cases} k_1 + k_2 + \cdots + k_r = 0, \\ b_1k_1 + b_2k_2 + \cdots + b_rk_r = 0, \\ b_1^2k_1 + b_2^2k_2 + \cdots + b_r^2k_r = 0, \\ \qquad\vdots \\ b_1^{n-1}k_1 + b_2^{n-1}k_2 + \cdots + b_r^{n-1}k_r = 0, \end{cases}$$

此方程组的前 r 个方程构成的方程组

$$(\text{II})\begin{cases} k_1 + k_2 + \cdots + k_r = 0, \\ b_1k_1 + b_2k_2 + \cdots + b_rk_r = 0, \\ b_1^2k_1 + b_2^2k_2 + \cdots + b_r^2k_r = 0, \\ \qquad\vdots \\ b_1^{r-1}k_1 + b_2^{r-1}k_2 + \cdots + b_r^{r-1}k_r = 0 \end{cases}$$

的系数行列式为

$$\begin{vmatrix} 1 & 1 & \cdots & 1 \\ b_1 & b_2 & \cdots & b_r \\ b_1^2 & b_2^2 & \cdots & b_r^2 \\ \vdots & \vdots & & \vdots \\ b_1^{r-1} & b_2^{r-1} & \cdots & b_r^{r-1} \end{vmatrix} \neq 0,$$

于是方程组 (Ⅱ) 只有零解, 从而方程组 (Ⅰ) 只有零解, 故 $\boldsymbol{\alpha}_1,\boldsymbol{\alpha}_2,\cdots,\boldsymbol{\alpha}_r$ 线性无关.

(法 2) 考虑 $\boldsymbol{\alpha}_1,\boldsymbol{\alpha}_2,\cdots,\boldsymbol{\alpha}_r$ 的缩短向量组

$$\boldsymbol{\beta}_1=\begin{pmatrix}1\\b_1\\b_1^2\\\vdots\\b_1^{r-1}\end{pmatrix},\boldsymbol{\beta}_2=\begin{pmatrix}1\\b_2\\b_2^2\\\vdots\\b_2^{r-1}\end{pmatrix},\cdots,\boldsymbol{\beta}_r=\begin{pmatrix}1\\b_r\\b_r^2\\\vdots\\b_r^{r-1}\end{pmatrix},$$

由法 1 可知 $\boldsymbol{\beta}_1,\boldsymbol{\beta}_2,\cdots,\boldsymbol{\beta}_r$ 线性无关, 从而 $\boldsymbol{\alpha}_1,\boldsymbol{\alpha}_2,\cdots,\boldsymbol{\alpha}_r$ 线性无关.

(法 3) 只需证明矩阵

$$\boldsymbol{A}=(\boldsymbol{\alpha}_1,\boldsymbol{\alpha}_2,\cdots,\boldsymbol{\alpha}_r)=\begin{pmatrix}1&1&\cdots&1\\b_1&b_2&\cdots&b_r\\b_1^2&b_2^2&\cdots&b_r^2\\\vdots&\vdots&&\vdots\\b_1^{n-1}&b_2^{n-1}&\cdots&b_r^{n-1}\end{pmatrix}$$

的秩为 r. 显然 $r(\boldsymbol{A})\leqslant r$, 又 $\boldsymbol{A}$ 的前 r 行构成的 r 阶子式

$$\begin{vmatrix}1&1&\cdots&1\\b_1&b_2&\cdots&b_r\\b_1^2&b_2^2&\cdots&b_r^2\\\vdots&\vdots&&\vdots\\b_1^{r-1}&b_2^{r-1}&\cdots&b_r^{r-1}\end{vmatrix}\neq 0,$$

故 $r(\boldsymbol{A})=r$, 从而 $\boldsymbol{\alpha}_1,\boldsymbol{\alpha}_2,\cdots,\boldsymbol{\alpha}_r$ 线性无关.

例 2.4.2 (重庆大学,2006; 青岛大学,2016) 设向量组 $\boldsymbol{\alpha}_1,\boldsymbol{\alpha}_2,\cdots,\boldsymbol{\alpha}_m$ 线性无关, 向量 $\boldsymbol{\beta}_1$ 可由该向量组线性表示, 但向量 $\boldsymbol{\beta}_2$ 不能由该向量组线性表示. 证明: 对任意数 l, 向量组 $\boldsymbol{\alpha}_1,\boldsymbol{\alpha}_2,\cdots,\boldsymbol{\alpha}_m$, $l\boldsymbol{\beta}_1+\boldsymbol{\beta}_2$ 必定线性无关.

证 (法 1) 设

$$k_1\boldsymbol{\alpha}_1+k_2\boldsymbol{\alpha}_2+\cdots+k_m\boldsymbol{\alpha}_m+k(l\boldsymbol{\beta}_1+\boldsymbol{\beta}_2)=\mathbf{0},$$

若 $k\neq 0$, 则

$$\boldsymbol{\beta}_2=-\frac{k_1}{k}\boldsymbol{\alpha}_1-\frac{k_2}{k}\boldsymbol{\alpha}_2-\cdots-\frac{k_m}{k}\boldsymbol{\alpha}_m-l\boldsymbol{\beta}_1,$$

由条件 $\boldsymbol{\beta}_1$ 可由 $\boldsymbol{\alpha}_1,\boldsymbol{\alpha}_2,\cdots,\boldsymbol{\alpha}_m$ 线性表示, 故 $\boldsymbol{\beta}_2$ 可由 $\boldsymbol{\alpha}_1,\boldsymbol{\alpha}_2,\cdots,\boldsymbol{\alpha}_m$ 线性表示, 这与条件矛盾, 所以 $k=0$. 又 $\boldsymbol{\alpha}_1,\boldsymbol{\alpha}_2,\cdots,\boldsymbol{\alpha}_m$ 线性无关, 所以 $k_i=0,i=1,2,\cdots,m$. 从而结论成立.

(法 2) 反证法. 若 $\boldsymbol{\alpha}_1,\boldsymbol{\alpha}_2,\cdots,\boldsymbol{\alpha}_m,l\boldsymbol{\beta}_1+\boldsymbol{\beta}_2$ 线性相关, 由条件 $\boldsymbol{\alpha}_1,\boldsymbol{\alpha}_2,\cdots,\boldsymbol{\alpha}_m$ 线性无关可知,$l\boldsymbol{\beta}_1+\boldsymbol{\beta}_2$ 可由 $\boldsymbol{\alpha}_1,\boldsymbol{\alpha}_2,\cdots,\boldsymbol{\alpha}_m$ 线性表示, 注意到 $\boldsymbol{\beta}_1$ 可由 $\boldsymbol{\alpha}_1,\boldsymbol{\alpha}_2,\cdots,\boldsymbol{\alpha}_m$ 线性表示, 于是 $\boldsymbol{\beta}_2$ 可由 $\boldsymbol{\alpha}_1,\boldsymbol{\alpha}_2,\cdots,\boldsymbol{\alpha}_m$ 线性表示, 这与条件矛盾, 从而结论成立.

(法 3) 由条件有

$$m\leqslant r(\boldsymbol{\alpha}_1,\boldsymbol{\alpha}_2,\cdots,\boldsymbol{\alpha}_m,l\boldsymbol{\beta}_1+\boldsymbol{\beta}_2)\leqslant m+1,$$

若 $r(\boldsymbol{\alpha}_1,\boldsymbol{\alpha}_2,\cdots,\boldsymbol{\alpha}_m,l\boldsymbol{\beta}_1+\boldsymbol{\beta}_2)=m$, 则易知 $\boldsymbol{\alpha}_1,\boldsymbol{\alpha}_2,\cdots,\boldsymbol{\alpha}_m$ 为 $\boldsymbol{\alpha}_1,\boldsymbol{\alpha}_2,\cdots,\boldsymbol{\alpha}_m,l\boldsymbol{\beta}_1+\boldsymbol{\beta}_2$ 的一个极大无关组, 于是 $l\boldsymbol{\beta}_1+\boldsymbol{\beta}_2$ 可由 $\boldsymbol{\alpha}_1,\boldsymbol{\alpha}_2,\cdots,\boldsymbol{\alpha}_m$ 线性表示, 从而 $\boldsymbol{\beta}_2$ 可由 $\boldsymbol{\alpha}_1,\boldsymbol{\alpha}_2,\cdots,\boldsymbol{\alpha}_m$ 线性表示, 这与条件矛盾. 故 $r(\boldsymbol{\alpha}_1,\boldsymbol{\alpha}_2,\cdots,\boldsymbol{\alpha}_m,l\boldsymbol{\beta}_1+\boldsymbol{\beta}_2)=m+1$, 从而结论成立.

例 2.4.3 设向量组 $\boldsymbol{\alpha}_1,\cdots,\boldsymbol{\alpha}_m,\boldsymbol{\beta}$ 线性无关, 而 $\boldsymbol{\alpha}_1,\cdots,\boldsymbol{\alpha}_m,\boldsymbol{\gamma}$ 线性相关,$\boldsymbol{\eta}=a\boldsymbol{\beta}+b\boldsymbol{\gamma}$, 判断 $\boldsymbol{\alpha}_1,\cdots,\boldsymbol{\alpha}_m,\boldsymbol{\eta}$ 的线性相关性.

例 2.4.4 (广西民族大学,2017) 设向量组 $\boldsymbol{\alpha}_1,\cdots,\boldsymbol{\alpha}_r$ 线性无关,$\boldsymbol{\alpha}_1,\cdots,\boldsymbol{\alpha}_r,\boldsymbol{\beta},\boldsymbol{\gamma}$ 线性相关, 证明: 或者 $\boldsymbol{\beta}$ 与 $\boldsymbol{\gamma}$ 中至少有一个可由 $\boldsymbol{\alpha}_1,\cdots,\boldsymbol{\alpha}_r$ 线性表示, 或者 $\boldsymbol{\alpha}_1,\cdots,\boldsymbol{\alpha}_r,\boldsymbol{\beta}$ 与 $\boldsymbol{\alpha}_1,\cdots,\boldsymbol{\alpha}_r,\boldsymbol{\gamma}$ 等价.

例 2.4.5 (中国计量大学,2016) 已知向量组

$$A:\boldsymbol{\alpha}_1,\boldsymbol{\alpha}_2,\boldsymbol{\alpha}_3;\quad B:\boldsymbol{\alpha}_1,\boldsymbol{\alpha}_2,\boldsymbol{\alpha}_3,\boldsymbol{\alpha}_4;\quad C:\boldsymbol{\alpha}_1,\boldsymbol{\alpha}_2,\boldsymbol{\alpha}_3,\boldsymbol{\alpha}_5$$

的秩分别为 $r(A)=r(B)=3,r(C)=4$. 证明:$\boldsymbol{\alpha}_1,\boldsymbol{\alpha}_2,\boldsymbol{\alpha}_3,\boldsymbol{\alpha}_5-\boldsymbol{\alpha}_4$ 的秩为 4.

例 2.4.6 (西北大学,2001; 山东师范大学,2021; 绍兴文理学院,2021) 已知 m 个向量 $\boldsymbol{\alpha}_1,\cdots,\boldsymbol{\alpha}_m$ 线性相关, 但其中任意 $m-1$ 个向量都线性无关, 证明:

(1)(河南大学,2004; 上海大学,2021; 中国计量大学,2021) 若等式 $k_1\boldsymbol{\alpha}_1+\cdots+k_m\boldsymbol{\alpha}_m=\mathbf{0}$, 则 $k_1,\cdots,k_m$ 或者全为 0 或全不为 0.

(2) 若存在两个等式

$$k_1\boldsymbol{\alpha}_1+\cdots+k_m\boldsymbol{\alpha}_m=\mathbf{0},\tag{1}$$

$$l_1\boldsymbol{\alpha}_1+\cdots+l_m\boldsymbol{\alpha}_m=\mathbf{0},\tag{2}$$

其中 $l_1\neq 0$, 则

$$\frac{k_1}{l_1}=\cdots=\frac{k_m}{l_m}.$$

证 (1) 若 $k_1=\cdots=k_m=0$, 则结论成立.

若 $k_1,\cdots,k_m$ 不全为 0, 不妨设 $k_1\neq 0$, 则 $k_2,\cdots,k_m$ 也不为 0, 否则, 若 $k_i=0(2\leqslant i\leqslant m)$, 则

$$k_1\boldsymbol{\alpha}_1+\cdots+k_{i-1}\boldsymbol{\alpha}_{i-1}+k_{i+1}\boldsymbol{\alpha}_{i+1}+\cdots+k_m\boldsymbol{\alpha}_m=\mathbf{0},$$

其中 $k_1\neq 0$, 这与 $\boldsymbol{\alpha}_1,\cdots,\boldsymbol{\alpha}_m$ 中任意 $m-1$ 个向量线性无关矛盾, 故 $k_1,\cdots,k_m$ 全不为 0.

(2) 由 $l_1\neq 0$ 及 (1) 知 $l_1,\cdots,l_m$ 全不为 0. 若 $k_1=\cdots=k_m=0$, 则结论成立. 若 $k_1,\cdots,k_m$ 全不为 0, 则由式 (1) 乘以 l_1 减去式 (2) 乘以 k_1 得

$$(l_1k_2-k_1l_2)\boldsymbol{\alpha}_2+\cdots+(l_1k_m-k_1l_m)\boldsymbol{\alpha}_m=\mathbf{0},$$

又 $\boldsymbol{\alpha}_2,\cdots,\boldsymbol{\alpha}_m$ 线性无关, 故

$$0=l_1k_2-k_1l_2=\cdots=l_1k_m-k_1l_m,$$

即

$$\frac{k_1}{l_1}=\cdots=\frac{k_m}{l_m}.$$

例 2.4.7 (华中师范大学,2022) 设 k 是大于 1 的正整数, 向量组 $\boldsymbol{\alpha}_1,\boldsymbol{\alpha}_2,\cdots,\boldsymbol{\alpha}_k$ 线性相关, 且其中任意 $k-1$ 个向量线性无关. 证明: 存在全不为 0 的数 $c_1,c_2,\cdots,c_{k-1}$ 使得 $\boldsymbol{\alpha}_k=c_1\boldsymbol{\alpha}_1+c_2\boldsymbol{\alpha}_2+\cdots+c_{k-1}\boldsymbol{\alpha}_{k-1}$, 且这样的 $c_1,c_2,\cdots,c_{k-1}$ 是唯一确定的.

例 2.4.8 (第十二届全国大学生数学竞赛预赛 (数学类 B 卷),2020) 设 σ 为 n 维复向量空间 $\mathbb{C}^n$ 的一个线性变换.$\mathbf{1}$ 表示恒等变换. 证明以下两个命题等价:

(1) $\sigma=k\mathbf{1},k\in\mathbb{C}$;

(2) 存在 σ 的 $n+1$ 个特征向量:$\boldsymbol{v}_1,\cdots,\boldsymbol{v}_{n+1}$, 这 $n+1$ 个向量中任何 n 个向量均线性无关.

例 2.4.9 (南京理工大学,2006) 设 P 为一个数域, 向量 $\boldsymbol{\alpha}_1,\cdots,\boldsymbol{\alpha}_m\in P^n$, 其秩为 s, 且 $\boldsymbol{\alpha}_1,\cdots,\boldsymbol{\alpha}_m$ 中任意 s 个向量均线性无关. 证明:

(1) 若 $\lambda_1\boldsymbol{\alpha}_1+\cdots+\lambda_m\boldsymbol{\alpha}_m=\mathbf{0}$, 则 $\lambda_1=\cdots=\lambda_m=0$ 或者至少存在 $s+1$ 个系数 $\lambda_{i_1},\cdots,\lambda_{i_{s+1}}$ 均不为 0.

(2) 若 $s<m$, 则 $\boldsymbol{\alpha}_1,\cdots,\boldsymbol{\alpha}_m$ 中任一向量均可由其余向量线性表示.

例 2.4.10 (中国矿业大学 (北京),2022) 设 V 是线性空间, 其中的向量组:$\boldsymbol{\alpha}_1(\neq\mathbf{0}),\boldsymbol{\alpha}_2,\cdots,\boldsymbol{\alpha}_s$ 记为 (I). 证明: 向量组 (I) 线性相关的充要条件是存在 $\boldsymbol{\alpha}_k(k\geqslant 2)$ 可由 $\boldsymbol{\alpha}_1,\boldsymbol{\alpha}_2,\cdots,\boldsymbol{\alpha}_{k-1}$ 线性表出.

证 充分性. 由条件知, 存在数 $l_1,l_2,\cdots,l_{k-1}$ 使得

$$\boldsymbol{\alpha}_k=l_1\boldsymbol{\alpha}_1+l_2\boldsymbol{\alpha}_2+\cdots+l_{k-1}\boldsymbol{\alpha}_{k-1},$$

即

$$l_1\boldsymbol{\alpha}_1+l_2\boldsymbol{\alpha}_2+\cdots+l_{k-1}\boldsymbol{\alpha}_{k-1}-\boldsymbol{\alpha}_k+0\boldsymbol{\alpha}_{k+1}+\cdots+0\boldsymbol{\alpha}_s=\mathbf{0},$$

从而向量组 (I) 线性相关.

必要性. 由于向量组 (I) 线性相关, 则存在不全为 0 的数 $l_1,l_2,\cdots,l_s$ 使得

$$l_1\boldsymbol{\alpha}_1+l_2\boldsymbol{\alpha}_2+\cdots+l_s\boldsymbol{\alpha}_s=\mathbf{0},\tag{$*$}$$

由于 $l_1,l_2,\cdots,l_s$ 不全为 0, 不妨设

$$l_k\neq 0,l_{k+1}=\cdots=l_s=0,$$

若 $k=1$, 则式 $(*)$ 就是 $l_1\boldsymbol{\alpha}_1=\mathbf{0}$, 注意到条件 $\boldsymbol{\alpha}_1\neq\mathbf{0}$, 可得 $l_1=0$, 这样 $l_1,l_2,\cdots,l_s$ 都是 0, 矛盾, 从而 $k\geqslant 2$, 此时式 $(*)$ 就是

$$l_1\boldsymbol{\alpha}_1+l_2\boldsymbol{\alpha}_2+\cdots+l_{k-1}\boldsymbol{\alpha}_{k-1}+l_k\boldsymbol{\alpha}_k=\mathbf{0},$$

于是

$$\boldsymbol{\alpha}_k=-\frac{l_1}{l_k}\boldsymbol{\alpha}_1-\frac{l_2}{l_k}\boldsymbol{\alpha}_2-\cdots-\frac{l_{k-1}}{l_k}\boldsymbol{\alpha}_{k-1},$$

即存在 $\boldsymbol{\alpha}_k(k\geqslant 2)$ 可由 $\boldsymbol{\alpha}_1,\boldsymbol{\alpha}_2,\cdots,\boldsymbol{\alpha}_{k-1}$ 线性表出.

例 2.4.11 (中南大学,2022) 设向量组 $\boldsymbol{\alpha}_1,\boldsymbol{\alpha}_2,\cdots,\boldsymbol{\alpha}_m$ 线性无关, 对非零向量 $\boldsymbol{\beta}$, 有

$$\boldsymbol{\beta},\boldsymbol{\alpha}_1,\boldsymbol{\alpha}_2,\cdots,\boldsymbol{\alpha}_m$$

线性相关, 证明: 在向量组 $\boldsymbol{\beta},\boldsymbol{\alpha}_1,\boldsymbol{\alpha}_2,\cdots,\boldsymbol{\alpha}_m$ 中存在唯一一个向量 $\boldsymbol{\alpha}_j(1\leqslant j\leqslant m)$, 使得 $\boldsymbol{\alpha}_j$ 可由前面的向量 $\boldsymbol{\beta},\boldsymbol{\alpha}_1,\boldsymbol{\alpha}_2,\cdots,\boldsymbol{\alpha}_{j-1}$ 线性表示.

例 2.4.12 设 $\boldsymbol{\alpha}_1,\cdots,\boldsymbol{\alpha}_m$ 线性无关, 且 $\boldsymbol{\beta}_1,\cdots,\boldsymbol{\beta}_s$ 可由 $\boldsymbol{\alpha}_1,\cdots,\boldsymbol{\alpha}_m$ 线性表出, 即

$$(\boldsymbol{\beta}_1,\cdots,\boldsymbol{\beta}_s)=(\boldsymbol{\alpha}_1,\cdots,\boldsymbol{\alpha}_m)\boldsymbol{A},$$

其中 $\boldsymbol{A}$ 是 $m\times s$ 矩阵, 令 $\boldsymbol{A}=(\boldsymbol{A}_1,\cdots,\boldsymbol{A}_s)$, 其中 $\boldsymbol{A}_i$ 为 $\boldsymbol{A}$ 的列向量, 求证:

(1) 若 $\boldsymbol{A}_{i1},\cdots,\boldsymbol{A}_{ir}$ 为 $\boldsymbol{A}_1,\boldsymbol{A}_2,\cdots,\boldsymbol{A}_s$ 的一个极大线性无关组, 则 $\boldsymbol{\beta}_{i1},\cdots,\boldsymbol{\beta}_{ir}$ 为 $\boldsymbol{\beta}_1,\cdots,\boldsymbol{\beta}_s$ 的一个极大线性无关组;

(2) 秩 $\{\boldsymbol{\beta}_1,\cdots,\boldsymbol{\beta}_s\}=r(\boldsymbol{A})$.

证 (1) 由条件知

$$(\boldsymbol{\beta}_{i1},\cdots,\boldsymbol{\beta}_{ir})=(\boldsymbol{\alpha}_1,\cdots,\boldsymbol{\alpha}_m)(\boldsymbol{A}_{i1},\cdots,\boldsymbol{A}_{ir}),$$

令 $k_1\boldsymbol{\beta}_{i1}+\cdots+k_r\boldsymbol{\beta}_{ir}=\boldsymbol{0}$, 则

$$\boldsymbol{0}=(\boldsymbol{\beta}_{i1},\cdots,\boldsymbol{\beta}_{ir})\begin{pmatrix}k_1\\ \vdots\\ k_r\end{pmatrix}=(\boldsymbol{\alpha}_1,\cdots,\boldsymbol{\alpha}_m)(\boldsymbol{A}_{i1},\cdots,\boldsymbol{A}_{ir})\begin{pmatrix}k_1\\ \vdots\\ k_r\end{pmatrix},$$

由 $\boldsymbol{\alpha}_1,\cdots,\boldsymbol{\alpha}_m$ 线性无关, 则 $k_1\boldsymbol{A}_{i1}+\cdots+k_r\boldsymbol{A}_{ir}=\boldsymbol{0}$, 又 $\boldsymbol{A}_{i1},\cdots,\boldsymbol{A}_{ir}$ 线性无关, 从而 $k_1=\cdots=k_r=0$. 即 $\boldsymbol{\beta}_{i1},\cdots,\boldsymbol{\beta}_{ir}$ 无关.

下证 $\boldsymbol{\beta}_k(k=1,\cdots,s)$ 可由 $\boldsymbol{\beta}_{i1},\cdots,\boldsymbol{\beta}_{ir}$ 线性表示, 由已知

$$\boldsymbol{\beta}_k=(\boldsymbol{\alpha}_1,\cdots,\boldsymbol{\alpha}_m)\boldsymbol{A}_k,$$

而 $\boldsymbol{A}_k$ 可由 $\boldsymbol{A}_{i1},\cdots,\boldsymbol{A}_{ir}$ 线性表出, 设

$$\boldsymbol{A}_k=l_1\boldsymbol{A}_{i1}+\cdots+l_r\boldsymbol{A}_{ir},$$

则

$$\begin{aligned}\boldsymbol{\beta}_k&=(\boldsymbol{\alpha}_1,\cdots,\boldsymbol{\alpha}_m)(l_1\boldsymbol{A}_{i1}+\cdots+l_r\boldsymbol{A}_{ir})\\&=l_1(\boldsymbol{\alpha}_1,\cdots,\boldsymbol{\alpha}_m)\boldsymbol{A}_{i1}+\cdots+l_r(\boldsymbol{\alpha}_1,\cdots,\boldsymbol{\alpha}_m)\boldsymbol{A}_{ir}\\&=l_1\boldsymbol{\beta}_{i1}+\cdots+l_r\boldsymbol{\beta}_{ir}.\end{aligned}$$

从而可知结论成立.

(2) 由 (1) 知 $r(\boldsymbol{A})=r$, 则 $r(\boldsymbol{\beta}_1,\cdots,\boldsymbol{\beta}_s)=r$, 于是结论成立.

例 2.4.13 (浙江工业大学,2008) 设向量组 $\boldsymbol{\beta}_1,\cdots,\boldsymbol{\beta}_r$ 可由线性无关的向量组 $\boldsymbol{\alpha}_1,\cdots,\boldsymbol{\alpha}_s$ 线性表示, 即

$$(\boldsymbol{\beta}_1,\cdots,\boldsymbol{\beta}_r)=(\boldsymbol{\alpha}_1,\cdots,\boldsymbol{\alpha}_s)\boldsymbol{K},$$

证明:$\boldsymbol{\beta}_1,\cdots,\boldsymbol{\beta}_r$ 线性无关的充要条件为 $r(\boldsymbol{K})=r$.

例 2.4.14 (南京航空航天大学,2014) 设 $\boldsymbol{\alpha}_1,\boldsymbol{\alpha}_2,\cdots,\boldsymbol{\alpha}_r$ 是一组线性无关的 n 维向量,$\boldsymbol{\beta}_j=\sum\limits_{i=1}^{r}c_{ij}\boldsymbol{\alpha}_i, j=1,2,\cdots,s$, 记 $\boldsymbol{C}=\begin{pmatrix}c_{11}&c_{12}&\cdots&c_{1s}\\c_{21}&c_{22}&\cdots&c_{2s}\\ \vdots&\vdots&&\vdots\\c_{r1}&c_{r2}&\cdots&c_{rs}\end{pmatrix}$, 证明:

(1) $\boldsymbol{\beta}_1,\boldsymbol{\beta}_2,\cdots,\boldsymbol{\beta}_s$ 线性无关的充要条件为 $\boldsymbol{C}$ 的秩为 s;

(2) $\boldsymbol{\alpha}_1,\boldsymbol{\alpha}_2,\cdots,\boldsymbol{\alpha}_r$ 与 $\boldsymbol{\beta}_1,\boldsymbol{\beta}_2,\cdots,\boldsymbol{\beta}_s$ 等价的充要条件是 $\boldsymbol{C}$ 的秩为 r.

例 2.4.15 (西北大学,2022) 向量 $\boldsymbol{\alpha}_1,\boldsymbol{\alpha}_2,\cdots,\boldsymbol{\alpha}_n$ 线性无关, 试证: 当 $n=2021$ 和 $n=2022$ 时, 向量组

$$\boldsymbol{\alpha}_1+\boldsymbol{\alpha}_2,\boldsymbol{\alpha}_2+\boldsymbol{\alpha}_3,\cdots,\boldsymbol{\alpha}_{n-1}+\boldsymbol{\alpha}_n,\boldsymbol{\alpha}_n+\boldsymbol{\alpha}_1$$

分别是线性无关和线性相关的.

例 2.4.16 (深圳大学,2012) 设 $\boldsymbol{\alpha}_1,\boldsymbol{\alpha}_2,\cdots,\boldsymbol{\alpha}_m$ 是数域 F 上的向量空间 V 中的一向量组. 并且 $\boldsymbol{\beta}_1=\boldsymbol{\alpha}_1+\boldsymbol{\alpha}_2,\boldsymbol{\beta}_2=\boldsymbol{\alpha}_2+\boldsymbol{\alpha}_3,\cdots,\boldsymbol{\beta}_{m-1}=\boldsymbol{\alpha}_{m-1}+\boldsymbol{\alpha}_m,\boldsymbol{\beta}_m=\boldsymbol{\alpha}_m+\boldsymbol{\alpha}_1$. 证明:

(1) 当 m 为奇数时, 若向量组 $\boldsymbol{\alpha}_1,\boldsymbol{\alpha}_2,\cdots,\boldsymbol{\alpha}_m$ 线性无关, 则向量组 $\boldsymbol{\beta}_1,\boldsymbol{\beta}_2,\cdots,\boldsymbol{\beta}_m$ 也线性无关;

(2) 当 m 为偶数时, 无论向量组 $\boldsymbol{\alpha}_1,\boldsymbol{\alpha}_2,\cdots,\boldsymbol{\alpha}_m$ 是否线性无关, 向量组 $\boldsymbol{\beta}_1,\boldsymbol{\beta}_2,\cdots,\boldsymbol{\beta}_m$ 都线性相关.

例 2.4.17 设 $\boldsymbol{\alpha}_1,\cdots,\boldsymbol{\alpha}_s$ 为一组线性无关的向量, 那么

$$\boldsymbol{\alpha}_1+\boldsymbol{\alpha}_2,\boldsymbol{\alpha}_2+\boldsymbol{\alpha}_3,\boldsymbol{\alpha}_3+\boldsymbol{\alpha}_4,\cdots,\boldsymbol{\alpha}_{s-1}+\boldsymbol{\alpha}_s,\boldsymbol{\alpha}_s+\boldsymbol{\alpha}_1$$

是否线性无关? 试证明之.

例 2.4.18 (浙江大学,2021) 设 $\boldsymbol{\alpha}_1,\boldsymbol{\alpha}_2,\cdots,\boldsymbol{\alpha}_s$ 是 $\boldsymbol{Ax}=\boldsymbol{0}$ 的基础解系, 令 $\boldsymbol{\beta}_i=\boldsymbol{\alpha}_{i+1}+\boldsymbol{\alpha}_i,i=1,2,\cdots,s-1,\boldsymbol{\beta}_s=\boldsymbol{\alpha}_s+\boldsymbol{\alpha}_1$. 问 $\boldsymbol{\beta}_1,\boldsymbol{\beta}_2,\cdots,\boldsymbol{\beta}_s$ 何时是 $\boldsymbol{Ax}=\boldsymbol{0}$ 的基础解系; 若 $\boldsymbol{\beta}_1,\boldsymbol{\beta}_2,\cdots,\boldsymbol{\beta}_s$ 不是 $\boldsymbol{Ax}=\boldsymbol{0}$ 的基础解系, 则求出极大线性无关组, 并且扩充为 $\boldsymbol{Ax}=\boldsymbol{0}$ 的基础解系.

例 2.4.19 设向量组 (I)$\boldsymbol{\alpha}_1,\cdots,\boldsymbol{\alpha}_m$ 与向量组 (II)$\boldsymbol{\beta}_1,\cdots,\boldsymbol{\beta}_m$ 等价. 证明: 存在可逆矩阵 $\boldsymbol{T}$ 使得

$$(\boldsymbol{\alpha}_1,\cdots,\boldsymbol{\alpha}_m)\boldsymbol{T}=(\boldsymbol{\beta}_1,\cdots,\boldsymbol{\beta}_m).$$

证 不妨设 $\boldsymbol{\alpha}_1,\cdots,\boldsymbol{\alpha}_r$与$\boldsymbol{\beta}_1,\cdots,\boldsymbol{\beta}_r$分别是 (I) 与 (II) 的极大无关组, 则存在可逆矩阵 $\boldsymbol{P}$ 使得

$$(\boldsymbol{\beta}_1,\cdots,\boldsymbol{\beta}_r)=(\boldsymbol{\alpha}_1,\cdots,\boldsymbol{\alpha}_r)\boldsymbol{P}.$$

由于 $\boldsymbol{\beta}_{r+1},\cdots,\boldsymbol{\beta}_m,\boldsymbol{\alpha}_{r+1},\cdots,\boldsymbol{\alpha}_m$ 都可由 $\boldsymbol{\alpha}_1,\boldsymbol{\alpha}_2,\cdots,\boldsymbol{\alpha}_r$ 线性表示, 故可设

$$\boldsymbol{\beta}_i-\boldsymbol{\alpha}_i=k_{i1}\boldsymbol{\alpha}_1+k_{i2}\boldsymbol{\alpha}_2+\cdots+k_{ir}\boldsymbol{\alpha}_r,i=r+1,\cdots,m,$$

令

$$\boldsymbol{K}=\begin{pmatrix}k_{(r+1)1} & k_{(r+1)2} & \cdots & k_{(r+1)r}\\ k_{(r+2)1} & k_{(r+2)2} & \cdots & k_{(r+2)r}\\ \vdots & \vdots & & \vdots\\ k_{m1} & k_{m2} & \cdots & k_{mr}\end{pmatrix},$$

则

$$(\boldsymbol{\beta}_{r+1},\boldsymbol{\beta}_{r+2},\cdots,\boldsymbol{\beta}_m)=(\boldsymbol{\alpha}_1,\cdots,\boldsymbol{\alpha}_r,\boldsymbol{\alpha}_{r+1},\cdots,\boldsymbol{\alpha}_m)\begin{pmatrix}\boldsymbol{K}\\ \boldsymbol{E}\end{pmatrix},$$

令 $\boldsymbol{T}=\begin{pmatrix}\boldsymbol{P} & \boldsymbol{K}\\ \boldsymbol{O} & \boldsymbol{E}\end{pmatrix}$, 则有

$$(\boldsymbol{\beta}_1,\cdots,\boldsymbol{\beta}_m)=(\boldsymbol{\alpha}_1,\cdots,\boldsymbol{\alpha}_m)\boldsymbol{T}.$$

例 2.4.20 (数学一, 三,2020) 设 $\boldsymbol{A}$ 为二阶矩阵, $\boldsymbol{P}=(\boldsymbol{\alpha},\boldsymbol{A}\boldsymbol{\alpha})$, 其中 $\boldsymbol{\alpha}$ 是非零向量且不是 $\boldsymbol{A}$ 的特征向量.

(1) 证明:$\boldsymbol{P}$ 为可逆矩阵;

(2) 若 $\boldsymbol{A}^2\boldsymbol{\alpha}+\boldsymbol{A}\boldsymbol{\alpha}-6\boldsymbol{\alpha}=\boldsymbol{0}$, 求 $\boldsymbol{P}^{-1}\boldsymbol{A}\boldsymbol{P}$, 并判断 $\boldsymbol{A}$ 是否相似于对角矩阵.

证 (1) 只需证明 $\boldsymbol{\alpha},\boldsymbol{A}\boldsymbol{\alpha}$ 线性无关, 否则, 若 $\boldsymbol{\alpha},\boldsymbol{A}\boldsymbol{\alpha}$ 线性相关, 则存在常数 λ 使得

$$\boldsymbol{A}\boldsymbol{\alpha}=\lambda\boldsymbol{\alpha},\boldsymbol{\alpha}\neq\boldsymbol{0},$$

由此可知 $\boldsymbol{\alpha}$ 是 $\boldsymbol{A}$ 的特征向量, 这与条件矛盾. 所以 $\boldsymbol{P}$ 为可逆矩阵.

(2) 由于

$$\boldsymbol{A}\boldsymbol{P}=\boldsymbol{A}(\boldsymbol{\alpha},\boldsymbol{A}\boldsymbol{\alpha})=(\boldsymbol{A}\boldsymbol{\alpha},\boldsymbol{A}^2\boldsymbol{\alpha})=(\boldsymbol{A}\boldsymbol{\alpha},-\boldsymbol{A}\boldsymbol{\alpha}+6\boldsymbol{\alpha})=(\boldsymbol{\alpha},\boldsymbol{A}\boldsymbol{\alpha})\begin{pmatrix}0&6\\1&-1\end{pmatrix}=\boldsymbol{P}\begin{pmatrix}0&6\\1&-1\end{pmatrix},$$

即

$$\boldsymbol{P}^{-1}\boldsymbol{A}\boldsymbol{P}=\begin{pmatrix}0&6\\1&-1\end{pmatrix}.$$

由于 $\boldsymbol{A}$ 的特征多项式 $|\lambda\boldsymbol{E}-\boldsymbol{A}|=(\lambda-2)(\lambda+3)$, 故 $\boldsymbol{A}$ 有两个不同的特征值, 从而 $\boldsymbol{A}$ 能够相似于对角矩阵.

例 2.4.21 (武汉理工大学,2010) 已知三阶矩阵 $\boldsymbol{A}$ 与三维列向量 $\boldsymbol{X}$, 使得 $\boldsymbol{X},\boldsymbol{A}\boldsymbol{X},\boldsymbol{A}^2\boldsymbol{X}$ 线性无关且

$$\boldsymbol{A}^3\boldsymbol{X}=3\boldsymbol{A}\boldsymbol{X}-2\boldsymbol{A}^2\boldsymbol{X}.$$

(1) (西安电子科技大学,2012) 令 $\boldsymbol{P}=(\boldsymbol{X},\boldsymbol{A}\boldsymbol{X},\boldsymbol{A}^2\boldsymbol{X})$, 求三阶矩阵 $\boldsymbol{B}$, 使 $\boldsymbol{A}=\boldsymbol{P}\boldsymbol{B}\boldsymbol{P}^{-1}$;

(2) 求 $\boldsymbol{A}$ 的特征值;

(3) 求可逆矩阵 $\boldsymbol{C}$ 使得 $\boldsymbol{C}^{-1}\boldsymbol{A}\boldsymbol{C}$ 为对角形;

(4) (西安电子科技大学,2012) 求 $|\boldsymbol{A}+\boldsymbol{E}|$.

例 2.4.22 (电子科技大学,2014; 上海理工大学,2021) 设 $\boldsymbol{A}$ 是三阶方阵, 三维列向量 $\boldsymbol{\alpha},\boldsymbol{A}\boldsymbol{\alpha}$, $\boldsymbol{A}^2\boldsymbol{\alpha}$ 线性无关,$\boldsymbol{A}^3\boldsymbol{\alpha}=3\boldsymbol{A}\boldsymbol{\alpha}-2\boldsymbol{A}^2\boldsymbol{\alpha}$. 证明: 矩阵 $\boldsymbol{B}=(\boldsymbol{\alpha},\boldsymbol{A}\boldsymbol{\alpha},\boldsymbol{A}^4\boldsymbol{\alpha})$ 可逆.

例 2.4.23 (武汉理工大学,2021) 设 $\boldsymbol{A}$ 是 $\mathbb{R}$ 上的三阶矩阵, 且存在实列向量 $\boldsymbol{\alpha}$ 使得 $\boldsymbol{\alpha},\boldsymbol{A}\boldsymbol{\alpha}$, $\boldsymbol{A}^2\boldsymbol{\alpha}$ 线性无关, 而 $\boldsymbol{A}^3\boldsymbol{\alpha}=5\boldsymbol{A}^2\boldsymbol{\alpha}-6\boldsymbol{A}\boldsymbol{\alpha}$, 求 $\boldsymbol{A}^3-3\boldsymbol{E}$ 的行列式.

例 2.4.24 (首都师范大学,2018) 已知 $\boldsymbol{A}$ 为三阶方阵,$\boldsymbol{\alpha}$ 为三维列向量, 且 $\boldsymbol{\alpha},\boldsymbol{A}\boldsymbol{\alpha},\boldsymbol{A}^2\boldsymbol{\alpha}$ 线性无关,$\boldsymbol{A}^3\boldsymbol{\alpha}=3\boldsymbol{A}\boldsymbol{\alpha}-2\boldsymbol{A}^2\boldsymbol{\alpha}$, 证明:$\boldsymbol{A}$ 的特征多项式为 x^3+2x^2-3x.

2.5 线性方程组的反问题

2.5.1 齐次线性方程组的反问题

齐次线性方程组的反问题: 已知 n 维列向量组 $\boldsymbol{\alpha}_1,\cdots,\boldsymbol{\alpha}_s$ 线性无关, 求一齐次线性方程组以 $\boldsymbol{\alpha}_1,\cdots,\boldsymbol{\alpha}_s$ 为基础解系.

解 设所求的齐次线性方程组为 $\boldsymbol{Ax}=\boldsymbol{0}$, 令 $\boldsymbol{B}=(\boldsymbol{\alpha}_1,\boldsymbol{\alpha}_2,\cdots,\boldsymbol{\alpha}_s)$, 则 $\boldsymbol{B}$ 为 $n\times s$ 矩阵且 $\boldsymbol{AB}=\boldsymbol{O}$, 于是 $\boldsymbol{B}^{\mathrm{T}}\boldsymbol{A}^{\mathrm{T}}=\boldsymbol{O}$, 解线性方程组 $\boldsymbol{B}^{\mathrm{T}}\boldsymbol{y}=\boldsymbol{0}$ 得其基础解系为 $\boldsymbol{\xi}_1,\boldsymbol{\xi}_2,\cdots,\boldsymbol{\xi}_{n-s}$, 令 $\boldsymbol{A}^{\mathrm{T}}=(\boldsymbol{\xi}_1,\boldsymbol{\xi}_2,\cdots,\boldsymbol{\xi}_{n-s})$ 即可.

例 2.5.1 (中国地质大学,2004) 已知线性方程组

$$\begin{cases}a_{11}x_1+a_{12}x_2+\cdots+a_{1(2n)}x_{2n}=0,\\ a_{21}x_1+a_{22}x_2+\cdots+a_{2(2n)}x_{2n}=0,\\ \qquad\vdots\\ a_{n1}x_1+a_{n2}x_2+\cdots+a_{n(2n)}x_{2n}=0\end{cases}$$

的一个基础解系为

$$\begin{pmatrix}b_{11}\\ b_{12}\\ \vdots\\ b_{1(2n)}\end{pmatrix},\begin{pmatrix}b_{21}\\ b_{22}\\ \vdots\\ b_{2(2n)}\end{pmatrix},\cdots,\begin{pmatrix}b_{n1}\\ b_{n2}\\ \vdots\\ b_{n(2n)}\end{pmatrix}.$$

求解线性方程组

$$\begin{cases}b_{11}x_1+b_{12}x_2+\cdots+b_{1(2n)}x_{2n}=0,\\ b_{21}x_1+b_{22}x_2+\cdots+b_{2(2n)}x_{2n}=0,\\ \qquad\vdots\\ b_{n1}x_1+b_{n2}x_2+\cdots+b_{n(2n)}x_{2n}=0.\end{cases}$$

解 令

$$\boldsymbol{A}=\begin{pmatrix}a_{11}&a_{12}&\cdots&a_{1(2n)}\\ a_{21}&a_{22}&\cdots&a_{2(2n)}\\ \vdots&\vdots&&\vdots\\ a_{n1}&a_{n2}&\cdots&a_{n(2n)}\end{pmatrix},\boldsymbol{B}=\begin{pmatrix}b_{11}&b_{21}&\cdots&b_{n1}\\ b_{12}&b_{22}&\cdots&b_{n2}\\ \vdots&\vdots&&\vdots\\ b_{1(2n)}&b_{2(2n)}&\cdots&b_{n(2n)}\end{pmatrix},$$

则 $\boldsymbol{AB}=\boldsymbol{O},\boldsymbol{B}^{\mathrm{T}}\boldsymbol{A}^{\mathrm{T}}=\boldsymbol{O}$. 而 $\boldsymbol{A}$ 的秩为 n, 故 $\boldsymbol{B}^{\mathrm{T}}\boldsymbol{x}=\boldsymbol{0}$ 的基础解系为 $\boldsymbol{A}^{\mathrm{T}}$ 的全部列向量, 即为 $\boldsymbol{A}$ 的全部行向量.

例 2.5.2 (重庆大学,2013) 已知线性方程组

$$\begin{cases}a_{11}x_1+a_{12}x_2+\cdots+a_{1n}x_n=0,\\ a_{21}x_1+a_{22}x_2+\cdots+a_{2n}x_n=0,\\ \qquad\vdots\\ a_{m1}x_1+a_{m2}x_2+\cdots+a_{mn}x_n=0\end{cases}$$

的一个基础解系为

$$\begin{pmatrix}b_{11}\\ b_{12}\\ \vdots\\ b_{1n}\end{pmatrix},\begin{pmatrix}b_{21}\\ b_{22}\\ \vdots\\ b_{2n}\end{pmatrix},\cdots,\begin{pmatrix}b_{p1}\\ b_{p2}\\ \vdots\\ b_{pn}\end{pmatrix},$$

试写出方程组

$$\begin{cases} b_{11}y_1 + b_{12}y_2 + \cdots + b_{1n}y_n = 0, \\ b_{21}y_1 + b_{22}y_2 + \cdots + b_{2n}y_n = 0, \\ \qquad\vdots \\ b_{p1}y_1 + b_{p2}y_2 + \cdots + b_{pn}y_n = 0 \end{cases}$$

的通解, 并说明理由.

例 2.5.3 (东华大学,2005) 当 $\boldsymbol{\eta}_1 = (1,2,3,4)^{\mathrm{T}}, \boldsymbol{\eta}_2 = (4,3,2,1)^{\mathrm{T}}$ 时, 求一齐次线性方程组使得 $\boldsymbol{\eta}_1, \boldsymbol{\eta}_2$ 为其基础解系.

解 (法 1) 易知 $\boldsymbol{\eta}_1, \boldsymbol{\eta}_2$ 线性无关, 令 $\boldsymbol{B} = (\boldsymbol{\eta}_1^{\mathrm{T}}, \boldsymbol{\eta}_2^{\mathrm{T}})$, 解线性方程组 $\boldsymbol{Bx} = \boldsymbol{0}$ 可得基础解系为

$$\boldsymbol{\alpha}_1 = (1,-2,1,0)^{\mathrm{T}}, \boldsymbol{\alpha}_2 = (2,-3,0,1)^{\mathrm{T}},$$

令 $\boldsymbol{A} = (\boldsymbol{\alpha}_1, \boldsymbol{\alpha}_2)$, 则 $\boldsymbol{BA} = \mathbf{O}$, 于是 $\boldsymbol{A}^{\mathrm{T}}\boldsymbol{B}^{\mathrm{T}} = \mathbf{O}$, 从而 $\boldsymbol{\eta}_1, \boldsymbol{\eta}_2$ 为线性方程组 $\boldsymbol{A}^{\mathrm{T}}\boldsymbol{x} = \boldsymbol{0}$ 的解, 注意到 $r(\boldsymbol{A}) = 2$, 故 $\boldsymbol{\eta}_1, \boldsymbol{\eta}_2$ 为线性方程组 $\boldsymbol{A}^{\mathrm{T}}\boldsymbol{x} = \boldsymbol{0}$ 的基础解系, 于是所求的方程组为

$$\begin{cases} x_1 - 2x_2 + x_3 = 0, \\ 2x_1 - 3x_2 + x_4 = 0. \end{cases}$$

(法 2) 设所求的方程组为 $\boldsymbol{Ax} = \boldsymbol{0}$, 由 $\boldsymbol{\eta}_1, \boldsymbol{\eta}_2$ 可知 $\boldsymbol{A}$ 的列数为 4 且 $r(\boldsymbol{A}) = 2$, 故可设

$$\boldsymbol{A} = \begin{pmatrix} a_1 & a_2 & a_3 & a_4 \\ b_1 & b_2 & b_3 & b_4 \end{pmatrix},$$

由 $\boldsymbol{A\eta}_1 = \boldsymbol{A\eta}_2 = \boldsymbol{0}$, 可得

$$\begin{cases} a_1 + 2a_2 + 3a_3 + 4a_4 = 0, \\ 4a_1 + 3a_2 + 2a_3 + a_4 = 0, \end{cases} \qquad \begin{cases} b_1 + 2b_2 + 3b_3 + 4b_4 = 0, \\ 4b_1 + 3b_2 + 2b_3 + b_4 = 0, \end{cases}$$

求解可得

$$\begin{cases} a_1 = a_3 + 2a_4, \\ a_2 = -2a_3 - 3a_4, \\ a_3, a_4 \text{为自由未知量}. \end{cases} \qquad \begin{cases} b_1 = b_3 + 2b_4, \\ b_2 = -2b_3 - 3b_4, \\ b_3, b_4 \text{为自由未知量}. \end{cases}$$

注意到 $\boldsymbol{A}$ 的两行线性无关, 于是可取

$$\boldsymbol{A} = \begin{pmatrix} 1 & -2 & 1 & 0 \\ 2 & -3 & 0 & 1 \end{pmatrix},$$

于是所求的方程组为

$$\begin{cases} x_1 - 2x_2 + x_3 = 0, \\ 2x_1 - 3x_2 + x_4 = 0. \end{cases}$$

例 2.5.4 (中山大学,2007) 由向量

$$\boldsymbol{\alpha}_1 = (1,1,-2,1), \boldsymbol{\alpha}_2 = (3,1,-4,1), \boldsymbol{\alpha}_3 = (-1,1,0,1)$$

生成的 $\mathbb{R}^4$ 的子空间记为 W. 求一个齐次线性方程组, 使其解空间为 W.

2.5.2 非齐次线性方程组的反问题

非齐次线性方程组的反问题: 设向量组 $\boldsymbol{\alpha}_1,\cdots,\boldsymbol{\alpha}_t$ 线性无关, 求一个非齐次线性方程组 $\boldsymbol{Ax}=\boldsymbol{b}$, 使得 $\boldsymbol{Ax}=\boldsymbol{b}$ 的解集以 $\boldsymbol{\alpha}_1,\cdots,\boldsymbol{\alpha}_t$ 为极大无关组.

解 可知 $\boldsymbol{\alpha}_1-\boldsymbol{\alpha}_t,\boldsymbol{\alpha}_2-\boldsymbol{\alpha}_t,\cdots,\boldsymbol{\alpha}_{t-1}-\boldsymbol{\alpha}_t$ 是导出组 $\boldsymbol{Ax}=\boldsymbol{0}$ 的基础解系, 从而可求 $\boldsymbol{A}$, 则 $\boldsymbol{Ax}=\boldsymbol{A\alpha}_1$ 的全部解以 $\boldsymbol{\alpha}_1,\cdots,\boldsymbol{\alpha}_t$ 为极大无关组.

例 2.5.5 (郑州大学,2011) 已知非齐次线性方程组 $\boldsymbol{AX}=\boldsymbol{\beta}$ 的通解为 $k_1(2,1,-2)^{\mathrm{T}}+k_2(-2,-1,2)+(2,-2,1)^{\mathrm{T}},\boldsymbol{\beta}=(9,0,0)^{\mathrm{T}}$, 求 $\boldsymbol{A}$.

解 (法 1) 注意到 $(2,1,-2)^{\mathrm{T}}=-(-2,-1,2)^{\mathrm{T}}$, 于是 $\boldsymbol{AX}=\boldsymbol{\beta}$ 的导出组 $\boldsymbol{AX}=\boldsymbol{0}$ 的基础解系只有一个线性无关的解向量, 于是 $r(\boldsymbol{A})=2$. 注意到 $\boldsymbol{A}$ 为三阶方阵, 可设

$$\boldsymbol{A}=\begin{pmatrix}a_{11}&a_{12}&a_{13}\\a_{21}&a_{22}&a_{23}\\0&0&0\end{pmatrix},$$

由 $\boldsymbol{A}(2,1,-2)^{\mathrm{T}}=\boldsymbol{0},\boldsymbol{A}(2,-2,1)^{\mathrm{T}}=\boldsymbol{\beta}$, 可得

$$\begin{cases}2a_{11}-2a_{12}+a_{13}=9,\\2a_{11}+a_{12}-2a_{13}=0,\\2a_{21}+a_{22}-2a_{23}=0,\\2a_{21}-2a_{22}+a_{23}=0,\end{cases}$$

求解可得

$$\boldsymbol{A}=\begin{pmatrix}2&-2&1\\1&2&2\\0&0&0\end{pmatrix}.$$

(法 2) 注意到 $(2,1,-2)^{\mathrm{T}}=-(-2,-1,2)^{\mathrm{T}}$, 于是 $\boldsymbol{AX}=\boldsymbol{\beta}$ 的导出组 $\boldsymbol{AX}=\boldsymbol{0}$ 的基础解系只有一个线性无关的解向量 $(2,1,-2)^{\mathrm{T}}$, 于是 $r(\boldsymbol{A})=2$, 这样线性方程组 $\boldsymbol{AX}=\boldsymbol{\beta}$ 的解集的极大无关组有 $3-r(\boldsymbol{A})+1=2$ 个, 由方程组的通解为 $k_1(2,1,-2)^{\mathrm{T}}+k_2(-2,-1,2)^{\mathrm{T}}+(2,-2,1)^{\mathrm{T}}$, 可得其解集的一个极大无关组为

$$\boldsymbol{\beta}_1=(2,-2,1)^{\mathrm{T}},\boldsymbol{\beta}_2=(4,-1,-1)^{\mathrm{T}},$$

则 $\boldsymbol{\beta}_1-\boldsymbol{\beta}_2=(-2,-1,2)^{\mathrm{T}}$ 是 $\boldsymbol{AX}=\boldsymbol{0}$ 的基础解系, 则有 $\boldsymbol{A}(-2,-1,2)^{\mathrm{T}}=\boldsymbol{0}$, 即 $(-2,-1,2)\boldsymbol{A}^{\mathrm{T}}=\boldsymbol{0}$, 于是 $\boldsymbol{A}^{\mathrm{T}}$ 的列向量是线性方程组

$$-2y_1-y_2+2y_3=0$$

的解, 此方程组的基础解系为

$$\boldsymbol{\alpha}_1=(-1,2,0)^{\mathrm{T}},\boldsymbol{\alpha}_2=(1,0,1)^{\mathrm{T}},$$

于是可取

$$\boldsymbol{A}=\begin{pmatrix}-1&2&0\\1&0&1\\0&0&0\end{pmatrix}.$$

例 2.5.6 (华东师范大学,2011; 中国人民大学,2022) 设

$$\boldsymbol{\alpha}_1=(1,2,-1,0,4),\boldsymbol{\alpha}_2=(-1,3,2,4,1),\boldsymbol{\alpha}_3=(2,9,-1,4,13),$$

$W=L(\boldsymbol{\alpha}_1,\boldsymbol{\alpha}_2,\boldsymbol{\alpha}_3)$ 是由这三个向量生成的数域 K 上的线性空间 K^5 的子空间.

(1) 求以 W 作为其解空间的齐次线性方程组;

(2) 求以 $W'=\{\boldsymbol{\eta}+\boldsymbol{\alpha}|\boldsymbol{\alpha}\in W\}$ 为解集的非齐次线性方程组, 其中 $\boldsymbol{\eta}=(1,2,1,2,1)$.

例 2.5.7 (东华大学,2021) 已知向量组

$$\boldsymbol{\alpha}_1=(1,3,-2,2,0)^{\mathrm{T}},\boldsymbol{\alpha}_2=(1,-3,2,0,4)^{\mathrm{T}},\boldsymbol{\alpha}_3=(3,3,-2,4,4)^{\mathrm{T}}.$$

记 $M=L(\boldsymbol{\alpha}_1,\boldsymbol{\alpha}_2,\boldsymbol{\alpha}_3)$ 为 $\boldsymbol{\alpha}_1,\boldsymbol{\alpha}_2,\boldsymbol{\alpha}_3$ 生成的子空间.

(1) 求一个以 M 为解空间的齐次线性方程组 (Ⅰ);

(2) 求一个导出组为 (Ⅰ), 有一个特解为 $\boldsymbol{\alpha}_0=(1,-3,3,0,0)^{\mathrm{T}}$ 的非齐次线性方程组 (Ⅱ).

2.6 其他问题

例 2.6.1 (数学四,2001) 设 $\boldsymbol{\alpha}_i=(a_{i1},a_{i2},\cdots,a_{in})^{\mathrm{T}}(i=1,2,\cdots,r;r<n)$ 是 n 维实向量, 且向量组 $\boldsymbol{\alpha}_1,\boldsymbol{\alpha}_2,\cdots,\boldsymbol{\alpha}_r$ 线性无关. 已知 $\boldsymbol{\beta}=(b_1,b_2,\cdots,b_n)^{\mathrm{T}}$ 是线性方程组

$$\begin{cases}a_{11}x_1+a_{12}x_2+\cdots+a_{1n}x_n=0,\\ a_{21}x_1+a_{22}x_2+\cdots+a_{2n}x_n=0,\\ \qquad\vdots\\ a_{r1}x_1+a_{r2}x_2+\cdots+a_{rn}x_n=0\end{cases}$$

的非零解向量. 试判断向量组 $\boldsymbol{\alpha}_1,\boldsymbol{\alpha}_2,\cdots,\boldsymbol{\alpha}_r,\boldsymbol{\beta}$ 的线性相关性.

证 (法 1) 反证法. 若 $\boldsymbol{\alpha}_1,\boldsymbol{\alpha}_2,\cdots,\boldsymbol{\alpha}_r,\boldsymbol{\beta}$ 线性相关, 令

$$\boldsymbol{A}=(\boldsymbol{\alpha}_1,\boldsymbol{\alpha}_2,\cdots,\boldsymbol{\alpha}_r),$$

则存在非零实向量 $\boldsymbol{Y}_0$ 使得

$$\boldsymbol{\beta}=\boldsymbol{A}\boldsymbol{Y}_0.$$

又由条件知 $\boldsymbol{A}^{\mathrm{T}}\boldsymbol{\beta}=\boldsymbol{0}$, 于是

$$\boldsymbol{0}=\boldsymbol{A}^{\mathrm{T}}\boldsymbol{\beta}=\boldsymbol{A}^{\mathrm{T}}\boldsymbol{A}\boldsymbol{Y}_0,$$

从而

$$0=\boldsymbol{Y}_0^{\mathrm{T}}\boldsymbol{A}^{\mathrm{T}}\boldsymbol{A}\boldsymbol{Y}_0=(\boldsymbol{A}\boldsymbol{Y}_0)^{\mathrm{T}}(\boldsymbol{A}\boldsymbol{Y}_0),$$

注意到 $\boldsymbol{A}$ 为实矩阵, 故 $\boldsymbol{A}\boldsymbol{Y}_0=\boldsymbol{0}$, 即 $\boldsymbol{\beta}=\boldsymbol{0}$, 这与 $\boldsymbol{\beta}\neq\boldsymbol{0}$ 矛盾.

(法 2) 令

$$\boldsymbol{A}=(\boldsymbol{\alpha}_1,\boldsymbol{\alpha}_2,\cdots,\boldsymbol{\alpha}_r),$$

若 $\boldsymbol{\alpha}_1,\boldsymbol{\alpha}_r,\cdots,\boldsymbol{\alpha}_r,\boldsymbol{\beta}$ 线性相关, 则线性方程组 $\boldsymbol{A}\boldsymbol{x}=\boldsymbol{\beta}$ 有解, 设为 $\boldsymbol{x}_0$, 即 $\boldsymbol{A}\boldsymbol{x}_0=\boldsymbol{\beta}$, 又由条件知 $\boldsymbol{A}^{\mathrm{T}}\boldsymbol{\beta}=\boldsymbol{0}$, 则

$$\boldsymbol{\beta}^{\mathrm{T}}\boldsymbol{\beta}=x_0^{\mathrm{T}}\boldsymbol{A}^{\mathrm{T}}\boldsymbol{\beta}=0,$$

注意到 $\boldsymbol{\beta}$ 为实向量, 从而可得 $\boldsymbol{\beta}=\mathbf{0}$. 这与条件矛盾.

(法 3) 设

$$k_1\boldsymbol{\alpha}_1+k_2\boldsymbol{\alpha}_2+\cdots+k_r\boldsymbol{\alpha}_r+k\boldsymbol{\beta}=\mathbf{0},$$

由条件知

$$\boldsymbol{\beta}^{\mathrm{T}}\boldsymbol{\alpha}_i=0,\boldsymbol{\beta}^{\mathrm{T}}\boldsymbol{\beta}>0,$$

于是可得

$$k_1\boldsymbol{\beta}^{\mathrm{T}}\boldsymbol{\alpha}_1+k_2\boldsymbol{\beta}^{\mathrm{T}}\boldsymbol{\alpha}_2+\cdots+k_r\boldsymbol{\beta}^{\mathrm{T}}\boldsymbol{\alpha}_r+k\boldsymbol{\beta}^{\mathrm{T}}\boldsymbol{\beta}=0,$$

从而 $k=0$, 于是

$$k_1\boldsymbol{\alpha}_1+k_2\boldsymbol{\alpha}_2+\cdots+k_r\boldsymbol{\alpha}_r=\mathbf{0},$$

注意到 $\boldsymbol{\alpha}_1,\boldsymbol{\alpha}_2,\cdots,\boldsymbol{\alpha}_r$ 线性无关, 可得

$$k_1=k_2=\cdots=k_r=0,$$

于是 $\boldsymbol{\alpha}_1,\boldsymbol{\alpha}_2,\cdots,\boldsymbol{\alpha}_r,\boldsymbol{\beta}$ 线性无关.

例 2.6.2 (厦门大学,2022) 设 n 维实列向量

$$\boldsymbol{\alpha}_i=(a_{i1},a_{i2},\cdots,a_{in})^{\mathrm{T}},i=1,2,\cdots,r,r\leqslant n,$$

且 $\boldsymbol{\alpha}_1,\boldsymbol{\alpha}_2,\cdots,\boldsymbol{\alpha}_r$ 线性无关, 且 $\boldsymbol{\beta}$ 为齐次线性方程组

$$\begin{pmatrix}a_{11}&a_{12}&\cdots&a_{1n}\\a_{21}&a_{22}&\cdots&a_{2n}\\\vdots&\vdots&&\vdots\\a_{r1}&a_{r2}&\cdots&a_{rn}\end{pmatrix}\begin{pmatrix}x_1\\x_2\\\vdots\\x_n\end{pmatrix}=\begin{pmatrix}0\\0\\\vdots\\0\end{pmatrix}$$

的非零解. 证明:$\boldsymbol{\alpha}_1,\boldsymbol{\alpha}_2,\cdots,\boldsymbol{\alpha}_r,\boldsymbol{\beta}$ 线性无关.

例 2.6.3 (南京航空航天大学,2011) 设有实系数线性方程组

$$(\mathrm{I})\begin{cases}a_{11}x_1+a_{12}x_2+\cdots+a_{1n}x_n=0,\\a_{21}x_1+a_{22}x_2+\cdots+a_{2n}x_n=0,\\\qquad\vdots\\a_{r1}x_1+a_{r2}x_2+\cdots+a_{rn}x_n=0\end{cases}$$

和 n 维实向量 $\boldsymbol{\beta}=(b_1,b_2,\cdots,b_n)^{\mathrm{T}}\neq\mathbf{0}$, 记 $\boldsymbol{\alpha}_i=(a_{i1},a_{i2},\cdots,a_{in})^{\mathrm{T}}(i=1,2,\cdots,s)$. 证明:

(1) 如果 $\boldsymbol{\beta}$ 是方程组 (I) 的解向量, 则 $\boldsymbol{\beta}$ 不能由 $\boldsymbol{\alpha}_1,\boldsymbol{\alpha}_2,\cdots,\boldsymbol{\alpha}_s$ 线性表出;

(2) 如果方程组 (I) 的解全是方程 $b_1x_1+b_2x_2+\cdots+b_nx_n=0$ 的解, 则 $\boldsymbol{\beta}$ 可以由 $\boldsymbol{\alpha}_1,\boldsymbol{\alpha}_2,\cdots,\boldsymbol{\alpha}_s$ 线性表出.

例 2.6.4 (电子科技大学,2021) 设 $\boldsymbol{A},\boldsymbol{B}$ 均为六阶实方阵, 且方程组 $\boldsymbol{AX}=\mathbf{0}$ 和 $\boldsymbol{BX}=\mathbf{0}$ 分别有 4 个和 3 个线性无关的解向量.

(1) 证明: 方程组 $\boldsymbol{ABX}=\mathbf{0}$ 至少有 4 个线性无关的解向量;

(2) 证明: 矩阵 $3\boldsymbol{A}-2\boldsymbol{B}$ 有一个实特征向量.

证　(1) 由条件可知

$$6-r(\boldsymbol{A})\geqslant 4, 6-r(\boldsymbol{B})\geqslant 3,$$

即 $r(\boldsymbol{A})\leqslant 2, r(\boldsymbol{B})\leqslant 3$, 于是

$$r(\boldsymbol{AB})\leqslant \min\{r(\boldsymbol{A}), r(\boldsymbol{B})\}\leqslant 2,$$

从而方程组 $\boldsymbol{ABX}=\boldsymbol{0}$ 的线性无关的解向量的个数

$$6-r(\boldsymbol{AB})\leqslant 6-2=4.$$

故结论成立.

(2) 由于

$$r(3\boldsymbol{A}-2\boldsymbol{B})\leqslant r(3\boldsymbol{A})+r(2\boldsymbol{B})\leqslant 2+3=5<6,$$

故 $3\boldsymbol{A}-2\boldsymbol{B}$ 必有 0 特征值, 对应的特征向量是实特征向量, 从而结论成立.

例 2.6.5　(上海交通大学,2019) 设 $\boldsymbol{A}, \boldsymbol{B}$ 是数域 P 上的 n 阶方阵,$\boldsymbol{X}=(x_1, x_2, \cdots, x_n)^{\mathrm{T}}$, 若齐次方程组 $\boldsymbol{AX}=\boldsymbol{0}$ 和 $\boldsymbol{BX}=\boldsymbol{0}$ 分别有 l, m 个线性无关的解向量. 证明:

(1) $\boldsymbol{ABX}=\boldsymbol{0}$ 至少有 $\max\{l, m\}$ 个线性无关的解向量;

(2) 若 $l+m>n$, 则 $(\boldsymbol{A}+\boldsymbol{B})\boldsymbol{X}=\boldsymbol{0}$ 有非零解.

例 2.6.6　(武汉大学,2009; 华南理工大学,2011) 设 $\boldsymbol{A}, \boldsymbol{B}$ 是数域 P 上的 n 阶方阵, $\boldsymbol{X}=(x_1, x_2, \cdots, x_n)^{\mathrm{T}}$. 已知齐次线性方程组 $\boldsymbol{AX}=\boldsymbol{0}$ 和 $\boldsymbol{BX}=\boldsymbol{0}$ 分别有 l 和 m 个线性无关的解向量, 这里 $l\geqslant 0, m\geqslant 0$. 证明:

(1) 方程组 $(\boldsymbol{AB})\boldsymbol{X}=\boldsymbol{0}$ 至少有 $\max\{l, m\}$ 个线性无关的解向量;

(2) 若 $l+m>n$, 则 $(\boldsymbol{A}+\boldsymbol{B})\boldsymbol{X}=\boldsymbol{0}$ 必有非零解;

(3) 如果 $\boldsymbol{AX}=\boldsymbol{0}$ 和 $\boldsymbol{BX}=\boldsymbol{0}$ 无公共的非零解向量, 且 $l+m=n$, 则 P^n 中任一向量 $\boldsymbol{\alpha}$ 都可唯一地表示成 $\boldsymbol{\alpha}=\boldsymbol{\beta}+\boldsymbol{\gamma}$, 这里 $\boldsymbol{\beta}, \boldsymbol{\gamma}$ 分别是 $\boldsymbol{AX}=\boldsymbol{0}$ 和 $\boldsymbol{BX}=\boldsymbol{0}$ 的解向量.

例 2.6.7　(第八届全国大学生数学竞赛预赛,2016) 设 $\boldsymbol{A}_1, \boldsymbol{A}_2, \cdots, \boldsymbol{A}_{2017}$ 为 2016 阶实方阵. 证明: 关于 $x_1, x_2, \cdots, x_{2017}$ 的方程 $\det(x_1\boldsymbol{A}_1+x_2\boldsymbol{A}_2+\cdots+x_{2017}\boldsymbol{A}_{2017})=0$ 至少存在一组非零的实数解, 其中 det 表示行列式.

证　用 $\boldsymbol{\alpha}_i$ 表示 $\boldsymbol{A}_i$ 的第一列, 考虑线性方程组

$$x_1\boldsymbol{\alpha}_1+x_2\boldsymbol{\alpha}_2+\cdots+x_{2017}\boldsymbol{\alpha}_{2017}=\boldsymbol{0},$$

此方程组是包含 2016 个方程 2017 个未知量的方程组, 从而一定有非零解, 设为 $(c_1, c_2, \cdots, c_{2017})^{\mathrm{T}}$, 则矩阵 $c_1\boldsymbol{A}_1+c_2\boldsymbol{A}_2+\cdots+c_{2017}\boldsymbol{A}_{2017}$ 的第一列为 0, 从而

$$\det(c_1\boldsymbol{A}_1+c_2\boldsymbol{A}_2+\cdots+c_{2017}\boldsymbol{A}_{2017})=0,$$

故结论成立.

例 2.6.8　(厦门大学,2018) 设 $\boldsymbol{A}_1, \boldsymbol{A}_2, \cdots, \boldsymbol{A}_{2018}$ 均为 2017 阶实方阵. 证明: 存在一组不全为零的实数 $c_1, c_2, \cdots, c_{2018}$, 使得

$$\det(c_1\boldsymbol{A}_1+c_2\boldsymbol{A}_2+\cdots+c_{2018}\boldsymbol{A}_{2018})=0.$$

例 2.6.9 设 $\boldsymbol{A}$ 是 n 阶方阵, 证明: 存在不全为零的数 $c_0, c_1, \cdots, c_n$ 使得 $c_0\boldsymbol{E} + c_1\boldsymbol{A} + \cdots + c_n\boldsymbol{A}^n$ 为奇异矩阵.

例 2.6.10 (南京大学,2023) 设 V 是实线性空间 $M_n(\mathbb{R})$ 的线性子空间, 若 $\mathbf{0} \neq \boldsymbol{A} \in V$, 都有 $\boldsymbol{A}$ 是可逆矩阵, 证明:$\dim V \leqslant n$.

第 3 章

矩阵

3.1 矩阵运算

3.1.1 矩阵乘法

例 3.1.1 (扬州大学,2020) 设矩阵 $\boldsymbol{A}=\begin{pmatrix}1&1&1&1\\4&-2&3&5\end{pmatrix},\boldsymbol{M}=\begin{pmatrix}2&1\\-5&-3\end{pmatrix}$.

(1) 证明:$\boldsymbol{A}\boldsymbol{A}^{\mathrm{T}}$ 是可逆矩阵, 其中 $\boldsymbol{A}^{\mathrm{T}}$ 表示 $\boldsymbol{A}$ 的转置矩阵;

(2) 记 $\boldsymbol{P}=\boldsymbol{A}^{\mathrm{T}}(\boldsymbol{A}\boldsymbol{A}^{\mathrm{T}})^{-1}\boldsymbol{A}$, 证明:$\boldsymbol{P}$ 是幂等矩阵 (即 $\boldsymbol{P}^2=\boldsymbol{P}$);

(3) 如果 $\boldsymbol{B}=\boldsymbol{M}\boldsymbol{A}$, 且 $\boldsymbol{Q}=\boldsymbol{B}^{\mathrm{T}}(\boldsymbol{B}\boldsymbol{B}^{\mathrm{T}})^{-1}\boldsymbol{B}$, 证明:$\boldsymbol{Q}=\boldsymbol{P}$.

证 (1) 直接计算, 可得

$$\boldsymbol{A}\boldsymbol{A}^{\mathrm{T}}=\begin{pmatrix}1&1&1&1\\4&-2&3&5\end{pmatrix}\begin{pmatrix}1&4\\1&-2\\1&3\\1&5\end{pmatrix}=\begin{pmatrix}4&10\\10&54\end{pmatrix},$$

于是 $|\boldsymbol{A}\boldsymbol{A}^{\mathrm{T}}|=116\neq 0$, 从而 $\boldsymbol{A}\boldsymbol{A}^{\mathrm{T}}$ 是可逆矩阵.

(2) 由于

$$\begin{aligned}\boldsymbol{P}^2=&(\boldsymbol{A}^{\mathrm{T}}(\boldsymbol{A}\boldsymbol{A}^{\mathrm{T}})^{-1}\boldsymbol{A})(\boldsymbol{A}^{\mathrm{T}}(\boldsymbol{A}\boldsymbol{A}^{\mathrm{T}})^{-1}\boldsymbol{A})=\boldsymbol{A}^{\mathrm{T}}[(\boldsymbol{A}\boldsymbol{A}^{\mathrm{T}})^{-1}(\boldsymbol{A}\boldsymbol{A}^{\mathrm{T}})](\boldsymbol{A}\boldsymbol{A}^{\mathrm{T}})^{-1}\boldsymbol{A}\\=&\boldsymbol{A}^{\mathrm{T}}(\boldsymbol{A}\boldsymbol{A}^{\mathrm{T}})^{-1}\boldsymbol{A}=\boldsymbol{P},\end{aligned}$$

故 $\boldsymbol{P}$ 是幂等矩阵.

(3) 注意到 $\boldsymbol{M}$ 可逆, 于是

$$\begin{aligned}\boldsymbol{Q}=&\boldsymbol{B}^{\mathrm{T}}(\boldsymbol{B}\boldsymbol{B}^{\mathrm{T}})^{-1}\boldsymbol{B}=(\boldsymbol{M}\boldsymbol{A})^{\mathrm{T}}(\boldsymbol{M}\boldsymbol{A}(\boldsymbol{M}\boldsymbol{A})^{\mathrm{T}})^{-1}\boldsymbol{M}\boldsymbol{A}\\=&\boldsymbol{A}^{\mathrm{T}}\boldsymbol{M}^{\mathrm{T}}(\boldsymbol{M}\boldsymbol{A}\boldsymbol{A}^{\mathrm{T}}\boldsymbol{M}^{\mathrm{T}})^{-1}\boldsymbol{M}\boldsymbol{A}\\=&\boldsymbol{A}^{\mathrm{T}}\boldsymbol{M}^{\mathrm{T}}(\boldsymbol{M}^{\mathrm{T}})^{-1}(\boldsymbol{A}\boldsymbol{A}^{\mathrm{T}})^{-1}\boldsymbol{M}^{-1}\boldsymbol{M}\boldsymbol{A}\\=&\boldsymbol{A}^{\mathrm{T}}(\boldsymbol{A}\boldsymbol{A}^{\mathrm{T}})^{-1}\boldsymbol{A}\\=&\boldsymbol{P},\end{aligned}$$

故结论成立.

例 3.1.2 (武汉大学,2018) 设 $\boldsymbol{\alpha},\boldsymbol{\beta}$是$n$维列向量, 且 $\boldsymbol{\alpha}^{\mathrm{T}}\boldsymbol{\beta}=3,\boldsymbol{B}=\boldsymbol{\alpha}\boldsymbol{\beta}^{\mathrm{T}},\boldsymbol{A}=\boldsymbol{E}-\boldsymbol{B}$. 证明:

(1) $\boldsymbol{B}^k=3^{k-1}\boldsymbol{B}(k\geqslant 0$ 为正整数);

(2) $\boldsymbol{A}+2\boldsymbol{E},\boldsymbol{A}-\boldsymbol{E}$ 中至少有一个不可逆;

(3) $\boldsymbol{A}$ 与 $\boldsymbol{A}+\boldsymbol{E}$ 都可逆.

证 (1) 由于 $\boldsymbol{\beta}^{\mathrm{T}}\boldsymbol{\alpha}=\boldsymbol{\alpha}^{\mathrm{T}}\boldsymbol{\beta}=3$, 于是

$$\begin{aligned}\boldsymbol{B}^k&=(\boldsymbol{\alpha}\boldsymbol{\beta}^{\mathrm{T}})(\boldsymbol{\alpha}\boldsymbol{\beta}^{\mathrm{T}})\cdots(\boldsymbol{\alpha}\boldsymbol{\beta}^{\mathrm{T}})=\boldsymbol{\alpha}(\boldsymbol{\beta}^{\mathrm{T}}\boldsymbol{\alpha})(\boldsymbol{\beta}^{\mathrm{T}}\boldsymbol{\alpha})\cdots(\boldsymbol{\beta}^{\mathrm{T}}\boldsymbol{\alpha})\boldsymbol{\beta}^{\mathrm{T}}\\&=(\boldsymbol{\beta}^{\mathrm{T}}\boldsymbol{\alpha})^{k-1}\boldsymbol{\alpha}\boldsymbol{\beta}^{\mathrm{T}}=3^{k-1}\boldsymbol{A}.\end{aligned}$$

故结论成立.

(2) (法 1) 由于

$$|\boldsymbol{A}+2\boldsymbol{E}|=|3\boldsymbol{E}-\boldsymbol{\alpha}\boldsymbol{\beta}^{\mathrm{T}}|=|3\boldsymbol{E}|[1-\boldsymbol{\beta}^{\mathrm{T}}(3\boldsymbol{E})^{-1}\boldsymbol{\alpha}]=3^n(1-1)=0,$$

所以 $\boldsymbol{A}+2\boldsymbol{E}$ 不可逆, 从而结论成立.

(法 2) 由

$$|\lambda\boldsymbol{E}-\boldsymbol{B}|=|\lambda\boldsymbol{E}-\boldsymbol{\alpha}\boldsymbol{\beta}^{\mathrm{T}}|=\lambda^{n-1}(\lambda-\boldsymbol{\beta}^{\mathrm{T}}\boldsymbol{\alpha})=\lambda^{n-1}(\lambda-3),$$

可知 $\boldsymbol{B}$ 的特征值是 $0(n-1$重$),3$, 从而 $\boldsymbol{A}$ 的特征值为 $1(n-1$重$),-2$, 于是 $\boldsymbol{A}+2\boldsymbol{E}$ 的特征值为 $3(n-1$重$),0$, 从而 $\boldsymbol{A}+2\boldsymbol{E}$ 不可逆.$\boldsymbol{A}-\boldsymbol{E}$ 的特征值是 $0(n-1$重$),-3$, 于是 $\boldsymbol{A}-\boldsymbol{E}$ 不可逆. 从而结论成立.

(法 3) 由于 $\boldsymbol{\beta}^{\mathrm{T}}\boldsymbol{\alpha}=3$, 故 $(\boldsymbol{A}+2\boldsymbol{E})\boldsymbol{\alpha}=(3\boldsymbol{E}-\boldsymbol{\alpha}\boldsymbol{\beta}^{\mathrm{T}})\boldsymbol{\alpha}=0\boldsymbol{\alpha}$, 即 0 是 $\boldsymbol{A}+2\boldsymbol{E}$ 的特征值, 故 $\boldsymbol{A}+2\boldsymbol{E}$ 不可逆.

(法 4) 由 (1) 知 $\boldsymbol{B}^2=3\boldsymbol{B}$, 于是 $\boldsymbol{A}^2=(\boldsymbol{E}-\boldsymbol{B})^2=\boldsymbol{E}-2\boldsymbol{B}+\boldsymbol{B}^2=\boldsymbol{E}+\boldsymbol{B}$, 由于 $\boldsymbol{B}=\boldsymbol{E}-\boldsymbol{A}$, 故 $\boldsymbol{A}^2=2\boldsymbol{E}-\boldsymbol{A}$, 即 $(\boldsymbol{A}+2\boldsymbol{E})(\boldsymbol{A}-\boldsymbol{E})=\boldsymbol{O}$, 两边取行列式, 可得 $|\boldsymbol{A}+2\boldsymbol{E}||\boldsymbol{A}-\boldsymbol{E}|=0$, 于是 $|\boldsymbol{A}+2\boldsymbol{E}|,|\boldsymbol{A}-\boldsymbol{E}|$ 中至少有一个为 0, 从而 $\boldsymbol{A}+2\boldsymbol{E},\boldsymbol{A}-\boldsymbol{E}$ 中至少有一个不可逆.

(3) (法 1) 由于

$$|\boldsymbol{A}|=|\boldsymbol{E}-\boldsymbol{\alpha}\boldsymbol{\beta}^{\mathrm{T}}|=|\boldsymbol{E}|(1-\boldsymbol{\beta}^{\mathrm{T}}\boldsymbol{E}^{-1}\boldsymbol{\alpha})=-2,$$

$$|\boldsymbol{A}+\boldsymbol{E}|=|2\boldsymbol{E}-\boldsymbol{\alpha}\boldsymbol{\beta}^{\mathrm{T}}|=|2\boldsymbol{E}|(1-\boldsymbol{\beta}^{\mathrm{T}}(2\boldsymbol{E})^{-1}\boldsymbol{\alpha})=2^n\left(1-\frac{3}{2}\right)=-2^{n-1}.$$

(法 2) 由于 $\boldsymbol{A}$ 的特征值为 $1(n-1$重$),-2,\boldsymbol{A}+\boldsymbol{E}$ 的特征值为 $2(n-1$重$),-1$, 所以 $\boldsymbol{A}$ 与 $\boldsymbol{A}+\boldsymbol{E}$ 都可逆.

(法 3) 由 (1) 知 $\boldsymbol{B}^2=3\boldsymbol{B}$, 于是 $\boldsymbol{A}^2=(\boldsymbol{E}-\boldsymbol{B})^2=\boldsymbol{E}-2\boldsymbol{B}+\boldsymbol{B}^2=\boldsymbol{E}+\boldsymbol{B}$, 由于 $\boldsymbol{B}=\boldsymbol{E}-\boldsymbol{A}$, 故 $\boldsymbol{A}^2=2\boldsymbol{E}-\boldsymbol{A}$, 即 $\boldsymbol{A}(\boldsymbol{A}+\boldsymbol{E})=2\boldsymbol{E}$, 故 $\boldsymbol{A}$ 与 $\boldsymbol{A}+\boldsymbol{E}$ 都可逆.

例 3.1.3 (大连海事大学,2011) 设 $\boldsymbol{A},\boldsymbol{B},\boldsymbol{X}_n(n=0,1,2,\cdots)$ 都是三阶方阵, 且 $\boldsymbol{X}_{n+1}=\boldsymbol{A}\boldsymbol{X}_n+\boldsymbol{B}$, 当

$$\boldsymbol{A}=\begin{pmatrix}0&0&0\\0&1&0\\1&0&1\end{pmatrix},\boldsymbol{B}=\begin{pmatrix}1&0&0\\0&1&0\\0&0&1\end{pmatrix},\boldsymbol{X}_0=\begin{pmatrix}0&0&0\\0&0&0\\0&0&0\end{pmatrix}$$

时, 求 $\boldsymbol{X}_n$.

解 当 $n=0$ 时,$\boldsymbol{X}_n=\boldsymbol{O}$.

当 $n \geqslant 1$ 时, 由条件 $\boldsymbol{X}_{n+1} = \boldsymbol{A}\boldsymbol{X}_n + \boldsymbol{B}$, 并注意到 $\boldsymbol{B} = \boldsymbol{E}$, 可得

$$\begin{aligned}\boldsymbol{X}_n &= \boldsymbol{A}\boldsymbol{X}_{n-1} + \boldsymbol{E}\\ &= \boldsymbol{A}(\boldsymbol{A}\boldsymbol{X}_{n-2} + \boldsymbol{E}) + E\boldsymbol{E}\\ &= \boldsymbol{A}^2\boldsymbol{X}_{n-2} + \boldsymbol{A} + \boldsymbol{E}\\ &= \cdots\\ &= \boldsymbol{A}^n\boldsymbol{X}_0 + \boldsymbol{A}^{n-1} + \cdots + \boldsymbol{A} + \boldsymbol{E}.\end{aligned}$$

而计算可知 $\boldsymbol{A}^2 = \boldsymbol{A}$, 从而对任意自然数 k 有 $\boldsymbol{A}^k = \boldsymbol{A}(k = 1, 2, \cdots)$, 注意到 $\boldsymbol{B} = \boldsymbol{E}$, 于是

$$\boldsymbol{X}_n = \boldsymbol{A}^{n-1} + \cdots + \boldsymbol{A} + \boldsymbol{E} = (n-1)\boldsymbol{A} + \boldsymbol{E} = \begin{pmatrix} n & 0 & 0 \\ 0 & n & 0 \\ n-1 & 0 & n \end{pmatrix}.$$

例 3.1.4　设 $\boldsymbol{A}, \boldsymbol{B}, \boldsymbol{X}_n (n = 0, 1, 2, \cdots)$ 都是三阶方阵, 且 $\boldsymbol{X}_{n+1} = \boldsymbol{A}\boldsymbol{X}_n + \boldsymbol{B}$, 当

$$\boldsymbol{A} = \begin{pmatrix} 0 & 1 & 0 \\ 0 & 0 & 1 \\ 1 & 0 & 0 \end{pmatrix}, \boldsymbol{B} = \begin{pmatrix} 1 & 0 & 0 \\ 0 & 1 & 0 \\ 0 & 0 & 1 \end{pmatrix}, \boldsymbol{X}_0 = \begin{pmatrix} 0 & 0 & 0 \\ 0 & 0 & 0 \\ 0 & 0 & 0 \end{pmatrix}$$

时, 求 $\boldsymbol{X}_{n+1}$.

3.1.2　方阵的幂

求方阵幂的方法

求方阵的幂, 通常的方法有:

(1) 数学归纳法;

(2) 二项式定理;

(3) 对角化方法;

(4) 特征多项式或最小多项式法;

(5) 其他方法.

例 3.1.5　设 $\boldsymbol{A} = \begin{pmatrix} -1 & 1 & 1 & -1 \\ 1 & -1 & -1 & 1 \\ 1 & -1 & -1 & 1 \\ -1 & 1 & 1 & -1 \end{pmatrix}$, 计算 $\boldsymbol{A}^6$.

解　计算可得 $\boldsymbol{A}^2 = -4\boldsymbol{A}$, 故 $\boldsymbol{A}^4 = 16\boldsymbol{A}^2 = -64\boldsymbol{A}$, 于是 $\boldsymbol{A}^6 = -1024\boldsymbol{A}$.

例 3.1.6　设矩阵 $\boldsymbol{A} = \begin{pmatrix} \lambda & \alpha & \beta \\ 0 & \lambda & \alpha \\ 0 & 0 & \lambda \end{pmatrix}$, 试求 $\boldsymbol{A}^2, \boldsymbol{A}^3$, 进而求 $\boldsymbol{A}^n$.

解　(法 1) 用数学归纳法, 略.

(法 2) 令 $\boldsymbol{C}=\begin{pmatrix}0&\alpha&\beta\\0&0&\alpha\\0&0&0\end{pmatrix}$, 则 $\boldsymbol{C}^n=\mathbf{O}(n\geqslant 3)$. 于是

$$\boldsymbol{A}^n=(\lambda\boldsymbol{E}+\boldsymbol{C})^n=\mathrm{C}_n^0(\lambda\boldsymbol{E})^n+\mathrm{C}_n^1(\lambda\boldsymbol{E})^{n-1}\boldsymbol{C}+\mathrm{C}_n^2(\lambda\boldsymbol{E})^{n-2}\boldsymbol{C}^2.$$

计算即可.

例 3.1.7 (上海大学,2022) 设 $\boldsymbol{A}=\begin{pmatrix}2&0&0&0\\1&2&0&0\\1&1&2&0\\1&1&1&2\end{pmatrix}$, 求 $\boldsymbol{A}^n$.

例 3.1.8 已知矩阵 $\boldsymbol{A}=\begin{pmatrix}2&4&8\\\dfrac{1}{2}&1&2\\-3&-6&-12\end{pmatrix}$, 求 $\boldsymbol{A}^{2020}$ 以及 $r(\boldsymbol{A}^{2020})$.

解 (法 1) 令 $\boldsymbol{\alpha}=\left(2,\dfrac{1}{2},-3\right)^{\mathrm{T}}$, $\boldsymbol{\beta}=(1,2,4)^{\mathrm{T}}$, 则 $\boldsymbol{A}=\boldsymbol{\alpha}\boldsymbol{\beta}^{\mathrm{T}}$, 于是

$$\boldsymbol{A}^{2020}=\boldsymbol{\alpha}\boldsymbol{\beta}^{\mathrm{T}}\boldsymbol{\alpha}\boldsymbol{\beta}^{\mathrm{T}}\cdots\boldsymbol{\alpha}\boldsymbol{\beta}^{\mathrm{T}}=(\boldsymbol{\beta}^{\mathrm{T}}\boldsymbol{\alpha})^{2019}\boldsymbol{\alpha}\boldsymbol{\beta}^{\mathrm{T}}=(-9)^{2019}\boldsymbol{A}=-9^{2019}\boldsymbol{A},$$

易知 $r(\boldsymbol{A})=1$, 于是 $r(\boldsymbol{A}^{2020})=r(\boldsymbol{A})=1$.

(法 2) 由于 $\boldsymbol{A}$ 的特征多项式为

$$f(\lambda)=|\lambda\boldsymbol{E}-\boldsymbol{A}|=\begin{vmatrix}\lambda-2&-4&-8\\-\dfrac{1}{2}&\lambda-1&-2\\3&6&\lambda+12\end{vmatrix}=\lambda^2(\lambda+9),$$

由哈密顿-凯莱定理有 $\boldsymbol{A}^3=-9\boldsymbol{A}^2$, 这样利用数学归纳法可得

$$\boldsymbol{A}^{2020}=-9^{2018}\boldsymbol{A}^2=-9^{2019}\boldsymbol{A}.$$

(法 3) 由于

$$f(\lambda)=|\lambda\boldsymbol{E}-\boldsymbol{A}|=\begin{vmatrix}\lambda-2&-4&-8\\-\dfrac{1}{2}&\lambda-1&-2\\3&6&\lambda+12\end{vmatrix}=\lambda^2(\lambda+9),$$

令 $g(\lambda)=\lambda^{2020}$, 由多项式的带余除法可设

$$g(\lambda)=f(\lambda)q(\lambda)+a\lambda^2+b\lambda+c,$$

令 $\lambda=0,-9$ 可得 $c=0, 9^{2020}=81a-9b+c$. $\lambda^{2020}=a\lambda^2+b\lambda+c$ 对 λ 求导可得

$$2020\lambda^{2019}=2a\lambda+b,$$

令 $\lambda=0$ 可得 $b=0$, 于是 $a=9^{2018}, b=c=0$, 注意到 $f(\boldsymbol{A})=0$, 可得

$$\boldsymbol{A}^{2020}=g(\boldsymbol{A})=f(\boldsymbol{A})q(\boldsymbol{A})+a\boldsymbol{A}^2+b\boldsymbol{A}+c\boldsymbol{E}=a\boldsymbol{A}^2,$$

而 $\boldsymbol{A}^2=-9\boldsymbol{A}$, 故 $\boldsymbol{A}^{2020}=-9^{2019}\boldsymbol{A}$. 易知 $r(\boldsymbol{A})=1$, 于是 $r(\boldsymbol{A}^{2020})=r(\boldsymbol{A})=1$.

例 3.1.9 (复旦大学,2002) 证明:

$$\begin{pmatrix}\frac{3}{2} & -\frac{1}{2}\\ \frac{1}{2} & \frac{1}{2}\end{pmatrix}^{100}=\begin{pmatrix}51 & -50\\ 50 & -49\end{pmatrix}.$$

注 一般地, 我们可以证明

$$\begin{pmatrix}\frac{3}{2} & -\frac{1}{2}\\ \frac{1}{2} & \frac{1}{2}\end{pmatrix}^{n}=\begin{pmatrix}\frac{n+2}{2} & -\frac{n}{2}\\ \frac{n}{2} & -\frac{n-2}{2}\end{pmatrix}.$$

例 3.1.10 (东北大学,2021) 设四阶方阵

$$\boldsymbol{A}=\begin{pmatrix}1 & 2 & 0 & 0\\ 2 & 1 & 0 & 0\\ 0 & 0 & 4 & -1\\ 0 & 0 & 4 & 0\end{pmatrix},$$

求 $\boldsymbol{A}^{2020}$.

例 3.1.11 设 $\boldsymbol{A}=\begin{pmatrix}-4 & -10 & 0\\ 1 & 3 & 0\\ 3 & 6 & 1\end{pmatrix}$, 求 $\boldsymbol{A}^{100}$.

例 3.1.12 (北京邮电大学,2022) 设 $f(x)=x^{100}+x^{99}+x^{98}+\cdots+x^2+x+1$, 矩阵 $\boldsymbol{A}=\begin{pmatrix}1 & 0 & 0\\ 0 & 0 & 0\\ 0 & 1 & 0\end{pmatrix}$.

(1) 求 $f(\boldsymbol{A})$ 及 $f^{-1}(\boldsymbol{A})$;

(2) 若 n 阶矩阵 $\boldsymbol{B}$ 满足 $f(\boldsymbol{B})=\boldsymbol{O}$, 求 $\boldsymbol{B}^{-1}$.

例 3.1.13 若 $\boldsymbol{A}=\begin{pmatrix}1 & 2 & 0\\ 0 & 2 & 0\\ -2 & -1 & -1\end{pmatrix}$, 求 $\boldsymbol{A}^{100}$.

解 设 $f(\lambda)$ 为 $\boldsymbol{A}$ 的特征多项式, 则 $f(\lambda)=(\lambda-2)(\lambda+1)(\lambda-1)$. 设

$$\lambda^{100}=q(\lambda)f(\lambda)+a\lambda^2+b\lambda+c,$$

将 $\lambda=1,-1,2$ 代入上式得

$$\begin{cases}a+\ \ b+c=1,\\ a-\ \ b+c=1,\\ 4a+2b+c=2^{100}.\end{cases}$$

解得

$$\begin{cases}a=\dfrac{1}{3}(2^{100}-1),\\ b=0,\\ c=\dfrac{1}{3}(4-2^{100}).\end{cases}$$

故

$$\lambda^{100}=q(\lambda)f(\lambda)+\frac{1}{3}(2^{100}-1)\lambda^2+\frac{1}{3}(4-2^{100}),$$

从而

$$\boldsymbol{A}=\begin{pmatrix}1 & 2\times(2^{100}-1) & 0\\ 0 & 2^{100} & 0\\ 0 & -\frac{5}{3}\times(2^{100}-1) & 1\end{pmatrix}.$$

例 3.1.14 设矩阵 $\boldsymbol{A}=\begin{pmatrix}1 & 2\\ 4 & 3\end{pmatrix}$, 试求 $\boldsymbol{A}^{2008}$.

解 (法 1) 由于

$$|\lambda\boldsymbol{E}-\boldsymbol{A}|=\begin{vmatrix}\lambda-1 & -2\\ -4 & \lambda-3\end{vmatrix}=(\lambda+1)(\lambda-5),$$

即 $\boldsymbol{A}$ 的特征值为 $\lambda_1=-1,\lambda_2=5$. 故 $\boldsymbol{A}$ 能够对角化.

解 $(\lambda_1\boldsymbol{E}-\boldsymbol{A})\boldsymbol{x}=\boldsymbol{0}$ 得其基础解系为 $\boldsymbol{\alpha}_1=(1,2)^{\mathrm{T}}$. 解 $(\lambda_2\boldsymbol{E}-\boldsymbol{A})\boldsymbol{x}=\boldsymbol{0}$ 得其基础解系为 $\boldsymbol{\alpha}_2=(1,-1)^{\mathrm{T}}$. 令

$$\boldsymbol{P}=(\boldsymbol{\alpha}_1,\boldsymbol{\alpha}_2)=\begin{pmatrix}1 & 1\\ 2 & -1\end{pmatrix},$$

则 $\boldsymbol{P}^{-1}\boldsymbol{AP}=\mathbf{diag}(-1,5)$, 于是 $\boldsymbol{A}=\boldsymbol{P}\mathbf{diag}(-1,5)\boldsymbol{P}^{-1}$, 故

$$\boldsymbol{A}^{2008}=\boldsymbol{P}\mathbf{diag}(1,5^{2008})\boldsymbol{P}^{-1}=\frac{1}{3}\begin{pmatrix}5^{2008}+2 & 5^{2008}-1\\ 2\times5^{2008}-2 & 2\times5^{2008}+1\end{pmatrix}.$$

(法 2) 由于 $\boldsymbol{A}$ 的特征值多项式

$$f(\lambda)=|\lambda\boldsymbol{E}-\boldsymbol{A}|=\begin{vmatrix}\lambda-1 & -2\\ -4 & \lambda-3\end{vmatrix}=(\lambda+1)(\lambda-5).$$

令 $g(\lambda)=\lambda^{2008}$, 则由多项式的带余除法, 可设

$$g(\lambda)=f(\lambda)q(\lambda)+a\lambda+b,$$

令 $\lambda=-1$ 和 $\lambda=5$ 可得

$$\begin{cases}-a+b=(-1)^{2008},\\ 5a+b=5^{2008}.\end{cases}$$

解得

$$a=\frac{5^{2008}-1}{6},b=\frac{5^{2008}+5}{6},$$

于是

$$\boldsymbol{A}^{2008}=a\boldsymbol{A}+b\boldsymbol{E}=\frac{1}{3}\begin{pmatrix}5^{2008}+2 & 5^{2008}-1\\ 2\times5^{2008}-2 & 2\times5^{2008}+1\end{pmatrix}.$$

例 3.1.15 (上海大学,2003) 设 $\boldsymbol{A}=\begin{pmatrix}1&0&0\\2&-1&0\\1&2&1\end{pmatrix}$, 求 $\boldsymbol{A}^{100}$.

例 3.1.16 (中国科学院大学,2011) 已知二阶矩阵 $\boldsymbol{A}=\begin{pmatrix}a&b\\c&d\end{pmatrix}$ 的特征多项式为 $(\lambda-1)^2$, 试求 $\boldsymbol{A}^{2011}-2011\boldsymbol{A}$.

解 令

$$f(\lambda)=(\lambda-1)^2,g(\lambda)=\lambda^{2011}-2011\lambda.$$

则可设

$$g(\lambda)=f(\lambda)q(\lambda)+k_1\lambda+k_0,$$

令 $\lambda=1$ 有

$$1-2011=g(1)=k_1+k_0,$$

在

$$g'(\lambda)=f'(\lambda)q(\lambda)+f(\lambda)q'(\lambda)+k_1,$$

中令 $\lambda=1$ 有

$$0=g'(1)=k_1,$$

于是

$$k_1=g'(1)=0,k_0=g(1)=-2010.$$

从而

$$\boldsymbol{A}^{2011}-2011\boldsymbol{A}=g(\boldsymbol{A})=k_1\boldsymbol{A}+k_0\boldsymbol{E}=-2010\boldsymbol{E}.$$

例 3.1.17 (南昌大学,2013) 已知矩阵 $\boldsymbol{A}=\begin{pmatrix}a&b\\2&1\end{pmatrix}$ 的特征多项式为 $(\lambda-1)^2$, 求 $\boldsymbol{A}^{2013}-2012\boldsymbol{A}$.

例 3.1.18 (武汉大学,2021) 若 $\boldsymbol{A}=\begin{pmatrix}0&-1\\1&0\end{pmatrix}$. 求 $\boldsymbol{A}^{2021}+\boldsymbol{A}^{2019}+\boldsymbol{A}$.

例 3.1.19 若 $\boldsymbol{A}=\begin{pmatrix}\frac{1}{2}&-\frac{\sqrt{3}}{2}\\\frac{\sqrt{3}}{2}&\frac{1}{2}\end{pmatrix}$, 且 $\boldsymbol{A}^6=\boldsymbol{E}$, 求 $\boldsymbol{A}^{11}$.

解 由 $\boldsymbol{A}^6=\boldsymbol{E}$ 有 $\boldsymbol{A}^{12}=\boldsymbol{E}$, 即 $\boldsymbol{A}^{11}\boldsymbol{A}=\boldsymbol{E}$, 从而

$$\boldsymbol{A}^{11}=\boldsymbol{A}^{-1}=\begin{pmatrix}\frac{1}{2}&\frac{\sqrt{3}}{2}\\-\frac{\sqrt{3}}{2}&\frac{1}{2}\end{pmatrix}.$$

例 3.1.20 (青岛大学,2017) 设 $\boldsymbol{A},\boldsymbol{B}$ 是数域 $\boldsymbol{P}$ 上的 n 阶方阵, 且 $(\boldsymbol{AB})^m=\boldsymbol{E}$, 其中 $\boldsymbol{E}$ 是 n 阶单位矩阵,m 为正整数. 证明:$(\boldsymbol{BA})^m=\boldsymbol{E}$.

证 由 $(\boldsymbol{AB})^m=\boldsymbol{E}$, 两边取行列式可得 $|\boldsymbol{A}|^m|\boldsymbol{B}|^m=1$, 故 $\boldsymbol{A}$ 可逆, 于是

$$\begin{aligned}(\boldsymbol{BA})^m=&\boldsymbol{E}(\boldsymbol{BA})^m=\boldsymbol{A}^{-1}\boldsymbol{A}(\boldsymbol{BA})^m=\boldsymbol{A}^{-1}\boldsymbol{A}(\boldsymbol{BABA}\cdots\boldsymbol{BA})\\=&\boldsymbol{A}^{-1}(\boldsymbol{ABABA}\cdots\boldsymbol{AB})\boldsymbol{A}=\boldsymbol{A}^{-1}(\boldsymbol{AB})^m\boldsymbol{A}=\boldsymbol{A}^{-1}\boldsymbol{EA}\\=&\boldsymbol{E}.\end{aligned}$$

即结论成立.

例 3.1.21 (武汉大学,2007) 已知 $\boldsymbol{A}^2=\begin{pmatrix}2&-1&0\\7&-3&0\\0&0&9\end{pmatrix},\boldsymbol{A}^3=\begin{pmatrix}-1&0&0\\0&-1&0\\0&0&-27\end{pmatrix}$, 求 $\boldsymbol{A}$.

解 (法 1) 设 $\boldsymbol{A}=\begin{pmatrix}x_1&x_2&x_3\\y_1&y_2&y_3\\z_1&z_2&z_3\end{pmatrix}$, 由 $\boldsymbol{A}^2\boldsymbol{A}=\boldsymbol{A}^3$, 有

$$\begin{cases}2x_1-y_1=-1,\\2x_2-y_2=0,\\2x_3-y_3=0,\\7x_1-3y_1=0,\\7x_2-3y_2=-1,\\7x_3-3y_3=0,\\9z_1=0,\\9z_2=0,\\9z_3=-27.\end{cases}$$

求解可得

$$\boldsymbol{A}=\begin{pmatrix}3&-1&0\\7&-2&0\\0&0&-3\end{pmatrix}.$$

(法 2) 首先, 易知 $\boldsymbol{A}^2$ 可逆, 且

$$(\boldsymbol{A}^2)^{-1}=\begin{pmatrix}-3&1&0\\-7&-3&0\\0&0&\frac{1}{9}\end{pmatrix},$$

于是由 $\boldsymbol{A}^2\boldsymbol{A}=\boldsymbol{A}^3$, 可得

$$\boldsymbol{A}=(\boldsymbol{A}^2)^{-1}\boldsymbol{A}^3=\begin{pmatrix}3&-1&0\\7&-2&0\\0&0&-3\end{pmatrix}.$$

例 3.1.22　(中南大学,2022) 设实向量 $\boldsymbol{X}=(a,b,c)$ 的三个分量满足 $\begin{pmatrix} a & 0 \\ b & c \end{pmatrix}^{2022}=\boldsymbol{E}$, 求 $\boldsymbol{X}$.

解　记 $\boldsymbol{A}=\begin{pmatrix} a & 0 \\ b & c \end{pmatrix}$.

(1) 若 $a\neq c$, 则 $\boldsymbol{A}$ 可对角化, 于是存在可逆矩阵 $\boldsymbol{P}$, 使得 $\boldsymbol{A}=\boldsymbol{P}^{-1}\mathbf{diag}(a,c)\boldsymbol{P}$, 从而

$$\boldsymbol{E}=\begin{pmatrix} a & 0 \\ b & c \end{pmatrix}^{2022}=\boldsymbol{A}^{2022}=\boldsymbol{P}^{-1}\mathbf{diag}(a^{2022},c^{2022})\boldsymbol{P},$$

于是 $a^{2022}=c^{2022}=1$, 从而 $a=1,c=-1$ 或者 $a=-1,c=1$. 此时, 由于

$$\boldsymbol{A}^2=\begin{pmatrix} a & 0 \\ b & c \end{pmatrix}^2=\begin{pmatrix} a^2 & 0 \\ ab+bc & c^2 \end{pmatrix}=\boldsymbol{E},$$

故 $\boldsymbol{A}^{2022}=\boldsymbol{E}$, 即 $\boldsymbol{X}=(1,b,-1)$ 或者 $\boldsymbol{X}=(-1,b,1)$, 其中 b 为任意实数.

(2) 若 $a=c$, 则

$$\boldsymbol{A}=a\boldsymbol{E}+\boldsymbol{B},$$

其中

$$\boldsymbol{B}=\begin{pmatrix} 0 & 0 \\ b & 0 \end{pmatrix},$$

注意到 $\boldsymbol{B}^2=\boldsymbol{O}$, 可得

$$\boldsymbol{E}=\boldsymbol{A}^{2022}=\mathrm{C}_{200}^{0}(a\boldsymbol{E})^{2022}+\mathrm{C}_{2022}^{1}(a\boldsymbol{E})^{2021}\boldsymbol{B}=\begin{pmatrix} a^{2022} & 0 \\ 2022a^{2021}b & a^{2022} \end{pmatrix},$$

从而 $a=\pm1,b=0$, 此时 $\boldsymbol{X}=(1,0,1)$ 或者 $\boldsymbol{X}=(-1,0,-1)$.

综上可知 $\boldsymbol{X}=(1,b,-1)$ 或者 $\boldsymbol{X}=(-1,b,1)$ 或者 $\boldsymbol{X}=(1,0,1)$ 或者 $\boldsymbol{X}=(-1,0,-1)$, 其中 b 为任意实数.

例 3.1.23　(第七届全国大学生数学竞赛决赛,2016) 若实向量 $\boldsymbol{X}=(a,b,c)$ 的三个分量 a,b,c 满足 $\begin{pmatrix} a & b \\ 0 & c \end{pmatrix}^{2016}=\boldsymbol{E}_2$, 则 $\boldsymbol{X}=($　　　$)$ 或 $($　　　$)$ 或 $($　　　$)$ 或 $($　　　$)$.

3.1.3　方阵的行列式

例 3.1.24　设 $\boldsymbol{A}$ 为 n 阶方阵, 且 $\boldsymbol{A}^2=\boldsymbol{A}$, 但 $\boldsymbol{A}\neq\boldsymbol{E}$, 证明:$|\boldsymbol{A}|=0$.

证　(法 1) 若 $|\boldsymbol{A}|\neq0$, 则 $\boldsymbol{A}$ 可逆, 在 $\boldsymbol{A}^2=\boldsymbol{A}$ 两边左乘 $\boldsymbol{A}^{-1}$ 可得 $\boldsymbol{A}=\boldsymbol{E}$, 这与已知矛盾, 故结论成立.

(法 2) 由 $\boldsymbol{A}^2=\boldsymbol{A}$, 可得 $\boldsymbol{A}(\boldsymbol{A}-\boldsymbol{E})=\boldsymbol{O}$, 由 $\boldsymbol{A}\neq\boldsymbol{E}$, 故方程组 $\boldsymbol{A}\boldsymbol{x}=\boldsymbol{0}$ 有非零解, 从而 $|\boldsymbol{A}|=0$.

(法 3) 由 $\boldsymbol{A}^2=\boldsymbol{A}$, 可得 $r(\boldsymbol{A})+r(\boldsymbol{A}-\boldsymbol{E})=n$, 但 $\boldsymbol{A}\neq\boldsymbol{E}$, 从而 $r(\boldsymbol{A}-\boldsymbol{E})\geqslant1$, 于是 $r(\boldsymbol{A})<n$, 故结论成立.

(法 4) 由于 $\boldsymbol{A}$ 可以对角化, 即存在可逆矩阵 $\boldsymbol{P}$ 使得 $\boldsymbol{A}=\boldsymbol{P}^{-1}\mathbf{diag}(\boldsymbol{E}_r,\boldsymbol{0}_{n-r})\boldsymbol{P}$, 由于 $\boldsymbol{A}\neq\boldsymbol{E}$, 故 $r<n$, 从而结论成立.

例 3.1.25 (湖南师范大学,2022) 设 $\boldsymbol{A},\boldsymbol{B}$ 满足 $\boldsymbol{A}^2=\boldsymbol{B}^2=\boldsymbol{E}$, 且 $|\boldsymbol{A}|+|\boldsymbol{B}|=0$, 证明:

(1) $|\boldsymbol{A}+\boldsymbol{B}|=-|\boldsymbol{A}(\boldsymbol{A}+\boldsymbol{B})\boldsymbol{B}|$;

(2) $|\boldsymbol{A}+\boldsymbol{B}|=0$, 其中 $|\boldsymbol{A}|$ 表示 $\boldsymbol{A}$ 的行列式.

例 3.1.26 (东华理工大学,2018) 设 $\boldsymbol{A},\boldsymbol{B}$ 为三阶矩阵, 且 $|\boldsymbol{A}|=3,|\boldsymbol{B}|=2,|\boldsymbol{A}^{-1}+\boldsymbol{B}|=2$, 计算 $|\boldsymbol{A}+\boldsymbol{B}^{-1}|$.

例 3.1.27 (华东理工大学,2004) 设 $\boldsymbol{A}$ 为任意方阵, 证明

$$\det\begin{pmatrix}\boldsymbol{A} & \boldsymbol{A}^2\\ \boldsymbol{A}^2 & \boldsymbol{A}^3\end{pmatrix}=0.$$

3.1.4 方阵的逆

证明方阵可逆的方法

证明方阵 $\boldsymbol{A}$ 可逆, 可以考虑如下的方法:
(1) 证明存在 n 阶方阵 $\boldsymbol{B}$, 满足 $\boldsymbol{AB}=\boldsymbol{E}$ 或者 $\boldsymbol{BA}=\boldsymbol{E}$;
(2) 证明 $|\boldsymbol{A}|\neq 0$;
(3) 证明线性方程组 $\boldsymbol{Ax}=\boldsymbol{0}$ 只有零解;
(4) 证明 $\boldsymbol{A}$ 的特征值都不为 0;
(5) 证明 $r(\boldsymbol{A})=n$.

例 3.1.28 (华南理工大学,2018) 已知 $\boldsymbol{A}=\begin{pmatrix}1&1&1&1\\1&1&-1&-1\\1&-1&1&-1\\1&-1&-1&1\end{pmatrix}$.

(1) 求 $\boldsymbol{A}^{-1}$;

(2) 若 $\boldsymbol{AB}-\boldsymbol{A}=\boldsymbol{B}$, 求 $\boldsymbol{B}^{\mathrm{T}}\boldsymbol{AB}^{-1}$.

解 (1)(法 1) 注意到 $\boldsymbol{A}$ 是对称矩阵, 且 $\boldsymbol{A}^2=\boldsymbol{AA}^{\mathrm{T}}=4\boldsymbol{E}$, 所以

$$\boldsymbol{A}^{-1}=\frac{1}{4}\boldsymbol{A}=\frac{1}{4}\begin{pmatrix}1&1&1&1\\1&1&-1&-1\\1&-1&1&-1\\1&-1&-1&1\end{pmatrix}.$$

(法 2) 由于

$$(\boldsymbol{A},\boldsymbol{E})=\begin{pmatrix}1&1&1&1&1&0&0&0\\1&1&-1&-1&0&1&0&0\\1&-1&1&-1&0&0&1&0\\1&-1&-1&1&0&0&0&1\end{pmatrix}\to\begin{pmatrix}1&1&1&1&1&0&0&0\\0&0&-2&-2&-1&1&0&0\\0&-2&0&-2&-1&0&1&0\\0&-2&-2&0&-1&0&0&1\end{pmatrix}$$

$$\to\begin{pmatrix}1&1&1&1&1&0&0&0\\0&-2&0&-2&-1&0&1&0\\0&0&-2&-2&-1&1&0&0\\0&0&0&4&1&-1&-1&1\end{pmatrix}\to\begin{pmatrix}1&0&0&0&\frac{1}{4}&\frac{1}{4}&\frac{1}{4}&\frac{1}{4}\\0&1&0&0&\frac{1}{4}&\frac{1}{4}&-\frac{1}{4}&-\frac{1}{4}\\0&0&1&0&\frac{1}{4}&-\frac{1}{4}&\frac{1}{4}&-\frac{1}{4}\\0&0&0&1&\frac{1}{4}&-\frac{1}{4}&-\frac{1}{4}&\frac{1}{4}\end{pmatrix},$$

所以

$$\boldsymbol{A}^{-1}=\frac{1}{4}\begin{pmatrix}1&1&1&1\\1&1&-1&-1\\1&-1&1&-1\\1&-1&-1&1\end{pmatrix}.$$

(2) 由 $\boldsymbol{AB}-\boldsymbol{A}=\boldsymbol{B}$, 可得 $(\boldsymbol{A}-\boldsymbol{E})\boldsymbol{B}=\boldsymbol{A}$, 易知 $\boldsymbol{A}-\boldsymbol{E}$ 可逆, 于是 $\boldsymbol{B}=(\boldsymbol{A}-\boldsymbol{E})^{-1}\boldsymbol{A}$. 注意到 $\boldsymbol{A}-\boldsymbol{E},\boldsymbol{A}$ 都是对称矩阵, 可得

$$\boldsymbol{B}^{\mathrm{T}}\boldsymbol{A}\boldsymbol{B}^{-1}=\boldsymbol{A}^{\mathrm{T}}((\boldsymbol{A}-\boldsymbol{E})^{-1})^{\mathrm{T}}\boldsymbol{A}\boldsymbol{A}^{-1}(\boldsymbol{A}-\boldsymbol{E})=\boldsymbol{A}^{\mathrm{T}}=\boldsymbol{A}=\begin{pmatrix}1&1&1&1\\1&1&-1&-1\\1&-1&1&-1\\1&-1&-1&1\end{pmatrix}.$$

例 3.1.29 (首都师范大学,2013) 设 a,b,c,d 为非零实数, 求矩阵

$$\boldsymbol{A}=\begin{pmatrix}a&b&c&d\\-b&a&-d&c\\-c&d&a&-b\\-d&-c&b&a\end{pmatrix}$$

的逆矩阵.

例 3.1.30 (湘潭大学,2008) 设 $\boldsymbol{A}$ 是 n 阶方阵,$\boldsymbol{A}^k=\boldsymbol{O}$ 对某个正整数 k 成立, 求证: 下列方阵可逆, 并求它们的逆.

(1) $\boldsymbol{E}-\boldsymbol{A}$;

(2) $\boldsymbol{E}+\boldsymbol{A}$;

(3) $\boldsymbol{E}+\boldsymbol{A}+\frac{1}{2!}\boldsymbol{A}^2+\cdots+\frac{1}{(k-1)!}\boldsymbol{A}^{k-1}$.

解 (1) 由 $\boldsymbol{A}^k=\boldsymbol{O}$ 有

$$\boldsymbol{E}=\boldsymbol{E}-\boldsymbol{A}^k=(\boldsymbol{E}-\boldsymbol{A})(\boldsymbol{E}+\boldsymbol{A}+\boldsymbol{A}^2+\cdots+\boldsymbol{A}^{k-1}),$$

故 $\boldsymbol{E}-\boldsymbol{A}$ 可逆, 且

$$(\boldsymbol{E}-\boldsymbol{A})^{-1}=\boldsymbol{E}+\boldsymbol{A}+\boldsymbol{A}^2+\cdots+\boldsymbol{A}^{k-1}.$$

(2) (法 1) 若 k 为偶数, 设 $k=2m$, 由 $\boldsymbol{A}^k=\boldsymbol{O}$ 有

$$\boldsymbol{E}=\boldsymbol{E}-\boldsymbol{A}^{2m}=(\boldsymbol{E}+\boldsymbol{A})(\boldsymbol{E}-\boldsymbol{A})(\boldsymbol{E}+\boldsymbol{A}^2+\boldsymbol{A}^4+\cdots+\boldsymbol{A}^{2(m-1)}),$$

故 $\boldsymbol{E}+\boldsymbol{A}$ 可逆, 且

$$(\boldsymbol{E}+\boldsymbol{A})^{-1}=(\boldsymbol{E}-\boldsymbol{A})(\boldsymbol{E}+\boldsymbol{A}^2+\boldsymbol{A}^4+\cdots+\boldsymbol{A}^{2(m-1)}).$$

若 k 为奇数, 设 $k=2m+1$, 由 $\boldsymbol{A}^k=\boldsymbol{O}$ 有

$$\boldsymbol{E}=\boldsymbol{E}+\boldsymbol{A}^{2m+1}=(\boldsymbol{E}+\boldsymbol{A})(\boldsymbol{E}-\boldsymbol{A}+\boldsymbol{A}^2-\boldsymbol{A}^3+\cdots-\boldsymbol{A}^{2m-1}+\boldsymbol{A}^{2m}),$$

故 $\boldsymbol{E}+\boldsymbol{A}$ 可逆, 且

$$(\boldsymbol{E}+\boldsymbol{A})^{-1}=\boldsymbol{E}-\boldsymbol{A}+\boldsymbol{A}^2-\boldsymbol{A}^3+\cdots-\boldsymbol{A}^{2m-1}+\boldsymbol{A}^{2m}.$$

(法 2) 由 $\boldsymbol{A}^k=\boldsymbol{O}$, 可知 $\boldsymbol{A}^{2k}=\boldsymbol{O}$, 注意

$$(\boldsymbol{E}-\boldsymbol{A}^2)(\boldsymbol{E}+\boldsymbol{A}^2+\boldsymbol{A}^4+\cdots+\boldsymbol{A}^{2k-2})=\boldsymbol{E}-\boldsymbol{A}^{2k}=\boldsymbol{E},$$

以及 $\boldsymbol{E}-\boldsymbol{A}^2=(\boldsymbol{E}+\boldsymbol{A})(\boldsymbol{E}-\boldsymbol{A})$, 可知 $\boldsymbol{E}+\boldsymbol{A}$ 可逆, 且

$$(\boldsymbol{E}+\boldsymbol{A})^{-1}=(\boldsymbol{E}-\boldsymbol{A})(\boldsymbol{E}+\boldsymbol{A}^2+\boldsymbol{A}^4+\cdots+\boldsymbol{A}^{2k-2}).$$

(3) 由于 $\boldsymbol{A}^k=\boldsymbol{O}$, 于是

$$\mathrm{e}^{\boldsymbol{A}}=\boldsymbol{E}+\boldsymbol{A}+\frac{1}{2!}\boldsymbol{A}^2+\cdots+\frac{1}{(k-1)!}\boldsymbol{A}^{k-1}.$$

由 $\mathrm{e}^{\boldsymbol{A}}\mathrm{e}^{-\boldsymbol{A}}=\boldsymbol{E}$ 知, $\boldsymbol{E}+\boldsymbol{A}+\frac{1}{2!}\boldsymbol{A}^2+\cdots+\frac{1}{(k-1)!}\boldsymbol{A}^{k-1}$ 可逆, 且

$$\left(\boldsymbol{E}+\boldsymbol{A}+\frac{1}{2!}\boldsymbol{A}^2+\cdots+\frac{1}{(k-1)!}\boldsymbol{A}^{k-1}\right)^{-1}=\mathrm{e}^{-\boldsymbol{A}}.$$

例 3.1.31 (沈阳工业大学,2021) 设 $\boldsymbol{A}$ 是 n 阶方阵, 若 $\boldsymbol{A}^{100}=\boldsymbol{O}$, 证明:$\boldsymbol{E}-\boldsymbol{A}$ 是可逆矩阵, 并求其逆矩阵.

例 3.1.32 (广东财经大学,2021) 证明:$(\boldsymbol{E}-2\boldsymbol{A})^{-1}=\boldsymbol{E}+2\boldsymbol{A}+4\boldsymbol{A}^2+8\boldsymbol{A}^3$ 的充要条件是 $\boldsymbol{A}^4=\boldsymbol{O}$.

例 3.1.33 (武汉理工大学,2022) 设 $\boldsymbol{A}$ 为 n 阶方阵, 存在正整数 k, 使得 $\boldsymbol{A}^k=\boldsymbol{O}$, 求 $2\boldsymbol{E}-\boldsymbol{A}$ 的逆矩阵.

例 3.1.34 (华南理工大学,2008) 设 $\boldsymbol{A}\in F^{n\times n}$, 且存在一正整数 m, 使得 $\boldsymbol{A}^m=\boldsymbol{O}$. 证明:$\boldsymbol{E}-\boldsymbol{A}$ 的秩为 n.

例 3.1.35 (浙江师范大学,2008) 若 $\boldsymbol{A}^k=\boldsymbol{O}, k\geqslant 2$, 则 $(\boldsymbol{A}^{k-1}+\cdots+\boldsymbol{A}+\boldsymbol{E})^{-1}=(\quad)$.

例 3.1.36 (中国矿业大学 (北京),2020) 设 $\boldsymbol{A}$ 是 n 阶幂等矩阵,$\boldsymbol{A}^2=\boldsymbol{A}$. 证明:$\boldsymbol{A}+\boldsymbol{E}$ 是可逆矩阵, 并求 $(\boldsymbol{A}+\boldsymbol{E})^{-1}$.

证 (法 1) 由 $\boldsymbol{A}^2=\boldsymbol{A}$ 可得 $(\boldsymbol{A}+\boldsymbol{E})-\boldsymbol{A}^2-\boldsymbol{E}=2\boldsymbol{E}$, 即 $(\boldsymbol{A}+\boldsymbol{E})(2\boldsymbol{E}-\boldsymbol{A})=2\boldsymbol{E}$, 从而 $\boldsymbol{A}+\boldsymbol{E}$ 可逆, 且 $(\boldsymbol{A}+\boldsymbol{E})=\boldsymbol{E}-\dfrac{1}{2}\boldsymbol{A}$.

(法 2) 令多项式

$$f(x)=x^2-x, g(x)=x+1,$$

易知 $(f(x),g(x))=1$, 且利用带余除法计算可知

$$f(x)=g(x)(x-2)+2,$$

注意到 $f(\boldsymbol{A})=\boldsymbol{O}$, 可得

$$-2\boldsymbol{E}=g(\boldsymbol{A})(\boldsymbol{A}-2\boldsymbol{E})=(\boldsymbol{A}+\boldsymbol{E})(\boldsymbol{A}-2\boldsymbol{E}),$$

于是 $\boldsymbol{A}+\boldsymbol{E}$ 可逆, 且 $(\boldsymbol{A}+\boldsymbol{E})=\boldsymbol{E}-\dfrac{1}{2}\boldsymbol{A}$.

例 3.1.37 设 $\boldsymbol{A}^2-\boldsymbol{A}-6\boldsymbol{E}=\boldsymbol{O}$, 证明:$\boldsymbol{A}+3\boldsymbol{E},\boldsymbol{A}-2\boldsymbol{E}$ 都可逆, 并求其逆.

例 3.1.38 设 n 阶方阵 $\boldsymbol{A}$ 满足 $\boldsymbol{A}^k=\boldsymbol{A}$, 其中 k 为大于 1 的正整数, 证明:$\boldsymbol{A}^{k-1}+\boldsymbol{E}$ 可逆.

例 3.1.39 (上海交通大学,2018) 设 $\boldsymbol{A}=\boldsymbol{\alpha}\boldsymbol{\alpha}^{\mathrm{T}}$, 其中 $\boldsymbol{\alpha}$ 是一个 n 维列向量, 且 $\boldsymbol{\alpha}^{\mathrm{T}}\boldsymbol{\alpha}=1,\boldsymbol{B}=\boldsymbol{E}+\boldsymbol{A}+\boldsymbol{A}^2+\cdots+\boldsymbol{A}^n$, 证明:$\boldsymbol{B}$ 可逆, 并求 $\boldsymbol{B}^{-1}$.

解 由于 $\boldsymbol{A}^2=\boldsymbol{\alpha}\boldsymbol{\alpha}^{\mathrm{T}}\boldsymbol{\alpha}\boldsymbol{\alpha}^{\mathrm{T}}=\boldsymbol{A}$, 于是利用归纳法, 可得对任意自然数 k, 有 $\boldsymbol{A}^k=\boldsymbol{A}$, 从而

$$\boldsymbol{B}=\boldsymbol{E}+n\boldsymbol{A}.$$

下证 $\boldsymbol{B}$ 可逆并求 $\boldsymbol{B}^{-1}$.

(法 1) 由 $\boldsymbol{A}^2=\boldsymbol{A}$ 可知 $\boldsymbol{A}$ 相似于对角矩阵, 即存在可逆矩阵 $\boldsymbol{P}$ 使得

$$\boldsymbol{A}=\boldsymbol{P}^{-1}\begin{pmatrix}\boldsymbol{E}_r & \boldsymbol{O}\\ \boldsymbol{O} & \boldsymbol{O}\end{pmatrix}\boldsymbol{P},$$

其中 $r=r(\boldsymbol{A})$, 于是

$$\boldsymbol{B}=\boldsymbol{E}+n\boldsymbol{A}=\boldsymbol{P}^{-1}\begin{pmatrix}(n+1)\boldsymbol{E}_r & \boldsymbol{O}\\ \boldsymbol{O} & \boldsymbol{E}_{n-r}\end{pmatrix}\boldsymbol{P},$$

故 $|\boldsymbol{B}|=n+1$, 从而 $\boldsymbol{B}$ 可逆, 且

$$\boldsymbol{B}^{-1}=\boldsymbol{P}^{-1}\begin{pmatrix}\dfrac{1}{n+1}\boldsymbol{E}_r & \boldsymbol{O}\\ \boldsymbol{O} & \boldsymbol{E}_{n-r}\end{pmatrix}\boldsymbol{P}=\boldsymbol{E}-\frac{n}{n+1}\boldsymbol{A}.$$

(法 2) 令 $f(x)=x^2-x,g(x)=nx+1$, 则由辗转相除法, 可得

$$f(x)=g(x)q_1(x)+r_1(x),$$

$$g(x)=r_1(x)q_2(x),$$

其中

$$q_1(x)=\frac{nx-(n+1)}{n^2},r_1(x)=\frac{n+1}{n^2},q_2(x)=\frac{n^3x+n^2}{n+1}.$$

于是 $(f(x),g(x))=1$, 且

$$1=\frac{n^2}{n+1}r_1(x)=\frac{n^2}{n+1}(f(x)-g(x)q_1(x))=\frac{n^2}{n+1}f(x)+g(x)\left(1-\frac{n}{n+1}x\right).$$

在上式中令 $x=\boldsymbol{A}$, 并注意到 $f(\boldsymbol{A})=\boldsymbol{O}$ 可得

$$\boldsymbol{E}=g(\boldsymbol{A})\left(\boldsymbol{E}-\frac{n}{n+1}\boldsymbol{A}\right)=\boldsymbol{B}\left(\boldsymbol{E}-\frac{n}{n+1}\boldsymbol{A}\right),$$

于是 $\boldsymbol{B}$ 可逆, 且 $\boldsymbol{B}^{-1}=\boldsymbol{E}-\dfrac{n}{n+1}\boldsymbol{A}$.

例 3.1.40 (西南大学,2014) 设 $\boldsymbol{A}$ 为 n 阶实方阵, 它的每个元素都是 a, 且 a 为非零实数. 求证:

(1) n 阶矩阵 $\boldsymbol{A}+na\boldsymbol{E}$ 可逆;

(2) 存在一个 $n-1$ 次多项式 $f(x)$, 使得 $f(\boldsymbol{A})=(\boldsymbol{A}+na\boldsymbol{E})^{-1}$.

例 3.1.41 (东南大学,2000;西北大学,2010;宁波大学,2020) 设方阵$\boldsymbol{A}$满足 $\boldsymbol{A}^2+2\boldsymbol{A}-3\boldsymbol{E}=\boldsymbol{O}$.

(1) 求证:$\boldsymbol{A}+4\boldsymbol{E}$ 可逆, 并求逆;

(2) 讨论 $\boldsymbol{A}+n\boldsymbol{E}$ 的可逆性 (n 为自然数).

解 (1) 由 $\boldsymbol{A}^2+2\boldsymbol{A}-3\boldsymbol{E}=\boldsymbol{O}$, 可得

$$-5\boldsymbol{E}=\boldsymbol{A}^2-(4\boldsymbol{E})^2+2(\boldsymbol{A}+4\boldsymbol{E})=(\boldsymbol{A}+4\boldsymbol{E})(\boldsymbol{A}-2\boldsymbol{E}),$$

于是 $\boldsymbol{A}+4\boldsymbol{E}$ 可逆, 且 $(\boldsymbol{A}+4\boldsymbol{E})^{-1}=\dfrac{2\boldsymbol{E}-\boldsymbol{A}}{5}$.

(2) (法 1) 由条件有

$$(\boldsymbol{A}+n\boldsymbol{E})(\boldsymbol{A}+(2-n)\boldsymbol{E})=(-n^2+2n+3)\boldsymbol{E},$$

从而当 $-n^2+2n+3\neq 0$, 即 $n\neq -1$ 且 $n\neq 3$ 时,$\boldsymbol{A}+n\boldsymbol{E}$ 可逆.

(法 2) 设 λ 是 $\boldsymbol{A}$ 的任一特征值, 则由 $\boldsymbol{A}$ 满足 $\boldsymbol{A}^2+2\boldsymbol{A}-3\boldsymbol{E}=\boldsymbol{O}$ 有 $\lambda^2+2\lambda-3=0$, 所以 $\boldsymbol{A}$ 的特征值只可能为 1 或 -3, 于是 $\boldsymbol{A}+n\boldsymbol{E}$ 的特征值为 $1+n$ 或 $-3+n$, 从而当 $n\neq -1$ 且 $n\neq 3$ 时,$\boldsymbol{A}+n\boldsymbol{E}$ 的特征值不为 0, 从而 $\boldsymbol{A}+n\boldsymbol{E}$ 可逆.

例 3.1.42 (东南大学,2011) 假设 $n\times n$ 矩阵 $\boldsymbol{A}$ 满足 $\boldsymbol{A}^2+2\boldsymbol{A}-3\boldsymbol{E}=\boldsymbol{O}$. 问: 当正整数 k 满足什么条件时,$\boldsymbol{A}+k\boldsymbol{E}$ 可逆? 当 $\boldsymbol{A}+k\boldsymbol{E}$ 可逆时, 将 $(\boldsymbol{A}+k\boldsymbol{E})^{-1}$ 表示成关于 $\boldsymbol{A}$ 的多项式.

例 3.1.43 (上海交通大学,2004) 设 n 阶方阵 $\boldsymbol{A}$ 满足 $\boldsymbol{A}^3-6\boldsymbol{A}^2+11\boldsymbol{A}-6\boldsymbol{E}=\boldsymbol{O}$, 试确定使得 $k\boldsymbol{E}+\boldsymbol{A}$ 可逆的 k 的范围.

例 3.1.44 (安徽师范大学,2017) 设 $\boldsymbol{A}$ 为 n 阶实方阵, 且满足 $\boldsymbol{A}^2+2\boldsymbol{A}+2\boldsymbol{E}=\boldsymbol{O}$.

(1) 证明: 对任意实数 a, 方阵 $\boldsymbol{A}+a\boldsymbol{E}$ 都是可逆矩阵;

(2) 将 $\boldsymbol{A}+3\boldsymbol{E}$ 的逆矩阵表示为 $\boldsymbol{A}$ 的多项式.

例 3.1.45 (天津大学,2021) 设 $\boldsymbol{A}$ 为 n 阶实方阵, 满足 $\boldsymbol{A}^2+4\boldsymbol{A}+2021\boldsymbol{E}=\boldsymbol{O}$, 其中 $\boldsymbol{E}$ 表示 n 阶单位矩阵.

(1) 证明: 对任意的实数 a, $\boldsymbol{A}+a\boldsymbol{E}$ 可逆;

(2) 求 $\boldsymbol{A}+2\boldsymbol{E}$ 的逆和 $(\boldsymbol{A}+2\boldsymbol{E})^{2024}$.

例 3.1.46 (武汉大学,2004; 北京科技大学,2006; 湖南大学,2014; 杭州电子科技大学,2019; 山东师范大学,2021; 中国矿业大学 (北京),2022) 设 $\boldsymbol{A}$ 是 n 阶方阵, 且 $\boldsymbol{A}^3=2\boldsymbol{E},\boldsymbol{B}=\boldsymbol{A}^2-2\boldsymbol{A}+2\boldsymbol{E}$, 证明:$\boldsymbol{B}$ 可逆, 并求出 $\boldsymbol{B}^{-1}$(用矩阵 $\boldsymbol{A}$ 表示).

解 (法 1) 注意到

$$B = A^2 - 2A + 2E = A^2 - 2A + A^3 = A(A - E)(A + 2E),$$

下面分别证明 $A, A - E, A + 2E$ 可逆并求出它们的逆, 则

$$B^{-1} = (A + 2E)^{-1}(A - E)^{-1}A^{-1}.$$

由 $A^3 = 2E$ 可得 $10E = A^3 + (2E)^3 = (A + 2E)(A^2 - 2A + 4E)$, 于是 $(A + 2E)^{-1} = \frac{1}{10}(A^2 - 2A + 4E)$.

由 $A^3 = 2E$ 可得 $E = A^3 - E^3 = (A - E)(A^2 + A + E)$, 于是 $(A - E)^{-1} = A^2 + A + E$.

由 $A^3 = 2E$ 可得 $A^{-1} = \frac{1}{2}A^2$.

于是

$$B^{-1} = \frac{1}{10}(A^2 - 2A + 4E)(A^2 + A + E)\frac{1}{2}A^2 = \frac{1}{10}(A^2 + 3A + 4E).$$

(法 2) 假设 B 的逆是 $aA + bE$, 则

$$(A^2 - 2A + 2E)(aA + bE) = E,$$

结合 $A^3 = 2E$, 可得 $2a - 2b - 1 = 0, b - 2a = 0, 2a - 2b = 0$, 此方程组无解, 于是 B 的逆不是 $aA + bE$ 的形式.

由 $A^3 = 2E$ 有 $A^4 = 2A$, 于是可设 B 的逆为

$$aA^2 + bA + cE,$$

由

$$(A^2 - 2A + 2E)(aA^2 + bA + cE) = E,$$

注意到 $A^4 = 2A$ 可得 $c - 2b + 2a = 0, 2a + 2b - 2c = 0, 2b - 4a + 2c = 1$, 求解可得

$$a = \frac{1}{10}, b = \frac{3}{10}, c = \frac{2}{5},$$

故

$$B^{-1} = \frac{1}{10}(A^2 + 3A + 4E).$$

(法 3) 设

$$f(x) = x^3 - 2, g(x) = x^2 - 2x + 2,$$

易知 $(f(x), g(x)) = 1$, 且由辗转相除可得

$$f(x) = g(x)(x + 2) + r_1(x), r_1(x) = 2x - 6,$$

$$g(x) = r_1(x)\left(\frac{1}{2}x + \frac{1}{2}\right) + 5,$$

于是可得

$$5 = f(x)\left[-\frac{1}{2}(x + 1)\right] + g(x)\left[\frac{1}{2}(x^2 + 3x + 4)\right]$$

注意到 $f(A) = O, g(A) = B$, 从而

$$5E = B\frac{1}{2}(A^2 + 3A + 4E),$$

故

$$B^{-1} = \frac{1}{10}(A^2 + 3A + 4E).$$

例 3.1.47 设 $\boldsymbol{A}\in F^{n\times n},\boldsymbol{P}=\boldsymbol{A}^3-2\boldsymbol{E},\boldsymbol{Q}=\boldsymbol{A}^2+2\boldsymbol{A}-\boldsymbol{E}$, 其中 $\boldsymbol{E}$ 是 n 阶单位矩阵. 证明:
(1) 若 $\boldsymbol{P}=\boldsymbol{O}$, 则 $\boldsymbol{Q}$ 是可逆矩阵, 并求 $\boldsymbol{Q}^{-1}$;
(2) 若 $\boldsymbol{Q}=\boldsymbol{O}$, 则 $\boldsymbol{P}$ 是可逆矩阵, 并求 $\boldsymbol{P}^{-1}$.

例 3.1.48 (复旦大学高等代数每周一题 [问题 2017A16]) 设 n 阶方阵 $\boldsymbol{A}$ 满足 $\boldsymbol{A}^{3m}+\boldsymbol{A}+\boldsymbol{E}_n=\boldsymbol{O}$, 其中 m 为正整数, 求证: $\boldsymbol{A}^2+\boldsymbol{A}+\boldsymbol{E}_n$ 是可逆的, 并求其逆矩阵.

例 3.1.49 设 $f(x),g(x)\in F[x]$, 且矩阵 $\boldsymbol{A}\in F^{n\times n}$ 满足 $f(\boldsymbol{A})=\boldsymbol{O}$, 若 $(f(x),g(x))=1$, 则 $g(\boldsymbol{A})$ 可逆, 且若

$$f(x)u(x)+g(x)v(x)=1,u(x),v(x)\in F[x],$$

则 $g(\boldsymbol{A})^{-1}=v(\boldsymbol{A})$.

例 3.1.50 (首都师范大学,2013) 设 $\boldsymbol{A}$ 是 n 阶实方阵, 它的每行各数的和都等于 2. 证明:$\det(\boldsymbol{A}-2\boldsymbol{E})=0$.

证 由条件知

$$\boldsymbol{A}(1,1,\cdots,1)^{\mathrm{T}}=2(1,1,\cdots,1)^{\mathrm{T}},$$

即 2 是矩阵 $\boldsymbol{A}$ 的一个特征值, 从而 $\boldsymbol{A}-2\boldsymbol{E}$ 必有特征值 0, 故 $\det(\boldsymbol{A}-2\boldsymbol{E})=0$.

例 3.1.51 若非奇异 n 阶矩阵 $\boldsymbol{A}$ 的每行元素之和均为 a, 试证:
(1) (浙江科技学院,2020)$a\neq 0$.
(2) 对任意的自然数 $m,\boldsymbol{A}^m$ 的每行元素之和为 a^m;
(3) (浙江科技学院,2020)$\boldsymbol{A}^{-1}$ 的每行元素之和为 a^{-1};
(4) a 为 $\boldsymbol{A}$ 的一个特征值,$\boldsymbol{\xi}=(1,1,\cdots,1)^{\mathrm{T}}$ 为对应的特征向量;
(5) a^m 为 $\boldsymbol{A}^m$ 的一个特征值;
(6) 求 $2\boldsymbol{A}^{-1}-3\boldsymbol{A}$ 的各行元素之和.
(7) 设 $f(x)$ 是多项式, 则 $f(\boldsymbol{A})$ 的各行元素之和为 $f(a)$.

例 3.1.52 (西安交通大学,2022) 设 $\boldsymbol{A}=\begin{pmatrix}2&-1&1\\1&2&-1\\-1&1&2\end{pmatrix}$. 证明: 对于任何正整数 $k,\boldsymbol{A}^k$ 中所有元素之和可以被 6 整除.

例 3.1.53 (云南大学,2022) 设 $\boldsymbol{A}$ 是 n 阶方阵, 其元素 a_{ij} 都是整数, 且满足

$$\sum_{j=1}^{n}a_{ij}=2022,1\leqslant i\leqslant n,$$

证明:$2022\mid|\boldsymbol{A}|$.

例 3.1.54 (上海大学,2004) 设 n 阶可逆矩阵 $\boldsymbol{A}=(a_{ij})$ 中每行元素之和为 $a(a\neq 0)$. 证明:
(1) $\sum\limits_{j=1}^{n}\boldsymbol{A}_{ji}=a^{-1}|\boldsymbol{A}|(i=1,2,\cdots,n)$, 其中 A_{ij} 为 a_{ij} 的代数余子式.
(2) 如果 $a_{ij}(i,j=1,2,\cdots,n)$ 都是整数, 则 a 整除 $|\boldsymbol{A}|$.

例 3.1.55 (华南理工大学,2021) 设矩阵 $\boldsymbol{A}=(a_{ij})_{n\times n}$ 满足 $\sum\limits_{i=1}^{n}a_{ij}=1(j=1,2,\cdots,n)$.

(1) 证明:$\boldsymbol{A}$ 必有特征值 1;

(2) 设 $\boldsymbol{\alpha}_0$ 为 $\boldsymbol{A}$ 的特征值 λ_0 对应的特征向量, 且 $\lambda_0\neq 1$, 证明:$\boldsymbol{\alpha}_0$ 的所有分量之和为 0.

例 3.1.56 (浙江大学,1999; 江西师范大学,2011; 北京师范大学,2014) 设 n 阶方阵 $\boldsymbol{A}=(a_{ij})_{n\times n}$ 的每个元素非负且每行元素之和为 1. 证明:$\boldsymbol{A}$ 必有特征值 1, 且 $\boldsymbol{A}$ 的每个特征值的绝对值不超过 1.

证 只证 $\boldsymbol{A}$ 的特征值的绝对值不超过 1.

设 λ 是 $\boldsymbol{A}$ 的任一特征值,$\boldsymbol{\alpha}=(k_1,\cdots,k_n)^{\mathrm{T}}$ 是对应的特征向量,$|k_i|=\max\{|k_1|,\cdots,|k_n|\}$, 由 $\boldsymbol{A\alpha}=\lambda\boldsymbol{\alpha}$ 有

$$a_{i1}k_1+\cdots+a_{in}k_n=\lambda k_i,$$

于是

$$|\lambda||k_i|=|\lambda k_i|\leqslant a_{i1}|k_1|+\cdots+a_{in}|k_n|,$$

故

$$|\lambda|\leqslant a_{i1}\frac{|k_1|}{|k_i|}+\cdots+a_{in}\frac{|k_n|}{|k_i|}\leqslant a_{i1}+\cdots+a_{in}=1.$$

例 3.1.57 矩阵 $\boldsymbol{A}$ 的每行元素之和为 b, 且每个元素都为正, 那么它的特征值的绝对值都小于等于 b.

例 3.1.58 (聊城大学,2012) 设 $\boldsymbol{A},\boldsymbol{B}$ 为 n 阶矩阵, 且 $\boldsymbol{A}+\boldsymbol{B}=\boldsymbol{AB}$, 求证:

(1) $(\boldsymbol{A}-\boldsymbol{E})^{-1}=\boldsymbol{B}-\boldsymbol{E}$;

(2) (四川师范大学,2015; 福州大学,2022)$\boldsymbol{AB}=\boldsymbol{BA}$;

(3) (山东科技大学,2020)$r(\boldsymbol{A})=r(\boldsymbol{B})$;

(4) $\boldsymbol{A},\boldsymbol{B}$ 的特征值向量是公共的;

(5) $\boldsymbol{A}$ 相似于对角矩阵, 当且仅当 $\boldsymbol{B}$ 相似于对角矩阵.

证 (1) 由 $\boldsymbol{A}+\boldsymbol{B}=\boldsymbol{AB}$ 可得

$$\boldsymbol{E}=\boldsymbol{AB}-\boldsymbol{A}-\boldsymbol{B}+\boldsymbol{E}=\boldsymbol{A}(\boldsymbol{B}-\boldsymbol{E})-(\boldsymbol{B}-\boldsymbol{E})=(\boldsymbol{A}-\boldsymbol{E})(\boldsymbol{B}-\boldsymbol{E}),$$

故 $\boldsymbol{A}-\boldsymbol{E}$ 可逆, 且 $(\boldsymbol{A}-\boldsymbol{E})^{-1}=\boldsymbol{B}-\boldsymbol{E}$.

(2) 由 (1) 有 $(\boldsymbol{B}-\boldsymbol{E})(\boldsymbol{A}-\boldsymbol{E})=\boldsymbol{E}$, 于是 $\boldsymbol{BA}-\boldsymbol{B}-\boldsymbol{A}+\boldsymbol{E}=\boldsymbol{E}$, 即 $\boldsymbol{BA}=\boldsymbol{B}+\boldsymbol{A}$. 从而由条件可知 $\boldsymbol{AB}=\boldsymbol{BA}$.

(3) 由 $\boldsymbol{A}+\boldsymbol{B}=\boldsymbol{AB}$ 可得

$$\boldsymbol{A}(\boldsymbol{E}-\boldsymbol{B})=-\boldsymbol{B},\boldsymbol{A}=(\boldsymbol{A}-\boldsymbol{E})\boldsymbol{B},$$

从而 $r(\boldsymbol{B})\leqslant r(\boldsymbol{A}),r(\boldsymbol{A})\leqslant r(\boldsymbol{B})$, 即 $r(\boldsymbol{A})=r(\boldsymbol{B})$.

(4) 设 $\boldsymbol{\alpha}$ 为 $\boldsymbol{B}$ 的特征向量, 对应的特征值为 λ, 即 $\boldsymbol{B\alpha}=\lambda\boldsymbol{\alpha}$. 则

$$\boldsymbol{A\alpha}+\boldsymbol{B\alpha}-\boldsymbol{AB\alpha}=\boldsymbol{0},$$

故

$$\boldsymbol{A\alpha}+\lambda\boldsymbol{\alpha}-\lambda\boldsymbol{A\alpha}=\boldsymbol{0},$$

即

$$(1-\lambda)\boldsymbol{A\alpha}=-\lambda\boldsymbol{\alpha},$$

若 $\lambda=1$, 则由 $\boldsymbol{A\alpha}+\boldsymbol{\alpha}-\boldsymbol{A\alpha}=\boldsymbol{0}$, 可得 $\boldsymbol{\alpha}=\boldsymbol{0}$. 矛盾, 于是 $\lambda\neq1$, 从而 $\boldsymbol{A\alpha}=-\dfrac{\lambda}{1-\lambda}\boldsymbol{\alpha}$, 即 $\boldsymbol{\alpha}$ 为 $\boldsymbol{A}$ 的特征向量. 又由 (3) 有 $\boldsymbol{BA}=\boldsymbol{A}+\boldsymbol{B}$, 同理可证 $\boldsymbol{A}$ 的特征向量也是 $\boldsymbol{B}$ 的特征向量, 故结论成立.

(5) 必要性. 由 $\boldsymbol{A}$ 相似于对角矩阵, 故存在可逆矩阵 $\boldsymbol{T}$, 使得

$$\boldsymbol{T}^{-1}\boldsymbol{AT}=\mathbf{diag}(\lambda_1,\cdots,\lambda_n),$$

即

$$\boldsymbol{AT}=\boldsymbol{T}\mathbf{diag}(\lambda_1,\cdots,\lambda_n),$$

将 $\boldsymbol{T}$ 按列分块为 $\boldsymbol{T}=(\boldsymbol{\alpha}_1,\cdots,\boldsymbol{\alpha}_n)$, 则 $\boldsymbol{A\alpha}_i=\lambda_i\boldsymbol{\alpha}_i, i=1,2,\cdots,n$. 即 $\boldsymbol{\alpha}_i(i=1,2,\cdots,n)$ 为 $\boldsymbol{A}$ 的特征向量. 由 (4) 知其也是 $\boldsymbol{B}$ 的特征向量, 设

$$\boldsymbol{B\alpha}_i=\mu_i\boldsymbol{\alpha}_i, i=1,2,\cdots,n.$$

则

$$\boldsymbol{T}^{-1}\boldsymbol{BT}=\mathbf{diag}(\mu_1,\cdots,\mu_n).$$

充分性. 类似于必要性, 过程略.

例 3.1.59 (西南大学,2022) 设 $\boldsymbol{A}$ 为 n 阶方阵, $\boldsymbol{E}$ 为 n 阶单位矩阵, 矩阵 $\boldsymbol{X}$ 满足 $\boldsymbol{AX}=\boldsymbol{A}+\boldsymbol{X}$.

(1) 证明:$\boldsymbol{A}-\boldsymbol{E}$ 可逆;

(2) 求 $\boldsymbol{A}-\boldsymbol{E}$ 的逆矩阵及 $\boldsymbol{X}$;

(3) $\boldsymbol{AX}=\boldsymbol{XA}$ 是否成立?

例 3.1.60 (中南大学,2022) 设 n 阶方阵 $\boldsymbol{A},\boldsymbol{B}$ 满足 $\boldsymbol{AB}=\boldsymbol{A}+\boldsymbol{B}$. 证明:

(1) $\boldsymbol{AB}=\boldsymbol{BA}$;

(2) 若存在正整数 k, 使得 $\boldsymbol{A}^k=\boldsymbol{O}$, 则 $|\boldsymbol{B}+2022\boldsymbol{A}|=|\boldsymbol{B}|$.

例 3.1.61 (电子科技大学,2012) 设 n 阶实矩阵 $\boldsymbol{A},\boldsymbol{B}$ 满足 $\boldsymbol{A}+\boldsymbol{B}+\boldsymbol{AB}=\boldsymbol{O}$. 证明:

(1) $\boldsymbol{A}+\boldsymbol{E}$ 可逆;

(2) $\boldsymbol{AB}=\boldsymbol{BA}$.

例 3.1.62 (青岛大学,2017) 设 $\boldsymbol{A},\boldsymbol{B}$ 是数域 P 上的 n 阶方阵, 且 $\boldsymbol{AB}+\boldsymbol{A}+\boldsymbol{B}=\boldsymbol{E}$, 其中 $\boldsymbol{E}$ 是 n 阶单位矩阵. 记 $V_1=\{\boldsymbol{x}\in P^n|\boldsymbol{Ax}=\boldsymbol{0}\}$, $V_2=\{\boldsymbol{x}\in P^n|\boldsymbol{Bx}=\boldsymbol{0}\}$, $V=\{\boldsymbol{x}\in P^n|\boldsymbol{ABx}=\boldsymbol{0}\}$. 证明: (1) $\boldsymbol{AB}=\boldsymbol{BA}$; (2) $V=V_1\oplus V_2$.

例 3.1.63 (湘潭大学,2011) 设 $\boldsymbol{A},\boldsymbol{B}$ 均为 n 阶矩阵,$\boldsymbol{AB}=\boldsymbol{A}+\boldsymbol{B}$. 证明:

(1) $\boldsymbol{A},\boldsymbol{B}$ 的特征值均不为 1,$\boldsymbol{AB}=\boldsymbol{BA}$;

(2) 若 $\boldsymbol{A},\boldsymbol{B}$ 均可对角化, 则存在可逆矩阵 $\boldsymbol{P}$, 使得 $\boldsymbol{P}^{-1}\boldsymbol{AP}$ 和 $\boldsymbol{P}^{-1}\boldsymbol{BP}$ 同时为对角矩阵.

例 3.1.64 (暨南大学,2021) 设 $\boldsymbol{A},\boldsymbol{B}$ 都是 n 阶方阵, 且存在非零复数 k, 使得 $\boldsymbol{AB}=k\boldsymbol{A}+k\boldsymbol{B}$.

(1) 证明:$\boldsymbol{AB}=\boldsymbol{BA}$;

(2) 设 $k=1$, 当 $\boldsymbol{A}=\begin{pmatrix}1&2&1\\3&4&2\\1&2&2\end{pmatrix}$ 时, 求 $\boldsymbol{B}$.

例 3.1.65 (汕头大学,2022) (1) 假设 $\boldsymbol{A},\boldsymbol{B}$ 为 n 阶方阵, 满足 $3\boldsymbol{A}+\boldsymbol{B}=\boldsymbol{AB}$. 证明:$\boldsymbol{A}-\boldsymbol{E}_n$ 可逆, 其中 $\boldsymbol{E}_n$ 为 n 阶单位矩阵;

(2) 设 n 阶矩阵 $\boldsymbol{A}$ 满足 $\boldsymbol{A}^{k-1}\neq\boldsymbol{O},\boldsymbol{A}^k=\boldsymbol{O},k\geqslant 2$, 证明: $\boldsymbol{E}_n-\boldsymbol{A}$ 可逆, 并求出其逆矩阵.

例 3.1.66 (安徽大学,2009; 燕山大学,2014; 北京交通大学,2016,2022; 湘潭大学,2023) 设 $\boldsymbol{A},\boldsymbol{B}$ 均为 n 阶实矩阵,$\boldsymbol{AB}=\boldsymbol{A}-\boldsymbol{B}$. 证明:

(1) $\lambda=1$ 不是 $\boldsymbol{B}$ 的特征值;

(2) 若 $\boldsymbol{B}$ 可对角化, 则存在可逆矩阵 $\boldsymbol{P}$, 使得 $\boldsymbol{P}^{-1}\boldsymbol{AP}$ 和 $\boldsymbol{P}^{-1}\boldsymbol{BP}$ 同时为对角矩阵.

例 3.1.67 设 $\boldsymbol{A},\boldsymbol{B}$ 为 n 阶矩阵, 且 $\boldsymbol{A}-\boldsymbol{B}=\boldsymbol{AB}$, 求证:

(1) $(\boldsymbol{A}+\boldsymbol{E})^{-1}=\boldsymbol{E}-\boldsymbol{B}$;

(2) $\boldsymbol{AB}=\boldsymbol{BA}$.

例 3.1.68 (南京航空航天大学,2017) 设 $\boldsymbol{A},\boldsymbol{B}$ 是两个 n 阶方阵, 且 $\boldsymbol{AB}=\boldsymbol{A}-\boldsymbol{B}$, 证明:

(1) $\boldsymbol{B}$ 可逆的充要条件是 $\boldsymbol{A}$ 可逆;

(2) $\boldsymbol{\alpha}$ 为 $\boldsymbol{B}$ 的特征向量的充要条件是 $\boldsymbol{\alpha}$ 为 $\boldsymbol{A}$ 的特征向量;

(3) 若 $\boldsymbol{A}$ 是正定矩阵, 则 $\boldsymbol{B}$ 也是正定矩阵.

例 3.1.69 (西安电子科技大学,2009) 设 n 阶矩阵 $\boldsymbol{A},\boldsymbol{B}$ 满足 $\boldsymbol{AB}=3\boldsymbol{A}+\boldsymbol{B}$, 证明:

(1) $\boldsymbol{AB}=\boldsymbol{BA}$;

(2) 若 $\boldsymbol{A}$ 相似于对角矩阵, 则存在可逆矩阵 $\boldsymbol{P}$ 使得 $\boldsymbol{P}^{-1}\boldsymbol{AP},\boldsymbol{P}^{-1}\boldsymbol{BP}$ 都是对角矩阵.

例 3.1.70 (杭州电子科技大学,2021) 设 $\boldsymbol{A},\boldsymbol{B}$ 为 n 阶方阵, 且满足 $2\boldsymbol{A}+3\boldsymbol{B}=\boldsymbol{AB}$.

(1) 证明:$|\boldsymbol{A}-3\boldsymbol{E}|\neq 0$;

(2) 若 $\boldsymbol{B}=\begin{pmatrix}8&6&0\\-6&8&0\\0&0&8\end{pmatrix}$, 求矩阵 $\boldsymbol{A}$.

例 3.1.71 (电子科技大学,2016) 设二阶矩阵 $\boldsymbol{A},\boldsymbol{B}$ 满足 $\boldsymbol{AB}=3\boldsymbol{A}+2\boldsymbol{B}$.

(1) 证明:$\boldsymbol{AB}=\boldsymbol{BA}$;

(2) 设 $\boldsymbol{A}^*=\begin{pmatrix}1&2\\3&4\end{pmatrix}$, 求 $\boldsymbol{B}$.

例 3.1.72 (南京航空航天大学,2016) 设 n 阶矩阵 $\boldsymbol{A},\boldsymbol{B}$ 满足方程 $\boldsymbol{AB}=6\boldsymbol{A}+\boldsymbol{B}-3\boldsymbol{E}$, 这里 $\boldsymbol{E}$ 表示 n 阶单位矩阵.

(1) 证明: 若 λ 是 $\boldsymbol{B}$ 的任一特征值, 则 $\lambda\neq 6$;

(2) 证明:$\boldsymbol{AB}=\boldsymbol{BA}$;

(3) 若 $\boldsymbol{A}$ 的伴随矩阵为 $\boldsymbol{A}^*=\begin{pmatrix}1&0&0&0\\0&1&0&0\\1&0&1&0\\0&-3&0&8\end{pmatrix}$, 求 $\boldsymbol{B}$.

例 3.1.73 设 $\boldsymbol{A},\boldsymbol{B}$ 为 n 阶矩阵,$\boldsymbol{AB}=a\boldsymbol{A}+b\boldsymbol{B}(ab\neq 0)$, 证明:

(1) $\boldsymbol{A}-b\boldsymbol{E},\boldsymbol{B}-a\boldsymbol{E}$ 可逆;

(2) $\boldsymbol{A}$ 可逆的充要条件为 $\boldsymbol{B}$ 可逆;

(3) (西北大学,2004)$\boldsymbol{AB}=\boldsymbol{BA}$;

(4) $\boldsymbol{A},\boldsymbol{B}$ 的特征向量是公共的.

例 3.1.74 (武汉大学,2006) 设 n 阶矩阵 $\boldsymbol{A},\boldsymbol{B}$ 满足 $\boldsymbol{A}+\boldsymbol{BA}=\boldsymbol{B}$, 且 $\lambda_1,\lambda_2,\cdots,\lambda_n$ 是 $\boldsymbol{A}$ 的特征值.

(1) 证明:$\lambda_i\neq 1,i=1,2,\cdots,n$;

(2) 证明: 若 $\boldsymbol{A}$ 是实对称矩阵, 则存在正交矩阵 $\boldsymbol{P}$ 使得

$$\boldsymbol{P}^{-1}\boldsymbol{BP}=\mathbf{diag}\left(\frac{\lambda_1}{1-\lambda_1},\frac{\lambda_2}{1-\lambda_2},\cdots,\frac{\lambda_n}{1-\lambda_n}\right).$$

证 (1) (法 1) 由 $\boldsymbol{A}+\boldsymbol{BA}=\boldsymbol{B}$ 有 $(-\boldsymbol{B}-\boldsymbol{E})(\boldsymbol{A}-\boldsymbol{E})=\boldsymbol{E}$. 故 $\boldsymbol{A}-\boldsymbol{E}$ 可逆, 即 $|\boldsymbol{A}-\boldsymbol{E}|\neq 0$. 从而 1 不是 $\boldsymbol{A}$ 的特征值, 故结论成立.

(法 2) 反证法. 若 $\boldsymbol{A}$ 有一个特征值为 1, 相应的特征向量为 $\boldsymbol{\alpha}$, 即 $\boldsymbol{A\alpha}=\boldsymbol{\alpha}$. 于是 $\boldsymbol{A\alpha}+\boldsymbol{BA\alpha}=\boldsymbol{B\alpha}$, 即 $\boldsymbol{\alpha}+\boldsymbol{B\alpha}=\boldsymbol{B\alpha}$, 从而 $\boldsymbol{\alpha}=\mathbf{0}$. 矛盾.

(2) (法 1) 由于 $\boldsymbol{A}$ 为实对称矩阵, 故存在正交矩阵 $\boldsymbol{P}$ 使得

$$\boldsymbol{P}^{-1}\boldsymbol{AP}=\mathbf{diag}(\lambda_1,\lambda_2,\cdots,\lambda_n).$$

将 $\boldsymbol{P}$ 按列分块为 $\boldsymbol{P}=(\boldsymbol{p}_1,\boldsymbol{p}_2,\cdots,\boldsymbol{p}_n)$, 则有

$$\boldsymbol{A}(\boldsymbol{p}_1,\boldsymbol{p}_2,\cdots,\boldsymbol{p}_n)=\boldsymbol{AP}=\boldsymbol{P}\mathbf{diag}(\lambda_1,\lambda_2,\cdots,\lambda_n)=(\boldsymbol{p}_1,\boldsymbol{p}_2,\cdots,\boldsymbol{p}_n)\mathbf{diag}(\lambda_1,\lambda_2,\cdots,\lambda_n),$$

即

$$\boldsymbol{Ap}_i=\lambda_i\boldsymbol{p}_i,i=1,2,\cdots,n.$$

由 $\boldsymbol{A}+\boldsymbol{BA}=\boldsymbol{B}$ 有

$$\lambda_i\boldsymbol{p}_i+\lambda_i(\boldsymbol{Bp}_i)=\boldsymbol{Ap}_i+\boldsymbol{BAp}_i=\boldsymbol{Bp}_i,i=1,2,\cdots,n,$$

从而

$$\lambda_i\boldsymbol{p}_i=(1-\lambda_i)\boldsymbol{Bp}_i,i=1,2,\cdots,n,$$

于是由 $\lambda_i\neq 1$ 有

$$\boldsymbol{Bp}_i=\frac{\lambda_i}{1-\lambda_i}\boldsymbol{p}_i,i=1,2,\cdots,n$$

即

$$\boldsymbol{B}(\boldsymbol{p}_1,\boldsymbol{p}_2,\cdots,\boldsymbol{p}_n)=(\boldsymbol{p}_1,\boldsymbol{p}_2,\cdots,\boldsymbol{p}_n)\mathbf{diag}\left(\frac{\lambda_1}{1-\lambda_1},\frac{\lambda_2}{1-\lambda_2},\cdots,\frac{\lambda_n}{1-\lambda_n}\right),$$

故

$$P^{-1}BP = \mathbf{diag}\left(\frac{\lambda_1}{1-\lambda_1}, \frac{\lambda_2}{1-\lambda_2}, \cdots, \frac{\lambda_n}{1-\lambda_n}\right).$$

(法 2) 由于 A 为实对称矩阵, 故存在正交矩阵 P 使得

$$P^{-1}AP = \mathbf{diag}(\lambda_1, \lambda_2, \cdots, \lambda_n).$$

即

$$AP = P\mathbf{diag}(\lambda_1, \lambda_2, \cdots, \lambda_n).$$

这样

$$\begin{aligned} BP &= AP + BAP \\ &= P\mathbf{diag}(\lambda_1, \lambda_2, \cdots, \lambda_n) + BP\mathbf{diag}(\lambda_1, \lambda_2, \cdots, \lambda_n), \end{aligned}$$

于是

$$BP\mathbf{diag}(1-\lambda_1, 1-\lambda_2, \cdots, 1-\lambda_n) = P\mathbf{diag}(\lambda_1, \lambda_2, \cdots, \lambda_n),$$

由 (1) 知 $\mathbf{diag}(1-\lambda_1, 1-\lambda_2, \cdots, 1-\lambda_n)$ 可逆, 所以

$$\begin{aligned} P^{-1}BP &= \mathbf{diag}(\lambda_1, \lambda_2, \cdots, \lambda_n)\mathbf{diag}(1-\lambda_1, 1-\lambda_2, \cdots, 1-\lambda_n)^{-1} \\ &= \mathbf{diag}\left(\frac{\lambda_1}{1-\lambda_1}, \frac{\lambda_2}{1-\lambda_2}, \cdots, \frac{\lambda_n}{1-\lambda_n}\right). \end{aligned}$$

从而结论成立.

例 3.1.75 (上海交通大学,2000; 河南大学,2005; 中国海洋大学,2012; 武汉大学,2015) 设 $M = \begin{pmatrix} A & A \\ C-B & C \end{pmatrix}$, 其中 A, B, C 均为 n 阶方阵. 证明:

(1) M 可逆的充要条件是 AB 可逆;

(2) 当 M 可逆时, 求 M^{-1}.

证 (1) 由于

$$\begin{pmatrix} A & A \\ C-B & C \end{pmatrix}\begin{pmatrix} E & -E \\ O & E \end{pmatrix} = \begin{pmatrix} A & O \\ C-B & B \end{pmatrix},$$

等式两边取行列式可知 $|M| = |A||B| = |AB|$, 故 M 可逆的充要条件是 AB 可逆.

(2) 由

$$\begin{pmatrix} E & O \\ -(C-B)A^{-1} & E \end{pmatrix}\begin{pmatrix} A & A \\ C-B & C \end{pmatrix}\begin{pmatrix} E & -E \\ O & E \end{pmatrix} = \begin{pmatrix} A & O \\ O & B \end{pmatrix},$$

等式两边取逆可得

$$\begin{aligned} M^{-1} &= \begin{pmatrix} E & -E \\ O & E \end{pmatrix}\begin{pmatrix} A^{-1} & O \\ O & B^{-1} \end{pmatrix}\begin{pmatrix} E & O \\ -(C-B)A^{-1} & E \end{pmatrix} \\ &= \begin{pmatrix} A^{-1} + B^{-1}(C-B)A^{-1} & -B^{-1} \\ -B^{-1}(C-B)A^{-1} & B^{-1} \end{pmatrix}. \end{aligned}$$

例 3.1.76 (重庆师范大学,2004) 设 $\boldsymbol{A},\boldsymbol{B}$ 以及 $\boldsymbol{A}+\boldsymbol{B}$ 都是可逆矩阵, 求证:

(1) (中国计量学院,2012)$\boldsymbol{A}^{-1}+\boldsymbol{B}^{-1}$ 也可逆, 并求其逆矩阵;

(2) 进一步证明:$(\boldsymbol{A}+\boldsymbol{B})^{-1}=\boldsymbol{A}^{-1}-\boldsymbol{A}^{-1}(\boldsymbol{A}^{-1}+\boldsymbol{B}^{-1})^{-1}\boldsymbol{A}^{-1}$.

证 (1) 由于

$$\boldsymbol{A}(\boldsymbol{A}^{-1}+\boldsymbol{B}^{-1})\boldsymbol{B}=\boldsymbol{B}+\boldsymbol{A},$$

于是由 $\boldsymbol{A},\boldsymbol{B}$ 可逆, 有

$$\boldsymbol{A}^{-1}+\boldsymbol{B}^{-1}=\boldsymbol{A}^{-1}(\boldsymbol{B}+\boldsymbol{A})\boldsymbol{B}^{-1},$$

注意到 $\boldsymbol{A}^{-1},\boldsymbol{A}+\boldsymbol{B},\boldsymbol{B}^{-1}$ 都可逆, 从而 $\boldsymbol{A}^{-1}+\boldsymbol{B}^{-1}$ 可逆, 并且

$$(\boldsymbol{A}^{-1}+\boldsymbol{B}^{-1})^{-1}=\boldsymbol{B}(\boldsymbol{A}+\boldsymbol{B})^{-1}\boldsymbol{A}.$$

(2) 由于

$$\begin{aligned}&(\boldsymbol{A}^{-1}-\boldsymbol{A}^{-1}(\boldsymbol{A}^{-1}+\boldsymbol{B}^{-1})^{-1}\boldsymbol{A}^{-1})(\boldsymbol{A}+\boldsymbol{B})\\=&(\boldsymbol{A}^{-1}-\boldsymbol{A}^{-1}\boldsymbol{B}(\boldsymbol{A}+\boldsymbol{B})^{-1}\boldsymbol{A}\boldsymbol{A}^{-1})(\boldsymbol{A}+\boldsymbol{B})\\=&(\boldsymbol{A}^{-1}-\boldsymbol{A}^{-1}\boldsymbol{B}(\boldsymbol{A}+\boldsymbol{B})^{-1})(\boldsymbol{A}+\boldsymbol{B})\\=&\boldsymbol{E}.\end{aligned}$$

所以结论成立.

例 3.1.77 (广西师范大学,2007) 设 $\boldsymbol{A},\boldsymbol{B}$ 为 n 阶矩阵, 证明:

(1)(南京理工大学,2020) 如果 $\boldsymbol{E}+\boldsymbol{A}\boldsymbol{B}$ 可逆, 那么 $\boldsymbol{E}+\boldsymbol{B}\boldsymbol{A}$ 也可逆, 且 $(\boldsymbol{E}+\boldsymbol{B}\boldsymbol{A})^{-1}=\boldsymbol{E}-\boldsymbol{B}(\boldsymbol{E}+\boldsymbol{A}\boldsymbol{B})^{-1}\boldsymbol{A}$;

(2) $\boldsymbol{A}^2=\boldsymbol{A}$ 的充要条件是 $r(\boldsymbol{A})+r(\boldsymbol{E}-\boldsymbol{A})=n$.

证 (1)(法 1) 由于

$$\begin{aligned}&(\boldsymbol{E}+\boldsymbol{B}\boldsymbol{A})(\boldsymbol{E}-\boldsymbol{B}(\boldsymbol{E}+\boldsymbol{A}\boldsymbol{B})^{-1}\boldsymbol{A})\\=&\boldsymbol{E}-\boldsymbol{B}(\boldsymbol{E}+\boldsymbol{A}\boldsymbol{B})^{-1}\boldsymbol{A}+\boldsymbol{B}\boldsymbol{A}-\boldsymbol{B}\boldsymbol{A}\boldsymbol{B}(\boldsymbol{E}+\boldsymbol{A}\boldsymbol{B})^{-1}\boldsymbol{A}\\=&\boldsymbol{E}-\boldsymbol{B}(\boldsymbol{E}+\boldsymbol{A}\boldsymbol{B})^{-1}\boldsymbol{A}+\boldsymbol{B}(\boldsymbol{E}-\boldsymbol{A}\boldsymbol{B}(\boldsymbol{E}+\boldsymbol{A}\boldsymbol{B})^{-1})\boldsymbol{A}\\=&\boldsymbol{E}-\boldsymbol{B}(\boldsymbol{E}+\boldsymbol{A}\boldsymbol{B})^{-1}\boldsymbol{A}+\boldsymbol{B}((\boldsymbol{E}+\boldsymbol{A}\boldsymbol{B})(\boldsymbol{E}+\boldsymbol{A}\boldsymbol{B})^{-1}-\boldsymbol{A}\boldsymbol{B}(\boldsymbol{E}+\boldsymbol{A}\boldsymbol{B})^{-1})\boldsymbol{A}\\=&\boldsymbol{E}-\boldsymbol{B}(\boldsymbol{E}+\boldsymbol{A}\boldsymbol{B})^{-1}\boldsymbol{A}+\boldsymbol{B}(\boldsymbol{E}+\boldsymbol{A}\boldsymbol{B}-\boldsymbol{A}\boldsymbol{B})(\boldsymbol{E}+\boldsymbol{A}\boldsymbol{B})^{-1})\boldsymbol{A}\\=&\boldsymbol{E},\end{aligned}$$

所以 $\boldsymbol{E}+\boldsymbol{B}\boldsymbol{A}$ 也可逆, 且 $(\boldsymbol{E}+\boldsymbol{B}\boldsymbol{A})^{-1}=\boldsymbol{E}-\boldsymbol{B}(\boldsymbol{E}+\boldsymbol{A}\boldsymbol{B})^{-1}\boldsymbol{A}$.

(法 2) 由于

$$\boldsymbol{B}(\boldsymbol{E}+\boldsymbol{A}\boldsymbol{B})=(\boldsymbol{E}+\boldsymbol{B}\boldsymbol{A})\boldsymbol{B},$$

以及 $\boldsymbol{E}+\boldsymbol{A}\boldsymbol{B}$ 可逆, 可得

$$\boldsymbol{B}=(\boldsymbol{E}+\boldsymbol{B}\boldsymbol{A})\boldsymbol{B}(\boldsymbol{E}+\boldsymbol{A}\boldsymbol{B})^{-1},$$

于是

$$\begin{aligned}E&=E+BA-BA\\&=(E+BA)-(E+BA)B(E+AB)^{-1}A\\&=(E+BA)(E-B(E+AB)^{-1}A),\end{aligned}$$

故 $E+BA$ 可逆, 且 $(E+BA)^{-1}=E-B(E+AB)^{-1}A$.

(法 3) 设 C 为 $E+AB$ 的逆矩阵, 则有 $(E+AB)C=E$, 即 $C+ABC=E$, 左乘 B, 右乘 A 可得 $BCA+BABCA=BA$, 即 $(E+BA)BCA=BA$, 从而 $(E+BA)BCA-(E+BA)=-E$, 故 $(E+BA)(E-BCA)=E$, 于是 $E+BA$ 可逆, 且

$$(E+BA)^{-1}=E-BCA=E-B(E+AB)^{-1}A.$$

(法 4) 考虑分块矩阵

$$\begin{pmatrix}E&A\\-B&E\end{pmatrix}.$$

由于

$$\begin{pmatrix}E&O\\B&E\end{pmatrix}\begin{pmatrix}E&A\\-B&E\end{pmatrix}\begin{pmatrix}E&-A\\O&E\end{pmatrix}=\begin{pmatrix}E&O\\O&E+BA\end{pmatrix},$$

$$\begin{pmatrix}E&-A\\O&E\end{pmatrix}\begin{pmatrix}E&A\\-B&E\end{pmatrix}\begin{pmatrix}E&O\\B&E\end{pmatrix}=\begin{pmatrix}E+AB&O\\O&E\end{pmatrix},$$

上两式两边取行列式可得 $|E+AB|=|E+BA|$. 故如果 $E+AB$ 可逆, 则 $E+BA$ 可逆.

由于

$$\begin{aligned}\begin{pmatrix}E&A\\-B&E\end{pmatrix}^{-1}&=\begin{pmatrix}E&-A\\O&E\end{pmatrix}\begin{pmatrix}E^{-1}&O\\O&(E+BA)^{-1}\end{pmatrix}\begin{pmatrix}E&O\\B&E\end{pmatrix}\\&=\begin{pmatrix}E-A(E+BA)^{-1}B&-A(E+BA)^{-1}\\(E+BA)^{-1}B&(E+BA)^{-1}\end{pmatrix},\end{aligned}$$

$$\begin{aligned}\begin{pmatrix}E&A\\-B&E\end{pmatrix}^{-1}&=\begin{pmatrix}E&O\\B&E\end{pmatrix}\begin{pmatrix}(E+AB)^{-1}&O\\O&E^{-1}\end{pmatrix}\begin{pmatrix}E&-A\\O&E\end{pmatrix}\\&=\begin{pmatrix}(E+AB)^{-1}&-(E+AB)^{-1}A\\B(E+AB)^{-1}&E-B(E+AB)^{-1}A\end{pmatrix},\end{aligned}$$

比较对应矩阵块可得 $(E+BA)^{-1}=E-B(E+AB)^{-1}A$.

注 此时也得到了 $(E+AB)^{-1}=E-A(E+BA)^{-1}B$.

(2) 略.

例 3.1.78 (汕头大学,2022)(1) 设 B,C 分别是 $n\times m$ 和 $m\times n$ 矩阵, 其中 m,n 为正整数. 证明: 如果 E_m+CB 可逆, 则 E_n+BC 可逆, 且 $(E_n+BC)^{-1}=E_n-B(E_m+CB)^{-1}C$.

(2) 设 $a_i = i, i = 1, 2, \cdots, n$,

$$\boldsymbol{M}_n = \begin{pmatrix} a_1^2+1 & a_1a_2 & \cdots & a_1a_{n-1} & a_1a_n \\ a_2a_1 & a_2^2+2 & \cdots & a_2a_{n-1} & a_2a_n \\ \vdots & \vdots & & \vdots & \vdots \\ a_{n-1}a_1 & a_{n-1}a_2 & \cdots & a_{n-1}^2+(n-1) & a_{n-1}a_n \\ a_na_1 & a_na_2 & \cdots & a_na_{n-1} & a_n^2+n \end{pmatrix},$$

证明:$\boldsymbol{M}_n$ 可逆并求其逆矩阵.

例 3.1.79 (东北大学,2021) 设 $\boldsymbol{A}, \boldsymbol{B}$ 分别为 $m \times n$ 与 $n \times m$ 矩阵, 如果 $\boldsymbol{E}_m - \boldsymbol{AB}$ 可逆, 证明:$\boldsymbol{E}_n - \boldsymbol{BA}$ 也可逆, 且 $(\boldsymbol{E}_n - \boldsymbol{BA})^{-1} = \boldsymbol{E}_n + \boldsymbol{B}(\boldsymbol{E}_m - \boldsymbol{AB})^{-1}\boldsymbol{A}$.

例 3.1.80 设 $\boldsymbol{A}$ 是 $n\times n$ 可逆矩阵,$\boldsymbol{U}, \boldsymbol{C}, \boldsymbol{V}$ 分别为 $n\times k, k\times k, k\times n$ 矩阵, 若 $(\boldsymbol{E}+\boldsymbol{A}^{-1}\boldsymbol{UCV})$ 可逆, 则

$$(\boldsymbol{A}+\boldsymbol{UCV})^{-1} = \boldsymbol{A}^{-1} - \left(\boldsymbol{E}+\boldsymbol{A}^{-1}\boldsymbol{UCV}\right)^{-1}\boldsymbol{A}^{-1}\boldsymbol{UCVA}^{-1},$$

若 $\boldsymbol{C}$ 也可逆, 且 $\boldsymbol{C}^{-1}+\boldsymbol{VA}^{-1}\boldsymbol{U}$ 可逆, 则 $\boldsymbol{A}+\boldsymbol{UCV}$ 可逆, 且

$$(\boldsymbol{A}+\boldsymbol{UCV})^{-1} = \boldsymbol{A}^{-1} - \boldsymbol{A}^{-1}\boldsymbol{U}\left(\boldsymbol{C}^{-1}+\boldsymbol{VA}^{-1}\boldsymbol{U}\right)^{-1}\boldsymbol{VA}^{-1}.$$

证 (法 1) 直接验证可知

$$\begin{aligned}
&(\boldsymbol{A}+\boldsymbol{UCV})(\boldsymbol{A}^{-1}-(\boldsymbol{E}+\boldsymbol{A}^{-1}\boldsymbol{UCV})^{-1}\boldsymbol{A}^{-1}\boldsymbol{UCVA}^{-1}) \\
=&(\boldsymbol{A}+\boldsymbol{UCV})\boldsymbol{A}^{-1}-(\boldsymbol{A}+\boldsymbol{UCV})(\boldsymbol{E}+\boldsymbol{A}^{-1}\boldsymbol{UCV})^{-1}\boldsymbol{A}^{-1}\boldsymbol{UCVA}^{-1} \\
=&(\boldsymbol{A}+\boldsymbol{UCV})\boldsymbol{A}^{-1}-(\boldsymbol{A}+\boldsymbol{AA}^{-1}\boldsymbol{UCV})(\boldsymbol{E}+\boldsymbol{A}^{-1}\boldsymbol{UCV})^{-1}\boldsymbol{A}^{-1}\boldsymbol{UCVA}^{-1} \\
=&\boldsymbol{E}+\boldsymbol{UCVA}^{-1}-\boldsymbol{A}(\boldsymbol{E}+\boldsymbol{A}^{-1}\boldsymbol{UCV})(\boldsymbol{E}+\boldsymbol{A}^{-1}\boldsymbol{UCV})^{-1}\boldsymbol{A}^{-1}\boldsymbol{UCVA}^{-1} \\
=&\boldsymbol{E}+\boldsymbol{UCVA}^{-1}-\boldsymbol{AA}^{-1}\boldsymbol{UCVA}^{-1} \\
=&\boldsymbol{E}.
\end{aligned}$$

故结论成立.

(法 2) 利用如下等式:

$$(\boldsymbol{E}+\boldsymbol{P})^{-1} = (\boldsymbol{E}+\boldsymbol{P})^{-1}(\boldsymbol{E}+\boldsymbol{P}-\boldsymbol{P}) = \boldsymbol{E}-(\boldsymbol{E}+\boldsymbol{P})^{-1}\boldsymbol{P},$$

可得

$$\begin{aligned}
(\boldsymbol{A}+\boldsymbol{UCV})^{-1} &= (\boldsymbol{A}(\boldsymbol{E}+\boldsymbol{A}^{-1}\boldsymbol{UCV}))^{-1} \\
&= (\boldsymbol{E}+\boldsymbol{A}^{-1}\boldsymbol{UCV})^{-1}\boldsymbol{A}^{-1} \\
&= (\boldsymbol{E}-(\boldsymbol{E}+\boldsymbol{A}^{-1}\boldsymbol{UCV})^{-1}\boldsymbol{A}^{-1}\boldsymbol{UCV})\boldsymbol{A}^{-1} \\
&= \boldsymbol{A}^{-1}-(\boldsymbol{E}+\boldsymbol{A}^{-1}\boldsymbol{UCV})^{-1}\boldsymbol{A}^{-1}\boldsymbol{UCVA}^{-1}.
\end{aligned}$$

若 $\boldsymbol{C}$ 可逆, 由

$$\boldsymbol{P}+\boldsymbol{PQP} = \boldsymbol{P}(\boldsymbol{E}+\boldsymbol{QP}) = (\boldsymbol{E}+\boldsymbol{PQ})\boldsymbol{P},$$

其中 $\boldsymbol{P}, \boldsymbol{Q}$ 分别为 $n \times k$ 与 $k \times n$ 矩阵, 利用 $\lambda^k \det(\lambda\boldsymbol{E}_n - \boldsymbol{PQ}) = \lambda^n \det(\lambda\boldsymbol{E}_k - \boldsymbol{QP})$ 可知 $\boldsymbol{E}+\boldsymbol{PQ}, \boldsymbol{E}+\boldsymbol{QP}$ 具有相同的可逆性, 从而由上式有

$$(\boldsymbol{E}+\boldsymbol{PQ})^{-1}\boldsymbol{P} = \boldsymbol{P}(\boldsymbol{E}+\boldsymbol{QP})^{-1},$$

反复利用此式可得

$$\begin{aligned}&\boldsymbol{A}^{-1}-(\boldsymbol{E}+\boldsymbol{A}^{-1}\boldsymbol{UCV})^{-1}\boldsymbol{A}^{-1}\boldsymbol{UCVA}^{-1}\\=&\boldsymbol{A}^{-1}-\boldsymbol{A}^{-1}(\boldsymbol{E}+\boldsymbol{UCVA}^{-1})^{-1}\boldsymbol{UCVA}^{-1}\\=&\boldsymbol{A}^{-1}-\boldsymbol{A}^{-1}\boldsymbol{U}(\boldsymbol{E}+\boldsymbol{CVA}^{-1}\boldsymbol{U})^{-1}\boldsymbol{CVA}^{-1}\\=&\boldsymbol{A}^{-1}-\boldsymbol{A}^{-1}\boldsymbol{U}(\boldsymbol{C}^{-1}(\boldsymbol{E}+\boldsymbol{CVA}^{-1}\boldsymbol{U}))^{-1}\boldsymbol{VA}^{-1}\\=&\boldsymbol{A}^{-1}-\boldsymbol{A}^{-1}\boldsymbol{U}(\boldsymbol{C}^{-1}+\boldsymbol{VA}^{-1}\boldsymbol{U})^{-1}\boldsymbol{VA}^{-1}.\end{aligned}$$

例 3.1.81 设 $\boldsymbol{A}$ 为 n 阶可逆矩阵,$\boldsymbol{B},\boldsymbol{C}$ 分别为 $n\times m, m\times n$ 矩阵, 若 $\boldsymbol{E}_m+\boldsymbol{CA}^{-1}\boldsymbol{B}$ 可逆, 证明:$\boldsymbol{A}+\boldsymbol{BC}$ 可逆, 并且

$$(\boldsymbol{A}+\boldsymbol{BC})^{-1}=\boldsymbol{A}^{-1}-\boldsymbol{A}^{-1}\boldsymbol{B}(\boldsymbol{E}_m+\boldsymbol{CA}^{-1}\boldsymbol{B})^{-1}\boldsymbol{CA}^{-1}.$$

例 3.1.82 设 $\boldsymbol{A}\in\mathbb{R}^{n\times n}$ 是非奇异矩阵,$\boldsymbol{u},\boldsymbol{v}\in\mathbb{R}^n$ 是任意列向量, 若 $1+b\boldsymbol{v}^{\mathrm{T}}\boldsymbol{A}^{-1}\boldsymbol{u}\neq 0$, 则 $\boldsymbol{A}+b\boldsymbol{uv}^{\mathrm{T}}$ 非奇异, 且

$$(\boldsymbol{A}+b\boldsymbol{uv}^{\mathrm{T}})^{-1}=\boldsymbol{A}^{-1}-b\boldsymbol{A}^{-1}\boldsymbol{u}(1+b\boldsymbol{v}^{\mathrm{T}}\boldsymbol{A}^{-1}\boldsymbol{u})^{-1}\boldsymbol{v}^{\mathrm{T}}\boldsymbol{A}^{-1}=\boldsymbol{A}^{-1}-\frac{b\boldsymbol{A}^{-1}\boldsymbol{uv}^{\mathrm{T}}\boldsymbol{A}^{-1}}{1+b\boldsymbol{v}^{\mathrm{T}}\boldsymbol{A}^{-1}\boldsymbol{u}}.$$

例 3.1.83 (曲阜师范大学,2009; 河南师范大学,2017) 设 $\boldsymbol{A}\in F^{n\times n}$ 为 n 阶可逆矩阵,$\boldsymbol{u},\boldsymbol{v}\in F^n$ 是列向量, 若 $1+\boldsymbol{v}^{\mathrm{T}}\boldsymbol{A}^{-1}\boldsymbol{u}\neq 0$, 则 $\boldsymbol{A}+\boldsymbol{uv}^{\mathrm{T}}$ 可逆, 且

$$(\boldsymbol{A}+\boldsymbol{uv}^{\mathrm{T}})^{-1}=\boldsymbol{A}^{-1}-\frac{\boldsymbol{A}^{-1}\boldsymbol{uv}^{\mathrm{T}}\boldsymbol{A}^{-1}}{1+\boldsymbol{v}^{\mathrm{T}}\boldsymbol{A}^{-1}\boldsymbol{u}}.$$

证 (法 1) 注意到 $\boldsymbol{v}^{\mathrm{T}}\boldsymbol{A}^{-1}\boldsymbol{u}$ 是一个数, 可得

$$\begin{aligned}&(\boldsymbol{A}+\boldsymbol{uv}^{\mathrm{T}})\left(\boldsymbol{A}^{-1}-\frac{\boldsymbol{A}^{-1}\boldsymbol{uv}^{\mathrm{T}}\boldsymbol{A}^{-1}}{1+\boldsymbol{v}^{\mathrm{T}}\boldsymbol{A}^{-1}\boldsymbol{u}}\right)\\=&\boldsymbol{E}-\frac{\boldsymbol{uv}^{\mathrm{T}}\boldsymbol{A}^{-1}}{1+\boldsymbol{v}^{\mathrm{T}}\boldsymbol{A}^{-1}\boldsymbol{u}}+\boldsymbol{uv}^{\mathrm{T}}\boldsymbol{A}^{-1}-\frac{\boldsymbol{uv}^{\mathrm{T}}\boldsymbol{A}^{-1}\boldsymbol{uv}^{\mathrm{T}}\boldsymbol{A}^{-1}}{1+\boldsymbol{v}^{\mathrm{T}}\boldsymbol{A}^{-1}\boldsymbol{u}}\\=&\boldsymbol{E}-\frac{\boldsymbol{uv}^{\mathrm{T}}\boldsymbol{A}^{-1}}{1+\boldsymbol{v}^{\mathrm{T}}\boldsymbol{A}^{-1}\boldsymbol{u}}-\frac{\boldsymbol{uv}^{\mathrm{T}}\boldsymbol{A}^{-1}\boldsymbol{uv}^{\mathrm{T}}\boldsymbol{A}^{-1}}{1+\boldsymbol{v}^{\mathrm{T}}\boldsymbol{A}^{-1}\boldsymbol{u}}+\boldsymbol{uv}^{\mathrm{T}}\boldsymbol{A}^{-1}\\=&\boldsymbol{E}-\frac{(1+\boldsymbol{v}^{\mathrm{T}}\boldsymbol{A}^{-1}\boldsymbol{u})\boldsymbol{uv}^{\mathrm{T}}\boldsymbol{A}^{-1}}{1+\boldsymbol{v}^{\mathrm{T}}\boldsymbol{A}^{-1}\boldsymbol{u}}+\boldsymbol{uv}^{\mathrm{T}}\boldsymbol{A}^{-1}\\=&\boldsymbol{E}.\end{aligned}$$

故结论成立.

(法 2) 由于

$$\begin{pmatrix}\boldsymbol{E}&-\boldsymbol{u}\\\boldsymbol{0}&1\end{pmatrix}\begin{pmatrix}\boldsymbol{A}&\boldsymbol{u}\\-\boldsymbol{v}^{\mathrm{T}}&1\end{pmatrix}\begin{pmatrix}\boldsymbol{E}&\boldsymbol{0}\\\boldsymbol{v}^{\mathrm{T}}&1\end{pmatrix}=\begin{pmatrix}\boldsymbol{A}+\boldsymbol{uv}^{\mathrm{T}}&\boldsymbol{0}\\\boldsymbol{0}&1\end{pmatrix},$$

$$\begin{pmatrix}\boldsymbol{E}&\boldsymbol{0}\\\boldsymbol{v}^{\mathrm{T}}\boldsymbol{A}^{-1}&1\end{pmatrix}\begin{pmatrix}\boldsymbol{A}&\boldsymbol{u}\\-\boldsymbol{v}^{\mathrm{T}}&1\end{pmatrix}\begin{pmatrix}\boldsymbol{E}&-\boldsymbol{A}^{-1}\boldsymbol{u}\\\boldsymbol{0}&1\end{pmatrix}=\begin{pmatrix}\boldsymbol{A}&\boldsymbol{0}\\\boldsymbol{0}&1+\boldsymbol{v}^{\mathrm{T}}\boldsymbol{A}^{-1}\boldsymbol{u}\end{pmatrix},$$

上两式两边取逆, 可得

$$\begin{pmatrix}(\boldsymbol{A}+\boldsymbol{uv}^{\mathrm{T}})^{-1}&\boldsymbol{0}\\\boldsymbol{0}&1\end{pmatrix}=\begin{pmatrix}\boldsymbol{E}&\boldsymbol{0}\\-\boldsymbol{v}^{\mathrm{T}}&1\end{pmatrix}\begin{pmatrix}\boldsymbol{A}&\boldsymbol{u}\\-\boldsymbol{v}^{\mathrm{T}}&1\end{pmatrix}^{-1}\begin{pmatrix}\boldsymbol{E}&\boldsymbol{u}\\\boldsymbol{0}&1\end{pmatrix},$$

$$\begin{pmatrix} \boldsymbol{A}^{-1} & \boldsymbol{0} \\ \boldsymbol{0} & (1+\boldsymbol{v}^{\mathrm{T}}\boldsymbol{A}^{-1}\boldsymbol{u})^{-1} \end{pmatrix} = \begin{pmatrix} \boldsymbol{E} & \boldsymbol{A}^{-1}\boldsymbol{u} \\ \boldsymbol{0} & 1 \end{pmatrix} \begin{pmatrix} \boldsymbol{A} & \boldsymbol{u} \\ -\boldsymbol{v}^{\mathrm{T}} & 1 \end{pmatrix}^{-1} \begin{pmatrix} \boldsymbol{E} & \boldsymbol{0} \\ -\boldsymbol{v}^{\mathrm{T}}\boldsymbol{A}^{-1} & 1 \end{pmatrix},$$

由上面第二式可得

$$\begin{pmatrix} \boldsymbol{A} & \boldsymbol{u} \\ -\boldsymbol{v}^{\mathrm{T}} & 1 \end{pmatrix}^{-1} = \begin{pmatrix} \boldsymbol{E} & -\boldsymbol{A}^{-1}\boldsymbol{u} \\ \boldsymbol{0} & 1 \end{pmatrix} \begin{pmatrix} \boldsymbol{A}^{-1} & \boldsymbol{0} \\ \boldsymbol{0} & (1+\boldsymbol{v}^{\mathrm{T}}\boldsymbol{A}^{-1}\boldsymbol{u})^{-1} \end{pmatrix} \begin{pmatrix} \boldsymbol{E} & \boldsymbol{0} \\ \boldsymbol{v}^{\mathrm{T}}\boldsymbol{A}^{-1} & 1 \end{pmatrix},$$

将此式代入上面的第一式, 可得

$$\begin{aligned} &\begin{pmatrix} (\boldsymbol{A}+\boldsymbol{u}\boldsymbol{v}^{\mathrm{T}})^{-1} & \boldsymbol{0} \\ \boldsymbol{0} & 1 \end{pmatrix} \\ =&\begin{pmatrix} \boldsymbol{E} & \boldsymbol{0} \\ -\boldsymbol{v}^{\mathrm{T}} & 1 \end{pmatrix} \begin{pmatrix} \boldsymbol{E} & -\boldsymbol{A}^{-1}\boldsymbol{u} \\ \boldsymbol{0} & 1 \end{pmatrix} \begin{pmatrix} \boldsymbol{A}^{-1} & \boldsymbol{0} \\ \boldsymbol{0} & (1+\boldsymbol{v}^{\mathrm{T}}\boldsymbol{A}^{-1}\boldsymbol{u})^{-1} \end{pmatrix} \begin{pmatrix} \boldsymbol{E} & \boldsymbol{0} \\ \boldsymbol{v}^{\mathrm{T}}\boldsymbol{A}^{-1} & 1 \end{pmatrix} \begin{pmatrix} \boldsymbol{E} & \boldsymbol{u} \\ \boldsymbol{0} & 1 \end{pmatrix} \\ =&\begin{pmatrix} \boldsymbol{A}^{-1} - \dfrac{\boldsymbol{A}^{-1}\boldsymbol{u}\boldsymbol{v}^{\mathrm{T}}\boldsymbol{A}^{-1}}{1+\boldsymbol{v}^{\mathrm{T}}\boldsymbol{A}^{-1}\boldsymbol{u}} & \boldsymbol{0} \\ \boldsymbol{0} & 1 \end{pmatrix}, \end{aligned}$$

故

$$(\boldsymbol{A}+\boldsymbol{u}\boldsymbol{v}^{\mathrm{T}})^{-1} = \boldsymbol{A}^{-1} - \frac{\boldsymbol{A}^{-1}\boldsymbol{u}\boldsymbol{v}^{\mathrm{T}}\boldsymbol{A}^{-1}}{1+\boldsymbol{v}^{\mathrm{T}}\boldsymbol{A}^{-1}\boldsymbol{u}}.$$

例 3.1.84 (湖南大学,2022) 记 $M_{m,n}(K)$ 是数域 K 上的全体 $m \times n$ 矩阵全体.

(1) 设 $\boldsymbol{A} \in M_{m,n}(K), \boldsymbol{B} \in M_{n,m}(K)$. 证明:

$$\det(\boldsymbol{E}_m + \boldsymbol{A}\boldsymbol{B}) = \det(\boldsymbol{E}_n + \boldsymbol{B}\boldsymbol{A}),$$

其中 $\boldsymbol{E}_m, \boldsymbol{E}_n$ 分别是 m 阶和 n 阶单位矩阵,$\det(\cdot)$ 表示行列式.

(2) 设 $\boldsymbol{\alpha}, \boldsymbol{\beta} \in K^n$ 是列向量, 请给出方阵 $\boldsymbol{A} = \boldsymbol{E}_n + \boldsymbol{\alpha}\boldsymbol{\beta}^{\mathrm{T}}$ 是可逆矩阵的充分必要条件, 说明理由并求出 $\boldsymbol{A}^{-1}$.

(3) 求矩阵 $\boldsymbol{A} = \begin{pmatrix} 2 & -1 & -1 & -1 \\ -1 & 2 & -1 & -1 \\ -1 & -1 & 2 & -1 \\ -1 & -1 & -1 & 2 \end{pmatrix}$ 的逆矩阵.

例 3.1.85 (云南大学,2022) 设 $\boldsymbol{A}, \boldsymbol{B}$ 为 n 阶方阵, 且 $|\boldsymbol{A}+\boldsymbol{B}| \cdot |\boldsymbol{A}-\boldsymbol{B}| \neq 0$, 再设

$$\boldsymbol{D} = \begin{pmatrix} \boldsymbol{A} & \boldsymbol{B} \\ \boldsymbol{B} & \boldsymbol{A} \end{pmatrix},$$

求 $\boldsymbol{D}^{-1}$.

解 由于

$$\begin{pmatrix} \boldsymbol{E} & \boldsymbol{E} \\ \boldsymbol{O} & \boldsymbol{E} \end{pmatrix} \begin{pmatrix} \boldsymbol{A} & \boldsymbol{B} \\ \boldsymbol{B} & \boldsymbol{A} \end{pmatrix} \begin{pmatrix} \boldsymbol{E} & -\boldsymbol{E} \\ \boldsymbol{O} & \boldsymbol{E} \end{pmatrix} = \begin{pmatrix} \boldsymbol{A}+\boldsymbol{B} & \boldsymbol{O} \\ \boldsymbol{B} & \boldsymbol{A}-\boldsymbol{B} \end{pmatrix}, \tag{$*$}$$

上式两边取行列式, 可得 $|\boldsymbol{D}| = |\boldsymbol{A}+\boldsymbol{B}| \cdot |\boldsymbol{A}-\boldsymbol{B}| \neq 0$, 故 $\boldsymbol{D}$ 可逆. 在式 $(*)$ 两边取逆, 可得

$$\boldsymbol{D}^{-1} = \begin{pmatrix} (\boldsymbol{E}+(\boldsymbol{A}-\boldsymbol{B})^{-1}\boldsymbol{B})(\boldsymbol{A}+\boldsymbol{B})^{-1} & (\boldsymbol{E}+(\boldsymbol{A}-\boldsymbol{B})^{-1}\boldsymbol{B})(\boldsymbol{A}+\boldsymbol{B})^{-1} - (\boldsymbol{A}-\boldsymbol{B})^{-1} \\ -(\boldsymbol{A}-\boldsymbol{B})^{-1}\boldsymbol{B}(\boldsymbol{A}+\boldsymbol{B})^{-1} & (\boldsymbol{A}-\boldsymbol{B})^{-1}(\boldsymbol{E}-\boldsymbol{B}(\boldsymbol{A}+\boldsymbol{B})^{-1}) \end{pmatrix}.$$

例 3.1.86 (广西民族大学,2022) 设 $\boldsymbol{A}=\begin{pmatrix}3&1&-3&-1\\2&0&-2&0\\3&1&6&2\\2&0&4&0\end{pmatrix}$, 求 $\boldsymbol{A}$ 的逆.

例 3.1.87 设 $f(\boldsymbol{A})=(\boldsymbol{E}+\boldsymbol{A})^{-1}(\boldsymbol{E}-\boldsymbol{A})$, 证明:

(1) $(\boldsymbol{E}+\boldsymbol{A})(f(\boldsymbol{A})+\boldsymbol{E})=2\boldsymbol{E}$;

(2) $f(f(\boldsymbol{A}))=\boldsymbol{A}$.

证 (1) 由 $f(\boldsymbol{A})=(\boldsymbol{E}+\boldsymbol{A})^{-1}(\boldsymbol{E}-\boldsymbol{A})$, 可得

$$(\boldsymbol{E}+\boldsymbol{A})(f(\boldsymbol{A})+\boldsymbol{E})=(\boldsymbol{E}+\boldsymbol{A})f(\boldsymbol{A})+(\boldsymbol{E}+\boldsymbol{A})=2\boldsymbol{E}.$$

(2) 由于

$$f(f(\boldsymbol{A}))=(\boldsymbol{E}+f(\boldsymbol{A}))^{-1}(\boldsymbol{E}-f(\boldsymbol{A})),$$

由 (1) 可得

$$(\boldsymbol{E}+f(\boldsymbol{A}))^{-1}=\frac{1}{2}(\boldsymbol{E}+\boldsymbol{A}),$$

以及

$$(\boldsymbol{E}+\boldsymbol{A})f(\boldsymbol{A})=\boldsymbol{E}-\boldsymbol{A},$$

故可得

$$f(f(\boldsymbol{A}))=\frac{1}{2}(\boldsymbol{E}+\boldsymbol{A})(\boldsymbol{E}-f(\boldsymbol{A}))=\frac{1}{2}(\boldsymbol{E}+\boldsymbol{A})-\frac{1}{2}(\boldsymbol{E}+\boldsymbol{A})f(\boldsymbol{A})=\boldsymbol{A}.$$

例 3.1.88 (哈尔滨工业大学, 2021) 判断如下说法是否正确，并说明理由。

(1) 设 $\boldsymbol{A}$ 是三阶实矩阵, 则 $\boldsymbol{A}$ 的伴随矩阵的行列式的值为非负实数;

(2) 设 $S=\{\boldsymbol{A}\in\mathbb{C}^{n\times n}||\boldsymbol{E}+\boldsymbol{A}|\neq 0\}, \boldsymbol{A}\in S$, 定义 $\psi(\boldsymbol{A})=(\boldsymbol{E}-\boldsymbol{A})(\boldsymbol{E}+\boldsymbol{A})^{-1}$, 则 $\psi(\psi(\boldsymbol{A}))=\boldsymbol{A}$.

例 3.1.89 (宁波大学,2019; 华东理工大学,2021) 已知 $\boldsymbol{E}-\boldsymbol{A},\boldsymbol{E}-\boldsymbol{A}^{-1}$ 可逆, 证明:$(\boldsymbol{E}-\boldsymbol{A})^{-1}+(\boldsymbol{E}-\boldsymbol{A}^{-1})^{-1}=\boldsymbol{E}$.

证 (法 1) 由于

$$\boldsymbol{A}(\boldsymbol{E}-\boldsymbol{A}^{-1})=\boldsymbol{A}-\boldsymbol{E}=-(\boldsymbol{E}-\boldsymbol{A}),$$

故 $\boldsymbol{A}$ 可逆, 且

$$(\boldsymbol{E}-\boldsymbol{A})^{-1}=-(\boldsymbol{E}-\boldsymbol{A}^{-1})^{-1}\boldsymbol{A}^{-1},$$

从而

$$(\boldsymbol{E}-\boldsymbol{A})^{-1}+(\boldsymbol{E}-\boldsymbol{A}^{-1})^{-1}=-(\boldsymbol{E}-\boldsymbol{A}^{-1})^{-1}\boldsymbol{A}^{-1}+(\boldsymbol{E}-\boldsymbol{A}^{-1})^{-1}=(\boldsymbol{E}-\boldsymbol{A}^{-1})^{-1}(\boldsymbol{E}-\boldsymbol{A}^{-1})=\boldsymbol{E},$$

即结论成立.

(法 2) 由于

$$(\boldsymbol{E}-\boldsymbol{A})[(\boldsymbol{E}-\boldsymbol{A})^{-1}+(\boldsymbol{E}-\boldsymbol{A}^{-1})^{-1}](\boldsymbol{E}-\boldsymbol{A}^{-1})=2\boldsymbol{E}-\boldsymbol{A}-\boldsymbol{A}^{-1}=(\boldsymbol{E}-\boldsymbol{A})\boldsymbol{E}(\boldsymbol{E}-\boldsymbol{A}^{-1}),$$

以及 $\boldsymbol{E}-\boldsymbol{A},\boldsymbol{E}-\boldsymbol{A}^{-1}$ 可逆, 可得结论成立.

例 3.1.90 (同济大学,2022) 已知实矩阵 $\boldsymbol{A}$ 的特征值不为 -1. 证明:

(1) $\boldsymbol{A}+\boldsymbol{E}$ 与 $\boldsymbol{A}^{\mathrm{T}}+\boldsymbol{E}$ 可逆;

(2) $\boldsymbol{A}$ 是正交矩阵当且仅当 $(\boldsymbol{A}+\boldsymbol{E})^{-1}+(\boldsymbol{A}^{\mathrm{T}}+\boldsymbol{E})^{-1}=\boldsymbol{E}$.

3.1.5 矩阵方程

矩阵方程有如下三种形式:

(1) $\boldsymbol{AX}=\boldsymbol{B}$, 其中 $\boldsymbol{A},\boldsymbol{B}$ 为已知矩阵,$\boldsymbol{X}$ 为需要求解的未知矩阵, 若 $\boldsymbol{A}$ 可逆, 则 $\boldsymbol{X}=\boldsymbol{A}^{-1}\boldsymbol{B}$;

(2) $\boldsymbol{XA}=\boldsymbol{B}$, 其中 $\boldsymbol{A},\boldsymbol{B}$ 为已知矩阵,$\boldsymbol{X}$ 为需要求解的未知矩阵, 若 $\boldsymbol{A}$ 可逆, 则 $\boldsymbol{X}=\boldsymbol{B}\boldsymbol{A}^{-1}$;

(3) $\boldsymbol{AXB}=\boldsymbol{C}$, 其中 $\boldsymbol{A},\boldsymbol{B},\boldsymbol{C}$ 为已知矩阵,$\boldsymbol{X}$ 为需要求解的未知矩阵, 若 $\boldsymbol{A},\boldsymbol{B}$ 可逆, 则 $\boldsymbol{X}=\boldsymbol{A}^{-1}\boldsymbol{C}\boldsymbol{B}^{-1}$.

注 当矩阵不可逆时, 只能用待定系数法.

例 3.1.91 (上海大学,2003) 设 $\boldsymbol{A},\boldsymbol{B}$ 为 n 阶整数矩阵 (即 $\boldsymbol{A},\boldsymbol{B}$ 的元素都是整数), 且 $\boldsymbol{AB}=\boldsymbol{E}-\boldsymbol{A}$(其中 $\boldsymbol{E}$ 为单位矩阵).

(1) 求证:$|\boldsymbol{A}|=\pm1$;

(2) 设 $\boldsymbol{B}=\begin{pmatrix}-2&0&0\\1&-2&0\\2&3&-2\end{pmatrix}$, 求 $\boldsymbol{A}$.

证 (1) 由 $\boldsymbol{AB}=\boldsymbol{E}-\boldsymbol{A}$, 可得 $\boldsymbol{A}(\boldsymbol{B}+\boldsymbol{E})=\boldsymbol{E}$, 两边取行列式, 可得 $|\boldsymbol{A}||\boldsymbol{B}+\boldsymbol{E}|=1$, 注意到 $\boldsymbol{A},\boldsymbol{B}$ 都是整数矩阵, 则 $|\boldsymbol{A}|,|\boldsymbol{B}+\boldsymbol{E}|$ 都是整数, 从而 $|\boldsymbol{A}|=\pm1$.

(2) 由 $\boldsymbol{AB}=\boldsymbol{E}-\boldsymbol{A}$, 可得 $\boldsymbol{A}(\boldsymbol{B}+\boldsymbol{E})=\boldsymbol{E}$, 易知 $\boldsymbol{B}+\boldsymbol{E}$ 可逆, 于是

$$\boldsymbol{A}=(\boldsymbol{B}+\boldsymbol{E})^{-1}=\begin{pmatrix}-1&0&0\\-1&-1&0\\-5&-3&-1\end{pmatrix}.$$

例 3.1.92 (山东大学,2022) 已知矩阵$\boldsymbol{A}=\begin{pmatrix}1&0&1\\0&2&0\\-1&0&1\end{pmatrix}$满足 $\boldsymbol{AB}+\boldsymbol{E}=\boldsymbol{A}^2+\boldsymbol{B}$, 求矩阵 $\boldsymbol{B}$.

例 3.1.93 (西南财经大学,2022) 设矩阵$\boldsymbol{A}=\begin{pmatrix}1&2&0&0\\2&5&0&0\\0&0&0&1\\0&0&1&1\end{pmatrix}$, 且满足$\boldsymbol{AB}+\boldsymbol{AA}^*=\boldsymbol{A}$, 求 $\boldsymbol{B}$.

解 易知 $\boldsymbol{A}$ 可逆, 于是在 $\boldsymbol{AB}+\boldsymbol{AA}^*=\boldsymbol{A}$ 两边左乘 $\boldsymbol{A}^{-1}$, 可得 $\boldsymbol{B}+\boldsymbol{A}^*=\boldsymbol{E}$, 于是

$$\boldsymbol{B}=\boldsymbol{E}-\boldsymbol{A}^*=\boldsymbol{E}-|\boldsymbol{A}|\boldsymbol{A}^{-1}=\begin{pmatrix}6&-2&0&0\\-2&2&0&0\\0&0&0&1\\0&0&1&1\end{pmatrix}.$$

例 3.1.94 (厦门大学,2018) 已知 $\boldsymbol{A}=\begin{pmatrix}1&1&0\\0&1&1\\1&0&1\end{pmatrix}$, 且 $\boldsymbol{A}^*\boldsymbol{X}=\boldsymbol{A}^{-1}+2\boldsymbol{X}$, 其中 $\boldsymbol{A}^*$ 表示 $\boldsymbol{A}$ 的伴随矩阵. 求矩阵 $\boldsymbol{X}$.

例 3.1.95 (聊城大学,2018; 浙江科技学院,2019; 南昌大学,2022) 已知 $\boldsymbol{A}=\begin{pmatrix}1&1&-1\\-1&1&1\\1&-1&1\end{pmatrix}$, 且 $\boldsymbol{A}^*\boldsymbol{X}=\boldsymbol{A}^{-1}+2\boldsymbol{X}$, 其中 $\boldsymbol{A}^*$ 表示 $\boldsymbol{A}$ 的伴随矩阵. 求矩阵 $\boldsymbol{X}$.

例 3.1.96 (第十二届全国大学生数学竞赛决赛非数学类,2021) 设矩阵 $\boldsymbol{A}$ 的伴随矩阵 $\boldsymbol{A}^*=\begin{pmatrix}1&&\\&16&\\&&1\end{pmatrix}$, 且 $|\boldsymbol{A}|>0, \boldsymbol{ABA}^{-1}=\boldsymbol{BA}^{-1}+3\boldsymbol{E}$, 其中 $\boldsymbol{E}$ 为单位矩阵, 则 $\boldsymbol{B}=($ $)$.

例 3.1.97 (浙江大学,2016) 设矩阵 $\boldsymbol{A}=\begin{pmatrix}a&b&c\\d&e&f\\h&x&y\end{pmatrix}$ 的逆矩阵 $\boldsymbol{A}^{-1}=\begin{pmatrix}-1&-2&-1\\-2&1&0\\0&-3&-1\end{pmatrix}$. 矩阵 $\boldsymbol{B}=\begin{pmatrix}a-2b&b-3&-c\\d-2e&e-3f&-f\\h-2x&x-3y&-y\end{pmatrix}$, 求矩阵 $\boldsymbol{X}$ 使之满足

$$\boldsymbol{X}+(\boldsymbol{B}(\boldsymbol{A}^{\mathrm{T}}\boldsymbol{B}^2)^{-1}\boldsymbol{A}^{\mathrm{T}})^{-1}=\boldsymbol{X}(\boldsymbol{A}^2(\boldsymbol{B}^{\mathrm{T}}\boldsymbol{A})^{-1}\boldsymbol{B}^{\mathrm{T}})^{-1}(\boldsymbol{A}+\boldsymbol{B}).$$

解 由 $\boldsymbol{AA}^{-1}=\boldsymbol{E}$ 可得

$$\begin{cases}-a-2b=1,\\-2a+b-3c=0,\\-a-c=0,\end{cases}$$

解得 $a=1,b=-1,c=-1$. 类似可解得 $d=2,e=-1,f=-2,h=-6,x=3,y=5$. 于是

$$\boldsymbol{B}=\begin{pmatrix}a-2b&b-3&-c\\d-2e&e-3f&-f\\h-2x&x-3y&-y\end{pmatrix}=\begin{pmatrix}3&-4&1\\4&5&2\\-12&-12&-5\end{pmatrix},$$

由于 $|\boldsymbol{B}|=25$, 故 $\boldsymbol{B}$ 可逆, 于是

$$(\boldsymbol{B}(\boldsymbol{A}^{\mathrm{T}}\boldsymbol{B}^2)^{-1}\boldsymbol{A}^{\mathrm{T}})^{-1}=(\boldsymbol{BB}^{-1}\boldsymbol{B}^{-1}(\boldsymbol{A}^{\mathrm{T}})^{-1}\boldsymbol{A}^{\mathrm{T}})^{-1}=\boldsymbol{B},$$

$$(\boldsymbol{A}^2(\boldsymbol{B}^{\mathrm{T}}\boldsymbol{A})^{-1}\boldsymbol{B}^{\mathrm{T}})^{-1}(\boldsymbol{A}+\boldsymbol{B})=\boldsymbol{A}^{-1}(\boldsymbol{A}+\boldsymbol{B})=\boldsymbol{E}+\boldsymbol{A}^{-1}\boldsymbol{B},$$

则原矩阵方程化为

$$\boldsymbol{X}+\boldsymbol{B}=\boldsymbol{X}(\boldsymbol{E}+\boldsymbol{A}^{-1}\boldsymbol{B}),$$

即

$$\boldsymbol{X}=\boldsymbol{B}(\boldsymbol{A}^{-1}\boldsymbol{B})^{-1}=\boldsymbol{A}=\begin{pmatrix}1&-1&-1\\2&-1&-2\\-6&3&5\end{pmatrix}.$$

例 3.1.98 设 $\boldsymbol{A},\boldsymbol{B}$ 为 n 阶矩阵,$\det(\boldsymbol{A})=\dfrac{1}{2},\det(\boldsymbol{B})=\dfrac{1}{3}$. 求解关于 $\boldsymbol{X}$ 的矩阵方程:

$$\boldsymbol{X}+((\boldsymbol{A}^{\mathrm{T}}\boldsymbol{B})^*\boldsymbol{A}^{\mathrm{T}})^{-1}+\boldsymbol{BA}^{-1}\boldsymbol{B}=\boldsymbol{X}(\boldsymbol{B}^{\mathrm{T}}(\boldsymbol{AB}^{\mathrm{T}})^{-1}\boldsymbol{A}^2)^{-1}(\boldsymbol{A}+2\boldsymbol{B}).$$

例 3.1.99 (河北工业大学,2002)$\boldsymbol{A}$ 为 $m\times s$ 矩阵,$\boldsymbol{B}$ 为 $m\times n$ 矩阵,
(1) 给出存在 $s\times n$ 矩阵 $\boldsymbol{X}$ 使得 $\boldsymbol{AX}=\boldsymbol{B}$ 成立的充要条件, 并加以证明;
(2) 给出上述矩阵 $\boldsymbol{X}$ 唯一的充要条件, 并加以证明.

证 (1) 将 $\boldsymbol{B}$ 按列分块为

$$\boldsymbol{B}=(\boldsymbol{b}_1,\boldsymbol{b}_2,\cdots,\boldsymbol{b}_n),$$

设 $\boldsymbol{AX}=\boldsymbol{B}$ 有解 $\boldsymbol{C}=(\boldsymbol{c}_1,\boldsymbol{c}_2,\cdots,\boldsymbol{c}_n)$, 则由 $\boldsymbol{AC}=\boldsymbol{B}$, 可得

$$\boldsymbol{A}(\boldsymbol{c}_1,\boldsymbol{c}_2,\cdots,\boldsymbol{c}_n)=(\boldsymbol{b}_1,\boldsymbol{b}_2,\cdots,\boldsymbol{b}_n),$$

于是

$$\boldsymbol{A}\boldsymbol{c}_i=\boldsymbol{b}_i, i=1,2,\cdots,n,$$

即 $\boldsymbol{b}_i$ 可由 $\boldsymbol{A}$ 的列向量线性表示, 从而 $\boldsymbol{A}$ 的列向量组与矩阵 $(\boldsymbol{A},\boldsymbol{B})$ 的列向量组等价, 因此

$$r(\boldsymbol{A})=r(\boldsymbol{A},\boldsymbol{B}).$$

反之, 若 $r(\boldsymbol{A})=r(\boldsymbol{A},\boldsymbol{B})$, 由上面的证明可知 $\boldsymbol{AX}=\boldsymbol{B}$ 有解.

(2) 线性方程组 $\boldsymbol{Ax}=\boldsymbol{b}_i$ 有唯一解的充要条件是 $r(\boldsymbol{A})=r(\boldsymbol{A},\boldsymbol{b}_i)=s$. 故 $\boldsymbol{AX}=\boldsymbol{B}$ 有唯一解的充要条件是 $r(\boldsymbol{A})=r(\boldsymbol{A},\boldsymbol{B})=s$.

例 3.1.100 (西南师范大学,2004) 设 $\boldsymbol{A},\boldsymbol{B}$ 为实数域 $\mathbb{R}$ 上的 $s\times n$ 与 $s\times m$ 矩阵, 证明:
(1) $r(\boldsymbol{A}^{\mathrm{T}}\boldsymbol{A})=r(\boldsymbol{A})$.
(2) 存在 $\mathbb{R}$ 上的 $n\times m$ 矩阵 $\boldsymbol{C}$ 使得 $\boldsymbol{A}^{\mathrm{T}}\boldsymbol{AC}=\boldsymbol{A}^{\mathrm{T}}\boldsymbol{B}$.

例 3.1.101 (深圳大学,2008) 设 $\boldsymbol{A}=(a_{ij})$ 和 $\boldsymbol{B}=(b_{ij})$ 是两个 n 阶矩阵. 令

$$\boldsymbol{A}^{(k)}=\begin{pmatrix}a_{11}&\cdots&a_{1n}&b_{1k}\\ \vdots&&\vdots&\vdots\\ a_{n1}&\cdots&a_{nn}&b_{nk}\end{pmatrix}(k=1,2,\cdots,n),$$

证明: 存在 n 阶矩阵 $\boldsymbol{X}$ 使得 $\boldsymbol{AX}=\boldsymbol{B}$ 的充分必要条件是 $\boldsymbol{A},\boldsymbol{A}^{(1)},\boldsymbol{A}^{(2)},\cdots,\boldsymbol{A}^{(k)}$ 的秩都相等.

例 3.1.102 (中山大学,2009) 证明:
(1) 对任意矩阵 $\boldsymbol{A}$, 矩阵方程 $\boldsymbol{AXA}=\boldsymbol{A}$ 总有解;
(2) 如果矩阵方程 $\boldsymbol{AY}=\boldsymbol{C},\boldsymbol{ZB}=\boldsymbol{C}$ 都有解, 则矩阵方程 $\boldsymbol{AXB}=\boldsymbol{C}$ 有解.

证 (1) 对任意矩阵 $\boldsymbol{A}$, 存在可逆矩阵 $\boldsymbol{P},\boldsymbol{Q}$ 使得

$$\boldsymbol{A}=\boldsymbol{P}\begin{pmatrix}\boldsymbol{E}_r&\boldsymbol{O}\\ \boldsymbol{O}&\boldsymbol{O}\end{pmatrix}\boldsymbol{Q},$$

其中 $r=r(\boldsymbol{A})$, 令

$$\boldsymbol{X}_0=\boldsymbol{Q}^{-1}\begin{pmatrix}\boldsymbol{E}_r&\boldsymbol{O}\\ \boldsymbol{O}&\boldsymbol{O}\end{pmatrix}\boldsymbol{P}^{-1},$$

易知 $\boldsymbol{X}_0$ 满足矩阵方程 $\boldsymbol{AXA}=\boldsymbol{A}$, 故结论成立.

(2) 由条件, 设 $\boldsymbol{Y}_0$ 满足 $\boldsymbol{A}\boldsymbol{Y}_0=\boldsymbol{C}$,$\boldsymbol{Z}_0$ 满足 $\boldsymbol{Z}_0\boldsymbol{B}=\boldsymbol{C}$, 由 (1) 知 $\boldsymbol{C}\boldsymbol{X}\boldsymbol{C}=\boldsymbol{C}$ 有解, 可设 $\boldsymbol{X}_0$ 满足 $\boldsymbol{C}\boldsymbol{X}_0\boldsymbol{C}=\boldsymbol{C}$. 此时

$$\boldsymbol{C}=\boldsymbol{C}\boldsymbol{X}_0\boldsymbol{C}=\boldsymbol{A}\boldsymbol{Y}_0\boldsymbol{X}_0\boldsymbol{Z}_0\boldsymbol{B},$$

所以令 $\boldsymbol{X}=\boldsymbol{Y}_0\boldsymbol{X}_0\boldsymbol{Z}_0$, 则满足 $\boldsymbol{A}\boldsymbol{X}\boldsymbol{B}=\boldsymbol{C}$.

例 3.1.103 (复旦大学高等代数每周一题 [问题 2022A11]) 设 $\boldsymbol{A},\boldsymbol{B},\boldsymbol{C}$ 分别是数域 K 上的 $m\times n, p\times q, m\times q$ 矩阵, 使得矩阵方程 $\boldsymbol{A}\boldsymbol{Y}=\boldsymbol{C}$ 和 $\boldsymbol{Z}\boldsymbol{B}=\boldsymbol{C}$ 都有解, 证明: 矩阵方程 $\boldsymbol{A}\boldsymbol{X}\boldsymbol{B}=\boldsymbol{C}$ 也有解, 其中 $\boldsymbol{X},\boldsymbol{Y},\boldsymbol{Z}$ 分别是 $n\times p$, $n\times q$, $m\times p$ 未定元矩阵.

3.1.6 初等变换与初等矩阵

例 3.1.104 (首都师范大学,2007) 设 $\boldsymbol{X}$ 为实三阶矩阵, 从 $\boldsymbol{X}$ 开始, 连续进行如下初等变换:

(1) 第一行乘以 5 加到第三行;

(2) 第三列乘以 -2 加到第二列;

(3) 交换第一行与第二行,

结果得到了三阶单位矩阵. 求矩阵 $\boldsymbol{X}$.

解 由条件有

$$\boldsymbol{P}(1,2)\boldsymbol{P}(3,1(5))\boldsymbol{X}\boldsymbol{P}(3,2(-2))=\boldsymbol{E},$$

于是

$$\boldsymbol{X}=\boldsymbol{P}(3,1(5))^{-1}\boldsymbol{P}(1,2)^{-1}\boldsymbol{P}(3,2(-2))^{-1}=\begin{pmatrix}0&1&0\\1&0&0\\0&-3&1\end{pmatrix}.$$

例 3.1.105 (上海师范大学,2022) 已知 $\boldsymbol{A}$ 是三阶可逆矩阵, 将 $\boldsymbol{A}$ 的第二列与第三列互换得到 $\boldsymbol{B}$, 再将 $\boldsymbol{B}$ 的第一列乘以 -2 得到矩阵 $\boldsymbol{C}$, 若矩阵 $\boldsymbol{P}$ 满足 $\boldsymbol{P}\boldsymbol{A}^*=\boldsymbol{C}^*$, 求矩阵 $\boldsymbol{P}$.

例 3.1.106 设 $\boldsymbol{A}=\begin{pmatrix}1&1\\1&1\end{pmatrix},\boldsymbol{P}=\begin{pmatrix}1&0\\1&1\end{pmatrix},\boldsymbol{Q}=\begin{pmatrix}0&1\\1&0\end{pmatrix}$, 求 $\boldsymbol{P}^{2018}\boldsymbol{A}\boldsymbol{Q}^{2019}$.

解 (法 1) 易知 $\boldsymbol{P}\boldsymbol{A}$ 就是将 $\boldsymbol{A}$ 的第一行加到第二行, 于是

$$\boldsymbol{P}^{2018}\boldsymbol{A}=\begin{pmatrix}1&1\\2019&2019\end{pmatrix},$$

类似可知

$$\boldsymbol{P}^{2018}\boldsymbol{A}\boldsymbol{Q}^{2019}=\begin{pmatrix}1&1\\2019&2019\end{pmatrix}.$$

(法 2) 利用数学归纳法可知

$$\boldsymbol{P}^k=\begin{pmatrix}1&0\\k&1\end{pmatrix},\boldsymbol{Q}^k=\begin{cases}E, & k=2m,\\ \boldsymbol{Q}, & k=2m+1,\end{cases}$$

其中 m 为自然数, 于是

$$\boldsymbol{P}^{2018}\boldsymbol{A}\boldsymbol{Q}^{2019}=\begin{pmatrix}1&0\\2018&1\end{pmatrix}\begin{pmatrix}1&1\\1&1\end{pmatrix}\begin{pmatrix}0&1\\1&0\end{pmatrix}=\begin{pmatrix}1&1\\2019&2019\end{pmatrix}.$$

例 3.1.107 (广东财经大学,2021) 计算 $\begin{pmatrix}0&0&1\\0&1&0\\1&0&0\end{pmatrix}^{2020}\begin{pmatrix}0&2&2\\2&0&0\\1&2&2\end{pmatrix}\begin{pmatrix}0&1&0\\1&0&0\\0&0&1\end{pmatrix}^{2021}$.

3.2 矩阵的秩

3.2.1 矩阵秩的等式与不等式

(1) $r(\boldsymbol{A})=r(\boldsymbol{PA})=r(\boldsymbol{AQ})=r(\boldsymbol{PAQ})$, 其中 $\boldsymbol{A}\in F^{s\times n},\boldsymbol{P}\in F^{s\times s},\boldsymbol{Q}\in F^{n\times n},\boldsymbol{P},\boldsymbol{Q}$ 可逆.

(2) $\boldsymbol{A}\in F^{n\times n},r(\boldsymbol{A})=n$ 的充要条件为 $\boldsymbol{A}$ 可逆.

(3) $r(\boldsymbol{A})=r(\boldsymbol{A}^{\mathrm{T}})=r(k\boldsymbol{A}),k\neq 0$.

(4) 令 $\boldsymbol{C}=\begin{pmatrix}\boldsymbol{A}&\boldsymbol{O}\\\boldsymbol{O}&\boldsymbol{B}\end{pmatrix}$, 则 $r(\boldsymbol{C})=r(\boldsymbol{A})+r(\boldsymbol{B})$.

(5) 令 $\boldsymbol{G}=\begin{pmatrix}\boldsymbol{A}&\boldsymbol{O}\\\boldsymbol{C}&\boldsymbol{B}\end{pmatrix}$, 则 $r(\boldsymbol{G})\geqslant r(\boldsymbol{A})+r(\boldsymbol{B})$.

(6) 令 $\boldsymbol{G}=\begin{pmatrix}\boldsymbol{A}&\boldsymbol{B}\\\boldsymbol{C}&\boldsymbol{D}\end{pmatrix}$, 则 $r(\boldsymbol{G})=\begin{cases}r(\boldsymbol{A})+r(\boldsymbol{D}-\boldsymbol{CA}^{-1}\boldsymbol{B}), & \boldsymbol{A}\text{ 可逆};\\ r(\boldsymbol{D})+r(\boldsymbol{A}-\boldsymbol{BD}^{-1}\boldsymbol{C}), & \boldsymbol{D}\text{ 可逆}.\end{cases}$

(7) $r(\boldsymbol{AB})\leqslant\min\{r(\boldsymbol{A}),r(\boldsymbol{B})\}$.

(8) $|r(\boldsymbol{A})-r(\boldsymbol{B})|\leqslant r(\boldsymbol{A}\pm\boldsymbol{B})\leqslant r(\boldsymbol{A})+r(\boldsymbol{B})$.

(9) $\boldsymbol{A}\in F^{s\times n},\boldsymbol{B}\in F^{n\times m}$, 则 $r(\boldsymbol{AB})\geqslant r(\boldsymbol{A})+r(\boldsymbol{B})-n$. 特别地, 若 $\boldsymbol{AB}=\boldsymbol{O}$, 则 $r(\boldsymbol{A})+r(\boldsymbol{B})\leqslant n$.

(10)$r(\boldsymbol{ABC})\geqslant r(\boldsymbol{AB})+r(\boldsymbol{BC})-r(\boldsymbol{B})$. 特别地,$r(\boldsymbol{A}^3)\geqslant 2r(\boldsymbol{A}^2)-r(\boldsymbol{A})$.

3.2.2 矩阵秩的证明问题的处理方法

证明矩阵秩的等式或者不等式, 常用的方法有:

(1) 利用分块矩阵初等变换;

(2) 利用齐次线性方程组的理论;

(3) 利用向量组的秩处理;

(4) 利用已知的矩阵秩的等式与不等式;

(5) 利用等价标准形;

(6) 利用线性空间或者线性变换的理论.

例 3.2.1 (陕西师范大学,2005; 中南大学,2011; 陕西师范大学,2020)$\boldsymbol{A}\in F^{s\times n},\boldsymbol{B}\in F^{n\times m}$, 证明:

$$\min\{r(\boldsymbol{A}),r(\boldsymbol{B})\}\geqslant r(\boldsymbol{AB})\geqslant r(\boldsymbol{A})+r(\boldsymbol{B})-n.$$

证 由

$$\begin{pmatrix}\boldsymbol{AB}&\boldsymbol{O}\\\boldsymbol{O}&\boldsymbol{E}_n\end{pmatrix}\to\begin{pmatrix}\boldsymbol{AB}&\boldsymbol{A}\\\boldsymbol{O}&\boldsymbol{E}_n\end{pmatrix}\to\begin{pmatrix}\boldsymbol{O}&\boldsymbol{A}\\-\boldsymbol{B}&\boldsymbol{E}_n\end{pmatrix}\to\begin{pmatrix}\boldsymbol{A}&\boldsymbol{O}\\\boldsymbol{E}_n&\boldsymbol{B}\end{pmatrix},$$

于是可得 $r(\boldsymbol{AB})+n\geqslant r(\boldsymbol{A})+r(\boldsymbol{B})$. 所以 $r(\boldsymbol{AB})\geqslant r(\boldsymbol{A})+r(\boldsymbol{B})-n$.

设 $r(\boldsymbol{A})=r, r(\boldsymbol{B})=s$, 则存在可逆矩阵 $\boldsymbol{P}_1,\boldsymbol{P}_2,\boldsymbol{Q}_1,\boldsymbol{Q}_2$ 使得

$$\boldsymbol{A}=\boldsymbol{P}_1\begin{pmatrix}\boldsymbol{E}_r & \boldsymbol{O}\\ \boldsymbol{O} & \boldsymbol{O}\end{pmatrix}\boldsymbol{Q}_1, \boldsymbol{B}=\boldsymbol{P}_2\begin{pmatrix}\boldsymbol{E}_s & \boldsymbol{O}\\ \boldsymbol{O} & \boldsymbol{O}\end{pmatrix}\boldsymbol{Q}_2,$$

将 $\boldsymbol{Q}_1\boldsymbol{P}_2$ 分块为

$$\boldsymbol{Q}_1\boldsymbol{P}_2=\begin{pmatrix}\boldsymbol{C}_{r\times s} & \boldsymbol{D}\\ \boldsymbol{F} & \boldsymbol{G}\end{pmatrix},$$

则有

$$\boldsymbol{AB}=\boldsymbol{P}_1\begin{pmatrix}\boldsymbol{E}_r & \boldsymbol{O}\\ \boldsymbol{O} & \boldsymbol{O}\end{pmatrix}\begin{pmatrix}\boldsymbol{C}_{r\times s} & \boldsymbol{D}\\ \boldsymbol{F} & \boldsymbol{G}\end{pmatrix}\begin{pmatrix}\boldsymbol{E}_s & \boldsymbol{O}\\ \boldsymbol{O} & \boldsymbol{O}\end{pmatrix}\boldsymbol{Q}_2=\boldsymbol{P}_1\begin{pmatrix}\boldsymbol{C}_{r\times s} & \boldsymbol{O}\\ \boldsymbol{O} & \boldsymbol{O}\end{pmatrix}\boldsymbol{Q}_2,$$

于是 $r(\boldsymbol{AB})=r(\boldsymbol{C}_{r\times s})\leqslant\min\{r,s\}$.

例 3.2.2 证明:$-\dfrac{n}{2}\leqslant r(\boldsymbol{AB})-r(\boldsymbol{BA})\leqslant\dfrac{m}{2}$, 其中 $\boldsymbol{A}\in F^{m\times n},\boldsymbol{B}\in F^{n\times m}$.

证 由于

$$r(\boldsymbol{AB})\geqslant r(\boldsymbol{A})+r(\boldsymbol{B})-n,$$

注意到 $r(\boldsymbol{A})\geqslant r(\boldsymbol{BA}), r(\boldsymbol{B})\geqslant r(\boldsymbol{BA})$, 可得

$$n+r(\boldsymbol{AB})\geqslant r(\boldsymbol{A})+r(\boldsymbol{B})\geqslant 2r(\boldsymbol{BA}),$$

由于 $r(\boldsymbol{AB})\geqslant 0$, 于是

$$n+r(\boldsymbol{AB})\geqslant 2r(\boldsymbol{BA})\geqslant 2r(\boldsymbol{BA})-r(\boldsymbol{AB}),$$

即 $r(\boldsymbol{AB})-r(\boldsymbol{BA})\geqslant-\dfrac{n}{2}$. 类似可证 $r(\boldsymbol{AB})-r(\boldsymbol{BA})\leqslant\dfrac{m}{2}$. 故结论成立.

例 3.2.3 (复旦大学 20 级高等代数I期中考试) 设 $\boldsymbol{A},\boldsymbol{B}$ 都是 n 阶方阵, 证明:$|r(\boldsymbol{AB})-r(\boldsymbol{BA})|\leqslant\dfrac{n}{2}$.

例 3.2.4 设 $\boldsymbol{A}\in F^{s\times n},\boldsymbol{B}\in F^{n\times m}$, 若 $\boldsymbol{AB}=\boldsymbol{O}$, 则 $r(\boldsymbol{A})+r(\boldsymbol{B})\leqslant n$.

证 (法 1) 由于

$$\begin{pmatrix}\boldsymbol{E}_n & \boldsymbol{O}\\ \boldsymbol{O} & \boldsymbol{AB}\end{pmatrix}\to\begin{pmatrix}\boldsymbol{E}_n & \boldsymbol{O}\\ \boldsymbol{A} & \boldsymbol{AB}\end{pmatrix}\to\begin{pmatrix}\boldsymbol{E}_n & -\boldsymbol{B}\\ \boldsymbol{A} & \boldsymbol{O}\end{pmatrix},$$

于是

$$n=n+r(\boldsymbol{AB})=r\begin{pmatrix}\boldsymbol{E} & -\boldsymbol{B}\\ \boldsymbol{A} & \boldsymbol{O}\end{pmatrix}\geqslant r(\boldsymbol{A})+r(\boldsymbol{B}),$$

即结论成立.

(法 2) 将 $\boldsymbol{B}$ 按列分块为

$$\boldsymbol{B}=(\boldsymbol{\beta}_1,\boldsymbol{\beta}_2,\cdots,\boldsymbol{\beta}_m),$$

则

$$\boldsymbol{0}=\boldsymbol{AB}=\boldsymbol{A}(\boldsymbol{\beta}_1,\boldsymbol{\beta}_2,\cdots,\boldsymbol{\beta}_m)=(\boldsymbol{A\beta}_1,\boldsymbol{A\beta}_2,\cdots,\boldsymbol{A\beta}_m),$$

于是 $\boldsymbol{A\beta}_i, i=1,2,\cdots,m$, 即 $\boldsymbol{\beta}_i(i=1,2,\cdots,m)$ 是线性方程组 $\boldsymbol{Ax}=\boldsymbol{0}$ 的解向量, 于是

$$r(\boldsymbol{B})=r(\boldsymbol{\beta}_1,\boldsymbol{\beta}_2,\cdots,\boldsymbol{\beta}_m)\leqslant n-r(\boldsymbol{A}),$$

即 $r(\boldsymbol{A})+r(\boldsymbol{B})\leqslant n$.

例 3.2.5 (中南大学,2015) 设 n 阶方阵 $\boldsymbol{A}$ 满足 $\boldsymbol{A}^2=\boldsymbol{O}$. 证明: $r(\boldsymbol{A})\leqslant\dfrac{n}{2}$, 并举例说明等号可以取到.

例 3.2.6 (兰州大学,2021) 设 $\boldsymbol{A},\boldsymbol{B}$ 都是 n 阶实矩阵, 且 $r(\boldsymbol{A})\leqslant\dfrac{n}{2}$,$r(\boldsymbol{B})<\dfrac{n}{2}$, 证明: 对任意的实数 a, 有 $|\boldsymbol{A}+a\boldsymbol{B}|=\mathbf{0}$.

例 3.2.7 (第八届全国大学生数学竞赛初赛,2016) 设 n 为奇数,$\boldsymbol{A},\boldsymbol{B}$ 为两个实 n 阶方阵, 且 $\boldsymbol{BA}=\mathbf{O}$. 记 $\boldsymbol{A}+\boldsymbol{J_A}$ 的特征值集合为 S_1,$\boldsymbol{B}+\boldsymbol{J_B}$ 的特征值集合为 S_2, 其中 $\boldsymbol{J_A},\boldsymbol{J_B}$ 分别表示 $\boldsymbol{A}$ 和 $\boldsymbol{B}$ 的若尔当 (Jordan) 标准形. 求证:$\boldsymbol{O}\in S_1\cup S_2$.

证 由 $\boldsymbol{BA}=\boldsymbol{O}$ 有 $r(\boldsymbol{A})+r(\boldsymbol{B})\leqslant n$, 于是 $r(\boldsymbol{A})\leqslant\dfrac{n}{2}$ 或 $r(\boldsymbol{B})\leqslant\dfrac{n}{2}$. 由 n 为奇数可知 $r(\boldsymbol{A})<\dfrac{n}{2}$ 或者 $r(\boldsymbol{B})<\dfrac{n}{2}$.

(1) 若 $r(\boldsymbol{A})<\dfrac{n}{2}$, 则 $r(\boldsymbol{A}+\boldsymbol{J_A})\leqslant r(\boldsymbol{A})+r(\boldsymbol{J_A})<n$, 故 $\boldsymbol{O}\in S_1$.

(2) 若 $r(\boldsymbol{B})<\dfrac{n}{2}$, 则 $r(\boldsymbol{B}+\boldsymbol{J_B})\leqslant r(\boldsymbol{B})+r(\boldsymbol{J_B})<n$, 故 $\boldsymbol{O}\in S_2$.

综上, 可得 $\mathbf{O}\in S_1\cup S_2$.

例 3.2.8 (西南大学,2017) 设 $\boldsymbol{A},\boldsymbol{B},\boldsymbol{A}_1,\boldsymbol{B}_1$ 为数域 P 上的 n 阶方阵,$\boldsymbol{A}$ 与 $\boldsymbol{A}_1$ 相似,$\boldsymbol{B}$ 与 $\boldsymbol{B}_1$ 相似. 证明: 若 n 为奇数, 且 $\boldsymbol{AB}=\boldsymbol{O}$, 则 $\boldsymbol{A}+\boldsymbol{A}_1,\boldsymbol{B}+\boldsymbol{B}_1$ 至少有一个不可逆.

例 3.2.9 (华东师范大学,2020) 设 n 为奇数,$\boldsymbol{A},\boldsymbol{B}\in M_n(\mathbb{C})$ 且 $\boldsymbol{A}^2=\boldsymbol{O}$. 证明:$\boldsymbol{AB}-\boldsymbol{BA}$ 不可逆.

例 3.2.10 (北京科技大学,2005,2014)(1) 若 $\boldsymbol{A},\boldsymbol{B}$ 都是 n 阶方阵, 证明:$r(\boldsymbol{A})+r(\boldsymbol{B})\leqslant n+r(\boldsymbol{AB})$;

(2) 若 $\boldsymbol{A}_1,\boldsymbol{A}_2,\cdots,\boldsymbol{A}_s(s\geqslant 2)$ 都是 n 阶方阵, 证明:

$$\sum_{i=1}^{s}r(\boldsymbol{A}_i)\leqslant n(s-1)+r(\boldsymbol{A}_1\boldsymbol{A}_2\cdots\boldsymbol{A}_s).$$

证 (1) 由

$$\begin{pmatrix}\boldsymbol{AB}&\boldsymbol{O}\\\boldsymbol{O}&\boldsymbol{E}_n\end{pmatrix}\to\begin{pmatrix}\boldsymbol{AB}&\boldsymbol{A}\\\boldsymbol{O}&\boldsymbol{E}_n\end{pmatrix}\to\begin{pmatrix}\boldsymbol{O}&\boldsymbol{A}\\-\boldsymbol{B}&\boldsymbol{E}_n\end{pmatrix}\to\begin{pmatrix}\boldsymbol{A}&\boldsymbol{O}\\\boldsymbol{E}_n&\boldsymbol{B}\end{pmatrix},$$

可得 $r(\boldsymbol{AB})+n\geqslant r(\boldsymbol{A})+r(\boldsymbol{B})$. 故结论成立.

(2) 对 s 用数学归纳法.

当 $s=2$ 时, 由 (1) 可得 $r(\boldsymbol{A}_1)+r(\boldsymbol{A}_2)\leqslant n+r(\boldsymbol{A}_1\boldsymbol{A}_2)$, 故结论成立.

假设结论对 $s-1$ 成立, 即

$$\sum_{i=1}^{s-1}r(\boldsymbol{A}_i)\leqslant n(s-2)+r(\boldsymbol{A}_1\boldsymbol{A}_2\cdots\boldsymbol{A}_{s-1}),$$

则由 (1) 以及归纳假设可得

$$\begin{aligned}r(\boldsymbol{A}_1\boldsymbol{A}_2\cdots\boldsymbol{A}_{s-1}\boldsymbol{A}_s)&=r((\boldsymbol{A}_1\boldsymbol{A}_2\cdots\boldsymbol{A}_{s-1})\boldsymbol{A}_s)\geqslant r(\boldsymbol{A}_1\boldsymbol{A}_2\cdots\boldsymbol{A}_{s-1})+r(\boldsymbol{A}_s)-n\\&\geqslant\sum_{i=1}^{s-1}r(\boldsymbol{A}_i)-n(s-2)+r(\boldsymbol{A}_s)-n\\&=\sum_{i=1}^{s}r(\boldsymbol{A}_i)-n(s-1),\end{aligned}$$

于是 $\sum\limits_{i=1}^{s} r(\boldsymbol{A}_i) \leqslant n(s-1)+r(\boldsymbol{A}_1\boldsymbol{A}_2\cdots\boldsymbol{A}_s)$.

例 3.2.11 (山东师范大学,2017; 中山大学,2020) 设 $\boldsymbol{A}_1,\cdots,\boldsymbol{A}_p$ 均为 n 阶矩阵, 且 $\boldsymbol{A}_1\boldsymbol{A}_2\cdots\boldsymbol{A}_p=\boldsymbol{O}$, 则 $r(\boldsymbol{A}_1)+r(\boldsymbol{A}_2)+\cdots+r(\boldsymbol{A}_p)\leqslant(p-1)n$.

例 3.2.12 (河北工业大学,2020; 兰州大学,2020) 设 $\boldsymbol{A}$ 为 $m\times n$ 矩阵,$\boldsymbol{B}$ 为 $n\times s$ 矩阵,$\boldsymbol{C}$ 为 $s\times t$ 矩阵, 证明: $r(\boldsymbol{AB})+r(\boldsymbol{BC})-r(\boldsymbol{B})\leqslant r(\boldsymbol{ABC})$.

例 3.2.13 (北京邮电大学,2007; 安徽师范大学,2008) 设 $\boldsymbol{A}$ 是 n 阶方阵, 则 $\boldsymbol{A}^2=\boldsymbol{E}$ 的充要条件为 $r(\boldsymbol{A}+\boldsymbol{E})+r(\boldsymbol{A}-\boldsymbol{E})=n$.

证 (法 1) 由于

$$\begin{pmatrix}\boldsymbol{A}+\boldsymbol{E} & \boldsymbol{O}\\ \boldsymbol{O} & \boldsymbol{A}-\boldsymbol{E}\end{pmatrix}\to\begin{pmatrix}\boldsymbol{A}+\boldsymbol{E} & \boldsymbol{O}\\ \boldsymbol{A}+\boldsymbol{E} & \boldsymbol{A}-\boldsymbol{E}\end{pmatrix}\to\begin{pmatrix}\boldsymbol{A}+\boldsymbol{E} & -(\boldsymbol{A}+\boldsymbol{E})\\ \boldsymbol{A}+\boldsymbol{E} & -2\boldsymbol{E}\end{pmatrix}$$

$$\to\begin{pmatrix}\boldsymbol{A}+\boldsymbol{E}-\frac{1}{2}(\boldsymbol{A}+\boldsymbol{E})^2 & \boldsymbol{O}\\ \boldsymbol{A}+\boldsymbol{E} & -2\boldsymbol{E}\end{pmatrix}\to\begin{pmatrix}\boldsymbol{E}-\boldsymbol{A}^2 & \boldsymbol{O}\\ \boldsymbol{O} & \boldsymbol{E}\end{pmatrix}.$$

可得结论成立.

(法 2) 由 $\boldsymbol{A}^2=\boldsymbol{E}$ 可知 $\boldsymbol{A}$ 可以对角化, 即存在可逆矩阵 $\boldsymbol{P}$ 使得

$$\boldsymbol{A}=\boldsymbol{P}^{-1}\begin{pmatrix}\boldsymbol{E}_r & \boldsymbol{O}\\ \boldsymbol{O} & -\boldsymbol{E}_{n-r}\end{pmatrix}\boldsymbol{P},$$

于是

$$\boldsymbol{A}+\boldsymbol{E}=\boldsymbol{P}^{-1}\begin{pmatrix}2\boldsymbol{E}_r & \boldsymbol{O}\\ \boldsymbol{O} & \boldsymbol{O}\end{pmatrix}\boldsymbol{P},\boldsymbol{A}-\boldsymbol{E}=\boldsymbol{P}^{-1}\begin{pmatrix}\boldsymbol{O} & \boldsymbol{O}\\ \boldsymbol{O} & -2\boldsymbol{E}_{n-r}\end{pmatrix}\boldsymbol{P}.$$

从而结论是显然的.

例 3.2.14 设 $\boldsymbol{A}$ 是 n 阶方阵, 若 $\boldsymbol{A}^2=\boldsymbol{E}$, 则 $r((\boldsymbol{A}+\boldsymbol{E})^m)+r((\boldsymbol{A}-\boldsymbol{E})^k)=n$, 其中 m,n,k 为任意自然数.

例 3.2.15 (西北大学,2015) 设 $\boldsymbol{A}$ 为 $n\times n$ 矩阵,$\boldsymbol{A}^*$ 为 $\boldsymbol{A}$ 的伴随矩阵, 证明: 如果 $\boldsymbol{A}^2=\boldsymbol{E}$, 那么 $r(\boldsymbol{A}^*+\boldsymbol{E})+r(\boldsymbol{A}^*-\boldsymbol{E})=n$.

例 3.2.16 (上海交通大学,2018)(1) 证明: 在复数域上,$\boldsymbol{A}^2=-\boldsymbol{E}$ 的充要条件为 $r(\boldsymbol{A}+\mathrm{i}\boldsymbol{E})+r(\boldsymbol{A}-\mathrm{i}\boldsymbol{E})=n$;

(2) 证明: 在复数域上的矩阵 $\boldsymbol{A}$ 满足 $\boldsymbol{A}^2=-\boldsymbol{E}$, 则 $\boldsymbol{A}$ 可以对角化, 并求出与它相似的对角矩阵.

例 3.2.17 (华南理工大学,2016; 浙江工商大学,2020) 设 $\boldsymbol{A}$ 是 n 阶方阵, 满足 $\boldsymbol{A}^2=\boldsymbol{A}$. 证明:

(1) $r(\boldsymbol{A})+r(\boldsymbol{A}-\boldsymbol{E})=n$;

(2) $r(\boldsymbol{A}^k)+r((\boldsymbol{A}-\boldsymbol{E})^l)=n$. 这里 k,l 为任意正整数.

例 3.2.18 (北京科技大学,2007) 设 $\boldsymbol{A}$ 为 n 阶幂等矩阵, 即 $\boldsymbol{A}^2=\boldsymbol{A}$. 证明:

(1) $\boldsymbol{A}$ 的特征值只能是 0 或 1;

(2) $r(\boldsymbol{A})+r(\boldsymbol{E}-\boldsymbol{A})=n$;

(3) $\boldsymbol{A}$ 可以对角化;

(4) $r(\boldsymbol{A})=\mathrm{tr}(\boldsymbol{A})$.

例 3.2.19 (汕头大学,2003) 设 $\boldsymbol{A},\boldsymbol{B}$ 为 n 阶方阵, 证明:

(1) 若 $\boldsymbol{AB}=\boldsymbol{O}$, 则 $r(\boldsymbol{A})+r(\boldsymbol{B})\leqslant n$;

(2) 若 $\boldsymbol{A}^2=2\boldsymbol{A}$, 则 $r(\boldsymbol{A})+r(\boldsymbol{A}-2\boldsymbol{E})=n$.

例 3.2.20 (扬州大学,2019) 设 $\boldsymbol{A},\boldsymbol{B},\boldsymbol{C},\boldsymbol{D}$ 均为四阶非零矩阵, 其中 $\boldsymbol{B},\boldsymbol{C}$ 都是可逆矩阵, 且 $\boldsymbol{ABCD}=\boldsymbol{O}.r(\boldsymbol{X})$ 表示矩阵 $\boldsymbol{X}$ 的秩.

(1) 证明:$10\leqslant r(\boldsymbol{A})+r(\boldsymbol{B})+r(\boldsymbol{C})+r(\boldsymbol{D})\leqslant 12$;

(2) 试给出满足 $r(\boldsymbol{A})+r(\boldsymbol{B})+r(\boldsymbol{C})+r(\boldsymbol{D})=10$ 的一组四阶非零矩阵 $\boldsymbol{A}$, $\boldsymbol{B}$, $\boldsymbol{C}$, $\boldsymbol{D}$, 并加以说明.

例 3.2.21 (安徽师范大学,2021) 设 $\boldsymbol{A}$ 是 n 阶方阵,$\boldsymbol{E}$ 为 n 阶单位矩阵, 且 $\boldsymbol{A}^2=2020\boldsymbol{A}$.

(1) 证明:$r(\boldsymbol{A})+r(\boldsymbol{A}-2020\boldsymbol{E})=n$;

(2) 若 $\boldsymbol{A}$ 的秩为 $r(>0)$, 求 $|\boldsymbol{E}+\boldsymbol{A}|$ 的值.

例 3.2.22 (苏州大学,2023) 设$\boldsymbol{A}$是$n\times n$矩阵, 且$\boldsymbol{A}^2=2023\boldsymbol{A}$,证明:$r(\boldsymbol{A})+r(\boldsymbol{A}-2023\boldsymbol{E})=n$.

例 3.2.23 (同济大学,2000) 设 $\boldsymbol{A}^2-4\boldsymbol{A}=5\boldsymbol{E}$, 证明:$r(\boldsymbol{A}-5\boldsymbol{E})+r(\boldsymbol{A}+\boldsymbol{E})=n$.

例 3.2.24 (北京工业大学,2013) 设$\boldsymbol{A}$是实数域上的n阶非零矩阵,且$\boldsymbol{A}^2=-\boldsymbol{A}$,$r=r(\boldsymbol{A})<n$, 证明下列结论:

(1) $r(\boldsymbol{A})+r(\boldsymbol{E}+\boldsymbol{A})=n$;

(2) 存在 n 阶可逆矩阵 $\boldsymbol{P}$, 使得 $\boldsymbol{P}^{-1}\boldsymbol{AP}=\begin{pmatrix}-\boldsymbol{E}_r & \boldsymbol{O}\\ \boldsymbol{O} & \boldsymbol{O}\end{pmatrix}$;

(3) $\boldsymbol{A}$ 可以表示成 2 个秩均为 r 的对称矩阵的乘积, 并说明表法是否唯一.

例 3.2.25 (北京工业大学,2014) 设 $\boldsymbol{A}$ 是实数域上的 n 阶矩阵,$\boldsymbol{A}^2+2\boldsymbol{A}=3\boldsymbol{E}$.

(1) 证明: 矩阵 $\boldsymbol{A}$ 可逆, 并用矩阵 $\boldsymbol{A}$ 的多项式表示出 $\boldsymbol{A}^{-1}$;

(2) 证明:$r(\boldsymbol{A}-\boldsymbol{E})+r(\boldsymbol{A}+3\boldsymbol{E})=n$;

(3) 证明:$\boldsymbol{A}$ 是可对角化矩阵并且可以表示成 2 个可逆的对称矩阵乘积.

例 3.2.26 (苏州大学,2020) 若 n 阶方阵 $\boldsymbol{A}$ 满足 $r(\boldsymbol{A}-\boldsymbol{E}_n)+r(\boldsymbol{A}+2\boldsymbol{E}_n)=n$.

(1) 证明:$\boldsymbol{A}^2+\boldsymbol{A}-2\boldsymbol{E}=\boldsymbol{O}$;

(2) 证明:$\boldsymbol{A}$ 相似于对角矩阵;

(3) 若 $\boldsymbol{A}$ 有特征值 1, 且 $\boldsymbol{\alpha}$ 是 $\boldsymbol{A}$ 的属于特征值 1 的特征向量, 则方程组 $(\boldsymbol{E}_n-\boldsymbol{A})\boldsymbol{X}=\boldsymbol{\alpha}$ 无解.

例 3.2.27 (湘潭大学,2023) 设 $\boldsymbol{A}$ 是 n 阶方阵, 满足 $\boldsymbol{A}^2=2022\boldsymbol{A}+2023\boldsymbol{E}$, 求实数 $c_0,c_1(c_0<c_1)$ 使得 $r(\boldsymbol{A}+c_0\boldsymbol{E})+r(\boldsymbol{A}+c_1\boldsymbol{E})=n$, 并证之.

例 3.2.28 (合肥工业大学,2021)设$f(x),g(x)\in F[x],\boldsymbol{A}\in F^{n\times n},(f(x),g(x))=1,f(\boldsymbol{A})g(\boldsymbol{A})=\boldsymbol{O}$. 则 $r(f(\boldsymbol{A}))+r(g(\boldsymbol{A}))=n$.

证 (法 1) 由 $(f(x),g(x))=1$, 则存在 $u(x),v(x)\in F[x]$, 使得

$$f(x)u(x)+g(x)v(x)=1,$$

从而有

$$f(\boldsymbol{A})u(\boldsymbol{A})+g(\boldsymbol{A})v(\boldsymbol{A})=\boldsymbol{E}.$$

则

$$\begin{aligned}n=r(\boldsymbol{E})=r(f(\boldsymbol{A})u(\boldsymbol{A})+g(\boldsymbol{A})v(\boldsymbol{A}))&\leqslant r(f(\boldsymbol{A})u(\boldsymbol{A}))+r(g(\boldsymbol{A})v(\boldsymbol{A}))\\&\leqslant r(f(\boldsymbol{A}))+r(g(\boldsymbol{A})).\end{aligned}$$

另一方面, 由 $f(\boldsymbol{A})g(\boldsymbol{A})=\boldsymbol{O}$, 有

$$r(f(\boldsymbol{A}))+r(g(\boldsymbol{A}))\leqslant n.$$

所以有

$$r(f(\boldsymbol{A}))+r(g(\boldsymbol{A}))=n.$$

(法 2) 由 $(f(x),g(x))=1$, 则存在 $u(x),v(x)\in F[x]$, 使得

$$f(x)u(x)+g(x)v(x)=1,$$

从而有

$$f(\boldsymbol{A})u(\boldsymbol{A})+g(\boldsymbol{A})v(\boldsymbol{A})=\boldsymbol{E}.$$

由

$$\begin{pmatrix}\boldsymbol{E}&-f(\boldsymbol{A})\\\boldsymbol{O}&\boldsymbol{E}\end{pmatrix}\begin{pmatrix}\boldsymbol{E}&\boldsymbol{O}\\u(\boldsymbol{A})&\boldsymbol{E}\end{pmatrix}\begin{pmatrix}f(\boldsymbol{A})&\boldsymbol{O}\\\boldsymbol{O}&g(\boldsymbol{A})\end{pmatrix}\begin{pmatrix}\boldsymbol{E}&\boldsymbol{O}\\v(\boldsymbol{A})&\boldsymbol{E}\end{pmatrix}\begin{pmatrix}\boldsymbol{E}&-g(\boldsymbol{A})\\\boldsymbol{O}&\boldsymbol{E}\end{pmatrix}=\begin{pmatrix}\boldsymbol{O}&-f(\boldsymbol{A})g(\boldsymbol{A})\\\boldsymbol{E}&\boldsymbol{O}\end{pmatrix}.$$

注意到条件 $f(\boldsymbol{A})g(\boldsymbol{A})=\boldsymbol{O}$, 可得 $r(f(\boldsymbol{A}))+r(g(\boldsymbol{A}))=n$.

例 3.2.29 (华南理工大学,2017; 厦门大学,2021; 北京理工大学,2021) 设 $f(x),g(x)$ 是数域 P 上的多项式,$(f(x),g(x))=1$,$\boldsymbol{A}$ 是数域 P 上的 n 阶方阵, 证明:$f(\boldsymbol{A})g(\boldsymbol{A})=\boldsymbol{O}$ 当且仅当 $r(f(\boldsymbol{A}))+r(g(\boldsymbol{A}))=n$.

例 3.2.30 (北京科技大学,2008; 中山大学,2012) 设 $\boldsymbol{A},\boldsymbol{B}$ 均为 n 阶幂等矩阵, 且 $\boldsymbol{E}-\boldsymbol{A}-\boldsymbol{B}$ 可逆. 证明:$r(\boldsymbol{A})=r(\boldsymbol{B})$.

证 (法 1) 注意到 $\boldsymbol{A}^2=\boldsymbol{A}$ 的充要条件为 $r(\boldsymbol{A})+r(\boldsymbol{E}-\boldsymbol{A})=n$, 故

$$n=r(\boldsymbol{E}-\boldsymbol{A}-\boldsymbol{B})\leqslant r(\boldsymbol{E}-\boldsymbol{A})+r(\boldsymbol{B})=n-r(\boldsymbol{A})+r(\boldsymbol{B}),$$

即 $r(\boldsymbol{A})\leqslant r(\boldsymbol{B})$. 同理可证 $r(\boldsymbol{A})\geqslant r(\boldsymbol{B})$. 于是 $r(\boldsymbol{A})=r(\boldsymbol{B})$.

(法 2) 由 $\boldsymbol{A}^2=\boldsymbol{A},\boldsymbol{B}^2=\boldsymbol{B}$, 可得

$$\boldsymbol{A}(\boldsymbol{E}-\boldsymbol{A}-\boldsymbol{B})=-\boldsymbol{AB}=(\boldsymbol{E}-\boldsymbol{A}-\boldsymbol{B})\boldsymbol{B},$$

可得

$$r(\boldsymbol{A})=r(\boldsymbol{A}(\boldsymbol{E}-\boldsymbol{A}-\boldsymbol{B}))=r((\boldsymbol{E}-\boldsymbol{A}-\boldsymbol{B})\boldsymbol{B})=r(\boldsymbol{B}).$$

(法 3) 由 $\boldsymbol{A}^2=\boldsymbol{A},\boldsymbol{B}^2=\boldsymbol{B}$, 可得

$$\boldsymbol{A}(\boldsymbol{E}-\boldsymbol{A}-\boldsymbol{B})=(\boldsymbol{E}-\boldsymbol{A}-\boldsymbol{B})\boldsymbol{B},$$

注意到 $\boldsymbol{E}-\boldsymbol{A}-\boldsymbol{B}$ 可逆, 可得 $\boldsymbol{A},\boldsymbol{B}$ 相似, 从而 $r(\boldsymbol{A})=r(\boldsymbol{B})$.

(法 4) 设 $r(\boldsymbol{A})=r, r(\boldsymbol{B})=s$, 由于 $\boldsymbol{A},\boldsymbol{B}$ 都是幂等矩阵, 从而能够对角化, 即存在可逆矩阵 $\boldsymbol{P},\boldsymbol{Q}$ 使得

$$\boldsymbol{A}=\boldsymbol{P}^{-1}\begin{pmatrix}\boldsymbol{E}_r & \boldsymbol{O}\\ \boldsymbol{O} & \boldsymbol{O}\end{pmatrix}\boldsymbol{P}, \boldsymbol{B}=\boldsymbol{Q}^{-1}\begin{pmatrix}\boldsymbol{E}_s & \boldsymbol{O}\\ \boldsymbol{O} & \boldsymbol{O}\end{pmatrix}\boldsymbol{Q},$$

则

$$\boldsymbol{E}-\boldsymbol{A}-\boldsymbol{B}=\boldsymbol{P}^{-1}\begin{pmatrix}\boldsymbol{O} & \boldsymbol{O}\\ \boldsymbol{O} & \boldsymbol{E}_{n-r}\end{pmatrix}\boldsymbol{P}-\boldsymbol{B},$$

$$\boldsymbol{E}-\boldsymbol{A}-\boldsymbol{B}=\boldsymbol{Q}^{-1}\begin{pmatrix}\boldsymbol{O} & \boldsymbol{O}\\ \boldsymbol{O} & \boldsymbol{E}_{n-s}\end{pmatrix}\boldsymbol{Q}-\boldsymbol{A},$$

从而注意到 $\boldsymbol{E}-\boldsymbol{A}-\boldsymbol{B}$ 可逆, 由上面两式可得

$$n=r(\boldsymbol{E}-\boldsymbol{A}-\boldsymbol{B})\leqslant n-r+r(\boldsymbol{B})=n-r+s,$$

$$n=r(\boldsymbol{E}-\boldsymbol{A}-\boldsymbol{B})\leqslant n-s+r,$$

即 $r\leqslant s, s\leqslant r$, 从而 $r=s$, 即 $r(\boldsymbol{A})=r(\boldsymbol{B})$.

例 3.2.31 (复旦大学高等代数每周一题 [问题 2016A09]; 汕头大学,2020) 设 $\boldsymbol{A},\boldsymbol{B}$ 为 n 阶方阵, 满足:$\boldsymbol{A}^2=2\boldsymbol{A}$, $\boldsymbol{B}^2=2\boldsymbol{B}$, $2\boldsymbol{E}_n-\boldsymbol{A}-\boldsymbol{B}$ 为非奇异矩阵, 证明: $r(\boldsymbol{A})=r(\boldsymbol{B})$.

例 3.2.32 (南京航空航天大学,2012) 设 $\boldsymbol{A},\boldsymbol{B},\boldsymbol{C}$ 是三个 n 阶方阵,$\boldsymbol{AB}=\boldsymbol{O},\boldsymbol{A}+\boldsymbol{BC}=\boldsymbol{E}_n$. 证明:

(1) $r(\boldsymbol{A})+r(\boldsymbol{B})=n$;

(2) $\boldsymbol{A}$ 与形如 $\begin{pmatrix}\boldsymbol{E}_r & \boldsymbol{O}\\ \boldsymbol{O} & \boldsymbol{O}\end{pmatrix}$ 的矩阵相似, 其中 $r=r(\boldsymbol{A})$.

证 (1) 由 $\boldsymbol{AB}=\boldsymbol{O}$ 有 $r(\boldsymbol{A})+r(\boldsymbol{B})\leqslant n$. 由 $\boldsymbol{A}+\boldsymbol{BC}=\boldsymbol{E}_n$ 有

$$n=r(\boldsymbol{E}_n)=r(\boldsymbol{A}+\boldsymbol{BC})\leqslant r(\boldsymbol{A})+r(\boldsymbol{BC})\leqslant r(\boldsymbol{A})+r(\boldsymbol{B}),$$

从而 $r(\boldsymbol{A})+r(\boldsymbol{B})=n$.

(2) 由 $\boldsymbol{AB}=\boldsymbol{O},\boldsymbol{A}+\boldsymbol{BC}=\boldsymbol{E}_n$ 有

$$\boldsymbol{A}=\boldsymbol{AE}_n=\boldsymbol{A}(\boldsymbol{A}+\boldsymbol{BC})=\boldsymbol{A}^2+\boldsymbol{ABC}=\boldsymbol{A}^2,$$

从而结论成立.

例 3.2.33 (南京航空航天大学,2014) 设 n 阶矩阵 $\boldsymbol{A},\boldsymbol{B}$ 满足条件 $\boldsymbol{BA}=\boldsymbol{O},\boldsymbol{A}^2=\boldsymbol{A}$, 证明:

(1) $r(\boldsymbol{A})+r(\boldsymbol{B})\leqslant n$;

(2) $r(\boldsymbol{A})+r(\boldsymbol{E}-\boldsymbol{A})=n$;

(3) 齐次线性方程组 $\boldsymbol{AX}=\boldsymbol{0}$ 与 $\boldsymbol{BX}=\boldsymbol{0}$ 没有非零的公共解的充要条件是 $r(\boldsymbol{A})+r(\boldsymbol{B})=n$.

例 3.2.34 (中山大学,2013; 华南理工大学,2015) 设 $\boldsymbol{A},\boldsymbol{B}_i\in M_n(F), r(\boldsymbol{A})<n$, 且 $\boldsymbol{A}=\boldsymbol{B}_1\boldsymbol{B}_2\cdots\boldsymbol{B}_k$, 其中 $\boldsymbol{B}_i^2=\boldsymbol{B}_i, i=1,2,\cdots,k$. 证明:$r(\boldsymbol{E}-\boldsymbol{A})\leqslant k(n-r(\boldsymbol{A}))$.

证 由

$$\begin{aligned}\boldsymbol{E}-\boldsymbol{A}&=\boldsymbol{E}-\boldsymbol{B}_1\boldsymbol{B}_2\cdots\boldsymbol{B}_k\\&=(\boldsymbol{E}-\boldsymbol{B}_1\boldsymbol{B}_2\cdots\boldsymbol{B}_{k-1})\boldsymbol{B}_k+(\boldsymbol{E}-\boldsymbol{B}_k).\end{aligned}$$

有

$$r(\boldsymbol{E}-\boldsymbol{A})\leqslant r(\boldsymbol{E}-\boldsymbol{B}_1\boldsymbol{B}_2\cdots\boldsymbol{B}_{k-1})+r(\boldsymbol{E}-\boldsymbol{B}_k),$$

类似地,

$$\boldsymbol{E}-\boldsymbol{B}_1\boldsymbol{B}_2\cdots\boldsymbol{B}_{k-1}=(\boldsymbol{E}-\boldsymbol{B}_1\boldsymbol{B}_2\cdots\boldsymbol{B}_{k-2})\boldsymbol{B}_{k-1}+\boldsymbol{E}-\boldsymbol{B}_{k-1},$$

故

$$\begin{aligned}r(\boldsymbol{E}-\boldsymbol{A})&\leqslant r(\boldsymbol{E}-\boldsymbol{B}_1\boldsymbol{B}_2\cdots\boldsymbol{B}_{k-1})+r(\boldsymbol{E}-\boldsymbol{B}_k)\\&\leqslant r(\boldsymbol{E}-\boldsymbol{B}_1\boldsymbol{B}_2\cdots\boldsymbol{B}_{k-2})+r(\boldsymbol{E}-\boldsymbol{B}_{k-1})+r(\boldsymbol{E}-\boldsymbol{B}_k)\\&\ \ \vdots\\&\leqslant r(\boldsymbol{E}-\boldsymbol{B}_1)+r(\boldsymbol{E}-\boldsymbol{B}_2)+\cdots+r(\boldsymbol{E}-\boldsymbol{B}_{k-1})+r(\boldsymbol{E}-\boldsymbol{B}_k),\end{aligned}$$

注意到 $\boldsymbol{B}_i^2=\boldsymbol{B}_i, i=1,2,\cdots,k$, 故 $r(\boldsymbol{E}-\boldsymbol{B}_i)+r(\boldsymbol{B}_i)=n$, 于是

$$r(\boldsymbol{E}-\boldsymbol{B}_i)=n-r(\boldsymbol{B}_i)\leqslant n-r(\boldsymbol{A}).$$

从而

$$\begin{aligned}r(\boldsymbol{E}-\boldsymbol{A})&\leqslant r(\boldsymbol{E}-\boldsymbol{B}_1)+r(\boldsymbol{E}-\boldsymbol{B}_2)+\cdots+r(\boldsymbol{E}-\boldsymbol{B}_{k-1})+r(\boldsymbol{E}-\boldsymbol{B}_k)\\&\leqslant k(n-r(\boldsymbol{A})).\end{aligned}$$

例 3.2.35 (北京工业大学,2005; 宁波大学,2013) 设 $\boldsymbol{A}, \boldsymbol{B}$ 都是 $n\times n$ 矩阵, 且 $\boldsymbol{AB}=\boldsymbol{O}$. 证明:
(1) $r(\boldsymbol{A})+r(\boldsymbol{B})\leqslant n$;
(2) 对于 $\boldsymbol{A}$, 必存在矩阵 $\boldsymbol{B}$, 使得 $r(\boldsymbol{A})+r(\boldsymbol{B})=k$, 其中 $r(\boldsymbol{A})\leqslant k\leqslant n$.

例 3.2.36 (河南师范大学,2013,2014,2015) 设 $\boldsymbol{A}$ 为 n 阶方阵, 若 $r(\boldsymbol{A})+k\leqslant n$, 则存在方阵 $\boldsymbol{B}$, 使得 $r(\boldsymbol{B})=k$ 且 $\boldsymbol{AB}=\boldsymbol{O}$, 其中 k 为非负整数.

例 3.2.37 (北京师范大学,2006) 设 $\boldsymbol{A},\boldsymbol{B}$ 为 n 阶方阵, 证明:
(1) (苏州大学,2013; 中南大学,2017; 南京大学,2021) $r(\boldsymbol{A}-\boldsymbol{ABA})=r(\boldsymbol{A})+r(\boldsymbol{E}_n-\boldsymbol{BA})-n$.
(2) 若 $\boldsymbol{A}+\boldsymbol{B}=\boldsymbol{E}_n, r(\boldsymbol{A})+r(\boldsymbol{B})=n$, 则 $\boldsymbol{A}^2=\boldsymbol{A},\boldsymbol{B}^2=\boldsymbol{B}$ 且 $\boldsymbol{AB}=\boldsymbol{O}=\boldsymbol{BA}$.

证 (1) 由于

$$\begin{pmatrix}\boldsymbol{A}&\boldsymbol{O}\\\boldsymbol{O}&\boldsymbol{E}_n-\boldsymbol{BA}\end{pmatrix}\to\begin{pmatrix}\boldsymbol{A}&\boldsymbol{O}\\\boldsymbol{BA}&\boldsymbol{E}_n-\boldsymbol{BA}\end{pmatrix}\to\begin{pmatrix}\boldsymbol{A}&\boldsymbol{A}\\\boldsymbol{BA}&\boldsymbol{E}_n\end{pmatrix}\to\begin{pmatrix}\boldsymbol{A}-\boldsymbol{ABA}&\boldsymbol{O}\\\boldsymbol{O}&\boldsymbol{E}_n\end{pmatrix},$$

故结论成立.

(2) 利用 (1) 以及条件可得

$$r(\boldsymbol{A}-\boldsymbol{A}^2)=r(\boldsymbol{A})+r(\boldsymbol{E}_n-\boldsymbol{A})-n=0.$$

所以 $\boldsymbol{A}^2=\boldsymbol{A}$. 又

$$\boldsymbol{AB}=\boldsymbol{A}(\boldsymbol{E}_n-\boldsymbol{A})=\boldsymbol{A}-\boldsymbol{A}^2=\boldsymbol{O},$$

于是结论成立.

例 3.2.38 (电子科技大学,2021) 已知 $\boldsymbol{A},\boldsymbol{B},\boldsymbol{C}$ 均为 n 阶方阵. 证明:
(1) $r(\boldsymbol{A})-r(\boldsymbol{A}-\boldsymbol{ABA})=n-r(\boldsymbol{E}-\boldsymbol{AB})$, 其中 $\boldsymbol{E}$ 为 n 阶单位矩阵;
(2) 若 $\boldsymbol{ABC}=\boldsymbol{O}$, 则 $r(\boldsymbol{A})+r(\boldsymbol{B})+r(\boldsymbol{C})\leqslant 2n$.

证 (1) 即证明 $r(\boldsymbol{A}-\boldsymbol{ABA})+n=r(\boldsymbol{A})+r(\boldsymbol{E}_n-\boldsymbol{BA})$. 由于

$$\begin{pmatrix}\boldsymbol{A} & \boldsymbol{O}\\ \boldsymbol{O} & \boldsymbol{E}_n-\boldsymbol{BA}\end{pmatrix}\to\begin{pmatrix}\boldsymbol{A} & \boldsymbol{O}\\ \boldsymbol{BA} & \boldsymbol{E}_n-\boldsymbol{BA}\end{pmatrix}\to\begin{pmatrix}\boldsymbol{A} & \boldsymbol{A}\\ \boldsymbol{BA} & \boldsymbol{E}_n\end{pmatrix}\to\begin{pmatrix}\boldsymbol{A}-\boldsymbol{ABA} & \boldsymbol{O}\\ \boldsymbol{O} & \boldsymbol{E}_n\end{pmatrix},$$

故结论成立.

(2) 由 $(\boldsymbol{AB})\boldsymbol{C}=\boldsymbol{O}$ 可得 $r(\boldsymbol{AB})+r(\boldsymbol{C})\leqslant n$, 又 $r(\boldsymbol{AB})\geqslant r(\boldsymbol{A})+r(\boldsymbol{B})-n$. 故

$$n-r(\boldsymbol{C})\geqslant r(\boldsymbol{AB})\geqslant r(\boldsymbol{A})+r(\boldsymbol{B})-n.$$

即 $r(\boldsymbol{A})+r(\boldsymbol{B})+r(\boldsymbol{C})\leqslant 2n$.

例 3.2.39 (扬州大学,2022) 设 $\boldsymbol{A},\boldsymbol{B}$ 是 n 阶实矩阵, 证明:
(1) $r(\boldsymbol{A})+r(\boldsymbol{E}_n-\boldsymbol{BA})=r(\boldsymbol{A}-\boldsymbol{ABA})+n$;
(2) 若 $r(\boldsymbol{A})+r(\boldsymbol{E}_n-\boldsymbol{BA})\leqslant n$, 则 $\boldsymbol{A}=\boldsymbol{ABA}$.

例 3.2.40 (上海交通大学,2005) 对于 n 阶方阵 $\boldsymbol{A},\boldsymbol{B}$, 设 $r(\boldsymbol{E}-\boldsymbol{AB})+r(\boldsymbol{E}+\boldsymbol{AB})=n$. 求证:$r(\boldsymbol{A})=n$.

证 由条件以及

$$\begin{pmatrix}\boldsymbol{E}-\boldsymbol{AB} & \boldsymbol{O}\\ \boldsymbol{O} & \boldsymbol{E}+\boldsymbol{AB}\end{pmatrix}\to\begin{pmatrix}\boldsymbol{E}-\boldsymbol{AB} & \boldsymbol{O}\\ \boldsymbol{E}-\boldsymbol{AB} & \boldsymbol{E}+\boldsymbol{AB}\end{pmatrix}\to\begin{pmatrix}\boldsymbol{E}-\boldsymbol{AB} & \boldsymbol{E}-\boldsymbol{AB}\\ \boldsymbol{E}-\boldsymbol{AB} & 2\boldsymbol{E}\end{pmatrix}$$
$$\to\begin{pmatrix}(\boldsymbol{E}-\boldsymbol{AB})(\boldsymbol{E}+\boldsymbol{AB}) & \boldsymbol{O}\\ \boldsymbol{E}-\boldsymbol{AB} & 2\boldsymbol{E}\end{pmatrix}\to\begin{pmatrix}(\boldsymbol{E}-\boldsymbol{AB})(\boldsymbol{E}+\boldsymbol{AB}) & \boldsymbol{O}\\ \boldsymbol{O} & \boldsymbol{E}\end{pmatrix},$$

可知 $(\boldsymbol{E}-\boldsymbol{AB})(\boldsymbol{E}+\boldsymbol{AB})=\boldsymbol{O}$, 即 $(\boldsymbol{AB})^2=\boldsymbol{E}$. 故结论成立.

例 3.2.41 (厦门大学,2004) 设 $\boldsymbol{A},\boldsymbol{B}$ 都是 n 阶方阵,$\boldsymbol{E}$ 是 n 阶单位矩阵, 求证:$\boldsymbol{ABA}=\boldsymbol{B}^{-1}$ 的充要条件是 $r(\boldsymbol{E}+\boldsymbol{AB})+r(\boldsymbol{E}-\boldsymbol{AB})=n$.

例 3.2.42 (浙江大学,2004; 河南大学,2006; 厦门大学,2011) 设 $\boldsymbol{A},\boldsymbol{B}\in P^{n\times n}$, 且 $r(\boldsymbol{A})+r(\boldsymbol{B})\leqslant n$. 证明: 存在 n 阶可逆矩阵 $\boldsymbol{M}$, 使得 $\boldsymbol{AMB}=\boldsymbol{O}$.

证 设 $r(\boldsymbol{A})=r,r(\boldsymbol{B})=s$, 则存在可逆矩阵 $\boldsymbol{P}_1,\boldsymbol{Q}_1,\boldsymbol{P}_2,\boldsymbol{Q}_2$ 使得

$$\boldsymbol{P}_1\boldsymbol{AQ}_1=\begin{pmatrix}\boldsymbol{E}_r & \boldsymbol{O}\\ \boldsymbol{O} & \boldsymbol{O}\end{pmatrix},\boldsymbol{P}_2\boldsymbol{BQ}_2=\begin{pmatrix}\boldsymbol{O} & \boldsymbol{O}\\ \boldsymbol{O} & \boldsymbol{E}_s\end{pmatrix},$$

于是由 $r(\boldsymbol{A})+r(\boldsymbol{B})\leqslant n$, 可得

$$(\boldsymbol{AQ}_1)(\boldsymbol{P}_2\boldsymbol{B})=\boldsymbol{P}_1^{-1}\begin{pmatrix}\boldsymbol{E}_r & \boldsymbol{O}\\ \boldsymbol{O} & \boldsymbol{O}\end{pmatrix}\begin{pmatrix}\boldsymbol{O} & \boldsymbol{O}\\ \boldsymbol{O} & \boldsymbol{E}_s\end{pmatrix}\boldsymbol{Q}_2^{-1}=\boldsymbol{O},$$

令 $\boldsymbol{M}=\boldsymbol{Q}_1\boldsymbol{P}_2$ 即可.

例 3.2.43 (厦门大学, 2004; 浙江师范大学, 2005) 设 $\boldsymbol{A}$, $\boldsymbol{B}$ 都是 n 阶矩阵, 且 $\boldsymbol{A}$ 可逆, 证明:$r(\boldsymbol{A}-\boldsymbol{B})\geqslant r(\boldsymbol{A})-r(\boldsymbol{B})$, 并且等号成立当且仅当 $\boldsymbol{BA}^{-1}\boldsymbol{B}=\boldsymbol{B}$.

证　由

$$\begin{pmatrix} \boldsymbol{B} & \boldsymbol{O} \\ \boldsymbol{O} & \boldsymbol{A}-\boldsymbol{B} \end{pmatrix} \to \begin{pmatrix} \boldsymbol{B} & \boldsymbol{O} \\ \boldsymbol{B} & \boldsymbol{A}-\boldsymbol{B} \end{pmatrix} \to \begin{pmatrix} \boldsymbol{B} & \boldsymbol{B} \\ \boldsymbol{B} & \boldsymbol{A} \end{pmatrix} \to \begin{pmatrix} \boldsymbol{B}-\boldsymbol{B}\boldsymbol{A}^{-1}\boldsymbol{B} & \boldsymbol{O} \\ \boldsymbol{O} & \boldsymbol{A} \end{pmatrix}.$$

易知结论成立.

例 3.2.44　设 $\boldsymbol{A},\boldsymbol{C}$ 均为 $m\times n$ 矩阵,$\boldsymbol{B},\boldsymbol{D}$ 均为 $n\times s$ 矩阵, 证明:

$$r(\boldsymbol{AB}-\boldsymbol{CD})\leqslant r(\boldsymbol{A}-\boldsymbol{C})+r(\boldsymbol{B}-\boldsymbol{D}).$$

证　(法 1) 由于

$$\begin{pmatrix} \boldsymbol{A}-\boldsymbol{C} & \boldsymbol{O} \\ \boldsymbol{O} & \boldsymbol{B}-\boldsymbol{D} \end{pmatrix} \to \begin{pmatrix} \boldsymbol{A}-\boldsymbol{C} & \boldsymbol{AB}-\boldsymbol{CB} \\ \boldsymbol{O} & \boldsymbol{B}-\boldsymbol{D} \end{pmatrix} \to \begin{pmatrix} \boldsymbol{A}-\boldsymbol{E} & \boldsymbol{AB}-\boldsymbol{CD} \\ \boldsymbol{O} & \boldsymbol{B}-\boldsymbol{D} \end{pmatrix},$$

所以结论成立.

(法 2) 由于

$$r(\boldsymbol{AB}-\boldsymbol{CD})=r((\boldsymbol{AB}-\boldsymbol{CB})+(\boldsymbol{CB}-\boldsymbol{CD}))\leqslant r(\boldsymbol{AB}-\boldsymbol{CB})+r(\boldsymbol{CB}-\boldsymbol{CD}),$$

而

$$r(\boldsymbol{AB}-\boldsymbol{CB})=r((\boldsymbol{A}-\boldsymbol{C})\boldsymbol{B})\leqslant r(\boldsymbol{A}-\boldsymbol{C}),$$

$$r(\boldsymbol{CB}-\boldsymbol{CD})=r(\boldsymbol{C}(\boldsymbol{B}-\boldsymbol{D}))\leqslant r(\boldsymbol{B}-\boldsymbol{D}),$$

于是

$$r(\boldsymbol{AB}-\boldsymbol{CD})\leqslant r(\boldsymbol{AB}-\boldsymbol{CB})+r(\boldsymbol{CB}-\boldsymbol{CD})\leqslant r(\boldsymbol{A}-\boldsymbol{C})+r(\boldsymbol{B}-\boldsymbol{D}).$$

即结论成立.

例 3.2.45　(武汉大学,2012; 华南理工大学,2015) 若 $\boldsymbol{A},\boldsymbol{B}$ 为同阶方阵, 证明:

$$r(\boldsymbol{AB}-\boldsymbol{E})\leqslant r(\boldsymbol{A}-\boldsymbol{E})+r(\boldsymbol{B}-\boldsymbol{E}),$$

这里 $\boldsymbol{E}$ 为单位方阵.

例 3.2.46　(山东大学,2017; 西安交通大学,2023) 设 $\boldsymbol{A},\boldsymbol{B},\boldsymbol{C}$ 为 n 阶方阵, 且 $\boldsymbol{A}=\boldsymbol{BC}$, 如果 $\boldsymbol{B}^2=\boldsymbol{B},\boldsymbol{C}^2=\boldsymbol{C}$, 证明:$r(\boldsymbol{E}-\boldsymbol{A})\leqslant 2n-2r(\boldsymbol{A})$.

例 3.2.47　(安徽大学,2022) 若矩阵 $\boldsymbol{B}$ 满足 $\boldsymbol{B}^2=\boldsymbol{B}$, 则称 $\boldsymbol{B}$ 为幂等阵.

(1) 设 $\boldsymbol{B}$ 为 n 阶幂等阵, 证明:$r(\boldsymbol{B})+r(\boldsymbol{E}-\boldsymbol{B})=n$, 其中 $r(\boldsymbol{B})$ 表示 $\boldsymbol{B}$ 的秩,$\boldsymbol{E}$ 为单位矩阵;

(2) 设 $\boldsymbol{B}_1,\boldsymbol{B}_2$ 都是 n 阶幂等阵,$\boldsymbol{A}=\boldsymbol{B}_1\boldsymbol{B}_2$, 且 $r(\boldsymbol{A})<n$, 证明:$r(\boldsymbol{E}-\boldsymbol{A})\leqslant 2n-r(\boldsymbol{B}_1)-r(\boldsymbol{B}_2)$.

例 3.2.48　(广东工业大学,2012) 设 $\boldsymbol{A}$ 是实矩阵, 证明:$r(\boldsymbol{A}^{\mathrm{T}}\boldsymbol{A})=r(\boldsymbol{A})$.

证　(法 1) 只需证明线性方程组 $\boldsymbol{Ax}=\boldsymbol{0}$ 与 $\boldsymbol{A}^{\mathrm{T}}\boldsymbol{Ax}=\boldsymbol{0}$ 同解. 显然 $\boldsymbol{Ax}=\boldsymbol{0}$ 的解都是 $\boldsymbol{A}^{\mathrm{T}}\boldsymbol{Ax}=\boldsymbol{0}$ 的解, 设 $\boldsymbol{x}_0$ 是 $\boldsymbol{A}^{\mathrm{T}}\boldsymbol{Ax}=\boldsymbol{0}$ 的任一实解, 则有 $0=\boldsymbol{x}_0^{\mathrm{T}}\boldsymbol{A}^{\mathrm{T}}\boldsymbol{A}\boldsymbol{x}_0=(\boldsymbol{A}\boldsymbol{x}_0)^{\mathrm{T}}(\boldsymbol{A}\boldsymbol{x}_0)$, 注意到 $\boldsymbol{A},\boldsymbol{x}_0$ 都是实矩阵, 所以 $\boldsymbol{A}\boldsymbol{x}_0=\boldsymbol{0}$, 从而 $\boldsymbol{A}^{\mathrm{T}}\boldsymbol{Ax}=\boldsymbol{0}$ 的解都是 $\boldsymbol{Ax}=\boldsymbol{0}$ 的解. 故 $\boldsymbol{Ax}=\boldsymbol{0}$ 与 $\boldsymbol{A}^{\mathrm{T}}\boldsymbol{Ax}=\boldsymbol{0}$ 同解.

(法 2) 设 $r(\boldsymbol{A})=r$, 则存在可逆矩阵 $\boldsymbol{P},\boldsymbol{Q}$ 使得

$$\boldsymbol{A}=\boldsymbol{P}\begin{pmatrix}\boldsymbol{E}_r & \boldsymbol{O}\\ \boldsymbol{O} & \boldsymbol{O}\end{pmatrix}\boldsymbol{Q},$$

于是

$$\boldsymbol{A}^{\mathrm{T}}\boldsymbol{A}=\boldsymbol{Q}^{\mathrm{T}}\begin{pmatrix}\boldsymbol{E}_r & \boldsymbol{O}\\ \boldsymbol{O} & \boldsymbol{O}\end{pmatrix}\boldsymbol{P}^{\mathrm{T}}\boldsymbol{P}\begin{pmatrix}\boldsymbol{E}_r & \boldsymbol{O}\\ \boldsymbol{O} & \boldsymbol{O}\end{pmatrix}\boldsymbol{Q},$$

注意到 $\boldsymbol{P}^{\mathrm{T}}\boldsymbol{P}$ 是实对称正定矩阵, 将 $\boldsymbol{P}^{\mathrm{T}}\boldsymbol{P}$ 分块为

$$\boldsymbol{P}^{\mathrm{T}}\boldsymbol{P}=\begin{pmatrix}\boldsymbol{B}_1 & \boldsymbol{B}_2\\ \boldsymbol{B}_2^{\mathrm{T}} & \boldsymbol{B}_3\end{pmatrix},$$

其中 $\boldsymbol{B}_1$ 是 r 阶正定矩阵, 于是

$$\boldsymbol{A}^{\mathrm{T}}\boldsymbol{A}=\boldsymbol{Q}^{\mathrm{T}}\begin{pmatrix}\boldsymbol{B}_1 & \boldsymbol{O}\\ \boldsymbol{O} & \boldsymbol{O}\end{pmatrix}\boldsymbol{P},$$

故 $r(\boldsymbol{A}^{\mathrm{T}}\boldsymbol{A})=r(\boldsymbol{B}_1)=r=r(\boldsymbol{A})$.

例 3.2.49 (东北师范大学,2021) 设 $\boldsymbol{A}$ 是 n 阶实方阵, 证明:

$$r(\boldsymbol{A}^{\mathrm{T}}\boldsymbol{A})=r(\boldsymbol{A}\boldsymbol{A}^{\mathrm{T}})=r(\boldsymbol{A}).$$

例 3.2.50 (东南大学,2023) 设 $\boldsymbol{A}$ 是一个 $m\times n$ 实矩阵. 证明:

(1) $r(\boldsymbol{A}^{\mathrm{T}}\boldsymbol{A})=r(\boldsymbol{A})$;

(2) $\boldsymbol{A}^{\mathrm{T}}\boldsymbol{A}$ 是半正定矩阵, 并且 $\boldsymbol{A}^{\mathrm{T}}\boldsymbol{A}$ 是正定矩阵当且仅当 $r(\boldsymbol{A})=n$.

例 3.2.51 (数学一,2021) 设 $\boldsymbol{A},\boldsymbol{B}$ 为 n 阶实矩阵, 下列结论不成立的是 (　　).

A. $r\begin{pmatrix}\boldsymbol{A} & \boldsymbol{O}\\ \boldsymbol{O} & \boldsymbol{A}^{\mathrm{T}}\boldsymbol{A}\end{pmatrix}=2r(\boldsymbol{A})$　　B. $r\begin{pmatrix}\boldsymbol{A} & \boldsymbol{AB}\\ \boldsymbol{O} & \boldsymbol{A}^{\mathrm{T}}\end{pmatrix}=2r(\boldsymbol{A})$

C. $r\begin{pmatrix}\boldsymbol{A} & \boldsymbol{BA}\\ \boldsymbol{O} & \boldsymbol{A}\boldsymbol{A}^{\mathrm{T}}\end{pmatrix}=2r(\boldsymbol{A})$　　D. $r\begin{pmatrix}\boldsymbol{A} & \boldsymbol{O}\\ \boldsymbol{BA} & \boldsymbol{A}^{\mathrm{T}}\end{pmatrix}=2r(\boldsymbol{A})$

例 3.2.52 设 $\boldsymbol{A},\boldsymbol{B}$ 为 n 阶实方阵, 证明:

$$r\begin{pmatrix}\boldsymbol{A} & \boldsymbol{BA}\\ \boldsymbol{O} & \boldsymbol{A}^{\mathrm{T}}\boldsymbol{A}\end{pmatrix}=2r(\boldsymbol{A}).$$

例 3.2.53 设 P 为数域,$\boldsymbol{A}\in P^{n\times m},\boldsymbol{B}\in P^{n\times s},\boldsymbol{C}\in P^{m\times t},\boldsymbol{D}\in P^{s\times t}$, 且 $r(\boldsymbol{B})=s$,$\boldsymbol{AC}+\boldsymbol{BD}=\boldsymbol{O}$, 证明: $r\begin{pmatrix}\boldsymbol{C}\\ \boldsymbol{D}\end{pmatrix}=t$ 的充要条件为 $r(\boldsymbol{C})=t$.

证 (法 1) 充分性. 因 $\begin{pmatrix}\boldsymbol{C}\\ \boldsymbol{D}\end{pmatrix}\in P^{(m+s)\times t}$,故 $r\begin{pmatrix}\boldsymbol{C}\\ \boldsymbol{D}\end{pmatrix}\leqslant t$. 又 $r\begin{pmatrix}\boldsymbol{C}\\ \boldsymbol{D}\end{pmatrix}\geqslant r(\boldsymbol{C})=t$,从而结论成立.

必要性. 反证法. 若 $r(\boldsymbol{C})<t$, 则齐次线性方程组 $\boldsymbol{Cx}=\boldsymbol{0}$ 有非零解, 设为 $\boldsymbol{x}_0\neq\boldsymbol{0}$. 构造齐次线性方程组 $\begin{pmatrix}\boldsymbol{C}\\ \boldsymbol{D}\end{pmatrix}\boldsymbol{y}=\boldsymbol{0}$. 由题设知, 此方程组只有零解. 从而

$$\boldsymbol{0}\neq\begin{pmatrix}\boldsymbol{C}\\ \boldsymbol{D}\end{pmatrix}\boldsymbol{x}_0=\begin{pmatrix}\boldsymbol{0}\\ \boldsymbol{D}\boldsymbol{x}_0\end{pmatrix}$$

即 $\boldsymbol{D}\boldsymbol{x}_0 \neq \boldsymbol{0}$. 但 $\boldsymbol{0} = 0\boldsymbol{x}_0 = (\boldsymbol{AC}+\boldsymbol{BD})\boldsymbol{x}_0 = \boldsymbol{AC}\boldsymbol{x}_0 + \boldsymbol{BD}\boldsymbol{x}_0 = \boldsymbol{B}(\boldsymbol{D}\boldsymbol{x}_0)$. 这说明 $\boldsymbol{D}\boldsymbol{x}_0$ 为齐次方程组 $\boldsymbol{B}\boldsymbol{z} = \boldsymbol{0}$ 的解. 这与 $r(\boldsymbol{B}) = s$ 矛盾.

(法 2) 由于

$$\begin{pmatrix} \boldsymbol{E}_m & \boldsymbol{O} \\ \boldsymbol{A} & \boldsymbol{E}_n \end{pmatrix}\begin{pmatrix} \boldsymbol{E}_m & \boldsymbol{O} \\ \boldsymbol{O} & \boldsymbol{B} \end{pmatrix}\begin{pmatrix} \boldsymbol{C} \\ \boldsymbol{D} \end{pmatrix} = \begin{pmatrix} \boldsymbol{C} \\ \boldsymbol{BD} \end{pmatrix} = \begin{pmatrix} \boldsymbol{C} \\ \boldsymbol{O} \end{pmatrix},$$

注意到 $r(\boldsymbol{B}) = s$, 故 $\begin{pmatrix} \boldsymbol{E}_m & \boldsymbol{O} \\ \boldsymbol{O} & \boldsymbol{B} \end{pmatrix}$ 是列满秩的, 又 $\begin{pmatrix} \boldsymbol{E}_m & \boldsymbol{O} \\ \boldsymbol{A} & \boldsymbol{E}_n \end{pmatrix}$ 是满秩的, 于是 $r\begin{pmatrix} \boldsymbol{C} \\ \boldsymbol{D} \end{pmatrix} = r(\boldsymbol{C})$. 即结论成立.

例 3.2.54 设 $\boldsymbol{A}, \boldsymbol{B}, \boldsymbol{C} \in P^{n\times n}$, 证明: 若 $r(\boldsymbol{A}) = r(\boldsymbol{BA})$, 则 $r(\boldsymbol{AC}) = r(\boldsymbol{BAC})$.

证 (法 1) 由于 $r(\boldsymbol{BAC}) \geqslant r(\boldsymbol{BA}) + r(\boldsymbol{AC}) - r(\boldsymbol{A})$, 又 $r(\boldsymbol{A}) = r(\boldsymbol{BA})$, 故 $r(\boldsymbol{BAC}) \geqslant r(\boldsymbol{AC})$. 又 $r(\boldsymbol{BAC}) \leqslant r(\boldsymbol{AC})$, 故 $r(\boldsymbol{BAC}) = r(\boldsymbol{AC})$.

(法 2) 由 $r(\boldsymbol{A}) = r(\boldsymbol{BA})$ 知方程组 $\boldsymbol{A}\boldsymbol{x} = \boldsymbol{0}$ 与 $\boldsymbol{BA}\boldsymbol{x} = \boldsymbol{0}$ 同解. 下证 $\boldsymbol{BAC}\boldsymbol{x} = \boldsymbol{0}$ 与 $\boldsymbol{AC}\boldsymbol{x} = \boldsymbol{0}$ 同解. 事实上,$\boldsymbol{AC}\boldsymbol{x} = \boldsymbol{0}$ 的解一定是 $\boldsymbol{BAC}\boldsymbol{x} = \boldsymbol{0}$ 的解. 其次, 设 $\boldsymbol{x}_0$ 为 $\boldsymbol{BAC}\boldsymbol{x} = \boldsymbol{0}$ 的任意解, 即 $\boldsymbol{0} = \boldsymbol{BAC}\boldsymbol{x}_0 = \boldsymbol{BA}(\boldsymbol{C}\boldsymbol{x}_0)$, 从而 $\boldsymbol{C}\boldsymbol{x}_0$ 为 $\boldsymbol{BA}\boldsymbol{x} = \boldsymbol{0}$ 的解, 由 $\boldsymbol{A}\boldsymbol{x} = \boldsymbol{0}$ 与 $\boldsymbol{BA}\boldsymbol{x} = \boldsymbol{0}$ 同解, 于是 $\boldsymbol{AC}\boldsymbol{x}_0 = \boldsymbol{0}$. 从而结论成立.

例 3.2.55 设 $\boldsymbol{A} \in F^{n\times n}$, 试证:$r(\boldsymbol{A}^n) = r(\boldsymbol{A}^{n+1}) = r(\boldsymbol{A}^{n+2}) = \cdots$.

证 只证明 $r(\boldsymbol{A}^n) = r(\boldsymbol{A}^{n+1})$ 即可. 只需证明方程组 $\boldsymbol{A}^n\boldsymbol{x} = \boldsymbol{0}$ 与 $\boldsymbol{A}^{n+1}\boldsymbol{x} = \boldsymbol{0}$ 同解即可. 显然 $\boldsymbol{A}^n\boldsymbol{x} = \boldsymbol{0}$ 的解都是 $\boldsymbol{A}^{n+1}\boldsymbol{x} = \boldsymbol{0}$ 的解.

设 $\boldsymbol{x}_0$ 为 $\boldsymbol{A}^{n+1}\boldsymbol{x} = \boldsymbol{0}$ 的任一解, 若 $\boldsymbol{A}^n\boldsymbol{x}_0 \neq \boldsymbol{0}$, 则可证 $\boldsymbol{x}_0, \boldsymbol{A}\boldsymbol{x}_0, \cdots, \boldsymbol{A}^n\boldsymbol{x}_0$ 线性无关, 但这是 $n+1$ 个 n 维向量, 矛盾.

例 3.2.56 (首都师范大学,2022) 求证: 对任意 n 阶矩阵 $\boldsymbol{A}$, 必存在 $k \leqslant n$, 使得 $r(\boldsymbol{A}^k) = r(\boldsymbol{A}^{k+1}) = r(\boldsymbol{A}^{k+2}) = \cdots$.

例 3.2.57 (东北大学,2021) 已知 $\boldsymbol{A}$ 为 n 阶实矩阵, 且存在正整数 m 使得 $r(\boldsymbol{A}^m) = r(\boldsymbol{A}^{m+1})$, 证明: 对所有的正整数 k, 都有 $r(\boldsymbol{A}^m) = r(\boldsymbol{A}^{m+k})$.

例 3.2.58 (东南大学,2004) 设 $\boldsymbol{A}$ 为 n 阶方阵, 求证: 存在正整数 m, 使得 $r(\boldsymbol{A}^m) = r(\boldsymbol{A}^{m+1})$, 并证明存在 n 阶矩阵 $\boldsymbol{B}$ 使得 $\boldsymbol{A}^m = \boldsymbol{A}^{m+1}\boldsymbol{B}$.

证 只证存在 n 阶矩阵 $\boldsymbol{B}$ 使得 $\boldsymbol{A}^m = \boldsymbol{A}^{m+1}\boldsymbol{B}$.

将 $\boldsymbol{A}^m, \boldsymbol{A}^{m+1}$ 按列分块为

$$\boldsymbol{A}^m = (\boldsymbol{\alpha}_1, \boldsymbol{\alpha}_2, \cdots, \boldsymbol{\alpha}_n), \boldsymbol{A}^{m+1} = (\boldsymbol{\beta}_1, \boldsymbol{\beta}_2, \cdots, \boldsymbol{\beta}_n),$$

由 $\boldsymbol{A}^{m+1} = \boldsymbol{A}^m\boldsymbol{A}$ 可知 $\boldsymbol{\beta}_1, \boldsymbol{\beta}_2, \cdots, \boldsymbol{\beta}_n$ 可由 $\boldsymbol{\alpha}_1, \boldsymbol{\alpha}_2, \cdots, \boldsymbol{\alpha}_n$ 线性表示, 又 $r(\boldsymbol{A}^m) = r(\boldsymbol{A}^{m+1})$, 所以 $\boldsymbol{\beta}_1, \boldsymbol{\beta}_2, \cdots, \boldsymbol{\beta}_n$ 与 $\boldsymbol{\alpha}_1, \boldsymbol{\alpha}_2, \cdots, \boldsymbol{\alpha}_n$ 等价, 故存在矩阵 $\boldsymbol{B}$ 使得

$$(\boldsymbol{\alpha}_1, \boldsymbol{\alpha}_2, \cdots, \boldsymbol{\alpha}_n) = (\boldsymbol{\beta}_1, \boldsymbol{\beta}_2, \cdots, \boldsymbol{\beta}_n)\boldsymbol{B},$$

即存在矩阵 $\boldsymbol{B}$ 使得 $\boldsymbol{A}^m = \boldsymbol{A}^{m+1}\boldsymbol{B}$.

例 3.2.59 (1) (东北大学,2021) 设向量组 (Ⅰ)$\boldsymbol{\alpha}_1,\cdots,\boldsymbol{\alpha}_n$ 可由向量组 (Ⅱ)$\boldsymbol{\beta}_1,\cdots,\boldsymbol{\beta}_m$ 线性表示, 且它们的秩相等. 证明:(Ⅰ) 与 (Ⅱ) 等价.

(2) (厦门大学,2012; 中南大学,2021) 设 $\boldsymbol{A}\in F^{m\times n},\boldsymbol{B}\in F^{n\times s},r(\boldsymbol{A})=r(\boldsymbol{AB})$, 则存在 $\boldsymbol{C}\in F^{s\times n}$ 使得 $\boldsymbol{A}=\boldsymbol{ABC}$.

例 3.2.60 (兰州大学,2010; 华中科技大学,2021) 设 $\boldsymbol{A},\boldsymbol{B}$ 是 n 阶方阵, 满足 $\boldsymbol{AB}=\boldsymbol{BA}$. 求证:

$$r(\boldsymbol{A}+\boldsymbol{B})\leqslant r(\boldsymbol{A})+r(\boldsymbol{B})-r(\boldsymbol{AB}).$$

证 (法 1) 设 $\boldsymbol{A}$ 的行空间为 V_1,$\boldsymbol{B}$ 的行空间为 V_2. 由于 $\boldsymbol{A}+\boldsymbol{B}$ 的行向量可由 $\boldsymbol{A}$ 及 $\boldsymbol{B}$ 的行向量线性表示,$\boldsymbol{AB}$ 的行向量可由 $\boldsymbol{B}$ 的行向量线性表示,$\boldsymbol{BA}$ 的行向量可由 $\boldsymbol{A}$ 的行向量线性表示, 则 $\boldsymbol{A}+\boldsymbol{B}$ 的行空间 $\subseteq V_1+V_2$,$\boldsymbol{AB}$ 的行空间 $\subseteq V_2$,$\boldsymbol{BA}$ 的行空间 $\subseteq V_1$. 又由设 $\boldsymbol{AB}=\boldsymbol{BA}$, 故 $\boldsymbol{AB}$ 的行空间 $\subseteq V_1\cap V_2$. 所以

$$r(\boldsymbol{A}+\boldsymbol{B})\leqslant \dim(V_1+V_2)=\dim V_1+\dim V_2-\dim(V_1\cap V_2)\leqslant r(\boldsymbol{A})+r(\boldsymbol{B})-r(\boldsymbol{AB}).$$

(法 2) 记 $V_{\boldsymbol{A}}$ 为 $\boldsymbol{Ax}=\boldsymbol{0}$ 的解空间,$V_{\boldsymbol{B}}$ 为 $\boldsymbol{Bx}=\boldsymbol{0}$ 的解空间,$V_{\boldsymbol{A}+\boldsymbol{B}}$ 为 $(\boldsymbol{A}+\boldsymbol{B})\boldsymbol{x}=\boldsymbol{0}$ 的解空间, $V_{\boldsymbol{AB}}$ 为 $\boldsymbol{ABx}=\boldsymbol{0}$ 的解空间, 则 $V_{\boldsymbol{A}}\cap V_{\boldsymbol{B}}\subseteq V_{\boldsymbol{A}+\boldsymbol{B}}$. 又由设 $\boldsymbol{AB}=\boldsymbol{BA}$ 知, $V_{\boldsymbol{A}}+V_{\boldsymbol{B}}\subseteq V_{\boldsymbol{AB}}$, 因此

$$\begin{aligned}n-r(\boldsymbol{AB})&=\dim V_{\boldsymbol{AB}}\geqslant \dim(V_{\boldsymbol{A}}+V_{\boldsymbol{B}})\\&=\dim V_{\boldsymbol{A}}+\dim V_{\boldsymbol{B}}-\dim(V_{\boldsymbol{A}}\cap V_{\boldsymbol{B}})\\&\geqslant (n-r(\boldsymbol{A}))+(n-r(\boldsymbol{B}))-(n-r(\boldsymbol{A}+\boldsymbol{B})).\end{aligned}$$

故结论成立.

(法 3) 直接计算可得

$$\begin{pmatrix}\boldsymbol{E}&\boldsymbol{E}\\\boldsymbol{O}&\boldsymbol{E}\end{pmatrix}\begin{pmatrix}\boldsymbol{A}&\boldsymbol{O}\\\boldsymbol{O}&\boldsymbol{B}\end{pmatrix}\begin{pmatrix}\boldsymbol{E}&\boldsymbol{B}\\\boldsymbol{E}&-\boldsymbol{A}\end{pmatrix}=\begin{pmatrix}\boldsymbol{A}+\boldsymbol{B}&\boldsymbol{AB}-\boldsymbol{BA}\\\boldsymbol{B}&-\boldsymbol{BA}\end{pmatrix},$$

又由设 $\boldsymbol{AB}=\boldsymbol{BA}$, 故

$$\begin{aligned}r(\boldsymbol{A})+r(\boldsymbol{B})=r\begin{pmatrix}\boldsymbol{A}&\boldsymbol{O}\\\boldsymbol{O}&\boldsymbol{B}\end{pmatrix}&\geqslant r\begin{pmatrix}\boldsymbol{A}+\boldsymbol{B}&\boldsymbol{O}\\\boldsymbol{B}&-\boldsymbol{BA}\end{pmatrix}=r\begin{pmatrix}\boldsymbol{A}+\boldsymbol{B}&\boldsymbol{O}\\\boldsymbol{B}&\boldsymbol{AB}\end{pmatrix}\\&\geqslant r(\boldsymbol{A}+\boldsymbol{B})+r(\boldsymbol{AB}).\end{aligned}$$

(法 4) 设线性变换 σ,τ 在线性空间 V 的基 $\boldsymbol{\alpha}_1,\cdots,\boldsymbol{\alpha}_n$ 下的矩阵分别为 $\boldsymbol{A},\boldsymbol{B}$, 则

$$r(\boldsymbol{A}+\boldsymbol{B})=\dim \mathrm{Im}(\sigma+\tau),r(\boldsymbol{A})=\dim \mathrm{Im}\sigma,r(\boldsymbol{B})=\dim \mathrm{Im}\tau,r(\boldsymbol{AB})=\dim \mathrm{Im}\sigma\tau,$$

因为 $\mathrm{Im}(\sigma+\tau)\subseteq \mathrm{Im}\sigma+\mathrm{Im}\tau$, 所以

$$\dim \mathrm{Im}(\sigma+\tau)\leqslant \dim(\mathrm{Im}\sigma+\mathrm{Im}\tau)=\dim \mathrm{Im}\sigma+\dim \mathrm{Im}\tau-\dim(\mathrm{Im}\sigma\cap \mathrm{Im}\tau).$$

又因为 $\boldsymbol{AB}=\boldsymbol{BA}$, 所以 $\sigma\tau=\tau\sigma$, 因此 $\mathrm{Im}\sigma\tau\subseteq \mathrm{Im}\sigma\cap \mathrm{Im}\tau$. 故 $\dim(\mathrm{Im}\sigma\cap \mathrm{Im}\tau)\geqslant \dim \mathrm{Im}\sigma\tau$, 从而

$$\begin{aligned}r(\boldsymbol{A}+\boldsymbol{B})=\dim \mathrm{Im}(\sigma+\tau)&\leqslant \dim \mathrm{Im}\sigma+\dim \mathrm{Im}\tau-\dim(\mathrm{Im}\sigma\cap \mathrm{Im}\tau)\\&\leqslant \dim \mathrm{Im}\sigma+\dim \mathrm{Im}\tau-\dim \mathrm{Im}(\sigma\tau)\\&=r(\boldsymbol{A})+r(\boldsymbol{B})-r(\boldsymbol{A}+\boldsymbol{B}).\end{aligned}$$

例 3.2.61 (上海财经大学,2023) 已知 $\boldsymbol{A},\boldsymbol{B}$ 为 n 阶矩阵,$\boldsymbol{AB}=\boldsymbol{BA}$, 证明:

$$r(\boldsymbol{A}+\boldsymbol{B})+r(\boldsymbol{AB})\leqslant r(\boldsymbol{A})+r(\boldsymbol{B}).$$

例 3.2.62 设 $\boldsymbol{A},\boldsymbol{B}\in\mathbb{C}^{n\times n}$, 且 $\boldsymbol{AB}=\boldsymbol{BA}$, 又设 $\boldsymbol{C}=\begin{pmatrix}\boldsymbol{A}\\ \boldsymbol{B}\end{pmatrix}$, 证明:

$$r(\boldsymbol{A})+r(\boldsymbol{B})\geqslant r(\boldsymbol{C})+r(\boldsymbol{AB}).$$

例 3.2.63 (复旦大学高等代数每周一题 [问题 2022A10]) 设 n 阶方阵 $\boldsymbol{A},\boldsymbol{B}$ 满足 $\boldsymbol{AB}=\boldsymbol{BA}$, 求证: $r(\boldsymbol{A})+r(\boldsymbol{B})\geqslant r(\boldsymbol{A},\boldsymbol{B})+r(\boldsymbol{AB})$.

例 3.2.64 设 $\boldsymbol{A},\boldsymbol{B}$ 为 n 阶实方阵, 满足 $\boldsymbol{A}^{\mathrm{T}}\boldsymbol{B}$ 是反对称矩阵. 证明:

$$r(\boldsymbol{A}^{\mathrm{T}}\boldsymbol{B})+r(\boldsymbol{A}+\boldsymbol{B})\leqslant r(\boldsymbol{A})+r(\boldsymbol{B}).$$

例 3.2.65 设 $\boldsymbol{P}_i,\boldsymbol{Q}_i(i=1,2,\cdots,k)$ 是 n 阶方阵, 对 $1\leqslant i,j\leqslant k-1$ 满足 $\boldsymbol{P}_i\boldsymbol{Q}_j=\boldsymbol{Q}_j\boldsymbol{P}_i, r(\boldsymbol{P}_i)=r(\boldsymbol{P}_i\boldsymbol{Q}_i)$, 证明:$r(\boldsymbol{P}_1\boldsymbol{P}_2\cdots\boldsymbol{P}_k)=r(\boldsymbol{P}_1\boldsymbol{P}_2\cdots\boldsymbol{P}_k\boldsymbol{Q}_1\boldsymbol{Q}_2\cdots\boldsymbol{Q}_k)$.

证 (法 1) 先证明下列两个引理.

引理 1 设 $\boldsymbol{A},\boldsymbol{B}\in K^{n\times n}$, 则 $r(\boldsymbol{B})=r(\boldsymbol{AB})$ 的充要条件是 $\boldsymbol{Bx}=\boldsymbol{0}$ 与 $\boldsymbol{ABx}=\boldsymbol{0}$ 同解.

证 充分性显然. 下证必要性. 记 $V_{\boldsymbol{B}}=\{\boldsymbol{x}|\boldsymbol{Bx}=\boldsymbol{0}\}, V_{\boldsymbol{AB}}=\{\boldsymbol{x}|\boldsymbol{ABx}=\boldsymbol{0}\}$. 则对任意的 $\boldsymbol{x}\in V_{\boldsymbol{B}},\boldsymbol{Bx}=\boldsymbol{0}$, 从而 $\boldsymbol{ABx}=\boldsymbol{0}$. 即 $V_{\boldsymbol{B}}\subseteq V_{\boldsymbol{AB}}$, 又由设 $r(\boldsymbol{B})=r(\boldsymbol{AB})$, 则 $\dim V_{\boldsymbol{B}}=\dim V_{\boldsymbol{AB}}$, 因此 $V_{\boldsymbol{B}}=V_{\boldsymbol{AB}}$.

引理 2 设 $\boldsymbol{A},\boldsymbol{B}\in K^{n\times n}$, 且 $r(\boldsymbol{B})=r(\boldsymbol{AB})$, 则对任意的 $\boldsymbol{C}\in K^{n\times n}$, 有 $r(\boldsymbol{ABC})=r(\boldsymbol{BC})$.

证 一方面, 由秩的基本性质, 有 $r(\boldsymbol{ABC})\leqslant r(\boldsymbol{BC})$.

另一方面, 对任意的 $\boldsymbol{x}\in V_{\boldsymbol{ABC}},\boldsymbol{ABCx}=\boldsymbol{0}$, 从而 $\boldsymbol{Cx}\in V_{\boldsymbol{AB}}$, 由条件 $r(\boldsymbol{AB})=r(\boldsymbol{B})$ 及引理 1 知,$\boldsymbol{Cx}\in V_{\boldsymbol{B}}$, 故 $\boldsymbol{BCx}=\boldsymbol{0}$, 从而 $\boldsymbol{x}\in V_{\boldsymbol{BC}}$. 因此 $V_{\boldsymbol{ABC}}\subseteq V_{\boldsymbol{BC}}$, 所以 $r(\boldsymbol{ABC})\geqslant r(\boldsymbol{BC})$. 至此证明了 $r(\boldsymbol{ABC})=r(\boldsymbol{BC})$.

下面证明原问题. 对 k 用数学归纳法.

当 $k=2$ 时, 由设 $r(\boldsymbol{P}_1)=r(\boldsymbol{P}_1\boldsymbol{Q}_1)=r(\boldsymbol{Q}_1\boldsymbol{P}_1)$, 应用引理 2 有 $r(\boldsymbol{P}_1\boldsymbol{P}_2\boldsymbol{Q}_2)=r(\boldsymbol{Q}_1\boldsymbol{P}_1\boldsymbol{P}_2\boldsymbol{Q}_2)$, 又因为 $\boldsymbol{P}_i\boldsymbol{Q}_j=\boldsymbol{Q}_j\boldsymbol{P}_i$, 故 $r(\boldsymbol{P}_1\boldsymbol{P}_2\boldsymbol{Q}_2)=r(\boldsymbol{P}_1\boldsymbol{Q}_1\boldsymbol{P}_2\boldsymbol{Q}_2)=r(\boldsymbol{P}_1\boldsymbol{P}_2\boldsymbol{Q}_1\boldsymbol{Q}_2)$. 另外,$r(\boldsymbol{P}_2)=r(\boldsymbol{P}_2\boldsymbol{Q}_2)$, 则 $r(\boldsymbol{P}_2^{\mathrm{T}})=r(\boldsymbol{Q}_2^{\mathrm{T}}\boldsymbol{P}_2^{\mathrm{T}})$. 应用引理 2 得到 $r(\boldsymbol{P}_2^{\mathrm{T}}\boldsymbol{P}_1^{\mathrm{T}})=r(\boldsymbol{Q}_2^{\mathrm{T}}\boldsymbol{P}_2^{\mathrm{T}}\boldsymbol{P}_1^{\mathrm{T}})$, 从而 $r(\boldsymbol{P}_1\boldsymbol{P}_2)=r(\boldsymbol{P}_1\boldsymbol{P}_2\boldsymbol{Q}_2)$, 因此 $r(\boldsymbol{P}_1\boldsymbol{P}_2)=r(\boldsymbol{P}_1\boldsymbol{P}_2\boldsymbol{Q}_1\boldsymbol{Q}_2)$.

假设结论对 $k-1$ 成立, 即若 $\boldsymbol{P}_i\boldsymbol{Q}_j=\boldsymbol{Q}_j\boldsymbol{P}_i, r(\boldsymbol{P}_i)=r(\boldsymbol{P}_i\boldsymbol{Q}_i)$, 则

$$r(\boldsymbol{P}_1\boldsymbol{P}_2\cdots\boldsymbol{P}_{k-1})=r(\boldsymbol{P}_1\boldsymbol{P}_2\cdots\boldsymbol{P}_{k-1}\boldsymbol{Q}_1\boldsymbol{Q}_2\cdots\boldsymbol{Q}_{k-1}).$$

当 k 时, 容易验证

$$\boldsymbol{P}_i\boldsymbol{Q}_{k-1}\boldsymbol{Q}_k=\boldsymbol{Q}_{k-1}\boldsymbol{Q}_k\boldsymbol{P}_i, \boldsymbol{P}_{k-1}\boldsymbol{P}_k\boldsymbol{Q}_i=\boldsymbol{Q}_i\boldsymbol{P}_{k-1}\boldsymbol{P}_k, \boldsymbol{P}_{k-1}\boldsymbol{P}_k\boldsymbol{Q}_{k-1}\boldsymbol{Q}_k=\boldsymbol{Q}_{k-1}\boldsymbol{Q}_k\boldsymbol{P}_{k-1}\boldsymbol{P}_k,$$

其中 $1\leqslant i\leqslant k-2$, 且 $r(\boldsymbol{P}_{k-1}\boldsymbol{P}_k)=r(\boldsymbol{P}_{k-1}\boldsymbol{P}_k\boldsymbol{Q}_{k-1}\boldsymbol{Q}_k)$. 因此,$\boldsymbol{P}_1,\cdots,\boldsymbol{P}_{k-2},\boldsymbol{P}_{k-1}\boldsymbol{P}_k$ 和 $\boldsymbol{Q}_1,\cdots,\boldsymbol{Q}_{k-2},\boldsymbol{Q}_{k-1}\boldsymbol{Q}_k$ 满足假设, 故 $r(\boldsymbol{P}_1\boldsymbol{P}_2\cdots\boldsymbol{P}_k)=r(\boldsymbol{P}_1\boldsymbol{P}_2\cdots\boldsymbol{P}_k\boldsymbol{Q}_1\boldsymbol{Q}_2\cdots\boldsymbol{Q}_k)$.

(法 2) 设

$$U=\{\boldsymbol{x}|\boldsymbol{P}_1\boldsymbol{P}_2\cdots\boldsymbol{P}_{k-1}\boldsymbol{x}=\boldsymbol{0}\},$$

$$V=\{\boldsymbol{x}|\boldsymbol{P}_1\boldsymbol{P}_2\cdots\boldsymbol{P}_{k-1}\boldsymbol{Q}_1\boldsymbol{Q}_2\cdots\boldsymbol{Q}_{k-1}\boldsymbol{x}=\boldsymbol{0}\},$$

则 $U \subseteq V$. 因为对 $\forall \boldsymbol{x} \in U, \boldsymbol{P}_1\boldsymbol{P}_2\cdots\boldsymbol{P}_{k-1}\boldsymbol{x}=\boldsymbol{0}$. 由设 $\boldsymbol{P}_i\boldsymbol{Q}_j=\boldsymbol{Q}_j\boldsymbol{P}_i$, 因此

$$\boldsymbol{P}_1\boldsymbol{P}_2\cdots\boldsymbol{P}_{k-1}\boldsymbol{Q}_1\boldsymbol{Q}_2\cdots\boldsymbol{Q}_{k-1}\boldsymbol{x}=\boldsymbol{Q}_1\boldsymbol{Q}_2\cdots\boldsymbol{Q}_{k-1}\boldsymbol{P}_1\boldsymbol{P}_2\cdots\boldsymbol{P}_{k-1}\boldsymbol{x}=\boldsymbol{0},$$

即 $\boldsymbol{x} \in V$.

下证 $V \subseteq U$. 对任意的 $\boldsymbol{x} \in V$, 即 $\boldsymbol{P}_1\boldsymbol{P}_2\cdots\boldsymbol{P}_{k-1}\boldsymbol{Q}_1\boldsymbol{Q}_2\cdots\boldsymbol{Q}_{k-1}\boldsymbol{x}=\boldsymbol{0}$, 有

$$\boldsymbol{P}_1\boldsymbol{Q}_1(\boldsymbol{P}_2\cdots\boldsymbol{P}_{k-1}\boldsymbol{Q}_2\cdots\boldsymbol{Q}_{k-1})\boldsymbol{x}=\boldsymbol{0},$$

$$\boldsymbol{Q}_1\boldsymbol{P}_1(\boldsymbol{P}_2\cdots\boldsymbol{P}_{k-1}\boldsymbol{Q}_2\cdots\boldsymbol{Q}_{k-1})\boldsymbol{x}=\boldsymbol{0},$$

又因为 $r(\boldsymbol{P}_1)=r(\boldsymbol{P}_1\boldsymbol{Q}_1)=r(\boldsymbol{Q}_1\boldsymbol{P}_1)$, 所以 $\boldsymbol{P}_1\boldsymbol{y}=\boldsymbol{0}$ 与 $\boldsymbol{Q}_1\boldsymbol{P}_1\boldsymbol{y}=\boldsymbol{0}$ 同解, 从而有

$$\boldsymbol{P}_1\boldsymbol{P}_2(\boldsymbol{P}_3\cdots\boldsymbol{P}_{k-1}\boldsymbol{Q}_2\cdots\boldsymbol{Q}_{k-1})\boldsymbol{x}=\boldsymbol{0},$$

$$\boldsymbol{Q}_2\boldsymbol{P}_1\boldsymbol{P}_2(\boldsymbol{P}_3\cdots\boldsymbol{P}_{k-1}\boldsymbol{Q}_3\cdots\boldsymbol{Q}_{k-1})\boldsymbol{x}=\boldsymbol{0},$$

又由 $r(\boldsymbol{P}_2)=r(\boldsymbol{P}_2\boldsymbol{Q}_2)$, 推知

$$r(\boldsymbol{P}_2^{\mathrm{T}})=r(\boldsymbol{Q}_2^{\mathrm{T}}\boldsymbol{P}_2^{\mathrm{T}}), r(\boldsymbol{Q}_2^{\mathrm{T}}\boldsymbol{P}_2^{\mathrm{T}}\boldsymbol{P}_1^{\mathrm{T}})=r(\boldsymbol{P}_2^{\mathrm{T}}\boldsymbol{P}_1^{\mathrm{T}}), r(\boldsymbol{P}_1\boldsymbol{P}_2)=r(\boldsymbol{P}_1\boldsymbol{P}_2\boldsymbol{Q}_2),$$

从而 $r(\boldsymbol{P}_1\boldsymbol{P}_2)=r(\boldsymbol{P}_1\boldsymbol{P}_2\boldsymbol{Q}_2)=r(\boldsymbol{Q}_2\boldsymbol{P}_1\boldsymbol{P}_2)$, 故 $\boldsymbol{P}_1\boldsymbol{P}_2\boldsymbol{y}=\boldsymbol{0}$ 与 $\boldsymbol{Q}_2\boldsymbol{P}_1\boldsymbol{P}_2\boldsymbol{y}=\boldsymbol{0}$ 同解, 故有

$$\boldsymbol{P}_1\boldsymbol{P}_2(\boldsymbol{P}_3\cdots\boldsymbol{P}_{k-1}\boldsymbol{Q}_3\cdots\boldsymbol{Q}_{k-1})\boldsymbol{x}=\boldsymbol{0}.$$

同理可知,

$$r(\boldsymbol{P}_1\boldsymbol{P}_2\boldsymbol{P}_3)=r(\boldsymbol{P}_1\boldsymbol{P}_2\boldsymbol{P}_3\boldsymbol{Q}_3), \boldsymbol{P}_1\boldsymbol{P}_2\boldsymbol{P}_3(\boldsymbol{P}_4\cdots\boldsymbol{P}_{k-1}\boldsymbol{Q}_4\cdots\boldsymbol{Q}_{k-1})\boldsymbol{x}=\boldsymbol{0}.$$

以此类推,

$$r(\boldsymbol{P}_1\boldsymbol{P}_2\cdots\boldsymbol{P}_m)=r(\boldsymbol{P}_1\boldsymbol{P}_2\cdots\boldsymbol{P}_m\boldsymbol{Q}_m),$$

$$\boldsymbol{P}_1\cdots\boldsymbol{P}_m(\boldsymbol{P}_{m+1}\cdots\boldsymbol{P}_{k-1}\boldsymbol{Q}_{m+1}\cdots\boldsymbol{Q}_{k-1})\boldsymbol{x}=\boldsymbol{0}, m=2,3,\cdots,k-1.$$

故 $V \subseteq U$.

例 3.2.66 设 $\boldsymbol{A},\boldsymbol{B}$ 是任意的 n 阶矩阵, 证明:$r(\boldsymbol{E}-\boldsymbol{AB})=r(\boldsymbol{E}-\boldsymbol{BA})$.

证 (法 1) 因为

$$\begin{pmatrix}\boldsymbol{E} & \boldsymbol{O}\\ -\boldsymbol{B} & \boldsymbol{E}\end{pmatrix}\begin{pmatrix}\boldsymbol{E} & \boldsymbol{A}\\ \boldsymbol{B} & \boldsymbol{E}\end{pmatrix}=\begin{pmatrix}\boldsymbol{E} & \boldsymbol{A}\\ \boldsymbol{O} & \boldsymbol{E}-\boldsymbol{BA}\end{pmatrix},$$

$$\begin{pmatrix}\boldsymbol{E} & -\boldsymbol{A}\\ \boldsymbol{O} & \boldsymbol{E}\end{pmatrix}\begin{pmatrix}\boldsymbol{E} & \boldsymbol{A}\\ \boldsymbol{B} & \boldsymbol{E}\end{pmatrix}=\begin{pmatrix}\boldsymbol{E}-\boldsymbol{AB} & \boldsymbol{O}\\ \boldsymbol{B} & \boldsymbol{E}\end{pmatrix},$$

注意到 $\begin{pmatrix}\boldsymbol{E} & \boldsymbol{O}\\ -\boldsymbol{B} & \boldsymbol{E}\end{pmatrix}, \begin{pmatrix}\boldsymbol{E} & -\boldsymbol{A}\\ \boldsymbol{O} & \boldsymbol{E}\end{pmatrix}$ 都是可逆矩阵, 所以

$$\begin{aligned} r(\boldsymbol{E}-\boldsymbol{AB})+n &= r\begin{pmatrix}\boldsymbol{E} & \boldsymbol{A}\\ \boldsymbol{O} & \boldsymbol{E}-\boldsymbol{BA}\end{pmatrix}=r\begin{pmatrix}\boldsymbol{E} & \boldsymbol{A}\\ \boldsymbol{B} & \boldsymbol{E}\end{pmatrix}\\ &= r\begin{pmatrix}\boldsymbol{E}-\boldsymbol{AB} & \boldsymbol{O}\\ \boldsymbol{B} & \boldsymbol{E}\end{pmatrix}=r(\boldsymbol{E}-\boldsymbol{AB})+n. \end{aligned}$$

故结论成立.

(法 2) 由于

$$\begin{pmatrix} \boldsymbol{E}-\boldsymbol{AB} & \boldsymbol{O} \\ \boldsymbol{O} & \boldsymbol{E} \end{pmatrix} \to \begin{pmatrix} \boldsymbol{E}-\boldsymbol{AB} & \boldsymbol{O} \\ \boldsymbol{B} & \boldsymbol{E} \end{pmatrix} \to \begin{pmatrix} \boldsymbol{E} & \boldsymbol{A} \\ \boldsymbol{B} & \boldsymbol{E} \end{pmatrix} \to \begin{pmatrix} \boldsymbol{E} & \boldsymbol{A} \\ \boldsymbol{O} & \boldsymbol{E}-\boldsymbol{BA} \end{pmatrix} \to \begin{pmatrix} \boldsymbol{E} & \boldsymbol{O} \\ \boldsymbol{O} & \boldsymbol{E}-\boldsymbol{BA} \end{pmatrix},$$

于是 $r(\boldsymbol{E}-\boldsymbol{AB})+n=r(\boldsymbol{E}-\boldsymbol{BA})+n$, 故 $r(\boldsymbol{E}-\boldsymbol{AB})=r(\boldsymbol{E}-\boldsymbol{BA})$.

例 3.2.67　(国防科技大学,2016; 华中科技大学,2022) 设 $\boldsymbol{A}$ 为 $n\times m$ 矩阵. 证明:

$$r(\boldsymbol{E}_m-\boldsymbol{A}^{\mathrm{T}}\boldsymbol{A})-r(\boldsymbol{E}_n-\boldsymbol{A}\boldsymbol{A}^{\mathrm{T}})=m-n.$$

例 3.2.68　设 $\boldsymbol{A},\boldsymbol{B}$ 分别为 $n\times m$ 与 $m\times n$ 矩阵, 则对于非零数 λ 有:

(1) $\lambda^m|\lambda\boldsymbol{E}_n-\boldsymbol{AB}|=\lambda^n|\lambda\boldsymbol{E}_m-\boldsymbol{BA}|$;

(2) $m+r(\lambda\boldsymbol{E}_n-\boldsymbol{AB})=n+r(\lambda\boldsymbol{E}_m-\boldsymbol{BA})$.

例 3.2.69　(中国矿业大学,2021) 设 $\boldsymbol{A}$ 是 n 阶可逆矩阵,$\boldsymbol{\alpha}$ 与 $\boldsymbol{\beta}$ 是 n 维列向量. 证明:$n-1\leqslant r(\boldsymbol{A}-\boldsymbol{\alpha}\boldsymbol{\beta}^{\mathrm{T}})\leqslant n$, 且 $r(\boldsymbol{A}-\boldsymbol{\alpha}\boldsymbol{\beta}^{\mathrm{T}})=n-1$ 的充要条件是 $\boldsymbol{\beta}^{\mathrm{T}}\boldsymbol{A}^{-1}\boldsymbol{\alpha}=1$.

例 3.2.70　(复旦大学 15 级高等代数期中考试) 设 n 阶矩阵

$$\boldsymbol{A}=\begin{pmatrix} a_1^2-1 & a_1a_2 & \cdots & a_1a_n \\ a_2a_1 & a_2^2-1 & \cdots & a_2a_n \\ \vdots & \vdots & & \vdots \\ a_na_1 & a_na_2 & \cdots & a_n^2-1 \end{pmatrix},$$

证明: $r(\boldsymbol{A})\geqslant n-1$, 并确定等号成立的充要条件.

例 3.2.71　(南京大学,2007) 设 $\boldsymbol{A}$ 是 n 阶可逆矩阵,$\boldsymbol{U},\boldsymbol{V}$ 是 $n\times m$ 矩阵,$\boldsymbol{E}_m$ 是 m 阶单位矩阵. 证明: 若 $r(\boldsymbol{V}^{\mathrm{T}}\boldsymbol{A}^{-1}\boldsymbol{U}+\boldsymbol{E}_m)<m$, 则 $r(\boldsymbol{A}+\boldsymbol{U}\boldsymbol{V}^{\mathrm{T}})<n$, 其中 $\boldsymbol{V}^{\mathrm{T}}$ 表示 $\boldsymbol{V}$ 的转置.

3.2.3　行 (列) 满秩矩阵

设 $\boldsymbol{A}$ 是 $m\times n$ 矩阵, 若 $r(\boldsymbol{A})=n$, 则称 $\boldsymbol{A}$ 是列满秩矩阵. 设 $\boldsymbol{B}$ 是 $m\times n$ 矩阵, 若 $r(\boldsymbol{B})=m$, 则称 $\boldsymbol{B}$ 为行满秩矩阵.

例 3.2.72　(山东大学,2022) 设 $\boldsymbol{A}$ 是 $m\times n$ 矩阵,$\boldsymbol{B}$ 是 n 阶方阵, 且 $r(\boldsymbol{A})=n$. 证明:

(1) 若 $\boldsymbol{AB}=\boldsymbol{O}$, 则 $\boldsymbol{B}=\boldsymbol{O}$;

(2) 若 $\boldsymbol{AB}=\boldsymbol{A}$, 则 $\boldsymbol{B}=\boldsymbol{E}$.

证　(1)(法 1) 将 $\boldsymbol{B}$ 按列分块为 $\boldsymbol{B}=(\boldsymbol{\beta}_1,\boldsymbol{\beta}_2,\cdots,\boldsymbol{\beta}_n)$, 由 $\boldsymbol{AB}=\boldsymbol{O}$ 有

$$\boldsymbol{O}=\boldsymbol{AB}=\boldsymbol{A}(\boldsymbol{\beta}_1,\boldsymbol{\beta}_2,\cdots,\boldsymbol{\beta}_n)=(\boldsymbol{A\beta}_1,\boldsymbol{A\beta}_2,\cdots,\boldsymbol{A\beta}_n),$$

即 $\boldsymbol{A\beta}_i=\boldsymbol{0},i=1,2,\cdots,n$, 从而 $\boldsymbol{\beta}_i$ 为线性方程组 $\boldsymbol{Ax}=\boldsymbol{0}$ 的解, 由 $r(\boldsymbol{A})=n$ 知 $\boldsymbol{Ax}=\boldsymbol{0}$ 只有零解, 故 $\boldsymbol{\beta}_i=\boldsymbol{0},i=1,2,\cdots,n$, 即 $\boldsymbol{B}=\boldsymbol{O}$.

(法 2) 将 $\boldsymbol{A}$ 按列分块为

$$\boldsymbol{A}=(\boldsymbol{\alpha}_1,\boldsymbol{\alpha}_2,\cdots,\boldsymbol{\alpha}_n),$$

设 $\boldsymbol{B}=(b_{ij})_{n\times n}$, 则

$$\boldsymbol{O}=\boldsymbol{AB}=(\boldsymbol{\alpha}_1,\boldsymbol{\alpha}_2,\cdots,\boldsymbol{\alpha}_n)\boldsymbol{B},$$

由此可得

$$b_{1i}\boldsymbol{\alpha}_1+b_{2i}\boldsymbol{\alpha}_2+\cdots+b_{ni}\boldsymbol{\alpha}_n=\mathbf{0},i=1,2,\cdots,n,$$

由 $r(\boldsymbol{A})=n$ 知 $\boldsymbol{\alpha}_1,\boldsymbol{\alpha}_2,\cdots,\boldsymbol{\alpha}_n$ 线性无关, 于是

$$b_{1i}=b_{2i}=\cdots=b_{ni}=0,i=1,2,\cdots,n,$$

即 $\boldsymbol{B}=\boldsymbol{O}$.

(法 3) 由 $\boldsymbol{AB}=\boldsymbol{O}$, 有 $0\leqslant r(\boldsymbol{A})+r(\boldsymbol{B})\leqslant n$, 注意到 $r(\boldsymbol{A})=n$, 可得 $r(\boldsymbol{B})=0$, 故 $\boldsymbol{B}=\boldsymbol{O}$.

(2) 由 $\boldsymbol{AB}=\boldsymbol{A}$, 可得 $\boldsymbol{A}(\boldsymbol{B}-\boldsymbol{E})=\boldsymbol{O}$, 由 (1) 可得 $\boldsymbol{B}-\boldsymbol{E}=\boldsymbol{O}$, 即 $\boldsymbol{B}=\boldsymbol{E}$.

例 3.2.73 (武汉大学,2022; 重庆师范大学,2022) 设 $\boldsymbol{B}$ 是一个 $r\times r$ 矩阵,$\boldsymbol{C}$ 为一个 $r\times n$ 矩阵, 且 $r(\boldsymbol{C})=r$. 证明:

(1) 如果 $\boldsymbol{BC}=\boldsymbol{O}$, 则 $\boldsymbol{B}=\boldsymbol{O}$;

(2) 如果 $\boldsymbol{BC}=\boldsymbol{C}$, 则 $\boldsymbol{B}=\boldsymbol{E}$.

例 3.2.74 设 $\boldsymbol{A}$ 是 $m\times n$ 矩阵, 则以下几条等价:

(1) $r(\boldsymbol{A})=n$, 即 $\boldsymbol{A}$ 是列满秩矩阵;

(2) 存在矩阵 $\boldsymbol{B}_{m\times(m-n)}$ 使得 $(\boldsymbol{A},\boldsymbol{B})$ 是 m 阶可逆矩阵;

(3) 存在矩阵 $\boldsymbol{C}_{n\times m}$ 使得 $\boldsymbol{CA}=\boldsymbol{E}_n$;

(4) 对于矩阵 $\boldsymbol{X}_{n\times l},\boldsymbol{Y}_{n\times l}$, 若 $\boldsymbol{AX}=\boldsymbol{AY}$, 则 $\boldsymbol{X}=\boldsymbol{Y}$.

证 (1) $\Rightarrow$ (2) : 由 $r(\boldsymbol{A})=n$ 知 $m\geqslant n$. 若 $m=n$, 则 $\boldsymbol{A}$ 是可逆的, 易知结论成立. 下面只讨论 $m>n$ 的情况.

将 $\boldsymbol{A}$ 按列分块为 $\boldsymbol{A}=(\boldsymbol{\alpha}_1,\cdots,\boldsymbol{\alpha}_n)$, 则 $\boldsymbol{\alpha}_1,\cdots,\boldsymbol{\alpha}_n$ 是 m 维线性无关的列向量组, 从而一定可以找到 $m-n$ 个 m 维列向量 $\boldsymbol{\beta}_1,\cdots,\boldsymbol{\beta}_{m-n}$ 使得 $\boldsymbol{\alpha}_1,\cdots,\boldsymbol{\alpha}_n,\boldsymbol{\beta}_1,\cdots,\boldsymbol{\beta}_{m-n}$ 线性无关, 这样令 $\boldsymbol{B}=(\boldsymbol{\beta}_1,\cdots,\boldsymbol{\beta}_{m-n})$, 则 $(\boldsymbol{A},\boldsymbol{B})$ 即为 m 阶可逆矩阵.

(2) $\Rightarrow$ (3) : 设 $m\times m$ 矩阵 $\begin{pmatrix}\boldsymbol{C}\\ \boldsymbol{D}\end{pmatrix}$ 是 $(\boldsymbol{A},\boldsymbol{B})$ 的逆矩阵, 其中 $\boldsymbol{C}$ 是 $n\times m$ 矩阵, 则

$$\begin{pmatrix}\boldsymbol{C}\\ \boldsymbol{D}\end{pmatrix}(\boldsymbol{A},\boldsymbol{B})=\begin{pmatrix}\boldsymbol{CA}&\boldsymbol{CB}\\ \boldsymbol{DA}&\boldsymbol{DB}\end{pmatrix}=\begin{pmatrix}\boldsymbol{E}_n&\boldsymbol{O}\\ \boldsymbol{O}&\boldsymbol{E}_{m-n}\end{pmatrix},$$

即 $\boldsymbol{CA}=\boldsymbol{E}_n$.

(3) $\Rightarrow$ (4) : 若 $\boldsymbol{AX}=\boldsymbol{AY}$, 则

$$\boldsymbol{X}=\boldsymbol{E}_n\boldsymbol{X}=\boldsymbol{CAX}=\boldsymbol{CAY}=\boldsymbol{E}_n\boldsymbol{Y}=\boldsymbol{Y}.$$

(4) $\Rightarrow$ (1) : 若 $r(\boldsymbol{A})<n$, 则 n 元齐次线性方程组 $\boldsymbol{Ax}=\mathbf{0}$ 有非零解 $\boldsymbol{x}_0$, 此时 $\mathbf{0}=\boldsymbol{Ax}_0=\boldsymbol{A}\cdot\mathbf{0}$, 由条件应有 $\boldsymbol{x}_0=\mathbf{0}$. 矛盾.

例 3.2.75 (武汉大学,2017) 设数域 F 上的 $m\times n$ 矩阵 $\boldsymbol{M}$ 和 $p\times q$ 矩阵 $\boldsymbol{N}$ 的秩分别为 n,p. 证明: 矩阵方程 $\boldsymbol{MYN}=\mathbf{0}$ 只有零解 $\boldsymbol{Y}=\mathbf{0}$.

证　(法 1) 利用例3.2.74的结论即可.

(法 2) 由 $\boldsymbol{MYN}=\boldsymbol{0}$ 有 $r(\boldsymbol{M})+r(\boldsymbol{YN})\leqslant n$, 注意到 $r(\boldsymbol{M})=n$, 所以 $r(\boldsymbol{YN})=\boldsymbol{0}$, 即 $\boldsymbol{YN}=\boldsymbol{0}$, 于是 $r(\boldsymbol{Y})+r(\boldsymbol{N})\leqslant q$, 由 $r(\boldsymbol{N})=q$ 知 $r(\boldsymbol{Y})=0$, 故 $\boldsymbol{Y}=\boldsymbol{0}$, 故结论成立.

例 3.2.76　$\boldsymbol{A}_{m\times n}$ 是列满秩矩阵当且仅当存在可逆矩阵 $\boldsymbol{B}_{m\times m}$ 使得 $\boldsymbol{A}=\boldsymbol{B}\begin{pmatrix}\boldsymbol{E}_n\\ \boldsymbol{O}\end{pmatrix}$.

证　充分性. 显然.

必要性. 由于 $r(\boldsymbol{A})=n$, 故存在可逆矩阵 $\boldsymbol{P}_{m\times m}$ 与 $\boldsymbol{Q}_{n\times n}$ 使得

$$\boldsymbol{A}=\boldsymbol{P}\begin{pmatrix}\boldsymbol{E}_n\\ \boldsymbol{O}\end{pmatrix}\boldsymbol{Q},$$

于是

$$\boldsymbol{A}=\boldsymbol{P}\begin{pmatrix}\boldsymbol{Q}\\ \boldsymbol{O}\end{pmatrix}=\boldsymbol{P}\begin{pmatrix}\boldsymbol{Q}&\boldsymbol{O}\\ \boldsymbol{O}&\boldsymbol{E}_{m-n}\end{pmatrix}\begin{pmatrix}\boldsymbol{Q}^{-1}&\boldsymbol{O}\\ \boldsymbol{O}&\boldsymbol{E}_{m-n}\end{pmatrix}\begin{pmatrix}\boldsymbol{Q}\\ \boldsymbol{O}\end{pmatrix}=\boldsymbol{P}\begin{pmatrix}\boldsymbol{Q}&\boldsymbol{O}\\ \boldsymbol{O}&\boldsymbol{E}_{m-n}\end{pmatrix}\begin{pmatrix}\boldsymbol{E}_n\\ \boldsymbol{O}\end{pmatrix}.$$

令 $\boldsymbol{B}=\boldsymbol{P}\begin{pmatrix}\boldsymbol{Q}&\boldsymbol{O}\\ \boldsymbol{O}&\boldsymbol{E}_{m-n}\end{pmatrix}$ 即可.

例 3.2.77　(湖北大学,2006) 设$\boldsymbol{A}$是 $m\times n(m>n)$ 矩阵,$\boldsymbol{B},\boldsymbol{C}$ 是 n 方阵,$\boldsymbol{ABC}=\boldsymbol{A},r(\boldsymbol{A})=n$. 证明:$\boldsymbol{B}$ 可逆且 $\boldsymbol{B}^{-1}=\boldsymbol{C}$.

例 3.2.78　(华中师范大学,2012) 设 F 是数域,$M_{m\times n}(F)$ 表示数域 F 上的所有 $m\times n$ 矩阵的集合,$\boldsymbol{A}\in M_{m\times n}(F)$,

(1) 证明: 矩阵 $\boldsymbol{A}$ 是行满秩矩阵当且仅当 $m\leqslant n$, 并且存在 n 阶可逆矩阵 $\boldsymbol{B}$ 使得 $\boldsymbol{AB}=(\boldsymbol{E},\boldsymbol{O})$, 这里 $\boldsymbol{E}$ 表示 $m\times m$ 单位矩阵,$\boldsymbol{O}$ 表示 $m\times(n-m)$ 零矩阵;

(2) 矩阵 $\boldsymbol{A}$ 是行满秩的当且仅当矩阵 $\boldsymbol{A}$ 有右逆.

例 3.2.79　(中国科学技术大学,2015) 设 $\boldsymbol{A}$ 为行满秩的 $m\times n$ 矩阵,$m<n$. 证明: 存在 n 阶可逆方阵 $\boldsymbol{Q}$ 使得 $\boldsymbol{A}=(\boldsymbol{E}_m,\boldsymbol{O})\boldsymbol{Q}$, 其中 $\boldsymbol{E}_m$ 为 m 阶单位矩阵,$\boldsymbol{O}$ 为 $m\times(n-m)$ 零矩阵.

例 3.2.80　(上海财经大学,2022) 设 $\boldsymbol{A}$ 为 $n\times s$ 列满秩的实矩阵, 且 $n>s$. 证明:

(1) 存在 $n\times(n-s)$ 的列满秩矩阵 $\boldsymbol{B}$, 使得 $(\boldsymbol{A},\boldsymbol{B})$ 可逆且 $\boldsymbol{B}^{\mathrm{T}}\boldsymbol{A}=\boldsymbol{O}$;

(2) 若 $\boldsymbol{X}_0=\boldsymbol{C}$ 是 $\boldsymbol{A}^{\mathrm{T}}\boldsymbol{X}=\boldsymbol{O}$ 的解, 其中 $\boldsymbol{C}$ 是 $n\times m$ 矩阵,$m>n-s$, 则 $\boldsymbol{C}$ 的列向量组线性相关.

例 3.2.81　(江西师范大学,2009) 设 $\boldsymbol{A}$ 为 $m\times r$ 矩阵, 证明:$\boldsymbol{A}$ 是列满秩的充要条件为存在 $r\times m$ 矩阵 $\boldsymbol{B}$ 使得 $\boldsymbol{BA}=\boldsymbol{E}_r$.

证　充分性.(法 1) 由于 $r=r(\boldsymbol{E}_r)=r(\boldsymbol{BA})\leqslant r(\boldsymbol{A})\leqslant r$, 故 $r(\boldsymbol{A})=r$, 即 $\boldsymbol{A}$ 是列满秩的.

(法 2) 将 $\boldsymbol{A}$ 按列分块为

$$\boldsymbol{A}=(\boldsymbol{\alpha}_1,\cdots,\boldsymbol{\alpha}_r),$$

设

$$x_1\boldsymbol{\alpha}_1+\cdots+x_r\boldsymbol{\alpha}_r=\boldsymbol{0},$$

令 $\boldsymbol{X}=(x_1,x_2,\cdots,x_r)^{\mathrm{T}}$, 则上式就是

$$\boldsymbol{AX}=\boldsymbol{0},$$

于是

$$\boldsymbol{X}=\boldsymbol{E}_r\boldsymbol{X}=\boldsymbol{BAX}=\boldsymbol{0}.$$

即 $\boldsymbol{\alpha}_1,\cdots,\boldsymbol{\alpha}_r$ 线性无关, 即 $\boldsymbol{A}$ 是列满秩的.

必要性. 由于存在 m 阶可逆矩阵 $\boldsymbol{P}$ 与 r 阶可逆矩阵 $\boldsymbol{Q}$ 使得

$$\boldsymbol{A}=\boldsymbol{P}\begin{pmatrix}\boldsymbol{E}_r\\ \boldsymbol{O}\end{pmatrix}\boldsymbol{Q},$$

令 $\boldsymbol{B}=\boldsymbol{Q}^{-1}(\boldsymbol{E}_r,\boldsymbol{O})\boldsymbol{P}^{-1}$ 即可.

例 3.2.82 (河南大学,2008) 设 $\boldsymbol{A}$ 为 $m\times n$ 矩阵 $(m<n)$, 且 $r(\boldsymbol{A})=m$, 证明: 存在 $n\times m$ 矩阵 $\boldsymbol{B}$ 使得 $\boldsymbol{AB}=\boldsymbol{E}_m$.

例 3.2.83 (北京师范大学,2009) 设 $\boldsymbol{A}$ 为 $m\times n$ 矩阵, 则存在 $n\times m$ 矩阵 $\boldsymbol{B}$ 使得 $\boldsymbol{AB}=\boldsymbol{E}_m$ 的充要条件是 $r(\boldsymbol{A})=m$.

例 3.2.84 (上海交通大学,2022) 设矩阵 $\boldsymbol{A}=\begin{pmatrix}0.25 & 2a & a\\ a & b & 0.75\end{pmatrix}$.

(1) 是否存在 $\boldsymbol{B}$ 使得 $\boldsymbol{BA}=\boldsymbol{E}$? 若存在，则求出 $\boldsymbol{B}$; 若不存在, 请说明理由.

(2) 设 $\boldsymbol{e}_1^{\mathrm{T}}\boldsymbol{AA}^{\mathrm{T}}\boldsymbol{e}_2=0$, 求 $(\boldsymbol{A}^{\mathrm{T}}\boldsymbol{A})^{2021}$, 其中 $\boldsymbol{e}_1,\boldsymbol{e}_2$ 分别为二维标准单位向量.

(3) 是否存在 a,b 使得 $\boldsymbol{AA}^{\mathrm{T}}=\boldsymbol{E}$? 若存在, 求出 a,b; 若不存在, 请说明理由.

例 3.2.85 (第三届全国大学生数学竞赛决赛,2012) 设 $\boldsymbol{A},\boldsymbol{B}$ 分别为 3×2 和 2×3 实矩阵, 若 $\boldsymbol{AB}=\begin{pmatrix}8 & 0 & -4\\ -\dfrac{3}{2} & 9 & -6\\ -2 & 0 & 1\end{pmatrix}$, 求 $\boldsymbol{BA}$.

解 (法 1) 由于 $\boldsymbol{A}$ 是列满秩矩阵,$\boldsymbol{B}$ 是行满秩矩阵, 知存在可逆矩阵 $\boldsymbol{P}_{3\times3},\boldsymbol{Q}_{3\times3}$ 使得

$$\boldsymbol{A}=\boldsymbol{P}\begin{pmatrix}\boldsymbol{E}_2\\ \boldsymbol{0}\end{pmatrix},\boldsymbol{B}=(\boldsymbol{E}_2,\boldsymbol{0})\boldsymbol{Q},$$

于是

$$\boldsymbol{BA}=(\boldsymbol{E}_2,\boldsymbol{0})\boldsymbol{QP}\begin{pmatrix}\boldsymbol{E}_2\\ \boldsymbol{0}\end{pmatrix}.$$

由 $(\boldsymbol{AB})^2=9\boldsymbol{AB}$ 有

$$\boldsymbol{P}\begin{pmatrix}\boldsymbol{E}_2\\ \boldsymbol{0}\end{pmatrix}(\boldsymbol{E}_2,\boldsymbol{0})\boldsymbol{QP}\begin{pmatrix}\boldsymbol{E}_2\\ \boldsymbol{0}\end{pmatrix}(\boldsymbol{E}_2,\boldsymbol{0})\boldsymbol{Q}=9\boldsymbol{P}\begin{pmatrix}\boldsymbol{E}_2\\ \boldsymbol{0}\end{pmatrix}(\boldsymbol{E}_2,\boldsymbol{0})\boldsymbol{Q},$$

即

$$\begin{pmatrix}\boldsymbol{E}_2\\ \boldsymbol{0}\end{pmatrix}\boldsymbol{BA}(\boldsymbol{E}_2,\boldsymbol{0})=9\begin{pmatrix}\boldsymbol{E}_2\\ \boldsymbol{0}\end{pmatrix}(\boldsymbol{E}_2,\boldsymbol{0}),$$

也就是

$$\begin{pmatrix} \boldsymbol{BA} & \boldsymbol{0} \\ \boldsymbol{0} & \boldsymbol{0} \end{pmatrix} = \begin{pmatrix} 9\boldsymbol{E}_2 & \boldsymbol{0} \\ \boldsymbol{0} & \boldsymbol{0} \end{pmatrix},$$

所以 $\boldsymbol{BA} = 9\boldsymbol{E}_2$.

(法 2) 由 $\boldsymbol{A}, \boldsymbol{B}$ 分别是列满秩与行满秩矩阵, 所以存在 $\boldsymbol{C}_{2\times3}, \boldsymbol{D}_{3\times2}$ 使得 $\boldsymbol{CA} = \boldsymbol{E}_2 = \boldsymbol{BD}$, 于是由 $(\boldsymbol{AB})^2 = 9\boldsymbol{AB}$, 有

$$\boldsymbol{BA} = (\boldsymbol{CA})(\boldsymbol{BA})(\boldsymbol{BD}) = \boldsymbol{C}(\boldsymbol{AB})^2\boldsymbol{D} = 9\boldsymbol{C}(\boldsymbol{AB})\boldsymbol{D} = 9(\boldsymbol{CA})(\boldsymbol{BD}) = 9\boldsymbol{E}_2.$$

(法 3) 由 $(\boldsymbol{AB})^2 = 9\boldsymbol{AB}$, 有 $\boldsymbol{0} = \boldsymbol{ABAB} - 9\boldsymbol{AB} = \boldsymbol{A}(\boldsymbol{BA} - 9\boldsymbol{E}_2)\boldsymbol{B}$, 注意到 $\boldsymbol{A}$ 是列满秩的, 则 $(\boldsymbol{BA} - 9\boldsymbol{E}_2)\boldsymbol{B} = \boldsymbol{0}$, 同样由 $\boldsymbol{B}$ 是行满秩的, 有 $\boldsymbol{BA} - 9\boldsymbol{E}_2 = \boldsymbol{0}$, 即 $\boldsymbol{BA} = 9\boldsymbol{E}_2$.

(法 4) 计算可知 $|\lambda\boldsymbol{E}_3 - \boldsymbol{AB}| = \lambda(\lambda-9)^2$, 于是有 $|\lambda\boldsymbol{E}_2 - \boldsymbol{BA}| = (\lambda-9)^2$, 即 $\boldsymbol{BA}$ 的特征值为 $\lambda = 9$ 且其代数重数为 2. 计算可知 $r(9\boldsymbol{E}_3 - \boldsymbol{AB}) = 1$, 于是 $r(9\boldsymbol{E}_2 - \boldsymbol{BA}) = 0$, 从而 $\boldsymbol{BA}$ 的特征值 $\lambda = 9$ 的几何重数为 2, 故 $\boldsymbol{BA}$ 能够相似对角化, 即存在可逆矩阵 $\boldsymbol{P}$ 使得 $\boldsymbol{P}^{-1}(\boldsymbol{BA})\boldsymbol{P} = 9\boldsymbol{E}_2$, 所以 $\boldsymbol{BA} = 9\boldsymbol{E}_2$.

例 3.2.86 (上海大学,2000; 南开大学,2017) 若 $\boldsymbol{A}, \boldsymbol{B}$ 是 3×2 和 2×3 矩阵,

$$且\boldsymbol{AB} = \begin{pmatrix} 8 & 2 & -2 \\ 2 & 5 & 4 \\ -2 & 4 & 5 \end{pmatrix}.$$

(1) 求证:$r(\boldsymbol{A}) = r(\boldsymbol{B}) = 2$.

(2) 求证:$\boldsymbol{BA} = \begin{pmatrix} 9 & 0 \\ 0 & 9 \end{pmatrix}$.

例 3.2.87 (浙江大学,2021) 设 $\boldsymbol{A}$ 是 3×2 矩阵,$\boldsymbol{B}$ 是 2×3 矩阵, 且 $\boldsymbol{AB} = \begin{pmatrix} 8 & 2 & -2 \\ 2 & 5 & 4 \\ -2 & 4 & 5 \end{pmatrix}$.

(1) 求 $(\boldsymbol{AB})^2$;

(2) 求 $\boldsymbol{BA}$ 的最小多项式;

(3) 求矩阵 $\boldsymbol{BA}$.

例 3.2.88 (上海大学,2004) 设 $\boldsymbol{A}_{3\times2}\boldsymbol{B}_{2\times3} = \begin{pmatrix} 3 & 0 & 3 \\ 0 & 6 & 0 \\ 3 & 0 & 3 \end{pmatrix}$, 求证:

(1) $r(\boldsymbol{A}) = r(\boldsymbol{B}) = 2$;

(2) $\boldsymbol{BA} = 6\boldsymbol{E}_2$.

例 3.2.89 (扬州大学,2015) 设 $\boldsymbol{A}, \boldsymbol{B}$ 分别为 3×2 和 2×3 的实矩阵, 且

$$\boldsymbol{AB} = \begin{pmatrix} 2 & 0 & 2 \\ 0 & 4 & 0 \\ 2 & 0 & 2 \end{pmatrix}.$$

证明: (1) $\boldsymbol{A}, \boldsymbol{B}$ 的秩均为 2;

(2) $\boldsymbol{BA} = 4\boldsymbol{E}$.

例 3.2.90 (华东师范大学,2013) 设 $\boldsymbol{A}$ 是 4×2 矩阵,$\boldsymbol{B}$ 为 2×4 矩阵, 且满足

$$\boldsymbol{AB}=\begin{pmatrix}1&0&-1&0\\0&1&0&-1\\-1&0&1&0\\0&-1&0&1\end{pmatrix}.$$

求 $\boldsymbol{BA}$.

例 3.2.91 (云南大学, 2021) 设 $\boldsymbol{A},\boldsymbol{B}$ 分别为 $3\times 2, 2\times 3$ 矩阵, 若 $\boldsymbol{AB}=\begin{pmatrix}0&2&1\\-2&0&3\\-1&-3&0\end{pmatrix}$, 求 $(\boldsymbol{BA})^2$.

例 3.2.92 (郑州大学,2011) 设 $\boldsymbol{A}=\begin{pmatrix}8&-2&-2\\-2&5&-4\\-2&-4&5\end{pmatrix}$, 证明:

(1) 存在 $\boldsymbol{B}_{3\times 2},\boldsymbol{C}_{2\times 3}$ 使得 $\boldsymbol{A}=\boldsymbol{BC}, r(\boldsymbol{B})=r(\boldsymbol{C})=2$;

(2) 对任意满足 $\boldsymbol{A}=\boldsymbol{BC}$ 的 3×2 矩阵 $\boldsymbol{B}$ 和 2×3 矩阵 $\boldsymbol{C}$, 有 $\boldsymbol{CB}$ 为数量矩阵.

3.2.4 秩 1 矩阵的性质及其应用

例 3.2.93 (中山大学,2017) 设 $\boldsymbol{A}$ 为数域 F 上的一个 n 阶方阵. 证明:$\boldsymbol{A}$ 的秩为 1 当且仅当存在非零的 n 维列向量 $\boldsymbol{\alpha},\boldsymbol{\beta}$ 使得 $\boldsymbol{A}=\boldsymbol{\alpha}\boldsymbol{\beta}^{\mathrm{T}}$.

证 必要性.(法 1) 将 $\boldsymbol{A}$ 按列分块为 $\boldsymbol{A}=(\boldsymbol{A}_1,\cdots,\boldsymbol{A}_n)$, 则向量组 $\boldsymbol{A}_1,\cdots,\boldsymbol{A}_n$ 的秩为 1, 不妨设 $\boldsymbol{A}_1$ 是其极大线性无关组, 则可设 $\boldsymbol{A}_2=k_2\boldsymbol{A}_1,\cdots,\boldsymbol{A}_n=k_n\boldsymbol{A}_1$, 于是

$$\boldsymbol{A}=(\boldsymbol{A}_1,k_2\boldsymbol{A}_1,\cdots,k_n\boldsymbol{A}_1)=\boldsymbol{A}_1(1,k_2,\cdots,k_n).$$

令 $\boldsymbol{\alpha}=\boldsymbol{A}_1,\boldsymbol{\beta}=(1,k_2,\cdots,k_n)^{\mathrm{T}}$, 则可知 $\boldsymbol{\alpha},\boldsymbol{\beta}$ 都是非零向量, 且 $\boldsymbol{A}=\boldsymbol{\alpha}\boldsymbol{\beta}^{\mathrm{T}}$.

(法 2) 若 $r(\boldsymbol{A})=1$, 则存在可逆矩阵 $\boldsymbol{P}=(p_{ij})_{n\times n},\boldsymbol{Q}=(q_{ij})_{n\times n}$ 使得

$$\boldsymbol{A}=\boldsymbol{P}\begin{pmatrix}\boldsymbol{E}_1&\boldsymbol{O}\\\boldsymbol{O}&\boldsymbol{O}\end{pmatrix}\boldsymbol{Q}=(p_{11},p_{21},\cdots,p_{n1})^{\mathrm{T}}(q_{11},q_{12},\cdots,q_{1n}).$$

令 $\boldsymbol{\alpha}=(p_{11},p_{21},\cdots,p_{n1})^{\mathrm{T}},\boldsymbol{\beta}=(q_{11},q_{12},\cdots,q_{1n})^{\mathrm{T}}$, 则可知 $\boldsymbol{\alpha},\boldsymbol{\beta}$ 都是非零向量, 且 $\boldsymbol{A}=\boldsymbol{\alpha}\boldsymbol{\beta}^{\mathrm{T}}$.

充分性.(法 1) 易知 $\boldsymbol{A}\neq\boldsymbol{O}$, 故 $1\leqslant r(\boldsymbol{A})=r(\boldsymbol{\alpha}\boldsymbol{\beta}^{\mathrm{T}})\leqslant r(\boldsymbol{\alpha})=1$, 从而结论成立.

(法 2) 设 $\boldsymbol{\alpha}=(a_1,\cdots,a_n)^{\mathrm{T}}\neq\boldsymbol{0},\boldsymbol{\beta}=(b_1,\cdots,b_n)^{\mathrm{T}}\neq\boldsymbol{0}$, 则 $\boldsymbol{A}$ 的任一二阶子式

$$\begin{vmatrix}a_ib_k&a_ib_l\\a_jb_k&a_jb_l\end{vmatrix}=0,$$

且易知 $\boldsymbol{A}\neq\boldsymbol{O}$. 从而 $r(\boldsymbol{A})=1$.

例 3.2.94 设 n 阶矩阵 $\boldsymbol{A}$ 是秩为 1 的半正定矩阵. 证明: 必存在 n 为非零列向量 $\boldsymbol{\alpha}$ 使得 $\boldsymbol{A}=\boldsymbol{\alpha}\boldsymbol{\alpha}^{\mathrm{T}}$.

例 3.2.95 (南方科技大学,2021) 已知 $\boldsymbol{A}$ 是 $m\times n$ 矩阵, 且 $r(\boldsymbol{A})=1$, 证明:

(1) $\boldsymbol{A}=\boldsymbol{PQ}$, 其中 $\boldsymbol{P}$ 为 $m\times 1$ 矩阵,$\boldsymbol{Q}$ 为 $1\times n$ 矩阵;

(2) 若 $\boldsymbol{A}$ 是方阵, 证明:$\boldsymbol{A}^2=k\boldsymbol{A}$, 其中 $k=\mathrm{tr}(\boldsymbol{A})$;

(3) 若 $\boldsymbol{A}$ 是方阵, 且 $\boldsymbol{A}^3=\boldsymbol{O}$, 证明:$\boldsymbol{E}_n-\boldsymbol{A}$ 是可逆矩阵, 并求它的逆矩阵.

例 3.2.96 (南京师范大学,2018) 已知 $\boldsymbol{A},\boldsymbol{B}$ 为 n 阶方阵,$\boldsymbol{AB}-\boldsymbol{BA}$ 的秩为 1, 求证:$(\boldsymbol{AB}-\boldsymbol{BA})^2=\boldsymbol{O}$.

例 3.2.97 (北京工业大学,2022) 设 $\boldsymbol{A},\boldsymbol{B}$ 为复数域上的 n 阶方阵, 且 $\boldsymbol{A}=\boldsymbol{\alpha}\boldsymbol{\beta}^{\mathrm{T}},\boldsymbol{A}=\boldsymbol{AB}-\boldsymbol{BA}$, 其中 $\boldsymbol{\alpha},\boldsymbol{\beta}$ 为 n 维非零列向量.

(1) 证明:$\boldsymbol{A}^2=\boldsymbol{O}$;

(2) 证明:$\boldsymbol{A}$ 与 $\boldsymbol{E}_{12}$ 相似, 其中 $\boldsymbol{E}_{12}$ 表示第一行第二列元素为 1, 其余元素为 0 的 n 阶方阵.

例 3.2.98 设 $\boldsymbol{\alpha},\boldsymbol{\beta}$ 是 n 维非零列向量,$\boldsymbol{A}=\boldsymbol{\alpha}\boldsymbol{\beta}^{\mathrm{T}}$, 则 $\boldsymbol{A}$ 的特征多项式为 $\lambda^{n-1}(\lambda-\boldsymbol{\beta}^{\mathrm{T}}\boldsymbol{\alpha})=\lambda^{n-1}(\lambda-\mathrm{tr}(\boldsymbol{A}))$, 故 $\boldsymbol{A}$ 的特征值为 $0(n-1$ 重$)$,$\mathrm{tr}(\boldsymbol{A})$.

证 利用结论: 设 $\boldsymbol{A},\boldsymbol{B}$ 分别为 $m\times n,n\times m(m\geqslant n)$ 矩阵, 则

$$|\lambda\boldsymbol{E}_m-\boldsymbol{AB}|=\lambda^{m-n}|\lambda\boldsymbol{E}_n-\boldsymbol{BA}|.$$

可得

$$|\lambda\boldsymbol{E}-\boldsymbol{\alpha}\boldsymbol{\beta}^{\mathrm{T}}|=\lambda^{n-1}(\lambda-\boldsymbol{\beta}^{\mathrm{T}}\boldsymbol{\alpha}).$$

故 $\boldsymbol{A}$ 的特征值为 $0(n-1$ 重$)$,$\mathrm{tr}(\boldsymbol{A})$.

例 3.2.99 设$\boldsymbol{\alpha},\boldsymbol{\beta}$是$n$维非零列向量,$\boldsymbol{A}=\boldsymbol{\alpha}\boldsymbol{\beta}^{\mathrm{T}}$, 则 $\boldsymbol{A}$ 相似于对角阵的充要条件为 $\mathrm{tr}(\boldsymbol{A})\neq 0$.

证 (法 1) 由于

$$|\lambda\boldsymbol{E}-\boldsymbol{A}|=|\lambda\boldsymbol{E}-\boldsymbol{\alpha}\boldsymbol{\beta}^{\mathrm{T}}|=\lambda^{n-1}(\lambda-\boldsymbol{\beta}^{\mathrm{T}}\boldsymbol{\alpha}),$$

于是 $\boldsymbol{A}$ 的特征值为 $\lambda_1=0(n-1\text{重}),\lambda_2=\boldsymbol{\beta}^{\mathrm{T}}\boldsymbol{\alpha}=\mathrm{tr}(\boldsymbol{A})$.

设 $\boldsymbol{\alpha}=(a_1,a_2,\cdots,a_n)^{\mathrm{T}},\boldsymbol{\beta}=(b_1,b_2,\cdots,b_n)^{\mathrm{T}}$, 且 $a_1,b_1\neq 0$. 对于 $\lambda_1=0$, 线性方程组 $(\lambda_1\boldsymbol{E}-\boldsymbol{A})\boldsymbol{x}=\boldsymbol{0}$, 即 $\boldsymbol{Ax}=\boldsymbol{0}$. 由于

$$\boldsymbol{A}=\begin{pmatrix}a_1b_1 & a_1b_2 & \cdots & a_1b_n\\ a_2b_1 & a_2b_2 & \cdots & a_2b_n\\ \vdots & \vdots & & \vdots\\ a_nb_1 & a_nb_2 & \cdots & a_nb_n\end{pmatrix}\to\begin{pmatrix}b_1 & b_2 & \cdots & b_n\\ 0 & 0 & \cdots & 0\\ \vdots & \vdots & & \vdots\\ 0 & 0 & \cdots & 0\end{pmatrix},$$

于是可得 $\boldsymbol{A}$ 的属于特征值 $\lambda_1=0$ 的线性无关的特征向量为

$$\boldsymbol{\alpha}_1=(b_2,-b_1,0,\cdots,0)^{\mathrm{T}},\boldsymbol{\alpha}_2=(b_3,0,-b_1,\cdots,0)^{\mathrm{T}},\cdots,\boldsymbol{\alpha}_{n-1}=(b_n,0,0,\cdots,-b_1)^{\mathrm{T}}.$$

对于 $\lambda_2=\mathrm{tr}(\boldsymbol{A})$, 由于

$$(\lambda_2\boldsymbol{E}-\boldsymbol{A})\boldsymbol{\alpha}=\mathrm{tr}(\boldsymbol{A})\boldsymbol{\alpha}-\boldsymbol{\alpha}\boldsymbol{\beta}^{\mathrm{T}}\boldsymbol{\alpha}=\boldsymbol{0},$$

故 $\boldsymbol{\alpha}$ 是 $\boldsymbol{A}$ 的属于特征值 $\lambda_2=\mathrm{tr}(\boldsymbol{A})$ 的特征向量.

若 $\boldsymbol{A}$ 相似于对角矩阵, 且 $\operatorname{tr}(\boldsymbol{A})=0$, 由上面的求解可知 0 的代数重数与几何重数不等, 矛盾, 故 $\operatorname{tr}(\boldsymbol{A})\neq 0$.

若 $\operatorname{tr}(\boldsymbol{A})\neq 0$, 由前面的求解结果可知 $\boldsymbol{A}$ 有 n 个线性无关的特征向量, 从而 $\boldsymbol{A}$ 可以对角化.

(法 2) 必要性. 若 $\boldsymbol{A}$ 可对角化且 $\boldsymbol{\beta}^{\mathrm{T}}\boldsymbol{\alpha}=0$, 则 $\boldsymbol{A}$ 的特征值全为 0, 从而 $\boldsymbol{A}=\boldsymbol{O}$. 矛盾.

充分性. 若 $\boldsymbol{\beta}^{\mathrm{T}}\boldsymbol{\alpha}\neq 0$, 则

$$\boldsymbol{A}\boldsymbol{\alpha}=\boldsymbol{\alpha}\boldsymbol{\beta}^{\mathrm{T}}\boldsymbol{\alpha}=(\boldsymbol{\beta}^{\mathrm{T}}\boldsymbol{\alpha})\boldsymbol{\alpha},$$

即 $\boldsymbol{\alpha}$ 是特征值 $\boldsymbol{\beta}^{\mathrm{T}}\boldsymbol{\alpha}$ 的特征向量, 又由 $r(\boldsymbol{A})=1$ 知特征值 0 的线性无关的特征向量有 $n-1$ 个, 从而 $\boldsymbol{A}$ 有 n 个线性无关的特征向量. 结论成立.

(法 3) 由于 $\boldsymbol{A}^2=(\boldsymbol{\beta}^{\mathrm{T}}\boldsymbol{\alpha})\boldsymbol{A}$, 故 $f(x)=x^2-(\boldsymbol{\beta}^{\mathrm{T}}\boldsymbol{\alpha})x$ 是 $\boldsymbol{A}$ 的零化多项式, 易知 $x, x-(\boldsymbol{\beta}^{\mathrm{T}}\boldsymbol{\alpha})$ 不是 $\boldsymbol{A}$ 的零化多项式, 故 $f(x)$ 也是 $\boldsymbol{A}$ 的最小多项式, 于是 $\boldsymbol{A}$ 可对角化的充要条件是 $f(x)$ 无重根, 即 $\boldsymbol{\beta}^{\mathrm{T}}\boldsymbol{\alpha}\neq 0$.

例 3.2.100 (河海大学,2021) 设 $\boldsymbol{\alpha},\boldsymbol{\beta}$ 是实数域 $\mathbb{R}$ 上的两个不同的 $n(n>1)$ 维单位列向量, 矩阵 $\boldsymbol{A}=\boldsymbol{\alpha}\boldsymbol{\beta}^{\mathrm{T}}$, 其中 $\boldsymbol{\beta}^{\mathrm{T}}$ 表示 $\boldsymbol{\beta}$ 的转置.

(1) 证明: 与 $\boldsymbol{\beta}$ 正交的非零列向量是矩阵 $\boldsymbol{A}$ 对应于特征值 0 的特征向量;

(2) 证明: $\boldsymbol{\alpha}$ 是矩阵 $\boldsymbol{A}$ 对应于特征值 $\boldsymbol{\alpha}^{\mathrm{T}}\boldsymbol{\beta}$ 的特征向量;

(3) 证明: $\boldsymbol{A}$ 可对角化的充要条件是 $\boldsymbol{\alpha}$ 与 $\boldsymbol{\beta}$ 不正交.

例 3.2.101 设

$$\boldsymbol{A}=\begin{pmatrix} a_1^2 & a_1a_2 & \cdots & a_1a_n \\ a_2a_1 & a_2^2 & \cdots & a_2a_n \\ \vdots & \vdots & & \vdots \\ a_na_1 & a_na_2 & \cdots & a_n^2 \end{pmatrix},$$

其中 $a_i\neq 0(i=1,2,\cdots,n)$ 都是实数. 证明:

(1) 对任意的自然数 k, 存在 m 使得 $\boldsymbol{A}^k=m\boldsymbol{A}$;

(2) 对任意的自然数 s, 存在方阵 $\boldsymbol{X}$ 使得 $\boldsymbol{A}=\boldsymbol{X}^s$.

例 3.2.102 设 $\boldsymbol{\alpha},\boldsymbol{\beta}$ 是 n 维非零列向量,$\boldsymbol{A}=\boldsymbol{\alpha}\boldsymbol{\beta}^{\mathrm{T}}$, 则 $\boldsymbol{A}$ 的若尔当标准形为

$$\begin{pmatrix} \operatorname{tr}(\boldsymbol{A}) & 0 & \cdots & 0 \\ 0 & 0 & \cdots & 0 \\ \vdots & \vdots & & \vdots \\ 0 & 0 & \cdots & 0 \end{pmatrix} (\operatorname{tr}(\boldsymbol{A})\neq 0)$$

或

$$\begin{pmatrix} 0 & 1 & 0 & \cdots & 0 \\ 0 & 0 & 0 & \cdots & 0 \\ \vdots & \vdots & \vdots & & \vdots \\ 0 & 0 & 0 & \cdots & 0 \end{pmatrix} (\operatorname{tr}(\boldsymbol{A})=0).$$

证　由于 $\boldsymbol{A}$ 的特征多项式为 $f(\lambda)=\lambda^{n-1}(\lambda-\mathrm{tr}(\boldsymbol{A}))$, 最小多项式为 $m(\lambda)=\lambda(\lambda-\mathrm{tr}(\boldsymbol{A}))$. 故 $\boldsymbol{A}$ 的不变因子为

$$d_n(\lambda)=\lambda(\lambda-\mathrm{tr}(\boldsymbol{A})),d_{n-1}(\lambda)=\lambda=\cdots=d_2(\lambda)=\lambda,d_1(\lambda)=1,$$

若 $\mathrm{tr}(\boldsymbol{A})=0$, 则 $\boldsymbol{A}$ 的初等因子为 $\lambda,\cdots,\lambda,\lambda^2$. 此时 $\boldsymbol{A}$ 的若尔当标准形为

$$\begin{pmatrix}0&1&0&\cdots&0\\0&0&0&\cdots&0\\\vdots&\vdots&\vdots&&\vdots\\0&0&0&\cdots&0\end{pmatrix}$$

若 $\mathrm{tr}(\boldsymbol{A})\neq 0$, 则 $\boldsymbol{A}$ 的初等因子为 $\lambda,\cdots,\lambda,\lambda-\mathrm{tr}(\boldsymbol{A})$. 此时 $\boldsymbol{A}$ 的若尔当标准形为

$$\begin{pmatrix}\mathrm{tr}(\boldsymbol{A})&0&0&\cdots&0\\0&0&0&\cdots&0\\\vdots&\vdots&\vdots&&\vdots\\0&0&0&\cdots&0\end{pmatrix}$$

从而结论成立.

例 3.2.103　(北京理工大学,2021) 设 $\boldsymbol{A}$ 是一个 n 阶复矩阵且 $r(\boldsymbol{A})=1$,$\boldsymbol{E}$ 是 n 阶单位矩阵, 求 $\boldsymbol{A}-\boldsymbol{E}$ 的若尔当标准形.

例 3.2.104　(厦门大学,2021) 设 n 阶复矩阵 $\boldsymbol{A},\boldsymbol{B}$ 的秩均为 1, 且 $\boldsymbol{A}$ 与 $\boldsymbol{B}$ 的迹相同, 证明: $\boldsymbol{A}$ 相似于 $\boldsymbol{B}$.

例 3.2.105　设数域 F 上的 n 阶矩阵

$$\boldsymbol{A}=\begin{pmatrix}1&1&\cdots&1\\1&1&\cdots&1\\\vdots&\vdots&&\vdots\\1&1&\cdots&1\end{pmatrix},\boldsymbol{B}=\begin{pmatrix}n&0&\cdots&0\\0&0&\cdots&0\\\vdots&\vdots&&\vdots\\0&0&\cdots&0\end{pmatrix}.$$

证明:$\boldsymbol{A}$ 与 $\boldsymbol{B}$ 相似.

证　(法 1) 由于

$$|\lambda\boldsymbol{E}-\boldsymbol{A}|=\lambda^{n-1}(\lambda-n),$$

故 $\boldsymbol{A}$ 的特征值为 $\lambda_1=n,\lambda_2=\cdots=\lambda_n=0$.

解方程 $(\lambda_1\boldsymbol{E}-\boldsymbol{A})\boldsymbol{x}=\boldsymbol{0}$ 可得 $\boldsymbol{A}$ 的属于特征值 $\lambda_1=n$ 的线性无关的特征向量为

$$\boldsymbol{\alpha}_1=(1,1,1,\cdots,1)^{\mathrm{T}}.$$

解方程组 $(\lambda_2\boldsymbol{E}-\boldsymbol{A})\boldsymbol{x}=\boldsymbol{0}$ 可得 $\boldsymbol{A}$ 的属于特征值 $\lambda_2=\cdots=\lambda_n=0$ 的线性无关的特征向量为

$$\boldsymbol{\alpha}_2=(-1,1,0,\cdots,0)^{\mathrm{T}},\boldsymbol{\alpha}_3=(-1,0,1,\cdots,0)^{\mathrm{T}},\cdots,\boldsymbol{\alpha}_n=(-1,0,0,\cdots,1)^{\mathrm{T}},$$

易知 $\boldsymbol{\alpha}_1,\boldsymbol{\alpha}_2,\cdots,\boldsymbol{\alpha}_n$ 线性无关, 故 $\boldsymbol{A}$ 能够对角化. 令

$$\boldsymbol{P}=(\boldsymbol{\alpha}_1,\boldsymbol{\alpha}_2,\cdots,\boldsymbol{\alpha}_n)=\begin{pmatrix}1&-1&-1&\cdots&-1\\1&1&0&\cdots&0\\1&0&1&\cdots&0\\\vdots&\vdots&\vdots&&\vdots\\1&0&0&\cdots&1\end{pmatrix},$$

则 $\boldsymbol{P}$ 可逆, 且 $\boldsymbol{P}^{-1}\boldsymbol{A}\boldsymbol{P}=\boldsymbol{B}$, 故 $\boldsymbol{A}$ 与 $\boldsymbol{B}$ 相似.

(法 2) 设 $\boldsymbol{A}$ 是数域 F 上的 n 维线性空间 V 的线性变换 σ 在基 $\boldsymbol{\alpha}_1,\boldsymbol{\alpha}_2,\cdots,\boldsymbol{\alpha}_n$ 下的矩阵, 即

$$\begin{cases}\sigma(\boldsymbol{\alpha}_1)=\boldsymbol{\alpha}_1+\boldsymbol{\alpha}_2+\cdots+\boldsymbol{\alpha}_n,\\\sigma(\boldsymbol{\alpha}_2)=\boldsymbol{\alpha}_1+\boldsymbol{\alpha}_2+\cdots+\boldsymbol{\alpha}_n,\\\qquad\qquad\vdots\\\sigma(\boldsymbol{\alpha}_n)=\boldsymbol{\alpha}_1+\boldsymbol{\alpha}_2+\cdots+\boldsymbol{\alpha}_n,\end{cases}$$

令

$$\boldsymbol{\beta}_1=\boldsymbol{\alpha}_1+\boldsymbol{\alpha}_2+\cdots+\boldsymbol{\alpha}_n,$$

则

$$\sigma(\boldsymbol{\beta}_1)=\sigma(\boldsymbol{\alpha}_1)+\sigma(\boldsymbol{\alpha}_2)+\cdots+\sigma(\boldsymbol{\alpha}_n)=n\boldsymbol{\beta}_1,$$

由

$$\sigma(\boldsymbol{\alpha}_i-\boldsymbol{\alpha}_1)=0,i=2,3,\cdots,n,$$

令

$$\boldsymbol{\beta}_i=\boldsymbol{\alpha}_i-\boldsymbol{\beta}_1,i=2,3,\cdots,n,$$

则

$$(\boldsymbol{\beta}_1,\boldsymbol{\beta}_2,\cdots,\boldsymbol{\beta}_n)=(\boldsymbol{\alpha}_1,\boldsymbol{\alpha}_2,\cdots,\boldsymbol{\alpha}_n)\boldsymbol{P},$$

其中

$$\boldsymbol{P}=\begin{pmatrix}1&-1&-1&\cdots&-1\\1&1&0&\cdots&0\\1&0&1&\cdots&0\\\vdots&\vdots&\vdots&&\vdots\\1&0&0&\cdots&1\end{pmatrix},$$

由于 $|\boldsymbol{P}|\neq 0$, 故 $\boldsymbol{\beta}_1,\boldsymbol{\beta}_2,\cdots,\boldsymbol{\beta}_n$ 是线性空间 V 的基, 且

$$\begin{cases}\sigma(\boldsymbol{\beta}_1)=n\boldsymbol{\beta}_1,\\\sigma(\boldsymbol{\beta}_2)=0,\\\qquad\vdots\\\sigma(\boldsymbol{\beta}_n)=0.\end{cases}$$

即

$$\sigma(\boldsymbol{\beta}_1,\boldsymbol{\beta}_2,\cdots,\boldsymbol{\beta}_n)=(\boldsymbol{\beta}_1,\boldsymbol{\beta}_2,\cdots,\boldsymbol{\beta}_n)\boldsymbol{B},$$

故 $\boldsymbol{A}$ 与 $\boldsymbol{B}$ 相似.

(法 3) 由于 $\boldsymbol{A}^2=n\boldsymbol{A}$, 且易知 $\boldsymbol{A}\neq\boldsymbol{O},\boldsymbol{A}-n\boldsymbol{E}\neq\boldsymbol{O}$, 故 $\boldsymbol{A}$ 的最小多项式为 $m(\lambda)=\lambda^2-n\lambda$. 又易知 $\boldsymbol{A}$ 的特征多项式为 $f(\lambda)=|\lambda\boldsymbol{E}-\boldsymbol{A}|=\lambda^{n-1}(\lambda-n)$, 故 $\boldsymbol{A}$ 的初等因子组为 $\lambda,\cdots,\lambda,\lambda-n$, 从而 $\boldsymbol{A}$ 的若尔当标准形可以是 $\boldsymbol{B}$, 故 $\boldsymbol{A}$ 与 $\boldsymbol{B}$ 相似.

(法 4) 对 $\boldsymbol{A}$ 进行相似变换, 可得

$$\begin{aligned}&(\boldsymbol{P}(1,2(1))\boldsymbol{P}(1,3(1))\cdots\boldsymbol{P}(1,n(1)))^{-1}\boldsymbol{A}\boldsymbol{P}(2,1(1))\boldsymbol{P}(3,1(1))\cdots\boldsymbol{P}(n,1(1))\\=&\boldsymbol{P}(n,1(-1))\cdots\boldsymbol{P}(3,1(-1))\boldsymbol{P}(2,1(-1))\boldsymbol{A}\boldsymbol{P}(2,1(1))\boldsymbol{P}(3,1(1))\cdots\boldsymbol{P}(n,1(1))\\=&\boldsymbol{C},\end{aligned}$$

其中

$$\boldsymbol{C}=\begin{pmatrix}n&1&\cdots&1\\0&0&\cdots&0\\\vdots&\vdots&&\vdots\\0&0&\cdots&0\end{pmatrix},$$

对 $\boldsymbol{C}$ 再进行相似变换, 可得

$$\boldsymbol{P}(1,2(n^{-1}))\cdots\boldsymbol{P}(1,n(n^{-1}))\boldsymbol{C}\boldsymbol{P}(1,2(-n^{-1}))\cdots\boldsymbol{P}(1,n(-n^{-1}))=\boldsymbol{B},$$

故 $\boldsymbol{A}$ 与 $\boldsymbol{B}$ 相似.

例 3.2.106 (数学一, 三, 2014) 证明: n 阶矩阵 $\boldsymbol{A}=\begin{pmatrix}1&1&\cdots&1\\1&1&\cdots&1\\\vdots&\vdots&&\vdots\\1&1&\cdots&1\end{pmatrix}$ 与 $\boldsymbol{B}=\begin{pmatrix}0&\cdots&0&1\\0&\cdots&0&2\\\vdots&&\vdots&\vdots\\0&\cdots&0&n\end{pmatrix}$ 相似.

例 3.2.107 (暨南大学,2022) 用 $\boldsymbol{J}$ 表示元素全为 1 的 n 阶方阵,$n\geqslant 2$. 设 $f(x)=a+bx(b\neq 0)$ 是有理数域 $\mathbb{Q}$ 上的一元多项式, 令 $\boldsymbol{A}=f(\boldsymbol{J})$.

(1) 求 $\boldsymbol{J}$ 的全部特征值、全部特征向量及所有特征子空间;

(2) $\boldsymbol{A}$ 是否可以对角化? 如果可以对角化, 求出有理数域 $\mathbb{Q}$ 上的一个可逆矩阵 $\boldsymbol{P}$, 使得 $\boldsymbol{P}^{-1}\boldsymbol{A}\boldsymbol{P}$ 为对角矩阵, 并且写出这个对角矩阵.

例 3.2.108 (广东工业大学,2011) 设 $\boldsymbol{A}=\boldsymbol{\alpha}\boldsymbol{\alpha}^{\mathrm{T}}+\boldsymbol{\beta}\boldsymbol{\beta}^{\mathrm{T}}$, 其中 $\boldsymbol{\alpha},\boldsymbol{\beta}$ 为三维列向量. 证明:

(1) $r(\boldsymbol{A})\leqslant 2$;

(2) 若 $\boldsymbol{\alpha},\boldsymbol{\beta}$ 线性相关, 则 $r(\boldsymbol{A})<2$.

证 (法 1) 由于

$$\boldsymbol{A}=(\boldsymbol{\alpha},\boldsymbol{\beta})\begin{pmatrix}\boldsymbol{\alpha}^{\mathrm{T}}\\\boldsymbol{\beta}^{\mathrm{T}}\end{pmatrix},$$

故

(1) $r(\boldsymbol{A}) \leqslant r(\boldsymbol{\alpha}, \boldsymbol{\beta}) \leqslant 2$.

(2) 若 $\boldsymbol{\alpha}, \boldsymbol{\beta}$ 线性相关, 则 $r(\boldsymbol{A}) \leqslant r(\boldsymbol{\alpha}, \boldsymbol{\beta}) \leqslant 1 < 2$.

(法 2) (1) 由于 $r(\boldsymbol{A}) \leqslant r(\boldsymbol{\alpha}\boldsymbol{\alpha}^{\mathrm{T}}) + r(\boldsymbol{\beta}\boldsymbol{\beta}^{\mathrm{T}}) \leqslant 1 + 1 = 2$, 故结论成立.

(2) 若 $\boldsymbol{\alpha}, \boldsymbol{\beta}$ 线性相关, 设 $\boldsymbol{\alpha} = k\boldsymbol{\beta}$, 则 $\boldsymbol{A} = (k^2+1)\boldsymbol{\beta}\boldsymbol{\beta}^{\mathrm{T}}$, 于是 $r(\boldsymbol{A}) \leqslant r(\boldsymbol{\beta}\boldsymbol{\beta}^{\mathrm{T}}) \leqslant r(\boldsymbol{\beta}) \leqslant 1 < 2$, 即结论成立.

例 3.2.109 (上海大学,2022) 设实 n 阶矩阵 $\boldsymbol{A} = (\boldsymbol{\alpha}, \boldsymbol{\beta})\begin{pmatrix} \boldsymbol{\alpha}^{\mathrm{T}} \\ \boldsymbol{\beta}^{\mathrm{T}} \end{pmatrix}$, 其中 $\boldsymbol{\alpha}, \boldsymbol{\beta}$ 为 $\mathbb{R}^n$ 中已知单位正交列向量, 求 $\boldsymbol{A}$ 的特征值且求非零特征值 (如果存在) 对应的特征向量.

3.3 矩阵分解

常见的矩阵分解可分为两类: 和分解与积分解. 和分解是将一个矩阵分解为一些矩阵的和. 积分解是将一个矩阵分解为一些矩阵的乘积.

3.3.1 利用等价标准形

等价标准形: 设 $\boldsymbol{A} \in F^{m\times n}, r(\boldsymbol{A}) = r$, 则存在 $\boldsymbol{P} \in F^{m\times m}$,$\boldsymbol{Q} \in F^{n\times n}$,$\boldsymbol{P}, \boldsymbol{Q}$ 可逆, 使得

$$\boldsymbol{A} = \boldsymbol{P}\begin{pmatrix} \boldsymbol{E}_r & \boldsymbol{O} \\ \boldsymbol{O} & \boldsymbol{O} \end{pmatrix}\boldsymbol{Q},$$

称 $\begin{pmatrix} \boldsymbol{E}_r & \mathbf{O} \\ \mathbf{O} & \mathbf{O} \end{pmatrix}$ 为 $\boldsymbol{A}$ 的等价标准形.

利用等价标准形处理问题时, 通常先对标准形证明结论 (由于等价标准形是对角矩阵, 所以结论往往容易证明), 然后再把一般情形归结到标准形的情况. 这是标准形的思想.

例 3.3.1 设 $\boldsymbol{A} \in F^{m\times n}, r(\boldsymbol{A}) = r$, 对 $\begin{pmatrix} \boldsymbol{A} & \boldsymbol{E}_m \\ \boldsymbol{E}_n & \boldsymbol{O} \end{pmatrix}$ 的前 m 行、前 n 列分别作初等行变换、初等列变换化为 $\begin{pmatrix} \boldsymbol{S} & \boldsymbol{P} \\ \boldsymbol{Q} & \boldsymbol{O} \end{pmatrix}$, 其中 $\boldsymbol{S} = \begin{pmatrix} \boldsymbol{E}_r & \boldsymbol{O} \\ \boldsymbol{O} & \boldsymbol{O} \end{pmatrix}$. 则 $\boldsymbol{P}, \boldsymbol{Q}$ 可逆且 $\boldsymbol{PAQ} = \boldsymbol{S}$.

证 由

$$\begin{pmatrix} \boldsymbol{P} & \boldsymbol{O} \\ \boldsymbol{O} & \boldsymbol{E} \end{pmatrix}\begin{pmatrix} \boldsymbol{A} & \boldsymbol{E}_m \\ \boldsymbol{E}_n & \boldsymbol{O} \end{pmatrix}\begin{pmatrix} \boldsymbol{Q} & \boldsymbol{O} \\ \boldsymbol{O} & \boldsymbol{E} \end{pmatrix} = \begin{pmatrix} \boldsymbol{S} & \boldsymbol{P} \\ \boldsymbol{Q} & \boldsymbol{O} \end{pmatrix},$$

可知结论成立.

例 3.3.2 (南京航空航天大学,1995) 设

$$\boldsymbol{A} = \begin{pmatrix} 1 & 0 & 2 & -4 \\ 2 & 1 & 3 & -6 \\ -1 & -1 & -1 & 2 \end{pmatrix},$$

(1) 求 $\boldsymbol{A}$ 的秩 r;

(2) 求三阶可逆矩阵 $\boldsymbol{P}$ 与四阶可逆矩阵 $\boldsymbol{Q}$ 使得 $\boldsymbol{PAQ} = \begin{pmatrix} \boldsymbol{E}_r & \boldsymbol{O} \\ \boldsymbol{O} & \boldsymbol{O} \end{pmatrix}$.

解 由于

$$\begin{pmatrix} A & E_3 \\ E_4 & O \end{pmatrix}=\begin{pmatrix} 1 & 0 & 2 & -4 & 1 & 0 & 0 \\ 2 & 1 & 3 & -6 & 0 & 1 & 0 \\ -1 & -1 & -1 & 2 & 0 & 0 & 1 \\ 1 & 0 & 0 & 0 & 0 & 0 & 0 \\ 0 & 1 & 0 & 0 & 0 & 0 & 0 \\ 0 & 0 & 1 & 0 & 0 & 0 & 0 \\ 0 & 0 & 0 & 1 & 0 & 0 & 0 \end{pmatrix}\to\begin{pmatrix} 1 & 0 & 0 & 0 & 1 & 0 & 0 \\ 0 & 1 & -1 & 2 & -2 & 1 & 0 \\ 0 & -1 & 1 & -2 & 1 & 0 & 1 \\ 1 & 0 & -2 & 4 & 0 & 0 & 0 \\ 0 & 1 & 0 & 0 & 0 & 0 & 0 \\ 0 & 0 & 1 & 0 & 0 & 0 & 0 \\ 0 & 0 & 0 & 1 & 0 & 0 & 0 \end{pmatrix}$$

$$\to\begin{pmatrix} 1 & 0 & 0 & 0 & 1 & 0 & 0 \\ 0 & 1 & 0 & 0 & -2 & 1 & 0 \\ 0 & 0 & 0 & 0 & -1 & 1 & 1 \\ 1 & 0 & -2 & 4 & 0 & 0 & 0 \\ 0 & 1 & 1 & -2 & 0 & 0 & 0 \\ 0 & 0 & 1 & 0 & 0 & 0 & 0 \\ 0 & 0 & 0 & 1 & 0 & 0 & 0 \end{pmatrix}.$$

故

(1) $r(A)=2$.

(2) $P=\begin{pmatrix} 1 & 0 & 0 \\ -2 & 1 & 0 \\ -1 & 1 & 1 \end{pmatrix}, Q=\begin{pmatrix} 1 & 0 & -2 & 4 \\ 0 & 1 & 1 & -2 \\ 0 & 0 & 1 & 0 \\ 0 & 0 & 0 & 1 \end{pmatrix}$.

例 3.3.3 (厦门大学,2004) 设 $A=\begin{pmatrix} 3 & 0 & -1 & 1 \\ -3 & 2 & -5 & 3 \\ 0 & 1 & -3 & 2 \end{pmatrix}$, 则存在可逆矩阵 $P=(\quad)$, $Q=(\quad)$ 使得 $PAQ=\begin{pmatrix} 1 & 1 & 0 & 0 \\ 0 & 1 & 0 & 0 \\ 0 & 0 & 0 & 0 \end{pmatrix}$.

例 3.3.4 (江苏大学,2012) 满秩分解: 设 $A\in F^{m\times n}$, 则 $r(A)=r$ 的充要条件为存在 $G\in F^{m\times r}, H\in F^{r\times n}, r(G)=r(H)=r$ 使得 $A=GH$.

证 必要性. 由于

$$A=P\begin{pmatrix} E_r & O \\ O & O \end{pmatrix}Q=P\begin{pmatrix} E_r \\ O \end{pmatrix}\begin{pmatrix} E_r & O \end{pmatrix}Q.$$

令 $G=P\begin{pmatrix} E_r \\ O \end{pmatrix}, H=\begin{pmatrix} E_r & O \end{pmatrix}Q$ 即可.

充分性. 由 $r(A)=r(GH)\leqslant r(G)=r$, 以及 $r(A)=r(GH)\geqslant r(G)+r(H)-r=r$, 可得 $r(A)=r$.

例 3.3.5 (扬州大学,2021) 设 $\boldsymbol{A}=\begin{pmatrix}1&0&2&-4\\2&1&3&-6\\-1&-1&-1&2\end{pmatrix}$.

(1) 求可逆矩阵 $\boldsymbol{P}$ 和 $\boldsymbol{Q}$ 使得 $\boldsymbol{PAQ}=\begin{pmatrix}1&0&0&0\\0&1&0&0\\0&0&0&0\end{pmatrix}$;

(2) 求列满秩矩阵 $\boldsymbol{B}$ 以及行满秩矩阵 $\boldsymbol{C}$, 使得 $\boldsymbol{A}=\boldsymbol{BC}$.

例 3.3.6 (大连理工大学,2004) 设 $\boldsymbol{A}$ 为 n 阶方阵, 证明: 存在一个可逆矩阵 $\boldsymbol{B}$ 及一个幂等矩阵 $\boldsymbol{C}$ 使得 $\boldsymbol{A}=\boldsymbol{BC}$.

证 设 $r(\boldsymbol{A})=r$, 则存在可逆矩阵 $\boldsymbol{P},\boldsymbol{Q}$ 使得

$$\boldsymbol{A}=\boldsymbol{P}\begin{pmatrix}\boldsymbol{E}_r&\boldsymbol{O}\\\boldsymbol{O}&\boldsymbol{O}\end{pmatrix}\boldsymbol{Q}=(\boldsymbol{PQ})\left(\boldsymbol{Q}^{-1}\begin{pmatrix}\boldsymbol{E}_r&\boldsymbol{O}\\\boldsymbol{O}&\boldsymbol{O}\end{pmatrix}\boldsymbol{Q}\right).$$

令 $\boldsymbol{B}=\boldsymbol{PQ},\boldsymbol{C}=\boldsymbol{Q}^{-1}\begin{pmatrix}\boldsymbol{E}_r&\boldsymbol{O}\\\boldsymbol{O}&\boldsymbol{O}\end{pmatrix}\boldsymbol{Q}$ 即可.

例 3.3.7 (南京师范大学,2010) 设 $\boldsymbol{A}=\begin{pmatrix}2&4&2\\1&3&0\\1&2&1\end{pmatrix}$, 请把 $\boldsymbol{A}$ 分解为一个可逆矩阵 $\boldsymbol{B}$ 和一个幂等矩阵 $\boldsymbol{C}$(即 $\boldsymbol{C}^2=\boldsymbol{C}$) 的乘积.

例 3.3.8 (哈尔滨工程大学,2022) 设 V 为 n 维线性空间,T_1 为 V 上的线性变换, 证明: 存在 V 上的线性变换 T_2 和 T_3, 使得 $T_1=T_2T_3$, 其中 $T_2^2=T_2$ 且 T_3 可逆.

例 3.3.9 (南开大学,2016) 设 P 为数域,$\boldsymbol{A}\in P^{m\times s},r(\boldsymbol{A})=r$. 证明: 对任意的正整数 n, 存在秩为 $\min\{s-r,n\}$ 的 $s\times n$ 矩阵 $\boldsymbol{B}$ 使得对任意的 $\boldsymbol{C}\in P^{n\times n}$, 都有 $\boldsymbol{ABC}=\boldsymbol{O}$.

证 由 $\boldsymbol{C}$ 的任意性可知, 只需证明存在秩为 $\min\{s-r,n\}$ 的 $s\times n$ 矩阵 $\boldsymbol{B}$ 使得对任意的 $\boldsymbol{C}\in P^{n\times n}$, 都有 $\boldsymbol{AB}=\boldsymbol{O}$.

(法 1) 由于 $r(\boldsymbol{A})=r$, 则存在 m 阶与 s 阶可逆矩阵 $\boldsymbol{P},\boldsymbol{Q}$ 使得

$$\boldsymbol{A}=\boldsymbol{P}\begin{pmatrix}\boldsymbol{E}_r&\boldsymbol{O}\\\boldsymbol{O}&\boldsymbol{O}\end{pmatrix}\boldsymbol{Q},$$

令

$$\boldsymbol{B}=\boldsymbol{Q}^{-1}\begin{pmatrix}\boldsymbol{O}_{r\times n}\\\boldsymbol{X}_{(s-r)\times n}\end{pmatrix},$$

其中

$$\boldsymbol{X}_{(s-r)\times n}=\begin{cases}\begin{pmatrix}\boldsymbol{E}_n\\\boldsymbol{O}\end{pmatrix}, & s-r\geqslant n;\\ \begin{pmatrix}\boldsymbol{E}_{s-r}&\boldsymbol{O}\end{pmatrix}, & s-r<n.\end{cases}$$

则 $r(\boldsymbol{B})=\min\{s-r,n\}$, 且 $\boldsymbol{AB}=\boldsymbol{O}$, 于是对任意的 $\boldsymbol{C}\in F^{n\times n}$, 都有 $\boldsymbol{ABC}=\boldsymbol{O}$.

(法 2) 由 $r(\boldsymbol{A})=r$, 设线性方程组 $\boldsymbol{Ax}=\boldsymbol{0}$ 的基础解系为 $\boldsymbol{\beta}_1,\boldsymbol{\beta}_2,\cdots,\boldsymbol{\beta}_{s-r}$.

若 $n\leqslant s-r$, 令 $\boldsymbol{B}=(\boldsymbol{\beta}_1,\boldsymbol{\beta}_2,\cdots,\boldsymbol{\beta}_n)$, 则 $r(\boldsymbol{B})=n\leqslant s-r$, 且 $\boldsymbol{AB}=\boldsymbol{O}$.

若 $n>s-r$, 令 $\boldsymbol{B}=(\boldsymbol{\beta}_1,\boldsymbol{\beta}_2,\cdots,\boldsymbol{\beta}_{s-r},\boldsymbol{0},\cdots,\boldsymbol{0})$, 则 $r(\boldsymbol{B})=s-r<n$, 且 $\boldsymbol{AB}=\boldsymbol{O}$.

综上可知结论成立.

例 3.3.10 (南开大学,2004) 设 $\boldsymbol{A},\boldsymbol{B}$ 分别为数域 P 上的 $m\times s$ 和 $s\times n$ 矩阵, 令 $\boldsymbol{AB}=\boldsymbol{C}$. 证明: 若 $r(\boldsymbol{A})=r$, 则存在数域 P 上的一个秩为 $\min\{s-r,n\}$ 的 $s\times n$ 矩阵 $\boldsymbol{D}$, 使得对于数域 P 上的任何 n 阶方阵 $\boldsymbol{Q}$, 都有 $\boldsymbol{A}(\boldsymbol{DQ}+\boldsymbol{B})=\boldsymbol{C}$.

例 3.3.11 (北京交通大学,2007) 设 $\boldsymbol{A}$ 是秩为 r 的 n 阶矩阵, 证明: 存在秩为 $n-r$ 的 n 阶矩阵 $\boldsymbol{B}$ 使得 $\boldsymbol{AB}=\boldsymbol{BA}=\boldsymbol{O}$.

证 由于存在可逆矩阵 $\boldsymbol{P},\boldsymbol{Q}$ 使得

$$\boldsymbol{A}=\boldsymbol{P}\begin{pmatrix}\boldsymbol{E}_r & \boldsymbol{O}\\ \boldsymbol{O} & \boldsymbol{O}\end{pmatrix}\boldsymbol{Q},$$

令

$$\boldsymbol{B}=\boldsymbol{Q}^{-1}\begin{pmatrix}\boldsymbol{O} & \boldsymbol{O}\\ \boldsymbol{O} & \boldsymbol{E}_{n-r}\end{pmatrix}\boldsymbol{P}^{-1}$$

易知 $r(\boldsymbol{B})=n-r$ 且 $\boldsymbol{AB}=\boldsymbol{BA}=\boldsymbol{O}$.

例 3.3.12 (厦门大学,2007; 中国矿业大学 (徐州),2023) 设 $\boldsymbol{A}$ 为 n 阶方阵且 $|\boldsymbol{A}|=0$. 证明: 存在 n 阶非零矩阵 $\boldsymbol{B}$ 使得 $\boldsymbol{AB}=\boldsymbol{BA}=\boldsymbol{O}$.

例 3.3.13 设 $\boldsymbol{A}$ 是 n 阶方阵,$|\boldsymbol{A}|=0$. 证明: 存在非零矩阵 $\boldsymbol{B},\boldsymbol{C}$ 使得 $\boldsymbol{AB}=\boldsymbol{CA}=\boldsymbol{O}$.

例 3.3.14 (兰州大学,2014; 厦门大学,2015) 设 $\boldsymbol{A}$ 为 n 阶方阵, 证明: 存在 n 阶方阵 $\boldsymbol{B}$ 使得 $\boldsymbol{A}=\boldsymbol{ABA},\boldsymbol{B}=\boldsymbol{BAB}$.

证 设 $r(\boldsymbol{A})=r$, 则存在可逆矩阵 $\boldsymbol{P},\boldsymbol{Q}$ 使得

$$\boldsymbol{PAQ}=\begin{pmatrix}\boldsymbol{E}_r & \boldsymbol{O}\\ \boldsymbol{O} & \boldsymbol{O}\end{pmatrix},$$

故

$$\begin{pmatrix}\boldsymbol{E}_r & \boldsymbol{O}\\ \boldsymbol{O} & \boldsymbol{O}\end{pmatrix}=\begin{pmatrix}\boldsymbol{E}_r & \boldsymbol{O}\\ \boldsymbol{O} & \boldsymbol{O}\end{pmatrix}\boldsymbol{PAQ}\begin{pmatrix}\boldsymbol{E}_r & \boldsymbol{O}\\ \boldsymbol{O} & \boldsymbol{O}\end{pmatrix},$$

即

$$\boldsymbol{Q}\begin{pmatrix}\boldsymbol{E}_r & \boldsymbol{O}\\ \boldsymbol{O} & \boldsymbol{O}\end{pmatrix}\boldsymbol{P}=\boldsymbol{Q}\begin{pmatrix}\boldsymbol{E}_r & \boldsymbol{O}\\ \boldsymbol{O} & \boldsymbol{O}\end{pmatrix}\boldsymbol{PAQ}\begin{pmatrix}\boldsymbol{E}_r & \boldsymbol{O}\\ \boldsymbol{O} & \boldsymbol{O}\end{pmatrix}\boldsymbol{P},$$

令

$$\boldsymbol{B}=\boldsymbol{Q}\begin{pmatrix}\boldsymbol{E}_r & \boldsymbol{O}\\ \boldsymbol{O} & \boldsymbol{O}\end{pmatrix}\boldsymbol{P}$$

即可.

例 3.3.15 (华中科技大学,2007; 西安电子科技大学,2013) 已知 n 阶矩阵 $\boldsymbol{A}$, 若存在唯一的 n 阶矩阵 $\boldsymbol{B}$ 使得 $\boldsymbol{ABA}=\boldsymbol{A}$, 证明:$\boldsymbol{BAB}=\boldsymbol{B}$.

证 由于

$$\boldsymbol{A}(\boldsymbol{BAB})\boldsymbol{A}=(\boldsymbol{ABA})\boldsymbol{BA}=\boldsymbol{ABA}=\boldsymbol{A},$$

由唯一性, 可得 $\boldsymbol{B}=\boldsymbol{BAB}$.

例 3.3.16 (南京航空航天大学,2017) 设 $\boldsymbol{A}$ 是 $m\times n$ 矩阵,$\boldsymbol{B}$ 是 $n\times m$ 矩阵, 且 $\boldsymbol{ABA}=\boldsymbol{A}$, 证明:

(1) $r(\boldsymbol{AB})=r(\boldsymbol{A})$;

(2) 非齐次线性方程组 $\boldsymbol{AX}=\boldsymbol{\beta}$ 有解的充要条件是 $\boldsymbol{AB\beta}=\boldsymbol{\beta}$;

(3) $\boldsymbol{AB}$ 与形如 $\begin{pmatrix}\boldsymbol{E}_r & \boldsymbol{O}\\ \boldsymbol{O} & \boldsymbol{O}\end{pmatrix}$ 的矩阵相似, 其中 $r=r(\boldsymbol{A})$.

例 3.3.17 (中国计量大学,2017) 设 $\boldsymbol{A}$ 为一 $n\times n$ 矩阵, 且 $r(\boldsymbol{A})=r$. 证明: 存在一个 $n\times n$ 可逆矩阵 $\boldsymbol{P}$, 使得 $\boldsymbol{PAP}^{-1}$ 的后 $n-r$ 行全为零.

证 由 $r(\boldsymbol{A})=r$, 则存在 $n\times n$ 可逆矩阵 $\boldsymbol{P},\boldsymbol{Q}$ 使得

$$\boldsymbol{PAQ}=\begin{pmatrix}\boldsymbol{E}_r & \boldsymbol{O}\\ \boldsymbol{O} & \boldsymbol{O}\end{pmatrix},$$

于是将 $(\boldsymbol{PQ})^{-1}$ 分块为

$$(\boldsymbol{PQ})^{-1}=\begin{pmatrix}\boldsymbol{B}_1 & \boldsymbol{B}_2\\ \boldsymbol{B}_3 & \boldsymbol{B}_4\end{pmatrix},$$

其中 $\boldsymbol{B}_1$ 为 r 阶方阵, 则

$$\boldsymbol{PAP}^{-1}=\begin{pmatrix}\boldsymbol{E}_r & \boldsymbol{O}\\ \boldsymbol{O} & \boldsymbol{O}\end{pmatrix}(\boldsymbol{PQ})^{-1}=\begin{pmatrix}\boldsymbol{E}_r & \boldsymbol{O}\\ \boldsymbol{O} & \boldsymbol{O}\end{pmatrix}\begin{pmatrix}\boldsymbol{B}_1 & \boldsymbol{B}_2\\ \boldsymbol{B}_3 & \boldsymbol{B}_4\end{pmatrix}=\begin{pmatrix}\boldsymbol{B}_1 & \boldsymbol{B}_2\\ \boldsymbol{O} & \boldsymbol{O}\end{pmatrix},$$

显然 $\boldsymbol{PAP}^{-1}$ 的后 $n-r$ 行全为零. 故结论成立.

例 3.3.18 (厦门大学,2023) 设 $\boldsymbol{A}$ 为 n 阶复矩阵,$0<r(\boldsymbol{A})<n,r(\boldsymbol{A})=r(\boldsymbol{A}^2)$, 证明: 存在可逆矩阵 $\boldsymbol{P}$ 以及可逆矩阵 $\boldsymbol{B}$ 使得 $\boldsymbol{A}=\boldsymbol{P}\mathbf{diag}(\boldsymbol{B},\boldsymbol{O})\boldsymbol{P}^{-1}$.

3.3.2 利用合同标准形

实对称矩阵的正交相似标准形: 设 $\boldsymbol{A}$ 为 n 阶实对称矩阵, 则存在正交矩阵 $\boldsymbol{Q}$, 使得

$$\boldsymbol{A}=\boldsymbol{Q}^{\mathrm{T}}\mathbf{diag}(\lambda_1,\cdots,\lambda_n)\boldsymbol{Q},$$

其中 $\lambda_1,\cdots,\lambda_n$ 为 $\boldsymbol{A}$ 的全部特征值, 若 $\boldsymbol{A}$ 正定, 则 $\lambda_i>0,i=1,2,\cdots,n$.

例 3.3.19 (华东师范大学,2007; 南京理工大学,2020) 若 $\boldsymbol{A}$ 为实对称正定矩阵, 则存在唯一的正定矩阵 $\boldsymbol{S}$, 使得 $\boldsymbol{A}=\boldsymbol{S}^2$.

证　存在性. 由于 $\boldsymbol{A}$ 为实对称正定矩阵, 故存在正交矩阵 $\boldsymbol{P}$ 使得 $\boldsymbol{A}=\boldsymbol{P}^{\mathrm{T}}\mathbf{diag}(\lambda_1,\cdots,\lambda_n)\boldsymbol{P}$, 其中 λ_i 为 $\boldsymbol{A}$ 的特征值, 且 $\lambda_i>0$. 令 $\boldsymbol{S}=\boldsymbol{P}^{\mathrm{T}}\mathbf{diag}\left(\lambda_1^{\frac{1}{2}},\cdots,\lambda_n^{\frac{1}{2}}\right)\boldsymbol{P}$ 即可.

唯一性.(法 1) 设正定矩阵 $\boldsymbol{B}$ 也满足 $\boldsymbol{A}=\boldsymbol{B}^2$, 由于 $\boldsymbol{B}$ 为正定矩阵, 故存在正交矩阵 $\boldsymbol{T}$ 使得 $\boldsymbol{B}=\boldsymbol{T}^{\mathrm{T}}\mathbf{diag}(\mu_1,\cdots,\mu_n)\boldsymbol{T}$, 其中 μ_i 为 $\boldsymbol{B}$ 的特征值且 $\mu_i>0$, 而 $\boldsymbol{A}=\boldsymbol{P}^{\mathrm{T}}\mathbf{diag}(\lambda_1,\cdots,\lambda_n)\boldsymbol{P}$, 因此,

$$\boldsymbol{P}^{-1}\mathbf{diag}(\lambda_1,\cdots,\lambda_n)\boldsymbol{P}=\boldsymbol{T}^{-1}\mathbf{diag}(\mu_1^2,\cdots,\mu_n^2)\boldsymbol{T},$$

令 $\boldsymbol{U}=\boldsymbol{P}\boldsymbol{T}^{-1}$ 且记 $\boldsymbol{U}=(u_{ij})_{n\times n}$, 则

$$\mathbf{diag}(\lambda_1,\cdots,\lambda_n)\boldsymbol{U}=\boldsymbol{U}\mathbf{diag}(\mu_1^2,\cdots,\mu_n^2),$$

即

$$\lambda_i u_{ij}=u_{ij}\mu_j^2,$$

当 $\lambda_i\neq\mu_j^2$ 时,$u_{ij}=0$, 因此 $\lambda_i^{\frac{1}{2}}u_{ij}=u_{ij}\mu_j$, 当 $\lambda_i=\mu_j^2$ 时, 也有 $\lambda_i^{\frac{1}{2}}u_{ij}=u_{ij}\mu_j$, 故

$$\mathbf{diag}\left(\lambda_1^{\frac{1}{2}},\cdots,\lambda_n^{\frac{1}{2}}\right)\boldsymbol{U}=\boldsymbol{U}\mathbf{diag}(\mu_1,\cdots,\mu_n).$$

即 $\boldsymbol{B}=\boldsymbol{T}^{-1}\mathbf{diag}(\mu_1,\cdots,\mu_n)\boldsymbol{T}=\boldsymbol{P}^{-1}\mathbf{diag}\left(\lambda_1^{\frac{1}{2}},\cdots,\lambda_n^{\frac{1}{2}}\right)\boldsymbol{P}=\boldsymbol{S}$.

(法 2) 首先证明下列引理:

若 $\boldsymbol{A}$ 为实对称正定矩阵,$\lambda_1,\cdots,\lambda_n$ 为 $\boldsymbol{A}$ 的特征值, 若存在正交矩阵 $\boldsymbol{P}$ 使得

$$\boldsymbol{A}=\boldsymbol{P}^{\mathrm{T}}\mathbf{diag}(\lambda_1,\cdots,\lambda_n)\boldsymbol{P},$$

则存在只和 λ_i 有关的实系数多项式 $f(x)$, 使得 $\boldsymbol{P}^{\mathrm{T}}\mathbf{diag}\left(\lambda_1^{\frac{1}{2}},\cdots,\lambda_n^{\frac{1}{2}}\right)\boldsymbol{P}=f(\boldsymbol{A})$.

证　设 λ_i 中所有不同的特征值为 $\lambda_1,\cdots,\lambda_s$, 令

$$f(x)=\sum_{i=1}^{s}\frac{(x-\lambda_1)\cdots(x-\lambda_{i-1})(x-\lambda_{i+1})\cdots(x-\lambda_s)}{(\lambda_i-\lambda_1)\cdots(\lambda_i-\lambda_{i-1})(\lambda_i-\lambda_{i+1})\cdots(\lambda_i-\lambda_s)}\lambda_i^{\frac{1}{2}},$$

则 $f(\lambda_i)=\lambda_i^{\frac{1}{2}}$, 且

$$\boldsymbol{P}^{\mathrm{T}}\mathbf{diag}(\lambda_1^{\frac{1}{2}},\cdots,\lambda_n^{\frac{1}{2}})\boldsymbol{P}=\boldsymbol{P}^{-1}f(\mathbf{diag}(\lambda_1,\cdots,\lambda_n))\boldsymbol{P}=f(\boldsymbol{P}^{-1}\mathbf{diag}(\lambda_1,\cdots,\lambda_n)\boldsymbol{P})=f(\boldsymbol{A}).$$

由该引理易证明唯一性. 若正定矩阵 $\boldsymbol{B},\boldsymbol{C}$ 满足 $\boldsymbol{A}=\boldsymbol{B}^2=\boldsymbol{C}^2$, 则 $\boldsymbol{B},\boldsymbol{C}$ 有相同的特征值 $\lambda_i^{\frac{1}{2}}$, 由引理知,$\boldsymbol{B},\boldsymbol{C}$ 均可表示为只和 λ_i 有关的 $\boldsymbol{A}$ 的多项式 $f(\boldsymbol{A})$, 因此 $\boldsymbol{B}=\boldsymbol{C}$.

(法 3) 假设还存在正定矩阵 $\boldsymbol{C}$ 使得 $\boldsymbol{A}=\boldsymbol{C}^2$, 则 $\boldsymbol{B}\boldsymbol{B}=\boldsymbol{C}\boldsymbol{C}$, 即 $\boldsymbol{C}^{-1}\boldsymbol{B}=\boldsymbol{B}\boldsymbol{C}^{-1}$, 往证 $\boldsymbol{C}\boldsymbol{B}^{-1}=\boldsymbol{E}$. 因为 $\boldsymbol{C}$ 正定, 存在可逆矩阵 $\boldsymbol{D}$ 使得 $\boldsymbol{C}^{-1}=\boldsymbol{D}\boldsymbol{D}^{\mathrm{T}}$, 故 $\boldsymbol{C}^{-1}\boldsymbol{B}=\boldsymbol{D}\boldsymbol{D}^{\mathrm{T}}\boldsymbol{B}\boldsymbol{D}\boldsymbol{D}^{-1}$, 即 $\boldsymbol{C}^{-1}\boldsymbol{B}$ 相似于 $\boldsymbol{D}^{\mathrm{T}}\boldsymbol{B}\boldsymbol{D}$, 而后者合同于 $\boldsymbol{B}$, 因此 $\boldsymbol{C}^{-1}\boldsymbol{B}$ 的特征值与 $\boldsymbol{B}$ 的特征值同号. 注意到 $\boldsymbol{B}$ 正定, 所以 $\boldsymbol{C}^{-1}\boldsymbol{B}$ 的特征值全大于 0. 由 $\boldsymbol{B},\boldsymbol{C}$ 对称,$\boldsymbol{B}^2=\boldsymbol{C}^2$, 因此

$$\boldsymbol{C}^{-1}\boldsymbol{B}(\boldsymbol{C}^{-1}\boldsymbol{B})^{\mathrm{T}}=\boldsymbol{C}^{-1}\boldsymbol{B}\boldsymbol{B}^{\mathrm{T}}(\boldsymbol{C}^{-1})^{\mathrm{T}}=\boldsymbol{C}^{-1}\boldsymbol{B}\boldsymbol{B}\boldsymbol{C}^{-1}=\boldsymbol{C}^{-1}\boldsymbol{C}\boldsymbol{C}\boldsymbol{C}^{-1}=\boldsymbol{E},$$

即 $\boldsymbol{C}^{-1}\boldsymbol{B}$ 为正交矩阵. 而正交矩阵特征值模长为 1, 又 $\boldsymbol{C}^{-1}\boldsymbol{B}$ 的特征值为实数, 因此 $\boldsymbol{C}^{-1}\boldsymbol{B}$ 的特征值全为 1, 故存在正交矩阵 $\boldsymbol{P}$ 使得 $\boldsymbol{C}^{-1}\boldsymbol{B}=\boldsymbol{P}^{-1}\boldsymbol{E}\boldsymbol{P}=\boldsymbol{E}$, 即 $\boldsymbol{B}=\boldsymbol{C}$.

(法 4) 若还存在正定矩阵 $\boldsymbol{C}$ 使得 $\boldsymbol{A}=\boldsymbol{C}^2$. 因为 $\boldsymbol{B}$ 正定, 因此可设 $\mu_1,\mu_2,\cdots,\mu_n$ 是 $\boldsymbol{B}$ 的所有特征值且全正,$\boldsymbol{\alpha}_1,\boldsymbol{\alpha}_2,\cdots,\boldsymbol{\alpha}_n$ 是相应的 n 个两两正交的特征向量. 因 $\boldsymbol{A}=\boldsymbol{B}^2=\boldsymbol{C}^2$, 则 $\boldsymbol{B}^2-\boldsymbol{C}^2=\boldsymbol{O},\boldsymbol{0}=(\boldsymbol{B}^2-\boldsymbol{C}^2)\boldsymbol{\alpha}_i=\mu_i^2\boldsymbol{\alpha}_i-\boldsymbol{C}^2\boldsymbol{\alpha}_i=(\mu_i\boldsymbol{E}+\boldsymbol{C})(\mu_i\boldsymbol{E}-\boldsymbol{C})\boldsymbol{\alpha}_i$. 因为 $\boldsymbol{C}$ 正定, 且 $\mu_i>0$, 因此 $\mu_i\boldsymbol{E}+\boldsymbol{C}$ 可逆, 从而 $(\mu_i\boldsymbol{E}-\boldsymbol{C})\boldsymbol{\alpha}_i=\boldsymbol{0}$, 即 $\boldsymbol{C}\boldsymbol{\alpha}_i=\mu_i\boldsymbol{\alpha}_i$, 该式对 $i=1,2,\cdots,n$ 都成立, 即

$$\boldsymbol{C}(\boldsymbol{\alpha}_1,\boldsymbol{\alpha}_2,\cdots,\boldsymbol{\alpha}_n)=(\boldsymbol{\alpha}_1,\boldsymbol{\alpha}_2,\cdots,\boldsymbol{\alpha}_n)\mathbf{diag}(\mu_1,\cdots,\mu_n)=\boldsymbol{B}(\boldsymbol{\alpha}_1,\boldsymbol{\alpha}_2,\cdots,\boldsymbol{\alpha}_n),$$

故 $\boldsymbol{B}=\boldsymbol{C}$.

例 3.3.20 (兰州大学,2022) 已知对称矩阵 $\boldsymbol{A}=\begin{pmatrix} 2 & 2 & -2 \\ 2 & 5 & -4 \\ -2 & -4 & 5 \end{pmatrix}$.

(1) 求正交矩阵 $\boldsymbol{P}$ 和对角矩阵 $\boldsymbol{\Lambda}$, 使得 $\boldsymbol{P}^{\mathrm{T}}\boldsymbol{A}\boldsymbol{P}=\boldsymbol{\Lambda}$;

(2) 求对称矩阵 $\boldsymbol{B}$, 使得 $\boldsymbol{A}=\boldsymbol{B}^2$.

例 3.3.21 设 $\boldsymbol{A}$ 为正定矩阵, 则存在唯一的正定矩阵 $\boldsymbol{C}$ 使得 $\boldsymbol{A}=\boldsymbol{C}^m$, 其中 m 为任意自然数.

证 设 $\nu_1,\cdots,\nu_n$ 为矩阵 $\boldsymbol{A}$ 的特征值, 且 $\nu_1\geqslant\cdots\geqslant\nu_n$. 则 $\nu_i>0(i=1,2,\cdots,n)$, 且存在正交矩阵 $\boldsymbol{P}$ 使得

$$\boldsymbol{A}=\boldsymbol{P}^{\mathrm{T}}\mathbf{diag}(\nu_1,\cdots,\nu_n)\boldsymbol{P},$$

令 $\boldsymbol{C}=\boldsymbol{P}^{\mathrm{T}}\mathbf{diag}(\sqrt[m]{\nu_1},\cdots,\sqrt[m]{\nu_n})\boldsymbol{P}$ 即可.

下证唯一性.

(法 1) 设还存在正定矩阵 $\boldsymbol{B}$, 使得 $\boldsymbol{A}=\boldsymbol{B}^m$, 则有 $\boldsymbol{C}^m=\boldsymbol{B}^m$. 设 $\lambda_1,\cdots,\lambda_n$ 与 $\mu_1,\cdots,\mu_n$ 分别为 $\boldsymbol{B}$ 与 $\boldsymbol{C}$ 的全部特征值, 其中

$$\lambda_1\geqslant\cdots\geqslant\lambda_n>0,\mu_1\geqslant\cdots\geqslant\mu_n>0.$$

则存在正交矩阵 $\boldsymbol{P}_1,\boldsymbol{P}_2$ 使得

$$\boldsymbol{B}=\boldsymbol{P}_1^{\mathrm{T}}\mathbf{diag}(\lambda_1,\cdots,\lambda_n)\boldsymbol{P}_1,\boldsymbol{C}=\boldsymbol{P}_2^{\mathrm{T}}\mathbf{diag}(\mu_1,\cdots,\mu_n)\boldsymbol{P}_2,$$

因此

$$\boldsymbol{A}=\boldsymbol{B}^m=\boldsymbol{P}_1^{\mathrm{T}}\mathbf{diag}(\lambda_1^m,\cdots,\lambda_n^m)\boldsymbol{P}_1,$$

$$\boldsymbol{A}=\boldsymbol{C}^m=\boldsymbol{P}_2^{\mathrm{T}}\mathbf{diag}(\mu_1^m,\cdots,\mu_n^m)\boldsymbol{P}_2,$$

其中 $\lambda_1^m\geqslant\cdots\geqslant\lambda_n^m>0,\mu_1^m\geqslant\cdots\geqslant\mu_n^m>0$. 即 $\lambda_1^m\geqslant\cdots\geqslant\lambda_n^m$ 与 $\mu_1^m\geqslant\cdots\geqslant\mu_n^m$ 均为 $\boldsymbol{A}$ 的特征值, 故 $\lambda_i=\mu_i=\sqrt[m]{\nu_i}$. 从而有

$$\boldsymbol{P}_2\boldsymbol{P}_1^{\mathrm{T}}\mathbf{diag}(v_1,\cdots,v_n)=\mathbf{diag}(v_1,\cdots,v_n)\boldsymbol{P}_2\boldsymbol{P}_1^{\mathrm{T}},$$

记 $\boldsymbol{P}_2\boldsymbol{P}_1^{\mathrm{T}}=\boldsymbol{Q}=(q_{ij})$, 比较上式两边的元素可得

$$q_{ij}v_j=v_iq_{ij},$$

从而有

$$q_{ij}\sqrt[m]{\nu_j}=\sqrt[m]{\nu_i}q_{ij}$$

即

$$q_{ij}\lambda_j=\mu_iq_{ij},$$

上式写成矩阵形式即是 $\boldsymbol{B}=\boldsymbol{C}$.

(法 2) 设还存在正定矩阵 $\boldsymbol{B}$, 使得 $\boldsymbol{A}=\boldsymbol{B}^m$, 则有 $\boldsymbol{C}^m=\boldsymbol{B}^m$. 由 $\boldsymbol{C}$ 正定, 则存在正交矩阵 $\boldsymbol{Q}$ 使得

$$\boldsymbol{C}=\boldsymbol{Q}\mathbf{diag}(\mu_1,\cdots,\mu_n)\boldsymbol{Q}^{\mathrm{T}},$$

将 $\boldsymbol{Q}$ 按列分块为 $\boldsymbol{Q}=(\boldsymbol{q}_1,\boldsymbol{q}_2,\cdots,\boldsymbol{q}_n)$, 则由 $\boldsymbol{CQ}=\boldsymbol{Q}\mathbf{diag}(\mu_1,\cdots,\mu_n)$ 有

$$\boldsymbol{C}\boldsymbol{q}_i=\mu_i\boldsymbol{q}_i, i=1,2,\cdots,n.$$

于是

$$\begin{aligned}\mathbf{0}=&(\boldsymbol{C}^m-\boldsymbol{B}^m)\boldsymbol{q}_i=(\mu_i^m\boldsymbol{E}-\boldsymbol{B}^m)\boldsymbol{q}_i,\\ &=(\mu_i\boldsymbol{E}-\boldsymbol{B})(\mu_i^{m-1}\boldsymbol{E}+\mu_i^{m-2}\boldsymbol{C}+\cdots+\boldsymbol{C}^{m-1})\boldsymbol{q}_i.\end{aligned}$$

易知 $\mu_i^{m-1}\boldsymbol{E}+\mu_i^{m-2}\boldsymbol{C}+\cdots+\boldsymbol{C}^{m-1}$ 正定, 从而

$$(\mu_i\boldsymbol{E}-\boldsymbol{B})\boldsymbol{q}_i=0, i=1,2,\cdots,n.$$

此即

$$\boldsymbol{B}(\boldsymbol{q}_1,\boldsymbol{q}_2,\cdots,\boldsymbol{q}_n)=(\boldsymbol{q}_1,\boldsymbol{q}_2,\cdots,\boldsymbol{q}_n)\mathbf{diag}(\mu_1,\cdots,\mu_n)$$

故

$$\boldsymbol{B}=\boldsymbol{Q}\mathbf{diag}(\mu_1,\cdots,\mu_n)\boldsymbol{Q}^{\mathrm{T}}=\boldsymbol{C}.$$

例 3.3.22　(电子科技大学,2012) 设 $\boldsymbol{A}$ 为 n 阶对称正定矩阵, 证明: 存在对称正定矩阵 $\boldsymbol{S}$ 使得 $\boldsymbol{A}=\boldsymbol{S}^{2012}$.

例 3.3.23　(中国科学院大学,2007) 设 $\boldsymbol{A}$ 为半正定矩阵, 则存在实半正定矩阵 $\boldsymbol{B}$ 使得 $\boldsymbol{A}=\boldsymbol{B}^2$.

例 3.3.24　(首都师范大学,2005) 设 $\boldsymbol{C}$ 与 $\boldsymbol{D}$ 为 n 阶实矩阵,$\boldsymbol{A}=\boldsymbol{C}^{\mathrm{T}}\boldsymbol{C},\boldsymbol{B}=\boldsymbol{D}^{\mathrm{T}}\boldsymbol{D}$,$\lambda,\mu$ 为正实数. 证明: (1) 存在方阵 $\boldsymbol{P}$, 使 $\lambda\boldsymbol{A}+\mu\boldsymbol{B}=\boldsymbol{P}^{\mathrm{T}}\boldsymbol{P}$;

(2) 若 $\boldsymbol{C}$ 与 $\boldsymbol{D}$ 之一为可逆矩阵, 则上述矩阵 $\boldsymbol{P}$ 可逆.

例 3.3.25　(四川大学,2013) 设 $\boldsymbol{A}$ 为 $m\times n$ 实矩阵, 证明: 存在 n 阶半正定矩阵 $\boldsymbol{B}$ 使得 $\boldsymbol{A}^{\mathrm{T}}\boldsymbol{A}=\boldsymbol{B}^2$.

例 3.3.26　(北京工业大学,2006) 证明:$\boldsymbol{A}$ 是正定或半正定实对称矩阵的充要条件为存在实矩阵 $\boldsymbol{S}$ 使得 $\boldsymbol{A}=\boldsymbol{S}^{\mathrm{T}}\boldsymbol{S}$.

例 3.3.27　(西安电子科技大学,2010) 设矩阵 $\boldsymbol{A}=\begin{pmatrix}-9&0&18\\0&9&18\\18&18&0\end{pmatrix}$,

(1) 问是否存在矩阵 $\boldsymbol{X}$ 使得 $\boldsymbol{A}=\boldsymbol{X}^3$? 若存在, 请求出矩阵 $\boldsymbol{X}$; 若不存在, 请说明理由.

(2) 将 (1) 的结论给予推广.

例 3.3.28　(杭州师范大学,2013) 设 $\boldsymbol{A}$ 是一个实对称矩阵, 求证: 存在一个实对称矩阵 $\boldsymbol{S}$ 使得 $\boldsymbol{A}=\boldsymbol{S}^{2013}$.

例 3.3.29　(西北大学,2009) 设 $\boldsymbol{A}$ 为实对称矩阵, 证明: 对任意正奇数 m, 必有实对称矩阵 $\boldsymbol{B}$, 使得 $\boldsymbol{B}^m=\boldsymbol{A}$.

例 3.3.30　(西北大学,2003) 设 $\boldsymbol{A}$ 为 n 阶负定矩阵, 证明: 对任意奇数 k, 存在 n 阶负定矩阵 $\boldsymbol{B}$ 使得 $\boldsymbol{A}=\boldsymbol{B}^k$.

例 3.3.31 (北京科技大学,2007) 设 $\boldsymbol{A}$ 是实对称矩阵, 证明: 存在对称矩阵 $\boldsymbol{B}$ 使得 $\boldsymbol{A}=\boldsymbol{B}^2$, 并对二阶方阵 $\begin{pmatrix}13 & -14\\ -14 & 13\end{pmatrix}$ 求出一个满足上述条件的矩阵 $\boldsymbol{B}$,

例 3.3.32 (东南大学,2002) 实对称矩阵 $\boldsymbol{A}$ 正定, 则存在 $\mathbb{R}^n$ 的标准正交基 $\boldsymbol{\alpha}_1,\cdots,\boldsymbol{\alpha}_n$ 使得

$$\boldsymbol{A}=\lambda_1\boldsymbol{\alpha}_1\boldsymbol{\alpha}_1^{\mathrm{T}}+\cdots+\lambda_n\boldsymbol{\alpha}_n\boldsymbol{\alpha}_n^{\mathrm{T}},$$

其中 $\lambda_i(i=1,\cdots,n)$ 为 $\boldsymbol{A}$ 的特征值.

证 $\boldsymbol{A}$ 正定, 则存在正交矩阵 $\boldsymbol{P}=(\boldsymbol{\alpha}_1,\cdots,\boldsymbol{\alpha}_n)$ 使得

$$\boldsymbol{A}=\boldsymbol{P}\mathbf{diag}(\lambda_1,\cdots,\lambda_n)\boldsymbol{P}^{\mathrm{T}}=\lambda_1\boldsymbol{\alpha}_1\boldsymbol{\alpha}_1^{\mathrm{T}}+\cdots+\lambda_n\boldsymbol{\alpha}_n\boldsymbol{\alpha}_n^{\mathrm{T}},$$

故结论成立.

例 3.3.33 实对称矩阵 $\boldsymbol{A}$ 正定, 则

$$\boldsymbol{A}=\lambda_1\boldsymbol{A}_1+\cdots+\lambda_n\boldsymbol{A}_n,$$

其中 $\lambda_i(i=1,\cdots,n)$ 为 $\boldsymbol{A}$ 的特征值,$r(\boldsymbol{A}_i)=1,\boldsymbol{A}_i^2=\boldsymbol{A}_i,\boldsymbol{A}_i\boldsymbol{A}_j=\boldsymbol{O}(i\neq j)$.

例 3.3.34 实对称矩阵 $\boldsymbol{A}$ 正定的充要条件为存在 n 个线性无关的列向量 $\boldsymbol{\alpha}_i(i=1,2,\cdots,n)$ 使得 $\boldsymbol{A}=\boldsymbol{\alpha}_1\boldsymbol{\alpha}_1^{\mathrm{T}}+\cdots+\boldsymbol{\alpha}_n\boldsymbol{\alpha}_n^{\mathrm{T}}$.

例 3.3.35 实对称矩阵 $\boldsymbol{A}$ 正定, 则存在正交向量组 $\boldsymbol{\alpha}_1,\cdots,\boldsymbol{\alpha}_n$ 使得 $\boldsymbol{A}=\boldsymbol{\alpha}_1\boldsymbol{\alpha}_1^{\mathrm{T}}+\cdots+\boldsymbol{\alpha}_n\boldsymbol{\alpha}_n^{\mathrm{T}}$.

例 3.3.36 (南京师范大学,2013)设$\boldsymbol{A}$是n阶实对称矩阵且恰好有r个不同的特征值$\lambda_1,\lambda_2,\cdots,\lambda_r$. 证明: 存在 $\boldsymbol{A}_1,\boldsymbol{A}_2,\cdots,\boldsymbol{A}_r$ 满足条件:

(1) $\boldsymbol{A}_1+\boldsymbol{A}_2+\cdots+\boldsymbol{A}_r=\boldsymbol{E}_n$;

(2) $\boldsymbol{A}_i^2=\boldsymbol{A}_i,i=1,2,\cdots,r$;

(3) $\boldsymbol{A}_i\boldsymbol{A}_j=\boldsymbol{O},i\neq j$;

(4) $\boldsymbol{A}=\lambda_1\boldsymbol{A}_1+\lambda_2\boldsymbol{A}_2+\cdots+\lambda_r\boldsymbol{A}_r$.

例 3.3.37 (极分解) 任意一个实可逆矩阵$\boldsymbol{A}$可分解为正交矩阵与正定矩阵之积, 且分解唯一.

证 因 $\boldsymbol{A}$ 可逆, 故 $\boldsymbol{A}^{\mathrm{T}}\boldsymbol{A}$ 正定, 则存在正定矩阵 $\boldsymbol{B}$ 使得 $\boldsymbol{A}^{\mathrm{T}}\boldsymbol{A}=\boldsymbol{B}^2$, 于是

$$\boldsymbol{A}=(\boldsymbol{A}^{\mathrm{T}})^{-1}\boldsymbol{B}^2=\boldsymbol{C}\boldsymbol{B},$$

其中 $\boldsymbol{C}=(\boldsymbol{A}^{\mathrm{T}})^{-1}\boldsymbol{B}$. 由于

$$\boldsymbol{C}\boldsymbol{C}^{\mathrm{T}}=(\boldsymbol{A}^{\mathrm{T}})^{-1}\boldsymbol{B}\boldsymbol{B}^{\mathrm{T}}\boldsymbol{A}^{-1}=(\boldsymbol{A}^{\mathrm{T}})^{-1}\boldsymbol{B}^2\boldsymbol{A}^{-1}=(\boldsymbol{A}^{\mathrm{T}})^{-1}\boldsymbol{A}^{\mathrm{T}}\boldsymbol{A}\boldsymbol{A}^{-1}=\boldsymbol{E},$$

故 $\boldsymbol{C}$ 为正交矩阵. 即 $\boldsymbol{A}$ 可分解为正交矩阵与正定矩阵之积.

下证唯一性. 设 $\boldsymbol{A}=\boldsymbol{Q}_1\boldsymbol{B}_1=\boldsymbol{P}_1\boldsymbol{C}_1$, 其中 $\boldsymbol{B}_1,\boldsymbol{C}_1$ 为正定矩阵,$\boldsymbol{P}_1,\boldsymbol{Q}_1$ 为正交矩阵. 则

$$\boldsymbol{B}_1^2=(\boldsymbol{Q}_1\boldsymbol{B}_1)^{\mathrm{T}}(\boldsymbol{Q}_1\boldsymbol{B}_1)=\boldsymbol{A}^{\mathrm{T}}\boldsymbol{A}=(\boldsymbol{P}_1\boldsymbol{C}_1)^{\mathrm{T}}(\boldsymbol{P}_1\boldsymbol{C}_1)=\boldsymbol{C}_1^2,$$

由于 $\boldsymbol{B}_1,\boldsymbol{C}_1,\boldsymbol{A}^{\mathrm{T}}\boldsymbol{A}$ 都是正定矩阵, 由例3.3.19知 $\boldsymbol{B}_1=\boldsymbol{C}_1$. 从而

$$\boldsymbol{Q}_1=\boldsymbol{A}\boldsymbol{B}_1^{-1}=\boldsymbol{A}\boldsymbol{C}_1^{-1}=\boldsymbol{P}_1.$$

例 3.3.38 (实矩阵的奇异值分解) 设 $\boldsymbol{A}$ 为秩为 r 的 $m\times n$ 实矩阵,$\boldsymbol{A}$ 的奇异值是指 $\boldsymbol{A}^{\mathrm{T}}\boldsymbol{A}$ 的正特征值的正平方根, 则存在 m 阶正交矩阵 $\boldsymbol{U}$ 与 n 阶正交矩阵 $\boldsymbol{V}$, 使得

$$\boldsymbol{A}=\boldsymbol{U}\begin{pmatrix}\boldsymbol{D}&\boldsymbol{O}\\\boldsymbol{O}&\boldsymbol{O}\end{pmatrix}\boldsymbol{V},$$

其中 $\boldsymbol{D}=\mathbf{diag}(\sigma_1,\sigma_2,\cdots,\sigma_r)$, 且 $\sigma_1\geqslant\sigma_2\geqslant\cdots\geqslant\sigma_r>0$.

证 设 $\lambda_1\geqslant\lambda_2\geqslant\cdots\geqslant\lambda_r>0$ 为矩阵 $\boldsymbol{A}\boldsymbol{A}^{\mathrm{T}}$ 的非零特征值,$\boldsymbol{u}_1,\boldsymbol{u}_2,\cdots,\boldsymbol{u}_r$ 为对应的标准正交的特征向量, 即

$$\boldsymbol{A}\boldsymbol{A}^{\mathrm{T}}\boldsymbol{u}_j=\lambda_j\boldsymbol{u}_j, j=1,2,\cdots,r,$$

注意到 $\boldsymbol{u}_1,\boldsymbol{u}_2,\cdots,\boldsymbol{u}_r$ 为对应的标准正交的特征向量, 可知

$$(\boldsymbol{A}^{\mathrm{T}}\boldsymbol{u}_i)^{\mathrm{T}}(\boldsymbol{A}^{\mathrm{T}}\boldsymbol{u}_j)=\boldsymbol{u}_i^{\mathrm{T}}\boldsymbol{A}\boldsymbol{A}^{\mathrm{T}}\boldsymbol{u}_j=\lambda_j\boldsymbol{u}_i^{\mathrm{T}}\boldsymbol{u}_j=\begin{cases}\lambda_j, & i=j,\\ 0, & i\neq j.\end{cases}$$

又

$$(\boldsymbol{A}^{\mathrm{T}}\boldsymbol{A})\boldsymbol{A}^{\mathrm{T}}\boldsymbol{u}_j=\boldsymbol{A}^{\mathrm{T}}(\boldsymbol{A}\boldsymbol{A}^{\mathrm{T}}\boldsymbol{u}_j)=\lambda_j\boldsymbol{A}^{\mathrm{T}}\boldsymbol{u}_j, j=1,2,\cdots,r,$$

令

$$\boldsymbol{v}_j=\frac{1}{\sigma_j}\boldsymbol{A}^{\mathrm{T}}\boldsymbol{u}_j,\sigma_j=\sqrt{\lambda_j}, j=1,2,\cdots,r,$$

则 $\boldsymbol{v}_j(j=1,2,\cdots,r)$ 是 $\boldsymbol{A}^{\mathrm{T}}\boldsymbol{A}$ 的属于特征值 $\lambda_1,\lambda_2,\cdots,\lambda_r$ 的标准正交的特征向量.

再设 $\boldsymbol{u}_{r+1},\cdots,\boldsymbol{u}_m$ 是 $\boldsymbol{A}\boldsymbol{A}^{\mathrm{T}}$ 的属于特征值 0 的标准正交的特征向量, 而 $\boldsymbol{v}_{r+1},\cdots,\boldsymbol{v}_n$ 是 $\boldsymbol{A}^{\mathrm{T}}\boldsymbol{A}$ 的属于特征值 0 的标准正交的特征向量. 令

$$\boldsymbol{U}=(\boldsymbol{u}_1,\boldsymbol{u}_2,\cdots,\boldsymbol{u}_r,\boldsymbol{u}_{r+1},\cdots,\boldsymbol{u}_m),$$

$$\boldsymbol{V}=(\boldsymbol{v}_1,\boldsymbol{v}_2,\cdots,\boldsymbol{v}_r,\boldsymbol{v}_{r+1},\cdots,\boldsymbol{v}_n),$$

则 $\boldsymbol{U},\boldsymbol{V}$ 分别是 m 阶与 n 阶正交矩阵. 由 $\boldsymbol{A}\boldsymbol{A}^{\mathrm{T}}\boldsymbol{u}_k=\boldsymbol{0}(k=r+1,\cdots,m)$ 可得 $\boldsymbol{0}=\boldsymbol{u}_k^{\mathrm{T}}\boldsymbol{A}\boldsymbol{A}^{\mathrm{T}}\boldsymbol{u}_k=(\boldsymbol{u}_k^{\mathrm{T}}\boldsymbol{A})(\boldsymbol{u}_k^{\mathrm{T}}\boldsymbol{A})^{\mathrm{T}}$, 于是 $\boldsymbol{u}_k^{\mathrm{T}}\boldsymbol{A}=\boldsymbol{0}(k=r+1,\cdots,m)$, 再注意到 $\sigma_j\boldsymbol{v}_j^{\mathrm{T}}=\boldsymbol{u}_j^{\mathrm{T}}\boldsymbol{A}$, 就有

$$\begin{aligned}\boldsymbol{A}=&\boldsymbol{U}\boldsymbol{U}^{\mathrm{T}}\boldsymbol{A}\\=&(\boldsymbol{u}_1\boldsymbol{u}_1^{\mathrm{T}}+\cdots+\boldsymbol{u}_m\boldsymbol{u}_m^{\mathrm{T}})\boldsymbol{A}\\=&(\boldsymbol{u}_1\boldsymbol{u}_1^{\mathrm{T}}+\cdots+\boldsymbol{u}_r\boldsymbol{u}_r^{\mathrm{T}})\boldsymbol{A}\\=&\sigma_1\boldsymbol{u}_1\boldsymbol{v}_1^{\mathrm{T}}+\sigma_2\boldsymbol{u}_2\boldsymbol{v}_2^{\mathrm{T}}+\cdots+\sigma_r\boldsymbol{u}_r\boldsymbol{v}_r^{\mathrm{T}}\\=&\boldsymbol{U}\begin{pmatrix}\boldsymbol{D}&\boldsymbol{O}\\\boldsymbol{O}&\boldsymbol{O}\end{pmatrix}\boldsymbol{V}^{\mathrm{T}},\end{aligned}$$

即结论成立.

注 证明过程中 $\boldsymbol{U},\boldsymbol{V}$ 的构造思路: 若

$$\boldsymbol{A}=\boldsymbol{U}\begin{pmatrix}\boldsymbol{D}&\boldsymbol{O}\\\boldsymbol{O}&\boldsymbol{O}\end{pmatrix}\boldsymbol{V}^{\mathrm{T}},$$

则

$$\boldsymbol{A}\boldsymbol{A}^{\mathrm{T}}=\boldsymbol{U}\begin{pmatrix}\boldsymbol{D}&\boldsymbol{O}\\\boldsymbol{O}&\boldsymbol{O}\end{pmatrix}\boldsymbol{V}^{\mathrm{T}}\boldsymbol{V}\begin{pmatrix}\boldsymbol{D}&\boldsymbol{O}\\\boldsymbol{O}&\boldsymbol{O}\end{pmatrix}\boldsymbol{U}^{\mathrm{T}}=\boldsymbol{U}\begin{pmatrix}\boldsymbol{D}^2&\boldsymbol{O}\\\boldsymbol{O}&\boldsymbol{O}\end{pmatrix}\boldsymbol{U}^{\mathrm{T}},$$

故 $\boldsymbol{U}$ 的列向量是 $\boldsymbol{A}\boldsymbol{A}^{\mathrm{T}}$ 的标准正交的特征向量. 类似可知 $\boldsymbol{V}$ 的列向量是 $\boldsymbol{A}^{\mathrm{T}}\boldsymbol{A}$ 的标准正交的特征向量.

例 3.3.39 (上海交通大学,2018) 对于任一实可逆矩阵 $\boldsymbol{A}$, 都存在正交矩阵 $\boldsymbol{Q}_1,\boldsymbol{Q}_2$, 使得

$$\boldsymbol{Q}_1\boldsymbol{A}\boldsymbol{Q}_2=\mathbf{diag}(\lambda_1,\cdots,\lambda_n),$$

其中 $\lambda_n\geqslant\lambda_{n-1}\geqslant\cdots\geqslant\lambda_2\geqslant\lambda_1$, 且 $\lambda_1^2,\lambda_2^2,\cdots,\lambda_n^2$ 都是 $\boldsymbol{A}^{\mathrm{T}}\boldsymbol{A}$ 的特征值.

例 3.3.40 (华东师范大学,2005) 证明: 每个秩为 r 的 n 阶 $(r<n)$ 实对称矩阵均可表为 $n-r$ 个秩为 $n-1$ 的实对称矩阵的乘积.

证 设 $\boldsymbol{A}$ 是秩为 r 的 n 阶实对称矩阵, 则存在正交矩阵 $\boldsymbol{Q}$, 使得

$$\boldsymbol{A}=\boldsymbol{Q}^{\mathrm{T}}\mathbf{diag}(\lambda_1,\cdots,\lambda_r,0,\cdots,0)\boldsymbol{Q}.$$

用 $\boldsymbol{E}_i$ 表示对角线第 i 个位置为 1, 其余为 0 的 n 阶方阵, 则 $\boldsymbol{E}-\boldsymbol{E}_i(i=r+1,r+2,\cdots,n-1)$ 为 $n-r-1$ 个秩为 $n-1$ 的矩阵, 而

$$\boldsymbol{B}=\mathbf{diag}(\lambda_1,\cdots,\lambda_r,1,\cdots,1,0)$$

的秩为 $n-1$. 且

$$\boldsymbol{A}=(\boldsymbol{Q}^{\mathrm{T}}\boldsymbol{B}\boldsymbol{Q})[\boldsymbol{Q}^{\mathrm{T}}(\boldsymbol{E}-\boldsymbol{E}_{r+1})\boldsymbol{Q}]\cdots[\boldsymbol{Q}^{\mathrm{T}}(\boldsymbol{E}-\boldsymbol{E}_{n-1})\boldsymbol{Q}],$$

若令

$$\boldsymbol{C}_1=\boldsymbol{Q}^{\mathrm{T}}\boldsymbol{B}\boldsymbol{Q},\boldsymbol{C}_2=\boldsymbol{Q}^{\mathrm{T}}(\boldsymbol{E}-\boldsymbol{E}_{r+1})\boldsymbol{Q},\cdots,\boldsymbol{C}_{n-r}=\boldsymbol{Q}^{\mathrm{T}}(\boldsymbol{E}-\boldsymbol{E}_{n-1})\boldsymbol{Q},$$

可得结论成立.

例 3.3.41 (宁波大学,2017) 证明: 秩为 r 的 n 阶对称矩阵可以表示为 r 个秩为 1 的 n 阶对称矩阵的和.

例 3.3.42 设 $\boldsymbol{A}$ 为 n 阶实对称矩阵,$r(\boldsymbol{A})=r<n$. 证明: 存在 n 阶实对称矩阵 $\boldsymbol{B}$ 使得 $\boldsymbol{A}\boldsymbol{B}=\boldsymbol{O},r(\boldsymbol{B})=n-r$.

例 3.3.43 设 $\boldsymbol{A}$ 为秩是 r 的 n 阶复对称矩阵. 证明: 存在秩为 r 的 $r\times n$ 矩阵 $\boldsymbol{B}$, 使得 $\boldsymbol{A}=\boldsymbol{B}^{\mathrm{T}}\boldsymbol{B}$.

例 3.3.44 证明: 秩为 r 的 n 阶实对称矩阵 $\boldsymbol{A}$ 半正定的充要条件是存在 $\boldsymbol{B}\in\mathbb{R}^{r\times n}$, 使得 $\boldsymbol{A}=\boldsymbol{B}^{\mathrm{T}}\boldsymbol{B}$.

例 3.3.45 (北京工业大学,2012) 求两对 $3\times2,2\times3$ 矩阵 $(\boldsymbol{A}_{3\times2},\boldsymbol{B}_{2\times3}),(\boldsymbol{C}_{3\times2},\boldsymbol{D}_{2\times3})$ 使得它们具有共同的乘积 $\boldsymbol{A}\boldsymbol{B}=\boldsymbol{C}\boldsymbol{D}=\begin{pmatrix}8&2&-2\\2&5&4\\-2&4&5\end{pmatrix}$.

3.3.3 利用相似标准形

例 3.3.46 (上海大学,2005; 深圳大学,2013) 设 $\boldsymbol{A}$ 为 n 阶方阵,$r(\boldsymbol{A})=r$, 证明:$\boldsymbol{A}^2=\boldsymbol{A}$ 的充要条件为存在秩为 r 的 $n\times r$ 矩阵 $\boldsymbol{B}$ 和秩为 r 的 $r\times n$ 矩阵 $\boldsymbol{C}$ 使得 $\boldsymbol{A}=\boldsymbol{BC}$ 且 $\boldsymbol{CB}=\boldsymbol{E}_r$.

证 必要性. 由 $\boldsymbol{A}^2=\boldsymbol{A}$ 知 $\boldsymbol{A}$ 相似于对角矩阵, 存在可逆矩阵 $\boldsymbol{P}$ 使得

$$\boldsymbol{A}=\boldsymbol{P}^{-1}\begin{pmatrix}\boldsymbol{E}_r & \boldsymbol{O}\\ \boldsymbol{O} & \boldsymbol{O}\end{pmatrix}\boldsymbol{P}=\boldsymbol{P}^{-1}\begin{pmatrix}\boldsymbol{E}_r\\ \boldsymbol{O}\end{pmatrix}\begin{pmatrix}\boldsymbol{E}_r & \boldsymbol{O}\end{pmatrix}\boldsymbol{P},$$

令 $\boldsymbol{B}=\boldsymbol{P}^{-1}\begin{pmatrix}\boldsymbol{E}_r\\ \boldsymbol{O}\end{pmatrix},\boldsymbol{C}=\begin{pmatrix}\boldsymbol{E}_r & \boldsymbol{O}\end{pmatrix}\boldsymbol{P}$ 即可.

充分性. 易证.

利用相似标准形的矩阵分解还包括利用若尔当标准形的分解, 具体见第 8 章.

3.3.4 其他

例 3.3.47 (华东师范大学,2013) 证明: 对于实可逆矩阵 $\boldsymbol{A}$, 存在正交矩阵 $\boldsymbol{Q}$ 以及实上三角矩阵 $\boldsymbol{R}$, 使得 $\boldsymbol{A}=\boldsymbol{QR}$, 且如果要求 $\boldsymbol{R}$ 的主对角线上的元素均大于零, 则此分解是唯一的. 对 $\boldsymbol{A}=\begin{pmatrix}1 & 1 & 0\\ 2 & -1 & 5\\ -2 & 4 & 2\end{pmatrix}$, 求这样的分解.

证 存在性. 将 $\boldsymbol{A}$ 按列分块为 $\boldsymbol{A}=(\boldsymbol{\alpha}_1,\boldsymbol{\alpha}_2,\cdots,\boldsymbol{\alpha}_n)$, 由施密特正交化有

$$\begin{cases}\boldsymbol{\beta}_1=\boldsymbol{\alpha}_1,\\ \boldsymbol{\beta}_2=\boldsymbol{\alpha}_2-\dfrac{(\boldsymbol{\alpha}_2,\boldsymbol{\beta}_1)}{(\boldsymbol{\beta}_1,\boldsymbol{\beta}_1)}\boldsymbol{\beta}_1,\\ \qquad\vdots\\ \boldsymbol{\beta}_n=\boldsymbol{\alpha}_n-\dfrac{(\boldsymbol{\alpha}_n,\boldsymbol{\beta}_{n-1})}{(\boldsymbol{\beta}_{n-1},\boldsymbol{\beta}_{n-1})}\boldsymbol{\beta}_{n-1}-\cdots-\dfrac{(\boldsymbol{\alpha}_n,\boldsymbol{\beta}_1)}{(\boldsymbol{\beta}_1,\boldsymbol{\beta}_1)}\boldsymbol{\beta}_1.\end{cases}$$

再将 $\boldsymbol{\beta}_i(i=1,2,\cdots,n)$ 单位化, 令

$$\begin{cases}\boldsymbol{\gamma}_1=\dfrac{1}{|\boldsymbol{\beta}_1|}\boldsymbol{\beta}_1=\dfrac{1}{|\boldsymbol{\beta}_1|}\boldsymbol{\alpha}_1,\\ \boldsymbol{\gamma}_2=\dfrac{1}{|\boldsymbol{\beta}_2|}\boldsymbol{\beta}_2=\dfrac{1}{|\boldsymbol{\beta}_2|}\boldsymbol{\alpha}_2-t_{12}\boldsymbol{\alpha}_1,\\ \qquad\vdots\\ \boldsymbol{\gamma}_n=\dfrac{1}{|\boldsymbol{\beta}_n|}\boldsymbol{\beta}_n=\dfrac{1}{|\boldsymbol{\beta}_n|}\boldsymbol{\alpha}_n-t_{(n-1)n}\boldsymbol{\alpha}_{n-1}-\cdots-t_{1n}\boldsymbol{\alpha}_1.\end{cases}$$

将上式写成矩阵形式即为

$$(\boldsymbol{\gamma}_1,\boldsymbol{\gamma}_2,\cdots,\boldsymbol{\gamma}_n)=(\boldsymbol{\alpha}_1,\boldsymbol{\alpha}_2,\cdots,\boldsymbol{\alpha}_n)\begin{pmatrix}\frac{1}{|\boldsymbol{\beta}_1|} & t_{12} & \cdots & t_{1n}\\ & \frac{1}{|\boldsymbol{\beta}_2|} & \cdots & t_{2n}\\ & & \ddots & \vdots\\ & & & \frac{1}{|\boldsymbol{\beta}_n|}\end{pmatrix},$$

令 $\boldsymbol{Q}=(\gamma_1,\gamma_2,\cdots,\gamma_n),\boldsymbol{T}=\begin{pmatrix}\frac{1}{|\boldsymbol{\beta}_1|} & t_{12} & \cdots & t_{1n}\\ & \frac{1}{|\boldsymbol{\beta}_2|} & \cdots & t_{2n}\\ & & \ddots & \vdots\\ & & & \frac{1}{|\boldsymbol{\beta}_n|}\end{pmatrix}$, 则 $\boldsymbol{T}$ 可逆, 于是

$$\boldsymbol{A}=\boldsymbol{Q}\boldsymbol{T}^{-1},$$

注意到 $\boldsymbol{Q}$ 为正交矩阵,$\boldsymbol{T}^{-1}$ 为上三角矩阵, 故令 $\boldsymbol{R}=\boldsymbol{T}^{-1}$ 即可.

唯一性. 设还存在正交矩阵 $\boldsymbol{Q}_1$ 以及对角元均大于 0 的上三角矩阵 $\boldsymbol{R}_1$ 使得 $\boldsymbol{A}=\boldsymbol{Q}_1\boldsymbol{R}_1$, 则有 $\boldsymbol{A}=\boldsymbol{Q}\boldsymbol{R}=\boldsymbol{Q}_1\boldsymbol{R}_1$, 于是 $\boldsymbol{Q}_1^{\mathrm{T}}\boldsymbol{Q}=\boldsymbol{R}_1\boldsymbol{R}^{-1}$, 由于 $\boldsymbol{Q}_1^{-1}\boldsymbol{Q}$ 是正交矩阵, 故 $\boldsymbol{R}_1\boldsymbol{R}^{-1}$ 既是上三角矩阵又是正交矩阵, 从而 $\boldsymbol{R}_1\boldsymbol{R}^{-1}=\boldsymbol{E}$, 于是 $\boldsymbol{R}=\boldsymbol{R}_1,\boldsymbol{Q}_1=\boldsymbol{Q}$. 从而唯一性得证.

对 $\boldsymbol{A}=\begin{pmatrix}1&1&0\\2&-1&5\\-2&4&2\end{pmatrix}$, 可求得 $\boldsymbol{Q}=\dfrac{1}{3}\begin{pmatrix}1&2&-2\\2&1&2\\-2&2&1\end{pmatrix},\boldsymbol{R}=\begin{pmatrix}3&-3&2\\0&3&3\\0&0&4\end{pmatrix}$.

注 此结论称为矩阵的 $\boldsymbol{QR}$ 分解, 或者正交三角分解.

例 3.3.48 (东南大学,2023; 厦门大学,2023) 若 $\boldsymbol{A}$ 是实可逆矩阵, 证明: 存在正交矩阵 $\boldsymbol{Q}$, 使得 $\boldsymbol{QA}$ 为上三角矩阵且对角元全为正数.

例 3.3.49 (中山大学,2011) 设 $\boldsymbol{A}=\begin{pmatrix}1&1&1\\-1&0&1\\0&-1&1\end{pmatrix}$.

(1) 求正交矩阵 $\boldsymbol{Q}$ 及主对角元大于零的上三角矩阵 $\boldsymbol{T}$ 使得 $\boldsymbol{A}=\boldsymbol{QT}$;

(2) 求正定矩阵 $\boldsymbol{P}$ 及正交矩阵 $\boldsymbol{O}$ 使得 $\boldsymbol{A}=\boldsymbol{PO}$;

(3) 求正交矩阵 $\boldsymbol{U}$ 及正交矩阵 V 使得 $\boldsymbol{UAV}$ 为对角矩阵.

例 3.3.50 设 $\boldsymbol{A}$ 为 n 阶正定矩阵, 则存在对角线元素全为正的下三角矩阵 $\boldsymbol{L}$ 使得 $\boldsymbol{A}=\boldsymbol{L}\boldsymbol{L}^{\mathrm{T}}$.

证 由 $\boldsymbol{A}$ 正定, 则存在可逆矩阵 $\boldsymbol{C}$ 使得 $\boldsymbol{A}=\boldsymbol{C}^{\mathrm{T}}\boldsymbol{C}$, 对于矩阵 $\boldsymbol{C}$, 由 $\boldsymbol{QR}$ 分解知存在正交矩阵 $\boldsymbol{Q}$ 以及对角元全大于 0 的上三角矩阵 $\boldsymbol{L}^{\mathrm{T}}$ 使得 $\boldsymbol{C}=\boldsymbol{Q}\boldsymbol{L}^{\mathrm{T}}$, 于是 $\boldsymbol{A}=\boldsymbol{C}^{\mathrm{T}}\boldsymbol{C}=\boldsymbol{L}\boldsymbol{L}^{\mathrm{T}}$.

例 3.3.51 (厦门大学,2019) 设 $\boldsymbol{A}$ 是 n 阶方阵, 求证: 存在唯一矩阵 $\boldsymbol{B},\boldsymbol{C}$, 使得 $\boldsymbol{A}=\boldsymbol{B}+\boldsymbol{C}$, 其中 $\mathrm{tr}(\boldsymbol{B})=0,\boldsymbol{C}=a\boldsymbol{E},a$ 是一个数.

证 设 $\boldsymbol{A}=\boldsymbol{B}+a\boldsymbol{E}$, 于是 $\mathrm{tr}(\boldsymbol{A})=na$, 即 $a=\dfrac{\mathrm{tr}(\boldsymbol{A})}{n}$, 所以 $\boldsymbol{B}=\boldsymbol{A}-\dfrac{\mathrm{tr}(\boldsymbol{A})}{n}\boldsymbol{E}$. 若

$$\boldsymbol{A}=\boldsymbol{B}_1+k\boldsymbol{E}=\boldsymbol{B}_2+l\boldsymbol{E},\mathrm{tr}(\boldsymbol{B}_1)=\mathrm{tr}(\boldsymbol{B}_2)=0,$$

则 $\boldsymbol{B}_1-\boldsymbol{B}_2=(l-k)\boldsymbol{E}$, 于是

$$0=\mathrm{tr}(\boldsymbol{B}_1-\boldsymbol{B}_2)=n(l-k),$$

从而 $l=k,\boldsymbol{B}_1=\boldsymbol{B}_2$. 即唯一性成立.

例 3.3.52 设 $\boldsymbol{A}\in F^{n\times n}$.

(1) 证明: 存在数 $a\in F$ 和迹为 0 的矩阵 $\boldsymbol{B}\in F^{n\times n}$ 使得 $\boldsymbol{A}=a\boldsymbol{E}+\boldsymbol{B}$.

(2) 证明:(1) 中的数 a 与矩阵 $\boldsymbol{B}$ 均唯一, 并对 $\boldsymbol{A}=\begin{pmatrix}1&3\\2&4\end{pmatrix}$, 求 $a,\boldsymbol{B}$.

例 3.3.53 (福建师范大学,2007) 设 $\boldsymbol{A}\in F^{n\times n}$, 则 $\boldsymbol{A}$ 可以唯一分解为一个对称矩阵与一个反对称矩阵的和.

证 存在性. 设

$$\boldsymbol{A}=\boldsymbol{B}+\boldsymbol{C},$$

其中 $\boldsymbol{B}^{\mathrm{T}}=\boldsymbol{B},\boldsymbol{C}^{\mathrm{T}}=-\boldsymbol{C}$. 则

$$\boldsymbol{A}^{\mathrm{T}}=\boldsymbol{B}-\boldsymbol{C}.$$

两式相加减可得

$$\boldsymbol{B}=\frac{\boldsymbol{A}+\boldsymbol{A}^{\mathrm{T}}}{2},\boldsymbol{C}=\frac{\boldsymbol{A}-\boldsymbol{A}^{\mathrm{T}}}{2}.$$

唯一性. 若还存在对称矩阵 $\boldsymbol{B}_1$ 与反对称矩阵 $\boldsymbol{C}_1$ 使得 $\boldsymbol{A}=\boldsymbol{B}_1+\boldsymbol{C}_1$, 则有

$$\boldsymbol{A}=\boldsymbol{B}+\boldsymbol{C}=\boldsymbol{B}_1+\boldsymbol{C}_1,$$

于是

$$\boldsymbol{B}-\boldsymbol{B}_1=\boldsymbol{C}_1-\boldsymbol{C},$$

由于

$$\boldsymbol{B}-\boldsymbol{B}_1=(\boldsymbol{B}-\boldsymbol{B}_1)^{\mathrm{T}}=(\boldsymbol{C}_1-\boldsymbol{C})^{\mathrm{T}}=\boldsymbol{C}-\boldsymbol{C}_1=-(\boldsymbol{B}-\boldsymbol{B}_1),$$

故 $\boldsymbol{B}-\boldsymbol{B}_1=\boldsymbol{O}$, 从而 $\boldsymbol{B}=\boldsymbol{B}_1,\boldsymbol{C}=\boldsymbol{C}_1$. 即唯一性得证.

例 3.3.54 (复旦大学 17 级期中考试) 证明: 对任一 n 阶方阵 $\boldsymbol{M}$, 存在反对称矩阵 $\boldsymbol{A}$、迹为零的对称矩阵 $\boldsymbol{B}$ 和常数 c, 使得 $\boldsymbol{M}=\boldsymbol{A}+\boldsymbol{B}+c\boldsymbol{E}_n$, 并且 $\mathrm{tr}(\boldsymbol{M}^2)=\mathrm{tr}(\boldsymbol{A}^2)+\mathrm{tr}(\boldsymbol{B}^2)+\dfrac{1}{n}(\mathrm{tr}(\boldsymbol{M}))^2$.

证 令

$$\boldsymbol{A}=\frac{\boldsymbol{M}-\boldsymbol{M}^{\mathrm{T}}}{2},\boldsymbol{B}=\frac{\boldsymbol{M}+\boldsymbol{M}^{\mathrm{T}}}{2}-c\boldsymbol{E},c=\frac{\mathrm{tr}(\boldsymbol{M})}{n},$$

则 $\boldsymbol{A}$ 是反对称矩阵,$\boldsymbol{B}$ 是对称矩阵, $\mathrm{tr}(\boldsymbol{B})=0$, 且 $\boldsymbol{M}=\boldsymbol{A}+\boldsymbol{B}+c\boldsymbol{E}_n$.

计算可知

$$\boldsymbol{M}^2=\boldsymbol{A}^2+\boldsymbol{B}^2+c^2\boldsymbol{E}_n+2c\boldsymbol{A}+2c\boldsymbol{B}+\boldsymbol{AB}+\boldsymbol{BA},$$

注意到

$$\mathrm{tr}(\boldsymbol{AB})=\mathrm{tr}((\boldsymbol{AB})^{\mathrm{T}})=\mathrm{tr}(-\boldsymbol{BA})=-\mathrm{tr}(\boldsymbol{BA}),$$

从而 $\mathrm{tr}(\boldsymbol{AB}+\boldsymbol{BA})=0$, 于是

$$\mathrm{tr}(\boldsymbol{M}^2)=\mathrm{tr}(\boldsymbol{A}^2)+\mathrm{tr}(\boldsymbol{B}^2)+nc^2=\mathrm{tr}(\boldsymbol{A}^2)+\mathrm{tr}(\boldsymbol{B}^2)+\frac{1}{n}(\mathrm{tr}(\boldsymbol{M}))^2.$$

3.4 伴随矩阵

3.4.1 伴随矩阵定义及基本结论

1. 定义: 设 $\boldsymbol{A}=(a_{ij})_{n\times n}$, 定义 $\boldsymbol{A}$ 的伴随矩阵 $\boldsymbol{A}^*$ 为

$$\boldsymbol{A}^*=\begin{pmatrix}A_{11}&A_{21}&\cdots&A_{n1}\\A_{12}&A_{22}&\cdots&A_{n2}\\\vdots&\vdots&&\vdots\\A_{1n}&A_{2n}&\cdots&A_{nn}\end{pmatrix},$$

其中 A_{ij} 是 a_{ij} 的代数余子式.

2. 基本结论:

$$\boldsymbol{A}\boldsymbol{A}^*=\boldsymbol{A}^*\boldsymbol{A}=|\boldsymbol{A}|\boldsymbol{E}.$$

若 $\boldsymbol{A}$ 可逆, 由此可得

$$\boldsymbol{A}^*=|\boldsymbol{A}|\boldsymbol{A}^{-1}.$$

3.4.2 伴随矩阵的性质

下面给出伴随矩阵的性质, 这些性质利用定义以及上面的基本结论就可以证明. 为了引用方便, 给下面的性质编号.

(P1) $(\boldsymbol{A}\pm\boldsymbol{B})^*=\boldsymbol{A}^*\pm\boldsymbol{B}^*$ 一般不成立.

(P2) 设 $\boldsymbol{A}$ 为 n 阶方阵, 则 $(k\boldsymbol{A})^*=k^{n-1}\boldsymbol{A}^*$, k 是一个数, 特别地,$(-\boldsymbol{A})^*=\begin{cases}-\boldsymbol{A}^*,n\text{是偶数},\\\boldsymbol{A}^*,n\text{是奇数}.\end{cases}$

证 (法 1) 用定义. 设 $\boldsymbol{A}=(a_{ij})_{n\times n}$, 则

$$k\boldsymbol{A}=\begin{pmatrix}ka_{11}&ka_{12}&\cdots&ka_{1n}\\ka_{21}&ka_{22}&\cdots&ka_{2n}\\\vdots&\vdots&&\vdots\\ka_{n1}&ka_{n2}&\cdots&ka_{nn}\end{pmatrix}$$

的元素 ka_{ij} 的代数余子式为

$$(-1)^{i+j}\begin{vmatrix}ka_{11}&\cdots&ka_{i(j-1)}&ka_{1(j+1)}&\cdots&ka_{1n}\\\vdots&&\vdots&\vdots&&\vdots\\ka_{(i-1)1}&\cdots&ka_{(i-1)j-1}&ka_{(i-1)j+1}&\cdots&ka_{(i-1)n}\\ka_{(i+1)1}&\cdots&ka_{(i+1)j-1}&ka_{(i+1)j+1}&\cdots&ka_{(i+1)n}\\\vdots&&\vdots&\vdots&&\vdots\\ka_{n1}&\cdots&ka_{n(j-1)}&ka_{n(j+1)}&\cdots&ka_{nn}\end{vmatrix}=k^{n-1}\boldsymbol{A}_{ij},i,j=1,2,\cdots,n.$$

从而 $(k\boldsymbol{A})^*=k^{n-1}\boldsymbol{A}^*$.

(法 2) 若 $k\boldsymbol{A}$ 可逆, 则

$$(k\boldsymbol{A})^*=|k\boldsymbol{A}|(k\boldsymbol{A})^{-1}=k^n|\boldsymbol{A}|k^{-1}\boldsymbol{A}^{-1}=k^{n-1}|\boldsymbol{A}|\boldsymbol{A}^{-1}=k^{n-1}\boldsymbol{A}^*.$$

若 $k\boldsymbol{A}$ 不可逆, 令 $\boldsymbol{B}=k\boldsymbol{A}+t\boldsymbol{E}$, 则存在无穷多个 t 的值使得 $\boldsymbol{B}$ 可逆, 从而由 (1) 有

$$(k\boldsymbol{A}+t\boldsymbol{E})^*=|k\boldsymbol{A}+t\boldsymbol{E}|(k\boldsymbol{A}+t\boldsymbol{E})^{-1}$$

对无穷多个 t 的值成立, 等式两边矩阵对应位置的元素都是关于 t 的多项式, 从而上式恒成立, 令 $t=0$ 可得结论.

(P3) $(\boldsymbol{AB})^*=\boldsymbol{B}^*\boldsymbol{A}^*$.

证 (1) 当 $|\boldsymbol{AB}|\neq 0$ 时, 有

$$(\boldsymbol{AB})^*=|\boldsymbol{AB}|(\boldsymbol{AB})^{-1}=(|\boldsymbol{B}|\boldsymbol{B}^{-1})(|\boldsymbol{A}|\boldsymbol{A}^{-1})=\boldsymbol{B}^*\boldsymbol{A}^*.$$

(2) 当 $|\boldsymbol{AB}|=0$ 时, 令 $\boldsymbol{A}_1=\boldsymbol{A}+x\boldsymbol{E},\boldsymbol{B}_1=\boldsymbol{B}+x\boldsymbol{E}$, 则存在无穷多个 x 的值使得 $\boldsymbol{A}_1,\boldsymbol{B}_1$ 都可逆, 于是由 (1) 有

$$(\boldsymbol{A}_1\boldsymbol{B}_1)^*=\boldsymbol{B}_1^*\boldsymbol{A}_1^*$$

上式两边矩阵的元素都是 x 的多项式, 且有无穷多个 x 的值使得等式成立. 从而等式恒成立. 于是 $x=0$ 时即得结论成立.

(P4) $(\boldsymbol{A}^2)^*=(\boldsymbol{A}^*)^2$, 一般地, 对正整数 k,$(\boldsymbol{A}^k)^*=(\boldsymbol{A}^*)^k$. 从而若 $\boldsymbol{A}^m=\boldsymbol{A}$, 则 $(\boldsymbol{A}^*)^m=(\boldsymbol{A}^m)^*=\boldsymbol{A}^*$. 即 $\boldsymbol{A}$ 是幂等矩阵, 则 $\boldsymbol{A}^*$ 也是幂等矩阵. 同样若 $\boldsymbol{A}^m=\boldsymbol{O}$, 则 $(\boldsymbol{A}^*)^m=(\boldsymbol{A}^m)^*=\boldsymbol{O}$. 即 $\boldsymbol{A}$ 是幂零矩阵, 则 $\boldsymbol{A}^*$ 也是幂零矩阵.

(P5) $(\boldsymbol{A}^{\mathrm{T}})^*=(\boldsymbol{A}^*)^{\mathrm{T}}$, 从而若 $\boldsymbol{A}$ 是对称矩阵, 则 $\boldsymbol{A}^*$ 也是对称矩阵. 若 $\boldsymbol{A}$ 是反对称矩阵, 则当 $\boldsymbol{A}^*$ 是偶数阶时,$\boldsymbol{A}^*$ 是反对称矩阵, 而当 $\boldsymbol{A}^*$ 是奇数阶时,$\boldsymbol{A}^*$ 为对称矩阵.

证 (法 1) 利用定义. 略.

(法 2) 若 $\boldsymbol{A}$ 可逆, 则 $\boldsymbol{A}^{\mathrm{T}}$ 也可逆, 故

$$(\boldsymbol{A}^{\mathrm{T}})^*=|\boldsymbol{A}^{\mathrm{T}}|(\boldsymbol{A}^{\mathrm{T}})^{-1}=|\boldsymbol{A}|(\boldsymbol{A}^{-1})^{\mathrm{T}}=(|\boldsymbol{A}|\boldsymbol{A}^{-1})^{\mathrm{T}}=(\boldsymbol{A}^*)^{\mathrm{T}}.$$

若 $\boldsymbol{A}$ 不可逆, 令 $\boldsymbol{A}_1=\boldsymbol{A}+t\boldsymbol{E}$, 则存在无穷多个 t 的值使得 $\boldsymbol{A}_1$ 可逆, 从而

$$(\boldsymbol{A}_1^{\mathrm{T}})^*=(\boldsymbol{A}_1^*)^{\mathrm{T}},$$

上式两边矩阵的元素都是 t 的多项式, 且有无穷多 t 的值使得等式成立. 从而等式恒成立. 于是 $t=0$ 时即得结论成立.

(P6) $r(\boldsymbol{A}^*)=\begin{cases}n, & r(\boldsymbol{A})=n;\\ 1, & r(\boldsymbol{A})=n-1;\\ 0, & r(\boldsymbol{A})<n-1.\end{cases}$

且

(1) $r(\boldsymbol{A})=n$ 的充要条件是 $r(\boldsymbol{A}^*)=n$;

(2) $r(\boldsymbol{A})=n-1$ 的充要条件是 $r(\boldsymbol{A}^*)=1$;

(3) $r(\boldsymbol{A})<n-1$ 的充要条件是 $r(\boldsymbol{A}^*)=0$.

证 (1) 由 $\boldsymbol{AA}^*=|\boldsymbol{A}|\boldsymbol{E}$ 可得.

(2) 必要性. 由 $r(\boldsymbol{A})=n-1$ 知,$\boldsymbol{A}$ 有一个 $n-1$ 阶子式不为 0, 而 $\boldsymbol{A}^*$ 的元素是 $\boldsymbol{A}$ 的所有元素的代数余子式, 从而 $\boldsymbol{A}^*$ 的元素至少有一个不为 0, 从而 $r(\boldsymbol{A}^*)\geqslant 1$. 又由 $\boldsymbol{AA}^*=\boldsymbol{O}$ 知 $\boldsymbol{A}^*$ 的列向量是线性方程组 $\boldsymbol{Ax}=\boldsymbol{0}$ 的解, 而 $r(\boldsymbol{A})=n-1$, 故 $\boldsymbol{Ax}=\boldsymbol{0}$ 的基础解系只有一个解向量, 从而 $r(\boldsymbol{A}^*)\leqslant 1$. 综上,$r(\boldsymbol{A}^*)=1$.

充分性. 若 $r(\boldsymbol{A}^*)=1$, 则 $\boldsymbol{A}^*$ 中至少有一个元素不为 0, 由 $\boldsymbol{A}^*$ 的元素是 $\boldsymbol{A}$ 的所有元素的代数余子式, 从而 $\boldsymbol{A}$ 有一个 $n-1$ 阶子式不为 0, 故 $r(\boldsymbol{A})\geqslant n-1$. 若 $r(\boldsymbol{A})>n-1$, 则 $r(\boldsymbol{A})=n$, 由 (1) 知 $r(\boldsymbol{A}^*)=n>n-1$. 矛盾. 故 $r(\boldsymbol{A}^*)=n-1$.

(3) 必要性. 由 $r(\boldsymbol{A})<n-1$ 知 $\boldsymbol{A}$ 的所有 $n-1$ 阶子式都为 0, 从而 $\boldsymbol{A}^*$ 的元素都为 0, 即 $\boldsymbol{A}^*=\boldsymbol{O}$.

充分性. 由 $r(\boldsymbol{A}^*)=0$ 知 $\boldsymbol{A}$ 的所有 $n-1$ 阶子式都为 0, 从而 $r(\boldsymbol{A})<n-1$.

(P7) 若 $\boldsymbol{A}$ 可逆, 则 $(\boldsymbol{A}^{-1})^*=(\boldsymbol{A}^*)^{-1}=|\boldsymbol{A}|^{-1}\boldsymbol{A}$.

证 由于

$$(\boldsymbol{A}^{-1})^*=|\boldsymbol{A}^{-1}|(\boldsymbol{A}^{-1})^{-1}=|\boldsymbol{A}|^{-1}\boldsymbol{A}=(\boldsymbol{A}^*)^{-1}.$$

故结论成立.

(P8) 若 $\boldsymbol{A}$ 为 n 阶方阵, 则 $|\boldsymbol{A}^*|=|\boldsymbol{A}|^{n-1}$.

证 若 $\boldsymbol{A}$ 可逆, 则由 $\boldsymbol{A}\boldsymbol{A}^*=\boldsymbol{A}^*\boldsymbol{A}=|\boldsymbol{A}|\boldsymbol{E}$ 可得

$$|\boldsymbol{A}||\boldsymbol{A}^*|=|\boldsymbol{A}|^n,$$

故可得 $|\boldsymbol{A}^*|=|\boldsymbol{A}|^{n-1}$.

若 $\boldsymbol{A}$ 不可逆, 则 $r(\boldsymbol{A}^*)=1$ 或 0, 从而 $|\boldsymbol{A}^*|=0=|\boldsymbol{A}|^{n-1}$.

(P9) $(\boldsymbol{A}^*)^*=\begin{cases}\boldsymbol{A}, & n=2,\\ |\boldsymbol{A}|^{n-2}\boldsymbol{A} & n>2.\end{cases}$

证 (1) 当 $n=2$ 时, 设 $\boldsymbol{A}=\begin{pmatrix}a & b\\ c & d\end{pmatrix}$, 则

$$\boldsymbol{A}^*=\begin{pmatrix}d & -c\\ -b & a\end{pmatrix},$$

于是

$$(\boldsymbol{A}^*)^*=\begin{pmatrix}a & b\\ c & d\end{pmatrix}=\boldsymbol{A}.$$

(2) 当 $n>2$ 时, 若 $\boldsymbol{A}$ 可逆, 则

$$(\boldsymbol{A}^*)^*=|\boldsymbol{A}^*|(\boldsymbol{A}^*)^{-1}=|\boldsymbol{A}|^{n-1}(\boldsymbol{A}^{-1})^*=|\boldsymbol{A}|^{n-1}|\boldsymbol{A}|^{-1}\boldsymbol{A}=|\boldsymbol{A}|^{n-2}\boldsymbol{A}.$$

若 $\boldsymbol{A}$ 不可逆, 则 $r(\boldsymbol{A}^*)=1$或0. 故 $(\boldsymbol{A}^*)^*=\boldsymbol{O}=|\boldsymbol{A}|^{n-2}\boldsymbol{A}$.

(P10) $\begin{pmatrix}\boldsymbol{A} & \boldsymbol{O}\\ \boldsymbol{O} & \boldsymbol{B}\end{pmatrix}^*=\begin{pmatrix}|\boldsymbol{B}|\boldsymbol{A}^* & \boldsymbol{O}\\ \boldsymbol{O} & |\boldsymbol{A}|\boldsymbol{B}^*\end{pmatrix}$.

证 (1) 若 $\boldsymbol{A},\boldsymbol{B}$ 都可逆, 则

$$\begin{pmatrix}\boldsymbol{A} & \boldsymbol{O}\\ \boldsymbol{O} & \boldsymbol{B}\end{pmatrix}^*=\begin{vmatrix}\boldsymbol{A} & \boldsymbol{O}\\ \boldsymbol{O} & \boldsymbol{B}\end{vmatrix}\begin{pmatrix}\boldsymbol{A} & \boldsymbol{O}\\ \boldsymbol{O} & \boldsymbol{B}\end{pmatrix}^{-1}=|\boldsymbol{A}||\boldsymbol{B}|\begin{pmatrix}\boldsymbol{A}^{-1} & \boldsymbol{O}\\ \boldsymbol{O} & \boldsymbol{B}^{-1}\end{pmatrix}=\begin{pmatrix}|\boldsymbol{B}|\boldsymbol{A}^* & \boldsymbol{O}\\ \boldsymbol{O} & |\boldsymbol{A}|\boldsymbol{B}^*\end{pmatrix}.$$

(2) $\boldsymbol{A},\boldsymbol{B}$ 至少有一个不可逆时, 则存在无穷多个 x 的值使得 $\boldsymbol{A}_1=\boldsymbol{A}-x\boldsymbol{E},\boldsymbol{B}_1=\boldsymbol{B}-x\boldsymbol{E}$ 都可逆, 由 (1) 有

$$\begin{pmatrix}\boldsymbol{A}_1 & \boldsymbol{O}\\ \boldsymbol{O} & \boldsymbol{B}_1\end{pmatrix}^*=\begin{pmatrix}|\boldsymbol{B}_1|\boldsymbol{A}_1^* & \boldsymbol{O}\\ \boldsymbol{O} & |\boldsymbol{A}_1|\boldsymbol{B}_1^*\end{pmatrix}.$$

等式两边矩阵的元素都是 x 的多项式, 由于有无穷多个 x 的值使得矩阵对应元素相等, 从而上式对一切 x 的值都成立. 特别当 $x=0$ 时, 即有

$$\begin{pmatrix} \boldsymbol{A} & \boldsymbol{O} \\ \boldsymbol{O} & \boldsymbol{B} \end{pmatrix}^* = \begin{pmatrix} |\boldsymbol{B}|\boldsymbol{A}^* & \boldsymbol{O} \\ \boldsymbol{O} & |\boldsymbol{A}|\boldsymbol{B}^* \end{pmatrix}.$$

(P11) $\begin{pmatrix} \boldsymbol{A} & \boldsymbol{C} \\ \boldsymbol{O} & \boldsymbol{B} \end{pmatrix}^* = \begin{pmatrix} |\boldsymbol{B}|\boldsymbol{A}^* & -\boldsymbol{A}^*\boldsymbol{C}\boldsymbol{B}^* \\ \boldsymbol{O} & |\boldsymbol{A}|\boldsymbol{B}^* \end{pmatrix}$.

(P12) 若 $\boldsymbol{A}$ 可逆, 则 $\begin{pmatrix} \boldsymbol{A} & \boldsymbol{B} \\ \boldsymbol{C} & \boldsymbol{D} \end{pmatrix}^* =$

$$\begin{pmatrix} |\boldsymbol{D}-\boldsymbol{C}\boldsymbol{A}^{-1}\boldsymbol{B}|\boldsymbol{A}^* + \boldsymbol{A}^*\boldsymbol{B}(\boldsymbol{D}-\boldsymbol{C}\boldsymbol{A}^{-1}\boldsymbol{B})^*\boldsymbol{C}\boldsymbol{A}^{-1} & -\boldsymbol{A}^*\boldsymbol{B}(\boldsymbol{D}-\boldsymbol{C}\boldsymbol{A}^{-1}\boldsymbol{B})^* \\ -(\boldsymbol{D}-\boldsymbol{C}\boldsymbol{A}^{-1}\boldsymbol{B})^*\boldsymbol{C}\boldsymbol{A}^* & |\boldsymbol{A}|(\boldsymbol{D}-\boldsymbol{C}\boldsymbol{A}^{-1}\boldsymbol{B})^* \end{pmatrix}.$$

(P13) 上(下)三角矩阵的伴随矩阵是上(下)三角矩阵,特别地,对角矩阵的伴随矩阵是对角矩阵.

(P14) 若 $\boldsymbol{A}$ 是正定 (正交) 矩阵, 则 $\boldsymbol{A}^*$ 也是正定 (正交) 矩阵.

(P15) 若 $\boldsymbol{A}$ 与 $\boldsymbol{B}$ 相似 (合同), 则 $\boldsymbol{A}^*$ 与 $\boldsymbol{B}^*$ 也相似 (合同).

证　只证相似的情况. 设

$$\boldsymbol{A} = \boldsymbol{P}^{-1}\boldsymbol{B}\boldsymbol{P},$$

则

$$\boldsymbol{A}^* = (\boldsymbol{P}^{-1}\boldsymbol{B}\boldsymbol{P})^* = \boldsymbol{P}^*\boldsymbol{B}^*(\boldsymbol{P}^{-1})^* = \boldsymbol{P}^*\boldsymbol{B}^*(\boldsymbol{P}^*)^{-1}.$$

(P16) n 阶矩阵 $\boldsymbol{A}$ 的伴随矩阵 $\boldsymbol{A}^*$ 是 $\boldsymbol{A}$ 的多项式.

证　(1) 当 $r(\boldsymbol{A}) = n$ 时, 设 $\boldsymbol{A}$ 的特征多项式为

$$f(x) = x^n + a_{n-1}x^{n-1} + \cdots + a_1x + a_0,$$

则

$$\boldsymbol{O} = \boldsymbol{A}^n + a_{n-1}\boldsymbol{A}^{n-1} + \cdots + a_1\boldsymbol{A} + a_0\boldsymbol{E}.$$

于是

$$\boldsymbol{A}^{-1} = -\frac{1}{a_0}(\boldsymbol{A}^{n-1} + a_{n-1}\boldsymbol{A}^{n-2} + \cdots + a_1\boldsymbol{E}),$$

而 $\boldsymbol{A}^* = |\boldsymbol{A}|\boldsymbol{A}^{-1}$, 从而结论成立.

(2) 当 $r(\boldsymbol{A}) < n$ 时, 考虑 $\boldsymbol{A}_1 = \boldsymbol{A} + t\boldsymbol{E}$, 由于存在无穷多个 t 的值使得 $\boldsymbol{A}_1$ 可逆, 由上面的 (1) 可得

$$\boldsymbol{A}_1^* = g(\boldsymbol{A}_1).$$

上式等号两边矩阵的元素都是 t 的多项式，且有无穷多的 t 值使得它们相等，从而它们恒等，令 $t=0$ 即可.

(P17) 若 $\boldsymbol{A}\boldsymbol{B} = \boldsymbol{B}\boldsymbol{A}$, 则 $\boldsymbol{A}^*\boldsymbol{B} = \boldsymbol{B}\boldsymbol{A}^*$.

证　利用归纳法, 可以证明对任一多项式 $f(x)$, 有

$$f(\boldsymbol{A})\boldsymbol{B} = \boldsymbol{B}f(\boldsymbol{A}),$$

而 $\boldsymbol{A}^*$ 可以表示为 $\boldsymbol{A}$ 的多项式, 从而结论成立.

(P18) 设 $\lambda_1, \lambda_2, \cdots, \lambda_n$ 是 $\boldsymbol{A}$ 的所有特征值, 则

(1) 若 $\boldsymbol{A}$ 可逆, 则 $\lambda_i \neq 0, i=1,2,\cdots,n$, 于是 $\boldsymbol{A}^*$ 的特征值为

$$|\boldsymbol{A}|\lambda_1^{-1}=\lambda_2\lambda_3\cdots\lambda_n, |\boldsymbol{A}|\lambda_2^{-1}=\lambda_1\lambda_3\cdots\lambda_n, \cdots, |\boldsymbol{A}|\lambda_n^{-1}=\lambda_1\lambda_2\cdots\lambda_{n-1};$$

(2) 若 $r(\boldsymbol{A})=n-1$, 此时 $r(\boldsymbol{A}^*)=1$, 故 $\boldsymbol{A}^*$ 的特征值为 $0(n-1$ 重$)$,$\mathrm{tr}(\boldsymbol{A}^*)\neq 0$;

(3) 若 $r(\boldsymbol{A})<n-1$, 此时 $\boldsymbol{A}^*=\boldsymbol{O}$,$\boldsymbol{A}^*$ 的特征值全为 0.

3.4.3 伴随矩阵的反问题

伴随矩阵的反问题是: 对任意给定的 n 阶方阵 $\boldsymbol{B}$, 是否存在 n 阶方阵 $\boldsymbol{A}$ 使得 $\boldsymbol{A}^*=\boldsymbol{B}$? 若存在, 如何求出, 是否唯一?

定理 3.4.1 若 $\boldsymbol{B}$ 是 2 阶方阵, 则存在唯一的二阶方阵 $\boldsymbol{A}$ 使得 $\boldsymbol{A}^*=\boldsymbol{B}$.

证 由 (P9)

$$(\boldsymbol{A}^*)^*=\begin{cases}\boldsymbol{A}, & n=2,\\ |\boldsymbol{A}|^{n-2}\boldsymbol{A}, & n>2,\end{cases}$$

可知

$$\boldsymbol{A}=(\boldsymbol{A}^*)^*=\boldsymbol{B}^*.$$

故结论成立.

定理 3.4.2 若 $\boldsymbol{B}$ 是给定的 $n(n>2)$ 阶方阵, 则存在 n 阶方阵 $\boldsymbol{A}$ 使得 $\boldsymbol{A}^*=\boldsymbol{B}$ 的充要条件为 $r(\boldsymbol{B})=n,1,0$. 并且

(1) $r(\boldsymbol{B})=n$ 时,$\boldsymbol{A}=\sqrt[n-1]{|\boldsymbol{B}|}\boldsymbol{B}^{-1}$;

(2) $r(\boldsymbol{B})=1$ 时,$\boldsymbol{A}=\boldsymbol{Q}^{-1}\begin{pmatrix}\boldsymbol{O} & \boldsymbol{O}\\ \boldsymbol{O} & \boldsymbol{X}_{n-1}\end{pmatrix}\boldsymbol{P}^{-1}$, 且 $|\boldsymbol{X}_{n-1}|=|\boldsymbol{PQ}|, \boldsymbol{B}=\boldsymbol{P}\begin{pmatrix}1 & \boldsymbol{O}\\ \boldsymbol{O} & \boldsymbol{O}\end{pmatrix}\boldsymbol{Q}$.

证 必要性. 由 (P6) 可得.

充分性.(1) $r(\boldsymbol{B})=n$ 时, 若存在 $\boldsymbol{A}$ 使得 $\boldsymbol{A}^*=\boldsymbol{B}$, 则由 $(\boldsymbol{A}^*)^*=|\boldsymbol{A}|^{n-2}\boldsymbol{A}$, 有

$$\boldsymbol{A}=\frac{1}{|\boldsymbol{A}|^{n-2}}(\boldsymbol{A}^*)^*=\frac{1}{|\boldsymbol{A}|^{n-2}}\boldsymbol{B}^*=\frac{1}{|\boldsymbol{A}|^{n-2}}|\boldsymbol{B}|\boldsymbol{B}^{-1},$$

而

$$|\boldsymbol{B}|=|\boldsymbol{A}^*|=|\boldsymbol{A}|^{n-1},$$

代入上式可得

$$\boldsymbol{A}=|\boldsymbol{A}|\boldsymbol{B}^{-1}=\sqrt[n-1]{|\boldsymbol{B}|}\boldsymbol{B}^{-1}.$$

从而满足 $\boldsymbol{A}^*=\boldsymbol{B}$ 的矩阵 $\boldsymbol{A}$ 存在, 而且有 $n-1$ 个.

(2) $r(\boldsymbol{B})=1$ 时, 则存在可逆矩阵 $\boldsymbol{P},\boldsymbol{Q}$ 使得

$$\boldsymbol{B}=\boldsymbol{P}\begin{pmatrix}1 & \boldsymbol{O}\\ \boldsymbol{O} & \boldsymbol{O}\end{pmatrix}\boldsymbol{Q}.$$

若存在 $\boldsymbol{A}$ 满足 $\boldsymbol{A}^*=\boldsymbol{B}$, 则 $r(\boldsymbol{A})=n-1$, 从而存在可逆矩阵 $\boldsymbol{G},\boldsymbol{H}$ 使得

$$\boldsymbol{A}=\boldsymbol{G}\begin{pmatrix}\boldsymbol{O} & \boldsymbol{O}\\ \boldsymbol{O} & \boldsymbol{E}_{n-1}\end{pmatrix}\boldsymbol{H},$$

则

$$\boldsymbol{A}^*=\boldsymbol{H}^*\begin{pmatrix}\boldsymbol{O}&\boldsymbol{O}\\ \boldsymbol{O}&\boldsymbol{E}_{n-1}\end{pmatrix}^*\boldsymbol{G}^*=\boldsymbol{H}^*\begin{pmatrix}1&\boldsymbol{O}\\ \boldsymbol{O}&\boldsymbol{O}\end{pmatrix}\boldsymbol{G}^*=|\boldsymbol{H}\boldsymbol{G}|\boldsymbol{H}^{-1}\begin{pmatrix}1&\boldsymbol{O}\\ \boldsymbol{O}&\boldsymbol{O}\end{pmatrix}\boldsymbol{G}^{-1},$$

由 $\boldsymbol{A}^*=\boldsymbol{B}$ 可得

$$|\boldsymbol{H}\boldsymbol{G}|\boldsymbol{H}^{-1}\begin{pmatrix}1&\boldsymbol{O}\\ \boldsymbol{O}&\boldsymbol{O}\end{pmatrix}\boldsymbol{G}^{-1}=\boldsymbol{P}\begin{pmatrix}1&\boldsymbol{O}\\ \boldsymbol{O}&\boldsymbol{O}\end{pmatrix}\boldsymbol{Q},$$

即

$$|\boldsymbol{H}\boldsymbol{G}|\begin{pmatrix}1&\boldsymbol{O}\\ \boldsymbol{O}&\boldsymbol{O}\end{pmatrix}=\boldsymbol{H}\boldsymbol{P}\begin{pmatrix}1&\boldsymbol{O}\\ \boldsymbol{O}&\boldsymbol{O}\end{pmatrix}\boldsymbol{Q}\boldsymbol{G},$$

记 $\boldsymbol{C}=\boldsymbol{H}\boldsymbol{P},\boldsymbol{D}=\boldsymbol{Q}\boldsymbol{G}$, 且分块为 $\boldsymbol{C}=\begin{pmatrix}\boldsymbol{C}_{11}&\boldsymbol{C}_{12}\\ \boldsymbol{C}_{21}&\boldsymbol{C}_{22}\end{pmatrix},\boldsymbol{D}=\begin{pmatrix}\boldsymbol{D}_{11}&\boldsymbol{D}_{12}\\ \boldsymbol{D}_{21}&\boldsymbol{D}_{22}\end{pmatrix}$, 其中 $\boldsymbol{C}_{22},\boldsymbol{D}_{22}$ 是 $n-1$ 阶矩阵, 则

$$|\boldsymbol{H}\boldsymbol{G}|\begin{pmatrix}1&\boldsymbol{O}\\ \boldsymbol{O}&\boldsymbol{O}\end{pmatrix}=\begin{pmatrix}\boldsymbol{C}_{11}&\boldsymbol{C}_{12}\\ \boldsymbol{C}_{21}&\boldsymbol{C}_{22}\end{pmatrix}\begin{pmatrix}1&\boldsymbol{O}\\ \boldsymbol{O}&\boldsymbol{O}\end{pmatrix}\begin{pmatrix}\boldsymbol{D}_{11}&\boldsymbol{D}_{12}\\ \boldsymbol{D}_{21}&\boldsymbol{D}_{22}\end{pmatrix}=\begin{pmatrix}\boldsymbol{C}_{11}\boldsymbol{D}_{11}&\boldsymbol{C}_{11}\boldsymbol{D}_{12}\\ \boldsymbol{C}_{21}\boldsymbol{D}_{11}&\boldsymbol{C}_{21}\boldsymbol{D}_{12}\end{pmatrix},$$

于是

$$|\boldsymbol{H}\boldsymbol{G}|=\boldsymbol{C}_{11}\boldsymbol{D}_{11},\boldsymbol{C}_{11}\boldsymbol{D}_{12}=\boldsymbol{O},\boldsymbol{C}_{21}\boldsymbol{D}_{11}=\boldsymbol{O},\boldsymbol{C}_{21}\boldsymbol{D}_{12}=\boldsymbol{O}.$$

由于 $\boldsymbol{H},\boldsymbol{G}$ 可逆, 故 $\boldsymbol{C}_{11}\neq\boldsymbol{O},\boldsymbol{D}_{11}\neq\boldsymbol{O}$, 于是 $\boldsymbol{D}_{12}=\boldsymbol{O}=\boldsymbol{C}_{21}$. 从而

$$\begin{aligned}\boldsymbol{A}&=\boldsymbol{G}\begin{pmatrix}\boldsymbol{O}&\boldsymbol{O}\\ \boldsymbol{O}&\boldsymbol{E}_{n-1}\end{pmatrix}\boldsymbol{H}=\boldsymbol{Q}^{-1}\boldsymbol{D}\begin{pmatrix}\boldsymbol{O}&\boldsymbol{O}\\ \boldsymbol{O}&\boldsymbol{E}_{n-1}\end{pmatrix}\boldsymbol{C}\boldsymbol{P}^{-1}\\ &=\boldsymbol{Q}^{-1}\begin{pmatrix}\boldsymbol{D}_{11}&\boldsymbol{D}_{12}\\ \boldsymbol{D}_{21}&\boldsymbol{D}_{22}\end{pmatrix}\begin{pmatrix}\boldsymbol{O}&\boldsymbol{O}\\ \boldsymbol{O}&\boldsymbol{E}_{n-1}\end{pmatrix}\begin{pmatrix}\boldsymbol{C}_{11}&\boldsymbol{C}_{12}\\ \boldsymbol{C}_{21}&\boldsymbol{C}_{22}\end{pmatrix}\boldsymbol{P}^{-1}\\ &=\boldsymbol{Q}^{-1}\begin{pmatrix}\boldsymbol{O}&\boldsymbol{O}\\ \boldsymbol{O}&\boldsymbol{D}_{22}\boldsymbol{C}_{22}\end{pmatrix}\boldsymbol{P}^{-1}.\end{aligned}$$

又

$$\begin{aligned}\boldsymbol{C}_{11}\boldsymbol{D}_{11}&=|\boldsymbol{H}\boldsymbol{G}|=|\boldsymbol{H}||\boldsymbol{G}|=|\boldsymbol{G}||\boldsymbol{H}|=|\boldsymbol{G}\boldsymbol{H}|=|\boldsymbol{Q}^{-1}\boldsymbol{D}\boldsymbol{C}\boldsymbol{P}^{-1}|\\ &=\frac{1}{|\boldsymbol{P}\boldsymbol{Q}|}|\boldsymbol{D}\boldsymbol{C}|.\end{aligned}$$

而

$$\begin{aligned}\begin{pmatrix}1&\boldsymbol{O}\\ -\dfrac{\boldsymbol{D}_{21}}{\boldsymbol{D}_{11}}&\boldsymbol{E}_{n-1}\end{pmatrix}\boldsymbol{D}\boldsymbol{C}&=\begin{pmatrix}1&\boldsymbol{O}\\ -\dfrac{\boldsymbol{D}_{21}}{\boldsymbol{D}_{11}}&\boldsymbol{E}_{n-1}\end{pmatrix}\begin{pmatrix}\boldsymbol{D}_{11}&\boldsymbol{O}\\ \boldsymbol{D}_{21}&\boldsymbol{D}_{22}\end{pmatrix}\begin{pmatrix}\boldsymbol{C}_{11}&\boldsymbol{C}_{12}\\ \boldsymbol{O}&\boldsymbol{C}_{22}\end{pmatrix}\\ &=\begin{pmatrix}1&\boldsymbol{O}\\ -\dfrac{\boldsymbol{D}_{21}}{\boldsymbol{D}_{11}}&\boldsymbol{E}_{n-1}\end{pmatrix}\begin{pmatrix}\boldsymbol{D}_{11}\boldsymbol{C}_{11}&\boldsymbol{D}_{11}\boldsymbol{C}_{12}\\ \boldsymbol{D}_{21}\boldsymbol{C}_{11}&\boldsymbol{D}_{21}\boldsymbol{C}_{12}+\boldsymbol{D}_{22}\boldsymbol{C}_{22}\end{pmatrix}\\ &=\begin{pmatrix}\boldsymbol{D}_{11}\boldsymbol{C}_{11}&\boldsymbol{D}_{11}\boldsymbol{C}_{12}\\ \boldsymbol{O}&\boldsymbol{D}_{22}\boldsymbol{C}_{22}\end{pmatrix},\end{aligned}$$

故

$$\boldsymbol{C}_{11}\boldsymbol{D}_{11}=|\boldsymbol{H}\boldsymbol{G}|=\frac{1}{|\boldsymbol{P}\boldsymbol{Q}|}|\boldsymbol{D}\boldsymbol{C}|=\frac{1}{|\boldsymbol{P}\boldsymbol{Q}|}\boldsymbol{D}_{11}\boldsymbol{C}_{11}|\boldsymbol{D}_{22}\boldsymbol{C}_{22}|,$$

从而

$$\frac{1}{|\boldsymbol{PQ}|}|\boldsymbol{D}_{22}\boldsymbol{C}_{22}| = 1.$$

即

$$|\boldsymbol{D}_{22}\boldsymbol{C}_{22}| = |\boldsymbol{PQ}|.$$

从而结论成立.

例 3.4.1 设矩阵 $\boldsymbol{A}$ 的伴随矩阵 $\boldsymbol{A}^* = \begin{pmatrix} 1 & -2 & 1 \\ 0 & 2 & -2 \\ -1 & 2 & 1 \end{pmatrix}$, 求矩阵 $\boldsymbol{A}$.

解 计算可知 $|\boldsymbol{A}^*| = 4$, 由 $|\boldsymbol{A}^*| = |\boldsymbol{A}|^{3-1}$, 可得 $|\boldsymbol{A}| = \pm 2$.

若 $|\boldsymbol{A}| = 2$, 由 $\boldsymbol{AA}^* = |\boldsymbol{A}|\boldsymbol{E}$, 可得

$$\boldsymbol{A} = |\boldsymbol{A}|(\boldsymbol{A}^*)^{-1} = 2\begin{pmatrix} \frac{3}{2} & 1 & \frac{1}{2} \\ \frac{1}{2} & \frac{1}{2} & \frac{1}{2} \\ \frac{1}{2} & 0 & \frac{1}{2} \end{pmatrix} = \begin{pmatrix} 3 & 2 & 1 \\ 1 & 1 & 1 \\ 1 & 0 & 1 \end{pmatrix}.$$

若 $|\boldsymbol{A}| = -2$, 则

$$\boldsymbol{A} = |\boldsymbol{A}|(\boldsymbol{A}^*)^{-1} = -2\begin{pmatrix} \frac{3}{2} & 1 & \frac{1}{2} \\ \frac{1}{2} & \frac{1}{2} & \frac{1}{2} \\ \frac{1}{2} & 0 & \frac{1}{2} \end{pmatrix} = \begin{pmatrix} -3 & -2 & -1 \\ -1 & -1 & -1 \\ -1 & 0 & -1 \end{pmatrix}.$$

例 3.4.2 (中国计量大学, 2017) 设矩阵 $\boldsymbol{X}$ 的伴随矩阵 $\boldsymbol{X}^* = \begin{pmatrix} 4 & -2 & 0 & 0 \\ -3 & 1 & 0 & 0 \\ 0 & 0 & -4 & 0 \\ 0 & 0 & 0 & -1 \end{pmatrix}$, 求矩阵 $\boldsymbol{X}$.

例 3.4.3 (华东师范大学,2007) 设 $\boldsymbol{A} = \begin{pmatrix} 1 & 1 & 1 \\ 1 & 1 & 1 \\ 1 & 1 & 1 \end{pmatrix}$, 求矩阵 $\boldsymbol{B}$ 使得 $\boldsymbol{B}^* = \boldsymbol{A}$.

解 由于 $r(\boldsymbol{A}) = 1$, 令

$$\boldsymbol{P} = \begin{pmatrix} 1 & 0 & 0 \\ -1 & 1 & 0 \\ -1 & 0 & 1 \end{pmatrix},$$

则有

$$\boldsymbol{PAP}^{\mathrm{T}} = \mathbf{diag}(1, 0, 0).$$

于是

$$A = P^{-1}\mathbf{diag}(1,0,0)(P^{\mathrm{T}})^{-1}.$$

注意到 $r(B)=2$, 则存在可逆矩阵 G, H 使得

$$B = G\mathbf{diag}(0,1,1)H,$$

于是

$$\begin{aligned} B^* &= (G\mathbf{diag}(0,1,1)H)^* = H^*(\mathbf{diag}(0,1,1))^*G^* = H^*\mathbf{diag}(1,0,0)G^* \\ &= |H||G|H^{-1}\mathbf{diag}(1,0,0)G^{-1}, \end{aligned}$$

欲使得 $B^* = A$, 只需令

$$|H|H^{-1} = P^{-1}, |G|G^{-1} = (P^{\mathrm{T}})^{-1},$$

即可取

$$H = P, G = P^{\mathrm{T}},$$

于是

$$B = G\mathbf{diag}(0,1,1)H = P^{\mathrm{T}}\mathbf{diag}(0,1,1)P = \begin{pmatrix} 2 & -1 & -1 \\ -1 & 1 & 0 \\ -1 & 0 & 1 \end{pmatrix}.$$

注 计算可知, 对任意数 k, 有

$$\begin{pmatrix} 0 & & \\ & 1 & k \\ & & 1 \end{pmatrix}^* = \mathbf{diag}(1,0,0),$$

于是 $B = G\begin{pmatrix} 0 & & \\ & 1 & k \\ & & 1 \end{pmatrix}H$, 此时

$$B = \begin{pmatrix} 2+k & -1 & -1-k \\ -1-k & 1 & k \\ -1 & 0 & 1 \end{pmatrix}.$$

由此可知满足条件的矩阵 B 不唯一, 有无穷多个.

3.4.4 例题

例 3.4.4 (中国矿业大学,2021) 设 $A=(a_{ij})$ 为 n 阶矩阵,$n \geqslant 2$,A^* 是 A 的伴随矩阵, 且 $A_{11} \neq 0$, 其中 A_{11} 是 a_{11} 对应的代数余子式. 证明: 方程组 $AX=0$ 有无穷多解的充要条件是 $A^*X=0$ 有非零解.

例 3.4.5 (河南大学,2007) 设 A 为 n 阶方阵, 证明: 若 $|A|=0$, 则 A 中任意两行 (列) 对应元素的代数余子式成比例.

例 3.4.6 (山东大学,2017) 设 $\boldsymbol{A}$ 为 n 阶矩阵且不可逆,$\boldsymbol{A}$ 的伴随矩阵 $\boldsymbol{A}^*$ 的迹 $\mathrm{tr}\boldsymbol{A}^*=a\neq 0$,求:

(1) 矩阵 $\boldsymbol{A}$ 的秩 $r(\boldsymbol{A})$;

(2) $|\lambda\boldsymbol{E}-\boldsymbol{A}^*|$, 其中 $\boldsymbol{E}$ 为 n 阶单位矩阵.

例 3.4.7 (吉林大学,2021) 已知 $\boldsymbol{A}$ 为 $n(n\geqslant 2)$ 阶矩阵,$\boldsymbol{A}^*=2\boldsymbol{A}$, 其中 $\boldsymbol{A}^*$ 表示 $\boldsymbol{A}$ 的伴随矩阵, 且 $|\boldsymbol{A}|=0$, 证明:$\boldsymbol{A}=\boldsymbol{O}$.

例 3.4.8 (河南师范大学,2012) 设

$$\boldsymbol{A}=\begin{pmatrix}0 & x_1+x_2 & x_1+x_3 & \cdots & x_1+x_n\\ x_2+x_1 & 0 & x_2+x_3 & \cdots & x_2+x_n\\ x_3+x_1 & x_3+x_2 & 0 & \cdots & x_3+x_n\\ \vdots & \vdots & \vdots & & \vdots\\ x_n+x_1 & x_n+x_2 & x_n+x_3 & \cdots & 0\end{pmatrix},x_i\neq 0,n>2.$$

证明:$r(\boldsymbol{A}^*)=n$ 或 1.

证 只需证明 $r(\boldsymbol{A})\geqslant n-1$.

(法 1) 由于

$$\boldsymbol{A}=\begin{pmatrix}x_1\\ x_2\\ \vdots\\ x_n\end{pmatrix}\begin{pmatrix}1,1,\cdots,1\end{pmatrix}+\begin{pmatrix}-x_1 & x_2 & \cdots & x_n\\ x_1 & -x_2 & \cdots & x_n\\ \vdots & \vdots & & \vdots\\ x_1 & x_2 & \cdots & -x_n\end{pmatrix}$$

注意到

$$\begin{vmatrix}-x_1 & x_2 & \cdots & x_n\\ x_1 & -x_2 & \cdots & x_n\\ \vdots & \vdots & & \vdots\\ x_1 & x_2 & \cdots & -x_n\end{vmatrix}=(-2)^{n-1}(n-2)\prod_{i=1}^{n}x_i\neq 0,$$

于是

$$r(\boldsymbol{A})\geqslant r\begin{pmatrix}-x_1 & x_2 & \cdots & x_n\\ x_1 & -x_2 & \cdots & x_n\\ \vdots & \vdots & & \vdots\\ x_1 & x_2 & \cdots & -x_n\end{pmatrix}-r\left[\begin{pmatrix}x_1\\ x_2\\ \vdots\\ x_n\end{pmatrix}\begin{pmatrix}1,1,\cdots,1\end{pmatrix}\right]=n-1.$$

即结论成立.

(法 2) 令

$$\boldsymbol{B}=\begin{pmatrix}x_1 & 1\\ x_2 & 1\\ \vdots & \vdots\\ x_n & 1\end{pmatrix},\boldsymbol{C}=\begin{pmatrix}1 & 1 & \cdots & 1\\ x_1 & x_2 & \cdots & x_n\end{pmatrix},\boldsymbol{D}=\mathbf{diag}(2x_1,2x_2,\cdots,2x_n),$$

则易知 $\boldsymbol{A}=\boldsymbol{BC}-\boldsymbol{D}$, 注意到 $r(\boldsymbol{B})\geqslant 1, r(\boldsymbol{D})=n$, 可得

$$r(\boldsymbol{A})=r(\boldsymbol{BC}-\boldsymbol{D})\geqslant r(\boldsymbol{D})-r(\boldsymbol{BC})\geqslant r(\boldsymbol{D})-r(\boldsymbol{B})\geqslant n-1.$$

(法 3) 考虑分块矩阵

$$\boldsymbol{M}=\begin{pmatrix}1 & \boldsymbol{O}\\ \boldsymbol{O} & \boldsymbol{A}\end{pmatrix}=\begin{pmatrix}1 & 0 & 0 & 0 & \cdots & 0\\ 0 & 0 & x_1+x_2 & x_1+x_3 & \cdots & x_1+x_n\\ 0 & x_2+x_1 & 0 & x_2+x_3 & \cdots & x_2+x_n\\ 0 & x_3+x_1 & x_3+x_2 & 0 & \cdots & x_3+x_n\\ \vdots & \vdots & \vdots & \vdots & & \vdots\\ 0 & x_n+x_1 & x_n+x_2 & x_n+x_3 & \cdots & 0\end{pmatrix},$$

只需证明 $r(\boldsymbol{M})\geqslant n$.

将 $\boldsymbol{M}$ 的第一列加到其余各列, 再将第一行乘以 $-x_i$ 加到第 $i+1$ 行 $(i=1,2,\cdots,n)$ 可得

$$\boldsymbol{M}\to\begin{pmatrix}1 & 1 & 1 & 1 & \cdots & 1\\ -x_1 & -x_1 & x_2 & x_3 & \cdots & x_n\\ -x_2 & x_1 & -x_2 & x_3 & \cdots & x_n\\ -x_3 & x_1 & x_2 & -x_3 & \cdots & x_n\\ \vdots & \vdots & \vdots & \vdots & & \vdots\\ -x_n & x_1 & x_2 & x_3 & \cdots & -x_n\end{pmatrix},$$

注意到上式右边的矩阵有一个 n 阶子式

$$\begin{vmatrix}-x_1 & x_2 & x_3 & \cdots & x_n\\ x_1 & -x_2 & x_3 & \cdots & x_n\\ x_1 & x_2 & -x_3 & \cdots & x_n\\ \vdots & \vdots & \vdots & & \vdots\\ x_1 & x_2 & x_3 & \cdots & -x_n\end{vmatrix}=(-2)^{n-1}(n-2)\prod_{i=1}^{n}x_i\neq 0,$$

于是 $r(\boldsymbol{M})\geqslant n$.

例 3.4.9 (南京师范大学,2015) 设行列式 $D=\begin{vmatrix}a_{11} & a_{12} & \cdots & a_{1n}\\ a_{21} & a_{22} & \cdots & a_{2n}\\ \vdots & \vdots & & \vdots\\ a_{n1} & a_{n2} & \cdots & a_{nn}\end{vmatrix}$, $n\geqslant 3$, 令 A_{ij} 表示元素 a_{ij} 的代数余子式,$1\leqslant i,j\leqslant n$. 证明:

$$\begin{vmatrix}A_{11} & A_{12} & \cdots & A_{1(n-1)}\\ A_{21} & A_{22} & \cdots & A_{2(n-1)}\\ \vdots & \vdots & & \vdots\\ A_{(n-1)1} & A_{(n-1)2} & \cdots & A_{(n-1)n-1}\end{vmatrix}=a_{nn}D^{n-2}.$$

证 令

$$\boldsymbol{A}=\begin{pmatrix}a_{11}&a_{12}&\cdots&a_{1n}\\a_{21}&a_{22}&\cdots&a_{2n}\\\vdots&\vdots&&\vdots\\a_{n1}&a_{n2}&\cdots&a_{nn}\end{pmatrix},$$

则

$$\boldsymbol{A}^*=\begin{pmatrix}A_{11}&A_{21}&\cdots&A_{(n-1)1}&A_{n1}\\A_{12}&A_{22}&\cdots&A_{(n-1)2}&A_{n2}\\\vdots&\vdots&&\vdots&\vdots\\A_{1(n-1)}&A_{2(n-1)}&\cdots&A_{(n-1)n-1}&A_{(n-1)n}\\A_{1n}&A_{2n}&\cdots&A_{n(n-1)}&A_{nn}\end{pmatrix}.$$

(法 1) 注意到所求的行列式是 $\boldsymbol{A}^*$ 的元素 A_{nn} 的代数余子式, 也就是 $(\boldsymbol{A}^*)^*$ 的 (n,n) 位置的元素, 由 $(\boldsymbol{A}^*)^*=|\boldsymbol{A}|^{n-2}\boldsymbol{A}=D^{n-2}\boldsymbol{A}$, 可知结论成立.

(法 2) 当 $\boldsymbol{A}$ 可逆, 即 $D\neq 0$ 时, 由于

$$\begin{pmatrix}A_{11}&A_{12}&\cdots&A_{1(n-1)}&A_{1n}\\A_{21}&A_{22}&\cdots&A_{2(n-1)}&A_{2n}\\\vdots&\vdots&&\vdots&\vdots\\A_{(n-1)1}&A_{(n-1)2}&\cdots&A_{(n-1)n-1}&A_{(n-1)n}\\0&0&\cdots&0&1\end{pmatrix}\boldsymbol{A}^{\mathrm{T}}=\begin{pmatrix}D&&&\\\vdots&\ddots&&\\&&D&\\a_{n1}&a_{n2}&\cdots&a_{nn}\end{pmatrix}=a_{nn}D^{n-1},$$

上式两边取行列式可得

$$\begin{vmatrix}A_{11}&A_{12}&\cdots&A_{1(n-1)}\\A_{21}&A_{22}&\cdots&A_{2(n-1)}\\\vdots&\vdots&&\vdots\\A_{(n-1)1}&A_{(n-1)2}&\cdots&A_{(n-1)n-1}\end{vmatrix}=a_{nn}D^{n-2}.$$

当 $\boldsymbol{A}$ 不可逆, 即 $D=0$ 时, 由于 $r(\boldsymbol{A}^*)\leqslant 1$, 所以

$$\begin{vmatrix}A_{11}&A_{12}&\cdots&A_{1(n-1)}\\A_{21}&A_{22}&\cdots&A_{2(n-1)}\\\vdots&\vdots&&\vdots\\A_{(n-1)1}&A_{(n-1)2}&\cdots&A_{(n-1)n-1}\end{vmatrix}=0=a_{nn}D^{n-2}.$$

综上, 可知结论成立.

例 3.4.10 (河北工业大学,2021) 设 $\boldsymbol{A}=(a_{ij})$ 为 $n(n\geqslant 3)$ 阶矩阵, $\boldsymbol{A}^*$ 为 $\boldsymbol{A}$ 的伴随矩阵, 证明:$\boldsymbol{A}^*$ 的前 $n-1$ 行前 $n-1$ 列构成的子式 (即 $\boldsymbol{A}^*$ 的 $n-1$ 阶顺序主子式) 的值为 $|\boldsymbol{A}|^{n-2}a_{nn}$.

例 3.4.11 (复旦大学高等代数每周一题 [问题 2014A03]) 设 $\boldsymbol{A}=(a_{ij})$ 为 $n\,(n\geqslant 3)$ 阶方阵,

A_{ij} 为第 (i,j) 元素 a_{ij} 在 $|\boldsymbol{A}|$ 中的代数余子式，证明:

$$\begin{vmatrix} A_{22} & A_{23} & \cdots & A_{2n} \\ A_{32} & A_{33} & \cdots & A_{3n} \\ \vdots & \vdots & & \vdots \\ A_{n2} & A_{n3} & \cdots & A_{nn} \end{vmatrix} = a_{11}|\boldsymbol{A}|^{n-2}.$$

注 如果约定 $|\boldsymbol{A}|^0=1$，则上述结论对 $n=2$ 也成立.

例 3.4.12 (湘潭大学,2015) 令 $\boldsymbol{A}=(a_{ij})$ 为 $n(n\geqslant 2)$ 阶方阵,$\boldsymbol{A}^*$ 为 $\boldsymbol{A}$ 的伴随矩阵. 证明:

(1) 如果 $|\boldsymbol{A}|=\boldsymbol{0}$, 则秩 $(\boldsymbol{A}^*)=1$ 或 0;

(2) 令 M 表示划掉 $\boldsymbol{A}^*$ 的第 i 行和第 i 列得到的 $n-1$ 阶子式, 则 $M=a_{ii}|\boldsymbol{A}|^{n-2}$.

例 3.4.13 (浙江大学,2016) 已知矩阵 $\boldsymbol{A}$ 是 n 阶不可逆矩阵,$\boldsymbol{A}^*$ 是 $\boldsymbol{A}$ 的伴随矩阵, 证明至多存在两个非零复数 k, 使得 $k\boldsymbol{E}+\boldsymbol{A}^*$ 为不可逆矩阵.

证 由 $\boldsymbol{A}$ 是 n 阶不可逆矩阵, 故 $r(\boldsymbol{A})\leqslant n-1$.

(1) 若 $r(\boldsymbol{A})=n-1$, 此时 $r(\boldsymbol{A}^*)=1$, 故 $\boldsymbol{A}^*$ 的特征值为 $0(n-1$ 重$)$,$\mathrm{tr}(\boldsymbol{A}^*)(\neq 0)$, 从而 $k\boldsymbol{E}+\boldsymbol{A}^*$ 的特征值为 $k(n-1$重$)$,$k+\mathrm{tr}(\boldsymbol{A}^*)$, 于是使得 $k\boldsymbol{E}+\boldsymbol{A}^*$ 为不可逆矩阵的非零复数 $k=-\mathrm{tr}(\boldsymbol{A}^*)$.

(2) 若 $r(\boldsymbol{A})<n-1$, 此时 $\boldsymbol{A}^*=\boldsymbol{O}$, 故 $\boldsymbol{A}^*$ 的特征值全为 0, 从而 $k\boldsymbol{E}+\boldsymbol{A}^*$ 的特征值为 $k(n$重$)$, 于是使得 $k\boldsymbol{E}+\boldsymbol{A}^*$ 为不可逆矩阵的非零复数 k 不存在.

综上, 可知结论成立.

注 本题修改为下面的才是恰当的:

已知矩阵 $\boldsymbol{A}$ 是 n 阶不可逆矩阵,$\boldsymbol{A}^*$ 是 $\boldsymbol{A}$ 的伴随矩阵, 证明: 至多存在两个互异的复数 k, 使得 $k\boldsymbol{E}+\boldsymbol{A}^*$ 为不可逆矩阵.

例 3.4.14 设 $\boldsymbol{A}=(a_{ij})\in F^{n\times n}$, $\boldsymbol{A}_1=(A_{ij})_{n\times n}$, 其中 A_{ij} 是 $|\boldsymbol{A}|$ 中元素的代数余子式 (即 $\boldsymbol{A}_1$ 是 $\boldsymbol{A}$ 的代数余子式矩阵), 若 $\boldsymbol{A}^k=\boldsymbol{E}$, 其中 k 是大于 1 的正整数. 证明:$\boldsymbol{A}_1^k=\boldsymbol{E}$.

3.5 其他问题

例 3.5.1 (东北大学,2022) 设 $\boldsymbol{A},\boldsymbol{B}$ 都是 $m\times n$ 矩阵, 如果存在 $n\times n$ 矩阵 $\boldsymbol{P}$ 和 $n\times n$ 矩阵 $\boldsymbol{Q}$, 使得 $\boldsymbol{AP}=\boldsymbol{B},\boldsymbol{BQ}=\boldsymbol{A}$. 证明:

(1) 存在 n 阶矩阵 $\boldsymbol{K}$, 使得 $\boldsymbol{P}+(\boldsymbol{PQ}-\boldsymbol{E})\boldsymbol{K}$ 为可逆矩阵, 其中 $\boldsymbol{E}$ 为 n 阶单位矩阵;

(2) 存在可逆的 n 阶矩阵 $\boldsymbol{M}$, 使得 $\boldsymbol{AM}=\boldsymbol{B}$.

分析 (1) 若 $\boldsymbol{P}$ 可逆, 取 $\boldsymbol{K}=\boldsymbol{O}$ 即可.

若 $\boldsymbol{P}$ 不可逆, 设 $r(\boldsymbol{P})=r$, 则存在 n 阶可逆矩阵 $\boldsymbol{U},\boldsymbol{V}$ 使得

$$\boldsymbol{P}=\boldsymbol{U}\begin{pmatrix} \boldsymbol{E}_r & \boldsymbol{O} \\ \boldsymbol{O} & \boldsymbol{O} \end{pmatrix}\boldsymbol{V},$$

于是

$$\boldsymbol{P}+(\boldsymbol{PQ}-\boldsymbol{E})\boldsymbol{K}=\boldsymbol{U}\begin{pmatrix} \boldsymbol{E}_r & \boldsymbol{O} \\ \boldsymbol{O} & \boldsymbol{O} \end{pmatrix}\boldsymbol{V}+\left[\boldsymbol{U}\begin{pmatrix} \boldsymbol{E}_r & \boldsymbol{O} \\ \boldsymbol{O} & \boldsymbol{O} \end{pmatrix}\boldsymbol{VQ}-\boldsymbol{E}\right]\boldsymbol{K},$$

将 $\boldsymbol{E}$ 处理一下, 使得加号前后形式一致,

$$\begin{aligned}\boldsymbol{P}+(\boldsymbol{PQ}-\boldsymbol{E})\boldsymbol{K}&=\boldsymbol{U}\begin{pmatrix}\boldsymbol{E}_r&\boldsymbol{O}\\\boldsymbol{O}&\boldsymbol{O}\end{pmatrix}\boldsymbol{V}+\left[\boldsymbol{U}\begin{pmatrix}\boldsymbol{E}_r&\boldsymbol{O}\\\boldsymbol{O}&\boldsymbol{O}\end{pmatrix}\boldsymbol{VQ}-\boldsymbol{UU}^{-1}\right]\boldsymbol{K}\\&=\boldsymbol{U}\begin{pmatrix}\boldsymbol{E}_r&\boldsymbol{O}\\\boldsymbol{O}&\boldsymbol{O}\end{pmatrix}\boldsymbol{V}+\boldsymbol{U}\left[\begin{pmatrix}\boldsymbol{E}_r&\boldsymbol{O}\\\boldsymbol{O}&\boldsymbol{O}\end{pmatrix}\boldsymbol{VQU}-\boldsymbol{E}\right]\boldsymbol{U}^{-1}\boldsymbol{K},\end{aligned}$$

将 $\boldsymbol{VQU}$ 分块为

$$\boldsymbol{VQU}=\begin{pmatrix}\boldsymbol{Y}_1&\boldsymbol{Y}_2\\\boldsymbol{Y}_3&\boldsymbol{Y}_4\end{pmatrix},$$

则

$$\begin{aligned}\boldsymbol{P}+(\boldsymbol{PQ}-\boldsymbol{E})\boldsymbol{K}&=\boldsymbol{U}\begin{pmatrix}\boldsymbol{E}_r&\boldsymbol{O}\\\boldsymbol{O}&\boldsymbol{O}\end{pmatrix}\boldsymbol{V}+\boldsymbol{U}\left[\begin{pmatrix}\boldsymbol{Y}_1&\boldsymbol{Y}_2\\\boldsymbol{O}&\boldsymbol{O}\end{pmatrix}-\begin{pmatrix}\boldsymbol{E}_r&\boldsymbol{O}\\\boldsymbol{O}&-\boldsymbol{E}_{n-r}\end{pmatrix}\right]\boldsymbol{U}^{-1}\boldsymbol{K}\\&=\boldsymbol{U}\begin{pmatrix}\boldsymbol{E}_r&\boldsymbol{O}\\\boldsymbol{O}&\boldsymbol{O}\end{pmatrix}\boldsymbol{V}+\boldsymbol{U}\begin{pmatrix}\boldsymbol{Y}_1-\boldsymbol{E}_r&\boldsymbol{Y}_2\\\boldsymbol{O}&-\boldsymbol{E}_{n-r}\end{pmatrix}\boldsymbol{U}^{-1}\boldsymbol{K},\end{aligned}$$

令

$$\boldsymbol{K}=\boldsymbol{U}\begin{pmatrix}\boldsymbol{O}&\boldsymbol{O}\\\boldsymbol{O}&-\boldsymbol{E}_{n-r}\end{pmatrix}\boldsymbol{V},$$

则

$$\boldsymbol{P}+(\boldsymbol{PQ}-\boldsymbol{E})\boldsymbol{K}=\boldsymbol{U}\begin{pmatrix}\boldsymbol{E}_r&\boldsymbol{Y}_2\\\boldsymbol{O}&\boldsymbol{E}_{n-r}\end{pmatrix}\boldsymbol{V},$$

显然是可逆的, 故结论成立.

(2) 令 $\boldsymbol{M}=\boldsymbol{P}+(\boldsymbol{PQ}-\boldsymbol{E})\boldsymbol{K}$, 于是由 (1) 可知 $\boldsymbol{M}$ 可逆, 另外, 由条件易得

$$\boldsymbol{APQ}=\boldsymbol{A},$$

即 $\boldsymbol{A}(\boldsymbol{PQ}-\boldsymbol{E})=\boldsymbol{O}$, 于是

$$\boldsymbol{AM}=\boldsymbol{AP}+\boldsymbol{A}(\boldsymbol{PQ}-\boldsymbol{E})\boldsymbol{K}=\boldsymbol{AP}=\boldsymbol{B}.$$

证 (1) 若 $\boldsymbol{P}$ 可逆, 取 $\boldsymbol{K}=\boldsymbol{O}$ 即可.

若 $\boldsymbol{P}$ 不可逆, 设 $r(\boldsymbol{P})=r$, 则存在 n 阶可逆矩阵 $\boldsymbol{U},\boldsymbol{V}$ 使得

$$\boldsymbol{P}=\boldsymbol{U}\begin{pmatrix}\boldsymbol{E}_r&\boldsymbol{O}\\\boldsymbol{O}&\boldsymbol{O}\end{pmatrix}\boldsymbol{V},$$

将 $\boldsymbol{VQU}$ 分块为

$$\boldsymbol{VQU}=\begin{pmatrix}\boldsymbol{Y}_1&\boldsymbol{Y}_2\\\boldsymbol{Y}_3&\boldsymbol{Y}_4\end{pmatrix},$$

令

$$\boldsymbol{K}=\boldsymbol{U}\begin{pmatrix}\boldsymbol{O}&\boldsymbol{O}\\\boldsymbol{O}&-\boldsymbol{E}_{n-r}\end{pmatrix}\boldsymbol{V},$$

则

$$
\begin{aligned}
&\boldsymbol{P}+(\boldsymbol{PQ}-\boldsymbol{E})\boldsymbol{K}\\
=&\boldsymbol{U}\begin{pmatrix}\boldsymbol{E}_r & \boldsymbol{O}\\ \boldsymbol{O} & \boldsymbol{O}\end{pmatrix}\boldsymbol{V}+\left[\boldsymbol{U}\begin{pmatrix}\boldsymbol{E}_r & \boldsymbol{O}\\ \boldsymbol{O} & \boldsymbol{O}\end{pmatrix}\boldsymbol{VQU}\begin{pmatrix}\boldsymbol{O} & \boldsymbol{O}\\ \boldsymbol{O} & -\boldsymbol{E}_{n-r}\end{pmatrix}\boldsymbol{V}-\boldsymbol{U}\begin{pmatrix}\boldsymbol{O} & \boldsymbol{O}\\ \boldsymbol{O} & -\boldsymbol{E}_{n-r}\end{pmatrix}\boldsymbol{V}\right]\\
=&\boldsymbol{U}\begin{pmatrix}\boldsymbol{E}_r & \boldsymbol{Y}_2\\ \boldsymbol{O} & \boldsymbol{E}_{n-r}\end{pmatrix}\boldsymbol{V},
\end{aligned}
$$

显然 $\boldsymbol{P}+(\boldsymbol{PQ}-\boldsymbol{E})\boldsymbol{K}$ 可逆.

(2) 令 $\boldsymbol{M}=\boldsymbol{P}+(\boldsymbol{PQ}-\boldsymbol{E})\boldsymbol{K}$, 于是由 (1) 可知 $\boldsymbol{M}$ 可逆, 另外, 由条件易得 $\boldsymbol{APQ}=\boldsymbol{A}$, 即 $\boldsymbol{A}(\boldsymbol{PQ}-\boldsymbol{E})=\boldsymbol{O}$, 于是

$$\boldsymbol{AM}=\boldsymbol{AP}+\boldsymbol{A}(\boldsymbol{PQ}-\boldsymbol{E})\boldsymbol{K}=\boldsymbol{AP}=\boldsymbol{B}.$$

例 3.5.2 (郑州大学,2022) 设 $\boldsymbol{A},\boldsymbol{B}$ 都是二阶矩阵, 已知 $\operatorname{tr}(\boldsymbol{A})\neq 0$, 证明:$\boldsymbol{AB}=\boldsymbol{BA}$ 的充要条件是 $\boldsymbol{A}^2\boldsymbol{B}=\boldsymbol{BA}^2$.

证 必要性. 由 $\boldsymbol{AB}=\boldsymbol{BA}$, 可得

$$\boldsymbol{A}^2\boldsymbol{B}=\boldsymbol{A}(\boldsymbol{AB})=\boldsymbol{A}(\boldsymbol{BA})=(\boldsymbol{AB})\boldsymbol{A}=(\boldsymbol{BA})\boldsymbol{A}=\boldsymbol{BA}^2,$$

故结论成立.

充分性. 由于 $\boldsymbol{A}$ 的特征多项式为 $f(\lambda)=\lambda^2-\operatorname{tr}(\boldsymbol{A})\lambda+|\boldsymbol{A}|$, 于是 $\boldsymbol{A}^2=\operatorname{tr}(\boldsymbol{A})\boldsymbol{A}-|\boldsymbol{A}|\boldsymbol{E}$, 则由 $\boldsymbol{A}^2\boldsymbol{B}=\boldsymbol{BA}^2$, 可得 $\operatorname{tr}(\boldsymbol{A})\boldsymbol{AB}-|\boldsymbol{A}|\boldsymbol{B}=\operatorname{tr}(\boldsymbol{A})\boldsymbol{BA}-|\boldsymbol{A}|\boldsymbol{B}$, 于是 $\operatorname{tr}(\boldsymbol{A})\boldsymbol{AB}=\operatorname{tr}(\boldsymbol{A})\boldsymbol{BA}$, 注意到 $\operatorname{tr}(\boldsymbol{A})\neq 0$, 可得 $\boldsymbol{AB}=\boldsymbol{BA}$.

例 3.5.3 设 $\boldsymbol{A},\boldsymbol{B}$ 是所有元素均为正数的二阶实矩阵, 证明:$(\boldsymbol{AB})^2=(\boldsymbol{BA})^2$ 的充要条件是 $\boldsymbol{AB}=\boldsymbol{BA}$.

例 3.5.4 (哈尔滨工业大学,2022) 设 n 阶方阵 $\boldsymbol{A}$ 的任意 $k(k=1,2,\cdots,n-1))$ 阶顺序主子式均不为 0.

(1) 证明: 存在下三角矩阵 $\boldsymbol{B}$ 使得 $\boldsymbol{BA}$ 是上三角矩阵;

(2) 证明:$\boldsymbol{A}$ 可以分解为下三角矩阵 $\boldsymbol{L}$ 与上三角矩阵 $\boldsymbol{U}$ 的乘积.

证 (1) 设 $\boldsymbol{A}=(a_{ij})_{n\times n}$, 对 n 用数学归纳法.

当 $n=1$ 时,$\boldsymbol{A}=(a_{11})$, 一阶矩阵既是上三角又是下三角的, 取 $\boldsymbol{B}=(1)$, 则 $\boldsymbol{BA}$ 是上三角矩阵.

假设结论对 $n-1$ 阶矩阵成立. 下证结论对 n 阶矩阵成立.

将 $\boldsymbol{A}$ 分块为

$$\boldsymbol{A}=\begin{pmatrix}\boldsymbol{A}_1 & \boldsymbol{\alpha}\\ \boldsymbol{\beta} & a_{nn}\end{pmatrix}$$

令

$$\boldsymbol{B}_1=\begin{pmatrix}\boldsymbol{E}_{n-1} & \boldsymbol{0}\\ -\boldsymbol{\beta}\boldsymbol{A}_1^{-1} & 1\end{pmatrix}$$

则

$$\boldsymbol{B}_1\boldsymbol{A}=\begin{pmatrix}\boldsymbol{A}_1 & \boldsymbol{\alpha}\\ \boldsymbol{0} & a_{nn}-\boldsymbol{\beta}\boldsymbol{A}_1^{-1}\alpha\end{pmatrix}$$

由归纳假设存在下三角矩阵 $\boldsymbol{P}$ 使得 $\boldsymbol{P}\boldsymbol{A}_1$ 为上三角矩阵, 令 $\boldsymbol{B}_2 = \begin{pmatrix} \boldsymbol{P} & \boldsymbol{0} \\ \boldsymbol{0} & 1 \end{pmatrix}$, 则 $\boldsymbol{B} = \boldsymbol{B}_2\boldsymbol{B}_1$ 为下三角矩阵, 且

$$\boldsymbol{B}\boldsymbol{A} = \begin{pmatrix} \boldsymbol{P}\boldsymbol{A}_1 & \boldsymbol{\alpha} \\ \boldsymbol{0} & a_{nn} - \boldsymbol{\beta}\boldsymbol{A}_1^{-1}\boldsymbol{\alpha} \end{pmatrix}$$

为上三角矩阵. 故由归纳法结论成立.

(2) 由 (1) 可知, 存在下三角矩阵 $\boldsymbol{B}$ 使得 $\boldsymbol{B}\boldsymbol{A}$ 是上三角矩阵, 令 $\boldsymbol{U} = \boldsymbol{B}\boldsymbol{A}$, 由 (1) 的证明可知 $\boldsymbol{B}$ 可逆, 且易知 $\boldsymbol{B}^{-1}$ 还是下三角矩阵, 令 $\boldsymbol{L} = \boldsymbol{B}^{-1}$, 则 $\boldsymbol{A} = \boldsymbol{B}^{-1}\boldsymbol{U} = \boldsymbol{L}\boldsymbol{U}$. 即结论成立.

例 3.5.5 若 $\boldsymbol{A} = (a_{ij})$ 为 n 阶实方阵, 且 $\boldsymbol{A}$ 的所有顺序主子式都大于 0, 且非主对角上的元素小于 0, 则 $\boldsymbol{A}^{-1}$ 的所有元素都大于 0.

第 4 章

多项式

4.1 带余除法

4.1.1 带余除法定理

定理 4.1.1 (带余除法定理) $\forall f(x), g(x) \in P[x]$, 其中 $g(x) \neq 0$, 则存在唯一的 $q(x), r(x) \in P[x]$, 使

$$f(x) = g(x)q(x) + r(x),$$

其中 $r(x) = 0$ 或 $\deg r(x) < \deg g(x)$.

注 条件 "$r(x) = 0$ 或 $\deg r(x) < \deg g(x)$" 不可少, 否则唯一性不成立.

4.1.2 带余除法定理的应用

例 4.1.1 (哈尔滨工业大学,2022) 多项式 $f(x) = a_n x^n + a_{n-1}x^{n-1} + \cdots + a_1 x + a_0$ 除以 $x-1$ 得商式 $g(x) = b_{n-1}x^{n-1} + \cdots + b_1 x + b_0$ 和余式 r.

(1) 求矩阵 $\boldsymbol{M}$, 使得 $(b_{n-1}, b_{n-2}, \cdots, b_0, r) = (a_n, a_{n-1}, \cdots, a_0)\boldsymbol{M}$;

(2) 求多项式 $x^n + x^{n-1} + \cdots + x + 1$ 除以 $x - 1$ 所得的商式和余式.

解 (1) 由条件有

$$a_n x^n + a_{n-1}x^{n-1} + \cdots + a_1 x + a_0 = (x-1)(b_{n-1}x^{n-1} + \cdots + b_1 x + b_0) + r,$$

将上式等号右边展开, 与左边比较同次项的系数, 可得

$$\begin{cases} b_{n-1} = a_n, \\ b_{n-2} = b_{n-1} + a_{n-1} = a_n + a_{n-1}, \\ \qquad \vdots \\ b_0 = a_n + a_{n-1} + \cdots + a_1, \\ r = a_n + a_{n-1} + \cdots + a_1 + a_0, \end{cases}$$

于是

$$M=\begin{pmatrix}1&1&1&\cdots&1\\0&1&1&\cdots&1\\0&0&1&\cdots&1\\\vdots&\vdots&\vdots&&\vdots\\0&0&0&\cdots&1\end{pmatrix}.$$

(2) 令 $a_n=a_{n-1}=\cdots=a_1=a_0$, 由 (1) 知商式为

$$g(x)=x^{n-1}+2x^{n-2}+\cdots+(n-1)x+n,$$

余式为 $n+1$.

例 4.1.2 (南昌大学,2014) 已知 $x-1$ 除多项式 $f(x)$ 的余数为 8, 而 $x+1$ 除多项式 $f(x)$ 的余数为 6, 求 x^2-1 除 $f(x)$ 的余式.

解 由带余除法, 设

$$f(x)=(x^2-1)q(x)+ax+b,$$

又由条件可设

$$f(x)=(x-1)q_1(x)+8,$$

$$f(x)=(x+1)q_2(x)+6,$$

于是

$$\begin{cases}8=f(1)=a+b,\\6=f(-1)=-a+b,\end{cases}$$

解得 $a=1,b=7$, 于是 x^2-1 除 $f(x)$ 的余式为 $x+7$.

例 4.1.3 (湖南大学,2011) 已知多项式 $f(x)$ 满足 $f(3)=0,f(4)=1$, 求 $f(x)$ 除以 $(x-3)(x-4)$ 的余式.

例 4.1.4 (汕头大学,2015) 设 $a\neq b$, 证明: 用 $g(x)=(x-a)(x-b)$ 除 $f(x)$ 所得的余式为

$$r(x)=\frac{f(a)-f(b)}{a-b}x+\frac{af(b)-bf(a)}{a-b}.$$

例 4.1.5 (中国人民大学,2023) 设 a,b 是互异常数.

(1) 求 $(x-a)(x-b)$ 除多项式 $f(x)$ 的余式;

(2) 求 x^2-1 除 $f(x)=x^4+x^3+x+1$ 的商和余式;

(3) 求 99999999 除 10001000000010001 的商和余数.

例 4.1.6 (西南师范大学,2003; 北京交通大学,2011) 设多项式 $f(x)$ 被 $(x-1),(x-2),(x-3)$ 除后, 余式分别为 4,8,16. 试求 $f(x)$ 被 $(x-1)(x-2)(x-3)$ 除后的余式.

解 由带余除法定理, 设

$$f(x)=(x-1)(x-2)(x-3)q(x)+ax^2+bx+c,$$

又由条件可设

$$\begin{cases}f(x)=(x-1)f_1(x)+4,\\ f(x)=(x-2)f_2(x)+8,\\ f(x)=(x-3)f_3(x)+16,\end{cases}$$

于是 $f(1)=4, f(2)=8, f(3)=16$. 从而

$$\begin{cases}4=f(1)=\ \ a+\ \ b+c,\\ 8=f(2)=4a+2b+c,\\ 16=f(3)=9a+3b+c.\end{cases}$$

解得 $a=2, b=-2, c=4$, 故所求的余式为 $2x^2-2x+4$.

例 4.1.7 (杭州电子科技大学,2020) 设多项式 $f(x)\in P[x]$, 若用 $x+1$ 除 $f(x)$ 得余式为 1, 用 $x+2$ 除 $f(x)$ 得余式为 2, 用 $x+3$ 除 $f(x)$ 得余式为 3, 求用 $(x+1)(x+2)(x+3)$ 除 $f(x)$ 的余式.

例 4.1.8 设多项式 $f(x)$ 被 $(x-a),(x-b),(x-c)$ 除后, 余式分别为 r,s,t. 试求 $f(x)$ 被 $(x-a)(x-b)(x-c)$ 除后的余式 (a,b,c 互不相同).

例 4.1.9 (西安电子科技大学,2007) 设多项式 $f(x)$ 除以 x^2-1, x^2+3 的余式分别为 $2x+7, 2x-1$. 求多项式 $f(x)$ 除以 $(x^2-1)(x^2+3)$ 的余式.

例 4.1.10 (西安电子科技大学,2006) 设多项式 $f(x)$ 除以 x^2+1, x^2+2 的余式分别为 $4x+4, 4x+8$. 求多项式 $f(x)$ 除以 $(x^2+1)(x^2+2)$ 的余式.

例 4.1.11 设 $f(x),g(x)$ 是 $F[x]$ 中的非零多项式, $\deg g(x)=n>0$, 则 $f(x)$ 可唯一表示为

$$f(x)=r_m(x)g^m(x)+r_{m-1}(x)g^{m-1}(x)+\cdots+r_1(x)g(x)+r_0(x)$$

的形式, 其中 $r_i(x)=0$ 或 $\deg r_i(x)<n, i=0,1,2,\cdots,m$.

证 存在性. 由带余除法, 存在 $q_0(x),r_0(x)\in F[x]$, 使

$$f(x)=g(x)q_0(x)+r_0(x),$$

其中 $r_0(x)=0$ 或 $\deg r_0(x)<n$.

若 $q_0(x)=0$, 则 $f(x)=r_0(x)$ 即可.

若 $\deg q_0(x)<n$, 令 $r_1(x)=q_0(x)$ 即可.

若 $\deg q_0(x)\geqslant n$, 则由带余除法, 存在 $q_1(x),r_1(x)$ 使

$$q_0(x)=q_1(x)g(x)+r_1(x).$$

若 $\deg q_1(x)<n$, 则令 $r_2(x)=q_1(x)$, 可得结论成立.

若 $\deg q_1(x)\geqslant n$, 继续下去, 直到 $\deg q_{m-1}(x)<n$, 即

$$q_{m-2}(x)=q_{m-1}(x)g(x)+r_{m-1}(x),$$

从而就有

$$\begin{aligned}
f(x) =& g(x)q_0(x) + r_0(x),\\
q_0(x) =& q_1(x)g(x) + r_1(x),\\
q_1(x) =& q_2(x)g(x) + r_2(x),\\
&\vdots\\
q_{m-3}(x) =& q_{m-2}(x)g(x) + r_{m-2}(x),\\
q_{m-2}(x) =& q_{m-1}(x)g(x) + r_{m-1}(x).
\end{aligned}$$

令 $r_m(x) = q_{m-1}(x)$, 可得

$$f(x) = r_m(x)g^m(x) + r_{m-1}(x)g^{m-1}(x) + \cdots + r_1(x)g(x) + r_0(x).$$

唯一性. 假设存在多项式 $d_0(x), d_1(x), \cdots, d_t(x)$ 满足

$$f(x) = d_t(x)g^t(x) + \cdots + d_1(x)g(x) + d_0(x),$$

其中 $d_t(x) \neq 0, d_i(x) = 0$ 或 $\deg(d_i(x)) < \deg(g(x)), i = 0, 1, \cdots, t-1$. 则

$$\begin{aligned}
&r_m(x)g^m(x) + r_{m-1}(x)g^{m-1}(x) + \cdots + r_1(x)g(x) + r_0(x)\\
=&d_t(x)g^t(x) + \cdots + d_1(x)g(x) + d_0(x),
\end{aligned}$$

从而

$$\begin{aligned}
&[d_t(x)g^{t-1}(x) - r_m(x)g^{m-1}(x) + \cdots + d_1(x) - r_1(x)]g(x)\\
=&r_0(x) - d_0(x),
\end{aligned}$$

若 $d_t(x)g^{t-1}(x) - r_m(x)g^{m-1}(x) + \cdots + d_1(x) - r_1(x) \neq 0$, 则上式两端的次数不等，矛盾，故

$$d_t(x)g^{t-1}(x) - r_m(x)g^{m-1}(x) + \cdots + d_1(x) - r_1(x) = 0,$$

从而得 $d_0(x) = r_0(x)$, 同理可得 $d_1(x) = r_1(x)$, 如此下去. 如果 $t > m$, 最后必有

$$d_t(x)g^{t-m-1}(x) + \cdots + d_{m+2}(x)g(x) + d_{m+1}(x) = 0,$$

即

$$[d_t(x)g^{t-m-2}(x) + \cdots + d_{m+2}(x)]g(x) = -d_{m+1}(x),$$

则必有 $d_{m+1}(x) = 0$, 若不然, 上式两边次数矛盾. 同理有

$$d_{m+2}(x) = d_{m+3}(x) = \cdots = d_t(x) = 0.$$

但是 $d_t(x) \neq 0$. 矛盾, 故 $t > m$ 不成立. 类似可证 $t < m$ 也不成立. 于是 $t = m$, 并且 $r_i(x) = d_i(x), i = 0, 1, 2, \cdots, m$.

例 4.1.12 (华南理工大学,2013) 设 P 是一个数域,$f(x), g(x) \in P[x]$, 且 $\partial(g(x)) \geqslant 1$. 证明: 存在唯一的多项式序列 $f_0(x), f_1(x), \cdots, f_r(x)$, 使得对 $1 \leqslant i \leqslant r$ 有 $\partial(f_i(x)) < \partial(g(x))$ 或 $f_i(x) = 0$, 且

$$f(x) = f_0(x) + f_1(x)g(x) + f_2(x)g^2(x) + \cdots + f_r(x)g^r(x).$$

例 4.1.13 (华东师范大学,2013) 求次数最低的多项式 $f(x)$, 使得 $f(1) = 1, f(-1) = -1, f(2) = 2, f(-2) = -8$.

解 (法 1) 由条件可设 $f(x)=(x-1)g(x)+1$, 其中 $g(x)$ 为待定的多项式. 于是

$$\begin{cases}-1=f(-1)=-2g(-1)+1,\\ \ \ 2=\ \ f(2)=g(2)+1,\\ -8=f(-2)=-3g(-2)+1.\end{cases}$$

为使 $f(x)$ 的次数最低, 易知 $g(x)$ 不能是零次多项式, 若 $g(x)=bx+c(b\neq 0)$, 则

$$\begin{cases}-1=-2(-b+c)+1,\\ \ \ 2=2b+c+1,\\ -8=-3(-2b+c)+1.\end{cases}$$

此方程组无解. 若 $g(x)=ax^2+bx+c(a\neq 0)$, 则

$$\begin{cases}-1=-2(a-b+c)+1,\\ \ \ 2=4a+2b+c+1,\\ -8=-3(4a-2b+c)+1.\end{cases}$$

解得 $a=\dfrac{1}{2},b=-\dfrac{1}{2},c=0$. 故所求的多项式

$$f(x)=\frac{1}{2}x(x-1)^2+1.$$

(法 2) 由拉格朗日插值公式可得

$$\begin{aligned}f(x)=&\frac{1\times(x-(-1))(x-2)(x-(-2))}{(1-(-1))\times(1-2)\times(1-(-2))}+\frac{(-1)(x-1)(x-2)(x-(-2))}{((-1)-1)\times((-1)-2)\times((-1)-(-2))}+\\ &\frac{2(x-1)(x-(-1))(x-(-2))}{(2-1)\times(2-(-1))\times(2-(-2))}+\frac{-8(x-1)(x-(-1))(x-2)}{((-2)-1)\times((-2)-(-1))\times((-2)-2)}\\ =&\frac{1}{2}x(x-1)^2+1.\end{aligned}$$

例 4.1.14 (首都师范大学,2013) 求出次数最低的首项系数为 1 的实系数多项式 $f(x)$, 使得 $f(0)=7,f(1)=14,f(2)=35,f(3)=76$.

例 4.1.15 (南京师范大学,2014) 求一个次数最低的实系数多项式 $f(x)$, 使其被 x^2+1 除余 $x+1$, 被 x^3+x^2+1 除余 x^2-1.

解 (法 1) 由条件可设

$$f(x)=(x^2+1)g(x)+(x+1),$$

于是存在多项式 $h(x)$ 使得

$$(x^2+1)g(x)+(x+1)=f(x)=(x^3+x^2+1)h(x)+(x^2-1).$$

易知 $f(x)$ 的次数大于等于 3, 为使得 $f(x)$ 的次数最低, 若 $g(x)=ax+b(a\neq 0)$, 则 $h(x)=a$, 可知此时无解. 若 $g(x)=ax^2+bx+c(a\neq 0)$, 则可设 $h(x)=ax+d$, 解得 $a=3,b=2,c=-3,d=-1$. 故所求

$$f(x)=(x^3+x^2+1)(3x-1)+(x^2-1)=3x^4+2x^3+3x-2.$$

(法 2) 由题意知

$$\begin{cases} f(x) \equiv x+1 \pmod{x^2+1}, \\ f(x) \equiv x^2-1 \pmod{x^3+x^2+1}. \end{cases}$$

易知 $1 = (-x^2-x+1)(x^2+1) + x(x^3+x^2+1)$, 由中国剩余定理知

$$f(x) \equiv (x+1)x(x^3+x^2+1) + (x^2-1)(-x^2-x+1)(x^2+1) \pmod{(x^2+1)(x^3+x^2+1)},$$

即

$$f(x) \equiv -x^6+3x^4+x^3+2x^2+2x-1 \pmod{x^5+x^4+x^3+2x^2+1},$$

易知

$$-x^6+3x^4+x^3+2x^2+2x-1 = (-x+1)(x^5+x^4+x^3+2x^2+1) + 3x^4+2x^3+3x-2,$$

从而所求次数最低的多项式为 $3x^4+2x^3+3x-2$.

例 4.1.16 (四川师范大学,2011; 青岛大学,2015) 求次数最低的首项系数为 1 的多项式 $f(x)$ 使得 $x^2+1 \mid f(x)$, 且 $x^3+x^2+1 \mid f(x)+1$.

例 4.1.17 (中山大学,2009) 求次数最低的多项式 $f(x)$, 使得 $f(x)$ 被多项式 $(x-1)^2$ 除时余式为 $2x$, 被多项式 $(x-2)^3$ 除时余式为 $3x$.

例 4.1.18 设 $f(x), g(x) \in P[x]$, 且次数都大于 0. 证明: 若 $(f(x), g(x)) = 1$ 的充要条件是存在唯一的多项式 $u(x), v(x) \in P[x]$ 满足

$$u(x)f(x) + v(x)g(x) = 1,$$

其中 $\deg u(x) < \deg g(x), \deg v(x) < \deg f(x)$.

证 只需证明必要性.

存在性. 由于 $(f(x), g(x)) = 1$, 于是存在 $u_1(x), v_1(x) \in P[x]$ 使得

$$u_1(x)f(x) + v_1(x)g(x) = 1,$$

由于 $f(x), g(x)$ 的次数都大于 0, 则 $g(x) \nmid u_1(x), f(x) \nmid v_1(x)$, 于是由带余除法可知存在 $u(x), v(x) \in P[x]$ 使得

$$u_1(x) = g(x)p(x) + u(x), \deg u(x) < \deg g(x),$$

$$v_1(x) = f(x)q(x) + v(x), \deg v(x) < \deg f(x),$$

这样就有

$$(p(x)+q(x))f(x)g(x) + u(x)f(x) + v(x)g(x) = 1,$$

若 $p(x)+q(x) \neq 0$, 比较上式两边的次数, 可得矛盾, 故 $p(x)+q(x) = 0$, 于是

$$u(x)f(x) + v(x)g(x) = 1,$$

其中 $\deg u(x) < \deg g(x), \deg v(x) < \deg f(x)$.

唯一性. 若还存在 $u_1(x), v_1(x) \in P[x]$, 满足

$$u_1(x)f(x) + v_1(x)g(x) = 1,$$

其中 $\deg u_1(x) < \deg g(x), \deg v_1(x) < \deg f(x)$. 则有

$$(u(x) - u_1(x))f(x) + (v(x) - v_1(x))g(x) = 0,$$

于是 $g(x) \mid (u(x) - u_1(x))f(x)$, 由 $(f(x), g(x)) = 1$ 可知

$$g(x) \mid (u(x) - u_1(x)),$$

但是 $u(x) - u_1(x)$ 的次数小于 $g(x)$ 的次数, 故只有 $u(x) - u_1(x) = 0$, 即

$$u(x) = u_1(x),$$

由此易知 $v(x) = v_1(x)$. 从而结论成立.

例 4.1.19 (东北师范大学,2022) 设 $f(x), g(x) \in F[x]$, 其中 $\deg(f(x)) = n > 0, \deg(g(x)) = m > 0$, 则 $f(x)$ 和 $g(x)$ 有非常数的公因式当且仅当存在 $u(x), v(x) \in F[x]$, 使得 $u(x)f(x) = v(x)g(x)$, 并且 $\deg(u(x)) < m, \deg(v(x)) < n$.

4.2 整除

4.2.1 整除的定义及性质

定义 4.2.1 $\forall f(x), g(x) \in F[x]$, 若存在 $h(x) \in F[x]$, 使 $f(x) = g(x)h(x)$, 则称 $g(x)$ 整除 $f(x)$, 记为 $g(x) \mid f(x)$.

多项式整除有如下的性质:

(1) $f(x) \mid 0$;

(2) $c \mid f(x), cf(x) \mid f(x), f(x) \mid cf(x) (c \neq 0)$;

(3) $0 \mid f(x)$ 的充要条件为 $f(x) = 0$;

(4) 若 $g(x) \mid f(x)$, 则 $cg(x) \mid f(x), c \neq 0$;

(5) $f(x) \neq 0, g(x) \neq 0, g(x) \mid f(x)$, 则 $\deg(g(x)) \leqslant \deg(f(x))$;

(6) $g(x) \mid f(x), f(x) \mid g(x)$ 的充要条件为 $f(x) = cg(x), c \neq 0$;

(7) (整除的传递性) 若 $f(x) \mid g(x), g(x) \mid h(x)$, 则 $f(x) \mid h(x)$;

(8) 若 $f(x) \mid g(x), f(x) \mid h(x)$, 则 $f(x) \mid g(x)h(x)$, 但反之不成立;

(9) 若 $g(x) \mid f_i(x), i = 1, 2, \cdots, n$, 则 $g(x) \mid \sum\limits_{i=1}^{n} h_i(x)f_i(x), \forall h_i(x) \in F[x]$;

(10) 若 $f(x) = g(x)h(x) + q(x)r(x), d(x) \mid g(x), d(x) \mid q(x)$, 则 $d(x) \mid f(x)$;

(11) $(x - c) \mid f(x)$ 的充要条件为 $f(c) = 0$;

(12) 若 $(f(x), g(x)) = 1, f(x) \mid g(x)h(x)$, 则 $f(x) \mid h(x)$;

(13) 若 $f_1(x) \mid g(x), f_2(x) \mid g(x), (f_1(x), f_2(x)) = 1$, 则 $f_1(x)f_2(x) \mid g(x)$;

(14) 若 $p(x) \mid f_1(x)f_2(x)\cdots f_t(x)$, 且 $p(x)$ 不可约, 则 $p(x)$ 至少整除 $f_i(x)(i=1,2,\cdots,t)$ 中的一个;

(15) 两个多项式之间的整除关系不随数域的扩大而改变, 即若 $f(x),g(x)\in F[x]$, 且数域 F,K 满足 $F\subseteq K$, 则在 $F[x]$ 中 $g(x)\mid f(x)$ 当且仅当在 $K[x]$ 中 $g(x)\mid f(x)$.

4.2.2 整除的证明方法

欲证 $g(x)\mid f(x)$, 可从如下几方面考虑:

1. 定义法: 证明存在 $h(x)$, 使 $f(x)=g(x)h(x)$;
2. 利用带余除法: 若 $g(x)\neq 0$, 由带余除法知 $f(x)=g(x)q(x)+r(x)$, 只需证明余式 $r(x)=0$;
3. 利用整除的组合性: 将 $f(x)$ 表示为能被 $g(x)$ 整除的多项式的组合;
4. 因式的理论: 证明 $g(x)$ 的每一个因式都是 $f(x)$ 的因式, 且重数不超过在 $f(x)$ 中的重数;
5. 根的理论: 证明 $g(x)$ 的每一个根都是 $f(x)$ 的根, 且重数不超过在 $f(x)$ 中的重数;
6. 利用 n 次单位根或 n 次原根;
7. 利用最大公因式或互素的性质;
8. 利用不可约多项式;
9. 利用标准分解式;
10. 反证法或其他方法.

例 4.2.1 (北京科技大学,2000) 求 a,b 使 $(x+1)^2\mid ax^4+bx^2+1$.

证 (法 1) 由带余除法, 有

$$ax^4+bx^2+1=[ax^2-2ax+(b+3a)](x+1)^2+(-4a-2b)x+(1-b-3a).$$

故 $-4a-2b=0, 1-b-3a=0$. 解得 $a=1,b=-2$.

(法 2) 由 $(x+1)^2\mid ax^4+bx^2+1$ 知 -1 至少为 $f(x)=ax^4+bx^2+1$ 的二重根, 于是

$$\begin{cases} f(-1)=a+b+1=0, \\ f'(-1)=-4a-2b=0. \end{cases}$$

解得 $a=1,b=-2$.

(法 3) 设

$$ax^4+bx^2+1=(x+1)^2(ax^2+cx+d),$$

可得

$$\begin{cases} c+2a=0, \\ 2c+a+d=b, \\ 2d+c=0, \\ d=1. \end{cases}$$

解得 $a=1,b=-2$.

例 4.2.2　(南京航空航天大学,2015) 设 $f(x)=x^4-4x^2+ax+b$, 符号 $\mid$ 表示多项式的整除.
(1) 求 a,b 的值, 使得 $f(x)=(x^2-2)^2$;
(2) 求 a,b 的值, 使得 $x^2-x-2\mid f(x)$;
(3) 求 a,b 的值, 使得 $(x-1)^2\mid f(x)$.

例 4.2.3　(中国科学院大学,2019) 已知 $(x-1)^2(x+1)\mid(ax^4+bx^2+cx+1)$, 求 a,b,c.

例 4.2.4　(扬州大学,2016) 设 $g(x)=x^2-4x+a$, 如果存在唯一的多项式 $f(x)=x^3+bx^2+cx+d$, 使得 $g(x)\mid f(x)$, 且 $f(x)\mid g^2(x)$, 试求 a,b,c,d.

例 4.2.5　(汕头大学,2012; 北京科技大学,2022; 五邑大学,2022; 上海财经大学,2023) 设 d,n 都是正整数，证明:$(x^d-1)\mid(x^n-1)$ 的充要条件是 $d\mid n$.

证　充分性.(法 1) 由于 $d\mid n$, 可设 $n=dq$, 其中 q 是正整数. 于是

$$x^n-1=(x^d)^q-1=(x^d-1)((x^d)^{q-1}+\cdots+x^a+1).$$

从而 $x^d-1\mid x^n-1$.

(法 2) 由于 $d\mid n$, 可设 $n=dq$, 其中 q 是正整数. 再设 $\varepsilon_1=1,\varepsilon_2,\cdots,\varepsilon_d$ 为 $x^d-1=0$ 的所有复根, 则

$$\varepsilon_i^n-1=\varepsilon_i^{dq}-1=(\varepsilon_i^d)^q-1=0, i=1,2,\cdots,d,$$

即 $\varepsilon_i(i=1,2,\cdots,d)$ 都是 $x^n-1=0$ 的根, 注意到 $\varepsilon_1=1,\varepsilon_2,\cdots,\varepsilon_d$ 互不相同, 于是 $x-\varepsilon_1,x-\varepsilon_2,\cdots,x-\varepsilon_d$ 两两互素, 故

$$(x-\varepsilon_1)(x-\varepsilon_2)\cdots(x-\varepsilon_d)\mid(x^n-1),$$

即 $(x^d-1)\mid(x^n-1)$.

(法 3) 由于 $d\mid n$, 可设 $n=dq$, 其中 q 是正整数. 由带余除法设

$$x^n-1=(x^d-1)q(x)+r(x),$$

其中 $r(x)=0$ 或者 $\deg r(x)<d$.

若 $r(x)\neq 0$, 设 c 是 $x^d-1=0$ 的任一个根, 令 $x=c$ 代入上式, 可得

$$r(c)=c^n-1=c^{dq}-1=(c^d)^q-1=0,$$

即 $x^d-1=0$ 的根都是 $r(x)=0$ 的根, 而 $x^d-1=0$ 有 d 个不同的根, 从而 $r(x)=0$ 有 d 个不同的根, 这与 $\deg r(x)<d$ 矛盾. 从而 $r(x)=0$, 故结论成立.

必要性.(法 1) 由条件易知 $d\leqslant n$.

若 $d=n$, 则结论显然成立.

若 $d<n$ 且 $d\nmid n$, 设 $n=dq+r$, 其中 q,r 是正整数, 且 $0<r<d$. 于是

$$\begin{aligned}&x^n-1\\=&x^{dq+r}-1\\=&(x^{dq+r}-x^r)+x^r-1\\=&x^r(x^{dq}-1)+x^r-1.\end{aligned}$$

由条件知 $x^d-1\mid x^n-1$, 又由充分性可知 $x^d-1\mid x^{dq}-1$, 于是

$$x^d-1\mid x^r-1,$$

从而 $d\leqslant r$, 这与 $0<r<d$ 矛盾.

(法 2) 由条件易知 $d\leqslant n$. 令 $n=dq+r$, 其中 $0\leqslant r<d$. 则利用带余除法计算可得

$$x^n-1=(x^d-1)(x^{n-d}+x^{n-2d}+\cdots+x^{n-dq})+x^r-1.$$

由条件 $x^d-1\mid x^n-1$, 故 $x^r-1=0$, 于是 $r=0$, 即 $d\mid n$.

(法 3) 由 $x^d-1\mid x^n-1$ 知 $d\leqslant n$. 下对 n 用第二数学归纳法证明.

(1) 当 $n=d$ 时, 结论显然成立.

(2) 对任意 $m>d$, 假设 $d\leqslant n<m$ 时, 结论成立, 即 $x^d-1\mid x^n-1$ 必有 $d\mid n$. 下证若 $x^d-1\mid x^m-1$, 必有 $d\mid m$. 事实上, 由于

$$\begin{aligned}&x^m-1\\=&x^m-x^{m-d}+x^{m-d}-1\\=&x^{m-d}\left(x^d-1\right)+x^{m-d}-1.\end{aligned}$$

以及 $x^d-1\mid x^m-1$ 可得 $x^d-1\mid x^{m-d}-1$, 显然 $d\leqslant m-d<m$, 由归纳假设知 $d\mid m-d$, 所以 $d\mid m$. 由数学归纳法知结论成立.

(法 4) 考虑 x^d-1 在复数域上的根 $\varepsilon=\mathrm{e}^{\frac{2\pi\mathrm{i}}{d}}=\cos\frac{2\pi}{d}+\mathrm{i}\sin\frac{2\pi}{d}$, 由条件 $x^d-1\mid x^n-1$ 可知

$$1=\varepsilon^n=\mathrm{e}^{\frac{2n\pi\mathrm{i}}{d}}=\cos\frac{2n\pi}{d}+\mathrm{i}\sin\frac{2n\pi}{d},$$

故 $d\mid n$.

(法 5) 若 $(x^d-1)\mid(x^n-1)$, 则有

$$(x^{d-1}+x^{d-2}+\cdots+x+1)\mid(x^{n-1}+x^{n-2}+\cdots+x+1),$$

于是存在整系数多项式 $h(x)$ 使得

$$x^{n-1}+x^{n-2}+\cdots+x+1=(x^{d-1}+x^{d-2}+\cdots+x+1)h(x),$$

在上式中令 $x=1$ 可得 $d\mid n$.

注 必要性的前 4 种证明方法来自南京大学数学系的丁南庆老师在 2018 年全国高等学校代数与几何类课程教学与课程建设研讨会上的报告.

例 4.2.6 证明:$x^d-a^d\mid x^n-a^n$ 的充要条件是 $d\mid n$, 其中 $a\neq0,d,n$ 为正整数.

例 4.2.7 设 $f(x),g(x),h(x)$ 是实系数多项式, 且

$$(x^2-2)h(x)+(x-1)f(x)+(x-2)g(x)=0,$$
$$(x^2-2)h(x)+(x+1)f(x)+(x+2)g(x)=0.$$

求证:$(x^2-2)\mid f(x),(x^2-2)\mid g(x)$ 其中,x^2-2 是 $f(x)$ 与 $g(x)$ 的公因式或 $(x^2-2)\mid(f(x),g(x))$.

证 (法 1) 条件中的两式相减得

$$2f(x)+4g(x)=0.$$

即 $f(x)=-2g(x)$, 故 $g(x)\mid f(x)$. 条件中的两式相加得

$$2(x^2-2)h(x)+2x(f(x)+g(x))=0,$$

则

$$(x^2-2)h(x)=-x(f(x)+g(x))=xg(x),$$

即 $(x^2-2)\mid xg(x)$. 又 $(x^2-2,x)=1$, 故 $(x^2-2)\mid g(x)$, 而 $g(x)\mid f(x)$, 所以 $(x^2-2)\mid f(x)$. 故结论成立.

(法 2) 条件中的第一式乘以 $(x+1)$ 减去第二式乘以 $(x-1)$ 得

$$(x^2-2)h(x)=xg(x),$$

即 $x^2-2\mid xg(x)$, 但 $(x^2-2,x)=1$, 故 $x^2-2\mid g(x)$. 同理可证 $x^2-2\mid f(x)$. 故结论成立.

(法 3) 令 $x=\sqrt{2}$, 代入条件中的两式得

$$\begin{cases}(\sqrt{2}-1)f(\sqrt{2})+(\sqrt{2}-2)g(\sqrt{2})=0,\\(\sqrt{2}+1)f(\sqrt{2})+(\sqrt{2}+2)g(\sqrt{2})=0.\end{cases}$$

解得 $f(\sqrt{2})=g(\sqrt{2})=0$, 故 $(x-\sqrt{2})\mid f(x),(x-\sqrt{2})\mid g(x)$. 同理, 可证 $(x+\sqrt{2})\mid f(x),(x+\sqrt{2})\mid g(x)$. 而 $(x-\sqrt{2},x+\sqrt{2})=1$, 故 $(x^2-2)\mid f(x),(x^2-2)\mid g(x)$.

例 4.2.8 (陕西师范大学,2001; 西北大学,2001; 湖南大学,2012) 设 $f(x),g(x),h(x)$ 是实系数多项式, 且

$$(x^2+1)h(x)+(x-1)f(x)+(x-2)g(x)=0,$$
$$(x^2+1)h(x)+(x+1)f(x)+(x+2)g(x)=0.$$

证明:$f(x),g(x)$ 能被 x^2+1 整除.

例 4.2.9 (河北大学,2016) 设 $f(x),g(x),h(x)$ 都是数域 P 上的一元多项式, 且满足

$$(x^4+1)f(x)+(x-1)g(x)+(x-2)h(x)=0,$$
$$(x^4+1)f(x)+(x+1)g(x)+(x+2)h(x)=0.$$

证明:(1) $(x^4+1)\mid xg(x)$;(2) $(x^4+1)\mid g(x)$.

例 4.2.10 (宁波大学,2013)$f(x),g(x),h(x)$ 是数域 P 上的多项式, 且

$$(x+a)f(x)+(x+b)g(x)=(x^2+c)h(x),$$
$$(x-a)f(x)+(x-b)g(x)=(x^2+c)h(x).$$

其中 $a,b,c\in P,a\neq 0,c\neq 0,a\neq b$. 证明:$x^2+c$ 是 $f(x)$ 和 $g(x)$ 的公因式.

例 4.2.11 (南京航空航天大学,2010) 设 $f(x),g(x),d(x),h(x)\in F[x]$, 且

$$(x+a)f(x)+(x+b)g(x)=d(x)h(x),$$
$$(x-a)f(x)+(x-b)g(x)=d(x)h(x).$$

其中 $a,b\in F,a\neq b$. 证明: 如果 $(x,d(x))=1$, 那么 $d(x)$ 是 $f(x),g(x)$ 的公因式.

例 4.2.12 (河南大学,2006; 浙江师范大学,2007; 暨南大学,2020) 设 $(x^2+x+1)\mid[f(x^3)+xg(x^3)]$, 求证 $(x-1)\mid f(x),(x-1)\mid g(x)$或$(x-1)\mid(f(x),g(x))$.

证 (法 1) 设 $\varepsilon_i(i=1,2)$ 为 $x^2+x+1=0$ 的两根, 则

$$f(\varepsilon_1^3)+\varepsilon_1 g(\varepsilon_1^3)=0, f(\varepsilon_2^3)+\varepsilon_2 g(\varepsilon_2^3)=0.$$

又 $\varepsilon_i^3=1(i=1,2)$, 故

$$f(1)+\varepsilon_1 g(1)=0, f(1)+\varepsilon_2 g(1)=0.$$

注意到 $\varepsilon_1\neq\varepsilon_2$, 可解得 $f(1)=g(1)=0$, 即结论成立.

(法 2) 由带余除法, 可设

$$f(x)=(x-1)q_1(x)+r_1, g(x)=(x-1)q_2(x)+r_2,$$

其中 r_1,r_2 是常数, 于是

$$\begin{aligned}f(x^3)+xg(x^3)=&(x^3-1)q_1(x^3)+r_1+x(x^3-1)q_2(x^3)+r_2x\\=&(x^3-1)(q_1(x^3)+xq_2(x^3))+(r_2x+r_1),\end{aligned}$$

注意到条件以及 $(x^2+x+1)\mid(x^3-1)$, 可得 $r_2x+r_1=0$, 即 $r_1=r_2=0$, 从而结论成立.

例 4.2.13 (湖南师范大学,2007) 如果 $x^2+2x+4\mid f_1(x^3)+xf_2(x^3)$, 则

(1) $(x-8)\mid f_1(x),(x-8)\mid f_2(x)$;

(2) 证明: 多项式 $1+x+\dfrac{x^2}{2!}+\cdots+\dfrac{x^n}{n!}$ 没有重根.

例 4.2.14 (杭州师范大学,2013) 设 $f(x),g(x)$ 是两个多项式, 且 $x^2-1\mid f(x^6)+xg(x^6)$. 求 $f(1),g(1)$.

例 4.2.15 (浙江大学,2011) 设 $x^2+x+1\mid f_1(x^3)+xf_2(x^3)$, 且 n 阶方阵 $\boldsymbol{A}$ 有一个特征值为 1. 证明:$f_1(\boldsymbol{A}),f_2(\boldsymbol{A})$ 都不是可逆矩阵.

例 4.2.16 (杭州师范大学,2014) 设 $f(x),g(x),h(x)$ 是三个多项式, 且

$$x^3-1\mid f(x^6)+xg(x^6)+x^2h(x^6).$$

求 $f(1),g(1),h(1)$.

例 4.2.17 (南京大学,2016) 证明: 如果多项式

$$(x^3+x^2+x+1)\mid(f_1(x^4)+xf_2(x^4)+x^2f_3(x^4)),$$

则对任意的 $1\leqslant i\leqslant 3$, 我们总有 $(x-1)\mid f_i(x)$.

例 4.2.18 (北京理工大学,2003; 上海交通大学,2003; 西北大学,2005,2020) 若

$$(x^4+x^3+x^2+x+1)\mid(x^3f_1(x^5)+x^2f_2(x^5)+xf_3(x^5)+f_4(x^5)),$$

其中 $f_1(x),f_2(x),f_3(x),f_4(x)\in\mathbb{R}[x]$, 求证:$f_i(1)=0,i=1,2,3,4$.

例 4.2.19 (西北大学,2017) 设 $f_i(x)(i=1,2,3,4)$ 为数域 P 上的多项式且满足

$$x^4+x^3+x^2+x+1\mid f_1(x^5)+xf_2(x^5)+x^2f_3(x^5)+x^3f_4(x^5),$$

$\boldsymbol{A}$ 为 n 阶方阵且有一个特征值是 1. 证明:$f_1(\boldsymbol{A}),f_2(\boldsymbol{A}),f_3(\boldsymbol{A}),f_4(\boldsymbol{A})$ 均不是可逆矩阵.

例 4.2.20　(东北师范大学,2011) 设多项式 $P(x),Q(x),R(x),S(x)$ 满足

$$P(x^5)+xQ(x^5)+x^2R(x^5)=(1+x+x^2+x^3+x^4)S(x).$$

求证:$P(1)=Q(1)=R(1)=S(1)=0$.

例 4.2.21　若

$$(x^4+x^3+x^2+x+1)\mid(x^3f_1(x^5)+x^2f_2(x^{10})+xf_3(x^{15})+f_4(x^{20})),$$

其中 $f_1(x),f_2(x),f_3(x),f_4(x)\in\mathbb{R}[x]$, 求证:$f_i(1)=0,i=1,2,3,4$.

例 4.2.22　(南京大学,2007; 哈尔滨工程大学,2023) 设 n 为正整数,$f_1(x),\cdots,f_n(x)$ 都是多项式, 且

$$x^n+x^{n-1}+\cdots+x+1\mid f_1(x^{n+1})+xf_2(x^{n+1})+\cdots+x^{n-1}f_n(x^{n+1}).$$

证明:$(x-1)^n\mid f_1(x)f_2(x)\cdots f_n(x)$.

例 4.2.23　(西北大学,2003) 设 $f_1(x),\cdots,f_n(x)(n\geqslant 2)$ 为多项式, 且满足

$$x^{n-1}+\cdots+x+1\mid f_1(x^n)+xf_2(x^n)+\cdots+x^{n-1}f_n(x^n).$$

证明: 存在某一常数 c 使得 $(x-1)^n\mid\prod\limits_{i=1}^{n}(f_i(x)-c)$.

例 4.2.24　(聊城大学,2015; 陕西师范大学,2020) 设 $f_i(x)\in P[x],i=1,2,\cdots,n$, 且

$$g(x)=x^{n-1}f_1(x^{n+1})+x^{n-2}f_2(x^{n+1})+\cdots+xf_{n-1}(x^{n+1})+f_n(x^{n+1}).$$

求证:$(1+x+\cdots+x^n)\mid g(x)$ 的充要条件为 $(x-1)\mid f_i(x)(i=1,2,\cdots,n)$ 或 $f_i(x)(i=1,2,\cdots,n)$ 的所有系数之和为 0.

证　充分性. 设 ε 为 $n+1$ 次原根, 即 $\varepsilon,\varepsilon^2,\cdots,\varepsilon^n$ 是 $1+x+\cdots+x^n$ 的互异根. 由 $(x-1)\mid f_i(x),i=1,2,\cdots,n$, 知 $(x-\varepsilon^i)\mid f_i(x^{n+1}),i=1,2,\cdots,n$, 于是, $(x-\varepsilon^i)\mid g(x),i=1,2,\cdots,n$, 而 $x-\varepsilon^i(i=1,2,\cdots,n)$ 为互素的多项式, 且

$$(x-\varepsilon)(x-\varepsilon^2)\cdots(x-\varepsilon^n)=1+x+\cdots+x^n.$$

故 $(1+x+\cdots+x^n)\mid g(x)$.

必要性. 设 ε 为 $n+1$ 次原根, 即 $\varepsilon,\varepsilon^2,\cdots,\varepsilon^n$ 是 $1+x+\cdots+x^n$ 的互异根, 且 $\varepsilon^{n+1}=1$. 因为 $(1+x+\cdots+x^n)\mid g(x)$, 所以 $g(\varepsilon^i)=0,i=1,2,\cdots,n$. 即

$$\begin{cases}\varepsilon^{n-1}f_1(1)+\varepsilon^{n-2}f_2(1)+\cdots+\varepsilon f_{n-1}(1)+f_n(1)=0,\\ \varepsilon^{2(n-1)}f_1(1)+\varepsilon^{2(n-2)}f_2(1)+\cdots+\varepsilon^2 f_{n-1}(1)+f_n(1)=0,\\ \qquad\vdots\\ \varepsilon^{n(n-1)}f_1(1)+\varepsilon^{n(n-2)}f_2(1)+\cdots+\varepsilon^n f_{n-1}(1)+f_n(1)=0.\end{cases}$$

因 $\varepsilon,\varepsilon^2,\cdots,\varepsilon^n$ 互异, 故

$$\begin{vmatrix}\varepsilon^{n-1} & \varepsilon^{n-2} & \cdots & \varepsilon & 1\\ \varepsilon^{2(n-1)} & \varepsilon^{2(n-2)} & \cdots & \varepsilon^2 & 1\\ \vdots & \vdots & & \vdots & \vdots\\ \varepsilon^{n(n-1)} & \varepsilon^{n(n-2)} & \cdots & \varepsilon^n & 1\end{vmatrix}\neq 0,$$

从而方程组只有零解, 即 $f_i(1)=0,i=1,2,\cdots,n$.

例 4.2.25 (上海大学,2005; 西北大学,2010) 设

$$x^n-1 \mid (x-1)[f_1(x^n)+xf_2(x^n)+x^2f_3(x^n)+\cdots+x^{n-2}f_{n-1}(x^n)](n\geqslant 2).$$

求证:$x-1\mid f_i(x), i=1,2,\cdots,n-1$.

例 4.2.26 (深圳大学,2009) 设 $f_1(x),f_2(x),\cdots,f_m(x)$ 是数域 P 上的多项式, 并且

$$(x^m-a)\mid \sum_{i=1}^{m} f_i(x^m)x^{i-1}, a\in P, a\neq 0,$$

证明:$(x-a)\mid f_i(x), i=1,2,\cdots,m$.

例 4.2.27 (东南大学,2008; 河南师范大学,2017) 证明:$x^2+x+1\mid x^{3m}+x^{3n+1}+x^{3p+2}$, 其中 m,n,p 为非负整数.

证 (法 1) 由于 $x^3-1=(x-1)(x^2+x+1)$, 由

$$\begin{aligned}x^{3m}+x^{3n+1}+x^{3p+2}=&(x^3)^m-1+(x^3)^nx-x+(x^3)^px^2-x^2+(1+x+x^2)\\=&(x^3-1)(x^{3(m-1)}+\cdots+x^3+1)+x(x^3-1)(x^{3(n-1)}+\cdots+x^3+1)+\\&x^2(x^3-1)(x^{3(p-1)}+\cdots+x^3+1)+(1+x+x^2)\end{aligned}$$

可知结论成立.

(法 2) 设 $\varepsilon_i(i=1,2)$ 为 $x^2+x+1=0$ 的两根, 则 $\varepsilon_i^3=1,\varepsilon_i^2+\varepsilon_i+1=0$. 于是

$$\varepsilon_i^{3m}+\varepsilon_i^{3n+1}+\varepsilon_i^{3p+2}=1+\varepsilon_i+\varepsilon_i^2=0, i=1,2.$$

即 $x-\varepsilon_i\mid x^{3m}+x^{3n+1}+x^{3p+2}, i=1,2$, 注意到 $(x-\varepsilon_1,x-\varepsilon_2)=1$, 所以 $x^2+x+1\mid x^{3m}+x^{3n+1}+x^{3p+2}$.

例 4.2.28 (南京师范大学,2017; 厦门大学,2020) 设多项式

$$f(x)=x^{3m}-x^{3n+1}+x^{3p+2}, g(x)=x^2-x+1,$$

其中 m,n,p 为非负整数. 证明:$g(x)\mid f(x)$ 的充要条件是 m,n,p 有相同的奇偶性.

例 4.2.29 (东北师范大学,2008) 设 m,n,p 为非负整数,$f(x)=x^{3m}+x^{3n+1}+x^{3p+2}+1$, 证明:$(x^2+x+1,f(x))=1$.

例 4.2.30 (苏州大学,2002; 上海大学,2009) 设 k,m,r,s 都是非负整数,

$$f(x)=1+x+x^2+x^3, g(x)=x^{4k}+x^{4m+1}+x^{4r+2}+x^{4s+3}.$$

证明:$f(x)\mid g(x)$.

例 4.2.31 (上海大学,2015) 设

$$f(x)=x^3+x^2+x+1, g(x)=x^{8n}+x^{8m+2}+x^{4k+1}+x^{12l+3}$$

(m,n,k,l 为正整数). 求证:$f(x)\mid g(x)$.

例 4.2.32 (北京科技大学,2009) 设 $a_i(1\leqslant i\leqslant n)$ 是非负整数, 试求多项式 $\sum\limits_{i=1}^{n} x^{a_i}$ 被 x^2+x+1 整除的充要条件.

解　设 c 是 $x^2+x+1=0$ 的任一复根, 若 $x^2+x+1 \mid \sum\limits_{i=1}^{n} x^{a_i}$, 则

$$c^{a_1}+c^{a_2}+\cdots+c^{a_n}=0.$$

若 a_i 被 3 整除, 则 $c^{a_i}=1$, 若 a_i 被 3 除余 1, 则 $c^{a_i}=c$, 若 a_i 被 3 除余 2, 则 $c^{a_i}=c^2$, 于是可设

$$c^{a_1}+c^{a_2}+\cdots+c^{a_n}=k+lc+mc^2.$$

从而 $k=l=m$. 即 $x^2+x+1 \mid \sum\limits_{i=1}^{n} x^{a_i}$ 的充要条件为 $a_1,\cdots,a_n$ 中被 3 除余数为 0,1,2 的个数相等.

证明如下. 充分性. 由上面的分析可得.

必要性. 由于 $c^2=-c-1$, 于是

$$0=k+lc+mc^2=(k-m)+(l-m)c,$$

故必有 $l-m=0, k-m=0$. 从而结论成立.

例 4.2.33　(大连海事大学,2021; 河南师范大学,2021) 证明: 对任意非负整数 n, 均有

$$x^2+x+1 \mid x^{n+2}+(x+1)^{2n+1}.$$

例 4.2.34　(南京航空航天大学,2012) 设 $f(x)=x^2+x+1$, 且 n 是自然数. 证明:

(1) $f(x) \mid x^{n+2}+a(x+1)^{2n+1}$ 的充要条件是 $a=1$;

(2) 对任意多项式 $g(x)$,$(f(x),g(x))=1$ 的充要条件是 $(f^n(x),g^n(x))=1$.

例 4.2.35　(东华理工大学,2018) 设 $f(x)=1+x+x^2+\cdots+x^{n-1}, g(x)=(f(x)+x^n)^2-x^n$, 证明:$f(x) \mid g(x)$.

例 4.2.36　(曲阜师范大学,2008; 广西民族大学,2014; 浙江工商大学,2017) 若 $(x-1) \mid g(x^n)$, 求证:$(x^n-1) \mid g(x^n)$.

例 4.2.37　(兰州大学,2015; 河北师范大学,2020) 设 P 是一个数域,m 是任一正整数. 证明: 如果在 $P[x]$ 中 $x-a \mid f(x^m)$, 那么 $x^m-a^m \mid f(x^m)$.

例 4.2.38　(郑州大学,2022) 设 m 是大于 1 的正整数, 多项式 $f(x)=\sum\limits_{i=0}^{m-1} x^i$, 证明:$f(x) \mid f(x^m)-m$.

例 4.2.39　(东北师范大学,2010) 设 $f(x)=a_0x^n+a_1x^{n-1}+\cdots+a_n$ 是一个 n 次多项式, 且 $a_0+a_1+\cdots+a_n=0$. 证明: $f(x^{k+1})$ 能被 $x^k+x^{k-1}+\cdots+x+1$ 整除. 这里 n,k 是正整数.

例 4.2.40　(北京科技大学,2014; 山西大学,2021) 设 $f(x)=a_0x^n+a_1x^{n-1}+\cdots+a_n$ 是一个整系数多项式. 证明: 如果 $a_0+a_1+\cdots+a_n$ 是奇数, 则 $f(x)$ 既不能被 $x-1$ 整除, 又不能被 $x+1$ 整除.

证　由于

$$f(1)=a_0+a_1+\cdots+a_n$$

为奇数, 故 $f(1)\neq 0$, 所以 $f(x)$ 不能被 $x-1$ 整除. 设

$$f(x)=(x+1)q(x)+r,$$

则

$$f(1) = 2q(1) + r,$$

由 $f(1)$ 为奇数知 r 为奇数, 即 $r \neq 0$, 从而 $f(x)$ 不能被 $x+1$ 整除.

例 4.2.41 (苏州大学,2022) 设 $f(x) = a_n x^n + a_{n-1}x^{n-1} + \cdots + a_0$ 为整系数多项式, 且 $f(1)$ 为奇数. 试证:$f(x)$ 不能被 $x-1$ 整除, 也不能被 $x+1$ 整除.

例 4.2.42 (北京科技大学,2004) 求一个 3 次多项式 $f(x)$, 使得 $f(x)+1$ 能被 $(x-1)^2$ 整除, 而 $f(x)-1$ 能被 $(x+1)^2$ 整除.

解 (法 1) 由条件知 1 是 $f(x)+1$ 的 2 重根, 故 1 是 $f'(x)$ 的单根. 类似可知 -1 是 $f'(x)$ 的单根, 注意到 $\deg f'(x) = 2$, 可设

$$f'(x) = a(x+1)(x-1) = ax^2 - a,$$

其中 a 为待定系数, 于是

$$f(x) = \frac{1}{3}ax^3 - ax + b,$$

其中 a, b 为待定系数, 又由已知 $f(1) = -1, f(-1) = 1$, 可得

$$-1 = \frac{1}{3}a - a + b, 1 = -\frac{1}{3}a + a + b,$$

解得 $a = \frac{3}{2}, b = 0$, 故

$$f(x) = \frac{1}{2}x^3 - \frac{3}{2}x.$$

(法 2) 由条件可设

$$f(x) = (x-1)^2 q_1(x) - 1 = (x+1)^2 q_2(x) + 1,$$

于是

$$f(-x) = (x+1)^2 q_1(-x) - 1 = (x-1)^2 q_2(-x) + 1,$$

则

$$f(x) + f(-x) = (x-1)^2(q_1(x) + q_2(-x)) = (x+1)^2(q_2(x) + q_1(-x)),$$

于是

$$(x-1)^2(x+1)^2 \mid (f(x) + f(-x)),$$

注意到 $\deg f(x) = 3$, 则 $f(x) + f(-x) = 0$, 即 $f(-x) = -f(x)$, 由此可设

$$f(x) = ax^3 + bx,$$

再由 $f(1) = -1, f'(1) = 0, f(-1) = 1, f'(-1) = 0$, 可得

$$a + b = -1, 3a + b = 0,$$

解得 $a = \frac{1}{2}, b = -\frac{3}{2}$, 即

$$f(x) = \frac{1}{2}x^3 - \frac{3}{2}x.$$

例 4.2.43 (河北工业大学,2010) 设 $f(x)$ 为实系数 4 次多项式,$x-2$ 是 $f(x)+5$ 的三重因式,$x+3$ 是 $f(x)-2$ 的二重因式, 求 $f(x)$.

例 4.2.44 (扬州大学, 2008) 求一个 5 次多项式 $f(x)$, 满足下列条件: $(x-1)^3 \mid (f(x)+1)$, $(x+1)^3 \mid (f(x)-1)$.

例 4.2.45 (中国科学院大学,2005; 西北大学,2011,2016; 南京大学,2021) 试求 7 次多项式 $f(x)$, 使得 $f(x)+1$ 能被 $(x-1)^4$ 整除, 而 $f(x)-1$ 能被 $(x+1)^4$ 整除.

例 4.2.46 (合肥工业大学,2022) 设 $f(x)$ 是一个 7 次多项式, 且 $f(x)+1$ 能被 $(x-1)^4$ 整除, $f(x)-1$ 能被 $(x+1)^4$ 整除.

(1) 求 $f'(x)$ 的所有根, 这里 $f'(x)$ 表示 $f(x)$ 的导数;

(2) 求 $f(x)$.

例 4.2.47 (中山大学,2007) 试求一个 9 次多项式 $f(x)$, 使得 $f(x)+1$ 能被 $(x-1)^5$ 整除, 且 $f(x)-1$ 能被 $(x+1)^5$ 整除.

例 4.2.48 设 $f(x)\in F[x], k\in\mathbb{Z}, k\geqslant 1$. 证明:$x \mid f^k(x)$ 的充要条件为 $x\mid f(x)$.

证 充分性. 显然.

必要性. (法 1) 设

$$f(x)=xq(x)+r,$$

其中 r 为非零常数. 则易知 $f^k(x)$ 有如下的形式:

$$f^k(x)=xg(x)+r^k,$$

于是由 $x\mid f^k(x)$ 可知 $x\mid r^k$, 矛盾. 故结论成立.

(法 2) 由于 x 是不可约多项式, 故可知 $x\mid f(x)$.

(法 3) 由 $x\mid f^k(x)$ 知 $f^k(0)=0$, 于是 $f(0)=0$, 即 $x\mid f(x)$.

例 4.2.49 (河北工业大学,2003) 设 $g(x)=ax+b, a,b\in F, a\neq 0, f(x)\in F[x]$, 求证:$g(x)\mid f^2(x)$ 的充要条件为 $g(x)\mid f(x)$.

例 4.2.50 (华南理工大学,2006; 华北水利水电学院,2007; 聊城大学,2008,2012; 河南师范大学,2014; 北京科技大学,2020; 天津大学,2020; 沈阳工业大学,2021) 设 m 为任一正整数, 证明:$f^m(x)\mid g^m(x)$ 的充要条件为 $f(x)\mid g(x)$.

证 充分性. 显然.

必要性. 若 $f(x),g(x)$ 都是零多项式, 则结论显然成立. 下设 $f(x),g(x)$ 不全为零多项式.

(法 1) 设

$$g^m(x)=f^m(x)h(x), \tag{1}$$

令 $(f(x),g(x))=d(x)$, 由 $f(x),g(x)$ 不全为零知 $d(x)\neq 0$, 设

$$f(x)=d(x)f_1(x), g(x)=d(x)g_1(x), \text{其中}(f_1(x),g_1(x))=1, \tag{2}$$

将式(2)代入式(1),并消去 $d^m(x)$ 得 $g_1^m(x)=f_1^m(x)h(x)$, 即 $f_1^m(x)\mid g_1^m(x)$,又由于 $(f_1^m(x),g_1^m(x))=1$, 故 $f_1(x)=a\neq 0$. 于是

$$f(x)=ad(x),g(x)=\frac{1}{a}f(x)g_1(x),$$

从而 $f(x)\mid g(x)$.

(法 2) 设 $g(x)$ 的标准分解式为

$$g(x)=ap_1^{r_1}(x)p_2^{r_2}(x)\cdots p_s^{r_s}(x),$$

其中 $p_i(x)(i=1,\cdots,s)$ 为互不相同的首项系数为 1 的不可约多项式,$r_1,\cdots,r_s$ 为正整数. 任取 $f(x)$ 的一个不可约因式 $q(x)$, 则由

$$q(x)\mid f(x),f(x)\mid f^m(x),f^m(x)\mid g^m(x),$$

可得 $q(x)\mid g^m(x)$, 而 $q(x)$ 为不可约多项式, 故 $q(x)\mid g(x)$. 进一步, 可知存在 $1\leqslant i\leqslant s$ 及常数 c, 使得 $q(x)=cp_i(x)$. 于是可设 $f(x)$ 的标准分解式为

$$f(x)=bp_1^{l_1}(x)p_2^{l_2}(x)\cdots p_s^{l_s}(x),$$

其中 $l_1,\cdots,l_s$ 为非负整数. 由 $f^m(x)\mid g^m(x)$ 可得 $mr_i\geqslant ml_i,i=1,\cdots,s$, 即 $r_i\geqslant l_i,i=1,\cdots,s$. 于是

$$\begin{aligned}g(x)&=bp_1^{l_1}(x)p_2^{l_2}(x)\cdots p_s^{l_s}(x)\frac{a}{b}p_1^{r_1-l_1}(x)p_2^{r_2-l_2}(x)\cdots p_s^{r_s-l_s}(x)\\&=f(x)\frac{a}{b}p_1^{r_1-l_1}(x)p_2^{r_2-l_2}(x)\cdots p_s^{r_s-l_s}(x).\end{aligned}$$

即结论成立.

(法 3) 设 $(f(x),g(x))=d(x)$, 则 $(f^m(x),g^m(x))=d^m(x)$. 又由条件 $f^m(x)\mid g^m(x)$, 可得

$$(f^m(x),g^m(x))=\frac{1}{a^m}f^m(x),$$

其中 a 为 $f(x)$ 的首项系数, 从而

$$d(x)=\frac{1}{a}f(x),$$

于是由 $d(x)\mid g(x)$, 可得 $f(x)\mid g(x)$.

例 4.2.51 (华南理工大学,2012) 设 $f(x),g(x)\in P[x],f(x)\neq 0$. 证明下列条件等价:

(1) $f(x)\mid g(x)$;

(2) $\forall k\in\mathbb{N}$ 使得 $f^k(x)\mid g^k(x)$;

(3) 存在自然数 m 使得 $f^m(x)\mid g^m(x)$.

例 4.2.52 (南京大学,2001; 大连理工大学,2004) 设 $\mathbb{R},\mathbb{Q}$ 分别表示实数域和有理数域,$f(x)$, $g(x)\in\mathbb{Q}[x]$, 证明:

(1) 若在 $\mathbb{R}[x]$ 中有 $g(x)\mid f(x)$, 则在 $\mathbb{Q}[x]$ 中也有 $g(x)\mid f(x)$;

(2) $f(x)$ 与 $g(x)$ 在 $\mathbb{Q}[x]$ 中互素, 当且仅当 $f(x)$ 与 $g(x)$ 在 $\mathbb{R}[x]$ 中互素;

(3) 设 $f(x)$ 在 $\mathbb{Q}[x]$ 中不可约, 则 $f(x)$ 的根都是单根.

证 (1) 若 $g(x)=0$, 则结论显然成立.

若 $g(x)\neq 0$, 由带余除法知存在 $q(x),r(x)\in\mathbb{Q}[x]$, 使得

$$f(x)=g(x)q(x)+r(x),$$

其中 $r(x)\neq 0,\deg r(x)<\deg g(x)$. 易知上式在 $\mathbb{R}[x]$ 中也成立. 矛盾.

(2) 必要性. $f(x)$ 与 $g(x)$ 在 $\mathbb{Q}[x]$ 中互素, 则存在 $u(x),v(x)\in\mathbb{Q}[x]$ 使得

$$f(x)u(x)+g(x)v(x)=1,$$

易知上式在 $\mathbb{R}[x]$ 中也成立. 于是 $f(x)$ 与 $g(x)$ 在 $\mathbb{R}[x]$ 中互素.

充分性. 设在 $\mathbb{Q}[x]$ 中, $(f(x),g(x))=d(x)\neq 1$, 则在 $\mathbb{Q}[x]$ 中 $d(x)\mid f(x),d(x)\mid g(x)$, 由 (1) 知, 上式在 $\mathbb{R}[x]$ 中也成立, 这与 $f(x)$ 和 $g(x)$ 在 $\mathbb{R}[x]$ 中互素矛盾.

(3) 由于 $f(x)$ 在 $\mathbb{Q}$ 上不可约, 故在 $\mathbb{Q}$ 上 $(f(x),f'(x))=1$. 由 (2) 知在 $\mathbb{C}$ 中 $(f(x),f'(x))=1$ 也成立. 故 $f(x)$ 无重根.

例 4.2.53 (四川大学,2007) 设 $p(x)\in F[x]$ 不可约. 证明:

(1) $p(x)$ 在复数域上无重根;

(2) 如果 $p(x)$ 与某个多项式 $f(x)\in F[x]$ 有公共的复根, 则 $p(x)\mid f(x)$.

4.3 最大公因式

4.3.1 定义

设 $f(x),g(x)\in F[x]$, 若存在 $d(x)\in F[x]$ 满足:

(1) $d(x)$ 是 $f(x),g(x)$ 的公因式;

(2) 若 $h(x)\in F[x]$ 满足 $h(x)\mid f(x),h(x)\mid g(x)$,$h(x)\mid d(x)$,

则称 $d(x)$ 为 $f(x),g(x)$ 的一个最大公因式.

4.3.2 最大公因式的性质

1. $(f(x),g(x))=0$ 的充要条件为 $f(x)=g(x)=0$;

2. $(c,f(x))=1,c\neq 0,c$ 为常数,$(0,f(x))=cf(x)$;

3. $(f(x),g(x))=f(x)u(x)+g(x)v(x)(u(x),v(x)$ 不唯一);

4. 若 $f(x)=g(x)h(x)+s(x)$, 则 $(f(x),g(x))=(g(x),s(x))$;

5. $(f(x),g(x))=(f(x),f(x)\pm g(x))=(f(x)+g(x),f(x)-g(x))=(f(x),g(x)\pm v(x)f(x))$, 其中 $v(x)$ 为任意多项式.

4.3.3 最大公因式的求解

例 4.3.1 设 $f(x)=x^n+a_1x^{n-1}+\cdots+a_n,g(x)=x^{n-1}+a_1x^{n-2}+\cdots+a_{n-1},n>1$, 求 $(f(x),g(x))$.

解 注意到 $f(x)=xg(x)+a_n$, 于是

(1) 若 $a_n=0$, 则 $g(x)\mid f(x)$, 于是 $(f(x),g(x))=g(x)$.

(2) 若 $a_n\neq 0$, 则易知 $(f(x),g(x))=1$.

例 4.3.2 设 $f(x)=x^{m+n}-x^m-x^n-1,g(x)=x^m-x^{m-n}-2,m>n$, 求 $(f(x),g(x))$.

例 4.3.3 设 $f(x)=x^2+(a+6)x+4a+2, g(x)=x^2+(a+2)x+2a$, 且 $d(x)=(f(x),g(x))$ 是一次多项式, 求常数 a.

解 注意到 (或者利用带余除法) $f(x)=g(x)+(4x+2a+2)$, 由 $d(x)\mid f(x), d(x)\mid g(x)$, 可得 $d(x)\mid(4x+4a+2)$, 注意到 $d(x)$ 是首项系数为 1 的一次多项式, 可得

$$d(x)=\frac{4x+4a+2}{4}=x+\frac{a+1}{2},$$

由 $d(x)\mid g(x)$, 可得

$$0=g\left(-\frac{a+1}{2}\right)=\frac{(a+1)^2}{4}-\frac{(a+2)(a+1)}{2}+2a,$$

求解, 可得 $a=1$ 或者 $a=3$.

当 $a=1$ 时,

$$f(x)=x^2+7x+6=(x+1)(x+6), g(x)=x^2+3x+2=(x+1)(x+2),$$

此时 $(f(x),g(x))=x+1$ 是一次多项式.

当 $a=3$ 时,

$$f(x)=x^2+9x+14=(x+2)(x+7), g(x)=x^2+5x+6=(x+2)(x+3),$$

此时 $(f(x),g(x))=x+2$ 是一次多项式.

综上可知 $a=1$ 或者 $a=3$.

例 4.3.4 (西南大学,2023) 设 $f(x)=x^2+(k+6)x+4k+2, g(x)=x^2+(k+2)x+2k$, 当 k 为多少时,$f(x)$ 和 $g(x)$ 的最大公因式是一次多项式, 并求这个最大公因式.

例 4.3.5 (南京师范大学,2020) 设 $f(x)=x^3+(1+t)x^2+4x+k, g(x)=x^3+tx^2+k$, 常数 t 和 k 为多少时, 最大公因式 $(f(x),g(x))$ 是二次多项式?

4.3.4 最大公因式的证明方法

欲证明 $d(x)=(f(x),g(x))$, 可从如下几方面考虑.

1. 定义;

2. 设 $(f(x),g(x))=d_1(x)$, 证明 $d_1(x)=d(x)$;

3. 若 $f(x)=d(x)f_1(x), g(x)=d(x)g_1(x)$, 则只需证明 $(f_1(x),g_1(x))=1$;

4. 若 $f(x)=g(x)h(x)+s(x)$, 则 $(f(x),g(x))=(g(x),s(x))$;

5. 利用标准分解式.

例 4.3.6 (安徽师范大学,2018) 设 $f_1(x),f_2(x),g_1(x),g_2(x)$ 是数域 P 上的多项式,$a\in P$ 满足 $f_1(a)=0, g_2(a)\neq 0$, 且 $f_1(x)g_1(x)+f_2(x)g_2(x)=x-a$. 证明:$(f_1(x),f_2(x))=x-a$.

证 由 $f_1(a)=0$ 知 $(x-a)\mid f_1(x)$. 在

$$f_1(x)g_1(x)+f_2(x)g_2(x)=x-a$$

中, 令 $x=a$, 并注意到 $f_1(a)=0, g_2(a)\neq 0$, 可得 $f_2(a)=0$, 即 $(x-a)\mid f_2(x)$, 从而 $x-a$ 是 $f_1(x), f_2(x)$ 的公因式.

若 $h(x)\mid f_1(x), h(x)\mid f_2(x)$, 由

$$f_1(x)g_1(x)+f_2(x)g_2(x)=x-a,$$

可知 $h(x)\mid(x-a)$. 故 $(f_1(x), f_2(x))=x-a$.

例 4.3.7　(西南大学,2011; 华侨大学,2014; 华东理工大学,2021) 若 $\begin{vmatrix} a & b \\ c & d \end{vmatrix}\neq 0$, 则

$$(af(x)+bg(x), cf(x)+dg(x))=(f(x), g(x)).$$

证　(法 1) 令 $(af(x)+bg(x), cf(x)+dg(x))=p(x)$, 则只需证明 $(f(x), g(x))=p(x)$.

首先证明 $p(x)\mid f(x), p(x)\mid g(x)$. 由于

$$p(x)\mid(af(x)+bg(x)), p(x)\mid(cf(x)+dg(x)),$$

于是

$$p(x)\mid[d(af(x)+bg(x))-b(cf(x)+dg(x))], p(x)\mid[c(af(x)+bg(x))-a(cf(x)+dg(x))],$$

即

$$p(x)\mid(ad-bc)f(x), p(x)\mid(bc-ad)g(x),$$

由 $ad-bc\neq 0$, 可得 $p(x)\mid f(x), p(x)\mid g(x)$.

若 $h(x)\mid f(x), h(x)\mid g(x)$, 下证 $h(x)\mid p(x)$. 由于存在多项式 $u(x), v(x)$, 使得

$$p(x)=(af(x)+bg(x))u(x)+(cf(x)+dg(x))v(x),$$

由此可知 $h(x)\mid p(x)$.

综上可知 $(f(x), g(x))=p(x)$.

(法 2) 设 $(f(x), g(x))=q(x)$, 则只需证明 $(af(x)+bg(x), cf(x)+dg(x))=q(x)$.

首先, 证明 $q(x)\mid(af(x)+bg(x)), q(x)\mid(cf(x)+dg(x))$. 由于 $q(x)\mid f(x), q(x)\mid g(x)$, 故易知 $q(x)\mid(af(x)+bg(x)), q(x)\mid(cf(x)+dg(x))$.

若 $h(x)\mid(af(x)+bg(x)), h(x)\mid(cf(x)+dg(x))$, 则

$$h(x)\mid[d(af(x)+bg(x))-b(cf(x)+dg(x))], h(x)\mid[c(af(x)+bg(x))-a(cf(x)+dg(x))],$$

即 $h(x)\mid(ad-bc)f(x), h(x)\mid(bc-ad)g(x)$, 由 $ad-bc\neq 0$, 可得 $h(x)\mid f(x), h(x)\mid g(x)$. 从而 $h(x)\mid q(x)$.

综上可知 $(f(x), g(x))=p(x)$.

(法 3) 令

$$F(x)=af(x)+bg(x), G(x)=cf(x)+dg(x),$$

由 $\begin{vmatrix} a & b \\ c & d \end{vmatrix}\neq 0$, 可得

$$f(x)=\frac{1}{ad-bc}(dF(x)-bG(x)), g(x)=\frac{1}{ad-bc}(-cF(x)+aG(x)).$$

若 $h(x)\mid f(x), h(x)\mid g(x)$, 由 $F(x)=af(x)+bg(x), G(x)=cf(x)+dg(x)$, 可得 $h(x)\mid F(x), h(x)\mid G(x)$.

反之, 若 $h(x) \mid F(x), h(x) \mid G(x)$, 由 $f(x) = \dfrac{1}{ad-bc}(dF(x)-bG(x)), g(x) = \dfrac{1}{ad-bc}(-cF(x)+aG(x))$, 可得 $h(x) \mid f(x), h(x) \mid g(x)$.

综上, 可得 $f(x), g(x)$ 与 $F(x), G(x)$ 的公因式相同, 从而

$$(af(x)+bg(x), cf(x)+dg(x)) = (f(x), g(x)).$$

(法 4) 令 $(af(x)+bg(x), cf(x)+dg(x)) = d_1(x), (f(x), g(x)) = d_2(x)$, 再令

$$F(x) = af(x)+bg(x), G(x) = cf(x)+dg(x),$$

由 $\begin{vmatrix} a & b \\ c & d \end{vmatrix} \neq 0$, 可得

$$f(x) = \frac{1}{ad-bc}(dF(x)-bG(x)), g(x) = \frac{1}{ad-bc}(-cF(x)+aG(x)).$$

由于 $d_1(x) \mid F(x), d_1(x) \mid G(x)$, 于是 $d_1(x) \mid f(x), d_1(x) \mid g(x)$, 从而 $d_1(x) \mid d_2(x)$. 类似可知 $d_2(x) \mid d_1(x)$. 注意到 $d_1(x), d_2(x)$ 都是首项系数为 1 的多项式, 从而 $d_1(x) = d_2(x)$, 即

$$(af(x)+bg(x), cf(x)+dg(x)) = (f(x), g(x)).$$

例 4.3.8 (上海交通大学,2002; 西安建筑科技大学,2018; 长安大学,2022) 已知

$$f_1(x) = af(x)+bg(x), g_1(x) = cf(x)+dg(x).$$

其中 $ad-bc \neq 0$, 证明:$(f(x), g(x)) = (f_1(x), g_1(x))$.

例 4.3.9 (广西民族大学,2021) 已知多项式 $f_1(x) = 2f(x)+g(x), g_1(x) = 5f(x)+3g(x)$, 证明: $(f(x), g(x)) = (f_1(x), g_1(x))$.

例 4.3.10 (中山大学,2001; 浙江大学,2002; 河北工业大学,2022) 设 $f(x), g(x) \in F[x]$, n 为任意正整数, 求证:$(f(x), g(x))^n = (f^n(x), g^n(x))$.

证 $f(x), g(x)$ 都为 0 或其中之一为 0 或其中之一为非零常数时, 结论显然成立.

下设 $f(x), g(x)$ 的次数都大于 0.

(法 1) 令 $d(x) = (f(x), g(x))$, 只需证明 $d^n(x) = (f^n(x), g^n(x))$. 由 $d(x) = (f(x), g(x))$, 可设

$$f(x) = d(x)f_1(x), g(x) = d(x)g_1(x),$$

其中 $(f_1(x), g_1(x)) = 1$. 则

$$f^n(x) = d^n(x)f_1^n(x), g^n(x) = d^n(x)g_1^n(x).$$

即 $d^n(x) \mid f^n(x), d^n(x) \mid g^n(x)$. 于是 $d^n(x)$ 为 $f^n(x), g^n(x)$ 的公因式.

由 $(f_1(x), g_1(x)) = 1$ 知 $(f_1^n(x), g_1^n(x)) = 1$, 于是存在 $u(x), v(x) \in F[x]$ 使得

$$f_1^n(x)u(x) + g_1^n(x)v(x) = 1.$$

等式两边乘以 $d^n(x)$, 得

$$f^n(x)u(x) + g^n(x)v(x) = d^n(x).$$

若 $\varphi(x) \in F[x]$, 且 $\varphi(x) \mid f^n(x), \varphi(x) \mid g^n(x)$, 由上式知 $\varphi(x) \mid d^n(x)$. 故 $d^n(x)$ 是 $f^n(x), g^n(x)$ 的最大公因式.

(法 2) 令 $d(x)=(f(x),g(x))$, 可设

$$f(x)=d(x)f_1(x),g(x)=d(x)g_1(x),$$

其中 $(f_1(x),g_1(x))=1$, 则 $(f_1^n(x),g_1^n(x))=1$. 于是

$$\begin{aligned}&(f^n(x),g^n(x))\\=&(d^n(x)f_1^n(x),d^n(x)g_1^n(x))\\=&d^n(x)(f_1^n(x),g_1^n(x))=d^n(x).\end{aligned}$$

即结论成立.

注　这里利用了一个结论: 若 $h(x)$ 的首项系数为 1, 则

$$(f(x),g(x))h(x)=(f(x)h(x),g(x)h(x)).$$

(法 3) 设 $f(x),g(x)$ 的标准分解式为

$$f(x)=ap_1^{r_1}(x)p_2^{r_2}(x)\cdots p_l^{r_l}(x)p_{l+1}^{r_{l+1}}(x)\cdots p_k^{r_k}(x),$$

$$g(x)=bp_1^{s_1}(x)p_2^{s_2}(x)\cdots p_l^{s_l}(x)q_{l+1}^{s_{l+1}}(x)\cdots q_m^{s_m}(x),$$

其中 $p_1,p_2,\cdots,p_l,p_{l+1}(x),\cdots,p_k(x),q_{l+1}(x),\cdots,q_m(x)\in F[x]$ 是首项系数为 1 互异的不可约多项式. 令

$$t_i=\min\{r_i,s_i\},i=1,2,\cdots,l,$$

则

$$(f^n(x),g^n(x))=p_1^{nt_1}(x)p_2^{nt_2}(x)\cdots p_l^{nt_l}(x)=(p_1^{t_1}(x)p_2^{t_2}(x)\cdots p_l^{t_l}(x))^n=(f(x),g(x))^n.$$

即结论成立.

例 4.3.11　(浙江理工大学,2018,2019) 设 $(f(x),g(x))=d(x)$. 证明: 对任意正整数 n, 有

$$(f^n(x),f^{n-1}(x)g(x),\cdots,f(x)g^{n-1}(x),g^n(x))=d^n(x).$$

例 4.3.12　(中山大学,2019) 设 m,n 为正整数, 证明:$(x^m-1,x^n-1)=x^{(m,n)}-1$.

证　令 $d=(m,n)$.

(法 1)(利用最大公因式的定义) 由于 $d=(m,n)$, 故存在 $m_1,n_1,s,t\in\mathbb{Z}$, 使得

$$m=dm_1,n=dn_1,d=sm+tn.$$

于是

$$x^m-1=x^{dm_1}-1=(x^d-1)[(x^d)^{m_1-1}+\cdots+x^d+1],$$

$$x^n-1=x^{dn_1}-1=(x^d-1)[(x^d)^{n_1-1}+\cdots+x^d+1].$$

由此可知 x^d-1 是 x^m-1 与 x^n-1 的公因式.

假设 $h(x)$ 是 x^m-1 与 x^n-1 的任一公因式. 由于 $d\leqslant m,d\leqslant n$, 所以 s,t 必然一正一负, 不妨设 $s>0,t<0$, 则

$$x^{sm}-1=(x^m-1)((x^m)^{s-1}+\cdots+x^m+1),$$

$$x^{-tn}-1=(x^n-1)((x^m)^{-t-1}+\cdots+x^n+1),$$

于是 $h(x)\mid(x^{sm}-1)-(x^{-tn}-1)$, 而

$$(x^{sm}-1)-(x^{-tn}-1)=x^{sm}-x^{-tn}=x^{-tn}(x^{sm+tn}-1)=x^{-tn}(x^d-1),$$

从而 $h(x)\mid x^{-tn}(x^d-1)$. 由于 $x\nmid h(x)$(若不然, 由 $x\mid h(x),h(x)\mid x^m-1$ 可知 $x\mid x^m-1$, 这显然是矛盾的), 所以 $(h(x),x)=1$, 于是 $(h(x),x^{-tn})=1$, 从而 $h(x)\mid x^d-1$.

综上可知 $(x^m-1,x^n-1)=x^d-1$.

(法 2) 由法 1 知

$$x^m-1=x^{dm_1}-1=(x^d-1)[(x^d)^{m_1-1}+\cdots+x^d+1],$$

$$x^n-1=x^{dn_1}-1=(x^d-1)[(x^d)^{n_1-1}+\cdots+x^d+1].$$

令

$$f(x)=(x^d)^{m_1-1}+\cdots+x^d+1,g(x)=(x^d)^{n_1-1}+\cdots+x^d+1,$$

只需证明 $(f(x),g(x))=1$ 即可.

若 $(f(x),g(x))=d(x)\neq 1$, 则存在复数 α 使得 $d(\alpha)=0$, 于是由 $(x-\alpha)\mid d(x),d(x)\mid f(x),f(x)\mid x^m-1$ 可知 $\alpha^m-1=0$, 即 $\alpha^m=1$. 类似可知 $\alpha^n=1$, 从而 $\alpha^d=\alpha^{sm+tn}=1$, 所以 $(x-\alpha)\mid(x^d-1)$, 又 $(x-\alpha)\mid f(x)$, 故 $(x-\alpha)^2\mid(x^d-1)f(x)$, 即 $(x-\alpha)^2\mid x^m-1$, 此即 x^m-1 有重根, 矛盾.

(法 3) 由于 $d=(m,n)$, 故存在 $s,t\in\mathbb{Z}$, 使得 $d=sm+tn$. 设 α 是 (x^m-1,x^n-1) 的任一复根, 则易知 $\alpha^m=\alpha^n=1$, 因此 $\alpha^d=\alpha^{sm+tn}=1$, 即 α 是 x^d-1 的根, 这就证明了 (x^m-1,x^n-1) 的根都是 x^d-1 的根. 显然,x^d-1 的根都是 (x^m-1,x^n-1) 的根, 而 (x^m-1,x^n-1) 与 x^d-1 的根都是单根, 所以结论成立.

例 4.3.13 设 m,n 都是正整数, 证明: $(x^m-1,x^n-1)=x^d-1$ 的充要条件是 $d=(m,n)$.

例 4.3.14 (上海交通大学,2004; 西南大学,2010; 武汉大学,2022) 假设 $f_1(x),f_2(x)$ 为次数不超过 3 的首项系数为 1 的互异多项式, 假设 x^4+x^2+1 整除 $f_1(x^3)+x^4f_2(x^3)$. 试求 $f_1(x),f_2(x)$ 的最大公因式.

证 由于

$$x^4+x^2+1=x^4+2x^2+1-x^2=(x^2+1)^2-x^2=(x^2+x+1)(x^2-x+1),$$

故 x^4+x^2+1 的四个根为 $\varepsilon=\dfrac{-1+\sqrt{3}\mathrm{i}}{2},\varepsilon^2=\dfrac{-1-\sqrt{3}\mathrm{i}}{2},-\varepsilon,-\varepsilon^2$. 且 $\varepsilon^3=1,\varepsilon^2+\varepsilon+1=0$.

由 x^4+x^2+1 整除 $f_1(x^3)+x^4f_2(x^3)$ 得

$$\begin{cases}f_1(1)+\ \varepsilon f_2(1)=0,\\ f_1(1)+\varepsilon^2f_2(1)=0.\end{cases}$$

解得 $f_1(1)=f_2(1)=0$. 同理可得 $f_1(-1)=f_2(-1)=0$. 于是 $(x+1)(x-1)$ 是 $f_1(x),f_2(x)$ 的公因式. 若 $(f_1(x),f_2(x))=d(x),\deg(d(x))=3$, 则由 $d(x)\mid f_1(x),d(x)\mid f_2(x)$ 及 $f_1(x),f_2(x)$ 的首项系数为 1 可得 $f_1(x)=f_2(x)=d(x)$. 矛盾. 于是所求的最大公因式为 $(f_1(x),f_2(x))=(x+1)(x-1)$.

例 4.3.15 (兰州大学,2014,2020) 设 $f(x),g(x)$ 为复数域上的两个首项系数为 1 的不同的 3 次多项式, 证明: 如果 $x^4+x^2+1\mid f(x^3)+x^4g(x^3)$, 那么 $(f(x),g(x))=(x+1)(x-1)$.

4.4 互素

4.4.1 定义

设 $f(x),g(x)\in F[x]$, 若 $(f(x),g(x))=1$, 则称 $f(x),g(x)$ 互素.

4.4.2 性质

1. $(f(x),g(x))=1$ 的充要条件是存在多项式 $u(x)$,$v(x)$ 使 $f(x)u(x)+g(x)v(x)=1$.

2. 若 $(f(x),h(x))=1,(g(x),h(x))=1$, 则 $(f(x)g(x),h(x))=1$.

3. 若 $f(x)\mid g(x)h(x),(f(x),g(x))=1$, 则 $f(x)\mid h(x)$.

4. 若 $f(x)\mid h(x),g(x)\mid h(x)$ 且 $(f(x),g(x))=1$, 则 $f(x)g(x)\mid h(x)$.

5. $(f(x),g(x))=1$ 的充要条件为 $(f(x)g(x),f(x)\pm g(x))=1$.

6. 若 $(f(x),g(x))=d(x)$, 令 $f(x)=d(x)f_1(x),g(x)=d(x)g_1(x)$, 则 $(f_1(x),g_1(x))=1$.

7. $(f(x),g(x))=1$ 的充要条件为 $(f^m(x),g^n(x))=1$, 其中 m,n 为正整数.

8. 若 $f_1(x),\cdots,f_t(x)$ 两两互素, 则 $(f_1(x),\cdots,f_t(x))=1$.

4.4.3 互素的证明方法

欲证 $(f(x),g(x))=1$, 可从如下几方面考虑

1. 证明存在 $u(x),v(x)$ 使得 $f(x)u(x)+g(x)v(x)=1$.

2. 设 $(f(x),g(x))=d(x)$, 证明 $d(x)\mid 1$ 即可.

3. 反证法, 设 $(f(x),g(x))=d(x),\deg(d(x))>0$, 推矛盾.

4. 利用标准分解式法或其他方法.

例 4.4.1 (南京师范大学,2019) 设多项式 $f(x)=x^4-x^3-4x^2+4x+1,g(x)=x^2-x-1$.
(1) 求多项式 $u_1(x),v_1(x)$ 使得

$$u_1(x)f(x)+v_1(x)g(x)=(f(x),g(x));$$

(2) 证明不存在次数相同的多项式 $u_2(x),v_2(x)$ 使得

$$u_2(x)f(x)+v_2(x)g(x)=(f(x),g(x));$$

(3) 证明存在无穷多组多项式 $u_3(x),v_3(x)$, 且 $v_3(x)$ 的次数为 2019, 使得

$$u_3(x)f(x)+v_3(x)g(x)=(f(x),g(x)).$$

证 (1) 由于

$$f(x) = g(x)q_1(x) + r_1(x), q_1(x) = x^2 - 3, r_1(x) = x - 2,$$

$$g(x) = r_1(x)q_2(x) + r_2(x), q_2(x) = x + 1, r_2(x) = 1,$$

$$r_1(x) = r_2(x)q_3(x), q_3(x) = x - 2.$$

于是

$$1 = r_2(x) = (f(x), g(x)) = (-q_2(x))f(x) + (1 + q_1(x)q_2(x))g(x),$$

令

$$u_1(x) = -q_2(x) = -x - 1,$$

$$v_1(x) = 1 + q_1(x)q_2(x) = x^3 + x^2 - 3x - 2,$$

即可.

(2) 反证法. 若存在次数相同的多项式 $u_2(x), v_2(x)$ 所得

$$u_2(x)f(x) + v_2(x)g(x) = (f(x), g(x)) = 1,$$

设 $\deg u_2(x) = \deg v_2(x) = n$, 则上式左边多项式的次数为 $n+4$, 右边多项式的次数为 0, 显然不可能相等. 矛盾.

(3) 由于对任意的多项式 $h(x)$ 有

$$\begin{aligned}1 &= u_1(x)f(x) + v_1(x)g(x)\\ &= u_1(x)f(x) + v_1(x)g(x) + f(x)g(x)h(x) - f(x)g(x)h(x)\\ &= (u_1(x) + g(x)h(x))f(x) + (v_1(x) - f(x)h(x))g(x),\end{aligned}$$

下面选择合适的 $h(x)$ 使得

$$u_3(x) = u_1(x) + g(x)h(x), v_3(x) = v_1(x) - f(x)h(x)$$

满足条件即可. 令

$$h(x) = kx^{2015},$$

其中 k 是大于 0 的自然数, 则易知 $u_3(x), v_3(x)$ 有无穷多组, 且 $v_3(x)$ 的次数为 2019.

例 4.4.2 (北京邮电大学,2012) 设

$$f(x) = x^{2m} + 2x^{m+1} - 23x^m + x^2 - 22x + 90, g(x) = x^m + x - 6,$$

其中 m 是大于 2 的自然数, 证明:$(f(x), g(x)) = 1$.

例 4.4.3 设 $f(x), g(x) \in F[x]$, 证明:$(f(x), g(x)) = 1$ 的充要条件为

$$(f(x) + g(x), f(x) - g(x)) = 1.$$

证 必要性. (法 1) 由于存在 $u(x), v(x) \in F[x]$, 使得 $f(x)u(x) + g(x)v(x) = 1$, 于是

$$(f(x) + g(x))\left(\frac{u(x) + v(x)}{2}\right) + (f(x) - g(x))\left(\frac{u(x) - v(x)}{2}\right) = 1,$$

即 $(f(x) + g(x), f(x) - g(x)) = 1$.

(法 2) 设 $(f(x)+g(x), f(x)-g(x))=d(x)$, 下证 $d(x) \mid 1$ 即可. 由于 $d(x) \mid (f(x)+g(x)), d(x) \mid (f(x)-g(x))$, 故 $d(x) \mid [(f(x)+g(x))+(f(x)-g(x))], d(x) \mid [(f(x)+g(x))-(f(x)-g(x))]$, 即 $d(x) \mid f(x), d(x) \mid g(x)$, 于是 $d(x) \mid 1$.

(法 3) 设 $(f(x)+g(x), f(x)-g(x))=d(x), \deg d(x)>0$, 则 $d(x) \mid (f(x)+g(x)+f(x)-g(x))$. 即 $d(x) \mid f(x)$, 同理 $d(x) \mid g(x)$, 这与 $(f(x), g(x))=1$ 矛盾.

充分性. 类似于必要性.

例 4.4.4 (北京师范大学,1998) 设 $f(x), g(x) \in F[x], a, b, c, d \in F$, 若 $ad-bc \neq 0$, 则 $(f(x), g(x))=1$ 的充要条件为 $(af(x)+bg(x), cf(x)+dg(x))=1$.

例 4.4.5 (西南师范大学,2005; 北京交通大学,2007; 重庆师范大学,2007; 河海大学,2011) 证明:$(\phi(x), h(x))=1$ 的充要条件为 $(\phi(x)h(x), \phi(x)+h(x))=1$.

证 充分性.(法 1) 由于存在 $u(x), v(x)$ 使得

$$\phi(x)h(x)u(x)+(\phi(x)+h(x))v(x)=1,$$

于是

$$\phi(x)[h(x)u(x)+v(x)]+h(x)v(x)=1,$$

即 $(\phi(x), h(x))=1$.

(法 2) 设 $(\phi(x), h(x))=d(x)$, 则 $d(x) \mid \phi(x), d(x) \mid h(x)$, 于是

$$d(x) \mid \phi(x)h(x), d(x) \mid (\phi(x)+h(x)),$$

从而 $d(x) \mid 1$, 注意到 $d(x)$ 的首项系数为 1, 故 $d(x)=1$. 即 $(\phi(x), h(x))=1$.

必要性. (法 1) 反证法. 若 $(\phi(x)h(x), \phi(x)+h(x))=d(x), \deg d(x)>0$, 则必存在不可约多项式 $p(x)$ 满足 $p(x) \mid d(x)$, 于是

$$p(x) \mid \phi(x)h(x), p(x) \mid (\phi(x)+h(x)),$$

由于 $p(x)$ 不可约, 于是 $p(x) \mid \phi(x)$ 或 $p(x) \mid h(x)$. 若 $p(x) \mid \phi(x)$, 由 $p(x) \mid (\phi(x)+h(x))$, 可得 $p(x) \mid h(x)$. 故 $p(x)$ 为 $\phi(x)$ 与 $h(x)$ 的因式, 这与 $(\phi(x), h(x))=1$ 矛盾. 类似可知, 若 $p(x) \mid h(x)$, 也可得到矛盾. 所以 $(\phi(x)h(x), \phi(x)+h(x))=1$.

(法 2) 由 $(\phi(x), h(x))=1$, 则存在 $u(x), v(x)$ 使得

$$\phi(x)u(x)+h(x)v(x)=1,$$

于是

$$\phi(x)(u(x)-v(x))+(\phi(x)+h(x))v(x)=1,$$

即 $(\phi(x), \phi(x)+h(x))=1$. 类似可证 $(h(x), \phi(x)+h(x))=1$. 于是 $(\phi(x)h(x), \phi(x)+h(x))=1$.

(法 3) 设 $(\phi(x)h(x), \phi(x)+h(x))=d(x)$, 则

$$d(x) \mid \phi(x)h(x), d(x) \mid (\phi(x)+h(x)),$$

于是

$$d(x) \mid [(\phi(x)+h(x))h(x)-\phi(x)h(x)],$$

即 $d(x) \mid h^2(x)$. 类似可得 $d(x) \mid \phi^2(x)$. 又由 $(\phi(x), h(x))=1$, 知 $(\phi^2(x), h^2(x))=1$, 于是 $d(x) \mid 1$, 即 $d(x)=1$, 故 $(\phi(x)h(x), \phi(x)+h(x))=1$.

例 4.4.6 设 $f(x),g(x)\in F[x]$, 且 $(f(x),g(x))=1$, 证明:

(1) 任取 $a,b\in F$ 且均不为 0, 则 $(f(x)g(x),af(x)+bg(x))=1$;

(2) 对任意的正整数 m,n, 有 $(f^m(x),g^n(x))=1$.

例 4.4.7 (南京航空航天大学,2014) 设 $f(x),g(x)$ 是两个非零多项式,n 是自然数, 证明:

(1) 若 $(f(x),g(x))=1$, 则 $(f^n(x)+g^n(x),f^n(x)-g^n(x))=1$;

(2) 若 $(f(x),g(x))=d(x)$, 则 $(f^n(x)+g^n(x),f^n(x)-g^n(x))=d^n(x)$.

例 4.4.8 (沈阳工业大学,2022) 设 $f_1(x),f_2(x)$ 和 $g_1(x),g_2(x)$ 都是数域 P 上的一元多项式, 且

$$(f_i(x),g_j(x))=1(i=1,2;j=1,2).$$

证明:$(f_1(x)f_2(x),g_1(x)g_2(x))=1$.

证 (法 1) 首先, 证明 $(f_1(x),g_1(x)g_2(x))=1$. 由条件

$$(f_1(x),g_1(x))=1,(f_1(x),g_2(x))=1,$$

于是$(f_1(x),g_1(x)g_2(x))=1$. 类似可知$(f_2(x),g_1(x)g_2(x))=1$. 这样就有$(f_1(x)f_2(x),g_1(x)g_2(x))=1$.

(法 2) 设 $(f_1(x)f_2(x),g_1(x)g_2(x))=d(x)$, 且 $\deg d(x)\geqslant 1$, 则 $d(x)$ 存在不可约因式 $p(x)$, 使得 $p(x)\mid d(x)$, 由

$$d(x)\mid f_1(x)f_2(x),d(x)\mid g_1(x)g_2(x),$$

可得

$$p(x)\mid f_1(x)f_2(x),p(x)\mid g_1(x)g_2(x),$$

由 $p(x)$ 不可约, 可得 $p(x)\mid f_1(x)$ 或者 $p(x)\mid f_2(x)$, 以及 $p(x)\mid g_1(x),p(x)\mid g_2(x)$.

若 $p(x)\mid f_1(x),p(x)\mid g_1(x)$, 则由条件 $(f_1(x),g_1(x))=1$, 可得 $p(x)\mid 1$, 这与 $p(x)$ 不可约矛盾. 类似可知其他情况下也是矛盾的.

综上可知结论成立.

例 4.4.9 (西安建筑科技大学,2019) 设 $f_1(x),f_2(x),\cdots,f_m(x),g_1(x),g_2(x),\cdots,g_n(x)\in P[x]$, 证明:$(f_1(x)\cdots f_m(x),g_1(x)\cdots g_n(x))=1$ 的充要条件是 $(f_i(x),g_j(x))=1,i=1,2,\cdots,m;j=1,2,\cdots,n$.

例 4.4.10 (南昌大学,2020) 设 $f_1(x),f_2(x),\cdots,f_s(x),g_1(x),g_2(x),\cdots,g_t(x)$ 是多项式, 且 $(f_i(x),g_j(x))=1$, 其中 $i=1,2,\cdots,s;j=1,2,\cdots,t$. 证明:

(1) $(f_1(x),g_1(x)g_2(x))=1$;

(2) $(f_1(x)\cdots f_s(x),g_1(x)\cdots g_t(x))=1$.

例 4.4.11 (三峡大学,2006) 设 $f(x),g(x)\in F[x]$, 若 $(f(x),g(x))=1$, 证明: 对任意 $h(x)\in F[x]$,$(f(x)+h(x)g(x),g(x))=1$.

例 4.4.12 (北京邮电大学,2007; 安徽师范大学,2020) 证明:$(f(x),g(x)h(x))=1$ 的充要条件为 $(f(x),g(x))=1$ 且 $(f(x),h(x))=1$.

例 4.4.13 (吉林大学,2023) 设 $f(x), g(x), h(x)$ 都是数域 Ω 上的首一多项式, 证明:

$$(f^2(x), g^3(x)h^4(x)) = 1$$

当且仅当 $(f(x), g(x)) = (f(x), h(x)) = 1$.

例 4.4.14 (北京大学,2002; 东北师范大学,2006; 中国海洋大学,2011; 郑州大学,2021; 中国石油大学,2021) 对任意非负整数 n, 令 $f_n(x) = x^{n+2} - (x+1)^{2n+1}$, 证明:$(x^2+x+1, f_n(x)) = 1$.

证 由于互素与数域的扩大无关, 在复数域上证明 $(x^2+x+1, f_n(x)) = 1$. 设 α 为 x^2+x+1 的任一复根, 则 $\alpha^2+\alpha+1=0, \alpha^3=1$. 于是

$$f_n(\alpha) = \alpha^{n+2} - (\alpha+1)^{2n+1} = \alpha^{n+2} - (-\alpha^2)^{2n+1} = \alpha^{n+2} + \alpha^{3n}\alpha^{n+2} = 2\alpha^{n+2} \neq 0.$$

即 x^2+x+1 的根都不是 $f_n(x)$ 的根, 又因为 x^2+x+1 无重根, 故结论成立.

例 4.4.15 (南京师范大学,2012) 对任意非负整数 n, 令 $f_n(x) = x^{n+2} - (x+1)^{2n+1}$, 设多项式 $g(x) = f_1(x)f_2(x)\cdots f_{2012}(x)$, 证明: $(x^2+x+1, g(x)) = 1$.

例 4.4.16 (东北师范大学,2008) 已知 m, n, p 为非负整数, 设 $f(x) = x^{3m} + x^{3n+1} + x^{3p+2} + 1$, 证明:$(x^2+x+1, f(x)) = 1$.

例 4.4.17 (天津工业大学,2007; 广州大学,2020) 设多项式 $f(x) \neq 0, g(x) \neq 0, p(x)$ 是首项系数为 1 的不可约多项式, 若 $f(x)g(x) + f(x) + g(x) = p(x)$, 则 $(f(x), g(x)) = 1$.

证 设 $(f(x), g(x)) = d(x)$, 则 $d(x) \mid f(x), d(x) \mid g(x)$, 由条件可知 $d(x) \mid p(x)$, 注意到 $p(x)$ 是首项系数为 1 的不可约多项式, 且 $d(x)$ 的首项系数也是 1, 可知 $d(x) = 1$ 或 $d(x) = p(x)$.

若 $d(x) = p(x)$, 由 $f(x) \neq 0, g(x) \neq 0$ 知存在 $f_1(x) \neq 0, g_1(x) \neq 0$ 使得 $f(x) = p(x)f_1(x), g(x) = p(x)g_1(x)$, 于是由 $f(x)g(x) + f(x) + g(x) = p(x)$ 有

$$p(x)f_1(x)g_1(x) + f_1(x) + g_1(x) = 1.$$

比较两边的次数, 可知矛盾. 从而 $d(x) = 1$, 即 $(f(x), g(x)) = 1$.

4.5 不可约多项式

4.5.1 定义

设 $p(x) \in F(x)$ 且 $\deg p(x) \geqslant 1$, 若 $p(x)$ 在数域 F 上不能表示成两个次数比 $p(x)$ 低得多项式的乘积, 则称 $p(x)$ 为数域 F 上的不可约多项式, 否则, 称 $p(x)$ 为数域 F 上的可约多项式.

4.5.2 性质

1. $p(x)$ 在数域 F 上不可约, 则 $cp(x)(c \neq 0)$ 在数域 F 上也不可约.

2. $p(x)$ 在数域 F 上不可约的充要条件为 $p(x)$ 只有平凡因式 c与$cp(x)(c \neq 0)$.

3. $p(x)$ 在数域 F 上不可约的充要条件为 $\forall f(x) \in F[x]$, 有 $p(x) \mid f(x)$ 或 $(p(x), f(x)) = 1$.

4. 若 $p(x) \mid f(x)g(x), p(x)$ 不可约, 则 $p(x) \mid f(x)$ 或 $p(x) \mid g(x)$.

5. $p(x) \mid f_1(x)\cdots f_t(x), p(x)$ 不可约, 则 $p(x)$ 至少整除 $f_1(x),\cdots,f_t(x)$ 中之一.

6. $\forall f(x) \in F[x], \deg(f(x)) > 0$, 则 $f(x)$ 必有不可约因式 (据因式分解定理).

4.5.3 证明方法

欲证 $p(x)$ 不可约, 可从如下几方面考虑.

1. 反证法. 假设 $p(x)$ 可约, 推出矛盾.

2. $p(x)$ 不可约的充要条件为 $\forall f(x) \in F[x]$, 均有 $p(x) \mid f(x)$ 或 $(p(x), f(x)) = 1$.

例 4.5.1 设 $f(x) \in F[x]$, 则 $f(x)$ 不可约的充要条件为 $\forall g(x) \in F[x]$, 有 $f(x) \mid g(x)$ 或存在 $h(x) \in F[x]$, 使得 $f(x) \mid (1 - g(x)h(x))$.

证 必要性. 由 $f(x)$ 不可约, 故 $f(x) \mid g(x)$ 或者 $(f(x), g(x)) = 1$. 若 $f(x) \mid g(x)$, 则结论成立. 若 $(f(x), g(x)) = 1$, 则存在 $u(x), v(x) \in F[x]$, 使得 $f(x)u(x) + g(x)h(x) = 1$, 即 $f(x)u(x) = 1 - g(x)h(x)$, 从而 $f(x) \mid (1 - g(x)h(x))$.

充分性. 若 $f(x)$ 可约, 设

$$f(x) = f_1(x)f_2(x),$$

其中 $f_1(x), f_2(x) \in F[x]$, 且 $0 < \deg f_i(x) < \deg(f(x)), i = 1, 2$. 令 $g(x) = f_1(x)$, 显然 $f(x) \nmid g(x)$, 于是存在 $h(x) \in F[x]$ 使得 $f(x) \mid (1 - g(x)h(x))$, 即存在 $u(x) \in F[x]$ 满足

$$f(x)u(x) + g(x)h(x) = 1.$$

故

$$f_2(x) = f(x)u(x)f_2(x) + g(x)h(x)f_2(x) = f(x)[u(x)f_2(x) + h(x)].$$

即 $f(x) \mid f_2(x)$, 这显然是一个矛盾. 故 $f(x)$ 不可约.

例 4.5.2 (广西民族大学,2022) 设 $f(x) \in F[x]$, 且 $\deg f(x) > 0$. 证明:$f(x)$ 可以表示为 $F[x]$ 中一个不可约多项式的方幂的充要条件是对任意的 $g(x) \in F[x]$ 必有 $(f(x), g(x)) = 1$ 或者存在正整数 m 使得 $f(x) \mid g^m(x)$.

例 4.5.3 (河北大学,2005) 设 $p(x), q(x)$ 为数域 F 上的不可约多项式, 且 $p(x) \neq q(x)$. 证明: 对于 F 上任意一个多项式 $f(x)$, 则有

$$(p(x), f(x)) = 1,$$

或者存在 $u(x), v(x)$ 使得

$$f(x) = u(x)p(x) + v(x)q(x).$$

证 由于 $p(x)$ 不可约, 故 $(p(x), f(x)) = 1$ 或 $p(x) \mid f(x)$.

若 $(p(x), f(x)) = 1$, 则结论成立.

若 $p(x)\mid f(x)$, 下证 $(p(x),q(x))=1$. 若不然, 设 $(p(x),q(x))=d(x)\neq 1$, 则 $d(x)\mid p(x),d(x)\mid q(x)$, 但 $p(x),q(x)$ 为数域 F 上的不可约多项式, 故 $d(x)=p(x)=q(x)$. 矛盾. 于是存在 $u_1(x),v_1(x)\in F[x]$, 使得

$$p(x)u_1(x)+q(x)v_1(x)=1,$$

于是

$$f(x)=p(x)u_1(x)f(x)+q(x)v_1(x)f(x).$$

即结论成立.

例 4.5.4 设 $f(x),g(x)\in\mathbb{Q}[x]$, $f(x)$ 在 $\mathbb{Q}$ 上不可约, 又存在 $\alpha\in\mathbb{C}$(复数域), 使得 $f(\alpha)=0,g(\alpha)\neq 0$. 证明: 存在多项式 $h(x)\in\mathbb{Q}[x]$, 满足 $h(\alpha)=\dfrac{1}{g(\alpha)}$.

证 由于 $f(x)$ 不可约, 故 $f(x)\mid g(x)$ 或 $(f(x),g(x))=1$.

若 $f(x)\mid g(x)$, 则有 $q(x)\in\mathbb{Q}[x]$ 使 $g(x)=f(x)q(x)$. 于是 $g(\alpha)=f(\alpha)q(\alpha)=0$. 这与 $g(\alpha)\neq 0$ 矛盾. 故必有 $(f(x),g(x))=1$. 从而存在 $u(x),v(x)\in\mathbb{Q}[x]$ 满足

$$f(x)u(x)+g(x)v(x)=1,$$

于是

$$f(\alpha)u(\alpha)+g(\alpha)v(\alpha)=1=v(\alpha)g(\alpha).$$

令 $h(x)=v(x)$, 易知有 $h(\alpha)=\dfrac{1}{g(\alpha)}$.

例 4.5.5 (浙江理工大学,2007) 设 $f(x)=x^2+2x+3,g(x)=x^3-2$,

(1) 求多项式 $u(x),v(x)$ 使得 $(f(x),g(x))=u(x)f(x)+v(x)g(x)$;

(2) 求有理系数多项式 $h(x)$ 使得 $h(\sqrt[3]{2})=\dfrac{1}{3+2\sqrt[3]{2}+\sqrt[3]{4}}$.

例 4.5.6 (南昌大学,2013; 太原理工大学,2013) 设 $p(x)$ 为有理数域 $\mathbb{Q}$ 上的一个不可约多项式,$x_1,\cdots,x_s$ 为 $p(x)$ 在复数域上的根,$f(x)$ 为任一有理系数多项式, 使得 $f(x)$ 不能被 $p(x)$ 整除. 证明: 存在有理系数多项式 $h(x)$ 使得 $h(x_i)=\dfrac{1}{f(x_i)},i=1,\cdots,s$.

例 4.5.7 设 $p(x)$ 为实数域 $\mathbb{R}$ 上的不可约多项式, 对于 $f(x)\in\mathbb{R}[x]$, 如果 $p(x)$ 与 $f(x)$ 在复数域 $\mathbb{C}$ 中有公共根 α, 则 $p(x)\mid f(x)$.

证 (法 1) 由 $p(x)$ 在 $\mathbb{R}$ 不可约, 则在 $\mathbb{R}$ 上,$p(x)\mid f(x)$ 或者 $(p(x),f(x))=1$.

若 $(p(x),f(x))=1$, 则存在 $u(x),v(x)\in\mathbb{R}[x]$ 使得

$$p(x)u(x)+f(x)v(x)=1,$$

此式在 $\mathbb{C}$ 上也成立, 于是令 $x=\alpha$ 可得 $0=1$, 矛盾. 从而 $p(x)\mid f(x)$.

(法 2) 由 $p(x)$ 在 $\mathbb{R}$ 不可约, 则在 $\mathbb{R}$ 上,$p(x)\mid f(x)$ 或者 $(p(x),f(x))=1$.

只需证明 $(p(x),f(x))=1$ 不成立即可.

由于实数域上的不可约多项式只能是一次或者判别式小于 0 的二次多项式, 下面分情况讨论.

若 $p(x)$ 为一次多项式, 则 α 为实数, 且由条件可知 $x-\alpha\mid p(x),x-\alpha\mid f(x)$, 从而 $(p(x),f(x))=1$ 不成立.

若 $p(x)$ 为判别式小于 0 的二次多项式, 则 α 为虚数, 其共轭 $\overline{\alpha}$ 也是其根, 于是由条件有实系数多项式 $(x-\alpha)(x-\overline{\alpha})$ 是 $p(x),f(x)$ 的公因式, 从而 $(p(x),f(x))=1$ 不成立.

例 4.5.8 (北京科技大学,2010; 东北师范大学,2018) 设 $f(x),p(x)\in\mathbb{Q}[x]$, 且多项式 $p(x)$ 在 $\mathbb{Q}$ 上不可约,$p(x)$ 与 $f(x)$ 存在公共复根, 证明:$p(x)\mid f(x)$.

例 4.5.9 (南京师范大学,2013) 设 $f(x)$ 是有理数域上的非零多项式, 如果 $f(\sqrt[3]{2})=0$, 证明: 在有理数域上 $x^3-2\mid f(x)$.

例 4.5.10 (安徽师范大学,2016) 设 m,n 都是正整数且 n 大于 m,$f(x)$ 是有理数域 $\mathbb{Q}$ 上的一个 m 次多项式, 试问:$2^{\frac{1}{n}}$ 是不是 $f(x)$ 的实根? 为什么?

例 4.5.11 (东北师范大学,2023) 设 $f(x)$ 是有理数域 $\mathbb{Q}$ 上的一个 m 次多项式,n 是大于 m 的正整数, 证明: $\sqrt[n]{2}$ 不是 $f(x)$ 的实根.

例 4.5.12 (上海师范大学,2018) 设 $f(x)$ 是 m 次有理系数多项式, 且 $\deg f(x)<n,p$ 是一个素数, 证明: $\sqrt[n]{p}$ 不是 $f(x)$ 的根.

例 4.5.13 (天津大学,2023) 设 m 为非负整数,$g(x)\in\mathbb{Q}[x]$ 且为 m 次多项式,n 为正整数 $(n>m)$,p 为素数, 求证:

(1) 若 $f(x)$ 在有理数域上不可约,$g(x)$ 与 $f(x)$ 至少有一个公共复根, 则 $f(x)\mid g(x)$;

(2) $\sqrt[n]{p}$ 不是 $g(x)$ 的根.

例 4.5.14 (浙江大学,2000)$f(x)$ 为数域 P 上的不可约多项式.

(1) $g(x)\in P[x]$ 且与 $f(x)$ 有一公共复根 α, 则 $f(x)\mid g(x)$;

(2)(湖南大学 2008) 若 c 及 $\dfrac{1}{c}$ 都是 $f(x)$ 的根,b 是 $f(x)$ 的任一根, 证明:$\dfrac{1}{b}$ 也是 $f(x)$ 的根.

证 (1) 由于 $f(x)$ 不可约, 故在数域 P 上,$f(x)\mid g(x)$ 或 $(f(x),g(x))=1$.

若在数域 P 上 $(f(x),g(x))=1$, 则存在 $u(x),v(x)\in P[x]$, 使得

$$f(x)u(x)+g(x)v(x)=1,$$

上式在复数域上也成立, 令 $x=\alpha$ 可得矛盾.

(2) 设 $f(x)=a_nx^n+a_{n-1}x^{n-1}+\cdots+a_1x+a_0$, 由于 $f(x)$ 不可约, 故 $a_0\neq 0$. 令 $\phi(x)=a_n+a_{n-1}x+\cdots+a_1x^{n-1}+a_0x^n$, 由 $\dfrac{1}{c}$ 是 $f(x)$ 的根, 可得

$$\phi(c)=a_n+a_{n-1}c+\cdots+a_1c^{n-1}+a_0c^n=0,$$

从而 $f(x),\phi(x)$ 有公共根 c, 由 (1) 知 $f(x)\mid\phi(x)$. 由 b 是 $f(x)$ 的任一根, 则 $b\neq 0$, 否则 $a_0=0$. 于是

$$\phi(b)=a_n+a_{n-1}b+\cdots+a_1b^{n-1}+a_0b^n=0,$$

两边同除以 b^n 得

$$f\left(\frac{1}{b}\right)=a_n\left(\frac{1}{b}\right)^n+a_{n-1}\left(\frac{1}{b}\right)^{n-1}+\cdots+a_1\frac{1}{b}+a_0=0,$$

即结论成立.

例 4.5.15 (北京邮电大学,2018; 西北大学,2020; 西安电子科技大学,2021) 设 $f(x)$ 是有理数域上 $n(n\geqslant 2)$ 次多项式, 并且它在有理数域上不可约. 若 $f(x)$ 有一个根的倒数也是 $f(x)$ 的根. 证明:$f(x)$ 的每一个根的倒数也是 $f(x)$ 的根.

例 4.5.16 设 $P[x]$ 为数域 P 上的一元多项式环,α 为一复数,$M=\{f(\alpha)\mid f(x)\in P[x]\}$. 证明:$M$ 为数域的充要条件为 α 是 $P[x]$ 中某个不可约的多项式的根.

证 必要性. 若 M 为数域, 设 $f(x)$ 为数域 P 上的次数大于 0 的多项式且标准分解式为

$$f(x)=ap_1^{r_1}(x)\cdots p_s^{r_s}(x),$$

其中 a 为 $f(x)$ 的首项系数,$p_1(x),\cdots,p_s(x)$ 为数域 P 上的首项系数为 1 的互不相同的不可约多项式,$r_1,\cdots,r_s$ 为非负整数.

若 $f(\alpha)=0$, 则存在 $p_i(x)$ 使得 $p_i(\alpha)=0$. 即 α 为不可约多项式 $p_i(x)$ 的根.

若 $f(\alpha)\neq 0$, 由 $f(\alpha)\in M$ 及 M 为数域有 $\dfrac{1}{f(\alpha)}\in M$. 故存在 $g(x)\in P[x]$ 使得 $g(\alpha)=\dfrac{1}{f(\alpha)}$, 从而 $f(x)g(x)-1$ 以 α 为根, 于是 $f(x)g(x)-1$ 的一个不可约因式以 α 为根. 故结论成立.

充分性. 设 α 为不可约多项式 $p(x)$ 的根. 显然 M 对加、减、乘运算封闭. 令 $f(x)=0,1$, 则 $f(\alpha)=0,1\in M$. 下证 M 对除法运算封闭. 任取 $f(\alpha),g(\alpha)\in M,g(\alpha)\neq 0$, 由 $p(x)$ 不可约, 可得

$$(p(x),g(x))=1,$$

故存在 $u(x),v(x)\in \mathbb{P}[x]$ 使得

$$p(x)u(x)+g(x)v(x)=1,$$

令 $x=\alpha$ 得 $g(\alpha)v(\alpha)=1$, 于是

$$\frac{f(\alpha)}{g(\alpha)}=f(\alpha)v(\alpha)\in M.$$

即 M 对除法运算封闭, 从而 M 是数域.

例 4.5.17 (汕头大学,2005; 山东师范大学,2008) 设 $P[x]$ 为数域 P 上的一元多项式环,α 为一复数,$M=\{f(\alpha)\mid f(x)\in P[x]\}$. 证明:$M$ 为数域的充要条件为 α 是 $P[x]$ 中某个次数大于零的多项式的根.

例 4.5.18 (浙江大学,2016) 设 k 是整数,α 是 $x^4+4kx+1=0$ 的一个根, 问 $\mathbb{Q}[\alpha]=\{a_0+a_1\alpha+a_2\alpha^2+a_3\alpha^3\mid a_i\in\mathbb{Q}\}$ 是否是数域? 如果是, 请给予证明; 如果不是, 请说明理由, 其中 $\mathbb{Q}$ 是有理数域.

4.6 有理数域上的不可约问题

4.6.1 基本问题

例 4.6.1 (东南大学,2003) 设 $f(x)=a_nx^n+a_{n-1}x^{n-1}+\cdots+a_1x+a_0$ 是一整系数多项式, 若有素数 p 满足

$$(1)p\nmid a_n;(2)p\mid a_i,i=0,1,\cdots,n-1;(3)p^2\nmid a_0.$$

则 $f(x)$ 在 $\mathbb{Q}$ 上不可约.

例 4.6.2 (四川师范大学,2014) 已知 $f(x)=\sum\limits_{i=0}^{n}a_ix^i,g(x)=\sum\limits_{i=0}^{n}a_{n-i}x^i$, 其中 $a_0a_n\neq 0$. 证明:$f(x)$ 在 $\mathbb{Q}$ 上不可约的充要条件是 $g(x)$ 在 $\mathbb{Q}$ 上不可约.

证 (法 1)$f(x)$ 可约当且仅当存在两个次数比 $f(x)$ 次数低的整系数多项式

$$f_1(x) = b_m x^m + b_{m-1}x^{m-1} + \cdots + b_1 x + b_0,$$

$$f_2(x) = c_l x^l + c_{l-1}x^{l-1} + \cdots + c_1 x + c_0,$$

使得 $f(x) = f_1(x)f_2(x)$, 于是

$$l+m=n, b_m c_l \neq 0, a_n = b_m c_l, a_{n-1} = b_m c_{l-1} + b_{m-1}c_l, \cdots, a_1 = b_1 c_0 + b_0 c_1, a_0 = b_0 c_0,$$

因此

$$g(x) = (b_0 x^m + \cdots + b_{m-1}x + b_m)(c_0 x^l + \cdots + c_{l-1}x + c_l),$$

即 $g(x)$ 可约. 从而结论成立.

(法 2) 由于

$$f(x) = a_n x^n + a_{n-1}x^{n-1} + \cdots + a_1 x + a_0,$$

$$g(x) = a_0 x^n + a_1 x^{n-1} + \cdots + a_{n-1}x + a_n,$$

于是

$$x^n f\left(\frac{1}{x}\right) = g(x), x^n g\left(\frac{1}{x}\right) = f(x).$$

必要性. 反证法. 若 $g(x)$ 在 $\mathbb{Q}$ 上可约, 则存在整系数多项式 $h_i(x)(i=1,2)$ 使得

$$g(x) = h_1(x)h_2(x),$$

其中 $0 < \deg h_i(x) < \deg g(x)(i=1,2)$, 不妨设 $\deg h_1(x) = k, \deg h_2(x) = l$, 其中 k, l 都是正整数且 $0 < k, l < n, k+l=n$, 则

$$f(x) = x^n g\left(\frac{1}{x}\right) = x^n h_1\left(\frac{1}{x}\right) h_2\left(\frac{1}{x}\right) = x^k h_1\left(\frac{1}{x}\right) x^l h_2\left(\frac{1}{x}\right),$$

易知

$$x^k h_1\left(\frac{1}{x}\right), x^l h_2\left(\frac{1}{x}\right)$$

都是整系数多项式, 从而 $f(x)$ 在 $\mathbb{Q}$ 上可约, 这与条件矛盾.

充分性. 类似必要性.

4.6.2 例题

例 4.6.3 (南开大学竞赛,2006) 判断多项式 $x^{2006} + 2x^{2004} + 4x^{2002} + \cdots + 2004x^2 + 2006$ 作为有理数域上的多项式是否可约. 并证明你的结论.

证 取 $p=2$, 利用艾森斯坦因判别法可得不可约.

例 4.6.4 (昆明理工大学,2013) 设 p 是一个素数, 多项式 $f(x) = x^p + px + 2p - 1$. 证明:$f(x)$ 在有理数域上不可约.

证 令 $x=y+1$, 则

$$\begin{aligned}f(y+1)&=(y+1)^p+p(y+1)+2p-1\\&=y^p+\mathrm{C}_p^1y^{p-1}+\cdots+\mathrm{C}_p^{p-2}y^2+(p+\mathrm{C}_p^{p-1})y+3p.\end{aligned}$$

(1) 当 $p\neq 3$ 时, 易知 $f(y+1)$ 不可约, 从而 $f(x)$ 不可约;

(2) 当 $p=3$ 时,$f(x)=x^3+3x+5$ 是奇数次多项式, 若 $f(x)$ 可约必有有理根, 其可能的有理根为 $\pm1,\pm5$, 而 $f(1)=9\neq0, f(-1)=1\neq0, f(5)=145\neq0, f(-5)=-135\neq0$, 所以 $f(x)$ 在 $\mathbb{Q}$ 上不可约.

例 4.6.5 (西南大学,2008) 证明: 对任意素数 p, 多项式

$$f(x)=px^4+2px^3-px+(3p-1)$$

在有理数域上不可约.

证 (法 1) 反证法. 若 $f(x)$ 在 $\mathbb{Q}$ 上可约, 则 $f(x)$ 可以分解为两个次数小于 4 的整系数多项式的乘积. 下面分情况讨论.

(1) 设

$$f(x)=(x-a)(px^3+cx^2+dx+e),$$

则有

$$c-ap=2p, d-ac=0, e-ad=-p, -ae=3p-1,$$

由第一式可得 $p\mid c$, 再由第二式可得 $p\mid d$, 再由第三式可得 $p\mid e$, 由第四式可得 $p\mid 1$. 矛盾.

(2) 设

$$f(x)=(x^2+ax+b)(px^2+cx+d),$$

则有

$$ap+c=2p, ac+bp+d=0, bd=3p-1,$$

由第一式可得 $p\mid c$, 再由第二式可得 $p\mid d$, 再由第三式可得 $p\mid 1$. 矛盾.

(法 2) 令 $x=\dfrac{1}{y}$, 则

$$y^4f(x)=p+2py-py^3+(3p-1)y^4$$

在 $\mathbb{Q}$ 上不可约, 从而 $f(x)$ 在 $\mathbb{Q}$ 上不可约.

例 4.6.6 (昆明理工大学,2013) 设 p 是一个素数, 多项式 $f(x)=x^p+px+2p-1$. 证明:$f(x)$ 在有理数域上不可约.

例 4.6.7 (华中师范大学,2002; 上海理工大学,2011; 广西大学,2022; 大连理工大学,2023) 若 p 是素数,a 为整数,$f(x)=ax^p+px+1$, 且 $p^2\mid(a+1)$, 证明:$f(x)$ 没有有理根.

例 4.6.8 求所有的整数 m, 使得 $f(x)=x^5+mx+1$ 在有理数域上可约.

解 若 $f(x)$ 在 $\mathbb{Q}$ 上可约, 则有

(1) 若

$$f(x)=(x-a)(x^4+bx^3+cx^2+dx+e),$$

其中 a,b,c,d,e 是整数. 于是将上式展开, 比较等式两边同次项的系数, 可得

$$b-a=0,c-ab=0,d-ac=0,e-ad=m,-ae=1,$$

注意到 a,e 都是整数, 由 $-ae=1$, 可知 $a=1,e=-1$ 或者 $a=-1,e=1$.

若 $a=1,e=-1$, 可得 $m=-2$, 此时 $f(x)=x^5-2x+1=(x-1)(x^4+x^3+x^2+x-1)$.

若 $a=-1,e=1$, 可得 $m=0$, 此时 $f(x)=x^5+1=(x+1)(x^4-x^3+x^2-x+1)$.

(2) 若

$$f(x)=(x^2+ax+b)(x^3+cx^2+dx+e),$$

其中 a,b,c,d,e 是整数. 于是将上式展开, 比较等式两边同次项的系数, 可得

$$a+c=0,ac+b+d=0,ad+bc+e=0,ae+bd=m,be=1,$$

由于 b,e 是整数, 由 $be=1$, 可知 $b=e=1$ 或者 $b=e=-1$.

若 $b=e=1$, 可得

$$a+c=0,ac+d=-1,ad+c=-1,m=a+d,$$

于是 $ac+d-ad-c=0$, 即 $(a-1)(c-d)=0$. 若 $a=1$, 可得 $c=-1,d=0,m=1$, 此时 $f(x)=x^5+x+1=(x^2+x+1)(x^3-x^2+1)$. 若 $c=d$, 可知此时无解.

若 $b=e=-1$, 可得

$$a+c=0,ac+d=1,ad-c=1,m=-(a+d),$$

于是可得 $-c^2+d=1,-cd-c=1$, 即 $c(d+1)=-1,d=1+c^2$, 可知此时 c,d 无解, 从而 m 无解.

综上可知 $m=-2,0,1$ 时,$f(x)$ 在有理数域上可约.

例 4.6.9 证明: 除了 $m=0,1,-2$ 外, 多项式 $f(x)=x^5+mx-1$ 在有理数域上不可约 (其中 m 为整数).

例 4.6.10 设 n 为正整数, 证明:x^4+n 在有理数域上可约当且仅当存在 $m\in\mathbb{Z}$ 使得 $n=4m^4$.

例 4.6.11 (安徽师范大学,2020) 设 m 是整数, 证明:x^4-mx^2+1 在有理数域上可约的充分必要条件是存在整数 k 使得 $m=k^2-2$ 或者 $m=k^2+2$.

例 4.6.12 (浙江师范大学,2021) 设 $f(x)$ 为一整系数多项式,$f(x)=x^3+ax^2+bx+c$, 证明若 $ac+bc$ 为奇数, 则 $f(x)$ 在有理数域上不可约.

证 若 $f(x)$ 在有理数域上可约, 则必在整数环上可约. 又 $\deg(f(x))=3$, 则 $f(x)$ 必有一次因式, 设

$$f(x)=(x-p)(x^2+qx+r),p,q,r\in\mathbb{Z},$$

可得 $c=-pr$. 又 $ac+bc=(a+b)c$ 为奇数, 故 $a+b,c$ 都是奇数. 从而 p,r 均为奇数. 又

$$f(1)=1+(a+b)+c$$

为奇数, 但

$$f(1)=(1-p)(1+q+r)$$

为偶数, 矛盾. 故结论成立.

例 4.6.13 (湖北大学,2006; 兰州大学,2010; 兰州大学,2016; 北京交通大学,2017; 中国矿业大学 (北京),2021; 重庆大学,2022) 设 $a_1,a_2,\ldots,a_n$ 为互异整数, 求证

$$f(x)=\prod_{i=1}^{n}(x-a_i)-1$$

在有理数域上不可约.

证 反证法. 若 $f(x)$ 在有理数域上可约, 设 $f(x)=g(x)h(x)$, 其中 $g(x),h(x)$ 是首项系数为 1 的整系数多项式,$\deg(g(x))<\deg(f(x)),\deg(h(x))<\deg(f(x))$, 又 $f(a_i)=-1$, 则 $g(a_i)+h(a_i)=0$. 而 $\deg(g(x))<\deg(f(x)),\deg(h(x))<\deg(f(x))$, $a_1,\ldots,a_n$ 互不相同, 故 $g(x)+h(x)=0$. 即 $g(x)=-h(x)$. 于是 $f(x)=-g^2(x)$. 这与 $f(x)$ 首项系数为 1 矛盾. 从而结论成立.

例 4.6.14 (西北大学,2015) 设

$$f(x)=x^3-(a_1+a_2+a_3)x^2+(a_1a_2+a_1a_3+a_2a_3)x-(a_1a_2a_3+1),$$

其中 a_1,a_2,a_3 是互不相同的整数, 证明:$f(x)$ 在有理数域上不可约.

例 4.6.15 (东南大学,2004) 设 $a_1,a_2,\ldots,a_n$ 为互异整数,

$$g(x)=\prod_{i=1}^{n}(x-a_i)-1.$$

(1) (兰州大学,2010,2016; 北京交通大学,2017) 求证:$g(x)$ 在有理数域上不可约.

(2) 对于整数 $t\neq-1$, 问

$$h(x)=\prod_{i=1}^{n}(x-a_i)+t$$

在有理数域 $\mathbb{Q}$ 上是否可约, 为什么?

证 (1) 略.

(2) 不一定. 例如, $h(x)=(x-1)(x+1)+1=x^2$ 可约. $h(x)=(x-1)(x+1)+2=x^2+1$ 不可约.

例 4.6.16 (华侨大学,2015) 设 $a_1,\cdots,a_n$ 为 n 个不同的整数,

$$f(x)=(x-a_1)(x-a_2)\cdots(x-a_n)+1,$$

证明: 如果 n 是奇数, 则 $f(x)$ 在有理数域上不可约.

例 4.6.17 (中国海洋大学,2020) 设 $f(x)=(x-1)(x-2)\cdots(x-(2n-1))+1$, 其中 n 为大于 1 的非负整数. 证明:$f(x)$ 在有理数域上不可约.

例 4.6.18 (浙江大学,1999) 设 $a_1,a_2,\cdots,a_n$ 为互异整数, 求证:

$$f(x)=\prod_{i=1}^{n}(x-a_i)+1$$

在有理数域上可约的充要条件为 $f(x)$ 可以表示为一个整系数多项式的平方.

证 只证必要性. 设

$$f(x)=g(x)h(x),\deg(g(x))<\deg(f(x)),\deg(h(x))<\deg(f(x)),$$

且 $g(x),h(x)$ 是首项系数为 1 的整系数多项式. 又 $f(a_i)=1$, 则 $g(a_i)-h(a_i)=0$. 而

$$\deg(g(x))<\deg(f(x)),\deg(h(x))<\deg(f(x)),$$

且 $a_1,\cdots,a_n$ 互不相同, 故 $g(x)-h(x)=0$. 即 $g(x)=h(x)$. 于是 $f(x)=g^2(x)$. 即结论成立.

例 4.6.19 证明: 设 $n>4,a_1,\cdots,a_n$ 为互不相同的整数,

$$f(x)=(x-a_1)(x-a_2)\cdots(x-a_n)+1,$$

则 $f(x)$ 在 $\mathbb{Q}$ 上不可约.

注 当 $n=2$ 时, 结论不成立, 反例如下:

$$f(x)=(x-1)(x+1)+1=x^2,$$

当 $n=4$ 时, 结论不成立, 反例如下:

$$f(x)=x(x+1)(x-1)(x+2)+1=(x^2+x-1)^2.$$

证 (1) 由例4.6.18知,n 为奇数时, 结论成立.

(2) $n=2k(k>2)$ 时, 假设 $f(x)$ 可约, 由例4.6.18知 $f(x)=p^2(x)$, 其中 $p(x)$ 为整系数多项式, 且次数为 k. 由 $f(a_i)=p^2(a_i)=1$ 知 $p(a_i)=\pm1$. 故 $a_1,\cdots,a_n$ 中必有一半的数 $a_{i1},\cdots,a_{ik}$ 使得 $p(x)$ 的值为 1, 而另一半整数 $a_{j1},\cdots,a_{jk}$ 使得 $p(x)$ 的值为 -1. 于是

$$p(x)=(x-a_{i1})\cdots(x-a_{ik})+1=(x-a_{j1})\cdots(x-a_{jk})-1,$$

从而

$$\begin{aligned}f(x)=p^2(x)&=[(x-a_{i1})\cdots(x-a_{ik})+1][(x-a_{j1})\cdots(x-a_{jk})-1]\\&=f(x)-1-[(x-a_{i1})\cdots(x-a_{ik})]+\\&\quad[(x-a_{j1})\cdots(x-a_{jk})]-1.\end{aligned}$$

即

$$(x-a_{i1})\cdots(x-a_{ik})=(x-a_{j1})\cdots(x-a_{jk})-2,$$

也即

$$(a_{j1}-a_{i1})\cdots(a_{j1}-a_{ik})=-2,$$

而 $(a_{j1}-a_{i1}),\cdots,(a_{j1}-a_{ik})$ 为互不相同的整数, 所以当 $k>3$ 时, 由于 2 不能分解为多于三个不同整数的积. 矛盾.

当 $k=3$ 时, 由

$$(a_{j1}-a_{i1})(a_{j1}-a_{i2})(a_{j1}-a_{i3})=-2,$$

$$(a_{j2}-a_{i1})(a_{j2}-a_{i2})(a_{j2}-a_{i3})=-2,$$

$$(a_{j3}-a_{i1})(a_{j3}-a_{i2})(a_{j3}-a_{i3})=-2,$$

以及 -2 的因子只能为 $\pm1,\pm2$ 可得 $a_1,\cdots,a_6$ 必有相同的. 矛盾.

例 4.6.20 (南京师范大学,2022) 设 $f(x)=(x-a_1)(x-a_2)\cdots(x-a_n)+1$, 其中 $a_i(i=1,2,\cdots,n)$ 是两两不相等的整数.

(1) 当 n 为奇数时,$f(x)$ 在有理数域上不可约;

(2) 当 $n=4$ 时,$f(x)$ 在有理数域上是否一定不可约? 请说明理由.

例 4.6.21 (广州大学,2012) 设 $n(n\geqslant 2)$ 次整系数多项式 $f(x)$ 的首项系数为 1, 并且满足

$$(x-a_i)\mid f(x)+1, i=1,2,\cdots,n,$$

其中 $a_1,a_2,\cdots,a_n$ 为互不相同的整数.

(1) 证明:$f(x)$ 在有理数域上不可约;

(2) 对于 $t\neq 1$, 如果有 $(x-a_i)\mid f(x)+t, i=1,2,\cdots,n$, 问: $f(x)$ 在有理数域上是否可约, 为什么?

例 4.6.22 (北京化工大学, 2004; 浙江大学, 2007; 兰州大学, 2007; 河北工业大学, 2021) 设 a_1, $a_2,\cdots,a_n$ 是 n 个互不相同的整数, 证明:

$$f(x)=(x-a_1)^2(x-a_2)^2\cdots(x-a_n)^2+1$$

在有理数域上不可约.

证 反证法. 若 $f(x)$ 在有理数域上可约, 则存在整系数多项式 $g(x),h(x)$ 使得

$$f(x)=g(x)h(x),$$

注意到 $f(x)$ 的首项系数为 1, 则 $g(x),h(x)$ 的首项系数都是 1, 且 $0<\deg g(x)<2n, 0<\deg h(x)<2n$. 注意到 $f(x)$ 无实根, 从而 $g(x),h(x)$ 都无实根, 由 $1=f(a_i)=g(a_i)h(a_i), i=1,2,\cdots,n$, 可知

$$g(a_i)=h(a_i)=\pm 1, i=1,2,\cdots,n,$$

若 $g(a_i)=1, g(a_j)=-1(i\neq j)$, 由介值定理知 $g(x)$ 有实根, 矛盾. 由 $g(x)$ 无实根以及实系数多项式的虚根成对, 可知 $g(x)$ 作为实数域上的函数恒大于 0, 于是

$$g(a_i)=1, i=1,2,\cdots,n,$$

类似可知

$$h(a_i)=1, i=1,2,\cdots,n,$$

即 $a_1,a_2,\cdots,a_n$ 是 $g(x)-1, h(x)-1$ 的 n 个互不相同的根, 从而 $\deg(g(x)-1)\geqslant n, \deg(h(x)-1)\geqslant n$, 而 $2n=\deg f(x)=\deg g(x)+\deg h(x)$, 所以 $\deg g(x)=\deg h(x)=n$, 这样

$$g(x)=h(x)=(x-a_1)(x-a_2)\cdots(x-a_n)+1,$$

于是

$$g(x)h(x)=[(x-a_1)(x-a_2)\cdots(x-a_n)+1]^2\neq(x-a_1)^2(x-a_2)^2\cdots(x-a_n)^2+1=f(x),$$

矛盾.

例 4.6.23 (浙江大学,2005; 安徽师范大学,2018) 设整系数多项式 $f(x)$ 的次数 $n=2m$ 或 $n=2m+1$(m 为正整数). 证明: 如果有 $k(\geqslant 2m+1)$ 个不同的整数 $a_1,\cdots,a_k$ 使得 $f(a_i)$ 取值为 1 或 -1, 则 $f(x)$ 在有理数域上不可约.

证 设

$$f(x)=f_1(x)f_2(x),$$

其中 $f_i(x)(i=1,2)$ 是整系数多项式, 且 $0<\deg f_i(x)<n(i=1,2)$, 且 $\deg f_1(x),\deg f_2(x)$ 中至少有一个不大于 m, 不妨设 $\deg f_1(x)\leqslant m$. 由于

$$f(a_i)=1\text{或}-1,i=1,\cdots,k,$$

故

$$f_1(a_i)=1\text{或}-1,i=1,\cdots,k,$$

而 $k\geqslant 2m+1$, 于是 $f_1(x)$ 至少在 $m+1$ 个不同的整数点取值同时为 1 或者 -1, 故 $f_1(x)=1\text{或}-1$. 这与 $\deg f_1(x)>0$ 矛盾.

例 4.6.24 (华东师范大学,2000; 大连理工大学,2006) 证明:$f(x)$ 为整系数多项式, 且 $f(1)=f(2)=f(3)=p(p$ 为素数), 则不存在整数 m, 使得 $f(m)=2p$.

证 (法 1) 若存在整数 m , 使 $f(m)=2p$, 则多项式 $g(x)=f(x)-2p$ 有整数根 m, 即

$$g(x)=f(x)-2p=(x-m)q(x),$$

于是

$$g(1)=f(1)-2p=(1-m)q(1)=-p,$$
$$g(2)=f(2)-2p=(2-m)q(2)=-p,$$
$$g(3)=f(3)-2p=(3-m)q(3)=-p.$$

从而 $1-m\mid p,2-m\mid p,3-m\mid p$. 由于 p 的因子只能为 $\pm1,\pm p$, 且其中任何三个都不是连续的整数, 而 $1-m,2-m,3-m$ 为连续整数. 矛盾. 故结论成立.

(法 2) 利用带余除法, 可知满足 $f(1)=f(2)=f(3)=p$ 的多项式可设为

$$f(x)=g(x)(x-1)(x-2)(x-3)+p,$$

其中 $g(x)$ 为任意多项式. 若存在整数 m 使得 $f(m)=2p$, 则有

$$p=g(m)(m-1)(m-2)(m-3),$$

这与 p 为素数矛盾.

例 4.6.25 (重庆大学,2007; 东华理工大学,2017; 南京师范大学,2023) 设 $f(x)$ 是整系数多项式, a 是一个整数, $f(a)=f(a+1)=f(a+2)=1$. 求证: 对任意整数 $c,f(c)\neq-1$.

证 (法 1) 反证法. 若存在 c 使得 $f(c)=-1$, 则 c 是 $g(x)=f(x)+1$ 的根, 故存在多项式 $h(x)$, 使得

$$g(x)=(x-c)h(x),$$

注意到 $g(x)$ 是整系数多项式,$x-c$ 是本原多项式, 从而 $h(x)$ 是整系数多项式. 于是由条件, 可得

$$\begin{aligned}2=&f(a)+1=g(a)=(a-c)h(a),\\2=&f(a+1)+1=g(a+1)=(a-c+1)h(a+1),\\2=&f(a+2)+1=g(a+2)=(a-c+2)h(a+2),\end{aligned}$$

即连续整数 $a-c, a-c+1, a-c+2$ 都是 2 的因数, 但是 2 的因数只能是 $-2,-1,1,2$, 不可能有三个连续整数, 矛盾.

(法 2) 利用带余除法, 可知

$$f(x)=(x-a)(x-a-1)(x-a-2)g(x)+1,$$

其中 $g(x)$ 为整系数多项式. 若存在整数 c 使得 $f(c)=-1$. 则

$$-1=f(c)=(c-a)(c-a-1)(c-a-2)g(c)+1,$$

即

$$(c-a)(c-a-1)(c-a-2)g(c)=-2.$$

由于 2 不能表示为三个连续整数的积. 矛盾.

例 4.6.26　(杭州师范大学,2009) 设 $f(x)$ 是整系数多项式,$f(x)$ 对四个不同的整数 a_i 的值都为 1, 即 $f(a_i)=1$, 则 $f(x)+1$ 无整数根.

例 4.6.27　(西南大学,2015) 设 $f(x)$ 是整系数多项式,a,b,c,d 为四个不同的整数. 证明: 若 $f(a)=f(b)=f(c)=f(d)=0$, 则 $f(x)+1$ 无整数根.

例 4.6.28　(兰州大学,2002) 设 $f(x)$ 为整系数多项式,$g(x)=f(x)+1$ 至少有三个互不相等的整数根, 证明:$f(x)$ 无整数根.

证　反证法. 设 β 为 $f(x)$ 的一个整数根,a,b,c 为 $g(x)$ 的三个互不相等的整数根, 则可设

$$f(x)=(x-\beta)h(x),$$

其中 $h(x)$ 为整系数多项式. 于是

$$g(x)=(x-\beta)h(x)+1,$$

从而

$$(a-\beta)h(a)=-1,$$
$$(b-\beta)h(b)=-1,$$
$$(c-\beta)h(c)=-1,$$

即 $a-\beta \mid 1, b-\beta \mid 1, c-\beta \mid 1$, 于是 $a-\beta=\pm1, b-\beta=\pm1, c-\beta=\pm1$. 这与 a,b,c 互不相等矛盾.

例 4.6.29　(浙江大学,2003; 苏州大学,2005) 设 $f(x)$ 为整系数多项式, 若存在一个偶数 m 和一个奇数 n 使得 $f(m), f(n)$ 都为奇数, 则 $f(x)$ 无整数根.

例 4.6.30　设 $f(x)$ 是一个整系数多项式, 试证: 如果 $f(0)$ 和 $f(1)$ 都是奇数, 那么 $f(x)$ 不能有整数根.

例 4.6.31　(湘潭大学,2023) 设 $f(x)$ 为一个整系数多项式, 且满足 $f(0)f(1)=2023$, 请问 $f(x)$ 是否有整数根? 并证明你的结论.

例 4.6.32　(山东师范大学,2005)$f(x)$ 是整系数多项式,K 是正整数且 K 不整除

$$f(1), f(2), \cdots, f(K).$$

证明:$f(x)$ 无整数根.

证 (法 1) 设 $f(x)$ 有整数根 α, 则

$$f(x)=(x-\alpha)g(x),$$

其中 $g(x)$ 为整系数多项式. 故

$$\begin{aligned}f(1)&=(1-\alpha)g(1),\\ f(2)&=(2-\alpha)g(2),\\ &\vdots\\ f(r)&=(r-\alpha)g(r),\\ &\vdots\\ f(K)&=(K-\alpha)g(K).\end{aligned}$$

由于 $K\nmid f(K)$, 故 $K\nmid\alpha$. 设 $\alpha=Kq+r, 0<r<K$, 则 $K\mid(r-\alpha)$, 即 $K\mid f(r)$. 矛盾.

(法 2) $\forall 1\leqslant i\leqslant K$, 由 $K\nmid f(i)$ 可知 $f(i)\neq 0$. 若 $f(x)$ 有整数根 m, 则存在 $1\leqslant j\leqslant K$ 使得

$$m\equiv j \pmod K,$$

另一方面,

$$m-j\mid(f(m)-f(j)),$$

从而 $K\mid(f(m)-f(j))$, 故 $K\mid f(j)$, 此为矛盾. 因此 $f(x)$ 无整数根.

(法 3) 设 $f(x)$ 有整数根 α, 则

$$f(x)=(x-\alpha)g(x),$$

其中 $g(x)$ 为整系数多项式. 设 $\alpha=Kq+r$, 其中 r 为整数, 且 $0\leqslant r\leqslant K-1$. 由

$$f(r)=(r-\alpha)g(r)=Kqg(r),$$

可知 $K\mid f(r)$, 与条件矛盾. 因此 $f(x)$ 无整数根.

例 4.6.33 (首都师范大学, 2007) 设 $p(x)=x^3+2x+2\in\mathbb{Q}[x]$ 为有理数域 $\mathbb{Q}$ 上的一个多项式.

(1) 证明:$p(x)$ 在 $\mathbb{Q}[x]$ 上不可约;

(2) 设 $f(x)=x^4+a_1x^3+a_2x^2+a_3x+a_4$ 为整系数多项式, 证明:$p(x)$ 与 $f(x)$ 不互素当且仅当 (a_1,a_2,a_3,a_4) 为以下线性方程组的一个整数解

$$\begin{cases}2y_1+y_2-y_4=2,\\ 2y_1+2y_2-y_4=4,\\ 2y_1-y_3=-2,\\ -4y_1+3y_3-y_4=6;\end{cases}$$

(3) 设 $f(x)=x^4+x^3+2x^2+2x+1$. 证明: 对于 $p(x)$ 的任意一个复数根 α 有 $f(\alpha)\neq 0$;

(4) 证明: 对于 $p(x)$ 的任意一个复根 α, 存在次数不大于 2 的多项式 $u(x)\in\mathbb{Q}[x]$ 使得 $u(\alpha)f(\alpha)=1$. 其中 $f(x)$ 同 (3).

证　(1) 用艾森斯坦因判别法即可.

(2) 必要性. 由 $p(x)$ 不可约, 可知 $p(x) \mid f(x)$. 且

$$f(x) = p(x)(x + a_1) + (a_2 - 2)x^2 + (a_3 - 2a_1 - 2)x + a_4 - 2a_1,$$

故可得

$$\begin{cases} a_2 = 2, \\ a_3 = 2 + 2a_1, \\ a_4 = 2a_1. \end{cases}$$

易知 (a_1, a_2, a_3, a_4) 满足给定的方程组.

充分性. 类似于必要性.

(3) 由 (2) 可知 $(p(x), f(x)) = 1$, 于是存在 $u(x), v(x) \in \mathbb{Q}[x]$ 使得

$$p(x)u(x) + f(x)v(x) = 1,$$

上式在复数域上也成立, 令 $x = \alpha$ 可得

$$f(\alpha)v(\alpha) = 1,$$

从而 $f(\alpha) \neq 0$.

(4) 由 (3) 的证明过程可知, 存在 $v(x) \in \mathbb{Q}[x]$ 使得

$$f(\alpha)v(\alpha) = 1,$$

若 $\deg v(x) \leqslant 2$, 则结论成立. 否则, 设

$$v(x) = p(x)q(x) + r(x),$$

其中 $r(x) = 0$ 或者 $\deg r(x) < \deg p(x)$. 令 $x = \alpha$, 注意到 $p(\alpha) = 0, v(\alpha) \neq 0$ 可知 $r(x) \neq 0$, 从而

$$1 = f(\alpha)v(\alpha) = f(\alpha)(p(\alpha)q(\alpha) + r(\alpha)) = f(\alpha)r(\alpha),$$

令 $u(x) = r(x)$ 即可.

例 4.6.34　(哈尔滨工业大学,2006) 设多项式 $f(x) = x^4 + 6x + 2 \in \mathbb{Q}[x]$,$\alpha$ 是 $f(x)$ 在复数域内的一个根, 记

$$\mathbb{Q}(\alpha) = \{a_0 + a_1\alpha + a_2\alpha^2 + a_3\alpha^3 \mid a_0, a_1, a_2, a_3 \in \mathbb{Q}\}.$$

证明:

(1) $f(x)$ 在有理数域 $\mathbb{Q}$ 上不可约;

(2) 对任意的 $g(x) \in \mathbb{Q}[x]$, 都有 $g(\alpha) \in \mathbb{Q}(\alpha)$;

(3) 对任意的 $g(x) \in \mathbb{Q}[x]$, 如果 $f(x)$ 不整除 $g(x)$, 则存在 $h(x) \in \mathbb{Q}[x]$, 使得 $g(\alpha)h(\alpha) = 1$.

证　(1) 略.

(2) 由 (1) 有

$$f(x) \mid g(x) \text{或} (f(x), g(x)) = 1.$$

若 $f(x) \mid g(x)$, 则结论显然成立.

若 $(f(x), g(x)) = 1$, 则可设

$$g(x) = f(x)q(x) + r(x), 0 < \deg r(x) < 4,$$

令 $x=\alpha$ 即得.

(3) 注意到 $f(x)$ 在 $\mathbb{Q}$ 上不可约,$f(x)$ 不整除 $g(x)$, 故 $(f(x),g(x))=1$, 从而存在 $u(x),v(x)\in\mathbb{Q}[x]$ 使得

$$f(x)u(x)+g(x)v(x)=1,$$

上式在复数域上也成立, 令 $x=\alpha$ 可得

$$g(\alpha)v(\alpha)=1.$$

令 $h(x)=v(x)$ 即可.

例 4.6.35 (厦门大学,2022) 设多项式 $f(x)=x^4+6x+2\in\mathbb{Q}[x]$,$c$ 是 $f(x)$ 的一个复根, 记

$$\mathbb{Q}(c)=\{a_0+a_1c+a_2c^2+a_3c^3\mid a_0,a_1,a_2,a_3\in\mathbb{Q}\}.$$

证明:

(1) $f(x)$ 在有理数域 $\mathbb{Q}$ 上不可约;

(2) 对任意的 $g(x)\in\mathbb{Q}[x]$, 都有 $g(c)\in\mathbb{Q}(c)$;

(3) 对任意的 $g(x)\in\mathbb{Q}[x]$, 如果 $f(x)$ 不整除 $g(x)$, 则存在 $h(x)\in\mathbb{Q}[x]$, 使得 $g(c)h(c)=1$.

例 4.6.36 (首都师范大学,2004) 给定有理数域上的多项式 $f(x)=x^3+3x^2+3$.

(1) 证明:$f(x)$ 为 $\mathbb{Q}$ 上的不可约多项式;

(2) 设 α 是 $f(x)$ 在复数域 $\mathbb{C}$ 内的一个根, 定义

$$\mathbb{Q}(\alpha)=\{a_0+a_1\alpha+a_2\alpha^2\mid a_0,a_1,a_2\in\mathbb{Q}\},$$

证明:$\forall g(x)\in\mathbb{Q}[x]$, 有 $g(\alpha)\in\mathbb{Q}(\alpha)$;

(3) 若 $0\neq\beta\in\mathbb{Q}(\alpha)$, 则存在 $\gamma\in\mathbb{Q}(\alpha)$ 使得 $\beta\gamma=1$.

例 4.6.37 (上海财经大学,2022) 设 $f(x)=x^3+3x^2+3\in\mathbb{Q}[x]$,$\alpha$ 是 $f(x)$ 在复数域 $\mathbb{C}$ 中的一个根, 记

$$\mathbb{Q}[\alpha]=\{a_0+a_1\alpha+a_2\alpha^2\mid a_0,a_1,a_2\in\mathbb{Q}\}.$$

证明:

(1) $f(x)$ 在有理数域上不可约;

(2) 对任意的 $g(x)\in\mathbb{Q}[x]$, 有 $g(\alpha)\in\mathbb{Q}[\alpha]$;

(3) 对任意的 $0\neq\beta\in\mathbb{Q}[\alpha]$, 存在 $\gamma\in\mathbb{Q}[\alpha]$, 使得 $\beta\gamma=1$.

例 4.6.38 (西安电子科技大学,2015) 设 $f(x)=x^n+a_{n-1}x^{n-1}+\cdots+a_1x+a_0\in P[x]$ 是数域 P 上的不可约多项式,α 是 $f(x)$ 的一个复数根.

(1) 证明:$P[\alpha]=\{g(\alpha)\mid g(x)\in P[x]\}$ 是 P 上的 n 维线性空间, 且 $1,\alpha,\alpha^2,\cdots,\alpha^{n-1}$ 是 $P[\alpha]$ 的一个基;

(2) 定义 $P[\alpha]$ 上的线性变换 $\sigma:\beta\to\alpha\beta$, 求 σ 在上述基下对应的矩阵 $\boldsymbol{A}$ 以及 $|\boldsymbol{A}|$.

例 4.6.39 (中山大学,2020) 已知复数域 $\mathbb{C}$ 为有理数域 $\mathbb{Q}$ 上的线性空间,$f(x)$ 是 $\mathbb{Q}[x]$ 中的一个 n 次不可约多项式,$\alpha\in\mathbb{C}$ 是 $f(x)$ 的一个根, 且

$$\mathbb{Q}[\alpha]=\{a_0+a_1\alpha+a_2\alpha^2+\cdots+a_{n-1}\alpha^{n-1}\mid a_i\in\mathbb{Q},i=1,2,\cdots,n-1\}.$$

(1) 证明:$\mathbb{Q}[\alpha]$ 是 $\mathbb{C}$ 的一个有限维子空间, 求其一组基;

(2) 设 $\beta\in\mathbb{Q}[\alpha],\beta\neq0$, 证明: 存在 $\gamma\in\mathbb{Q}[\alpha]$, 使得 $\beta\gamma=1$.

例 4.6.40 (上海大学, 2012) 设 $f(x)$ 为数域 F 上的不可约多项式, 如果 $\alpha\in\mathbb{C}$ 是 $f(x)$ 的根, 则

$$F(\alpha)=\{g(\alpha)\mid g(x)\in F[x]\}$$

是数域, 且 $F(\alpha)$ 作为数域 F 上的线性空间的维数是 $f(x)$ 的次数.

例 4.6.41 设 $\mathbb{Q}[x]$ 表示有理数域上的多项式的集合.c 是某一有理系数多项式的根. 令

$$I=\{f(x)\in\mathbb{Q}[x]\mid f(c)=0\}.$$

证明:

(1) 在 I 中唯一存在一个首项系数为 1 的多项式 $p(x)$, 使得 $\forall f(x)\in\mathbb{Q}[x]$, 都有 $p(x)\mid f(x)$;

(2) $p(x)$ 是有理数域上的不可约多项式;

(3) 若 $c=\sqrt{2}+\mathrm{i}$, 求 $p(x)$.

证 (1) 由条件可知 I 中含有非零多项式, 设 $p(x)$ 是 I 中次数最低且首项系数为 1 的多项式. $\forall f(x)\in\mathbb{Q}[x]$, 由带余除法, 设

$$f(x)=p(x)q(x)+r(x),$$

其中 $q(x),r(x)\in\mathbb{Q}[x]$ 且 $r(x)=0$ 或 $\deg r(x)<\deg p(x)$. 若 $r(x)\neq 0$, 则可得 $r(c)=f(c)-p(c)q(c)=0$, 此与 $p(x)$ 的取法矛盾. 故 $r(x)=0$, 从而 $p(x)\mid f(x)$.

(2) 若 $p(x)$ 可约, 设

$$p(x)=p_1(x)p_2(x),$$

其中$0<\deg p_i(x)<\deg p(x), i=1,2$. 由 $p(c)=0$ 知 $p_1(c)=0$或$p_2(c)=0$. 这与 $p(x)$ 的取法矛盾.

(3) 令 $x=\sqrt{2}+\mathrm{i}$, 则 $x-\sqrt{2}=\mathrm{i}$, 两边平方, 可得 $x^2-2\sqrt{2}x+2=-1$, 即 $x^2+3=2\sqrt{2}x$, 两边平方, 可得 $x^4-2x^2+9=0$, 令

$$p(x)=x^4-2x^2+9,$$

则 c 是 $p(x)$ 的根, 并且由上述过程, 可知 $p(x)$ 的 4 个根为 $\sqrt{2}+\mathrm{i},\sqrt{2}-\mathrm{i},-\sqrt{2}+\mathrm{i},-\sqrt{2}-\mathrm{i}$, 即

$$p(x)=(x-c)(x-\bar{c})(x+c)(x+\bar{c}),$$

易知 $p(x)$ 的任意两个一次因式的乘积都不是有理系数多项式, 同样任意 3 个一次因式的乘积也不是有理系数多项式, 从而 $f(x)$ 是以 c 为根的次数最低的有理系数的不可约多项式.

例 4.6.42 (华东师范大学,2022) 设 $f(x)$ 是次数大于 0 的整系数多项式, 若 $2-\sqrt{3}$ 是 $f(x)$ 的根, 证明:$2+\sqrt{3}$ 也是 $f(x)$ 的根.

证 令

$$g(x)=(x-2+\sqrt{3})(x-2-\sqrt{3})=x^2-4x+1,$$

易知 $g(x)$ 在有理数域 $\mathbb{Q}$ 上不可约, 于是在有理数域上 $g(x)\mid f(x)$ 或者 $(g(x),f(x))=1$, 易知在实数域上也有 $g(x)\mid f(x)$ 或者 $(g(x),f(x))=1$, 由于 $f(x),g(x)$ 有公共的实根 $2-\sqrt{3}$, 故在实数域上必有 $g(x)\mid f(x)$, 由于 $(x-2-\sqrt{3})\mid g(x)$, 于是就有 $(x-2-\sqrt{3})\mid f(x)$, 即 $2+\sqrt{3}$ 也是 $f(x)$ 的根.

例 4.6.43 (东南大学,2023) 若 $\boldsymbol{A}$ 为元素全为有理数的 n 阶方阵, 且 $\sqrt{3}$ 为 $\boldsymbol{A}$ 的一个特征值.

(1) 证明: $-\sqrt{3}$ 也是 $\boldsymbol{A}$ 的一个特征值;

(2) 证明: 当 $n=3$ 时, 存在实可逆矩阵 $\boldsymbol{P}$, 使得 $\boldsymbol{P}^{-1}\boldsymbol{AP}$ 为对角阵.

例 4.6.44 (安徽师范大学,2021) 设 $p(x), f(x)\in\mathbb{Q}[x]$, 且 $p(x)$ 在 $\mathbb{Q}$ 上不可约.

(1) 若存在 $\alpha\in\mathbb{R}$, 使得 $p(\alpha)=f(\alpha)=0$, 则 $p(x)\mid f(x)$;

(2) 若 $a+\sqrt{b}$ 为无理数 (a,b 为有理数,$\sqrt{b}$ 为无理数) 为 $f(x)$ 的一个根, 则 $a-\sqrt{b}$ 也是 $f(x)$ 的根.

例 4.6.45 设有理系数多项式 $f(x)$ 有无理根 $a+b\sqrt{p}$, 其中 $a,b,p\in\mathbb{Q}, b\neq 0, \sqrt{p}$ 是无理数. 证明:$a-b\sqrt{p}$ 也是 $f(x)$ 的根.

例 4.6.46 设有理系数多项式 $f(x)$ 有无理根 $a\sqrt{c}+b\sqrt{d}$, 其中 $a,b,c,d\in\mathbb{Q}, \sqrt{c},\sqrt{d},\sqrt{cd}$ 都是无理数, 且 $ab\neq 0$. 证明:$a\sqrt{c}-b\sqrt{d}, -a\sqrt{c}+b\sqrt{d}, -a\sqrt{c}-b\sqrt{d}$ 也是 $f(x)$ 的根.

例 4.6.47 (同济大学,2020) 已知 $\sqrt{2}-\sqrt{3}$ 是首项系数为 1 且不可约的有理系数多项式 $f(x)$ 的根, 求 $f(x)$ 并证明 $f(x)$ 不可约.

例 4.6.48 (苏州大学,2023) 复数 α 称为代数数, 若 α 是某个有理系数多项式的根.

(1) 证明: $\sqrt{2}+\sqrt{3}$ 是代数数;

(2) 证明: 复数 α 是代数数当且仅当 α 是某个有理矩阵的特征值.

例 4.6.49 设有理系数多项式 $f(x)$ 有根 $a\sqrt{c}+b\mathrm{i}$, 其中 a,b,c 是有理数, 而 $\sqrt{c}$ 是无理数, 且 $ab\neq 0$. 证明:$a\sqrt{c}-b\mathrm{i}, -a\sqrt{c}+b\mathrm{i}, -a\sqrt{c}-b\mathrm{i}$ 也是 $f(x)$ 的根.

4.7 重因式

4.7.1 定义

设 $p(x)$ 为不可约多项式, 若 $p^k(x)\mid f(x)$, 但是 $p^{k+1}(x)\nmid f(x)$, 则称 $p(x)$ 为 $f(x)$ 的 k 重因式.

4.7.2 证明方法

欲证 $p(x)$ 是 $f(x)$ 的 k 重因式, 可以从如下方面考虑:

1. 证明: 存在 $g(x)$ 使得 $f(x)=p^k(x)g(x)$, 且 $p(x)\nmid g(x)$.
2. 证明:$p(x)$ 是 $f(x), f'(x), \cdots, f^{(k-1)}(x)$ 的因式, 但不是 $f^{(k)}(x)$ 的因式.
3. 若已知 $p(x)\mid f(x)$, 可设 $p(x)$ 为 $f(x)$ 的 t 重因式, 然后证 $t=k$.

4.7.3 例题

例 4.7.1 (南开大学,2000; 中南大学,2003) 设 $f(x)\in F[x], \deg(f(x))=n$, 求证 $f'(x)\mid f(x)$ 的充要条件为 $f(x)=a(x-b)^n, a,b\in P, a\neq 0$.

证 充分性. 易证.

必要性.(法 1) 设 $f(x)$ 的标准分解式为

$$f(x) = cp_1^{r_1}(x)\cdots p_s^{r_s}(x),$$

其中 $p_1(x),\cdots,p_s(x)$ 是首项系数为 1 的不可约多项式, 则

$$\frac{f(x)}{(f(x),f'(x))} = cp_1(x)\cdots p_s(x),$$

由条件知 $\deg\left(\frac{f(x)}{(f(x),f'(x))}\right) = 1$, 故 $\frac{f(x)}{(f(x),f'(x))}$ 只有一个不可约因式, 即上式中 $s=1$, 从而 $f(x)$ 只有一个一次不可约因式 $p_1(x)$, 且 $\deg p_1(x) = 1$, 令 $p_1(x) = x-b$, 于是 $f(x) = a(x-b)^n$.

(法 2) 由于 $f'(x) \mid f(x)$, 所以可设

$$f(x) = \frac{1}{n}(x-b)f'(x),$$

即

$$nf(x) = (x-b)f'(x),$$

上式两边求导, 并移项可得

$$(n-1)f'(x) = (x-b)f''(x),$$

上式两边继续求导, 可得

$$(n-2)f''(x) = (x-b)f'''(x),$$

如此下去, 可得

$$\begin{aligned} nf(x) &= (x-b)f'(x), \\ (n-1)f'(x) &= (x-b)f''(x), \\ (n-2)f''(x) &= (x-b)f'''(x), \\ &\vdots \\ f^{(n-1)}(x) &= (x-b)f^{(n)}(x) = (x-b)n!a, \end{aligned}$$

上述 n 个等式逐次代入, 可得

$$n!f(x) = (x-b)^n n!a,$$

所以 $f(x) = a(x-b)^n$.

例 4.7.2 设 $f(x)\in F[x], \deg(f(x)) = n$, 若 $f'(x) \mid f(x)$, 则 $f(x)$ 有 n 重根.

例 4.7.3 (西南师范大学,2005) 设 $f(x) = (f(x),f'(x))g(x)$, 且 $g(x)$ 在复数域内只有两根 $2,-3$, 又 $g(1) = -20$, 求 $g(x)$. 若 $f(0) = 1620$, 则 $f(x)$ 能否确定?

解 由条件知

$$g(x) = a(x-2)(x+3),$$

其中 a 为待定常数. 由 $g(1) = -20$, 可得 $a = 5$, 故

$$g(x) = 5(x-2)(x+3).$$

由于 $\dfrac{f(x)}{(f(x),f'(x))}=g(x)$ 与 $f(x)$ 有相同的不可约因式, 可设

$$f(x)=5(x-2)^n(x+3)^m,$$

其中 m,n 为待定的正整数. 由 $1620=f(0)=5\times(-2)^n\times 3^m=5\times(-2)^2\times 3^4$, 可得 $n=2,m=4$, 即

$$f(x)=5(x-2)^2(x+3)^4.$$

例 4.7.4 (南京理工大学,2020) 已知 $f(x)=(f(x),f^{'}(x))g(x)$,$g(x)$ 在复数域内只有 $-2,5$ 这两个根, 且 $g(1)=-18,f(0)=-1500$, 求 $f(x)$.

例 4.7.5 (南京师范大学,2010) 设整系数多项式 $f(x)=x^4+ax^2+bx-3$, 记 $(f(x),g(x))$ 为 $f(x)$ 和 $g(x)$ 的首项系数为 1 的最大公因式,$f'(x)$ 为 $f(x)$ 的导数. 若 $\dfrac{f(x)}{(f(x),f'(x))}$ 为二次多项式, 求 a^2+b^2 的值.

解 由 $\dfrac{f(x)}{(f(x),f'(x))}$ 为二次多项式, 可知 $(f(x),f'(x))$ 为二次多项式. 由于

$$f'(x)=4x^3+2ax+b,$$
$$f(x)=\frac{1}{4}xf'(x)+\left(\frac{a}{2}x^2+\frac{3b}{4}x-3\right),$$

由 $(f(x),f'(x))$ 为二次多项式可知 $a\neq 0$, 且

$$\left(\frac{a}{2}x^2+\frac{3b}{4}x-3\right)\bigg|f'(x).$$

设

$$f'(x)=\left(\frac{a}{2}x^2+\frac{3b}{4}x-3\right)\left(\frac{8}{a}x-c\right),$$

于是可得

$$\frac{6b}{a}-\frac{ac}{2}=0,-\frac{24}{a}-\frac{3bc}{4}=2a,3c=b.$$

即

$$(a^2-36)b=0,8a^2+ab^2+96=0.$$

注意到 a,b 为整数, 可解得 $a^2=36,b^2=64$. 故 $a^2+b^2=100$.

例 4.7.6 设不可约多项式 $p(x)$ 为 $f^{'}(x)$ 的 $k-1$ 重因式. 证明:$p(x)$ 是 $f(x)$ 的 k 重因式的充要条件为 $p(x)\mid f(x)$.

证 必要性. 显然.

充分性. 由 $p(x)\mid f(x)$ 知 $p(x)$ 为 $f(x)$ 的因式, 设 $p(x)$ 为 $f(x)$ 的 t 重因式, 即

$$f(x)=p^t(x)g(x),p(x)\nmid g(x),$$

于是

$$f'(x)=tp^{t-1}(x)p'(x)g(x)+p^t(x)g'(x)=p^{t-1}(x)(tp'(x)g(x)+p(x)g'(x)),$$

易知 $p(x)\nmid(tp'(x)g(x)+p(x)g'(x))$, 从而 $p(x)$ 为 $f^{'}(x)$ 的 $t-1$ 重因式, 由条件知 $t-1=k-1$, 即 $t=k$. 所以结论成立.

例 4.7.7 (汕头大学,2004) 设多项式 $f(x),g(x),h(x),q(x)$ 满足

$$\left(\frac{g(x)}{(f(x),g(x))},h(x)\right)=q(x),$$

且 $d(x)=(f(x),q(x))$ 的次数不小于 1. 证明:$g(x)$ 有重因式.

证 由于存在不可约多项式 $p(x)\mid d(x)$, 从而 $p(x)\mid q(x),p(x)\mid f(x)$. 于是

$$p(x)\mid\frac{g(x)}{(f(x),g(x))}.$$

记

$$\frac{g(x)}{(f(x),g(x))}=m(x),$$

则 $g(x)=m(x)(f(x),g(x))$, 由 $p(x)\mid m(x)$, 可知 $p(x)\mid g(x)$. 又 $p(x)\mid f(x)$, 故 $p(x)\mid(f(x),g(x))$, 从而结论成立.

例 4.7.8 (吉林大学,2021) 已知 $f(x)=(x^2-a)^{2021}+1$, 其中 a 为实数, 证明:$f(x)$ 有重因式的充要条件是 $a=1$.

证 由于

$$f'(x)=2021(x^2-a)^{2020}\cdot 2x,$$

而 $f(x)$ 有重因式的充要条件是 $(f(x),f'(x))\neq 1$, 故在复数域上 $(f(x),f'(x))\neq 1$, 从而在复数域上 $f(x)$ 与 $f'(x)$ 有公共根, 而 $f'(x)$ 的根只能是 $0,\pm\sqrt{a}$, 易知 $\pm\sqrt{a}$ 不是 $f(x)$ 的根, 故必有 $f(0)=0$, 从而 $a=1$. 故结论成立.

4.8 多项式函数与多项式的根

4.8.1 重根

例 4.8.1 (烟台大学,2015) 设 $f(x)=x^4+5x^3+ax^2+bx+c$ 是有理数域上的多项式, 如果 -2 是 $f(x)$ 的 3 重根, 求 a,b,c.

解 (法 1) 由条件有

$$\begin{cases}0=f(-2)=-24+4a-2b+c,\\ 0=f'(-2)=28-4a+b,\\ 0=f''(-2)=-12+2a,\end{cases}$$

解得 $a=6,b=-4,c=-8$.

(法 2) 由条件可设

$$f(x)=(x+2)^3(x+d),$$

其中 d 是有理数, 比较上式两边同次项的系数可得

$$6+d=5,12+6d=a,8+12d=b,8d=c,$$

解得 $a=6,b=-4,c=-8$.

例 4.8.2 设 $f(x)=x^3+6x^2+3px+8$ 有重根, 求 p 的值.

解 (法 1) 注意到 $f(x)$ 是 3 次多项式, 故 $f(x)$ 有重根的充要条件是存在 a,b 使得

$$x^3+6x^2+3px+8=f(x)=(x-a)^2(x+b),$$

将上式右边展开, 比较两边同次项的系数可得

$$\begin{cases} b-2a=6, \\ a^2-2ab=3p, \\ a^2b=8. \end{cases}$$

由第一式可得 $b=6+2a$, 代入第三式可得

$$a^3+3a^2-4=0,$$

易知 $a=1$ 是上式的一个根, 从而

$$0=a^3+3a^2-4=(a-1)(a+2)^2.$$

故

$$\begin{cases} a=\ \ 1, \\ b=\ \ 8, \\ p=-5, \end{cases} \text{或} \begin{cases} a=-2, \\ b=\ \ 2, \\ p=\ \ 4, \end{cases}$$

于是当 $p=-5$ 时 $f(x)$ 有二重根 1, 当 $p=4$ 时 $f(x)$ 有三重根 -2.

(法 2) 设 c 是 $f(x)$ 的重根, 则

$$0=f(c)=c^3+6c^2+3pc+8,$$
$$0=f'(c)=3c^2+12c+3p.$$

于是由第二式可得

$$3p=-3c^2-12c,$$

代入第一式可得

$$c^3+3c^2-4=0,$$

即

$$(c^3-c)+3c^2+c-4=0,$$

也就是

$$(c-1)(c^2+c)+(c-1)(3c+4)=0,$$

故可得

$$(c-1)(c+2)^2=0,$$

即 $c=1$ 或者 $c=-2$.

当 $c=1$ 时,$p=-5$, 利用综合除法易知 1 是二重根.

当 $c=-2$ 时,$p=4$, 利用综合除法易知 -2 是三重根.

(法 3) 由于

$$f'(x)=3x^2+12x+3p,$$

且

$$f(x)=f'(x)q_1(x)+r_1(x),q_1(x)=\frac{1}{3}x+\frac{2}{3},r_1(x)=(2p-8)x+(8-2p),$$

若 $2p-8=0$, 即 $p=4$, 则 $(f(x),f'(x))=\frac{1}{3}f'(x)=(x+2)^2$, 所以 $x+2$ 是 $f(x)$ 的三重因式, 故 -2 是 $f(x)$ 的三重根.

若 $2p-8\neq 0$, 则

$$f'(x)=r_1(x)q_2(x)+r_2(x),q_2(x)=\frac{3}{2p-8}x+\frac{15}{2p-8},r_2(x)=3p+15,$$

若 $f(x)$ 有重根, 必须 $r_2(x)=0$, 否则 $(f(x),f'(x))=1$, 故 $p=-5$, 此时 $(f(x),f'(x))=-\frac{1}{18}r_1(x)=x-1$, 即 $x-1$ 是 $f(x)$ 的二重因式, 从而 1 是 $f(x)$ 的二重根.

例 4.8.3 (扬州大学,2021) 设 $f(x)=x^3+6x^2+3px+8$. 若三阶方阵 $\boldsymbol{A}$ 满足 $|\boldsymbol{A}|=-8$, 齐次线性方程组 $(\boldsymbol{E}_3-\boldsymbol{A})\boldsymbol{X}=\boldsymbol{0}$ 有两个线性无关的解.

(1) 试确定 p 的值, 使得 $f(x)$ 有重根, 并求其重根;

(2) 若 $f(\boldsymbol{A})=\boldsymbol{O}$, 求 p.

例 4.8.4 (浙江大学,2021) 当 t 为何值时,$f(x)=x^3+6x^2+tx+8$ 有重根? 并求出重根.

例 4.8.5 (南京理工大学,2009; 中国科学院大学,2012; 南昌大学,2021; 重庆大学,2022) 证明: 多项式 $f(x)=1+\frac{x}{1!}+\frac{x^2}{2!}+\cdots+\frac{x^n}{n!}$ 没有重根.

证 反证法.(法 1) 若 $f(x)$ 有重根 c, 则有

$$f(c)=0,f'(c)=0,$$

注意到

$$f(x)=f'(x)+\frac{x^n}{n!},$$

则有

$$c^n=0,$$

从而 $c=0$, 但是显然 0 不是 $f(x)$ 的根. 矛盾.

(法 2) 只需证明 $(f(x),f'(x))=1$ 即可. 首先有熟知的结论:$(f(x),g(x))=((f(x)\pm g(x),g(x)))$. 注意到

$$f(x)=f'(x)+\frac{x^n}{n!},$$

则

$$(f(x),f'(x))=(f(x)-f'(x),f'(x))=(x^n,f'(x))=1.$$

例 4.8.6 证明: 多项式 $f(x)=x^n+nx^{n-1}+n(n-1)x^{n-2}+\cdots+n!$ 无重根.

例 4.8.7 (湖南大学,2011) 设

$$f(x)=1+\frac{1}{2!}x^2+\frac{1}{4!}x^4+\cdots+\frac{1}{(2k)!}x^{2k}(k\geqslant 1),$$

证明:$f(x)$ 不存在三重根.

例 4.8.8 (中国科学院大学,2022) 设多项式 $f(x)=x^p+px+p$, 其中 p 为素数.

(1) 求证:$f(x)$ 在复数域 $\mathbb{C}$ 上无重根;

(2) 求证:$f(x)$ 在有理数域 $\mathbb{Q}$ 上不可约.

例 4.8.9 (华中师范大学,2011; 复旦大学高等代数每周一题 [问题 2018A13]) 设多项式 $(f(x),g(x))=1$, 则 $f^2(x)+g^2(x)$ 的重根为 $(f'(x))^2+(g'(x))^2$ 的根.

证 设 c 是 $f^2(x)+g^2(x)$ 的重根, 则

$$\begin{cases} f^2(c)+g^2(c)=0, \\ f(c)f'(c)+g(c)g'(c)=0, \end{cases}$$

所以

$$f^2(c)(f'(c))^2=g^2(c)(g'(c))^2,$$

因为 $f(x),g(x)$ 互素, 所以 $f(c)\neq 0, g(c)\neq 0$. 将 $g^2(c)=-f^2(c)$ 代入上式可得

$$f^2(c)(f'(c))^2=-f^2(c)g'(c)^2,$$

消去 $f^2(c)$ 可得

$$(f'(c))^2+(g'(c))^2=0.$$

即结论成立.

例 4.8.10 证明:$x^n+ax^{n-m}+b(ab\neq 0)$ 不可能有不为零的重数大于 2 的根.

例 4.8.11 设 a 是实数, 证明: 多项式

$$f(x)=x^n+ax^{n-1}+a^2x^{n-2}+\cdots+a^{n-1}x+a^n$$

最多有一个实根 (k 重根算一个根).

证 令 $g(x)=(x-a)f(x)=x^{n+1}-a^{n+1}$.

当 $a=0$ 时,$f(x)=x^n$, 则 $f(x)$ 只有实根 0.

当 $a\neq 0$ 时, 由于 $(g(x),g'(x))=1$, 从而 $g(x)$ 无重根, 于是 $f(x)$ 无重根.

当 n 为奇数时, 由 $a\neq 0$ 有,$g(x)$ 有且只有两个实根 $x=\pm a$, 于是 $f(x)$ 只有唯一实根 $-a$.

当 n 为偶数时,$g(x)$ 只有唯一实根 a, 从而 $f(x)$ 无实根.

综上 $f(x)$ 最多只有一个实根.

例 4.8.12 设 $f(x)$ 是复数域中的 n 次多项式, 且 $f(0)=0$, 令 $g(x)=xf(x)$. 证明: 若 $f'(x)\mid g'(x)$, 则 $g(x)$ 有 $n+1$ 重零根.

证 由 $g(x)=xf(x)$, 有 $g'(x)=f(x)+xf'(x)$. 而 $f'(x)\mid g'(x)$, 故 $f'(x)\mid f(x)$, 又 $f(0)=0$, 于是 $f(x)=cx^n(c\neq 0)$. 故 $g(x)=xf(x)=cx^{n+1}$, 即 $g(x)$ 有 $n+1$ 重零根.

4.8.2 多项式根与系数的关系

设 $c_1,c_2,\cdots,c_n$ 为

$$f(x)=a_nx^n+a_{n-1}x^{n-1}+\cdots+a_1x+a_0\in P[x]$$

在数域 P 上的 n 个根, 则

$$\begin{aligned}f(x)&=a_nx^n+a_{n-1}x^{n-1}+\cdots+a_1x+a_0\\&=a_n(x-c_1)(x-c_2)\cdots(x-c_n),\end{aligned}$$

比较同次项的系数, 可得

$$\begin{cases}\dfrac{-a_{n-1}}{a_n}=c_1+c_2+\cdots+c_n,\\ \dfrac{a_{n-2}}{a_n}=c_1c_2+c_1c_3+\cdots+c_{n-1}c_n,\\ \qquad\vdots\\ (-1)^k\dfrac{a_{n-k}}{a_n}=\displaystyle\sum_{1\leqslant i_1<\cdots<i_k\leqslant n}c_{i_1}c_{i_2}\cdots c_{i_k},\\ (-1)^n\dfrac{a_0}{a_n}=c_1c_2\cdots c_n.\end{cases}$$

例 4.8.13　(重庆大学,2010) 求构造一个一元多项式, 使它的各根分别等于

$$f(x)=5x^4-6x^3+x^2+4$$

的各根减 1.

解　(法 1) 设 x_1,x_2,x_3,x_4 为 $f(x)$ 的根, 则

$$5x^4-6x^3+x^2+4=f(x)=5(x-x_1)(x-x_2)(x-x_3)(x-x_4),$$

于是

$$g(y)=5[y-(x_1-1)][y-(x_2-1)][y-(x_3-1)][y-(x_4-1)]$$

就是一个以 $f(x)$ 的各根减 1 为根的多项式, 由于

$$g(y)=5[(y+1)-x_1][(y+1)-x_2][(y+1)-x_3][(y+1)-x_4],$$

所以, 令 $y+1=x$ 可得

$$g(y)=f(y+1)=5(y+1)^4-6(y+1)^3+(y+1)^2+4=5y^4+14y^3+13y^2+4y+4.$$

(法 2) 利用综合除法将 $f(x)$ 表示为 $x-1$ 的方幂和, 可得

$$f(x)=5(x-1)^4+14(x-1)^3+13(x-1)^2+4(x-1)+4,$$

令 $y=x-1$, 则

$$g(y)=5y^4+14y^3+13y^2+4y+4$$

即为所求.

(法 3) 设 $f(x)$ 的根为 $x_i(i=1,2,3,4,5)$, 则有

$$\sigma_1=x_1+x_2+x_3+x_4=\frac{6}{5},$$

$$\sigma_2 = x_1x_2 + x_1x_3 + x_1x_4 + x_2x_3 + x_2x_4 + x_3x_4 = \frac{1}{5},$$

$$\sigma_3 = x_1x_2x_3 + x_1x_2x_4 + x_1x_3x_4 + x_2x_3x_4 = 0,$$

$$\sigma_4 = x_1x_2x_3x_4 = \frac{4}{5}.$$

所求的一个多项式为

$$\begin{aligned} g(y) =&(y-(x_1-1))(y-(x_2-1))(y-(x_3-1))(y-(x_4-1)) \\ =&y^4-(\sigma_1-4)y^3+(\sigma_2-3\sigma_1+6)y^2+(\sigma_3-2\sigma_2+3\sigma_1-4)y+\sigma_4+\sigma_3-\sigma_1+1 \\ =&y^4+\frac{14}{5}y^3+\frac{13}{5}y^2+\frac{4}{5}y+\frac{4}{5}. \end{aligned}$$

于是所求的多项式

$$g(y) = y^4+\frac{14}{5}y^3+\frac{13}{5}y^2+\frac{4}{5}y+\frac{4}{5}.$$

注 满足条件的多项式 $g(y)$ 有无穷多.

例 4.8.14 (浙江科技学院,2021) 构造一个多项式, 使得它的各根分别为多项式

$$f(x) = 3x^5 - 4x^4 + x^3 - x^2 + x$$

的各根减 1.

例 4.8.15 求一个多项式, 使其各根分别等于

$$f(x) = x^5 - 4x^4 + x^3 + 3x^2 + 2x - 5$$

的根的 2 倍.

例 4.8.16 求一个多项式, 使其各根分别等于

$$f(x) = 15x^4 - 2x^3 + 11x^2 - 21x + 13$$

的根的倒数.

例 4.8.17 (北京科技大学, 2011) 求以三次方程 $x^3 + x + 1 = 0$ 的三个根的平方为根的三次方程.

解 令 $f(x) = x^3 + x + 1$.

(法 1) 设 α, β, γ 是 $x^3 + x + 1 = 0$ 的三个根, 则由根与系数关系, 可得

$$\alpha+\beta+\gamma = 0, \alpha\beta+\alpha\gamma+\beta\gamma = 1, \alpha\beta\gamma = -1.$$

令

$$g(x) = (x-\alpha^2)(x-\beta^2)(x-\gamma^2),$$

则 $g(x) = 0$ 就是所求的一个方程. 由于

$$g(x) = x^3 - (\alpha^2+\beta^2+\gamma^2)x^2 + (\alpha^2\beta^2+\alpha^2\gamma^2+\beta^2\gamma^2)x - (\alpha\beta\gamma)^2,$$

而

$$\alpha^2+\beta^2+\gamma^2 = (\alpha+\beta+\gamma)^2 - 2(\alpha\beta+\alpha\gamma+\beta\gamma) = -2,$$

$$\alpha^2\beta^2+\alpha^2\gamma^2+\beta^2\gamma^2=(\alpha\beta+\alpha\gamma+\beta\gamma)^2-2(\alpha+\beta+\gamma)\alpha\beta\gamma=1,$$

于是

$$g(x)=x^3+2x^2+x-1$$

即为所求.

(法 2) 设 α,β,γ 是 $f(x)=0$ 的三个根, 则

$$f(x)=(x-\alpha)(x-\beta)(x-\gamma),$$

于是

$$f(-x)=(-1)^3(x+\alpha)(x+\beta)(x+\gamma),$$

故

$$f(x)f(-x)=(-1)^3(x^2-\alpha^2)(x^2-\beta^2)(x^2-\gamma^2),$$

若令 $y=x^2$, 则

$$g(y)=(-1)^3(y-\alpha^2)(y-\beta^2)(y-\gamma^2),$$

于是 $g(y)=0$ 即为所求.

由于

$$\begin{aligned}g(y)=&f(x)f(-x)=[1+(x^3+x)][1-(x^3+x)]\\=&1-(x^3+x)^2=1-x^6-2x^4-x^2\\=&1-y^3-2y^2-y,\end{aligned}$$

故 $g(y)=-y^3-2y^2-y+1=0$ 即为所求.

例 4.8.18 (西安电子科技大学,2014) 设 x_1,x_2,x_3 是多项式 $f(x)=x^3+ax+1$ 的全部根, 求一个三次多项式 $g(x)$, 使得 $g(x)$ 的全部根为 x_1^2,x_2^2,x_3^2.

例 4.8.19 (天津大学,2021) 设 α,β,γ 为多项式 x^3-x+1 的三个根, 求首项系数为 1 的三次多项式 $f(x)$, 使得其三个根分别为

$$1+\alpha^2,1+\beta^2,1+\gamma^2.$$

例 4.8.20 (东华理工大学,2018) 设 $f(x)=x^3-x^2-2x+1,g(x)=x^2-2$, 且 α,β,γ 是 $f(x)$ 的根, 求一个整系数多项式, 使其以 $g(\alpha),g(\beta),g(\gamma)$ 为根.

解 (法 1) 由带余除法有

$$f(x)=g(x)(x-1)-1,$$

于是有 $g(\alpha)(\alpha-1)-1=0,g(\beta)(\beta-1)-1=0,g(\gamma)(\gamma-1)-1=0$. 注意到 1 不是 $f(x)$ 的根, 故

$$g(\alpha)=\frac{1}{\alpha-1},g(\beta)=\frac{1}{\beta-1},g(\gamma)=\frac{1}{\gamma-1}.$$

令 $x=y+1$, 得

$$f(y+1)=y^3+2y^2-y-1.$$

再令 $y=\dfrac{1}{z}$, 则

$$h(z)=-z^3-z^2+2z+1$$

即为所求.

(法 2) 首先, 构造一个矩阵 $\boldsymbol{A}$, 使其特征多项式为 $f(x)$. 令

$$\boldsymbol{A}=\begin{pmatrix}0&0&-1\\1&0&2\\0&1&1\end{pmatrix},$$

则

$$|\,x\boldsymbol{E}-\boldsymbol{A}\,|=\begin{vmatrix}x&0&1\\-1&x&-2\\0&-1&x-1\end{vmatrix},$$

将行列式的第 2,3 行乘以 x,x^2 后都加到第一行可得

$$|\,x\boldsymbol{E}-\boldsymbol{A}\,|=\begin{vmatrix}0&0&f(x)\\-1&x&-2\\0&-1&x-1\end{vmatrix}=f(x).$$

即 $f(x)$ 是矩阵 $\boldsymbol{A}$ 的特征多项式, 从而由条件可知 α,β,γ 是矩阵 $\boldsymbol{A}$ 的特征值, 于是 $g(\boldsymbol{A})$ 的特征值为 $g(\alpha)$, $g(\beta)$, $g(\gamma)$, 这样 $g(\boldsymbol{A})$ 的特征多项式 $h(x)$ 就是以 $g(\alpha),g(\beta),g(\gamma)$ 为根的多项式, 于是可求得

$$h(x)=x^3+x^2-2x-1.$$

例 4.8.21 (南京师范大学,2015) 已知多项式 $f(x)=x^3+2x^2-2,g(x)=x^2+x-1,\alpha,\beta,\gamma$ 为 $f(x)$ 的根, 求一个整系数多项式 $h(x)$, 使其以 $g(\alpha),g(\beta),g(\gamma)$ 为根.

例 4.8.22 (大连理工大学,2009) 实系数多项式 $f(x)=x^4-6x^3+ax^2+bx+2$ 有四个实根, 证明: 至少有一个根小于 1.

证 反证法. 设四个实根为 $x_i=1+a_i,a_i\geqslant 0,i=1,2,3,4$. 则由根与系数的关系有

$$(1+a_1)+(1+a_2)+(1+a_3)+(1+a_4)=6,$$

$$(1+a_1)(1+a_2)(1+a_3)(1+a_4)=2,$$

故

$$a_1+a_2+a_3+a_4=2,$$

$$1+(a_1+a_2+a_3+a_4)+\sum a_ia_j+\sum a_ia_ja_k+a_1a_2a_3a_4=2,$$

从而

$$\sum a_ia_j+\sum a_ia_ja_k+a_1a_2a_3a_4=-1.$$

这与 $a_i>0$ 矛盾.

例 4.8.23 设 $f(x)=x^5-9x^4+ax^3+bx^2+cx-4$ 有 5 个实根, 证明:$f(x)$ 至少有一个根小于 1.

例 4.8.24 (天津大学,2004) 设 x_1,x_2,x_3 是 3 次方程 $x^3+px+8=0$ 的三个根, 则三阶行列式 $\begin{vmatrix} x_1 & x_2 & x_3 \\ x_3 & x_1 & x_2 \\ x_2 & x_3 & x_1 \end{vmatrix}=$______.

解 由多项式的根与系数关系可知 $x_1+x_2+x_3=0$, 于是由行列式的性质, 可得

$$\begin{vmatrix} x_1 & x_2 & x_3 \\ x_3 & x_1 & x_2 \\ x_2 & x_3 & x_1 \end{vmatrix}=\begin{vmatrix} x_1+x_2+x_3 & x_2 & x_3 \\ x_1+x_2+x_3 & x_1 & x_2 \\ x_1+x_2+x_3 & x_3 & x_1 \end{vmatrix}=0.$$

例 4.8.25 (第八届全国大学生数学竞赛决赛,2017) 设 $x^4+3x^2+2x+1=0$ 的 4 个根为 $\alpha_1,\alpha_2,\alpha_3,\alpha_4$, 则

$$\begin{vmatrix} \alpha_1 & \alpha_2 & \alpha_3 & \alpha_4 \\ \alpha_2 & \alpha_3 & \alpha_4 & \alpha_1 \\ \alpha_3 & \alpha_4 & \alpha_1 & \alpha_2 \\ \alpha_4 & \alpha_1 & \alpha_2 & \alpha_3 \end{vmatrix}=\underline{\qquad}.$$

例 4.8.26 设奇数次实系数多项式 $f(x)=x^n+a_1x^{n-1}+\cdots+a_{n-1}x+a_n$ 的所有根的模长都为 1, 且 $a_n<0$. 求 $1+a_1+\cdots+a_{n-1}+a_n$.

4.8.3 有理根

例 4.8.27 (中国科学院大学,2011) 设 $\dfrac{p}{q}$ 是既约分数,$f(x)=a_nx^n+a_{n-1}x^{n-1}+\cdots+a_1x+a_0$ 是整系数多项式, 且 $f\left(\dfrac{p}{q}\right)=0$. 证明:

(1) (陕西师范大学,2022) $p\mid a_0, q\mid a_n$;

(2) (北京邮电大学,2020) 对任意正整数 m, 有 $(p-mq)\mid f(m)$.

证 (1) (法 1) 由于

$$0=f\left(\frac{p}{q}\right)=a_n\left(\frac{p}{q}\right)^n+a_{n-1}\left(\frac{p}{q}\right)^{n-1}+\cdots+a_1\frac{p}{q}+a_0,$$

上式两边同乘 q^n 可得

$$0=a_np^n+a_{n-1}qp^{n-1}+\cdots+a_1q^{n-1}p+a_0q^n.$$

即

$$-a_0q^n=p(a_np^{n-1}+a_{n-1}qp^{n-2}+\cdots+a_1q^{n-1}),$$

于是 $p\mid a_0q^n$, 注意到 $(q,p)=1$ 可得 $(q^n,p)=1$, 从而 $p\mid a_0$. 类似可证 $q\mid a_n$.

(法 2) 由条件知 $\dfrac{p}{q}$ 是 $f(x)$ 的一个有理根, 则在有理数域 $\mathbb{Q}$ 上有

$$\left(x-\frac{p}{q}\right)\Big|f(x),$$

从而可设

$$f(x)=\left(x-\frac{p}{q}\right)g(x),$$

等式两边同乘以 q 可得 $qf(x)=(qx-p)g(x)$, 于是 $(qx-p)\mid qf(x)$, 但是 $qx-p\nmid p$, 所以 $(qx-p)\mid f(x)$, 于是可设

$$f(x)=(qx-p)(b_{n-1}x^{n-1}+\cdots+b_0),$$

注意到 $qx-p$ 是本原多项式,$f(x)$ 为整系数多项式, 可知 $b_{n-1}x^{n-1}+\cdots+b_0$ 为整系数多项式, 比较上式两边同次项的系数可得 $a_n=qb_{n-1},a_0=-pb_0$, 即 $q\mid a_n,p\mid a_0$.

(2) 由条件知 $\dfrac{p}{q}$ 是 $f(x)$ 的一个有理根, 则在有理数域 $\mathbb{Q}$ 上有

$$\left(x-\frac{p}{q}\right)\Big|f(x),$$

从而可设

$$f(x)=\left(x-\frac{p}{q}\right)g(x),$$

等式两边同乘以 q 可得 $qf(x)=(qx-p)g(x)$, 于是 $(qx-p)\mid qf(x)$, 但是 $qx-p\nmid p$, 所以 $(qx-p)\mid f(x)$, 于是可设 $f(x)=(p-xq)f_1(x)$, 其中 $f_1(x)$ 为整系数多项式, 令 $x=m$, 可得 $f(m)=(p-mq)f_1(m)$, 即 $(p-mq)\mid f(m)$.

例 4.8.28 (上海大学,2012; 中国科学院大学,2020) 若整系数多项式 $f(x)$ 有根 $\dfrac{p}{q}$, 其中 p,q 为互素的整数, 证明:

(1) $(q-p)\mid f(1),(q+p)\mid f(-1)$;

(2) 对任意正整数 m, 有 $(mq-p)\mid f(m)$.

例 4.8.29 (西北大学,2022) 设 $f(x)$ 为整系数多项式,$\dfrac{p}{q}$ 为 $f(x)$ 的有理根,p,q 为整数, 且 $(p,q)=1$, 试问:p^2-q^2 整除 $f(1)f(-1)$ 吗? 阐述理由.

例 4.8.30 设

$$f(x)=6x^4+3x^3+ax^2+bx-1,g(x)=x^4-2ax^3+\frac{3}{4}x^2-5bx-4,$$

其中 a,b 为整数, 试求出使 $f(x),g(x)$ 有公共有理根的全部 a,b 的值, 并求出相应的公共有理根.

解 令 $h(x)=4g(x)=4x^4-8ax^3+3x^2-20bx-16$. 由于 $h(x),g(x)$ 有相同的根, 从而求 $f(x),h(x)$ 的公共有理根即可. $f(x)$ 可能的有理根为

$$\pm1,\pm\frac{1}{2},\pm\frac{1}{3},\pm\frac{1}{6}.$$

$h(x)$ 可能的有理根为

$$\pm1,\pm2,\pm4,\pm8,\pm16,\pm\frac{1}{2},\pm\frac{1}{4},$$

故其公共有理根可能为 $\pm1,\pm\dfrac{1}{2}$.

(1) 若 $f(1)=h(1)=0$, 则 $a+b=-8,8a+20b=-9$, 可得 $a=-\dfrac{151}{12},b=\dfrac{55}{12}$. 由于 a,b 不是整数, 故 1 不是 $f(x),g(x)$ 的公共有理根.

(2) 若 $f(-1)=h(-1)=0$, 则 $a-b=-2, 8a+20b=9$, 可得 $a=-\dfrac{31}{28}, b=\dfrac{25}{28}$. 由于 a,b 不是整数, 故 -1 不是 $f(x),g(x)$ 的公共有理根.

(3) 若 $f\left(-\dfrac{1}{2}\right)=h\left(-\dfrac{1}{2}\right)=0$, 则 $a-2b=4, a+10b=15$, 可得 $a=-\dfrac{35}{6}, b=\dfrac{11}{12}$. 由于 a,b 不是整数, 故 $-\dfrac{1}{2}$ 不是 $f(x),g(x)$ 的公共有理根.

(4) 若 $f\left(-\dfrac{1}{2}\right)=h\left(-\dfrac{1}{2}\right)=0$, 则 $a+2b=1, a+10b=-15$, 可得 $a=5, b=-2$.

综上可知 $\dfrac{1}{2}$ 是 $f(x),g(x)$ 的公共有理根, 此时 $a=5, b=-2$.

例 4.8.31 (燕山大学,2015) 设有多项式 $f(x)=4x^4-2x^3-16x^2+5x+9, g(x)=2x^3-x^2-5x+4$, 求 $f(x)$ 与 $g(x)$ 的公共有理根.

例 4.8.32 (湘潭大学,2012) 设多项式 $f(x)=6x^4+3bx^3+4ax^2-10x-1$ 与 $g(x)=2x^4+5x^3+ax^2-bx+2$, 其中 a,b 为整数. 讨论 a,b 取何值时,$f(x)$ 与 $g(x)$ 有公共有理根, 并求出相应的有理根.

4.8.4 例题

例 4.8.33 设 $f(x)\in P[x]$, 若对 $\forall a,b\in P$ 均有 $f(a+b)=f(a)+f(b)$, 证明:$f(x)=kx, k\in P$.

证 (法 1) 令 $b=a$, 则 $f(2a)=2f(a)$, 令 $b=2a$, 则 $f(3a)=3f(a)$, 假设 $f((k-1)a)=(k-1)f(a)$, 则可得 $f(ka)=kf(a)$. 因此, 对一切自然数 n 有 $f(na)=nf(a)$. 令 $a=1$, 有 $f(n)=nf(1)$.

令 $k=f(1)$, 设 $g(x)=f(x)-kx$, 则有 $g(1)=g(2)=\cdots=g(n)=\cdots=0$. 这说明 $g(x)$ 有无穷多个根, 从而 $g(x)=0$, 即 $f(x)=kx, k\in P$.

(法 2) 设

$$f(x)=a_nx^n+a_{n-1}x^{n-1}+\cdots+a_1x+a_0,$$

由条件, 可得 $f(a)=f(a+0)=f(a)+f(0)$, 于是 $f(0)=0$, 即 $a_0=0$. 又由条件可得

$$f(2)=f(1+1)=2f(1), f(3)=f(2+1)=f(2)+f(1)=3f(1),\cdots,f(n)=nf(1),$$

于是可得

$$\begin{cases} a_n+a_{n-1}+\cdots+a_1=f(1), \\ 2^na_n+2^{n-1}a_{n-1}+\cdots+2a_1=f(2)=2f(1), \\ \qquad\vdots \\ n^na_n+n^{n-1}a_{n-1}+\cdots+na_1=f(n)=nf(1), \end{cases}$$

此关于未知量 $a_n,a_{n-1},\cdots,a_1$ 的方程组的系数行列式

$$\begin{vmatrix} 1 & 1 & \cdots & 1 \\ 2^n & 2^{n-1} & \cdots & 2 \\ \vdots & \vdots & & \vdots \\ n^n & n^{n-1} & \cdots & n \end{vmatrix}\neq 0,$$

从而由克拉默法则可解得 $a_n = a_{n-1} = \cdots = a_2 = 0, a_1 = f(1)$, 故 $f(x) = f(1)x$, 令 $k = f(1)$, 即有 $f(x) = kx$.

例 4.8.34 设 $f(x) \in P[x]$, 求证:$f(x) = c, c \in P$ 的充要条件为 $f(x) = f(x+a), \forall a \in P$.

例 4.8.35 (河北工业大学,2004; 大连理工大学,2021) 设 $f(x)$ 是一个 n 次多项式, 若 $k = 0, 1, \cdots, n$ 时, 有

$$f(k) = \frac{k}{k+1},$$

求 $f(n+1)$.

证 令 $g(x) = (x+1)f(x) - x$, 则由条件可知 $\deg g(x) = n+1$, 且 $0, 1, \cdots, n$ 为 $g(x)$ 的根, 故可设

$$g(x) = (x+1)f(x) - x = cx(x-1)(x-2)\cdots(x-n),$$

令 $x = -1$ 代入上式, 可得 $c = \dfrac{(-1)^{n+1}}{(n+1)!}$. 从而可得

$$f(x) = \frac{1}{x+1}\left[\frac{(-1)^{n+1}x(x-1)\cdots(x-n)}{(n+1)!} + x\right].$$

于是

$$f(n+1) = \frac{1}{n+2}\left[(-1)^{n+1} + n + 1\right] = \begin{cases} 1, & n\text{为奇数}, \\ \dfrac{n}{n+2}, & n\text{为偶数}. \end{cases}$$

例 4.8.36 (合肥工业大学,2021)设$f(x)$是实数域上的$n(n \geqslant 1)$次多项式,且$f(k) = \dfrac{k}{k+1}, k = 0, 1, 2, \cdots, n$.

(1) 求 $f(x)$ 的首项系数;

(2) 计算 $f(n+1)$ 和 $f(-1)$.(提示: 利用导数.)

例 4.8.37 (华东师范大学,2011) 求出所有满足条件 $(x-1)f(x+1) = (x+2)f(x)$ 的非零实系数多项式.

解 令 $x = 1, 0, -1$ 可得 $f(1) = f(0) = f(-1) = 0$. 从而可设

$$f(x) = x(x+1)(x-1)g(x), g(x) \in \mathbb{R}[x],$$

于是

$$f(x+1) = (x+1)(x+2)xg(x+1),$$

将上面两式代入条件中的等式, 有

$$x(x-1)(x+1)(x+2)g(x+1) = x(x-1)(x+1)(x+2)g(x),$$

故 $g(x) = g(x+1)$, 由此有 $g(0) = g(1) = g(2) = \cdots$, 若记 $c = g(0)$, 则 $g(x) - c$ 有无穷多个根, 从而 $g(x) = c$, 故所求多项式为

$$f(x) = cx(x+1)(x-1),$$

其中 c 是任意非零实数.

例 4.8.38 (河海大学,2021) 已知实数域 $\mathbb{R}$ 上的多项式 $f(x)$ 满足等式 $(x-1)f(x+1)=(x+2)f(x)$.

(1) 证明:$x(x-1)(x+1)\mid f(x)$;

(2) 求满足已知等式的所有非零实系数多项式 $f(x)$.

例 4.8.39 (西南师范大学,2004) 设 $f(x)\in F[x]$,$f(x)$ 满足条件

$$xf(x-1)=(x-26)f(x).$$

证明:$f(x)=0$ 或 $f(x)=ax(x-1)(x-2)\cdots(x-25)$, 其中 $a\in F$.

证 易知 $0,1,2,\cdots,25$ 为 $f(x)$ 的根, 设

$$f(x)=x(x-1)(x-2)\cdots(x-25)g(x),$$

代入 $xf(x-1)=(x-26)f(x)$ 可得

$$x(x-1)\cdots(x-26)g(x-1)=x(x-1)\cdots(x-26)g(x),$$

于是 $g(x)=g(x-1)$, 从而

$$\begin{aligned}g(1)=&g(0),\\ g(2)=g(1)=&g(0),\\ g(3)=g(2)=g(1)=&g(0),\cdots,\end{aligned}$$

令 $h(x)=g(x)-g(0)$, 则 $h(1)=h(2)=h(3)=\cdots=0$, 从而 $g(x)=g(0)$. 若 $g(0)=0$, 则 $f(x)=0$, 否则 $f(x)=ax(x-1)(x-2)\cdots(x-25)$. 即结论成立.

例 4.8.40 求所有满足 $xp(x-1)=(x-2)p(x)$ 的实系数多项式 $p(x)$.

例 4.8.41 (南京大学,2017) 设 $f(x)$ 为首项系数为 1 的实系数多项式, 且无实根. 证明: 存在 $g(x),h(x)$ 使得 $f(x)=g^2(x)+h^2(x)$.

证 (法 1) 设

$$f(x)=x^n+a_{n-1}x^{n-1}+\cdots+a_1x+a_0,$$

其中 $a_j\in\mathbb{R}(j=0,1,\cdots,n-1)$.

若 $\deg f(x)=0$, 则 $f(x)=1$, 易知结论成立.

若 $\deg f(x)>0$, 则可设

$$f(x)=(x-c_1)(x-\overline{c_1})\cdots(x-c_s)(x-\overline{c_s}),$$

其中 $c_j\in\mathbb{C}$, 设 $c_j=a_j+b_j\mathrm{i}(j=1,2,\cdots,s)$, 则

$$\begin{aligned}&(x-c_1)(x-c_2)\cdots(x-c_s)\\ =&(x-a_1-b_1\mathrm{i})(x-a_2-b_2\mathrm{i})\cdots(x-a_s-b_s\mathrm{i}),\\ =&g(x)+\mathrm{i}h(x),\end{aligned}$$

其中 $g(x),h(x)\in\mathbb{R}[x],\deg g(x)=s,\deg h(x)\leqslant s-1$, 则

$$(x-\overline{c_1})(x-\overline{c_2})\cdots(x-\overline{c_s})=g(x)-\mathrm{i}h(x),$$

故

$$f(x)=(g(x)+\mathrm{i}h(x))(g(x)-\mathrm{i}h(x))=g^2(x)+h^2(x).$$

即结论成立.

(法 2) 若 $\deg f(x)=0$, 则 $f(x)=1$, 易知结论成立.

若 $\deg f(x)=n>0$, 由 $f(x)$ 无实根, 则可知 $n=\deg f(x)$ 为偶数, 可设 $f(x)$ 在 $\mathbb{R}$ 上的标准分解式为

$$f(x)=\prod_{i=1}^{k}(x^2+p_ix+q_i),$$

其中 $n=2k,p_i,q_i\in\mathbb{R},p_i^2-4q_i<0,i=1,2,\cdots,n$.

下面对 k 用数学归纳法证明.

当 $k=1$ 时, 由于

$$x^2+p_ix+q_i=\left(x+\frac{p_i}{2}\right)^2+\left(\sqrt{q_i-\frac{p_i^2}{4}}\right)^2,$$

令 $g(x)=x+\dfrac{p_i}{2},h(x)=\sqrt{q_i-\dfrac{p_i^2}{4}}$, 则可知结论成立.

假设结论对 $k-1$ 成立, 即

$$\prod_{i=1}^{k-1}(x^2+p_ix+q_i)=g_1^2(x)+h_1^2(x),$$

则

$$\begin{aligned}f(x)&=(g_1^2(x)+h_1^2(x))(x^2+p_kx+q_k)=(g_1^2(x)+h_1^2(x))(g_2^2(x)+h_2^2(x))\\&=(g_1(x)g_2(x))^2+(g_1(x)h_2(x))^2+(h_1(x)g_2(x))^2+(h_1(x)h_2(x))^2\\&=(g_1(x)g_2(x)+h_1(x)h_2(x))^2+(g_1(x)h_2(x)-h_1(x)g_2(x))^2,\end{aligned}$$

其中 $g_2(x)=x+\dfrac{p_k}{2},h_2(x)=\sqrt{q_k-\dfrac{p_k^2}{4}}$, 令

$$g(x)=g_1(x)g_2(x)+h_1(x)h_2(x),h(x)=g_1(x)h_2(x)-h_1(x)g_2(x),$$

则 $g(x),h(x)$ 是实系数多项式, 且 $f(x)=g^2(x)+h^2(x)$.

例 4.8.42 (厦门大学,2014) 设 $f(x)$ 是 $\mathbb{R}$ 上的首项系数为 1 的多项式且无实根, 求证: 存在 $g(x),h(x)$ 使得 $f(x)=g^2(x)+h^2(x)$, 且 $\deg g(x)>\deg h(x)$.

例 4.8.43 (杭州电子科技大学,2018) 设实系数多项式 $f(x)$ 的首项系数 $a_0>0$ 且无实根. 证明: 存在实系数多项式 $g(x),h(x)$ 使得 $f(x)=g^2(x)+h^2(x)$.

例 4.8.44 (兰州大学,2020) 证明: 实系数多项式 $f(x)$ 可表示成两个实系数多项式的平方和的充分必要条件是对 $\forall a\in\mathbb{R}$, 有 $f(a)>0$.

例 4.8.45 (汕头大学,2005) 设 $f(x)$ 为实系数多项式, 证明: 对任何实数 c 都有 $f(c)\geqslant 0$ 的充要条件为存在实系数多项式 $g(x),h(x)$ 使得 $f(x)=g^2(x)+h^2(x)$.

证　充分性. 显然.

必要性. 设

$$f(x)=a_nx^n+a_{n-1}x^{n-1}+\cdots+a_1x+a_0,$$

若 $f(x)=0$, 则结论成立.

若 $\deg f(x)=0$, 则 $f(x)=a_0>0$, 易知结论成立.

若 $\deg f(x)>0$, 则

$$f(x)=x^n\left(a_n+a_{n-1}\frac{1}{x}+\cdots+\frac{a_0}{x^n}\right),$$

由于对任何实数 c 都有 $f(c)\geqslant 0$, 故 $a_n>0$.

设

$$f(x)=a_n(x-\alpha_1)^{k_1}\cdots(x-\alpha_s)^{k_s}f_2(x),$$

其中 $f_2(x)$ 无实根, 且首项系数为 1. 则由例4.8.41知,$\forall c\in\mathbb{R}$, 有 $f_2(c)>0$. 从而可知 $k_1,k_2,\cdots,k_s$ 皆为偶数. 实际上, 不妨设

$$\alpha_1<\alpha_2<\cdots<\alpha_s,$$

若 $k_1,k_2,\cdots,k_s$ 不都是偶数, 设从右边起第一个奇数为 k_i, 取 $c\in(\alpha_{i-1},\alpha_i)$, 则

$$f(x)=a_n(c-\alpha_1)^{k_1}\cdots(c-\alpha_{i-1})^{k_{i-1}}(c-\alpha_i)^{k_i}\cdots(c-\alpha_s)^{k_s}f_1(c)<0.$$

这与条件矛盾. 所以 $f(x)$ 的所有实根必为偶数重, 于是

$$f(x)=f_1^2(x)f_2(x),$$

其中 $f_2(x)$ 无实根, 由例4.8.41知存在实系数多项式 $g_1(x),g_2(x)$ 使得

$$f_2(x)=g_1^2(x)+g_2^2(x),$$

于是

$$f(x)=f_1^2(x)(g_1^2(x)+g_2^2(x))=(f_1(x)g_1(x))^2+(f_1(x)g_2(x))^2.$$

令 $g(x)=f_1(x)g_1(x),h(x)=f_1(x)g_2(x)$ 即得结论成立.

例 4.8.46　(华东师范大学,2002) 设 $f(x)$ 为实系数多项式, 证明: 如果对任何实数 c 都有 $f(c)\geqslant 0$, 则存在实系数多项式 $g(x),h(x)$ 使得 $f(x)=g^2(x)+h^2(x)$.

4.9　其他问题

例 4.9.1　(安徽大学,2003)$f(x),g(x),h(x)\in\mathbb{R}[x],f^2(x)=xg^2(x)+xh^2(x)$. 证明:$f(x)=g(x)=h(x)=0$.

证　(法 1) 由条件有

$$f^2(x)=x(g^2(x)+h^2(x)),$$

若 $g(x)\neq 0$, 则易知 $g^2(x)+h^2(x)\neq 0$, 从而 $f(x)\neq 0$, 但是 $\deg f^2(x),\deg(g^2(x)+h^2(x))$ 都是偶数, 这与

$$f^2(x)=x(g^2(x)+h^2(x))$$

矛盾. 于是 $g(x)=0$, 从而 $f^2(x)=xh^2(x)$, 同理可知 $h(x)=0$. 从而 $f(x)=0$.

(法 2) 若 $g(x)\neq 0$, 则 $g^2(x)+h^2(x)\neq 0$, 从而 $f(x)\neq 0$.

(1) $g(x)=c\neq 0, c$ 为常数, 则对任意的 $x_0<0$, 有

$$0\leqslant f^2(x_0)=x_0(g^2(x_0)+h^2(x_0))<0,$$

矛盾.

(2) $\deg g(x)\geqslant 1$, 则存在 $x_0<0$ 使得 $g(x_0)\neq 0$(否则,$g(x)$ 有无穷多个根), 于是

$$0\leqslant f^2(x_0)=x_0(g^2(x_0)+h^2(x_0))<0.$$

矛盾. 从而 $g(x)=0$. 同理可知 $h(x)=0$, 于是 $f(x)=0$.

(法 3) 若 $f(x)=0$, 则有

$$0=x(g^2(x)+h^2(x)),$$

可得

$$g^2(x)+h^2(x)=0,$$

即

$$g^2(x)=-h^2(x),$$

这样不论 x 取何实数, 总有

$$0\leqslant g^2(x)=-h^2(x)\leqslant 0,$$

所以对任意实数都有

$$g^2(x)=h^2(x)=0,$$

此时有 $f(x)=g(x)=h(x)=0$.

若 $f(x)\neq 0$, 则易知 $g^2(x)+h^2(x)\neq 0$, 令 $x=-k$, 其中 k 为正整数, 由条件可得

$$0\leqslant f^2(-k)=-k(g^2(-k)+h^2(-k))\leqslant 0,$$

于是

$$f^2(-k)=0, g^2(-k)+h^2(-k)=0,$$

由

$$0\leqslant g^2(-k)=-h^2(-k)\leqslant 0,$$

可得 $g^2(-k)=h^2(-k)=0$, 故有

$$f^2(-k)=g^2(-k)=h^2(-k)=0,$$

由 k 是正整数, 可得

$$f(x)=g(x)=h(x)=0.$$

(法 4) 若 $g(x)\neq 0$, 则可取 $x_0<0$ 使得 $g(x_0)\neq 0$, 则

$$f^2(x_0)=x_0g^2(x_0)+x_0h^2(x_0)\leqslant x_0g^2(x_0)<0,$$

而 $f^2(x_0)\geqslant 0$, 这是一个矛盾, 故 $g(x)=0$. 类似可知 $h(x)=0$. 于是 $f^2(x)=0$, 从而 $f(x)=0$.

例 4.9.2 (杭州师范大学, 2011) $f(x), g(x), h(x) \in \mathbb{R}[x]$, $x^3 f^2(x) = x^2 g^4(x) + x^4 h^6(x)$. 证明: $f(x) = g(x) = h(x) = 0$.

例 4.9.3 设 $f(x), g(x), h(x) \in \mathbb{R}[x]$, 若 $f^2(x) = x^{2k-1}(g^2(x) + h^2(x))$, 其中 k 为正整数. 证明:$f(x) = g(x) = h(x) = 0$.

例 4.9.4 设 $1, \omega_1, \omega_2, \cdots, \omega_{n-1}$ 是 $x^n - 1$ 的所有不同的复根. 求证:
(1) $(1-\omega_1)(1-\omega_2)\cdots(1-\omega_{n-1}) = n$;
(2) 当 n 为奇数时,$(1+\omega_1)(1+\omega_2)\cdots(1+\omega_{n-1}) = 1$.

证 (法 1) 首先, 由条件可知

$$x^n - 1 = (x-1)(x-\omega_1)(x-\omega_2)\cdots(x-\omega_{n-1}),$$

其次, 由于

$$x^n - 1 = (x-1)(x^{n-1} + x^{n-2} + \cdots + x + 1),$$

于是

$$(x-\omega_1)(x-\omega_2)\cdots(x-\omega_{n-1}) = x^{n-1} + x^{n-2} + \cdots + x + 1. \tag{$*$}$$

(1) 在式 $(*)$ 中, 令 $x = 1$, 可得

$$(1-\omega_1)(1-\omega_2)\cdots(1-\omega_{n-1}) = n.$$

(2) 在式 $(*)$ 中, 令 $x = -1$, 可得

$$\begin{aligned}(1+\omega_1)(1+\omega_2)\cdots(1+\omega_{n-1}) =&(-1)^{n-1}(-1-\omega_1)(-1-\omega_2)\cdots(-1-\omega_{n-1})\\ =&(-1)^{n-1}[(-1)^{n-1} + (-1)^{n-2} + \cdots + (-1) + 1]\\ =&(-1)^{n-1} \times 1\\ =&1.\end{aligned}$$

(法 2) 由条件可知

$$x^n - 1 = (x-1)(x-\omega_1)(x-\omega_2)\cdots(x-\omega_{n-1}),$$

(1) 令 $x = y + 1$, 可得

$$\begin{aligned}(y+1)^n - 1 =&y(y+1-\omega_1)(y+1-\omega_2)\cdots(y+1-\omega_{n-1})\\ =&y[y-(\omega_1-1)][y-(\omega_2-1)]\cdots[y-(\omega_{n-1}-1)],\end{aligned}$$

而

$$(y+1)^n - 1 = y(\mathrm{C}_n^0 y^{n-1} + \mathrm{C}_n^1 y^{n-2} + \cdots + \mathrm{C}_n^{n-1}),$$

于是

$$[y-(\omega_1-1)][y-(\omega_2-1)]\cdots[y-(\omega_{n-1}-1)] = \mathrm{C}_n^0 y^{n-1} + \mathrm{C}_n^1 y^{n-2} + \cdots + \mathrm{C}_n^{n-1},$$

由根与系数的关系, 可得

$$(1-\omega_1)(1-\omega_2)\cdots(1-\omega_{n-1}) = (-1)^{n-1}(\omega_1-1)(\omega_2-1)\cdots(\omega_{n-1}-1) = \mathrm{C}_n^{n-1} = n.$$

(2) 令 $x=y-1$, 可得

$$\begin{aligned}(y-1)^n-1=&(y-2)(y-1-\omega_1)(y-1-\omega_2)\cdots(y-1-\omega_{n-1})\\=&(y-2)(y-(1+\omega_1))(y-(1+\omega_2))\cdots(y-(1+\omega_{n-1})),\end{aligned}$$

而由 n 为奇数，可得

$$(y-1)^n-1=y^n+\cdots-2,$$

由根与系数的关系, 可得

$$2=2(1+\omega_1)(1+\omega_2)\cdots(1+\omega_{n-1}),$$

所以

$$(1+\omega_1)(1+\omega_2)\cdots(1+\omega_{n-1})=1.$$

例 4.9.5 (同济大学,2020) 已知 $F(x)=x^n-1$, 试证:

(1) $F(x)$ 没有重根;

(2) 已知 $\omega_1,\omega_2,\cdots,\omega_{n-1}$ 是 $F(x)$ 的根 ($\omega_i\neq 1, i=1,2,\cdots,n-1$), 证明:

$$(1-\omega_1)(1-\omega_2)\cdots(1-\omega_{n-1})=n.$$

例 4.9.6 (北京师范大学,2022) 解答如下问题:

(1) 设复多项式 $f(x)=x^{2n+1}-1$ 的不等于 1 的根为 $\omega_1,\omega_2,\cdots,\omega_{2n}$, 求证:

$$(1-\omega_1)(1-\omega_2)\cdots(1-\omega_{2n})=2n+1.$$

(2) 设 $f(x)$ 是复多项式, 满足 $f(a+b)=f(a)+f(b)$ 对任意的 a,b 成立, 求证: 存在复数 k, 使得 $f(x)=kx$.

第 5 章

二次型

5.1 二次型的标准形与规范形

例 5.1.1 (河北工业大学,2012; 广西民族大学,2020; 北京工业大学,2021; 陕西师范大学,2021) 设 $\boldsymbol{A}$ 为一个 n 阶实对称矩阵,$|\boldsymbol{A}|<0$. 证明: 必存在实 n 维列向量 $\boldsymbol{X}_0 \neq \boldsymbol{0}$ 使得 $\boldsymbol{X}_0^{\mathrm{T}}\boldsymbol{A}\boldsymbol{X}_0<0$.

证 (法 1) 由于 $|\boldsymbol{A}|<0$, 则 $r(\boldsymbol{A})=n$, 于是存在可逆线性替换 $\boldsymbol{X}=\boldsymbol{P}\boldsymbol{Y}$ 将二次型 $f(x_1,x_2,\cdots,x_n)=\boldsymbol{X}^{\mathrm{T}}\boldsymbol{A}\boldsymbol{X}$ 化为标准形

$$f(y_1,y_2,\cdots,y_n)=d_1y_1^2+d_2y_2^2+\cdots+d_ny_n^2,$$

由 $\boldsymbol{P}^{\mathrm{T}}\boldsymbol{A}\boldsymbol{P}=\mathbf{diag}(d_1,d_2,\cdots,d_n)$ 以及 $|\boldsymbol{A}|<0$ 可知 $d_i\neq 0(i=1,2,\cdots,n)$ 且至少有一个小于 0, 不妨设 $d_1<0$, 令 $\boldsymbol{Y}_0=(1,0,\cdots,0)^{\mathrm{T}}$, 则 $\boldsymbol{X}_0=\boldsymbol{P}\boldsymbol{Y}_0\neq\boldsymbol{0}$, 且 $\boldsymbol{X}_0^{\mathrm{T}}\boldsymbol{A}\boldsymbol{X}_0<0$.

(法 2) 由 $\boldsymbol{A}$ 为实对称矩阵知其特征值都是实数, 设为 $\lambda_1,\lambda_2,\cdots,\lambda_n$, 则 $|\boldsymbol{A}|=\lambda_1\lambda_2\cdots\lambda_n$, 由 $|\boldsymbol{A}|<0$ 可知 $\lambda_1,\lambda_2,\cdots,\lambda_n$ 中至少有一个小于 0, 不妨设 $\lambda_1<0$, 且 $\boldsymbol{A}$ 的属于特征值 λ_1 的特征向量为 $\boldsymbol{\alpha}$, 则 $\boldsymbol{\alpha}\neq\boldsymbol{0}$, 且 $\boldsymbol{A}\boldsymbol{\alpha}=\lambda\boldsymbol{\alpha}$, 于是 $\boldsymbol{\alpha}^{\mathrm{T}}\boldsymbol{A}\boldsymbol{\alpha}=\lambda\boldsymbol{\alpha}^{\mathrm{T}}\boldsymbol{\alpha}<0$, 令 $\boldsymbol{X}_0=\boldsymbol{\alpha}$ 即得结论成立.

(法 3) 反证法. 若对任意的实 n 维列向量 $\boldsymbol{X}$, 都有 $\boldsymbol{X}^{\mathrm{T}}\boldsymbol{A}\boldsymbol{X}\geqslant 0$, 则 $\boldsymbol{A}$ 半正定, 从而 $\boldsymbol{A}$ 的所有顺序主子式都大于等于 0, 于是 $|\boldsymbol{A}|\geqslant 0$, 这与条件 $|\boldsymbol{A}|<0$ 矛盾.

(法 4) 由于 $\boldsymbol{A}$ 为实对称矩阵, 则存在正交矩阵 $\boldsymbol{Q}$ 使得 $\boldsymbol{Q}^{\mathrm{T}}\boldsymbol{A}\boldsymbol{Q}=\mathbf{diag}(\lambda_1,\lambda_2,\cdots,\lambda_n)$, 其中 $\lambda_i(i=1,2,\cdots,n)$ 是 $\boldsymbol{A}$ 的全部特征值且都是实数, 于是 $|\boldsymbol{A}|=\lambda_1\lambda_2\cdots\lambda_n$, 由条件 $|\boldsymbol{A}|<0$, 可知存在 $\lambda_i<0$, 令 $\boldsymbol{X}_0=\boldsymbol{Q}\boldsymbol{\varepsilon}_i$, 其中 $\boldsymbol{\varepsilon}_i$ 表示第 i 个分量为 1, 其余分量为 0 的列向量, 则 $\boldsymbol{X}_0\neq\boldsymbol{0}$, 且

$$\boldsymbol{X}_0^{\mathrm{T}}\boldsymbol{A}\boldsymbol{X}_0=\boldsymbol{\varepsilon}_i^{\mathrm{T}}\boldsymbol{Q}^{\mathrm{T}}\boldsymbol{A}\boldsymbol{Q}\boldsymbol{\varepsilon}_i=\boldsymbol{\varepsilon}_i^{\mathrm{T}}\mathbf{diag}(\lambda_1,\lambda_2,\cdots,\lambda_n)\boldsymbol{\varepsilon}_i=\lambda_i<0,$$

故结论成立.

例 5.1.2 (深圳大学,2012) 设 $\boldsymbol{A}$ 是 n 阶实对称矩阵,n 为偶数, 并且行列式 $\det(\boldsymbol{A})<0$. 证明: 存在 n 维实列向量 $\boldsymbol{\alpha}_1$ 及 $\boldsymbol{\alpha}_2$, 使得 $\boldsymbol{\alpha}_1^{\mathrm{T}}\boldsymbol{A}\boldsymbol{\alpha}_1<0$, 而 $\boldsymbol{\alpha}_2^{\mathrm{T}}\boldsymbol{A}\boldsymbol{\alpha}_2>0$, 其中 $\boldsymbol{\alpha}^{\mathrm{T}}$ 表示列向量 $\boldsymbol{\alpha}$ 的转置.

例 5.1.3 (上海交通大学,2005; 太原科技大学,2006; 暨南大学,2014; 温州大学,2015; 北京师范大学,2022) 设 $f(x_1,x_2,\cdots,x_n)=\boldsymbol{X}^{\mathrm{T}}\boldsymbol{A}\boldsymbol{X}$ 为一个实二次型, 若存在 n 维列向量 $\boldsymbol{X}_1,\boldsymbol{X}_2$ 使得 $\boldsymbol{X}_1^{\mathrm{T}}\boldsymbol{A}\boldsymbol{X}_1>0,\boldsymbol{X}_2^{\mathrm{T}}\boldsymbol{A}\boldsymbol{X}_2<0$. 证明: 存在 n 维非零实向量 $\boldsymbol{X}_0$ 使得 $\boldsymbol{X}_0^{\mathrm{T}}\boldsymbol{A}\boldsymbol{X}_0=0$.

证 (法 1) 设 $f(x_1,x_2,\cdots,x_n)=\boldsymbol{X}^{\mathrm{T}}\boldsymbol{A}\boldsymbol{X}$ 经过非退化线性替换 $\boldsymbol{X}=\boldsymbol{C}\boldsymbol{Y}$ 化为规范形

$$f(y_1,y_2,\cdots,y_n)=d_1y_1^2+d_2y_2^2+\cdots+d_ry_r^2,$$

其中 $r=r(\boldsymbol{A}), d_i=-1$ 或 1. 由于 $\boldsymbol{X}_1^{\mathrm{T}}\boldsymbol{A}\boldsymbol{X}_1>0, \boldsymbol{X}_2^{\mathrm{T}}\boldsymbol{A}\boldsymbol{X}_2<0$, 故 $d_1, d_2, \cdots, d_r$ 不可能全为正, 也不可能全为负, 因此

$$f(y_1, y_2, \cdots, y_n)=y_1^2+y_2^2+\cdots+y_p^2-y_{p+1}^2-\cdots-y_r^2,$$

其中 $0<p<r$. 令 $\boldsymbol{Y}_0=(1,0,\cdots,0,1,0\cdots,0)^{\mathrm{T}}$, 其中第 1 个, 第 $p+1$ 个分量为 1, 其余分量为 0. 则 $\boldsymbol{X}_0=\boldsymbol{T}\boldsymbol{Y}_0\neq\boldsymbol{0}$, 且 $\boldsymbol{X}_0^{\mathrm{T}}\boldsymbol{A}\boldsymbol{X}_0=0$.

(法 2) 令 $\boldsymbol{X}=\boldsymbol{X}_1+t\boldsymbol{X}_2$, 其中 t 为实数, 注意到 $\boldsymbol{X}_1^{\mathrm{T}}\boldsymbol{A}\boldsymbol{X}_2=\boldsymbol{X}_2^{\mathrm{T}}\boldsymbol{A}\boldsymbol{X}_1$, 可得

$$\boldsymbol{X}^{\mathrm{T}}\boldsymbol{A}\boldsymbol{X}=\boldsymbol{X}_1^{\mathrm{T}}\boldsymbol{A}\boldsymbol{X}_1+2t\boldsymbol{X}_1^{\mathrm{T}}\boldsymbol{A}\boldsymbol{X}_2+t^2\boldsymbol{X}_2^{\mathrm{T}}\boldsymbol{A}\boldsymbol{X}_2,$$

将上式看作关于 t 的一元二次函数, 由条件可知其判别式

$$\Delta=(2\boldsymbol{X}_1^{\mathrm{T}}\boldsymbol{A}\boldsymbol{X}_2)^2-4(\boldsymbol{X}_2^{\mathrm{T}}\boldsymbol{A}\boldsymbol{X}_2)(\boldsymbol{X}_1^{\mathrm{T}}\boldsymbol{A}\boldsymbol{X}_1)\geqslant 0,$$

从而 $\boldsymbol{X}^{\mathrm{T}}\boldsymbol{A}\boldsymbol{X}=0$ 有实根 t_0, 另外, 易知 $\boldsymbol{X}_1, \boldsymbol{X}_2$ 线性无关, 于是 $\boldsymbol{X}_0=\boldsymbol{X}_1+t_0\boldsymbol{X}_2$ 为 n 维非零实向量, 且 $\boldsymbol{X}_0^{\mathrm{T}}\boldsymbol{A}\boldsymbol{X}_0=0$.

例 5.1.4 (湘潭大学,2021) 已知 $f(\boldsymbol{X})$ 是n元二次型, 且n维向量$\boldsymbol{X}_1, \boldsymbol{X}_2$ 满足 $f(\boldsymbol{X}_1)f(\boldsymbol{X}_2)<0$, 证明: 存在 n 维向量 $\boldsymbol{X}_0\neq\boldsymbol{0}$, 使得 $f(\boldsymbol{X}_0)=0$.

例 5.1.5 (扬州大学,2008; 河海大学,2021) 设 $\boldsymbol{A}$ 是 n 阶实对称矩阵,$\mathbb{R}$ 是实数域, 若存在列向量 $\boldsymbol{\alpha}_1, \boldsymbol{\alpha}_2\in\mathbb{R}^n$, 使得 $\boldsymbol{\alpha}_1^{\mathrm{T}}\boldsymbol{A}\boldsymbol{\alpha}_1>0, \boldsymbol{\alpha}_2^{\mathrm{T}}\boldsymbol{A}\boldsymbol{\alpha}_2<0$, 证明:

(1) $\boldsymbol{\alpha}_1, \boldsymbol{\alpha}_2$ 线性无关;

(2) 设 $V=L(\boldsymbol{\alpha}_1, \boldsymbol{\alpha}_2)$ 表示 $\boldsymbol{\alpha}_1, \boldsymbol{\alpha}_2$ 生成的线性空间, 则存在 $\boldsymbol{0}\neq\boldsymbol{\alpha}\in V$, 使得 $\boldsymbol{\alpha}^{\mathrm{T}}\boldsymbol{A}\boldsymbol{\alpha}=0$.

证 (1) 反证法. 若 $\boldsymbol{\alpha}_1, \boldsymbol{\alpha}_2$ 线性相关, 不妨设 $\boldsymbol{\alpha}_1=k\boldsymbol{\alpha}_2$, 易知 $\boldsymbol{\alpha}_1, \boldsymbol{\alpha}_2$ 都不是零向量, 于是 $k\neq 0$, 由 $0<\boldsymbol{\alpha}_1^{\mathrm{T}}\boldsymbol{A}\boldsymbol{\alpha}_1=k^2\boldsymbol{\alpha}_2^{\mathrm{T}}\boldsymbol{A}\boldsymbol{\alpha}_2$, 可得 $\boldsymbol{\alpha}_2^{\mathrm{T}}\boldsymbol{A}\boldsymbol{\alpha}_2>0$, 这与题目条件矛盾, 所以 $\boldsymbol{\alpha}_1, \boldsymbol{\alpha}_2$ 线性无关.

(2) 设 $\boldsymbol{\alpha}=k_1\boldsymbol{\alpha}_1+k_2\boldsymbol{\alpha}_2$, 其中 $k_1, k_2\in\mathbb{R}$, 若

$$0=\boldsymbol{\alpha}^{\mathrm{T}}\boldsymbol{A}\boldsymbol{\alpha}=k_1^2\boldsymbol{\alpha}_1^{\mathrm{T}}\boldsymbol{A}\boldsymbol{\alpha}_1+2k_1k_2\boldsymbol{\alpha}_1^{\mathrm{T}}\boldsymbol{A}\boldsymbol{\alpha}_2+k_2^2\boldsymbol{\alpha}_2^{\mathrm{T}}\boldsymbol{A}\boldsymbol{\alpha}_2,$$

令 $k_2=1$, 则注意到上式关于 k_1 的一元二次方程的判别式

$$\Delta=4(\boldsymbol{\alpha}_1^{\mathrm{T}}\boldsymbol{A}\boldsymbol{\alpha}_2)^2-4(\boldsymbol{\alpha}_1^{\mathrm{T}}\boldsymbol{A}\boldsymbol{\alpha}_1)(\boldsymbol{\alpha}_2^{\mathrm{T}}\boldsymbol{A}_{\boldsymbol{\alpha}_2})>0,$$

从而存在 $\boldsymbol{0}\neq\boldsymbol{\alpha}\in V$ 使得 $\boldsymbol{\alpha}^{\mathrm{T}}\boldsymbol{A}\boldsymbol{\alpha}=0$.

例 5.1.6 (湘潭大学,2003) 设 $f(\boldsymbol{X})=\boldsymbol{X}^{\mathrm{T}}\boldsymbol{A}\boldsymbol{X}$ 是 n 元实二次型,$\boldsymbol{\alpha}, \boldsymbol{\beta}$ 是两个 n 维实列向量,$f(\boldsymbol{\alpha})>0, f(\boldsymbol{\beta})<0$. 证明: 存在两个线性无关的 n 维列向量 $\boldsymbol{\gamma}, \boldsymbol{\delta}$ 使得 $f(\boldsymbol{\gamma})=f(\boldsymbol{\delta})=0$.

例 5.1.7 (南开大学,2014) 设 $\boldsymbol{A}$ 为实对称矩阵, 存在线性无关的向量 $\boldsymbol{X}_1, \boldsymbol{X}_2$ 使得 $\boldsymbol{X}_1^{\mathrm{T}}\boldsymbol{A}\boldsymbol{X}_1>0, \boldsymbol{X}_2^{\mathrm{T}}\boldsymbol{A}\boldsymbol{X}_2<0$. 证明: 存在线性无关的向量 $\boldsymbol{X}_3, \boldsymbol{X}_4$ 使得 $\boldsymbol{X}_1, \boldsymbol{X}_2, \boldsymbol{X}_3, \boldsymbol{X}_4$ 线性相关, 且 $\boldsymbol{X}_3^{\mathrm{T}}\boldsymbol{A}\boldsymbol{X}_3=\boldsymbol{X}_4^{\mathrm{T}}\boldsymbol{A}\boldsymbol{X}_4=0$.

例 5.1.8 (北京航空航天大学,2003) 设 $f(x_1, x_2, \cdots, x_n)$ 为数域 F 上的一个二次型,$\boldsymbol{A}$ 为这个二次型的矩阵,$\lambda\in F$ 为矩阵 $\boldsymbol{A}$ 的一个特征值. 证明: 存在不全为零的数 $c_1, c_2, \cdots, c_n\in F$ 使得 $f(c_1, c_2, \cdots, c_n)=\lambda(c_1^2+c_2^2+\cdots+c_n^2)$.

证　设 $\boldsymbol{\alpha}=(c_1,c_2,\cdots,c_n)^{\mathrm{T}}$ 为 $\boldsymbol{A}$ 的属于特征值 λ 的特征向量, 则

$$\boldsymbol{A\alpha}=\lambda\boldsymbol{\alpha},\boldsymbol{\alpha}\neq\boldsymbol{0}.$$

于是

$$f(c_1,c_2,\cdots,c_n)=\boldsymbol{\alpha}^{\mathrm{T}}\boldsymbol{A\alpha}=\lambda\boldsymbol{\alpha}^{\mathrm{T}}\boldsymbol{\alpha}=\lambda(c_1^2+c_2^2+\cdots+c_n^2).$$

例 5.1.9　(北京理工大学,2000; 河北工业大学,2001; 华南理工大学,2005; 东北师范大学,2015; 中山大学,2021) 设 $f(x_1,x_2,\cdots,x_n)=\boldsymbol{X}^{\mathrm{T}}\boldsymbol{AX}$ 为一实二次型,$\lambda_1,\lambda_2,\cdots,\lambda_n$ 为 $\boldsymbol{A}$ 的特征值, 且 $\lambda_1\leqslant\lambda_2\leqslant\cdots\leqslant\lambda_n$. 证明: 对任一 $\boldsymbol{X}\in\mathbb{R}^n$ 均有 $\lambda_1\boldsymbol{X}^{\mathrm{T}}\boldsymbol{X}\leqslant\boldsymbol{X}^{\mathrm{T}}\boldsymbol{AX}\leqslant\lambda_n\boldsymbol{X}^{\mathrm{T}}\boldsymbol{X}$.

注　若 $\boldsymbol{X}^{\mathrm{T}}\boldsymbol{X}=1$, 则 λ_1,λ_n 分别为二次型 $f(\boldsymbol{X})=\boldsymbol{X}^{\mathrm{T}}\boldsymbol{AX}$ 在约束条件 $\boldsymbol{X}^{\mathrm{T}}\boldsymbol{X}=1$ 下的最小值和最大值.

证　(法 1) 设二次型 $f(x_1,x_2,\cdots,x_n)=\boldsymbol{X}^{\mathrm{T}}\boldsymbol{AX}$ 可以经过正交线性替换 $\boldsymbol{X}=\boldsymbol{PY}$ 化为标准形

$$f(x_1,x_2,\cdots,x_n)=\boldsymbol{X}^{\mathrm{T}}\boldsymbol{AX}=f(y_1,y_2,\cdots,y_n)=\lambda_1y_1^2+\cdots+\lambda_ny_n^2,$$

于是

$$\begin{aligned}\lambda_1\boldsymbol{X}^{\mathrm{T}}\boldsymbol{X}&=\lambda_1\boldsymbol{Y}^{\mathrm{T}}\boldsymbol{Y}=\lambda_1(y_1^2+\cdots+y_n^2)\leqslant\lambda_1y_1^2+\cdots+\lambda_ny_n^2\\&=\boldsymbol{X}^{\mathrm{T}}\boldsymbol{AX}\leqslant\lambda_n(y_1^2+\cdots+y_n^2)=\lambda_n\boldsymbol{Y}^{\mathrm{T}}\boldsymbol{Y}=\lambda_n\boldsymbol{X}^{\mathrm{T}}\boldsymbol{X},\end{aligned}$$

即结论成立.

(法 2) 由条件知存在正交矩阵 $\boldsymbol{Q}$ 使得

$$\boldsymbol{A}=\boldsymbol{Q}^{\mathrm{T}}\mathbf{diag}(\lambda_1,\lambda_2,\cdots,\lambda_n)\boldsymbol{Q},$$

于是

$$\boldsymbol{A}-\lambda_1\boldsymbol{E}=\boldsymbol{Q}^{\mathrm{T}}\mathbf{diag}(0,\lambda_2-\lambda_1,\cdots,\lambda_n-\lambda_1)\boldsymbol{Q},$$

由 $\lambda_1\leqslant\lambda_2\leqslant\cdots\leqslant\lambda_n$, 可知 $\boldsymbol{A}-\lambda_1\boldsymbol{E}$ 半正定, 于是对任意的 $\boldsymbol{X}\in\mathbb{R}^n$, 有

$$0\leqslant\boldsymbol{X}^{\mathrm{T}}(\boldsymbol{A}-\lambda_1\boldsymbol{E})\boldsymbol{X}=\boldsymbol{X}^{\mathrm{T}}\boldsymbol{AX}-\lambda_1\boldsymbol{X}^{\mathrm{T}}\boldsymbol{X},$$

即 $\lambda_1\boldsymbol{X}^{\mathrm{T}}\boldsymbol{X}\leqslant\boldsymbol{X}^{\mathrm{T}}\boldsymbol{AX}$. 类似可以证明 $\boldsymbol{X}^{\mathrm{T}}\boldsymbol{AX}\leqslant\lambda_n\boldsymbol{X}^{\mathrm{T}}\boldsymbol{X}$.

例 5.1.10　(哈尔滨工程大学,2014) 设 n 阶实对称矩阵 $\boldsymbol{A}$ 的特征值 $\lambda_1,\lambda_2,\cdots,\lambda_n$ 满足 $1<\lambda_1\leqslant\lambda_2\leqslant\cdots\leqslant\lambda_n<2$, 求证: 对任意零实向量 $\boldsymbol{X}$ 总有 $\boldsymbol{X}^{\mathrm{T}}\boldsymbol{X}<\boldsymbol{X}^{\mathrm{T}}\boldsymbol{AX}<2\boldsymbol{X}^{\mathrm{T}}\boldsymbol{X}$.

例 5.1.11　(沈阳工业大学,2018) 设实二次型 $f(x_1,x_2,\cdots,x_n)=\boldsymbol{X}^{\mathrm{T}}\boldsymbol{AX}$, 其中 $\boldsymbol{A}^{\mathrm{T}}=\boldsymbol{A},\boldsymbol{X}=(x_1,x_2,\cdots,x_n)^{\mathrm{T}}$. 证明: 该二次型在条件 $x_1^2+x_2^2+\cdots+x_n^2=1$ 下的最大值恰为矩阵 $\boldsymbol{A}$ 的最大特征值, 最小值恰为矩阵 $\boldsymbol{A}$ 的最小特征值.

例 5.1.12　(电子科技大学,2022) 设二次型

$$f(x_1,x_2,x_3)=x_1^2+x_2^2-x_3^2-2x_1x_3+2x_2x_3,$$

用矩阵方法求二次型函数 $f(x_1,x_2,x_3)$ 在 $x_1^2+x_2^2+x_3^2=1$ 下的最大值.

例 5.1.13 (数学二, 三,2022) 已知二次型 $f(x_1,x_2,x_3)=3x_1^2+4x_2^2+3x_3^2+2x_1x_3$.

(1) 求正交变换 $\boldsymbol{x}=\boldsymbol{Q}\boldsymbol{y}$ 化二次型为标准形;

(2) 证明:$\min\limits_{\boldsymbol{x}\neq\boldsymbol{0}}\dfrac{f(\boldsymbol{x})}{\boldsymbol{x}^{\mathrm{T}}\boldsymbol{x}}=2$.

例 5.1.14 (武汉大学,2021) 在三维列向量空间 $\mathbb{R}^3$ 的单位球面 $S=\{\boldsymbol{X}\in\mathbb{R}^3|||\boldsymbol{X}||=1\}$ 上, 作函数 $f(\boldsymbol{X})=\boldsymbol{X}^{\mathrm{T}}\boldsymbol{A}\boldsymbol{X},\boldsymbol{X}\in S$, 其中

$$\boldsymbol{A}=\begin{pmatrix}1&0&-1\\0&1&1\\-1&1&-1\end{pmatrix}.$$

问: 是否存在闭区间 $[a,b]$, 使得 $[a,b]=\{f(\boldsymbol{X})\in\mathbb{R}|\boldsymbol{X}\in S\}$? 若存在, 请给出证明; 若不存在, 请举出反例.

例 5.1.15 (上海大学,2004) 设 $\boldsymbol{A}$ 为 n 阶正定矩阵,λ 为 $\boldsymbol{A}$ 的最小特征值, 求证: 对任何 n 维列向量 $\boldsymbol{\alpha}$, 有 $\boldsymbol{\alpha}^{\mathrm{T}}\boldsymbol{A}\boldsymbol{\alpha}\geqslant\lambda\boldsymbol{\alpha}^{\mathrm{T}}\boldsymbol{\alpha}$.

证 (法 1) 设二次型 $f(x_1,x_2,\cdots,x_n)=\boldsymbol{X}^{\mathrm{T}}\boldsymbol{A}\boldsymbol{X}$ 可以经过正交线性替换 $\boldsymbol{X}=\boldsymbol{P}\boldsymbol{Y}$ 化为标准形

$$f(x_1,x_2,\cdots,x_n)=\boldsymbol{X}^{\mathrm{T}}\boldsymbol{A}\boldsymbol{X}=\lambda_1y_1^2+\lambda_2y_2^2+\cdots+\lambda_ny_n^2,$$

由于 λ 是 $\lambda_1,\lambda_2,\cdots,\lambda_n$ 中的最小值, 故

$$\lambda\boldsymbol{X}^{\mathrm{T}}\boldsymbol{X}=\lambda\boldsymbol{Y}^{\mathrm{T}}\boldsymbol{Y}\leqslant\boldsymbol{X}^{\mathrm{T}}\boldsymbol{A}\boldsymbol{X},$$

在上式中, 令 $\boldsymbol{X}=\boldsymbol{\alpha}$, 可得

$$\lambda\boldsymbol{\alpha}^{\mathrm{T}}\boldsymbol{\alpha}\leqslant\boldsymbol{\alpha}^{\mathrm{T}}\boldsymbol{A}\boldsymbol{\alpha}.$$

即结论成立.

(法 2) 由于 $\boldsymbol{A}-\lambda\boldsymbol{E}$ 为半正定矩阵, 故对任何 n 维列向量 $\boldsymbol{\alpha}$, 有

$$0\leqslant\boldsymbol{\alpha}^{\mathrm{T}}(\boldsymbol{A}-\lambda\boldsymbol{E})\boldsymbol{\alpha}=\boldsymbol{\alpha}^{\mathrm{T}}\boldsymbol{A}\boldsymbol{\alpha}-\lambda\boldsymbol{\alpha}^{\mathrm{T}}\boldsymbol{\alpha},$$

即结论成立.

例 5.1.16 (中山大学,2007) 设 $\boldsymbol{A}=(a_{ij})$ 为 n 阶实对称矩阵,λ 是 $\boldsymbol{A}$ 的最大特征值, 证明:

$$\frac{1}{n}\sum_{i,j=1}^{n}a_{ij}\leqslant\lambda.$$

例 5.1.17 (南京师范大学,2021) 设 $\boldsymbol{A}=(a_{ij})$ 为 n 阶实对称矩阵, 它的 n 个特征值排序成 $\lambda_1\geqslant\lambda_2\geqslant\cdots\geqslant\lambda_n$, 证明:

(1) 对 $\mathbb{R}^n$ 中的任意非零列向量 $\boldsymbol{\alpha}$, 都有 $\lambda_n\leqslant\dfrac{\boldsymbol{\alpha}^{\mathrm{T}}\boldsymbol{A}\boldsymbol{\alpha}}{\boldsymbol{\alpha}^{\mathrm{T}}\boldsymbol{\alpha}}\leqslant\lambda_1$;

(2) $\lambda_n\leqslant a_{ii}\leqslant\lambda_1(i=1,2,\cdots,n)$.

例 5.1.18 设 $\boldsymbol{A}$ 是 n 阶实对称矩阵, 证明: 当 t 充分大时, 对任意的实列向量 $\boldsymbol{X}$ 有 $\boldsymbol{X}^{\mathrm{T}}(t\boldsymbol{E}\pm\boldsymbol{A})\boldsymbol{X}\geqslant0$. 并由此证明:

(1) 存在实数 a,b 使得对任意实列向量 $\boldsymbol{Y}$, 有 $a\boldsymbol{Y}^{\mathrm{T}}\boldsymbol{Y}\leqslant\boldsymbol{Y}^{\mathrm{T}}\boldsymbol{A}\boldsymbol{Y}\leqslant b\boldsymbol{Y}^{\mathrm{T}}\boldsymbol{Y}$;

(2) 存在实数 c 使得对任意的实列向量 $\boldsymbol{Z}$, 有 $|\boldsymbol{Z}^{\mathrm{T}}\boldsymbol{A}\boldsymbol{Z}|\leqslant c\boldsymbol{Z}^{\mathrm{T}}\boldsymbol{Z}$.

例 5.1.19 设 $\boldsymbol{A}\in\mathbb{R}^{n\times n}$ 是正定矩阵,$\boldsymbol{X}_0\in\mathbb{R}^n$ 为 $\boldsymbol{AX}=\boldsymbol{b}$ 的解, 则二次函数

$$P(\boldsymbol{X})=\frac{1}{2}\boldsymbol{X}^{\mathrm{T}}\boldsymbol{AX}-\boldsymbol{X}^{\mathrm{T}}\boldsymbol{b}$$

在 $\boldsymbol{X}_0$ 处达到最小值.

证 (法 1) 由 $\boldsymbol{A}$ 正定知存在可逆矩阵 $\boldsymbol{Q}$ 使得 $\boldsymbol{A}=\boldsymbol{Q}^{\mathrm{T}}\boldsymbol{Q}$, 设

$$\boldsymbol{QX}=\boldsymbol{Y}=(y_1,y_2,\cdots,y_n)^{\mathrm{T}},\boldsymbol{QX}_0=(c_1,c_2,\cdots,c_n)^{\mathrm{T}},$$

注意到 $\boldsymbol{b}=\boldsymbol{AX}_0$, 以及 $\boldsymbol{X}_0=\boldsymbol{A}^{-1}\boldsymbol{b}$, 则

$$\begin{aligned}P(\boldsymbol{X})&=\frac{1}{2}\boldsymbol{X}^{\mathrm{T}}\boldsymbol{AX}-\boldsymbol{X}^{\mathrm{T}}\boldsymbol{b}=\frac{1}{2}\boldsymbol{X}^{\mathrm{T}}\boldsymbol{Q}^{\mathrm{T}}\boldsymbol{QX}-\boldsymbol{X}^{\mathrm{T}}\boldsymbol{Q}^{\mathrm{T}}\boldsymbol{QX}_0\\&=\frac{1}{2}\boldsymbol{Y}^{\mathrm{T}}\boldsymbol{Y}-\boldsymbol{Y}^{\mathrm{T}}\boldsymbol{QX}_0\\&=\frac{1}{2}(y_1^2+y_2^2+\cdots+y_n^2)-(c_1y_1+c_2y_2+\cdots+c_ny_n)\\&=\frac{1}{2}[(y_1^2-2c_1y_1)+(y_2^2-2c_2y_2)+\cdots+(y_n^2-2c_ny_n)]\\&=\frac{1}{2}[(y_1-c_1)^2+(y_2-c_2)^2+\cdots+(y_n-c_n)^2]-\frac{1}{2}(c_1^2+c_2^2+\cdots+c_n^2)\\&\geqslant-\frac{1}{2}(c_1^2+c_2^2+\cdots+c_n^2)=-\frac{1}{2}(\boldsymbol{QX}_0)^{\mathrm{T}}(\boldsymbol{QX}_0)=\frac{1}{2}(-\boldsymbol{b}^{\mathrm{T}}\boldsymbol{A}^{-1}\boldsymbol{b}),\end{aligned}$$

且 $P(\boldsymbol{X})$ 取得最小值的充要条件是 $y_1=c_1,y_2=c_2,\cdots,y_n=c_n$, 即 $\boldsymbol{QX}=\boldsymbol{Y}=\boldsymbol{QX}_0=\boldsymbol{QA}^{-1}\boldsymbol{b}$, 于是当 $\boldsymbol{X}=\boldsymbol{A}^{-1}\boldsymbol{b}=\boldsymbol{X}_0$ 时,$P(\boldsymbol{X})$ 取得最小值 $\dfrac{1}{2}(-\boldsymbol{b}^{\mathrm{T}}\boldsymbol{A}^{-1}\boldsymbol{b})$.

(法 2) 注意到

$$P(\boldsymbol{X})=\frac{1}{2}(\boldsymbol{X}^{\mathrm{T}},1)\begin{pmatrix}\boldsymbol{A}&-\boldsymbol{b}\\-\boldsymbol{b}^{\mathrm{T}}&0\end{pmatrix}\begin{pmatrix}\boldsymbol{X}\\1\end{pmatrix},$$

由于 $\boldsymbol{A}$ 可逆, 故

$$\begin{pmatrix}\boldsymbol{E}_n&-\boldsymbol{A}^{-1}\boldsymbol{b}\\\boldsymbol{0}&1\end{pmatrix}^{\mathrm{T}}\begin{pmatrix}\boldsymbol{A}&-\boldsymbol{b}\\-\boldsymbol{b}^{\mathrm{T}}&0\end{pmatrix}\begin{pmatrix}\boldsymbol{E}_n&-\boldsymbol{A}^{-1}\boldsymbol{b}\\\boldsymbol{0}&1\end{pmatrix}=\begin{pmatrix}\boldsymbol{A}&\boldsymbol{0}\\\boldsymbol{0}&-\boldsymbol{b}^{\mathrm{T}}\boldsymbol{A}^{-1}\boldsymbol{b}\end{pmatrix},$$

即对 $P(\boldsymbol{X})$ 作非退化线性替换

$$\begin{pmatrix}\boldsymbol{X}\\1\end{pmatrix}=\begin{pmatrix}\boldsymbol{E}_n&-\boldsymbol{A}^{-1}\boldsymbol{b}\\\boldsymbol{0}&1\end{pmatrix}\begin{pmatrix}\boldsymbol{Y}\\1\end{pmatrix}$$

可将 $P(\boldsymbol{X})$ 化为

$$P(\boldsymbol{X})=\frac{1}{2}(\boldsymbol{Y}^{\mathrm{T}},1)\begin{pmatrix}\boldsymbol{A}&\boldsymbol{0}\\\boldsymbol{0}&-\boldsymbol{b}^{\mathrm{T}}\boldsymbol{A}^{-1}\boldsymbol{b}\end{pmatrix}\begin{pmatrix}\boldsymbol{Y}\\1\end{pmatrix}=\frac{1}{2}(\boldsymbol{Y}^{\mathrm{T}}\boldsymbol{AY}-\boldsymbol{b}^{\mathrm{T}}\boldsymbol{A}^{-1}\boldsymbol{b}),$$

注意到 $\boldsymbol{A}$ 正定, 故 $\boldsymbol{Y}^{\mathrm{T}}\boldsymbol{AY}\geqslant0$, 从而

$$P(\boldsymbol{X})=\frac{1}{2}(\boldsymbol{Y}^{\mathrm{T}}\boldsymbol{AY}-\boldsymbol{b}^{\mathrm{T}}\boldsymbol{A}^{-1}\boldsymbol{b})\geqslant\frac{1}{2}(-\boldsymbol{b}^{\mathrm{T}}\boldsymbol{A}^{-1}\boldsymbol{b}).$$

易知当 $\boldsymbol{Y}=\boldsymbol{0}$, 即 $\boldsymbol{X}=\boldsymbol{A}^{-1}\boldsymbol{b}=\boldsymbol{X}_0$ 时,$P(\boldsymbol{X})$ 取得最小值 $\dfrac{1}{2}(-\boldsymbol{b}^{\mathrm{T}}\boldsymbol{A}^{-1}\boldsymbol{b})$.

例 5.1.20 (汕头大学,2022) 设 $\boldsymbol{A}$ 是 $m\times n$ 实矩阵,$\boldsymbol{b}$ 是 m 维列向量 (元素均为实数),m,n 为正整数.

(1) 设 $\boldsymbol{x}^*$ 满足 $(\boldsymbol{A}^{\mathrm{T}}\boldsymbol{A})\boldsymbol{x}^*=\boldsymbol{A}^{\mathrm{T}}\boldsymbol{b}$, 证明:$\boldsymbol{X}^*$ 是函数 $f(\boldsymbol{x})=(\boldsymbol{b}-\boldsymbol{Ax})^{\mathrm{T}}(\boldsymbol{b}-\boldsymbol{Ax})$ 的最小值点;

(2) 证明: 线性方程组 $(\boldsymbol{A}^{\mathrm{T}}\boldsymbol{A})\boldsymbol{x}=\boldsymbol{A}^{\mathrm{T}}\boldsymbol{b}$ 有解, 其中 $\boldsymbol{A}^{\mathrm{T}}$ 表示 $\boldsymbol{A}$ 的转置矩阵.

例 5.1.21 (华东师范大学,2010) 设有实二次函数

$$f(x_1,x_2,\cdots,x_n)=\sum_{i,j=1}^{n}a_{ij}x_ix_j+\sum_{i=1}^{n}2b_ix_i+c,a_{ij}=a_{ji}.$$

令 $\boldsymbol{A}=(a_{ij})_{n\times n},\boldsymbol{D}=\begin{pmatrix}\boldsymbol{A}&\boldsymbol{B}^{\mathrm{T}}\\\boldsymbol{B}&c\end{pmatrix}$, 其中 $\boldsymbol{B}=(b_1,b_2,\cdots,b_n)$.

(1) 证明: 当 $\boldsymbol{A}$ 负定时 f 有最大值, 且 $f_{\max}=\dfrac{|\boldsymbol{D}|}{|\boldsymbol{A}|}$;

(2) 设 $\boldsymbol{A}$ 负定, 试确定当 $x_1,x_2,\cdots,x_n$ 为何值时,f 取得最大值, 并说明理由.

例 5.1.22 (第十届全国大学生数学竞赛决赛 (非数学类),2018; 中南大学,2022) 设 n 元实二次型

$$f(x_1,x_2,\cdots,x_n)=\sum_{i=1}^{n}x_i^2-\sum_{i=1}^{n-1}x_ix_{i+1},n\geqslant 2.$$

(1) 证明:$f(x_1,x_2,\cdots,x_n)$ 正定;

(2) 求 $f(x_1,x_2,\cdots,x_n)$ 在条件 $x_n=1$ 下的最小值.

证 (1)(法 1) 由于

$$\begin{aligned}2f(x_1,x_2,\cdots,x_n)&=2x_1^2+2x_2^2+\cdots+2x_{n-1}^2+2x_n^2-2x_1x_2-2x_2x_3-\cdots-2x_{n-1}x_n\\&=x_1^2+(x_2-x_1)^2+(x_3-x_2)^2+\cdots+(x_n-x_{n-1})^2+x_n^2\\&\geqslant 0,\end{aligned}$$

且 $2f(x_1,x_2,\cdots,x_n)=0$ 的充要条件是

$$\begin{cases}x_1=0,\\x_2-x_1=0,\\x_3-x_2=0,\\\quad\vdots\\x_n-x_{n-1}=0,\\x_n=0.\end{cases}$$

也就是有 $x_1=x_2=x_3=\cdots=x_{n-1}=x_n=0$, 故当 $x_1,x_2,\cdots,x_n$ 不全为零时,$2f(x_1,x_2,\cdots,x_n)>0$, 从而 $f(x_1,x_2,\cdots,x_n)$ 是正定的.

(法 2)$f(x_1,x_2,\cdots,x_n)$ 的矩阵为

$$A=\begin{pmatrix}1 & -\frac{1}{2} & & & & \\ -\frac{1}{2} & 1 & -\frac{1}{2} & & & \\ & -\frac{1}{2} & 1 & -\frac{1}{2} & & \\ & & \ddots & \ddots & \ddots & \\ & & & -\frac{1}{2} & 1 & -\frac{1}{2} \\ & & & & -\frac{1}{2} & 1\end{pmatrix},$$

其 k 阶顺序主子式

$$\begin{vmatrix}1 & -\frac{1}{2} & & & & \\ -\frac{1}{2} & 1 & -\frac{1}{2} & & & \\ & -\frac{1}{2} & 1 & -\frac{1}{2} & & \\ & & \ddots & \ddots & \ddots & \\ & & & -\frac{1}{2} & 1 & -\frac{1}{2} \\ & & & & -\frac{1}{2} & 1\end{vmatrix}=\frac{k+1}{2^k}>0,$$

故 $\boldsymbol{A}$ 正定, 从而 $f(x_1,x_2,\cdots,x_n)$ 是正定的.

(2)(法 1) 将 $f(x_1,x_2,\cdots,x_n)$ 的矩阵 $\boldsymbol{A}$ 分块为

$$\boldsymbol{A}=\begin{pmatrix}\boldsymbol{A}_1 & \boldsymbol{\alpha}\\ \boldsymbol{\alpha}^{\mathrm{T}} & 1\end{pmatrix},$$

其中 $\boldsymbol{A}_1$ 是 $n-1$ 阶矩阵,$\boldsymbol{\alpha}=\left(0,\cdots,0,-\frac{1}{2}\right)^{\mathrm{T}}$ 是 $n-1$ 维列向量, 则当 $x_n=1$ 时,

$$f(x_1,\cdots,x_{n-1},1)=\boldsymbol{x}^{\mathrm{T}}\boldsymbol{A}_1\boldsymbol{x}+2\boldsymbol{\alpha}^{\mathrm{T}}\boldsymbol{x}+1=(\boldsymbol{x}^{\mathrm{T}},1)\boldsymbol{A}\begin{pmatrix}\boldsymbol{x}\\1\end{pmatrix},$$

其中 $\boldsymbol{x}=(x_1,\cdots,x_{n-1})^{\mathrm{T}}$. 注意到 $\boldsymbol{A}_1$ 正定, 于是

$$\begin{pmatrix}\boldsymbol{E}_{n-1} & -\boldsymbol{A}_1^{-1}\boldsymbol{\alpha}\\ \boldsymbol{0} & 1\end{pmatrix}^{\mathrm{T}}\boldsymbol{A}\begin{pmatrix}\boldsymbol{E}_{n-1} & -\boldsymbol{A}_1^{-1}\alpha\\ \boldsymbol{0} & 1\end{pmatrix}=\begin{pmatrix}\boldsymbol{A}_1 & \boldsymbol{0}\\ \boldsymbol{0} & 1-\boldsymbol{\alpha}^{\mathrm{T}}\boldsymbol{A}_1^{-1}\boldsymbol{\alpha}\end{pmatrix},$$

对 $f(x_1,\cdots,x_{n-1},1)$ 作非退化线性替换

$$\begin{pmatrix}\boldsymbol{x}\\1\end{pmatrix}=\begin{pmatrix}\boldsymbol{E}_{n-1} & -\boldsymbol{A}_1^{-1}\boldsymbol{\alpha}\\ \boldsymbol{0} & 1\end{pmatrix}\begin{pmatrix}\boldsymbol{y}\\1\end{pmatrix},$$

则

$$f(x_1,\cdots,x_{n-1},1)=(\boldsymbol{y}^{\mathrm{T}},1)\begin{pmatrix}\boldsymbol{A}_1 & \boldsymbol{0}\\ \boldsymbol{0} & 1-\boldsymbol{\alpha}^{\mathrm{T}}\boldsymbol{A}_1^{-1}\boldsymbol{\alpha}\end{pmatrix}\begin{pmatrix}\boldsymbol{y}\\1\end{pmatrix}=\boldsymbol{y}^{\mathrm{T}}\boldsymbol{A}_1\boldsymbol{y}+(1-\boldsymbol{\alpha}^{\mathrm{T}}\boldsymbol{A}_1^{-1}\boldsymbol{\alpha})\geqslant 1-\boldsymbol{\alpha}^{\mathrm{T}}\boldsymbol{A}_1^{-1}\boldsymbol{\alpha},$$

且当 $\boldsymbol{y}=\mathbf{0}$, 即 $\boldsymbol{x}=-\boldsymbol{A}_1^{-1}\boldsymbol{\alpha}$ 时, 上式取等号, 故当 $x_n=1$ 时,$f(x_1,\cdots,x_{n-1},x_n)$ 的最小值为

$$1-\boldsymbol{\alpha}^{\mathrm{T}}\boldsymbol{A}_1^{-1}\boldsymbol{\alpha}.$$

由于 $\boldsymbol{A}_1^{-1}=\dfrac{1}{|\boldsymbol{A}_1|}\boldsymbol{A}_1^*$ 的 $(n-1,n-1)$ 元素为

$$\frac{1}{|\boldsymbol{A}_1|}\begin{vmatrix} 1 & -\frac{1}{2} & & & & \\ -\frac{1}{2} & 1 & -\frac{1}{2} & & & \\ & -\frac{1}{2} & 1 & -\frac{1}{2} & & \\ & & \ddots & \ddots & \ddots & \\ & & & -\frac{1}{2} & 1 & -\frac{1}{2} \\ & & & & -\frac{1}{2} & 1 \end{vmatrix}=\frac{2^{n-1}}{n}\times\frac{n-1}{2^{n-2}}=\frac{2(n-1)}{n},$$

于是所求最小值为

$$1-\frac{1}{4}\times\frac{2(n-1)}{n}=\frac{n+1}{2n}.$$

(法 2) 由于

$$\begin{aligned}2f(x_1,x_2,\cdots,x_n)&=2x_1^2+2x_2^2+\cdots+2x_{n-1}^2+2x_n^2-2x_1x_2-2x_2x_3-\cdots-2x_{n-1}x_n\\&=x_1^2+(x_2-x_1)^2+(x_3-x_2)^2+\cdots+(x_n-x_{n-1})^2+x_n^2,\end{aligned}$$

于是, 当 $x_n=1$ 时, 利用柯西不等式, 可得

$$\begin{aligned}2f(x_1,x_2,\cdots,x_{n-1},1)&=x_1^2+(x_2-x_1)^2+(x_3-x_2)^2+\cdots+(1-x_{n-1})^2+1\\&\geqslant\frac{[x_1+(x_2-x_1)+(x_3-x_2)+\cdots+(x_{n-1}-x_{n-2})+(1-x_{n-1})]^2}{n}+1\\&=\frac{1}{n}+1=\frac{n+1}{n},\end{aligned}$$

且当 $x_1=x_2-x_1=\cdots=x_{n-1}-x_{n-2}=1-x_{n-1}$, 即 $x_i=\dfrac{i}{n}(i=1,2,\cdots,n-1)$ 时, 上式等号成立, 故所求的最小值为 $\dfrac{n+1}{2n}$.

例 5.1.23 设 n 阶对称方阵 $\boldsymbol{A}$ 是正定的, 去掉方阵 $\boldsymbol{A}$ 的第 i 行第 i 列的子矩阵记为 $\boldsymbol{A}_i$, 记 $Q(\boldsymbol{x})=\boldsymbol{x}\boldsymbol{A}\boldsymbol{x}^{\mathrm{T}},\boldsymbol{x}\in\mathbb{R}^n$. 证明:$Q(\boldsymbol{x})$ 在 $x_i=1$ 条件下的最小值是 $\dfrac{\det\boldsymbol{A}}{\det\boldsymbol{A}_i}$, 其中 $\boldsymbol{x}=(x_1,x_2,\cdots,x_n)$.

例 5.1.24 (东南大学,2011) 假设 a,b,c 是不全为 0 的实数, 二次型

$$f(x_1,x_2,x_3)=(x_1+x_2+x_3)(ax_1+bx_2+cx_3).$$

证明:f 的秩等于 2 当且仅当 a,b,c 不全相等. 当 f 的秩等于 2 时, 求 f 的正、负惯性指数.

证 必要性. 反证法, 若 $a=b=c$, 则

$$f=(x_1,x_2,x_3)\begin{pmatrix}1\\1\\1\end{pmatrix}(a,a,a)\begin{pmatrix}x_1\\x_2\\x_3\end{pmatrix},$$

于是 f 的矩阵

$$A=\begin{pmatrix}a&a&a\\a&a&a\\a&a&a\end{pmatrix}$$

的秩为 1, 矛盾. 所以 a,b,c 不全相等.

充分性. 若 a,b,c 不全相等, 不妨设 $a\neq b$, 令

$$\begin{cases}y_1=x_1+x_2+x_3,\\y_2=ax_1+bx_2+cx_3,\\y_3=x_3,\end{cases}$$

则易知上述替换是非退化的, 于是 f 可化为

$$f=y_1y_2,$$

再作非退化线性替换

$$\begin{cases}y_1=z_1+z_2,\\y_2=z_1-z_2,\\y_3=z_3,\end{cases}$$

则 f 可化为标准形

$$f=z_1^2-z_2^2,$$

于是 f 的秩为 2. 当 f 的秩为 2 时, 由上述过程可知 f 的正、负惯性指数都是 1.

例 5.1.25　(北京科技大学,2020) 设 $\boldsymbol{\alpha}=(a_1,a_2,\cdots,a_n)^{\mathrm{T}},\boldsymbol{\beta}=(b_1,b_2,\cdots,b_n)^{\mathrm{T}}$ 为实 n 维非零向量, 令 $\boldsymbol{x}=(x_1,x_2,\cdots,x_n)^{\mathrm{T}},f(x_1,x_2,\cdots,x_n)=\boldsymbol{x}^{\mathrm{T}}(\boldsymbol{\alpha}\boldsymbol{\beta}^{\mathrm{T}}+\boldsymbol{\beta}\boldsymbol{\alpha}^{\mathrm{T}})\boldsymbol{x}$. 计算:

(1) 若 $\boldsymbol{\alpha},\boldsymbol{\beta}$ 线性相关, 求 $f(x_1,x_2,\cdots,x_n)$ 的规范形;

(2) 若 $\boldsymbol{\alpha},\boldsymbol{\beta}$ 线性无关, 求 $f(x_1,x_2,\cdots,x_n)$ 的规范形.

例 5.1.26　(浙江工业大学,2021) 设二次型 $f(x_1,x_2,x_3)=(a_1x_1+a_2x_2+a_3x_3)^2+2(b_1x_1+b_2x_2+b_3x_3)^2$, 记 $\boldsymbol{\alpha}=(a_1,a_2,a_3)^{\mathrm{T}},\boldsymbol{\beta}=(b_1,b_2,b_3)^{\mathrm{T}}$.

(1) 证明: 二次型 f 对应的矩阵为 $\boldsymbol{\alpha}\boldsymbol{\alpha}^{\mathrm{T}}+2\boldsymbol{\beta}\boldsymbol{\beta}^{\mathrm{T}}$;

(2) 若 $\boldsymbol{\alpha},\boldsymbol{\beta}$ 正交且均为单位向量, 证明: 二次型 f 在正交变换下的标准形为 $y_1^2+2y_2^2$.

例 5.1.27　(大连理工大学,2005; 中国科学院大学,2005; 西安电子科技大学,2011; 杭州师范大学,2020; 重庆大学,2021) 证明一个实二次型可以分解成两个实系数的一次齐次多项式的乘积的充要条件为它的秩为 2 和符号差等于 0 或者秩等于 1.

证　必要性. 由条件可设

$$f(x_1,x_2,\cdots,x_n)=(a_1x_1+a_2x_2+\cdots+a_nx_n)(b_1x_1+b_2x_2+\cdots+b_nx_n).$$

(1) 若向量 $(a_1,a_2,\cdots,a_n)$ 与 $(b_1,b_2,\cdots,b_n)$ 线性相关，不妨设

$$(b_1,b_2,\cdots,b_n)=k(a_1,a_2,\cdots,a_n),$$

且 $a_1 \neq 0$, 则

$$f(x_1, x_2, \cdots, x_n) = k(a_1x_1 + a_2x_2 + \cdots + a_nx_n)^2,$$

令

$$y_1 = \sqrt{k}(a_1x_1 + a_2x_2 + \cdots + a_nx_n)(k > 0), y_i = x_i, i = 2, \cdots, n,$$

或

$$y_1 = \sqrt{-k}(a_1x_1 + a_2x_2 + \cdots + a_nx_n)(k < 0), y_i = x_i, i = 2, \cdots, n,$$

则 $f(x_1, x_2, \cdots, x_n)$ 的规范形为 y_1^2 或 $-y_1^2$，即此时 $f(x_1, x_2, \cdots, x_n)$ 的秩等于 1.

(2) 若向量 $(a_1, a_2, \cdots, a_n)$ 与 $(b_1, b_2, \cdots, b_n)$ 线性无关，不妨设 a_1, a_2 与 b_1, b_2 不成比例, 令

$$y_1 = a_1x_1 + a_2x_2 + \cdots + a_nx_n,$$

$$y_2 = b_1x_1 + b_2x_2 + \cdots + b_nx_n,$$

$$y_i = x_i, i = 3, \cdots, n,$$

及

$$z_1 = y_1 + y_2, z_2 = y_1 - y_2, z_i = y_i, i = 3, \cdots, n,$$

则 $f(x_1, x_2, \cdots, x_n)$ 的规范形为 $z_1^2 - z_2^2$, 即此时 $f(x_1, x_2, \cdots, x_n)$ 的秩等于 2 而符号差为 0.

充分性. 若 $f(x_1, x_2, \cdots, x_n)$ 的秩等于 2 而符号差为 0, 则存在非退化线性替换 $\boldsymbol{X} = \boldsymbol{CY}$ 使得其规范形为 $y_1^2 - y_2^2 = (y_1 + y_2)(y_1 - y_2.)$ 而 $y_1 \pm y_2$ 均为 $x_1, x_2, \cdots, x_n$ 的实系数一次齐次式.

若 $f(x_1, x_2, \cdots, x_n)$ 的秩等于 1. 则存在非退化线性替换 $\boldsymbol{X} = \boldsymbol{CY}$ 使得其规范形为 $\pm y_1^2 = (\pm y_1)y_1$ 而 $\pm y_1, y_1$ 均为 $x_1, x_2, \cdots, x_n$ 的实系数一次齐次式.

例 5.1.28 (大连理工大学,2002; 西北大学,2011,2016; 广西民族大学,2021; 重庆大学,2022) 设实二次型

$$f(x_1, x_2, \cdots, x_n) = \sum_{i=1}^{s}(a_{i1}x_1 + a_{i2}x_2 + \cdots + a_{in}x_n)^2.$$

证明:$f(x_1, x_2, \cdots, x_n)$ 的秩等于矩阵 $\boldsymbol{A} = (a_{ij})_{s\times n}$ 的秩.

证 (法 1) 设 $\boldsymbol{A}$ 的第 i 行为

$$\boldsymbol{\alpha}_i = (a_{i1}, a_{i2}, \cdots, a_{in}),$$

则

$$\begin{aligned}(a_{i1}x_1 + a_{i2}x_2 + \cdots + a_{in}x_n)^2 &= \boldsymbol{X}^{\mathrm{T}}(a_{i1}, a_{i2}, \cdots, a_{in})^{\mathrm{T}}(a_{i1}, a_{i2}, \cdots, a_{in})\boldsymbol{X} \\ &= \boldsymbol{X}^{\mathrm{T}}\boldsymbol{\alpha}_i^{\mathrm{T}}\boldsymbol{\alpha}_i\boldsymbol{X}.\end{aligned}$$

其中 $\boldsymbol{X}=(x_1,x_2,\cdots,x_n)^{\mathrm{T}}$, 于是

$$\begin{aligned}f(x_1,x_2,\cdots,x_n)&=\boldsymbol{X}^{\mathrm{T}}\boldsymbol{\alpha}_1^{\mathrm{T}}\boldsymbol{\alpha}_1\boldsymbol{X}+\boldsymbol{X}^{\mathrm{T}}\boldsymbol{\alpha}_2^{\mathrm{T}}\boldsymbol{\alpha}_2\boldsymbol{X}+\cdots+\boldsymbol{X}^{\mathrm{T}}\boldsymbol{\alpha}_s^{\mathrm{T}}\boldsymbol{\alpha}_s\boldsymbol{X}\\&=\boldsymbol{X}^{\mathrm{T}}(\boldsymbol{\alpha}_1^{\mathrm{T}}\boldsymbol{\alpha}_1+\boldsymbol{\alpha}_2^{\mathrm{T}}\boldsymbol{\alpha}_2+\cdots+\boldsymbol{\alpha}_s^{\mathrm{T}}\boldsymbol{\alpha}_s)\boldsymbol{X}\\&=\boldsymbol{X}^{\mathrm{T}}(\boldsymbol{\alpha}_1^{\mathrm{T}},\boldsymbol{\alpha}_2^{\mathrm{T}},\cdots,\boldsymbol{\alpha}_s^{\mathrm{T}})\begin{pmatrix}\boldsymbol{\alpha}_1\\\boldsymbol{\alpha}_2\\\vdots\\\boldsymbol{\alpha}_s\end{pmatrix}\boldsymbol{X}\\&=\boldsymbol{X}^{\mathrm{T}}\boldsymbol{A}^{\mathrm{T}}\boldsymbol{A}\boldsymbol{X}.\end{aligned}$$

显然 $\boldsymbol{A}^{\mathrm{T}}\boldsymbol{A}$ 是实对称矩阵, 所以二次型 $f(x_1,x_2,\cdots,x_n)$ 的矩阵为 $\boldsymbol{A}^{\mathrm{T}}\boldsymbol{A}$, 由例2.3.21可知 $r(\boldsymbol{A}^{\mathrm{T}}\boldsymbol{A})=r(\boldsymbol{A})$.

(法 2) 令

$$\begin{cases}y_1=a_{11}x_1+a_{12}x_2+\cdots+a_{1n}x_n,\\y_2=a_{21}x_1+a_{22}x_2+\cdots+a_{2n}x_n,\\\quad\vdots\\y_s=a_{s1}x_1+a_{s2}x_2+\cdots+a_{sn}x_n,\end{cases}$$

表示为矩阵形式, 即为 $\boldsymbol{Y}=\boldsymbol{AX}$,其中$\boldsymbol{Y}=(y_1,y_2,\cdots,y_n)^{\mathrm{T}},\boldsymbol{X}=(x_1,x_2,\cdots,x_n)^{\mathrm{T}}$, 于是

$$f(x_1,x_2,\cdots,x_n)=\boldsymbol{Y}^{\mathrm{T}}\boldsymbol{Y}=\boldsymbol{X}^{\mathrm{T}}(\boldsymbol{A}^{\mathrm{T}}\boldsymbol{A})\boldsymbol{X},$$

显然 $\boldsymbol{A}^{\mathrm{T}}\boldsymbol{A}$ 是实对称矩阵, 所以二次型 $f(x_1,x_2,\cdots,x_n)$ 的矩阵为 $\boldsymbol{A}^{\mathrm{T}}\boldsymbol{A}$. 由例2.3.21可知 $r(\boldsymbol{A}^{\mathrm{T}}\boldsymbol{A})=r(\boldsymbol{A})$.

例 5.1.29 (郑州大学,2021) 已知实矩阵

$$\boldsymbol{A}=\begin{pmatrix}1&0&1\\0&1&1\\-1&0&a\\0&a&-1\end{pmatrix},$$

二次型 $f(\boldsymbol{X})=\boldsymbol{X}^{\mathrm{T}}(\boldsymbol{A}^{\mathrm{T}}\boldsymbol{A})\boldsymbol{X}$, 其中 $\boldsymbol{X}=(x_1,x_2,x_3)^{\mathrm{T}}$, 已知 $r(\boldsymbol{A}^{\mathrm{T}}\boldsymbol{A})=2$.

(1) 求 a 的值;

(2) 求正交变换 $\boldsymbol{X}=\boldsymbol{QY}$, 把二次型 $f(\boldsymbol{X})$ 化为标准形.

例 5.1.30 (扬州大学,2019) 设 $\boldsymbol{A}=\begin{pmatrix}1&0&1\\0&1&1\\-1&0&a\\0&a&-1\end{pmatrix}$ 是实数矩阵,$\boldsymbol{A}^{\mathrm{T}}$ 表示矩阵 $\boldsymbol{A}$ 的转置矩阵.

(1) 求线性方程组 $\boldsymbol{A}^{\mathrm{T}}\boldsymbol{A}\boldsymbol{X}=\boldsymbol{0}$ 的通解;

(2) 讨论二次型 $f(x_1,x_2,x_3)=\boldsymbol{X}^{\mathrm{T}}\boldsymbol{A}^{\mathrm{T}}\boldsymbol{A}\boldsymbol{X}$ 的正定性.

例 5.1.31 (东南大学,2003; 河北工业大学,2004; 中国科学院大学,2023) 设 n 元二次型

$$\begin{aligned}&f(x_1,x_2,\cdots,x_n)\\=&(x_1+a_1x_2)^2+(x_2+a_2x_3)^2+\cdots+(x_{n-1}+a_{n-1}x_n)^2+(x_n+a_nx_1)^2,\end{aligned}$$

其中 $a_i(i=1,2,\cdots,n)$ 为实数, 试问当 $a_1,a_2,\cdots,a_n$ 满足何条件时, 二次型 $f(x_1,x_2,\cdots,x_n)$ 为正定二次型?

解 (法 1) 令 $y_1=x_1+a_1x_2,y_2=x_2+a_2x_3,\cdots,y_{n-1}=x_{n-1}+a_{n-1}x_n,y_n=x_n+a_nx_1$, 即

$$\begin{pmatrix}y_1\\y_2\\\vdots\\y_n\end{pmatrix}=\begin{pmatrix}1&a_1&0&\cdots&0&0\\0&1&a_2&\cdots&0&0\\\vdots&\vdots&\vdots&&\vdots&\vdots\\0&0&0&\cdots&1&a_{n-1}\\a_n&0&0&\cdots&0&1\end{pmatrix}\begin{pmatrix}x_1\\x_2\\\vdots\\x_n\end{pmatrix},$$

则当

$$\begin{vmatrix}1&a_1&0&\cdots&0&0\\0&1&a_2&\cdots&0&0\\\vdots&\vdots&\vdots&&\vdots&\vdots\\0&0&0&\cdots&1&a_{n-1}\\a_n&0&0&\cdots&0&1\end{vmatrix}=1+(-1)^{n+1}a_1a_2\cdots a_n\neq 0,$$

即 $a_1a_2\cdots a_n\neq(-1)^n$ 时, 原二次型可化为标准形

$$f(x_1,x_2,\cdots,x_n)=y_1^2+y_2^2+\cdots+y_n^2.$$

故当 $a_1a_2\cdots a_n\neq(-1)^n$ 时, 原二次型是正定的.

(法 2) 由

$$\begin{aligned}&f(x_1,x_2,\cdots,x_n)\\=&(x_1+a_1x_2,x_2+a_2x_3,\cdots,x_{n-1}+a_{n-1}x_n,x_n+a_nx_1)\begin{pmatrix}x_1+a_1x_2\\x_2+a_2x_3\\\vdots\\x_{n-1}+a_{n-1}x_n\\x_n+a_nx_1\end{pmatrix}\\=&(x_1,x_2,\cdots,x_{n-1},x_n)\begin{pmatrix}1&&\cdots&&a_n\\a_1&1&&&\\&a_2&1&&\vdots\\&&\ddots&\ddots&\\&&&a_{n-1}&1\end{pmatrix}\begin{pmatrix}1&a_1&&&\\&1&a_2&&\\\vdots&&\ddots&\ddots&\\&&&1&a_{n-1}\\a_n&&\cdots&&1\end{pmatrix}\begin{pmatrix}x_1\\x_2\\\vdots\\x_{n-1}\\x_n\end{pmatrix}.\end{aligned}$$

令

$$C=\begin{pmatrix}1 & a_1 & & & \\ & 1 & a_2 & & \\ \vdots & & \ddots & \ddots & \\ & & & 1 & a_{n-1} \\ a_n & & \cdots & & 1\end{pmatrix}, X=\begin{pmatrix}x_1\\ x_2\\ \vdots\\ x_{n-1}\\ x_n\end{pmatrix},$$

则 $f(x_1,x_2,\cdots,x_n)=\boldsymbol{X}^{\mathrm{T}}\boldsymbol{C}^{\mathrm{T}}\boldsymbol{C}\boldsymbol{X}$, 故 $f(x_1,x_2,\cdots,x_n)$ 正定的充要条件是其矩阵 $\boldsymbol{C}^{\mathrm{T}}\boldsymbol{C}$ 正定, 而 $\boldsymbol{C}^{\mathrm{T}}\boldsymbol{C}$ 正定的充要条件是 $\boldsymbol{C}$ 可逆, 即 $|\boldsymbol{C}|=1+(-1)^{n+1}a_1a_2\cdots a_n\neq 0$.

例 5.1.32 (合肥工业大学,2022) 设 $n(n\geqslant 3)$ 元实二次型

$$f(x_1,x_2,\cdots,x_n)=(x_1+x_2)^2+(x_2+x_3)^2+\cdots+(x_{n-1}+x_n)^2+(x_n+x_1)^2.$$

(1) 判断 $f(x_1,x_2,\cdots,x_n)$ 是否正定;

(2) 求 $f(x_1,x_2,\cdots,x_n)$ 的规范形.

例 5.1.33 (杭州师范大学,2004) 确定二次型

$$f(x_1,x_2,\cdots,x_{10})=x_1x_2+x_3x_4+x_5x_6+x_7x_8+x_9x_{10}$$

的秩、正惯性指数、符号差.

解 作非退化线性替换

$$\begin{cases}x_1=y_1+y_2,\\ x_2=y_1-y_2,\\ x_3=y_3+y_4,\\ x_4=y_3-y_4,\\ \quad\vdots\\ x_9=y_9+y_{10},\\ x_{10}=y_9-y_{10}.\end{cases}$$

则

$$f(x_1,x_2,\cdots,x_{10})=y_1^2-y_2^2+y_3^2-y_4^2+\cdots+y_9^2-y_{10}^2.$$

从而易求原二次型的秩、正惯性指数、符号差.

例 5.1.34 (华东师范大学,2005) 求实二次型

$$f(x_1,x_2,\cdots,x_n)=2\sum_{i=1}^{n}x_i^2-2(x_1x_2+x_2x_3+\cdots+x_{n-1}x_n+x_nx_1)$$

的正、负惯性指数、符号差及秩.

解 注意到

$$\begin{aligned}&f(x_1,x_2,\cdots,x_n)\\=&2\sum_{i=1}^{n}x_i^2-2(x_1x_2+x_2x_3+\cdots+x_{n-1}x_n+x_nx_1)\\=&(x_1^2-2x_1x_2+x_2^2)+\cdots+(x_{n-1}^2-2x_{n-1}x_n+x_n^2)+(x_n^2-2x_nx_1+x_1^2)\\=&(x_1-x_2)^2+\cdots+(x_{n-1}-x_n)^2+(x_n-x_1)^2,\end{aligned}$$

作非退化线性替换

$$\begin{cases}y_1=x_1-x_2,\\y_2=x_2-x_3,\\\quad\vdots\\y_{n-1}=x_{n-1}-x_n,\\y_n=x_n.\end{cases}$$

则

$$f(x_1,x_2,\cdots,x_n)=y_1^2+\cdots+y_{n-1}^2+(y_1+y_2+\cdots+y_{n-1})^2,$$

此二次型的矩阵为

$$\boldsymbol{A}=\begin{pmatrix}2&1&\cdots&1&0\\1&2&\cdots&1&0\\\vdots&\vdots&&\vdots&\vdots\\1&1&\cdots&2&0\\0&0&\cdots&0&0\end{pmatrix},$$

$\boldsymbol{A}$ 的特征值为 $\lambda_1=n,\lambda_2=\cdots=\lambda_{n-2}=\lambda_{n-1}=1,\lambda_n=0$. 从而原二次型的正惯性指数、负惯性指数、符号差以及秩分别 $n-1,0,n-1,n-1$.

例 5.1.35 (安徽大学,2007; 重庆理工大学,2020) 已知 $1,1,-1$ 是三阶实对称矩阵 $\boldsymbol{A}$ 的三个特征值, 向量 $\boldsymbol{\eta}_1=(1,1,1)^{\mathrm{T}},\boldsymbol{\eta}_2=(2,2,1)^{\mathrm{T}}$ 是 $\boldsymbol{A}$ 的属于特征值 $\lambda_1=\lambda_2=1$ 的特征向量.

(1) 求 $\boldsymbol{A}$ 的属于特征值 $\lambda_3=-1$ 的特征向量;

(2) 求可逆矩阵 $\boldsymbol{P}$, 使得 $(\boldsymbol{AP}+\boldsymbol{P})^{\mathrm{T}}(\boldsymbol{AP}+\boldsymbol{P})$ 为对角矩阵.

解 (1) 设 $\boldsymbol{A}$ 的属于特征值 $\lambda_3=-1$ 的特征向量 $\boldsymbol{\eta}_3=(x_1,x_2,x_3)^{\mathrm{T}}$. 由于实对称矩阵的属于不同特征值的特征向量正交, 于是由 $\boldsymbol{\eta}_3^{\mathrm{T}}\boldsymbol{\eta}_1=\boldsymbol{\eta}_3^{\mathrm{T}}\boldsymbol{\eta}_2=0$, 可得

$$\begin{cases}x_1+\ x_2+x_3=0,\\2x_1+2x_2+x_3=0,\end{cases}$$

求解可得其基础解系为 $(-1,1,0)^{\mathrm{T}}$, 于是可取 $\boldsymbol{\eta}_3=(-1,1,0)^{\mathrm{T}}$.

(2) 将 $\boldsymbol{\eta}_1,\boldsymbol{\eta}_2$ 正交化, 可得

$$\boldsymbol{\alpha}_1=\boldsymbol{\eta}_1,\boldsymbol{\alpha}_2=\boldsymbol{\eta}_2-\frac{\boldsymbol{\eta}_2^{\mathrm{T}}\boldsymbol{\alpha}_1}{\boldsymbol{\alpha}_1^{\mathrm{T}}\boldsymbol{\alpha}_1}\boldsymbol{\alpha}_1=\frac{1}{3}(1,1,-2)^{\mathrm{T}},$$

将 $\boldsymbol{\alpha}_1,\boldsymbol{\alpha}_2$ 单位化可得

$$\boldsymbol{\beta}_1=\frac{1}{|\boldsymbol{\alpha}_1|}\boldsymbol{\alpha}_1=\frac{1}{\sqrt{3}}(1,1,1)^{\mathrm{T}},\boldsymbol{\beta}_2=\frac{1}{|\boldsymbol{\beta}_2|}\boldsymbol{\beta}_2=\frac{1}{\sqrt{3}}(1,1,-2)^{\mathrm{T}}.$$

将 $\boldsymbol{\eta}_3$ 单位化可得

$$\boldsymbol{\beta}_3=\frac{1}{|\boldsymbol{\eta}_3|}\boldsymbol{\eta}_3=\frac{1}{\sqrt{2}}(-1,1,0)^{\mathrm{T}}.$$

令

$$\boldsymbol{P}=(\boldsymbol{\beta}_1,\boldsymbol{\beta}_2,\boldsymbol{\beta}_3)=\begin{pmatrix}\frac{1}{\sqrt{3}} & \frac{1}{\sqrt{3}} & -\frac{1}{\sqrt{2}}\\ \frac{1}{\sqrt{3}} & \frac{1}{\sqrt{3}} & \frac{1}{\sqrt{2}}\\ \frac{1}{\sqrt{3}} & -\frac{2}{\sqrt{3}} & 0\end{pmatrix},$$

则 $\boldsymbol{P}$ 是正交矩阵, 且

$$\boldsymbol{P}^{\mathrm{T}}\boldsymbol{A}\boldsymbol{P}=\begin{pmatrix}1 & & \\ & 1 & \\ & & -1\end{pmatrix},$$

于是

$$\boldsymbol{A}\boldsymbol{P}+\boldsymbol{P}=\boldsymbol{P}\begin{pmatrix}1 & & \\ & 1 & \\ & & -1\end{pmatrix}+\boldsymbol{P}=\boldsymbol{P}\begin{pmatrix}2 & & \\ & 2 & \\ & & 0\end{pmatrix},$$

从而

$$(\boldsymbol{A}\boldsymbol{P}+\boldsymbol{P})^{\mathrm{T}}(\boldsymbol{A}\boldsymbol{P}+\boldsymbol{P})=\begin{pmatrix}2 & & \\ & 2 & \\ & & 0\end{pmatrix}\boldsymbol{P}^{\mathrm{T}}\boldsymbol{P}\begin{pmatrix}2 & & \\ & 2 & \\ & & 0\end{pmatrix}=\begin{pmatrix}4 & & \\ & 4 & \\ & & 0\end{pmatrix}.$$

例 5.1.36　(杭州电子科技大学,2019) 设矩阵 $\boldsymbol{A}=\begin{pmatrix}0 & 1 & 0 & 0\\ 1 & 0 & 0 & 0\\ 0 & 0 & y & 1\\ 0 & 0 & 1 & 2\end{pmatrix}$.

(1) 已知 $\boldsymbol{A}$ 的一个特征值为 3, 试求 y;

(2) 求矩阵 $\boldsymbol{P}$, 使 $(\boldsymbol{A}\boldsymbol{P})^{\mathrm{T}}(\boldsymbol{A}\boldsymbol{P})$ 为对角矩阵.

例 5.1.37　(西南大学,2011) 设 $\boldsymbol{A}$ 为三阶实对称矩阵, 其特征值 $\lambda_1=1,\lambda_2=-1,\lambda_3=0$, 且 $\boldsymbol{\eta}_1=(1,2,2)^{\mathrm{T}}$ 和 $\boldsymbol{\eta}_2=(2,1,-2)^{\mathrm{T}}$ 分别是 $\boldsymbol{A}$ 的属于特征值 λ_1,λ_2 的特征向量. 求矩阵 $\boldsymbol{A}$.

解　(法 1) 由 $\boldsymbol{A}$ 为实对称矩阵知存在正交矩阵 $\boldsymbol{Q}$ 使得

$$\boldsymbol{Q}^{\mathrm{T}}\boldsymbol{A}\boldsymbol{Q}=\boldsymbol{Q}^{-1}\boldsymbol{A}\boldsymbol{Q}=\mathbf{diag}(\lambda_1,\lambda_2,\lambda_3),$$

将 $\boldsymbol{Q}$ 按列分块为 $\boldsymbol{Q}=(\boldsymbol{q}_1,\boldsymbol{q}_2,\boldsymbol{q}_3)$, 则由

$$\boldsymbol{A}\boldsymbol{Q}=\boldsymbol{Q}\mathbf{diag}(\lambda_1,\lambda_2,\lambda_3),$$

有

$$A(q_1, q_2, q_3) = (q_1, q_2, q_3)\mathbf{diag}(\lambda_1, \lambda_2, \lambda_3),$$

即

$$Aq_i = \lambda_i q_i, i = 1, 2, 3,$$

此式说明 q_i 是 A 的属于特征值 λ_i 的特征向量. 由于 $A = Q\mathbf{diag}(\lambda_1, \lambda_2, \lambda_3)Q^{-1}$, 故只需求出 A 的属于特征值 λ_3 的特征向量即可求出 A.

设 A 的属于特征值 $\lambda_3 = 0$ 的特征向量为 $\eta_3 = (x_1, x_2, x_3)^{\mathrm{T}}$, 由实对称矩阵的属于不同特征值的特征向量正交有

$$\begin{cases} x_1 + 2x_2 + 2x_3 = 0, \\ 2x_1 + x_2 - 2x_3 = 0. \end{cases}$$

解此方程组, 取 $\eta_3 = (2, -2, 1)^{\mathrm{T}}$ 为其基础解系, 则

$$Q = \frac{1}{3}\begin{pmatrix} 1 & 2 & 2 \\ 2 & 1 & -2 \\ 2 & -2 & 1 \end{pmatrix},$$

于是

$$A = Q\mathbf{diag}(\lambda_1, \lambda_2, \lambda_3)Q^{-1} = \frac{1}{3}\begin{pmatrix} -1 & 0 & 2 \\ 0 & 1 & 2 \\ 2 & 2 & 0 \end{pmatrix}.$$

(法 2) 由 A 有三个互不相同的特征值, 故存在可逆矩阵 P 使得

$$P^{-1}AP = \mathbf{diag}(\lambda_1, \lambda_2, \lambda_3),$$

类似法 1 可知 P 的列向量是 A 的特征向量, 令

$$P = \begin{pmatrix} 1 & 2 & 2 \\ 2 & 1 & -2 \\ 2 & -2 & 1 \end{pmatrix},$$

则

$$A = P\mathbf{diag}(\lambda_1, \lambda_2, \lambda_3)P^{-1} = \frac{1}{3}\begin{pmatrix} -1 & 0 & 2 \\ 0 & 1 & 2 \\ 2 & 2 & 0 \end{pmatrix}.$$

(法 3) 由于 A 为实对称矩阵, 故存在正交矩阵 $Q = (q_1, q_2, q_3)$ 使得

$$Q^{\mathrm{T}}AQ = \mathbf{diag}(1, -1, 0),$$

其中 q_1, q_2 可取

$$q_1 = \frac{1}{|\eta_1|}\eta_1 = \frac{1}{3}(1, 2, 2)^{\mathrm{T}}, q_2 = \frac{1}{|\eta_2|}\eta_2 = \frac{1}{3}(2, 1, -2)^{\mathrm{T}}.$$

于是

$$A = Q\mathbf{diag}(1, -1, 0)Q^{\mathrm{T}} = q_1 q_1^{\mathrm{T}} - q_2 q_2^{\mathrm{T}} = \frac{1}{3}\begin{pmatrix} -1 & 0 & 2 \\ 0 & 1 & 2 \\ 2 & 2 & 0 \end{pmatrix}.$$

例 5.1.38 (南开大学,2004) 设 $f(x_1,x_2,x_3,x_4)=\boldsymbol{X}^{\mathrm{T}}\boldsymbol{A}\boldsymbol{X}$ 为实系数二次型,$\boldsymbol{A}$ 的特征值为 $\lambda_1=1$(二重) 和 $\lambda_2=-1$(二重), 且知 $\boldsymbol{\varepsilon}_1=(1,1,0,0)^{\mathrm{T}},\boldsymbol{\varepsilon}_2=(1,1,0,1)^{\mathrm{T}}$ 为属于 $\lambda_1=1$ 的特征向量. 求二次型 $f(x_1,x_2,x_3,x_4)$.

例 5.1.39 (厦门大学,2016) 设三阶实对称矩阵 $\boldsymbol{A}$ 的特征值为 2,1,1, 且 $\boldsymbol{X}=(1,1,0)^{\mathrm{T}}$ 是 $\boldsymbol{A}$ 的属于特征值 2 的特征向量, 求矩阵 $\boldsymbol{A}$.

例 5.1.40 (上海大学,2005) 设 $\boldsymbol{A}$ 为三阶实对称矩阵, 已知 $\boldsymbol{A}$ 的三个特征值为 $1,1,\lambda$, 且 $|\boldsymbol{A}|=2$, 如果 $(1,1,0)^{\mathrm{T}},(0,1,1)^{\mathrm{T}}$ 为 $\boldsymbol{A}$ 的特征向量. 求 $\boldsymbol{A}$.

例 5.1.41 (湖南大学,2008; 北京交通大学,2017) 已知三元二次型 $\boldsymbol{X}^{\mathrm{T}}\boldsymbol{A}\boldsymbol{X}$ 经过正交变换化为 $2y_1^2-y_2^2-y_3^2$. 又知 $\boldsymbol{A}^*\boldsymbol{\alpha}=\boldsymbol{\alpha}$, 其中 $\boldsymbol{\alpha}=(1,1,-1)^{\mathrm{T}}$. 求此二次型的表达式.

例 5.1.42 (厦门大学,2013; 四川师范大学,2014) 已知 $\boldsymbol{\alpha}_1=(1,-2,1)^{\mathrm{T}},\boldsymbol{\alpha}_2=(-1,a,1)^{\mathrm{T}}$ 分别是三阶不可逆实对称矩阵 $\boldsymbol{A}$ 的属于特征值 $\lambda_1=1,\lambda_2=-1$ 的特征向量. 求:

(1) $\boldsymbol{A}$;

(2) $\boldsymbol{A}^{2012}\boldsymbol{\beta}$, 其中 $\boldsymbol{\beta}=(1,1,1)^{\mathrm{T}}$.(四川师范大学,2014,$\boldsymbol{A}^{2014}\boldsymbol{\beta}$.)

例 5.1.43 (武汉大学,2010) 设三阶实对称矩阵 $\boldsymbol{A}$ 的各行元素之和均为 3, 向量 $\boldsymbol{\alpha}_1=(-1,2,-1)^{\mathrm{T}},\boldsymbol{\alpha}_2=(0,-1,1)^{\mathrm{T}}$ 是线性方程组 $\boldsymbol{A}\boldsymbol{x}=\boldsymbol{0}$ 的两个解.

(1) 求 $\boldsymbol{A}$ 的特征值与特征向量;

(2) 求正交矩阵 $\boldsymbol{Q}$ 和对角矩阵 $\boldsymbol{D}$, 使得 $\boldsymbol{Q}^{\mathrm{T}}\boldsymbol{A}\boldsymbol{Q}=\boldsymbol{D}$;

(3) 求行列式 $\left|\left(\dfrac{2}{3}\boldsymbol{B}^2\right)^{-1}+\dfrac{4}{9}\boldsymbol{B}^*+\boldsymbol{B}\right|$, 其中 $\boldsymbol{B}$ 是与 $\boldsymbol{A}-\dfrac{3}{2}\boldsymbol{E}$ 相似的矩阵, $\boldsymbol{B}^*$ 为 $\boldsymbol{B}$ 的伴随矩阵.

例 5.1.44 (电子科技大学,2016) 设 $\boldsymbol{A}$ 是三阶实对称矩阵, 各行元素之和均为 0, 且 $r(2\boldsymbol{E}-\boldsymbol{A})=2,\boldsymbol{A}-3\boldsymbol{E}$ 不可逆.

(1) $\boldsymbol{X}^{\mathrm{T}}\boldsymbol{A}\boldsymbol{X}=1$ 表示什么样的二次曲面? 为什么?

(2) 求伴随矩阵 $\boldsymbol{A}^*$.

例 5.1.45 (电子科技大学,2021) 已知 $\boldsymbol{A}$ 为三阶对称矩阵, 其各行元素之和均为 6, 且 $\boldsymbol{A}$ 的伴随矩阵为零矩阵, 求 $\boldsymbol{A}$.

例 5.1.46 (扬州大学,2018) 设三阶矩阵 $\boldsymbol{A}$ 的每行元素之和为 0, 且存在线性无关的向量 $\boldsymbol{\alpha},\boldsymbol{\beta}$, 使得 $\boldsymbol{A}\boldsymbol{\alpha}=3\boldsymbol{\beta},\boldsymbol{A}\boldsymbol{\beta}=3\boldsymbol{\alpha}$.

(1) 证明:$\boldsymbol{A}$ 相似于对角矩阵;

(2) 如果 $\boldsymbol{\alpha}=(0,-1,1)^{\mathrm{T}},\boldsymbol{\beta}=(1,0,-1)^{\mathrm{T}}$, 求矩阵 $\boldsymbol{A}$; 并求正交变换 $\boldsymbol{X}=\boldsymbol{Q}\boldsymbol{Y}$ 化二次型 $\boldsymbol{X}^{\mathrm{T}}\boldsymbol{A}\boldsymbol{X}$ 为标准形.

例 5.1.47 (浙江大学,2021) 设 $\boldsymbol{A}$ 为四阶实对称矩阵, 且 $\det(\boldsymbol{A})=2,\lambda_1=1,\lambda_2=-1$ 是其两个特征值,$L_1=L(\boldsymbol{\alpha}_1,\boldsymbol{\alpha}_2),L_2=L(\boldsymbol{\alpha}_3)$ 是其特征子空间, 其中

$$\boldsymbol{\alpha}_1=(1,1,-1,-1)^{\mathrm{T}},\boldsymbol{\alpha}_2=(1,-1,1,1)^{\mathrm{T}},\boldsymbol{\alpha}_3=(0,1,1,0)^{\mathrm{T}}.$$

求 $\boldsymbol{A}^*$ 以及 $\boldsymbol{A}$ 的正交相似标准形.

例 5.1.48 (四川师范大学,2015) 构造一个三阶实对称矩阵 $\boldsymbol{A}$, 使其特征值为 1,1,4, 且特征值 1 有特征向量 $\boldsymbol{\beta}_1=(1,1,1)^{\mathrm{T}},\boldsymbol{\beta}_2=(2,2,1)^{\mathrm{T}}$.

例 5.1.49 (西安电子科技大学,2011) 设三阶实对称矩阵 $\boldsymbol{A}$ 的特征值为 1,2,2, 特征值 1 对应的特征向量为 $\boldsymbol{x}_1=(1,1,1)^{\mathrm{T}}$, 求 $\boldsymbol{A}^3$.

例 5.1.50 (西安电子科技大学,2008) 设三阶对称矩阵 $\boldsymbol{A}$ 的特征值 $\lambda_1=1,\lambda_2=2,\lambda_3=-2$, 且 $\boldsymbol{\alpha}_1=(1,-1,1)^{\mathrm{T}}$ 是 $\boldsymbol{A}$ 的属于 λ_1 的一个特征向量. 记 $\boldsymbol{B}=\boldsymbol{A}^5-4\boldsymbol{A}^3+2\boldsymbol{E}$.

(1) 验证 $\boldsymbol{\alpha}_1$ 是矩阵 $\boldsymbol{B}$ 的特征向量, 并求 $\boldsymbol{B}$ 的全部特征值与特征向量;

(2) 求矩阵 $\boldsymbol{B}$.

例 5.1.51 (南昌大学,2014) 已知 $\boldsymbol{A}$ 为三阶实对称矩阵,$\boldsymbol{\alpha}_1=(1,-1,-1)^{\mathrm{T}},\boldsymbol{\alpha}_2=(-2,1,0)^{\mathrm{T}}$ 为齐次线性方程组 $\boldsymbol{Ax}=\boldsymbol{0}$ 的解, 又 $(\boldsymbol{A}-6\boldsymbol{E})\boldsymbol{\alpha}=\boldsymbol{0},\boldsymbol{\alpha}\neq\boldsymbol{0}$.

(1) 求 $\boldsymbol{A}$ 和 $\boldsymbol{x}^{\mathrm{T}}\boldsymbol{Ax}$ 的表达式;

(2) 用正交变换 $\boldsymbol{x}=\boldsymbol{Qy}$ 化二次型 $\boldsymbol{x}^{\mathrm{T}}\boldsymbol{Ax}$ 为标准形, 并写出所用的正交变换;

(3) 求 $(\boldsymbol{A}-3\boldsymbol{E})^6$.

例 5.1.52 (河北工业大学,2012)$\boldsymbol{A}$ 为三阶实对称矩阵,$r(\boldsymbol{A})=2$, 且

$$\boldsymbol{A}\begin{pmatrix}1&1\\0&0\\-1&1\end{pmatrix}=\begin{pmatrix}-1&1\\0&0\\1&1\end{pmatrix}.$$

(1) 求 $\boldsymbol{A}$ 的所有特征值和特征向量;

(2) 求矩阵 $\boldsymbol{A}$.

例 5.1.53 (扬州大学,2015) 已知实二次型 $f(\boldsymbol{X})=\boldsymbol{X}^{\mathrm{T}}\boldsymbol{AX}$ 的矩阵为 $\boldsymbol{A}$, 迹 $\mathrm{tr}(A)=3$, 且

$$\boldsymbol{A}\begin{pmatrix}-2&1\\-1&2\\2&2\end{pmatrix}=\begin{pmatrix}-2&-2\\-1&-4\\2&-4\end{pmatrix},$$

(1) 求矩阵 $\boldsymbol{A}$ 的特征值以及它们对应的一个特征向量;

(2) 求此二次型的表达式;

(3) 求正交变换 $\boldsymbol{X}=\boldsymbol{QY}$ 化二次型 $f(\boldsymbol{X})=\boldsymbol{X}^{\mathrm{T}}\boldsymbol{AX}$ 为标准形.

例 5.1.54 (南京航空航天大学,2010) 设二次型 $f(x_1,x_2,x_3)=2x_1^2+3x_2^2+3x_3^2+2tx_2x_3$ 经过正交变换 $\boldsymbol{X}=\boldsymbol{TY}$ 化为标准形 $f=2y_1^2+y_2^2+5y_3^2$, 这里 $t>0$ 为参数,$\boldsymbol{X}=(x_1,x_2,x_3)^{\mathrm{T}},\boldsymbol{Y}=(y_1,y_2,y_3)^{\mathrm{T}}$.

(1) 求参数 t 和正交矩阵 $\boldsymbol{T}$;

(2) 证明: 在 $x_1^2+x_2^2+x_3^2=1$ 的条件下,$f(x_1,x_2,x_3)$ 的最大值为 5.

解 (1) 二次型 $f(x_1,x_2,x_3)$ 的矩阵

$$\boldsymbol{A}=\begin{pmatrix}2&0&0\\0&3&t\\0&t&3\end{pmatrix},$$

由条件知 $\boldsymbol{T}^{-1}\boldsymbol{A}\boldsymbol{T}=\mathbf{diag}(2,1,5)$, 于是

$$10=|\boldsymbol{A}|=18-2t^2,$$

注意到 $t>0$, 故 $t=2$.

当 $t=2$ 时, 可以求得 $\boldsymbol{A}$ 的属于特征值 $2,1,5$ 的特征向量分别为

$$\boldsymbol{\alpha}_1=(1,0,0)^{\mathrm{T}},\boldsymbol{\alpha}_2=(0,-1,1)^{\mathrm{T}},\boldsymbol{\alpha}_3=(0,1,1)^{\mathrm{T}}.$$

由于 $\boldsymbol{\alpha}_1,\boldsymbol{\alpha}_2,\boldsymbol{\alpha}_3$ 是实对称矩阵 $\boldsymbol{A}$ 的属于不同特征值的特征向量, 它们已经正交, 将它们单位化可得

$$\boldsymbol{\beta}_1=(1,0,0)^{\mathrm{T}},\boldsymbol{\beta}_2=\left(0,-\frac{1}{\sqrt{2}},\frac{1}{\sqrt{2}}\right)^{\mathrm{T}},\boldsymbol{\beta}_3=\left(0,\frac{1}{\sqrt{2}},\frac{1}{\sqrt{2}}\right)^{\mathrm{T}},$$

则

$$\boldsymbol{T}=(\boldsymbol{\beta}_1,\boldsymbol{\beta}_2,\boldsymbol{\beta}_3)=\begin{pmatrix}1&0&0\\0&-\frac{1}{\sqrt{2}}&\frac{1}{\sqrt{2}}\\0&\frac{1}{\sqrt{2}}&\frac{1}{\sqrt{2}}\end{pmatrix}.$$

(2) 由条件有

$$\begin{aligned}f(x_1,x_2,x_3)=\boldsymbol{X}^{\mathrm{T}}\boldsymbol{A}\boldsymbol{X}&\xlongequal{\boldsymbol{X}=\boldsymbol{T}\boldsymbol{Y}}\boldsymbol{Y}^{\mathrm{T}}\boldsymbol{T}^{\mathrm{T}}\boldsymbol{A}\boldsymbol{T}\boldsymbol{Y}=2y_1^2+y_2^2+5y_3^2\\&\leqslant 5(y_1^2+y_2^2+y_3^2)=5\boldsymbol{Y}^{\mathrm{T}}\boldsymbol{Y}\xlongequal{\boldsymbol{Y}=\boldsymbol{T}^{-1}\boldsymbol{X}}5\boldsymbol{X}^{\mathrm{T}}\boldsymbol{X}=5.\end{aligned}$$

且令 $\boldsymbol{X}_0=\boldsymbol{T}\boldsymbol{Y}_0,\boldsymbol{Y}_0=(0,0,1)^{\mathrm{T}}$, 有

$$\boldsymbol{X}_0^{\mathrm{T}}\boldsymbol{A}\boldsymbol{X}_0=\boldsymbol{Y}_0^{\mathrm{T}}\boldsymbol{T}^{\mathrm{T}}\boldsymbol{A}\boldsymbol{T}\boldsymbol{Y}_0=5.$$

从而结论成立.

例 5.1.55 (西南师范大学,2005) 设实二次型

$$f(x_1,x_2,x_3)=2x_1^2+3x_2^2+3x_3^2+2ax_2x_3(a>0)$$

通过正交线性替换化为标准形 $f=y_1^2+2y_2^2+5y_3^2$. 求参数 a 的值及所用的正交线性替换.

例 5.1.56 (浙江大学,2004) 实二次型

$$f(x_1,x_2,x_3)=x_1^2+ax_2^2+x_3^2+2bx_1x_2+2x_1x_3+2x_2x_3$$

经过正交线性替换

$$(x_1,x_2,x_3)^{\mathrm{T}}=\boldsymbol{P}(y_1,y_2,y_3)^{\mathrm{T}}$$

化为标准形 $y_1^2+4y_2^2$.

(1) 求 a,b 及正交矩阵 $\boldsymbol{P}$;

(2) 问二次型 f 是正定的吗? 为什么?

解 (1) 由条件知 $f(x_1,x_2,x_3)$ 的矩阵

$$\boldsymbol{A}=\begin{pmatrix}1&b&1\\b&a&1\\1&1&1\end{pmatrix}$$

的特征值为 1,4,0, 于是

$$\begin{cases}0=|\boldsymbol{A}|=-b^2+2b-1,\\5=\operatorname{tr}(\boldsymbol{A})=a+2.\end{cases}$$

解得 $a=3,b=1$.

容易求得 $\boldsymbol{A}$ 的属于特征值 1,4,0 的特征向量分别为

$$\boldsymbol{\alpha}_1=(1,-1,1)^{\mathrm{T}},\boldsymbol{\alpha}_2=(1,2,1)^{\mathrm{T}},\boldsymbol{\alpha}_3=(-1,0,1)^{\mathrm{T}},$$

由于 $\boldsymbol{\alpha}_1,\boldsymbol{\alpha}_2,\boldsymbol{\alpha}_3$ 是实对称矩阵 $\boldsymbol{A}$ 的属于不同特征值的特征向量, 从而它们正交, 将它们单位化可得

$$\boldsymbol{\beta}_1=\frac{1}{\sqrt{3}}(1,-1,1)^{\mathrm{T}},\boldsymbol{\beta}_2=\frac{1}{\sqrt{6}}(1,2,1)^{\mathrm{T}},\boldsymbol{\beta}_3=\frac{1}{\sqrt{2}}(-1,0,1)^{\mathrm{T}},$$

令

$$\boldsymbol{P}=(\boldsymbol{\beta}_1,\boldsymbol{\beta}_2,\boldsymbol{\beta}_3)=\begin{pmatrix}\frac{1}{\sqrt{3}}&\frac{1}{\sqrt{6}}&-\frac{1}{\sqrt{2}}\\-\frac{1}{\sqrt{3}}&\frac{2}{\sqrt{6}}&0\\\frac{1}{\sqrt{3}}&\frac{1}{\sqrt{6}}&\frac{1}{\sqrt{2}}\end{pmatrix},$$

则 $\boldsymbol{P}$ 为正交矩阵, 且 $\boldsymbol{P}^{\mathrm{T}}\boldsymbol{A}\boldsymbol{P}=\mathbf{diag}(1,4,0)$.

(2) 由于 f 的标准形 $y_1^2+4y_2^2$ 的正惯性指数小于 3, 故 f 不是正定的.

例 5.1.57 (浙江工商大学,2015) 已知二次型 $f(x_1,x_2,x_3)=x_1^2-2x_2^2+bx_3^2-4x_1x_2+4x_1x_3+2ax_2x_3(a>0)$, 经过正交变换化为标准形 $2y_1^2+2y_2^2-7y_3^2$, 求 a,b 的值以及所用的正交变换对应的正交矩阵.

例 5.1.58 (西安电子科技大学,2015) 已知二次型 $f(x_1,x_2,x_3)=2x_1^2+3x_2^2+3x_3^2+2ax_2x_3(a>0)$, 通过正交变换 $\boldsymbol{X}=\boldsymbol{Q}\boldsymbol{Y}$ 化为标准形 $by_2^2+2y_3^2$, 试确定 a,b 的值以及所用的正交变换.

例 5.1.59 (复旦大学,2022) 设二次型 $ax_1^2-2x_1x_2+2x_1x_3+bx_2^2-4x_2x_3+2x_3^2$ 在正交变换 $\boldsymbol{X}=\boldsymbol{P}\boldsymbol{Y}$ 下化为标准形 $3y_1^2+6y_2^2$, 求 a,b 的值并求出矩阵 $\boldsymbol{P}$.

例 5.1.60 (中国地质大学,2004; 北京工业大学,2013; 华南理工大学,2015; 西安建筑科技大学,2018) 设二次型

$$f(x_1,x_2,x_3)=ax_1^2+2x_2^2-2x_3^2+2bx_1x_3(b>0),$$

其中二次型的矩阵 $\boldsymbol{A}$ 的特征值之和为 1, 特征值之积为 -12.

(1) 求 a,b 的值.

(2) 用正交变换把二次型 f 化为标准形, 并写出所用的正交变换矩阵.

例 5.1.61 (四川大学,2021) 设实二次型

$$f(x_1,x_2,x_3)=ax_1^2+3x_2^2-3x_3^2+2bx_1x_3$$

矩阵的全部特征值的和为 1, 乘积为 -48, 求 a,b, 并用非退化线性变换将 f 化为标准形.

例 5.1.62　(浙江大学,2003) 设 $\boldsymbol{A}=(a_{ij})_{n\times n}$ 为实可逆对称矩阵, 证明: 二次型

$$f(x_1,x_2,\cdots,x_n)=\begin{vmatrix}0 & x_1 & \cdots & x_n\\ -x_1 & a_{11} & \cdots & a_{1n}\\ \vdots & \vdots & & \vdots\\ -x_n & a_{n1} & \cdots & a_{nn}\end{vmatrix}$$

的矩阵为 $\boldsymbol{A}^*$.

证　令 $\boldsymbol{X}=(x_1,x_2,\cdots,x_n)^{\mathrm{T}}$, 则

$$f(x_1,x_2,\cdots,x_n)=\begin{vmatrix}0 & x_1 & \cdots & x_n\\ -x_1 & a_{11} & \cdots & a_{1n}\\ \vdots & \vdots & & \vdots\\ -x_n & a_{n1} & \cdots & a_{nn}\end{vmatrix}=\begin{vmatrix}0 & \boldsymbol{X}^{\mathrm{T}}\\ -\boldsymbol{X} & \boldsymbol{A}\end{vmatrix}=\begin{vmatrix}\boldsymbol{X}^{\mathrm{T}}\boldsymbol{A}^{-1}\boldsymbol{X} & \boldsymbol{0}\\ -\boldsymbol{X} & \boldsymbol{A}\end{vmatrix}$$
$$=|\boldsymbol{A}|(\boldsymbol{X}^{\mathrm{T}}\boldsymbol{A}^{-1}\boldsymbol{X})=\boldsymbol{X}^{\mathrm{T}}\boldsymbol{A}^*\boldsymbol{X},$$

由于 $(\boldsymbol{A}^*)^{\mathrm{T}}=(\boldsymbol{A}^{\mathrm{T}})^*=\boldsymbol{A}^*$, 故 $f(x_1,x_2,\cdots,x_n)$ 的矩阵为 $\boldsymbol{A}^*$.

例 5.1.63　(上海财经大学,2021) 设 $\boldsymbol{A}=(a_{ij})_{n\times n}$ 为正定矩阵, 证明:

$$f(x_1,x_2,\cdots,x_n)=\begin{vmatrix}\boldsymbol{A} & \boldsymbol{X}\\ \boldsymbol{X}^{\mathrm{T}} & 0\end{vmatrix}$$

为负定二次型, 其中 $\boldsymbol{X}=(x_1,x_2,\cdots,x_n)$.

例 5.1.64　证明

$$f(x_1,x_2,\cdots,x_n)=\begin{vmatrix}0 & x_1 & \cdots & x_n\\ -x_1 & a_{11} & \cdots & a_{1n}\\ \vdots & \vdots & & \vdots\\ -x_n & a_{n1} & \cdots & a_{nn}\end{vmatrix}$$

是一个二次型, 并求出此二次型的矩阵, 其中 $a_{ij}\in\mathbb{R}, i,j=1,2,\cdots,n$.

证　令 $\boldsymbol{A}=(a_{ij})_{n\times n},\boldsymbol{X}=(x_1,\cdots,x_n)^{\mathrm{T}}$, 则

$$f(x_1,x_2,\cdots,x_n)=\begin{vmatrix}0 & \boldsymbol{X}^{\mathrm{T}}\\ -\boldsymbol{X} & \boldsymbol{A}\end{vmatrix}.$$

(1) 当 $\boldsymbol{A}$ 可逆时

$$f(x_1,x_2,\cdots,x_n)=\begin{vmatrix}0 & \boldsymbol{X}^{\mathrm{T}}\\ -\boldsymbol{X} & \boldsymbol{A}\end{vmatrix}=\begin{vmatrix}\boldsymbol{X}^{\mathrm{T}}\boldsymbol{A}^{-1}\boldsymbol{X} & \boldsymbol{0}\\ -\boldsymbol{X} & \boldsymbol{A}\end{vmatrix}$$
$$=|\boldsymbol{A}||\boldsymbol{X}^{\mathrm{T}}\boldsymbol{A}^{-1}\boldsymbol{X}|=\boldsymbol{X}^{\mathrm{T}}\boldsymbol{A}^*\boldsymbol{X}$$
$$=\boldsymbol{X}^{\mathrm{T}}\left(\frac{\boldsymbol{A}^*+(\boldsymbol{A}^*)^{\mathrm{T}}}{2}\right)\boldsymbol{X},$$

故 $f(x_1,\cdots,x_n)$ 为一个二次型, 其矩阵为

$$\frac{\boldsymbol{A}^*+(\boldsymbol{A}^*)^{\mathrm{T}}}{2}.$$

(2) 当 $\boldsymbol{A}$ 不可逆时, 令 $\boldsymbol{A}_1=\boldsymbol{A}+t\boldsymbol{E}$, 则存在无穷多个 t 使得 $\boldsymbol{A}_1$ 可逆, 此时

$$f_1(x_1,\cdots,x_n)=\begin{vmatrix}0 & \boldsymbol{X}^{\mathrm{T}}\\ -\boldsymbol{X} & \boldsymbol{A}_1\end{vmatrix}=\boldsymbol{X}^{\mathrm{T}}\left(\frac{\boldsymbol{A}_1^*+(\boldsymbol{A}_1^*)^{\mathrm{T}}}{2}\right)\boldsymbol{X},$$

上式两边均为 t 的多项式, 且有无穷多个 t 使得等式成立. 故当 $t=0$ 时, 等式也成立, 故

$$f(x_1,\cdots,x_n)=\begin{vmatrix}0 & \boldsymbol{X}^{\mathrm{T}}\\ -\boldsymbol{X} & \boldsymbol{A}\end{vmatrix}=\boldsymbol{X}^{\mathrm{T}}\left(\frac{\boldsymbol{A}^*+(\boldsymbol{A}^*)^{\mathrm{T}}}{2}\right)\boldsymbol{X}.$$

注 注意 $\boldsymbol{A}$ 不一定是实对称矩阵, 从而 $\boldsymbol{A}^*$ 不一定是实对称矩阵, 故 $\boldsymbol{A}^*$ 不一定是二次型的矩阵. 注意到

$$\boldsymbol{A}^*=\frac{\boldsymbol{A}^*+(\boldsymbol{A}^*)^{\mathrm{T}}}{2}+\frac{\boldsymbol{A}^*-(\boldsymbol{A}^*)^{\mathrm{T}}}{2},$$

其中 $\dfrac{\boldsymbol{A}^*+(\boldsymbol{A}^*)^{\mathrm{T}}}{2}$ 为对称矩阵, 而 $\dfrac{\boldsymbol{A}^*-(\boldsymbol{A}^*)^{\mathrm{T}}}{2}$ 为反对称矩阵, 故 $\dfrac{\boldsymbol{A}^*+(\boldsymbol{A}^*)^{\mathrm{T}}}{2}$ 是二次型的矩阵.

例 5.1.65 (大连理工大学,2021) 设 $\boldsymbol{A}$ 为 n 阶可逆矩阵.

(1) 求二次型 $f(\boldsymbol{X})=\det\begin{pmatrix}0 & -\boldsymbol{X}^{\mathrm{T}}\\ \boldsymbol{X} & \boldsymbol{A}\end{pmatrix}$ 的矩阵, 其中 $\boldsymbol{X}=(x_1,x_2,\cdots,x_n)^{\mathrm{T}}$;

(2) 证明: 当 $\boldsymbol{A}$ 是正定矩阵时,$f(\boldsymbol{X})$ 是正定二次型;

(3) 当 $\boldsymbol{A}$ 是实对称矩阵时, 讨论 $\boldsymbol{A}$ 的正、负惯性指数与 $f(\boldsymbol{X})$ 的正、负惯性指数之间的关系.

例 5.1.66 (中国科学院大学,2007) 证明:

(1) 如果 $\sum\limits_{i=1}^{n}\sum\limits_{j=1}^{n}a_{ij}x_ix_j(a_{ij}=a_{ji})$ 是正定二次型, 则行列式

$$f(y_1,y_2,\cdots,y_n)=\begin{vmatrix}a_{11} & a_{12} & \cdots & a_{1n} & y_1\\ a_{21} & a_{22} & \cdots & a_{2n} & y_2\\ \vdots & \vdots & & \vdots & \vdots\\ a_{n1} & a_{n2} & \cdots & a_{nn} & y_n\\ y_1 & y_2 & \cdots & y_n & 0\end{vmatrix}$$

是负定二次型.

(2) 证明: 二次型 $f(y_1,y_2,\cdots,y_n)$ 的表示矩阵为 $\boldsymbol{A}$ 的负伴随矩阵 $-\boldsymbol{A}^*$.

(3) 如果 $\boldsymbol{A}$ 是对称正定矩阵, 则 $|\boldsymbol{A}|\leqslant a_{11}a_{22}\cdots a_{nn}$.

(4) 如果 $\boldsymbol{A}=(a_{ij})$ 仅是 n 阶实可逆矩阵, 则 $|\boldsymbol{A}|^2\leqslant\prod\limits_{i=1}^{n}(a_{1i}^2+\cdots+a_{ni}^2)$.

例 5.1.67 (上海大学,2006) 设 $\boldsymbol{A}$ 是 n 阶实对称矩阵且可逆,$\boldsymbol{X}=(x_1,x_2,\cdots,x_n)^{\mathrm{T}}$ 是 n 维实列向量,λ 是实数, 对于实二次型:

$$f(x_1,x_2,\cdots,x_n)=\begin{vmatrix}\lambda\boldsymbol{X}^{\mathrm{T}}\boldsymbol{X} & \boldsymbol{X}^{\mathrm{T}}\\ \boldsymbol{X} & \boldsymbol{A}\end{vmatrix}.$$

(1) 求证:$f(x_1,x_2,\cdots,x_n)$ 是正定二次型的充分必要条件是矩阵 $\lambda|\boldsymbol{A}|\boldsymbol{E}-\boldsymbol{A}^*$ 是正定矩阵;

(2) 当 $\lambda=0$ 且 n 是偶数时, 求证:$f(x_1,x_2,\cdots,x_n)$ 是负定二次型的充分必要条件是 $\boldsymbol{A}$ 为正定矩阵.

5.2 正定矩阵

设 $\boldsymbol{A}$ 为 n 阶实对称矩阵, 则以下几条等价:

1. $\boldsymbol{A}$ 正定;
2. $\boldsymbol{A}$ 与 $\mathbf{diag}(d_1, d_2, \cdots, d_n)(d_i > 0, i = 1, 2, \cdots, n)$ 合同;
3. $\boldsymbol{A}$ 与 $\boldsymbol{E}$ 合同;
4. 存在 n 阶可逆矩阵 $\boldsymbol{C}$ 使得 $\boldsymbol{A} = \boldsymbol{C}^{\mathrm{T}}\boldsymbol{C}$;
5. $\boldsymbol{A}$ 对应的二次型 $\boldsymbol{X}^{\mathrm{T}}\boldsymbol{A}\boldsymbol{X}$ 为正定二次型;
6. $\boldsymbol{A}$ 的所有顺序主子式大于 0;
7. $\boldsymbol{A}$ 的所有主子式大于 0;
8. $\boldsymbol{A}$ 的正惯性指数为 $p = n$;
9. $\boldsymbol{A}$ 的所有特征值全大于 0;
10. 对任意实可逆矩阵 $\boldsymbol{T}$, 矩阵 $\boldsymbol{T}^{\mathrm{T}}\boldsymbol{A}\boldsymbol{T}$ 正定;
11. 二次型 $\boldsymbol{X}^{\mathrm{T}}\boldsymbol{A}\boldsymbol{X}$ 的规范形为 $y_1^2 + \cdots + y_n^2$.

例 5.2.1 若 $\boldsymbol{A}, \boldsymbol{B}$ 为 n 阶正定矩阵, 则对于 $\forall a, b \in \mathbb{R}, a, b > 0$, 有 $a\boldsymbol{A} + b\boldsymbol{B}$ 正定.

证 显然 $a\boldsymbol{A} + b\boldsymbol{B}$ 是实对称矩阵, 任取 $\mathbf{0} \neq \boldsymbol{X} \in \mathbb{R}^n$, 则由 $\boldsymbol{A}, \boldsymbol{B}$ 正定, 有 $\boldsymbol{X}^{\mathrm{T}}\boldsymbol{A}\boldsymbol{X} > 0, \boldsymbol{X}^{\mathrm{T}}\boldsymbol{B}\boldsymbol{X} > 0$, 于是

$$\boldsymbol{X}^{\mathrm{T}}(a\boldsymbol{A} + b\boldsymbol{B})\boldsymbol{X} = a\boldsymbol{X}^{\mathrm{T}}\boldsymbol{A}\boldsymbol{X} + b\boldsymbol{X}^{\mathrm{T}}\boldsymbol{A}\boldsymbol{X} > 0,$$

从而 $a\boldsymbol{A} + b\boldsymbol{B}$ 正定.

例 5.2.2 (河北大学,2005) 设 $\boldsymbol{B}$ 为 n 阶实对称矩阵, 证明:$\boldsymbol{B}$ 为正定矩阵的充要条件为对任何正定矩阵 $\boldsymbol{A}$ 及实数 $\lambda \geqslant 0, \mu \geqslant 0, \lambda + \mu \neq 0, \lambda\boldsymbol{A} + \mu\boldsymbol{B}$ 为正定矩阵.

例 5.2.3 若 $\boldsymbol{A}$ 为实对称矩阵, 则存在 $a, b, c \in \mathbb{R}, a, b, c > 0$ 使得

$$a\boldsymbol{E} + \boldsymbol{A}, \boldsymbol{E} + b\boldsymbol{A}, c\boldsymbol{E} - \boldsymbol{A}$$

都是 (半) 正定矩阵.

证 显然 $a\boldsymbol{E} + \boldsymbol{A}$ 是实对称矩阵. 设 $\boldsymbol{A}$ 的特征值为 $\lambda_1, \cdots, \lambda_n$, 则 $a\boldsymbol{E} + \boldsymbol{A}$ 的特征值为 $a + \lambda_1, \cdots, a + \lambda_n$, 取$a > \max\{|\lambda_1|, \cdots, |\lambda_n|\}$, 即可使得$a\boldsymbol{E} + \boldsymbol{A}$的特征值全大于 0. 其余类似可证.

例 5.2.4 (河海大学,2022) 已知

$$\boldsymbol{A} = \begin{pmatrix} 0 & -1 & 2 \\ -1 & 1 & -1 \\ 2 & -1 & 0 \end{pmatrix},$$

找出最小的实数 c, 使得当 $t > c$ 时,$t\boldsymbol{E} + \boldsymbol{A}$ 是正定矩阵, 其中 $\boldsymbol{E}$ 是单位矩阵.

例 5.2.5 (北京交通大学,2007) 设 $\boldsymbol{A}$ 为 n 阶实对称矩阵, 证明: 必存在数 a 使得 $\boldsymbol{A}+a\boldsymbol{E}$ 为半正定而非正定.

例 5.2.6 (北京师范大学,2006) 设 $\boldsymbol{A}$ 是一个 n 阶实矩阵, 证明:

(1) 如果 $\boldsymbol{A}$ 可逆, 那么 $\boldsymbol{A}\boldsymbol{A}^{\mathrm{T}}$ 为正定矩阵 (这里 $\boldsymbol{A}^{\mathrm{T}}$ 表示 $\boldsymbol{A}$ 的转置矩阵);

(2) 如果 $\boldsymbol{A}$ 是对称的, 那么总存在一个实数 s 使得 $\boldsymbol{E}_n+s\boldsymbol{A}$ 是一个正定矩阵 (其中 $\boldsymbol{E}_n$ 表示 n 阶单位矩阵).

例 5.2.7 (北京理工大学,2003) 证明: 实对称矩阵 $\boldsymbol{A}$ 的所有特征值位于区间 $[a,b]$ 上的充要条件为实对称矩阵 $\boldsymbol{A}-t\boldsymbol{E}$ 对于任意 $t<a$ 是正定的, 而对于任意 $t>b$ 是负定的.

证 必要性. 设 $\boldsymbol{A}$ 的特征值为 $\lambda_1,\cdots,\lambda_n$, 则 $a\leqslant\lambda_i\leqslant b, i=1,\cdots,n$. 设 $\boldsymbol{A}-t\boldsymbol{E}$ 的特征值为 $\mu_i, i=1,\cdots,n$, 则 $\mu_i=\lambda_i-t$. 于是

$$a-t\leqslant\mu_i\leqslant b-t, i=1,\cdots,n.$$

当 $t<a$ 时,$\mu_i>0$, 当 $t>b$ 时,$\mu_i<0$. 故结论成立.

充分性. 设 λ 为 $\boldsymbol{A}$ 的任意特征值, 则 $t<a$ 时,$\lambda-t>0$, 当 $t>b$ 时,$\lambda-t<0$, 从而 $\lambda\in[a,b]$.

例 5.2.8 (北京科技大学,2014) 试证: 实对称矩阵 $\boldsymbol{A}$ 的特征值全部落在区间 $[a,b]$ 上的充分必要条件是矩阵 $\boldsymbol{A}-a\boldsymbol{E}$ 半正定且 $b\boldsymbol{E}-\boldsymbol{A}$ 半正定.

例 5.2.9 (西南交通大学,2007) 设$\boldsymbol{A},\boldsymbol{B}$均为$n$阶实对称矩阵,$\boldsymbol{A}$的特征值$\lambda_1\leqslant\lambda_2\leqslant\cdots\leqslant\lambda_n$, $\boldsymbol{B}$ 的特征值 $\mu_1\leqslant\mu_2\leqslant\cdots\leqslant\mu_n$. 则 $\boldsymbol{A}+\boldsymbol{B}$ 的特征值 l_i 满足

$$\lambda_1+\mu_1\leqslant l_i\leqslant\lambda_n+\mu_n, i=1,\cdots,n.$$

证 由 $\boldsymbol{A}-\lambda_1\boldsymbol{E},\boldsymbol{B}-\mu_1\boldsymbol{E}$ 半正定, 故

$$(\boldsymbol{A}+\boldsymbol{B})-(\lambda_1+\mu_1)\boldsymbol{E}=(\boldsymbol{A}-\lambda_1\boldsymbol{E})+(\boldsymbol{B}-\mu_1\boldsymbol{E})$$

半正定. 由 $\boldsymbol{A}+\boldsymbol{B}$ 为实对称矩阵, 故存在正交矩阵 $\boldsymbol{P}$, 使得

$$\boldsymbol{P}^{\mathrm{T}}(\boldsymbol{A}+\boldsymbol{B})\boldsymbol{P}=\mathbf{diag}(l_1,\cdots,l_n),$$

则

$$\boldsymbol{P}^{\mathrm{T}}[(\boldsymbol{A}+\boldsymbol{B})-(\lambda_1+\mu_1)\boldsymbol{E}]\boldsymbol{P}=\mathbf{diag}(l_1-(\lambda_1+\mu_1),\cdots,l_n-(\lambda_1+\mu_1)),$$

故 $l_i\geqslant\lambda_1+\mu_1, i=1,\cdots,n$. 同理可证 $l_i\leqslant\lambda_n+\mu_n, i=1,\cdots,n$.

例 5.2.10 (中国地质大学,2004; 山东师范大学,2021) 设 $\boldsymbol{A},\boldsymbol{B}$ 为两个 n 阶实对称矩阵,$\boldsymbol{A}$ 的特征值均大于 a,$\boldsymbol{B}$ 的特征值均大于 b, 证明:$\boldsymbol{A}+\boldsymbol{B}$ 的特征值均大于 $a+b$.

例 5.2.11 (首都师范大学,2001) 设 $\boldsymbol{A},\boldsymbol{B}$ 为 n 阶实对称矩阵,$\boldsymbol{A}$ 的所有特征值都小于 a,$\boldsymbol{B}$ 的所有特征值都小于 b, 则矩阵 $\boldsymbol{A}+\boldsymbol{B}$ 的所有特征值小于 $a+b$.

例 5.2.12 (北京理工大学,2000; 河海大学,2022) 设 $\boldsymbol{A},\boldsymbol{B}$ 为正定矩阵, 则 $\boldsymbol{A}\boldsymbol{B}$ 正定的充要条件为 $\boldsymbol{A}\boldsymbol{B}=\boldsymbol{B}\boldsymbol{A}$.

证　必要性. 由 $\boldsymbol{AB}$ 是实对称矩阵有 $\boldsymbol{AB}=(\boldsymbol{AB})^{\mathrm{T}}=\boldsymbol{B}^{\mathrm{T}}\boldsymbol{A}^{\mathrm{T}}=\boldsymbol{BA}$. 即结论成立.

充分性. 易知 $\boldsymbol{AB}$ 为实对称矩阵.

(法 1) 由 $\boldsymbol{A}$ 正定, 则存在可逆矩阵 $\boldsymbol{P}$ 使得 $\boldsymbol{A}=\boldsymbol{PP}^{\mathrm{T}}$, 于是

$$\boldsymbol{P}^{-1}(\boldsymbol{AB})\boldsymbol{P}=\boldsymbol{P}^{-1}(\boldsymbol{PP}^{\mathrm{T}}\boldsymbol{B})\boldsymbol{P}=\boldsymbol{P}^{\mathrm{T}}\boldsymbol{BP},$$

即 $\boldsymbol{AB}$ 与 $\boldsymbol{P}^{\mathrm{T}}\boldsymbol{BP}$ 相似, 从而它们的特征值相同, 注意到 $\boldsymbol{B}$ 正定, 可知 $\boldsymbol{P}^{\mathrm{T}}\boldsymbol{BP}$ 正定, 从而其特征值都大于 0, 故 $\boldsymbol{AB}$ 正定.

(法 2) 由于 $\boldsymbol{A}=\boldsymbol{C}^2$, 其中 $\boldsymbol{C}$ 正定, 故

$$\boldsymbol{C}^{-1}\boldsymbol{ABC}=\boldsymbol{C}^{-1}\boldsymbol{C}^2\boldsymbol{BC}=\boldsymbol{CBC}=\boldsymbol{C}^{\mathrm{T}}\boldsymbol{BC},$$

即 $\boldsymbol{AB}$ 与 $\boldsymbol{C}^{\mathrm{T}}\boldsymbol{BC}$ 相似, 而 $\boldsymbol{B}$ 正定, 故 $\boldsymbol{C}^{\mathrm{T}}\boldsymbol{BC}$ 正定, 即 $\boldsymbol{C}^{\mathrm{T}}\boldsymbol{BC}$ 的特征值都大于 0, 从而结论成立.

(法 3) 设 λ 是 $\boldsymbol{AB}$ 的任一特征值,$\boldsymbol{\alpha}$ 是对应的特征向量, 即 $\boldsymbol{AB\alpha}=\lambda\boldsymbol{\alpha}$, 则

$$0<\boldsymbol{\alpha}^{\mathrm{T}}\boldsymbol{B\alpha}=\boldsymbol{\alpha}^{\mathrm{T}}(\lambda\boldsymbol{A}^{-1}\boldsymbol{\alpha})=\lambda\boldsymbol{\alpha}^{\mathrm{T}}\boldsymbol{A}^{-1}\boldsymbol{\alpha},$$

注意到 $\boldsymbol{A}^{-1}$ 正定, 从而 $\lambda>0$. 故结论成立.

例 5.2.13　(北京交通大学,2013,2022) 设 $\boldsymbol{A},\boldsymbol{B}$ 分别为 n 阶实对称正定矩阵. 证明:$\boldsymbol{AB}$ 的特征根全为实数.

例 5.2.14　(河北工业大学,2002) 设 $\boldsymbol{A},\boldsymbol{B}$ 都是 n 阶正定矩阵, 证明:

(1) (武汉大学,2004)$\boldsymbol{AB}$ 的特征值都大于零;

(2) (武汉大学,2004; 云南大学,2021; 重庆大学,2021) 若 $\boldsymbol{AB}=\boldsymbol{BA}$, 则 $\boldsymbol{AB}$ 为正定矩阵;

(3) 若 $\boldsymbol{A}=(a_{ij})_{n\times n},\boldsymbol{B}=(b_{ij})_{n\times n},c_{ij}=a_{ij}b_{ij}$, 则矩阵 $\boldsymbol{C}=(c_{ij})_{n\times n}$ 为正定矩阵.

证　(1) 设 λ 是 $\boldsymbol{AB}$ 的任一特征值,$\boldsymbol{\alpha}$ 是对应的特征向量, 即 $\boldsymbol{AB\alpha}=\lambda\boldsymbol{\alpha}$, 则由 $\boldsymbol{B}$ 正定, 可得

$$0<\boldsymbol{\alpha}^{\mathrm{T}}\boldsymbol{B\alpha}=\boldsymbol{\alpha}^{\mathrm{T}}(\lambda\boldsymbol{A}^{-1}\boldsymbol{\alpha})=\lambda\boldsymbol{\alpha}^{\mathrm{T}}\boldsymbol{A}^{-1}\boldsymbol{\alpha},$$

注意到 $\boldsymbol{A}^{-1}$ 正定, 从而 $\lambda>0$. 故结论成立.

(2) 由 $\boldsymbol{A},\boldsymbol{B}$ 是实对称矩阵以及 $\boldsymbol{AB}=\boldsymbol{BA}$, 可得

$$(\boldsymbol{AB})^{\mathrm{T}}=\boldsymbol{B}^{\mathrm{T}}\boldsymbol{A}^{\mathrm{T}}=\boldsymbol{BA}=\boldsymbol{AB},$$

即 $\boldsymbol{AB}$ 是实对称矩阵. 又由 (1) 知 $\boldsymbol{AB}$ 的特征值都大于 0, 故 $\boldsymbol{AB}$ 正定.

(3) 由于 $\boldsymbol{B}$ 正定, 则存在可逆实矩阵 $\boldsymbol{P}=(p_{ij})$ 使得 $\boldsymbol{B}=\boldsymbol{P}^{\mathrm{T}}\boldsymbol{P}$, 则 $b_{ij}=\sum\limits_{k=1}^{n}p_{ki}p_{kj}$, 于是对任意的 $\boldsymbol{x}=(x_1,x_2,\cdots,x_n)^{\mathrm{T}}\in\mathbb{R}$, 有

$$\begin{aligned}\boldsymbol{x}^{\mathrm{T}}\boldsymbol{Cx}&=\sum_{i,j=1}^{n}a_{ij}b_{ij}x_ix_j=\sum_{i,j=1}^{n}\left(\sum_{k=1}^{n}a_{ij}(p_{ki}p_{kj})x_ix_j\right)\\&=\sum_{k=1}^{n}\left(\sum_{i,j=1}^{n}a_{ij}(p_{ki}x_i)(p_{kj}x_j)\right)=\sum_{k=1}^{n}\boldsymbol{y}_k^{\mathrm{T}}\boldsymbol{Ay}_k,\end{aligned}$$

其中 $\boldsymbol{y}_k=(p_{k1}x_1,p_{k2}x_2,\cdots,p_{kn}x_n)^{\mathrm{T}}$. 由于 $\boldsymbol{P}$ 可逆, 故当 $\boldsymbol{x}\neq\boldsymbol{0}$ 时, 至少有一个 $\boldsymbol{y}_k\neq\boldsymbol{0}$, 于是由 $\boldsymbol{A}$ 正定, 可得 $\boldsymbol{x}^{\mathrm{T}}\boldsymbol{Cx}>0$. 另外,$\boldsymbol{C}$ 显然是实对称矩阵, 故 $\boldsymbol{C}$ 是正定矩阵.

例 5.2.15 (重庆大学,2004) 设 $\boldsymbol{A}$ 为 n 阶正定矩阵,$\boldsymbol{B}$ 为 n 阶实方阵, 证明:

(1) 若 $\boldsymbol{B}^{\mathrm{T}}=\boldsymbol{B}$, 则 $\boldsymbol{AB}$ 的特征值为实数;

(2) 若 $\boldsymbol{B}$ 正定, 则 $\boldsymbol{AB}$ 的特征值皆大于 0;

(3) 若 $\boldsymbol{B}$ 正定且 $\boldsymbol{AB}=\boldsymbol{BA}$, 则 $\boldsymbol{AB}$ 正定.

例 5.2.16 (苏州大学,2013) 设 $\boldsymbol{A},\boldsymbol{B}$ 都是半正定矩阵, 证明:$\boldsymbol{AB}$ 的特征值都是实数.

证 由于 $\boldsymbol{A}$ 半正定, 从而存在矩阵 $\boldsymbol{P}$ 使得 $\boldsymbol{A}=\boldsymbol{P}^{\mathrm{T}}\boldsymbol{P}$, 从而 $\boldsymbol{AB}=\boldsymbol{P}^{\mathrm{T}}\boldsymbol{PB}$, 而 $\boldsymbol{P}^{\mathrm{T}}\boldsymbol{PB}$ 与 $\boldsymbol{PBP}^{\mathrm{T}}$ 有相同的特征值, 而 $\boldsymbol{PBP}^{\mathrm{T}}$ 是实对称矩阵, 从而结论成立.

例 5.2.17 (汕头大学,2021) 设 $\boldsymbol{A},\boldsymbol{B}$ 都是 n 阶实对称矩阵.

(1) 证明: 如果 $\boldsymbol{A},\boldsymbol{B}$ 的特征值都是正实数, 则 $\boldsymbol{AB}$ 的特征值都是正实数;

(2) 证明: 如果 $\boldsymbol{A},\boldsymbol{B}$ 的特征值都是非负实数, 则 $\boldsymbol{AB}$ 的特征值都是非负实数.

例 5.2.18 (华南理工大学,2008; 大连海事大学,2021) 设 $\boldsymbol{A}$ 为 n 阶正定矩阵,$\boldsymbol{B}$ 为 $n\times m$ 矩阵,$n\geqslant m$. 证明:$\boldsymbol{B}^{\mathrm{T}}\boldsymbol{AB}$ 正定的充要条件为 $r(\boldsymbol{B})=m$.

证 必要性.(法 1) 由 $\boldsymbol{B}^{\mathrm{T}}\boldsymbol{AB}$ 正定有

$$m=r(\boldsymbol{B}^{\mathrm{T}}\boldsymbol{AB})\leqslant r(\boldsymbol{B})\leqslant \min\{m,n\}=m,$$

即 $r(\boldsymbol{B})=m$.

(法 2) 由于 $r(\boldsymbol{B})\leqslant\min\{m,n\}=m$, 若 $r(\boldsymbol{B})<m$, 则线性方程组 $\boldsymbol{BX}=\boldsymbol{0}$ 有非零解, 设为 $\boldsymbol{X}_0$, 则 $\boldsymbol{BX}_0=\boldsymbol{0}$, 由条件有

$$0<\boldsymbol{X}_0^{\mathrm{T}}(\boldsymbol{B}^{\mathrm{T}}\boldsymbol{AB})\boldsymbol{X}_0=(\boldsymbol{BX}_0)^{\mathrm{T}}\boldsymbol{A}(\boldsymbol{BX}_0)=0,$$

矛盾. 故 $r(\boldsymbol{B})=m$.

充分性. 显然 $\boldsymbol{B}^{\mathrm{T}}\boldsymbol{AB}$ 是实对称矩阵. 任取 $\boldsymbol{0}\neq\boldsymbol{X}\in\mathbb{R}^m$, 由 $r(\boldsymbol{B})=m$ 知 $\boldsymbol{BX}\neq\boldsymbol{0}$, 于是由 $\boldsymbol{A}$ 正定有

$$\boldsymbol{X}^{\mathrm{T}}(\boldsymbol{B}^{\mathrm{T}}\boldsymbol{AB})\boldsymbol{X}=(\boldsymbol{BX})^{\mathrm{T}}\boldsymbol{A}(\boldsymbol{BX})>0,$$

即 $\boldsymbol{B}^{\mathrm{T}}\boldsymbol{AB}$ 正定.

例 5.2.19 (上海大学,2002) 设 $\boldsymbol{A}$ 为正定矩阵,$\boldsymbol{B}_{n\times m}$ 是秩为 m 的实矩阵, 求证:$\boldsymbol{B}^{\mathrm{T}}\boldsymbol{AB}+t\boldsymbol{E}(t>0)$ 为正定矩阵.

例 5.2.20 (浙江师范大学,2003; 华中科技大学,2005) 设 $\boldsymbol{A}$ 为 $m\times n$ 实矩阵,$\boldsymbol{B}=\lambda\boldsymbol{E}+\boldsymbol{A}^{\mathrm{T}}\boldsymbol{A}$. 证明: 当 $\lambda>0$ 时,$\boldsymbol{B}$ 为正定矩阵.

例 5.2.21 (上海大学,2005) 设 $\boldsymbol{A}$ 为 n 阶实可逆矩阵, 求证:$\boldsymbol{AA}^{\mathrm{T}}+k\boldsymbol{E}(k>0)$ 为正定矩阵.

例 5.2.22 (哈尔滨工程大学,2022) 证明: 对任意的 n 阶实方阵 $\boldsymbol{A}$, 矩阵 $\boldsymbol{B}=3\boldsymbol{A}^{\mathrm{T}}\boldsymbol{A}+2\boldsymbol{E}$ 为正定矩阵.

例 5.2.23 设 $\boldsymbol{A}=(a_{ij})_{n\times n}$, 且

$$a_{ij}=\begin{cases} b_i^2+1, & i=j,\\ b_ib_j, & i\neq j,\end{cases}$$

其中 $b_1,\cdots,b_n$ 为非零实数. 证明:$\boldsymbol{A}$ 正定.

证　令 $\boldsymbol{\alpha}=(b_1,\cdots,b_n)^{\mathrm{T}}$, 则

$$\boldsymbol{A}=\boldsymbol{\alpha}\boldsymbol{\alpha}^{\mathrm{T}}+\boldsymbol{E},$$

易知 $\boldsymbol{A}$ 是实对称矩阵. 任取 $\boldsymbol{x}\in\mathbb{R}^n,\boldsymbol{x}\neq\boldsymbol{0}$, 有

$$\boldsymbol{x}^{\mathrm{T}}\boldsymbol{A}\boldsymbol{x}=\boldsymbol{x}^{\mathrm{T}}\boldsymbol{x}+(\boldsymbol{\alpha}^{\mathrm{T}}\boldsymbol{x})^2>0,$$

于是结论成立.

例 5.2.24　(中国科学院大学,2005) 考虑如下形式的矩阵:

$$\boldsymbol{P}=\begin{pmatrix} a_1^2 & a_1a_2 & \cdots & a_1a_n \\ a_2a_1 & a_2^2 & \cdots & a_2a_n \\ \vdots & \vdots & & \vdots \\ a_na_1 & a_na_2 & \cdots & a_n^2 \end{pmatrix},$$

其中 $a_i(1\leqslant i\leqslant n)$ 都是实数. 证明:$\boldsymbol{P}$ 非负定.

例 5.2.25　(浙江师范大学,2011) 设 $\boldsymbol{A}$ 是 $n\times s$ 列满秩实矩阵,$r(\boldsymbol{A})=s$. 证明:

(1) $\boldsymbol{A}^{\mathrm{T}}\boldsymbol{A}$ 是正定矩阵;

(2) $\boldsymbol{A}(\boldsymbol{A}^{\mathrm{T}}\boldsymbol{A})^{-1}\boldsymbol{A}^{\mathrm{T}}$ 是半正定矩阵;

(3) 存在 $n\times s$ 列正交矩阵 $\boldsymbol{Q}$($\boldsymbol{Q}$ 的列向量是两两正交的单位向量, 即 $\boldsymbol{Q}^{\mathrm{T}}\boldsymbol{Q}=\boldsymbol{E}_s$), 使得 $\boldsymbol{A}(\boldsymbol{A}^{\mathrm{T}}\boldsymbol{A})^{-1}\boldsymbol{A}^{\mathrm{T}}=\boldsymbol{Q}\boldsymbol{Q}^{\mathrm{T}}$;

(4) 求 $\boldsymbol{A}(\boldsymbol{A}^{\mathrm{T}}\boldsymbol{A})^{-1}\boldsymbol{A}^{\mathrm{T}}$ 的特征值.

证　只证明 (3). 由于 $\boldsymbol{A}^{\mathrm{T}}\boldsymbol{A}$ 正定, 则存在正定矩阵 $\boldsymbol{B}$ 使得 $\boldsymbol{A}^{\mathrm{T}}\boldsymbol{A}=\boldsymbol{B}^2=\boldsymbol{B}^{\mathrm{T}}\boldsymbol{B}$, 于是

$$\boldsymbol{A}(\boldsymbol{A}^{\mathrm{T}}\boldsymbol{A})^{-1}\boldsymbol{A}^{\mathrm{T}}=\boldsymbol{A}(\boldsymbol{B}^{\mathrm{T}}\boldsymbol{B})^{-1}\boldsymbol{A}^{\mathrm{T}}=(\boldsymbol{A}\boldsymbol{B}^{-1})(\boldsymbol{A}\boldsymbol{B}^{-1})^{\mathrm{T}},$$

令 $\boldsymbol{Q}=\boldsymbol{A}\boldsymbol{B}^{-1}$, 则 $\boldsymbol{A}(\boldsymbol{A}^{\mathrm{T}}\boldsymbol{A})^{-1}\boldsymbol{A}^{\mathrm{T}}=\boldsymbol{Q}\boldsymbol{Q}^{\mathrm{T}}$, 且

$$\boldsymbol{Q}^{\mathrm{T}}\boldsymbol{Q}=(\boldsymbol{A}\boldsymbol{B}^{-1})^{\mathrm{T}}(\boldsymbol{A}\boldsymbol{B}^{-1})=(\boldsymbol{B}^{-1})^{\mathrm{T}}\boldsymbol{A}^{\mathrm{T}}\boldsymbol{A}\boldsymbol{B}^{-1}=\boldsymbol{B}^{-1}\boldsymbol{B}^2\boldsymbol{B}^{-1}=\boldsymbol{E},$$

从而结论成立.

例 5.2.26　(西南大学,2006) 设 $\boldsymbol{A}$ 为 n 阶实对称矩阵, 证明:$\boldsymbol{A}$ 为半正定矩阵的充要条件是对任意的 $n\times m$ 实矩阵 $\boldsymbol{B}$, 有 $\boldsymbol{B}^{\mathrm{T}}\boldsymbol{A}\boldsymbol{B}$ 半正定.

证　必要性. 显然 $\boldsymbol{B}^{\mathrm{T}}\boldsymbol{A}\boldsymbol{B}$ 是实对称矩阵.$\forall\boldsymbol{X}\in\mathbb{R}^m$, 由 $\boldsymbol{A}$ 半正定有

$$\boldsymbol{X}^{\mathrm{T}}(\boldsymbol{B}^{\mathrm{T}}\boldsymbol{A}\boldsymbol{B})\boldsymbol{X}=(\boldsymbol{B}\boldsymbol{X})^{\mathrm{T}}\boldsymbol{A}(\boldsymbol{B}\boldsymbol{X})\geqslant 0,$$

从而 $\boldsymbol{B}^{\mathrm{T}}\boldsymbol{A}\boldsymbol{B}$ 半正定.

充分性.(法 1)$\forall\boldsymbol{X}\in\mathbb{R}^n$, 令 $\boldsymbol{B}=(\boldsymbol{X},\boldsymbol{0},\cdots,\boldsymbol{0})_{n\times m}$, 由条件知

$$\boldsymbol{B}^{\mathrm{T}}\boldsymbol{A}\boldsymbol{B}=\begin{pmatrix} \boldsymbol{X}^{\mathrm{T}}\boldsymbol{A}\boldsymbol{X} & 0 & \cdots & 0 \\ 0 & 0 & \cdots & 0 \\ \vdots & \vdots & & \vdots \\ 0 & 0 & \cdots & 0 \end{pmatrix}$$

半正定, 从而 $\boldsymbol{X}^{\mathrm{T}}\boldsymbol{A}\boldsymbol{X}\geqslant 0$, 于是 $\boldsymbol{A}$ 半正定.

(法 2) 设 λ 是 $\boldsymbol{A}$ 的任一特征值,$\boldsymbol{\alpha}$ 为对应的特征向量, 即 $\boldsymbol{A\alpha}=\lambda\boldsymbol{\alpha},\boldsymbol{\alpha}\neq\boldsymbol{0}$. 令 $\boldsymbol{B}=(\boldsymbol{\alpha},\boldsymbol{0},\cdots,\boldsymbol{0})$, 由

$$\boldsymbol{B}^{\mathrm{T}}\boldsymbol{A}\boldsymbol{B}=\begin{pmatrix}\lambda\boldsymbol{\alpha}^{\mathrm{T}}\boldsymbol{\alpha} & 0 & \cdots & 0\\ 0 & 0 & \cdots & 0\\ \vdots & \vdots & & \vdots\\ 0 & 0 & \cdots & 0\end{pmatrix}$$

半正定, 故 $\lambda\boldsymbol{\alpha}^{\mathrm{T}}\boldsymbol{\alpha}\geqslant 0$, 注意到 $\boldsymbol{\alpha}^{\mathrm{T}}\boldsymbol{\alpha}>0$, 从而 $\lambda\geqslant 0$. 于是 $\boldsymbol{A}$ 半正定.

例 5.2.27 (南京大学,2006) 设 $\boldsymbol{A}$ 为 n 阶正定矩阵. 证明:$\boldsymbol{A}+\boldsymbol{A}^{-1}-\boldsymbol{E}$ 正定.

证 首先, 易知 $\boldsymbol{A}+\boldsymbol{A}^{-1}-\boldsymbol{E}$ 是实对称矩阵, 其次证明 $\boldsymbol{A}+\boldsymbol{A}^{-1}-\boldsymbol{E}$ 正定.

(法 1) 由于存在正交矩阵 $\boldsymbol{P}$ 使得

$$\boldsymbol{A}=\boldsymbol{P}^{\mathrm{T}}\mathbf{diag}(\lambda_1,\cdots,\lambda_n)\boldsymbol{P},\lambda_i>0,i=1,\cdots,n,$$

于是

$$\boldsymbol{A}+\boldsymbol{A}^{-1}-\boldsymbol{E}=\boldsymbol{P}^{\mathrm{T}}\mathbf{diag}\left(\lambda_1+\frac{1}{\lambda_1}-1,\cdots,\lambda_n+\frac{1}{\lambda_n}-1\right)\boldsymbol{P}.$$

由于

$$\lambda_i+\frac{1}{\lambda_i}-1=\frac{\lambda_i^2-\lambda_i+1}{\lambda_i}>0,i=1,2,\cdots,n,$$

故 $\boldsymbol{A}+\boldsymbol{A}^{-1}-\boldsymbol{E}$ 的特征值都大于 0, 从而 $\boldsymbol{A}+\boldsymbol{A}^{-1}-\boldsymbol{E}$ 正定.

(法 2) 考虑矩阵

$$\boldsymbol{M}=\begin{pmatrix}\boldsymbol{A} & -\frac{1}{2}\boldsymbol{E}\\ -\frac{1}{2}\boldsymbol{E} & \boldsymbol{A}^{-1}\end{pmatrix},$$

易知 $\boldsymbol{M}$ 是实对称矩阵. 由

$$\begin{pmatrix}\boldsymbol{E} & -\frac{1}{2}\boldsymbol{A}^{-1}\\ \boldsymbol{O} & \boldsymbol{E}\end{pmatrix}^{\mathrm{T}}\begin{pmatrix}\boldsymbol{A} & -\frac{1}{2}\boldsymbol{E}\\ -\frac{1}{2}\boldsymbol{E} & \boldsymbol{A}^{-1}\end{pmatrix}\begin{pmatrix}\boldsymbol{E} & -\frac{1}{2}\boldsymbol{A}^{-1}\\ \boldsymbol{O} & \boldsymbol{E}\end{pmatrix}=\begin{pmatrix}\boldsymbol{A} & \boldsymbol{O}\\ \boldsymbol{O} & \frac{3}{4}\boldsymbol{A}^{-1}\end{pmatrix},$$

可知 $\boldsymbol{M}$ 正定, 于是对任意的行数为 $2n$ 的列满秩实矩阵 $\boldsymbol{Q}$ 有 $\boldsymbol{Q}^{\mathrm{T}}\boldsymbol{M}\boldsymbol{Q}$ 正定, 特别地, 令 $\boldsymbol{Q}=\begin{pmatrix}\boldsymbol{E}\\ \boldsymbol{E}\end{pmatrix}$, 有

$$\boldsymbol{Q}^{\mathrm{T}}\boldsymbol{M}\boldsymbol{Q}=\begin{pmatrix}\boldsymbol{E}\\ \boldsymbol{E}\end{pmatrix}^{\mathrm{T}}\begin{pmatrix}\boldsymbol{A} & -\frac{1}{2}\boldsymbol{E}\\ -\frac{1}{2}\boldsymbol{E} & \boldsymbol{A}^{-1}\end{pmatrix}\begin{pmatrix}\boldsymbol{E}\\ \boldsymbol{E}\end{pmatrix}=\boldsymbol{A}+\boldsymbol{A}^{-1}-\boldsymbol{E},$$

可知 $\boldsymbol{A}+\boldsymbol{A}^{-1}-\boldsymbol{E}$ 正定.

例 5.2.28 (浙江大学,2017) 已知 $\boldsymbol{A}$ 是正定矩阵, 证明:$\boldsymbol{A}+\boldsymbol{A}^{-1}-2\boldsymbol{E}$ 是半正定矩阵, 并给出 $\boldsymbol{A}+\boldsymbol{A}^{-1}-2\boldsymbol{E}$ 是正定矩阵的充要条件.

例 5.2.29 (大连理工大学,2021) 设实对称矩阵 $\boldsymbol{A}$ 的阶数为偶数, 且满足 $\boldsymbol{A}^3+6\boldsymbol{A}^2+11\boldsymbol{A}+6\boldsymbol{E}=\mathbf{O}$. 证明:$\boldsymbol{A}$ 的伴随矩阵 $\boldsymbol{A}^*$ 为负定矩阵.

证 设 λ 为矩阵 $\boldsymbol{A}$ 的任一特征值, 对应的特征向量为 $\boldsymbol{\alpha}$, 即

$$\boldsymbol{A\alpha}=\lambda\boldsymbol{\alpha},\boldsymbol{\alpha}\neq\boldsymbol{0},$$

则

$$\boldsymbol{0}=(\boldsymbol{A}^3+6\boldsymbol{A}^2+11\boldsymbol{A}+6\boldsymbol{E})\boldsymbol{\alpha}=(\lambda^3+6\lambda^2+11\lambda+6)\boldsymbol{\alpha},$$

由 $\boldsymbol{\alpha}\neq\boldsymbol{0}$ 可得

$$0=\lambda^3+6\lambda^2+11\lambda+6=(\lambda+1)(\lambda+2)(\lambda+3),$$

即 $\boldsymbol{A}$ 的特征值只能为 $-1,-2,-3$. 由 $\boldsymbol{A}$ 的阶数为偶数知 $|\boldsymbol{A}|>0$(因为行列式为所有特征值的乘积).$\boldsymbol{A}^{-1}$ 的特征值只能为 $-1,-\dfrac{1}{2},-\dfrac{1}{3}$. 而 $\boldsymbol{A}^*=|\boldsymbol{A}|\boldsymbol{A}^{-1}$, 从而 $\boldsymbol{A}^*$ 的特征值都是负的. 易知 $\boldsymbol{A}^*$ 实对称, 所以 $\boldsymbol{A}^*$ 是负定矩阵.

例 5.2.30 (重庆师范大学,2007) 设 $\boldsymbol{A}$ 为 n 阶实对称矩阵, 且 $\boldsymbol{A}^3-6\boldsymbol{A}^2+11\boldsymbol{A}-6\boldsymbol{E}=\boldsymbol{O}$, 证明:$\boldsymbol{A}$ 是正定矩阵.

例 5.2.31 (华东师范大学,2019) 已知 2019 阶实对称矩阵 $\boldsymbol{A}$ 满足 $\boldsymbol{A}^2=2019\boldsymbol{A}$, 证明:$\boldsymbol{E}+\boldsymbol{A}+\cdots+\boldsymbol{A}^{2019}$ 为正定矩阵.

例 5.2.32 (华东师范大学,2005) 设 $f(\lambda)=\lambda^n+a_1\lambda^{n-1}+\cdots+a_{n-1}\lambda+a_n$ 为实对称矩阵 $\boldsymbol{A}$ 的特征多项式. 证明: $\boldsymbol{A}$ 为负定矩阵的充要条件为 $a_1,a_2,\cdots,a_{n-1},a_n$ 均大于 0.

证 必要性. 设矩阵 $\boldsymbol{A}$ 的特征值为 $\lambda_1,\cdots,\lambda_n$, 则

$$f(\lambda)=(\lambda-\lambda_1)\cdots(\lambda-\lambda_n),$$

由根与系数的关系可得

$$\begin{cases}a_1=-(\lambda_1+\cdots+\lambda_n),\\ a_2=\displaystyle\sum_{1\leqslant i_1<i_2\leqslant n}\lambda_{i_1}\lambda_{i_2},\\ \quad\vdots\\ a_k=(-1)^k\displaystyle\sum_{1\leqslant i_1<\cdots<i_k\leqslant n}\lambda_{i_1}\cdots\lambda_{i_k},\\ \quad\vdots\\ a_n=(-1)^n\lambda_1\cdots\lambda_n.\end{cases}$$

由 $\boldsymbol{A}$ 是负定矩阵, 则 $\lambda_1,\cdots,\lambda_n$ 均小于 0, 由上式可知 $a_1,a_2,\cdots,a_{n-1},a_n$ 均大于 0.

充分性. 设 λ_0 是 $\boldsymbol{A}$ 的任一特征值, 若 $\lambda_0>0$, 则由 $a_1,a_2,\cdots,a_{n-1},a_n$ 均大于 0 知 $f(\lambda_0)>0$, 这与 λ_0 是 $\boldsymbol{A}$ 的特征值矛盾, 从而 $\lambda_0\leqslant 0$. 若 $\lambda_0=0$, 则 $f(\lambda_0)=f(0)=a_n>0$. 矛盾. 故 $\lambda_0<0$. 从而 $\boldsymbol{A}$ 是负定矩阵.

例 5.2.33 设 $\boldsymbol{A},\boldsymbol{B}$ 分别为 n 阶与 m 阶实对称矩阵, 则 $\boldsymbol{M}=\begin{pmatrix}\boldsymbol{A}&\boldsymbol{O}\\ \boldsymbol{O}&\boldsymbol{B}\end{pmatrix}$ 正定的充要条件是 $\boldsymbol{A},\boldsymbol{B}$ 均正定.

证 必要性. 易知 $\boldsymbol{A},\boldsymbol{B}$ 的各阶主子式也为 $\boldsymbol{M}$ 的各阶主子式, 由 $\boldsymbol{M}$ 正定知 $\boldsymbol{A},\boldsymbol{B}$ 均正定.

充分性.(法 1) 易知 $\boldsymbol{M}$ 是实对称矩阵. 任取 $\boldsymbol{0}\neq\boldsymbol{Z}\in\mathbb{R}^{n+m}$, 设 $\boldsymbol{Z}=\begin{pmatrix}\boldsymbol{X}\\\boldsymbol{Y}\end{pmatrix}$, 其中 $\boldsymbol{X}\in\mathbb{R}^n,\boldsymbol{Y}\in\mathbb{R}^m$, 则

$$\boldsymbol{Z}^{\mathrm{T}}\boldsymbol{M}\boldsymbol{Z}=\boldsymbol{X}^{\mathrm{T}}\boldsymbol{A}\boldsymbol{X}+\boldsymbol{Y}^{\mathrm{T}}\boldsymbol{B}\boldsymbol{Y},$$

由 $\boldsymbol{Z}\neq\boldsymbol{0}$ 知 $\boldsymbol{X},\boldsymbol{Y}$ 中至少有一个不为零向量, 则由 $\boldsymbol{A},\boldsymbol{B}$ 均正定知 $\boldsymbol{Z}^{\mathrm{T}}\boldsymbol{M}\boldsymbol{Z}>0$, 故 $\boldsymbol{M}$ 正定.

(法 2) 易知 $\boldsymbol{M}$ 是实对称矩阵. 由 $\boldsymbol{A},\boldsymbol{B}$ 均正定知存在可逆矩阵 $\boldsymbol{P},\boldsymbol{Q}$ 使得

$$\boldsymbol{A}=\boldsymbol{P}^{\mathrm{T}}\boldsymbol{P},\boldsymbol{B}=\boldsymbol{Q}^{\mathrm{T}}\boldsymbol{Q},$$

于是

$$\boldsymbol{M}=\begin{pmatrix}\boldsymbol{P}&\boldsymbol{O}\\\boldsymbol{O}&\boldsymbol{Q}\end{pmatrix}^{\mathrm{T}}\begin{pmatrix}\boldsymbol{P}&\boldsymbol{O}\\\boldsymbol{O}&\boldsymbol{Q}\end{pmatrix},$$

显然 $\begin{pmatrix}\boldsymbol{P}&\boldsymbol{O}\\\boldsymbol{O}&\boldsymbol{Q}\end{pmatrix}$ 是可逆的, 故 $\boldsymbol{M}$ 与 $\boldsymbol{E}$ 合同, 从而 $\boldsymbol{M}$ 正定.

(法 3) 易知 $\boldsymbol{M}$ 是实对称矩阵. 由于

$$|\lambda\boldsymbol{E}-\boldsymbol{M}|=|\lambda\boldsymbol{E}-\boldsymbol{A}||\lambda\boldsymbol{E}-\boldsymbol{B}|,$$

故 $\boldsymbol{M}$ 的特征值为 $\boldsymbol{A}$ 或 $\boldsymbol{B}$ 的特征值, 由 $\boldsymbol{A},\boldsymbol{B}$ 均正定知 $\boldsymbol{M}$ 的特征值都大于 0. 故 $\boldsymbol{M}$ 正定.

(法 4) 易知 $\boldsymbol{M}$ 是实对称矩阵. 设 $D_{\boldsymbol{M}}^k,D_{\boldsymbol{A}}^k,D_{\boldsymbol{B}}^k$ 分别为 $\boldsymbol{M},\boldsymbol{A},\boldsymbol{B}$ 的 k 阶顺序主子式, 则易知

$$D_{\boldsymbol{M}}^k=\begin{cases}D_{\boldsymbol{A}}^k, & k\leqslant n;\\|\boldsymbol{A}|D_{\boldsymbol{B}}^{k-n}, & n<k\leqslant n+m.\end{cases}$$

由 $\boldsymbol{A},\boldsymbol{B}$ 正定, 可知 $D_{\boldsymbol{M}}^k>0$, 从而 $\boldsymbol{M}$ 正定.

例 5.2.34 (华东师范大学,2002) 设 $\boldsymbol{B}$ 为 $n\times n$ 正定矩阵,$\boldsymbol{C}$ 是秩为 m 的 $n\times m$ 实矩阵,$n>m$, 令

$$\boldsymbol{A}=\begin{pmatrix}\boldsymbol{B}&\boldsymbol{C}\\\boldsymbol{C}^{\mathrm{T}}&\boldsymbol{O}\end{pmatrix},$$

证明:$\boldsymbol{A}$ 有 n 个正的特征值,m 个负的特征值.

证 由于

$$\begin{pmatrix}\boldsymbol{E}_n&\boldsymbol{O}\\-\boldsymbol{C}^{\mathrm{T}}\boldsymbol{B}^{-1}&\boldsymbol{E}_m\end{pmatrix}\begin{pmatrix}\boldsymbol{B}&\boldsymbol{C}\\\boldsymbol{C}^{\mathrm{T}}&\boldsymbol{O}\end{pmatrix}\begin{pmatrix}\boldsymbol{E}_n&-\boldsymbol{B}^{-1}\boldsymbol{C}\\\boldsymbol{O}&\boldsymbol{E}_m\end{pmatrix}=\begin{pmatrix}\boldsymbol{B}&\boldsymbol{O}\\\boldsymbol{O}&-\boldsymbol{C}^{\mathrm{T}}\boldsymbol{B}^{-1}\boldsymbol{C}\end{pmatrix},$$

即 $\boldsymbol{A}$ 与 $\begin{pmatrix}\boldsymbol{B}&\boldsymbol{O}\\\boldsymbol{O}&-\boldsymbol{C}^{\mathrm{T}}\boldsymbol{B}^{-1}\boldsymbol{C}\end{pmatrix}$ 合同, 而 $\boldsymbol{B}$ 正定,$-\boldsymbol{C}^{\mathrm{T}}\boldsymbol{B}^{-1}\boldsymbol{C}$ 为 m 阶负定矩阵. 故结论成立.

例 5.2.35 (江苏大学,2005) 设

$$\boldsymbol{A}=\begin{pmatrix}\boldsymbol{A}_{11}&\boldsymbol{A}_{12}\\\boldsymbol{A}_{21}&\boldsymbol{A}_{22}\end{pmatrix}$$

为一对称阵, 且 $|\boldsymbol{A}_{11}| \neq 0$. 证明: 存在

$$\boldsymbol{B}=\begin{pmatrix}\boldsymbol{E} & \boldsymbol{X}\\ \boldsymbol{O} & \boldsymbol{E}\end{pmatrix}$$

使得

$$\boldsymbol{B}^{\mathrm{T}}\boldsymbol{A}\boldsymbol{B}=\begin{pmatrix}\boldsymbol{A}_{11} & \boldsymbol{O}\\ \boldsymbol{O} & *\end{pmatrix},$$

其中 $*$ 表示一个阶数与 $\boldsymbol{A}_{22}$ 相同的矩阵.

例 5.2.36　(上海大学,2001) 设

$$\boldsymbol{B}=\begin{pmatrix}-\boldsymbol{A} & \boldsymbol{\alpha}\\ \boldsymbol{\alpha}^{\mathrm{T}} & b\end{pmatrix},$$

其中 $\boldsymbol{A}$ 为 n 阶负定矩阵,$\boldsymbol{\alpha}$ 为 n 维列向量,b 为实数, 求证:$\boldsymbol{B}$ 正定的充要条件为 $b+\boldsymbol{\alpha}^{\mathrm{T}}\boldsymbol{A}^{-1}\boldsymbol{\alpha}>0$.

例 5.2.37　(中国科学院大学,2004; 中国科学技术大学,2020) 设 $\boldsymbol{A}$ 为 n 阶实对称矩阵,$\boldsymbol{b}$ 为 $n\times 1$ 维实列向量, 证明:$\boldsymbol{A}-\boldsymbol{b}\boldsymbol{b}^{\mathrm{T}}>0$ 的充要条件为 $\boldsymbol{A}>0$ 及 $\boldsymbol{b}^{\mathrm{T}}\boldsymbol{A}^{-1}\boldsymbol{b}<1$.

证　由于

$$\begin{pmatrix}\boldsymbol{E} & -\boldsymbol{b}\\ \boldsymbol{0} & 1\end{pmatrix}\begin{pmatrix}\boldsymbol{A} & \boldsymbol{b}\\ \boldsymbol{b}^{\mathrm{T}} & 1\end{pmatrix}\begin{pmatrix}\boldsymbol{E} & \boldsymbol{0}\\ -\boldsymbol{b}^{\mathrm{T}} & 1\end{pmatrix}=\begin{pmatrix}\boldsymbol{A}-\boldsymbol{b}\boldsymbol{b}^{\mathrm{T}} & \boldsymbol{0}\\ \boldsymbol{0} & 1\end{pmatrix},$$

$$\begin{pmatrix}\boldsymbol{E} & \boldsymbol{0}\\ -\boldsymbol{b}^{\mathrm{T}}\boldsymbol{A}^{-1} & 1\end{pmatrix}\begin{pmatrix}\boldsymbol{A} & \boldsymbol{b}\\ \boldsymbol{b}^{\mathrm{T}} & 1\end{pmatrix}\begin{pmatrix}\boldsymbol{E} & -\boldsymbol{A}^{-1}\boldsymbol{b}\\ \boldsymbol{0} & 1\end{pmatrix}=\begin{pmatrix}\boldsymbol{A} & \boldsymbol{0}\\ \boldsymbol{0} & 1-\boldsymbol{b}^{\mathrm{T}}\boldsymbol{A}^{-1}\boldsymbol{b}\end{pmatrix},$$

可知结论成立.

例 5.2.38　(湖南大学,2011) 设 $\boldsymbol{A}$ 为 n 阶实对称矩阵,$\boldsymbol{b}=(b_1,b_2,\cdots,b_n)^{\mathrm{T}}$ 为 n 维实列向量, 证明:

(1) 若 $\boldsymbol{A}>0$, 则 $\boldsymbol{A}^{-1}>0$, 这里 $\boldsymbol{A}>0$ 表示 $\boldsymbol{A}$ 为正定矩阵;

(2)(中国科学技术大学,2020) 若 $\boldsymbol{A}-\boldsymbol{b}\boldsymbol{b}^{\mathrm{T}}>0$, 则 $\boldsymbol{A}>0$ 且 $\boldsymbol{b}^{\mathrm{T}}\boldsymbol{A}^{-1}\boldsymbol{b}<1$.

例 5.2.39　(南京大学,2008) 设 $\boldsymbol{A}=\begin{pmatrix}\boldsymbol{B} & \boldsymbol{b}\\ \boldsymbol{b}^{\mathrm{T}} & a\end{pmatrix}$ 为正定矩阵, 其中 $\boldsymbol{B}$ 是一个 n 阶矩阵,$\boldsymbol{b}$ 是一个 n 维列向量. 证明: 如果 $\boldsymbol{b}\neq\boldsymbol{0}$, 则有 $|\boldsymbol{A}|<|\boldsymbol{B}|\cdot a$.

证　由 $\boldsymbol{A}$ 正定知 $\boldsymbol{B}$ 正定, 于是由

$$\begin{pmatrix}\boldsymbol{E} & -\boldsymbol{B}^{-1}\boldsymbol{b}\\ \boldsymbol{0} & 1\end{pmatrix}^{\mathrm{T}}\begin{pmatrix}\boldsymbol{B} & \boldsymbol{b}\\ \boldsymbol{b}^{\mathrm{T}} & a\end{pmatrix}\begin{pmatrix}\boldsymbol{E} & -\boldsymbol{B}^{-1}\boldsymbol{b}\\ \boldsymbol{0} & 1\end{pmatrix}=\begin{pmatrix}\boldsymbol{B} & \boldsymbol{0}\\ \boldsymbol{0} & a-\boldsymbol{b}^{\mathrm{T}}\boldsymbol{B}^{-1}\boldsymbol{b}\end{pmatrix},$$

可得 $a-\boldsymbol{b}^{\mathrm{T}}\boldsymbol{B}^{-1}\boldsymbol{b}>0$, 注意到 $\boldsymbol{B}^{-1}$ 正定, 则 $\boldsymbol{b}^{\mathrm{T}}\boldsymbol{B}^{-1}\boldsymbol{b}\geqslant 0$, 于是

$$|\boldsymbol{A}|=|\boldsymbol{B}|(a-\boldsymbol{b}^{\mathrm{T}}\boldsymbol{B}^{-1}\boldsymbol{b})\leqslant|\boldsymbol{B}|a.$$

例 5.2.40 (北京工业大学,2019) 设 $\boldsymbol{A}$ 为 n 阶实对称矩阵,$\begin{pmatrix} \boldsymbol{A} & \boldsymbol{B} \\ \boldsymbol{B}^{\mathrm{T}} & c \end{pmatrix}$ 正定,$\boldsymbol{B}$ 是 $n\times 1$ 矩阵,c 为常数. 证明:

$$\begin{vmatrix} \boldsymbol{A} & \boldsymbol{B} \\ \boldsymbol{B}^{\mathrm{T}} & c \end{vmatrix} \leqslant c|\boldsymbol{A}|,$$

等号成立当且仅当 $\boldsymbol{B}=\mathbf{0}$.

例 5.2.41 (南京师范大学,2008) 设分块实对称矩阵 $\boldsymbol{A}=\begin{pmatrix} a & \boldsymbol{\beta}^{\mathrm{T}} & 0 \\ \boldsymbol{\beta} & \boldsymbol{A}_1 & \boldsymbol{\gamma} \\ 0 & \boldsymbol{\gamma}^{\mathrm{T}} & b \end{pmatrix}$, 其中 $a,b\in\mathbb{R},\boldsymbol{\beta},\boldsymbol{\gamma}\in\mathbb{R}^n,\boldsymbol{A}_1\in\mathbb{R}^{n\times n}$. 证明:$\boldsymbol{A}$ 正定的充要条件是 $a>0,b>0$ 且矩阵 $\boldsymbol{A}_1-\dfrac{1}{a}\boldsymbol{\beta}\boldsymbol{\beta}^{\mathrm{T}}-\dfrac{1}{b}\boldsymbol{\gamma}\boldsymbol{\gamma}^{\mathrm{T}}$ 正定.

证 由 $\boldsymbol{A}$ 为实对称矩阵, 可知 $\boldsymbol{A}_1$ 是实对称矩阵, 从而 $\boldsymbol{A}_1-\dfrac{1}{a}\boldsymbol{\beta}\boldsymbol{\beta}^{\mathrm{T}}-\dfrac{1}{b}\boldsymbol{\gamma}\boldsymbol{\gamma}^{\mathrm{T}}$ 是实对称矩阵. 对 $\boldsymbol{A}$ 进行合同变换可得

$$\begin{pmatrix} 1 & 0 & 0 \\ 0 & \boldsymbol{E}_n & 0 \\ 0 & -\frac{1}{b}\boldsymbol{\gamma}^{\mathrm{T}} & 0 \end{pmatrix}^{\mathrm{T}} \begin{pmatrix} 1 & -\frac{1}{a}\boldsymbol{\beta}^{\mathrm{T}} & 0 \\ 0 & \boldsymbol{E}_n & 0 \\ 0 & 0 & 1 \end{pmatrix}^{\mathrm{T}} \begin{pmatrix} a & \boldsymbol{\beta}^{\mathrm{T}} & 0 \\ \boldsymbol{\beta} & \boldsymbol{A}_1 & \boldsymbol{\gamma} \\ 0 & \boldsymbol{\gamma}^{\mathrm{T}} & b \end{pmatrix} \begin{pmatrix} 1 & -\frac{1}{a}\boldsymbol{\beta}^{\mathrm{T}} & 0 \\ 0 & \boldsymbol{E}_n & 0 \\ 0 & 0 & 1 \end{pmatrix} \begin{pmatrix} 1 & 0 & 0 \\ 0 & \boldsymbol{E}_n & 0 \\ 0 & -\frac{1}{b}\boldsymbol{\gamma}^{\mathrm{T}} & 1 \end{pmatrix}$$

$$=\begin{pmatrix} a & 0 & 0 \\ 0 & \boldsymbol{A}_1-\frac{1}{a}\boldsymbol{\beta}\boldsymbol{\beta}^{\mathrm{T}}-\frac{1}{b}\boldsymbol{\gamma}^{\mathrm{T}}\boldsymbol{\gamma} & 0 \\ 0 & 0 & b \end{pmatrix},$$

由此可知 $\boldsymbol{A}$ 正定的充要条件是 $a>0,b>0$ 且 $\boldsymbol{A}_1-\dfrac{1}{a}\boldsymbol{\beta}\boldsymbol{\beta}^{\mathrm{T}}-\dfrac{1}{b}\boldsymbol{\gamma}^{\mathrm{T}}\boldsymbol{\gamma}$ 正定.

例 5.2.42 (南京大学,2008) 设 $\boldsymbol{E}$ 为 n 阶单位矩阵,$\boldsymbol{a},\boldsymbol{b}$ 为给定的 n 维实列向量并有 $\boldsymbol{a}^{\mathrm{T}}\boldsymbol{b}>0$. 证明:

$$\boldsymbol{H}=\boldsymbol{E}-\frac{\boldsymbol{b}\boldsymbol{b}^{\mathrm{T}}}{\boldsymbol{b}^{\mathrm{T}}\boldsymbol{b}}+\frac{\boldsymbol{a}\boldsymbol{a}^{\mathrm{T}}}{\boldsymbol{a}^{\mathrm{T}}\boldsymbol{b}}$$

是正定矩阵.

例 5.2.43 (南京大学,2009) 设 $\alpha,\boldsymbol{\beta}$ 为 n 维欧氏空间 $\mathbb{R}^n$ 中的两个非零列向量. 则 $\alpha^{\mathrm{T}}\boldsymbol{\beta}>0$ 的充要条件是存在正定矩阵 $\boldsymbol{A}$ 使得 $\boldsymbol{\beta}=\boldsymbol{A}\alpha$.

证 充分性. 显然.

必要性. 参看例5.2.42. 令

$$\boldsymbol{A}=\boldsymbol{E}-\frac{\boldsymbol{\alpha}\boldsymbol{\alpha}^{\mathrm{T}}}{\boldsymbol{\alpha}^{\mathrm{T}}\boldsymbol{\alpha}}+\frac{\boldsymbol{\beta}\boldsymbol{\beta}^{\mathrm{T}}}{\boldsymbol{\beta}^{\mathrm{T}}\boldsymbol{\alpha}}$$

即可.

例 5.2.44 (南京大学,2023) 设 $\boldsymbol{\alpha}^{\mathrm{T}}=(1,-1,1,-1),\boldsymbol{\beta}^{\mathrm{T}}=(1,3,2,-1)$, 求一个正定矩阵 $\boldsymbol{A}$ 使得 $\boldsymbol{\beta}=\boldsymbol{A}\boldsymbol{\alpha}$.

例 5.2.45　(复旦大学高等代数每周一题 [问题 2018S12]) 设 $\boldsymbol{\alpha},\boldsymbol{\beta}$ 为 n 维非零实列向量,

(1) (哈尔滨工程大学,2022) 证明:$\boldsymbol{\alpha}^{\mathrm{T}}\boldsymbol{\beta}>0$ 成立的充要条件是存在 n 阶对称正定矩阵 $\boldsymbol{A}$, 使得 $\boldsymbol{\alpha}=\boldsymbol{A}\boldsymbol{\beta}$;

(2) 判断下列结论是否正确, 并说明理由:$\boldsymbol{\alpha}^{\mathrm{T}}\boldsymbol{\beta}\geqslant 0$ 成立的充要条件是存在 n 阶半正定实对称矩阵 $\boldsymbol{A}$, 使得 $\boldsymbol{\alpha}=\boldsymbol{A}\boldsymbol{\beta}$.

例 5.2.46　(南京大学,2010; 复旦大学高等代数每周一题 [问题 2018A05]) 设 $\boldsymbol{\alpha},\boldsymbol{\beta}$ 是实数域上的 n 维列向量, 并且 $\boldsymbol{\alpha}\neq\mathbf{0}$, 请构造一个 n 阶方阵 $\boldsymbol{A}$, 使得 $\boldsymbol{A}$ 满足下面两个条件:

(1) $\boldsymbol{A}\boldsymbol{\alpha}=\boldsymbol{\beta}$;

(2) 对于方程 $\boldsymbol{\alpha}^{\mathrm{T}}\boldsymbol{X}=0$ 的任意一个解 $\boldsymbol{X}$ 都有 $\boldsymbol{A}\boldsymbol{X}=\boldsymbol{X}$.

例 5.2.47　(复旦大学高等代数每周一题 [问题 2021S12]) 设 $\boldsymbol{A}$ 是 n 阶正定矩阵,$\boldsymbol{X},\boldsymbol{Y}$ 是 n 维实列向量且满足 $\boldsymbol{X}^{\mathrm{T}}\boldsymbol{Y}>0$. 证明:

$$\boldsymbol{M}=\boldsymbol{A}+\frac{\boldsymbol{X}\boldsymbol{X}^{\mathrm{T}}}{\boldsymbol{X}^{\mathrm{T}}\boldsymbol{Y}}-\frac{\boldsymbol{A}\boldsymbol{Y}\boldsymbol{Y}^{\mathrm{T}}\boldsymbol{A}}{\boldsymbol{Y}^{\mathrm{T}}\boldsymbol{A}\boldsymbol{Y}}$$

也是正定矩阵.

例 5.2.48　(华中科技大学,2004;湘潭大学,2011,2004;西南交通大学,2007;赣南师范大学,2017;暨南大学,2020; 武汉理工大学,2021) 设 $\boldsymbol{A}_{n\times n}$ 为实对称矩阵, 证明:$\boldsymbol{A}$ 可逆 $(r(\boldsymbol{A})=n)$ 当且仅当存在实矩阵 $\boldsymbol{B}$ 使得 $\boldsymbol{A}\boldsymbol{B}+\boldsymbol{B}^{\mathrm{T}}\boldsymbol{A}$ 正定.

证　必要性.(法 1) 令 $\boldsymbol{B}=\boldsymbol{A}$, 则

$$\boldsymbol{A}\boldsymbol{B}+\boldsymbol{B}^{\mathrm{T}}\boldsymbol{A}=2\boldsymbol{A}^2=2\boldsymbol{A}^{\mathrm{T}}\boldsymbol{A},$$

由 $\boldsymbol{A}$ 可逆知 $\boldsymbol{A}\boldsymbol{B}+\boldsymbol{B}^{\mathrm{T}}\boldsymbol{A}$ 正定.

(法 2) 令 $\boldsymbol{B}=\boldsymbol{A}^{-1}$, 则

$$\boldsymbol{A}\boldsymbol{B}+\boldsymbol{B}^{\mathrm{T}}\boldsymbol{A}=\boldsymbol{A}\boldsymbol{A}^{-1}+(\boldsymbol{A}^{\mathrm{T}})^{-1}\boldsymbol{A}^{\mathrm{T}}=2\boldsymbol{E},$$

故结论成立.

充分性.(法 1) 反证法. 若 $\boldsymbol{A}$ 不可逆, 则线性方程组 $\boldsymbol{A}\boldsymbol{x}=\mathbf{0}$ 有非零解, 设为 $\boldsymbol{x}_0\neq\mathbf{0}$, 则 $\boldsymbol{A}\boldsymbol{x}_0=\mathbf{0}$, 且 $\boldsymbol{x}_0^{\mathrm{T}}\boldsymbol{A}=\mathbf{0}$, 于是

$$\boldsymbol{x}_0^{\mathrm{T}}(\boldsymbol{A}\boldsymbol{B}+\boldsymbol{B}^{\mathrm{T}}\boldsymbol{A})\boldsymbol{x}_0=\boldsymbol{x}_0^{\mathrm{T}}\boldsymbol{A}\boldsymbol{B}\boldsymbol{x}_0+\boldsymbol{x}_0^{\mathrm{T}}\boldsymbol{B}^{\mathrm{T}}\boldsymbol{A}\boldsymbol{x}_0=0.$$

这与 $\boldsymbol{A}\boldsymbol{B}+\boldsymbol{B}^{\mathrm{T}}\boldsymbol{A}$ 正定矛盾.

(法 2) 设 λ 是 $\boldsymbol{A}$ 的任一特征值,$\boldsymbol{\alpha}$ 为对应的特征向量, 即 $\boldsymbol{A}\boldsymbol{\alpha}=\lambda\boldsymbol{\alpha},\boldsymbol{\alpha}\neq\mathbf{0}$, 则由条件有

$$0<\boldsymbol{\alpha}^{\mathrm{T}}(\boldsymbol{A}\boldsymbol{B}+\boldsymbol{B}^{\mathrm{T}}\boldsymbol{A})\boldsymbol{\alpha}=\lambda\boldsymbol{\alpha}^{\mathrm{T}}\boldsymbol{B}\boldsymbol{\alpha}+\lambda\boldsymbol{\alpha}^{\mathrm{T}}\boldsymbol{B}^{\mathrm{T}}\boldsymbol{\alpha}=\lambda\boldsymbol{\alpha}^{\mathrm{T}}(\boldsymbol{B}+\boldsymbol{B}^{\mathrm{T}})\boldsymbol{\alpha},$$

从而 $\lambda\neq 0$. 故 $\boldsymbol{A}$ 可逆.

例 5.2.49　(西南交通大学,2021) 设 $\boldsymbol{A},\boldsymbol{B}$ 为 n 阶实对称矩阵, 若 $\boldsymbol{A}\boldsymbol{B}+\boldsymbol{B}\boldsymbol{A}$ 为正定矩阵, 求证:$r(\boldsymbol{A})=n$.

例 5.2.50　(吉林大学,2022) 设 $\boldsymbol{A},\boldsymbol{B}$ 是 n 阶实对称矩阵,$\boldsymbol{A}^2\boldsymbol{B}+\boldsymbol{B}\boldsymbol{A}^2$ 为正定矩阵, 证明:$\boldsymbol{B}$ 为正定矩阵.

例 5.2.51 (西南师范大学,2003; 杭州师范大学,2010; 西安电子科技大学,2011; 北京交通大学,2015; 首都师范大学,2020; 武汉大学,2020; 东北大学,2021; 南京大学,2021) 设 $\boldsymbol{A},\boldsymbol{C}$ 为 n 阶正定矩阵, 若矩阵方程 $\boldsymbol{AX}+\boldsymbol{XA}=\boldsymbol{C}$ 有唯一解 $\boldsymbol{B}$, 证明:$\boldsymbol{B}$ 为正定矩阵.

证 首先证明 $\boldsymbol{B}$ 是实矩阵.

(法 1) 在 $\boldsymbol{AB}+\boldsymbol{BA}=\boldsymbol{C}$ 两边取共轭得 $\boldsymbol{A}\overline{\boldsymbol{B}}+\overline{\boldsymbol{B}}\boldsymbol{A}=\boldsymbol{C}$, 故 $\overline{\boldsymbol{B}}$ 也为 $\boldsymbol{AX}+\boldsymbol{XA}=\boldsymbol{C}$ 的解, 从而 $\boldsymbol{B}=\overline{\boldsymbol{B}}$, 即 $\boldsymbol{B}$ 是实矩阵.

(法 2) 反证法. 若 $\boldsymbol{B}$ 不是实矩阵, 可设 $\boldsymbol{B}=\boldsymbol{B}_1+\mathrm{i}\boldsymbol{B}_2$, 其中 $\boldsymbol{B}_1,\boldsymbol{B}_2$ 都是实矩阵且 $\boldsymbol{B}_2\neq 0$. 由 $\boldsymbol{AB}+\boldsymbol{BA}=\boldsymbol{C}$ 可得

$$\boldsymbol{AB}_1+\boldsymbol{B}_1\boldsymbol{A}=\boldsymbol{C},\boldsymbol{AB}_2+\boldsymbol{B}_2\boldsymbol{A}=\boldsymbol{0}.$$

于是 $\boldsymbol{B}_1$ 也是 $\boldsymbol{AX}+\boldsymbol{XA}=\boldsymbol{C}$ 的解. 矛盾. 故 $\boldsymbol{B}$ 是实矩阵.

其次证明 $\boldsymbol{B}$ 是对称矩阵.

(法 1) 在 $\boldsymbol{AB}+\boldsymbol{BA}=\boldsymbol{C}$ 两边取转置得 $\boldsymbol{AB}^{\mathrm{T}}+\boldsymbol{B}^{\mathrm{T}}\boldsymbol{A}=\boldsymbol{C}$, 故 $\boldsymbol{B}^{\mathrm{T}}$ 也为 $\boldsymbol{AX}+\boldsymbol{XA}=\boldsymbol{C}$ 的解, 由 $\boldsymbol{AX}+\boldsymbol{XA}=\boldsymbol{C}$ 有唯一解 $\boldsymbol{B}$, 从而 $\boldsymbol{B}=\boldsymbol{B}^{\mathrm{T}}$. 即 $\boldsymbol{B}$ 是对称矩阵.

(法 2) 在 $\boldsymbol{AB}+\boldsymbol{BA}=\boldsymbol{C}$ 两边取转置得 $\boldsymbol{AB}^{\mathrm{T}}+\boldsymbol{B}^{\mathrm{T}}\boldsymbol{A}=\boldsymbol{C}$, 于是两式相减可得

$$\boldsymbol{A}(\boldsymbol{B}-\boldsymbol{B}^{\mathrm{T}})+(\boldsymbol{B}-\boldsymbol{B}^{\mathrm{T}})\boldsymbol{A}=\boldsymbol{O},$$

由 $\boldsymbol{A}$ 正定知, 存在正交矩阵 $\boldsymbol{Q}$ 使得 $\boldsymbol{A}=\boldsymbol{Q}^{\mathrm{T}}\mathbf{diag}(\lambda_1,\lambda_2,\cdots,\lambda_n)\boldsymbol{Q}$, 其中 $\lambda_i>0(i=1,2,\cdots,n)$. 于是

$$\boldsymbol{Q}^{\mathrm{T}}\mathbf{diag}(\lambda_1,\lambda_2,\cdots,\lambda_n)\boldsymbol{Q}(\boldsymbol{B}-\boldsymbol{B}^{\mathrm{T}})+(\boldsymbol{B}-\boldsymbol{B}^{\mathrm{T}})\boldsymbol{Q}^{\mathrm{T}}\mathbf{diag}(\lambda_1,\lambda_2,\cdots,\lambda_n)\boldsymbol{Q}=\boldsymbol{O},$$

上式两边左乘 $\boldsymbol{Q}$, 右乘 $\boldsymbol{Q}^{\mathrm{T}}$ 可得

$$\mathbf{diag}(\lambda_1,\lambda_2,\cdots,\lambda_n)\boldsymbol{Q}(\boldsymbol{B}-\boldsymbol{B}^{\mathrm{T}})\boldsymbol{Q}^{\mathrm{T}}+\boldsymbol{Q}(\boldsymbol{B}-\boldsymbol{B}^{\mathrm{T}})\boldsymbol{Q}^{\mathrm{T}}\mathbf{diag}(\lambda_1,\lambda_2,\cdots,\lambda_n)=\boldsymbol{O},$$

若令 $\boldsymbol{Q}(\boldsymbol{B}-\boldsymbol{B}^{\mathrm{T}})\boldsymbol{Q}^{\mathrm{T}}=(c_{ij})_{n\times n}$, 则有

$$\lambda_i c_{ij}+c_{ij}\lambda_j=0,i,j=1,2,\cdots,n.$$

于是 $c_{ij}=0,i,j=1,2,\cdots,n$, 即

$$\boldsymbol{Q}(\boldsymbol{B}-\boldsymbol{B}^{\mathrm{T}})\boldsymbol{Q}^{\mathrm{T}}=\boldsymbol{O},$$

于是 $\boldsymbol{B}-\boldsymbol{B}^{\mathrm{T}}=\boldsymbol{O}$, 从而 $\boldsymbol{B}=\boldsymbol{B}^{\mathrm{T}}$, 即 $\boldsymbol{B}$ 是对称矩阵.

最后证明 $\boldsymbol{B}$ 正定.

(法 1) 设 λ 为 $\boldsymbol{B}$ 的任一特征值, 对应的特征向量为 $\boldsymbol{\alpha}$, 即 $\boldsymbol{B\alpha}=\lambda\boldsymbol{\alpha}$. 则

$$\boldsymbol{\alpha}^{\mathrm{T}}\boldsymbol{C\alpha}=\boldsymbol{\alpha}^{\mathrm{T}}\boldsymbol{AB\alpha}+\boldsymbol{\alpha}^{\mathrm{T}}\boldsymbol{BA\alpha}=\lambda\boldsymbol{\alpha}^{\mathrm{T}}\boldsymbol{A\alpha}+\lambda\boldsymbol{\alpha}^{\mathrm{T}}\boldsymbol{A\alpha}=2\lambda\boldsymbol{\alpha}^{\mathrm{T}}\boldsymbol{A\alpha}.$$

由于 $\boldsymbol{A},\boldsymbol{C}$ 均正定, 故由上式可知,$\lambda>0$. 故 $\boldsymbol{B}$ 正定.

(法 2) 由于已经证明 $\boldsymbol{B}$ 为实对称矩阵, 故存在正交矩阵 $\boldsymbol{Q}$, 使得

$$\boldsymbol{Q}^{\mathrm{T}}\boldsymbol{BQ}=\mathbf{diag}(\lambda_1,\lambda_2,\cdots,\lambda_n),$$

令 $\boldsymbol{Q}^{\mathrm{T}}\boldsymbol{AQ}=(a_{ij})_{n\times n},\boldsymbol{Q}^{\mathrm{T}}\boldsymbol{CQ}=(c_{ij})_{n\times n}$, 由 $\boldsymbol{AB}+\boldsymbol{BA}=\boldsymbol{C}$, 可得

$$\boldsymbol{Q}^{\mathrm{T}}\boldsymbol{AQQ}^{\mathrm{T}}\boldsymbol{BQ}+\boldsymbol{Q}^{\mathrm{T}}\boldsymbol{BQQ}^{\mathrm{T}}\boldsymbol{AQ}=\boldsymbol{Q}^{\mathrm{T}}\boldsymbol{CQ},$$

比较上式等号两边矩阵的对角元, 可得

$$a_{ii}\lambda_i+\lambda_i a_{ii}=c_{ii},i=1,2,\cdots,n,$$

注意到 $\boldsymbol{A},\boldsymbol{C}$ 正定, 可知 $a_{ii}>0,c_{ii}>0$, 于是 $\lambda_i>0,i=1,2,\cdots,n$. 从而 $\boldsymbol{B}$ 正定.

例 5.2.52　(陕西师范大学,2022; 沈阳工业大学,2022) 设 $\boldsymbol{A},\boldsymbol{C}\in\mathbb{R}^n$ 是正定矩阵, 实矩阵 $\boldsymbol{B}$ 是矩阵方程 $\boldsymbol{AX}+\boldsymbol{XA}=\boldsymbol{C}$ 的唯一解, 证明:$\boldsymbol{B}$ 是正定矩阵.

例 5.2.53　设 $\boldsymbol{A},\boldsymbol{C}$ 为 n 阶实对称矩阵, 且 $\boldsymbol{C}$ 正定,$\boldsymbol{A}$ 负定, 若矩阵方程 $\boldsymbol{AX}+\boldsymbol{XA}=-\boldsymbol{C}$ 有唯一解 $\boldsymbol{X}=\boldsymbol{B}$, 求证:$\boldsymbol{B}$ 正定.

例 5.2.54　$\boldsymbol{A},\boldsymbol{D}$ 均为正定矩阵,$\boldsymbol{B}$ 为实对称矩阵, 若 $\boldsymbol{AB}+\boldsymbol{BA}=\boldsymbol{D}$. 证明:$\boldsymbol{B}$ 为正定矩阵.

例 5.2.55　设 $\boldsymbol{A},\boldsymbol{C}$ 为 n 阶实对称矩阵, 且 $\boldsymbol{A}$ 为负定矩阵, 而 $\boldsymbol{C}$ 为正定矩阵. 证明: 若矩阵方程

$$\boldsymbol{AX}+\boldsymbol{XA}+2\boldsymbol{C}=\boldsymbol{0}$$

有唯一解 $\boldsymbol{X}=\boldsymbol{B}$. 求证:$\boldsymbol{B}$ 正定.

例 5.2.56　(大连理工大学,2009) 设 $\boldsymbol{A}$ 为 n 阶正定矩阵,$\boldsymbol{C}$ 为 n 阶实对称矩阵, 如果 $\boldsymbol{AC}+\boldsymbol{CA}=\boldsymbol{O}$, 则 $\boldsymbol{C}=\boldsymbol{O}$.

证　设 λ 是矩阵 $\boldsymbol{C}$ 的任一特征值,$\boldsymbol{\alpha}$ 为对应的特征向量, 即 $\boldsymbol{C\alpha}=\lambda\boldsymbol{\alpha},\boldsymbol{\alpha}\neq\boldsymbol{0}$, 则有 $\boldsymbol{\alpha}^{\mathrm{T}}\boldsymbol{C}=\lambda\boldsymbol{\alpha}^{\mathrm{T}}$, 于是

$$0=\boldsymbol{\alpha}^{\mathrm{T}}(\boldsymbol{AC}+\boldsymbol{CA})\boldsymbol{\alpha}=\boldsymbol{\alpha}^{\mathrm{T}}\boldsymbol{AC\alpha}+\boldsymbol{\alpha}^{\mathrm{T}}\boldsymbol{CA\alpha}=2\lambda\boldsymbol{\alpha}^{\mathrm{T}}\boldsymbol{A\alpha},$$

由 $\boldsymbol{A}$ 正定知 $\boldsymbol{\alpha}^{\mathrm{T}}\boldsymbol{A\alpha}>0$, 从而 $\lambda=0$. 由 $\boldsymbol{C}$ 为实对称矩阵, 故存在正交矩阵 $\boldsymbol{P}$ 使得 $\boldsymbol{P}^{-1}\boldsymbol{CP}=\mathbf{diag}(\lambda_1,\cdots,\lambda_n)$, 由于已经证明 $\lambda_1=\cdots=\lambda_n=0$, 于是 $\boldsymbol{C}=\boldsymbol{O}$.

例 5.2.57　(中国科学院大学,2006) 设有实二次型 $f(\boldsymbol{X})=\boldsymbol{X}^{\mathrm{T}}\boldsymbol{AX},\boldsymbol{A}$ 为 3×3 实对称矩阵且满足以下方程:

$$\boldsymbol{A}^3-6\boldsymbol{A}^2+11\boldsymbol{A}-6\boldsymbol{E}=\boldsymbol{O}.$$

试计算

$$\max_{\boldsymbol{A}}\max_{||\boldsymbol{X}||=1}f(\boldsymbol{X}).$$

其中 $||\boldsymbol{X}||^2=x_1^2+x_2^2+x_3^2$, 第一个极大值为对满足以上方程的所有实对称矩阵 $\boldsymbol{A}$ 来求.

解　设 λ 是 $\boldsymbol{A}$ 的任一特征值,$\boldsymbol{\alpha}$ 为对应的特征向量, 即 $\boldsymbol{A\alpha}=\lambda\boldsymbol{\alpha},\boldsymbol{\alpha}\neq\boldsymbol{0}$. 由 $\boldsymbol{A}^3-6\boldsymbol{A}^2+11\boldsymbol{A}-6\boldsymbol{E}=\boldsymbol{O}$, 可得

$$0=(\boldsymbol{A}^3-6\boldsymbol{A}^2+11\boldsymbol{A}-6\boldsymbol{E})\boldsymbol{\alpha}=(\lambda^3-6\lambda^2+11\lambda-6)\boldsymbol{\alpha},$$

由 $\boldsymbol{\alpha}\neq\boldsymbol{0}$, 可得 $\lambda^3-6\lambda^2+11\lambda-6=0$, 故 $\lambda=1或2或3$. 由 $\boldsymbol{A}$ 是实对称矩阵, 则存在正交矩阵 $\boldsymbol{Q}$, 使得

$$\boldsymbol{Q}^{\mathrm{T}}\boldsymbol{AQ}=\mathbf{diag}(\lambda_1,\lambda_2,\lambda_3),$$

其中 $\lambda_1,\lambda_2,\lambda_3$ 是 1或2或3. 令 $\boldsymbol{X}=\boldsymbol{QY}$, 则 $||\boldsymbol{X}||=||\boldsymbol{Y}||$, 且

$$f(\boldsymbol{X})=\boldsymbol{X}^{\mathrm{T}}\boldsymbol{AX}=\lambda_1y_1^2+\lambda_2y_2^2+\lambda_3y_3^2\leqslant3\boldsymbol{Y}^{\mathrm{T}}\boldsymbol{Y}=3\boldsymbol{X}^{\mathrm{T}}\boldsymbol{X},$$

取 $\boldsymbol{X}$ 是特征值 3 的单位特征向量, 则上式的等号成立, 故

$$\max_{\boldsymbol{A}}\max_{||\boldsymbol{X}||=1}f(\boldsymbol{X})=3.$$

例 5.2.58 (湘潭大学,2014) 设 $\boldsymbol{A}=(a_{ij})_{n\times n}$ 正定, 证明:

(1) $\boldsymbol{A}$ 的主对角线上的元素全为正;

(2) $|a_{ij}|<\dfrac{1}{2}(a_{ii}+a_{jj}), i,j=1,2,\cdots,n$;

(3) (中山大学, 2005; 广州大学, 2011; 浙江大学, 2016)$\boldsymbol{A}$ 中各元素绝对值最大者一定在主对角线上.

证 (1) 由 $\boldsymbol{A}$ 正定,$\boldsymbol{A}$ 的一阶主子式全大于 0, 故结论成立.

(2) $\boldsymbol{A}$ 的任意二阶主子式

$$0<\begin{vmatrix}a_{ii}&a_{ij}\\a_{ji}&a_{jj}\end{vmatrix}=a_{ii}a_{jj}-a_{ij}^2,$$

即 $a_{ij}^2<a_{ii}a_{jj}$, 由此易知结论成立.

(3) 反证法. 若 $a_{ij}(i\neq j)$ 是 $\boldsymbol{A}$ 中各元素绝对值最大者, 由 $\boldsymbol{A}$ 正定, 则 $\boldsymbol{A}$ 的二阶主子式

$$0<\begin{vmatrix}a_{ii}&a_{ij}\\a_{ji}&a_{jj}\end{vmatrix}=a_{ii}a_{jj}-a_{ij}^2,$$

这是矛盾的.

例 5.2.59 判断二次型 $10x_1^2+2x_2^2+x_3^2+8x_1x_2+24x_1x_3-28x_2x_3$ 是否正定.

例 5.2.60 (湖南师范大学,2005; 湘潭大学,2008; 福建师范大学,2010) 设 $\boldsymbol{A}$ 是 n 阶正定矩阵,$\boldsymbol{\alpha},\boldsymbol{\beta}$ 是任意的 n 维实列向量. 证明:$(\boldsymbol{\alpha}^{\mathrm{T}}\boldsymbol{\beta})^2\leqslant(\boldsymbol{\alpha}^{\mathrm{T}}\boldsymbol{A}\boldsymbol{\alpha})(\boldsymbol{\beta}^{\mathrm{T}}\boldsymbol{A}^{-1}\boldsymbol{\beta})$.

证 (法 1) 由于存在正交矩阵 $\boldsymbol{P}$ 使得

$$\boldsymbol{A}=\boldsymbol{P}^{\mathrm{T}}\mathbf{diag}(\lambda_1,\cdots,\lambda_n)\boldsymbol{P},\lambda_i>0,i=1,\cdots,n,$$

于是

$$\boldsymbol{A}^{-1}=\boldsymbol{P}^{\mathrm{T}}\mathbf{diag}\left(\frac{1}{\lambda_1},\cdots,\frac{1}{\lambda_n}\right)\boldsymbol{P}.$$

令 $\boldsymbol{P}\boldsymbol{\alpha}=(x_1,\cdots,x_n)^{\mathrm{T}},\boldsymbol{P}\boldsymbol{\beta}=(y_1,\cdots,y_n)^{\mathrm{T}}$, 则由柯西不等式可得

$$\begin{aligned}(\boldsymbol{\alpha}^{\mathrm{T}}\boldsymbol{A}\boldsymbol{\alpha})(\boldsymbol{\beta}^{\mathrm{T}}\boldsymbol{A}^{-1}\boldsymbol{\beta})&=\left(\sum_{i=1}^n(\sqrt{\lambda_i}x_i)^2\right)\left(\sum_{i=1}^n\left(\frac{1}{\sqrt{\lambda_i}}y_i\right)^2\right)\geqslant\left(\sum_{i=1}^n\sqrt{\lambda_i}x_i\frac{1}{\sqrt{\lambda_i}}y_i\right)^2\\&=\left(\sum_{i=1}^n x_iy_i\right)^2=((\boldsymbol{P}\boldsymbol{\alpha})^{\mathrm{T}}\boldsymbol{P}\boldsymbol{\beta})^2=(\boldsymbol{\alpha}^{\mathrm{T}}\boldsymbol{\beta})^2.\end{aligned}$$

(法 2) 由 $\boldsymbol{A}$ 正定, 故存在可逆矩阵 $\boldsymbol{C}$ 使得 $\boldsymbol{A}=\boldsymbol{C}^{\mathrm{T}}\boldsymbol{C}$, 于是利用欧氏空间 $\mathbb{R}^n$ 中内积以及柯西-布涅科夫斯基不等式有

$$\begin{aligned}(\boldsymbol{\alpha}^{\mathrm{T}}\boldsymbol{\beta})^2&=(\boldsymbol{\alpha}^{\mathrm{T}}\boldsymbol{C}^{\mathrm{T}}(\boldsymbol{C}^{\mathrm{T}})^{-1}\boldsymbol{\beta})^2=(\boldsymbol{C}\boldsymbol{\alpha},(\boldsymbol{C}^{\mathrm{T}})^{-1}\boldsymbol{\beta})^2\\&\leqslant(\boldsymbol{C}\boldsymbol{\alpha},\boldsymbol{C}\boldsymbol{\alpha})((\boldsymbol{C}^{\mathrm{T}})^{-1}\boldsymbol{\beta},(\boldsymbol{C}^{\mathrm{T}})^{-1}\boldsymbol{\beta})\\&=(\boldsymbol{\alpha}^{\mathrm{T}}\boldsymbol{A}\boldsymbol{\alpha})(\boldsymbol{\beta}^{\mathrm{T}}\boldsymbol{A}^{-1}\boldsymbol{\beta}).\end{aligned}$$

即结论成立.

注 易知等号成立的充要条件是 $\boldsymbol{C}\boldsymbol{\alpha}=(\boldsymbol{C}^{\mathrm{T}})^{-1}\boldsymbol{\beta}$, 即 $\boldsymbol{A}\boldsymbol{\alpha}=\boldsymbol{\beta}$.

例 5.2.61 设 $\boldsymbol{A}$ 是 n 阶正定对称实方阵, 证明: 对任意的实 n 维列向量 $\boldsymbol{x},\boldsymbol{y}$ 有

$$(\boldsymbol{x}^{\mathrm{T}}\boldsymbol{A}\boldsymbol{y})^2 \leqslant (\boldsymbol{x}^{\mathrm{T}}\boldsymbol{A}\boldsymbol{x})(\boldsymbol{y}^{\mathrm{T}}\boldsymbol{A}\boldsymbol{y}),$$

其中等式成立当且仅当 $\boldsymbol{x},\boldsymbol{y}$ 线性相关.

注 若在线性空间 $\mathbb{R}^n$ 中定义内积 $(\boldsymbol{x},\boldsymbol{y})=\boldsymbol{x}^{\mathrm{T}}\boldsymbol{A}\boldsymbol{y}$, 则所证明的不等式即为欧氏空间 $\mathbb{R}^n$ 中的柯西-布涅科夫斯基不等式.

例 5.2.62 (西南交通大学,2006) 设 $\boldsymbol{x}^{\mathrm{T}}\boldsymbol{A}\boldsymbol{x}$ 为半正定二次型, 则

$$(\boldsymbol{x}^{\mathrm{T}}\boldsymbol{A}\boldsymbol{y})^2 \leqslant (\boldsymbol{x}^{\mathrm{T}}\boldsymbol{A}\boldsymbol{x})(\boldsymbol{y}^{\mathrm{T}}\boldsymbol{A}\boldsymbol{y}).$$

例 5.2.63 设 n 阶实对称矩阵 $\boldsymbol{A}$ 是正定的, 证明: 对任意 n 维实列向量 $\boldsymbol{x},\boldsymbol{y}$ 恒有

$$\boldsymbol{x}^{\mathrm{T}}\boldsymbol{A}\boldsymbol{x}+\boldsymbol{y}^{\mathrm{T}}\boldsymbol{A}^{-1}\boldsymbol{y}\geqslant 2\boldsymbol{x}^{\mathrm{T}}\boldsymbol{y},$$

其中等号成立的充要条件是什么?

例 5.2.64 (南开大学,2023) 设 $\boldsymbol{A}\in\mathbb{R}^{n\times n}$ 是正定矩阵,$\boldsymbol{\beta}$ 为 n 维实列向量,$c\in\mathbb{R}$, 若存在 n 维实列向量 $\boldsymbol{\alpha}$ 使得 $\boldsymbol{\alpha}^{\mathrm{T}}\boldsymbol{A}\boldsymbol{\alpha}+2\boldsymbol{\beta}^{\mathrm{T}}\boldsymbol{\alpha}+c=0$, 证明:$\boldsymbol{\beta}^{\mathrm{T}}\boldsymbol{A}^{-1}\boldsymbol{\beta}\geqslant c$.

5.3 半正定矩阵

例 5.3.1 设 $\boldsymbol{A}=(a_{ij})_{n\times n},\boldsymbol{B}=(b_{ij})_{n\times n}$ 均为实对称矩阵且 (半) 正定, 证明:$\boldsymbol{C}=(a_{ij}b_{ij})_{n\times n}$ 为 (半) 正定矩阵.

证 易知 $\boldsymbol{C}$ 是实对称矩阵. 由 $\boldsymbol{B}$ 半正定, 则存在矩阵 $\boldsymbol{P}=(p_{ij})_{n\times n}$ 使得 $\boldsymbol{B}=\boldsymbol{P}^{\mathrm{T}}\boldsymbol{P}$, 于是

$$b_{ij}=p_{1i}p_{1j}+p_{2i}p_{2j}+\cdots+p_{ni}p_{nj}=\sum_{k=1}^{n}p_{ki}p_{kj},i,j=1,2,\cdots,n.$$

任取 $\boldsymbol{X}=(x_1,x_2,\cdots,x_n)^{\mathrm{T}}\in\mathbb{R}^n$, 则

$$\begin{aligned}\boldsymbol{X}^{\mathrm{T}}\boldsymbol{C}\boldsymbol{X}&=\sum_{i,j=1}^{n}a_{ij}b_{ij}x_ix_j=\sum_{i,j=1}^{n}a_{ij}\left(\sum_{k=1}^{n}p_{ki}p_{kj}\right)x_ix_j\\&=\sum_{i,j=1}^{n}a_{ij}\left(\sum_{k=1}^{n}p_{ki}p_{kj}x_i\right)x_j=\sum_{k=1}^{n}\sum_{i,j=1}^{n}a_{ij}(p_{ki}x_i)(p_{kj}x_j),\end{aligned}$$

令 $\boldsymbol{Y}_k=(p_{k1}x_1,p_{k2}x_2,\cdots,p_{kn}x_n)^{\mathrm{T}}$, 则由 $\boldsymbol{A}$ 半正定, 就有

$$\boldsymbol{X}^{\mathrm{T}}\boldsymbol{C}\boldsymbol{X}=\sum_{k=1}^{n}\boldsymbol{Y}_k^{\mathrm{T}}\boldsymbol{A}\boldsymbol{Y}_k\geqslant 0,$$

即 $\boldsymbol{C}$ 是半正定矩阵.

若 $\boldsymbol{A},\boldsymbol{B}$ 都是正定矩阵, 则 $\boldsymbol{P}$ 可逆, 此时

$$(\boldsymbol{Y}_1,\boldsymbol{Y}_2,\cdots,\boldsymbol{Y}_n)=\mathbf{diag}(x_1,x_2,\cdots,x_n)\boldsymbol{P}^{\mathrm{T}},$$

故当 $\boldsymbol{X}=(x_1,x_2,\cdots,x_n)^{\mathrm{T}}\neq 0$ 时,$\boldsymbol{Y}_1,\boldsymbol{Y}_2,\cdots,\boldsymbol{Y}_n$ 中至少有一个不为 0, 从而 $\boldsymbol{X}^{\mathrm{T}}\boldsymbol{C}\boldsymbol{X}>0$, 即 $\boldsymbol{C}$ 正定.

例 5.3.2 (上海师范大学,2022) 已知 $\boldsymbol{A}$ 为半正定实对称矩阵. 证明: 满足 $\boldsymbol{x}^{\mathrm{T}}\boldsymbol{A}\boldsymbol{x}=0$ 的实列向量 $\boldsymbol{x}$ 构成 $\boldsymbol{A}\boldsymbol{x}=\boldsymbol{0}$ 的解.

证 由 $\boldsymbol{A}$ 半正定, 则存在实矩阵 $\boldsymbol{C}$ 使得 $\boldsymbol{A}=\boldsymbol{C}^{\mathrm{T}}\boldsymbol{C}$, 则

$$0=\boldsymbol{x}^{\mathrm{T}}\boldsymbol{A}\boldsymbol{x}=\boldsymbol{x}^{\mathrm{T}}\boldsymbol{C}^{\mathrm{T}}\boldsymbol{C}\boldsymbol{x}=(\boldsymbol{C}\boldsymbol{x})^{\mathrm{T}}(\boldsymbol{C}\boldsymbol{x}),$$

于是 $\boldsymbol{C}\boldsymbol{x}=\boldsymbol{0}$, 因此 $\boldsymbol{A}\boldsymbol{x}=\boldsymbol{C}^{\mathrm{T}}\boldsymbol{C}\boldsymbol{x}=\boldsymbol{0}$.

例 5.3.3 设 $\boldsymbol{A}$ 是 n 阶实对称矩阵, 求证:$\boldsymbol{A}$ 为半正定矩阵或半负定矩阵的充要条件是对任一满足 $\boldsymbol{\alpha}^{\mathrm{T}}\boldsymbol{A}\boldsymbol{\alpha}=0$ 的 n 维向量 $\boldsymbol{\alpha}$, 均有 $\boldsymbol{A}\boldsymbol{\alpha}=\boldsymbol{0}$.

例 5.3.4 (苏州大学,2022) 设 $\boldsymbol{A},\boldsymbol{B}$ 为实对称矩阵,$\boldsymbol{B}$ 为半正定矩阵.

(1) 试证: 对任意的 $\boldsymbol{\alpha}\in\mathbb{R}^n$, 若 $\boldsymbol{\alpha}^{\mathrm{T}}\boldsymbol{B}\boldsymbol{\alpha}=0$, 则 $\boldsymbol{B}\boldsymbol{\alpha}=\boldsymbol{0}$;

(2) 设 $\boldsymbol{A}+\mathrm{i}\boldsymbol{B}$ 的行列式为零, 试证:$(\boldsymbol{A}+\mathrm{i}\boldsymbol{B})\boldsymbol{x}=\boldsymbol{0}$ 有非零实解.

证 (1) 由 $\boldsymbol{B}$ 半正定, 则存在实矩阵 $\boldsymbol{C}$ 使得 $\boldsymbol{B}=\boldsymbol{C}^{\mathrm{T}}\boldsymbol{C}$, 于是

$$0=\boldsymbol{\alpha}^{\mathrm{T}}\boldsymbol{B}\boldsymbol{\alpha}=\boldsymbol{\alpha}^{\mathrm{T}}\boldsymbol{C}^{\mathrm{T}}\boldsymbol{C}\boldsymbol{\alpha}=(\boldsymbol{C}\boldsymbol{\alpha})^{\mathrm{T}}(\boldsymbol{C}\boldsymbol{\alpha}),$$

注意到 $\boldsymbol{C}\boldsymbol{\alpha}$ 是实列向量, 则 $\boldsymbol{C}\boldsymbol{\alpha}=\boldsymbol{0}$, 因此 $\boldsymbol{B}\boldsymbol{\alpha}=\boldsymbol{C}^{\mathrm{T}}\boldsymbol{C}\boldsymbol{\alpha}=\boldsymbol{0}$.

(2) 由 $|\boldsymbol{A}+\mathrm{i}\boldsymbol{B}|=0$, 知线性方程组 $(\boldsymbol{A}+\mathrm{i}\boldsymbol{B})\boldsymbol{x}=\boldsymbol{0}$ 有非零解 $\boldsymbol{\alpha}+\mathrm{i}\boldsymbol{\beta}$, 其中 $\boldsymbol{\alpha},\boldsymbol{\beta}$ 为 n 维实列向量且不全为 0. 由 $(\boldsymbol{A}+\mathrm{i}\boldsymbol{B})(\boldsymbol{\alpha}+\mathrm{i}\boldsymbol{\beta})=\boldsymbol{0}$, 可得

$$\begin{aligned}0=&(\boldsymbol{\alpha}-\mathrm{i}\boldsymbol{\beta})^{\mathrm{T}}(\boldsymbol{A}+\mathrm{i}\boldsymbol{B})(\boldsymbol{\alpha}+\mathrm{i}\boldsymbol{\beta})\\=&(\boldsymbol{\alpha}^{\mathrm{T}}\boldsymbol{A}\boldsymbol{\alpha}+\boldsymbol{\beta}^{\mathrm{T}}\boldsymbol{A}\boldsymbol{\beta}+\boldsymbol{\beta}^{\mathrm{T}}\boldsymbol{B}\boldsymbol{\alpha}-\boldsymbol{\alpha}^{\mathrm{T}}\boldsymbol{B}\boldsymbol{\beta})+\mathrm{i}(\boldsymbol{\alpha}^{\mathrm{T}}\boldsymbol{B}\boldsymbol{\alpha}+\boldsymbol{\beta}^{\mathrm{T}}\boldsymbol{B}\boldsymbol{\beta}+\boldsymbol{\alpha}^{\mathrm{T}}\boldsymbol{A}\boldsymbol{\beta}-\boldsymbol{\beta}^{\mathrm{T}}\boldsymbol{A}\boldsymbol{\alpha}),\end{aligned}$$

注意到 $\boldsymbol{\beta}^{\mathrm{T}}\boldsymbol{A}\boldsymbol{\alpha}=\boldsymbol{\alpha}^{\mathrm{T}}\boldsymbol{A}\boldsymbol{\beta}$, 可得

$$\boldsymbol{\alpha}^{\mathrm{T}}\boldsymbol{B}\boldsymbol{\alpha}+\boldsymbol{\beta}^{\mathrm{T}}\boldsymbol{B}\boldsymbol{\beta}=0.$$

注意到 $\boldsymbol{B}$ 半正定, 则有 $\boldsymbol{\alpha}^{\mathrm{T}}\boldsymbol{B}\boldsymbol{\alpha}\geqslant 0,\boldsymbol{\beta}^{\mathrm{T}}\boldsymbol{B}\boldsymbol{\beta}\geqslant 0$, 于是 $\boldsymbol{\alpha}^{\mathrm{T}}\boldsymbol{B}\boldsymbol{\alpha}=0,\boldsymbol{\beta}^{\mathrm{T}}\boldsymbol{B}\boldsymbol{\beta}=0$, 从而

$$\boldsymbol{B}\boldsymbol{\alpha}=\boldsymbol{0},\boldsymbol{B}\boldsymbol{\beta}=\boldsymbol{0}.$$

再由

$$\boldsymbol{0}=(\boldsymbol{A}+\mathrm{i}\boldsymbol{B})(\boldsymbol{\alpha}+\mathrm{i}\boldsymbol{\beta})=(\boldsymbol{A}\boldsymbol{\alpha}-\boldsymbol{B}\boldsymbol{\beta})+\mathrm{i}(\boldsymbol{A}\boldsymbol{\beta}+\boldsymbol{B}\boldsymbol{\alpha})=\boldsymbol{A}\boldsymbol{\alpha}+\mathrm{i}\boldsymbol{A}\boldsymbol{\beta},$$

可得

$$\boldsymbol{A}\boldsymbol{\alpha}=\boldsymbol{0},\boldsymbol{A}\boldsymbol{\beta}=\boldsymbol{0}.$$

这样就有

$$\boldsymbol{A}\boldsymbol{\alpha}=\boldsymbol{0},\boldsymbol{B}\boldsymbol{\alpha}=\boldsymbol{0},\boldsymbol{A}\boldsymbol{\beta}=\boldsymbol{0},\boldsymbol{B}\boldsymbol{\beta}=\boldsymbol{0}.$$

注意到 $\boldsymbol{\alpha},\boldsymbol{\beta}$ 不全为 $\boldsymbol{0}$, 不妨设 $\boldsymbol{\alpha}\neq\boldsymbol{0}$, 则 $(\boldsymbol{A}+\mathrm{i}\boldsymbol{B})\boldsymbol{\alpha}=\boldsymbol{0}$, 故结论成立.

例 5.3.5 (复旦大学高等代数每周一题 [问题 2022S12]) 设 $\boldsymbol{A}$ 为 n 阶实对称矩阵, $\boldsymbol{B}$ 为 n 阶半正定实对称矩阵, 满足 $|\boldsymbol{A}+\mathrm{i}\boldsymbol{B}|=0$. 求证: 存在 n 维非零实列向量 $\boldsymbol{\alpha}$, 使得 $\boldsymbol{A}\boldsymbol{\alpha}=\boldsymbol{B}\boldsymbol{\alpha}=\boldsymbol{0}$.

例 5.3.6　(南昌大学,2023) 设 $\boldsymbol{A}$ 为 n 阶实对称矩阵, $\boldsymbol{B}$ 为 n 阶半正定实对称矩阵, 满足 $|\boldsymbol{A}+\mathrm{i}\boldsymbol{B}|=0$. 证明:

(1) 方程组 $\begin{cases}\boldsymbol{AX}=\boldsymbol{0},\\ \boldsymbol{BX}=\boldsymbol{0}\end{cases}$ 有非零实解;

(2) $|\boldsymbol{A}|=|\boldsymbol{B}|=0$.

例 5.3.7　(武汉大学,2022) 已知 $\boldsymbol{A},\boldsymbol{B}$ 是 n 阶实矩阵,$\boldsymbol{B}$ 半正定, 且存在正整数 $m\geqslant 1$ 使得 $\boldsymbol{B}^m\boldsymbol{A}=\boldsymbol{A}\boldsymbol{B}^m$, 证明:$\boldsymbol{AB}=\boldsymbol{BA}$.

证　由于 $\boldsymbol{B}$ 半正定, 则存在正交矩阵 $\boldsymbol{P}$, 使得

$$\boldsymbol{P}^{\mathrm{T}}\boldsymbol{BP}=\mathbf{diag}(\lambda_1\boldsymbol{E}_{k_1},\lambda_2\boldsymbol{E}_{k_2},\cdots,\lambda_s\boldsymbol{E}_{k_s}),$$

其中 $\lambda_1,\lambda_2,\cdots,\lambda_s$ 为 $\boldsymbol{B}$ 的互异特征值, 且 $\lambda_i\geqslant 0(i=1,2,\cdots,s),k_1+k_2+\cdots+k_s=n$.

由 $\boldsymbol{B}^m\boldsymbol{A}=\boldsymbol{A}\boldsymbol{B}^m$, 可得

$$\boldsymbol{P}^{\mathrm{T}}\boldsymbol{B}^m\boldsymbol{P}\boldsymbol{P}^{\mathrm{T}}\boldsymbol{AP}=\boldsymbol{P}^{\mathrm{T}}\boldsymbol{AP}\boldsymbol{P}^{\mathrm{T}}\boldsymbol{B}^m\boldsymbol{P},$$

即 $\boldsymbol{P}^{\mathrm{T}}\boldsymbol{AP}$ 与 $\mathbf{diag}(\lambda_1^m\boldsymbol{E}_{k_1},\lambda_2^m\boldsymbol{E}_{k_2},\cdots,\lambda_s^m\boldsymbol{E}_{k_s})$ 可交换, 从而 $\boldsymbol{P}^{\mathrm{T}}\boldsymbol{AP}$ 为准对角矩阵, 设

$$\boldsymbol{P}^{\mathrm{T}}\boldsymbol{AP}=\mathbf{diag}(\boldsymbol{A}_{k_1},\boldsymbol{A}_{k_2},\cdots,\boldsymbol{A}_{k_s}),$$

则有

$$\boldsymbol{P}^{\mathrm{T}}\boldsymbol{BP}\boldsymbol{P}^{\mathrm{T}}\boldsymbol{AP}=\boldsymbol{P}^{\mathrm{T}}\boldsymbol{AP}\boldsymbol{P}^{\mathrm{T}}\boldsymbol{BP},$$

即 $\boldsymbol{AB}=\boldsymbol{BA}$.

5.4　同时合同对角化

本节讨论两个矩阵同时合同对角化问题.

例 5.4.1　(曲阜师范大学,2007; 杭州师范大学,2009; 武汉大学,2013) 若 $\boldsymbol{A},\boldsymbol{B}$ 均为 n 阶实对称矩阵, 且 $\boldsymbol{A}$ 正定, 则存在可逆矩阵 $\boldsymbol{T}$ 使得

$$\boldsymbol{T}^{\mathrm{T}}\boldsymbol{AT}=\boldsymbol{E},\boldsymbol{T}^{\mathrm{T}}\boldsymbol{BT}=\mathbf{diag}(\lambda_1,\cdots,\lambda_n),$$

其中 $\lambda_1,\cdots,\lambda_n$ 为 $|\lambda\boldsymbol{A}-\boldsymbol{B}|=0$ 的 n 个实根. 并且若 $\boldsymbol{B}$ 正定, 则 $\lambda_i>0,i=1,\cdots,n$.

注　这是一个非常有用的结论, 下面的例子都可以用此结论解决.

证　由 $\boldsymbol{A}$ 正定, 故存在可逆矩阵 $\boldsymbol{P}$ 使得

$$\boldsymbol{P}^{\mathrm{T}}\boldsymbol{AP}=\boldsymbol{E},$$

而由于 $\boldsymbol{B}$ 为实对称矩阵, 故 $\boldsymbol{P}^{\mathrm{T}}\boldsymbol{BP}$ 为实对称矩阵, 从而存在正交矩阵 $\boldsymbol{Q}$ 使得

$$\boldsymbol{Q}^{\mathrm{T}}\boldsymbol{P}^{\mathrm{T}}\boldsymbol{BPQ}=\mathbf{diag}(\lambda_1,\cdots,\lambda_n),$$

令 $\boldsymbol{T}=\boldsymbol{PQ}$, 则

$$\boldsymbol{T}^{\mathrm{T}}\boldsymbol{AT}=\boldsymbol{E},\boldsymbol{T}^{\mathrm{T}}\boldsymbol{BT}=\mathbf{diag}(\lambda_1,\cdots,\lambda_n),$$

而

$$|\boldsymbol{T}^{\mathrm{T}}||\lambda\boldsymbol{A}-\boldsymbol{B}||\boldsymbol{T}|=|\lambda\boldsymbol{T}^{\mathrm{T}}\boldsymbol{A}\boldsymbol{T}-\boldsymbol{T}^{\mathrm{T}}\boldsymbol{B}\boldsymbol{T}|=(\lambda-\lambda_1)\cdots(\lambda-\lambda_n),$$

故 $\lambda_1,\cdots,\lambda_n$ 为 $|\lambda\boldsymbol{A}-\boldsymbol{B}|=0$ 的 n 个实根. 易知 $\boldsymbol{B}$ 正定时,$\boldsymbol{P}^{\mathrm{T}}\boldsymbol{B}\boldsymbol{P}$ 也正定, 故 $\boldsymbol{B}$ 正定时,$\lambda_i>0,i=1,\cdots,n$.

例 5.4.2 (重庆大学,2006) 设 $\boldsymbol{A},\boldsymbol{B}$ 均为 n 阶实对称矩阵, 且 $\boldsymbol{B}$ 正定.

(1) (四川师范大学,2014; 温州大学,2020; 北京交通大学,2021) 证明: 存在可逆矩阵 $\boldsymbol{P}$ 使得 $\boldsymbol{P}^{\mathrm{T}}\boldsymbol{A}\boldsymbol{P},\boldsymbol{P}^{\mathrm{T}}\boldsymbol{B}\boldsymbol{P}$ 同时为对角形;

(2) 设 $\boldsymbol{A}=\begin{pmatrix}2&1\\1&-1\end{pmatrix},\boldsymbol{B}=\begin{pmatrix}2&1\\1&1\end{pmatrix}$, 求可逆矩阵 $\boldsymbol{P}$ 使得 $\boldsymbol{P}^{\mathrm{T}}\boldsymbol{A}\boldsymbol{P},\boldsymbol{P}^{\mathrm{T}}\boldsymbol{B}\boldsymbol{P}$ 同时为对角形.

例 5.4.3 (湖南大学,2010) 设 $\boldsymbol{A}$ 为 n 阶正定矩阵,$\boldsymbol{B}$ 为 n 阶实对称矩阵, 证明: 存在可逆矩阵 $\boldsymbol{C}$, 使得

$$\boldsymbol{C}^{\mathrm{T}}\boldsymbol{A}\boldsymbol{C}=\boldsymbol{E},\boldsymbol{C}^{\mathrm{T}}\boldsymbol{B}\boldsymbol{C}=\mathbf{diag}(\lambda_1,\lambda_2,\cdots,\lambda_n),$$

其中 $\lambda_1,\lambda_2,\cdots,\lambda_n$ 为 $\boldsymbol{A}^{-1}\boldsymbol{B}$ 的特征值.

例 5.4.4 (南开大学,2002) 设 $f(x_1,x_2,\cdots,x_n)$ 为正定二次型,$g(x_1,x_2,\cdots,x_n)$ 是实二次型. 证明: 存在一个非退化线性替换把 $f(x_1,x_2,\cdots,x_n)$ 化为规范形, 同时把 $g(x_1,\ x_2,\ \cdots,\ x_n)$ 化为标准形.

例 5.4.5 (河南大学,2005; 河北工业大学,2011) 设 $\boldsymbol{A},\boldsymbol{B}$ 为 n 阶实对称矩阵, 且 $\boldsymbol{A}$ 正定. 证明: 存在可逆矩阵 $\boldsymbol{T}$, 使得 $\boldsymbol{T}^{\mathrm{T}}(\boldsymbol{A}+\boldsymbol{B})\boldsymbol{T}$ 为对角矩阵.

例 5.4.6 (湖南大学,2017) 设 $\boldsymbol{A}$ 为实对称正定矩阵,$\boldsymbol{B}$ 为实对称矩阵,$\boldsymbol{P}^{\mathrm{T}}$ 表示矩阵的转置, 证明:

(1) 存在可逆矩阵 $\boldsymbol{P}$ 使得 $\boldsymbol{P}^{\mathrm{T}}(\boldsymbol{A}+\boldsymbol{B})\boldsymbol{P}$ 为对角矩阵;

(2) 若 $\boldsymbol{B}$ 也是正定的, 则 $\dfrac{1}{2}(\boldsymbol{A}+\boldsymbol{B})-2(\boldsymbol{A}^{-1}+\boldsymbol{B}^{-1})^{-1}$ 为半正定矩阵.

证 由于 $\boldsymbol{A}$ 正定, 故存在可逆矩阵 $\boldsymbol{C}$ 使得 $\boldsymbol{C}^{\mathrm{T}}\boldsymbol{A}\boldsymbol{C}=\boldsymbol{E}$, 而 $\boldsymbol{C}^{\mathrm{T}}\boldsymbol{B}\boldsymbol{C}$ 是实对称矩阵, 从而存在正交矩阵 $\boldsymbol{T}$, 使得 $\boldsymbol{T}^{\mathrm{T}}\boldsymbol{C}^{\mathrm{T}}\boldsymbol{B}\boldsymbol{C}=\mathbf{diag}(\lambda_1,\lambda_2,\cdots,\lambda_n)$, 令 $\boldsymbol{P}=\boldsymbol{C}\boldsymbol{T}$, 则

$$\boldsymbol{P}^{\mathrm{T}}\boldsymbol{A}\boldsymbol{P}=\boldsymbol{E},\boldsymbol{P}^{\mathrm{T}}\boldsymbol{B}\boldsymbol{P}=\mathbf{diag}(\lambda_1,\lambda_2,\cdots,\lambda_n).$$

(1) 由于

$$\boldsymbol{P}^{\mathrm{T}}(\boldsymbol{A}+\boldsymbol{B})\boldsymbol{P}=\mathbf{diag}(1+\lambda_1,1+\lambda_2,\cdots,1+\lambda_n),$$

所以结论成立.

(2) 若 $\boldsymbol{B}$ 正定, 则 $\lambda_i>0,i=1,2,\cdots,n$. 于是

$$\boldsymbol{P}^{-1}\boldsymbol{A}^{-1}(\boldsymbol{P}^{\mathrm{T}})^{-1}=\boldsymbol{E},\boldsymbol{P}^{-1}\boldsymbol{B}^{-1}(\boldsymbol{P}^{\mathrm{T}})^{-1}=\mathbf{diag}\left(\frac{1}{\lambda_1},\frac{1}{\lambda_2},\cdots,\frac{1}{\lambda_n}\right),$$

从而

$$\boldsymbol{P}^{-1}(\boldsymbol{A}^{-1}+\boldsymbol{B}^{-1})(\boldsymbol{P}^{\mathrm{T}})^{-1}=\mathbf{diag}\left(1+\frac{1}{\lambda_1},1+\frac{1}{\lambda_2},\cdots,1+\frac{1}{\lambda_n}\right),$$

故

$$P^{\mathrm{T}}(A^{-1}+B^{-1})^{-1}P=\mathbf{diag}\left(\frac{\lambda_1}{\lambda_1+1},\frac{\lambda_2}{\lambda_2+1},\cdots,\frac{\lambda_n}{\lambda_n+1}\right),$$

这样就有

$$\boldsymbol{P}^{\mathrm{T}}\left[\frac{1}{2}(\boldsymbol{A}+\boldsymbol{B})-2(\boldsymbol{A}^{-1}+\boldsymbol{B}^{-1})^{-1}\right]\boldsymbol{P}=\mathbf{diag}\left(\frac{(1-\lambda_1)^2}{2(1+\lambda_1)},\frac{(1-\lambda_2)^2}{2(1+\lambda_2)},\cdots,\frac{(1-\lambda_n)^2}{2(1+\lambda_n)}\right).$$

注意到 $\lambda_i>0$, 可知

$$\frac{(1-\lambda_i)^2}{2(1+\lambda_i)}\geqslant 0, i=1,2,\cdots,n,$$

于是结论成立.

例 5.4.7 设 $\boldsymbol{A}$ 是 n 阶实对称正定矩阵,$\boldsymbol{B}$ 为 n 阶半正定实对称矩阵. 证明:

$$|\boldsymbol{A}+\boldsymbol{B}|\geqslant|\boldsymbol{A}|+|\boldsymbol{B}|,$$

并且等号成立的充要条件是 $\boldsymbol{B}=\boldsymbol{O}$.

证 存在可逆矩阵 $\boldsymbol{P}$, 使得

$$\boldsymbol{A}=\boldsymbol{P}^{\mathrm{T}}\boldsymbol{E}\boldsymbol{P},\boldsymbol{B}=\boldsymbol{P}^{\mathrm{T}}\mathbf{diag}(\lambda_1,\cdots,\lambda_n)\boldsymbol{P},\lambda_i\geqslant 0.$$

于是

$$\begin{aligned}|\boldsymbol{A}+\boldsymbol{B}|&=|\boldsymbol{P}|^2|\boldsymbol{E}+\mathbf{diag}(\lambda_1,\cdots,\lambda_n)|\\&=|\boldsymbol{P}|^2(1+\lambda_1)\cdots(1+\lambda_n)\\&\geqslant|\boldsymbol{P}|^2(1+\lambda_1\lambda_2\cdots\lambda_n)\\&=|\boldsymbol{A}|+|\boldsymbol{B}|.\end{aligned}$$

故 $|\boldsymbol{A}+\boldsymbol{B}|\geqslant|\boldsymbol{A}|+|\boldsymbol{B}|$, 并且易知等号成立当且仅当 $\lambda_i=0,i=1,2,\cdots,n$, 即当且仅当 $\boldsymbol{B}=\boldsymbol{O}$.

例 5.4.8 (上海财经大学,2022) 设 $\boldsymbol{A}$ 是 $n(n\geqslant 2)$ 阶半正定矩阵,$\boldsymbol{B}$ 是 n 阶正定矩阵. 证明:
(1) $|\boldsymbol{A}+\boldsymbol{B}|\geqslant|\boldsymbol{A}|+|\boldsymbol{B}|$, 当且仅当 $\boldsymbol{A}=\boldsymbol{O}$ 时等号成立;
(2) 设 $\boldsymbol{A},\boldsymbol{B}$ 均为 n 阶半正定矩阵, 则 $|\boldsymbol{A}+\boldsymbol{B}|\geqslant|\boldsymbol{A}|+|\boldsymbol{B}|$.

例 5.4.9 (华东师范大学,2004; 华南理工大学,2012) 设 $\boldsymbol{A}$ 为非零的半正定矩阵,$\boldsymbol{B}$ 为正定矩阵. 证明:$|\boldsymbol{A}+\boldsymbol{B}|>|\boldsymbol{B}|$.

例 5.4.10 (华中师范大学,2012) 设 $\boldsymbol{A}$ 为半正定矩阵,
(1) (北京科技大学,2009; 西安电子科技大学,2010,2021) 当 $\boldsymbol{B}$ 为正定矩阵时, 求证:$|\boldsymbol{A}+\boldsymbol{B}|\geqslant|\boldsymbol{B}|$, 且等号成立的充要条件是 $\boldsymbol{A}=\boldsymbol{O}$;
(2) 当 $\boldsymbol{A}\neq\boldsymbol{O}$ 时,$|\boldsymbol{A}+\boldsymbol{E}|>1$.

例 5.4.11 (南京财经大学,2012) 若 n 阶矩阵 $\boldsymbol{A}$ 为半正定矩阵,$\boldsymbol{B}$ 为正定矩阵, 证明: 存在数 $u>0$, 使得 $|u\boldsymbol{E}+\boldsymbol{A}+\boldsymbol{B}|>|u\boldsymbol{E}+\boldsymbol{A}|$.

例 5.4.12 (南京航空航天大学,2012) 设 $\boldsymbol{A}$ 是 n 阶正定矩阵,$\boldsymbol{B}$ 为 n 阶实对称矩阵. 证明:
(1) 存在 n 阶可逆矩阵 $\boldsymbol{P}$, 使得 $\boldsymbol{P}^{\mathrm{T}}\boldsymbol{A}\boldsymbol{P}=\boldsymbol{E}$ 而 $\boldsymbol{P}^{\mathrm{T}}\boldsymbol{B}\boldsymbol{P}$ 为对角矩阵;
(2) 存在正数 t_0, 当 $t>t_0$ 时,$t\boldsymbol{A}+\boldsymbol{B}$ 也是正定矩阵;
(3) 如果 $\boldsymbol{B}$ 还是半正定矩阵, 则 $|\boldsymbol{A}+\boldsymbol{B}|\geqslant|\boldsymbol{A}|$.

例 5.4.13 (南京航空航天大学,2021) 设 $\boldsymbol{A}$ 是 n 阶正定矩阵,$\boldsymbol{B}$ 为 n 阶实对称矩阵. 证明:

(1) 存在 n 阶可逆矩阵 $\boldsymbol{P}$, 使得 $\boldsymbol{A}=\boldsymbol{P}^{\mathrm{T}}\boldsymbol{P},\boldsymbol{B}=\boldsymbol{P}^{\mathrm{T}}\begin{pmatrix} d_1 & & & \\ & d_2 & & \\ & & \ddots & \\ & & & d_n \end{pmatrix}\boldsymbol{P}$;

(2) (华中科技大学,2010) 存在 t_0, 使得 $t_0\boldsymbol{A}+\boldsymbol{B}$ 为正定矩阵;

(3) 在 (2) 下, 当 $t>t_0$ 时, 满足 $|t\boldsymbol{A}+\boldsymbol{B}|>(t-t_0)^n|\boldsymbol{A}|$.

例 5.4.14 (南京大学,2007) 设 $\boldsymbol{A}$ 为 n 阶正定矩阵,$\boldsymbol{B}$ 为 n 阶实矩阵且 0 不是其特征值. 证明:$|\boldsymbol{A}+\boldsymbol{B}^{\mathrm{T}}\boldsymbol{B}|>|\boldsymbol{A}|$.

证 注意到 0 不是 $\boldsymbol{B}$ 的特征值, 从而 $\boldsymbol{B}$ 可逆, 故 $\boldsymbol{B}^{\mathrm{T}}\boldsymbol{B}$ 正定. 从而可得.

例 5.4.15 (南京大学,2001) 设 $\boldsymbol{A}$ 为 n 阶正定矩阵, 证明:$|\boldsymbol{E}+\boldsymbol{A}|>1$.

证 设 $\boldsymbol{A}$ 的特征值为 $\lambda_i>0,i=1,2,\cdots,n$. 则 $\boldsymbol{E}+\boldsymbol{A}$ 的特征值为 $1+\lambda_i,i=1,2,\cdots,n$. 故

$$|\boldsymbol{E}+\boldsymbol{A}|=(1+\lambda_1)\cdots(1+\lambda_n)>1.$$

即结论成立.

例 5.4.16 (华中科技大学,2002) 设 $\boldsymbol{A}$ 为 n 阶半正定矩阵, 证明:$|\boldsymbol{A}+2\boldsymbol{E}|\geqslant 2^n$.

例 5.4.17 (中国科学院大学,2013) 设 $\boldsymbol{A}$ 为 n 阶半正定矩阵, 证明:$|\boldsymbol{A}+2013\boldsymbol{E}|\geqslant 2013^n$, 且等号成立的充要条件为 $\boldsymbol{A}=\boldsymbol{O}$.

例 5.4.18 (上海大学,2004) 设 $\boldsymbol{A}$ 为非零半正定矩阵,$\boldsymbol{B}$ 为正定矩阵, 求证:

(1) 存在实矩阵 $\boldsymbol{T}$, 使得 $\boldsymbol{T}^{\mathrm{T}}\boldsymbol{T}=\boldsymbol{B}$;

(2) $|\boldsymbol{A}+\boldsymbol{E}|>1$;

(3) $|\boldsymbol{A}+\boldsymbol{B}|>|\boldsymbol{B}|$.

例 5.4.19 (电子科技大学,2021) 已知 $\boldsymbol{A},\boldsymbol{B}$ 均为 n 阶正定矩阵. 证明:

(1) $\boldsymbol{A}+2021\boldsymbol{B}$ 为正定矩阵;

(2) $|\boldsymbol{A}+2021\boldsymbol{B}|>|\boldsymbol{A}|$.

例 5.4.20 (中北大学,2005) 设 $\boldsymbol{A},\boldsymbol{B}$ 为 n 阶实对称矩阵, 且 $\boldsymbol{B}$ 为正定矩阵,$\boldsymbol{A}-\boldsymbol{B}$ 为半正定矩阵. 证明:$\det(\boldsymbol{A})-\det(\boldsymbol{B})\geqslant 0$.

证 存在可逆矩阵 $\boldsymbol{P}$ 使得 $\boldsymbol{A}=\boldsymbol{P}^{\mathrm{T}}\mathbf{diag}(\lambda_1,\cdots,\lambda_n)\boldsymbol{P},\boldsymbol{B}=\boldsymbol{P}^{\mathrm{T}}\boldsymbol{E}\boldsymbol{P}$. 故

$$\boldsymbol{A}-\boldsymbol{B}=\boldsymbol{P}^{\mathrm{T}}\mathbf{diag}(\lambda_1-1,\cdots,\lambda_n-1)\boldsymbol{P}.$$

由 $\boldsymbol{A}-\boldsymbol{B}$ 为半正定矩阵知 $\lambda_i-1\geqslant 0$. 从而

$$\det(\boldsymbol{A})-\det(\boldsymbol{B})=\det{}^2(\boldsymbol{P})\lambda_1\cdots\lambda_n-\det{}^2(\boldsymbol{P})\geqslant 0.$$

即结论成立.

例 5.4.21 设 $\boldsymbol{A},\boldsymbol{B}$ 均为 n 阶实对称矩阵且 $\boldsymbol{B}$ 正定, 则

(1) $|\lambda\boldsymbol{B}-\boldsymbol{A}|=0$ 的根全为实数;

(2) 设 $|\lambda\boldsymbol{B}-\boldsymbol{A}|=0$ 的根为 $\lambda_i,i=1,2,\cdots,n$ 且满足 $\lambda_1\leqslant\lambda_2\leqslant\cdots\leqslant\lambda_n$. 求证:$\boldsymbol{X}^{\mathrm{T}}\boldsymbol{A}\boldsymbol{X}$ 在约束条件 $\boldsymbol{X}^{\mathrm{T}}\boldsymbol{B}\boldsymbol{X}=1$ 下的最小值和最大值分别为 λ_1,λ_n.

证 (1) 由条件可知, 存在可逆矩阵 $\boldsymbol{P}$ 使得

$$\boldsymbol{P}^{\mathrm{T}}\boldsymbol{B}\boldsymbol{P}=\boldsymbol{E},\boldsymbol{P}^{\mathrm{T}}\boldsymbol{A}\boldsymbol{P}=\mathbf{diag}(\lambda_1,\cdots,\lambda_n),\lambda_i\in\mathbb{R},$$

于是

$$0=|\lambda\boldsymbol{B}-\boldsymbol{A}|=|\boldsymbol{P}^{\mathrm{T}}(\lambda\boldsymbol{B}-\boldsymbol{A})\boldsymbol{P}|=(\lambda-\lambda_1)\cdots(\lambda-\lambda_n),$$

故结论成立.

(2) 由 $\boldsymbol{X}^{\mathrm{T}}\boldsymbol{B}\boldsymbol{X}=1$, 故

$$1=\boldsymbol{X}^{\mathrm{T}}(\boldsymbol{P}^{\mathrm{T}})^{-1}(\boldsymbol{P}^{\mathrm{T}}\boldsymbol{B}\boldsymbol{P})\boldsymbol{P}^{-1}\boldsymbol{X}=\boldsymbol{X}^{\mathrm{T}}(\boldsymbol{P}^{\mathrm{T}})^{-1}\boldsymbol{P}^{-1}\boldsymbol{X}=(\boldsymbol{P}^{-1}\boldsymbol{X})^{\mathrm{T}}\boldsymbol{P}^{-1}\boldsymbol{X},$$

若令 $\boldsymbol{P}^{-1}\boldsymbol{X}=(y_1,y_2,\cdots,y_n)^{\mathrm{T}}$, 则 $y_1^2+\cdots+y_n^2=1$. 从而

$$\begin{aligned}\boldsymbol{X}^{\mathrm{T}}\boldsymbol{A}\boldsymbol{X}&=\boldsymbol{X}^{\mathrm{T}}(\boldsymbol{P}^{\mathrm{T}})^{-1}(\boldsymbol{P}^{\mathrm{T}}\boldsymbol{A}\boldsymbol{P})(\boldsymbol{P}^{-1}\boldsymbol{X})\\&=\lambda_1y_1^2+\cdots+\lambda_ny_n^2\geqslant\lambda_1(y_1^2+\cdots+y_n^2)=\lambda_1,\end{aligned}$$

且若取 $y_1=1,y_2=\cdots=y_n=0$, 则 $\boldsymbol{X}^{\mathrm{T}}\boldsymbol{A}\boldsymbol{X}=\lambda_1$. 即 $\boldsymbol{X}^{\mathrm{T}}\boldsymbol{A}\boldsymbol{X}$ 在约束条件 $\boldsymbol{X}^{\mathrm{T}}\boldsymbol{B}\boldsymbol{X}=1$ 下的最小值为 λ_1. 同理可证 $\boldsymbol{X}^{\mathrm{T}}\boldsymbol{A}\boldsymbol{X}$ 在约束条件 $\boldsymbol{X}^{\mathrm{T}}\boldsymbol{B}\boldsymbol{X}=1$ 下的最大值为 λ_n.

例 5.4.22 (南京航空航天大学,2018) 设 $\boldsymbol{A},\boldsymbol{B}$ 都是 n 阶正定矩阵, 证明:

(1) 多项式方程 $|\lambda\boldsymbol{A}-\boldsymbol{B}|=0$ 的根都是正数;

(2) 设 $\lambda_1,\lambda_2,\cdots,\lambda_n$ 是 $|\lambda\boldsymbol{A}-\boldsymbol{B}|=0$ 的 n 个根, 则存在可逆矩阵 $\boldsymbol{P}$, 使得

$$\boldsymbol{P}^{-1}\boldsymbol{A}^{-1}\boldsymbol{B}\boldsymbol{P}=\mathbf{diag}(\lambda_1,\lambda_2,\cdots,\lambda_n);$$

(3) $\boldsymbol{A}=\boldsymbol{B}$ 的充分必要条件是方程 $|\lambda\boldsymbol{A}-\boldsymbol{B}|=0$ 的根都是 1.

例 5.4.23 设 $\boldsymbol{A},\boldsymbol{B}$ 为 n 阶实对称矩阵, 且 $\boldsymbol{A}$ 正定. 证明:$\boldsymbol{A}+\boldsymbol{B}$ 正定的充要条件为 $\boldsymbol{A}^{-1}\boldsymbol{B}$ 的特征值都大于 -1.

例 5.4.24 (西安电子科技大学,2009; 河北工业大学,2021) 设 $\boldsymbol{A}$ 为 n 阶实矩阵, 且 $\boldsymbol{A}^2$ 是正定矩阵,$\boldsymbol{B}$ 为 n 阶实对称矩阵. 证明:$\boldsymbol{A}^2-\boldsymbol{B}$ 正定的充要条件是 $\boldsymbol{A}^{-1}\boldsymbol{B}\boldsymbol{A}^{-1}$ 的特征值均小于 1.

例 5.4.25 设 $\boldsymbol{A},\boldsymbol{B}$ 均为 n 阶实对称矩阵, 且 $\boldsymbol{A}$ 正定, 证明:$\boldsymbol{A}-\boldsymbol{B}$ 半正定的充要条件为 $\boldsymbol{B}\boldsymbol{A}^{-1}$ 的特征值小于等于 1.

证 必要性. 存在可逆矩阵 $\boldsymbol{P}$, 使得

$$\boldsymbol{P}^{\mathrm{T}}\boldsymbol{A}\boldsymbol{P}=\boldsymbol{E},\boldsymbol{P}^{\mathrm{T}}\boldsymbol{B}\boldsymbol{P}=\mathbf{diag}(\lambda_1,\cdots,\lambda_n),$$

故

$$\boldsymbol{P}^{\mathrm{T}}(\boldsymbol{A}-\boldsymbol{B})\boldsymbol{P}=\mathbf{diag}(1-\lambda_1,\cdots,1-\lambda_n),$$

由 $\boldsymbol{P}^{\mathrm{T}}(\boldsymbol{A}-\boldsymbol{B})\boldsymbol{P}$ 半正定知 $\lambda_i \leqslant 1, i=1,\cdots,n$. 故

$$\begin{aligned}0=&|\lambda\boldsymbol{E}-\boldsymbol{B}\boldsymbol{A}^{-1}|=|\lambda\boldsymbol{A}-\boldsymbol{B}||\boldsymbol{A}^{-1}|=|\boldsymbol{P}^{\mathrm{T}}(\lambda\boldsymbol{A}-\boldsymbol{B})\boldsymbol{P}||\boldsymbol{A}^{-1}|\\=&(\lambda-\lambda_1)\cdots(\lambda-\lambda_n)|\boldsymbol{A}^{-1}|,\end{aligned}$$

即 λ_i 为 $\boldsymbol{B}\boldsymbol{A}^{-1}$ 的特征值, 故结论成立.

充分性. 由 $|\lambda\boldsymbol{E}-\boldsymbol{B}\boldsymbol{A}^{-1}|=0$ 与 $|\lambda\boldsymbol{A}-\boldsymbol{B}|=0$ 有相同的根, 而由

$$|\boldsymbol{P}^{\mathrm{T}}(\lambda\boldsymbol{A}-\boldsymbol{B})\boldsymbol{P}|=(\lambda-\lambda_1)\cdots(\lambda-\lambda_n)=0$$

知 $\lambda_i \leqslant 1, i=1,\cdots,n$. 而

$$\boldsymbol{P}^{\mathrm{T}}(\boldsymbol{A}-\boldsymbol{B})\boldsymbol{P}=\mathbf{diag}(1-\lambda_1,\cdots,1-\lambda_n).$$

故结论成立.

例 5.4.26 (中南大学,2007) 设 $\boldsymbol{B}$ 为正定矩阵,$\boldsymbol{A}-\boldsymbol{B}$ 为半正定矩阵. 证明:

(1) $|\lambda\boldsymbol{A}-\boldsymbol{B}|=0$ 的所有根 $\lambda \leqslant 1$;

(2) $|\boldsymbol{A}| \geqslant |\boldsymbol{B}|$.

例 5.4.27 设 $\boldsymbol{A},\boldsymbol{B}$ 为 n 阶实对称矩阵, 且 $\boldsymbol{A}$ 正定,$\boldsymbol{B}$ 为半正定, 若 $|(1-\lambda)\boldsymbol{A}+\boldsymbol{B}|=0$ 的根全大于 1, 则 $\boldsymbol{B}$ 为正定矩阵.

例 5.4.28 (南京航空航天大学,2014) 设 $\boldsymbol{A},\boldsymbol{B}$ 为 n 阶实对称正定矩阵, 证明:

(1) 若 $\boldsymbol{AB}=\boldsymbol{BA}$, 则 $\boldsymbol{AB}$ 也是正定矩阵;

(2) (山东科技大学,2019; 中国人民大学,2022; 大连理工大学,2022) 若 $\boldsymbol{A}-\boldsymbol{B}$ 正定, 则 $\boldsymbol{B}^{-1}-\boldsymbol{A}^{-1}$ 也正定.

例 5.4.29 (湘潭大学,2008; 北京交通大学,2016; 上海交通大学,2018; 中国矿业大学,2021; 华中科技大学,2022) 设 $\boldsymbol{A}$ 是 n 阶可逆实对称矩阵. 证明:$\boldsymbol{A}$ 为正定矩阵的充要条件为对任意正定矩阵 $\boldsymbol{B}$ 有 $\mathrm{tr}(\boldsymbol{AB})>0$.

证 必要性.(法 1) 存在可逆矩阵 $\boldsymbol{P}$, 使得 $\boldsymbol{A}=\boldsymbol{P}^{\mathrm{T}}\boldsymbol{P}, \boldsymbol{B}=\boldsymbol{P}^{\mathrm{T}}\mathbf{diag}(\lambda_1,\cdots,\lambda_n)\boldsymbol{P}$, 故

$$\mathrm{tr}(\boldsymbol{AB})=\mathrm{tr}(\boldsymbol{P}^{\mathrm{T}}\boldsymbol{P}\boldsymbol{P}^{\mathrm{T}}\mathbf{diag}(\lambda_1,\cdots,\lambda_n)\boldsymbol{P})=\mathrm{tr}\left[(\boldsymbol{P}^{\mathrm{T}}\boldsymbol{P})^2\mathbf{diag}(\lambda_1,\cdots,\lambda_n)\right],$$

而 $\boldsymbol{P}^{\mathrm{T}}\boldsymbol{P}$ 正定,$\lambda_i>0$, 故结论成立.

(法 2) 由 $\boldsymbol{A}=\boldsymbol{C}^2,\boldsymbol{C}$ 正定, 故

$$\boldsymbol{C}^{-1}\boldsymbol{ABC}=\boldsymbol{C}^{-1}\boldsymbol{C}^2\boldsymbol{BC}=\boldsymbol{CBC}=\boldsymbol{C}^{\mathrm{T}}\boldsymbol{BC},$$

即 $\boldsymbol{AB}$ 与 $\boldsymbol{C}^{\mathrm{T}}\boldsymbol{BC}$ 相似, 而 $\boldsymbol{B}$ 正定, 故 $\boldsymbol{C}^{\mathrm{T}}\boldsymbol{BC}$ 正定, 即 $\boldsymbol{C}^{\mathrm{T}}\boldsymbol{BC}$ 的特征值都大于 0, 从而结论成立.

充分性. 由于存在正交矩阵 $\boldsymbol{P}$ 使得

$$\boldsymbol{P}^{\mathrm{T}}\boldsymbol{AP}=\mathbf{diag}(\lambda_1,\lambda_2,\cdots,\lambda_n),$$

其中 $\lambda_i \neq 0(i=1,2,\cdots,n)$ 是 $\boldsymbol{A}$ 的特征值. 令 $\boldsymbol{B}=\boldsymbol{P}\mathbf{diag}(1,t,\cdots,t)\boldsymbol{P}^{\mathrm{T}}, 0<t\in\mathbb{R}$, 则

$$0<\mathrm{tr}(\boldsymbol{AB})=\mathrm{tr}(\boldsymbol{P}^{\mathrm{T}}(\boldsymbol{AB})\boldsymbol{P})=\mathrm{tr}(\boldsymbol{P}^{\mathrm{T}}\boldsymbol{APP}^{\mathrm{T}}\boldsymbol{BP})=\lambda_1+t(\lambda_2+\cdots+\lambda_n),$$

由于 t 可任意小, 故 $\lambda_1>0$. 同理可证 $\lambda_i>0, i=2,\cdots,n$. 故结论成立.

例 5.4.30 (南京大学,2008) 设 $\boldsymbol{A}=(a_{ij})$ 是一个 n 阶矩阵, $\mathrm{tr}(\boldsymbol{A})=\sum\limits_{i=1}^{n}a_{ii}$ 称为矩阵的迹.

(1) 证明: 相似变换下矩阵的迹不变;

(2) 设 $\boldsymbol{A},\boldsymbol{B}$ 为对称半正定矩阵, 证明:$\mathrm{tr}(\boldsymbol{AB})\geqslant 0$;

(3) 设 $\boldsymbol{A},\boldsymbol{B}$ 为对称半正定矩阵, 且 $\mathrm{tr}(\boldsymbol{AB})=0$, 则 $\boldsymbol{AB}=\boldsymbol{O}$.

证 (1) 略. 下面证明 (2) 与 (3).

由 $\boldsymbol{A}$ 半正定, 则存在正交矩阵 $\boldsymbol{Q}$ 使得

$$\boldsymbol{Q}^{\mathrm{T}}\boldsymbol{AQ}=\begin{pmatrix}\boldsymbol{D}_r & \boldsymbol{O}\\ \boldsymbol{O} & \boldsymbol{O}\end{pmatrix},$$

其中 $\boldsymbol{D}_r=\mathbf{diag}(\lambda_1,\cdots,\lambda_r),\lambda_i>0$. 令

$$\boldsymbol{Q}^{\mathrm{T}}\boldsymbol{BQ}=\begin{pmatrix}\boldsymbol{B}_{11} & \boldsymbol{B}_{12}\\ \boldsymbol{B}_{21} & \boldsymbol{B}_{22}\end{pmatrix},$$

则由 $\boldsymbol{Q}^{\mathrm{T}}\boldsymbol{BQ}$ 半正定知 $\boldsymbol{B}_{11}$ 为半正定矩阵, 故其对角线元素

$$b_{ii}\geqslant 0, i=1,\cdots,r.$$

于是

$$\boldsymbol{Q}^{\mathrm{T}}\boldsymbol{ABQ}=\boldsymbol{Q}^{\mathrm{T}}\boldsymbol{AQQ}^{\mathrm{T}}\boldsymbol{BQ}=\begin{pmatrix}\boldsymbol{D}_r & \boldsymbol{O}\\ \boldsymbol{O} & \boldsymbol{O}\end{pmatrix}\begin{pmatrix}\boldsymbol{B}_{11} & \boldsymbol{B}_{12}\\ \boldsymbol{B}_{21} & \boldsymbol{B}_{22}\end{pmatrix}=\begin{pmatrix}\boldsymbol{D}_r\boldsymbol{B}_{11} & \boldsymbol{D}_r\boldsymbol{B}_{12}\\ \boldsymbol{O} & \boldsymbol{O}\end{pmatrix}.$$

(2) (法 1)

$$\mathrm{tr}(\boldsymbol{AB})=\mathrm{tr}(\boldsymbol{Q}^{\mathrm{T}}\boldsymbol{ABQ})=\mathrm{tr}(\boldsymbol{D}_r\boldsymbol{B}_{11})=\lambda_1 b_{11}+\cdots+\lambda_r b_{rr}\geqslant 0,$$

故结论成立.

(法 2) 由于 $\boldsymbol{A}=\boldsymbol{C}^2,\boldsymbol{C}$ 半正定, 则

$$\mathrm{tr}(\boldsymbol{AB})=\mathrm{tr}(\boldsymbol{CCB})=\mathrm{tr}(\boldsymbol{CC}^{\mathrm{T}}\boldsymbol{B})=\mathrm{tr}(\boldsymbol{C}^{\mathrm{T}}\boldsymbol{BC}),$$

(上式利用了若 $\boldsymbol{A},\boldsymbol{B}$ 为 n 阶方阵, 则 $\mathrm{tr}(\boldsymbol{AB})=\mathrm{tr}(\boldsymbol{BA})$.) 而 $\boldsymbol{C}^{\mathrm{T}}\boldsymbol{BC}$ 半正定, 故结论成立.

(3) 首先, 半正定矩阵的一个对角元为 0, 则该对角元所在的行与列的元素都为 0(事实上, 若不然, 利用半正定矩阵的二阶主子式大于等于 0 可得矛盾).

由

$$0=\mathrm{tr}(\boldsymbol{AB})=\mathrm{tr}(\boldsymbol{Q}^{\mathrm{T}}\boldsymbol{ABQ})=\mathrm{tr}(\boldsymbol{D}_r\boldsymbol{B}_{11})=\lambda_1 b_{11}+\cdots+\lambda_r b_{rr},$$

可得 $b_{ii}=0,i=1,\cdots,r$. 由 $\boldsymbol{B}_{11}$ 半正定可知 $\boldsymbol{B}_{11}=\boldsymbol{O}$. 考虑

$$\boldsymbol{Q}^{\mathrm{T}}\boldsymbol{BQ}=\begin{pmatrix}\boldsymbol{B}_{11} & \boldsymbol{B}_{12}\\ \boldsymbol{B}_{21} & \boldsymbol{B}_{22}\end{pmatrix},$$

由于 $\boldsymbol{B}$ 半正定, 故 $\boldsymbol{Q}^{\mathrm{T}}\boldsymbol{BQ}$ 半正定, 而 $\boldsymbol{B}_{11}=\mathbf{O}$, 利用半正定矩阵的主子式大于等于 0, 可得 $\boldsymbol{B}_{12}=\boldsymbol{B}_{21}=\boldsymbol{O}$. 从而

$$\boldsymbol{Q}^{\mathrm{T}}\boldsymbol{ABQ}=\begin{pmatrix}\boldsymbol{D}_r\boldsymbol{B}_{11} & \boldsymbol{D}_r\boldsymbol{B}_{12}\\ \boldsymbol{O} & \boldsymbol{O}\end{pmatrix}=\boldsymbol{O},$$

即 $\boldsymbol{AB}=\mathbf{O}$.

例 5.4.31 (四川大学,2012) 设 $\boldsymbol{A}$ 是 n 阶实对称矩阵. 证明:$\boldsymbol{A}$ 半正定当且仅当对任意 n 阶半正定矩阵 $\boldsymbol{B}$ 都有 $\mathrm{tr}(\boldsymbol{AB}) \geqslant 0$.

证 只证明充分性. 由 $\boldsymbol{A}$ 是实对称矩阵, 则存在正交矩阵 $\boldsymbol{Q}$ 使得

$$\boldsymbol{Q}^{\mathrm{T}}\boldsymbol{AQ} = \begin{pmatrix} \boldsymbol{D}_r & \boldsymbol{O} \\ \boldsymbol{O} & \boldsymbol{O} \end{pmatrix},$$

其中 $\boldsymbol{D}_r = \mathbf{diag}(\lambda_1, \cdots, \lambda_r), \lambda_i$ 为 $\boldsymbol{A}$ 的特征值. 令

$$\boldsymbol{B} = \boldsymbol{Q}\begin{pmatrix} \boldsymbol{B}_{11} & \boldsymbol{O} \\ \boldsymbol{O} & \boldsymbol{O} \end{pmatrix}\boldsymbol{Q}^{\mathrm{T}},$$

其中 $\boldsymbol{B}_{11} = \mathbf{diag}(1, t, \cdots, t), 0 \leqslant t \in \mathbb{R}$. 则

$$0 \leqslant \mathrm{tr}(\boldsymbol{AB}) = \mathrm{tr}(\boldsymbol{Q}^{\mathrm{T}}\boldsymbol{ABQ}) = \mathrm{tr}(\boldsymbol{D}_r\boldsymbol{B}_{11}) = \lambda_1 + t(\lambda_2 + \cdots + \lambda_r),$$

故 $\lambda_1 \geqslant 0$. 同理可证 $\lambda_i \geqslant 0, i = 2, \cdots, r$.

例 5.4.32 设 $\boldsymbol{A}, \boldsymbol{B}$ 为 n 阶实对称矩阵, 且 $\boldsymbol{A}$ 正定,$\boldsymbol{AB} = \boldsymbol{BA}$. 证明:$\boldsymbol{AB}$ 为正定矩阵的充要条件为 $\boldsymbol{B}$ 为正定的.

证 必要性.(法 1) 由于 $\boldsymbol{A}^{-1}$ 也正定, 故存在可逆矩阵 $\boldsymbol{P}$ 使得

$$\boldsymbol{A}^{-1} = \boldsymbol{PP}^{\mathrm{T}}, \boldsymbol{B} = \boldsymbol{P}\mathbf{diag}(\lambda_1, \cdots, \lambda_n)\boldsymbol{P}^{\mathrm{T}},$$

从而

$$\boldsymbol{AB} = (\boldsymbol{P}^{\mathrm{T}})^{-1}\mathbf{diag}(\lambda_1, \cdots, \lambda_n)\boldsymbol{P}^{\mathrm{T}},$$

若 $\boldsymbol{AB}$ 正定, 则 $\lambda_i > 0$, 从而 $\boldsymbol{B}$ 正定.

(法 2) 由于 $\boldsymbol{A} = \boldsymbol{C}^2, \boldsymbol{C}$ 正定, 故

$$\boldsymbol{C}^{-1}\boldsymbol{ABC} = \boldsymbol{C}^{-1}\boldsymbol{C}^2\boldsymbol{BC} = \boldsymbol{CBC} = \boldsymbol{C}^{\mathrm{T}}\boldsymbol{BC},$$

即 $\boldsymbol{AB}$ 与 $\boldsymbol{C}^{\mathrm{T}}\boldsymbol{BC}$ 相似, 而 $\boldsymbol{AB}$ 正定, 故 $\boldsymbol{C}^{\mathrm{T}}\boldsymbol{BC}$ 的特征值都大于 0, 从而 $\boldsymbol{B}$ 的特征值都大于 0, 于是结论成立.

充分性. 类似于必要性.

例 5.4.33 (河南大学,2006) 设 $\boldsymbol{A}, \boldsymbol{B}$ 均为 n 阶实对称矩阵, 且 $\boldsymbol{A}$ 正定, 若 $\boldsymbol{AB}$ 的特征根全大于 0, 证明:$\boldsymbol{B}$ 正定.

例 5.4.34 (中国科学院大学,2005) 证明函数 $\log\det(\cdot)$ 在对称正定矩阵集上是凹函数, 即对于任意两个 n 阶对称正定矩阵 $\boldsymbol{A}, \boldsymbol{B}$ 及 $\forall\lambda \in [0,1]$ 有

$$\log\det(\lambda\boldsymbol{A} + (1-\lambda)\boldsymbol{B}) \geqslant \lambda\log\det(\boldsymbol{A}) + (1-\lambda)\log\det(\boldsymbol{B}),$$

其中 $\log\det(\boldsymbol{A})$ 表示先对 $\boldsymbol{A}$ 取行列式再取自然对数.

证 存在可逆矩阵 $\boldsymbol{P}$, 使得

$$\boldsymbol{A} = \boldsymbol{PEP}^{\mathrm{T}}, \boldsymbol{B} = \boldsymbol{PDP}^{\mathrm{T}},$$

其中 $\boldsymbol{D} = \mathbf{diag}(\mu_1, \cdots, \mu_n), \mu_i > 0, i = 1, 2, \cdots, n$. 于是

$$\log\det(\lambda\boldsymbol{A} + (1-\lambda)\boldsymbol{B}) = \log\det(\boldsymbol{A}) + \log\det(\lambda\boldsymbol{E} + (1-\lambda)\boldsymbol{D}),$$

而

$$\begin{aligned}&\lambda\log\det(\boldsymbol{A})+(1-\lambda)\log\det(\boldsymbol{B})\\=&\lambda\log\det(\boldsymbol{A})+(1-\lambda)\log(\det(\boldsymbol{A})\det(\boldsymbol{D}))\\=&\log\det(\boldsymbol{A})+(1-\lambda)\log\det(\boldsymbol{D}),\end{aligned}$$

从而只需证明

$$\log\det(\lambda\boldsymbol{E}+(1-\lambda)\boldsymbol{D})\geqslant(1-\lambda)\log\det(\boldsymbol{D}),$$

因为对数函数为严格上凸函数, 故

$$\begin{aligned}\log\det(\lambda\boldsymbol{E}+(1-\lambda)\boldsymbol{D})&=\log\prod_{i=1}^{n}(\lambda+(1-\lambda)\mu_i)\\&=\sum_{i=1}^{n}\log(\lambda+(1-\lambda)\mu_i)\\&\geqslant\sum_{i=1}^{n}[\lambda\log 1+(1-\lambda)\log\mu_i]\\&=(1-\lambda)\sum_{i=1}^{n}\log\mu_i=(1-\lambda)\log\det(\boldsymbol{D}).\end{aligned}$$

从而结论成立.

例 5.4.35 (中山大学,2020) 设 $\boldsymbol{A},\boldsymbol{B}$ 为 n 阶正定矩阵, 且 $0\leqslant t\leqslant 1$, 证明:

(1) $\boldsymbol{A}^{-1}\boldsymbol{B}$ 的特征值为正实数;

(2) $\ln|t\boldsymbol{A}+(1-t)\boldsymbol{B}|\geqslant t\ln|\boldsymbol{A}|+(1-t)\ln|\boldsymbol{B}|$.

例 5.4.36 (中国科学院大学,2003; 厦门大学,2022) 设 $\boldsymbol{Q}$ 为 n 阶对称正定矩阵,$\boldsymbol{x}$ 为 n 维实列向量. 证明:

$$0\leqslant\boldsymbol{x}^{\mathrm{T}}(\boldsymbol{Q}+\boldsymbol{x}\boldsymbol{x}^{\mathrm{T}})^{-1}\boldsymbol{x}<1.$$

证 (法 1) 若 $\boldsymbol{x}=\boldsymbol{0}$, 结论显然成立. 下设 $\boldsymbol{x}\neq\boldsymbol{0}$, 由于 $\boldsymbol{Q}$ 为正定矩阵,$\boldsymbol{x}\boldsymbol{x}^{\mathrm{T}}$ 为实对称半正定矩阵, 故存在可逆矩阵 $\boldsymbol{P}$ 使得

$$\boldsymbol{Q}=\boldsymbol{P}^{\mathrm{T}}\boldsymbol{E}\boldsymbol{P},\boldsymbol{x}\boldsymbol{x}^{\mathrm{T}}=\boldsymbol{P}^{\mathrm{T}}\mathbf{diag}(\lambda_1,\cdots,\lambda_n)\boldsymbol{P},$$

其中 $\lambda_i\geqslant 0(i=1,2,\cdots,n)$, 注意到 $r(\boldsymbol{x}\boldsymbol{x}^{\mathrm{T}})=1$, 则 $\lambda_i(i=1,2,\cdots,n)$ 中只有一个不为 0，不妨设 $\lambda_1\neq 0,\lambda_2=\cdots=\lambda_n=0$, 于是

$$\boldsymbol{Q}+\boldsymbol{x}\boldsymbol{x}^{\mathrm{T}}=\boldsymbol{P}^{\mathrm{T}}\mathbf{diag}(1+\lambda_1,1,\cdots,1)\boldsymbol{P},$$

于是

$$(\boldsymbol{Q}+\boldsymbol{x}\boldsymbol{x}^{\mathrm{T}})^{-1}=\boldsymbol{P}^{-1}\mathbf{diag}\left(\frac{1}{1+\lambda_1},1,\cdots,1\right)(\boldsymbol{P}^{-1})^{\mathrm{T}}.$$

由于 $\dfrac{1}{1+\lambda_1}>0$, 所以 $(\boldsymbol{Q}+\boldsymbol{x}\boldsymbol{x}^{\mathrm{T}})^{-1}$ 正定，故 $\boldsymbol{x}^{\mathrm{T}}(\boldsymbol{Q}+\boldsymbol{x}\boldsymbol{x}^{\mathrm{T}})^{-1}\boldsymbol{x}>0$.

记 $(\boldsymbol{P}^{-1})^{\mathrm{T}}\boldsymbol{x}=(y_1,y_2,\cdots,y_n)^{\mathrm{T}}$, 由 $\boldsymbol{x}\boldsymbol{x}^{\mathrm{T}}=\boldsymbol{P}^{\mathrm{T}}\mathbf{diag}(\lambda_1,\cdots,\lambda_n)\boldsymbol{P}$ 有

$$\mathbf{diag}(\lambda_1,\cdots,\lambda_n)=(\boldsymbol{P}^{-1})^{\mathrm{T}}\boldsymbol{x}\boldsymbol{x}^{\mathrm{T}}\boldsymbol{P}^{-1}=(y_1,y_2,\cdots,y_n)^{\mathrm{T}}(y_1,y_2,\cdots,y_n),$$

则有 $y_1^2=\lambda_1, y_2^2=\cdots=y_n^2=0$, 于是

$$\begin{aligned}\boldsymbol{x}^{\mathrm{T}}(\boldsymbol{Q}+\boldsymbol{x}\boldsymbol{x}^{\mathrm{T}})^{-1}\boldsymbol{x}&=\boldsymbol{x}^{\mathrm{T}}\boldsymbol{P}^{-1}\mathbf{diag}\left(\frac{1}{1+\lambda_1},1,\cdots,1\right)(\boldsymbol{P}^{-1})^{\mathrm{T}}\boldsymbol{x}\\&=(y_1,y_2,\cdots,y_n)\mathbf{diag}\left(\frac{1}{1+\lambda_1},1,\cdots,1\right)(y_1,y_2,\cdots,y_n)^{\mathrm{T}}\\&=\frac{1}{1+\lambda_1}y_1^2+y_2^2+\cdots+y_n^2\\&=\frac{\lambda_1}{1+\lambda_1}<1.\end{aligned}$$

故结论成立.

(法 2) 设 $\boldsymbol{A}=\boldsymbol{Q}+\boldsymbol{x}\boldsymbol{x}^{\mathrm{T}}$, 因为 $\boldsymbol{Q}$ 正定,$\boldsymbol{x}\boldsymbol{x}^{\mathrm{T}}$ 半正定, 故 $\boldsymbol{A}$ 正定, 从而 $\boldsymbol{A}^{-1}$ 正定, 即

$$0\leqslant \boldsymbol{x}^{\mathrm{T}}(\boldsymbol{Q}+\boldsymbol{x}\boldsymbol{x}^{\mathrm{T}})^{-1}\boldsymbol{x},$$

又 $\boldsymbol{A}$ 正定, 故 $\det(\boldsymbol{A})>0$, 且 $\boldsymbol{Q}=\boldsymbol{P}^{\mathrm{T}}\boldsymbol{P}, \boldsymbol{P}$ 可逆, 故

$$\begin{pmatrix}\boldsymbol{P}^{\mathrm{T}}&\boldsymbol{x}\\\boldsymbol{0}&1\end{pmatrix}\begin{pmatrix}\boldsymbol{P}&\boldsymbol{0}\\\boldsymbol{x}^{\mathrm{T}}&1\end{pmatrix}=\begin{pmatrix}\boldsymbol{A}&\boldsymbol{x}\\\boldsymbol{x}^{\mathrm{T}}&1\end{pmatrix},$$

而

$$\begin{pmatrix}\boldsymbol{E}&\boldsymbol{0}\\-\boldsymbol{x}^{\mathrm{T}}\boldsymbol{A}^{-1}&1\end{pmatrix}\begin{pmatrix}\boldsymbol{A}&\boldsymbol{x}\\\boldsymbol{x}^{\mathrm{T}}&1\end{pmatrix}=\begin{pmatrix}\boldsymbol{A}&\boldsymbol{x}\\\boldsymbol{0}&1-\boldsymbol{x}^{\mathrm{T}}\boldsymbol{A}^{-1}\boldsymbol{x}\end{pmatrix},$$

于是

$$(1-\boldsymbol{x}^{\mathrm{T}}\boldsymbol{A}^{-1}\boldsymbol{x})|\boldsymbol{A}|=\begin{vmatrix}\boldsymbol{A}&\boldsymbol{x}\\\boldsymbol{x}^{\mathrm{T}}&1\end{vmatrix}=|\boldsymbol{P}|^2>0.$$

故结论成立.

(法 3) 由例3.1.83有

$$(\boldsymbol{Q}+\boldsymbol{x}\boldsymbol{x}^{\mathrm{T}})^{-1}=\boldsymbol{Q}^{-1}-\frac{\boldsymbol{Q}^{-1}\boldsymbol{x}\boldsymbol{x}^{\mathrm{T}}\boldsymbol{Q}^{-1}}{1+\boldsymbol{x}^{\mathrm{T}}\boldsymbol{Q}^{-1}\boldsymbol{x}},$$

于是

$$\begin{aligned}\boldsymbol{x}^{\mathrm{T}}(\boldsymbol{Q}+\boldsymbol{x}\boldsymbol{x}^{\mathrm{T}})^{-1}\boldsymbol{x}&=\boldsymbol{x}^{\mathrm{T}}\left(\boldsymbol{Q}^{-1}-\frac{\boldsymbol{Q}^{-1}\boldsymbol{x}\boldsymbol{x}^{\mathrm{T}}\boldsymbol{Q}^{-1}}{1+\boldsymbol{x}^{\mathrm{T}}\boldsymbol{Q}^{-1}\boldsymbol{x}}\right)\boldsymbol{x}\\&=t-\frac{t^2}{1+t}=\frac{t}{1+t},\end{aligned}$$

其中 $t=\boldsymbol{x}^{\mathrm{T}}\boldsymbol{Q}^{-1}\boldsymbol{x}$. 由 $\boldsymbol{Q}$ 正定, 从而 $\boldsymbol{Q}^{-1}$ 也正定, 故 $t\geqslant 0$, 于是

$$0\leqslant\frac{t}{1+t}\leqslant 1.$$

即结论成立.

(法 4) 由于

$$\begin{pmatrix}\boldsymbol{E}&\boldsymbol{x}\\0&1\end{pmatrix}\begin{pmatrix}\boldsymbol{Q}&\boldsymbol{0}\\0&1\end{pmatrix}\begin{pmatrix}\boldsymbol{E}&\boldsymbol{0}\\\boldsymbol{x}^{\mathrm{T}}&1\end{pmatrix}=\begin{pmatrix}\boldsymbol{Q}+\boldsymbol{x}\boldsymbol{x}^{\mathrm{T}}&x\\\boldsymbol{x}^{\mathrm{T}}&1\end{pmatrix},$$

$$\begin{aligned}&\begin{pmatrix}\boldsymbol{E}&0\\-\boldsymbol{x}^{\mathrm{T}}(\boldsymbol{Q}+\boldsymbol{x}\boldsymbol{x}^{\mathrm{T}})^{-1}&1\end{pmatrix}\begin{pmatrix}\boldsymbol{Q}+\boldsymbol{x}\boldsymbol{x}^{\mathrm{T}}&\boldsymbol{x}\\\boldsymbol{x}^{\mathrm{T}}&1\end{pmatrix}\begin{pmatrix}\boldsymbol{E}&-(\boldsymbol{Q}+\boldsymbol{x}\boldsymbol{x}^{\mathrm{T}})^{-1}\boldsymbol{x}\\\boldsymbol{0}&1\end{pmatrix}\\=&\begin{pmatrix}\boldsymbol{Q}+\boldsymbol{x}\boldsymbol{x}^{\mathrm{T}}&\boldsymbol{0}\\\boldsymbol{0}&1-\boldsymbol{x}^{\mathrm{T}}(\boldsymbol{Q}+\boldsymbol{x}\boldsymbol{x}^{\mathrm{T}})^{-1}\boldsymbol{x}\end{pmatrix},\end{aligned}$$

注意到 $\begin{pmatrix} \boldsymbol{Q} & \boldsymbol{0} \\ \boldsymbol{0} & 1 \end{pmatrix}$ 正定, 可得 $1-\boldsymbol{x}^{\mathrm{T}}(\boldsymbol{Q}+\boldsymbol{x}\boldsymbol{x}^{\mathrm{T}})^{-1}\boldsymbol{x}>0$. 由 $\boldsymbol{Q}+\boldsymbol{x}\boldsymbol{x}^{\mathrm{T}}$ 的正定性可得 $(\boldsymbol{Q}+\boldsymbol{x}\boldsymbol{x}^{\mathrm{T}})^{-1}$ 正定, 从而 $\boldsymbol{x}^{\mathrm{T}}(\boldsymbol{Q}+\boldsymbol{x}\boldsymbol{x}^{\mathrm{T}})^{-1}\boldsymbol{x}\geqslant 0$.

例 5.4.37　(华中科技大学,2021). 设 $\boldsymbol{A}$ 为 n 阶正定矩阵, $\boldsymbol{X}\in\mathbb{R}^n$ 为非零列向量, 证明:
(1) 矩阵 $\boldsymbol{A}+\boldsymbol{X}\boldsymbol{X}^{\mathrm{T}}$ 可逆;
(2) $0<\boldsymbol{X}^{\mathrm{T}}(\boldsymbol{A}+\boldsymbol{X}\boldsymbol{X}^{\mathrm{T}})^{-1}\boldsymbol{X}<1$.

例 5.4.38　设 $\boldsymbol{Q}$ 为 n 阶对称正定矩阵,$\boldsymbol{x}$ 为 n 维实列向量, k 为正实数. 证明:

$$0\leqslant \boldsymbol{x}^{\mathrm{T}}(\boldsymbol{Q}+k\boldsymbol{x}\boldsymbol{x}^{\mathrm{T}})^{-1}\boldsymbol{x}<\frac{1}{k}.$$

例 5.4.39　设 $\boldsymbol{Q}$ 为 n 阶对称正定矩阵,$\boldsymbol{P}$ 为 m 阶实对称正定矩阵, $\boldsymbol{B}$ 为 $n\times m$ 实矩阵, 则

$$0<|\boldsymbol{B}^{\mathrm{T}}(\boldsymbol{Q}+\boldsymbol{B}\boldsymbol{P}\boldsymbol{B}^{\mathrm{T}})^{-1}\boldsymbol{B}|<\frac{1}{|\boldsymbol{P}|}.$$

例 5.4.40　(北京大学,2008) 设 $\boldsymbol{A},\boldsymbol{C}$ 分别为 n,m 阶实对称矩阵,$\boldsymbol{B}$ 为 $n\times m$ 实矩阵, $\begin{pmatrix} \boldsymbol{A} & \boldsymbol{B} \\ \boldsymbol{B}^{\mathrm{T}} & \boldsymbol{C} \end{pmatrix}$ 正定, 证明: $\begin{vmatrix} \boldsymbol{A} & \boldsymbol{B} \\ \boldsymbol{B}^{\mathrm{T}} & \boldsymbol{C} \end{vmatrix}\leqslant|\boldsymbol{A}||\boldsymbol{C}|$, 且等号成立的充要条件为 $\boldsymbol{B}=\boldsymbol{O}$.

证　易知 $\boldsymbol{A},\boldsymbol{C}$ 正定, 由 $(-\boldsymbol{B}^{\mathrm{T}}\boldsymbol{A}^{-1})^{\mathrm{T}}=(\boldsymbol{A}^{-1})^{\mathrm{T}}(-\boldsymbol{B}^{\mathrm{T}})^{\mathrm{T}}=-\boldsymbol{A}^{-1}\boldsymbol{B}$ 及

$$\begin{pmatrix} \boldsymbol{E}_n & \boldsymbol{O} \\ -\boldsymbol{B}^{\mathrm{T}}\boldsymbol{A}^{-1} & \boldsymbol{E}_m \end{pmatrix}\begin{pmatrix} \boldsymbol{A} & \boldsymbol{B} \\ \boldsymbol{B}^{\mathrm{T}} & \boldsymbol{C} \end{pmatrix}\begin{pmatrix} \boldsymbol{E}_n & -\boldsymbol{A}^{-1}\boldsymbol{B} \\ \boldsymbol{O} & \boldsymbol{E}_m \end{pmatrix}=\begin{pmatrix} \boldsymbol{A} & \boldsymbol{O} \\ \boldsymbol{O} & \boldsymbol{C}-\boldsymbol{B}^{\mathrm{T}}\boldsymbol{A}^{-1}\boldsymbol{B} \end{pmatrix},$$

可知 $\begin{pmatrix} \boldsymbol{A} & \boldsymbol{B} \\ \boldsymbol{B}^{\mathrm{T}} & \boldsymbol{C} \end{pmatrix}$ 与 $\begin{pmatrix} \boldsymbol{A} & \boldsymbol{O} \\ \boldsymbol{O} & \boldsymbol{C}-\boldsymbol{B}^{\mathrm{T}}\boldsymbol{A}^{-1}\boldsymbol{B} \end{pmatrix}$ 合同. 从而 $\boldsymbol{D}=\boldsymbol{C}-\boldsymbol{B}^{\mathrm{T}}\boldsymbol{A}^{-1}\boldsymbol{B}$ 正定. 只需证明 $|\boldsymbol{D}|\leqslant|\boldsymbol{C}|$ 即可, 即证 $|\boldsymbol{D}+\boldsymbol{B}^{\mathrm{T}}\boldsymbol{A}^{-1}\boldsymbol{B}|\geqslant|\boldsymbol{D}|$. 由例5.4.10可知此式成立.

例 5.4.41　(复旦大学高等代数每周一题 [问题 2019S14]) 如果 $\boldsymbol{M}_1,\boldsymbol{M}_2$ 是 n 阶正定矩阵, 则

$$\frac{2^{n+1}}{|\boldsymbol{M}_1+\boldsymbol{M}_2|}\leqslant\frac{1}{|\boldsymbol{M}_1|}+\frac{1}{|\boldsymbol{M}_2|},$$

且等号成立的充要条件为 $\boldsymbol{M}_1=\boldsymbol{M}_2$.

证　由于存在可逆矩阵 $\boldsymbol{Q}$ 使得

$$\boldsymbol{M}_1=\boldsymbol{Q}^{\mathrm{T}}\boldsymbol{E}\boldsymbol{Q},\boldsymbol{M}_2=\boldsymbol{Q}^{\mathrm{T}}\mathbf{diag}(\lambda_1,\cdots,\lambda_n)\boldsymbol{Q},$$

其中 $\lambda_i>0,i=1,\cdots,n$. 于是

$$|\boldsymbol{M}_1+\boldsymbol{M}_2|=|\boldsymbol{Q}|^2(1+\lambda_1)\cdots(1+\lambda_n),|\boldsymbol{M}_1|=|\boldsymbol{Q}|^2,|\boldsymbol{M}_2|=|\boldsymbol{Q}|^2(\lambda_1\cdots\lambda_n).$$

从而只需证明

$$\frac{2^{n+1}}{(1+\lambda_1)\cdots(1+\lambda_n)}\leqslant 1+\frac{1}{\lambda_1\cdots\lambda_n}.$$

由于

$$1+\lambda_i\geqslant 2\sqrt{\lambda_i},i=1,\cdots,n,$$

故只需证明

$$\frac{2}{\sqrt{\lambda_1\cdots\lambda_n}}\leqslant 1+\frac{1}{\lambda_1\cdots\lambda_n}.$$

令 $y=\lambda_1\cdots\lambda_n$, 则 $y>0$, 只需证明:

$$\frac{2}{\sqrt{y}}\leqslant 1+\frac{1}{y}.$$

即证明:$2y\leqslant(1+y)\sqrt{y}$, 也即 $4y^2\leqslant(1+y)^2y$, 也就是 $4y\leqslant(1+y)^2$, 此式显然成立. 故结论成立. 等号成立的充要条件由上面的证明易知.

例 5.4.42 设 $\boldsymbol{A},\boldsymbol{B}$ 均为 n 阶正定矩阵, 求 $\dfrac{|\boldsymbol{A}+\boldsymbol{B}|^2}{|\boldsymbol{AB}|}$ 的最小值.

例 5.4.43 设 $\boldsymbol{A},\boldsymbol{B}$ 是两个 $n\times n$ 实对称矩阵,$\boldsymbol{B}$ 正定,$\boldsymbol{x}\in\mathbb{R}^n$. 证明:

$$G(\boldsymbol{x})=\frac{<\boldsymbol{Ax},\boldsymbol{x}>}{<\boldsymbol{Bx},\boldsymbol{x}>},\boldsymbol{x}\neq\boldsymbol{0}$$

在 $\boldsymbol{L}^{\mathrm{T}}\boldsymbol{AL}$ 的最大特征值与最小特征值之间, 其中 $\boldsymbol{L}$ 是某个可逆矩阵,$<\cdot,\cdot>$ 表示 $\mathbb{R}^n$ 中的内积.

证 由于存在可逆矩阵 $\boldsymbol{Q}$ 使得

$$\boldsymbol{A}=\boldsymbol{Q}^{\mathrm{T}}\mathbf{diag}(\lambda_1,\cdots,\lambda_n)\boldsymbol{Q},\boldsymbol{B}=\boldsymbol{Q}^{\mathrm{T}}\boldsymbol{Q},$$

于是

$$G(\boldsymbol{x})=\frac{<\boldsymbol{Ax},\boldsymbol{x}>}{<\boldsymbol{Bx},\boldsymbol{x}>}=\frac{\boldsymbol{x}^{\mathrm{T}}\boldsymbol{Ax}}{\boldsymbol{x}^{\mathrm{T}}\boldsymbol{Bx}}=\frac{(\boldsymbol{Qx})^{\mathrm{T}}\mathbf{diag}(\lambda_1,\cdots,\lambda_n)\boldsymbol{Qx}}{(\boldsymbol{Qx})^{\mathrm{T}}\boldsymbol{Qx}},$$

令 $\boldsymbol{Qx}=\boldsymbol{y}$, 则

$$\lambda_1\leqslant G(\boldsymbol{x})=\frac{\boldsymbol{y}^{\mathrm{T}}\mathbf{diag}(\lambda_1,\cdots,\lambda_n)\boldsymbol{y}}{\boldsymbol{y}^{\mathrm{T}}\boldsymbol{y}}\leqslant\lambda_n.$$

即结论成立.

5.5 实反对称矩阵

5.5.1 实反对称矩阵的性质

例 5.5.1 若 $\boldsymbol{A}$ 为实反对称矩阵, 则 $k\boldsymbol{A},\boldsymbol{A}^{-1}$ 为实反对称矩阵.

例 5.5.2 若 $\boldsymbol{A}$ 为实反对称矩阵, 则当 m 为奇数时, $\boldsymbol{A}^m$ 为实反对称矩阵; 当 m 为偶数时, $\boldsymbol{A}^m$ 为对称矩阵.

例 5.5.3 设 $\boldsymbol{A}$ 为 m 阶实反对称矩阵,$\boldsymbol{A}^*$ 为其伴随矩阵, 则 m 为偶数时,$\boldsymbol{A}^*$ 为实反对称矩阵;m 为奇数时,$\boldsymbol{A}^*$ 为实对称矩阵.

例 5.5.4 $\boldsymbol{A},\boldsymbol{B}$ 为 n 阶实反对称矩阵, 则 $\boldsymbol{AB}$ 为实反对称矩阵当且仅 $\boldsymbol{AB}=-\boldsymbol{BA}$.

例 5.5.5 若 $\boldsymbol{A}$ 是实反对称矩阵, 则其主对角线上的元素全为零.

例 5.5.6 设 $\boldsymbol{A}$ 是奇数阶反对称矩阵, 则 $|\boldsymbol{A}|=0$.

例 5.5.7　任何一个 n 阶矩阵 $\boldsymbol{A}$, 均可唯一表示为一个对称矩阵与一个反对称矩阵之和.

例 5.5.8　$T=\{\boldsymbol{A}\in F^{n\times n}|\boldsymbol{A}^{\mathrm{T}}=-\boldsymbol{A}\}$ 是 $F^{n\times n}$ 的子空间, 且 $\dim T=\dfrac{1}{2}n(n-1)$.

例 5.5.9　设 $\boldsymbol{A}$ 为 n 阶实矩阵, 则 $\boldsymbol{A}$ 为实反对称矩阵的充要条件为对任意 n 维列向量 $\boldsymbol{X}$, 均有 $\boldsymbol{X}^{\mathrm{T}}\boldsymbol{A}\boldsymbol{X}=0$.

例 5.5.10　实反对称矩阵的特征值为零或纯虚数.

例 5.5.11　设 $\boldsymbol{A}$ 为实反对称矩阵, 则相应于 $\boldsymbol{A}$ 的纯虚数特征值的特征向量, 其实部与虚部实向量的长度相等且相互正交.

证　设 $\boldsymbol{X}+\boldsymbol{Y}\mathrm{i}(\boldsymbol{X},\boldsymbol{Y}$是实列向量) 是 $\boldsymbol{A}$ 关于特征值 $\lambda=k\mathrm{i}(k\neq 0)$ 的特征向量, 即

$$\boldsymbol{A}(\boldsymbol{X}+\boldsymbol{Y}\mathrm{i})=k\mathrm{i}(\boldsymbol{X}+\boldsymbol{Y}\mathrm{i}),$$

所以

$$\boldsymbol{A}\boldsymbol{X}=-k\boldsymbol{Y},\boldsymbol{A}\boldsymbol{Y}=k\boldsymbol{X},$$

于是

$$0=\boldsymbol{X}^{\mathrm{T}}\boldsymbol{A}\boldsymbol{X}=\boldsymbol{X}^{\mathrm{T}}(-k\boldsymbol{Y})=-k\boldsymbol{X}^{\mathrm{T}}\boldsymbol{Y},$$

从而 $\boldsymbol{X},\boldsymbol{Y}$ 正交.

又

$$k(\boldsymbol{X}^{\mathrm{T}}\boldsymbol{X}-\boldsymbol{Y}^{\mathrm{T}}\boldsymbol{Y})=\boldsymbol{X}^{\mathrm{T}}\boldsymbol{A}\boldsymbol{Y}+\boldsymbol{Y}^{\mathrm{T}}\boldsymbol{A}\boldsymbol{X}=\boldsymbol{X}^{\mathrm{T}}\boldsymbol{A}\boldsymbol{Y}-(\boldsymbol{X}^{\mathrm{T}}\boldsymbol{A}\boldsymbol{Y})^{\mathrm{T}}=0,$$

故 $\boldsymbol{X},\boldsymbol{Y}$ 的长度相等.

例 5.5.12　(南京师范大学,2015) 设 $\boldsymbol{A}$ 为反对称实矩阵,λ 为 $\boldsymbol{A}$ 的一个非零特征值,$\boldsymbol{\alpha}+\mathrm{i}\boldsymbol{\beta}$ 为 $\boldsymbol{A}$ 的属于特征值 λ 的复特征向量, 其中 $\boldsymbol{\alpha},\boldsymbol{\beta}$ 为实向量. 证明: (1) λ 为纯虚数;(2) $\boldsymbol{\alpha},\boldsymbol{\beta}$ 的长度相等且互相正交.

例 5.5.13　设 $\boldsymbol{A}$ 为 n 阶反对称矩阵, 则 $\boldsymbol{A}$ 合同于分块矩阵

$$\mathbf{diag}(\boldsymbol{S},\cdots,\boldsymbol{S},0,\cdots,0),$$

其中 $\boldsymbol{S}=\begin{pmatrix}0&1\\-1&0\end{pmatrix}$, 若 $\boldsymbol{A}$ 的秩为 $2r$, 则有 r 个 $\boldsymbol{S}$.

证　对矩阵 $\boldsymbol{A}$ 的阶数用归纳法.

当 $n=1,2$ 时, 易证.

假设结论对阶数小于 n 的矩阵成立.

若 $\boldsymbol{A}=\boldsymbol{O}$, 则结论成立.

若 $\boldsymbol{A}\neq\boldsymbol{O}$, 由于反对称矩阵的对角元全为 0, 设 $a_{ij}(i\neq j)\neq 0$, 对 $\boldsymbol{A}$ 行合同变换 $(1,i),(2,j)$, 则 $\boldsymbol{A}$ 与

$$\boldsymbol{M}=\begin{pmatrix}\boldsymbol{A}_1&\boldsymbol{B}\\-\boldsymbol{B}^{\mathrm{T}}&\boldsymbol{A}_2\end{pmatrix}$$

合同. 其中 $\boldsymbol{A}_1=\begin{pmatrix}0 & a_{ij}\\ -a_{ij} & 0\end{pmatrix}$, $\boldsymbol{A}_2$ 为 $n-2$ 阶反对称矩阵. 由于 $\boldsymbol{A}_1$ 可逆, 对 $\boldsymbol{M}$ 进行合同变换可得

$$\begin{pmatrix}\boldsymbol{E} & \boldsymbol{O}\\ \boldsymbol{B}^{\mathrm{T}}\boldsymbol{A}_1^{-1} & \boldsymbol{E}\end{pmatrix}\begin{pmatrix}\boldsymbol{A}_1 & \boldsymbol{B}\\ -\boldsymbol{B}^{\mathrm{T}} & \boldsymbol{A}_2\end{pmatrix}\begin{pmatrix}\boldsymbol{E} & -\boldsymbol{A}_1^{-1}\boldsymbol{B}\\ \boldsymbol{O} & \boldsymbol{E}\end{pmatrix}=\begin{pmatrix}\boldsymbol{A}_1 & \boldsymbol{O}\\ \boldsymbol{O} & \boldsymbol{A}_2+\boldsymbol{B}^{\mathrm{T}}\boldsymbol{A}_1^{-1}\boldsymbol{B}\end{pmatrix},$$

易知 $\boldsymbol{A}_2+\boldsymbol{B}^{\mathrm{T}}\boldsymbol{A}_1^{-1}\boldsymbol{B}$ 是反对称矩阵, 由归纳假设可得结论成立.

例 5.5.14 设 $\boldsymbol{A}$ 为实反对称矩阵, 证明:

(1) 当 n 为奇数时,$|\boldsymbol{A}|=0$; 当 n 为偶数时,$|\boldsymbol{A}|$ 为一个实数的平方;

(2) $\boldsymbol{A}$ 的秩为偶数.

例 5.5.15 (大连理工大学,2021)$\boldsymbol{A},\boldsymbol{B}$ 为 n 阶实方阵, 且 $\boldsymbol{A}$ 为正定矩阵,$\boldsymbol{B}$ 为实反对称矩阵. 证明:$\boldsymbol{B}^{\mathrm{T}}\boldsymbol{A}\boldsymbol{B}$ 的秩为偶数.

证 由于 $\boldsymbol{A}$ 正定, 故存在可逆矩阵 $\boldsymbol{C}$ 使得 $\boldsymbol{C}^{\mathrm{T}}\boldsymbol{A}\boldsymbol{C}=\boldsymbol{E}$, 故

$$\boldsymbol{B}^{\mathrm{T}}\boldsymbol{A}\boldsymbol{B}=\boldsymbol{B}^{\mathrm{T}}(\boldsymbol{C}^{\mathrm{T}})^{-1}(\boldsymbol{C}^{\mathrm{T}}\boldsymbol{A}\boldsymbol{C})\boldsymbol{C}^{-1}\boldsymbol{B}=(\boldsymbol{C}^{-1}\boldsymbol{B})^{\mathrm{T}}\boldsymbol{C}^{-1}\boldsymbol{B},$$

从而利用: 若 $\boldsymbol{A}$ 是实矩阵, 则 $r(\boldsymbol{A}^{\mathrm{T}}\boldsymbol{A})=r(\boldsymbol{A})$, 可得

$$r(\boldsymbol{B}^{\mathrm{T}}\boldsymbol{A}\boldsymbol{B})=r((\boldsymbol{C}^{-1}\boldsymbol{B})^{\mathrm{T}}\boldsymbol{C}^{-1}\boldsymbol{B})=r(\boldsymbol{C}^{-1}\boldsymbol{B})=r(\boldsymbol{B}),$$

从而结论成立.

例 5.5.16 (北京师范大学,2000) 设 $\boldsymbol{A},\boldsymbol{B}$ 为 n 阶实方阵, 且 $\boldsymbol{A}$ 为正定矩阵,$\boldsymbol{B}$ 是反对称矩阵. 证明:$2|r(\boldsymbol{B}^{\mathrm{T}}\boldsymbol{A}\boldsymbol{B})$.

5.5.2 例题

例 5.5.17 设 $\boldsymbol{A}$ 为实反对称矩阵, 则

(1) 存在正交矩阵 $\boldsymbol{Q}$, 使得

$$\boldsymbol{Q}^{\mathrm{T}}\boldsymbol{A}^2\boldsymbol{Q}=\mathbf{diag}(-a_1^2,-a_1^2,\cdots,-a_r^2,-a_r^2,0,\cdots,0);$$

(2) $\boldsymbol{E}-\boldsymbol{A}^2$ 可逆.

证 (1) 由 $\boldsymbol{A}$ 的特征值为零或纯虚数, 且非零特征值成对出现, 设为

$$a_1\mathrm{i},-a_1\mathrm{i},\cdots,a_r\mathrm{i},-a_r\mathrm{i},0,\cdots,0.$$

而 $\boldsymbol{A}^2$ 为实对称矩阵, 且其特征值为

$$-a_1^2,-a_1^2,\cdots,-a_r^2,-a_r^2,0,\cdots,0.$$

故结论成立.

(2) 由于

$$\boldsymbol{Q}^{\mathrm{T}}(\boldsymbol{E}-\boldsymbol{A}^2)\boldsymbol{Q}=\mathbf{diag}(1+a_1^2,1+a_1^2,\cdots,1+a_r^2,1+a_r^2,1,\cdots,1),$$

故结论成立.

例 5.5.18 (苏州大学,2002) 设 $\boldsymbol{A}$ 为 $n\times n$ 实反对称矩阵. 证明:$-\boldsymbol{A}^2$ 是半正定的.

例 5.5.19 (东南大学,2000; 南京理工大学,2012) 设 $\boldsymbol{A}$ 为 n 阶正定矩阵,$\boldsymbol{B}$ 为 n 阶实反对称矩阵, 求证:$\boldsymbol{A}-\boldsymbol{B}^2$ 为正定矩阵.

证 (法 1) 首先

$$(\boldsymbol{A}-\boldsymbol{B}^2)^{\mathrm{T}}=\boldsymbol{A}^{\mathrm{T}}-(\boldsymbol{B}^2)^{\mathrm{T}}=\boldsymbol{A}-\boldsymbol{B}^2,$$

即 $\boldsymbol{A}-\boldsymbol{B}^2$ 是实对称矩阵. 其次 $\forall \boldsymbol{0}\neq\boldsymbol{x}\in\mathbb{R}^n$, 有

$$\boldsymbol{x}^{\mathrm{T}}(\boldsymbol{A}-\boldsymbol{B}^2)\boldsymbol{x}=\boldsymbol{x}^{\mathrm{T}}\boldsymbol{A}\boldsymbol{x}+\boldsymbol{x}^{\mathrm{T}}\boldsymbol{B}^{\mathrm{T}}\boldsymbol{B}\boldsymbol{x}=\boldsymbol{x}^{\mathrm{T}}\boldsymbol{A}\boldsymbol{x}+(\boldsymbol{B}\boldsymbol{x})^{\mathrm{T}}\boldsymbol{B}\boldsymbol{x}>0,$$

即结论成立.

(法 2) 易知 $\boldsymbol{A}-\boldsymbol{B}^2$ 是实对称矩阵. 由于 $\boldsymbol{A}$ 正定,$\boldsymbol{B}^2$ 是实对称矩阵, 故存在可逆矩阵 $\boldsymbol{P}$ 使得

$$\boldsymbol{A}=\boldsymbol{P}^{\mathrm{T}}\boldsymbol{P},\boldsymbol{B}^2=\boldsymbol{P}^{\mathrm{T}}\mathbf{diag}(-b_1^2,-b_1^2,\cdots,-b_r^2,-b_r^2,0,\cdots,0)\boldsymbol{P},$$

从而

$$\boldsymbol{A}-\boldsymbol{B}^2=\boldsymbol{P}^{\mathrm{T}}\mathbf{diag}(1+b_1^2,1+b_1^2,\cdots,1+b_r^2,1+b_r^2,1,\cdots,1)\boldsymbol{P},$$

故结论成立.

例 5.5.20 (南开大学,2011) 设 $\boldsymbol{A}$ 为实反对称矩阵. 证明:$\boldsymbol{E}-\boldsymbol{A}^{10}$ 一定是正定矩阵.

注 更一般的结果为:
设 $\boldsymbol{A}$ 为实反对称矩阵. 证明:$\boldsymbol{E}-\boldsymbol{A}^{2(2k+1)}(k=0,1,2,\cdots)$ 一定是正定矩阵.

例 5.5.21 (西南师范大学,2003) 设 $\boldsymbol{A}$ 为实数域上的 n 阶反对称矩阵.
(1) 证明:$\boldsymbol{A}$ 的任意复特征值都是零或纯虚数;
(2) 证明:$|\boldsymbol{A}|\geqslant 0$.

例 5.5.22 设 $\boldsymbol{A}$ 为 n 阶实可逆矩阵,$\boldsymbol{S}$ 为 n 阶实反对称矩阵, 求证:$|\boldsymbol{A}\boldsymbol{A}^{\mathrm{T}}+\boldsymbol{S}|>0$.

证 (法 1) 首先 $\boldsymbol{A}\boldsymbol{A}^{\mathrm{T}}$ 为正定矩阵, 若 $|\boldsymbol{A}\boldsymbol{A}^{\mathrm{T}}+\boldsymbol{S}|=0$, 则有非零向量 $\boldsymbol{\alpha}$ 使得 $(\boldsymbol{A}\boldsymbol{A}^{\mathrm{T}}+\boldsymbol{S})\boldsymbol{\alpha}=\boldsymbol{0}$. 于是

$$0=\boldsymbol{\alpha}^{\mathrm{T}}(\boldsymbol{A}\boldsymbol{A}^{\mathrm{T}}+\boldsymbol{S})\boldsymbol{\alpha}=\boldsymbol{\alpha}^{\mathrm{T}}(\boldsymbol{A}\boldsymbol{A}^{\mathrm{T}})\boldsymbol{\alpha}>0,$$

矛盾. 故 $|\boldsymbol{A}\boldsymbol{A}^{\mathrm{T}}+\boldsymbol{S}|\neq 0$.

下证 $|\boldsymbol{A}\boldsymbol{A}^{\mathrm{T}}+\boldsymbol{S}|>0$. 构造 $[0,1]$ 上的实连续函数:

$$f(x)=|\boldsymbol{A}\boldsymbol{A}^{\mathrm{T}}+x\boldsymbol{S}|,$$

由上面的证明可知, 对 $\forall x\in[0,1]$, 都有 $f(x)=|\boldsymbol{A}\boldsymbol{A}^{\mathrm{T}}+x\boldsymbol{S}|\neq 0$. 而 $f(0)=|\boldsymbol{A}\boldsymbol{A}^{\mathrm{T}}|>0$, 若 $f(1)=|\boldsymbol{A}\boldsymbol{A}^{\mathrm{T}}+\boldsymbol{S}|<0$, 则由连续函数的介值性知 $\exists x_0\in(0,1)$ 使得 $f(x_0)=|\boldsymbol{A}\boldsymbol{A}^{\mathrm{T}}+x_0\boldsymbol{S}|=0$. 矛盾.

(法 2) 设 λ 为 $\boldsymbol{A}\boldsymbol{A}^{\mathrm{T}}+\boldsymbol{S}$ 的实特征值,$\boldsymbol{\alpha}$ 为对应的实特征向量, 即

$$(\boldsymbol{A}\boldsymbol{A}^{\mathrm{T}}+\boldsymbol{S})\boldsymbol{\alpha}=\lambda\boldsymbol{\alpha},$$

于是

$$\lambda\boldsymbol{\alpha}^{\mathrm{T}}\boldsymbol{\alpha}=\boldsymbol{\alpha}^{\mathrm{T}}(\boldsymbol{A}\boldsymbol{A}^{\mathrm{T}}+\boldsymbol{S})\boldsymbol{\alpha}=\boldsymbol{\alpha}^{\mathrm{T}}(\boldsymbol{A}\boldsymbol{A}^{\mathrm{T}})\boldsymbol{\alpha},$$

由于 $\boldsymbol{A}$ 可逆, 故 $\boldsymbol{A}\boldsymbol{A}^{\mathrm{T}}$ 正定, 从而 $\lambda>0$. 而 $\boldsymbol{A}\boldsymbol{A}^{\mathrm{T}}+\boldsymbol{S}$ 的虚特征值成对共轭出现, 故

$$|\boldsymbol{A}\boldsymbol{A}^{\mathrm{T}}+\boldsymbol{S}|>0.$$

例 5.5.23 (上海交通大学,2003; 四川师范大学,2015) 设 $\boldsymbol{A}$ 为 n 阶反对称矩阵,

$$\boldsymbol{B}=\mathbf{diag}(a_1,a_2,\cdots,a_n),a_i>0.$$

证明:$|\boldsymbol{A}+\boldsymbol{B}|>0$.

例 5.5.24 (南京师范大学,2022) 设$\boldsymbol{A}$是n阶实对称正定矩阵,$\boldsymbol{B}$是n阶实反对称矩阵, 求证:
(1) $\boldsymbol{B}$ 的特征值为 0 或者纯虚数;
(2) $|\boldsymbol{A}+\boldsymbol{B}|>0$.

例 5.5.25 (南开大学,2014) 设 $\boldsymbol{A},\boldsymbol{B}$ 都是反对称矩阵, 且 $\boldsymbol{A}$ 可逆, 则 $|\boldsymbol{A}^2-\boldsymbol{B}|>0$.

例 5.5.26 设 $\boldsymbol{A}$ 正定,$\boldsymbol{B}$ 实反对称, 则 $r(\boldsymbol{A}+\boldsymbol{B})=n$.

证 若 $r(\boldsymbol{A}+\boldsymbol{B})<n$, 则 $|\boldsymbol{A}+\boldsymbol{B}|=0$, 于是存在 $\boldsymbol{x}_0\in\mathbb{R}^n,\boldsymbol{x}_0\neq\boldsymbol{0}$ 使得

$$(\boldsymbol{A}+\boldsymbol{B})\boldsymbol{x}_0=\boldsymbol{0},$$

从而

$$0=\boldsymbol{x}_0^{\mathrm{T}}(\boldsymbol{A}+\boldsymbol{B})\boldsymbol{x}_0=\boldsymbol{x}_0^{\mathrm{T}}\boldsymbol{A}\boldsymbol{x}_0,$$

这与 $\boldsymbol{A}$ 正定矛盾.

例 5.5.27 (南开大学,2006; 上海大学,2012) 设 $\boldsymbol{A}$ 为 n 阶实方阵, 且 $\boldsymbol{A}+\boldsymbol{A}^{\mathrm{T}}$ 为正定矩阵, 证明:$\det\boldsymbol{A}>0$.

证 (法 1) 由于

$$\boldsymbol{A}=\frac{1}{2}(\boldsymbol{A}+\boldsymbol{A}^{\mathrm{T}})+\frac{1}{2}(\boldsymbol{A}-\boldsymbol{A}^{\mathrm{T}}),$$

而 $\frac{1}{2}(\boldsymbol{A}+\boldsymbol{A}^{\mathrm{T}})$ 为正定矩阵,$\frac{1}{2}(\boldsymbol{A}-\boldsymbol{A}^{\mathrm{T}})$ 为反对称矩阵, 从而由例5.5.22的结论可得.

(法 2) 由于

$$\boldsymbol{A}=\boldsymbol{B}+\boldsymbol{C},\boldsymbol{B}=\frac{\boldsymbol{A}+\boldsymbol{A}^{\mathrm{T}}}{2},\boldsymbol{C}=\frac{\boldsymbol{A}-\boldsymbol{A}^{\mathrm{T}}}{2},$$

首先,$\det(\boldsymbol{A})\neq 0$. 否则, 存在 $\boldsymbol{x}\neq\boldsymbol{0}$ 使得 $\boldsymbol{A}\boldsymbol{x}=\boldsymbol{0}$, 于是

$$0=\boldsymbol{x}^{\mathrm{T}}\boldsymbol{A}\boldsymbol{x}=\boldsymbol{x}^{\mathrm{T}}(\boldsymbol{B}+\boldsymbol{C})\boldsymbol{x}=\boldsymbol{x}^{\mathrm{T}}\boldsymbol{B}\boldsymbol{x}+\boldsymbol{x}^{\mathrm{T}}\boldsymbol{C}\boldsymbol{x}=\boldsymbol{x}^{\mathrm{T}}\boldsymbol{B}\boldsymbol{x}>0,$$

矛盾.

下证 $\det(\boldsymbol{A})>0$. 否则若 $\det(\boldsymbol{A})<0$, 令 $f(t)=|\boldsymbol{B}+t\boldsymbol{C}|$, 则由上面的证明知 $f(t)\neq 0,\forall t\in[0,1]$. 由 $f(t)$ 在 [0,1] 上连续, 且

$$f(0)=|\boldsymbol{B}|>0,f(1)=|\boldsymbol{A}|<0,$$

由介值定理知存在 $t_0\in[0,1]$ 使得 $f(t_0)=0$. 矛盾. 从而结论成立.

(法 3) 设 $\lambda\in\mathbb{R}$ 为矩阵 $\boldsymbol{A}$ 的任一实特征值,$\boldsymbol{\alpha}\in\mathbb{R}^n$ 为对应的特征向量, 即 $\boldsymbol{A}\boldsymbol{\alpha}=\lambda\boldsymbol{\alpha}$, 从而 $\boldsymbol{\alpha}^{\mathrm{T}}\boldsymbol{A}^{\mathrm{T}}=\lambda\boldsymbol{\alpha}^{\mathrm{T}}$, 于是由 $\boldsymbol{A}+\boldsymbol{A}^{\mathrm{T}}$ 正定有

$$2\lambda\boldsymbol{\alpha}^{\mathrm{T}}\boldsymbol{\alpha}=\boldsymbol{\alpha}^{\mathrm{T}}(\boldsymbol{A}+\boldsymbol{A}^{\mathrm{T}})\boldsymbol{\alpha}>0,$$

即 $\lambda>0$, 而 $\boldsymbol{A}$ 的虚特征值成对出现, 且互为共轭, 从而 $|\boldsymbol{A}|>0$.

例 5.5.28 (武汉大学,2011) 设 $\boldsymbol{A}$ 是 n 阶实矩阵, 且 $\forall \boldsymbol{0} \neq \boldsymbol{\alpha} \in \mathbb{R}^{n\times 1}$, 均有 $\boldsymbol{\alpha}^{\mathrm{T}}\boldsymbol{A}\boldsymbol{\alpha} > 0$. 求证:$\det \boldsymbol{A} > 0$.

例 5.5.29 (河北师范大学,2011) 设 $\boldsymbol{A}$ 为 n 阶实方阵,$\boldsymbol{A}+\boldsymbol{A}^{\mathrm{T}} = \boldsymbol{B}$, 其中 $\boldsymbol{B}$ 为正定矩阵. 证明:$\boldsymbol{A}$ 可逆.

例 5.5.30 (河北师范大学,2014) 设 $\boldsymbol{A}$ 为 n 阶实方阵,$\boldsymbol{A}+\boldsymbol{A}^{\mathrm{T}} = 2\boldsymbol{E}$. 证明:$\boldsymbol{A}$ 可逆.

例 5.5.31 设 $\boldsymbol{A}$ 为 n 阶实可逆反对称矩阵,$\boldsymbol{b}$ 为 n 维实列向量, 则

(1) $r(\boldsymbol{A}+\boldsymbol{b}\boldsymbol{b}^{\mathrm{T}}) = n$;

(2) (山东师范大学,2011; 杭州师范大学,2016)$r\begin{pmatrix} \boldsymbol{A} & \boldsymbol{b} \\ \boldsymbol{b}^{\mathrm{T}} & 0 \end{pmatrix} = n$.

证 (1) 由于

$$|\boldsymbol{A}+\boldsymbol{b}\boldsymbol{b}^{\mathrm{T}}| = |\boldsymbol{A}| + \boldsymbol{b}^{\mathrm{T}}\boldsymbol{A}^*\boldsymbol{b},$$

注意到 $\boldsymbol{A}$ 可逆,从而 $\boldsymbol{A}^*$ 也是反对称矩阵, 故 $\boldsymbol{b}^{\mathrm{T}}\boldsymbol{A}^*\boldsymbol{b} = 0$. 于是 $|\boldsymbol{A}+\boldsymbol{b}\boldsymbol{b}^{\mathrm{T}}| = |\boldsymbol{A}| \neq 0$, 从而结论成立.

(2) 注意到 $\boldsymbol{A}^{-1}$ 是反对称矩阵以及

$$\begin{pmatrix} \boldsymbol{E} & \boldsymbol{0} \\ -\boldsymbol{b}^{\mathrm{T}}\boldsymbol{A}^{-1} & 1 \end{pmatrix}\begin{pmatrix} \boldsymbol{A} & \boldsymbol{b} \\ \boldsymbol{b}^{\mathrm{T}} & 0 \end{pmatrix}\begin{pmatrix} \boldsymbol{E} & -\boldsymbol{A}^{-1}\boldsymbol{b} \\ \boldsymbol{0} & 1 \end{pmatrix} = \begin{pmatrix} \boldsymbol{A} & \boldsymbol{0} \\ \boldsymbol{0} & -\boldsymbol{b}^{\mathrm{T}}\boldsymbol{A}^{-1}\boldsymbol{b} \end{pmatrix} = \begin{pmatrix} \boldsymbol{A} & \boldsymbol{0} \\ \boldsymbol{0} & 0 \end{pmatrix}$$

即可.

例 5.5.32 (武汉大学,2010) 设 $\boldsymbol{A}$ 是 n 阶反对称矩阵,$\boldsymbol{b}$ 为 n 维列向量,$r(\boldsymbol{A}) = r(\boldsymbol{A},\boldsymbol{b})$. 求证:

$$r\begin{pmatrix} \boldsymbol{A} & \boldsymbol{b} \\ -\boldsymbol{b}^{\mathrm{T}} & 0 \end{pmatrix} = r(\boldsymbol{A}).$$

证 (法 1) 由 $r(\boldsymbol{A}) = r(\boldsymbol{A},\boldsymbol{b})$ 知线性方程组 $\boldsymbol{A}\boldsymbol{x} = \boldsymbol{b}$ 有解, 注意到 $\boldsymbol{A}$ 是反对称矩阵, 对于 $\boldsymbol{A}\boldsymbol{x} = \boldsymbol{b}$ 的任一解 $\boldsymbol{x}$ 均有

$$-\boldsymbol{b}^{\mathrm{T}}\boldsymbol{x} = (-\boldsymbol{A}\boldsymbol{x})^{\mathrm{T}}\boldsymbol{x} = -\boldsymbol{x}^{\mathrm{T}}\boldsymbol{A}^{\mathrm{T}}\boldsymbol{x} = \boldsymbol{x}^{\mathrm{T}}\boldsymbol{A}\boldsymbol{x} = 0.$$

于是方程组

$$\begin{cases} \boldsymbol{A}\boldsymbol{x} = \boldsymbol{b}, \\ -\boldsymbol{b}^{\mathrm{T}}\boldsymbol{x} = 0 \end{cases}$$

与

$$\boldsymbol{A}\boldsymbol{x} = \boldsymbol{b}$$

同解, 从而

$$r\begin{pmatrix} \boldsymbol{A} & \boldsymbol{b} \\ -\boldsymbol{b}^{\mathrm{T}} & 0 \end{pmatrix} = r\begin{pmatrix} \boldsymbol{A} \\ -\boldsymbol{b}^{\mathrm{T}} \end{pmatrix} = r(\boldsymbol{A}^{\mathrm{T}}, -\boldsymbol{b}) = r(-\boldsymbol{A}, -\boldsymbol{b}) = r(\boldsymbol{A},\boldsymbol{b}) = r(\boldsymbol{A}).$$

(法 2) 由 $r(\boldsymbol{A}) = r(\boldsymbol{A},\boldsymbol{b})$ 知线性方程组 $\boldsymbol{A}\boldsymbol{x} = \boldsymbol{b}$ 有解, 注意到 $\boldsymbol{A}$ 是反对称矩阵, 对于 $\boldsymbol{A}\boldsymbol{x} = \boldsymbol{b}$ 的任一解 $\boldsymbol{x}_0$ 均有

$$-\boldsymbol{b}^{\mathrm{T}}\boldsymbol{x}_0 = (-\boldsymbol{A}\boldsymbol{x}_0)^{\mathrm{T}}\boldsymbol{x}_0 = -\boldsymbol{x}_0^{\mathrm{T}}\boldsymbol{A}^{\mathrm{T}}\boldsymbol{x}_0 = \boldsymbol{x}_0^{\mathrm{T}}\boldsymbol{A}\boldsymbol{x}_0 = 0.$$

于是 $\boldsymbol{x}_0$ 是线性方程组

$$\begin{cases} \boldsymbol{A}\boldsymbol{x}=\boldsymbol{b}, \\ -\boldsymbol{b}^{\mathrm{T}}\boldsymbol{x}=0 \end{cases}$$

的解, 即上述方程组有解, 于是

$$r\begin{pmatrix} \boldsymbol{A} & \boldsymbol{b} \\ -\boldsymbol{b}^{\mathrm{T}} & 0 \end{pmatrix}=r\begin{pmatrix} \boldsymbol{A} \\ -\boldsymbol{b}^{\mathrm{T}} \end{pmatrix}=r(\boldsymbol{A}^{\mathrm{T}},-\boldsymbol{b})=r(-\boldsymbol{A},-\boldsymbol{b})=r(\boldsymbol{A},\boldsymbol{b})=r(\boldsymbol{A}).$$

(法 3) 由 $r(\boldsymbol{A})=r(\boldsymbol{A},\boldsymbol{b})$ 知线性方程组 $\boldsymbol{A}\boldsymbol{x}=\boldsymbol{b}$ 有解, 即存在列向量 $\boldsymbol{x}_0$ 使得 $\boldsymbol{b}=\boldsymbol{A}\boldsymbol{x}_0$. 注意到 $\boldsymbol{x}_0^{\mathrm{T}}\boldsymbol{A}\boldsymbol{x}_0=0$, 则

$$\begin{pmatrix} \boldsymbol{E} & \boldsymbol{0} \\ -\boldsymbol{x}_0^{\mathrm{T}} & 1 \end{pmatrix}\begin{pmatrix} \boldsymbol{A} & \boldsymbol{b} \\ -\boldsymbol{b}^{\mathrm{T}} & 0 \end{pmatrix}\begin{pmatrix} \boldsymbol{E} & -\boldsymbol{x}_0 \\ \boldsymbol{0} & 1 \end{pmatrix}=\begin{pmatrix} \boldsymbol{A} & \boldsymbol{0} \\ \boldsymbol{0} & 0 \end{pmatrix}.$$

故

$$r\begin{pmatrix} \boldsymbol{A} & \boldsymbol{b} \\ -\boldsymbol{b}^{\mathrm{T}} & 0 \end{pmatrix}=r(\boldsymbol{A}).$$

例 5.5.33 设 $\boldsymbol{A}$ 是 n 阶反对称矩阵,$\boldsymbol{b}$ 为 n 维列向量. 则线性方程组 $\boldsymbol{A}\boldsymbol{x}=\boldsymbol{b}$ 有解的充要条件是

$$r\begin{pmatrix} \boldsymbol{A} & \boldsymbol{b} \\ -\boldsymbol{b}^{\mathrm{T}} & 0 \end{pmatrix}=r(\boldsymbol{A}).$$

例 5.5.34 (重庆大学,2006) 设 $\boldsymbol{A}$ 为 n 阶反对称矩阵.

(1) 证明:1 与 -1 不是 $\boldsymbol{A}$ 的特征值;

(2) 令 $\boldsymbol{B}=(\boldsymbol{E}-\boldsymbol{A})(\boldsymbol{E}+\boldsymbol{A})^{-1}$, 证明:$\boldsymbol{B}$ 是正交矩阵, 且 -1 不是 $\boldsymbol{B}$ 的特征值.

证 (1) 反证法. 若 1 是 $\boldsymbol{A}$ 的特征值,$\boldsymbol{\alpha}$ 为对应的特征向量, 即 $\boldsymbol{A}\boldsymbol{\alpha}=\boldsymbol{\alpha}$, 则

$$0=\boldsymbol{\alpha}^{\mathrm{T}}\boldsymbol{A}\boldsymbol{\alpha}=\boldsymbol{\alpha}^{\mathrm{T}}\boldsymbol{\alpha}>0.$$

矛盾. 类似可证 -1 不是 $\boldsymbol{A}$ 的特征值.

(2) 由于 $(\boldsymbol{E}+\boldsymbol{A})(\boldsymbol{E}-\boldsymbol{A})=(\boldsymbol{E}-\boldsymbol{A})(\boldsymbol{E}+\boldsymbol{A})=\boldsymbol{E}-\boldsymbol{A}^2$, 于是

$$\begin{aligned}\boldsymbol{B}^{\mathrm{T}}\boldsymbol{B}&=[(\boldsymbol{E}-\boldsymbol{A})(\boldsymbol{E}+\boldsymbol{A})^{-1}]^{\mathrm{T}}(\boldsymbol{E}-\boldsymbol{A})(\boldsymbol{E}+\boldsymbol{A})^{-1}\\&=[(\boldsymbol{E}+\boldsymbol{A})^{\mathrm{T}}]^{-1}(\boldsymbol{E}-\boldsymbol{A})^{\mathrm{T}}(\boldsymbol{E}-\boldsymbol{A})(\boldsymbol{E}+\boldsymbol{A})^{-1}\\&=(\boldsymbol{E}-\boldsymbol{A})^{-1}(\boldsymbol{E}+\boldsymbol{A})(\boldsymbol{E}-\boldsymbol{A})(\boldsymbol{E}+\boldsymbol{A})^{-1}\\&=(\boldsymbol{E}-\boldsymbol{A})^{-1}(\boldsymbol{E}-\boldsymbol{A})(\boldsymbol{E}+\boldsymbol{A})(\boldsymbol{E}+\boldsymbol{A})^{-1}\\&=\boldsymbol{E}.\end{aligned}$$

从而 $\boldsymbol{B}$ 是正交矩阵.

由于

$$|\boldsymbol{E}+\boldsymbol{B}|=|(\boldsymbol{E}+\boldsymbol{A})(\boldsymbol{E}+\boldsymbol{A})^{-1}+(\boldsymbol{E}-\boldsymbol{A})(\boldsymbol{E}+\boldsymbol{A})^{-1}|=|2\boldsymbol{E}||\boldsymbol{E}+\boldsymbol{A}|^{-1}\neq 0,$$

所以 -1 不是 $\boldsymbol{B}$ 的特征值.

例 5.5.35　(北京工业大学,2022) 设 $\boldsymbol{A}$ 为 n 阶正定矩阵,$\boldsymbol{B}$ 为 n 阶实反对称矩阵. 证明:

(1) $\boldsymbol{A}-\boldsymbol{B}^2$ 是正定矩阵;

(2) $\boldsymbol{T}=(\boldsymbol{E}-\boldsymbol{B})(\boldsymbol{E}+\boldsymbol{B})^{-1}$ 为正交矩阵;

(3) -1 不是 $\boldsymbol{T}$ 的特征值.

例 5.5.36　(陕西师范大学,2002; 重庆大学,2021) 证明:(1) 若 $\boldsymbol{A}$ 为实反对称矩阵, 则 $\boldsymbol{Q}=(\boldsymbol{E}-\boldsymbol{A})(\boldsymbol{E}+\boldsymbol{A})^{-1}$ 是正交矩阵;

(2) 若 $\boldsymbol{Q}$ 为正交矩阵且 $\boldsymbol{E}+\boldsymbol{Q}$ 可逆, 则存在实反对称矩阵 $\boldsymbol{A}$ 使得 $\boldsymbol{Q}=(\boldsymbol{E}-\boldsymbol{A})(\boldsymbol{E}+\boldsymbol{A})^{-1}$.

证　(1) 由于 $(\boldsymbol{E}+\boldsymbol{A})(\boldsymbol{E}-\boldsymbol{A})=(\boldsymbol{E}-\boldsymbol{A})(\boldsymbol{E}+\boldsymbol{A})=\boldsymbol{E}-\boldsymbol{A}^2$, 于是

$$\begin{aligned}\boldsymbol{Q}^{\mathrm{T}}\boldsymbol{Q}=&[(\boldsymbol{E}-\boldsymbol{A})(\boldsymbol{E}+\boldsymbol{A})^{-1}]^{\mathrm{T}}(\boldsymbol{E}-\boldsymbol{A})(\boldsymbol{E}+\boldsymbol{A})^{-1}\\ =&[(\boldsymbol{E}+\boldsymbol{A})^{\mathrm{T}}]^{-1}(\boldsymbol{E}-\boldsymbol{A})^{\mathrm{T}}(\boldsymbol{E}-\boldsymbol{A})(\boldsymbol{E}+\boldsymbol{A})^{-1}\\ =&(\boldsymbol{E}-\boldsymbol{A})^{-1}(\boldsymbol{E}+\boldsymbol{A})(\boldsymbol{E}-\boldsymbol{A})(\boldsymbol{E}+\boldsymbol{A})^{-1}\\ =&(\boldsymbol{E}-\boldsymbol{A})^{-1}(\boldsymbol{E}-\boldsymbol{A})(\boldsymbol{E}+\boldsymbol{A})(\boldsymbol{E}+\boldsymbol{A})^{-1}\\ =&\boldsymbol{E}.\end{aligned}$$

从而 $\boldsymbol{Q}$ 是正交矩阵.

(2) 令

$$\boldsymbol{A}=(\boldsymbol{E}+\boldsymbol{Q})^{-1}(\boldsymbol{E}-\boldsymbol{Q}),$$

注意到

$$(\boldsymbol{Q}+\boldsymbol{E})(\boldsymbol{Q}-\boldsymbol{E})=(\boldsymbol{Q}-\boldsymbol{E})(\boldsymbol{Q}+\boldsymbol{E}),$$

即

$$(\boldsymbol{Q}-\boldsymbol{E})(\boldsymbol{Q}+\boldsymbol{E})^{-1}=(\boldsymbol{E}+\boldsymbol{Q})^{-1}(\boldsymbol{Q}-\boldsymbol{E}),$$

于是

$$\begin{aligned}\boldsymbol{A}^{\mathrm{T}}&=(\boldsymbol{E}-\boldsymbol{Q}^{\mathrm{T}})[(\boldsymbol{E}+\boldsymbol{Q})^{\mathrm{T}}]^{-1}=(\boldsymbol{E}-\boldsymbol{Q}^{\mathrm{T}})(\boldsymbol{E}+\boldsymbol{Q}^{\mathrm{T}})^{-1}\\ &=(\boldsymbol{E}-\boldsymbol{Q}^{\mathrm{T}})(\boldsymbol{Q}\boldsymbol{Q}^{\mathrm{T}}+\boldsymbol{Q}^{\mathrm{T}})^{-1}=(\boldsymbol{E}-\boldsymbol{Q}^{\mathrm{T}})[(\boldsymbol{Q}+\boldsymbol{E})\boldsymbol{Q}^{\mathrm{T}})]^{-1}\\ &=(\boldsymbol{E}-\boldsymbol{Q}^{\mathrm{T}})\boldsymbol{Q}(\boldsymbol{Q}+\boldsymbol{E})^{-1}=(\boldsymbol{Q}-\boldsymbol{E})(\boldsymbol{Q}+\boldsymbol{E})^{-1}\\ &=-\boldsymbol{A}.\end{aligned}$$

且 $(\boldsymbol{E}+\boldsymbol{Q})\boldsymbol{A}=\boldsymbol{E}-\boldsymbol{Q}$, 即 $\boldsymbol{Q}\boldsymbol{A}+\boldsymbol{Q}=\boldsymbol{E}-\boldsymbol{A}$, 于是 $\boldsymbol{Q}=(\boldsymbol{E}-\boldsymbol{A})(\boldsymbol{E}+\boldsymbol{A})^{-1}$. 故结论成立.

例 5.5.37　(安徽师范大学,2021) 设 $\boldsymbol{A}$ 是 n 阶非零实反对称矩阵, 证明:

(1) $\boldsymbol{A}$ 的特征值只能为 0 或纯虚数;

(2) 矩阵 $\boldsymbol{T}=(\boldsymbol{E}+\boldsymbol{A})^{-1}(\boldsymbol{E}-\boldsymbol{A})$ 为正交矩阵.

例 5.5.38　(北京师范大学,1996) 设 $\boldsymbol{A}$ 是一个实反对称矩阵, 证明:

(1) $\boldsymbol{A}$ 的非零特征值是纯虚数;

(2) 若 $\boldsymbol{A}$ 可逆, 则 $\boldsymbol{A}^2+\boldsymbol{A}^{-1}$ 可逆, 且 $\boldsymbol{B}=(\boldsymbol{A}^2-\boldsymbol{A}^{-1})(\boldsymbol{A}^2+\boldsymbol{A}^{-1})^{-1}$ 是正交矩阵.

例 5.5.39　设 $\boldsymbol{A}=\dfrac{1}{3}\begin{pmatrix}2&2&1\\2&-1&-2\\-1&2&-2\end{pmatrix}$, 求矩阵 $\boldsymbol{S}$ 使得 $\boldsymbol{A}=(\boldsymbol{E}-\boldsymbol{S})(\boldsymbol{E}+\boldsymbol{S})^{-1}$.

第 6 章

线性空间

6.1 线性空间、子空间的判断及基与维数的求法

例 6.1.1 (华中师范大学,2001; 宁波大学,2020) 设 V_1, V_2 为数域 P 上的线性空间,$\forall(\boldsymbol{\alpha}_1, \boldsymbol{\alpha}_2)$, $(\boldsymbol{\beta}_1, \boldsymbol{\beta}_2) \in V_1 \times V_2, \forall k \in P$, 规定

$$(\boldsymbol{\alpha}_1, \boldsymbol{\alpha}_2) + (\boldsymbol{\beta}_1, \boldsymbol{\beta}_2) = (\boldsymbol{\alpha}_1 + \boldsymbol{\beta}_1, \boldsymbol{\alpha}_2 + \boldsymbol{\beta}_2),$$

$$k(\boldsymbol{\alpha}_1, \boldsymbol{\alpha}_2) = (k\boldsymbol{\alpha}_1, k\boldsymbol{\alpha}_2).$$

(1) 证明:$V_1 \times V_2$ 关于以上运算构成数域 P 上的线性空间.

(2) 若 $\dim V_1 = m, \dim V_2 = n$, 求 $\dim(V_1 \times V_2)$.

证 (1) 略.

(2) 设 $\boldsymbol{\alpha}_1, \cdots, \boldsymbol{\alpha}_m$ 为 V_1 的一组基,$\boldsymbol{\beta}_1, \cdots, \boldsymbol{\beta}_n$ 为 V_2 的一组基, 则

$$\boldsymbol{\gamma}_i = (\boldsymbol{\alpha}_i, \mathbf{0}), i = 1, \cdots, m; \boldsymbol{\delta}_j = (\mathbf{0}, \boldsymbol{\beta}_j), j = 1, \cdots, n$$

为 $V_1 \times V_2$ 的一组基, 从而 $\dim(V_1 \times V_2) = m + n$. 事实上, 设

$$k_1\boldsymbol{\gamma}_1 + \cdots + k_m\boldsymbol{\gamma}_m + l_1\boldsymbol{\delta}_1 + \cdots + l_n\boldsymbol{\delta}_n = \mathbf{0},$$

即

$$(k_1\boldsymbol{\alpha}_1 + \cdots + k_m\boldsymbol{\alpha}_m, l_1\boldsymbol{\beta}_1 + \cdots + l_n\boldsymbol{\beta}_n) = (\mathbf{0}, \mathbf{0}),$$

故

$$k_1\boldsymbol{\alpha}_1 + \cdots + k_m\boldsymbol{\alpha}_m = 0, l_1\boldsymbol{\beta}_1 + \cdots + l_n\boldsymbol{\beta}_n = \mathbf{0},$$

于是 $k_1 = \cdots = k_m = l_1 = \cdots = l_n = 0$. 这就证明了 $\boldsymbol{\gamma}_1, \cdots, \boldsymbol{\gamma}_m, \boldsymbol{\delta}_1, \cdots, \boldsymbol{\delta}_n$ 线性无关.

$\forall(\boldsymbol{\alpha}, \boldsymbol{\beta}) \in V_1 \times V_2$, 设

$$\boldsymbol{\alpha} = k_1\boldsymbol{\alpha}_1 + \cdots + k_m\boldsymbol{\alpha}_m, \boldsymbol{\beta} = l_1\boldsymbol{\beta}_1 + \cdots + l_n\boldsymbol{\beta}_n,$$

则

$$(\boldsymbol{\alpha}, \boldsymbol{\beta}) = k_1\boldsymbol{\gamma}_1 + \cdots + k_m\boldsymbol{\gamma}_m + l_1\boldsymbol{\delta}_1 + \cdots + l_n\boldsymbol{\delta}_n,$$

这就证明了 $V_1 \times V_2$ 中的任一向量都可由 $\boldsymbol{\gamma}_1, \cdots, \boldsymbol{\gamma}_m, \boldsymbol{\delta}_1, \cdots, \boldsymbol{\delta}_n$ 线性表示. 从而结论成立.

例 6.1.2 设 V 为数域 P 上次数小于等于 $n(n \geqslant 1)$ 及零多项式的集合,V 关于多项式的加法及数与多项式的乘法构成线性空间.

(1) 证明: 以 c 为根的 V 中全体多项式的集合 L 为 V 的子空间.

(2) 求 L 的维数.

(3) 对以 k 个两两不同的数 $c_1,\cdots,c_k$ 为根的 V 中的多项式的全体 L_k 解决以上问题.

证 (1) 略.

(2) (法 1) 任取 $f(x)\in L$, 设

$$f(x)=a_nx^n+\cdots+a_1x+a_0,$$

由 $f(c)=0$ 可得

$$a_nc^n+\cdots+a_1c+a_0=0,$$

于是

$$\begin{aligned}f(x)=&a_nx^n+\cdots+a_1x-(a_nc^n+\cdots+a_1c)\\=&a_n(x^n-c^n)+\cdots+a_1(x-c),\end{aligned}$$

即 L 中的任意元素都可以用 L 中的元素 $x^n-c^n,\cdots,x-c$ 线性表示. 下证 $x^n-c^n,\cdots,x-c$ 线性无关, 设

$$k_n(x^n-c^n)+\cdots+k_1(x-c)=0,$$

则有

$$k_nx^n+\cdots+k_1x-(k_nc^n+\cdots+k_1c)=0,$$

于是可得 $k_1=\cdots=k_n=0$, 即 $x^n-c^n,\cdots,x-c$ 线性无关.

综上可知 $x^n-c^n,\cdots,x-c$ 是 L 的基, 从而 $\dim L=n$.

(法 2)$\forall f(x)\in L$, 则 $(x-c)|f(x)$, 故可设

$$f(x)=(x-c)(b_{n-1}x^{n-1}+\cdots+b_1x+b_0)=b_{n-1}(x-c)x^{n-1}+\cdots+b_1(x-c)x+b_0(x-c),$$

即 $f(x)$ 可由

$$(x-c)x^{n-1},\cdots,(x-c)x,x-c$$

线性表示. 由

$$k_n(x-c)x^{n-1}+\cdots+k_2(x-c)x+k_1(x-c)=0,$$

可得

$$k_nx^n+(k_{n-1}-k_nc)x^{n-1}+\cdots+(k_1-k_2c)x-k_1c=0,$$

从而

$$k_n=0,k_{n-1}-k_nc=0,\cdots,k_1-k_2c=0,k_1c=0,$$

故 $k_n=k_{n-1}=\cdots=k_1=0$, 即 $(x-c)x^{n-1},\cdots,(x-c)x,x-c$ 线性无关, 从而 $(x-c)x^{n-1},\cdots,(x-c)x,x-c$ 是 L 的基, 于是 $\dim L=n$.

(法 3)$\forall f(x)\in L$, 将 $f(x)$ 在 c 点泰勒 (Taylor) 展开, 可得

$$f(x)=f(c)+\frac{f'(c)}{1!}(x-c)+\cdots+\frac{f^{(n)}(c)}{n!}(x-c)^n,$$

即 $f(x)$ 可由 $x-c,\cdots,(x-c)^n$ 线性表示, 下证 $x-c,\cdots,(x-c)^n$ 线性无关.

若 $c=0$, 易知 $x-c,\cdots,(x-c)^n$ 线性无关.

若 $c \neq 0$, 设

$$k_1(x-c)+k_2(x-c)^2+\cdots+k_n(x-c)^n=0,$$

令 $x=2c,3c,\cdots,(n+1)c$ 可得

$$\begin{cases} k_1c+\quad k_2c^2+\cdots+\quad k_nc^n=0,\\ k_12c+k_2(2c)^2+\cdots+k_n(2c)^n=0,\\ \qquad\vdots\\ k_1nc+k_2(nc)^2+\cdots+k_n(nc)^n=0,\end{cases}$$

上述关于变量 $k_1,k_2,\cdots,k_n$ 的线性方程组的系数行列式不等于 0, 故 $k_1=k_2=\cdots=k_n=0$, 从而 $x-c,\cdots,(x-c)^n$ 线性无关, 这样就有 $\dim L=n$.

(3) 易证 L_k 为子空间, 且 $g(x),g(x)x,\cdots,g(x)x^{n-k}$ 为 L_k 的基, 其中 $g(x)=(x-c_1)\cdots(x-c_k)$, 故 $\dim L_k=n-k+1$.

例 6.1.3 (合肥工业大学,2022) 设 $a_1,a_2,\cdots,a_k$ 是数域 P 中 k 个互不相同的数, 令

$$W=\{f(x)\in P[x]_n|f(a_i)=0,i=1,2,\cdots,k\}.$$

其中 $P[x]_n$ 表示 P 上所有次数小于 n 的多项式以及零多项式组成的线性空间.

(1) 证明:W 是 $P[x]_n$ 的子空间;

(2) 求 W 的维数和一组基.

例 6.1.4 (江苏大学,2004; 华南理工大学,2014) 若设 $W=\{f(x)|f(1)=0,f(x)\in\mathbb{R}[x]_n\}$.

(1) 证明:W 为 $\mathbb{R}[x]_n$ 的子空间.

(2) 求出 W 的一组基及维数.

例 6.1.5 (西南大学,2008; 南京师范大学,2023) 证明:

$$W=\{f(x)\in\mathbb{R}[x]|f(1)=0,\deg f(x)<n\text{或}f(x)=0\}$$

关于多项式的加法及数与多项式的数乘构成 $\mathbb{R}$ 上的线性空间. 并求其一个基底及维数.

例 6.1.6 (大连理工大学,2003) 设 $\boldsymbol{A}=\begin{pmatrix}1&0&0\\0&1&0\\3&0&1\end{pmatrix}$,

(1) 证明: 全体与 $\boldsymbol{A}$ 可换的矩阵构成实数域上的线性空间, 记为 $C(\boldsymbol{A})$.

(2) 求 $C(\boldsymbol{A})$ 的维数与一组基.

证 (1) 只需证明 $C(\boldsymbol{A})$ 是 $F^{3\times3}$ 的子空间即可. 具体证明过程略.

(2) 设

$$\boldsymbol{B}=\begin{pmatrix}x_1&x_2&x_3\\x_4&x_5&x_6\\x_7&x_8&x_9\end{pmatrix},$$

且 $\boldsymbol{AB}=\boldsymbol{BA}$, 可得

$$\begin{cases}x_2=x_3=x_6=0,\\ x_1=x_9,\end{cases}$$

故易知

$$\boldsymbol{B}_1=\begin{pmatrix}0&0&0\\1&0&0\\0&0&0\end{pmatrix},\boldsymbol{B}_2=\begin{pmatrix}0&0&0\\0&1&0\\0&0&0\end{pmatrix},\boldsymbol{B}_3=\begin{pmatrix}0&0&0\\0&0&0\\1&0&0\end{pmatrix},$$

$$\boldsymbol{B}_4=\begin{pmatrix}0&0&0\\0&0&0\\0&1&0\end{pmatrix},\boldsymbol{B}_5=\begin{pmatrix}1&0&0\\0&0&0\\0&0&1\end{pmatrix}$$

为 $C(\boldsymbol{A})$ 的一组基, 从而 $\dim C(\boldsymbol{A})=5$.

例 6.1.7 (北京师范大学,2021) 设 $\boldsymbol{A}=\mathbf{diag}(a_1,a_2,\cdots,a_n)$, 其中 $i\neq j$ 时,$a_i\neq a_j$. 记 $W=\{\boldsymbol{X}\in M_n(\mathbb{R})|\boldsymbol{XA}=\boldsymbol{AX}\}$. 证明:

(1) W 是 $\mathbb{R}$ 上的向量空间;

(2) W 恰好为所有 n 阶对角矩阵构成的集合;

(3) $\boldsymbol{E},\boldsymbol{A},\cdots,\boldsymbol{A}^{n-1}$ 为 W 的一组基.

例 6.1.8 (汕头大学,2020) 解答如下问题:

(1) 设 $\boldsymbol{A}=\begin{pmatrix}3&1&&&\\1&3&1&&\\&\ddots&\ddots&\ddots&\\&&1&3&1\\&&&1&3\end{pmatrix}$ 为 n 阶方阵 (空白处的元素为零元). 证明:$\boldsymbol{A}$ 有 n 个互不相同的实特征值;

(2) 设 $S=\{\boldsymbol{B}\in M_n(\mathbb{R}):\boldsymbol{AB}=\boldsymbol{BA}\}$ 为与 $\boldsymbol{A}$ 可交换的 n 阶实方阵的集合. 证明:S 是一个线性空间, 并求 S 的维数.

证 (1)(法 1) 由于 $\boldsymbol{A}$ 为实对称矩阵, 故其特征值的代数重数等于几何重数, 即 $\boldsymbol{A}$ 的特征值 λ 作为特征多项式根的重数等于 λ 的特征子空间 $V_\lambda=\{\boldsymbol{\alpha}\in\mathbb{R}^n|(\boldsymbol{A}-\lambda\boldsymbol{E})\boldsymbol{\alpha}=\boldsymbol{0}\}$ 的维数. 故只需证明 $\dim V_\lambda=1$ 即可. 显然对于 $\boldsymbol{A}$ 的特征值 λ 必有对应的特征向量, 从而 $\dim V_\lambda\geqslant 1$. 又易知 $r(\boldsymbol{A}-\lambda\boldsymbol{E})\geqslant n-1$, 从而 $\dim V_\lambda\leqslant 1$. 于是 $\dim V_\lambda=1$.

(法 2) 由于

$$\lambda\boldsymbol{E}-\boldsymbol{A}=\begin{pmatrix}\lambda-3&-1&&&&\\-1&\lambda-3&-1&&&\\&-1&\lambda-3&-1&&\\&&\ddots&\ddots&\ddots&\\&&&-1&\lambda-3&-1\\&&&&-1&\lambda-3\end{pmatrix},$$

去掉其第一列与最后一行可得 $n-1$ 阶子式

$$\begin{vmatrix} -1 & & & & \\ \lambda-3 & -1 & & & \\ -1 & \lambda-3 & -1 & & \\ & \ddots & \ddots & \ddots & \\ & & -1 & \lambda-3 & -1 \end{vmatrix} = (-1)^{n-1} \neq 0.$$

于是 $\boldsymbol{A}$ 的 $n-1$ 阶行列式因子 $D_{n-1}(\lambda)=1$, 从而

$$D_1(\lambda)=D_2(\lambda)=\cdots=D_{n-1}(\lambda)=1, D_n(\lambda)=|\lambda \boldsymbol{E}-\boldsymbol{A}|.$$

从而 $\boldsymbol{A}$ 的不变因子为

$$d_1(\lambda)=d_2(\lambda)=\cdots=d_{n-1}(\lambda)=1, d_n(\lambda)=|\lambda \boldsymbol{E}-\boldsymbol{A}|.$$

故 $\boldsymbol{A}$ 的最小多项式等于其特征多项式. 注意到 $\boldsymbol{A}$ 为实对称矩阵, 故 $\boldsymbol{A}$ 可对角化, 其最小多项式无重根, 从而 $\boldsymbol{A}$ 的特征多项式无重根, 即 $\boldsymbol{A}$ 有 n 个互异特征值.

(2) 首先, 证明 S 是线性空间, 只需证明 S 是 $M_n(\mathbb{R})$ 的子空间即可.

由于 $\boldsymbol{E} \in S$, 故 S 是 $M_n(\mathbb{R})$ 的非空子集. 任取 $\boldsymbol{B}, \boldsymbol{C} \in S$, 任取 $k, l \in \mathbb{R}$, 由 $\boldsymbol{AB}=\boldsymbol{BA}, \boldsymbol{AC}=\boldsymbol{CA}$, 可得

$$\boldsymbol{A}(k\boldsymbol{B}+l\boldsymbol{C})=k\boldsymbol{AB}+l\boldsymbol{AC}=k\boldsymbol{BA}+l\boldsymbol{CA}=(k\boldsymbol{B}+l\boldsymbol{C})\boldsymbol{A},$$

即 $k\boldsymbol{B}+l\boldsymbol{C} \in S$, 从而 S 是 $M_n(\mathbb{R})$ 的子空间

其次, 求 S 的维数. 由 (1) 知, 存在正交矩阵 $\boldsymbol{P}$ 使得

$$\boldsymbol{P}^{-1}\boldsymbol{AP}=\mathbf{diag}(\lambda_1, \cdots, \lambda_n),$$

其中 $\lambda_1, \cdots, \lambda_n$ 为 $\boldsymbol{A}$ 的 n 个互不相同的特征值. 由 $\boldsymbol{AB}=\boldsymbol{BA}$, 有

$$\boldsymbol{P}^{-1}\boldsymbol{APP}^{-1}\boldsymbol{BP}=\boldsymbol{P}^{-1}\boldsymbol{ABP}=\boldsymbol{P}^{-1}\boldsymbol{BAP}=\boldsymbol{P}^{-1}\boldsymbol{BPP}^{-1}\boldsymbol{AP},$$

故

$$\boldsymbol{P}^{-1}\boldsymbol{BP}=\mathbf{diag}(\mu_1, \cdots, \mu_n).$$

下证存在实数 $c_0, c_1, \cdots, c_{n-1}$, 使得 $\boldsymbol{B}=c_0\boldsymbol{E}+c_1\boldsymbol{A}+c_2\boldsymbol{A}^2+\cdots+c_{n-1}\boldsymbol{A}^{n-1}$. 实际上, 设 $f(x)=c_0+c_1x+\cdots+c_{n-1}x^{n-1}$, 则由

$$\boldsymbol{P}^{-1}\boldsymbol{BP}=\boldsymbol{P}^{-1}f(\boldsymbol{A})\boldsymbol{P}=c_0\boldsymbol{P}^{-1}\boldsymbol{EP}+c_1\boldsymbol{P}^{-1}\boldsymbol{AP}+\cdots+\boldsymbol{P}^{-1}\boldsymbol{A}^{n-1}\boldsymbol{P},$$

有

$$\begin{cases} \mu_1=c_0+c_1\lambda_1+\cdots+c_{n-1}\lambda_1^{n-1}, \\ \mu_2=c_0+c_1\lambda_2+\cdots+c_{n-1}\lambda_2^{n-1}, \\ \qquad\vdots \\ \mu_n=c_0+c_1\lambda_n+\cdots+c_{n-1}\lambda_n^{n-1}. \end{cases}$$

此关于 $c_0, c_1, \cdots, c_{n-1}$ 方程组的系数矩阵可逆, 从而有唯一解. 于是结论成立. 又易知 $\boldsymbol{E}, \boldsymbol{A}, \cdots, \boldsymbol{A}^{n-1}$ 线性无关, 故 $\dim C(\boldsymbol{A})=n$.

例 6.1.9 (第五届全国大学生数学竞赛决赛, 2014) 设 n 阶实方阵

$$\boldsymbol{A}=\begin{pmatrix} a_1 & b_1 & 0 & \cdots & 0 \\ * & a_2 & b_2 & \ddots & \vdots \\ * & * & \ddots & \ddots & 0 \\ * & * & * & a_{n-1} & b_{n-1} \\ * & * & * & * & a_n \end{pmatrix}$$

有 n 个线性无关的特征向量, 且 $b_1, b_2, \cdots, b_{n-1}$ 均不为 0. 记

$$W=\{\boldsymbol{X}\in\mathbb{R}^{n\times n}|\boldsymbol{X}\boldsymbol{A}=\boldsymbol{A}\boldsymbol{X}\}.$$

证明:W 是实数域 $\mathbb{R}$ 上的向量空间, 且 $\boldsymbol{E}, \boldsymbol{A}, \cdots, \boldsymbol{A}^{n-1}$ 为其一组基, 其中 $\boldsymbol{E}$ 为 n 阶单位矩阵.

例 6.1.10 (中南大学,2021) 设 n 阶实方阵

$$\boldsymbol{A}=\begin{pmatrix} a_1 & b_1 & 0 & \cdots & 0 \\ * & a_2 & b_2 & \ddots & \vdots \\ * & * & \ddots & \ddots & 0 \\ * & * & * & a_{n-1} & b_{n-1} \\ * & * & * & * & a_n \end{pmatrix}$$

有 n 个线性无关的特征向量, 且 $b_1, b_2, \cdots, b_{n-1}$ 均不为 0.

(1) 证明:$\boldsymbol{A}$ 有 n 个互异的特征值;

(2) 记 $W=\{\boldsymbol{X}\in\mathbb{R}^{n\times n}|\boldsymbol{X}\boldsymbol{A}=\boldsymbol{A}\boldsymbol{X}\}$, 证明:$W$ 是实数域 $\mathbb{R}$ 上的线性空间;

(3) 记

$$V=\left\{\begin{pmatrix} d_1 & & & \\ & d_2 & & \\ & & \ddots & \\ & & & d_n \end{pmatrix}\middle| d_1, d_2, \cdots, d_n\in\mathbb{R}\right\},$$

证明:W 与 V 同构.

例 6.1.11 (中国科学院大学,2002) 设 n 阶实矩阵

$$\boldsymbol{A}=\begin{pmatrix} \lambda & 1 & 0 & \cdots & 0 & 0 \\ 0 & \lambda & 1 & \cdots & 0 & 0 \\ 0 & 0 & \lambda & \cdots & 0 & 0 \\ \vdots & \vdots & \vdots & & \vdots & \vdots \\ 0 & 0 & 0 & \cdots & \lambda & 1 \\ 0 & 0 & 0 & \cdots & 0 & \lambda \end{pmatrix},$$

令 $V=\{\boldsymbol{B}|\boldsymbol{B}\boldsymbol{A}=\boldsymbol{A}\boldsymbol{B}, \boldsymbol{B}$为 $n\times n$ 实方阵$\}$. 证明:

(1) V 为线性空间;

(2) V 的维数 $\dim V=n$.

证 (1) 只需证明 V 为 $\mathbb{R}^{n\times n}$ 的子空间即可, 具体过程略.

(2) 设 $\boldsymbol{B}=(b_{ij})_{n\times n}$, 且 $\boldsymbol{AB}=\boldsymbol{BA}$, 由于 $\boldsymbol{A}=\lambda\boldsymbol{E}+\boldsymbol{C}$, 其中

$$\boldsymbol{C}=\begin{pmatrix}0 & 1 & & \\ & & \ddots & \\ & \ddots & & 1 \\ & & & 0\end{pmatrix},$$

则由 $\boldsymbol{AB}=\boldsymbol{BA}$ 有 $\boldsymbol{CB}=\boldsymbol{BC}$, 可得

$$\boldsymbol{B}=\begin{pmatrix}b_{11} & b_{12} & \cdots & b_{1n}\\ & & \ddots & \vdots \\ & \ddots & & b_{12} \\ & & & b_{11}\end{pmatrix}(b_{ii}=b_{jj}, b_{ij}=b_{i+1,j+1}, i<j),$$

从而容易证明 $\boldsymbol{E},\boldsymbol{C},\boldsymbol{C}^2,\cdots,\boldsymbol{C}^{n-1}$ 是 V 的基.

例 6.1.12 (东南大学,2007) 假设 $n\geqslant 2$,$\mathbb{C}^{n\times n}$ 是 $n\times n$ 复矩阵在通常的运算下构成的复数域上的线性空间, 若 $\boldsymbol{A}\in\mathbb{C}^{n\times n}$, 记 $V(\boldsymbol{A})=\{\boldsymbol{X}\in\mathbb{C}^{n\times n}|\boldsymbol{AX}=\boldsymbol{XA}\}$.

(1) 证明:$V(\boldsymbol{A})$ 是 $\mathbb{C}^{n\times n}$ 的子空间;

(2) 假设 $\boldsymbol{J}=\begin{pmatrix}a & & & \\ 1 & a & & \\ & \ddots & \ddots & \\ & & 1 & a\end{pmatrix}\in\mathbb{C}^{n\times n}$, 求 $V(\boldsymbol{J})$ 的一组基;

(3) 证明: 对任意矩阵 $\boldsymbol{A}\in\mathbb{C}^{n\times n}$, 有 $\dim V(\boldsymbol{A})\geqslant n$.

例 6.1.13 (南开大学,2003) 设 $\boldsymbol{A}\in\mathbb{R}^{n\times n}$, 已知 $\boldsymbol{A}$ 在 $\mathbb{R}^{n\times n}$ 中的中心化子

$$C(\boldsymbol{A})=\{\boldsymbol{X}\in\mathbb{R}^{n\times n}|\boldsymbol{AX}=\boldsymbol{XA}\}$$

是 $\mathbb{R}^{n\times n}$ 的子空间. 证明: 当 $\boldsymbol{A}$ 为实对称矩阵时,$C(\boldsymbol{A})$ 的维数 $\dim C(\boldsymbol{A})\geqslant n$, 且等号成立当且仅当 $\boldsymbol{A}$ 有 n 个不同的特征值.

证 (法 1) 由于 $\boldsymbol{A}$ 为实对称矩阵, 故存在正交矩阵 $\boldsymbol{Q}$ 使得

$$\boldsymbol{A}=\boldsymbol{Q}^{\mathrm{T}}\begin{pmatrix}\lambda_1\boldsymbol{E}_{r_1} & & \\ & \ddots & \\ & & \lambda_s\boldsymbol{E}_{r_s}\end{pmatrix}\boldsymbol{Q},$$

其中 $\lambda_1,\cdots,\lambda_s$ 为 $\boldsymbol{A}$ 的互不相同的特征值, 重数分别为 $r_1,\cdots,r_s$. 则 $r_1+\cdots+r_s=n$. 由 $\boldsymbol{AX}=\boldsymbol{XA}$ 可得 $\boldsymbol{QAXQ}^{\mathrm{T}}=\boldsymbol{QXAQ}^{\mathrm{T}}$, 即

$$\begin{pmatrix}\lambda_1\boldsymbol{E}_{r_1} & & \\ & \ddots & \\ & & \lambda_s\boldsymbol{E}_{r_s}\end{pmatrix}\boldsymbol{QXQ}^{\mathrm{T}}=\boldsymbol{QXQ}^{\mathrm{T}}\begin{pmatrix}\lambda_1\boldsymbol{E}_{r_1} & & \\ & \ddots & \\ & & \lambda_s\boldsymbol{E}_{r_s}\end{pmatrix},$$

即 $\boldsymbol{QXQ}^{\mathrm{T}}$ 与准对角矩阵可交换, 从而 $\boldsymbol{QXQ}^{\mathrm{T}}$ 也是准对角矩阵, 设

$$\boldsymbol{X}=\boldsymbol{Q}^{\mathrm{T}}\begin{pmatrix}\boldsymbol{B}_{r_1} & & \\ & \ddots & \\ & & \boldsymbol{B}_{r_s}\end{pmatrix}\boldsymbol{Q},$$

其中 $\boldsymbol{B}_{r_i}$ 为 r_i 阶方阵, 故

$$\dim C(\boldsymbol{A})=r_1^2+\cdots+r_s^2\geqslant n.$$

且等号成立的充要条件为 $s=n$, 故结论成立.

(法 2) 由法 1 知

$$\boldsymbol{X}=\boldsymbol{Q}^{\mathrm{T}}\begin{pmatrix}\boldsymbol{B}_{r_1} & & \\ & \ddots & \\ & & \boldsymbol{B}_{r_s}\end{pmatrix}\boldsymbol{Q},$$

其中 $\boldsymbol{B}_{r_i}$ 为 r_i 阶方阵. 显然当 $\boldsymbol{B}_{r_i}=\boldsymbol{E}_{r_i}$ 时,$\boldsymbol{X}\in C(\boldsymbol{A})$, 即 $\boldsymbol{Q}^{\mathrm{T}}\boldsymbol{E}_{r_i}\boldsymbol{Q}\in C(\boldsymbol{A})(i=1,2,\cdots,n)$, 故

$$\dim C(\boldsymbol{A})\geqslant n.$$

下证等号成立当且仅当 $\boldsymbol{A}$ 有 n 个不同的特征值.

充分性. 由于 $\boldsymbol{A}$ 有 n 个不同的特征值, 由前面的证明知 $r_1=\cdots=r_n=1$, 从而 $\dim C(\boldsymbol{A})=n$.

必要性. 反证法. 不妨设 $r_1>1$, 则 $\boldsymbol{Q}^{\mathrm{T}}\boldsymbol{E}_{12}\boldsymbol{Q}\in C(\boldsymbol{A})$ 且 $\boldsymbol{Q}^{\mathrm{T}}\boldsymbol{E}_{12}\boldsymbol{Q},\boldsymbol{Q}^{\mathrm{T}}\boldsymbol{E}_{ii}\boldsymbol{Q}(i=1,2,\cdots,n)$ 线性无关, 这与 $\dim C(\boldsymbol{A})=n$ 矛盾.

例 6.1.14 设 $S(\boldsymbol{A})=\{\boldsymbol{B}\in P^{n\times n}|\boldsymbol{AB}=\boldsymbol{O}\}$. 证明:

(1) $S(\boldsymbol{A})$ 为 $P^{n\times n}$ 的子空间;

(2) 设 $r(\boldsymbol{A})=r$, 求 $S(\boldsymbol{A})$ 的一组基及维数.

证 (1) 略.

(2) 注意到$\boldsymbol{B}$的列向量为齐次线性方程组$\boldsymbol{Ax}=\boldsymbol{0}$的解, 设$\boldsymbol{Ax}=\boldsymbol{0}$的基础解系为 $\boldsymbol{\alpha}_1,\cdots,\boldsymbol{\alpha}_t(t=n-r)$, 则易知

$$\boldsymbol{B}_{11}=(\boldsymbol{\alpha}_1,\boldsymbol{0},\cdots,\boldsymbol{0}),\boldsymbol{B}_{12}=(\boldsymbol{0},\boldsymbol{\alpha}_1,\cdots,\boldsymbol{0}),\cdots,\boldsymbol{B}_{1n}=(\boldsymbol{0},\boldsymbol{0},\cdots,\boldsymbol{\alpha}_1),$$

$$\boldsymbol{B}_{21}=(\boldsymbol{\alpha}_2,\boldsymbol{0},\cdots,\boldsymbol{0}),\boldsymbol{B}_{22}=(\boldsymbol{0},\boldsymbol{\alpha}_2,\cdots,\boldsymbol{0}),\cdots,\boldsymbol{B}_{2n}=(\boldsymbol{0},\boldsymbol{0},\cdots,\boldsymbol{\alpha}_2),$$

$$\vdots$$

$$\boldsymbol{B}_{t1}=(\boldsymbol{\alpha}_t,\boldsymbol{0},\cdots,\boldsymbol{0}),\boldsymbol{B}_{t2}=(\boldsymbol{0},\boldsymbol{\alpha}_t,\cdots,\boldsymbol{0}),\cdots,\boldsymbol{B}_{tn}=(\boldsymbol{0},\boldsymbol{0},\cdots,\boldsymbol{\alpha}_t)$$

为 $S(\boldsymbol{A})$ 的一组基, 故 $\dim S(\boldsymbol{A})=n(n-r)$.

例 6.1.15 (宁波大学,2015)设 $\boldsymbol{A}$ 是 n 阶方阵, 且 $r(\boldsymbol{A})=r$,$S(\boldsymbol{A})=\{\boldsymbol{B}|\boldsymbol{B}\in P^{n\times n},\boldsymbol{AB}=\boldsymbol{O}\}$, 证明:

(1) $S(\boldsymbol{A})$ 是 $P^{n\times n}$ 的子空间;

(2) $\dim S(\boldsymbol{A})=n(n-r)$.

例 6.1.16 (浙江大学,2009) 设 $\boldsymbol{A}=\begin{pmatrix}1&-1&0&-1&-2\\-1&2&1&3&6\\0&1&1&2&4\\0&-1&-1&1&2\end{pmatrix}$,$\mathbb{R}^{5\times2}$ 表示实数域 $\mathbb{R}$ 上所有 5×2 矩阵组成的线性空间,$W=\{\boldsymbol{B}\in\mathbb{R}^{5\times2}|\boldsymbol{AB}=\boldsymbol{O}\}$. 证明:$W$ 是 $\mathbb{R}^{5\times2}$ 的子空间, 并求出它在 $\mathbb{R}$ 上的维数.

例 6.1.17 (华东师范大学,2020) 设 $\boldsymbol{A},\boldsymbol{B}\in M_n(\mathbb{C})$, 令 $L(\boldsymbol{A},\boldsymbol{B})=\{\boldsymbol{X}\in M_n(\mathbb{C})|\boldsymbol{AXB}=\boldsymbol{O}\}$.

(1) 验证 $L(\boldsymbol{A},\boldsymbol{B})$ 是 $M_n(\mathbb{C})$ 的子空间;

(2) 设 $r(\boldsymbol{A})=r,r(\boldsymbol{B})=s$, 求 $\dim L(\boldsymbol{A},\boldsymbol{B})$(用 n,r,s 表示).

证 (1) 首先, 由于 $\boldsymbol{O}\in L(\boldsymbol{A},\boldsymbol{B})$, 故 $L(\boldsymbol{A},\boldsymbol{B})$ 是 $M_n(\mathbb{C})$ 的非空子集. 其次, 任取 $\boldsymbol{X},\boldsymbol{Y}\in L(\boldsymbol{A},\boldsymbol{B})$, 任取 $k,l\in\mathbb{C}$, 由 $\boldsymbol{AXB}=\boldsymbol{AYB}=\boldsymbol{O}$, 可得

$$\boldsymbol{A}(k\boldsymbol{X}+l\boldsymbol{Y})\boldsymbol{B}=k\boldsymbol{AXB}+l\boldsymbol{AYB}=\boldsymbol{O},$$

即 $k\boldsymbol{X}+l\boldsymbol{Y}\in L(\boldsymbol{A},\boldsymbol{B})$, 故 $L(\boldsymbol{A},\boldsymbol{B})$ 是 $M_n(\mathbb{C})$ 的子空间.

(2) 由 $r(\boldsymbol{A})=r,r(\boldsymbol{B})=s$, 则存在可逆矩阵 $\boldsymbol{P},\boldsymbol{Q},\boldsymbol{U},\boldsymbol{V}\in M_n(\mathbb{C})$ 使得

$$\boldsymbol{A}=\boldsymbol{P}\begin{pmatrix}\boldsymbol{E}_r&\boldsymbol{O}\\\boldsymbol{O}&\boldsymbol{O}\end{pmatrix}\boldsymbol{Q},\boldsymbol{B}=\boldsymbol{U}\begin{pmatrix}\boldsymbol{E}_s&\boldsymbol{O}\\\boldsymbol{O}&\boldsymbol{O}\end{pmatrix}\boldsymbol{V},$$

任取 $\boldsymbol{X}\in L(\boldsymbol{A},\boldsymbol{B})$, 则有

$$\boldsymbol{O}=\boldsymbol{AXB}=\boldsymbol{P}\begin{pmatrix}\boldsymbol{E}_r&\boldsymbol{O}\\\boldsymbol{O}&\boldsymbol{O}\end{pmatrix}\boldsymbol{QXU}\begin{pmatrix}\boldsymbol{E}_s&\boldsymbol{O}\\\boldsymbol{O}&\boldsymbol{O}\end{pmatrix}\boldsymbol{V},$$

即

$$\begin{pmatrix}\boldsymbol{E}_r&\boldsymbol{O}\\\boldsymbol{O}&\boldsymbol{O}\end{pmatrix}\boldsymbol{QXU}\begin{pmatrix}\boldsymbol{E}_s&\boldsymbol{O}\\\boldsymbol{O}&\boldsymbol{O}\end{pmatrix}=\boldsymbol{O},$$

将 $\boldsymbol{QXU}$ 分块为

$$\boldsymbol{QXU}=\begin{pmatrix}\boldsymbol{X}_1&\boldsymbol{X}_2\\\boldsymbol{X}_3&\boldsymbol{X}_4\end{pmatrix},$$

其中 $\boldsymbol{X}_1$ 为 $r\times s$ 矩阵, 则

$$\boldsymbol{O}=\begin{pmatrix}\boldsymbol{E}_r&\boldsymbol{O}\\\boldsymbol{O}&\boldsymbol{O}\end{pmatrix}\boldsymbol{QXU}\begin{pmatrix}\boldsymbol{E}_s&\boldsymbol{O}\\\boldsymbol{O}&\boldsymbol{O}\end{pmatrix}=\begin{pmatrix}\boldsymbol{X}_1&\boldsymbol{O}\\\boldsymbol{O}&\boldsymbol{O}\end{pmatrix},$$

于是 $\boldsymbol{X}_1=\boldsymbol{O}$, 从而

$$\boldsymbol{X}=\boldsymbol{Q}^{-1}\begin{pmatrix}\boldsymbol{O}&\boldsymbol{X}_2\\\boldsymbol{X}_3&\boldsymbol{X}_4\end{pmatrix}\boldsymbol{U}^{-1},$$

其中 $\boldsymbol{X}_2,\boldsymbol{X}_3,\boldsymbol{X}_4$ 分别为 $r\times(n-s),(n-r)\times s,(n-r)\times(n-s)$ 矩阵, 于是

$$\dim L(\boldsymbol{A},\boldsymbol{B})=r(n-s)+(n-r)s+(n-r)(n-s)=n^2-rs.$$

例 6.1.18　(吉林大学,2022) 设 V 是数域 Ω 上 n 阶矩阵按照通常的加法和数量乘法构成的线性空间，$\boldsymbol{A},\boldsymbol{B}\in V$, 记

$$T=\{\boldsymbol{X}\in V|\boldsymbol{AXB}=\boldsymbol{O}\}.$$

(1) 证明:T 是 V 的子空间;

(2) 若 $r(\boldsymbol{A})=r(\boldsymbol{B})=1$, 求 $\dim T$.

例 6.1.19　(东北大学,2022) 设 $\boldsymbol{A}$ 是 $n\times n$ 矩阵, 令 $S(\boldsymbol{A})=\{\boldsymbol{B}\in P^{n\times n}|\boldsymbol{ABA}=\boldsymbol{O}\}$, 其中 $\boldsymbol{O}$ 是 $n\times n$ 零矩阵. 证明:

(1) $S(\boldsymbol{A})$ 是 $P^{n\times n}$ 的子空间;

(2) 如果矩阵 $\boldsymbol{A}$ 的秩为 r, 则 $S(\boldsymbol{A})$ 的维数等于 n^2-r.

例 6.1.20　(浙江大学,2022) 设 $\boldsymbol{A}$ 是数域 F 上的 $m\times n$ 矩阵, 秩为 r,$\boldsymbol{B}$ 为数域 F 上的 $n\times k$ 矩阵, 秩为 s, 记 V 是数域 F 上的所有 n 阶方阵构成的线性空间,W 是数域 F 上所有 $m\times k$ 矩阵构成的线性空间. 定义映射

$$f:V\to W,\boldsymbol{X}\to\boldsymbol{AXB}.$$

求 $\dim\ker f$ 以及 $\dim\mathrm{Im}f$.

例 6.1.21　(北京大学,2005; 暨南大学,2016; 北京邮电大学,2020) 用 $M_n(K)$ 表示数域 K 上所有n阶矩阵组成的集合,它对于矩阵的加法和数量乘法称为 K 上的线性空间. 数域 K 上 n 阶矩阵

$$\boldsymbol{A}=\begin{pmatrix}a_1&a_2&a_3&\cdots&a_n\\a_n&a_1&a_2&\cdots&a_{n-1}\\a_{n-1}&a_n&a_1&\cdots&a_{n-2}\\\vdots&\vdots&\vdots&&\vdots\\a_2&a_3&a_4&\cdots&a_1\end{pmatrix}$$

称为循环矩阵. 用 U 表示 K 上所有 n 阶循环矩阵组成的集合. 证明：U 是 $M_n(K)$ 的一个子空间, 并求 U 的一个基和维数.

证　易证 U 是 $M_n(K)$ 的一个子空间. 记

$$\boldsymbol{C}_i=\begin{pmatrix}c_{i1}&c_{i2}&c_{i3}&\cdots&c_{in}\\c_{in}&c_{i1}&c_{i2}&\cdots&c_{i(n-1)}\\c_{i(n-1)}&c_{in}&c_{i1}&\cdots&c_{i(n-2)}\\\vdots&\vdots&\vdots&&\vdots\\c_{i2}&c_{i3}&c_{i4}&\cdots&c_{i1}\end{pmatrix},$$

其中 $c_{ij}=\begin{cases}0,&i\neq j,\\1,&i=j,\end{cases}$ $i=1,2,\cdots,n$. 则易知 $\boldsymbol{C}_1,\boldsymbol{C}_2,\cdots,\boldsymbol{C}_n$ 为基.

例 6.1.22　(浙江师范大学,2005) 设 $\boldsymbol{A}$ 为 $P^{n\times n}$ 中的矩阵.

(1) 证明: 矩阵 $\boldsymbol{A}$ 的所有多项式所成之集

$$W=\{f(\boldsymbol{A})|f(x)\in P[x]\}$$

是 $P^{n\times n}$ 的子空间.

(2) 设 $\boldsymbol{A}$ 的最小多项式 $m_{\boldsymbol{A}}(x)$ 的次数为 m, 求 W 的维数.

证 (1) 略.

(2) 首先

$$E, A, A^2, \cdots, A^{m-1}$$

线性无关. 若不然, 则存在不全为 0 的数 $k_0, k_1, k_2, \cdots, k_{m-1}$ 使得

$$k_0 E + k_1 A + k_2 A^2 + \cdots + k_{m-1} A^{m-1} = 0,$$

于是多项式

$$f(x) = k_0 + k_1 x + k_2 x^2 + \cdots + k_{m-1} x^{m-1}$$

满足 $f(A) = 0$, 且次数小于 m, 这与 $m_A(x)$ 为 A 的最小多项式矛盾.

其次,$\forall f(x) \in P[x]$, 存在 $q(x), r(x) \in P[x]$, 使得

$$f(x) = m_A(x) q(x) + r(x),$$

其中 $r(x) = 0$ 或 $\deg r(x) < m$. 故 $f(A) = r(A)$, 即 $f(A)$ 可由

$$E, A, A^2, \cdots, A^{m-1}$$

线性表示. 从而 $E, A, A^2, \cdots, A^{m-1}$ 为 W 的基, 故 $\dim W = m$.

例 6.1.23 (湖南大学,2022) 记 $M_n(K)$ 是数域 K 上的全体 n 阶方阵,$K[x]$ 是数域 K 上的全体多项式, 给定 $A \in M_n(K)$, 令

$$V = \{f(A) \in M_n(K) | f(x) \in K[x]\}.$$

(1) 证明:V 是 $M_n(K)$ 的线性子空间;

(2) 若 $f_0(x)$ 为 A 的最小零化多项式 (即 $f_0(x) \in K[x]$ 是满足 $f(A) = 0$ 的非零多项式中次数最小的), 记 $m = \deg f_0(x)$, 证明:V 的维数等于 m;

(3) 若 $A = \begin{pmatrix} -1 & 1 & & & \\ & -1 & 1 & & \\ & & -1 & 1 & \\ & & & 2 & 1 \\ & & & & 2 \end{pmatrix}$, 求 V 的维数.

例 6.1.24 (大连理工大学,2004) 设 P 是数域，$P^{3\times 3}$ 表示 P 上的所有 3×3 矩阵的集合，对于矩阵的加法及数乘运算，$P^{3\times 3}$ 是 P 上的线性空间，令

$$V = \{A \in P^{3\times 3} | \mathrm{tr}(A) = 0\},$$

则 V 的维数 =(   )，V 的一组基为 (   ).

解 任取 $A \in V$, 设

$$A = \begin{pmatrix} x_1 & a_{12} & a_{13} \\ a_{21} & x_2 & a_{23} \\ a_{31} & a_{32} & x_3 \end{pmatrix},$$

则

$$\boldsymbol{A}=\begin{pmatrix}0&a_{12}&a_{13}\\a_{21}&0&a_{23}\\a_{31}&a_{32}&0\end{pmatrix}+\begin{pmatrix}x_1&&\\&x_2&\\&&x_3\end{pmatrix}=\boldsymbol{B}+\boldsymbol{C},$$

而 $\boldsymbol{B}$ 可由 $\boldsymbol{E}_{ij}(i,j=1,2,3,i\neq j)$ 线性表示, 而 $\boldsymbol{C}$ 的对角元满足 $x_1+x_2+x_3=0$, 其基础解系为 $(-1,1,0)^{\mathrm{T}},(-1,0,1)^{\mathrm{T}}$, 故 $\boldsymbol{C}$ 可由 $\mathbf{diag}(-1,1,0),\mathbf{diag}(-1,0,1)$ 线性表示, 从而 V 的基为

$$\mathbf{diag}(-1,1,0),\mathbf{diag}(-1,0,1),\boldsymbol{E}_{ij}(i,j=1,2,3,i\neq j).$$

例 6.1.25 (南京师范大学,2021) 设 F 为数域, $M_3^0(F)$ 表示 F 上所有迹为 0 的三阶矩阵组成的集合.

(1) 证明: $M_3^0(F)$ 是 $M_3(F)$ 的一个子空间, 其中 $M_3(F)$ 为数域 F 上所有三阶矩阵构成的线性空间;

(2) 求 $M_3^0(F)$ 的一组基和维数;

(3) 证明: $M_3(F)=(E_3)\oplus M_3^0(F)$, 其中 (E_3) 表示三阶单位矩阵 $\boldsymbol{E}_3$ 生成的子空间.

例 6.1.26 设 V 是数域 F 上的所有 n 阶对称矩阵关于矩阵的加法与数乘运算构成的线性空间. 令

$$U=\{\boldsymbol{A}\in V|\mathrm{tr}(\boldsymbol{A})=0\},W=\{\lambda\boldsymbol{E}|\lambda\in F\}.$$

(1) 证明:U,W 为 V 的子空间;

(2) 分别求 U,W 的一组基与维数;

(3) 证明:$V=U\oplus W$.

例 6.1.27 设 V 作为复数域 $\mathbb{C}$ 上的线性空间是 n 维的, 证明 V 作为 $\mathbb{R}$ 上的线性空间是 $2n$ 维的.

证 若 $\boldsymbol{\alpha}_1,\cdots,\boldsymbol{\alpha}_n$ 是 V 作为 $\mathbb{C}$ 上的线性空间的基, 则易知 $\boldsymbol{\alpha}_1,\cdots,\boldsymbol{\alpha}_n,\mathrm{i}\boldsymbol{\alpha}_1,\cdots,\mathrm{i}\boldsymbol{\alpha}_n$ 是 V 作为 $\mathbb{R}$ 上的线性空间的基.

例 6.1.28 $\mathbb{C}^{n\times n}$ 作为复数域 $\mathbb{C}$ 上的线性空间是 n^2 维的. 问 $\mathbb{C}^{n\times n}$ 作为实数域 $\mathbb{R}$ 上的线性空间是几维的? 并求其一个基.

例 6.1.29 (复旦大学,2001) 设 K,F,E 都是数域, 满足 $K\sqsubseteq F\sqsubseteq E$. 则在通常的运算下,$F$ 和 E 为数域 K 上的向量空间,E 又是 F 上的向量空间. 假设作为 K 上的线性空间 F 是有限维的, 作为 F 上的线性空间 E 是有限维的. 证明: 作为 K 上的线性空间 E 是有限维的.

证 设 F 作为 K 上的线性空间是 n 维的,$\boldsymbol{e}_1,\cdots,\boldsymbol{e}_n$ 为其一个基,E 作为 F 上的线性空间是 m 维的,$\boldsymbol{\varepsilon}_1,\cdots,\boldsymbol{\varepsilon}_m$ 为其基. 则

$$\{\boldsymbol{e}_i\boldsymbol{\varepsilon}_j|i=1,\cdots,n,j=1,\cdots,m\}$$

为 E 作为 K 上的线性空间的基. 事实上, 任取 $\boldsymbol{\alpha}\in E$, 则

$$\boldsymbol{\alpha}=b_1\boldsymbol{\varepsilon}_1+\cdots+b_m\boldsymbol{\varepsilon}_m,b_i\in F,i=1,\cdots,m,$$

而 F 为 K 上的线性空间, 故

$$b_i = a_{i1}\boldsymbol{e}_1 + \cdots + a_{in}\boldsymbol{e}_n, a_{ij} \in K, i = 1, \cdots, m; j = 1, \cdots, n,$$

故

$$\boldsymbol{\alpha} = \sum_{i=1}^{m}\sum_{j=1}^{n}(a_{ij}\boldsymbol{e}_j\boldsymbol{\varepsilon}_i),$$

设

$$\sum_{i=1}^{m}\sum_{j=1}^{n}(k_{ij}\boldsymbol{e}_j\boldsymbol{\varepsilon}_i) = 0, k_{ij} \in F, i = 1, \cdots, m; j = 1, \cdots, n,$$

则

$$\sum_{i=1}^{m}(\sum_{j=1}^{n}(k_{ij}\boldsymbol{e}_j)\boldsymbol{\varepsilon}_i) = 0,$$

故由 $\boldsymbol{\varepsilon}_1, \cdots, \boldsymbol{\varepsilon}_m$ 线性无关可得

$$\sum_{j=1}^{n}(k_{ij}\boldsymbol{e}_j) = 0,$$

从而 $k_{ij} = 0$. 故结论成立.

例 6.1.30 (中山大学,2013) 设 E 为数域,$F \subset E$, 且 E 作为 F 上的线性空间维数为 m. 设 V 为 E 上的 n 维线性空间. 证明:V 作为 F 上的线性空间的维数为 mn.

例 6.1.31 (河北工业大学,2004) 证明: 数域 F 上的 n 维线性空间 F^n 的任意子空间 W 都是某一个含 n 个未知量的齐次线性方程组的解空间.

证 若 $W = \{0\}$, 则任取 n 阶可逆矩阵 $\boldsymbol{A}$, 有 W 是 $\boldsymbol{Ax} = \boldsymbol{0}$ 的解空间.

若 $\dim W = r > 0$, 设 $\boldsymbol{\beta}_1, \boldsymbol{\beta}_2, \cdots, \boldsymbol{\beta}_r$ 为 W 的一组基, 令 $\boldsymbol{B} = (\boldsymbol{\beta}_1, \boldsymbol{\beta}_2, \cdots, \boldsymbol{\beta}_r)$, 则 $\boldsymbol{B}$ 是秩为 r 的 $n \times r$ 矩阵. 考虑线性方程组 $\boldsymbol{B}^{\mathrm{T}}\boldsymbol{x} = \boldsymbol{0}$, 其基础解系含有 $n-r$ 个向量, 设为 $\boldsymbol{\alpha}_1, \boldsymbol{\alpha}_2, \cdots, \boldsymbol{\alpha}_{n-r}$, 令 $\boldsymbol{A} = (\boldsymbol{\alpha}_1, \boldsymbol{\alpha}_2, \cdots, \boldsymbol{\alpha}_{n-r})^{\mathrm{T}}$, 则 $\boldsymbol{A}$ 是秩为 $n-r$ 的 $(n-r) \times n$ 矩阵. 由于 $\boldsymbol{B}^{\mathrm{T}}\boldsymbol{A}^{\mathrm{T}} = \boldsymbol{0}$, 故 $\boldsymbol{AB} = \boldsymbol{0}$, 从而易知 $\boldsymbol{Ax} = \boldsymbol{0}$ 的基础解系为 $\boldsymbol{\beta}_1, \boldsymbol{\beta}_2, \cdots, \boldsymbol{\beta}_r$. 于是结论成立.

例 6.1.32 (北京化工大学,2002) 设 P 为数域,

$$P^n = \{(x_1, x_2, \cdots, x_n) | x_i \in P, i = 1, 2, \cdots, n\}$$

是数域 P 上的 n 维向量空间. 证明:P^n 的每一个真子空间都是数域 P 上某个齐次线性方程组的解空间.

例 6.1.33 (河北工业大学,2001; 陕西师范大学,2004) 设 $\boldsymbol{A} = (a_{ij})$ 是 $n \times n$ 矩阵, 其中

$$a_{ij} = \begin{cases} a, & i \neq j; \\ 1, & i = j. \end{cases}$$

(1) 求 $\det\boldsymbol{A}$ 的值;

(2) 设 $W = \{\boldsymbol{x} | \boldsymbol{Ax} = \boldsymbol{0}\}$, 求 W 的维数及一组基.

例 6.1.34　(武汉大学,2003) 设 $\boldsymbol{A}=\begin{pmatrix}1&2&1&2\\0&1&k&1\\1&k&0&1\end{pmatrix}$,

(1) 求 $\boldsymbol{A}$ 的秩;

(2) 求 $\boldsymbol{A}$ 的零化子空间 $N(\boldsymbol{A})$(即满足 $\boldsymbol{Ax}=\boldsymbol{0}$ 的 4 维向量组成的子空间) 的维数和一组基.

例 6.1.35　(武汉大学,2005) 设 $\boldsymbol{A}$ 是元素全为 1 的 n 阶方阵.

(1) 求行列式 $|a\boldsymbol{E}+b\boldsymbol{A}|$ 的值, 其中 a,b 为实常数;

(2) (中国矿业大学,2020) 已知 $1<r(a\boldsymbol{E}+b\boldsymbol{A})<n$, 试确定 a,b 所满足的条件, 并求下列线性子空间的维数:

$$W=\{\boldsymbol{x}|(a\boldsymbol{E}+b\boldsymbol{A})\boldsymbol{x}=\boldsymbol{0},\boldsymbol{x}\in\mathbb{R}^n\}.$$

证　(1) 容易计算 $|a\boldsymbol{E}+b\boldsymbol{A}|=(a+nb)a^{n-1}$.

(2) 由 $1<r(a\boldsymbol{E}+b\boldsymbol{A})<n$ 知 $|a\boldsymbol{E}+b\boldsymbol{A}|=0$. 故 $a\neq 0$, 且$a+nb=0$, 此时 $a\boldsymbol{E}+b\boldsymbol{A}$ 左上角的 $n-1$ 阶子式

$$\begin{vmatrix}a+b&b&\cdots&b\\b&a+b&\cdots&b\\\vdots&\vdots&&\vdots\\b&b&\cdots&a+b\end{vmatrix}=[a+(n-1)b]a^{n-2}=\frac{a^{n-1}}{n}\neq 0,$$

故 $\dim W=n-r(a\boldsymbol{E}+b\boldsymbol{A})=n-(n-1)=1$.

例 6.1.36　(浙江师范大学,2005) 如果齐次线性方程组

$$\begin{cases}x_1+x_2+bx_3-x_4+x_5=0,\\2x_1+3x_2+x_3+x_4-2x_5=0,\\x_2+ax_3+3x_4-4x_5=0,\\-3x_1-3x_2-3bx_3+bx_4+(a+2)x_5=0\end{cases}$$

的解空间 W 是三维的, 试求 a,b 的值, 并求 W 的一组基, 解空间有可能为二维空间吗?

例 6.1.37　(太原科技大学,2006) 设 $\boldsymbol{A}$ 为 n 阶实矩阵,

$$W=\{\boldsymbol{\beta}\in\mathbb{R}^n|\boldsymbol{\alpha}^{\mathrm{T}}\boldsymbol{A\beta}=0,\text{对一切 }\boldsymbol{\alpha}\in\mathbb{R}^n\text{ 都成立}\},$$

证明:

(1) $\dim(W)+r(\boldsymbol{A})=n$;

(2) W 为 $\mathbb{R}^n$ 的子空间.

例 6.1.38　设 $\boldsymbol{\alpha}_1,\boldsymbol{\alpha}_2,\cdots,\boldsymbol{\alpha}_s$ 与 $\boldsymbol{\beta}_1,\boldsymbol{\beta}_2,\cdots,\boldsymbol{\beta}_t$ 是 F^n 的两组线性无关的列向量, 令

$$V_1=L(\boldsymbol{\alpha}_1,\boldsymbol{\alpha}_2,\cdots,\boldsymbol{\alpha}_s),V_2=L(\boldsymbol{\beta}_1,\boldsymbol{\beta}_2,\cdots,\boldsymbol{\beta}_t).$$

(1) 若 $\boldsymbol{\gamma}_1,\boldsymbol{\gamma}_2,\cdots,\boldsymbol{\gamma}_r$ 是 $\boldsymbol{\alpha}_1,\boldsymbol{\alpha}_2,\cdots,\boldsymbol{\alpha}_s,\boldsymbol{\beta}_1,\boldsymbol{\beta}_2,\cdots,\boldsymbol{\beta}_t$ 的一个极大线性无关组, 则

$$V_1+V_2=L(\boldsymbol{\gamma}_1,\boldsymbol{\gamma}_2,\cdots,\boldsymbol{\gamma}_r);$$

(2) 设 $\boldsymbol{\alpha}_1,\boldsymbol{\alpha}_2,\cdots,\boldsymbol{\alpha}_s,\boldsymbol{\beta}_1,\boldsymbol{\beta}_2,\cdots,\boldsymbol{\beta}_t$ 的秩为 r, 方程组

$$x_1\boldsymbol{\alpha}_1+x_2\boldsymbol{\alpha}_2+\cdots+x_s\boldsymbol{\alpha}_s+y_1\boldsymbol{\beta}_1+y_2\boldsymbol{\beta}_2+\cdots+y_t\boldsymbol{\beta}_t=\boldsymbol{0}$$

的基础解系为

$$\begin{aligned}\boldsymbol{\eta}_1 &=(a_{11},\cdots,a_{1s},b_{11},\cdots,b_{1t}),\\ &\vdots\\ \boldsymbol{\eta}_m &=(a_{m1},\cdots,a_{ms},b_{m1},\cdots,b_{mt}),\end{aligned}$$

其中 $m=s+t-r$. 令

$$\begin{aligned}\boldsymbol{\gamma}_1 &=a_{11}\boldsymbol{\alpha}_1+\cdots+a_{1s}\boldsymbol{\alpha}_s,\\ &\vdots\\ \boldsymbol{\gamma}_m &=a_{m1}\boldsymbol{\alpha}_1+\cdots+a_{ms}\boldsymbol{\alpha}_s,\end{aligned}$$

则

$$V_1\cap V_2=L(\boldsymbol{\gamma}_1,\cdots,\boldsymbol{\gamma}_m).$$

例 6.1.39 (北京理工大学,2003) 设 W_1,W_2 分别为 n 元齐次线性方程组 $\boldsymbol{Ax}=\mathbf{0}$ 和 $\boldsymbol{Bx}=\mathbf{0}$ 的解空间. 试构造两个 n 元齐次线性方程组, 使它们的解空间分别为 $W_1\bigcap W_2$ 和 W_1+W_2.

例 6.1.40 (辽宁大学,2005) 已知线性空间 $\mathbb{R}^4$ 的两个子空间

$$V=\{(a_1,a_2,a_3,a_4)|a_1-a_2+a_3-a_4=0\},$$

$$W=\{(a_1,a_2,a_3,a_4)|a_1+a_2+a_3+a_4=0\},$$

求 $V\bigcap W$ 的维数与一组基.

例 6.1.41 (太原科技大学,2006) 已知 V_1 是线性方程组

$$\begin{cases}3x_1+\ \ 4x_2-\ \ 5x_3+\ \ 7x_4=0,\\ 4x_1+11x_2-13x_3+16x_4=0\end{cases}$$

的解空间.V_2 是方程组

$$\begin{cases}2x_1-3x_2+3x_3-2x_4=0,\\ 7x_1-2x_2+\ \ x_3+3x_4=0\end{cases}$$

的解空间. 求:

(1) $V_1\bigcap V_2$ 的基与维数;

(2) V_1+V_2 的基与维数.

例 6.1.42 (北京理工大学,2004; 北京工业大学,2009; 河海大学,2021) 设 $\boldsymbol{A},\boldsymbol{B}$ 分别为数域 K 上的 $p\times n, n\times m$ 矩阵, 令

$$V=\{\boldsymbol{x}|\boldsymbol{x}\in\mathbb{R}^m,\boldsymbol{ABx}=\mathbf{0}\},W=\{\boldsymbol{y}|\boldsymbol{y}=\boldsymbol{Bx},\boldsymbol{x}\in V\}.$$

证明:W 为线性空间 $\mathbb{R}^n$ 的子空间, 且 $\dim W=r(\boldsymbol{B})-r(\boldsymbol{AB})$.

证 令

$$V_0=\{\boldsymbol{x}|\boldsymbol{Bx}=\mathbf{0}\},$$

则 $V_0\sqsubseteq V$, 且 $\dim V_0=m-r(\boldsymbol{B})$. 设 V_0 的基为

$$\boldsymbol{\alpha}_1,\cdots,\boldsymbol{\alpha}_{m-r(\boldsymbol{B})},$$

将其扩充为 V 的基

$$\boldsymbol{\alpha}_1,\cdots,\boldsymbol{\alpha}_{m-r(\boldsymbol{B})},\boldsymbol{\alpha}_{m-r(\boldsymbol{B})+1},\cdots,\boldsymbol{\alpha}_{m-r(\boldsymbol{AB})},$$

则任取 $\boldsymbol{x}\in V$, 有

$$\boldsymbol{x}=\sum_{i=1}^{m-r(\boldsymbol{AB})}k_i\boldsymbol{\alpha}_i,$$

于是任取 $\boldsymbol{y}\in W$, 有

$$\begin{aligned}\boldsymbol{y}=&\boldsymbol{Bx}=\boldsymbol{B}(\sum_{i=1}^{m-r(\boldsymbol{AB})}k_i\boldsymbol{\alpha}_i)\\=&k_{m-r(\boldsymbol{B})+1}\boldsymbol{B\alpha}_{m-r(\boldsymbol{B})+1}+\cdots+k_{m-r(\boldsymbol{AB})}\boldsymbol{B\alpha}_{m-r(\boldsymbol{AB})},\end{aligned}$$

故

$$W=L(\boldsymbol{B\alpha}_{m-r(\boldsymbol{B})+1},\cdots,\boldsymbol{B\alpha}_{m-r(\boldsymbol{AB})}),$$

只需证明

$$\boldsymbol{B\alpha}_{m-r(\boldsymbol{B})+1},\cdots,\boldsymbol{B\alpha}_{m-r(\boldsymbol{AB})}$$

线性无关. 设

$$l_{m-r(\boldsymbol{B})+1}\boldsymbol{B\alpha}_{m-r(\boldsymbol{B})+1}+\cdots+l_{m-r(\boldsymbol{AB})}\boldsymbol{B\alpha}_{m-r(\boldsymbol{AB})}=\boldsymbol{0},$$

则

$$\boldsymbol{B}(l_{m-r(\boldsymbol{B})+1}\boldsymbol{\alpha}_{m-r(\boldsymbol{B})+1}+\cdots+l_{m-r(\boldsymbol{AB})}\boldsymbol{\alpha}_{m-r(\boldsymbol{AB})})=\boldsymbol{0},$$

故

$$l_{m-r(\boldsymbol{B})+1}\boldsymbol{\alpha}_{m-r(\boldsymbol{B})+1}+\cdots+l_{m-r(\boldsymbol{AB})}\boldsymbol{\alpha}_{m-r(\boldsymbol{AB})}\in V_0,$$

设

$$\begin{aligned}&l_{m-r(\boldsymbol{B})+1}\boldsymbol{\alpha}_{m-r(\boldsymbol{B})+1}+\cdots+l_{m-r(\boldsymbol{AB})}\boldsymbol{\alpha}_{m-r(\boldsymbol{AB})}\\=&-l_1\boldsymbol{\alpha}_1-\cdots-l_{m-r(\boldsymbol{B})}\boldsymbol{\alpha}_{m-r(\boldsymbol{B})},\end{aligned}$$

则可得 $l_i=0$, 故结论成立.

例 6.1.43 (河北工业大学,2022) 设 σ,τ 是数域 P 上的 n 维线性空间 V 上的线性变换, 令 $W=\{\tau(\boldsymbol{\alpha})|\sigma\tau(\boldsymbol{\alpha})=\boldsymbol{0},\boldsymbol{\alpha}\in V\}$. 证明:

(1) W 是 V 的子空间;

(2) $\dim W=r(\tau)-r(\sigma\tau)$.

例 6.1.44 若 $\boldsymbol{A}$ 为实半正定矩阵, 则满足 $\boldsymbol{x}^{\mathrm{T}}\boldsymbol{Ax}=0$ 的 n 元实向量的全体构成某线性方程组的解空间.

证 令

$$W_1=\{\boldsymbol{x}|\boldsymbol{x}^{\mathrm{T}}\boldsymbol{Ax}=0,\boldsymbol{x}\in\mathbb{R}^n\},W_2=\{\boldsymbol{x}|\boldsymbol{Ax}=\boldsymbol{0},\boldsymbol{x}\in\mathbb{R}^n\},$$

下证 $W_1=W_2$.

显然,$W_2\sqsubseteq W_1$. 下证 $W_1\sqsubseteq W_2$. $\forall\boldsymbol{x}_0\in W_1$, 由 $\boldsymbol{A}$ 半正定, 故存在 $\boldsymbol{C}\in\mathbb{R}^{n\times n}$, 使得 $\boldsymbol{A}=\boldsymbol{C}^{\mathrm{T}}\boldsymbol{C}$, 于是

$$0=\boldsymbol{x}_0^{\mathrm{T}}\boldsymbol{Ax}_0==\boldsymbol{x}_0^{\mathrm{T}}\boldsymbol{C}^{\mathrm{T}}\boldsymbol{Cx}_0=(\boldsymbol{Cx}_0)^{\mathrm{T}}\boldsymbol{Cx}_0,$$

从而 $\boldsymbol{C}\boldsymbol{x}_0=\boldsymbol{0}$, 于是 $\boldsymbol{0}=\boldsymbol{C}^{\mathrm{T}}\boldsymbol{C}\boldsymbol{x}_0=\boldsymbol{A}\boldsymbol{x}_0$. 故 $\boldsymbol{x}_0\in W_2$. 即 $W_1\sqsubseteq W_2$. 从而结论成立.

例 6.1.45 (华中科技大学,2022) 设 $\boldsymbol{A}$ 为 n 阶半正定矩阵, 且 $r(\boldsymbol{A})=r$, 证明:$V=\{\boldsymbol{x}\in\mathbb{R}^n|\boldsymbol{x}^{\mathrm{T}}\boldsymbol{A}\boldsymbol{x}=0\}$ 是 $\mathbb{R}^n$ 的子空间, 并求出该子空间的维数.

例 6.1.46 (上海交通大学,2005) 设 $\boldsymbol{A}_{m\times n}$ 为行满秩矩阵,$m<n$, 令 $\boldsymbol{B}=\boldsymbol{A}^{\mathrm{T}}\boldsymbol{A}$.

(1) 证明: 使得 $\boldsymbol{x}^{\mathrm{T}}\boldsymbol{B}\boldsymbol{x}=0$ 的所有 $\boldsymbol{x}$ 构成 $\mathbb{R}^n$ 的一个线性子空间 W;

(2) 求 W 的维数.

例 6.1.47 (西南师范大学,2002) 设 $\boldsymbol{A}$ 为 n 阶实对称矩阵.

$$V=\{\boldsymbol{X}\in\mathbb{R}^n|\boldsymbol{X}^{\mathrm{T}}\boldsymbol{A}\boldsymbol{X}=0\}.$$

证明:V 是 $\mathbb{R}^n$ 的子空间的充要条件为 $\boldsymbol{A}$ 为半正定或半负定矩阵. 又当 V 是 $\mathbb{R}^n$ 的子空间时,V 的维数为多少?

证 充分性. 由例6.1.44可得.

必要性. 若 $\boldsymbol{A}$ 为不定矩阵, 则存在可逆矩阵 $\boldsymbol{Q}$ 使得

$$\boldsymbol{Q}^{\mathrm{T}}\boldsymbol{A}\boldsymbol{Q}=\begin{pmatrix}\boldsymbol{E}_p & & \\ & -\boldsymbol{E}_q & \\ & & \boldsymbol{0}\end{pmatrix},p>0,q>0.$$

令 $\boldsymbol{X}=\boldsymbol{Q}\boldsymbol{Y}$, 则二次型

$$\boldsymbol{X}^{\mathrm{T}}\boldsymbol{A}\boldsymbol{X}=\boldsymbol{Y}^{\mathrm{T}}(\boldsymbol{Q}^{\mathrm{T}}\boldsymbol{A}\boldsymbol{Q})\boldsymbol{Y}=y_1^2+\cdots+y_p^2-y_{p+1}^2-\cdots-y_{p+q}^2,$$

令 $\boldsymbol{X}_1=\boldsymbol{Q}\boldsymbol{Y}_1,\boldsymbol{X}_2=\boldsymbol{Q}\boldsymbol{Y}_2$, 其中 $\boldsymbol{Y}_1$ 为第 1 个与第 $p+1$ 个分量为 1, 其余为 0 的 n 维向量,$\boldsymbol{Y}_2$ 为第 1 个分量为 -1, 第 $p+1$ 个分量为 1, 其余为 0 的 n 维向量. 即

$$\boldsymbol{Y}_1=(1,0,\cdots,0,1,0\cdots,0)^{\mathrm{T}},\boldsymbol{Y}_2=(-1,0,\cdots,0,1,0\cdots,0)^{\mathrm{T}},$$

则 $\boldsymbol{X}_1^{\mathrm{T}}\boldsymbol{A}\boldsymbol{X}_1=\boldsymbol{X}_2^{\mathrm{T}}\boldsymbol{A}\boldsymbol{X}_2=0$, 即 $\boldsymbol{X}_1,\boldsymbol{X}_2\in V$, 但是

$$\boldsymbol{X}_1+\boldsymbol{X}_2=\boldsymbol{Q}(\boldsymbol{Y}_1+\boldsymbol{Y}_2)=\boldsymbol{Q}(0,\cdots,0,2,0,\cdots,0)^{\mathrm{T}},$$

于是 $(\boldsymbol{X}_1+\boldsymbol{X}_2)^{\mathrm{T}}\boldsymbol{A}(\boldsymbol{X}_1+\boldsymbol{X}_2)=-4\neq 0$. 即 $\boldsymbol{X}_1+\boldsymbol{X}_2\notin V$. 这与 V 是线性空间矛盾, 所以结论成立.

例 6.1.48 (重庆大学,2003) 设 $\boldsymbol{A}$ 为 n 阶实对称矩阵.

(1) 若 $r(\boldsymbol{A})<n$, 则存在实 (非负) 整数 r 和可逆矩阵 $\boldsymbol{P}$ 使得

$$\boldsymbol{P}^{\mathrm{T}}\boldsymbol{A}\boldsymbol{P}=\begin{pmatrix}\boldsymbol{E}_r & \boldsymbol{O} & \boldsymbol{O}\\ \boldsymbol{O} & -\boldsymbol{E}_{r(\boldsymbol{A})-r} & \boldsymbol{O}\\ \boldsymbol{O} & \boldsymbol{O} & \boldsymbol{O}\end{pmatrix};$$

(2) 记

$$S=\{\boldsymbol{x}\in\mathbb{R}^n|\boldsymbol{x}^{\mathrm{T}}\boldsymbol{A}\boldsymbol{x}=0\},$$

给出 S 为 $\mathbb{R}^n$ 的子空间的充要条件, 并证明你的结论.

例 6.1.49 (南京师范大学,2004) 设 $f(x_1,x_2,\cdots,x_n)$ 为一个秩为 n 的二次型, 证明: 存在 $\mathbb{R}^n$ 的一个 $\dfrac{1}{2}(n-|s|)$(s 为符号差) 维子空间 V_1, 使得

$$f(x_1,x_2,\cdots,x_n)=0,\forall(x_1,x_2,\cdots,x_n)\in V_1.$$

证 设 $f(x_1,x_2,\cdots,x_n)=\boldsymbol{X}^{\mathrm{T}}\boldsymbol{A}\boldsymbol{X}$, 则存在可逆矩阵 $\boldsymbol{Q}$ 使得

$$\boldsymbol{Q}^{\mathrm{T}}\boldsymbol{A}\boldsymbol{Q}=\begin{pmatrix}\boldsymbol{E}_p & \\ & -\boldsymbol{E}_q\end{pmatrix}, p+q=n.$$

令 $\boldsymbol{X}=\boldsymbol{Q}\boldsymbol{Y}$, 则

$$f(x_1,x_2,\cdots,x_n)=\boldsymbol{X}^{\mathrm{T}}\boldsymbol{A}\boldsymbol{X}=\boldsymbol{Y}^{\mathrm{T}}(\boldsymbol{Q}^{\mathrm{T}}\boldsymbol{A}\boldsymbol{Q})\boldsymbol{Y}=y_1^2+\cdots+y_p^2-y_{p+1}^2-\cdots-y_n^2,$$

不妨设 $p\geqslant q$, 令

$$\boldsymbol{Y}_1=(1,0,\cdots,0,1,0\cdots,0)^{\mathrm{T}},\cdots,\boldsymbol{Y}_q=(0,0,\cdots,1,0,0,\cdots,0,1)^{\mathrm{T}},$$

则

$$V=L(\boldsymbol{X}_1,\boldsymbol{X}_2,\cdots,\boldsymbol{X}_q),\text{其中},\boldsymbol{X}_i=\boldsymbol{Q}\boldsymbol{Y}_i,i=1,2,\cdots,q,$$

即满足要求.

例 6.1.50 (武汉大学,2011; 四川师范大学,2014) 设 n 元二次型 $f(x_1,x_2,\cdots,x_n)=\boldsymbol{X}^{\mathrm{T}}\boldsymbol{A}\boldsymbol{X}$ 的秩为 n, 正负惯性指数分别为 p,q, 且 $0<q\leqslant p$.

(1) 证明: 存在 $\mathbb{R}^n$ 的一个 q 维子空间 W, 使对任意 $\boldsymbol{X}_0\in W$, 有 $f(\boldsymbol{X}_0)=0$;

(2) 令 $T=\{\boldsymbol{X}\in\mathbb{R}^n|f(\boldsymbol{X})=0\}$, 问 T 与 W 是否相等? 为什么?

例 6.1.51 设 $\boldsymbol{A}$ 为四阶实对称矩阵, 其正负惯性指数依次为 2,1. 证明:

(1) $\mathbb{R}^4$ 中存在二维子空间 W_2, 使得 $\boldsymbol{X}^{\mathrm{T}}\boldsymbol{A}\boldsymbol{X}=0,\forall\boldsymbol{X}\in W_2$;

(2) $W=\{\boldsymbol{X}|\boldsymbol{X}^{\mathrm{T}}\boldsymbol{A}\boldsymbol{X}=0\}$ 不是 $\mathbb{R}^4$ 的子空间;

(3) $V=\{\boldsymbol{X}|\boldsymbol{X}^{\mathrm{T}}\boldsymbol{A}^2\boldsymbol{X}=0\}$ 是 $\mathbb{R}^4$ 的子空间, 并求 $\dim V$.

证 由于存在可逆矩阵 $\boldsymbol{C}$ 使得 $\boldsymbol{C}^{\mathrm{T}}\boldsymbol{A}\boldsymbol{C}=\mathbf{diag}(1,1,-1,0)$, 令 $\boldsymbol{X}=\boldsymbol{C}\boldsymbol{Y}$, 则 $\boldsymbol{X}^{\mathrm{T}}\boldsymbol{A}\boldsymbol{X}=y_1^2+y_2^2-y_3^2$.

(1) 取 $\boldsymbol{Y}_1=(1,0,1,0)^{\mathrm{T}},\boldsymbol{Y}_2=(0,0,0,1)^{\mathrm{T}}$, 令 $\boldsymbol{X}_1=\boldsymbol{C}\boldsymbol{Y}_1,\boldsymbol{X}_2=\boldsymbol{C}\boldsymbol{Y}_2$, 则$W_2=L(\boldsymbol{X}_1,\boldsymbol{X}_2)$ 即可;

(2) 取 $\boldsymbol{Y}_1=(1,0,1,0)^{\mathrm{T}}$, $\boldsymbol{Y}_2=(0,1,1,0)^{\mathrm{T}}$, 令 $\boldsymbol{X}_1=\boldsymbol{C}\boldsymbol{Y}_1,\boldsymbol{X}_2=\boldsymbol{C}\boldsymbol{Y}_2$, 则 $\boldsymbol{X}_1,\boldsymbol{X}_2\in W,\boldsymbol{X}_1+\boldsymbol{X}_2\notin W$;

(3) 易知 $0=\boldsymbol{X}^{\mathrm{T}}\boldsymbol{A}^2\boldsymbol{X}=(\boldsymbol{A}\boldsymbol{X})^{\mathrm{T}}(\boldsymbol{A}\boldsymbol{X})$, 即 $\boldsymbol{X}^{\mathrm{T}}\boldsymbol{A}^2\boldsymbol{X}=0$ 的充要条件是 $\boldsymbol{A}\boldsymbol{X}=\mathbf{0}$. 故结论成立,$\dim V=4-r(\boldsymbol{A})=1$.

例 6.1.52 (河南大学,2009) 设 $\boldsymbol{A}$ 为 n 阶实对称矩阵, 证明:$V=\{\boldsymbol{X}|\boldsymbol{X}^{\mathrm{T}}\boldsymbol{A}^2\boldsymbol{X}=0\}$ 是 n 维欧氏空间 $\mathbb{R}^n$ 的一个子空间.

例 6.1.53 设实二次型 $f(x_1,\cdots,x_n)=\boldsymbol{X}^{\mathrm{T}}\boldsymbol{A}\boldsymbol{X}$ 的正、负惯性指数分别为 p,q. 则 $\mathbb{R}^n$ 可表示成两两正交的子空间 V_1,V_2,V_3 的直和:

$$\mathbb{R}^n=V_1\oplus V_2\oplus V_3,$$

其中 V_1,V_2,V_3 的维数分别为 $p,q,n-p-q$. 且

$$f(\boldsymbol{\alpha})>0,\forall\boldsymbol{\alpha}\in V_1,f(\boldsymbol{\alpha})<0,\forall\boldsymbol{\alpha}\in V_2,f(\boldsymbol{\alpha})=0,\forall\boldsymbol{\alpha}\in V_3.$$

例 6.1.54 设线性空间 F^n, 证明:

(1) 存在 F^n 的子空间 W, 使得 W 中任一非零向量的分量均不为零;

(2) 若 F^n 的子空间 W_1 中任一非零向量的分量均不为零, 则 $\dim W_1=1$.

证 (1) 令 $W=L(\boldsymbol{\alpha})$, 其中 $\boldsymbol{\alpha}=(1,1,\cdots,1)^{\mathrm{T}}$ 即可.

(2) (法 1) 用 $\boldsymbol{e}_i$ 表示第 i 个分量为 1, 其余分量为 0 的 F^n 的向量. 考虑向量 $\boldsymbol{e}_1,\boldsymbol{e}_2,\cdots,\boldsymbol{e}_{n-1}$ 生成的子空间 $U=L(\boldsymbol{e}_1,\boldsymbol{e}_2,\cdots,\boldsymbol{e}_{n-1})$. 易知 $\dim U=n-1$, 且 $U\cap W=\{\boldsymbol{0}\}$, 于是由维数公式可得 $\dim W+\dim U=\dim(U+W)\leqslant n$, 从而 $\dim W\leqslant 1$. 又易知 $\dim W\geqslant 1$, 从而 $\dim W=1$.

(法 2) 反证法. 若 $\dim W_1>1$, 则在 W_1 中存在两个线性无关的向量

$$\boldsymbol{\alpha}=(a_1,a_2,\cdots,a_n)^{\mathrm{T}},\boldsymbol{\beta}=(b_1,b_2,\cdots,b_n)^{\mathrm{T}},$$

设 $a_1=kb_1,k\in F$, 由 $\boldsymbol{\alpha},\boldsymbol{\beta}\in W_1$ 以及 W_1 是线性空间可知 $\boldsymbol{\alpha}-k\boldsymbol{\beta}\in W_1$ 且 $\boldsymbol{\alpha}-k\boldsymbol{\beta}\neq\boldsymbol{0}$, 但是

$$\boldsymbol{\alpha}-k\boldsymbol{\beta}=(0,a_2-kb_2,\cdots,a_n-kb_n).$$

这与 W_1 中的非零向量的分量都不为 0 矛盾. 故结论成立.

例 6.1.55 (南京大学,2016) 设 W 是实 n 维向量空间 $\mathbb{R}^n$ 的一个子空间, 且在 W 中每个非零向量 $\boldsymbol{\alpha}=(a_1,a_2,\cdots,a_n)$ 中零分量的个数不超过 r, 证明:$\dim W\leqslant r+1$.

例 6.1.56 (西南交通大学,2021) 证明:n 维线性空间 V 的任何一个不等于 V 的真子空间 W 都是 V 的若干个 $n-1$ 维子空间的交.

证 设 W 的一组基为

$$\boldsymbol{\alpha}_1,\boldsymbol{\alpha}_2,\cdots,\boldsymbol{\alpha}_r(0\leqslant r\leqslant n),$$

将其扩充为 V 的基

$$\boldsymbol{\alpha}_1,\boldsymbol{\alpha}_2,\cdots,\boldsymbol{\alpha}_r,\boldsymbol{\alpha}_{r+1},\cdots,\boldsymbol{\alpha}_n.$$

若 $r=n-1$, 结论成立.

若 $r<n-1$, 令

$$V_1=L(\boldsymbol{\alpha}_1,\boldsymbol{\alpha}_2,\cdots,\boldsymbol{\alpha}_r,\boldsymbol{\alpha}_{r+2},\cdots,\boldsymbol{\alpha}_n),$$

$$V_2=L(\boldsymbol{\alpha}_1,\boldsymbol{\alpha}_2,\cdots,\boldsymbol{\alpha}_r,\boldsymbol{\alpha}_{r+1},\boldsymbol{\alpha}_{r+3},\cdots,\boldsymbol{\alpha}_n),$$

$$\vdots$$

$$V_{n-r}=L(\boldsymbol{\alpha}_1,\boldsymbol{\alpha}_2,\cdots,\boldsymbol{\alpha}_r,\boldsymbol{\alpha}_{r+2},\cdots,\boldsymbol{\alpha}_{n-1}),$$

则

$$\dim V_i=n-1,i=1,2,\cdots,n-r,\text{且}\bigcap_{i=1}^{n-r}V_i=W=L(\boldsymbol{\alpha}_1,\boldsymbol{\alpha}_2,\cdots,\boldsymbol{\alpha}_r).$$

事实上, 由于 $\boldsymbol{\alpha}_1,\boldsymbol{\alpha}_2,\cdots,\boldsymbol{\alpha}_r\in\bigcap\limits_{i=1}^{n-r}V_i$, 故 $W\sqsubseteq\bigcap\limits_{i=1}^{n-r}V_i.\forall\boldsymbol{\alpha}\in\bigcap\limits_{i=1}^{n-r}V_i$, 由 $\boldsymbol{\alpha}\in V_1$, 可设

$$\boldsymbol{\alpha}=k_1\boldsymbol{\alpha}_1+k_2\boldsymbol{\alpha}_2+\cdots+k_r\boldsymbol{\alpha}_r+k_{r+2}\boldsymbol{\alpha}_{r+2}+\cdots+k_n\boldsymbol{\alpha}_n,$$

同样, 由 $\boldsymbol{\alpha}\in V_2$, 可设

$$\boldsymbol{\alpha}=l_1\boldsymbol{\alpha}_1+l_2\boldsymbol{\alpha}_2+\cdots+l_r\boldsymbol{\alpha}_r+l_{r+3}\boldsymbol{\alpha}_{r+3}+\cdots+l_n\boldsymbol{\alpha}_n,$$

于是由上两式以及 $\boldsymbol{\alpha}_1,\boldsymbol{\alpha}_2,\cdots,\boldsymbol{\alpha}_r,\boldsymbol{\alpha}_{r+1},\cdots,\boldsymbol{\alpha}_n$ 线性无关可得 $k_{r+2}=0$.

类似地, 由 $\boldsymbol{\alpha}\in V_3,\cdots,V_n$, 可得 $k_{r+3}=\cdots=k_n=0$. 于是

$$\boldsymbol{\alpha}=k_1\boldsymbol{\alpha}_1+k_2\boldsymbol{\alpha}_2+\cdots+k_r\boldsymbol{\alpha}_r\in W.$$

例 6.1.57　(中山大学,2006) 设 $\boldsymbol{\alpha}_1,\boldsymbol{\alpha}_2,\boldsymbol{\alpha}_3$ 是实数域上三维向量空间 V 的一个基,$\boldsymbol{\beta}_1=2\boldsymbol{\alpha}_1-\boldsymbol{\alpha}_2-\boldsymbol{\alpha}_3,\boldsymbol{\beta}_2=-\boldsymbol{\alpha}_2,\boldsymbol{\beta}_3=2\boldsymbol{\alpha}_2+\boldsymbol{\alpha}_3$. 证明:$\boldsymbol{\beta}_1,\boldsymbol{\beta}_2,\boldsymbol{\beta}_3$ 也是 V 的一个基, 并求 V 中在这两个基下坐标相同的所有向量.

证　首先, 证明 $\boldsymbol{\beta}_1,\boldsymbol{\beta}_2,\boldsymbol{\beta}_3$ 也是 V 的一个基, 由于 V 是三维线性空间, 只需证明 $\boldsymbol{\beta}_1,\boldsymbol{\beta}_2,\boldsymbol{\beta}_3$ 线性无关. 由于

$$(\boldsymbol{\beta}_1,\boldsymbol{\beta}_2,\boldsymbol{\beta}_3)=(\boldsymbol{\alpha}_1,\boldsymbol{\alpha}_2,\boldsymbol{\alpha}_3)\boldsymbol{A},$$

其中

$$\boldsymbol{A}=\begin{pmatrix}2&0&0\\-1&-1&2\\-1&0&1\end{pmatrix},$$

易知 $\boldsymbol{A}$ 可逆, 从而 $\boldsymbol{\beta}_1,\boldsymbol{\beta}_2,\boldsymbol{\beta}_3$ 线性无关.

设 η 在 $\boldsymbol{\alpha}_1,\boldsymbol{\alpha}_2,\boldsymbol{\alpha}_3$ 与 $\boldsymbol{\beta}_1,\boldsymbol{\beta}_2,\boldsymbol{\beta}_3$ 下的坐标同为 $\boldsymbol{X}=(x_1,x_2,x_3)^{\mathrm{T}}$, 即

$$\boldsymbol{\eta}=(\boldsymbol{\alpha}_1,\boldsymbol{\alpha}_2,\boldsymbol{\alpha}_3)\boldsymbol{X}=(\boldsymbol{\beta}_1,\boldsymbol{\beta}_2,\boldsymbol{\beta}_3)\boldsymbol{X},$$

又由前面有

$$(\boldsymbol{\beta}_1,\boldsymbol{\beta}_2,\boldsymbol{\beta}_3)=(\boldsymbol{\alpha}_1,\boldsymbol{\alpha}_2,\boldsymbol{\alpha}_3)\boldsymbol{A},$$

于是可得

$$(\boldsymbol{\alpha}_1,\boldsymbol{\alpha}_2,\boldsymbol{\alpha}_3)\boldsymbol{X}=(\boldsymbol{\beta}_1,\boldsymbol{\beta}_2,\boldsymbol{\beta}_3)\boldsymbol{X}=(\boldsymbol{\alpha}_1,\boldsymbol{\alpha}_2,\boldsymbol{\alpha}_3)(\boldsymbol{A}\boldsymbol{X}),$$

即

$$(\boldsymbol{\alpha}_1,\boldsymbol{\alpha}_2,\boldsymbol{\alpha}_3)(\boldsymbol{X}-\boldsymbol{A}\boldsymbol{X})=\mathbf{0},$$

注意到 $\boldsymbol{\alpha}_1,\boldsymbol{\alpha}_2,\boldsymbol{\alpha}_3$ 线性无关, 可得

$$\mathbf{0}=\boldsymbol{X}-\boldsymbol{A}\boldsymbol{X}=(\boldsymbol{E}-\boldsymbol{A})\boldsymbol{X},$$

求解线性方程组 $(\boldsymbol{E}-\boldsymbol{A})\boldsymbol{X}=\mathbf{0}$ 可得其通解为 $\boldsymbol{X}=k(0,\ 1,\ 1)^{\mathrm{T}}$, 其中 $k\in\mathbb{R}$, 于是所求的所有向量为

$$(\boldsymbol{\alpha}_1,\boldsymbol{\alpha}_2,\boldsymbol{\alpha}_3)\boldsymbol{X}=k(\boldsymbol{\alpha}_2+\boldsymbol{\alpha}_3).$$

例 6.1.58　(上海师范大学,2017) 已知三维实向量空间 $\mathbb{R}^3$ 的两组基为 (Ⅰ)$\boldsymbol{\alpha}_1,\boldsymbol{\alpha}_2,\boldsymbol{\alpha}_3$; (Ⅱ)$\boldsymbol{\beta}_1=\boldsymbol{\alpha}_1+\boldsymbol{\alpha}_2+\boldsymbol{\alpha}_3,\boldsymbol{\beta}_2=\boldsymbol{\alpha}_2+\boldsymbol{\alpha}_3,\boldsymbol{\beta}_3=\boldsymbol{\alpha}_3$.

(1) 求 (Ⅱ) 到 (Ⅰ) 的过渡矩阵;

(2) 设两组基下坐标相同的全体向量组成的集合构成线性空间 V, 求 V 的一组基和维数.

例 6.1.59　(天津大学,2022) 设 $\boldsymbol{\alpha}_1,\boldsymbol{\alpha}_2,\cdots,\boldsymbol{\alpha}_n$ 与 $\boldsymbol{\beta}_1,\boldsymbol{\beta}_2,\cdots,\boldsymbol{\beta}_n$ 是数域 P 上的 n 维线性空间 V 的两组基.

(1) 令 V_1 表示在上述两组基下的坐标完全相同的全体向量组成的集合, 即

$$V_1=\left\{\boldsymbol{\alpha}\in V\,\middle|\,\text{存在}x_1,x_2,\cdots,x_n\in P\text{使得}\boldsymbol{\alpha}=\sum_{i=1}^{n}x_i\boldsymbol{\alpha}_i=\sum_{i=1}^{n}x_i\boldsymbol{\beta}_i\right\}.$$

证明:V_1 是 V 的一个子空间.

(2) 设由 $\boldsymbol{\alpha}_1,\boldsymbol{\alpha}_2,\cdots,\boldsymbol{\alpha}_n$ 到 $\boldsymbol{\beta}_1,\boldsymbol{\beta}_2,\cdots,\boldsymbol{\beta}_n$ 的过渡矩阵为 $\boldsymbol{A}$, 证明: 如果矩阵 $\boldsymbol{E}_n-\boldsymbol{A}$ 的秩为 r, 则 V_1 的维数为 $n-r$.

6.2 和与直和

6.2.1 维数公式

例 6.2.1 (中国科学院大学,2016; 山东师范大学,2016; 上海理工大学,2021) 设 V_1, V_2 为 n 维线性空间 V 的两个子空间, 且

$$\dim(V_1+V_2)=\dim(V_1\cap V_2)+1,$$

证明 $V_1\sqsubseteq V_2$ 或 $V_2\sqsubseteq V_1$.(V_1+V_2 与 V_1, V_2 之一重合,$V_1\cap V_2$ 与另一个重合.)

证 设 $\dim(V_1\cap V_2)=m, \dim V_1=n_1, \dim V_2=n_2$, 则由条件及维数公式有

$$(n_1-m)+(n_2-m)=1,$$

注意到 $V_1\cap V_2$ 是 $V_1(V_2)$ 的子空间, 故 $n_1(n_2)\geqslant m$, 于是 $n_1-m=0$ 或者 $n_2-m=0$, 下面分情况讨论:

(1) 若 $n_1=m$ 时, 注意到 $V_1\cap V_2$ 是 V_1 的子空间, 故 $V_1\cap V_2=V_1$.

(2) 若 $n_2=m$ 时, 注意到 $V_1\cap V_2$ 是 V_2 的子空间,$V_1\cap V_2=V_2$.

例 6.2.2 (西北大学,2022) 设 V_1, V_2 为数域 P 上 n 维线性空间 V 的子空间, 且 $\dim(V_1)\neq\dim(V_2)$. 试证: 若

$$\dim(V_1+V_2)=\dim(V_1\cap V_2)+2.$$

则 $V_1\subseteq V_2$ 或 $V_2\subseteq V_1$.

例 6.2.3 (华南理工大学,2010) 设 V 是 n 维线性空间 $(n\geqslant 3)$,X 和 Y 为 V 的两个子空间, 且 $\dim(X)=n-1, \dim(Y)=n-2$.

(1) 证明:$\dim(X\cap Y)=n-2$ 或 $n-3$.

(2) 证明:$\dim(X\cap Y)=n-2$ 当且仅当 Y 是 X 的子空间.

(3) 举例说明: 存在满足题设条件的线性空间 V 及其子空间 X 和 Y, 使得 $\dim(X\cap Y)=n-2$.

例 6.2.4 (厦门大学,2005) 设 V_1, V_2 是 n 维线性空间 V 的子空间, 且 $V=V_1\oplus V_2$. 设 $L(\boldsymbol{\alpha})$ 是 V 中向量 $\boldsymbol{\alpha}$ 生成的子空间, 且满足 $V_1\cap L(\boldsymbol{\alpha})=\{\mathbf{0}\}, V_2\cap L(\boldsymbol{\alpha})=\{\mathbf{0}\}$. 求 $(V_1+L(\boldsymbol{\alpha}))\cap(V_2+L(\boldsymbol{\alpha}))$ 的维数并证明.

证 由于 $V_1\cap L(\boldsymbol{\alpha})=\{\mathbf{0}\}, V_2\cap L(\boldsymbol{\alpha})=\{\mathbf{0}\}, V=V_1\oplus V_2, V_1+V_2+L(\boldsymbol{\alpha})=V$, 利用维数公式, 可得

$$\begin{aligned}
&\dim((V_1+L(\boldsymbol{\alpha}))\cap(V_2+L(\boldsymbol{\alpha})))\\
=&\dim(V_1+L(\boldsymbol{\alpha}))+\dim(V_2+L(\boldsymbol{\alpha})))-\dim(V_1+L(\boldsymbol{\alpha})+V_2+L(\boldsymbol{\alpha}))\\
=&\dim V_1+\dim L(\boldsymbol{\alpha})-\dim(V_1\cap L(\boldsymbol{\alpha}))+\\
&\dim V_2+\dim L(\boldsymbol{\alpha})-\dim(V_2\cap L(\boldsymbol{\alpha}))-\dim(V_1+V_2+L(\boldsymbol{\alpha}))\\
=&\dim V_1+\dim V_2+2\dim L(\boldsymbol{\alpha})-\dim V\\
=&2\dim L(\boldsymbol{\alpha}).
\end{aligned}$$

(1) 若 $\boldsymbol{\alpha}=\mathbf{0}$, 则所求的维数为 0;

(2) 若 $\boldsymbol{\alpha}\neq\mathbf{0}$, 则所求的维数为 2.

例 6.2.5　(河海大学,2021) 设 W_1, W_2, W_3 为数域 F 上的线性空间 V 的有限维子空间, 令

$$d_k = \dim[(W_i + W_j) \cap W_k] + \dim(W_i \cap W_j),$$

其中,i, j, k 为 1,2,3 的一个排列. 证明:$d_1 = d_2 = d_3$.

证　由于

$$\begin{aligned} d_1 &= \dim[(W_2 + W_3) \cap W_1] + \dim(W_2 \cap W_3) \\ &= \dim(W_2 + W_3) + \dim W_1 - \dim(W_1 + W_2 + W_3) + \dim W_2 + \dim W_3 - \dim(W_2 + W_3) \\ &= \dim W_1 + \dim W_2 + \dim W_3 - \dim(W_1 + W_2 + W_3), \end{aligned}$$

类似可得 $d_2 = d_3 = \dim W_1 + \dim W_2 + \dim W_3 - \dim(W_1 + W_2 + W_3)$, 故 $d_1 = d_2 = d_3$.

例 6.2.6　写出线性空间 V 的 $s(s \geqslant 2)$ 个有限维子空间 $W_1, W_2, \cdots, W_s$ 的相应的维数公式. 并给出证明.

证　维数公式为

$$\begin{aligned} &\dim W_1 + \dim W_2 + \cdots + \dim W_s \\ =&\dim(W_1 + W_2 + \cdots + W_s) + \dim(W_1 \cap W_2) + \dim[(W_1 + W_2) \cap W_3] + \cdots \\ &+ \dim[(W_1 + \cdots + W_{s-1}) \cap W_s]. \end{aligned}$$

证明用数学归纳法易证.

6.2.2　直和

例 6.2.7　(沈阳工业大学, 2018) 设 V_1, V_2 为线性空间 V 的两个真子空间, 则存在 $\boldsymbol{\alpha} \in V$ 使得

$$\boldsymbol{\alpha} \notin V_1, \boldsymbol{\alpha} \notin V_2.$$

证　由 V_1 是 V 的真子空间知 $\exists \boldsymbol{\alpha}_1 \in V, \boldsymbol{\alpha}_1 \notin V_1$. 下面分情况讨论:

(1) 若 $\boldsymbol{\alpha}_1 \notin V_2$, 则令 $\boldsymbol{\alpha} = \boldsymbol{\alpha}_1$ 即可.

(2) 若 $\boldsymbol{\alpha}_1 \in V_2$, 由 V_2 是 V 的真子空间知 $\exists \boldsymbol{\alpha}_2 \in V, \boldsymbol{\alpha}_2 \notin V_2$. 下面再分情况讨论:

1) 若 $\boldsymbol{\alpha}_2 \notin V_1$, 则令 $\boldsymbol{\alpha} = \boldsymbol{\alpha}_2$ 即可.

2) 若 $\boldsymbol{\alpha}_2 \in V_1$, 则令 $\boldsymbol{\alpha} = \boldsymbol{\alpha}_1 + \boldsymbol{\alpha}_2$ 即可.

故结论成立.

例 6.2.8　(天津大学,2021) 设 $V_1, V_2, \cdots, V_s$ 为实数域上线性空间 V 的 s 个真子空间, 证明: 至少存在一个向量 $\boldsymbol{\alpha} \in V$, 使得 $\boldsymbol{\alpha} \notin V_i, i = 1, 2, \cdots, s$.

例 6.2.9　设 $V_1, V_2, \cdots, V_m$ 为数域 F 上的 n 维线性空间 V 的子空间, 且维数均小于 n, 则存在 $\boldsymbol{\alpha} \in V$ 使得 $\boldsymbol{\alpha} \notin V_i, i = 1, 2, \cdots, m$.

证　若 $V_1, V_2, \cdots, V_m$ 中有零空间, 去掉不影响结论. 故设

$$0 < \dim V_i < n, i = 1, 2, \cdots, m.$$

用数学归纳法证明.

当 $m=2$ 时, 由例6.2.7可知结论成立.

假设结论对 $m-1$ 成立, 即存在 $\boldsymbol{\alpha}\in V,\boldsymbol{\alpha}\notin V_i,i=1,2,\cdots,m-1$. 若 $\boldsymbol{\alpha}\notin V_m$, 则结论成立.

若 $\boldsymbol{\alpha}\in V_m$, 则存在 $\boldsymbol{\beta}\notin V_m$, 考虑

$$\boldsymbol{\alpha}+\boldsymbol{\beta},2\boldsymbol{\alpha}+\boldsymbol{\beta},\cdots,m\boldsymbol{\alpha}+\boldsymbol{\beta},$$

其中必有一个不属于 $V_1,\cdots,V_{m-1}$ 中的任何一个, 否则有两个向量属于同一个 V_j 中, 而这两个向量的差 $s\boldsymbol{\alpha}(0<|s|\leqslant m-1)$ 也属于 V_j, 故 $\boldsymbol{\alpha}\in V_j$. 矛盾. 故不妨设

$$\boldsymbol{y}=l\boldsymbol{\alpha}+\boldsymbol{\beta}\notin V_i(1\leqslant l\leqslant s),i=1,2,\cdots,m-1,$$

则 $\boldsymbol{y}\notin V_m$. 否则由 $\boldsymbol{\alpha}\in V_m$ 可得 $\boldsymbol{\beta}=\boldsymbol{y}-l\boldsymbol{\alpha}\in V_m$ 矛盾. 从而结论成立.

例 6.2.10 (华中科技大学,2021) 设 V 为 n 维线性空间,$V_1,\cdots,V_s$ 为 V 的 s 个真子空间. 证明: 存在 V 的一个基 $\boldsymbol{\alpha}_1,\cdots,\boldsymbol{\alpha}_n$ 都不在 $V_1,\cdots,V_s$ 中.

证 由例6.2.9知存在

$$\boldsymbol{\alpha}_1\in V,\boldsymbol{\alpha}_1\notin V_i,i=1,2,\cdots,s.$$

则 $\boldsymbol{\alpha}_1\neq\mathbf{0}$. 令 $V_{s+1}=L(\boldsymbol{\alpha}_1)$, 则 V_{s+1} 为 V 的真子空间, 同样存在 $\boldsymbol{\alpha}_2\in V,\boldsymbol{\alpha}_2\notin V_i,i=1,2,\cdots,s,s+1$. 则 $\boldsymbol{\alpha}_1,\boldsymbol{\alpha}_2$ 线性无关, 否则 $\boldsymbol{\alpha}_2\in V_{s+1}$. 矛盾. 令 $V_{s+2}=L(\boldsymbol{\alpha}_1,\boldsymbol{\alpha}_2)$, 继续下去可知

$$\boldsymbol{\alpha}_1,\cdots,\boldsymbol{\alpha}_n\in V,\boldsymbol{\alpha}_1,\cdots,\boldsymbol{\alpha}_n\notin V_1,\cdots,V_s.$$

例 6.2.11 (北京大学,2002) 设 V 为数域 K 上的 n 维线性空间,$V_1,V_2,\cdots,V_s$ 为 V 的 s 个真子空间. 证明:

(1) 存在 $\boldsymbol{\alpha}\in V$ 使 $\boldsymbol{\alpha}\notin V_1\cup V_2\cup\cdots\cup V_s$;

(2) 存在 V 中的一组基 $\boldsymbol{\varepsilon}_1,\cdots,\boldsymbol{\varepsilon}_n$ 使得

$$\{\boldsymbol{\varepsilon}_1,\cdots,\boldsymbol{\varepsilon}_n\}\cap(V_1\cup V_2\cup\cdots\cup V_s)=\varnothing.$$

例 6.2.12 (大连理工大学,2005) 设 $\boldsymbol{\varepsilon}_1,\cdots,\boldsymbol{\varepsilon}_n$ 为数域 P 上的 n 维线性空间 V 的一组基, W 是 V 的非平凡子空间,$\boldsymbol{\alpha}_1,\cdots,\boldsymbol{\alpha}_r$ 为 W 的一组基. 证明: 在 $\boldsymbol{\varepsilon}_1,\cdots,\boldsymbol{\varepsilon}_n$ 中可以找到 $n-r$ 个向量 $\boldsymbol{\varepsilon}_{i_1},\cdots,\boldsymbol{\varepsilon}_{i_{n-r}}$ 使得 $\boldsymbol{\alpha}_1,\cdots,\boldsymbol{\alpha}_r,\boldsymbol{\varepsilon}_{i_1},\cdots,\boldsymbol{\varepsilon}_{i_{n-r}}$ 为 V 的一组基.

证 因为 W 是 V 的非平凡子空间, 故 $W\neq V$. 于是 $r<n$. 对 $n-r$ 作数学归纳法.

首先, 当 $n-r=1$ 时, 结论成立.

假设结论对 $n-(r+1)$ 成立. 由于 $\boldsymbol{\varepsilon}_1,\cdots,\boldsymbol{\varepsilon}_n$ 不能都在 W 中. 否则,$W=V$, 出现矛盾. 设 $\boldsymbol{\varepsilon}_{i_1}$ 是 $\boldsymbol{\varepsilon}_1,\cdots,\boldsymbol{\varepsilon}_n$ 中不属于 W 的一个向量, 那么

$$\boldsymbol{\alpha}_1,\cdots,\boldsymbol{\alpha}_r,\boldsymbol{\varepsilon}_{i_1}$$

线性无关. 令 $W_1=L(\boldsymbol{\alpha}_1,\cdots,\boldsymbol{\alpha}_r,\boldsymbol{\varepsilon}_{i_1})$, 则 $\dim W_1=r+1$. 由归纳假设, 在 $\boldsymbol{\varepsilon}_1,\cdots,\boldsymbol{\varepsilon}_n$ 中可以找到 $n-(r+1)$ 个向量 $\boldsymbol{\varepsilon}_{i_2},\cdots,\boldsymbol{\varepsilon}_{i_{n-r}}$ 使

$$\boldsymbol{\alpha}_1,\cdots,\boldsymbol{\alpha}_r,\boldsymbol{\varepsilon}_{i_1},\cdots,\boldsymbol{\varepsilon}_{i_{n-r}}$$

为 V 的一组基.

例 6.2.13 (东南大学,2004) 设 $\boldsymbol{\alpha}_1,\cdots,\boldsymbol{\alpha}_n$ 与 $\boldsymbol{\beta}_1,\cdots,\boldsymbol{\beta}_n$ 为线性空间 V 的两组基.

(1) 证明: 对 $\forall i\in\{1,2,\cdots,n\},\exists\boldsymbol{\alpha}_{j_i}\in\{\boldsymbol{\alpha}_1,\boldsymbol{\alpha}_2,\cdots,\boldsymbol{\alpha}_n\}$ 使得

$$\boldsymbol{\beta}_1,\cdots,\boldsymbol{\beta}_{i-1},\boldsymbol{\alpha}_{j_i},\boldsymbol{\beta}_{i+1},\cdots,\boldsymbol{\beta}_n$$

为 V 的基.

(2) 如果 $n=3$, 对 $\forall i\in\{1,2,3\}$, 是否存在 $j,k\in\{1,2,3\},j\neq k$ 使得

$$\boldsymbol{\beta}_i,\boldsymbol{\alpha}_j,\boldsymbol{\alpha}_k$$

为 V 的基, 为什么?

证 (1) (法 1) 对 $\forall i\in\{1,2,\cdots,n\}$, 由于 $\boldsymbol{\beta}_1,\cdots,\boldsymbol{\beta}_{i-1},\boldsymbol{\beta}_{i+1},\cdots,\boldsymbol{\beta}_n$ 不是 V 的一组基, 于是一定存在 $\boldsymbol{\alpha}_{j_i}$, 使得 $\boldsymbol{\alpha}_{j_i}$ 不能由 $\boldsymbol{\beta}_1,\cdots,\boldsymbol{\beta}_{i-1},\boldsymbol{\beta}_{i+1},\cdots,\boldsymbol{\beta}_n$ 线性表示, 易知

$$\boldsymbol{\beta}_1,\cdots,\boldsymbol{\beta}_{i-1},\boldsymbol{\alpha}_{j_i},\boldsymbol{\beta}_{i+1},\cdots,\boldsymbol{\beta}_n$$

线性无关, 从而是 V 的基.

(法 2) 由于 $\boldsymbol{\alpha}_1,\cdots,\boldsymbol{\alpha}_n$ 与 $\boldsymbol{\beta}_1,\cdots,\boldsymbol{\beta}_n$ 为线性空间 V 的两组基, 故存在可逆矩阵 $\boldsymbol{P}=(p_{ij})_{n\times n}$ 使得

$$(\boldsymbol{\alpha}_1,\cdots,\boldsymbol{\alpha}_n)=(\boldsymbol{\beta}_1,\cdots,\boldsymbol{\beta}_n)\boldsymbol{P},$$

对 $\forall i\in\{1,2,\cdots,n\}$, 由 $\boldsymbol{P}$ 可逆知 $p_{1i},\cdots,p_{ni}$ 不全为 0. 设 p_{ji} 不为 0, 则

$$\boldsymbol{\alpha}_i=p_{1i}\boldsymbol{\beta}_1+\cdots+p_{(j-1)i}\boldsymbol{\beta}_{j-1}+p_{ji}\boldsymbol{\beta}_j+p_{(j+1)i}\boldsymbol{\beta}_{j+1}+\cdots+p_{ni}\boldsymbol{\beta}_n,$$

于是 $\boldsymbol{\beta}_j$ 可由 $\boldsymbol{\beta}_1,\cdots,\boldsymbol{\beta}_{j-1},\boldsymbol{\alpha}_i,\boldsymbol{\beta}_{j+1},\cdots,\boldsymbol{\beta}_n$ 线性表示, 从而

$$\boldsymbol{\beta}_1,\cdots,\boldsymbol{\beta}_{j-1},\boldsymbol{\alpha}_i,\boldsymbol{\beta}_{j+1},\cdots,\boldsymbol{\beta}_n$$

与

$$\boldsymbol{\beta}_1,\cdots,\boldsymbol{\beta}_{j-1},\boldsymbol{\beta}_j,\boldsymbol{\beta}_{j+1},\cdots,\boldsymbol{\beta}_n$$

等价, 故结论成立.

(2) 首先对于任意 $\boldsymbol{\beta}_i$, 一定存在 $\boldsymbol{\alpha}_j$ 使得 $\boldsymbol{\beta}_i,\boldsymbol{\alpha}_j$ 线性无关, 若 $\{\boldsymbol{\alpha}_1,\boldsymbol{\alpha}_2,\boldsymbol{\alpha}_3\}-\boldsymbol{\alpha}_j$ 可由 $\boldsymbol{\beta}_i,\boldsymbol{\alpha}_j$ 线性表示, 由于两组向量的个数相同, 故它们等价, 这样 $\boldsymbol{\alpha}_j$ 可由 $\{\boldsymbol{\alpha}_1,\boldsymbol{\alpha}_2,\boldsymbol{\alpha}_3\}-\boldsymbol{\alpha}_j$ 线性表示, 这是不可能的. 所以一定存在 $\boldsymbol{\alpha}_k$ 使得 $\boldsymbol{\beta}_i,\boldsymbol{\alpha}_j,\boldsymbol{\alpha}_k$ 为 V 的基.

例 6.2.14 (浙江大学,2003; 上海交通大学,2015) 设 V 是数域 P 上的 n 维线性空间,$\boldsymbol{\alpha}_1,\boldsymbol{\alpha}_2,\boldsymbol{\alpha}_3,\boldsymbol{\alpha}_4\in V,W=L(\boldsymbol{\alpha}_1,\boldsymbol{\alpha}_2,\boldsymbol{\alpha}_3,\boldsymbol{\alpha}_4)$, 又有 $\boldsymbol{\beta}_1,\boldsymbol{\beta}_2\in W$ 且 $\boldsymbol{\beta}_1,\boldsymbol{\beta}_2$ 线性无关, 求证: 可用 $\boldsymbol{\beta}_1,\boldsymbol{\beta}_2$ 替换 $\boldsymbol{\alpha}_1,\boldsymbol{\alpha}_2,\boldsymbol{\alpha}_3,\boldsymbol{\alpha}_4$ 中的两个向量 $\boldsymbol{\alpha}_{i_1},\boldsymbol{\alpha}_{i_2}$, 使得剩下的两个向量 $\boldsymbol{\alpha}_{i_3},\boldsymbol{\alpha}_{i_4}$ 与 $\boldsymbol{\beta}_1,\boldsymbol{\beta}_2$ 仍然构成子空间 W, 也即 $W=L(\boldsymbol{\beta}_1,\boldsymbol{\beta}_2,\boldsymbol{\alpha}_{i_3},\boldsymbol{\alpha}_{i_4})$.

证 (法 1) 由 $\boldsymbol{\beta}_1\in W$, 可设

$$\boldsymbol{\beta}_1=k_1\boldsymbol{\alpha}_1+k_2\boldsymbol{\alpha}_2+k_3\boldsymbol{\alpha}_3+k_4\boldsymbol{\alpha}_4,$$

由 $\boldsymbol{\beta}_1,\boldsymbol{\beta}_2$ 线性无关, 可知 $\boldsymbol{\beta}_1\neq\mathbf{0}$, 则 k_1,k_2,k_3,k_4 中至少有一个不等于 0, 不妨设 $k_1\neq0$, 则有

$$\boldsymbol{\alpha}_1=\frac{1}{k_1}(\boldsymbol{\beta}_1-k_2\boldsymbol{\alpha}_2-k_3\boldsymbol{\alpha}_3-k_4\boldsymbol{\alpha}_4),\tag{1}$$

再由 $\boldsymbol{\beta}_2 \in W$, 可设

$$\boldsymbol{\beta}_2 = l_1\boldsymbol{\alpha}_1 + l_2\boldsymbol{\alpha}_2 + l_3\boldsymbol{\alpha}_3 + l_4\boldsymbol{\alpha}_4, \tag{2}$$

将式 (1) 代入式 (2), 整理可得

$$\boldsymbol{\beta}_2 = m_1\boldsymbol{\beta}_1 + m_2\boldsymbol{\alpha}_2 + m_3\boldsymbol{\alpha}_3 + m_4\boldsymbol{\alpha}_4,$$

其中 $m_1 = \dfrac{l_1}{k_1}, m_i = l_i - \dfrac{k_i}{k_1}, i = 2,3,4$. 注意到 $\boldsymbol{\beta}_1, \boldsymbol{\beta}_2$ 线性无关, 可知 m_2, m_3, m_4 不能都是 0, 不妨设 $m_2 \neq 0$, 则

$$\boldsymbol{\alpha}_2 = \frac{1}{m_2}(\boldsymbol{\beta}_2 - m_1\boldsymbol{\beta}_1 - m_3\boldsymbol{\alpha}_3 - m_4\boldsymbol{\alpha}_4), \tag{3}$$

将式 (3) 代入式 (1) 可得 $\boldsymbol{\alpha}_1$ 可由 $\boldsymbol{\beta}_1, \boldsymbol{\beta}_2, \boldsymbol{\alpha}_3, \boldsymbol{\alpha}_4$ 表示, 从而易知 $\boldsymbol{\alpha}_1, \boldsymbol{\alpha}_2, \boldsymbol{\alpha}_3, \boldsymbol{\alpha}_4$ 与 $\boldsymbol{\beta}_1, \boldsymbol{\beta}_2, \boldsymbol{\alpha}_3, \boldsymbol{\alpha}_4$ 等价. 故结论成立.

(法 2) 由 $\boldsymbol{\beta}_1, \boldsymbol{\beta}_2 \in W$, 可设

$$\boldsymbol{\beta}_1 = k_1\boldsymbol{\alpha}_1 + k_2\boldsymbol{\alpha}_2 + k_3\boldsymbol{\alpha}_3 + k_4\boldsymbol{\alpha}_4,$$

$$\boldsymbol{\beta}_2 = l_1\boldsymbol{\alpha}_1 + l_2\boldsymbol{\alpha}_2 + l_3\boldsymbol{\alpha}_3 + l_4\boldsymbol{\alpha}_4,$$

由 $\boldsymbol{\beta}_1, \boldsymbol{\beta}_2$ 线性无关, 可知矩阵

$$\begin{pmatrix} k_1 & k_2 & k_3 & k_4 \\ l_1 & l_2 & l_3 & l_4 \end{pmatrix}$$

的秩为 2, 从而存在二阶子式不为 0, 设此非零二阶子式所在的列指标为 i_1, i_2, 其余两列指标为 i_3, i_4, 则有

$$k_{i_1}\boldsymbol{\alpha}_{i_1} + k_{i_2}\boldsymbol{\alpha}_{i_2} = \boldsymbol{\beta}_1 - k_{i_3}\boldsymbol{\alpha}_{i_3} - k_{i_4}\boldsymbol{\alpha}_{i_4},$$

$$l_{i_1}\boldsymbol{\alpha}_{i_1} + l_{i_2}\boldsymbol{\alpha}_{i_2} = \boldsymbol{\beta}_2 - l_{i_3}\boldsymbol{\alpha}_{i_3} - l_{i_4}\boldsymbol{\alpha}_{i_4},$$

即

$$\begin{pmatrix} k_{i_1} & k_{i_2} \\ l_{i_1} & l_{i_2} \end{pmatrix}\begin{pmatrix} \boldsymbol{\alpha}_{i_1} \\ \boldsymbol{\alpha}_{i_2} \end{pmatrix} = \begin{pmatrix} \boldsymbol{\beta}_1 - k_{i_3}\boldsymbol{\alpha}_{i_3} - k_{i_4}\boldsymbol{\alpha}_{i_4} \\ \boldsymbol{\beta}_2 - l_{i_3}\boldsymbol{\alpha}_{i_3} - l_{i_4}\boldsymbol{\alpha}_{i_4} \end{pmatrix},$$

注意到 $\begin{pmatrix} k_{i_1} & k_{i_2} \\ l_{i_1} & l_{i_2} \end{pmatrix}$ 可逆, 可知 $\boldsymbol{\alpha}_{i_1}, \boldsymbol{\alpha}_{i_2}$ 可由 $\boldsymbol{\beta}_1, \boldsymbol{\beta}_2, \boldsymbol{\alpha}_{i_3}, \boldsymbol{\alpha}_{i_4}$ 线性表示, 从而 $\boldsymbol{\alpha}_{i_1}, \boldsymbol{\alpha}_{i_2}, \boldsymbol{\alpha}_{i_3}, \boldsymbol{\alpha}_{i_4}$ 可由 $\boldsymbol{\beta}_1, \boldsymbol{\beta}_2, \boldsymbol{\alpha}_{i_3}, \boldsymbol{\alpha}_{i_4}$ 线性表示, 即 $\boldsymbol{\alpha}_1, \boldsymbol{\alpha}_2, \boldsymbol{\alpha}_3, \boldsymbol{\alpha}_4$ 可由 $\boldsymbol{\beta}_1, \boldsymbol{\beta}_2, \boldsymbol{\alpha}_{i_3}, \boldsymbol{\alpha}_{i_4}$ 线性表示. 又显然 $\boldsymbol{\beta}_1, \boldsymbol{\beta}_2, \boldsymbol{\alpha}_{i_3}, \boldsymbol{\alpha}_{i_4}$ 可由 $\boldsymbol{\alpha}_1, \boldsymbol{\alpha}_2, \boldsymbol{\alpha}_3, \boldsymbol{\alpha}_4$ 线性表示. 从而 $\boldsymbol{\alpha}_1, \boldsymbol{\alpha}_2, \boldsymbol{\alpha}_3, \boldsymbol{\alpha}_4$ 与 $\boldsymbol{\beta}_1, \boldsymbol{\beta}_2, \boldsymbol{\alpha}_{i_3}, \boldsymbol{\alpha}_{i_4}$ 等价, 故 $W = L(\boldsymbol{\beta}_1, \boldsymbol{\beta}_2, \boldsymbol{\alpha}_{i_3}, \boldsymbol{\alpha}_{i_4})$.

例 6.2.15 设向量组 $\boldsymbol{\beta}, \boldsymbol{\gamma}$ 线性无关, 且 $\boldsymbol{\beta}, \boldsymbol{\gamma}$ 都可由向量组 $\boldsymbol{\alpha}_1, \boldsymbol{\alpha}_2, \cdots, \boldsymbol{\alpha}_s$ 线性表示. 证明: 存在 i, j 满足 $1 \leqslant i < j \leqslant s$, 使得向量组

$$\boldsymbol{\alpha}_1, \cdots, \boldsymbol{\alpha}_{i-1}, \boldsymbol{\beta}, \boldsymbol{\alpha}_{i+1}, \cdots, \boldsymbol{\alpha}_{j-1}, \boldsymbol{\gamma}, \boldsymbol{\alpha}_{j+1}, \cdots, \boldsymbol{\alpha}_s$$

与向量组 $\boldsymbol{\alpha}_1, \boldsymbol{\alpha}_2, \cdots, \boldsymbol{\alpha}_s$ 等价.

例 6.2.16 设 W 为数域 F 上的 n 维线性空间 V 的一个非平凡子空间, 证明: W 在 V 中有无穷多个余子空间.

证　设 W 的基为 $\boldsymbol{\alpha}_1,\cdots,\boldsymbol{\alpha}_r$, 将其扩充为 V 的基 $\boldsymbol{\alpha}_1,\cdots,\boldsymbol{\alpha}_r,\boldsymbol{\alpha}_{r+1},\cdots,\boldsymbol{\alpha}_n$. $\forall k\in F$, 令

$$W_k=L(k\boldsymbol{\alpha}_1+\boldsymbol{\alpha}_{r+1},\boldsymbol{\alpha}_{r+2},\cdots,\boldsymbol{\alpha}_n),$$

则由

$$\boldsymbol{\alpha}_1,\cdots,\boldsymbol{\alpha}_r,k\boldsymbol{\alpha}_1+\boldsymbol{\alpha}_{r+1},\boldsymbol{\alpha}_{r+2},\cdots,\boldsymbol{\alpha}_n$$

与

$$\boldsymbol{\alpha}_1,\cdots,\boldsymbol{\alpha}_r,\boldsymbol{\alpha}_{r+1},\cdots,\boldsymbol{\alpha}_n$$

等价, 可知

$$V=W\oplus W_k.$$

下证当 $k\neq l$ 时,$W_k\neq W_l$, 从而 W 有无穷多个余子空间.

由于

$$W_k=L(k\boldsymbol{\alpha}_1+\boldsymbol{\alpha}_{r+1},\boldsymbol{\alpha}_{r+2},\cdots,\boldsymbol{\alpha}_n),$$

$$W_l=L(l\boldsymbol{\alpha}_1+\boldsymbol{\alpha}_{r+1},\boldsymbol{\alpha}_{r+2},\cdots,\boldsymbol{\alpha}_n),$$

若 $W_k=W_l$, 则

$$k\boldsymbol{\alpha}_1+\boldsymbol{\alpha}_{r+1},\boldsymbol{\alpha}_{r+2},\cdots,\boldsymbol{\alpha}_n$$

与

$$l\boldsymbol{\alpha}_1+\boldsymbol{\alpha}_{r+1},\boldsymbol{\alpha}_{r+2},\cdots,\boldsymbol{\alpha}_n$$

等价. 故

$$k\boldsymbol{\alpha}_1+\boldsymbol{\alpha}_{r+1}=m_{r+1}(l\boldsymbol{\alpha}_1+\boldsymbol{\alpha}_{r+1})+m_{r+2}\boldsymbol{\alpha}_{r+2}+\cdots+m_n\boldsymbol{\alpha}_n,$$

即

$$(m_{r+1}l-k)\boldsymbol{\alpha}_1+(m_{r+1}-1)\boldsymbol{\alpha}_{r+1}+m_{r+2}\boldsymbol{\alpha}_{r+2}+\cdots+m_n\boldsymbol{\alpha}_n=\mathbf{0},$$

由 $\boldsymbol{\alpha}_1,\boldsymbol{\alpha}_{r+1},\cdots,\boldsymbol{\alpha}_n$ 线性无关, 可得 $l=k$. 矛盾.

例 6.2.17　设 V 为有限维线性空间,V_1 为其非零子空间, 证明: 存在唯一的子空间 V_2, 使得 $V=V_1\oplus V_2$ 的充要条件为 $V_1=V$.

证　充分性显然.

必要性. 反证法. 设 $V_1=L(\boldsymbol{\alpha}_1,\cdots,\boldsymbol{\alpha}_m),m<n$, 将其基扩充为 V 的基

$$\boldsymbol{\alpha}_1,\cdots,\boldsymbol{\alpha}_m,\boldsymbol{\alpha}_{m+1},\cdots,\boldsymbol{\alpha}_n.$$

则

$$\begin{aligned}V=&V_1\oplus L(\boldsymbol{\alpha}_{m+1},\cdots,\boldsymbol{\alpha}_n)\\=&V_1\oplus L(\boldsymbol{\alpha}_{m+1}+\boldsymbol{\alpha}_1,\boldsymbol{\alpha}_{m+2},\cdots,\boldsymbol{\alpha}_n),\end{aligned}$$

而 $L(\boldsymbol{\alpha}_{m+1},\cdots,\boldsymbol{\alpha}_n)\neq L(\boldsymbol{\alpha}_{m+1}+\boldsymbol{\alpha}_1,\boldsymbol{\alpha}_{m+2},\cdots,\boldsymbol{\alpha}_n)$. 矛盾.

例 6.2.18 (华南理工大学,2017)V 为 n 维线性空间,V_1 为 V 的子空间, 且 $\dim V_1 \geqslant \frac{n}{2}$, 则存在 V 的子空间 W_1, W_2 使得

$$V = V_1 \oplus W_1 = V_1 \oplus W_2, W_1 \cap W_2 = \{0\}.$$

问 $\dim V_1 < \frac{n}{2}$ 时, 上述结论是否成立?

证 将 V_1 的基

$$\boldsymbol{\alpha}_1, \cdots, \boldsymbol{\alpha}_r$$

扩充为 V 的基

$$\boldsymbol{\alpha}_1, \cdots, \boldsymbol{\alpha}_r, \boldsymbol{\alpha}_{r+1}, \cdots, \boldsymbol{\alpha}_n.$$

令

$$W_1 = L(\boldsymbol{\alpha}_{r+1}, \cdots, \boldsymbol{\alpha}_n),$$

则 $V = V_1 \oplus W_1$.

令

$$W_2 = L(\boldsymbol{\alpha}_{r+1} + \boldsymbol{\alpha}_1, \cdots, \boldsymbol{\alpha}_n + \boldsymbol{\alpha}_{n-r})$$

其中 $n - r \leqslant r$. 易证

$$\boldsymbol{\alpha}_1, \cdots, \boldsymbol{\alpha}_r, \boldsymbol{\alpha}_{r+1} + \boldsymbol{\alpha}_1, \cdots, \boldsymbol{\alpha}_n + \boldsymbol{\alpha}_{n-r}$$

线性无关, 故 $V = V_1 \oplus W_2$.

$\forall \boldsymbol{\alpha} \in W_1 \bigcap W_2$, 设

$$\boldsymbol{\alpha} = k_{r+1}\boldsymbol{\alpha}_{r+1} + \cdots + k_n\boldsymbol{\alpha}_n = l_{r+1}(\boldsymbol{\alpha}_{r+1} + \boldsymbol{\alpha}_1) + \cdots + l_n(\boldsymbol{\alpha}_n + \boldsymbol{\alpha}_{n-r}),$$

易得 $k_{r+1} = \cdots = k_n = 0$, 即 $\boldsymbol{\alpha} = \mathbf{0}$, 从而 $W_1 \cap W_2 = \{\mathbf{0}\}$.

若 $r < \frac{n}{2}$, 则上述结论不成立.

(法 1) 反证法. 若存在 V 的子空间 W_1, W_2 满足 $V = V_1 \oplus W_1 = V_1 \oplus W_2$, $W_1 \cap W_2 = \{0\}$, 可得

$$\dim W_1 = \dim W_2 = \dim V - \dim V_1 = n - r > \frac{n}{2},$$

于是

$$\dim(W_1 + W_2) = \dim W_1 + \dim W_2 - \dim(W_1 \cap W_2) = \dim W_1 + \dim W_2 > n,$$

这是一个矛盾.

(法 2) 反证法. 若存在 V 的子空间 W_1, W_2 满足 $V = V_1 \oplus W_1 = V_1 \oplus W_2, W_1 \cap W_2 = \{\mathbf{0}\}$, 分别取 W_1 与 W_2 的基 $\boldsymbol{\alpha}_{r+1}, \cdots, \boldsymbol{\alpha}_n$ 与 $\boldsymbol{\beta}_{r+1}, \cdots, \boldsymbol{\beta}_n$. 则

$$\boldsymbol{\alpha}_{r+1}, \cdots, \boldsymbol{\alpha}_n, \boldsymbol{\beta}_{r+1}, \cdots, \boldsymbol{\beta}_n$$

线性无关.

事实上, 若

$$k_{r+1}\boldsymbol{\alpha}_{r+1} + \cdots + k_n\boldsymbol{\alpha}_n + l_{r+1}\boldsymbol{\beta}_{r+1} + \cdots + l_n\boldsymbol{\beta}_n = \mathbf{0},$$

则

$$\gamma = k_{r+1}\boldsymbol{\alpha}_{r+1} + \cdots + k_n\boldsymbol{\alpha}_n = -l_{r+1}\boldsymbol{\beta}_{r+1} - \cdots - l_n\boldsymbol{\beta}_n \in W_1 \cap W_2 = \{\mathbf{0}\},$$

故 $k_{r+1}\boldsymbol{\alpha}_{r+1} + \cdots + k_n\boldsymbol{\alpha}_n = \mathbf{0}$, 从而由 $\boldsymbol{\alpha}_{r+1}, \cdots, \boldsymbol{\alpha}_n$ 线性无关知结论成立. 而

$$\boldsymbol{\alpha}_{r+1}, \cdots, \boldsymbol{\alpha}_n, \boldsymbol{\beta}_{r+1}, \cdots, \boldsymbol{\beta}_n$$

是 V 中的向量, 一共有

$$(n-r)+(n-r)=n+(n-2r)$$

个向量. 但 $r < \dfrac{n}{2}$, 即 $n-2r>0$, 故

$$(n-r)+(n-r)=n+(n-2r)>n,$$

这与 V 的维数为 n 矛盾.

例 6.2.19 (北京师范大学,2006) 设 V 为 n 维线性空间,V_1, V_2 为 V 的子空间, 且 V_1, V_2 的维数相等, 证明: 存在一个子空间 W, 使得

$$V = V_1 \oplus W = V_2 \oplus W.$$

例 6.2.20 设 V 为 n 维线性空间,$V_1, V_2, \cdots, V_s$ 为 V 的非零真子空间, 且维数相等, 则存在 V 的子空间 W 使得

$$V = V_1 \oplus W = V_2 \oplus W = \cdots = V_s \oplus W,$$

且满足条件的 W 有无穷多个.

证 令

$$\dim V_1 = \dim V_2 = \cdots = \dim V_s = m,$$

由 $V_1, V_2, \cdots, V_s$ 为 V 的非零真子空间, 故存在 $\boldsymbol{\alpha}_1 \notin V_i, i=1,2,\cdots,s$.

若 $n=m+1$, 令 $W=L(\boldsymbol{\alpha}_1)$ 即可.

若 $n>m+1$, 继续下去可得 W 使得

$$V = V_1 \oplus W = V_2 \oplus W = \cdots = V_s \oplus W$$

成立.

下面证明 W 有无穷多个. 因 $\dim W < n$, 故存在

$$\boldsymbol{\beta}_1 \notin V_i, i=1,2,\cdots,s, \boldsymbol{\beta}_1 \notin W,$$

若 $n=m+1$, 令 $W_1 = L(\boldsymbol{\beta}_1)$ 有

$$V = V_1 \oplus W_1 = V_2 \oplus W_1 = \cdots = V_s \oplus W_1,$$

显然 $W_1 \neq W$.

若 $n>m+1$, 则存在 $\boldsymbol{\beta}_2$ 使得

$$\boldsymbol{\beta}_2 \notin V_i, i=1,2,\cdots,s, \boldsymbol{\beta}_2 \notin W, L(\boldsymbol{\beta}_1).$$

这样下去, 令

$$W_1 = L(\boldsymbol{\beta}_1, \boldsymbol{\beta}_2, \cdots, \boldsymbol{\beta}_{n-m})$$

则

$$V = V_1 \oplus W_1 = V_2 \oplus W_1 = \cdots = V_s \oplus W_1,$$

且 $W_1 \neq W$.

再考虑 $V_1, \cdots, V_s, W, W_1$ 为真子空间, 同样由上述做法, 可得无限多个 $W, W_1, \cdots$ 满足条件.

例 6.2.21 (中国矿业大学,2021; 南京师范大学,2022) 设 $\boldsymbol{A} \in F^{m\times n}, \boldsymbol{B} \in F^{(n-m)\times n}(m < n), V_1, V_2$ 分别为齐次线性方程组 $\boldsymbol{Ax} = \boldsymbol{0}$ 与 $\boldsymbol{Bx} = \boldsymbol{0}$ 的解空间. 证明:$F^n = V_1 \oplus V_2$ 的充要条件为 $\begin{pmatrix} \boldsymbol{A} \\ \boldsymbol{B} \end{pmatrix} \boldsymbol{x} = \boldsymbol{0}$ 只有零解.

证 充分性. 由条件可知 $V_1 \cap V_2 = \{\boldsymbol{0}\}$, 再由 $\begin{pmatrix} \boldsymbol{A} \\ \boldsymbol{B} \end{pmatrix} \in F^{n\times n}$, 以及 $\begin{pmatrix} \boldsymbol{A} \\ \boldsymbol{B} \end{pmatrix} \boldsymbol{x} = \boldsymbol{0}$ 只有零解, 可知 $\begin{pmatrix} \boldsymbol{A} \\ \boldsymbol{B} \end{pmatrix}$ 可逆, 从而 $r(\boldsymbol{A}) = m, r(\boldsymbol{B}) = n - m$, 于是

$$\dim V_1 = n - r(\boldsymbol{A}) = n - m,$$

$$\dim V_2 = n - r(\boldsymbol{B}) = n - (n - m) = m,$$

又 $V_1 + V_2$ 是 F^n 的子空间, 且 $\dim(V_1 + V_2) = \dim V_1 + \dim V_2 - \dim(V_1 \cap V_2) = \dim F^n$, 故 $F^n = V_1 \oplus V_2$.

必要性. 反证法. 若 $\begin{pmatrix} \boldsymbol{A} \\ \boldsymbol{B} \end{pmatrix} \boldsymbol{x} = \boldsymbol{0}$ 有非零解 $\boldsymbol{x}_0$, 则 $\boldsymbol{x}_0 \in V_1 \cap V_2$. 这与 $F^n = V_1 \oplus V_2$ 矛盾.

例 6.2.22 (烟台大学,2018; 西安电子科技大学,2012; 沈阳工业大学,2022) 设 $\boldsymbol{A}$ 为数域 F 上的 n 阶可逆矩阵, 将 $\boldsymbol{A}$ 按行分成两块 $\boldsymbol{A} = \begin{pmatrix} \boldsymbol{A}_1 \\ \boldsymbol{A}_2 \end{pmatrix}$, 令

$$V_1 = \{\boldsymbol{x} | \boldsymbol{A}_1\boldsymbol{x} = \boldsymbol{0}\}, V_2 = \{\boldsymbol{x} | \boldsymbol{A}_2\boldsymbol{x} = \boldsymbol{0}\}.$$

证明:$F^n = V_1 \oplus V_2$.

例 6.2.23 (东华大学,2022) 设实矩阵 $\boldsymbol{A} \in M_{m,n}(\mathbb{R}), \boldsymbol{B} \in M_{s,n}(\mathbb{R}), \boldsymbol{C} = \begin{pmatrix} \boldsymbol{A} \\ \boldsymbol{B} \end{pmatrix}$, 且 $\boldsymbol{AB}^{\mathrm{T}} = \boldsymbol{O}, r(\boldsymbol{A}) = m, r(\boldsymbol{B}) = s, n > m + s$. 证明:

(1) $r(\boldsymbol{C}) = m + s$;

(2) $\ker \boldsymbol{C} \oplus \mathrm{Im}\boldsymbol{B}^{\mathrm{T}} = \ker \boldsymbol{A}$, 其中 $\ker \boldsymbol{A} = \{\boldsymbol{\alpha} \in \mathbb{R}^n | \boldsymbol{A\alpha} = \boldsymbol{0}\}, \mathrm{Im}\boldsymbol{B}^{\mathrm{T}} = \{\boldsymbol{B}^{\mathrm{T}}\boldsymbol{\alpha} | \boldsymbol{\alpha} \in \mathbb{R}^s\}$.

例 6.2.24 (苏州大学,2004; 华北水利水电学院,2005; 华中科技大学,2005; 西安电子科技大学,2006,2010; 杭州师范大学,2011; 华南理工大学,2013; 南开大学,2017; 上海交通大学,2018; 兰州大学,2020; 东北师范大学,2021) 设 $\boldsymbol{M} \in F^{n\times n}, f(x), g(x) \in F[x]$, 且 $(f(x), g(x)) = 1$. 令 $\boldsymbol{A} = f(\boldsymbol{M}), \boldsymbol{B} = g(\boldsymbol{M}), W, W_1, W_2$ 分别为齐次线性方程组 $\boldsymbol{ABx} = \boldsymbol{0}, \boldsymbol{Ax} = \boldsymbol{0}, \boldsymbol{Bx} = \boldsymbol{0}$ 的解空间. 证明: $W = W_1 \oplus W_2$.

证 由 $(f(x), g(x)) = 1$, 故存在 $u(x), v(x) \in F[x]$ 使 $f(x)u(x) + g(x)v(x) = 1$, 故

$$\boldsymbol{A}u(\boldsymbol{M}) + \boldsymbol{B}v(\boldsymbol{M}) = \boldsymbol{E}. \qquad (*)$$

(1) 先证明 $W = W_1 + W_2$. 任取 $\boldsymbol{\alpha} \in W$, 由式 $(*)$ 得

$$\boldsymbol{\alpha} = \boldsymbol{E}\boldsymbol{\alpha} = \boldsymbol{A}u(\boldsymbol{M})\boldsymbol{\alpha} + \boldsymbol{B}v(\boldsymbol{M})\boldsymbol{\alpha},$$

由 $\boldsymbol{AB\alpha} = \boldsymbol{0}$ 可知

$$\boldsymbol{A}u(\boldsymbol{M})\boldsymbol{\alpha} \in W_2, \boldsymbol{B}v(\boldsymbol{M})\boldsymbol{\alpha} \in W_1,$$

于是 $W \sqsubseteq W_1 + W_2$.

易知 $W_2 \sqsubseteq W$. 任取 $\boldsymbol{x} \in W_1$, 即 $\boldsymbol{Ax} = \boldsymbol{0}$, 由 $f(\boldsymbol{M})g(\boldsymbol{M}) = g(\boldsymbol{M})f(\boldsymbol{M})$, 即 $\boldsymbol{AB} = \boldsymbol{BA}$, 可得 $\boldsymbol{ABx} = \boldsymbol{BAx} = \boldsymbol{0}$, 于是 $\boldsymbol{x} \in W$, 故 $W_1 \subseteq W$, 从而 $W_1 + W_2 \sqsubseteq W$.

综上可得 $W = W_1 + W_2$.

(2) 再证明 $W_1 \cap W_2 = \{\boldsymbol{0}\}$. 任取 $\boldsymbol{\alpha} \in W_1 \cap W_2$, 则 $\boldsymbol{A\alpha} = \boldsymbol{B\alpha} = \boldsymbol{0}$. 由式 $(*)$ 有

$$\boldsymbol{\alpha} = \boldsymbol{E}\boldsymbol{\alpha} = \boldsymbol{A}u(\boldsymbol{M})\boldsymbol{\alpha} + \boldsymbol{B}v(\boldsymbol{M})\boldsymbol{\alpha} = \boldsymbol{0}.$$

从而结论成立.

例 6.2.25 (西南大学,2008) 设 $f(x) = x^2 + x + 1, g(x) = x^2 + 3x + 2$ 为数域 F 上的两个多项式,$\boldsymbol{H}$ 为 F 上的 n 阶方阵,$\boldsymbol{A} = f(\boldsymbol{H}), \boldsymbol{B} = g(\boldsymbol{H})$. 证明:$\boldsymbol{ABX} = \boldsymbol{0}$ 的每一个解 $\boldsymbol{X}$ 都可唯一表示为 $\boldsymbol{X} = \boldsymbol{Y} + \boldsymbol{Z}$. 其中 $\boldsymbol{X}, \boldsymbol{Y}, \boldsymbol{Z}$ 皆为 n 阶方阵, 且 $\boldsymbol{BY} = \boldsymbol{0}, \boldsymbol{AZ} = \boldsymbol{0}$.

例 6.2.26 (广西民族大学,2019; 暨南大学,2019; 西南交通大学,2021; 北京邮电大学,2022; 上海大学,2022; 陕西师范大学,2022; 中南大学,2023) 设 $\boldsymbol{A}, \boldsymbol{B}, \boldsymbol{C}, \boldsymbol{D}$ 为数域 F 上的 n 阶方阵且关于乘法两两可换, 满足

$$\boldsymbol{AC} + \boldsymbol{BD} = \boldsymbol{E}.$$

设 W, W_1, W_2 分别为齐次线性方程组

$$\boldsymbol{ABx} = \boldsymbol{0}, \boldsymbol{Ax} = \boldsymbol{0}, \boldsymbol{Bx} = \boldsymbol{0}$$

的解空间. 证明:$W = W_1 \oplus W_2$.

例 6.2.27 (西南师范大学,2003; 华中科技大学,2004; 上海大学,2005; 西安电子科技大学,2009) 设 $\boldsymbol{A}$ 为 n 阶方阵,

$$W_1 = \{\boldsymbol{x} \in \mathbb{R}^n | \boldsymbol{Ax} = \boldsymbol{0}\},$$

$$W_2 = \{\boldsymbol{x} \in \mathbb{R}^n | (\boldsymbol{A} - \boldsymbol{E})\boldsymbol{x} = \boldsymbol{0}\},$$

证明:$\boldsymbol{A}$ 为幂等矩阵的充要条件为 $\mathbb{R}^n = W_1 \oplus W_2$.

例 6.2.28 (山东师范大学,2006; 河北工业大学,2012; 东北师范大学,2014) 设 $\boldsymbol{A} \in F^{n\times n}$, 且 $\boldsymbol{A}^2 = \boldsymbol{A}$. 令子空间

$$W_1 = \{\boldsymbol{X} \in F^n | \boldsymbol{AX} = \boldsymbol{0}\}, W_2 = \{\boldsymbol{X} \in F^n | \boldsymbol{AX} = \boldsymbol{X}\},$$

证明:$F^n = W_1 \oplus W_2$.

例 6.2.29 (西安电子科技大学,2009) 设 $\boldsymbol{A}$ 是数域 P 上的 n 阶方阵, 又设向量空间 P^n 的两个子空间为

$$W_1 = \{\boldsymbol{x} | \boldsymbol{Ax} = \boldsymbol{0}\}, W_2 = \{\boldsymbol{x} | (\boldsymbol{A} - \boldsymbol{E})\boldsymbol{x} = \boldsymbol{0}\}.$$

证明:$P^n = W_1 \oplus W_2$ 的充要条件为 $\boldsymbol{A}^2 = \boldsymbol{A}$.

例 6.2.30 (绍兴文理学院,2020) 设线性空间 $F^n, \boldsymbol{A}\in F^{n\times n}$, 令子空间

$$W_1=\{\boldsymbol{X}\in F^n|(\boldsymbol{A}-\boldsymbol{E})\boldsymbol{X}=\boldsymbol{0}\}, W_2=\{\boldsymbol{X}\in F^n|(\boldsymbol{A}+\boldsymbol{E})\boldsymbol{X}=\boldsymbol{0}\},$$

证明: $F^n=W_1\oplus W_2$ 的充要条件为 $\boldsymbol{A}^2=\boldsymbol{E}$.

例 6.2.31 (大连理工大学,2002; 江苏大学,2004; 新疆大学,2004; 南京理工大学,2008; 西北大学,2015; 青岛大学,2016; 昆明理工大学,2017; 宁波大学,2017; 宁夏大学,2017; 云南大学,2020; 重庆大学,2021) 设 V_1, V_2 分别为齐次线性方程组

$$x_1+x_2+\cdots+x_n=0$$

与

$$x_1=x_2=\cdots=x_n$$

的解空间. 证明:$P^n=V_1\oplus V_2$.

例 6.2.32 (湖南大学,2016) 在数域 P 上, 设方程组 $x_1+2x_2+\cdots+nx_n=0$ 的解空间为 M, 方程组 $x_1=\dfrac{1}{2}x_2=\cdots=\dfrac{1}{n}x_n$ 的解空间为 N, 证明:$P^n=M\oplus N$.

例 6.2.33 (东南大学,2003;西北大学,2012)设 V 为数域 P 上的一组 n 维线性空间,$\boldsymbol{\alpha}_1,\cdots,\boldsymbol{\alpha}_n$ 为 V 的一个基, 用 V_1 表示由 $\boldsymbol{\alpha}_1+\cdots+\boldsymbol{\alpha}_n$ 生成的线性子空间, 令

$$V_2=\left\{\sum_{i=1}^n k_i\boldsymbol{\alpha}_i\middle|\sum_{i=1}^n k_i=0, k_i\in P\right\},$$

(1) (湖南大学,2009; 陕西师范大学,2013; 湘潭大学,2015; 广西民族大学,2022) 证明:V_2 为 V 的子空间;

(2) (湖南大学,2009;陕西师范大学,2013;湘潭大学,2015;大连理工大学,2022;广西民族大学,2022) 证明:$V=V_1\oplus V_2$;

(3) 设 V 上的线性变换 σ 在基 $\boldsymbol{\alpha}_1,\cdots,\boldsymbol{\alpha}_n$ 下的矩阵 $\boldsymbol{A}$ 为置换矩阵 (即:$\boldsymbol{A}$ 的每一行与每一列都只有一个元素为 1, 其余为 0), 证明:V_1, V_2 都是 σ 的不变子空间.

证 (1) 略.

(2) 先证 $V=V_1+V_2$. 显然 $V_1+V_2\sqsubseteq V$. 下证 $V\sqsubseteq V_1+V_2$.

$\forall\boldsymbol{\alpha}=\sum\limits_{i=1}^n s_i\boldsymbol{\alpha}_i\in V$, 则

$$\boldsymbol{\alpha}=\frac{s_1+\cdots+s_n}{n}(\boldsymbol{\alpha}_1+\cdots+\boldsymbol{\alpha}_n)+\sum_{i=1}^n\left(s_i-\frac{s_1+\cdots+s_n}{n}\right)\boldsymbol{\alpha}_i,$$

且

$$\frac{s_1+\cdots+s_n}{n}(\boldsymbol{\alpha}_1+\cdots+\boldsymbol{\alpha}_n)\in V_1, \sum_{i=1}^n\left(s_i-\frac{s_1+\cdots+s_n}{n}\right)\boldsymbol{\alpha}_i\in V_2,$$

故 $V\sqsubseteq V_1+V_2$, 从而 $V=V_1+V_2$.

$\forall\boldsymbol{\gamma}\in V_1\cap V_2$, 由 $\boldsymbol{\gamma}\in V_1$ 可设

$$\boldsymbol{\gamma}=l(\boldsymbol{\alpha}_1+\cdots+\boldsymbol{\alpha}_n),$$

由 $\boldsymbol{\gamma}\in V_2$, 有 $nl=0$, 从而 $l=0$, 故 $\boldsymbol{\gamma}=\boldsymbol{0}$, 于是 $V_1\cap V_2=\{\boldsymbol{0}\}$. 故结论成立.

(3) 由于

$$\sigma(\boldsymbol{\alpha}_1,\cdots,\boldsymbol{\alpha}_n)=(\boldsymbol{\alpha}_1,\cdots,\boldsymbol{\alpha}_n)\boldsymbol{A},$$

而 $\boldsymbol{A}$ 为置换矩阵, 故可设

$$\sigma(\boldsymbol{\alpha}_k)=\boldsymbol{\alpha}_{i_k},k=1,2,\cdots,n,$$

其中 $i_1,i_2,\cdots,i_n$ 为 $1,2\cdots,n$ 的一个排列. $\forall\boldsymbol{\beta}=l(\boldsymbol{\alpha}_1+\cdots+\boldsymbol{\alpha}_n)\in V_1$, 则

$$\sigma(\boldsymbol{\beta})=l\sigma(\boldsymbol{\alpha}_1+\cdots+\boldsymbol{\alpha}_n)=l(\boldsymbol{\alpha}_{i_1}+\cdots+\boldsymbol{\alpha}_{i_n})=l(\boldsymbol{\alpha}_1+\cdots+\boldsymbol{\alpha}_n)=\boldsymbol{\beta}\in V_1,$$

故 V_1 为 σ 的不变子空间. 同理可证 V_2 也是 σ 的不变子空间.

例 6.2.34　(华中师范大学,2004) 设 P 是数域,$V_1=\{\boldsymbol{A}\in P^{n\times n}|\boldsymbol{A}^{\mathrm{T}}=\boldsymbol{A}\},V_2=\{\boldsymbol{B}\in P^{n\times n}|\boldsymbol{B}\text{是上三角矩阵}\}$.

(1) 证明:V_1,V_2 都是 $P^{n\times n}$ 的子空间;

(2) 证明:$P^{n\times n}=V_1+V_2,P^{n\times n}\neq V_1\oplus V_2$.

证　(1) 略.

(2) 首先,$V_1+V_2\sqsubseteq P^{n\times n}$. 其次

$$\begin{aligned}\dim(V_1+V_2)&=\dim V_1+\dim V_2-\dim(V_1\cap V_2)\\&=\frac{n^2-n}{2}+n+\frac{n^2-n}{2}+n-n\\&=n^2=\dim P^{n\times n}.\end{aligned}$$

从而 $\mathrm{P}^{n\times n}=V_1+V_2$. 由于 $V_1\cap V_2\neq\{\boldsymbol{0}\}$, 故 $P^{n\times n}\neq V_1\oplus V_2$.

例 6.2.35　(厦门大学,2013) 设 F 是数域,V_1 是 F 上的 n 阶上三角矩阵的全体,V_2 是 F 上 n 阶反对称矩阵的全体, 即

$$V_1=\{\boldsymbol{A}=(a_{ij})_{n\times n}\in F^{n\times n}|a_{ij}=0,1\leqslant j<i\leqslant n\},V_2=\{\boldsymbol{A}\in F^{n\times n}|\boldsymbol{A}^{\mathrm{T}}=\boldsymbol{A}\}.$$

(1) 证明:$F^{n\times n}$ 中的任意矩阵 $\boldsymbol{A}$ 均可表示为一个上三角矩阵和一个反对称矩阵的和;

(2) 证明:$F^{n\times n}=V_1\oplus V_2$.

证　(1) 设 $\boldsymbol{A}=\boldsymbol{B}+\boldsymbol{C}$, 其中

$$\boldsymbol{A}=\begin{pmatrix}a_{11}&a_{12}&\cdots&a_{1n}\\a_{21}&a_{22}&\cdots&a_{2n}\\\vdots&\vdots&&\vdots\\a_{n1}&a_{n2}&\cdots&a_{nn}\end{pmatrix},\boldsymbol{B}=\begin{pmatrix}b_{11}&b_{12}&\cdots&b_{1n}\\&b_{22}&\cdots&b_{2n}\\&&\ddots&\vdots\\&&&b_{nn}\end{pmatrix},\boldsymbol{C}=\begin{pmatrix}0&c_{12}&\cdots&c_{1n}\\-c_{12}&0&\cdots&c_{2n}\\\vdots&\vdots&&\vdots\\-c_{1n}&-c_{2n}&\cdots&0\end{pmatrix}.$$

即 $\boldsymbol{B}\in V_1,\boldsymbol{C}\in V_2$. 则可得

$$b_{ii}=a_{ii},i=1,2,\cdots,n;$$

$$-c_{ij}=a_{ji},1\leqslant i<j\leqslant n,i\neq j,$$

$$b_{ij}+c_{ij}=a_{ij},1\leqslant i<j\leqslant n,i\neq j,$$

从而

$$B=\begin{pmatrix} a_{11} & a_{12}+a_{21} & \cdots & a_{1n}+a_{n1} \\ & a_{22} & \cdots & a_{2n}+a_{n2} \\ & & \ddots & \vdots \\ & & & a_{nn} \end{pmatrix}, C=\begin{pmatrix} 0 & -a_{21} & \cdots & -a_{n1} \\ a_{21} & 0 & \cdots & -a_{n2} \\ \vdots & \vdots & & \vdots \\ a_{n1} & a_{n2} & \cdots & 0 \end{pmatrix}.$$

故结论成立.

(2) 首先 $V_1+V_2\sqsubseteq F^{n\times n}$. 其次, 由 (1) 知 $F^{n\times n}\sqsubseteq V_1+V_2$, 从而 $F^{n\times n}=V_1+V_2$. 又 $\forall A\in V_1\cap V_2$, 易知 $A=O$, 故 $V_1\cap V_2=\{0\}$. 故 $F^{n\times n}=V_1\oplus V_2$.

例 6.2.36 (中国石油大学,2021) 设 V 是定义在实数域 $\mathbb{R}$ 上的所有函数所组成的线性空间, 令

$$W_1=\{f(t)\in V|f(t)=f(-t)\};$$

$$W_2=\{f(t)\in V|f(t)=-f(-t)\}.$$

证明:W_1,W_2 均为 V 的子空间, 且 $V=W_1\oplus W_2$.

证 由于 $f(t)=t^2\in W_1$, 故 W_1 是 V 的非空子集. 任取 $f(t),g(t)\in W_1$, 任取 $k,l\in\mathbb{R}$, 由 $f(t)=f(-t),g(t)=g(-t)$, 可得

$$kf(t)+lg(t)=kf(-t)+lg(-t),$$

于是 $kf(t)+lg(t)\in W_1$, 从而 W_1 是 V 的子空间.

类似可证 W_2 是 V 的子空间.

易知 $W_1+W_2\sqsubseteq V$. 任取 $f(t)\in V$, 由于

$$f(t)=g(t)+h(t),$$

其中

$$g(t)=\frac{f(t)+f(-t)}{2},h(t)=\frac{f(t)-f(-t)}{2},$$

易知 $g(t)\in W_1,h(t)\in W_2$, 从而 $f(t)\in W_1+W_2$, 于是 $V\sqsubseteq W_1+W_2$. 这样就有 $V=W_1+W_2$.

任取 $f(t)\in W_1\cap W_2$, 则

$$f(-t)=f(t)=-f(-t),$$

从而 $f(t)=0$, 故 $W_1\cap W_2=\{0\}$.

综上, 可得 $V=W_1\oplus W_2$.

例 6.2.37 (西安交通大学,2022) 设 V 为实数域上的函数构成的集合.

(1) 证明:V 关于函数的加法及数与函数的乘法构成实数域上的线性空间;

(2) 记 V_1 是偶函数构成的集合, V_2 是奇函数构成的集合, 证明: $V=V_1\oplus V_2$.

第 7 章

线性变换

7.1 特殊的线性变换

7.1.1 与多项式有关的线性变换

例 7.1.1 (郑州大学,2022) 设 σ,τ 为 $F[x]$ 的线性变换, 且

$$\sigma(f(x)) = f'(x), \tau(f(x)) = xf(x).$$

证明:

(1) (重庆师范大学,2004; 华中科技大学,2004) $\sigma\tau - \tau\sigma = I$, 其中 I 为恒等变换;

(2) 对任意大于 1 的正整数 m, 都有 $\sigma^m\tau - \tau\sigma^m = m\sigma^{m-1}$.

证 (1) 任取 $f(x) \in \mathbb{F}[x]$, 由于

$$\begin{aligned}(\sigma\tau - \tau\sigma)(f(x)) &= \sigma\tau(f(x)) - \tau\sigma(f(x)) = \sigma(xf(x)) - \tau(f'(x)) \\ &= f(x) + xf'(x) - xf'(x) = f(x) \\ &= I(f(x)).\end{aligned}$$

故结论成立.

(2) 对 m 用数学归纳法.

当 $m = 2$ 时, 由 $\sigma\tau - \tau\sigma = I$, 有

$$\sigma^2\tau - \sigma\tau\sigma = \sigma, \sigma\tau\sigma - \tau\sigma^2 = \sigma,$$

上两式相加可得 $\sigma^2\tau - \tau\sigma^2 = 2\sigma$, 故当 $m = 2$ 时结论成立.

假设结论对 $m-1$ 成立, 即 $\sigma^{m-1}\tau - \tau\sigma^{m-1} = (m-1)\sigma^{m-2}$, 下证结论对 m 成立.

由 $\sigma\tau - \tau\sigma = I$, 有 $\sigma^m\tau - \sigma^{m-1}\tau\sigma = \sigma^{m-1}$, 由归纳假设 $\sigma^{m-1}\tau - \tau\sigma^{m-1} = (m-1)\sigma^{m-2}$, 可得

$$\sigma^{m-1}\tau\sigma - \tau\sigma^m = (m-1)\sigma^{m-1},$$

于是可得

$$\sigma^m\tau - \tau\sigma^m = m\sigma^{m-1}.$$

由数学归纳法可知结论成立.

例 7.1.2 设 V 为数域 F 上的 n 维线性空间, 是否存在 V 的线性变换 σ,τ 使得 $\sigma\tau - \tau\sigma = I$?

证 若存在 V 的线性变换 σ,τ 使得 $\sigma\tau-\tau\sigma=I$, 设 σ,τ 在 V 的一组基下的矩阵分别为 $\boldsymbol{A},\boldsymbol{B}$, 则有

$$\boldsymbol{AB}-\boldsymbol{BA}=\boldsymbol{E},$$

于是利用 $\mathrm{tr}(\boldsymbol{AB})=\mathrm{tr}(\boldsymbol{BA})$ 有

$$0=\mathrm{tr}(\boldsymbol{AB}-\boldsymbol{BA})=\mathrm{tr}(\boldsymbol{E})=n.$$

矛盾. 所以不存在 V 的线性变换 σ,τ 使得 $\sigma\tau-\tau\sigma=I$.

例 7.1.3 设 σ,τ 为 $F[x]$ 的线性变换, 且 $\forall f(x)\in F[x],k$ 为 F 中一个确定的数, 定义

$$\sigma(f(x))=f'(x),\tau(f(x))=kxf(x),$$

证明:$\sigma\tau-\tau\sigma=kI$.

例 7.1.4 设 $\boldsymbol{A},\boldsymbol{B}\in F^{n\times n}$. 证明:$\boldsymbol{AB}-\boldsymbol{BA}=k\boldsymbol{E}(k\in F,k\neq 0)$ 总不成立.

例 7.1.5 (沈阳工业大学,2020) 设 σ,τ 是线性变换,I 是恒等变换, 如果 $\sigma\tau-\tau\sigma=I$. 证明:$\sigma^k\tau-\tau\sigma^k=k\sigma^{k-1},k>1$.

例 7.1.6 在 $F[x]_n$(次数小于等于 n 的多项式加上零多项式构成的线性空间) 中定义变换

$$\sigma(f(x))=f'(x),\forall f(x)\in F[x]_n.$$

(1) 证明:σ 为线性变换;
(2) 令 τ 为 $F[x]_n$ 中的恒等变换, 求 $\sigma+\tau$ 的全部特征值;
(3) 在 $F[x]_n$ 中取一组基, 使 σ 在此基下的矩阵为若尔当形.

证 (1) 略.
(2) 取基为

$$1,x,\frac{x^2}{2!},\cdots,\frac{x^n}{n!},$$

则 σ 在此基下的矩阵为

$$\begin{pmatrix}0 & 1 & & \\ & & \ddots & \\ & & \ddots & 1\\ & & & 0\end{pmatrix},$$

故 $\sigma+\tau$ 在此基下的矩阵为

$$\boldsymbol{B}=\begin{pmatrix}1 & 1 & & \\ & & \ddots & \\ & & \ddots & 1\\ & & & 1\end{pmatrix},$$

而 $|\lambda\boldsymbol{E}-\boldsymbol{B}|=(\lambda-1)^{n+1}$, 故所求的特征值为 $1(n+1$ 重根).

(3) 取 $1,x,\dfrac{x^2}{2!},\cdots,\dfrac{x^n}{n!}$ 即可.

例 7.1.7　在 $\mathbb{R}[x]_n$ 中定义

$$\sigma(f(x)) = f'(x), \forall f(x) \in \mathbb{R}[x]_n,$$

(1) 证明:$\{1, x, \cdots, x^n\}$ 为 $\mathbb{R}[x]_n$ 的基;

(2) 求 σ 在上述基下的矩阵;

(3) 当 $n \geqslant 1$ 时,σ 不能对角化.

例 7.1.8　在 $F[x]_n$(次数小于等于 $n-1$) 中定义线性变换

$$\sigma(f(x)) = f'(x), \forall f(x) \in F[x]_n,$$

I 为恒等变换, 求证:

(1) $I - \sigma$ 为非退化线性变换;

(2) 求 σ 的所有不变子空间.

证　(1) $I - \sigma$ 在基 $1, x, \cdots, x^{n-1}$ 下的矩阵为

$$\boldsymbol{A} = \begin{pmatrix} 1 & -1 & & \\ & & \ddots & \\ & & \ddots & -(n-1) \\ & & & 1 \end{pmatrix},$$

由于 $\boldsymbol{A}$ 可逆, 故可得.

(2) 设 W 是 σ 的任一不变子空间,$\dim W = m(0 < m < n)$, 任取 $f(x) \in W$, 设

$$f(x) = a_{n-1}x^{n-1} + \cdots + a_1 x + a_0,$$

不妨设 $a_{n-1} = \cdots = a_{i+1} = 0, a_i \neq 0(n-1 \leqslant i \leqslant 0)$, 即

$$f(x) = a_i x^i + \cdots + a_1 x + a_0,$$

由 W 是 σ 的不变子空间, 可得

$$ia_i x^{i-1} + \cdots + a_1 = \sigma(f(x)) \in W,$$

$$i(i-1)a_i x^{i-2} + \cdots + 2a_2 = \sigma^2(f(x)) \in W,$$

$$\vdots$$

$$i(i-1)\cdots 2a_i x = \sigma^{i-1}(f(x)) \in W,$$

$$i!a_i = \sigma^i(f(x)) \in W,$$

由上面的等式, 可知 $1, x, \cdots, x^i \in W$, 由 $\dim W = m$, 可知 $i + 1 \leqslant m$, 即 $i \leqslant m - 1$, 从而

$$L(1, x, \cdots, x^{m-1}) \sqsubseteq W,$$

由前面的过程可知 W 中的任一元素可由 $1, x, \cdots, x^{m-1}$ 线性表示, 故

$$W \sqsubseteq L(1, x, \cdots, x^{m-1}),$$

从而

$$W = L(1, x, \cdots, x^{m-1}),$$

故 σ 的所有不变子空间为

$$\{0\}, L(1), L(1,x), \cdots, L(1,x,\cdots,x^{n-1}).$$

例 7.1.9 设 V 为复数域上次数小于 n 的多项式及零多项式构成的线性空间, 定义 V 的线性变换 $\sigma(f(x))=f'(x)$, 求:

(1) σ 在基 $1, 1+x, 1+x+x^2, \cdots, 1+x+x^2+\cdots+x^{n-1}$ 下的矩阵 $\boldsymbol{A}$;

(2) $\boldsymbol{A}$ 的若尔当标准形.

例 7.1.10 (浙江师范大学,2012) 设 V 是数域 F 的全体多项式构成的线性空间,D 是 V 的线性变换, 且满足:

(1) $D(x)=1$;

(2) $D(f(x)g(x))=g(x)D(f(x))+f(x)D(g(x))$,

求证:D 是求导变换.

证 首先,$D(1)=D(1\cdot 1)=1\cdot D(1)+1\cdot D(1)$, 由此 $D(1)=0$.

其次, 用归纳法可以证明 $D(x^n)=nx^{n-1}$. 事实上, 当 $n=1$ 时,$D(x)=1$, 结论成立. 假设结论对 $n-1$ 成立, 即 $D(x^{n-1})=(n-1)x^{n-2}$. 则 $D(x^n)=D(xx^{n-1})=x^{n-1}D(x)+xD(x^{n-1})=x^{n-1}+x(n-1)x^{n-2}=nx^{n-1}$.

注意到 D 是 V 的线性变换, 从而 $\forall f(x)=a_nx^n+\cdots+a_1x+a_0\in V$, 有

$$D(f(x))=a_nD(x^n)+\cdots+a_1D(x)+a_0D(1)=na_nx^{n-1}+\cdots+a_1=f'(x).$$

即结论成立.

例 7.1.11 (华东师范大学,2023) 已知 $D:\mathbb{R}[x]\to\mathbb{R}[x]$ 是实系数多项式空间上的映射, 满足:①$D(fg)=D(f)g+fD(g), \forall f,g\in\mathbb{R}[x]$;②$D(x)=1$.

(1) 证明:$D(f)=f'$是 f 的形式导数;

(2) 求 D 限制在 $\mathbb{R}[x]_n$ 上的所有不变子空间, 其中 $\mathbb{R}[x]_n$ 是次数不超过 n 的实多项式空间.

例 7.1.12 (华中科技大学,2002; 中北大学,2005) 设 V 为数域 $\mathbb{P}$ 上次数小于 n 的全体多项式与零多项式构成的线性空间, 定义 V 上的线性变换

$$\sigma(f(x))=xf'(x)-f(x).$$

(1) 求 $\ker\sigma, \mathrm{Im}\sigma$;

(2) 证明:$V=\mathrm{Im}\sigma\oplus\ker\sigma$.

解 (1) 取 V 的一组基 $1, x, x^2, x^3, \cdots, x^{n-1}$, 则

$$\begin{aligned}\mathrm{Im}\sigma=&L(\sigma(1),\sigma(x),\sigma(x^2),\sigma(x^3),\cdots,\sigma(x^{n-1}))\\=&L(-1,0,x^2,2x^3,\cdots,(n-2)x^{n-1})\\=&L(1,x^2,x^3,\cdots,x^{n-1}).\end{aligned}$$

$\forall f(x)=a_{n-1}x^{n-1}+\cdots+a_1x+a_0\in\ker\sigma$, 由 $\sigma(f(x))=0$ 可得

$$\begin{aligned}0&=xf'(x)-f(x)\\&=x[(n-1)a_{n-1}x^{n-2}+\cdots+a_1]-(a_{n-1}x^{n-1}+\cdots+a_1x+a_0)\\&=(n-2)a_{n-1}x^{n-1}+\cdots+a_2x^2-a_0.\end{aligned}$$

故 $a_{n-1}=\cdots=a_2=a_0=0$, 即 $f(x)=a_1x$, 于是 $\ker\sigma\sqsubseteq L(x)$, 又显然有 $L(x)\sqsubseteq\ker\sigma$, 故

$$\ker\sigma=L(x).$$

(2) 由 (1) 可知

$$\mathrm{Im}\sigma+\ker\sigma=L(1,x^2,x^3,\cdots,x^{n-1})+L(x)=L(1,x,x^2,x^3,\cdots,x^{n-1})=V.$$

又

$$\dim\mathrm{Im}\sigma+\dim\ker\sigma=(n-1)+1=n=\dim V.$$

故 $V=\mathrm{Im}\sigma\oplus\ker\sigma$.

例 7.1.13　(南开大学,2022) 记 $\mathbb{R}[x]_4$ 为所有次数小于 4 的实系数一元多项式构成的线性空间, 线性变换 $\sigma:\mathbb{R}[x]_4\to\mathbb{R}[x]_4$ 定义为 $\sigma(f(x))=f(x)-f(0)+f'(x)$.

(1) 求 σ 在基 $1,x,x^2,x^3$ 下的矩阵;

(2) 求 σ 的特征值与特征向量.

例 7.1.14　(同济大学,2022) 设 V 是所有次数不超过 3 的实系数多项式在多项式的加法和数乘运算下构成的实线性空间，σ 是 V 上的线性变换, 使得对任意的 $f(x)\in V$, 有 $\sigma(f(x))=f'(x)+f(x+1)$.

(1) 证明: σ 是可逆线性变换, 并求 $\sigma^{-1}(1+x+x^2+x^3)$;

(2) 线性变换 σ 是否可以对角化? 并说明理由.

例 7.1.15　(汕头大学,2004) 在次数不超过 n 的复系数多项式线性空间 $\mathbb{C}[x]_{n+1}$ 中, 定义线性变换

$$\sigma(f(x))=(f(x)-a_0x^n)x+a_0,$$

其中，a_0 是 $f(x)$ 的 n 次项系数 (若 $f(x)$ 的次数小于 n, 则 $a_0=0$).

(1) 写出 σ 在基 $x^n,x^{n-1},\cdots,x,1$ 下的矩阵;

(2) σ 是不是可逆变换? 如果是, 求其逆变换的矩阵 (基同上), 如果不是, 说明理由;

(3) 是否存在使得 σ 的矩阵为对角形的基? 为什么?

7.1.2　幂等 (对合) 变换

例 7.1.16　设 σ 为线性空间 V 的一个线性变换, 且 $\sigma^2=\sigma$. 证明:

(1) σ 的特征值只能为 0 或 1;

(2) $V_1=\mathrm{Im}\sigma, V_0=\ker\sigma$;

(3) $V=V_1\oplus V_0=\mathrm{Im}\sigma\oplus\ker\sigma$;

(4) σ 只有特征值 0 的充要条件为 σ 为零变换.

证　(1) 略.

(2) $\forall\boldsymbol{\alpha}\in V_1$, 则 $\sigma(\boldsymbol{\alpha})=\boldsymbol{\alpha}$, 于是 $V_1\sqsubseteq\mathrm{Im}\sigma$. $\forall\sigma(\boldsymbol{\beta})\in\mathrm{Im}\sigma$, 由于

$$\sigma(\sigma(\boldsymbol{\beta}))=\sigma^2(\boldsymbol{\beta})=\sigma(\boldsymbol{\beta}),$$

故 $\sigma(\boldsymbol{\beta})\in V_1$. 从而 $V_1=\mathrm{Im}\sigma$. 又

$$V_0=\{\boldsymbol{\alpha}\in V|\sigma(\boldsymbol{\alpha})=\mathbf{0}\}=\ker\sigma.$$

故结论成立.

(3) 只证 $V = V_1 \oplus V_0$. 显然 $V_1 + V_0 \subseteq V$. 下证 $V \subseteq V_1 + V_0$.

$\forall \boldsymbol{\alpha} \in V$, 则

$$\boldsymbol{\alpha} = \sigma(\boldsymbol{\alpha}) + (\boldsymbol{\alpha} - \sigma(\boldsymbol{\alpha})),$$

易知 $\sigma(\boldsymbol{\alpha}) \in V_1, \boldsymbol{\alpha} - \sigma(\boldsymbol{\alpha}) \in V_0$, 故 $V = V_1 + V_0$.

$\forall \boldsymbol{\alpha} \in V_1 \cap V_0$, 则

$$\boldsymbol{\alpha} = \sigma(\boldsymbol{\alpha}) = \mathbf{0}.$$

从而结论成立.

(4) σ 只有零特征值 $\Leftrightarrow V_1 = \{\mathbf{0}\} \Leftrightarrow V = V_0 \Leftrightarrow V = \ker \sigma \Leftrightarrow \sigma = 0$.

例 7.1.17 (河北工业大学,2001; 陕西师范大学,2004) 设 σ 为数域 P 上 n 维线性空间 V 的一个线性变换, 且 $\sigma^2 = \sigma$. 证明:

(1) σ 的特征值只能为 0 或 1;

(2) $\sigma + I$ 为 V 的可逆变换.

例 7.1.18 (华东师范大学,2002; 北京邮电大学,2020) 设 σ 为数域 K 上 n 维线性空间 V 的线性变换, 且 $\sigma^2 = \sigma, \boldsymbol{A}$ 为 σ 在 V 的某基下的矩阵,$r(\boldsymbol{A}) = r$.

(1) 证明:① $\sigma + I$ 为 V 的可逆线性变换;② $r(\boldsymbol{A}) = \mathrm{tr}(\boldsymbol{A})$;

(2) 求 $|2\boldsymbol{E} - \boldsymbol{A}|$.

例 7.1.19 (浙江大学,2004; 暨南大学,2017) 设 σ 为线性空间 V 的线性变换, 且 $\sigma^2 = \sigma$, 令

$$V_1 = \mathrm{Im}\sigma, V_2 = \ker \sigma,$$

则 $V = V_1 \oplus V_2$, 且 $\forall \boldsymbol{x} \in V_1$ 有 $\sigma(\boldsymbol{x}) = \boldsymbol{x}$.

例 7.1.20 (汕头大学,2001;苏州大学,2004;河北大学,2005;北京科技大学,2008;山东大学,2016;武汉大学,2018; 陕西师范大学,2021; 兰州大学,2021) 设 σ 为数域 F 上的 n 维线性空间 V 的一个线性变换, 且 $\sigma^2 = \sigma$. 证明:

(1) $\ker \sigma = \{\boldsymbol{\alpha} - \sigma(\boldsymbol{\alpha}) | \boldsymbol{\alpha} \in V\}$;

(2) $V = \mathrm{Im}\sigma \oplus \ker \sigma$;

(3) 若 τ 为 V 的线性变换,$\ker \sigma$ 与 $\mathrm{Im}\sigma$ 都在 τ 下不变的充要条件是 $\sigma\tau = \tau\sigma$.

证 (1) 记 $W = \{\boldsymbol{\alpha} - \sigma(\boldsymbol{\alpha}) | \boldsymbol{\alpha} \in V\}$, 下证 W 是 V 的子空间. 显然 $\mathbf{0} = \mathbf{0} - \sigma(\mathbf{0}) \in W$, 故 W 是 V 的非空子集. 任取 $\boldsymbol{\beta}_1, \boldsymbol{\beta}_2 \in W$, 任取 $k, l \in F$, 则存在 $\boldsymbol{\alpha}_1, \boldsymbol{\alpha}_2 \in V$, 使得

$$\boldsymbol{\beta}_1 = \boldsymbol{\alpha}_1 - \sigma(\boldsymbol{\alpha}_1), \boldsymbol{\beta}_2 = \boldsymbol{\alpha}_2 - \sigma(\boldsymbol{\alpha}_2),$$

于是令 $\boldsymbol{\gamma} = k\boldsymbol{\alpha}_1 + l\boldsymbol{\alpha}_2$, 则 $\boldsymbol{\gamma} \in V$, 且

$$k\boldsymbol{\beta}_1 + l\boldsymbol{\beta}_2 = k\boldsymbol{\alpha}_1 + l\boldsymbol{\alpha}_2 - k\sigma(\boldsymbol{\alpha}_1) - l\sigma(\boldsymbol{\alpha}_2) = \boldsymbol{\gamma} - \sigma(\boldsymbol{\gamma}) \in W,$$

故 W 是 V 的子空间.

任取 $\boldsymbol{\beta} \in \ker \sigma$, 则 $\sigma(\boldsymbol{\beta}) = \mathbf{0}$, 令 $\boldsymbol{\alpha} = \boldsymbol{\beta}$, 则 $\boldsymbol{\alpha} \in V$, 且

$$\boldsymbol{\beta} = \boldsymbol{\alpha} - \sigma(\boldsymbol{\alpha}) \in \{\boldsymbol{\alpha} - \sigma\boldsymbol{\alpha} | \boldsymbol{\alpha} \in V\},$$

故 $\ker\sigma \subseteq \{\boldsymbol{\alpha}-\sigma\boldsymbol{\alpha}|\boldsymbol{\alpha}\in V\}$.

任取 $\boldsymbol{\gamma}\in W$, 则存在 $\boldsymbol{\alpha}\in V$, 使得 $\boldsymbol{\gamma}=\boldsymbol{\alpha}-\sigma(\boldsymbol{\alpha})$, 于是由条件 $\sigma^2=\sigma$, 可得

$$\sigma(\boldsymbol{\gamma})=\sigma(\boldsymbol{\alpha}-\sigma(\boldsymbol{\alpha}))=\mathbf{0},$$

即 $\boldsymbol{\gamma}\in\ker\sigma$, 故 $W\subseteq\ker\sigma$. 这样就有 $\ker\sigma=\{\boldsymbol{\alpha}-\sigma(\boldsymbol{\alpha})|\boldsymbol{\alpha}\in V\}$.

(2) 先证明 $V=\mathrm{Im}\sigma+\ker\sigma$. 显然 $\mathrm{Im}+\ker\sigma\sqsubseteq V$. 任取 $\boldsymbol{\alpha}\in V$, 由于

$$\boldsymbol{\alpha}=\sigma(\boldsymbol{\alpha})+(\boldsymbol{\alpha}-\sigma(\boldsymbol{\alpha})),$$

显然 $\sigma(\boldsymbol{\alpha})\in\mathrm{Im}\sigma$, 由 (1) 知 $\boldsymbol{\alpha}-\sigma(\boldsymbol{\alpha})\in\ker\sigma$, 故 $\boldsymbol{\alpha}\in\mathrm{Im}\sigma+\ker\sigma$, 即 $V\sqsubseteq\mathrm{Im}\sigma+\ker\sigma$. 这样就有 $V=\mathrm{Im}\sigma+\ker\sigma$.

再证 $V=\mathrm{Im}\sigma\oplus\ker\sigma$. 由于 $\dim\mathrm{Im}\sigma+\dim\ker\sigma=\dim V$, 可知 $V=\mathrm{Im}\sigma\oplus\ker\sigma$.

(3) 必要性. 首先 $\forall\boldsymbol{\beta}\in\mathrm{Im}\sigma$, 有 $\sigma(\boldsymbol{\beta})=\boldsymbol{\beta}$. $\forall\boldsymbol{\alpha}\in V$, 由 (2) 有

$$\boldsymbol{\alpha}=\boldsymbol{\alpha}_1+\boldsymbol{\alpha}_2,\boldsymbol{\alpha}_1\in\mathrm{Im}\sigma,\boldsymbol{\alpha}_2\in\ker\sigma,$$

由条件有

$$\tau(\boldsymbol{\alpha}_1)\in\mathrm{Im}\sigma,\tau(\boldsymbol{\alpha}_2)\in\ker\sigma,$$

即

$$\sigma(\tau(\boldsymbol{\alpha}_1))=\tau(\boldsymbol{\alpha}_1),\sigma(\tau(\boldsymbol{\alpha}_2))=\mathbf{0},$$

从而

$$\sigma\tau(\boldsymbol{\alpha})=\sigma(\tau(\boldsymbol{\alpha}_1))+\sigma(\tau(\boldsymbol{\alpha}_2))=\tau(\boldsymbol{\alpha}_1),$$

$$\tau\sigma(\boldsymbol{\alpha})=\tau(\sigma(\boldsymbol{\alpha}_1))+\tau(\sigma(\boldsymbol{\alpha}_2))=\tau(\boldsymbol{\alpha}_1),$$

即 $\sigma\tau=\tau\sigma$.

充分性. 先证明 $\ker\sigma$ 是 τ 的不变子空间. 任取 $\boldsymbol{\alpha}\in\ker\sigma$, 下证 $\tau(\boldsymbol{\alpha})\in\ker\sigma$, 即证 $\sigma(\tau(\boldsymbol{\alpha}))=0$. 由于 $\sigma(\boldsymbol{\alpha})=0$, 于是由 $\sigma\tau=\tau\sigma$ 可得

$$\sigma(\tau(\boldsymbol{\alpha}))=\sigma\tau(\boldsymbol{\alpha})=\tau\sigma(\boldsymbol{\alpha})=0,$$

故 $\ker\sigma$ 是 τ 的不变子空间.

再证明 $\mathrm{Im}\sigma$ 是 τ 的不变子空间. 任取 $\boldsymbol{\alpha}\in\mathrm{Im}\sigma$, 下面证明 $\tau(\boldsymbol{\alpha})\in\mathrm{Im}\sigma$, 即证明存在 $\boldsymbol{\beta}\in V$ 使得 $\sigma(\boldsymbol{\beta})=\tau(\boldsymbol{\alpha})$. 由 $\boldsymbol{\alpha}\in\mathrm{Im}(\sigma)$, 知存在 $\boldsymbol{\gamma}\in V$, 满足 $\sigma(\boldsymbol{\gamma})=\boldsymbol{\alpha}$, 于是 $\tau(\boldsymbol{\alpha})=\tau\sigma(\boldsymbol{\gamma})=\sigma\tau(\boldsymbol{\gamma})$, 令 $\boldsymbol{\beta}=\tau(\boldsymbol{\gamma})$, 则 $\boldsymbol{\beta}\in V$, 且 $\sigma(\boldsymbol{\beta})=\tau(\boldsymbol{\alpha})$, 从而 $\mathrm{Im}\sigma$ 是 τ 的不变子空间.

例 7.1.21 设 V 为数域 F 上的线性空间, 且 $V=U\oplus W$, 即

$$\forall\boldsymbol{\alpha}\in V,\boldsymbol{\alpha}=\boldsymbol{\alpha}_1+\boldsymbol{\alpha}_2,\boldsymbol{\alpha}_1\in U,\boldsymbol{\alpha}_2\in W.$$

令 $\sigma(\boldsymbol{\alpha})=\boldsymbol{\alpha}_1$. 证明:

(1) (中国矿业大学 (北京),2020)σ 是 V 的线性变换, 且 $\sigma^2=\sigma$;

(2) (中国矿业大学 (北京),2020)$\ker\sigma=W,\mathrm{Im}\sigma=U$;

(3) V 中存在一组基, 使 σ 在此基下的矩阵为 $\begin{pmatrix}\boldsymbol{E}_r & \boldsymbol{O}\\ \boldsymbol{O} & \boldsymbol{O}\end{pmatrix}$.

例 7.1.22 (山东师范大学,2005) 设 $V=V_1\oplus V_2,V_1,V_2$ 为 V 的真子空间, 证明: 存在唯一的幂等变换 σ 使得 $\mathrm{Im}\sigma=V_1,\ker\sigma=V_2$.

证 存在性.$\forall\boldsymbol{\alpha}\in V$, 由 $V=V_1\oplus V_2$, 则存在 $\alpha_i\in V_i(i=1,2)$ 使得 $\boldsymbol{\alpha}=\boldsymbol{\alpha}_1+\boldsymbol{\alpha}_2$, 定义 $\sigma(\boldsymbol{\alpha})=\boldsymbol{\alpha}_1$ 即可.

唯一性. 若还存在幂等变换 τ, 使得 $\mathrm{Im}\tau=V_1,\ker\tau=V_2$, 下证 $\sigma=\tau$.

$\forall\boldsymbol{x}\in V$, 设 $\boldsymbol{x}=\boldsymbol{y}+\boldsymbol{z},\boldsymbol{y}\in V_1,\boldsymbol{z}\in V_2$, 则

$$\sigma(\boldsymbol{x})=\boldsymbol{y},\tau(\boldsymbol{x})=\tau(\boldsymbol{y})+\tau(\boldsymbol{z})=\tau(\boldsymbol{y})\in V_1.$$

而

$$\tau(\tau(\boldsymbol{y})-\boldsymbol{y})=\tau^2(\boldsymbol{y})-\tau(\boldsymbol{y})=\tau(\boldsymbol{y})-\tau(\boldsymbol{y})=\mathbf{0}.$$

即 $\tau(\boldsymbol{y})-\boldsymbol{y}\in\ker\tau=V_2$. 显然 $\tau(\boldsymbol{y})-\boldsymbol{y}\in V_1$, 故 $\tau(\boldsymbol{y})-\boldsymbol{y}\in V_1\cap V_2=\{\mathbf{0}\}$, 即 $\tau(\boldsymbol{y})=\boldsymbol{y}$.

例 7.1.23 (武汉大学,2003) 设 V_1,V_2 是线性空间 V 的子空间, 且 $V=V_1\oplus V_2$, 若定义映射

$$f_1:\boldsymbol{\alpha}=\boldsymbol{\alpha}_1+\boldsymbol{\alpha}_2\to\boldsymbol{\alpha}_1,\boldsymbol{\alpha}_1\in V_1,\boldsymbol{\alpha}_2\in V_2,$$

$$f_2:\boldsymbol{\alpha}=\boldsymbol{\alpha}_1+\boldsymbol{\alpha}_2\to\boldsymbol{\alpha}_2,\boldsymbol{\alpha}_1\in V_1,\boldsymbol{\alpha}_2\in V_2,$$

证明:

(1) f_1,f_2 都是 V 的线性变换;

(2) $f_1^2=f_1,f_2^2=f_2$;

(3) $f_1f_2=f_2f_1=0,f_1+f_2=I_V$.

例 7.1.24 (北京理工大学,2001) 设 V 为 n 维线性空间,W 为 V 的子空间. 证明: 存在 V 的线性变换 σ,τ 使得 $\mathrm{Im}\sigma=W,\ker\tau=W$.

例 7.1.25 (厦门大学,2011,2019; 山东师范大学,2015; 浙江大学,2016) 设 W_1,W_2 是 n 维线性空间 V 的子空间,$\dim W_1=n_1,\dim W_2=n_2$, 若 $n_1+n_2=n$, 则存在 V 的线性变换 σ 使得 $\ker\sigma=W_1,\mathrm{Im}\sigma=W_2$.

证 若 n_1,n_2 中有一个为 0 时, 易证.

下设 $n_1\neq0,n_2\neq0$, 且 $\boldsymbol{\alpha}_1,\boldsymbol{\alpha}_2,\cdots,\boldsymbol{\alpha}_{n_1}$ 是 W_1 的基,$\boldsymbol{\beta}_1,\boldsymbol{\beta}_2,\cdots,\boldsymbol{\beta}_{n_2}$ 是 W_2 的基, 将 W_1 的基 $\boldsymbol{\alpha}_1,\boldsymbol{\alpha}_2,\cdots,\boldsymbol{\alpha}_{n_1}$ 扩充为 V 的基

$$\boldsymbol{\alpha}_1,\boldsymbol{\alpha}_2,\cdots,\boldsymbol{\alpha}_{n_1},\gamma_1,\gamma_2,\cdots,\gamma_{n_2},$$

构造 V 的线性变换 σ:

$$\sigma(\boldsymbol{\alpha}_i)=\mathbf{0},i=1,2,\cdots,n_1,\sigma(\gamma_j)=\boldsymbol{\beta}_j,j=1,2,\cdots,n_2.$$

直接验证可知 $\ker\sigma=W_1,\mathrm{Im}\sigma=W_2$.

例 7.1.26 (湖南师范大学,2017) 设 W_1,W_2 是 n 维线性空间 V 的两个子空间, 证明: 存在一个线性变换 σ 使得 $\ker\sigma=W_1,\mathrm{Im}\sigma=W_2$ 当且仅当 $\dim W_1+\dim W_2=n$.

例 7.1.27 (北京科技大学,2000; 华中科技大学,2004; 中国地质大学,2004; 江苏大学,2005) 设 σ,τ 为线性空间 V 的两个线性变换,$\sigma^2=\sigma,\tau^2=\tau$. 证明:$\ker\sigma=\ker\tau$ 的充要条件为 $\tau=\tau\sigma,\sigma\tau=\sigma$.

证 充分性. 易证.

必要性.$\forall \boldsymbol{\alpha} \in V$, 令 $\boldsymbol{\beta} = \boldsymbol{\alpha} - \sigma(\boldsymbol{\alpha})$, 则 $\sigma(\boldsymbol{\beta}) = 0$, 即 $\boldsymbol{\beta} \in \ker\sigma = \ker\tau$, 从而 $\mathbf{0} = \tau\boldsymbol{\beta} = \tau(\boldsymbol{\alpha} - \sigma(\boldsymbol{\alpha})) = \tau\boldsymbol{\alpha} - \tau\sigma(\boldsymbol{\alpha})$, 由 $\boldsymbol{\alpha}$ 的任意性, 可得 $\tau = \tau\sigma$. 类似可证 $\sigma\tau = \sigma$.

例 7.1.28 (浙江师范大学,2003; 厦门大学,2018) 设 $\sigma_1, \sigma_2, \cdots, \sigma_t$ 为 n 维线性空间 V 的线性变换, 满足:

(1) $\sigma_i^2 = \sigma_i, i = 1, 2, \cdots, t$;

(2) $\sigma_i\sigma_j = 0, i \neq j, i, j = 1, 2, \cdots, t$.

证明:

$$V = \mathrm{Im}\sigma_1 \oplus \mathrm{Im}\sigma_2 \oplus \cdots \oplus \mathrm{Im}\sigma_t \oplus \bigcap_{i=1}^{n} \ker\sigma_i.$$

证 先证和. 易知

$$\mathrm{Im}\sigma_1 + \mathrm{Im}\sigma_2 + \cdots + \mathrm{Im}\sigma_t + \bigcap_{i=1}^{n} \ker\sigma_i \sqsubseteq V.$$

$\forall \boldsymbol{\alpha} \in V$, 令 $\sigma = \sigma_1 + \sigma_2 + \cdots + \sigma_t$, 则

$$\boldsymbol{\alpha} = \sigma(\boldsymbol{\alpha}) + (I - \sigma)(\boldsymbol{\alpha}) = \sigma_1(\boldsymbol{\alpha}) + \sigma_2(\boldsymbol{\alpha}) + \cdots + \sigma_t(\boldsymbol{\alpha}) + (I - \sigma)(\boldsymbol{\alpha}),$$

显然 $\sigma_i(\boldsymbol{\alpha}) \in \mathrm{Im}\sigma_i, i = 1, 2, \cdots, t$, 下证 $(I - \sigma)(\boldsymbol{\alpha}) \in \bigcap\limits_{i=1}^{n} \ker\sigma_i$.

记 $W = \bigcap\limits_{i=1}^{n} \ker\sigma_i$, 则

$$\sigma_i(I - \sigma)(\boldsymbol{\alpha}) = \sigma_i(\boldsymbol{\alpha}) - \sigma_i\sigma(\boldsymbol{\alpha}) = \sigma_i(\boldsymbol{\alpha}) - \sigma_i(\sigma_1 + \sigma_2 + \cdots + \sigma_t)(\boldsymbol{\alpha}) = \mathbf{0},$$

于是 $(I - \sigma)(\boldsymbol{\alpha}) \in \ker\sigma_i, i = 1, 2, \cdots, t$, 从而 $(I - \sigma)(\boldsymbol{\alpha}) \in \bigcap\limits_{i=1}^{n} \ker\sigma_i$. 故

$$V = \mathrm{Im}\sigma_1 + \mathrm{Im}\sigma_2 + \cdots + \mathrm{Im}\sigma_t + \bigcap_{i=1}^{n} \ker\sigma_i.$$

再证直和. 设

$$\sigma_1(\boldsymbol{\alpha}_1) + \sigma_2(\boldsymbol{\alpha}_2) + \cdots + \sigma_t(\boldsymbol{\alpha}_t) + \boldsymbol{y} = \mathbf{0},$$

其中 $\sigma_i(\boldsymbol{\alpha}_i) \in \mathrm{Im}\sigma_i, \boldsymbol{y} \in \bigcap\limits_{i=1}^{n} \ker\sigma_i$. 则

$$\mathbf{0} = \sigma_i(\sigma_1(\boldsymbol{\alpha}_1) + \sigma_2(\boldsymbol{\alpha}_2) + \cdots + \sigma_t(\boldsymbol{\alpha}_t) + \boldsymbol{y}) = \sigma_i^2(\boldsymbol{\alpha}_i) = \sigma(\boldsymbol{\alpha}_i), i = 1, 2, \cdots, t,$$

故

$$\sigma_i(\boldsymbol{\alpha}_i) = \mathbf{0}, i = 1, 2, \cdots, t, \boldsymbol{y} = \mathbf{0},$$

从而结论成立.

例 7.1.29 设 σ 为数域 F 上的 n 维线性空间 V 的一个可对角化的线性变换,$\lambda_1, \lambda_2, \cdots, \lambda_t$ 为 σ 的全部互异特征值. 证明: 存在 V 的线性变换 $\sigma_1, \sigma_2, \cdots, \sigma_t$ 使得

(1) $\sigma = \lambda_1\sigma_1 + \lambda_2\sigma_2 + \cdots + \lambda_t\sigma_t$;

(2) $\sigma_1 + \sigma_2 + \cdots + \sigma_t = I$;

(3) $\sigma_i\sigma_j = 0, i \neq j, i, j = 1, 2, \cdots, t$;

(4) $\sigma_i^2 = \sigma_i, i = 1, 2, \cdots, t$;

(5) $\mathrm{Im}\sigma_i = V_{\lambda_i}, i = 1, 2, \cdots, t$.

证 (法 1) 由 σ 可对角化, 则

$$V = V_{\lambda_1} \oplus V_{\lambda_2} \oplus \cdots \oplus V_{\lambda_t}.$$

任取 $\boldsymbol{\alpha} \in V$, 则存在唯一的 $\boldsymbol{\alpha}_i \in V_{\lambda_i}(i = 1, 2, \cdots, t)$ 使得

$$\boldsymbol{\alpha} = \boldsymbol{\alpha}_1 + \boldsymbol{\alpha}_2 + \cdots + \boldsymbol{\alpha}_t,$$

令

$$\sigma_i(\boldsymbol{\alpha}) = \boldsymbol{\alpha}_i, i = 1, 2, \cdots, t,$$

则易知 σ_i 是 V 的线性变换.

(1) 由于

$$\begin{aligned}
&(\lambda_1\sigma_1 + \lambda_2\sigma_2 + \cdots + \lambda_t\sigma_t)(\alpha)\\
=&\lambda_1\sigma_1(\boldsymbol{\alpha}) + \lambda_2\sigma_2(\boldsymbol{\alpha}) + \cdots + \lambda_t\sigma_t(\boldsymbol{\alpha})\\
=&\lambda_1\boldsymbol{\alpha}_1 + \lambda_2\boldsymbol{\alpha}_2 + \cdots + \lambda_t\boldsymbol{\alpha}_t\\
=&\sigma(\boldsymbol{\alpha}_1) + \sigma(\boldsymbol{\alpha}_2) + \cdots + \sigma(\boldsymbol{\alpha}_t)\\
=&\sigma(\boldsymbol{\alpha}),
\end{aligned}$$

由 $\boldsymbol{\alpha}$ 的任意性, 可得 $\sigma = \lambda_1\sigma_1 + \lambda_2\sigma_2 + \cdots + \lambda_t\sigma_t$.

(2) 由于

$$\begin{aligned}
&(\sigma_1 + \sigma_2 + \cdots + \sigma_t)(\boldsymbol{\alpha})\\
=&\sigma_1(\boldsymbol{\alpha}) + \sigma_2(\boldsymbol{\alpha}) + \cdots + \sigma_t(\boldsymbol{\alpha})\\
=&\boldsymbol{\alpha}_1 + \boldsymbol{\alpha}_2 + \cdots + \boldsymbol{\alpha}_t\\
=&\boldsymbol{\alpha} = I(\boldsymbol{\alpha}),
\end{aligned}$$

由 $\boldsymbol{\alpha}$ 的任意性, 可得 $\sigma_1 + \sigma_2 + \cdots + \sigma_t = I$.

(3) 当 $i \neq j$ 时,

$$(\sigma_i\sigma_j)(\boldsymbol{\alpha}) = \sigma_i(\sigma_j(\boldsymbol{\alpha})) = \sigma_i(\boldsymbol{\alpha}_j) = 0,$$

所以 $\sigma_i\sigma_j = 0, i \neq j, i, j = 1, 2, \cdots, t$.

(4) 由于

$$\sigma_i^2(\boldsymbol{\alpha}) = \sigma_i(\sigma_i(\boldsymbol{\alpha})) = \sigma_i(\boldsymbol{\alpha}_i) = \boldsymbol{\alpha}_i = \sigma_i(\boldsymbol{\alpha}),$$

故 $\sigma_i^2 = \sigma_i, i = 1, 2, \cdots, t$.

(5) 任取 $\beta_i \in \mathrm{Im}\sigma_i$, 则存在 $\boldsymbol{\alpha} \in V$ 使得

$$\beta_i = \sigma_i(\boldsymbol{\alpha}) = \boldsymbol{\alpha}_i \in V_{\lambda_i},$$

从而 $\mathrm{Im}\sigma_i \sqsubseteq V_{\lambda_i}$.

任取 $\boldsymbol{\alpha} i \in V_{\lambda_i}$, 令 $\boldsymbol{\alpha} = \mathbf{0} + \cdots + \mathbf{0} + \boldsymbol{\alpha}_i + \mathbf{0} + \cdots + \mathbf{0}$, 则

$$\boldsymbol{\alpha}_i = \sigma_i(\boldsymbol{\alpha}) \in \mathrm{Im}\sigma_i,$$

从而 $V_{\lambda_i} \sqsubseteq \mathrm{Im}\sigma_i, i = 1, 2, \cdots, t$.

(法 2) 由 σ 可对角化, 则

$$V = V_{\lambda_1} \oplus V_{\lambda_2} \oplus \cdots \oplus V_{\lambda_t}.$$

取 $V_{\lambda_i}(i=1,2,\cdots,t)$ 的一组基, 合起来得到 V 的一组基

$$\boldsymbol{\alpha}_1,\boldsymbol{\alpha}_2,\cdots,\boldsymbol{\alpha}_n,$$

则 σ 在此基下的矩阵为

$$\boldsymbol{A}=\begin{pmatrix}\lambda_1\boldsymbol{E}_{r_1} & & & \\ & \lambda_2\boldsymbol{E}_{r_2} & & \\ & & \ddots & \\ & & & \lambda_t\boldsymbol{E}_{r_t}\end{pmatrix},$$

其中 r_i 为 λ_i 的重数,$\sum\limits_{i=1}^{t} r_i=n$. 令

$$\sigma_i(\boldsymbol{\alpha}_1,\boldsymbol{\alpha}_2,\cdots,\boldsymbol{\alpha}_n)=(\boldsymbol{\alpha}_1,\boldsymbol{\alpha}_2,\cdots,\boldsymbol{\alpha}_n)\boldsymbol{A}_i,$$

其中

$$\boldsymbol{A}_i=\begin{pmatrix}\boldsymbol{O} & & & & & & \\ & \ddots & & & & & \\ & & \boldsymbol{O} & & & & \\ & & & \boldsymbol{E}_{r_i} & & & \\ & & & & \boldsymbol{O} & & \\ & & & & & \ddots & \\ & & & & & & \boldsymbol{O}\end{pmatrix},$$

则 σ_i 为 V 的线性变换, 且易知满足 (1) ~(4). 又 $\mathrm{Im}\sigma_i\sqsubseteq V_{\lambda_i},\dim\mathrm{Im}\sigma_i=\dim V_{\lambda_i}$, 故 $\mathrm{Im}\sigma_i=V_{\lambda_i}$. 从而结论成立.

例 7.1.30　(北京科技大学,2001,2011) 若 V 为 n 维线性空间,$V_1,V_2,\cdots,V_s(s>1)$ 为其子空间, 且

$$V=V_1\oplus V_2\oplus\cdots\oplus V_s.$$

证明: 存在 V 的线性变换 $\sigma_1,\sigma_2,\cdots,\sigma_t$ 使得

(1) $\sigma_1+\sigma_2+\cdots+\sigma_t=I$;

(2) $\sigma_i\sigma_j=0,i\neq j,i,j=1,2,\cdots,t$;

(3) $\sigma_i^2=\sigma_i,i=1,2,\cdots,t$;

(4) $\mathrm{Im}\sigma_i=V_{\lambda_i},i=1,2,\cdots,t$.

例 7.1.31　(北京化工大学,2002) 设 σ,τ 为线性空间 V 的线性变换, 证明: 若 $\sigma^2=\sigma,\tau^2=\tau,\sigma+\tau=I$. 则

(1) $\mathrm{Im}\sigma=\ker\tau,\mathrm{Im}\tau=\ker\sigma$;

(2) $V=\mathrm{Im}\sigma\oplus\mathrm{Im}\tau$.

例 7.1.32　(北京科技大学,2004) 设 σ,τ 都是幂等线性变换. 证明:

(1) 若 $\sigma\tau=\tau\sigma$, 则 $\sigma+\tau-\sigma\tau$ 也是幂等变换;

(2) 若 $\sigma+\tau$ 为幂等变换, 则 $\sigma\tau=0$.

例 7.1.33 (中山大学,2015) 设 $\boldsymbol{A}, B \in M_n(\mathbb{C})$ 为幂等矩阵, 即 $\boldsymbol{A}^2 = \boldsymbol{A}, \boldsymbol{B}^2 = \boldsymbol{B}$.

(1) 证明:$\boldsymbol{A} - \boldsymbol{B}$ 为幂等矩阵当且仅当 $\boldsymbol{AB} = \boldsymbol{BA} = \boldsymbol{B}$;

(2) 证明: 若 $\boldsymbol{AB} = \boldsymbol{BA}$, 则 $\boldsymbol{AB}$ 为幂等矩阵. 反之, 若 $\boldsymbol{AB}$ 为幂等矩阵, 是否必有 $\boldsymbol{AB} = \boldsymbol{BA}$? 试证明或给出反例.

证 (1) 计算可得

$$(\boldsymbol{A} - \boldsymbol{B})^2 = (\boldsymbol{A} - \boldsymbol{B})(\boldsymbol{A} - \boldsymbol{B}) = \boldsymbol{A} - \boldsymbol{AB} - \boldsymbol{BA} + \boldsymbol{B}.$$

充分性. 若 $\boldsymbol{AB} = \boldsymbol{BA} = \boldsymbol{B}$, 则由上式可得 $(\boldsymbol{A} - \boldsymbol{B})^2 = \boldsymbol{A} - \boldsymbol{B}$, 即 $\boldsymbol{A} - \boldsymbol{B}$ 为幂等矩阵.

必要性. 由于

$$\boldsymbol{A} - \boldsymbol{B} = (\boldsymbol{A} - \boldsymbol{B})^2 = \boldsymbol{A} - \boldsymbol{AB} - \boldsymbol{BA} + \boldsymbol{B}, \tag{$*$}$$

可得

$$\boldsymbol{AB} + \boldsymbol{BA} = 2\boldsymbol{B}.$$

上式两边分别左乘、右乘 $\boldsymbol{B}$ 可得

$$\boldsymbol{BAB} + \boldsymbol{BA} = 2\boldsymbol{B},$$

$$\boldsymbol{AB} + \boldsymbol{BAB} = 2\boldsymbol{B},$$

两式相减可得

$$\boldsymbol{AB} = \boldsymbol{BA},$$

于是由式 $(*)$ 可得 $\boldsymbol{AB} = \boldsymbol{BA} = \boldsymbol{B}$;

(2) 由 $\boldsymbol{AB} = \boldsymbol{BA}$, 可得

$$(\boldsymbol{AB})^2 = \boldsymbol{ABAB} = \boldsymbol{A}(\boldsymbol{BA})\boldsymbol{B} = \boldsymbol{A}(\boldsymbol{AB})\boldsymbol{B} = \boldsymbol{A}^2\boldsymbol{B}^2 = \boldsymbol{AB}.$$

即 $\boldsymbol{AB}$ 为幂等矩阵.

反之, 若 $\boldsymbol{AB}$ 为幂等矩阵, 不一定必有 $\boldsymbol{AB} = \boldsymbol{BA}$. 例如

$$\boldsymbol{A} = \begin{pmatrix} 1 & 1 \\ 0 & 0 \end{pmatrix}, \boldsymbol{B} = \begin{pmatrix} 1 & 0 \\ 0 & 0 \end{pmatrix},$$

则计算可知 $\boldsymbol{A}^2 = \boldsymbol{A}, \boldsymbol{B}^2 = \boldsymbol{B}, \boldsymbol{AB} = \boldsymbol{B}, \boldsymbol{BA} = \boldsymbol{A}$, 即 $\boldsymbol{AB}$ 为幂等矩阵, 但是 $\boldsymbol{AB} \neq \boldsymbol{BA}$.

例 7.1.34 (聊城大学,2006; 杭州师范大学,2008) 设 σ 为 n 维线性空间 V 的一个线性变换, 且 $\sigma^2 = I$. 证明:

(1) σ 的特征值只能为 1 或 -1;

(2) $V = V_1 \oplus V_{-1}$.

例 7.1.35 (山东科技大学,2020) 设 σ 是线性空间 V 的线性变换, 且 $\sigma^2 = I$, 证明:$V = \operatorname{Im}(\sigma + I) \oplus \operatorname{Im}(\sigma - I)$.

7.1.3 幂零变换

例 7.1.36 (辽宁大学,2003; 兰州大学,2004; 北京邮电大学,2007) 设 σ 为数域 F 上 n 维线性空间 V 的线性变换, 如果存在向量 $\boldsymbol{\eta}$ 使得 $\sigma^{n-1}(\boldsymbol{\eta}) \neq \mathbf{0}$, 但 $\sigma^n(\boldsymbol{\eta}) = \mathbf{0}$. 证明:

(1) $\boldsymbol{\eta}, \sigma(\boldsymbol{\eta}), \cdots, \sigma^{n-1}(\boldsymbol{\eta})$ 线性无关;

(2) σ 在某一组基下的矩阵为

$$\begin{pmatrix} 0 & 0 & \cdots & 0 & 0 \\ 1 & 0 & \cdots & 0 & 0 \\ 0 & 1 & \cdots & 0 & 0 \\ \vdots & \vdots & & \vdots & \vdots \\ 0 & 0 & \cdots & 1 & 0 \end{pmatrix}, \text{即} \begin{pmatrix} \mathbf{0} & 0 \\ \boldsymbol{E}_{n-1} & \mathbf{0} \end{pmatrix}.$$

证　(1) (法 1) 设

$$k_0\boldsymbol{\eta} + k_1\sigma(\boldsymbol{\eta}) + \cdots + k_{n-2}\sigma^{n-2}(\boldsymbol{\eta}) + k_{n-1}\sigma^{n-1}(\boldsymbol{\eta}) = 0,$$

上式两边乘以 σ 的幂, 则有

$$\begin{cases} k_0\boldsymbol{\eta} + k_1\sigma(\boldsymbol{\eta}) + \cdots + k_{n-2}\sigma^{n-2}(\boldsymbol{\eta}) + k_{n-1}\sigma^{n-1}(\boldsymbol{\eta}) = 0, \\ k_0\sigma(\boldsymbol{\eta}) + k_1\sigma^2(\boldsymbol{\eta}) + \cdots + k_{n-2}\sigma^{n-1}(\boldsymbol{\eta}) = 0, \\ \qquad \vdots \\ k_0\sigma^{n-2}(\boldsymbol{\eta}) + k_1\sigma^{n-1}(\boldsymbol{\eta}) = 0, \\ k_0\sigma^{n-1}(\boldsymbol{\eta}) = 0. \end{cases}$$

注意到 $\sigma^{n-1}(\boldsymbol{\eta}) \neq 0$, 可得

$$k_0 = k_1 = \cdots = k_{n-1} = 0,$$

故 $\boldsymbol{\eta}, \sigma(\boldsymbol{\eta}), \cdots, \sigma^{n-1}(\boldsymbol{\eta})$ 线性无关.

(法 2) 反证法. 若 $\boldsymbol{\eta}, \sigma(\boldsymbol{\eta}), \cdots, \sigma^{n-1}(\boldsymbol{\eta})$ 线性相关, 则存在不全为 0 的数 $k_0, k_1, \cdots, k_{n-1}$ 使得

$$k_0\boldsymbol{\eta} + k_1\sigma(\boldsymbol{\eta}) + \cdots + k_{n-2}\sigma^{n-2}(\boldsymbol{\eta}) + k_{n-1}\sigma^{n-1}(\boldsymbol{\eta}) = 0,$$

不妨设 $k_0 = k_1 = \cdots = k_{i-1} = 0, k_i \neq 0 (0 \leqslant i \leqslant n-1)$, 则有

$$k_i\sigma^i(\boldsymbol{\eta}) + \cdots + k_{n-1}\sigma^{n-1}(\boldsymbol{\eta}) = 0,$$

两边乘以 σ^{n-1-i}, 注意到 $\sigma^l(\boldsymbol{\eta}) = 0 (l \leqslant n)$, 可得 $k_i\sigma^{n-1}(\boldsymbol{\eta}) = 0$, 由于 $\sigma^{n-1}(\boldsymbol{\eta}) \neq 0$, 故 $k_i = 0$, 矛盾. 所以 $\boldsymbol{\eta}, \sigma(\boldsymbol{\eta}), \cdots, \sigma^{n-1}(\boldsymbol{\eta})$ 线性无关.

(2) 由 (1) 知 $\boldsymbol{\eta}, \sigma(\boldsymbol{\eta}), \cdots, \sigma^{n-1}(\boldsymbol{\eta})$ 是 V 的基, 且

$$\begin{cases} \sigma(\boldsymbol{\eta}) = 0\boldsymbol{\eta} + 1\sigma(\boldsymbol{\eta}) + 0\sigma^2(\boldsymbol{\eta}) + \cdots + 0\sigma^{n-1}(\boldsymbol{\eta}), \\ \sigma(\sigma(\boldsymbol{\eta})) = 0\boldsymbol{\eta} + 0\sigma(\boldsymbol{\eta}) + 1\sigma^2(\boldsymbol{\eta}) + \cdots + 0\sigma^{n-1}(\boldsymbol{\eta}), \\ \qquad \vdots \\ \sigma(\sigma^{n-2}(\boldsymbol{\eta})) = 0\boldsymbol{\eta} + 0\sigma(\boldsymbol{\eta}) + 0\sigma^2(\boldsymbol{\eta}) + \cdots + 1\sigma^{n-1}(\boldsymbol{\eta}), \\ \sigma(\sigma^{n-1}(\boldsymbol{\eta})) = 0\boldsymbol{\eta} + 0\sigma(\boldsymbol{\eta}) + 0\sigma^2(\boldsymbol{\eta}) + \cdots + 0\sigma^{n-1}(\boldsymbol{\eta}), \end{cases}$$

即 σ 在基 $\boldsymbol{\eta},\sigma(\boldsymbol{\eta}),\cdots,\sigma^{n-1}(\boldsymbol{\eta})$ 下的矩阵为

$$\begin{pmatrix} 0 & 0 & \cdots & 0 & 0 \\ 1 & 0 & \cdots & 0 & 0 \\ 0 & 1 & \cdots & 0 & 0 \\ \vdots & \vdots & & \vdots & \vdots \\ 0 & 0 & \cdots & 1 & 0 \end{pmatrix}.$$

例 7.1.37 (广东财经大学,2022) 在 $n(n>1)$ 维线性空间 V 中, 有线性变换 σ 与向量 $\boldsymbol{\xi}$, 使得 $\sigma^{n-1}\boldsymbol{\xi}\neq\mathbf{0}$, 但 $\sigma^{n}\boldsymbol{\xi}=\mathbf{0}$. 试问, 下面的矩阵 $\boldsymbol{A}$ 是否为 σ 在某一组基下的矩阵?

$$\boldsymbol{A}=\begin{pmatrix} 0 & 0 & \cdots & 0 & 0 \\ 1 & 0 & \cdots & 0 & 0 \\ 0 & 1 & \cdots & 0 & 0 \\ \vdots & \vdots & & \vdots & \vdots \\ 0 & 0 & \cdots & 1 & 0 \end{pmatrix}.$$

例 7.1.38 (湖南师范大学,2021) 设 τ 是 n 维线性空间 V 的线性变换, 且 $\tau^{n-1}\neq 0,\tau^{n}=0$, 证明: 存在 V 的基 $\boldsymbol{\alpha}_1,\boldsymbol{\alpha}_2,\cdots,\boldsymbol{\alpha}_n$, 使得 τ 在该基下的矩阵为

$$\begin{pmatrix} \mathbf{0} & 0 \\ \boldsymbol{E}_{n-1} & \mathbf{0} \end{pmatrix}.$$

例 7.1.39 (河北大学,2016) 设 σ 是 n 维线性空间 V 的线性变换, 且对于 $\boldsymbol{\alpha}$ 有 $\sigma^{n-1}(\boldsymbol{\alpha})\neq\mathbf{0}$, 而 $\sigma^{n}(\boldsymbol{\alpha})=\mathbf{0}$. 证明:

(1) 向量组 $\boldsymbol{\alpha},\sigma(\boldsymbol{\alpha}),\cdots,\sigma^{n-1}(\boldsymbol{\alpha})$ 是线性空间 V 的一组基, 并求线性变换 σ 在这组基下的矩阵;

(2) 求线性变换 σ 的核空间的维数.

例 7.1.40 (河海大学,2022) 设 σ 是数域 K 上 n 维线性空间 V 的线性变换,$\sigma^{n-1}\neq 0,\sigma^{n}=0$. 证明:

(1) σ 的特征值只能是 0;

(2) 若 $\boldsymbol{\gamma}\in V$ 满足 $\sigma^{n-1}\boldsymbol{\gamma}\neq\mathbf{0}$, 则 $\boldsymbol{\gamma},\sigma\boldsymbol{\gamma},\cdots,\sigma^{n-1}\boldsymbol{\gamma}$ 是 V 的一组基;

(3) σ 的任意两个特征向量线性相关.

例 7.1.41 设 V 为 n 维线性空间,$\boldsymbol{\alpha}_1,\cdots,\boldsymbol{\alpha}_n$ 为 V 的一组基.

(1) 若 σ 为 V 的线性变换, 满足

$$\sigma(\boldsymbol{\alpha}_i)=\boldsymbol{\alpha}_{i+1},i=1,\cdots,n-1,\sigma(\boldsymbol{\alpha}_n)=\mathbf{0}.$$

1) 求 σ 在基 $\boldsymbol{\alpha}_1,\cdots,\boldsymbol{\alpha}_n$ 下的矩阵;

2) 证明:$\sigma^{n}=0$;

(2) 设 τ 是 V 的线性变换,$\tau^{n}=0,\tau^{n-1}\neq 0$.

1) 证明: 存在 V 的一组基, 使得 τ 在此基下的矩阵为 (1) 中 σ 的矩阵;

2) 证明:τ 不能对角化;

3) 若 $\tau^{n-1}(\boldsymbol{\alpha})\neq\mathbf{0}$, 则 V 为包含 $\boldsymbol{\alpha}$ 的最小的 τ 的不变子空间;

4) 证明:τ 只有 $n+1$ 个不变子空间;

5) 证明:V 不能分解为两个 τ 的真不变子空间的直和;

6) τ 在某组基下的矩阵为

$$\begin{pmatrix} \mathbf{0} & 0 \\ \boldsymbol{E}_{n-1} & \mathbf{0} \end{pmatrix}$$

的充要条件为存在 $\boldsymbol{\alpha} \in V$ 使得 $\tau^{n-1}(\boldsymbol{\alpha}) \neq \mathbf{0}, \tau^n(\boldsymbol{\alpha}) = \mathbf{0}$.

(3) 设 n 阶方阵 $\boldsymbol{M}, \boldsymbol{N}$ 满足

$$\boldsymbol{M}^{n-1} \neq \boldsymbol{O}, \boldsymbol{M}^n = \boldsymbol{O}, \boldsymbol{N}^{n-1} \neq \boldsymbol{O}, \boldsymbol{N}^n = \boldsymbol{O},$$

则 $\boldsymbol{M}$ 与 $\boldsymbol{N}$ 相似.

证 (2) 3) 显然 V 是包含 $\boldsymbol{\alpha}$ 的 τ 的不变子空间. 若 V 不是包含 $\boldsymbol{\alpha}$ 的最小 τ 的不变子空间, 则存在一个包含 α 的 τ 的不变子空间 $W \subset V, W \neq V$.

由 $\alpha \in W$ 以及 W 是 τ 的不变子空间, 可得

$$\alpha, \tau(\alpha), \tau^2(\alpha), \cdots, \tau^{n-1}(\alpha) \in W,$$

由 $\tau^n = 0$ 可知

$$\alpha, \tau(\alpha), \tau^2(\alpha), \cdots, \tau^{n-1}(\alpha)$$

线性无关, 从而是 V 的基, 这样就有 $V \sqsubseteq W$, 从而 $W = V$. 矛盾.

4) 易知存在 $\boldsymbol{\alpha} \in V$ 使得

$$\boldsymbol{\alpha}, \tau(\boldsymbol{\alpha}), \cdots, \tau^{n-1}(\boldsymbol{\alpha})$$

是 V 的基. 从而

$$V_0 = \{\mathbf{0}\}, V_1 = L(\tau^{n-1}(\boldsymbol{\alpha})), V_2 = L(\tau^{n-1}(\boldsymbol{\alpha}), \tau^{n-2}(\boldsymbol{\alpha})), \cdots, V_n = L(\tau^{n-1}(\boldsymbol{\alpha}), \cdots, \tau(\boldsymbol{\alpha}), \boldsymbol{\alpha}) = V$$

是 τ 的不变子空间. 下证 τ 只有这 $n+1$ 个不变子空间.

设 W 是 τ 的任一不变子空间, 下面证明 W 必等于 $V_0, V_1, \cdots, V_n = V$ 中的某一个.

若 $W = \{\mathbf{0}\}$ 或 V, 则结论成立. 下设 $\dim W = r(0 < r < n)$, 下面证明 $W = V_r$.

(法 1) 任取 $\mathbf{0} \neq \boldsymbol{\beta} \in W$, 设

$$\boldsymbol{\beta} = k_0\boldsymbol{\alpha} + k_1\tau(\boldsymbol{\alpha}) + \cdots + k_{n-1}\tau^{n-1}(\boldsymbol{\alpha}),$$

不妨设 $k_0 = k_1 = \cdots = k_{i-1} = 0, k_i \neq 0(0 \leqslant i \leqslant n-1)$, 由于

$$\begin{cases} \boldsymbol{\beta} = k_i\tau^i(\boldsymbol{\alpha}) + \cdots + k_{n-1}\tau^{n-1}(\boldsymbol{\alpha}), \\ \tau(\boldsymbol{\beta}) = k_i\tau^{i+1}(\boldsymbol{\alpha}) \cdots + k_{n-2}\tau^{n-1}(\boldsymbol{\alpha}), \\ \qquad\vdots \\ \tau^{n-2-i}(\boldsymbol{\beta}) = k_i\tau^{n-2}(\boldsymbol{\alpha}) + k_1\tau^{n-1}(\boldsymbol{\alpha}), \\ \tau^{n-1-i}(\boldsymbol{\beta}) = k_i\tau^{n-1}(\boldsymbol{\alpha}). \end{cases}$$

注意到 $\boldsymbol{\beta}, \tau(\boldsymbol{\beta}), \cdots, \tau^{n-2-i}(\boldsymbol{\beta}), \tau^{n-1-i}(\boldsymbol{\beta}) \in W$, 由上面的式子可得 $\tau^{n-1}(\boldsymbol{\alpha}), \tau^{n-2}(\boldsymbol{\alpha}), \cdots, \tau^i(\boldsymbol{\alpha}) \in W$, 从而 $n - i \leqslant r$, 即 $i \leqslant n - r$, 于是

$$\tau^{n-1}(\boldsymbol{\alpha}), \tau^{n-2}(\boldsymbol{\alpha}), \cdots, \tau^{n-r}(\boldsymbol{\alpha}) \in W,$$

故

$$V_r = L(\tau^{n-1}(\boldsymbol{\alpha}), \tau^{n-2}(\boldsymbol{\alpha}), \cdots, \tau^{n-r}(\boldsymbol{\alpha})) \sqsubseteq W,$$

而 $\dim V_r = \dim W$, 故 $W = V_r$.

(法 2) 取 W 的一组基 $\boldsymbol{\beta}_1, \boldsymbol{\beta}_2, \cdots, \boldsymbol{\beta}_r$, 设

$$\begin{cases} \boldsymbol{\beta}_1 = k_{10}\boldsymbol{\alpha} + k_{11}\tau(\boldsymbol{\alpha}) + \cdots + k_{1,n-1}\tau^{n-1}(\boldsymbol{\alpha}), \\ \boldsymbol{\beta}_2 = k_{20}\boldsymbol{\alpha} + k_{21}\tau(\boldsymbol{\alpha}) + \cdots + k_{2,n-1}\tau^{n-1}(\boldsymbol{\alpha}), \\ \qquad\qquad \vdots \\ \boldsymbol{\beta}_r = k_{r0}\boldsymbol{\alpha} + k_{r1}\tau(\boldsymbol{\alpha}) + \cdots + k_{r,n-1}\tau^{n-1}(\boldsymbol{\alpha}), \end{cases}$$

则 $k_{ij}(i = 1, 2, \cdots, r, j = 0, 1, \cdots, n-1)$ 不全为 0. 不妨设

$$k_{i0} = 0, k_{i1} = 0, \cdots, k_{i,j-1} = 0, i = 1, 2, \cdots, r, k_{sj} \neq 0,$$

其中 s 是 $1, 2, \cdots, r$ 中的某一个数. 于是 $\boldsymbol{\beta}_1, \boldsymbol{\beta}_2, \cdots, \boldsymbol{\beta}_r$ 可由 $\tau^j(\boldsymbol{\alpha}), \cdots, \tau^{n-1}(\boldsymbol{\alpha})$ 线性表示, 故 $r \leqslant n - j$. 由

$$\boldsymbol{\beta}_s = k_{sj}\tau^j(\boldsymbol{\alpha}) + \cdots + k_{s,n-1}\tau^{n-1}(\boldsymbol{\alpha}),$$

注意到 W 是不变子空间有

$$\begin{aligned} \tau(\boldsymbol{\beta}_s) &= k_{sj}\tau^{j+1}(\boldsymbol{\alpha}) + \cdots + k_{s,n-2}\tau^{n-1}(\boldsymbol{\alpha}) \in W, \\ \tau^2(\boldsymbol{\beta}_s) &= k_{sj}\tau^{j+2}(\boldsymbol{\alpha}) + \cdots + k_{s,n-3}\tau^{n-1}(\boldsymbol{\alpha}) \in W, \\ &\vdots \\ \tau^{n-1-j}(\boldsymbol{\beta}_s) &= k_{sj}\tau^{n-1}(\boldsymbol{\alpha}) \in W. \end{aligned}$$

由 $k_{sj} \neq 0$ 知 $\tau^{n-1}(\boldsymbol{\alpha}) \in W$. 于是

$$\boldsymbol{\beta}_s - k_{s,n-1}\tau^{n-1}(\boldsymbol{\alpha}) = k_{sj}\tau^j(\boldsymbol{\alpha}) + \cdots + k_{s,n-2}\tau^{n-2}(\boldsymbol{\alpha}) \in W,$$

两边作用 τ^{n-2-j} 可得

$$k_{sj}\tau^{n-2}(\boldsymbol{\alpha}) + k_{s,j+1}\tau^{n-1}(\boldsymbol{\alpha}) \in W,$$

于是 $\tau^{n-2}(\boldsymbol{\alpha}) \in W$, 如此下去, 可得

$$\tau^{n-1}(\boldsymbol{\alpha}), \tau^{n-2}(\boldsymbol{\alpha}), \cdots, \tau^j(\boldsymbol{\alpha}) \in W.$$

于是 $\tau^{n-1}(\boldsymbol{\alpha}), \tau^{n-2}(\boldsymbol{\alpha}), \cdots, \tau^j(\boldsymbol{\alpha})$ 可由 $\boldsymbol{\beta}_1, \boldsymbol{\beta}_2, \cdots, \boldsymbol{\beta}_r$ 线性表示, 则 $n - j \leqslant r$. 从而 $n - j = r, W = L(\tau^{n-1}(\boldsymbol{\alpha}), \tau^{n-2}(\boldsymbol{\alpha}), \cdots, \tau^j(\boldsymbol{\alpha})) = V_{n-j}$.

(3) 由条件知 $f(x) = x^n$ 是 $\boldsymbol{A}, \boldsymbol{B}$ 的最小多项式, 从而 $\boldsymbol{A}, \boldsymbol{B}$ 的不变因子为 $1, \cdots, 1, x^n$, 故结论成立.

例 7.1.42 (南京航空航天大学,2011) 设 σ 是数域 P 上 n 维线性空间 V 的线性变换,σ 满足 $\sigma^{k-1} \neq 0, \sigma^k = 0$, 其中 $k \geqslant 2$ 是正整数. 证明:

(1) σ 在 V 的任何一组基下的矩阵不可能是对角矩阵;

(2) 如果 σ 的秩是 r, 则 $k \leqslant r + 1$;

(3) 如果 $k = n$, 则 σ 在 V 的某组基下的矩阵是 $\begin{pmatrix} 0 & & & & \\ 1 & 0 & & & \\ & 1 & 0 & & \\ & & \ddots & \ddots & \\ & & & 1 & 0 \end{pmatrix}$.

证　(1) 反证法. 由 $\sigma^k=0$ 知 σ 的特征值都是 0, 若 σ 在 V 的某组基下的矩阵是对角矩阵 $\boldsymbol{D}$, 则 $\boldsymbol{D}=\boldsymbol{O}$, 从而 $\sigma=0$, 这与 $\sigma^{k-1}\neq 0$ 矛盾.

(2) 首先, 易知存在 $\boldsymbol{\alpha}\in V$ 使得 $\sigma^k(\boldsymbol{\alpha})=\mathbf{0},\sigma^{k-1}(\boldsymbol{\alpha})\neq\mathbf{0}$. 下证

$$\boldsymbol{\alpha},\sigma(\boldsymbol{\alpha}),\cdots,\sigma^{k-1}(\boldsymbol{\alpha})$$

线性无关. 设

$$l_0\boldsymbol{\alpha}+l_1\sigma(\boldsymbol{\alpha})+\cdots+l_{k-1}\sigma^{k-1}(\boldsymbol{\alpha})=\mathbf{0},$$

用 σ^{k-1} 作用上式两边, 可得 $l_0\sigma^{k-1}(\boldsymbol{\alpha})=\mathbf{0}$, 注意到 $\sigma^{k-1}(\boldsymbol{\alpha})\neq\mathbf{0}$, 可得 $l_0=0$. 类似可得 $l_1=\cdots=l_{k-1}=0$.

(法 1) 将

$$\boldsymbol{\alpha},\sigma(\boldsymbol{\alpha}),\cdots,\sigma^{k-1}(\boldsymbol{\alpha})$$

扩充为 V 的一组基

$$\boldsymbol{\alpha},\sigma(\boldsymbol{\alpha}),\cdots,\sigma^{k-1}(\boldsymbol{\alpha}),\boldsymbol{\beta}_k,\cdots,\boldsymbol{\beta}_n,$$

则 σ 在此基下的矩阵为

$$\boldsymbol{A}=\begin{pmatrix}\boldsymbol{J}_k(0)&\boldsymbol{A}_2\\\boldsymbol{O}&\boldsymbol{A}_3\end{pmatrix},\text{其中}\boldsymbol{J}_k(0)=\begin{pmatrix}0&&&\\1&0&&\\&\ddots&\ddots&\\&&1&0\end{pmatrix}_{k\times k}.$$

于是

$$r=r(\sigma)=r(\boldsymbol{A})\geqslant r(\boldsymbol{J}_k(0))=k-1,$$

故 $k\leqslant r+1$.

(法 2) 由于

$$\sigma(\boldsymbol{\alpha}),\cdots,\sigma^{k-1}(\boldsymbol{\alpha})\in\mathrm{Im}\sigma,$$

且线性无关, 故

$$r=r(\sigma)=\dim\mathrm{Im}(\sigma)\geqslant k-1,$$

即结论成立.

(3) 由 (2) 的证明可知

$$\boldsymbol{\alpha},\sigma(\boldsymbol{\alpha}),\cdots,\sigma^{n-1}(\boldsymbol{\alpha})$$

线性无关. 可知 σ 在此基下的矩阵是 $\begin{pmatrix}0&&&&\\1&0&&&\\&1&0&&\\&&\ddots&\ddots&\\&&&1&0\end{pmatrix}$.

例 7.1.43　(浙江师范大学,2005) 设 $n(n\geqslant 2)$ 维线性空间 V 的线性变换 σ 的矩阵 $\boldsymbol{A}$ 满足 $\boldsymbol{A}^n=\boldsymbol{O},\boldsymbol{A}^{n-1}\neq\boldsymbol{O}$. 证明 $\dim(\ker\sigma)=r(\boldsymbol{A}^{n-1})=1$.

例 7.1.44 (上海大学,2001) 设 σ 是 n(n为奇数) 维线性空间 V 的线性变换, 若 $\sigma^{n-1}\neq 0$, $\sigma^n=0$. 证明: 存在 $\boldsymbol{\alpha}\in V$ 使得

$$\boldsymbol{\alpha}+\sigma\boldsymbol{\alpha},\sigma\boldsymbol{\alpha}+\sigma^2\boldsymbol{\alpha},\cdots,\sigma^{n-2}\boldsymbol{\alpha}+\sigma^{n-1}\boldsymbol{\alpha},\sigma^{n-1}\boldsymbol{\alpha}+\boldsymbol{\alpha}$$

为 V 的一组基, 并求 σ 在此基下的矩阵.

例 7.1.45 (复旦大学 2013—2014 学年第一学期（13 级）高等代数期末考试第八大题) 设 V 为数域 K 上的 n 维线性空间,φ 为 V 上的线性变换, 且存在非零向量 $\boldsymbol{\alpha}\in V$ 使得 $V=L(\boldsymbol{\alpha},\varphi(\boldsymbol{\alpha}),\varphi^2(\boldsymbol{\alpha}),\cdots)$.

(1) 证明:$\{\boldsymbol{\alpha},\varphi(\boldsymbol{\alpha}),\cdots,\varphi^{n-1}(\boldsymbol{\alpha})\}$ 为 V 的一组基;

(2) 设 $\varphi^n(\boldsymbol{\alpha})=-a_0\boldsymbol{\alpha}-a_1\varphi(\boldsymbol{\alpha})-\cdots-a_{n-1}\varphi^{n-1}(\boldsymbol{\alpha})$, 令 $f(x)=x^n+a_{n-1}x^{n-1}+\cdots+a_1x+a_0\in\mathbb{K}[x]$. 证明: 如果 $f(x)$ 在数域 $\mathbb{K}$ 上至少有两个互异的首一不可约因式, 则存在非零向量 $\boldsymbol{\beta},\boldsymbol{\gamma}\in V$ 使得 $V=L(\boldsymbol{\beta},\varphi(\boldsymbol{\beta}),\varphi^2(\boldsymbol{\beta}),\cdots)\oplus L(\boldsymbol{\gamma},\varphi(\boldsymbol{\gamma}),\varphi^2(\boldsymbol{\gamma}),\cdots)$.

证 (1) 设 $k=\max\{r\in\mathbb{Z}^+|\boldsymbol{\alpha},\varphi(\boldsymbol{\alpha}),\cdots,\varphi^{r-1}(\boldsymbol{\alpha})$ 线性无关$\}$. 由于 $\boldsymbol{\alpha}\neq\mathbf{0}$ 且 $\dim V$ 有限, 故这样的最大值 k 必存在. 于是 $\boldsymbol{\alpha},\varphi(\boldsymbol{\alpha}),\cdots,\varphi^{k-1}(\boldsymbol{\alpha})$ 线性无关且易证 $\varphi^k(\boldsymbol{\alpha})$ 是

$$\boldsymbol{\alpha},\varphi(\boldsymbol{\alpha}),\cdots,\varphi^{k-1}(\boldsymbol{\alpha})$$

的线性组合. 利用数学归纳法易证对任意的 $j\geqslant k$,$\varphi^j(\boldsymbol{\alpha})$ 都是 $\boldsymbol{\alpha},\varphi(\boldsymbol{\alpha}),\cdots,\varphi^{k-1}(\boldsymbol{\alpha})$ 的线性组合, 故 $V=L(\boldsymbol{\alpha},\varphi(\boldsymbol{\alpha}),\varphi^2(\boldsymbol{\alpha}),\cdots)=L(\boldsymbol{\alpha},\varphi(\boldsymbol{\alpha}),\cdots,\varphi^{k-1}(\boldsymbol{\alpha}))$, 从而 $k=\dim V=n$, 即 $\{\boldsymbol{\alpha},\varphi(\boldsymbol{\alpha}),\cdots,\varphi^{n-1}(\boldsymbol{\alpha})\}$ 是 V 的一组基.

(2) 由 (1) 可知: 对任意非零多项式 $g(x)$ 且 $\deg g(x)<n$, 均有 $g(\varphi)(\boldsymbol{\alpha})\neq\mathbf{0}$. 由假设知 $f(\varphi)(\boldsymbol{\alpha})=\mathbf{0}$, 从而对任意的 $\boldsymbol{v}\in V$ 均有 $f(\varphi)(v)=\mathbf{0}$. 由假设不妨设 $f(x)=g(x)h(x)$, 其中 $\deg g(x)<n,\deg h(x)<n$,$(g(x),h(x))=1$. 因此存在 $u(x),v(x)\in K[x]$ 使得

$$g(x)u(x)+h(x)v(x)=1,$$

代入 $x=\varphi$ 有

$$g(\varphi)u(\varphi)+h(\varphi)v(\varphi)=I_V.$$

由此式及 $g(\varphi)h(\varphi)(v)=\mathbf{0}$ 对任意的 $\boldsymbol{v}\in V$ 成立, 容易证明:

$$V=\ker g(\varphi)\oplus\ker h(\varphi).$$

令 $\boldsymbol{\beta}=h(\varphi)(\boldsymbol{\alpha})$, 则 $\mathbf{0}\neq\boldsymbol{\beta}\in\ker g(\varphi)$; 令 $\boldsymbol{\gamma}=g(\varphi)(\boldsymbol{\alpha})$, 则 $\mathbf{0}\neq\boldsymbol{\gamma}\in\ker h(\varphi)$. 注意到

$$\begin{aligned}\boldsymbol{\alpha}&=v(\varphi)h(\varphi)(\boldsymbol{\alpha})+u(\varphi)g(\varphi)(\boldsymbol{\alpha})\\&=v(\varphi)(\boldsymbol{\beta})+u(\varphi)(\boldsymbol{\gamma})\in L(\boldsymbol{\beta},\varphi(\boldsymbol{\beta}),\cdots)+L(\boldsymbol{\gamma},\varphi(\boldsymbol{\gamma}),\cdots).\end{aligned}$$

又 $L(\boldsymbol{\beta},\varphi(\boldsymbol{\beta}),\cdots)\sqsubseteq\ker g(\varphi)$, $L(\boldsymbol{\gamma},\varphi(\boldsymbol{\gamma}),\cdots)\sqsubseteq\ker h(\varphi)$, 故有

$$V=L(\boldsymbol{\alpha},\varphi(\boldsymbol{\alpha}),\cdots)\sqsubseteq L(\boldsymbol{\beta},\varphi(\boldsymbol{\beta}),\cdots)\oplus L(\boldsymbol{\gamma},\varphi(\boldsymbol{\gamma}),\cdots)\sqsubseteq\ker g(\varphi)\oplus\ker h(\varphi)=V.$$

因此,

$$V=L(\boldsymbol{\beta},\varphi(\boldsymbol{\beta}),\cdots)\oplus L(\boldsymbol{\gamma},\varphi(\boldsymbol{\gamma}),\cdots).$$

例 7.1.46　(中南大学,2011) 设 V 是数域 F 上的一个有限维向量空间,$T:V\to V$ 是一个线性变换. 设 $\boldsymbol{v}\in V,\boldsymbol{v}\neq\boldsymbol{0}$ 且 $V=L(\boldsymbol{v},T\boldsymbol{v},\cdots,T^j\boldsymbol{v},\cdots)$.

(1) 证明: 存在一个正整数 $k\geqslant 1$ 使得 $\boldsymbol{v},T\boldsymbol{v},\cdots,T^{k-1}\boldsymbol{v}$ 是线性无关的, 且 $T^k\boldsymbol{v}=a_0\boldsymbol{v}+a_1T\boldsymbol{v}+\cdots+a_{k-1}T^{k-1}\boldsymbol{v}$, 这里 $a_0,\cdots,a_{k-1}\in F$;

(2) 证明:$\{\boldsymbol{v},T\boldsymbol{v},\cdots,T^{k-1}\boldsymbol{v}\}$ 是 V 的一组基;

(3) 如果 T 有特征多项式 $c(x)$ 和极小多项式 $m(x)$, 证明:

$$m(x)=c(x)=x^k-a_{k-1}x^{k-1}-\cdots-a_1x-a_0.$$

例 7.1.47　(辽宁大学,2005) 设 σ 为 n 维线性空间 V 的线性变换,$\boldsymbol{0}\neq\boldsymbol{\alpha}\in V$,

$$W=L(\boldsymbol{\alpha},\sigma\boldsymbol{\alpha},\sigma^2\boldsymbol{\alpha},\cdots),$$

且 $\dim W=r$. 证明:$\boldsymbol{\alpha},\sigma\boldsymbol{\alpha},\sigma^2\boldsymbol{\alpha},\cdots,\sigma^{r-1}\boldsymbol{\alpha}$ 为 W 的一组基.

例 7.1.48　设 $\boldsymbol{A},\boldsymbol{B}$ 为二阶矩阵, 且 $\boldsymbol{A}=\boldsymbol{AB}-\boldsymbol{BA}$, 则 $\boldsymbol{A}^2=\boldsymbol{O}$.

证　(法 1) 设 λ_1,λ_2 为 $\boldsymbol{A}$ 的特征值, 则

$$\lambda_1+\lambda_2=\operatorname{tr}(\boldsymbol{A})=\operatorname{tr}(\boldsymbol{AB})-\operatorname{tr}(\boldsymbol{BA})=0,$$

$$\begin{aligned}\lambda_1^2+\lambda_2^2=\operatorname{tr}(\boldsymbol{A}^2)&=\operatorname{tr}(\boldsymbol{A}(\boldsymbol{AB}-\boldsymbol{BA}))\\&=\operatorname{tr}(\boldsymbol{A}^2\boldsymbol{B})-\operatorname{tr}(\boldsymbol{ABA})\\&=\operatorname{tr}(\boldsymbol{A}^2\boldsymbol{B})-\operatorname{tr}(\boldsymbol{A}^2\boldsymbol{B})=0.\end{aligned}$$

故 $\lambda_1=\lambda_2=0$. 从而 $\boldsymbol{A}$ 的特征多项式为 $f(x)=x^2$, 从而结论成立.

(法 2) 首先 $\operatorname{tr}(\boldsymbol{A})=0$. 其次 $|\boldsymbol{A}|=0$. 否则

$$\boldsymbol{A}(\boldsymbol{BA}^{-1})-(\boldsymbol{BA}^{-1})\boldsymbol{A}=\boldsymbol{E},$$

两边取迹可得矛盾. 故 $r(\boldsymbol{A})\leqslant 1$. 设

$$\boldsymbol{A}=\begin{pmatrix}a_1\\a_2\end{pmatrix}\begin{pmatrix}b_1,b_2\end{pmatrix}$$

则

$$\boldsymbol{A}^2=\operatorname{tr}(\boldsymbol{A})\boldsymbol{A}=\boldsymbol{O}.$$

(法 3)$\boldsymbol{A}$ 的特征多项式可设为

$$f(\lambda)=\lambda^2+a\lambda+b,$$

则

$$a=\lambda_1+\lambda_2=\operatorname{tr}(\boldsymbol{A})=0,$$

其中 λ_1,λ_2 为 $\boldsymbol{A}$ 的特征值. 若 $\lambda_1\neq\lambda_2$, 则存在可逆矩阵 $\boldsymbol{P}$ 使得

$$\boldsymbol{P}^{-1}\boldsymbol{AP}=\mathbf{diag}(\lambda_1,\lambda_2),$$

由

$$(\boldsymbol{P}^{-1}\boldsymbol{AP})(\boldsymbol{P}^{-1}\boldsymbol{BP})-(\boldsymbol{P}^{-1}\boldsymbol{BP})(\boldsymbol{P}^{-1}\boldsymbol{AP})=\boldsymbol{P}^{-1}\boldsymbol{AP},$$

计算可得 $\lambda_1=\lambda_2=0$. 从而 $\boldsymbol{A}$ 的特征多项式为 $f(\lambda)=\lambda^2$. 由哈密顿–凯莱定理知 $\boldsymbol{A}^2=\boldsymbol{O}$.

(法 4) 由 $\boldsymbol{AB}-\boldsymbol{BA}=\boldsymbol{A}$ 有 $\operatorname{tr}(\boldsymbol{A})=0$. 故可设

$$\boldsymbol{A}=\begin{pmatrix} a & b \\ c & -a \end{pmatrix},$$

若 $\boldsymbol{A}$ 可逆, 则 $\boldsymbol{B}=\boldsymbol{A}^{-1}\boldsymbol{BA}+\boldsymbol{E}$, 于是

$$\operatorname{tr}(\boldsymbol{B})=\operatorname{tr}(\boldsymbol{A}^{-1}\boldsymbol{BA}+E)=\operatorname{tr}(\boldsymbol{B})+2,$$

矛盾. 所以 $\boldsymbol{A}$ 不可逆, 即 $|\boldsymbol{A}|=0$, 即 $a^2+bc=0$ 于是

$$\boldsymbol{A}^2=\begin{pmatrix} a & b \\ c & -a \end{pmatrix}\begin{pmatrix} a & b \\ c & -a \end{pmatrix}=\boldsymbol{O}.$$

例 7.1.49 (上海理工大学,2021) 设 $\boldsymbol{A},\boldsymbol{B}$ 为二阶矩阵, 且 $\boldsymbol{A}=\boldsymbol{AB}-\boldsymbol{BA}$. 求 $\boldsymbol{A}^2$.

例 7.1.50 设 $\boldsymbol{A},\boldsymbol{B}$ 为 n 阶方阵, 满足 $\boldsymbol{AB}-\boldsymbol{BA}=\boldsymbol{A}$, 证明: $\boldsymbol{A}$ 为奇异矩阵.

例 7.1.51 (复旦大学高等代数每周一题 [问题 2016A02]) 设 $\boldsymbol{A},\boldsymbol{B}$ 为 n 阶方阵, 满足 $\boldsymbol{AB}-\boldsymbol{BA}=\boldsymbol{A}^m(m\geqslant 1)$, 证明: $\boldsymbol{A}$ 为奇异矩阵.

例 7.1.52 设 $\boldsymbol{A},\boldsymbol{B},\boldsymbol{C}$ 为 n 阶复方阵,$\boldsymbol{AC}=\boldsymbol{CA},\boldsymbol{BC}=\boldsymbol{CB},\boldsymbol{C}=\boldsymbol{AB}-\boldsymbol{BA}$. 则 $\boldsymbol{C}^n=\boldsymbol{O}$.

证 (法 1) 由数学归纳法容易证明, 对任意的正整数 k, 有

$$\boldsymbol{C}^k=\boldsymbol{C}^{k-1}(\boldsymbol{AB}-\boldsymbol{BA})=\boldsymbol{A}(\boldsymbol{C}^{k-1}\boldsymbol{B})-(\boldsymbol{C}^{k-1}\boldsymbol{B})\boldsymbol{A},$$

故 $\operatorname{tr}(\boldsymbol{C}^k)=0$. 设 $\lambda_1,\cdots,\lambda_r$ 为 $\boldsymbol{C}$ 的互不相同的非零特征值, 重数分别为 $x_1,\cdots,x_r$. 则 $\lambda_1^k,\cdots,\lambda_r^k$ 为 $\boldsymbol{C}^k$ 的互不相同的特征值, 且重数分别为 $x_1,\cdots,x_r$. 于是

$$\begin{cases} \lambda_1 x_1+\cdots+\lambda_r x_r=0, \\ \lambda_1^2 x_1+\cdots+\lambda_r^2 x_r=0, \\ \qquad\vdots \\ \lambda_1^r x_1+\cdots+\lambda_r^r x_r=0. \end{cases}$$

可得 $x_1=\cdots=x_r=0$, 从而 $\boldsymbol{C}$ 无非零特征值. 故结论成立.

(法 2) 设 λ 为 $\boldsymbol{C}$ 的任一特征值,V_λ 为特征空间. 任取 $\boldsymbol{\alpha}\in V_\lambda$, 由 $\boldsymbol{AC}=\boldsymbol{CA},\boldsymbol{BC}=\boldsymbol{CB}$ 可知 $\boldsymbol{A\alpha},\boldsymbol{B\alpha}\in V_\lambda$. 设 $\boldsymbol{\alpha}_1,\cdots,\boldsymbol{\alpha}_s$ 为 V_λ 的基, 由 $\boldsymbol{A\alpha}_i\in V$ 可设

$$\boldsymbol{A}(\boldsymbol{\alpha}_1,\cdots,\boldsymbol{\alpha}_s)=(\boldsymbol{\alpha}_1,\cdots,\boldsymbol{\alpha}_s)\boldsymbol{A}_1,\boldsymbol{B}(\boldsymbol{\alpha}_1,\cdots,\boldsymbol{\alpha}_s)=(\boldsymbol{\alpha}_1,\cdots,\boldsymbol{\alpha}_s)\boldsymbol{B}_1,$$

由 $\boldsymbol{C}=\boldsymbol{AB}-\boldsymbol{BA}$ 有

$$\begin{aligned}(\boldsymbol{\alpha}_1,\cdots,\boldsymbol{\alpha}_s)(\lambda\boldsymbol{E}_s)&=\boldsymbol{C}(\boldsymbol{\alpha}_1,\cdots,\boldsymbol{\alpha}_s)\\&=\boldsymbol{AB}(\boldsymbol{\alpha}_1,\cdots,\boldsymbol{\alpha}_s)-\boldsymbol{BA}(\boldsymbol{\alpha}_1,\cdots,\boldsymbol{\alpha}_s)\\&=\boldsymbol{A}(\boldsymbol{\alpha}_1,\cdots,\boldsymbol{\alpha}_s)\boldsymbol{B}_1-\boldsymbol{B}(\boldsymbol{\alpha}_1,\cdots,\boldsymbol{\alpha}_s)\boldsymbol{A}_1\\&=(\boldsymbol{\alpha}_1,\cdots,\boldsymbol{\alpha}_s)(\boldsymbol{A}_1\boldsymbol{B}_1-\boldsymbol{B}_1\boldsymbol{A}_1),\end{aligned}$$

于是 $\lambda\boldsymbol{E}_s=\boldsymbol{A}_1\boldsymbol{B}_1-\boldsymbol{B}_1\boldsymbol{A}_1$, 取迹可得 $s\lambda=0$, 故 $\lambda=0$. 从而 $\boldsymbol{C}$ 的特征多项式为 $f(x)=x^n$. 于是结论成立.

例 7.1.53 设 $\boldsymbol{A},\boldsymbol{B}\in F^{n\times n},\boldsymbol{C}=\boldsymbol{AB}-\boldsymbol{BA},\boldsymbol{BC}=\boldsymbol{CB},\boldsymbol{AC}=\boldsymbol{CA}$. 证明:

(1) 对任意正整数 k, 有 $\boldsymbol{AB}^k-\boldsymbol{B}^k\boldsymbol{A}=k\boldsymbol{B}^{k-1}\boldsymbol{C}$;

(2) 若 $f(\lambda)$ 为 $\boldsymbol{B}$ 的特征多项式, 证明:$f'(\boldsymbol{B})\boldsymbol{C}=\boldsymbol{O}$;

(3) $\boldsymbol{C}^n=\boldsymbol{O}$.

证 (1) 对 k 用数学归纳法.

当 $k=1$ 时, 显然结论成立. 假设结论对 $k-1$ 成立, 即 $\boldsymbol{AB}^{k-1}-\boldsymbol{B}^{k-1}\boldsymbol{A}=(k-1)\boldsymbol{B}^{k-2}\boldsymbol{C}$. 下证结论对 k 成立. 由于

$$\boldsymbol{AB}^k-\boldsymbol{B}^{k-1}\boldsymbol{AB}=(\boldsymbol{AB}^{k-1}-\boldsymbol{B}^{k-1}\boldsymbol{A})\boldsymbol{B}=(k-1)\boldsymbol{B}^{k-1}\boldsymbol{C},$$

$$\boldsymbol{B}^{k-1}\boldsymbol{AB}-\boldsymbol{B}^k\boldsymbol{A}=\boldsymbol{B}^{k-1}(\boldsymbol{AB}-\boldsymbol{BA})=\boldsymbol{B}^{k-1}\boldsymbol{C},$$

两式相加可得

$$\boldsymbol{AB}^k-\boldsymbol{B}^k\boldsymbol{A}=k\boldsymbol{B}^{k-1}\boldsymbol{C}.$$

故结论成立.

(2) 设 $\boldsymbol{B}$ 的特征多项式为

$$f(\lambda)=\lambda^n+b_{n-1}\lambda^{n-1}+\cdots+b_1\lambda+b_0,$$

由

$$\begin{aligned}\boldsymbol{O}=&\boldsymbol{A}f(\boldsymbol{B})-f(\boldsymbol{B})\boldsymbol{A}\\=&\boldsymbol{A}(\boldsymbol{B}^n+b_{n-1}\boldsymbol{B}^{n-1}+\cdots+b_1\boldsymbol{B}+b_0\boldsymbol{E})-(\boldsymbol{B}^n+b_{n-1}\boldsymbol{B}^{n-1}+\cdots+b_1\boldsymbol{B}+b_0\boldsymbol{E})\boldsymbol{A}\\=&(\boldsymbol{AB}^n-\boldsymbol{B}^n\boldsymbol{A})+b_{n-1}(\boldsymbol{AB}^{n-1}-\boldsymbol{B}^{n-1}\boldsymbol{A})+\cdots+b_1(\boldsymbol{AB}-\boldsymbol{BA})+b_0(\boldsymbol{AE}-\boldsymbol{EA})\\=&n\boldsymbol{B}^{n-1}\boldsymbol{C}+(n-1)b_{n-1}\boldsymbol{B}^{n-1}\boldsymbol{C}+\cdots+b_1\boldsymbol{C}\\=&f'(\boldsymbol{B})\boldsymbol{C},\end{aligned}$$

故 $f'(\boldsymbol{B})\boldsymbol{C}=\boldsymbol{O}$.

(3) 由于

$$\boldsymbol{O}=\boldsymbol{A}(f'(\boldsymbol{B})\boldsymbol{C})-(f'(\boldsymbol{B})\boldsymbol{C})\boldsymbol{A}=(\boldsymbol{A}(f'(\boldsymbol{B}))-(f'(\boldsymbol{B}))\boldsymbol{A})\boldsymbol{C}=f''(\boldsymbol{B})\boldsymbol{C}^2,$$

递推可得 $\boldsymbol{O}=f^n(\boldsymbol{B})\boldsymbol{C}^n=n!\boldsymbol{EC}^n$. 故结论成立.

例 7.1.54 (北京工业大学,2007,2014) 设 $\boldsymbol{A},\boldsymbol{B}\in\mathbb{R}^{n\times n},f(x)$ 是 $\boldsymbol{B}$ 的特征多项式,$\boldsymbol{C}=\boldsymbol{AB}-\boldsymbol{BA},\boldsymbol{AC}=\boldsymbol{CA},\boldsymbol{CB}=\boldsymbol{BC}$. 证明:

(1) 对任意正整数 k, 有 $\boldsymbol{AB}^k-\boldsymbol{B}^k\boldsymbol{A}=k\boldsymbol{B}^{k-1}\boldsymbol{C}$;

(2) 对每个正整数 $k\leqslant n$, 有 $f^{(k)}(\boldsymbol{B})\boldsymbol{C}^k=\boldsymbol{O}$, 特别地, 有 $\boldsymbol{C}^n=\boldsymbol{O}$;

(3) 若 $\boldsymbol{A},\boldsymbol{B}$ 均为实对称矩阵, 则 $\boldsymbol{AB}=\boldsymbol{BA}$.

证 (1)(2) 略.

(3) 由于 $\boldsymbol{C}$ 是实矩阵, 而 $\boldsymbol{C}=\boldsymbol{O}$ 的充要条件是 $\mathrm{tr}(\boldsymbol{C}^{\mathrm{T}}\boldsymbol{C})=0$, 只需证明 $\mathrm{tr}(\boldsymbol{C}^{\mathrm{T}}\boldsymbol{C})=0$.

(法 1) 易知 $\boldsymbol{C}$ 为实反对称矩阵, 由 (2) 知 $\boldsymbol{C}$ 的特征值都是 0, 从而 $-\boldsymbol{C}^2=\boldsymbol{C}^{\mathrm{T}}\boldsymbol{C}$ 的特征值都是 0, 于是 $\mathrm{tr}(\boldsymbol{C}^{\mathrm{T}}\boldsymbol{C})=0$.

(法 2) 由于

$$\boldsymbol{C}^{\mathrm{T}}\boldsymbol{C}=(\boldsymbol{AB}-\boldsymbol{BA})^{\mathrm{T}}\boldsymbol{C}=\boldsymbol{BAC}-\boldsymbol{ABC}=\boldsymbol{BAC}-\boldsymbol{ACB},$$

故 $\mathrm{tr}(\boldsymbol{C}^{\mathrm{T}}\boldsymbol{C})=0$.

例 7.1.55 (第九届全国大学生数学竞赛决赛,2018) 设 $\boldsymbol{A},\boldsymbol{B},\boldsymbol{C}$ 均为 n 阶复方阵, 且满足

$$\boldsymbol{AB}-\boldsymbol{BA}=\boldsymbol{C},\boldsymbol{AC}=\boldsymbol{CA},\boldsymbol{BC}=\boldsymbol{CB}.$$

(1) 证明:$\boldsymbol{C}$ 为幂零矩阵;

(2) 证明:$\boldsymbol{A},\boldsymbol{B},\boldsymbol{C}$ 同时相似于上三角矩阵;

(3) 若 $\boldsymbol{C}\neq\mathbf{O}$, 求 n 的最小值.

例 7.1.56 已知 n 阶复矩阵 $\boldsymbol{A},\boldsymbol{B},\boldsymbol{C}=\boldsymbol{AB}-\boldsymbol{BA}$, 若 $\boldsymbol{AC}=\boldsymbol{CA}$, 则 $\boldsymbol{C}$ 是幂零矩阵.

证 由

$$\boldsymbol{C}^2=(\boldsymbol{AB}-\boldsymbol{BA})\boldsymbol{C}=\boldsymbol{ABC}-\boldsymbol{BAC}=\boldsymbol{ABC}-\boldsymbol{BCA},$$

有 $\operatorname{tr}(\boldsymbol{C})=0$. 当 $k\geqslant 2$ 时, 注意到 $\boldsymbol{AC}=\boldsymbol{CA}$, 有

$$\boldsymbol{C}^k=\boldsymbol{C}^{k-1}(\boldsymbol{AB}-\boldsymbol{BA})=\boldsymbol{AC}^{k-1}\boldsymbol{B}-\boldsymbol{C}^{k-1}\boldsymbol{BA},$$

从而 $\operatorname{tr}(\boldsymbol{C}^k)=0$. 故结论成立.

例 7.1.57 (苏州大学,2002) 设 V 为有理数域 $\mathbb{Q}$ 上的 n 维线性空间,σ,τ 为 V 的线性变换, 其中 τ 可对角化, 且 $\sigma\tau-\tau\sigma=\sigma$. 证明: 存在正整数 m 使得 $\sigma^m=0$.

例 7.1.58 (中山大学,2022) 设 $\boldsymbol{A},\boldsymbol{B},\boldsymbol{C}$ 为 n 阶复方阵, 且 $\boldsymbol{C}$ 的特征值都是实数,$\boldsymbol{AB}-\boldsymbol{BA}=\boldsymbol{C}^2$. 证明:$\boldsymbol{C}^n=\boldsymbol{O}$.

例 7.1.59 设 V 是数域 F 上的二阶矩阵构成的线性空间, 对于 V 的一个固定矩阵 $\boldsymbol{A}$, 定义 V 的线性变换:

$$\sigma_{\boldsymbol{A}}(\boldsymbol{B})=\boldsymbol{AB}-\boldsymbol{BA},\forall\boldsymbol{B}\in V.$$

证明:(1) 若 $\boldsymbol{A}=\begin{pmatrix}0&1\\0&0\end{pmatrix}$, 则 $\sigma_{\boldsymbol{A}}$ 的特征值都为 0;(2) 若 $\boldsymbol{A}$ 的特征值都为 0, 则 $\sigma_{\boldsymbol{A}}$ 的特征值都为 0.

证 (1)(法 1) 取 V 的基

$$\boldsymbol{E}_{11}=\begin{pmatrix}1&0\\0&0\end{pmatrix},\boldsymbol{E}_{21}=\begin{pmatrix}0&0\\1&0\end{pmatrix},\boldsymbol{E}_{12}=\begin{pmatrix}0&1\\0&0\end{pmatrix},\boldsymbol{E}_{22}=\begin{pmatrix}0&0\\0&1\end{pmatrix},$$

则

$$\begin{cases}\sigma_{\boldsymbol{A}}(\boldsymbol{E}_{11})=\boldsymbol{AE}_{11}-\boldsymbol{E}_{11}\boldsymbol{A}=-\boldsymbol{E}_{12},\\ \sigma_{\boldsymbol{A}}(\boldsymbol{E}_{21})=\boldsymbol{AE}_{21}-\boldsymbol{E}_{21}\boldsymbol{A}=\boldsymbol{E}_{11}-\boldsymbol{E}_{22},\\ \sigma_{\boldsymbol{A}}(\boldsymbol{E}_{12})=\boldsymbol{AE}_{12}-\boldsymbol{E}_{12}\boldsymbol{A}=\boldsymbol{O},\\ \sigma_{\boldsymbol{A}}(\boldsymbol{E}_{22})=\boldsymbol{AE}_{22}-\boldsymbol{E}_{22}\boldsymbol{A}=\boldsymbol{E}_{12},\end{cases}$$

于是 $\sigma_{\boldsymbol{A}}$ 在 $\boldsymbol{E}_{11},\boldsymbol{E}_{21},\boldsymbol{E}_{12},\boldsymbol{E}_{22}$ 下的矩阵为

$$\boldsymbol{Q}=\begin{pmatrix}0&1&0&0\\0&0&0&0\\-1&0&0&1\\0&-1&0&0\end{pmatrix}=\begin{pmatrix}\boldsymbol{A}&\boldsymbol{O}\\-\boldsymbol{E}_2&\boldsymbol{A}\end{pmatrix},$$

由于

$$|\lambda \boldsymbol{E}_4 - \boldsymbol{Q}| = |\lambda \boldsymbol{E}_2 - \boldsymbol{A}|^2 = \lambda^4,$$

故 $\boldsymbol{Q}$ 的特征值都是 0, 从而 $\sigma_{\boldsymbol{A}}$ 的特征值都是 0.

(法 2) 设 λ 是 $\sigma_{\boldsymbol{A}}$ 的特征值, 属于特征值 λ 的特征向量为 $\boldsymbol{B} = \begin{pmatrix} a & b \\ c & d \end{pmatrix}$, 则

$$\lambda \boldsymbol{B} = \sigma_{\boldsymbol{A}}(\boldsymbol{B}) = \boldsymbol{AB} - \boldsymbol{BA},$$

可得

$$\begin{pmatrix} \lambda a & \lambda b \\ \lambda c & \lambda d \end{pmatrix} = \begin{pmatrix} c & d-a \\ 0 & -c \end{pmatrix},$$

故 $\lambda c = 0$. 若 $\lambda \neq 0$, 则 $c = 0$. 于是 $\lambda a = c = 0, \lambda d = -c = 0$, 从而 $a = d = 0$. 于是 $d - a = 0$. 因此 $\boldsymbol{B} = \boldsymbol{O}$. 这与 $\boldsymbol{B}$ 为特征向量矛盾. 故 $\lambda = 0$.

(2)(法 1) 由条件知 $\boldsymbol{A}^2 = \boldsymbol{O}$. 故

$$\begin{aligned} \sigma_{\boldsymbol{A}}^2(\boldsymbol{B}) &= \sigma_{\boldsymbol{A}}(\boldsymbol{AB} - \boldsymbol{BA}) = \boldsymbol{A}(\boldsymbol{AB} - \boldsymbol{BA}) - (\boldsymbol{AB} - \boldsymbol{BA})\boldsymbol{A} \\ &= \boldsymbol{A}^2\boldsymbol{B} - 2\boldsymbol{ABA} + \boldsymbol{BA}^2 = -2\boldsymbol{ABA}, \end{aligned}$$

于是

$$\sigma_{\boldsymbol{A}}^3(\boldsymbol{B}) = \boldsymbol{A}(-2\boldsymbol{ABA}) - (-2\boldsymbol{ABA})\boldsymbol{A} = \boldsymbol{O}.$$

所以结论成立.

(法 2) 若 $\boldsymbol{A} = \boldsymbol{O}$, 则结论成立.

若 $\boldsymbol{A} \neq \boldsymbol{O}$, 由于 $\boldsymbol{A}$ 的特征值全是 0, 则 $\boldsymbol{A}$ 与 $\begin{pmatrix} 0 & 1 \\ 0 & 0 \end{pmatrix}$ 相似. 即存在可逆矩阵 $\boldsymbol{P} = (\boldsymbol{\alpha}_1, \boldsymbol{\alpha}_2)$ 使得

$$\boldsymbol{P}^{-1}\boldsymbol{AP} = \begin{pmatrix} 0 & 1 \\ 0 & 0 \end{pmatrix},$$

即 $\boldsymbol{A\alpha}_1 = \boldsymbol{0}, \boldsymbol{A\alpha}_2 = \boldsymbol{\alpha}_1$.

设 λ 是 $\sigma_{\boldsymbol{A}}$ 的特征值,$\boldsymbol{B}$ 为对应的特征向量, 则

$$\lambda \boldsymbol{B} = \sigma_{\boldsymbol{A}}(\boldsymbol{B}) = \boldsymbol{AB} - \boldsymbol{BA},$$

于是

$$\lambda \boldsymbol{B\alpha}_1 = \boldsymbol{AB\alpha}_1 - \boldsymbol{BA\alpha}_1 = \boldsymbol{AB\alpha}_1,$$

若 $\boldsymbol{B\alpha}_1 \neq \boldsymbol{0}$, 则 λ 是 $\boldsymbol{A}$ 的特征值, 从而 $\lambda = 0$. 若 $\boldsymbol{B\alpha}_1 = \boldsymbol{0}$, 则

$$\lambda \boldsymbol{B\alpha}_2 = \boldsymbol{AB\alpha}_2 - \boldsymbol{BA\alpha}_2 = \boldsymbol{AB\alpha}_2 - \boldsymbol{B\alpha}_1 = \boldsymbol{AB\alpha}_2,$$

若 $\boldsymbol{B\alpha}_2 = \boldsymbol{0}$, 又 $\boldsymbol{B\alpha}_1 = \boldsymbol{0}$, 可得 $\boldsymbol{BP} = \boldsymbol{O}$, 从而 $\boldsymbol{B} = \boldsymbol{O}$. 矛盾. 故 $\boldsymbol{B\alpha}_2 \neq \boldsymbol{0}$. 从而 λ 是 $\boldsymbol{A}$ 的特征值, 故 $\lambda = 0$.

例 7.1.60 (北京工业大学,2013) 设 V 是全体二阶实矩阵构成的实数域上的线性空间. 定义映射 σ :

$$\sigma(\boldsymbol{X}) = \boldsymbol{AX} - \boldsymbol{XA}, \forall \boldsymbol{X} \in V.$$

(1) 证明:$\{\boldsymbol{E}_{11}, \boldsymbol{E}_{12}, \boldsymbol{E}_{21}, \boldsymbol{E}_{22}\}$ 是 V 的一组基,σ 是线性空间 V 的线性变换;

(2) 若 $\boldsymbol{A}=\begin{pmatrix}1&2\\0&1\end{pmatrix}$, 求 σ 在基 $\{\boldsymbol{E}_{11},\boldsymbol{E}_{12},\boldsymbol{E}_{21},\boldsymbol{E}_{22}\}$ 下的矩阵;

(3) 对于任意二阶矩阵 $\boldsymbol{A}$, 求 σ 在基 $\{\boldsymbol{E}_{11},\boldsymbol{E}_{12},\boldsymbol{E}_{21},\boldsymbol{E}_{22}\}$ 下的矩阵;

(4) 若 $\boldsymbol{A}$ 是幂零矩阵, 证明:σ 在基 $\{\boldsymbol{E}_{11},\boldsymbol{E}_{12},\boldsymbol{E}_{21},\boldsymbol{E}_{22}\}$ 下的矩阵也是幂零的.

证 (1) 首先证明$\{\boldsymbol{E}_{11},\boldsymbol{E}_{12},\boldsymbol{E}_{21},\boldsymbol{E}_{22}\}$是$V$的一组基.由于 $\dim V=4$,只需证明 $\{\boldsymbol{E}_{11},\boldsymbol{E}_{12},\boldsymbol{E}_{21},\boldsymbol{E}_{22}\}$ 线性无关. 设

$$k_{11}\boldsymbol{E}_{11}+k_{12}\boldsymbol{E}_{12}+k_{21}\boldsymbol{E}_{21}+k_{22}\boldsymbol{E}_{22}=\boldsymbol{O},$$

则有

$$\begin{pmatrix}k_{11}&k_{12}\\k_{21}&k_{22}\end{pmatrix}=\boldsymbol{O},$$

从而 $k_{11}=k_{12}=k_{21}=k_{22}=0$, 从而 $\{\boldsymbol{E}_{11},\boldsymbol{E}_{12},\boldsymbol{E}_{21},\boldsymbol{E}_{22}\}$ 线性无关.

其次, 证明 σ 是 V 的线性变换. 任取 $\boldsymbol{X},\boldsymbol{Y}\in V$, 任取 $k,l\in\mathbb{R}$, 则由 $\sigma(\boldsymbol{X})=\boldsymbol{AX}-\boldsymbol{XA},\sigma(\boldsymbol{Y})=\boldsymbol{AY}-\boldsymbol{YA}$, 可得

$$\sigma(k\boldsymbol{X}+l\boldsymbol{Y})=\boldsymbol{A}(k\boldsymbol{X}+l\boldsymbol{Y})-(k\boldsymbol{X}+l\boldsymbol{Y})\boldsymbol{A}=k(\boldsymbol{AX}-\boldsymbol{XA})+l(\boldsymbol{AY}-\boldsymbol{YA})=k\sigma(\boldsymbol{X})+l\sigma(\boldsymbol{Y}),$$

故 σ 是 V 的线性变换.

(2) 由于

$$\begin{cases}\sigma(\boldsymbol{E}_{11})=\boldsymbol{AE}_{11}-\boldsymbol{E}_{11}\boldsymbol{A}=-2\boldsymbol{E}_{12},\\ \sigma(\boldsymbol{E}_{12})=\boldsymbol{AE}_{12}-\boldsymbol{E}_{12}\boldsymbol{A}=\boldsymbol{O},\\ \sigma(\boldsymbol{E}_{21})=\boldsymbol{AE}_{21}-\boldsymbol{E}_{21}\boldsymbol{A}=2\boldsymbol{E}_{11}-2\boldsymbol{E}_{22},\\ \sigma(\boldsymbol{E}_{22})=\boldsymbol{AE}_{22}-\boldsymbol{E}_{22}\boldsymbol{A}=2\boldsymbol{E}_{12},\end{cases}$$

即

$$\sigma(\boldsymbol{E}_{11},\boldsymbol{E}_{12},\boldsymbol{E}_{21},\boldsymbol{E}_{22})=(\boldsymbol{E}_{11},\boldsymbol{E}_{12},\boldsymbol{E}_{21},\boldsymbol{E}_{22})\boldsymbol{P},$$

其中

$$\boldsymbol{P}=\begin{pmatrix}0&0&2&0\\-2&0&0&2\\0&0&0&0\\0&0&2&0\end{pmatrix}$$

即为所求.

(3) 设 $\boldsymbol{A}=\begin{pmatrix}a&b\\c&d\end{pmatrix}$, 则

$$\begin{cases}\sigma(\boldsymbol{E}_{11})=\boldsymbol{AE}_{11}-\boldsymbol{E}_{11}\boldsymbol{A}=-b\boldsymbol{E}_{12}+c\boldsymbol{E}_{21},\\ \sigma(\boldsymbol{E}_{12})=\boldsymbol{AE}_{12}-\boldsymbol{E}_{12}\boldsymbol{A}=-c\boldsymbol{E}_{11}+(a-d)\boldsymbol{E}_{12}+c\boldsymbol{E}_{22},\\ \sigma(\boldsymbol{E}_{21})=\boldsymbol{AE}_{21}-\boldsymbol{E}_{21}\boldsymbol{A}=b\boldsymbol{E}_{11}+(d-a)\boldsymbol{E}_{21}-b\boldsymbol{E}_{22},\\ \sigma(\boldsymbol{E}_{22})=\boldsymbol{AE}_{22}-\boldsymbol{E}_{22}\boldsymbol{A}=b\boldsymbol{E}_{12}-c\boldsymbol{E}_{21},\end{cases}$$

即

$$\sigma(\boldsymbol{E}_{11},\boldsymbol{E}_{12},\boldsymbol{E}_{21},\boldsymbol{E}_{22})=(\boldsymbol{E}_{11},\boldsymbol{E}_{12},\boldsymbol{E}_{21},\boldsymbol{E}_{22})\boldsymbol{Q},$$

其中

$$Q = \begin{pmatrix} 0 & -c & b & 0 \\ -b & a-d & 0 & b \\ c & 0 & d-a & -c \\ 0 & c & -b & 0 \end{pmatrix}$$

即为所求.

(4) (法 1) 由 $\boldsymbol{A}$ 是幂零矩阵, 知 $\boldsymbol{A}$ 的特征值都是 0, 从而 $\boldsymbol{A}$ 的特征多项式为 $f(\lambda)=\lambda^2$, 由哈密顿–凯莱定理知 $\boldsymbol{A}^2=\boldsymbol{O}$, 设 $\boldsymbol{A}=\begin{pmatrix} a & b \\ c & d \end{pmatrix}$, 则由 $\boldsymbol{A}^2=\boldsymbol{O}$, 可得

$$a^2+bc=0, ab+bd=0, ac+cd=0, d^2+bc=0.$$

由 (3) 知 σ 在基 $\{\boldsymbol{E}_{11},\boldsymbol{E}_{12},\boldsymbol{E}_{21},\boldsymbol{E}_{22}\}$ 下的矩阵

$$Q = \begin{pmatrix} 0 & -c & b & 0 \\ -b & a-d & 0 & b \\ c & 0 & d-a & -c \\ 0 & c & -b & 0 \end{pmatrix} = \begin{pmatrix} a\boldsymbol{E}-\boldsymbol{A}^{\mathrm{T}} & b\boldsymbol{E} \\ c\boldsymbol{E} & d\boldsymbol{E}-\boldsymbol{A}^{\mathrm{T}} \end{pmatrix},$$

注意到 $(\boldsymbol{A}^{\mathrm{T}})^2=\boldsymbol{O}$, 可得

$$Q^2 = \begin{pmatrix} (a\boldsymbol{E}-\boldsymbol{A}^{\mathrm{T}})^2+bc\boldsymbol{E} & (ab+ba)\boldsymbol{E}-2b\boldsymbol{A}^{\mathrm{T}} \\ (ac+cd)\boldsymbol{E}-2c\boldsymbol{A}^{\mathrm{T}} & (d\boldsymbol{E}-\boldsymbol{A}^{\mathrm{T}})^2+bc\boldsymbol{E} \end{pmatrix} = \begin{pmatrix} -2a\boldsymbol{A}^{\mathrm{T}} & -2b\boldsymbol{A}^{\mathrm{T}} \\ -2c\boldsymbol{A}^{\mathrm{T}} & -2d\boldsymbol{A}^{\mathrm{T}} \end{pmatrix},$$

于是

$$Q^4 = (Q^2)^2 = 4\begin{pmatrix} (a^2+bc)(\boldsymbol{A}^{\mathrm{T}})^2 & (ab+ba)(\boldsymbol{A}^{\mathrm{T}})^2 \\ (ac+cd)(\boldsymbol{A}^{\mathrm{T}})^2 & (d^2+bc)(\boldsymbol{A}^{\mathrm{T}})^2 \end{pmatrix} = \boldsymbol{O},$$

从而结论成立.

(法 2) 由 $\boldsymbol{A}$ 是幂零矩阵, 知 $\boldsymbol{A}$ 的特征值都是 0, 从而 $\boldsymbol{A}$ 的特征多项式为 $f(\lambda)=\lambda^2$, 由哈密顿–凯莱定理知 $\boldsymbol{A}^2=\boldsymbol{O}$, 设 $\boldsymbol{A}=\begin{pmatrix} a & b \\ c & d \end{pmatrix}$, 则由 $\boldsymbol{A}^2=\boldsymbol{O}$, 可得

$$a^2+bc=0, ab+bd=0, ac+cd=0, d^2+bc=0.$$

由 (3) 知 σ 在基 $\{\boldsymbol{E}_{11},\boldsymbol{E}_{12},\boldsymbol{E}_{21},\boldsymbol{E}_{22}\}$ 下的矩阵

$$Q = \begin{pmatrix} 0 & -c & b & 0 \\ -b & a-d & 0 & b \\ c & 0 & d-a & -c \\ 0 & c & -b & 0 \end{pmatrix},$$

由于

$$|\lambda \boldsymbol{E}-\boldsymbol{Q}|=\begin{vmatrix}\lambda & c & -b & 0\\ b & \lambda-a+d & 0 & -b\\ -c & 0 & \lambda-d+a & c\\ 0 & -c & b & \lambda\end{vmatrix}=\begin{vmatrix}\lambda & c & -b & 0\\ 0 & \lambda-a+d & 0 & -b\\ 0 & 0 & \lambda-d+a & c\\ \lambda & -c & b & \lambda\end{vmatrix}$$

$$=\begin{vmatrix}\lambda & c & -b & 0\\ 0 & \lambda-a+d & 0 & -b\\ 0 & 0 & \lambda-d+a & c\\ 0 & -2c & 2b & \lambda\end{vmatrix}=\lambda\begin{vmatrix}\lambda-a+d & 0 & -b\\ 0 & \lambda-d+a & c\\ -2c & 2b & \lambda\end{vmatrix}$$

$$=\lambda^2[\lambda^2-(a-d)^2-4bc].$$

注意到 $a^2+bc=0, ab+bd=0, ac+cd=0, d^2+bc=0$, 以及 $|\boldsymbol{A}|=ad-bc=0$, 可得 $(a-d)^2+4bc=a^2-2ad+d^2+4bc=-2(|\boldsymbol{A}|)=0$, 故 $\boldsymbol{Q}$ 的特征值都是 0, 从而结论成立.

例 7.1.61 (南开大学,2004; 西安建筑科技大学,2018) 设 $\boldsymbol{A}=\begin{pmatrix}a & b\\ c & d\end{pmatrix}$ 为数域 P 上的二阶方阵, 定义 $P^{2\times 2}$ 上的变换 σ 如下:

$$\sigma(\boldsymbol{X})=\boldsymbol{AX}-\boldsymbol{XA}, \forall \boldsymbol{X}\in P^{2\times 2}.$$

(1) 证明:σ 是线性变换;

(2) 求 σ 在基 $\boldsymbol{E}_{11},\boldsymbol{E}_{12},\boldsymbol{E}_{21},\boldsymbol{E}_{22}$ 下的矩阵, 其中 $\boldsymbol{E}_{11}=\begin{pmatrix}1 & 0\\ 0 & 0\end{pmatrix}, \boldsymbol{E}_{12}=\begin{pmatrix}0 & 1\\ 0 & 0\end{pmatrix}, \boldsymbol{E}_{21}=\begin{pmatrix}0 & 0\\ 1 & 0\end{pmatrix}, \boldsymbol{E}_{22}=\begin{pmatrix}0 & 0\\ 0 & 1\end{pmatrix}$;

(3) 证明:σ 必以 0 为特征值, 并求出 0 作为 σ 的特征值的重数.

例 7.1.62 (合肥工业大学,2022) 设 $\boldsymbol{A}=\begin{pmatrix}a & b\\ c & d\end{pmatrix}$ 是数域 P 上的二阶方阵, 定义变换:

$$\sigma: P^{2\times 2}\to P^{2\times 2}, \sigma(\boldsymbol{Y})=\boldsymbol{AY}-\boldsymbol{YA}, \boldsymbol{Y}\in P^{2\times 2}.$$

(1) 证明:σ 是线性变换, 并求 σ 在基 $\boldsymbol{E}_{11},\boldsymbol{E}_{12},\boldsymbol{E}_{21},\boldsymbol{E}_{22}$ 下的矩阵;

(2) 证明:0 必然是 σ 的特征值, 且 0 的几何重数至少为 2.

例 7.1.63 (上海财经大学,2022) 设 $V=\left\{\begin{pmatrix}a & b\\ c & d\end{pmatrix} \mid a,b,c,d\in\mathbb{R}\right\}$ 为二阶实方阵构成的线性空间, 给定 $\boldsymbol{A}\in V$, 定义 V 上的线性变换 $\sigma_{\boldsymbol{A}}$ 为

$$\sigma_{\boldsymbol{A}}(\boldsymbol{B})=\boldsymbol{AB}-\boldsymbol{BA}, \forall \boldsymbol{B}\in V.$$

(1) 若 $\boldsymbol{A}=\begin{pmatrix}0 & 1\\ 1 & 0\end{pmatrix}$, 求 $\sigma_{\boldsymbol{A}}$ 的特征值与特征子空间;

(2) 若 $\boldsymbol{A}^2=\boldsymbol{E}$, 则 $\sigma_{\boldsymbol{A}}^3=4\sigma_{\boldsymbol{A}}$.

例 7.1.64 (华南理工大学,2012) 设 $V=\mathbb{C}^{n\times n}$ 表示复数域 $\mathbb{C}$ 上的 n 阶方阵关于矩阵的加法和数与矩阵的数量乘法构成的线性空间,$\boldsymbol{A}\in\mathbb{C}^{n\times n}$, 定义 V 上的变换如下:

$$\sigma(\boldsymbol{X})=\boldsymbol{AX}-\boldsymbol{XA}, \forall \boldsymbol{X}\in\mathbb{C}^{n\times n}.$$

证明:

(1) σ 是 V 的线性变换;

(2) $\sigma(\boldsymbol{X}Y)=\boldsymbol{X}\sigma(Y)+\sigma(\boldsymbol{X})Y$;

(3) 0 是 σ 的一个特征值;

(4) 若 $\boldsymbol{A}^k=\boldsymbol{O}$, 则 $\sigma^{2k}=0$.

证　(1)(2) 略.

(3) 由 $\sigma(\boldsymbol{E})=\boldsymbol{AE}-\boldsymbol{EA}=0\boldsymbol{E}$ 可知.

(4) 利用数学归纳法可以证明:

$$\sigma^n=\sum_{i=0}^{n}(-1)^i\mathrm{C}_n^i\boldsymbol{A}^{n-i}\boldsymbol{XA}^i,$$

从而

$$\sigma^{2k}=\sum_{i=0}^{2k}(-1)^i\mathrm{C}_{2k}^i\boldsymbol{A}^{2k-i}\boldsymbol{XA}^i,$$

若 $\boldsymbol{A}^k=\boldsymbol{O}$, 可知 $\boldsymbol{A}^{2k-i},\boldsymbol{A}^i$ 不论 i 取何值, 必有一个为 0. 从而结论成立.

例 7.1.65　(西南大学,2010) 设 $\boldsymbol{X},\boldsymbol{B}_0$ 为 n 阶实矩阵, 按归纳法定义矩阵序列

$$\boldsymbol{B}_i=\boldsymbol{B}_{i-1}\boldsymbol{X}-\boldsymbol{X}\boldsymbol{B}_{i-1},i=1,2,3,\cdots.$$

证明: 如果 $\boldsymbol{B}_{n^2}=\boldsymbol{X}$, 那么 $\boldsymbol{X}=\boldsymbol{O}$.

证　(法 1) 首先,$\boldsymbol{B}_{n^2}\boldsymbol{X}=\boldsymbol{X}\boldsymbol{B}_{n^2}$, 故 $\boldsymbol{B}_{n^2+1}=\boldsymbol{B}_{n^2}\boldsymbol{X}-\boldsymbol{X}\boldsymbol{B}_{n^2}=\boldsymbol{O}$. 从而

$$\boldsymbol{B}_{n^2+j}=\boldsymbol{O},j=1,2,\cdots,n,\cdots.$$

由于

$$\boldsymbol{B}_0,\boldsymbol{B}_1,\cdots,\boldsymbol{B}_{n^2}$$

线性相关, 设

$$\lambda_0\boldsymbol{B}_0+\lambda_1\boldsymbol{B}_1+\cdots+\lambda_{n^2}\boldsymbol{B}_{n^2}=\boldsymbol{O},$$

且 $\lambda_0,\lambda_1,\cdots,\lambda_{n^2}$ 中第一个不为 0 的数为 λ_i, 则

$$\boldsymbol{B}_i=a_{i+1}\boldsymbol{B}_{i+1}+\cdots+a_{n^2}\boldsymbol{B}_{n^2},a_k=\frac{-\lambda_k}{\lambda_i},$$

于是

$$\boldsymbol{B}_i\boldsymbol{X}=a_{i+1}\boldsymbol{B}_{i+1}\boldsymbol{X}+\cdots+a_{n^2}\boldsymbol{B}_{n^2}\boldsymbol{X},$$

$$\boldsymbol{X}\boldsymbol{B}_i=a_{i+1}\boldsymbol{X}\boldsymbol{B}_{i+1}+\cdots+a_{n^2}\boldsymbol{X}\boldsymbol{B}_{n^2},$$

两式相减可得

$$\begin{aligned}\boldsymbol{B}_{i+1}&=\boldsymbol{B}_i\boldsymbol{X}-\boldsymbol{X}\boldsymbol{B}_i\\&=a_{i+1}(\boldsymbol{B}_{i+1}\boldsymbol{X}-\boldsymbol{X}\boldsymbol{B}_{i+1})+\cdots+a_{n^2}(\boldsymbol{B}_{n^2}\boldsymbol{X}-\boldsymbol{X}\boldsymbol{B}_{n^2})\\&=a_{i+1}\boldsymbol{B}_{i+2}+\cdots+a_{n^2-1}\boldsymbol{B}_{n^2},\end{aligned}$$

如此下去, 可得 $\boldsymbol{B}_{n^2}=\boldsymbol{O}$.

(法 2) 首先证明 $\boldsymbol{X}^n=\boldsymbol{O}$. 设 $\boldsymbol{X}$ 的特征值是 $\lambda_1,\cdots,\lambda_n$, 则 $\boldsymbol{X}^k$ 的特征值为 $\lambda_1^k,\cdots,\lambda_n^k$, 从而 $\operatorname{tr}(\boldsymbol{X}^k)=\sum\limits_{i=1}^{n}\lambda_i^k$. 由矩阵迹的性质 $\operatorname{tr}(\boldsymbol{AB})=\operatorname{tr}(\boldsymbol{BA})$, 有

$$\operatorname{tr}(\boldsymbol{X})=\operatorname{tr}(\boldsymbol{B}_{n^2})=\operatorname{tr}(\boldsymbol{B}_{n^2-1}\boldsymbol{X}-\boldsymbol{X}\boldsymbol{B}_{n^2-1})=0,$$

$$\vdots$$

$$\begin{aligned}\operatorname{tr}(\boldsymbol{X}^n)&=\operatorname{tr}(\boldsymbol{X}^{n-1}\boldsymbol{X})=\operatorname{tr}(\boldsymbol{X}^{n-1}(\boldsymbol{B}_{n^2-1}\boldsymbol{X}-\boldsymbol{X}\boldsymbol{B}_{n^2-1}))\\&=\operatorname{tr}(\boldsymbol{B}_{n^2-1}\boldsymbol{X}\boldsymbol{X}^{n-1}-\boldsymbol{X}\boldsymbol{X}^{n-1}\boldsymbol{B}_{n^2-1})\\&=\operatorname{tr}(\boldsymbol{B}_{n^2-1}\boldsymbol{X}^n-\boldsymbol{X}^n\boldsymbol{B}_{n^2-1})=0.\end{aligned}$$

由牛顿公式知,$\boldsymbol{X}$ 的特征多项式为 λ^n, 于是 $\boldsymbol{X}^n=\boldsymbol{O}$.

其次, 证明 $\boldsymbol{X}=\boldsymbol{O}$. 由已知直接计算可得, 对任意的正整数 k,

$$\boldsymbol{B}_k=\boldsymbol{B}_0\boldsymbol{X}^k-\mathrm{C}_k^1\boldsymbol{X}\boldsymbol{B}_0\boldsymbol{X}^{k-1}+\mathrm{C}_k^2\boldsymbol{X}^2\boldsymbol{B}_0\boldsymbol{X}^{k-2}+\cdots+(-1)^k\mathrm{C}_k^k\boldsymbol{X}^k\boldsymbol{B}_0,$$

特别地, 当 $k=n^2$ 时, 上式中的第 i 项为 $(-1)^i\mathrm{C}_k^i\boldsymbol{X}^i\boldsymbol{B}_0\boldsymbol{X}^{n^2-i}$, 无论 i 为何值,$\boldsymbol{X}^i,\boldsymbol{X}^{n^2-i}$ 中必有一个为零. 因此 $\boldsymbol{X}=\boldsymbol{B}_{n^2}=\boldsymbol{O}$. 得证.

7.2 线性映射

例 7.2.1 设 V,U 分别为数域 F 上的 n,m 维线性空间,σ 为 V 到 U 的一个线性映射, 即 σ 是 V 到 U 的映射且满足

$$\sigma(\boldsymbol{\alpha}+\boldsymbol{\beta})=\sigma(\boldsymbol{\alpha})+\sigma(\boldsymbol{\beta}),\forall\boldsymbol{\alpha},\boldsymbol{\beta}\in V,$$

$$\sigma(k\boldsymbol{\alpha})=k\sigma(\boldsymbol{\alpha}),\forall\boldsymbol{\alpha}\in V,k\in F,$$

令 $\ker\sigma=\{\boldsymbol{\alpha}\in V|\sigma(\boldsymbol{\alpha})=\boldsymbol{0}\}$, 称为 σ 的核, 它为 V 的一个子空间, 用 $\mathrm{Im}\sigma=\{\sigma(\boldsymbol{\alpha})|\boldsymbol{\alpha}\in V\}$ 表示 σ 的像, 即值域, 它是 U 的一个子空间. 证明:

(1) 若 $\boldsymbol{\alpha}_1,\boldsymbol{\alpha}_2,\cdots,\boldsymbol{\alpha}_n$ 为 V 的一个基, 则 $\mathrm{Im}\sigma=L(\sigma(\boldsymbol{\alpha}_1),\sigma(\boldsymbol{\alpha}_2),\cdots,\sigma(\boldsymbol{\alpha}_n))$;

(2) (浙江师范大学,2002)$\dim\ker\sigma+\dim\mathrm{Im}\sigma=\dim V$;

(3) 若 $\dim V=\dim U$, 则 σ 为单射的充要条件为 σ 为满射.

证 (1) 显然 $\sigma(\boldsymbol{\alpha}_i)\in\mathrm{Im}\sigma$, 故

$$L(\sigma(\boldsymbol{\alpha}_1),\sigma(\boldsymbol{\alpha}_2),\cdots,\sigma(\boldsymbol{\alpha}_n))\subseteq\mathrm{Im}\sigma.$$

任取 $\boldsymbol{\alpha}\in\mathrm{Im}\sigma$, 则存在 $\boldsymbol{\beta}\in V$, 使得 $\sigma(\boldsymbol{\beta})=\boldsymbol{\alpha}$, 令

$$\boldsymbol{\beta}=k_1\boldsymbol{\alpha}_1+k_2\boldsymbol{\alpha}_2+\cdots+k_n\boldsymbol{\alpha}_n,$$

则

$$\boldsymbol{\alpha}=\sigma(\boldsymbol{\beta})k_1\sigma(\boldsymbol{\alpha}_1)+k_2\sigma(\boldsymbol{\alpha}_2)+\cdots+k_n\sigma(\boldsymbol{\alpha}_n),$$

故 $\boldsymbol{\alpha}\in L(\sigma(\boldsymbol{\alpha}_1),\sigma(\boldsymbol{\alpha}_2),\cdots,\sigma(\boldsymbol{\alpha}_n))$, 即结论成立.

(2) 设 $\dim\ker\sigma=r$.

1) 若 $r=0$, 即 $\ker\sigma=\{\mathbf{0}\}$, 取 V 的一组基 $\boldsymbol{\alpha}_1,\boldsymbol{\alpha}_2,\cdots,\boldsymbol{\alpha}_n$, 则 $\sigma(\boldsymbol{\alpha}_1),\sigma(\boldsymbol{\alpha}_2),\cdots,\sigma(\boldsymbol{\alpha}_n)$ 线性无关. 事实上, 设

$$k_1\sigma(\boldsymbol{\alpha}_1)+k_2\sigma(\boldsymbol{\alpha}_2)+\cdots+k_n\sigma(\boldsymbol{\alpha}_n)=\mathbf{0},$$

即

$$\sigma(k_1\boldsymbol{\alpha}_1+k_2\boldsymbol{\alpha}_2+\cdots+k_n\boldsymbol{\alpha}_n)=\mathbf{0},$$

于是

$$k_1\boldsymbol{\alpha}_1+k_2\boldsymbol{\alpha}_2+\cdots+k_n\boldsymbol{\alpha}_n\in\ker\sigma=\{\mathbf{0}\},$$

从而 $k_1=k_2=\cdots=k_n=0$, 于是 $\mathrm{Im}\sigma=L(\sigma(\boldsymbol{\alpha}_1),\sigma(\boldsymbol{\alpha}_2),\cdots,\sigma(\boldsymbol{\alpha}_n))$. 此时结论成立.

2) 若 $r\neq0$, 取 $\ker\sigma$ 的一组基 $\boldsymbol{\alpha}_1,\cdots,\boldsymbol{\alpha}_r$, 将其扩充为 V 的一组基

$$\boldsymbol{\alpha}_1,\cdots,\boldsymbol{\alpha}_r,\boldsymbol{\alpha}_{r+1},\cdots,\boldsymbol{\alpha}_n,$$

则

$$\begin{aligned}\mathrm{Im}\sigma&=L(\sigma(\boldsymbol{\alpha}_1),\cdots,\sigma(\boldsymbol{\alpha}_r),\sigma(\boldsymbol{\alpha}_{r+1}),\cdots,\sigma(\boldsymbol{\alpha}_n))\\&=L(\sigma(\boldsymbol{\alpha}_{r+1}),\cdots,\sigma(\boldsymbol{\alpha}_n)),\end{aligned}$$

下证 $\sigma(\boldsymbol{\alpha}_{r+1}),\cdots,\sigma(\boldsymbol{\alpha}_n)$ 线性无关. 设

$$k_{r+1}\sigma(\boldsymbol{\alpha}_{r+1})+\cdots+k_n\sigma(\boldsymbol{\alpha}_n)=\mathbf{0},$$

则

$$\sigma(k_{r+1}\boldsymbol{\alpha}_{r+1}+\cdots+k_n\boldsymbol{\alpha}_n)=\mathbf{0},$$

即 $k_{r+1}\boldsymbol{\alpha}_{r+1}+\cdots+k_n\boldsymbol{\alpha}_n\in\ker\sigma$. 设

$$k_{r+1}\boldsymbol{\alpha}_{r+1}+\cdots+k_n\boldsymbol{\alpha}_n=k_1\boldsymbol{\alpha}_1+\cdots+k_r\boldsymbol{\alpha}_r,$$

而 $\boldsymbol{\alpha}_1,\cdots,\boldsymbol{\alpha}_r,\boldsymbol{\alpha}_{r+1},\cdots,\boldsymbol{\alpha}_n$ 是 V 的基是线性无关的, 于是

$$k_1=\cdots=k_r=k_{r+1}=\cdots=k_n=0.$$

故结论成立.

(3) 设 $\dim V=\dim U=n$.

必要性. 若 σ 为单射, 则 $\ker\sigma=\{\mathbf{0}\}$, 故 $\dim\mathrm{Im}\sigma=n$, 又 $\mathrm{Im}\sigma\subseteq U$, 故 $\mathrm{Im}\sigma=U$, 从而 σ 为满射.

充分性. 设 σ 为满射, 则 $\mathrm{Im}\sigma=U$, 即 $\dim\mathrm{Im}\sigma=n$, 从而 $\dim\ker\sigma=0$, 于是 $\ker\sigma=\{\mathbf{0}\}$, 故 σ 为单射.

例 7.2.2 (东华大学,2022) 设 $\varphi:U\to V$ 是线性映射,$\dim U=n$, 证明下述命题等价:

(1) $\ker\varphi=\{\mathbf{0}\}$, 其中 $\ker\varphi=\{\boldsymbol{\alpha}\in V|\varphi(\boldsymbol{\alpha})=\mathbf{0}\}$;

(2) φ 是单射;

(3) φ 将 U 中任意线性无关的向量组映射为 V 中的线性无关的向量组;

(4) $\dim\mathrm{Im}\varphi=n$, 其中 $\mathrm{Im}\varphi=\{\varphi(\boldsymbol{\alpha})|\boldsymbol{\alpha}\in U\}$.

例 7.2.3 (河北工业大学,2003) 设 V 和 U 为数域 F 上的线性空间,$\boldsymbol{e}_1,\boldsymbol{e}_2,\cdots,\boldsymbol{e}_n$ 为 V 的一组基,$\boldsymbol{u}_1,\boldsymbol{u}_2,\cdots,\boldsymbol{u}_n$ 为 U 中的 n 个向量, 证明: 存在 V 到 U 的唯一线性映射 ϕ 使得

$$\phi(\boldsymbol{e}_i)=\boldsymbol{u}_i,i=1,2,\cdots,n.$$

7.3 值域、核

例 7.3.1 (西南师范大学,2002; 中国矿业大学,2020) 设 σ 为数域 F 上 n 维线性空间 V 的线性变换.

(1) 证明:$\dim \mathrm{Im}\sigma + \dim \ker \sigma = n$;

(2) 举例说明在一般情况下,$\mathrm{Im}\sigma \cap \ker \sigma \neq \{\mathbf{0}\}$;

(3) 证明: 若 $\mathrm{Im}\sigma \cap \ker \sigma = \{\mathbf{0}\}$, 则 $V = \mathrm{Im}\sigma \oplus \ker \sigma$.

证 (1) 略.

(2) 令 $V = F[x]_n, \sigma(f(x)) = f'(x)$, 则 $\ker \sigma = F, \mathrm{Im}\sigma = F[x]_{n-1}$. 显然 $\mathrm{Im}\sigma \cap \ker \sigma \neq \{\mathbf{0}\}$.

(3) 易知 $\mathrm{Im}\sigma + \ker \sigma$ 是 V 的子空间, 又有

$$\begin{aligned}\dim(\mathrm{Im}\sigma + \ker \sigma) &= \dim \mathrm{Im}\sigma + \dim \ker \sigma - \dim(\mathrm{Im}\sigma \cap \ker \sigma)\\ &= n = \dim V.\end{aligned}$$

故结论成立.

例 7.3.2 (浙江大学,2002; 杭州电子科技大学,2021) 设 σ 为 n 维线性空间 V 的线性变换,σ 在 V 的某组基下的矩阵为 $\boldsymbol{A}$, 证明 $r(\boldsymbol{A}^2) = r(\boldsymbol{A})$ 的充要条件为 $V = \mathrm{Im}\sigma \oplus \ker \sigma$.

证 必要性. 设 $\boldsymbol{\alpha}_1, \cdots, \boldsymbol{\alpha}_n$ 为 V 的基, 且

$$\sigma(\boldsymbol{\alpha}_1, \cdots, \boldsymbol{\alpha}_n) = (\boldsymbol{\alpha}_1, \cdots, \boldsymbol{\alpha}_n)\boldsymbol{A},$$

则

$$\sigma^2(\boldsymbol{\alpha}_1, \cdots, \boldsymbol{\alpha}_n) = (\boldsymbol{\alpha}_1, \cdots, \boldsymbol{\alpha}_n)\boldsymbol{A}^2,$$

$$\mathrm{Im}\sigma = L(\sigma(\boldsymbol{\alpha}_1), \cdots, \sigma(\boldsymbol{\alpha}_n)) = L(\boldsymbol{\beta}_1, \cdots, \boldsymbol{\beta}_s),$$

其中,$\boldsymbol{\beta}_1, \cdots, \boldsymbol{\beta}_s$ 为 $\mathrm{Im}\sigma$ 的一组基. 则

$$\mathrm{Im}\sigma^2 = L(\sigma(\boldsymbol{\beta}_1), \cdots, \sigma(\boldsymbol{\beta}_s)).$$

由于 $r(\boldsymbol{A}^2) = r(\boldsymbol{A})$, 故

$$\dim \mathrm{Im}\sigma^2 = \dim \mathrm{Im}\sigma,$$

于是 $\sigma(\boldsymbol{\beta}_1), \cdots, \sigma(\boldsymbol{\beta}_s)$ 为 $\mathrm{Im}\sigma^2$ 的一组基.

$\forall \boldsymbol{\alpha} \in \mathrm{Im}\sigma \cap \ker \sigma$, 设

$$\boldsymbol{\alpha} = k_1\boldsymbol{\beta}_1 + \cdots + k_s\boldsymbol{\beta}_s,$$

由于

$$\mathbf{0} = \sigma(\boldsymbol{\alpha}) = k_1\sigma(\boldsymbol{\beta}_1) + \cdots + k_s\sigma(\boldsymbol{\beta}_s),$$

以及 $\sigma(\boldsymbol{\beta}_1), \cdots, \sigma(\boldsymbol{\beta}_s)$ 线性无关, 可得 $k_1 = \cdots = k_s = 0$, 故 $\boldsymbol{\alpha} = \mathbf{0}$. 即

$$\mathrm{Im}\sigma \cap \ker \sigma = \{\mathbf{0}\}.$$

又

$$\dim(\mathrm{Im}\sigma + \ker \sigma) = \dim \mathrm{Im}\sigma + \dim \ker \sigma - \dim(\mathrm{Im}\sigma \cap \ker \sigma) = n = \dim V,$$

且 $\mathrm{Im}\sigma+\ker\sigma$ 是 V 的子空间, 从而 $V=\mathrm{Im}\sigma\oplus\ker\sigma$.

充分性. 显然 $\mathrm{Im}\sigma^2\sqsubseteq\mathrm{Im}\sigma$. $\forall\sigma(\boldsymbol{\alpha})\in\mathrm{Im}\sigma,\boldsymbol{\alpha}\in V$, 则由 $V=\mathrm{Im}\sigma\oplus\ker\sigma$ 可设

$$\boldsymbol{\alpha}=\sigma(\boldsymbol{\beta})+\boldsymbol{\gamma},\sigma(\boldsymbol{\beta})\in\mathrm{Im}\sigma,\boldsymbol{\gamma}\in\ker\sigma,$$

于是 $\sigma(\boldsymbol{\alpha})=\sigma^2(\boldsymbol{\beta})\in\mathrm{Im}\sigma^2$, 即 $\mathrm{Im}\sigma\sqsubseteq\mathrm{Im}\sigma^2$, 从而 $\mathrm{Im}\sigma^2=\mathrm{Im}\sigma$, 故 $r(\boldsymbol{A}^2)=r(\boldsymbol{A})$.

例 7.3.3　(山东师范大学,2006; 南京理工大学,2020) 设 σ 为 n 维线性空间 V 的线性变换, 证明:$r(\sigma^2)=r(\sigma)$ 的充要条件为 $\mathrm{Im}\sigma\cap\ker\sigma=\{\boldsymbol{0}\}$.

例 7.3.4　(汕头大学,2003) 设 σ 为 n 维线性空间 V 的线性变换, 已知 $\dim(\mathrm{Im}\sigma^2)=\dim(\mathrm{Im}\sigma)$, 证明:$\mathrm{Im}\sigma\cap\ker\sigma=\{\boldsymbol{0}\}$.

例 7.3.5　(厦门大学,2003; 漳州师范学院,2010) 设 σ 为 n 维线性空间 V 的线性变换, 证明下列四个条件等价:

(1) $V=\mathrm{Im}\sigma\oplus\ker\sigma$;

(2) $\mathrm{Im}\sigma\cap\ker\sigma=\{\boldsymbol{0}\}$;

(3) $\ker\sigma^2=\ker\sigma$;

(4) $\mathrm{Im}\sigma^2=\mathrm{Im}\sigma$.

证　(1) ⇒(2): 显然.

(2) ⇒(3): 显然 $\ker\sigma\sqsubseteq\ker\sigma^2$. 下证 $\ker\sigma^2\sqsubseteq\ker\sigma$. 任取 $\boldsymbol{\alpha}\in\ker\sigma^2$, 则

$$\boldsymbol{0}=\sigma^2(\boldsymbol{\alpha})=\sigma(\sigma(\boldsymbol{\alpha})),$$

故 $\sigma(\boldsymbol{\alpha})\in\mathrm{Im}\sigma\cap\ker\sigma=\{\boldsymbol{0}\}$, 即 $\sigma(\boldsymbol{\alpha})=\boldsymbol{0}$, 于是 $\ker\sigma^2\sqsubseteq\ker\sigma$. 从而结论成立.

(3) ⇒(4): 显然 $\mathrm{Im}\sigma^2\sqsubseteq\mathrm{Im}\sigma$. 又由 (3) 有

$$\dim\mathrm{Im}\sigma^2=n-\dim\ker\sigma^2=n-\dim\ker\sigma=\dim\mathrm{Im}\sigma,$$

故 $\mathrm{Im}\sigma^2=\mathrm{Im}\sigma$.

(4) ⇒(1): 参看例7.3.2.

例 7.3.6　(北京理工大学,2003) 设 σ为n维线性空间 V 的线性变换, 证明下列四个条件等价:

(1) $V=\mathrm{Im}\sigma+\ker\sigma$;

(2) $V=\mathrm{Im}\sigma\oplus\ker\sigma$;

(3) $\mathrm{Im}\sigma^2=\mathrm{Im}\sigma$;

(4) $\ker\sigma^2=\ker\sigma$.

例 7.3.7　(北京工业大学,2008) 设 σ 是 n 维线性空间 V 的线性变换, 证明:

(1) $\ker\sigma\sqsubseteq\ker\sigma^2\sqsubseteq\ker\sigma^3\sqsubseteq\cdots$;

(2) $\sigma(V)\sqsupseteq\sigma^2(V)\sqsupseteq\sigma^3(V)\sqsupseteq\cdots$;

(3) 存在正整数 k, 使得对所有的 $l>k$, 都有 $\ker\sigma^l=\ker\sigma^k$;

(4) σ 的秩 $=\sigma^2$ 的秩当且仅当 $V=\sigma(V)\oplus\ker\sigma$.

例 7.3.8　(华侨大学,2012) 设 σ 是数域 F 上 n 维线性空间 V 的线性变换. 证明:

(1) 存在正整数 r, 使得 $\mathrm{Im}\sigma^r=\mathrm{Im}\sigma^{r+1}=\mathrm{Im}\sigma^{r+2}=\cdots$;

(2) 存在正整数 s, 使得 $\ker\sigma^s=\ker\sigma^{s+1}=\ker\sigma^{s+2}=\cdots$;

(3) 存在正整数 m, 使得 $V=\mathrm{Im}\sigma^m\oplus\ker\sigma^m$.

证 (1) 显然

$$\mathrm{Im}\sigma \sqsupseteq \mathrm{Im}\sigma^2 \sqsupseteq \cdots \sqsupseteq \mathrm{Im}\sigma^m \sqsupseteq \cdots,$$

于是

$$\dim \mathrm{Im}\sigma \geqslant \dim \mathrm{Im}\sigma^2 \geqslant \cdots \geqslant \dim \mathrm{Im}\sigma^m \geqslant \cdots,$$

由于 $V \sqsupseteq \mathrm{Im}\sigma^m \sqsupseteq \{\mathbf{0}\}$, 故 $0 \leqslant \dim \mathrm{Im}\sigma^m \leqslant n$, 从而存在 k 使得

$$\dim \mathrm{Im}\sigma^k = \dim \mathrm{Im}\sigma^{k+1},$$

又 $\mathrm{Im}\sigma^{k+1} \sqsubseteq \mathrm{Im}\sigma^k$, 从而

$$\mathrm{Im}\sigma^k = \mathrm{Im}\sigma^{k+1}.$$

下证

$$\mathrm{Im}\sigma^{k+1} = \mathrm{Im}\sigma^{k+2}.$$

显然 $\mathrm{Im}\sigma^{k+2} \sqsubseteq \mathrm{Im}\sigma^{k+1}$. 任取 $\boldsymbol{\alpha} \in \mathrm{Im}\sigma^{k+1}$, 则存在 $\boldsymbol{\beta} \in V$ 使得

$$\boldsymbol{\alpha} = \sigma^{k+1}(\boldsymbol{\beta}) = \sigma(\sigma^k(\boldsymbol{\beta})),$$

而 $\sigma^k(\boldsymbol{\beta}) \in \mathrm{Im}\sigma^k = \mathrm{Im}\sigma^{k+1}$, 故存在 $\boldsymbol{\gamma} \in V$ 使得 $\sigma^k(\boldsymbol{\beta}) = \sigma^{k+1}(\boldsymbol{\gamma})$, 于是

$$\boldsymbol{\alpha} = \sigma(\sigma^k(\boldsymbol{\beta})) = \sigma(\sigma^{k+1}(\boldsymbol{\gamma})) = \sigma^{k+2}(\boldsymbol{\gamma}),$$

此即 $\boldsymbol{\alpha} \in \mathrm{Im}\sigma^{k+2}$, 从而 $\mathrm{Im}\sigma^{k+1} = \mathrm{Im}\sigma^{k+2}$. 令 $r = k$ 即可.

(2) 类似 (1) 证明.

(3) 取 m 为大于等于 s 的任意正整数, 证明 $V = \mathrm{Im}\sigma^m \oplus \ker\sigma^m$, 只需证明 $\mathrm{Im}\sigma^m \cap \ker\sigma^m = \{\mathbf{0}\}$ 即可.

任取 $\boldsymbol{\alpha} \in \mathrm{Im}\sigma^m \cap \ker\sigma^m$, 由 $\boldsymbol{\alpha} \in \mathrm{Im}\sigma^m$ 知存在 $\boldsymbol{\beta} \in V$ 使得 $\boldsymbol{\alpha} = \sigma^m(\boldsymbol{\beta})$, 由 $\boldsymbol{\alpha} \in \ker\sigma^m = \ker\sigma^{2m}$, 有 $\mathbf{0} = \sigma^m(\boldsymbol{\alpha}) = \sigma^{2m}(\boldsymbol{\beta})$, 即 $\boldsymbol{\beta} \in \ker\sigma^{2m} = \ker\sigma^m$, 于是 $\mathbf{0} = \sigma^m(\boldsymbol{\beta}) = \boldsymbol{\alpha}$. 从而 $\mathrm{Im}\sigma^m \cap \ker\sigma^m = \{\mathbf{0}\}$.

例 7.3.9 (中国科学院大学,2013) 设 V 是数域 F 上的有限维向量空间,ϕ 是 V 上的线性变换. 证明:V 能够分解为两个子空间的直和 $V = U \oplus W$, 其中 U, W 满足: 对任意的 $\boldsymbol{u} \in U$, 存在正整数 k 使得 $\phi^k(\boldsymbol{u}) = \mathbf{0}$; 对任意 $\boldsymbol{w} \in W$, 存在 $\boldsymbol{v}_m \in V$, 使得 $\boldsymbol{w} = \phi^m(\boldsymbol{v}_m)$ 对所有的正整数 m.

例 7.3.10 (上海大学,2005) 设 V 为数域 F 上的 n 维线性空间,σ 为 V 的线性变换. 证明:
(1) $\dim(\mathrm{Im}\sigma + \ker\sigma) \geqslant \dfrac{n}{2}$;
(2) $\dim(\mathrm{Im}\sigma + \ker\sigma) = \dfrac{n}{2}$ 的充要条件为 $\mathrm{Im}\sigma = \ker\sigma$. 并举出这样的线性变换.

证 (1) 由于

$$\begin{aligned}\dim(\mathrm{Im}\sigma + \ker\sigma) &= \dim \mathrm{Im}\sigma + \dim\ker\sigma - \dim(\mathrm{Im}\sigma \cap \ker\sigma)\\ &= n - \dim(\mathrm{Im}\sigma \cap \ker\sigma),\end{aligned}$$

要证明结论成立, 只需证明 $\dim(\mathrm{Im}\sigma \cap \ker\sigma) \leqslant \dfrac{n}{2}$.

反证法. 否则由 $\mathrm{Im}\sigma \cap \ker\sigma$ 是 $\mathrm{Im}\sigma(\ker\sigma)$ 的子空间, 可知

$$\dim \mathrm{Im}\sigma > \frac{n}{2}, \dim\ker\sigma > \frac{n}{2},$$

这与

$$\dim \mathrm{Im}\sigma + \dim \ker \sigma = n$$

矛盾.

(2) 充分性. 显然.

必要性. 由条件易知,

$$\dim(\mathrm{Im}\sigma \cap \ker \sigma) = \frac{n}{2},$$

从而可得

$$\dim \mathrm{Im}\sigma \geqslant \frac{n}{2}, \dim \ker \sigma \geqslant \frac{n}{2},$$

但是 $\dim \mathrm{Im}\sigma > \frac{n}{2}$ 与 $\dim \ker \sigma > \frac{n}{2}$ 都不成立. 故

$$\dim \mathrm{Im}\sigma = \dim \ker \sigma = \dim(\mathrm{Im}\sigma \cap \ker \sigma) = \frac{n}{2},$$

而 $\mathrm{Im}\sigma \cap \ker \sigma$ 是 $\mathrm{Im}\sigma(\ker \sigma)$ 的子空间, 故

$$\mathrm{Im}\sigma = \ker\sigma = (\mathrm{Im}\sigma \cap \ker\sigma).$$

即结论成立.

设 V 是数域 F 上的二维线性空间,$\boldsymbol{\alpha}_1, \boldsymbol{\alpha}_2$ 是 V 的基, 任取 $\boldsymbol{\alpha} = x_1\boldsymbol{\alpha}_1 + x_2\boldsymbol{\alpha}_2 \in V$, 定义 V 的变换 σ 为

$$\sigma(\boldsymbol{\alpha}) = x_2\boldsymbol{\alpha}_1.$$

任取 $\boldsymbol{\alpha} = x_1\boldsymbol{\alpha}_1 + x_2\boldsymbol{\alpha}_2, \boldsymbol{\beta} = y_1\boldsymbol{\alpha}_1 + y_2\boldsymbol{\alpha}_2 \in V$, 任取 $k, l \in F$, 由

$$\sigma(k\boldsymbol{\alpha} + l\boldsymbol{\beta}) = (kx_2 + ly_2)\boldsymbol{\alpha}_1 = k\sigma(\boldsymbol{\alpha}) + l\sigma(\boldsymbol{\beta}),$$

可知 σ 是 V 的线性变换.

易知

$$\mathrm{Im}\sigma = L(\sigma(\boldsymbol{\alpha}_1), \sigma(\boldsymbol{\alpha})_2) = L(\boldsymbol{\alpha}_1).$$

任取 $\boldsymbol{\alpha} = x_1\boldsymbol{\alpha}_1+x_2\boldsymbol{\alpha}_2 \in \ker\sigma$, 由 $0 = \sigma(\boldsymbol{\alpha}) = x_2\boldsymbol{\alpha}_1$, 可知 $x_2 = 0$, 即 $\boldsymbol{\alpha} = x_1\boldsymbol{\alpha}_1$, 于是 $\ker\sigma \subseteq L(\boldsymbol{\alpha}_1)$. 显然 $L(\boldsymbol{\alpha}_1) \subseteq \ker\sigma$. 从而 $\ker\sigma = L(\boldsymbol{\alpha}_1) = \mathrm{Im}\sigma$. 这样 σ 就是满足条件的线性变换.

例 7.3.11 (合肥工业大学,2021) 设 σ 是数域 F 上的线性空间 V 的线性变换, 且 $\mathrm{Im}\sigma = \ker\sigma$. 证明:

(1) n 为偶数.

(2) 存在 V 的一组基 $\boldsymbol{\alpha}_1, \cdots, \boldsymbol{\alpha}_n$ 使得 σ 在此基下的矩阵为 $\begin{pmatrix} \boldsymbol{O} & \boldsymbol{E}_{\frac{n}{2}} \\ \boldsymbol{O} & \boldsymbol{O} \end{pmatrix}$.

证 (1) 由 $\mathrm{Im}\sigma = \ker\sigma$, 可知 $\dim \mathrm{Im}\sigma = \dim\ker\sigma$, 于是由维数公式 $\dim \mathrm{Im}\sigma + \dim\ker\sigma = n$, 可得 $n = 2\dim\ker\sigma$, 故 n 为偶数.

(2) 设 $\boldsymbol{\beta}_1, \cdots, \boldsymbol{\beta}_n$ 为 V 的一组基, 则

$$\mathrm{Im}\sigma = L(\sigma(\boldsymbol{\beta}_1), \cdots, \sigma(\boldsymbol{\beta}_n)) = \ker\sigma.$$

设 $\sigma(\boldsymbol{\beta}_1), \cdots, \sigma(\boldsymbol{\beta}_r)(r = \frac{n}{2})$ 为 $\mathrm{Im}\sigma$ 的基, 也是 $\ker\sigma$ 的基. 则可以证明

$$\sigma(\boldsymbol{\beta}_1), \cdots, \sigma(\boldsymbol{\beta}_r), \boldsymbol{\beta}_1, \cdots, \boldsymbol{\beta}_r$$

线性无关. 实际上, 若

$$k_1\sigma(\boldsymbol{\beta}_1)+\cdots+k_r\sigma(\boldsymbol{\beta}_r)+l_1\boldsymbol{\beta}_1+\cdots+l_r\boldsymbol{\beta}_r=\mathbf{0},$$

上式两边左乘 σ, 注意到 $\sigma(\boldsymbol{\beta}_i)\in\ker\sigma(i=1,2,\cdots,r)$ 可得

$$l_1\sigma(\boldsymbol{\beta}_1)+\cdots+l_r\sigma(\boldsymbol{\beta}_r)=\mathbf{0},$$

于是 $l_1=\cdots=l_r=0$, 从而 $k_1=\cdots=k_2=l_1=\cdots=l_r=0$, 故 $\sigma(\boldsymbol{\beta}_1),\cdots,\sigma(\boldsymbol{\beta}_r),\boldsymbol{\beta}_1,\cdots,\boldsymbol{\beta}_r$ 是 V 的基, 易知 σ 在此基下的矩阵为 $\begin{pmatrix}\boldsymbol{O}&\boldsymbol{E}_{\frac{n}{2}}\\\boldsymbol{O}&\boldsymbol{O}\end{pmatrix}$.

例 7.3.12 设 σ 是 n 维线性空间 V 的线性变换, 且 $\sigma^2=0$.

(1) 证明:σ 的像空间的维数不超过 $\dfrac{n}{2}$;

(2) 设 $\boldsymbol{A}$ 是 σ 在某组基下的矩阵, 则方程组 $\boldsymbol{A}\boldsymbol{x}=\mathbf{0}$ 的基础解系至少含有 $\dfrac{n}{2}$ 个解.

证 (1) $\forall\boldsymbol{\alpha}\in\mathrm{Im}\sigma$, 则存在 $\boldsymbol{\beta}\in V$ 使得 $\sigma(\boldsymbol{\beta})=\boldsymbol{\alpha}$, 由 $\sigma^2=0$ 有 $\sigma(\boldsymbol{\alpha})=\sigma^2(\boldsymbol{\beta})=\mathbf{0}$, 即 $\boldsymbol{\alpha}\in\ker\sigma$, 于是 $\mathrm{Im}\sigma\subseteq\ker\sigma$, 从而

$$n=\dim\mathrm{Im}\sigma+\dim\ker\sigma\geqslant 2\dim\mathrm{Im}\sigma,$$

可得 $\dim\mathrm{Im}\sigma\leqslant\dfrac{n}{2}$.

(2) 由 (1) 可知, 方程组 $\boldsymbol{A}\boldsymbol{x}=\mathbf{0}$ 的基础解系含有 $n-r(\boldsymbol{A})=\dim\ker\sigma\geqslant\dfrac{n}{2}$ 个解向量, 所以结论成立.

例 7.3.13 (北京科技大学,1999,2006; 江苏大学,2002; 北京航空航天大学,2003; 南京师范大学,2004; 中国地质大学,2006; 北京工业大学,2021; 合肥工业大学,2021) 设 σ 为有限维线性空间 V 的线性变换,W 是 V 的子空间. 证明:

$$\dim\sigma(W)+\dim(\sigma^{-1}(0)\cap W)=\dim W.$$

证 (法 1) 设 $\dim W=m,\dim(\sigma^{-1}(0)\cap W)=r$.

(1) 若 $r=0$, 设 $\boldsymbol{\alpha}_1,\cdots,\boldsymbol{\alpha}_m$ 为 W 的一组基, 则

$$\sigma(W)=L(\sigma(\boldsymbol{\alpha}_1),\cdots,\sigma(\boldsymbol{\alpha}_m)),$$

这样只需证明

$$\sigma(\boldsymbol{\alpha}_1),\cdots,\sigma(\boldsymbol{\alpha}_m)$$

线性无关即可. 设

$$k_1\sigma(\boldsymbol{\alpha}_1)+\cdots+k_m\sigma(\boldsymbol{\alpha}_m),$$

即

$$\sigma(k_1\boldsymbol{\alpha}_1+\cdots+k_m\boldsymbol{\alpha}_m)=\mathbf{0},$$

于是 $k_1\boldsymbol{\alpha}_1+\cdots+k_m\boldsymbol{\alpha}_m\in\sigma^{-1}(0)\cap W=\{\mathbf{0}\}$, 从而 $k_1=\cdots=k_m=0$, 故结论成立.

(2) 若 $r>0$, 设

$$\boldsymbol{\alpha}_1,\cdots,\boldsymbol{\alpha}_r$$

为 $\sigma^{-1}(0)\cap W$ 的一组基, 将其扩充为 W 的一组基

$$\boldsymbol{\alpha}_1,\cdots,\boldsymbol{\alpha}_r,\boldsymbol{\alpha}_{r+1},\cdots,\boldsymbol{\alpha}_m,$$

则

$$\sigma(W)=L(\sigma(\boldsymbol{\alpha}_1),\cdots,\sigma(\boldsymbol{\alpha}_r),\sigma(\boldsymbol{\alpha}_{r+1}),\cdots,\sigma(\boldsymbol{\alpha}_n))=L(\sigma(\boldsymbol{\alpha}_{r+1}),\cdots,\sigma(\boldsymbol{\alpha}_n)).$$

只需证明 $\sigma(\boldsymbol{\alpha}_{r+1}),\cdots,\sigma(\boldsymbol{\alpha}_n)$ 线性无关即可. 设

$$k_{r+1}\sigma(\boldsymbol{\alpha}_{r+1})+\cdots+k_n\sigma(\boldsymbol{\alpha}_n)=\mathbf{0},$$

即

$$\sigma(k_{r+1}\boldsymbol{\alpha}_{r+1}+\cdots+k_n\boldsymbol{\alpha}_n)=\mathbf{0},$$

于是 $k_{r+1}\boldsymbol{\alpha}_{r+1}+\cdots+k_n\boldsymbol{\alpha}_n\in\sigma^{-1}(0)\cap W$, 设

$$k_{r+1}\boldsymbol{\alpha}_{r+1}+\cdots+k_n\boldsymbol{\alpha}_n=k_1\boldsymbol{\alpha}_1+\cdots+k_r\boldsymbol{\alpha}_r,$$

则易知 $k_1=\cdots=k_r=k_{r+1}=\cdots=k_n=0$, 即 $\sigma(\boldsymbol{\alpha}_{r+1}),\cdots,\sigma(\boldsymbol{\alpha}_n)$ 线性无关, 从而

$$\dim\sigma(W)=m-r,$$

故

$$\dim\sigma(W)+\dim(\sigma^{-1}(0)\cap W)=\dim W.$$

(法 2) 考虑 σ 在 W 上的限制 $\sigma|_W$, 由线性映射的维数公式有

$$\dim\mathrm{Im}\sigma|_W+\dim\ker\sigma|_W=\dim W.$$

显然 $\dim\mathrm{Im}\sigma|_W=\dim\sigma(W)$, 只需证明 $\dim(\sigma^{-1}(0)\cap W)=\dim\ker\sigma|_W$. 任取 $\boldsymbol{\alpha}\in\ker\sigma|_W$, 则 $\boldsymbol{\alpha}\in W$, 且 $\sigma(\boldsymbol{\alpha})=\mathbf{0}$, 又 W 是 V 的子空间, 故 $\boldsymbol{\alpha}\in V$, 于是 $\boldsymbol{\alpha}\in\sigma^{-1}(0)\cap W$. 即 $\ker\sigma|_W\subseteq\sigma^{-1}(0)\cap W$. 任取 $\boldsymbol{\alpha}\in\sigma^{-1}(0)\cap W$, 则 $\boldsymbol{\alpha}\in W$ 且 $\sigma(\boldsymbol{\alpha})=\mathbf{0}$, 显然 $\boldsymbol{\alpha}\in\ker\sigma|_W$, 于是 $\sigma^{-1}(0)\cap W\subseteq\ker\sigma|_W$. 综上可知 $\sigma^{-1}(0)\cap W=\ker\sigma|_W$, 故 $\dim(\sigma^{-1}(0)\cap W)=\dim\ker\sigma|_W$. 从而结论成立.

例 7.3.14 (北京大学,2001; 西南师范大学,2004; 江苏大学,2005; 河南师范大学,2008) 设 σ 为数域 K 上 n 维线性空间 V 上的一个线性变换, 在 $K[x]$ 中,

$$f(x)=f_1(x)f_2(x),\text{其中，}(f_1(x),f_2(x))=1.$$

求证: $\ker f(\sigma)=\ker f_1(\sigma)\oplus\ker f_2(\sigma)$.

证 首先证明 $\ker f_1(\sigma)+\ker f_2(\sigma)\subseteq\ker f(\sigma)$.

$\forall\boldsymbol{\alpha}\in\ker f_1(\sigma)+\ker f_2(\sigma)$, 设 $\boldsymbol{\alpha}=\boldsymbol{\alpha}_1+\boldsymbol{\alpha}_2,\boldsymbol{\alpha}_i\in\ker f_i(\sigma)$. 则

$$f(\sigma)(\boldsymbol{\alpha})=f_1(\sigma)f_2(\sigma)(\boldsymbol{\alpha}_1)+f_1(\sigma)f_2(\sigma)(\boldsymbol{\alpha}_2)=\mathbf{0}.$$

即 $\boldsymbol{\alpha}\in\ker f(\sigma)$, 从而 $\ker f_1(\sigma)+\ker f_2(\sigma)\subseteq\ker f(\sigma)$.

再证明 $\ker f(\sigma)\subseteq\ker f_1(\sigma)+\ker f_2(\sigma)$.

由于 $(f_1(x),f_2(x))=1$, 故存在 $u(x),v(x)\in K[x]$ 使得

$$f_1(x)u(x)+f_2(x)v(x)=1,$$

从而

$$f_1(\sigma)u(\sigma)+f_2(\sigma)v(\sigma)=I.$$

$\forall \boldsymbol{\alpha} \in \ker f(\sigma)$, 有

$$\boldsymbol{\alpha} = f_1(\sigma)u(\sigma)(\boldsymbol{\alpha}) + f_2(\sigma)v(\sigma)(\boldsymbol{\alpha}),$$

易知

$$f_1(\sigma)u(\sigma)(\boldsymbol{\alpha}) \in \ker f_2(\sigma), f_2(\sigma)v(\sigma)(\boldsymbol{\alpha}) \in \ker f_1(\sigma),$$

从而 $\ker f(\sigma) \subseteq \ker f_1(\sigma) + \ker f_2(\sigma)$. 这就证明了

$$\ker f(\sigma) = \ker f_1(\sigma) + \ker f_2(\sigma).$$

$\forall \boldsymbol{\alpha} \in \ker f_1(\sigma) \cap \ker f_2(\sigma)$, 则

$$\boldsymbol{\alpha} = f_1(\sigma)u(\sigma)(\boldsymbol{\alpha}) + f_2(\sigma)v(\sigma)(\boldsymbol{\alpha}),$$

从而 $\boldsymbol{\alpha} = \mathbf{0}$. 故 $\ker f_1(\sigma) \cap \ker f_2(\sigma) = \{\mathbf{0}\}$, 从而

$$\ker f(\sigma) = \ker f_1(\sigma) \oplus \ker f_2(\sigma).$$

注 若 $f(\sigma) = 0$, 则

$$V = \ker f_1(\sigma) \oplus \ker f_2(\sigma),$$

$$\mathrm{Im} f_1(\sigma) = \ker f_2(\sigma), \mathrm{Im} f_2(\sigma) = \ker f_1(\sigma).$$

例 7.3.15 (中山大学,2011) 设 $f(x) = (x-3)^2, g(x) = x-1$ 是 $\mathbb{R}$ 上的两个多项式. 定义 $\mathbb{R}$ 上的线性空间 $\mathbb{R}^3$ 的线性变换 σ 如下:

$$\sigma : \mathbb{R}^3 \to \mathbb{R}^3, \sigma(x,y,z) = (2x+y, x+2y, 3z).$$

证明:$\mathbb{R}^3 = \ker f(\sigma) \oplus \ker g(\sigma)$.

例 7.3.16 (首都师范大学,2022) 已知 V 为 3 维实线性空间,σ 为 V 上的线性变换, 它的特征多项式为 $(\lambda-2)(\lambda-1)^2$, 记 I 为 V 上的恒等变换, 令

$$V_1 = (\sigma - 2I)(V) = \{(\sigma - 2I)\alpha | \alpha \in V\}, V_2 = (\sigma - I)^2(V) = \{(\sigma - I)^2\alpha | \alpha \in V\}.$$

求证:$V = V_1 \oplus V_2$.

7.4 不变子空间

例 7.4.1 设 V 是 n 维线性空间,σ 是 V 的线性变换. 证明:σ 是数乘变换的充要条件是 V 的每个一维子空间都是 σ 的不变子空间.

证 必要性. 易知.

充分性. 设 $L(\boldsymbol{\alpha})$ 是 V 的一维子空间, 其中 $\boldsymbol{\alpha} \neq 0$, 由条件知 $L(\boldsymbol{\alpha})$ 是 σ 的不变子空间, 故存在 $k_0 \in F$ 使得

$$\sigma(\boldsymbol{\alpha}) = k_0\boldsymbol{\alpha}.$$

任取 $\boldsymbol{\beta} \in V$, 若 $\boldsymbol{\alpha}, \boldsymbol{\beta}$ 线性相关, 则可设 $\boldsymbol{\beta} = l\boldsymbol{\alpha}$, 于是

$$\sigma(\boldsymbol{\beta}) = l\sigma(\boldsymbol{\alpha}) = k_0 l\boldsymbol{\alpha} = k_0\boldsymbol{\beta}.$$

若 $\boldsymbol{\alpha},\boldsymbol{\beta}$ 线性无关, 则 $L(\boldsymbol{\beta}),L(\boldsymbol{\alpha}+\boldsymbol{\beta})$ 都是 V 的一维子空间, 从而也是 σ 的不变子空间, 故存在 $k_1,k_2\in F$, 使得

$$\sigma(\boldsymbol{\beta})=k_1\boldsymbol{\beta},\sigma(\boldsymbol{\alpha}+\boldsymbol{\beta})=l_2(\boldsymbol{\alpha}+\boldsymbol{\beta}),$$

于是注意到 σ 是线性变换, 可得

$$l_2\boldsymbol{\alpha}+l_2\boldsymbol{\beta}=k_0\boldsymbol{\alpha}+k_1\boldsymbol{\beta},$$

即

$$(k_0-l_2)\boldsymbol{\alpha}+(k_1-l_2)\boldsymbol{\beta}=\mathbf{0},$$

注意到 $\boldsymbol{\alpha},\boldsymbol{\beta}$ 线性无关, 可得 $k_0=l_2=k_1$, 即

$$\sigma(\boldsymbol{\beta})=k_0\boldsymbol{\beta},$$

综上可知, 任取 $\boldsymbol{\beta}\in V$, 总有

$$\sigma(\boldsymbol{\beta})=k_0\boldsymbol{\beta},$$

其中 $k_0\in F$ 是固定的数, 故 σ 是数乘变换.

例 7.4.2　(南开大学,2000; 西南师范大学,2005) 已知 $\mathbb{R}^2$ 的线性变换 T 在基 $\boldsymbol{e}_1=(1,0)$, $\boldsymbol{e}_2=(0,1)$ 下的矩阵为

$$\boldsymbol{A}=\begin{pmatrix}2&1\\0&2\end{pmatrix}.$$

证明:(1) 设 W_1 为由 $\boldsymbol{e}_1$ 张成的 $\mathbb{R}^2$ 的子空间, 则 W_1 为 T 的不变子空间;

(2) $\mathbb{R}^2$ 不能表示成 T 的任何不变子空间 W_2 与 W_1 的直和.

证　由条件有

$$T(\boldsymbol{e}_1)=2\boldsymbol{e}_1,T(\boldsymbol{e}_2)=\boldsymbol{e}_1+2\boldsymbol{e}_2.$$

(1) 由于 $W_1=L(\boldsymbol{e}_1)$, 而 $T(\boldsymbol{e}_1)=2\boldsymbol{e}_1\in W_1$, 所以结论成立.

(2) 反证法. 若 $\mathbb{R}^2=W_1\oplus W_2=L(\boldsymbol{e}_1)\oplus W_2$, 则 W_2 是 T 的一维不变子空间, 设 $\boldsymbol{\alpha}$ 为 W_2 的基, 由 $\boldsymbol{\alpha}\in V$ 可设

$$\boldsymbol{\alpha}=k_1\boldsymbol{e}_1+k_2\boldsymbol{e}_2,k_1,k_2\in\mathbb{R},$$

并且易知 $k_2\neq 0$, 则由 $T(\boldsymbol{\alpha})\in W_2$, 设 $T(\boldsymbol{\alpha})=l\boldsymbol{\alpha},l\in\mathbb{R}$, 即

$$T(\boldsymbol{\alpha})=2k_1\boldsymbol{e}_1+k_2\boldsymbol{e}_1+2k_2\boldsymbol{e}_2=l(k_1\boldsymbol{e}_1+k_2\boldsymbol{e}_2),$$

可得 $k_2=0$. 矛盾.

例 7.4.3　(重庆大学,2007; 安徽大学,2009) 设 F 为一数域, 线性变换 σ 定义如下:

$$\sigma:F^2\to F^2$$

$$(a,b)\to(a,b)\begin{pmatrix}1&-1\\2&2\end{pmatrix},$$

这里 $F^2=\{(a,b)|a,b\in F\}$. 证明:

(1) 当 $F=\mathbb{R}$ 时,$\mathbb{R}^2$ 无 σ 的非零真不变子空间;

(2) 当 $F=\mathbb{C}$ 时,$\mathbb{C}^2$ 有 σ 的非零真不变子空间.

证 (1) 设 W 为 σ 的真不变子空间, 由于 $\{\mathbf{0}\} \neq W \subseteq \mathbb{R}^2$, 故 $\dim W = 1$. 从而可设 $W = L(\boldsymbol{\alpha})$, 于是

$$\sigma(\boldsymbol{\alpha}) = k\boldsymbol{\alpha}, k \in \mathbb{R}.$$

即 k 为 σ 的特征值. 而 σ 在 $\mathbb{R}^2$ 的基 $\boldsymbol{\alpha}_1 = (1,0), \boldsymbol{\alpha}_2 = (0,1)$ 下的矩阵为

$$\boldsymbol{A} = \begin{pmatrix} 1 & 2 \\ -1 & 2 \end{pmatrix},$$

由于

$$|\lambda \boldsymbol{E} - \boldsymbol{A}| = \lambda^2 - 3\lambda + 4 = 0$$

无实根, 即 σ 无实特征值, 从而 σ 无非零真不变子空间.

(2) σ 在复数域 $\mathbb{C}$ 中有两个不等的特征值, 对应于每一个特征值的特征空间均为 σ 的真不变子空间. 所以 σ 有非零真不变子空间.

例 7.4.4 (北京邮电大学,2021) 设 σ 为 $\mathbb{R}^2$ 上的线性变换,σ 在基 $(1,0)^{\mathrm{T}}, (0,1)^{\mathrm{T}}$ 下的矩阵为 $\begin{pmatrix} 1 & -1 \\ 2 & 2 \end{pmatrix}$, 证明:$\sigma$ 的不变子空间只能为 $\{0\}$ 和 $\mathbb{R}^2$.

例 7.4.5 (北京师范大学,2022) 假设 V 是数域 F 上的二维向量空间, $\boldsymbol{v}_1, \boldsymbol{v}_2$ 是 V 的一组基, 假设 σ 是 V 上的线性变换, 满足 $\sigma(\boldsymbol{v}_1) = \boldsymbol{v}_2, \sigma(\boldsymbol{v}_2) = \mathbf{0}$, 求 σ 的所有不变子空间.

例 7.4.6 (中国科学院大学,2003) 给定 $\mathbb{R}$ 上的二维线性空间 V 的线性变换 σ, 其在一组基 $\boldsymbol{\alpha}_1, \boldsymbol{\alpha}_2$ 下的矩阵为

$$\boldsymbol{A} = \begin{pmatrix} 0 & 1 \\ 1-a & 0 \end{pmatrix}.$$

求 σ 的所有不变子空间.

解 由于

$$|\lambda \boldsymbol{E} - \boldsymbol{A}| = \lambda^2 + a - 1,$$

(1) 当 $a > 1$ 时,σ 的所有不变子空间为 $\{0\}, V$.

(2) 当 $a = 1$ 时,σ 的所有不变子空间为 $\{0\}, L(\boldsymbol{\alpha}_1), V$.

(3) 当 $a < 1$ 时,σ 的所有不变子空间为

$$\{\mathbf{0}\}, V, V_{\sqrt{1-a}} = L(\boldsymbol{\alpha}_1 + \boldsymbol{\alpha}_2\sqrt{1-a}), V_{-\sqrt{1-a}} = L(\boldsymbol{\alpha}_1 - \boldsymbol{\alpha}_2\sqrt{1-a}).$$

例 7.4.7 (华南理工大学,2020; 大连理工大学,2022). 已知线性空间 V 上的线性变换 σ 在基 $\boldsymbol{\varepsilon}_1, \boldsymbol{\varepsilon}_2, \boldsymbol{\varepsilon}_3, \boldsymbol{\varepsilon}_4$ 下的矩阵为

$$\boldsymbol{A} = \begin{pmatrix} 1 & -1 & -1 & 2 \\ 0 & 1 & 0 & 0 \\ 2 & 3 & 1 & -1 \\ 1 & -2 & -2 & -1 \end{pmatrix},$$

求 σ 的包含 $\boldsymbol{\varepsilon}_1$ 的最小不变子空间.

解 由条件可得

$$\begin{cases}\sigma(\varepsilon_1)=\ \ \ \varepsilon_1+2\varepsilon_3+\ \ \varepsilon_4,\\ \sigma(\varepsilon_3)=-\varepsilon_1+\ \ \varepsilon_3-2\varepsilon_4,\\ \sigma(\varepsilon_4)=\ 2\varepsilon_1-\ \varepsilon_3-\ \varepsilon_4,\end{cases}$$

由此可知 $L(\varepsilon_1,\varepsilon_3,\varepsilon_4)$ 是 σ 的不变子空间, 下证 $L(\varepsilon_1,\varepsilon_3,\varepsilon_4)$ 是 σ 的包含 ε_1 的最小的不变子空间.

设 W 是 σ 的任一包含 ε_1 的不变子空间, 只需证明 $L(\varepsilon_1,\varepsilon_3,\varepsilon_4)\subseteq W$ 即可. 由 $\varepsilon_1\in W$, 于是 $\sigma(\varepsilon_1)\in W$, 而

$$\sigma(\varepsilon_1)=\varepsilon_1+2\varepsilon_3+\varepsilon_4,$$

这样 $2\varepsilon_3+\varepsilon_4=\sigma(\varepsilon_1)-\varepsilon_1\in W$, 于是

$$\sigma(2\varepsilon_3+\varepsilon_4)\in W,$$

即

$$2(-\varepsilon_1+\varepsilon_3-2\varepsilon_4)+(2\varepsilon_1-\varepsilon_3-\varepsilon_4)=\varepsilon_3-5\varepsilon_4\in W,$$

从而

$$5(2\varepsilon_3+\varepsilon_4)+(\varepsilon_3-5\varepsilon_4)=11\varepsilon_3\in W,$$

这样

$$\varepsilon_4=(2\varepsilon_3+\varepsilon_4)-2\varepsilon_3\in W,$$

从而 $L(\varepsilon_1,\varepsilon_3,\varepsilon_4)\subseteq W$, 即结论成立.

例 7.4.8 (上海交通大学,2004) 设 σ 为数域 P 上 n 维线性空间 V 的线性变换, 当 σ 在数域 P 中有 n 个两两互异的特征值时, 问 V 的关于 σ 的不变子空间有多少个?

证 设 σ 的特征值为 $\lambda_1,\lambda_2,\cdots,\lambda_n$, 对应的特征向量为 $\boldsymbol{\alpha}_1,\boldsymbol{\alpha}_2,\cdots,\boldsymbol{\alpha}_n$, 则由

$$\sigma(\boldsymbol{\alpha}_i)=\lambda_i\boldsymbol{\alpha}_i, i=1,2,\cdots,n,$$

可知对于 $i,j=1,2,\cdots,n(i\neq j)$ 子空间

$$\{\mathbf{0}\},L(\boldsymbol{\alpha}_i),L(\boldsymbol{\alpha}_i,\boldsymbol{\alpha}_j),\cdots,L(\boldsymbol{\alpha}_1,\cdots,\boldsymbol{\alpha}_n)=V,$$

均为 σ 的不变子空间, 共有

$$\mathrm{C}_n^0+\mathrm{C}_n^1+\mathrm{C}_n^2+\cdots+\mathrm{C}_n^n=(1+1)^n=2^n$$

个.

下证 σ 的不变子空间只有上述的 2^n 个. 设 W 是 σ 的任一非零不变子空间, 且 σ 在 W 的基 $\boldsymbol{\beta}_1,\boldsymbol{\beta}_2,\cdots,\boldsymbol{\beta}_m$ 下的矩阵为 $\boldsymbol{A}$. 将 W 的基扩充为 V 的基 $\boldsymbol{\beta}_1,\boldsymbol{\beta}_2,\cdots,\boldsymbol{\beta}_m,\boldsymbol{\beta}_{m+1},\cdots,\boldsymbol{\beta}_n$, 则 σ 在此基下的矩阵为如下形式:

$$\boldsymbol{B}=\begin{pmatrix}\boldsymbol{A}&\boldsymbol{C}\\ \boldsymbol{O}&\boldsymbol{D}\end{pmatrix},$$

于是 σ 在 W 上的限制 $\sigma|_W$ 的特征多项式 $|\lambda\boldsymbol{E}-\boldsymbol{A}|$ 整除 σ 的特征多项式 $|\lambda\boldsymbol{E}-\boldsymbol{B}|=|\lambda\boldsymbol{E}-\boldsymbol{A}||\lambda\boldsymbol{E}-\boldsymbol{D}|$, 由 σ 有 n 个互异特征值知 $\sigma|_W$ 有 m 个互不相同的特征值, 取 $\sigma|_W$ 的一个特征值 μ,

则存在 $\boldsymbol{\beta} \in W$, 使得 $\sigma|_W(\boldsymbol{\beta}) = \mu\boldsymbol{\beta}$, 即 $\sigma(\boldsymbol{\beta}) = \mu\boldsymbol{\beta}$, 因此 μ 是 σ 的一个特征值, 即 μ 等于某个 λ_i, 于是 $L(\boldsymbol{\alpha}_i) \subseteq W$. 从而 $\sigma|_W$ 的 m 个不同的特征值只能为 $\lambda_{1i1}, \cdots, \lambda_{1im}$, 且 $L(\boldsymbol{\alpha}_{1i1}, \cdots, \boldsymbol{\alpha}_{1im}) \subseteq W$, 由于 $\dim L(\boldsymbol{\alpha}_{1i1}, \cdots, \boldsymbol{\alpha}_{1im}) = \dim W$, 故 $L(\boldsymbol{\alpha}_{1i1}, \cdots, \boldsymbol{\alpha}_{1im}) = W$. 这就证明了结论.

例 7.4.9 (中国矿业大学 (北京),2022) 设 σ 是线性空间 V 上的线性变换, 它在 V 上的一组基 $\boldsymbol{\alpha}_1, \boldsymbol{\alpha}_2, \cdots, \boldsymbol{\alpha}_n$ 下的矩阵是

$$\boldsymbol{A} = \begin{pmatrix} 2 & 1 & & \\ & 2 & \ddots & \\ & & \ddots & 1 \\ & & & 2 \end{pmatrix}.$$

(1) 如果 W 是 V 的 σ 不变子空间, 且 $\boldsymbol{\alpha}_n \in W$, 证明:$W = V$;

(2) 如果 W 是 V 的 σ 不变子空间, 且 $W \neq \{0\}$, 证明:$\boldsymbol{\alpha}_1 \in W$.

证 由条件知

$$\begin{cases} \sigma(\boldsymbol{\alpha}_1) = 2\boldsymbol{\alpha}_1, \\ \sigma(\boldsymbol{\alpha}_2) = \boldsymbol{\alpha}_1 + 2\boldsymbol{\alpha}_2, \\ \quad\vdots \\ \sigma(\boldsymbol{\alpha}_{n-1}) = \boldsymbol{\alpha}_{n-2} + 2\boldsymbol{\alpha}_{n-1}, \\ \sigma(\boldsymbol{\alpha}_n) = \boldsymbol{\alpha}_{n-1} + 2\boldsymbol{\alpha}_n. \end{cases}$$

(1) 若 $\boldsymbol{\alpha}_n \in W$, 且 W 是 σ 的不变子空间, 则 $\sigma(\boldsymbol{\alpha}_n) \in W$, 于是

$$\boldsymbol{\alpha}_{n-1} = \sigma(\boldsymbol{\alpha}_n) - 2\boldsymbol{\alpha}_n \in W,$$

再由 $\sigma(\boldsymbol{\alpha}_{n-1}) \in W$, 可得

$$\boldsymbol{\alpha}_{n-2} = \sigma(\boldsymbol{\alpha}_{n-1}) - 2\boldsymbol{\alpha}_{n-1} \in W,$$

如此下去, 可得 $\boldsymbol{\alpha}_n, \boldsymbol{\alpha}_{n-1}, \cdots, \boldsymbol{\alpha}_1 \in W$, 从而 $W = V$.

(2) 任取 $0 \neq \boldsymbol{\alpha} \in W \subseteq V$, 可设

$$\boldsymbol{\alpha} = k_1\boldsymbol{\alpha}_1 + k_2\boldsymbol{\alpha}_2 + \cdots + k_n\boldsymbol{\alpha}_n,$$

且 k_s 是 $k_n, k_{n-1}, \cdots, k_2, k_1$ 中第一个不为 0 的数, 即

$$k_s \neq 0, k_{s+1} = \cdots = k_n = 0, 1 \leqslant s \leqslant n,$$

则

$$\boldsymbol{\alpha} = k_1\boldsymbol{\alpha}_1 + k_2\boldsymbol{\alpha}_2 + \cdots + k_s\boldsymbol{\alpha}_s,$$

由 W 是 σ 的不变子空间, 可得 $\sigma(\boldsymbol{\alpha}) \in W$, 于是由

$$\begin{aligned} \sigma(\boldsymbol{\alpha}) &= k_1\sigma(\boldsymbol{\alpha}_1) + k_2\sigma(\boldsymbol{\alpha}_2) + \cdots + k_s\sigma(\boldsymbol{\alpha}_s) \\ &= 2k_1\boldsymbol{\alpha}_1 + k_2\boldsymbol{\alpha}_1 + 2k_2\boldsymbol{\alpha}_2 + \cdots + k_s\boldsymbol{\alpha}_{s-1} + 2k_s\boldsymbol{\alpha}_s \\ &= 2\boldsymbol{\alpha} + (k_2\boldsymbol{\alpha}_1 + k_3\boldsymbol{\alpha}_2 + \cdots + k_s\boldsymbol{\alpha}_{s-1}), \end{aligned}$$

可知

$$\boldsymbol{\beta}=k_2\boldsymbol{\alpha}_1+k_3\boldsymbol{\alpha}_2+\cdots+k_s\boldsymbol{\alpha}_{s-1}\in W,$$

于是 $\sigma(\boldsymbol{\beta})\in W$, 由

$$\begin{aligned}\sigma(\boldsymbol{\beta}) &=2k_2\boldsymbol{\alpha}_1+k_3\boldsymbol{\alpha}_1+2k_3\boldsymbol{\alpha}_2+\cdots+k_s\boldsymbol{\alpha}_{s-2}+2k_s\boldsymbol{\alpha}_{s-1}\\ &=2\boldsymbol{\beta}+(k_3\boldsymbol{\alpha}_1+\cdots+k_s\boldsymbol{\alpha}_{s-2}),\end{aligned}$$

可得

$$k_3\boldsymbol{\alpha}_1+\cdots+k_s\boldsymbol{\alpha}_{s-2}\in W,$$

如此下去, 可得 $k_s\boldsymbol{\alpha}_1\in W$, 由于 $k_s\neq 0$, 从而 $\boldsymbol{\alpha}_1\in W$.

例 7.4.10 (云南大学,2011; 华中科技大学,2015; 四川大学,2016; 大连理工大学,2023; 湘潭大学,2023) 设 σ 是 n 维线性空间 V 的线性变换,W 是 V 的 σ 不变子空间, 且 $\boldsymbol{\alpha}_1,\boldsymbol{\alpha}_2,\cdots,\boldsymbol{\alpha}_k$ 是 σ 的属于不同特征值 $\lambda_1,\lambda_2,\cdots,\lambda_k$ 的特征向量. 证明: 如果 $\boldsymbol{\alpha}=\boldsymbol{\alpha}_1+\boldsymbol{\alpha}_2+\cdots+\boldsymbol{\alpha}_k\in W$, 则 $\dim W\geqslant k$.

证 由于 $\boldsymbol{\alpha}\in W$, 以及 W 是 V 的 σ 不变子空间, 可得 $\boldsymbol{\alpha},\sigma(\boldsymbol{\alpha}),\cdots,\sigma^{k-1}(\boldsymbol{\alpha})\in W$, 而

$$\begin{cases}\boldsymbol{\alpha}=\boldsymbol{\alpha}_1+\boldsymbol{\alpha}_2+\cdots+\boldsymbol{\alpha}_k,\\ \sigma(\boldsymbol{\alpha})=\lambda_1\boldsymbol{\alpha}_1+\lambda_2\boldsymbol{\alpha}_2+\cdots+\lambda_k\boldsymbol{\alpha}_k,\\ \qquad\vdots\\ \sigma^{k-1}(\boldsymbol{\alpha})=\lambda_1^{k-1}\boldsymbol{\alpha}_1+\lambda_2^{k-1}\boldsymbol{\alpha}_2+\cdots+\lambda_k^{k-1}\boldsymbol{\alpha}_k,\end{cases}$$

即

$$(\boldsymbol{\alpha},\sigma(\boldsymbol{\alpha}),\cdots,\sigma^{k-1}(\boldsymbol{\alpha}))=(\boldsymbol{\alpha}_1,\boldsymbol{\alpha}_2,\cdots,\boldsymbol{\alpha}_k)\boldsymbol{P},$$

其中

$$\boldsymbol{P}=\begin{pmatrix}1&\lambda_1&\cdots&\lambda_1^{k-1}\\1&\lambda_2&\cdots&\lambda_2^{k-1}\\ \vdots&\vdots&&\vdots\\1&\lambda_k&\cdots&\lambda_k^{k-1}\end{pmatrix},$$

由于 $\lambda_1,\lambda_2,\cdots,\lambda_k$ 互不相同, 所以 $\boldsymbol{P}$ 可逆, 注意到 $\boldsymbol{\alpha}_1,\boldsymbol{\alpha}_2,\cdots,\boldsymbol{\alpha}_k$ 线性无关, 于是

$$\boldsymbol{\alpha},\sigma(\boldsymbol{\alpha}),\cdots,\sigma^{k-1}(\boldsymbol{\alpha})$$

线性无关, 而 $\boldsymbol{\alpha},\sigma(\boldsymbol{\alpha}),\cdots,\sigma^{k-1}(\boldsymbol{\alpha})\in W$, 故 $\dim W\geqslant k$.

例 7.4.11 (兰州大学,2022) 设 V 是数域 P 上的有限维线性空间,σ 是 V 上的一个线性变换,$\lambda_1,\lambda_2,\cdots,\lambda_m$ 是 σ 的不同特征值, 而 $\boldsymbol{\alpha}_i$ 是关于 $\lambda_i(i=1,2,\cdots,m)$ 的特征向量,W 是 σ 的一个不变子空间. 证明: 如果 $\boldsymbol{\alpha}_1+\boldsymbol{\alpha}_2+\cdots+\boldsymbol{\alpha}_m=\boldsymbol{\alpha}\in W$, 则对每个 $i=1,2,\cdots,m$, 有 $\boldsymbol{\alpha}_i\in W$.

7.5 线性变换与矩阵

例 7.5.1 设 σ 是数域 P 上的 n 维线性空间 V 的线性变换. 证明:

$$\dim\mathrm{Im}\sigma^3+\dim\mathrm{Im}\sigma\geqslant 2\dim\mathrm{Im}\sigma^2.$$

证 设 σ 在 V 的一组基下的矩阵为 $\boldsymbol{A}$, 则只需证

$$r(\boldsymbol{A}^3)+r(\boldsymbol{A})\geqslant 2r(\boldsymbol{A}^2).$$

由于

$$\begin{pmatrix}\boldsymbol{A}^3 & \boldsymbol{O}\\ \boldsymbol{O} & \boldsymbol{A}\end{pmatrix}\to\begin{pmatrix}\boldsymbol{A}^3 & -\boldsymbol{A}^2\\ \boldsymbol{O} & \boldsymbol{A}\end{pmatrix}\to\begin{pmatrix}\boldsymbol{O} & -\boldsymbol{A}^2\\ \boldsymbol{A}^2 & \boldsymbol{A}\end{pmatrix}\to\begin{pmatrix}\boldsymbol{A}^2 & \boldsymbol{O}\\ \boldsymbol{A} & \boldsymbol{A}^2\end{pmatrix},$$

故

$$r(\boldsymbol{A}^3)+r(\boldsymbol{A})=r\begin{pmatrix}\boldsymbol{A}^3 & \boldsymbol{O}\\ \boldsymbol{O} & \boldsymbol{A}\end{pmatrix}=r\begin{pmatrix}\boldsymbol{A}^2 & \boldsymbol{O}\\ \boldsymbol{A} & \boldsymbol{A}^2\end{pmatrix}\geqslant 2r(\boldsymbol{A}^2).$$

即结论成立.

例 7.5.2 (北京科技大学,2002) 设 σ,τ 为有限维线性空间 V 的线性变换.

(1) 证明: $\dim\ker(\sigma\tau)\leqslant\dim\ker\sigma+\dim\ker\tau$.

(2) $\dim\ker(\sigma\tau)=\dim\ker(\tau\sigma)$ 是否成立? 为什么?

例 7.5.3 (云南大学,2008; 浙江大学,2004; 首都师范大学,2005; 山东师范大学,2021; 中国石油大学,2021; 西南财经大学,2022) 设 $\boldsymbol{A},\boldsymbol{B},\boldsymbol{C},\boldsymbol{D}\in P^{n\times n}$, 若

$$T:\boldsymbol{X}\to\boldsymbol{AXB}+\boldsymbol{CX}+\boldsymbol{XD},\forall\boldsymbol{X}\in P^{n\times n}.$$

证明:

(1) T 为 $P^{n\times n}$ 的线性变换;

(2) 当 $\boldsymbol{C}=\boldsymbol{D}=\boldsymbol{O}$ 时,T 可逆的充要条件为 $|\boldsymbol{AB}|\neq 0$.

证 (1) 略.

(2) 必要性. 若 $|\boldsymbol{AB}|=0$, 则 $|\boldsymbol{A}|=0$ 或 $|\boldsymbol{B}|=0$. 不妨设 $|\boldsymbol{A}|=0$, 则矩阵方程 $\boldsymbol{AX}=\boldsymbol{0}$ 有非零解, 设为 $\boldsymbol{X}_0$. 则

$$T(\boldsymbol{X}_0)=\boldsymbol{AX}_0\boldsymbol{B}=\boldsymbol{0},$$

由于 T 可逆, 故 $\boldsymbol{X}_0=\boldsymbol{0}$. 矛盾.

充分性.(法 1) 只需证明 T 是单射即可 (因为有限维线性空间的线性变换是单射必为满射, 从而必为双射). 设

$$T(\boldsymbol{X}_1)=T(\boldsymbol{X}_2),$$

即

$$\boldsymbol{AX}_1\boldsymbol{B}=\boldsymbol{AX}_2\boldsymbol{B},$$

由 $\boldsymbol{A},\boldsymbol{B}$ 都可逆知 $\boldsymbol{X}_1=\boldsymbol{X}_2$. 即结论成立.

(法 2) 只需证明 T 是满射即可 (因为有限维线性空间的线性变换是满射必为单射, 从而必为双射). 任取 $\boldsymbol{Y}\in P^{n\times n}$, 由于 $\boldsymbol{A},\boldsymbol{B}$ 都可逆, 令

$$\boldsymbol{X}=\boldsymbol{A}^{-1}\boldsymbol{C}\boldsymbol{B}^{-1},$$

则

$$T(\boldsymbol{X})=\boldsymbol{A}(\boldsymbol{A}^{-1}\boldsymbol{C}\boldsymbol{B}^{-1})\boldsymbol{B}=\boldsymbol{C},$$

从而 T 是满射.

(法 3) 由于 $\boldsymbol{A},\boldsymbol{B}$ 都是可逆矩阵, 令

$$S: P^{n\times n}\to P^{n\times n}, \boldsymbol{Y}\to \boldsymbol{A}^{-1}\boldsymbol{Y}\boldsymbol{B}^{-1},$$

则易知 S 是线性变换, 且 $ST=TS=I$, 故 T 是可逆的.

例 7.5.4　(南开大学,2000; 中南大学,2003; 扬州大学,2004) 设 $\mathbb{R}^2$ 为实数域 $\mathbb{R}$ 上的二维线性空间,

$$T:\mathbb{R}^2\to\mathbb{R}^2, (x_1,x_2)\to(-x_2,x_1)$$

是线性变换.

(1) (中国计量学院,2012) 求 T 在基 $\boldsymbol{\alpha}_1=(1,2),\boldsymbol{\alpha}_2=(1,-1)$ 下的矩阵.

(2) (中国矿业大学 (北京),2020) 证明: 对于每个实数 c, 线性变换 $T-cI$ 是可逆变换.

(3) (中国计量学院 2012; 中国矿业大学 (北京),2020) 设 T 在 $\mathbb{R}^2$ 的某一组基下的矩阵为 $\boldsymbol{A}=\begin{pmatrix}a_{11} & a_{12}\\ a_{21} & a_{22}\end{pmatrix}$. 证明: 乘积 $a_{12}a_{21}$ 不等于 0.

解　(1) 易得所求矩阵为

$$\boldsymbol{B}=\begin{pmatrix}-\dfrac{1}{3} & \dfrac{2}{3}\\ -\dfrac{5}{3} & \dfrac{1}{3}\end{pmatrix},$$

(2) 由于 $T-cI$ 的矩阵的行列式

$$|\boldsymbol{B}-c\boldsymbol{I}|=1+c^2>0.$$

故 $T-cI$ 可逆.

(3) (法 1) 由于 $\boldsymbol{A}$ 与 $\boldsymbol{B}$ 相似, 于是

$$a_{11}+a_{22}=\operatorname{tr}(\boldsymbol{A})=\operatorname{tr}(\boldsymbol{B})=0,$$

$$a_{11}a_{22}-a_{12}a_{22}=|\boldsymbol{A}|=|\boldsymbol{B}|=1,$$

若 $a_{12}a_{21}=0$, 则 $a_{11}a_{22}=1$, 于是

$$0=(a_{11}+a_{22})^2=a_{11}^2+a_{22}^2+2a_{11}a_{22}=a_{11}^2+a_{22}^2+2>0,$$

这是矛盾的.

(法 2) 由于 $\boldsymbol{A}$ 与 $\boldsymbol{B}$ 相似, 于是 $\boldsymbol{A}$ 与 $\boldsymbol{B}$ 的特征值相同, 易求 $\boldsymbol{B}$ 的特征值为 $\pm\mathrm{i}$. 若 $a_{12}a_{21}=0$, 则 $\boldsymbol{A}$ 的特征值为 $a_{11},a_{22}\in\mathbb{R}$, 矛盾.

7.6　特征值和特征向量

7.6.1　特征值和特征向量的定义、性质与求法

例 7.6.1　(西南大学,2008) 设四阶矩阵 $\boldsymbol{A}$ 与 $\boldsymbol{B}$ 相似, 矩阵 $\boldsymbol{A}$ 的特征值为 $\dfrac{1}{2},\dfrac{1}{3},\dfrac{1}{4},\dfrac{1}{5}$, 则 $|\boldsymbol{B}^{-1}-\boldsymbol{E}|=(\quad)$.

解 易知 $\boldsymbol{B}^{-1}-\boldsymbol{E}$ 的特征值为 $1,2,3,4$, 故 $|\boldsymbol{B}^{-1}-\boldsymbol{E}|=24$.

例 7.6.2 (华东师范大学,2007) 设三阶矩阵 $\boldsymbol{A}=(a_{ij})$ 的特征值为 $1,-1,2$, 用 $\boldsymbol{A}_{ij}$ 表示 a_{ij} 的代数余子式, 则 $\boldsymbol{A}_{11}+\boldsymbol{A}_{22}+\boldsymbol{A}_{33}=(\quad)$.

解 易知 $\boldsymbol{A}^*$ 的特征值为 $-2,2,-1$, 故 $\boldsymbol{A}_{11}+\boldsymbol{A}_{22}+\boldsymbol{A}_{33}=\operatorname{tr}(\boldsymbol{A}^*)=-1$.

例 7.6.3 (武汉大学,2006) 已知三阶矩阵 $\boldsymbol{A}$ 满足 $|\boldsymbol{A}-\boldsymbol{E}|=|\boldsymbol{A}-2\boldsymbol{E}|=|\boldsymbol{A}+\boldsymbol{E}|=\lambda$.

(1) (河海大学,2021) 当 $\lambda=0$ 时, 求 $|\boldsymbol{A}+3\boldsymbol{E}|$ 的值;

(2) (南京师范大学,2017) 当 $\lambda=2$ 时, 求 $|\boldsymbol{A}+3\boldsymbol{E}|$ 的值.

解 (法 1) 设 $f(x)=|\boldsymbol{A}-x\boldsymbol{E}|$, 则 $f(x)$ 的次数为 3, 且首项系数为 -1. 由条件有

$$f(1)=f(2)=f(-1)=\lambda,$$

于是

$$f(x)=-(x-1)(x-2)(x+1)+\lambda,$$

故可得

(1) $|\boldsymbol{A}+3\boldsymbol{E}|=f(-3)=-(-3-1)(-3-2)(-3+1)=40$.

(2) $|\boldsymbol{A}+3\boldsymbol{E}|=f(-3)=-(-3-1)(-3-2)(-3+1)+2=42$.

(法 2) 当 $\lambda=0$ 时, 由条件知 $\boldsymbol{A}$ 的特征值为 $1,2,-1$, 所以 $\boldsymbol{A}+3\boldsymbol{E}$ 的特征值为 $4,5,2$, 于是 $|\boldsymbol{A}+3\boldsymbol{E}|=40$.

(2) (法 1) 当 $\lambda=2$ 时, 由条件有

$$|\boldsymbol{E}-\boldsymbol{A}|=|2\boldsymbol{E}-\boldsymbol{A}|=|-\boldsymbol{E}-\boldsymbol{A}|=-2.$$

设 $\boldsymbol{A}$ 的特征多项式为 $|\lambda\boldsymbol{E}-\boldsymbol{A}|=f(x)=x^3+ax^2+bx+c$, 则有

$$\begin{cases}-2=\ \ f(1)=\ \ 1+\ \ a+\ \ b+c,\\ -2=\ \ f(2)=\ \ 8+4a+2b+c,\\ -2=f(-1)=-1+\ \ a-\ \ b+c.\end{cases}$$

解得 $a=-2,b=-1,c=0$, 即 $f(x)=x^3-2x^2-x$, 从而

$$|\boldsymbol{A}+3\boldsymbol{E}|=(-1)^3|-3\boldsymbol{E}-\boldsymbol{A}|=-f(-3)=42.$$

(法 2) 令 $f(\lambda)=|\boldsymbol{A}-\lambda\boldsymbol{E}|,p(\lambda)=f(\lambda)-2$, 则由条件可得

$$p(1)=f(1)-2=0,p(2)=f(2)-2=0,p(-1)=f(-1)-2=0,$$

又 $p(x)$ 是首项系数为 -1 的三次多项式, 故

$$p(x)=-(1-\lambda)(2-\lambda)(1+\lambda),$$

从而

$$|\boldsymbol{A}+3\boldsymbol{E}|=f(-3)=p(-3)+2=42.$$

例 7.6.4 (首都师范大学,2020) 设二阶实方阵 $\boldsymbol{A}$ 的特征多项式为 x^2+bx+c, 求 $\boldsymbol{A}^2+\boldsymbol{A}$ 的特征多项式.

例 7.6.5 (西安交通大学,2022) 设 $\boldsymbol{M}$ 为 $n\times m$ 矩阵, 若 λ_0 是 $\begin{pmatrix}\boldsymbol{O} & \boldsymbol{M}\\ \boldsymbol{M}^{\mathrm{T}} & \boldsymbol{O}\end{pmatrix}$ 的特征值, 则 $-\lambda_0$ 也是它的特征值.

证 (法 1) 设 $\begin{pmatrix}\boldsymbol{\alpha}\\ \boldsymbol{\beta}\end{pmatrix}$ 为 $\begin{pmatrix}\boldsymbol{O} & \boldsymbol{M}\\ \boldsymbol{M}^{\mathrm{T}} & \boldsymbol{O}\end{pmatrix}$ 的属于特征值 λ_0 的特征向量, 其中 $\boldsymbol{\alpha},\boldsymbol{\beta}$ 分别为 n 阶与 m 阶列向量, 且至少有一个不为 $\mathbf{0}$, 则有

$$\begin{pmatrix}\boldsymbol{O} & \boldsymbol{M}\\ \boldsymbol{M}^{\mathrm{T}} & \boldsymbol{O}\end{pmatrix}\begin{pmatrix}\boldsymbol{\alpha}\\ \boldsymbol{\beta}\end{pmatrix}=\lambda_0\begin{pmatrix}\boldsymbol{\alpha}\\ \boldsymbol{\beta}\end{pmatrix},$$

即

$$\boldsymbol{M}\boldsymbol{\beta}=\lambda_0\boldsymbol{\alpha},\boldsymbol{M}^{\mathrm{T}}\boldsymbol{\alpha}=\lambda_0\boldsymbol{\beta},$$

于是

$$\begin{pmatrix}\boldsymbol{O} & \boldsymbol{M}\\ \boldsymbol{M}^{\mathrm{T}} & \boldsymbol{O}\end{pmatrix}\begin{pmatrix}\boldsymbol{\alpha}\\ -\boldsymbol{\beta}\end{pmatrix}=\begin{pmatrix}-\boldsymbol{M}\boldsymbol{\beta}\\ \boldsymbol{M}^{\mathrm{T}}\boldsymbol{\alpha}\end{pmatrix}=\begin{pmatrix}-\lambda_0\boldsymbol{\alpha}\\ \lambda_0\boldsymbol{\beta}\end{pmatrix}=-\lambda_0\begin{pmatrix}\boldsymbol{\alpha}\\ -\boldsymbol{\beta}\end{pmatrix},$$

易知 $\begin{pmatrix}\boldsymbol{\alpha}\\ -\boldsymbol{\beta}\end{pmatrix}\neq\mathbf{0}$, 所以 $-\lambda_0$ 也是 $\begin{pmatrix}\boldsymbol{O} & \boldsymbol{M}\\ \boldsymbol{M}^{\mathrm{T}} & \boldsymbol{O}\end{pmatrix}$ 的特征值.

(法 2) 若 $\lambda_0=0$, 则结论显然成立. 下设 $\lambda_0\neq 0$, 由于

$$\begin{pmatrix}\boldsymbol{E}_n & \boldsymbol{O}\\ \dfrac{1}{\lambda_0}\boldsymbol{M}^{\mathrm{T}} & \boldsymbol{E}_m\end{pmatrix}\begin{pmatrix}\lambda_0\boldsymbol{E}_n & -\boldsymbol{M}\\ -\boldsymbol{M}^{\mathrm{T}} & \lambda_0\boldsymbol{E}_m\end{pmatrix}=\begin{pmatrix}\lambda_0\boldsymbol{E}_n & -\boldsymbol{M}\\ \boldsymbol{O} & \lambda_0\boldsymbol{E}_m-\dfrac{1}{\lambda_0}\boldsymbol{M}^{\mathrm{T}}\boldsymbol{M}\end{pmatrix},$$

上式两边取行列式, 可得

$$\begin{aligned}0=&\left|\lambda_0\begin{pmatrix}\boldsymbol{E}_n & \boldsymbol{O}\\ \boldsymbol{O} & \boldsymbol{E}_m\end{pmatrix}-\begin{pmatrix}\boldsymbol{O} & \boldsymbol{M}\\ \boldsymbol{M}^{\mathrm{T}} & \boldsymbol{O}\end{pmatrix}\right|=\begin{vmatrix}\lambda_0\boldsymbol{E}_n & -\boldsymbol{M}\\ -\boldsymbol{M}^{\mathrm{T}} & \lambda_0\boldsymbol{E}_m\end{vmatrix}\\ =&|\lambda_0\boldsymbol{E}_n|\left|\lambda_0\boldsymbol{E}_m-\frac{1}{\lambda_0}\boldsymbol{M}^{\mathrm{T}}\boldsymbol{M}\right|\\ =&\lambda_0^{n-m}|\lambda_0^2\boldsymbol{E}_m-\boldsymbol{M}^{\mathrm{T}}\boldsymbol{M}|,\end{aligned}$$

注意到 $\lambda_0\neq 0$, 可得 $|\lambda_0^2\boldsymbol{E}_m-\boldsymbol{M}^{\mathrm{T}}\boldsymbol{M}|=0$, 于是

$$\begin{aligned}&\left|(-\lambda_0)\begin{pmatrix}\boldsymbol{E}_n & \boldsymbol{O}\\ \boldsymbol{O} & \boldsymbol{E}_m\end{pmatrix}-\begin{pmatrix}\boldsymbol{O} & \boldsymbol{M}\\ \boldsymbol{M}^{\mathrm{T}} & \boldsymbol{O}\end{pmatrix}\right|=\begin{vmatrix}-\lambda_0\boldsymbol{E}_n & -\boldsymbol{M}\\ -\boldsymbol{M}^{\mathrm{T}} & -\lambda_0\boldsymbol{E}_m\end{vmatrix}\\ =&|(-\lambda_0)\boldsymbol{E}_n|\left|(-\lambda_0)\boldsymbol{E}_m-\frac{1}{-\lambda_0}\boldsymbol{M}^{\mathrm{T}}\boldsymbol{M}\right|\\ =&(-\lambda_0)^{n-m}|(-\lambda_0)^2\boldsymbol{E}_m-\boldsymbol{M}^{\mathrm{T}}\boldsymbol{M}|=(-\lambda_0)^{n-m}|\lambda_0^2\boldsymbol{E}_m-\boldsymbol{M}^{\mathrm{T}}\boldsymbol{M}|=0,\end{aligned}$$

即结论成立.

例 7.6.6 (华东师范大学,2017) 给定 $m+n$ 阶分块矩阵

$$\boldsymbol{A}=\begin{pmatrix}\boldsymbol{O}_m & \boldsymbol{B}_{m\times n}\\ \boldsymbol{C}_{n\times m} & \boldsymbol{O}_n\end{pmatrix},$$

证明: 若 λ 为 $\boldsymbol{A}$ 的特征值, 则 $-\lambda$ 也为 $\boldsymbol{A}$ 的特征值.

例 7.6.7 (广东财经大学,2022) 已知矩阵 $\boldsymbol{A}=\begin{pmatrix}-1&0&2\\a&1&a-2\\-3&0&4\end{pmatrix}$ 有三个线性无关的特征向量, 求 a 的值, 并求 $\boldsymbol{A}^n$.

解 由于

$$|\lambda\boldsymbol{E}-\boldsymbol{A}|=\begin{vmatrix}\lambda+1&0&-2\\-a&\lambda-1&2-a\\3&0&\lambda-4\end{vmatrix}=(\lambda+1)(\lambda-1)(\lambda-4)+6(\lambda-1)=(\lambda-1)^2(\lambda-2),$$

故 $\boldsymbol{A}$ 的特征值为 $\lambda_1=\lambda_2=1,\lambda_3=2$.

由 $\boldsymbol{A}$ 有三个线性无关的特征向量, 可知 $\boldsymbol{A}$ 的特征值的代数重数等于几何重数, 于是 $r(\lambda_1\boldsymbol{E}-\boldsymbol{A})=3-2=1$, 由于

$$\lambda_1\boldsymbol{E}-\boldsymbol{A}=\begin{pmatrix}2&0&-2\\-a&0&2-a\\3&0&-3\end{pmatrix},$$

故可知 $a=1$.

下求 $\boldsymbol{A}^n$.

(法 1) 易求 $\boldsymbol{A}$ 的属于特征值 λ_1 的线性无关的特征向量为

$$\boldsymbol{\alpha}_1=(0,1,0)^{\mathrm{T}},\boldsymbol{\alpha}_2=(1,0,1)^{\mathrm{T}},$$

$\boldsymbol{A}$ 的属于特征值 λ_3 的线性无关的特征向量为

$$\boldsymbol{\alpha}_3=(2,-1,3)^{\mathrm{T}},$$

令

$$\boldsymbol{P}=(\boldsymbol{\alpha}_1,\boldsymbol{\alpha}_2,\boldsymbol{\alpha}_3)=\begin{pmatrix}0&1&2\\1&0&-1\\0&1&3\end{pmatrix},$$

则 $\boldsymbol{P}$ 可逆, 且

$$\boldsymbol{P}^{-1}\boldsymbol{A}\boldsymbol{P}=\mathbf{diag}(1,1,2),$$

于是

$$\begin{aligned}\boldsymbol{A}^n=&\boldsymbol{P}\mathbf{diag}(1,1,2^n)\boldsymbol{P}^{-1}\\=&\begin{pmatrix}0&1&2\\1&0&-1\\0&1&3\end{pmatrix}\begin{pmatrix}1&&\\&1&\\&&2^n\end{pmatrix}\begin{pmatrix}-1&1&1\\3&0&-2\\-1&0&1\end{pmatrix}\\=&\begin{pmatrix}3-2^{n+1}&0&2^{n+1}-2\\2^n-1&1&1-2^n\\3-3\times2^n&0&3\times2^n-2\end{pmatrix}.\end{aligned}$$

(法 2) 由于

$$A=\begin{pmatrix}-1&0&2\\1&1&-1\\-3&0&4\end{pmatrix}=E+\alpha\beta^{\mathrm{T}},$$

其中 $\alpha=(-2,1,-3)^{\mathrm{T}},\beta=(1,0,-1)^{\mathrm{T}}$. 利用数学归纳法可得, 对任意正整数 k 有 $(\alpha\beta^{\mathrm{T}})^k=\alpha\beta^{\mathrm{T}}$, 于是

$$\begin{aligned}A^n&=(E+\alpha\beta^{\mathrm{T}})^n\\&=\mathrm{C}_n^0E+\mathrm{C}_n^1(\alpha\beta^{\mathrm{T}})+\cdots+\mathrm{C}_n^n(\alpha\beta^{\mathrm{T}})^n\\&=E+(2^n-1)\alpha\beta^{\mathrm{T}}\\&=\begin{pmatrix}3-2^{n+1}&0&2^{n+1}-2\\2^n-1&1&1-2^n\\3-3\times2^n&0&3\times2^n-2\end{pmatrix}.\end{aligned}$$

例 7.6.8 (南京大学,2014; 兰州大学,2021) 设矩阵

$$A=\begin{pmatrix}1&-1&1\\a&4&b\\-3&-3&5\end{pmatrix}$$

有三个线性无关的特征向量,2 是 A 的二重特征值, 求 a,b 的值, 并求可逆矩阵 T, 使得 $T^{-1}AT$ 为对角矩阵.

例 7.6.9 (中国矿业大学 (徐州),2023) 设 $\mathbb{R}^3$ 上的线性变换 σ 在基 $\varepsilon_1=(1,0,0)^{\mathrm{T}},\varepsilon_2=(1,1,0)^{\mathrm{T}},\varepsilon_3=(1,1,1)^{\mathrm{T}}$ 下的矩阵是

$$A=\begin{pmatrix}2&1&2-a\\-3&-2&a-2\\1&1&1\end{pmatrix}.$$

(1) 若 σ 有三个线性无关的特征向量, 求 a 的值;

(2) 若 $\alpha=(2,3,-2)^{\mathrm{T}}$ 是 σ 的一个特征向量, 证明:A 不可对角化, 并求 A 的若尔当标准形.

例 7.6.10 (武汉理工大学,2022) 设矩阵 $A=\begin{pmatrix}-2&0&0\\2&x&2\\3&1&1\end{pmatrix},B=\begin{pmatrix}-1&0&0\\0&2&0\\0&0&y\end{pmatrix}$, 若存在可逆矩阵 P, 使得 $P^{-1}AP=B$, 求 x,y 的值及 A^{100}.

例 7.6.11 (西安电子科技大学,2015; 厦门大学,2022) 设矩阵 $A=\begin{pmatrix}2&1&1\\1&2&1\\1&1&a\end{pmatrix}$ 可逆, 向量 $\alpha=\begin{pmatrix}1\\b\\1\end{pmatrix}$ 是 A 的伴随矩阵 A^* 的特征向量,λ 是对应的特征值, 试求 a,b 及 λ 的值, 并讨论 A 是否可以对角化.

解 由条件有

$$A^*\alpha = \lambda\alpha,$$

左乘 A 有

$$|A|\alpha = \lambda A\alpha,$$

即

$$(3a-2)\begin{pmatrix}1\\b\\1\end{pmatrix} = \lambda\begin{pmatrix}2&1&1\\1&2&1\\1&1&a\end{pmatrix}\begin{pmatrix}1\\b\\1\end{pmatrix},$$

故有

$$\begin{cases}3a-2=\lambda(3+b),\\(3a-2)b=\lambda(2+2b),\\3a-2=\lambda(1+b+a).\end{cases}$$

注意到 A 可逆, 则 A^* 可逆, 从而 $\lambda\neq 0$, 于是

$$\frac{3a-2}{3+b}=\frac{(3a-2)b}{2+2b}=\frac{3a-2}{1+b+a}=\lambda,$$

注意到 $|A|=3a-2\neq 0$, 可得

$$\frac{1}{3+b}=\frac{b}{2+2b}=\frac{1}{1+b+a}$$

由此可得

$$\begin{cases}a=2,\\b=1,\\\lambda=1.\end{cases}\text{或}\begin{cases}a=2,\\b=-2,\\\lambda=4.\end{cases}$$

易求 A 的特征值为 $\lambda_1=\lambda_2=1,\lambda_3=4$, 对应的特征向量为 $\alpha_1=(-1,0,1)^{\mathrm{T}},\alpha_2=(-1,1,0)^{\mathrm{T}},\alpha_3=(1,1,1)^{\mathrm{T}}$ 线性无关, 故 A 能够对角化.

例 7.6.12 (深圳大学,2013; 北京交通大学,2016) 设矩阵 $A=\begin{pmatrix}a&-1&c\\5&b&3\\1-c&0&-a\end{pmatrix}$, $|A|=-1$, A 的伴随矩阵 A^* 有一个特征值 λ_0, 且属于 λ_0 的一个特征向量为 $\alpha=(-1,-1,1)^{\mathrm{T}}$, 求 a,b,c 和 λ_0 的值.

例 7.6.13 (北京工业大学,2014) 已知线性方程组

$$\begin{cases}x_1+x_2+x_3=1,\\2x_1+(a+2)x_2+(a+1)x_3=a+3,\\x_1+2x_2+ax_3=3\end{cases}$$

有无穷多解; 设 A 为三阶方阵, $\alpha_1=(1,a,0)^{\mathrm{T}}$, $\alpha_2=(-a,1,0)^{\mathrm{T}}$, $\alpha_3=(0,0,a)^{\mathrm{T}}$ 分别为 A 的属于特征值 $\lambda_1=1,\lambda_2=-2,\lambda_3=-1$ 的特征向量.

(1) 求所给线性方程组的通解;

(2) 求矩阵 A;

(3) 求行列式 $|A^*+3E|$ 的值.

例 7.6.14 (安徽师范大学,2017) 设 $\boldsymbol{A}$ 为三阶实方阵, 实数 a 满足线性方程组

$$\begin{cases} x_1 + \quad 2x_2 + \ x_3 = \ 3, \\ 2x_1 + (a+4)x_2 - 5x_3 = \ 6, \\ -x_1 - \quad 2x_2 + ax_3 = -3 \end{cases}$$

有无穷多个解, 且 $\boldsymbol{\alpha}_1 = (1, 2a, -1)^{\mathrm{T}}, \boldsymbol{\alpha}_2 = (a, a+3, a+2)^{\mathrm{T}}, \boldsymbol{\alpha}_3 = (a-2, -1, a+1)^{\mathrm{T}}$ 为 $\boldsymbol{A}$ 的分别属于三个特征值 $\lambda_1 = 1, \lambda_2 - 1, \lambda_3 = 0$ 的特征向量. 求:

(1) 矩阵 $\boldsymbol{A}$;

(2) 行列式 $|\boldsymbol{A}^{2017} + 2\boldsymbol{E}|$.

例 7.6.15 (重庆师范大学,2007) 设 λ_1, λ_2 是线性变换 σ 的两个不同特征值,$\boldsymbol{\alpha}_1, \boldsymbol{\alpha}_2$ 是分别属于 λ_1, λ_2 的特征向量. 证明:$\boldsymbol{\alpha}_1 + \boldsymbol{\alpha}_2$ 不是 σ 的属于特征值 λ 的特征向量.

证 反证法. 若 $\boldsymbol{\alpha}_1 + \boldsymbol{\alpha}_2$ 是 σ 的特征向量. 即

$$\sigma(\boldsymbol{\alpha}_1 + \boldsymbol{\alpha}_2) = \lambda(\boldsymbol{\alpha}_1 + \boldsymbol{\alpha}_2),$$

由条件 $\sigma(\boldsymbol{\alpha}_i) = \lambda_i \boldsymbol{\alpha}_i, i = 1, 2$ 有

$$(\lambda - \lambda_1)\boldsymbol{\alpha}_1 + (\lambda - \lambda_2)\boldsymbol{\alpha}_2 = \mathbf{0},$$

由于 $\boldsymbol{\alpha}_1, \boldsymbol{\alpha}_2$ 线性无关, 故有

$$\lambda_1 = \lambda_2 = \lambda,$$

这与条件矛盾. 故结论成立.

例 7.6.16 (河南师范大学,2014) 设 λ_1, λ_2 是线性变换 σ 的两个不同特征值,$\boldsymbol{\alpha}_1, \boldsymbol{\alpha}_2$ 是分别属于 λ_1, λ_2 的特征向量. 证明:$\boldsymbol{\alpha}_1 + 2\boldsymbol{\alpha}_2$ 不是 σ 的特征向量.

例 7.6.17 (广西民族大学,2020) 设 $\lambda_1, \lambda_2, \lambda_3$ 是 n 阶矩阵 $\boldsymbol{A}$ 的 3 个互不相同的特征值 $\boldsymbol{\alpha}_1, \boldsymbol{\alpha}_2, \boldsymbol{\alpha}_3$ 分别是 $\boldsymbol{A}$ 属于 $\lambda_1, \lambda_2, \lambda_3$ 的特征向量. 证明:$\boldsymbol{\alpha}_1 + 2\boldsymbol{\alpha}_2 + \boldsymbol{\alpha}_3$ 不是 $\boldsymbol{A}$ 的特征向量.

例 7.6.18 (大连海事大学,2021) 设 $\boldsymbol{\xi}_1, \boldsymbol{\xi}_2, \cdots, \boldsymbol{\xi}_n$ 为 n 阶方阵 $\boldsymbol{A}$ 分别属于不同特征值的特征向量, 记 $\boldsymbol{\alpha} = \boldsymbol{\xi}_1 + \boldsymbol{\xi}_2 + \cdots + \boldsymbol{\xi}_n$, 证明: 向量组 $\boldsymbol{\alpha}, \boldsymbol{A}\boldsymbol{\alpha}, \cdots, \boldsymbol{A}^{n-1}\boldsymbol{\alpha}$ 线性无关.

例 7.6.19 (第十二届全国大学生数学竞赛初赛数学类B卷,2020) 设$\boldsymbol{A}$为n阶复方阵,$p(x)$ 为 $\boldsymbol{A}$ 的特征多项式, 又设 $g(x)$ 为 $m(\geqslant 1)$ 次复系数多项式,证明:$g(\boldsymbol{A})$ 可逆的充要条件为 $(p(x), g(x)) = 1$.

证 设 $\lambda_1, \cdots, \lambda_n$ 为矩阵 $\boldsymbol{A}$ 的全部特征值, 即 $f(\lambda_i) = 0, i = 1, \cdots, n$. 则

$$g(\lambda_1), \cdots, g(\lambda_n)$$

为 $g(\boldsymbol{A})$ 的全部特征值. 于是

$$\begin{aligned} g(\boldsymbol{A})\text{可逆} &\Longleftrightarrow g(\lambda_i) \neq 0, i = 1, \cdots, n \\ &\Longleftrightarrow (f(\lambda), g(\lambda)) = 1. \end{aligned}$$

例 7.6.20 (东南大学,2003) 设 σ 为 n 维线性空间 V 的可逆线性变换.

(1) 证明: σ 的逆变换 σ^{-1} 可以表示成 σ 的多项式;

(2) 如令 $f(\lambda)$ 为 σ 的特征多项式, 证明当多项式 $g(\lambda)$ 与 $f(\lambda)$ 互素时,$g(\sigma)$ 为可逆线性变换.

例 7.6.21 设 $f(x),g(x)\in F[x],d(x)=(f(x),g(x)),\boldsymbol{A}\in F^{n\times n}$, 且 $f(\boldsymbol{A})=\boldsymbol{0}$. 则 $r(g(\boldsymbol{A}))=r(d(\boldsymbol{A}))$.

证 由于存在 $u(x),v(x),h(x)\in F[x]$ 使得

$$d(x)=f(x)u(x)+g(x)v(x),g(x)=d(x)h(x),$$

则

$$d(\boldsymbol{A})=f(\boldsymbol{A})u(\boldsymbol{A})+g(\boldsymbol{A})v(\boldsymbol{A})=g(\boldsymbol{A})v(\boldsymbol{A}),g(\boldsymbol{A})=d(\boldsymbol{A})h(\boldsymbol{A}),$$

从而

$$r(g(\boldsymbol{A}))=r(d(\boldsymbol{A})h(\boldsymbol{A}))\leqslant r(d(\boldsymbol{A}))=r(g(\boldsymbol{A})v(\boldsymbol{A}))\leqslant r(g(\boldsymbol{A})).$$

于是结论成立.

例 7.6.22 (河南大学,2001; 杭州师范大学,2007; 重庆大学,2012; 东华理工大学,2017) 设 $\boldsymbol{A}$ 为方阵,$g(\lambda)$ 是 $\boldsymbol{A}$ 的最小多项式,$f(\lambda)$ 为任意次数大于零的多项式, 记 $d(\lambda)=(f(\lambda),g(\lambda))$, 则

(1) (中山大学,2018)$r(d(\boldsymbol{A}))=r(f(\boldsymbol{A}))$;

(2) (暨南大学,2017)$f(\boldsymbol{A})$ 可逆的充要条件为 $d(\lambda)=1$.

例 7.6.23 (北京化工大学,2002) 设 $\boldsymbol{A}$ 是 n 阶矩阵,$m_{\boldsymbol{A}}(x)$ 是 $\boldsymbol{A}$ 的最小多项式,$f(x)$ 是多项式且其次数 $\geqslant 1$, 证明:

(1) 若 $f(x)|m_{\boldsymbol{A}}(x)$, 则 $f(\boldsymbol{A})$ 是退化矩阵, 即 $|f(\boldsymbol{A})|=0$;

(2) 若 $d(x)=(f(x),m_{\boldsymbol{A}}(x))$, 则 $r(f(\boldsymbol{A}))=r(d(\boldsymbol{A}))$;

(3) $f(\boldsymbol{A})$ 是非退化矩阵的充要条件是 $(f(x),m_{\boldsymbol{A}}(x))=1$.

例 7.6.24 设 $\boldsymbol{A}\in F^{n\times n},f(x),g(x)\in F[x],\lambda_1,\cdots,\lambda_n$ 为 $\boldsymbol{A}$ 的所有特征值, 且 $f(\boldsymbol{A})=\boldsymbol{0}$. 则以下命题等价:

(1) $g(\boldsymbol{A})$ 可逆;

(2) 设 $f_{\boldsymbol{A}}(x)$ 为矩阵 $\boldsymbol{A}$ 的特征多项式,$(f_{\boldsymbol{A}}(x),g(x))=1$;

(3) $g(\lambda_1)\cdots g(\lambda_n)\neq 0$;

(4) $g(x)=0$ 的根与 $\boldsymbol{A}$ 的特征值互异.

例 7.6.25 设 $m(x),f(x)$ 分别为 n 阶矩阵 $\boldsymbol{A}$ 的最小多项式和特征多项式,$\boldsymbol{B}$ 为 n 阶方阵且最小多项式为 $n(x)$. 若 $(m(x),n(x))=1$. 则

(1) $(f(x),n(x))=1$;

(2) $f(\boldsymbol{B})$ 可逆.

例 7.6.26 设 σ 是数域 F 上的 n 维线性空间 V 的线性变换,σ 有 n 个线性无关的特征向量 $\boldsymbol{X}_1,\cdots,\boldsymbol{X}_n$, 其中 $\boldsymbol{X}_i$ 为 σ 的属于特征值 λ_i 的特征向量. 设 σ 在 V 的某组基下的矩阵为 $\boldsymbol{A}$. 则 $(\lambda_1\boldsymbol{E}-\sigma)\boldsymbol{X}=\boldsymbol{X}_1$ 无解.

证 反证法. 若 $(\lambda_1\boldsymbol{E}-\sigma)\boldsymbol{X}=\boldsymbol{X}_1$ 有解, 由于 $\boldsymbol{X}_1,\cdots,\boldsymbol{X}_n$ 线性无关, 故它们是 V 的基, 从而 $(\lambda_1\boldsymbol{E}-\sigma)\boldsymbol{X}=\boldsymbol{X}_1$ 的任一解 $\boldsymbol{X}$ 可表示为 $\boldsymbol{X}=k_1\boldsymbol{X}_1+\cdots+k_n\boldsymbol{X}_n$, 设 $\sigma(\boldsymbol{X}_i)=\lambda_i\boldsymbol{X}_i,i=1,\cdots,n$, 于是

$$\boldsymbol{X}_1=(\lambda_1\boldsymbol{E}-\sigma)(k_1\boldsymbol{X}_1+\cdots+k_n\boldsymbol{X}_n)=k_2(\lambda_1-\lambda_2)\boldsymbol{X}_2+\cdots+k_n(\lambda_1-\lambda_n)\boldsymbol{X}_n,$$

此即 $\boldsymbol{X}_1,\cdots,\boldsymbol{X}_n$ 线性相关, 与条件矛盾. 从而结论成立.

例 7.6.27　(安徽大学,2022) 设 n 阶方阵 $\boldsymbol{A}$ 有 n 个线性无关的特征向量 $\boldsymbol{X}_1,\boldsymbol{X}_2,\cdots,\boldsymbol{X}_n$, 其中 $\boldsymbol{X}_i$ 为 $\boldsymbol{A}$ 属于特征值 λ_1 的特征向量. 证明: 方程组 $(\lambda_1\boldsymbol{E}-\boldsymbol{A})\boldsymbol{X}=\boldsymbol{X}_1$ 无解, 其中 $\boldsymbol{E}$ 为单位矩阵, $\boldsymbol{X}$ 为未知向量.

例 7.6.28　(河北工业大学,2004) 设 $\boldsymbol{A}$ 是 n 阶方阵,a 是 $\boldsymbol{A}$ 的单重特征值,$\boldsymbol{X}_0$ 是 $\boldsymbol{A}$ 的对应特征值 a 的特征向量, 证明: 线性方程组 $(a\boldsymbol{E}-\boldsymbol{A})\boldsymbol{X}=\boldsymbol{X}_0$ 无解.

证　反证法. 若 $(a\boldsymbol{E}-\boldsymbol{A})\boldsymbol{X}=\boldsymbol{X}_0$ 有解 $\overline{\boldsymbol{X}}$, 则有

$$\boldsymbol{A}(\overline{\boldsymbol{X}})=a\overline{\boldsymbol{X}}-\boldsymbol{X}_0,$$

注意到 $\boldsymbol{A}(\boldsymbol{X}_0)=a\boldsymbol{X}_0$, 从而 $\boldsymbol{A}^k\boldsymbol{X}_0=a^k\boldsymbol{X}_0$, 故利用数学归纳法可知

$$\boldsymbol{A}^k(\overline{\boldsymbol{X}})=a^k\overline{\boldsymbol{X}}-ka^{k-1}\boldsymbol{X}_0,$$

设 $f_{\boldsymbol{A}}(x)=|x\boldsymbol{E}-\boldsymbol{A}|=x^n+b_{n-1}x^{n-1}+\cdots+b_1x+b_0$ 是 $\boldsymbol{A}$ 的特征多项式, 则

$$\begin{aligned}f_{\boldsymbol{A}}(\boldsymbol{A})(\overline{\boldsymbol{X}})&=\boldsymbol{A}^n(\overline{\boldsymbol{X}})+b_{n-1}\boldsymbol{A}^{k-1}(\overline{\boldsymbol{X}})+\cdots+b_1\boldsymbol{A}(\overline{\boldsymbol{X}})+b_0\boldsymbol{E}(\overline{\boldsymbol{X}})\\&=a^n\overline{\boldsymbol{X}}-na^{n-1}\boldsymbol{X}_0+b_{n-1}a^{n-1}\overline{\boldsymbol{X}}-(n-1)b_{n-1}a^{n-2}\boldsymbol{X}_0+\cdots+b_1a\overline{\boldsymbol{X}}-b_1\boldsymbol{X}_0+b_0\overline{\boldsymbol{X}}\\&=f_{\boldsymbol{A}}(a)\overline{\boldsymbol{X}}-f'_{\boldsymbol{A}}(a)\boldsymbol{X}_0,\end{aligned}$$

由于 $f_{\boldsymbol{A}}(\boldsymbol{A})=\boldsymbol{0},f_{\boldsymbol{A}}(a)=0$, 故 $f'_{\boldsymbol{A}}(a)\boldsymbol{X}_0=\boldsymbol{0}$, 而 a 是 $\boldsymbol{A}$ 的单重特征值, 从而 $f'_{\boldsymbol{A}}(a)\neq\boldsymbol{0}$, 故 $\boldsymbol{X}_0=\boldsymbol{0}$. 这与 $\boldsymbol{X}_0$ 是特征向量矛盾. 故线性方程组 $(a\boldsymbol{E}-\boldsymbol{A})\boldsymbol{X}=\boldsymbol{X}_0$ 无解.

例 7.6.29　设 $\boldsymbol{A}$ 为 n 阶矩阵,$\boldsymbol{X}_1,\boldsymbol{X}_2,\boldsymbol{X}_3$ 为 n 维列向量, 且

$$\boldsymbol{A}\boldsymbol{X}_1=k\boldsymbol{X}_1,\boldsymbol{X}_1\neq\boldsymbol{0},$$

$$\boldsymbol{A}\boldsymbol{X}_2=l\boldsymbol{X}_1+k\boldsymbol{X}_2,$$

$$\boldsymbol{A}\boldsymbol{X}_3=l\boldsymbol{X}_2+k\boldsymbol{X}_3,l\neq 0,$$

证明:$\boldsymbol{X}_1,\boldsymbol{X}_2,\boldsymbol{X}_3$ 线性无关.

证　注意到

$$(\boldsymbol{A}-k\boldsymbol{E})\boldsymbol{X}_1=\boldsymbol{0},$$

$$(\boldsymbol{A}-k\boldsymbol{E})\boldsymbol{X}_2=l\boldsymbol{X}_1,$$

$$(\boldsymbol{A}-k\boldsymbol{E})\boldsymbol{X}_3=l\boldsymbol{X}_2,$$

设

$$m_1\boldsymbol{X}_1+m_2\boldsymbol{X}_2+m_3\boldsymbol{X}_3=\boldsymbol{0},$$

两边左乘 $(\boldsymbol{A}-k\boldsymbol{E})$ 可得

$$m_2l\boldsymbol{X}_1+m_3l\boldsymbol{X}_2=\boldsymbol{0},$$

由 $l\neq 0$ 可得

$$m_2\boldsymbol{X}_1+m_3\boldsymbol{X}_2=\boldsymbol{0},$$

两边左乘 $(\boldsymbol{A}-k\boldsymbol{E})$ 可得

$$lm_3\boldsymbol{X}_1=\boldsymbol{0},$$

易知 $m_1=m_2=m_3=0$. 故结论成立.

例 7.6.30 (苏州大学,2004; 华中科技大学,2006; 南开大学,2018) 设 $\boldsymbol{x}_1$ 为矩阵 $\boldsymbol{A}$ 的属于特征值 λ 的特征向量, 向量组 $\boldsymbol{x}_1,\boldsymbol{x}_2,\cdots,\boldsymbol{x}_s$ 满足

$$(\boldsymbol{A}-\lambda\boldsymbol{E})\boldsymbol{x}_{i+1}=\boldsymbol{x}_i, i=1,2,\cdots,s-1.$$

证明:$\boldsymbol{x}_1,\boldsymbol{x}_2,\cdots,\boldsymbol{x}_s$ 线性无关.

例 7.6.31 (北京工业大学,2008) 设 σ 是数域 P 上的线性空间 V 的线性变换,$\boldsymbol{\alpha}_1$ 为 σ 的属于特征值 $\lambda\in P$ 的特征向量, 向量组 $\boldsymbol{\alpha}_1,\boldsymbol{\alpha}_2,\cdots,\boldsymbol{\alpha}_n$ 满足 $(\sigma-\lambda\boldsymbol{E})\boldsymbol{\alpha}_{i+1}=\boldsymbol{\alpha}_i, i=1,2,\cdots,n-1.$

(1) 证明:$\boldsymbol{\alpha}_1,\boldsymbol{\alpha}_2,\cdots,\boldsymbol{\alpha}_n$ 线性无关;

(2) 求 σ 在 $\boldsymbol{\alpha}_1,\boldsymbol{\alpha}_2,\cdots,\boldsymbol{\alpha}_n$ 下的矩阵.

例 7.6.32 (北京工业大学,2014) 设 σ 是数域 P 上的 n 维线性空间 V 的线性变换,$\sigma(\boldsymbol{\alpha}_1)=2\boldsymbol{\alpha}_1$, 向量组 $\boldsymbol{\alpha}_1,\boldsymbol{\alpha}_2,\cdots,\boldsymbol{\alpha}_n$ 满足 $(\sigma-2I)\boldsymbol{\alpha}_{i+1}=\boldsymbol{\alpha}_i, i=1,2,\cdots,n-1.$

(1) 证明:$\boldsymbol{\alpha}_1,\boldsymbol{\alpha}_2,\cdots,\boldsymbol{\alpha}_n$ 是 V 的一组基;

(2) 求 σ 在 $\boldsymbol{\alpha}_1,\boldsymbol{\alpha}_2,\cdots,\boldsymbol{\alpha}_n$ 下的矩阵.

例 7.6.33 (北京邮电大学,2001; 郑州大学,2009; 西安交通大学,2019) 设 V 是有理数域上的三维线性空间,φ 是 V 上的线性变换, 且

$$\varphi(\boldsymbol{\alpha})=\boldsymbol{\beta},\varphi(\boldsymbol{\beta})=\boldsymbol{\gamma},\varphi(\boldsymbol{\gamma})=\boldsymbol{\alpha}+\boldsymbol{\beta},$$

若 $\boldsymbol{\alpha}\neq\mathbf{0}$, 求证:$\boldsymbol{\alpha},\boldsymbol{\beta},\boldsymbol{\gamma}$ 线性无关.

证 先证明 $\boldsymbol{\alpha},\boldsymbol{\beta}$ 线性无关. 反证法, 设 $\boldsymbol{\beta}=k\boldsymbol{\alpha}, k\in\mathbb{Q}$, 则

$$\varphi(\boldsymbol{\alpha})=k\boldsymbol{\alpha},\varphi(\boldsymbol{\beta})=\varphi(k\boldsymbol{\alpha})=k\varphi(\boldsymbol{\alpha})=k^2\boldsymbol{\alpha}=\boldsymbol{\gamma},$$

又

$$\boldsymbol{\alpha}+k\boldsymbol{\alpha}=\boldsymbol{\alpha}+\boldsymbol{\beta}=\varphi(\boldsymbol{\gamma})=\varphi(k^2\boldsymbol{\alpha})=k^3\boldsymbol{\alpha},$$

由 $\boldsymbol{\alpha}\neq\mathbf{0}$, 可得

$$k^3-k-1=0,$$

但是此方程无有理根, 从而 k 不存在, 矛盾. 故 $\boldsymbol{\alpha},\boldsymbol{\beta}$ 线性无关.

再证明 $\boldsymbol{\alpha},\boldsymbol{\beta},\boldsymbol{\gamma}$ 线性无关. 反证法. 由于已经证明 $\boldsymbol{\alpha},\boldsymbol{\beta}$ 线性无关, 可设

$$\boldsymbol{\gamma}=k_1\boldsymbol{\alpha}+k_2\boldsymbol{\beta}, k_1,k_2\in\mathbb{Q},$$

于是

$$\boldsymbol{\alpha}+\boldsymbol{\beta}=\varphi(\boldsymbol{\gamma})=\varphi(k_1\boldsymbol{\alpha}+k_2\boldsymbol{\beta})=k_1k_2\boldsymbol{\alpha}+(k_1+k_2^2)\boldsymbol{\beta},$$

注意到 $\boldsymbol{\alpha},\boldsymbol{\beta}$ 线性无关, 可得

$$k_1k_2=1, k_1+k_2^2=1,$$

易知此方程组无有理数解, 与假设矛盾. 因此 $\boldsymbol{\alpha},\boldsymbol{\beta},\boldsymbol{\gamma}$ 线性无关.

例 7.6.34 设 $\boldsymbol{\alpha},\boldsymbol{\beta},\boldsymbol{\gamma}\in\mathbb{Q}^3$, 且 $\boldsymbol{\alpha}\neq\mathbf{0}$. 设 $\boldsymbol{A}$ 是数域 $\mathbb{Q}$ 上的三阶矩阵且满足

$$\boldsymbol{A}\boldsymbol{\alpha}=\boldsymbol{\beta},\boldsymbol{A}\boldsymbol{\beta}=\boldsymbol{\gamma},\boldsymbol{A}\boldsymbol{\gamma}=\boldsymbol{\alpha}+\boldsymbol{\beta}.$$

(1) 证明:$\boldsymbol{\alpha},\boldsymbol{\beta},\boldsymbol{\gamma}$ 线性无关;

(2) 求 $|\boldsymbol{A}|$.

例 7.6.35　(厦门大学,2020) 设 ϕ 是线性空间 $F^{n\times n}$ 的线性变换, 满足 $\phi(\boldsymbol{A})=\boldsymbol{A}^{\mathrm{T}}$, 其中 $\boldsymbol{A}^{\mathrm{T}}$ 表示矩阵 $\boldsymbol{A}$ 的转置. 求 ϕ 的特征值 (标明重数)、特征向量以及初等因子组.

解　由 $\phi(\boldsymbol{A})=\boldsymbol{A}^{\mathrm{T}}$, 可得 $\phi^2(\boldsymbol{A})=\boldsymbol{A},\forall\boldsymbol{A}\in F^{n\times n}$, 于是 $\phi^2=I$, 其中 I 为恒等变换.

设 λ 为 ϕ 的任一特征值, 由 $\phi^2=I$ 可知 $\lambda^2=1$, 故 ϕ 的特征值只能是 1 或者 -1.

另外, 由 $\phi^2=I$ 可知 ϕ 能够对角化, 故其特征值的代数重数等于几何重数.

若 $\boldsymbol{B}\neq\boldsymbol{O}$ 是 ϕ 的属于特征值 1 的特征向量, 则 $\boldsymbol{B}^{\mathrm{T}}=\phi(\boldsymbol{B})=1\cdot\boldsymbol{B}$, 于是可知非零对称矩阵都是特征值 1 的特征向量, 而 ϕ 的属于特征值 1 的特征子空间

$$V_1=\{\boldsymbol{B}\in F^{n\times n}|\boldsymbol{B}^{\mathrm{T}}=\boldsymbol{B}\}$$

的维数为 $\dfrac{n^2-n}{2}+n=\dfrac{n^2+n}{2}$. 故特征值 1 的代数重数为 $\dfrac{n^2+n}{2}$.

类似可知, 非零的反对称矩阵是 ϕ 的属于特征值 -1 的特征向量, 并且特征值 -1 的代数重数为 $\dfrac{n^2-n}{2}$.

由于 ϕ 可对角化, 故其初等因子都是一次的, 即为

$$\lambda-1,\cdots,\lambda-1,\lambda+1,\cdots,\lambda+1,$$

其中 $\lambda-1$ 有 $\dfrac{n^2+n}{2}$ 个,$\lambda+1$ 有 $\dfrac{n^2-n}{2}$ 个.

例 7.6.36　(扬州大学,2020) 设 $V=P^{n\times n}$ 是数域 P 上的矩阵空间,$\boldsymbol{A}\in V,\sigma(\boldsymbol{A})=\boldsymbol{A}^{\mathrm{T}}$.

(1) 证明:σ 是 V 上的线性变换;

(2) 求 σ 的全部特征子空间;

(3) 证明: 存在一组基使得 σ 在此基下的矩阵是对角矩阵.

例 7.6.37　(太原理工大学,2020) 设 V 是实数域 $\mathbb{R}$ 上全体 $n\times n$ 矩阵对于矩阵的加法和数乘构成的线性空间,σ 是其上的线性变换, 且 $\sigma(\boldsymbol{A})=2\boldsymbol{A}^{\mathrm{T}}$.

(1) 证明: σ 的特征值只可能是 $2,-2$;

(2) 当 $n=3$ 时, 写出 V 的一组基;

(3) σ 在一组基下的矩阵可否对角化? 并说明理由.

例 7.6.38　设 V 是实数域上全体 n 阶方阵在通常的运算下构成的线性空间,ϕ 是 V 上的线性变换, 且对任意的 $A\in V$, 都有 $\phi(\boldsymbol{A})=2\boldsymbol{A}-3\boldsymbol{A}^{\mathrm{T}}$.

(1) 求 ϕ 的特征多项式;

(2) 证明: ϕ 可对角化.

例 7.6.39　(云南大学,2004; 兰州大学,2008; 北京科技大学,2022) 设 V 为数域 P 上的 n 维线性空间,σ 为 V 的线性变换, 且在 P 中有 n 个不同的特征值 $\lambda_1,\cdots,\lambda_n,\boldsymbol{\alpha}\in V$. 证明:$\boldsymbol{\alpha},\sigma\boldsymbol{\alpha},\sigma^2\boldsymbol{\alpha},\cdots,\sigma^{n-1}\boldsymbol{\alpha}$ 线性无关的充要条件为 $\boldsymbol{\alpha}=\sum\limits_{i=1}^{n}\boldsymbol{\alpha}_i,\boldsymbol{\alpha}_i$ 为 σ 对应于 λ_i 的特征向量.

证　必要性. 设 σ 的 n 个不同的特征值 $\lambda_1,\cdots,\lambda_n$ 对应的特征向量为 $\boldsymbol{\beta}_1,\cdots,\boldsymbol{\beta}_n$, 则 $\boldsymbol{\beta}_1,\cdots,\boldsymbol{\beta}_n$ 线性无关, 从而是 V 的基. 设

$$\boldsymbol{\alpha}=k_1\boldsymbol{\beta}_1+\cdots+k_n\boldsymbol{\beta}_n,$$

则

$$(\boldsymbol{\alpha},\sigma(\boldsymbol{\alpha}),\cdots,\sigma^{n-1}(\boldsymbol{\alpha}))=(\boldsymbol{\beta}_1,\boldsymbol{\beta}_2,\cdots,\boldsymbol{\beta}_n)\boldsymbol{A},$$

其中

$$\boldsymbol{A}=\begin{pmatrix} k_1 & k_1\lambda_1 & \cdots & k_1\lambda_1^{n-1} \\ k_2 & k_2\lambda_2 & \cdots & k_2\lambda_2^{n-1} \\ \vdots & \vdots & & \vdots \\ k_n & k_n\lambda_n & \cdots & k_n\lambda_n^{n-1} \end{pmatrix}.$$

由 $\boldsymbol{\alpha},\sigma\boldsymbol{\alpha},\sigma^2\boldsymbol{\alpha},\cdots,\sigma^{n-1}\boldsymbol{\alpha}$ 线性无关知 $\boldsymbol{A}$ 可逆, 从而 $k_i\neq 0, i=1,2,\cdots,n$. 令 $\boldsymbol{\alpha}_i=k_i\boldsymbol{\beta}_i, i=1,2,\cdots,n$ 即可.

充分性. 由 $\boldsymbol{\alpha}=\sum\limits_{i=1}^{n}\boldsymbol{\alpha}_i,\boldsymbol{\alpha}_i$ 为 σ 对应于 λ_i 的特征向量, 则有

$$(\boldsymbol{\alpha},\sigma(\boldsymbol{\alpha}),\cdots,\sigma^{n-1}(\boldsymbol{\alpha}))=(\boldsymbol{\alpha}_1,\boldsymbol{\alpha}_2,\cdots,\boldsymbol{\alpha}_n)\boldsymbol{P},$$

其中

$$\boldsymbol{P}=\begin{pmatrix} 1 & \lambda_1 & \cdots & \lambda_1^{n-1} \\ 1 & \lambda_2 & \cdots & \lambda_2^{n-1} \\ \vdots & \vdots & & \vdots \\ 1 & \lambda_n & \cdots & \lambda_n^{n-1} \end{pmatrix}$$

可逆, 从而结论成立.

例 7.6.40 (汕头大学,2003) 设 $\boldsymbol{\alpha}_1,\cdots,\boldsymbol{\alpha}_n$ 为一组 n 维向量, 且是线性空间 V 的一组基,σ 为 V 的线性变换, 满足

$$\sigma(\boldsymbol{\alpha}_i)=\boldsymbol{\alpha}_{i+1},\sigma(\boldsymbol{\alpha}_n)=\boldsymbol{\alpha}_1, i=1,2,\cdots,n-1.$$

(1) 求 σ 在基 $\boldsymbol{\alpha}_1,\cdots,\boldsymbol{\alpha}_n$ 下的矩阵;

(2) 令 $\tau=\sigma+\sigma^2+\cdots+\sigma^n$, 求 τ 的特征值与特征向量;

(3) 求 V 的一组基, 使得 τ 在这组基下的矩阵为对角矩阵.

例 7.6.41 (中国科学院大学,2006) 设 f 为有限维线性空间 V 的线性变换, 且 f^n 为 V 的恒等变换, 这里 n 为某个正整数. 设 $W=\{\boldsymbol{\alpha}\in V|f(\boldsymbol{\alpha})=\boldsymbol{\alpha}\}$. 证明: W 为 V 的一个子空间且其维数等于线性变换

$$\frac{f+f^2+\cdots+f^n}{n}$$

的迹.

证 设 $\dim V=n$, 且 $\boldsymbol{\alpha}_1,\cdots,\boldsymbol{\alpha}_n$ 为 V 的基,f 在此基下的矩阵为 $\boldsymbol{A}$, 则

$$\boldsymbol{A}^n-\boldsymbol{E}=\boldsymbol{O}.$$

考虑 $f(x)=x^n-1$, 由于 $(f(x),f^{'}(x))=1$, 故 $f(x)$ 无重根. 即 $\boldsymbol{A}$ 的零化多项式无重根, 从而 $\boldsymbol{A}$ 可以对角化. 即存在可逆矩阵 $\boldsymbol{P}$ 使得

$$\boldsymbol{A}=\boldsymbol{P}^{-1}\begin{pmatrix} \lambda_1 & & & \\ & \lambda_2 & & \\ & & \ddots & \\ & & & \lambda_n \end{pmatrix}\boldsymbol{P},$$

其中 λ_i 为 $\boldsymbol{A}$ 的特征值, 且 $\lambda_i^n=1(i=1,2,\cdots,n)$. 于是

$$\boldsymbol{A}+\boldsymbol{A}^2+\cdots+\boldsymbol{A}^n=\boldsymbol{P}^{-1}\boldsymbol{B}\boldsymbol{P},$$

其中

$$\boldsymbol{B}=\begin{pmatrix}\lambda_1+\lambda_1^2+\cdots+\lambda_1^n & & & \\ & \lambda_2+\lambda_2^2+\cdots+\lambda_2^n & & \\ & & \ddots & \\ & & & \lambda_n+\lambda_n^2+\cdots+\lambda_n^n\end{pmatrix}.$$

(1) 若 1 不是 $\boldsymbol{A}$ 的特征值, 则 $\dim W=0$. 由 $\lambda_i^n=1$ 及等比数列求和公式可知 $\boldsymbol{B}$ 的对角线的元素全为 0. 从而

$$\operatorname{tr}\left(\frac{\boldsymbol{A}+\boldsymbol{A}^2+\cdots+\boldsymbol{A}^n}{n}\right)=0,$$

故结论成立.

(2) 若 1 是 $\boldsymbol{A}$ 的 t 重特征值, 则 $\dim W=t$. 此时,$\boldsymbol{B}$ 的对角线的元素中有 t 个是 n, 其余全为 0. 则

$$\operatorname{tr}\left(\frac{\boldsymbol{A}+\boldsymbol{A}^2+\cdots+\boldsymbol{A}^n}{n}\right)=t,$$

故结论成立.

例 7.6.42 (华中科技大学,2017) 设 V 是 n 维线性空间,σ 是 V 的线性变换, 满足 $\sigma^n=2^nI$, 其中 I 是恒等变换, 且 $W=\{x\in V,\sigma(x)=2x\}$. 证明:$W$ 是 V 的一个子空间, 且

$$\dim W=\frac{\operatorname{tr}(\sigma)}{2n}+\frac{\operatorname{tr}(\sigma^2)}{2^2n}+\cdots+\frac{\operatorname{tr}(\sigma^n)}{2^nn}.$$

7.6.2 对角化

判断 n 阶矩阵 $\boldsymbol{A}\in F^{n\times n}$ 能否对角化, 可以考虑:

1. 在数域 F 中 $\boldsymbol{A}$ 是否存在 n 个线性无关的特征向量;
2. 判断 F^n 是否为 $\boldsymbol{A}$ 的特征空间的直和;
3. 若 $\boldsymbol{A}$ 的特征值都属于 F, 判断每一个特征值的代数重数与几何重数是否相等;
4. 判断 $\boldsymbol{A}$ 的最小多项式有无重根.

例 7.6.43 (华东师范大学,2020) 已知矩阵 $\boldsymbol{A}\in M_n(\mathbb{C})$ 满足 $\boldsymbol{A}+\boldsymbol{A}^2+\frac{1}{2!}\boldsymbol{A}^3+\frac{1}{3!}\boldsymbol{A}^4+\cdots+\frac{1}{2019!}\boldsymbol{A}^{2020}=\boldsymbol{O}$. 证明:$\boldsymbol{A}$ 可以对角化.

证 令

$$g(x)=1+x+\frac{1}{2!}x^2+\cdots+\frac{1}{2019!}x^{2019},$$

$$f(x)=x+x^2+\frac{1}{2!}x^3+\frac{1}{3!}x^4+\cdots+\frac{1}{2019!}x^{2020},$$

则 $f(x)=xg(x)$, 由条件可知 $f(x)$ 是 $\boldsymbol{A}$ 的一个零化多项式, 只需证明 $f(x)$ 无重根即可 (这是因为 $\boldsymbol{A}$ 的最小多项式 $m(x)|f(x)$, 若 $f(x)$ 无重根, 则 $m(x)$ 无重根, 从而 $\boldsymbol{A}$ 可以对角化).

设 α 是 $f(x)$ 的任一复根, 则 $\alpha=0$ 或者 $g(\alpha)=0$.

若 $\alpha=0$, 易知 $g(0)\neq 0$, 即 0 不是 $f(x)$ 的重根.

若 $\alpha\neq 0$, 且满足 $g(\alpha)=0$, 易知 α 不是 $g(x)$ 的重根, 因为, 若不然,则$g(\alpha)=g'(\alpha)=0$,注意到

$$g(x)=g'(x)+\frac{1}{2019!}x^{2019},$$

可得 $\alpha^{2019}=0$, 即 $\alpha=0$. 矛盾.

综上可知 $f(x)$ 无重根, 所以结论成立.

例 7.6.44 (北京理工大学,2001)(1) 设 $\boldsymbol{A}$ 为 n 阶方阵, 证明: 存在正整数 k, 使得 $\boldsymbol{A}^k=\boldsymbol{O}$ 的充要条件为 $\boldsymbol{A}$ 的特征值均为零.

(2) 非零的幂零矩阵不可对角化.

证 (1) 必要性. 设 λ 为 $\boldsymbol{A}$ 的任一特征值,$\boldsymbol{\alpha}$ 为对应的特征向量, 即 $\boldsymbol{A}\boldsymbol{\alpha}=\lambda\boldsymbol{\alpha},\boldsymbol{\alpha}\neq\boldsymbol{0}$, 则

$$\boldsymbol{0}=\boldsymbol{A}^k\boldsymbol{\alpha}=\lambda^k\boldsymbol{\alpha},$$

由 $\boldsymbol{\alpha}\neq\boldsymbol{0}$ 知 $\lambda^k=0$, 即 $\lambda=0$, 即 $\boldsymbol{A}$ 的特征值均为零.

充分性. 由 $\boldsymbol{A}$ 的特征值均为零知 $\boldsymbol{A}$ 的特征多项式为 $f(x)=x^n$, 由哈密顿–凯莱定理知 $\boldsymbol{A}^n=\boldsymbol{O}$, 令 $k=n$ 即可.

(2) 反证法. 设 $\boldsymbol{A}^k=\boldsymbol{O},\boldsymbol{A}\neq\boldsymbol{O}$, 若 $\boldsymbol{A}$ 能够对角化, 则存在可逆矩阵 $\boldsymbol{P}$ 使得

$$\boldsymbol{P}^{-1}\boldsymbol{A}\boldsymbol{P}=\boldsymbol{D},$$

其中 $\boldsymbol{D}$ 为对角矩阵, 对角元为 $\boldsymbol{A}$ 的特征值, 由 (1) 知 $\boldsymbol{D}=\boldsymbol{O}$, 从而 $\boldsymbol{A}=\boldsymbol{O}$. 矛盾. 故非零的幂零矩阵不可对角化.

例 7.6.45 (南京师范大学,2013) 设矩阵 $\boldsymbol{A}=\begin{pmatrix}1&3\\4&2\end{pmatrix}$, 多项式 $g(x)=x^{2012}+x-1$, 计算矩阵 $g(\boldsymbol{A})$ 的行列式.

解 (法 1) 由于

$$|\boldsymbol{A}-\lambda\boldsymbol{E}|=\begin{vmatrix}1-\lambda&3\\4&2-\lambda\end{vmatrix}=(\lambda+2)(\lambda-5),$$

所以 $\boldsymbol{A}$ 的特征值为 $\lambda_1=-2,\lambda_2=5$, 故 $\boldsymbol{A}$ 能够对角化. 易求 λ_1,λ_2 对应的特征向量为 $\boldsymbol{\alpha}_1=(-1,1)^{\mathrm{T}},\boldsymbol{\alpha}_2=(1,\frac{4}{3})^{\mathrm{T}}$, 令 $\boldsymbol{P}=(\boldsymbol{\alpha}_1,\boldsymbol{\alpha}_2)$, 则 $\boldsymbol{A}=\boldsymbol{P}\mathbf{diag}(-2,5)\boldsymbol{P}^{-1}$, 于是

$$g(\boldsymbol{A})=\boldsymbol{A}^{2012}+\boldsymbol{A}-\boldsymbol{E}=\boldsymbol{P}(\mathbf{diag}(-2,5)^{2012}+\mathbf{diag}(-2,5)-\boldsymbol{E})\boldsymbol{P}^{-1},$$

则

$$|g(\boldsymbol{A})|=(2^{2012}-3)\times(5^{2012}+4).$$

(法 2) 由于 $\boldsymbol{A}$ 的特征多项式

$$f(x)=|x\boldsymbol{E}-\boldsymbol{A}|=(x+2)(x-5),$$

由多项式的带余除法可设

$$g(x)=f(x)q(x)+ax+b,$$

令 $x=-2,5$ 可得

$$a=\frac{5^{2012}-2^{2012}+7}{7}, b=\frac{2\times 5^{2012}+5\times 2^{2012}-7}{7},$$

于是

$$g(\boldsymbol{A})=a\boldsymbol{A}+b\boldsymbol{E}=\begin{pmatrix}a+b & 3a\\ 4a & 2a+b\end{pmatrix},$$

从而

$$|g(\boldsymbol{A})|=(b-2a)(b+5a)=(2^{2012}-3)\times(5^{2012}+4).$$

(法 3) 由于 $\boldsymbol{A}$ 的特征值为 $-2,5$, 故 $g(\boldsymbol{A})$ 的特征值为 $g(-2),g(5)$, 于是

$$g(\boldsymbol{A})=g(-2)\times g(5)=(2^{2012}-3)\times(5^{2012}+4).$$

例 7.6.46 (中国科学院大学,2004) 设

$$\begin{cases}x_{n+1}=x_n+4y_n,\\ y_{n+1}=2x_n+y_n,\end{cases}$$

且 $x_0=1,y_0=0$. 求 x_{100},y_{100}.

解 由条件有

$$\begin{pmatrix}x_{n+1}\\ y_{n+1}\end{pmatrix}=\boldsymbol{A}\begin{pmatrix}x_n\\ y_n\end{pmatrix},$$

其中

$$\boldsymbol{A}=\begin{pmatrix}1 & 4\\ 2 & 1\end{pmatrix},$$

于是

$$\begin{pmatrix}x_{n+1}\\ y_{n+1}\end{pmatrix}=\boldsymbol{A}\begin{pmatrix}x_n\\ y_n\end{pmatrix}=\boldsymbol{A}^2\begin{pmatrix}x_{n-1}\\ y_{n-1}\end{pmatrix}=\cdots=\boldsymbol{A}^{n+1}\begin{pmatrix}x_0\\ y_0\end{pmatrix}.$$

计算可知 $\boldsymbol{A}$ 可以对角化, 且

$$\boldsymbol{A}=\boldsymbol{P}\mathbf{diag}(1+2\sqrt{2},1-2\sqrt{2})\boldsymbol{P}^{-1},$$

其中

$$\boldsymbol{P}=\begin{pmatrix}\sqrt{2} & -\sqrt{2}\\ 1 & 1\end{pmatrix}.$$

于是

$$\boldsymbol{A}^n=\boldsymbol{P}\mathbf{diag}(1+2\sqrt{2},1-2\sqrt{2})^n\boldsymbol{P}^{-1},$$

从而

$$\begin{pmatrix}x_{100}\\ y_{100}\end{pmatrix}=\boldsymbol{A}^{100}\begin{pmatrix}x_0\\ y_0\end{pmatrix}=\begin{pmatrix}\frac{1}{2}(1+2\sqrt{2})^{100}+\frac{1}{2}(1-2\sqrt{2})^{100}\\ \frac{\sqrt{2}}{4}(1+2\sqrt{2})^{100}-\frac{\sqrt{2}}{4}(1-2\sqrt{2})^{100}\end{pmatrix}.$$

例 7.6.47 (大连理工大学,2000; 武汉理工大学,2001) 设

$$\begin{cases} x_n = \ x_{n-1} + 2y_{n-1}, \\ y_n = 4x_{n-1} + 3y_{n-1}. \end{cases}$$

且 $x_0 = 2, y_0 = 1$. 求 x_{100}.

例 7.6.48 (电子科技大学,2016) 设

$$\begin{cases} x_n = 4x_{n-1} - 5y_{n-1}, \\ y_n = 2x_{n-1} - 3y_{n-1}. \end{cases}$$

且 $x_0 = 2, y_0 = 1$, 求 x_{100}.

例 7.6.49 (四川轻化工大学,2022) 设数列 $\{a_n\}_{n\in\mathbb{N}}, \{b_n\}_{n\in\mathbb{N}}$ 满足

$$\begin{cases} a_n = 2a_{n-1} - 5b_{n-1}, \\ b_n = \dfrac{1}{3}a_{n-1} - \dfrac{2}{3}b_{n-1}, \end{cases}$$

且 $a_0 = b_0 = 1$, 求数列 $\{a_n\}_{n\in\mathbb{N}}, \{b_n\}_{n\in\mathbb{N}}$ 的通项公式.

例 7.6.50 (东南大学,2008) 某工厂生产线每年 1 月份进行熟练工与非熟练工的人数统计, 然后将 $\dfrac{1}{8}$ 熟练工支援其他生产部门, 其缺额由招收新的非熟练工补齐. 新老非熟练工经过培训及实践到年终考核有 $\dfrac{2}{7}$ 成为熟练工. 设第 n 年 1 月份统计的熟练工和非熟练工所占比例分别为 x_n, y_n, 记成向量 $\begin{pmatrix} x_n \\ y_n \end{pmatrix}$.

(1) 求 $\begin{pmatrix} x_{n+1} \\ y_{n+1} \end{pmatrix}$ 与 $\begin{pmatrix} x_n \\ y_n \end{pmatrix}$ 的关系式, 并写成矩阵形式 $\begin{pmatrix} x_{n+1} \\ y_{n+1} \end{pmatrix} = \boldsymbol{A}\begin{pmatrix} x_n \\ y_n \end{pmatrix}$;

(2) 验证 $\boldsymbol{\eta}_1 = \begin{pmatrix} \dfrac{16}{5} \\ 1 \end{pmatrix}, \boldsymbol{\eta}_2 = \begin{pmatrix} 1 \\ -1 \end{pmatrix}$ 是 $\boldsymbol{A}$ 的两个线性无关的特征向量, 并求出相应的特征值;

(3) 当 $\begin{pmatrix} x_1 \\ y_1 \end{pmatrix} = \begin{pmatrix} \dfrac{1}{2} \\ \dfrac{1}{2} \end{pmatrix}$ 时, 求 $\begin{pmatrix} x_{n+1} \\ y_{n+1} \end{pmatrix}$.

例 7.6.51 (北京工业大学,2012) 已知数列 $a_0, a_1, \cdots, a_n, a_{n+1}, a_{n+2}, \cdots$ 满足 $a_{n+2} - 5a_{n+1} + 6a_n = 0$. 通过考虑 $\begin{pmatrix} a_{n+2} \\ a_{n+1} \end{pmatrix}$, 利用相似对角化的知识, 求通项关于初始项 a_0, a_1 的表达式.

例 7.6.52 (浙江理工大学,2008)(1) 设 $\boldsymbol{A} = \begin{pmatrix} 1 & 1 \\ 1 & 0 \end{pmatrix}$, 求 $\boldsymbol{A}^k$;

(2) 斐波那契 (Fibonacci) 数列:$1, 1, 2, 3, 5, 8, \cdots$ 的通项满足

$$u_n = u_{n-1} + u_{n-2} (n > 2),$$

利用 (1) 的结论求斐波那契数列的通项公式.

例 7.6.53 (北京工业大学,2009) 斐波那契数列 $\{F_n\}_{n=0}^{\infty}: F_0=1, F_1=1, F_n=F_{n-1}+F_{n-2}(n\geqslant 2)$. 记 $D_n=\begin{pmatrix}F_{n+1}\\F_n\end{pmatrix}$. 从考虑序列 $D_0, D_1, \cdots, D_n, \cdots$ 的递归关系式出发, 计算斐波那契数列的通项公式 F_n.

例 7.6.54 (中国科学技术大学,2015) 设 $\boldsymbol{A}=\dfrac{1}{10}\begin{pmatrix}9&7\\1&3\end{pmatrix}$,$p_0, q_0$ 为正实数, 满足 $p_0+q_0=1$. 对于 $n\geqslant 1$, 令 $\begin{pmatrix}p_n\\q_n\end{pmatrix}=\boldsymbol{A}^n\begin{pmatrix}p_0\\q_0\end{pmatrix}$. 证明: 数列 $\{p_n\}_{n\geqslant 0}$ 的极限存在, 并求出极限值.

例 7.6.55 (天津大学,2011) 已知

$$\begin{cases}a_n=3a_{n-1}+b_{n-1}+2^{n-1},\\ b_n=2a_{n-1}+b_{n-1}+2^n.\end{cases}$$

且 $a_0=-1, b_0=3$.

(1) 记 $\boldsymbol{\xi}_n=\begin{pmatrix}a_n\\b_n\\2^n\end{pmatrix}$, 求 $\boldsymbol{\xi}_n$ 的递推公式.

(2) 计算 $\boldsymbol{\xi}_n$ 的通项公式.

例 7.6.56 (中山大学,2022) 设数列 $\{x_k\}$ 满足递推关系:

$$x_{3k+3}=x_{3k-2},$$

$$x_{3k+2}=x_{3k}+x_{3k-1},$$

$$x_{3k+1}=x_{3k}+x_{3k-2}, k\geqslant 1,$$

且 $x_1=x_2=0, x_3=1$, 求 x_{3k+2}.

例 7.6.57 设 $V=F^{n\times n}$ 是数域 F 上的 n 阶方阵的全体构成的线性空间,$\boldsymbol{A}\in V$ 是一个固定矩阵, 定义 V 的线性变换 σ 为

$$\sigma(\boldsymbol{X})=\boldsymbol{A}\boldsymbol{X}, \forall \boldsymbol{X}\in V,$$

证明: 若 $\boldsymbol{A}$ 可对角化, 则 σ 也可对角化.

证 (法 1) 用 $\boldsymbol{E}_{ij}(i,j=1,2,\cdots,n)$ 表示第 i 行与第 j 列交叉处元素为 1, 其余元素为 0 的 n 阶方阵, 则 $\boldsymbol{E}_{ij}$ 是 V 的一组基. 由 $\boldsymbol{A}$ 相似于对角矩阵, 则存在可逆矩阵 $\boldsymbol{Q}$ 使得

$$\boldsymbol{Q}^{-1}\boldsymbol{A}\boldsymbol{Q}=\begin{pmatrix}\lambda_1&&\\&\ddots&\\&&\lambda_n\end{pmatrix}.$$

易知 $\boldsymbol{Q}\boldsymbol{E}_{ij}\boldsymbol{Q}^{-1}(i,j=1,2,\cdots,n)$ 也是 V 的基, 且

$$\sigma(\boldsymbol{Q}\boldsymbol{E}_{ij}\boldsymbol{Q}^{-1})=\boldsymbol{A}\boldsymbol{Q}\boldsymbol{E}_{ij}\boldsymbol{Q}^{-1}=\lambda_i\boldsymbol{Q}\boldsymbol{E}_{ij}\boldsymbol{Q}^{-1}, i,j=1,2,\cdots,n,$$

于是 σ 在基 $\boldsymbol{Q}\boldsymbol{E}_{ij}\boldsymbol{Q}^{-1}(i,j=1,2,\cdots,n)$ 下的矩阵为对角矩阵, 即 σ 可对角化.

(法 2) 用 $\boldsymbol{E}_{ij}$ 表示第 i 行与第 j 列交叉处元素为 1, 其余元素为 0 的 n 阶方阵, 则 $\boldsymbol{E}_{ij}(i,j=1,2,\cdots,n)$ 是 V 的一组基. 将 $\boldsymbol{A}$ 按列分块为

$$\boldsymbol{A}=(\boldsymbol{\alpha}_1,\boldsymbol{\alpha}_2,\cdots,\boldsymbol{\alpha}_n),$$

则

$$\sigma(\boldsymbol{E}_{ij})=\boldsymbol{A}\boldsymbol{E}_{ij}=(\boldsymbol{\alpha}_1,\boldsymbol{\alpha}_2,\cdots,\boldsymbol{\alpha}_n)\boldsymbol{E}_{ij}=(\boldsymbol{0},\boldsymbol{0},\cdots,\boldsymbol{0},\boldsymbol{\alpha}_i,\boldsymbol{0},\cdots,\boldsymbol{0}),i,j=1,2,\cdots,n,$$

其中 $\boldsymbol{\alpha}_i$ 位于 $\sigma(\boldsymbol{E}_{ij})$ 的第 j 列, 从而

$$\sigma(\boldsymbol{E}_{ij})=(\boldsymbol{E}_{1j},\boldsymbol{E}_{2j},\cdots,\boldsymbol{E}_{nj})\boldsymbol{\alpha}_i,i,j=1,2,\cdots,n,$$

于是就有

$$\begin{aligned}&\sigma(\boldsymbol{E}_{11},\boldsymbol{E}_{21},\cdots,\boldsymbol{E}_{n1},\boldsymbol{E}_{12},\boldsymbol{E}_{22},\cdots,\boldsymbol{E}_{n2},\cdots,\boldsymbol{E}_{1n},\boldsymbol{E}_{2n},\cdots,\boldsymbol{E}_{nn})\\=&(\boldsymbol{E}_{11},\boldsymbol{E}_{21},\cdots,\boldsymbol{E}_{n1},\boldsymbol{E}_{12},\boldsymbol{E}_{22},\cdots,\boldsymbol{E}_{n2},\cdots,\boldsymbol{E}_{1n},\boldsymbol{E}_{2n},\cdots,\boldsymbol{E}_{nn})\mathbf{diag}(\boldsymbol{A},\boldsymbol{A},\cdots,\boldsymbol{A}),\end{aligned}$$

从而 σ 的最小多项式为 $\mathbf{diag}(\boldsymbol{A},\boldsymbol{A},\cdots,\boldsymbol{A})$ 的最小多项式, 即为每个块的最小多项式的最小公倍式, 也就是 $\boldsymbol{A}$ 的最小多项式 $m_{\boldsymbol{A}}(\lambda)$, 由 $\boldsymbol{A}$ 可对角化, 可知 σ 的最小多项式无重根, 从而 σ 可对角化.

例 7.6.58 (南开大学,2008) 设 $\boldsymbol{A}=(a_{ij})_{n\times n}$ 为数域 P 上的 n 阶方阵, 定义 $P^{n\times n}$ 上的线性变换 T 使得 $T(\boldsymbol{X})=\boldsymbol{A}\boldsymbol{X},\boldsymbol{X}\in P^{n\times n}$. 试求 T 的迹和行列式.

例 7.6.59 (第二届全国大学生数学竞赛决赛,2011; 西安交通大学,2023) 设 $\boldsymbol{A}\in M_n(\mathbb{C})$, 定义线性变换

$$\sigma_{\boldsymbol{A}}:M_n(\mathbb{C})\to M_n(\mathbb{C}),\sigma_{\boldsymbol{A}}(\boldsymbol{X})=\boldsymbol{A}\boldsymbol{X}-\boldsymbol{X}\boldsymbol{A}.$$

证明: 当 $\boldsymbol{A}$ 可对角化时,$\sigma_{\boldsymbol{A}}$ 也可对角化. 这里 $M_n(\mathbb{C})$ 是复数域 $\mathbb{C}$ 上 n 阶方阵组成的线性空间.

证 由 $\boldsymbol{A}$ 可对角化, 则存在可逆矩阵 $\boldsymbol{P}$ 使得

$$\boldsymbol{P}^{-1}\boldsymbol{A}\boldsymbol{P}=\mathbf{diag}(\lambda_1,\lambda_2,\cdots,\lambda_n),$$

取 $M_n(\mathbb{C})$ 的基为

$$\begin{gathered}\boldsymbol{E}_{11},\boldsymbol{E}_{12},\cdots,\boldsymbol{E}_{1n},\\\boldsymbol{E}_{21},\boldsymbol{E}_{22},\cdots,\boldsymbol{E}_{2n},\\\vdots\\\boldsymbol{E}_{n1},\boldsymbol{E}_{n2},\cdots,\boldsymbol{E}_{nn},\end{gathered}$$

则

$$\begin{gathered}\boldsymbol{P}\boldsymbol{E}_{11}\boldsymbol{P}^{-1},\boldsymbol{P}\boldsymbol{E}_{12}\boldsymbol{P}^{-1},\cdots,\boldsymbol{P}\boldsymbol{E}_{1n}\boldsymbol{P}^{-1},\\\boldsymbol{P}\boldsymbol{E}_{21}\boldsymbol{P}^{-1},\boldsymbol{P}\boldsymbol{E}_{22}\boldsymbol{P}^{-1},\cdots,\boldsymbol{P}\boldsymbol{E}_{2n}\boldsymbol{P}^{-1},\\\vdots\\\boldsymbol{P}\boldsymbol{E}_{n1}\boldsymbol{P}^{-1},\boldsymbol{P}\boldsymbol{E}_{n2}\boldsymbol{P}^{-1},\cdots,\boldsymbol{P}\boldsymbol{E}_{nn}\boldsymbol{P}^{-1}\end{gathered}$$

还是 $M_n(\mathbb{C})$ 的基. 而

$$\begin{aligned}\sigma_{\boldsymbol{A}}(\boldsymbol{P}\boldsymbol{E}_{ij}\boldsymbol{P}^{-1}) &= \boldsymbol{A}\boldsymbol{P}\boldsymbol{E}_{ij}\boldsymbol{P}^{-1} - \boldsymbol{P}\boldsymbol{E}_{ij}\boldsymbol{P}^{-1}\boldsymbol{A} \\ &= \boldsymbol{P}\left[\mathbf{diag}(\lambda_1, \lambda_2, \cdots, \lambda_n)\boldsymbol{E}_{ij} - \boldsymbol{E}_{ij}\mathbf{diag}(\lambda_1, \lambda_2, \cdots, \lambda_n)\right]\boldsymbol{P}^{-1} \\ &= (\lambda_i - \lambda_j)(\boldsymbol{P}\boldsymbol{E}_{ij}\boldsymbol{P}^{-1}).\end{aligned}$$

即 $\sigma_{\boldsymbol{A}}$ 在 $M_n(\mathbb{C})$ 的基

$$\begin{gathered}\boldsymbol{P}\boldsymbol{E}_{11}\boldsymbol{P}^{-1}, \boldsymbol{P}\boldsymbol{E}_{12}\boldsymbol{P}^{-1}, \cdots, \boldsymbol{P}\boldsymbol{E}_{1n}\boldsymbol{P}^{-1}, \\ \boldsymbol{P}\boldsymbol{E}_{21}\boldsymbol{P}^{-1}, \boldsymbol{P}\boldsymbol{E}_{22}\boldsymbol{P}^{-1}, \cdots, \boldsymbol{P}\boldsymbol{E}_{2n}\boldsymbol{P}^{-1}, \\ \vdots \\ \boldsymbol{P}\boldsymbol{E}_{n1}\boldsymbol{P}^{-1}, \boldsymbol{P}\boldsymbol{E}_{n2}\boldsymbol{P}^{-1}, \cdots, \boldsymbol{P}\boldsymbol{E}_{nn}\boldsymbol{P}^{-1}\end{gathered}$$

下的矩阵为对角矩阵 $\mathbf{diag}(0, \lambda_1 - \lambda_2, \cdots, \lambda_1 - \lambda_n, \cdots, \lambda_n - \lambda_1, \cdots, \lambda_n - \lambda_{n-1}, 0)$.

例 7.6.60　(东华大学,2021) 数域 K 上的矩阵空间 $M_n(K)$ 有线性变换 $\sigma(\boldsymbol{X}) = \boldsymbol{A}\boldsymbol{X} - \boldsymbol{X}\boldsymbol{A}$, 其中 $\boldsymbol{A} \in M_n(K)$.

(1) 若 $\boldsymbol{A}$ 为幂零矩阵, 证明: σ 为幂零线性变换;

(2) 若 $\boldsymbol{A}$ 有特征值 $\lambda_1, \lambda_2, \cdots, \lambda_n$, 证明:$\lambda_i - \lambda_j (1 \leqslant i, j \leqslant n)$ 为 σ 的特征值.

7.6.3　公共特征值与特征向量

例 7.6.61　(北京科技大学,2004)(1) 若矩阵 $\boldsymbol{A}$ 与 $\boldsymbol{B}$ 相似, 证明:$\boldsymbol{A}$ 与 $\boldsymbol{B}$ 有相同的特征值.

(2) 举例说明上述命题的逆命题不成立.

(3) 若 $\boldsymbol{A}$ 与 $\boldsymbol{B}$ 均为实对称矩阵, 则 (1) 的逆命题成立.

证　设 $\boldsymbol{P}^{-1}\boldsymbol{A}\boldsymbol{P} = \boldsymbol{B}$, 则

$$|\lambda\boldsymbol{E} - \boldsymbol{B}| = |\lambda\boldsymbol{P}^{-1}\boldsymbol{E}\boldsymbol{P} - \boldsymbol{P}^{-1}\boldsymbol{A}\boldsymbol{P}| = |\boldsymbol{P}^{-1}(\lambda\boldsymbol{E} - \boldsymbol{A})\boldsymbol{P}| = |\lambda\boldsymbol{E} - \boldsymbol{A}|,$$

此即 $\boldsymbol{A}$ 与 $\boldsymbol{B}$ 的特征多项式相等, 从而 $\boldsymbol{A}$ 与 $\boldsymbol{B}$ 有相同的特征值.

(2) 令 $\boldsymbol{A} = \begin{pmatrix} 0 & 0 \\ 0 & 0 \end{pmatrix}, \boldsymbol{B} = \begin{pmatrix} 0 & 1 \\ 0 & 0 \end{pmatrix}$, 则 $\boldsymbol{A}$ 与 $\boldsymbol{B}$ 有相同的特征值, 但由于其秩不等, 故 $\boldsymbol{A}$ 与 $\boldsymbol{B}$ 不相似.

(3) 由 $\boldsymbol{A}, \boldsymbol{B}$ 为实对称矩阵, 故存在正交矩阵 $\boldsymbol{P}, \boldsymbol{Q}$ 使得

$$\boldsymbol{P}^{-1}\boldsymbol{A}\boldsymbol{P} = \mathbf{diag}(\lambda_1, \cdots, \lambda_n), \boldsymbol{Q}^{-1}\boldsymbol{B}\boldsymbol{Q} = \mathbf{diag}(\mu_1, \cdots, \mu_n),$$

由于 $\boldsymbol{A}, \boldsymbol{B}$ 的特征值相同, 故

$$\boldsymbol{P}^{-1}\boldsymbol{A}\boldsymbol{P} = \boldsymbol{Q}^{-1}\boldsymbol{B}\boldsymbol{Q},$$

于是

$$\boldsymbol{A} = (\boldsymbol{Q}\boldsymbol{P}^{-1})^{-1}\boldsymbol{B}\boldsymbol{Q}\boldsymbol{P}^{-1},$$

即 $\boldsymbol{A}$ 与 $\boldsymbol{B}$ 相似.

例 7.6.62 设 $\boldsymbol{A},\boldsymbol{B}$ 为 n 阶方阵, 且存在可逆矩阵 $\boldsymbol{P}$ 使得 $\boldsymbol{B}=\boldsymbol{P}^{-1}\boldsymbol{AP}$. 证明:

(1) $\boldsymbol{A},\boldsymbol{B}$ 有相同的特征值;

(2) $\boldsymbol{A},\boldsymbol{B}$ 相同特征值的特征子空间的维数相等.

例 7.6.63 (1) 相似矩阵有相同的特征值, 并且重数也相同;

(2) n 阶矩阵 $\boldsymbol{A}$ 与 $\boldsymbol{A}^{\mathrm{T}}$ 有相同的特征值, 并且重数相同.

例 7.6.64 (武汉大学,2003; 北京科技大学,2009) 设 $\boldsymbol{A},\boldsymbol{B}$ 为 n 阶非零矩阵, 且 $\boldsymbol{A}^2=\boldsymbol{A},\boldsymbol{B}^2=\boldsymbol{B},\boldsymbol{AB}=\boldsymbol{BA}=\boldsymbol{O}$. 证明:

(1) 0,1 必为 $\boldsymbol{A},\boldsymbol{B}$ 的特征值;

(2) 若 $\boldsymbol{x}$ 是 $\boldsymbol{A}$ 的属于特征值 1 的特征向量, 则 $\boldsymbol{x}$ 也是 $\boldsymbol{B}$ 的属于特征值 0 的特征向量.

例 7.6.65 (华东师范大学,2001) 设 $\boldsymbol{A}_1,\boldsymbol{A}_2,\boldsymbol{A}_3$ 是三个非零的三阶方阵, 且 $\boldsymbol{A}_i^2=\boldsymbol{A}_i(i=1,2,3),\boldsymbol{A}_i\boldsymbol{A}_j=\boldsymbol{O}(i\neq j)$. 证明:

(1) $\boldsymbol{A}_i(i=1,2,3)$ 的特征值只有 1 和 0;

(2) $\boldsymbol{A}_i$ 的属于特征值 1 的特征向量是 $\boldsymbol{A}_j$ 的属于特征值 0 的特征向量 $(i\neq j)$;

(3) 若 $\boldsymbol{X}_1,\boldsymbol{X}_2,\boldsymbol{X}_3$ 分别是 $\boldsymbol{A}_1,\boldsymbol{A}_2,\boldsymbol{A}_3$ 的属于特征值 1 的特征向量, 则 $\boldsymbol{X}_1,\boldsymbol{X}_2,\boldsymbol{X}_3$ 线性无关.

例 7.6.66 (中国地质大学,2003; 重庆大学,2022) 设 $\boldsymbol{A},\boldsymbol{B}$ 为 n 阶方阵, 证明: $\boldsymbol{AB}$ 与 $\boldsymbol{BA}$ 有相同的特征值.

证 利用例1.2.30的结论可得.

例 7.6.67 (辽宁大学,2005) 设 $\boldsymbol{A},\boldsymbol{B}$ 为 n 阶方阵, 证明: $\boldsymbol{AB}$ 与 $\boldsymbol{BA}$ 有相同的特征多项式.

例 7.6.68 (暨南大学,2021) 设 $\boldsymbol{A},\boldsymbol{B}$ 同为 n 阶方阵.

(1) 证明:$\begin{pmatrix}\boldsymbol{AB}&\boldsymbol{A}\\\boldsymbol{O}&\boldsymbol{O}\end{pmatrix}$ 与 $\begin{pmatrix}\boldsymbol{O}&\boldsymbol{A}\\\boldsymbol{O}&\boldsymbol{BA}\end{pmatrix}$ 相似;

(2) 证明:$\boldsymbol{AB}$ 与 $\boldsymbol{BA}$ 有相同的特征多项式.

例 7.6.69 (南京大学,2021) 已知 $\boldsymbol{A},\boldsymbol{B}$ 为三阶复矩阵, 且 2 是 $\boldsymbol{AB}$ 的特征值,$\boldsymbol{\alpha}_1=(1,2,3)^{\mathrm{T}}$, $\boldsymbol{\alpha}_2=(0,1,-1)^{\mathrm{T}}$ 为对应的特征向量, 若 $\boldsymbol{B}=\begin{pmatrix}1&0&1\\1&2&1\\2&2&2\end{pmatrix}$, 证明:2 也是 $\boldsymbol{BA}$ 的特征值, 并求对应的特征向量.

例 7.6.70 (山东大学,2019)(1) 设 $\boldsymbol{A},\boldsymbol{B}$ 为 n 阶方阵, 证明:$\boldsymbol{AB}$ 与 $\boldsymbol{BA}$ 有相同的特征多项式.

(2) 设 $\boldsymbol{A},\boldsymbol{B}$ 分别为 $n\times m$ 与 $m\times n$ 矩阵, 若 $n>m$, 证明:$\boldsymbol{AB}$ 与 $\boldsymbol{BA}$ 的特征多项式差一个因子 λ^{n-m}.

(3) 设

$$\boldsymbol{A}=\begin{pmatrix}a_1b_1&a_1b_2&\cdots&a_1b_n\\a_2b_1&a_2b_2&\cdots&a_2b_n\\\vdots&\vdots&&\vdots\\a_nb_1&a_nb_2&\cdots&a_nb_n\end{pmatrix},$$

求 $\boldsymbol{E}+\boldsymbol{A}$ 的特征值, 其中, $\boldsymbol{E}$ 为 n 阶单位矩阵.

例 7.6.71　(上海交通大学,2003) 设 $\boldsymbol{A},\boldsymbol{B}$ 为 n 阶实方阵,λ 为 $\boldsymbol{BA}$ 的非零特征值, 以 $V_\lambda^{\boldsymbol{BA}}$ 表示 $\boldsymbol{BA}$ 的关于 λ 的特征子空间. 证明:

(1) λ 也是 $\boldsymbol{AB}$ 的特征值.

(2) $\dim V_\lambda^{\boldsymbol{BA}}=\dim V_\lambda^{\boldsymbol{AB}}$.

证　(1) 略.

(2) 由于

$$V_\lambda^{\boldsymbol{BA}}=\{\boldsymbol{x}\in\mathbb{R}^n|\boldsymbol{BAx}=\lambda\boldsymbol{x}\}=\{\boldsymbol{x}\in\mathbb{R}^n|(\lambda\boldsymbol{E}-\boldsymbol{BA})\boldsymbol{x}=\boldsymbol{0}\},$$

$$V_\lambda^{\boldsymbol{AB}}=\{\boldsymbol{x}\in\mathbb{R}^n|\boldsymbol{ABx}=\lambda\boldsymbol{x}\}=\{\boldsymbol{x}\in\mathbb{R}^n|(\lambda\boldsymbol{E}-\boldsymbol{AB})\boldsymbol{x}=\boldsymbol{0}\},$$

故只需证明

$$r(\lambda\boldsymbol{E}-\boldsymbol{AB})=r(\lambda\boldsymbol{E}-\boldsymbol{BA}).$$

由例3.2.68可知结论成立.

例 7.6.72　(首都师范大学,2020) 设 $\boldsymbol{A},\boldsymbol{B},\boldsymbol{C}$ 分别为 $n\times m,m\times s,s\times n$ 矩阵. 证明: $\boldsymbol{ABC}$ 与 $\boldsymbol{BCA}$ 有相同的非零特征值.

例 7.6.73　(东南大学,2004) 设 $\boldsymbol{A},\boldsymbol{B}$ 分别为 m,n 阶方阵, 证明: $\boldsymbol{A},\boldsymbol{B}$ 无公共特征值的充要条件为满足 $\boldsymbol{AX}=\boldsymbol{XB}$ 的矩阵 $\boldsymbol{X}$ 只能是零矩阵.

证　必要性. 由 $\boldsymbol{A},\boldsymbol{B}$ 无公共特征值可得 $\boldsymbol{A},\boldsymbol{B}$ 的特征多项式 $f(\lambda),g(\lambda)$ 互素. 即存在 $u(\lambda),v(\lambda)$ 使得

$$f(\lambda)u(\lambda)+g(\lambda)v(\lambda)=1,$$

故

$$g(\boldsymbol{A})v(\boldsymbol{A})=\boldsymbol{E},$$

从而 $g(\boldsymbol{A})$ 可逆.

由 $\boldsymbol{AX}=\boldsymbol{XB}$, 利用数学归纳法可得, 对任意自然数 $k\geqslant 1$ 有

$$\boldsymbol{A}^k\boldsymbol{X}=\boldsymbol{XB}^k,$$

于是注意到 $g(\boldsymbol{B})=\boldsymbol{O}$, 可得

$$g(\boldsymbol{A})\boldsymbol{X}=\boldsymbol{X}g(\boldsymbol{B})=\boldsymbol{O},$$

由 $g(\boldsymbol{A})$ 可逆, 可得 $\boldsymbol{X}=\boldsymbol{O}$.

充分性. 设 λ 为矩阵 $\boldsymbol{A},\boldsymbol{B}$ 的公共特征值. 由于

$$|\boldsymbol{B}-\lambda\boldsymbol{E}|=|(\boldsymbol{B}-\lambda\boldsymbol{E})^{\mathrm{T}}|=|\boldsymbol{B}^{\mathrm{T}}-\lambda\boldsymbol{E}|,$$

从而 $\boldsymbol{A},\boldsymbol{B}^{\mathrm{T}}$ 也有公共特征值 λ, 设

$$\boldsymbol{A\alpha}=\lambda\boldsymbol{\alpha},\boldsymbol{\alpha}\neq\boldsymbol{0},\boldsymbol{B}^{\mathrm{T}}\boldsymbol{\beta}=\lambda\boldsymbol{\beta},\boldsymbol{\beta}\neq\boldsymbol{0},$$

令 $\boldsymbol{X}=\boldsymbol{\alpha\beta}^{\mathrm{T}}$, 则 $\boldsymbol{X}\neq\boldsymbol{O}$, 且

$$\boldsymbol{AX}=\boldsymbol{A\alpha\beta}^{\mathrm{T}}=\lambda\boldsymbol{\alpha\beta}^{\mathrm{T}}=\boldsymbol{\alpha}(\lambda\boldsymbol{\beta}^{\mathrm{T}})=\boldsymbol{\alpha\beta}^{\mathrm{T}}\boldsymbol{B}=\boldsymbol{XB},$$

这与 $\boldsymbol{AX}=\boldsymbol{XB}$ 只有零解矛盾. 从而结论成立.

例 7.6.74 (第七届大学生数学竞赛预赛,2015) 设 $\boldsymbol{A}$ 为 n 阶实方阵, 其 n 个特征值皆为偶数. 证明: 关于 $\boldsymbol{X}$ 的矩阵方程

$$\boldsymbol{X}+\boldsymbol{A}\boldsymbol{X}-\boldsymbol{X}\boldsymbol{A}^2=\boldsymbol{0}$$

只有零解.

证 (法 1) 由于 $\boldsymbol{X}+\boldsymbol{A}\boldsymbol{X}-\boldsymbol{X}\boldsymbol{A}^2=\boldsymbol{0}$ 等价于

$$(\boldsymbol{E}+\boldsymbol{A})\boldsymbol{X}=\boldsymbol{X}\boldsymbol{A}^2,$$

由条件可知 $\boldsymbol{E}+\boldsymbol{A}$ 的特征值都是奇数, 而 $\boldsymbol{A}^2$ 的特征值都是偶数, 从而 $\boldsymbol{E}+\boldsymbol{A}$ 与 $\boldsymbol{A}^2$ 无公共特征值, 由例7.6.73可知 $\boldsymbol{X}=\boldsymbol{0}$.

(法 2) 设 $\boldsymbol{C}=\boldsymbol{E}+\boldsymbol{A},\boldsymbol{B}=\boldsymbol{A}^2$, 且设 $\boldsymbol{A}$ 的 n 个特征值为 $\lambda_1,\lambda_2,\cdots,\lambda_n$, 则 $\boldsymbol{B}$ 的 n 个特征值为 $\lambda_1^2,\lambda_2^2,\cdots,\lambda_n^2$, $\boldsymbol{C}$ 的 n 个特征值为 $\mu_1=1+\lambda_1,\mu_2=1+\lambda_2,\cdots,\mu_n=1+\lambda_n$, 于是 $\boldsymbol{C}$ 的特征多项式为

$$f_{\boldsymbol{C}}(\lambda)=(\lambda-\mu_1)(\lambda-\mu_2)\cdots(\lambda-\mu_n).$$

若 $\boldsymbol{X}$ 为 $\boldsymbol{X}+\boldsymbol{A}\boldsymbol{X}-\boldsymbol{X}\boldsymbol{A}^2=\boldsymbol{0}$ 的解, 则有

$$\boldsymbol{C}\boldsymbol{X}=\boldsymbol{X}\boldsymbol{A}^2,$$

于是

$$\boldsymbol{C}^2\boldsymbol{X}=\boldsymbol{X}\boldsymbol{B}^2,\cdots,\boldsymbol{C}^k\boldsymbol{X}=\boldsymbol{X}\boldsymbol{B}^k,\cdots,$$

这样就有

$$\boldsymbol{0}=f_{\boldsymbol{C}}(\boldsymbol{C})\boldsymbol{X}=\boldsymbol{X}f_{\boldsymbol{C}}(\boldsymbol{B})=\boldsymbol{X}(\boldsymbol{B}-\mu_1\boldsymbol{E})(\boldsymbol{B}-\mu_2\boldsymbol{E})\cdots(\boldsymbol{B}-\mu_n\boldsymbol{E}),$$

注意到 $\boldsymbol{B}$ 的特征值都是偶数, 而 $\boldsymbol{C}$ 的特征值 $\mu_i=1+\lambda_i(i=1,2,\cdots,n)$ 都是奇数, 从而 $\boldsymbol{B}-\mu_i\boldsymbol{E}(i=1,2,\cdots,n)$ 可逆, 故 $\boldsymbol{X}=\boldsymbol{0}$.

例 7.6.75 (西安交通大学,2023) $\boldsymbol{A}=(a_{ij})_{n\times n}=\begin{cases}1, & 1\leqslant i<j\leqslant n,\\0, & \text{其他},\end{cases}$.

证明:(1) $\boldsymbol{A}^n=\boldsymbol{O}$;

(2) 若 $\boldsymbol{A}\boldsymbol{B}+\boldsymbol{B}\boldsymbol{A}=\boldsymbol{B}$, 则 $\boldsymbol{B}=\boldsymbol{O}$.

例 7.6.76 (苏州大学,2010; 复旦大学高等代数每周一题 [2016A08]) 证明: $\boldsymbol{X}=\boldsymbol{X}\boldsymbol{J}+\boldsymbol{J}\boldsymbol{X}$ 只有零解, $\boldsymbol{X},\boldsymbol{J}$ 都是 n 阶方阵, $\boldsymbol{J}$ 的所有元素全为 1.

例 7.6.77 (西南大学,2013) 设 n 阶实方阵 $\boldsymbol{A},\boldsymbol{B}$ 满足:$\boldsymbol{A},\boldsymbol{B}$ 的特征值都大于 0, 且 $\boldsymbol{A}^2=\boldsymbol{B}^2$. 证明:$\boldsymbol{A}=\boldsymbol{B}$.

例 7.6.78 (复旦大学高等代数每周一题 [问题 2020S05]) 设 n 阶实方阵 $\boldsymbol{A},\boldsymbol{B}$ 满足 $\boldsymbol{A},\boldsymbol{B}$ 的特征值都大于 0, 且 $\boldsymbol{A}^4+2\boldsymbol{A}^3\boldsymbol{B}=2\boldsymbol{A}\boldsymbol{B}^3+\boldsymbol{B}^4$. 证明:$\boldsymbol{A}=\boldsymbol{B}$.

例 7.6.79 (河北工业大学,2022) 设 $\boldsymbol{A},\boldsymbol{B}$ 为 n 阶复矩阵, 证明: 方程 $\boldsymbol{A}\boldsymbol{X}=\boldsymbol{X}\boldsymbol{B}$ 有非零解的充分必要条件是 $\boldsymbol{A},\boldsymbol{B}$ 有公共的特征值.

例 7.6.80 (中国科技大学,2013; 南开大学,2021) 设 $\boldsymbol{A},\boldsymbol{B}$ 为 n 阶复方阵, 定义线性变换

$$\sigma:\boldsymbol{X}\to\boldsymbol{AX}-\boldsymbol{XB},\boldsymbol{X}\in\mathbb{C}^{n\times n}.$$

证明:σ 可逆的充要条件是 $\boldsymbol{A},\boldsymbol{B}$ 无公共特征值.

例 7.6.81 (云南大学,2021) 设 $\boldsymbol{A}$ 是 n 阶复方阵, 若 λ 是 $\boldsymbol{A}$ 的特征值, 则 $-\lambda$ 不是 $\boldsymbol{A}$ 的特征值, 证明: 变换

$$\varphi(\boldsymbol{X})=\boldsymbol{A}^{\mathrm{T}}\boldsymbol{X}+\boldsymbol{XA},\boldsymbol{X}\in\mathbb{C}^{n\times n}$$

是 $\mathbb{C}^{n\times n}$ 上可逆的线性变换.

例 7.6.82 (武汉大学,2013) 设 $\lambda_1,\lambda_2,\cdots,\lambda_n$ 是 n 阶实对称矩阵 $\boldsymbol{A}$ 的全部特征值, 但是 $-\lambda_i(i=1,2,\cdots,n)$ 不是 $\boldsymbol{A}$ 的特征值. 定义 $\mathbb{R}^{n\times n}$ 的线性变换

$$\sigma(\boldsymbol{X})=\boldsymbol{A}^{\mathrm{T}}\boldsymbol{X}+\boldsymbol{XA},\forall\boldsymbol{X}\in\mathbb{R}^{n\times n}.$$

证明:

(1) σ 是可逆线性变换;

(2) 对任意实对称矩阵 $\boldsymbol{C}$, 必存在唯一的实对称矩阵 $\boldsymbol{B}$, 使得 $\boldsymbol{A}^{\mathrm{T}}\boldsymbol{B}+\boldsymbol{BA}=\boldsymbol{C}$.

例 7.6.83 设 $\boldsymbol{A},\boldsymbol{B},\boldsymbol{C}$ 为 n 阶方阵,$\boldsymbol{AC}=\boldsymbol{CB},r(\boldsymbol{C})=r$. 则 $\boldsymbol{A},\boldsymbol{B}$ 的特征多项式有 r 次公因子. 进而, 若 $\boldsymbol{A},\boldsymbol{B}$ 无相同特征值, 则 $\boldsymbol{C}=\boldsymbol{O}$.

证 设

$$\boldsymbol{PCQ}=\begin{pmatrix}\boldsymbol{E}_r & \boldsymbol{O}\\ \boldsymbol{O} & \boldsymbol{O}\end{pmatrix},$$

由 $\boldsymbol{AC}=\boldsymbol{CB}$ 知 $\boldsymbol{PACQ}=\boldsymbol{PCBQ}$, 即

$$\boldsymbol{PAP}^{-1}\boldsymbol{PCQ}=\boldsymbol{PCQQ}^{-1}\boldsymbol{BQ},$$

设

$$\boldsymbol{PAP}^{-1}=\begin{pmatrix}\boldsymbol{A}_{11} & \boldsymbol{A}_{12}\\ \boldsymbol{A}_{21} & \boldsymbol{A}_{22}\end{pmatrix},\boldsymbol{Q}^{-1}\boldsymbol{BQ}=\begin{pmatrix}\boldsymbol{B}_{11} & \boldsymbol{B}_{12}\\ \boldsymbol{B}_{21} & \boldsymbol{B}_{22}\end{pmatrix},$$

则有

$$\boldsymbol{A}_{11}=\boldsymbol{B}_{11},\boldsymbol{PAP}^{-1}=\begin{pmatrix}\boldsymbol{A}_{11} & \boldsymbol{A}_{12}\\ \boldsymbol{O} & \boldsymbol{A}_{22}\end{pmatrix},\boldsymbol{Q}^{-1}\boldsymbol{BQ}=\begin{pmatrix}\boldsymbol{B}_{11} & \boldsymbol{O}\\ \boldsymbol{B}_{21} & \boldsymbol{B}_{22}\end{pmatrix}.$$

故

$$|\lambda\boldsymbol{E}-\boldsymbol{A}|=|\lambda\boldsymbol{E}-\boldsymbol{A}_{11}||\lambda\boldsymbol{E}-\boldsymbol{A}_{22}|,$$

$$|\lambda\boldsymbol{E}-\boldsymbol{B}|=|\lambda\boldsymbol{E}-\boldsymbol{A}_{11}||\lambda\boldsymbol{E}-\boldsymbol{B}_{22}|.$$

故结论成立.

例 7.6.84 (苏州大学,2005) 设 $\boldsymbol{A},\boldsymbol{B},\boldsymbol{C}$ 分别为 $m\times m,n\times n,m\times n(m>n)$ 矩阵, 且 $\boldsymbol{AC}=\boldsymbol{CB},r(\boldsymbol{C})=r$. 证明:$\boldsymbol{A},\boldsymbol{B}$ 至少有 r 个相同的特征值.

例 7.6.85 (武汉大学,2004; 温州大学,2015; 燕山大学,2015) 设 V 为复数域上的 n 维线性空间,f,g 为 V 的线性变换且 $fg=gf$. 证明:

(1) 若 λ 为 f 的特征值, 则 V_λ 是 g 的不变子空间;

(2) f,g 至少有一个公共特征向量.

证 (1) 任取 $\boldsymbol{\alpha}\in V_\lambda=\{\boldsymbol{\alpha}\in V|f(\boldsymbol{\alpha})=\lambda\boldsymbol{\alpha}\}$, 则

$$f(g(\boldsymbol{\alpha}))=fg(\boldsymbol{\alpha})=gf(\boldsymbol{\alpha})=g(\lambda\boldsymbol{\alpha})=\lambda g(\boldsymbol{\alpha}),$$

即 $g(\boldsymbol{\alpha})\in V_\lambda$, 故 V_λ 是 g 的不变子空间.

(2) 考虑 g 在 V_λ 上的限制 $g|_{V_\lambda}$, 由于 $\dim V_\lambda\geqslant 1$, 故 $g|_{V_\lambda}$ 在复数域上至少有一个特征值 μ, 对应的特征向量为 $\boldsymbol{\beta}\in V_\lambda$, 于是

$$f(\boldsymbol{\beta})=\lambda\boldsymbol{\beta}, g(\boldsymbol{\beta})=g|_{V_\lambda}(\boldsymbol{\beta})=\mu\boldsymbol{\beta},$$

即 $\boldsymbol{\beta}$ 为 f,g 的公共特征向量, 从而结论成立.

例 7.6.86 设 f,g 是复 n 维线性空间 V 上的线性变换, 若 $fg-gf=f$. 证明:

(1) f 的特征值全为 0;

(2) f 与 g 必有公共的特征向量.

证 (1) 设 f,g 在 V 的一组基下的矩阵分别为 $\boldsymbol{A},\boldsymbol{B}$, 则由线性变换和矩阵的关系知,$\boldsymbol{AB}-\boldsymbol{BA}=\boldsymbol{A}$, 下面证明 $\boldsymbol{A}$ 的特征值全为 0 即可.

事实上, 设 $\boldsymbol{A}$ 的特征值为 $\lambda_1,\cdots,\lambda_n$, 则

$$\lambda_1^m+\cdots+\lambda_n^m=\operatorname{tr}(\boldsymbol{A}^m)=\operatorname{tr}(\boldsymbol{A}^{m-1}(\boldsymbol{AB}-\boldsymbol{BA}))=\operatorname{tr}(\boldsymbol{A}^m)-\operatorname{tr}(\boldsymbol{A}^{m-1}\boldsymbol{BA})=0,$$

对于任意的自然数 m 成立, 由牛顿公式可得 $\lambda_1=\cdots=\lambda_n=0$.

(2) 设 V_0 是 f 的特征值子空间, 由于对任意的 $\boldsymbol{x}\in V_0$, 有 $(fg-gf)(\boldsymbol{x})=f(\boldsymbol{x})=\boldsymbol{0}$, 从而 $fg(\boldsymbol{x})=gf(\boldsymbol{x})=\boldsymbol{0}$, 于是 $g(\boldsymbol{x})$ 也是 f 的特征值向量 (或为零向量), 总之,$g(\boldsymbol{x})\in V_0$, 因此 V_0 也是 g 的不变子空间, 将线性变换 g 限制在 V_0 上, 由于是复空间, 因此必有特征值和特征向量, 这个特征向量就是 f,g 的公共特征向量.

例 7.6.87 (中山大学,2015) 设 $\boldsymbol{A}\in M_n(\mathbb{C})$. 定义 $M_n(\mathbb{C})$ 上的线性变换 σ,τ 为 $\sigma(\boldsymbol{X})=\boldsymbol{AX},\tau(\boldsymbol{X})=\boldsymbol{AX}-\boldsymbol{XA}$, 对任意的 $\boldsymbol{X}\in M_n(\mathbb{C})$.

(1) 设 $\boldsymbol{A}$ 的秩为 r, 求 $\dim\ker\sigma$;

(2) 若 $\boldsymbol{B}\in M_n(\mathbb{C})$ 满足 $\tau(\boldsymbol{B})=\boldsymbol{B}$. 证明:$\boldsymbol{B}$ 的特征值都是 0, 且矩阵 $\boldsymbol{A}$ 与 $\boldsymbol{B}$ 至少有一个公共的特征向量.

例 7.6.88 (西安电子科技大学,2009) 设 $\boldsymbol{A},\boldsymbol{B}$ 为 n 阶方阵, 若

$$r(\boldsymbol{A})+r(\boldsymbol{B})<n,$$

则 $\boldsymbol{A},\boldsymbol{B}$ 有公共的特征值与特征向量.

证 由条件知

$$r\begin{pmatrix}\boldsymbol{A}\\ \boldsymbol{B}\end{pmatrix}\leqslant r(\boldsymbol{A})+r(\boldsymbol{B})<n,$$

故方程组

$$\begin{pmatrix} \boldsymbol{A} \\ \boldsymbol{B} \end{pmatrix} \boldsymbol{X} = \boldsymbol{0}$$

有非零解, 设为 $\boldsymbol{X}_0$, 即

$$\boldsymbol{A}\boldsymbol{X}_0 = \boldsymbol{0}, \boldsymbol{B}\boldsymbol{X}_0 = \boldsymbol{0},$$

从而 $\boldsymbol{A}, \boldsymbol{B}$ 有公共特征值 0 与公共特征向量 $\boldsymbol{X}_0$.

例 7.6.89 设 σ, τ 为 n 维线性空间 V 的线性变换, 且

$$\dim \mathrm{Im}\sigma + \dim \mathrm{Im}\tau < n,$$

则 σ, τ 有公共的特征值与特征向量.

例 7.6.90 (北京理工大学,2008) 设 $\boldsymbol{A}, \boldsymbol{B} \in M_n(K)$, 且 $r(\boldsymbol{A}) + r(\boldsymbol{B}) < n$. 证明:

(1) 数 0 是 $\boldsymbol{A}$ 与 $\boldsymbol{B}$ 的一个特征值;

(2) 设 $V_0^{\boldsymbol{A}}$ 与 $V_0^{\boldsymbol{B}}$ 分别表示矩阵 $\boldsymbol{A}$ 与矩阵 $\boldsymbol{B}$ 对应公共特征值 0 的特征子空间, 则 $V_0^{\boldsymbol{A}} \cup V_0^{\boldsymbol{B}} \neq \{\boldsymbol{0}\}$, 即 $\boldsymbol{A}, \boldsymbol{B}$ 至少有一个公共特征向量.

例 7.6.91 (聊城大学,2012) 设 $\boldsymbol{A}, \boldsymbol{B}$ 为 n 阶矩阵, 且 $\boldsymbol{A} + \boldsymbol{B} = \boldsymbol{A}\boldsymbol{B}$, 求证:

(1) $\boldsymbol{A}, \boldsymbol{B}$ 的特征值向量是公共的;

(2) $\boldsymbol{A}$ 相似于对角矩阵, 当且仅当 $\boldsymbol{B}$ 相似于对角矩阵;

(3) $r(\boldsymbol{A}) = r(\boldsymbol{B})$.

证 (1) 设 $\boldsymbol{\alpha}$ 为 $\boldsymbol{B}$ 的特征向量, 对应的特征值为 λ, 即 $\boldsymbol{B}\boldsymbol{\alpha} = \lambda\boldsymbol{\alpha}$. 则

$$\boldsymbol{A}\boldsymbol{\alpha} + \boldsymbol{B}\boldsymbol{\alpha} - \boldsymbol{A}\boldsymbol{B}\boldsymbol{\alpha} = \boldsymbol{0},$$

即

$$\boldsymbol{A}\boldsymbol{\alpha} + \lambda\boldsymbol{\alpha} - \lambda\boldsymbol{A}\boldsymbol{\alpha} = \boldsymbol{0},$$

于是

$$(1-\lambda)\boldsymbol{A}\boldsymbol{\alpha} = -\lambda\boldsymbol{\alpha},$$

若 $\lambda = 1$, 则 $\boldsymbol{A}\boldsymbol{\alpha} + \boldsymbol{\alpha} - \boldsymbol{A}\boldsymbol{\alpha} = \boldsymbol{0}$, 得到 $\boldsymbol{\alpha} = \boldsymbol{0}$. 矛盾. 故 $\lambda \neq 1$, 从而 $\boldsymbol{A}\boldsymbol{\alpha} = -\dfrac{\lambda}{1-\lambda}\boldsymbol{\alpha}$, 即 $\boldsymbol{\alpha}$ 为 $\boldsymbol{A}$ 的特征向量. 这就证明了 $\boldsymbol{B}$ 的特征向量都是 $\boldsymbol{A}$ 的特征向量.

由 $\boldsymbol{A} + \boldsymbol{B} = \boldsymbol{A}\boldsymbol{B}$ 可得

$$\boldsymbol{E} = \boldsymbol{A}\boldsymbol{B} - \boldsymbol{A} - \boldsymbol{B} + \boldsymbol{E} = \boldsymbol{A}(\boldsymbol{B} - \boldsymbol{E}) - (\boldsymbol{B} - \boldsymbol{E}) = (\boldsymbol{A} - \boldsymbol{E})(\boldsymbol{B} - \boldsymbol{E}),$$

故 $\boldsymbol{A} - \boldsymbol{E}$ 可逆, 且 $(\boldsymbol{A} - \boldsymbol{E})^{-1} = \boldsymbol{B} - \boldsymbol{E}$. 从而

$$\boldsymbol{E} = (\boldsymbol{B} - \boldsymbol{E})(\boldsymbol{A} - \boldsymbol{E}) = \boldsymbol{B}\boldsymbol{A} - \boldsymbol{B} - \boldsymbol{A} + \boldsymbol{E},$$

此即 $\boldsymbol{B}\boldsymbol{A} = \boldsymbol{A} + \boldsymbol{B}$, 由此与上面类似可证 $\boldsymbol{A}$ 的特征向量也是 $\boldsymbol{B}$ 的, 故结论成立.

(2) 必要性. 由 $\boldsymbol{A}$ 相似于对角矩阵, 故存在可逆矩阵 $\boldsymbol{T}$, 使得

$$\boldsymbol{T}^{-1}\boldsymbol{A}\boldsymbol{T} = \mathbf{diag}(\lambda_1, \cdots, \lambda_n),$$

即

$$AT = T\mathbf{diag}(\lambda_1, \cdots, \lambda_n),$$

令 $T = (\alpha_1, \cdots, \alpha_n)$, 则 $A\alpha_i = \lambda_i\alpha_i, i = 1, 2, \cdots, n$. 即 $\alpha_i(i = 1, 2, \cdots, n)$ 为 A 的特征向量. 由 (1) 知其也是 B 的特征向量, 设

$$B\alpha_i = \mu_i\alpha_i, i = 1, 2, \cdots, n.$$

则

$$T^{-1}BT = \mathbf{diag}(\mu_1, \cdots, \mu_n).$$

充分性. 类似于必要性.

(3) 由 $A + B = AB$, 有

$$A = (A - E)B, B = A(B - E),$$

由此可得

$$r(A) \leqslant r(B) \leqslant r(A).$$

即 $r(A) = r(B)$.

例 7.6.92 设 A, B 为 n 阶矩阵,$AB = aA + bB(ab \neq 0)$, 证明:

(1) $A - bE, B - aE$ 可逆;

(2) A 可逆的充要条件为 B 可逆;

(3) $AB = BA$;

(4) A, B 的特征向量是公共的.

例 7.6.93 (浙江大学,2000; 中国科学院大学,2004; 南开大学,2014) 设 n 维线性空间 V 的线性变换 σ 有 n 个互异的特征值, 证明: 线性变换 τ 与 σ 可交换的充要条件为 τ 是 $I, \sigma, \sigma^2, \cdots, \sigma^{n-1}$ 的线性组合.

证 必要性. 记

$$W = \{\tau \in L(V) | \sigma\tau = \tau\sigma\},$$

其中 $L(V)$ 表示线性空间 V 的所有线性变换的集合. 设 σ 在 V 的基 $\alpha_1, \cdots, \alpha_n$ 下的矩阵为

$$A = \mathbf{diag}(\lambda_1, \cdots, \lambda_n), \lambda_i \neq \lambda_j, i \neq j.$$

τ 在 V 的基 $\alpha_1, \cdots, \alpha_n$ 下的矩阵为 B, 由 $\sigma\tau = \tau\sigma$ 可得 $AB = BA$, 于是

$$B = \mathbf{diag}(\mu_1, \cdots, \mu_n).$$

从而 $\dim W = n$.

显然

$$I, \sigma, \sigma^2, \cdots, \sigma^{n-1} \in W,$$

且若

$$k_0 I + k_1\sigma + k_2\sigma^2 + \cdots + k_{n-1}\sigma^{n-1} = 0,$$

则

$$k_0\boldsymbol{E}+k_1\mathbf{diag}(\lambda_1,\cdots,\lambda_n)+\cdots+k_{n-1}\mathbf{diag}(\lambda_1^{n-1},\cdots,\lambda_n^{n-1})=\boldsymbol{O},$$

可得 $k_0=\cdots=k_{n-1}=0$. 即

$$I,\sigma,\sigma^2,\cdots,\sigma^{n-1}$$

线性无关, 从而为 W 的基. 故结论成立.

充分性. 显然.

例 7.6.94 (湖南大学,2007) 设实数域 $\mathbb{R}$ 上的 n 维线性空间 V 的线性变换 σ 有 n 个互异的特征值, 证明: 线性变换 τ 与 σ 可交换的充要条件是存在不全为零的常数 $k_0,k_1,\cdots,k_{n-1}$ 使得 $\tau=k_0I+k_1\sigma+k_2\sigma^2+\cdots+k_{n-1}\sigma^{n-1}$.

例 7.6.95 设 $\boldsymbol{A},\boldsymbol{B}$ 为 n 阶方阵, $\boldsymbol{AB}=\boldsymbol{BA}$, 且 $\boldsymbol{A}$ 有 n 个互不相同的特征值 $\lambda_1,\cdots,\lambda_n$. 证明:

(1) 存在可逆矩阵 $\boldsymbol{P}$ 使得 $\boldsymbol{P}^{-1}\boldsymbol{AP},\boldsymbol{P}^{-1}\boldsymbol{BP}$ 同时为对角形;

(2) 存在次数小于等于 $n-1$ 的多项式 $f(x)$, 使得 $\boldsymbol{B}=f(\boldsymbol{A})$.

证 (1) 存在可逆矩阵 $\boldsymbol{P}$ 使得

$$\boldsymbol{P}^{-1}\boldsymbol{AP}=\mathbf{diag}(\lambda_1,\cdots,\lambda_n),$$

于是由 $\boldsymbol{AB}=\boldsymbol{BA}$ 有

$$(\boldsymbol{P}^{-1}\boldsymbol{AP})(\boldsymbol{P}^{-1}\boldsymbol{BP})=(\boldsymbol{P}^{-1}\boldsymbol{BP})(\boldsymbol{P}^{-1}\boldsymbol{AP}),$$

从而可得 $\boldsymbol{P}^{-1}\boldsymbol{BP}=\mathbf{diag}(\mu_1,\cdots,\mu_n)$. 故结论成立.

(2) 设

$$f(x)=a_{n-1}x^{n-1}+\cdots+a_1x+a_0$$

满足 $f(\boldsymbol{A})=\boldsymbol{B}$, 则

$$a_{n-1}\boldsymbol{A}^{n-1}+\cdots+a_1\boldsymbol{A}+a_0\boldsymbol{E}=\boldsymbol{B},$$

从而

$$a_{n-1}(\boldsymbol{P}^{-1}\boldsymbol{AP})^{n-1}+\cdots+a_1(\boldsymbol{P}^{-1}\boldsymbol{AP})+a_0\boldsymbol{E}=\boldsymbol{P}^{-1}\boldsymbol{BP},$$

即

$$\begin{cases} a_{n-1}\lambda_1^{n-1}+\cdots+a_1\lambda_1+a_0=\mu_1, \\ a_{n-1}\lambda_2^{n-1}+\cdots+a_1\lambda_2+a_0=\mu_2, \\ \quad\vdots \\ a_{n-1}\lambda_n^{n-1}+\cdots+a_1\lambda_n+a_0=\mu_n. \end{cases}$$

易知此关于未知量 $a_{n-1},\cdots,a_0$ 的方程组有唯一解. 故结论成立.

例 7.6.96 (西南大学,2012) 设 $\boldsymbol{A},\boldsymbol{B}$ 为 n 阶实矩阵, $\boldsymbol{A}$ 有 n 个互不相同的特征值, 且 $\boldsymbol{AB}=\boldsymbol{BA}$. 证明: 存在非零的实系数多项式 $f(x)$ 使得 $\boldsymbol{B}=f(\boldsymbol{A})$.

7.7 其他问题

例 7.7.1 (华东师范大学,2021) 设实矩阵

$$A = \begin{pmatrix} a & b \\ c & d \end{pmatrix}, a, b, c, d > 0.$$

证明: 一定存在 A 的特征向量 $\begin{pmatrix} x \\ y \end{pmatrix} \in \mathbb{R}^2$, 满足 $x, y > 0$.

证 由于 A 的特征多项式

$$f(\lambda) = \lambda^2 - (a+d)\lambda + (ad - bc),$$

其判别式

$$\Delta = (a+d)^2 - 4(ad - bc) = (a-d)^2 + 4bc > 0,$$

故 A 有实特征值. 取 A 的特征值

$$\lambda = \frac{(a+d) + \sqrt{\Delta}}{2},$$

且设对应特征向量为 $\alpha = (x, y)^{\mathrm{T}}$, 由 $A\boldsymbol{\alpha} = \lambda\boldsymbol{\alpha}$ 可得

$$ax + by = \lambda x = \frac{(a+d) + \sqrt{\Delta}}{2} x,$$

易知 $x \neq 0$, 否则由上式必有 $y = 0$. 故可设 $x > 0$, 实际上, 若 $x < 0$, 注意到 $-\boldsymbol{\alpha}$ 也是 A 的属于特征值 λ 的特征向量即可. 这样就有

$$2by = (d - a + \sqrt{\Delta})x,$$

注意到 $b > 0$, 并且

$$\sqrt{\Delta} = \sqrt{(a-d)^2 + 4bc} > a - d,$$

所以必有 $y > 0$.

例 7.7.2 (首都师范大学,2010) 设二阶方阵 A 中所有元素都是正实数, 证明: A 有实特征向量 (即每个分量都是实数的特征向量).

例 7.7.3 (广西民族大学,2021) 设 E 是 n 阶单位矩阵,$a_1, a_2, \cdots, a_n$ 是 n 个互异实数, 证明: 存在 n 阶实方阵 X 满足矩阵方程

$$X^{2021} + 2X^{2020} + 5E = \begin{pmatrix} a_1 & 0 & \cdots & 0 \\ a_1 & a_2 & \cdots & 0 \\ \vdots & \vdots & & \vdots \\ a_1 & a_2 & \cdots & a_n \end{pmatrix}.$$

证 记

$$A = \begin{pmatrix} a_1 & 0 & \cdots & 0 \\ a_1 & a_2 & \cdots & 0 \\ \vdots & \vdots & & \vdots \\ a_1 & a_2 & \cdots & a_n \end{pmatrix},$$

由于 $a_1, a_2, \cdots, a_n$ 是 n 个互异实数, 可知实矩阵 $\boldsymbol{A}$ 可相似对角化, 即存在实可逆矩阵 $\boldsymbol{P}$, 使得

$$\boldsymbol{P}^{-1}\boldsymbol{A}\boldsymbol{P} = \mathbf{diag}(a_1, a_2, \cdots, a_n),$$

于是

$$\boldsymbol{P}^{-1}\boldsymbol{X}^{2021}\boldsymbol{P} + 2\boldsymbol{P}^{-1}\boldsymbol{X}^{2020}\boldsymbol{P} + 5\boldsymbol{E} = \mathbf{diag}(a_1, a_2, \cdots, a_n),$$

令 $\boldsymbol{Y} = \boldsymbol{P}^{-1}\boldsymbol{X}\boldsymbol{P}$, 且设

$$\boldsymbol{Y} = \mathbf{diag}(y_1, y_2, \cdots, y_n),$$

则有

$$y_i^{2021} + 2y_i^{2020} + 5 = a_i, i = 1, 2, \cdots, n.$$

对任意实数 t, 考虑实系数多项式

$$f(x) = x^{2021} + 2x^{2020} + t,$$

由于 $f(x)$ 是奇数次实系数多项式, 从而一定有实根, 故满足

$$y_i^{2021} + 2y_i^{2020} + 5 = a_i, i = 1, 2, \cdots, n$$

的 y_i 一定存在, 从而实矩阵 $\boldsymbol{Y}$ 存在, 故满足条件的实方阵 $\boldsymbol{X} = \boldsymbol{P}\boldsymbol{Y}\boldsymbol{P}^{-1}$ 一定存在.

例 7.7.4 (广西民族大学,2015) 设 $\boldsymbol{E}$ 是 n 阶单位矩阵, 证明: 对任何正整数 m, 总存在 n 阶实方阵 $\boldsymbol{X}$ 满足方程

$$\boldsymbol{X}^{2m+1} + \boldsymbol{X}^m + \boldsymbol{E} = \begin{pmatrix} 1 & & & \\ 1 & 2 & & \\ \vdots & \vdots & \ddots & \\ 1 & 2 & \cdots & n \end{pmatrix}.$$

第 8 章

λ-矩阵

8.1 三因子、标准形、特征多项式和特征值的关系

例 8.1.1 设 $\boldsymbol{A}\in F^{n\times n}, f(\lambda)=|\lambda\boldsymbol{E}-\boldsymbol{A}|, d_1(\lambda),\cdots,d_n(\lambda)$ 为 $\lambda\boldsymbol{E}-\boldsymbol{A}$ 的不变因子. 则

$$f(\lambda)=d_1(\lambda)\cdots d_n(\lambda).$$

证 (法 1) 注意到行列式因子与不变因子的关系, 可得

$$f(\lambda)=D_n(\lambda)=d_1(\lambda)\cdots d_n(\lambda).$$

即结论成立.

(法 2) 设

$$\lambda\boldsymbol{E}-\boldsymbol{A}=\boldsymbol{P}(\lambda)\begin{pmatrix}d_1(\lambda)&&\\&\ddots&\\&&d_n(\lambda)\end{pmatrix}\boldsymbol{Q}(\lambda),$$

于是

$$f(\lambda)=cd_1(\lambda)\cdots d_n(\lambda),$$

注意到 $f(\lambda)$ 首项系数为 1, 可知 $c=1$. 从而结论成立.

例 8.1.2 设 $\boldsymbol{A}\in F^{n\times n}, a$ 为矩阵 $\boldsymbol{A}$ 的一个特征值的充要条件是 a 为 $\boldsymbol{A}$ 的最小多项式的根.

证 设 $f(\lambda), m(\lambda)$ 分别为 $\boldsymbol{A}$ 的特征多项式与最小多项式.

充分性. 由

$$(\lambda-a)|m(\lambda), m(\lambda)|f(\lambda),$$

可得结论成立.

必要性.(法 1) 设 $d_1(\lambda),\cdots,d_n(\lambda)$ 为 $\lambda\boldsymbol{E}-\boldsymbol{A}$ 的不变因子. 则

$$f(\lambda)=d_1(\lambda)\cdots d_n(\lambda), d_i(\lambda)|d_{i+1}(\lambda), i=1,\cdots,n-1,$$

由

$$(\lambda-a)|f(\lambda), m(\lambda)=d_n(\lambda),$$

可得 $(\lambda-a)|d_n(\lambda)$.

(法 2) 设

$$m(\lambda)=(\lambda-a)q(\lambda)+r, r\neq 0,$$

则

$$O = m(A) = (A - aE)q(A) + rE,$$

于是

$$rE = -(A - aE)q(A),$$

两边取行列式可得 $r^n = 0$. 矛盾.

例 8.1.3　设 $m(x)$ 与 $f(x)$ 分别为 $\boldsymbol{A}$ 的最小多项式与特征多项式, 则若不计重数,$m(x)$ 与 $f(x)$ 的根相同.

例 8.1.4　$\boldsymbol{A}$ 为 n 阶方阵且最小多项式次数为 n, 则 $\boldsymbol{A}$ 的若尔当标准形中各个若尔当块的主对角线元素互不相同.

证　由条件知 $\boldsymbol{A}$ 只有一个非常数的不变因子, 即最小多项式 $m(\lambda)$, 将其在复数域上分解为一次因子之积:

$$m(\lambda) = (\lambda - c_1)^{r_1} \cdots (\lambda - c_s)^{r_s},$$

其中

$$r_1 + \cdots + r_s = n, c_i \neq c_j, i \neq j,$$

则 $\boldsymbol{A}$ 的初等因子为

$$(\lambda - c_1)^{r_1}, \cdots, (\lambda - c_s)^{r_s}.$$

即 $\boldsymbol{A}$ 的若尔当标准形有 s 个若尔当块, 且对角元互不相同.

8.2　相似矩阵的判断

判断 $\boldsymbol{A}, \boldsymbol{B} \in F^{n\times n}$ 相似, 可以考虑:

(1) 找可逆矩阵 $\boldsymbol{P} \in F^{n\times n}$ 使得 $\boldsymbol{A} = \boldsymbol{P}^{-1}\boldsymbol{B}\boldsymbol{P}$;

(2) 证明:$\boldsymbol{A}, \boldsymbol{B}$ 为同一个线性变换在不同基下的矩阵;

(3) 证明: 特征矩阵 $\lambda\boldsymbol{E} - \boldsymbol{A}$ 与 $\lambda\boldsymbol{E} - \boldsymbol{B}$ 等价.

例 8.2.1　(中南大学,2023) 设 $\boldsymbol{A}_1, \boldsymbol{A}_2, \boldsymbol{B}_1, \boldsymbol{B}_2$ 均是 n 阶实矩阵, 且 $\boldsymbol{A}_2, \boldsymbol{B}_2$ 可逆. 证明: 存在可逆矩阵 $\boldsymbol{P}, \boldsymbol{Q}$ 使得 $\boldsymbol{B}_1 = \boldsymbol{P}\boldsymbol{A}_1\boldsymbol{Q}, \boldsymbol{B}_2 = \boldsymbol{P}\boldsymbol{A}_2\boldsymbol{Q}$ 的充分必要条件是 $\boldsymbol{A}_1\boldsymbol{A}_2^{-1}$ 与 $\boldsymbol{B}_1\boldsymbol{B}_2^{-1}$ 相似.

证　必要性. 由 $\boldsymbol{B}_1 = \boldsymbol{P}\boldsymbol{A}_1\boldsymbol{Q}, \boldsymbol{B}_2 = \boldsymbol{P}\boldsymbol{A}_2\boldsymbol{Q}$ 以及 $\boldsymbol{A}_2, \boldsymbol{B}_2, \boldsymbol{P}, \boldsymbol{Q}$ 可逆, 可得

$$\boldsymbol{B}_1\boldsymbol{B}_2^{-1} = \boldsymbol{P}\boldsymbol{A}_1\boldsymbol{Q}(\boldsymbol{P}\boldsymbol{A}_2\boldsymbol{Q})^{-1} = \boldsymbol{P}\boldsymbol{A}_1\boldsymbol{Q}\boldsymbol{Q}^{-1}\boldsymbol{A}_2^{-1}\boldsymbol{P}^{-1} = \boldsymbol{P}\boldsymbol{A}_1\boldsymbol{A}_2^{-1}\boldsymbol{P}^{-1},$$

故 $\boldsymbol{A}_1\boldsymbol{A}_2^{-1}$ 与 $\boldsymbol{B}_1\boldsymbol{B}_2^{-1}$ 相似.

充分性. 若 $\boldsymbol{A}_1\boldsymbol{A}_2^{-1}$ 与 $\boldsymbol{B}_1\boldsymbol{B}_2^{-1}$ 相似, 则存在可逆矩阵 $\boldsymbol{C}$ 使得

$$\boldsymbol{C}^{-1}\boldsymbol{B}_1\boldsymbol{B}_2^{-1}\boldsymbol{C} = \boldsymbol{A}_1\boldsymbol{A}_2^{-1},$$

令 $\boldsymbol{P} = \boldsymbol{C}^{-1}, \boldsymbol{Q} = \boldsymbol{B}_2^{-1}\boldsymbol{C}\boldsymbol{A}_2$, 则易知 $\boldsymbol{P}, \boldsymbol{Q}$ 可逆, 且 $\boldsymbol{B}_1 = \boldsymbol{P}\boldsymbol{A}_1\boldsymbol{Q}, \boldsymbol{B}_2 = \boldsymbol{P}\boldsymbol{A}_2\boldsymbol{Q}$.

例 8.2.2 设 $a,b,c\in F$,

$$\boldsymbol{A}=\begin{pmatrix}b&c&a\\c&a&b\\a&b&c\end{pmatrix},\boldsymbol{B}=\begin{pmatrix}c&a&b\\a&b&c\\b&c&a\end{pmatrix},\boldsymbol{C}=\begin{pmatrix}a&b&c\\b&c&a\\c&a&b\end{pmatrix}.$$

证明:

(1) $\boldsymbol{A},\boldsymbol{B},\boldsymbol{C}$ 彼此相似;

(2) 若 $\boldsymbol{BC}=\boldsymbol{CB}$, 则 $\boldsymbol{A},\boldsymbol{B}$ 至少有两个特征值为 0.

证 (1) 只证明 $\boldsymbol{A},\boldsymbol{B}$ 相似即可. 其余类似可证.

(法 1) 由于

$$[\boldsymbol{P}(1,3)\boldsymbol{P}(1,2)]^{-1}\boldsymbol{AP}(1,3)\boldsymbol{P}(1,2)=\boldsymbol{B},$$

所以 $\boldsymbol{A},\boldsymbol{B}$ 相似.

(法 2) 设线性变换 σ 在数域 F 上的线性空间 V 的基 $\boldsymbol{\alpha}_1,\boldsymbol{\alpha}_2,\boldsymbol{\alpha}_3$ 下的矩阵为 $\boldsymbol{A}$, 即

$$\begin{cases}\sigma(\boldsymbol{\alpha}_1)=b\boldsymbol{\alpha}_1+c\boldsymbol{\alpha}_2+a\boldsymbol{\alpha}_3,\\ \sigma(\boldsymbol{\alpha}_2)=c\boldsymbol{\alpha}_1+a\boldsymbol{\alpha}_2+b\boldsymbol{\alpha}_3,\\ \sigma(\boldsymbol{\alpha}_3)=a\boldsymbol{\alpha}_1+b\boldsymbol{\alpha}_2+c\boldsymbol{\alpha}_3.\end{cases}$$

令 $\boldsymbol{\beta}_1=\boldsymbol{\alpha}_3,\boldsymbol{\beta}_2=\boldsymbol{\alpha}_1,\boldsymbol{\beta}_3=\boldsymbol{\alpha}_2$, 则 $\boldsymbol{\beta}_1,\boldsymbol{\beta}_2,\boldsymbol{\beta}_3$ 是 V 的基, 且

$$\begin{cases}\sigma(\boldsymbol{\beta}_1)=\sigma(\boldsymbol{\alpha}_3)=c\boldsymbol{\beta}_1+a\boldsymbol{\beta}_2+b\boldsymbol{\beta}_3,\\ \sigma(\boldsymbol{\beta}_2)=\sigma(\boldsymbol{\alpha}_1)=a\boldsymbol{\beta}_1+b\boldsymbol{\beta}_2+c\boldsymbol{\beta}_3,\\ \sigma(\boldsymbol{\beta}_3)=\sigma(\boldsymbol{\alpha}_2)=b\boldsymbol{\beta}_1+c\boldsymbol{\beta}_2+a\boldsymbol{\beta}_3,\end{cases}$$

即 σ 在基 $\boldsymbol{\beta}_1,\boldsymbol{\beta}_2,\boldsymbol{\beta}_3$ 下的矩阵为 $\boldsymbol{B}$, 所以 $\boldsymbol{A}$ 与 $\boldsymbol{B}$ 相似.

(法 3) 由于

$$\begin{aligned}\lambda\boldsymbol{E}-\boldsymbol{A}&=\begin{pmatrix}\lambda-b&-c&-a\\-c&\lambda-a&-b\\-a&-b&\lambda-c\end{pmatrix}\to\begin{pmatrix}-a&-b&\lambda-c\\-c&\lambda-a&-b\\\lambda-b&-c&-a\end{pmatrix}\to\begin{pmatrix}\lambda-c&-b&-a\\-b&\lambda-a&-c\\-a&-c&\lambda-b\end{pmatrix}\\&\to\begin{pmatrix}\lambda-c&-a&-b\\-b&-c&\lambda-a\\-a&\lambda-b&-c\end{pmatrix}\to\begin{pmatrix}\lambda-c&-a&-b\\-a&\lambda-b&-c\\-b&-c&\lambda-a\end{pmatrix}=\lambda\boldsymbol{E}-\boldsymbol{B},\end{aligned}$$

所以 $\boldsymbol{A}$ 与 $\boldsymbol{B}$ 相似.

(2) 由于相似矩阵的特征值相同, 故由 (1) 只需证明 $\boldsymbol{A}$ 的特征值至少有两个为 0.

由于

$$\begin{aligned}|\lambda\boldsymbol{E}-\boldsymbol{A}|&=\begin{vmatrix}\lambda-b&-c&-a\\-c&\lambda-a&-b\\-a&-b&\lambda-c\end{vmatrix}=(\lambda-a-b-c)\begin{vmatrix}1&-c&-a\\1&\lambda-a&-b\\1&-b&\lambda-c\end{vmatrix}\\&=(\lambda-a-b-c)(\lambda^2-a^2-b^2-c^2+ab+ac+bc).\end{aligned}$$

而由 $\boldsymbol{BC}=\boldsymbol{CB}$ 可得

$$\begin{pmatrix} ac+ab+bc & ac+ab+bc & a^2+b^2+c^2 \\ a^2+b^2+c^2 & ac+ab+bc & ac+ab+bc \\ ac+ab+bc & a^2+b^2+c^2 & ac+ab+bc \end{pmatrix}=\begin{pmatrix} ac+ab+bc & a^2+b^2+c^2 & ac+ab+bc \\ ac+ab+bc & ac+ab+bc & a^2+b^2+c^2 \\ a^2+b^2+c^2 & ac+ab+bc & ac+ab+bc \end{pmatrix},$$

于是 $ac+ab+bc=a^2+b^2+c^2$, 从而

$$|\lambda\boldsymbol{E}-\boldsymbol{A}|=\lambda^2(\lambda-a-b-c),$$

即 $\boldsymbol{A}$ 至少有两个特征值为 0.

例 8.2.3 (扬州大学,2018) 已知矩阵 $\boldsymbol{A}=\begin{pmatrix} 2 & 2 & 2 \\ 2 & 2 & 2 \\ 2 & 2 & 2 \end{pmatrix}, \boldsymbol{B}=\begin{pmatrix} 0 & 0 & 0 \\ 0 & 6 & 0 \\ 0 & 0 & 0 \end{pmatrix}$.

(1) 证明: 矩阵 $\boldsymbol{A}$ 与 $\boldsymbol{B}$ 相似;

(2) 求相似变换矩阵 $\boldsymbol{P}$, 使得 $\boldsymbol{P}^{-1}\boldsymbol{AP}=\boldsymbol{B}$.

例 8.2.4 (数学一, 三,2014) 证明:n 阶矩阵 $\boldsymbol{A}=\begin{pmatrix} 1 & 1 & \cdots & 1 \\ 1 & 1 & \cdots & 1 \\ \vdots & \vdots & & \vdots \\ 1 & 1 & \cdots & 1 \end{pmatrix}$ 与 $\boldsymbol{B}=\begin{pmatrix} 0 & \cdots & 0 & 1 \\ 0 & \cdots & 0 & 2 \\ \vdots & & \vdots & \vdots \\ 0 & \cdots & 0 & n \end{pmatrix}$ 相似.

例 8.2.5 (华南理工大学,2005) 设 $\boldsymbol{A}$ 为一个 n 阶矩阵, 证明:$\boldsymbol{A}$ 与 $\boldsymbol{A}^{\mathrm{T}}$ 相似.

证 (法 1) 由于

$$(\lambda\boldsymbol{E}-\boldsymbol{A})^{\mathrm{T}}=\lambda\boldsymbol{E}-\boldsymbol{A}^{\mathrm{T}},$$

故 $\lambda\boldsymbol{E}-\boldsymbol{A}$ 与 $\lambda\boldsymbol{E}-\boldsymbol{A}^{\mathrm{T}}$ 有相同的各阶行列式因子. 从而结论成立.

(法 2) 设 $\lambda\boldsymbol{E}-\boldsymbol{A}$ 的不变因子为 $d_1(\lambda),\cdots,d_n(\lambda)$, 即存在 $\boldsymbol{P}(\lambda),\boldsymbol{Q}(\lambda)$ 可逆使得

$$\lambda\boldsymbol{E}-\boldsymbol{A}=\boldsymbol{P}(\lambda)\begin{pmatrix} d_1(\lambda) & & \\ & \ddots & \\ & & d_n(\lambda) \end{pmatrix}\boldsymbol{Q}(\lambda),$$

两边取转置, 有

$$\lambda\boldsymbol{E}-\boldsymbol{A}^{\mathrm{T}}=\boldsymbol{Q}(\lambda)^{\mathrm{T}}\begin{pmatrix} d_1(\lambda) & & \\ & \ddots & \\ & & d_n(\lambda) \end{pmatrix}\boldsymbol{P}(\lambda)^{\mathrm{T}},$$

从而 $\boldsymbol{A},\boldsymbol{A}^{\mathrm{T}}$ 有相同的不变因子, 故结论成立.

例 8.2.6 (大连理工大学,2002) 设 $\boldsymbol{A}$ 为 n 阶复方阵, 且有自然数 m 使得 $\boldsymbol{A}^m=\boldsymbol{E}$. 证明:$\boldsymbol{A}$ 相似于对角矩阵.

证 由条件知 $f(x)=x^m-1$ 为 $\boldsymbol{A}$ 的零化多项式,$f(x)$ 无重根, 又最小多项式 $m(x)$ 整除 $f(x)$, 从而 $m(x)$ 无重根, 故 $\boldsymbol{A}$ 相似于对角矩阵.

例 8.2.7 若 $\boldsymbol{A}\in\mathbb{R}^{n\times n},\boldsymbol{A}^2-2\boldsymbol{A}-3\boldsymbol{E}=\boldsymbol{O}$. 则存在可逆矩阵 $\boldsymbol{T}$ 使得 $\boldsymbol{T}^{-1}\boldsymbol{AT}$ 为对角矩阵.

例 8.2.8 设 n 阶方阵 $\boldsymbol{M},\boldsymbol{N}$ 满足

$$\boldsymbol{M}^{n-1}\neq\boldsymbol{O},\boldsymbol{M}^n=\boldsymbol{O},\boldsymbol{N}^{n-1}\neq\boldsymbol{O},\boldsymbol{N}^n=\boldsymbol{O}.$$

则 $\boldsymbol{M}$ 与 $\boldsymbol{N}$ 相似.

证 由条件知 $\boldsymbol{M},\boldsymbol{N}$ 的最小多项式都是 x^n, 从而 $\boldsymbol{M},\boldsymbol{N}$ 的不变因子都是 $1,\cdots,1,x^n$, 故 $\boldsymbol{M}$ 与 $\boldsymbol{N}$ 相似.

例 8.2.9 (北京师范大学,2009) 已知 $\boldsymbol{A},\boldsymbol{B}$ 为 n 阶复矩阵,$\boldsymbol{A}^{n-2}=\boldsymbol{B}^{n-2}\neq\boldsymbol{O},\boldsymbol{A}^{n-1}=\boldsymbol{B}^{n-1}=\boldsymbol{O}$. 证明:$\boldsymbol{A}$ 与 $\boldsymbol{B}$ 相似.

例 8.2.10 设 F,K 为数域且 $F\subseteq K,\boldsymbol{A},\boldsymbol{B}\in F^{n\times n}$. 则 $\boldsymbol{A},\boldsymbol{B}$ 在 F 上相似的充要条件为 $\boldsymbol{A}$ 与 $\boldsymbol{B}$ 在 K 上相似.

证 必要性. 显然.

充分性. 若 $\boldsymbol{A},\boldsymbol{B}$ 在 K 上相似, 则 $\lambda\boldsymbol{E}-\boldsymbol{A}$ 与 $\lambda\boldsymbol{E}-\boldsymbol{B}$ 有相同的行列式因子. 设 $D_k^{\boldsymbol{A}}(\lambda),D_k^{\boldsymbol{B}}(\lambda)$ 分别为 $\boldsymbol{A},\boldsymbol{B}$ 的 k 阶行列式因子. 由于 $\boldsymbol{A},\boldsymbol{B}\in F^{n\times n}$, 故 $\lambda\boldsymbol{E}-\boldsymbol{A},\lambda\boldsymbol{E}-\boldsymbol{B}$ 的 k 阶子式为 $F[\lambda]$ 中的多项式, 从而 $D_k^{\boldsymbol{A}}(\lambda),D_k^{\boldsymbol{B}}(\lambda)$ 为 $F[\lambda]$ 中的多项式, 由条件可知 $\boldsymbol{A},\boldsymbol{B}$ 在 F 上有相同的各阶行列式因子. 故结论成立.

例 8.2.11 (北京化工大学,2002) 设 $\boldsymbol{A},\boldsymbol{B}$ 为 n 阶实矩阵, 证明: 若 $\boldsymbol{A},\boldsymbol{B}$ 在复数域上相似, 则 $\boldsymbol{A},\boldsymbol{B}$ 在实数域上相似.

8.3 同时相似对角化

例 8.3.1 (西安电子科技大学,2006)$\boldsymbol{A},\boldsymbol{B}$ 为 n 阶方阵, 且 $\boldsymbol{A}$ 有 n 个不同特征值 $\lambda_1,\cdots,\lambda_n$, 证明: 存在可逆矩阵 $\boldsymbol{P}$ 使得 $\boldsymbol{P}^{-1}\boldsymbol{AP},\boldsymbol{P}^{-1}\boldsymbol{BP}$ 同时为对角矩阵的充要条件为 $\boldsymbol{AB}=\boldsymbol{BA}$.

证 必要性. 易证.

充分性. 由题设知, 存在可逆矩阵 $\boldsymbol{P}$ 使得

$$\boldsymbol{P}^{-1}\boldsymbol{AP}=\mathbf{diag}(\lambda_1,\cdots,\lambda_n),$$

由 $\boldsymbol{AB}=\boldsymbol{BA}$ 有

$$\boldsymbol{P}^{-1}\boldsymbol{APP}^{-1}\boldsymbol{BP}=\boldsymbol{P}^{-1}\boldsymbol{BPP}^{-1}\boldsymbol{AP},$$

即

$$\mathbf{diag}(\lambda_1,\cdots,\lambda_n)\boldsymbol{P}^{-1}\boldsymbol{BP}=\boldsymbol{P}^{-1}\boldsymbol{BP}\mathbf{diag}(\lambda_1,\cdots,\lambda_n),$$

而 $\lambda_1,\cdots,\lambda_n$ 互不相同, 故 $\boldsymbol{P}^{-1}\boldsymbol{BP}$ 也是对角矩阵, 从而结论成立.

例 8.3.2 (哈尔滨工程大学,2022) 设 $\boldsymbol{A},\boldsymbol{B}$ 均为 n 阶方阵, $\boldsymbol{A}$ 的 n 个特征值互异, 且 $\boldsymbol{AB}=\boldsymbol{BA}$, 证明:$\boldsymbol{B}$ 可对角化.

例 8.3.3　(西安电子科技大学,2012) 设 $\boldsymbol{A},\boldsymbol{B}$ 是两个 n 阶实矩阵, 且 $\boldsymbol{AB}=\boldsymbol{BA}$, 如果二次型 $f=\boldsymbol{X}^{\mathrm{T}}\boldsymbol{AX}$ 通过正交变换 $\boldsymbol{X}=\boldsymbol{PY}$ 化为标准形 $f=y_1^2+2y_2^2+\cdots+ny_n^2$. 证明:$\boldsymbol{P}^{\mathrm{T}}\boldsymbol{BP}$ 是对角矩阵.

例 8.3.4　设 $\boldsymbol{A},\boldsymbol{B}$ 为 n 阶方阵,$\boldsymbol{AB}=\boldsymbol{BA},\boldsymbol{A}$ 有 n 个互不相同的特征值 $\lambda_1,\cdots,\lambda_n$. 证明:

(1) 存在可逆矩阵 $\boldsymbol{P}$ 使得 $\boldsymbol{P}^{-1}\boldsymbol{AP},\boldsymbol{P}^{-1}\boldsymbol{BP}$ 同时为对角形;

(2) 存在次数小于等于 $n-1$ 的多项式 $f(x)$, 使得 $\boldsymbol{B}=f(\boldsymbol{A})$.

证　(1) 存在可逆矩阵 $\boldsymbol{P}$ 使得

$$\boldsymbol{P}^{-1}\boldsymbol{AP}=\mathbf{diag}(\lambda_1,\cdots,\lambda_n),$$

于是由 $\boldsymbol{AB}=\boldsymbol{BA}$ 有

$$(\boldsymbol{P}^{-1}\boldsymbol{AP})(\boldsymbol{P}^{-1}\boldsymbol{BP})=(\boldsymbol{P}^{-1}\boldsymbol{BP})(\boldsymbol{P}^{-1}\boldsymbol{AP}),$$

从而可得 $\boldsymbol{P}^{-1}\boldsymbol{BP}=\mathbf{diag}(\mu_1,\cdots,\mu_n)$.

(2) 设

$$f(x)=a_{n-1}x^{n-1}+\cdots+a_1x+a_0$$

满足 $f(\boldsymbol{A})=\boldsymbol{B}$, 则

$$a_{n-1}\boldsymbol{A}^{n-1}+\cdots+a_1\boldsymbol{A}+a_0\boldsymbol{E}=\boldsymbol{B},$$

从而

$$a_{n-1}(\boldsymbol{P}^{-1}\boldsymbol{AP})^{n-1}+\cdots+a_1(\boldsymbol{P}^{-1}\boldsymbol{AP})+a_0\boldsymbol{E}=\boldsymbol{P}^{-1}\boldsymbol{BP},$$

即

$$\begin{cases}a_{n-1}\lambda_1^{n-1}+\cdots+a_1\lambda_1+a_0=\mu_1,\\ a_{n-1}\lambda_2^{n-1}+\cdots+a_1\lambda_2+a_0=\mu_2,\\ \qquad\vdots\\ a_{n-1}\lambda_n^{n-1}+\cdots+a_1\lambda_n+a_0=\mu_n.\end{cases}$$

此关于未知量 $a_{n-1},\cdots,a_0$ 的方程组有唯一解. 故结论成立.

例 8.3.5　(西安交通大学,2022) 设 n 阶矩阵 $\boldsymbol{A}$ 存在 n 个互不相同的特征值, 且 n 阶矩阵 $\boldsymbol{B}$ 满足 $\boldsymbol{AB}=\boldsymbol{BA}$, 证明: 存在多项式 $f(x)=c_0+c_1x+\cdots+c_nx^n$, 使得 $f(\boldsymbol{A})=\boldsymbol{B}$.

例 8.3.6　$\boldsymbol{A},\boldsymbol{B}$ 为复数域上的两个 n 阶矩阵, 已知 $\boldsymbol{A}$ 有 n 个互异的特征值, 且 $\boldsymbol{A}$ 的特征向量都是 $\boldsymbol{B}$ 的特征向量. 证明:$\boldsymbol{AB}=\boldsymbol{BA}$.

例 8.3.7　(中国计量大学,2015; 华南理工大学,2020; 中国石油大学,2021)$\boldsymbol{A},\boldsymbol{B}\in P^{n\times n}$ 且 $\boldsymbol{A}$ 的特征值两两互异, 则 $\boldsymbol{A}$ 的特征向量恒为 $\boldsymbol{B}$ 的特征向量的充要条件是 $\boldsymbol{AB}=\boldsymbol{BA}$.

例 8.3.8　(福州大学,2021) 设数域 F 上的 n 阶矩阵 $\boldsymbol{A},\boldsymbol{B}$ 都可对角化, 且 $\boldsymbol{AB}=\boldsymbol{BA}$. 则存在可逆矩阵 $\boldsymbol{P}$ 使得 $\boldsymbol{P}^{-1}\boldsymbol{AP},\boldsymbol{P}^{-1}\boldsymbol{BP}$ 同时为对角矩阵.

证 设 $\lambda_1, \cdots, \lambda_s$ 为 $\boldsymbol{A}$ 的全部互异的特征值, 其重数分别为 $r_1, \cdots, r_s$. 则存在可逆矩阵 $\boldsymbol{Q}$ 使得

$$\boldsymbol{Q}^{-1}\boldsymbol{A}\boldsymbol{Q} = \begin{pmatrix} \lambda_1 \boldsymbol{E}_{r_1} & & \\ & \ddots & \\ & & \lambda_s \boldsymbol{E}_{r_s} \end{pmatrix},$$

由 $\boldsymbol{AB} = \boldsymbol{BA}$ 有

$$\boldsymbol{Q}^{-1}\boldsymbol{A}\boldsymbol{Q}\boldsymbol{Q}^{-1}\boldsymbol{B}\boldsymbol{Q} = \boldsymbol{Q}^{-1}\boldsymbol{B}\boldsymbol{Q}\boldsymbol{Q}^{-1}\boldsymbol{A}\boldsymbol{Q},$$

故

$$\boldsymbol{Q}^{-1}\boldsymbol{B}\boldsymbol{Q} = \begin{pmatrix} \boldsymbol{B}_1 & & \\ & \ddots & \\ & & \boldsymbol{B}_s \end{pmatrix},$$

其中 $\boldsymbol{B}_i$ 为 r_i 阶方阵. 由于 $\boldsymbol{B}$ 可以对角化, 故 $\boldsymbol{B}_i$ 也可对角化, 设存在 r_i 阶可逆矩阵 $\boldsymbol{R}_i$ 使得

$$\boldsymbol{R}_i^{-1}\boldsymbol{B}_i\boldsymbol{R}_i, i = 1, \cdots, s$$

为对角矩阵. 令

$$\boldsymbol{R} = \begin{pmatrix} \boldsymbol{R}_1 & & \\ & \ddots & \\ & & \boldsymbol{R}_s \end{pmatrix},$$

令 $\boldsymbol{P} = \boldsymbol{QR}$, 则 $\boldsymbol{P}$ 可逆, 且使得结论成立.

例 8.3.9 (湘潭大学,2015; 北京科技大学,2006; 南京师范大学,2020) 设 $\boldsymbol{A}$ 与 $\boldsymbol{B}$ 为 n 阶实对称矩阵且 $\boldsymbol{AB} = \boldsymbol{BA}$, 证明: 存在正交矩阵 $\boldsymbol{Q}$ 使得 $\boldsymbol{Q}^{\mathrm{T}}\boldsymbol{A}\boldsymbol{Q}$ 与 $\boldsymbol{Q}^{\mathrm{T}}\boldsymbol{B}\boldsymbol{Q}$ 同时为对角矩阵.

例 8.3.10 设 $\boldsymbol{A}, \boldsymbol{B}$ 为 n 阶矩阵, 且 $\boldsymbol{AB} = \boldsymbol{BA}$. 证明: 若 $\boldsymbol{A}, \boldsymbol{B}$ 都相似于对角矩阵, 则 $\boldsymbol{A}+\boldsymbol{B}$ 也相似于对角矩阵.

例 8.3.11 设 $\boldsymbol{A}, \boldsymbol{B} \in F^{n\times n}$, 且 $\boldsymbol{A}, \boldsymbol{B}$ 均相似于对角矩阵. 则存在可逆矩阵 $\boldsymbol{P} \in F^{n\times n}$ 使得 $\boldsymbol{P}^{-1}\boldsymbol{A}\boldsymbol{P}$,$\boldsymbol{P}^{-1}\boldsymbol{B}\boldsymbol{P}$ 同时为对角矩阵的充要条件为 $\boldsymbol{AB} = \boldsymbol{BA}$.

例 8.3.12 (海南师范大学,2006; 杭州师范大学,2010) 设 $\boldsymbol{A}, \boldsymbol{B}, \boldsymbol{AB}$ 都是 n 阶实对称矩阵,λ 是 $\boldsymbol{AB}$ 的一个特征值. 证明: 存在 $\boldsymbol{A}$ 的一个特征值 s 和 $\boldsymbol{B}$ 的一个特征值 t 使得 $\lambda = st$.

证 由于 $\boldsymbol{AB} = (\boldsymbol{AB})^{\mathrm{T}} = \boldsymbol{B}^{\mathrm{T}}\boldsymbol{A}^{\mathrm{T}} = \boldsymbol{BA}$, 故由例8.3.11的结论可得.

例 8.3.13 $\boldsymbol{A}, \boldsymbol{B} \in F^{n\times n}, \boldsymbol{AB} = \boldsymbol{BA}, \boldsymbol{A}, \boldsymbol{B}$ 的初等因子全为一次的 (最小多项式无重根), 则 $\boldsymbol{A}, \boldsymbol{B}$ 可同时对角化.

例 8.3.14 (浙江工业大学,2016; 北京工业大学,2021; 上海财经大学,2022)$\boldsymbol{A}, \boldsymbol{B} \in F^{n\times n}, \boldsymbol{A}^2 = \boldsymbol{A}, \boldsymbol{B}^2 = \boldsymbol{B}, \boldsymbol{AB} = \boldsymbol{BA}$. 则 $\boldsymbol{A}, \boldsymbol{B}$ 可同时对角化.

例 8.3.15 $\boldsymbol{A}, \boldsymbol{B} \in F^{n\times n}, \boldsymbol{A}^2 = \boldsymbol{B}^2 = \boldsymbol{E}, \boldsymbol{AB} = \boldsymbol{BA}$. 则 $\boldsymbol{A}, \boldsymbol{B}$ 可同时对角化.

例 8.3.16　$\boldsymbol{A},\boldsymbol{B}\in\mathbb{C}^{n\times n},\boldsymbol{A}^k=\boldsymbol{B}^k=\boldsymbol{E},\boldsymbol{AB}=\boldsymbol{BA}$. 则 $\boldsymbol{A},\boldsymbol{B}$ 可同时对角化.

例 8.3.17　(中国石油大学 (华东),2010) 设 $\boldsymbol{A},\boldsymbol{B}$ 是数域 F 上的两个 n 阶矩阵,$\boldsymbol{A}^2=4\boldsymbol{E},\boldsymbol{B}^2=\boldsymbol{B},\boldsymbol{AB}=\boldsymbol{BA}$. 证明: 存在可逆矩阵 $\boldsymbol{P}$ 使得 $\boldsymbol{P}^{-1}\boldsymbol{AP},\boldsymbol{P}^{-1}\boldsymbol{BP}$ 同时为对角矩阵.

例 8.3.18　设 $\boldsymbol{A}\in F^{n\times n}$, 且 $\boldsymbol{A}$ 的特征值 $\lambda_1,\cdots,\lambda_n$ 全在 F 中. 则存在可逆矩阵 $\boldsymbol{P}\in F^{n\times n}$ 使得 $\boldsymbol{P}^{-1}\boldsymbol{AP}$ 为上三角矩阵. 特别地, 任一复方阵都相似于上三角矩阵.

证　对 n 用数学归纳法. 当 $n=1$ 时, 结论成立.

假设结论对 $n-1$ 成立. 下证 $\boldsymbol{A}$ 为 n 阶矩阵时, 结论成立.

设 $\boldsymbol{\alpha}$ 为 $\boldsymbol{A}$ 的属于特征值 λ_1 的特征向量, 将 $\boldsymbol{\alpha}$ 扩充为 F^n 的基

$$\boldsymbol{\alpha},\boldsymbol{\alpha}_2,\cdots,\boldsymbol{\alpha}_n,$$

令

$$\boldsymbol{T}=(\boldsymbol{\alpha},\boldsymbol{\alpha}_2,\cdots,\boldsymbol{\alpha}_n),$$

则 $\boldsymbol{T}$ 可逆, 且

$$\boldsymbol{AT}=\boldsymbol{T}\begin{pmatrix}\lambda_1 & *\\ \boldsymbol{0} & \boldsymbol{A}_1\end{pmatrix},$$

即

$$\boldsymbol{T}^{-1}\boldsymbol{AT}=\begin{pmatrix}\lambda_1 & *\\ \boldsymbol{0} & \boldsymbol{A}_1\end{pmatrix},$$

而 $\boldsymbol{A}_1$ 为 $n-1$ 阶矩阵, 由归纳假设, 存在 $n-1$ 阶可逆矩阵 $\boldsymbol{Q}$ 使得 $\boldsymbol{Q}^{-1}\boldsymbol{A}_1\boldsymbol{Q}$ 为上三角矩阵. 令

$$\boldsymbol{P}=\boldsymbol{T}\begin{pmatrix}1 & \boldsymbol{0}\\ \boldsymbol{0} & \boldsymbol{Q}\end{pmatrix},$$

则 $\boldsymbol{P}$ 可逆, 且 $\boldsymbol{P}^{-1}\boldsymbol{AP}$ 为上三角矩阵. 故结论成立.

例 8.3.19　$\boldsymbol{A},\boldsymbol{B}\in F^{n\times n},\boldsymbol{AB}=\boldsymbol{BA},\boldsymbol{A},\boldsymbol{B}$ 的特征值都在 F 中, 则存在可逆矩阵 $\boldsymbol{P}\in F^{n\times n}$ 使得 $\boldsymbol{P}^{-1}\boldsymbol{AP},\boldsymbol{P}^{-1}\boldsymbol{BP}$ 均为上三角矩阵.

证　对 n 用数学归纳法.

当 $n=1$ 时, 结论成立.

假设结论对 $n-1$ 成立. 下证 $\boldsymbol{A},\boldsymbol{B}$ 为 n 阶矩阵时成立.

由于 $\boldsymbol{AB}=\boldsymbol{BA}$, 故 $\boldsymbol{A},\boldsymbol{B}$ 有公共特征向量, 设为 $\boldsymbol{\alpha}_1$, 即

$$\boldsymbol{A\alpha}_1=\lambda_1\boldsymbol{\alpha}_1,\boldsymbol{B\alpha}_1=\mu_1\boldsymbol{\alpha}_1.$$

将 $\boldsymbol{\alpha}_1$ 扩充为 F^n 的一组基

$$\boldsymbol{\alpha}_1,\boldsymbol{\alpha}_2,\cdots,\boldsymbol{\alpha}_n,$$

令

$$\boldsymbol{Q}=(\boldsymbol{\alpha}_1,\boldsymbol{\alpha}_2,\cdots,\boldsymbol{\alpha}_n),$$

则 $\boldsymbol{Q}$ 可逆, 且

$$\boldsymbol{Q}^{-1}\boldsymbol{A}\boldsymbol{Q}=\begin{pmatrix}\lambda_1 & * \\ \boldsymbol{0} & \boldsymbol{A}_1\end{pmatrix},\boldsymbol{Q}^{-1}\boldsymbol{B}\boldsymbol{Q}=\begin{pmatrix}\mu_1 & * \\ \boldsymbol{0} & \boldsymbol{B}_1\end{pmatrix},$$

由 $\boldsymbol{AB}=\boldsymbol{BA}$ 可得 $\boldsymbol{A}_1\boldsymbol{B}_1=\boldsymbol{B}_1\boldsymbol{A}_1$, 故由归纳假设, 存在 $n-1$ 阶可逆矩阵 $\boldsymbol{Q}_1$ 使得

$$\boldsymbol{Q}_1^{-1}\boldsymbol{A}_1\boldsymbol{Q}_1,\boldsymbol{Q}_1^{-1}\boldsymbol{B}_1\boldsymbol{Q}_1$$

同时为上三角矩阵. 令

$$\boldsymbol{P}=\boldsymbol{Q}\begin{pmatrix}1 & \boldsymbol{0} \\ \boldsymbol{0} & \boldsymbol{Q}_1\end{pmatrix},$$

则 $\boldsymbol{P}^{-1}\boldsymbol{AP},\boldsymbol{P}^{-1}\boldsymbol{BP}$ 同时为上三角矩阵. 故结论成立.

例 8.3.20 (浙江大学,2002) 设 $\boldsymbol{A},\boldsymbol{B}\in\mathbb{C}^{n\times n},\boldsymbol{AB}=\boldsymbol{BA}$. 则存在可逆矩阵 $\boldsymbol{P}\in\mathbb{C}^{n\times n}$ 使得 $\boldsymbol{P}^{-1}\boldsymbol{AP},\boldsymbol{P}^{-1}\boldsymbol{BP}$ 都是上三角矩阵.

例 8.3.21 (浙江大学,2002; 河南师范大学,2015) 设 $\boldsymbol{A},\boldsymbol{B}\in\mathbb{C}^{n\times n}$, 其中 $\boldsymbol{A}$ 为幂零矩阵 (即存在正整数 m 使得 $\boldsymbol{A}^m=\boldsymbol{O}$) 且 $\boldsymbol{AB}=\boldsymbol{BA}$. 求证:$|\boldsymbol{A}+\boldsymbol{B}|=|\boldsymbol{B}|$.

证 (法 1) 利用例8.3.20的结果, 并注意到上三角矩阵的对角元即为特征值可得.

(法 2) 若 $\boldsymbol{B}$ 可逆, 由 $\boldsymbol{AB}=\boldsymbol{BA}$ 可得 $\boldsymbol{AB}^{-1}=\boldsymbol{B}^{-1}\boldsymbol{A}$, 从而

$$(\boldsymbol{AB}^{-1})^m=\boldsymbol{A}^m(\boldsymbol{B}^{-1})^m=\boldsymbol{O},$$

故 $\boldsymbol{AB}^{-1}$ 的特征值全为 0. 从而存在可逆矩阵 $\boldsymbol{P}$ 使得

$$\boldsymbol{P}^{-1}(\boldsymbol{AB}^{-1})\boldsymbol{P}=\begin{pmatrix}0 & & * \\ & \ddots & \\ & & 0\end{pmatrix},$$

于是

$$\begin{aligned}|\boldsymbol{A}+\boldsymbol{B}|&=|\boldsymbol{AB}^{-1}+\boldsymbol{E}||\boldsymbol{B}|\\&=|\boldsymbol{P}^{-1}(\boldsymbol{AB}^{-1}+\boldsymbol{E})\boldsymbol{P}||\boldsymbol{B}|\\&=|\boldsymbol{E}+\boldsymbol{P}^{-1}(\boldsymbol{AB}^{-1})\boldsymbol{P}||\boldsymbol{B}|\\&=|\boldsymbol{B}|.\end{aligned}$$

若 $\boldsymbol{B}$ 不可逆, 令 $\boldsymbol{B}_1=t\boldsymbol{E}+\boldsymbol{B}$, 则存在无穷多个 t 的值使得 $\boldsymbol{B}_1$ 可逆, 且 $\boldsymbol{AB}_1=\boldsymbol{B}_1\boldsymbol{A}$. 故

$$|\boldsymbol{A}+\boldsymbol{B}_1|=|\boldsymbol{B}_1|,$$

由于有无穷多个 t 的值使得上式成立, 从而等式恒成立, 从而当 $t=0$ 时上式也成立. 故结论成立.

例 8.3.22 (东南大学,2007;华中科技大学,2008;四川大学,2011;华东师范大学,2015) 设 $\boldsymbol{A},\boldsymbol{B}\in\mathbb{R}^{2\times 2}$, 且

$$\boldsymbol{A}^2=\boldsymbol{B}^2=\boldsymbol{E},\boldsymbol{AB}+\boldsymbol{BA}=\boldsymbol{O}.$$

证明: 存在可逆矩阵 $\boldsymbol{P}\in\mathbb{R}^{2\times 2}$ 使得

$$\boldsymbol{P}^{-1}\boldsymbol{AP}=\begin{pmatrix}1 & 0 \\ 0 & -1\end{pmatrix},\boldsymbol{P}^{-1}\boldsymbol{BP}=\begin{pmatrix}0 & 1 \\ 1 & 0\end{pmatrix}.$$

证 (法 1) 由 $\boldsymbol{A}^2=\boldsymbol{E}$ 可知 $\boldsymbol{A}$ 能够对角化, 即存在可逆矩阵 $\boldsymbol{Q}$ 使得

$$\boldsymbol{Q}^{-1}\boldsymbol{A}\boldsymbol{Q}=\begin{pmatrix}\lambda_1 & 0\\ 0 & \lambda_2\end{pmatrix},$$

其中 λ_1,λ_2 是 $\boldsymbol{A}$ 的特征值, 只能为 1 或者 -1. 若 $\boldsymbol{A}$ 的特征值都是 1, 则 $\boldsymbol{A}=\boldsymbol{E}$, 由 $\boldsymbol{AB}+\boldsymbol{BA}=\boldsymbol{O}$ 可得 $\boldsymbol{B}=\boldsymbol{O}$. 与 $\boldsymbol{B}^2=\boldsymbol{E}$ 矛盾. 同理 $\boldsymbol{A}$ 的特征值不能都是 -1. 故 $\boldsymbol{A}$ 的特征值有一个为 1, 另一个为 -1, 从而

$$\boldsymbol{Q}^{-1}\boldsymbol{A}\boldsymbol{Q}=\begin{pmatrix}1 & 0\\ 0 & -1\end{pmatrix},$$

令 $\boldsymbol{Q}^{-1}\boldsymbol{B}\boldsymbol{Q}=\begin{pmatrix}a & b\\ c & d\end{pmatrix}$, 由 $\boldsymbol{AB}=-\boldsymbol{BA}$ 有

$$\boldsymbol{Q}^{-1}\boldsymbol{A}\boldsymbol{Q}\boldsymbol{Q}^{-1}\boldsymbol{B}\boldsymbol{Q}=-\boldsymbol{Q}^{-1}\boldsymbol{B}\boldsymbol{Q}\boldsymbol{Q}^{-1}\boldsymbol{A}\boldsymbol{Q},$$

即

$$\begin{pmatrix}1 & 0\\ 0 & -1\end{pmatrix}\begin{pmatrix}a & b\\ c & d\end{pmatrix}=-\begin{pmatrix}a & b\\ c & d\end{pmatrix}\begin{pmatrix}1 & 0\\ 0 & -1\end{pmatrix},$$

可得 $a=d=0$, 又 $\boldsymbol{B}^2=\boldsymbol{E}$, 即

$$\begin{pmatrix}a & b\\ c & d\end{pmatrix}^2=\boldsymbol{Q}^{-1}\boldsymbol{B}^2\boldsymbol{Q}=\boldsymbol{E},$$

可解得 $bc=1$, 即

$$\boldsymbol{Q}^{-1}\boldsymbol{B}\boldsymbol{Q}=\begin{pmatrix}0 & \frac{1}{c}\\ c & 0\end{pmatrix},$$

其中 $c\in\mathbb{R}$. 令 $\boldsymbol{P}=\boldsymbol{Q}\begin{pmatrix}1 & 0\\ 0 & c\end{pmatrix}$, 则 $\boldsymbol{P}\in\mathbb{R}^{2\times 2}$, 且

$$\boldsymbol{P}^{-1}\boldsymbol{A}\boldsymbol{P}=\begin{pmatrix}1 & 0\\ 0 & -1\end{pmatrix},\boldsymbol{P}^{-1}\boldsymbol{B}\boldsymbol{P}=\begin{pmatrix}0 & 1\\ 1 & 0\end{pmatrix}.$$

(法 2) 由法 1 可知 $\boldsymbol{A}$ 必有特征值 1 和 -1, 设 $\boldsymbol{\alpha}$ 是 $\boldsymbol{A}$ 的属于特征值 1 的特征向量, 即

$$\boldsymbol{A\alpha}=\boldsymbol{\alpha},\boldsymbol{\alpha}\neq\boldsymbol{0},$$

由 $\boldsymbol{AB}+\boldsymbol{BA}=\boldsymbol{O}$ 可得

$$\boldsymbol{A}(\boldsymbol{B\alpha})=\boldsymbol{AB\alpha}=-\boldsymbol{BA\alpha}=-(\boldsymbol{B\alpha}),$$

由 $\boldsymbol{B}^2=\boldsymbol{E}$ 可知 $\boldsymbol{B}$ 可逆, 从而 $\boldsymbol{B\alpha}\neq\boldsymbol{0}$, 于是 $\boldsymbol{B\alpha}$ 是矩阵 $\boldsymbol{A}$ 的属于特征值 -1 的特征向量, 从而

$$\boldsymbol{A}(\boldsymbol{\alpha},\boldsymbol{B\alpha})=(\boldsymbol{\alpha},\boldsymbol{B\alpha})\begin{pmatrix}1 & 0\\ 0 & -1\end{pmatrix},$$

由于

$$\boldsymbol{B}(\boldsymbol{\alpha},\boldsymbol{B\alpha})=(\boldsymbol{B\alpha},\boldsymbol{\alpha})=(\boldsymbol{\alpha},\boldsymbol{B\alpha})\begin{pmatrix}0 & 1\\ 1 & 0\end{pmatrix},$$

令 $\boldsymbol{P}=(\boldsymbol{\alpha},\boldsymbol{B\alpha})$, 由于 $\boldsymbol{\alpha},\boldsymbol{B\alpha}$ 为 $\boldsymbol{A}$ 的属于不同特征值的特征向量, 从而线性无关, 故 $\boldsymbol{P}$ 可逆, 且

$$\boldsymbol{P}^{-1}\boldsymbol{AP}=\begin{pmatrix}1&0\\0&-1\end{pmatrix},\boldsymbol{P}^{-1}\boldsymbol{BP}=\begin{pmatrix}0&1\\1&0\end{pmatrix}.$$

例 8.3.23 (华中科技大学,2019) 设 σ,τ 是有限维线性空间 V 的线性变换, 且 $\sigma^2=\tau^2=I,\sigma\tau+\tau\sigma=0$. 证明:

(1) V 的维数为偶数;

(2) 存在 V 的一组基, 使得 σ,τ 在这组基下的矩阵分别为

$$\begin{pmatrix}\boldsymbol{E}&\boldsymbol{O}\\\boldsymbol{O}&-\boldsymbol{E}\end{pmatrix},\begin{pmatrix}\boldsymbol{O}&\boldsymbol{E}\\\boldsymbol{E}&\boldsymbol{O}\end{pmatrix}.$$

例 8.3.24 (哈尔滨工程大学,2009)F 为数域,$\boldsymbol{A},\boldsymbol{B}\in F^{n\times n}(n\geqslant 1),\boldsymbol{A}+\boldsymbol{B}=\boldsymbol{E}_n,\boldsymbol{AB}=\boldsymbol{BA},\boldsymbol{A}^2=\boldsymbol{A},\boldsymbol{B}^2=\boldsymbol{B}$. 证明: 存在一个可逆矩阵 $\boldsymbol{P}$ 使得

$$\boldsymbol{P}^{-1}\boldsymbol{AP}=\begin{pmatrix}\boldsymbol{E}_s&\\&\boldsymbol{O}\end{pmatrix},\boldsymbol{P}^{-1}\boldsymbol{BP}=\begin{pmatrix}\boldsymbol{O}&\\&\boldsymbol{E}_t\end{pmatrix},$$

这里 $s+t=n$.

8.4 若尔当标准形及应用

8.4.1 若尔当块的性质

为下面叙述方便, 用 $\boldsymbol{J}_k(\lambda)$ 表示对角元为 λ 的 k 阶下三角若尔当块, 即

$$\boldsymbol{J}_k(\lambda)=\begin{pmatrix}\lambda&&&\\1&\lambda&&\\&\ddots&\ddots&\\&&1&\lambda\end{pmatrix}_{k\times k}.$$

性质 1 易知

$$\boldsymbol{J}_k(\lambda)=\lambda\boldsymbol{E}+\boldsymbol{J}_k(0),$$

即 $\boldsymbol{J}_k(\lambda)$ 为一数量矩阵与一幂零矩阵之和.

由此可以证明下面的例子.

例 8.4.1 (华东师范大学,2013)$\boldsymbol{A}$ 为 n 阶复方阵, 则 $\boldsymbol{A}$ 可以分解为 $\boldsymbol{A}=\boldsymbol{B}+\boldsymbol{C}$, 其中 $\boldsymbol{B}$ 相似于对角矩阵,$\boldsymbol{C}$ 为幂零矩阵,$\boldsymbol{CB}=\boldsymbol{BC}$, 并且这样的分解是唯一的.

证 注意到 $\boldsymbol{A}$ 是复方阵, 从而存在可逆矩阵 $\boldsymbol{P}$ 使得

$$\boldsymbol{A}=\boldsymbol{P}^{-1}\boldsymbol{JP},\boldsymbol{J}=\begin{pmatrix}\boldsymbol{J}_1&&\\&\ddots&\\&&\boldsymbol{J}_s\end{pmatrix},$$

其中

$$J_i = \begin{pmatrix} \lambda_i & & & \\ 1 & \lambda_i & & \\ & \ddots & \ddots & \\ & & 1 & \lambda_i \end{pmatrix}_{n_i \times n_i}, i = 1, \cdots, s.$$

记

$$J_B = \begin{pmatrix} \lambda_1 E_{n_1} & & \\ & \ddots & \\ & & \lambda_s E_{ns} \end{pmatrix}, J_C = J - J_B,$$

则

$$J = J_B + J_C,$$

这里 J_B 为对角矩阵,J_C 为幂零矩阵. 令 $B = P^{-1}J_BP, C = P^{-1}J_CP$ 即可.

性质 2

$$J_k^m(\lambda) = [\lambda E + J_k(0)]^m,$$

利用二项式定理展开即可.

性质 3　设

$$J_k(0) = \begin{pmatrix} 0 & & & \\ 1 & 0 & & \\ & \ddots & \ddots & \\ & & 1 & 0 \end{pmatrix},$$

则计算可得

$$J_k^2(0) = \begin{pmatrix} 0 & & & & \\ 0 & 0 & & & \\ 1 & 0 & 0 & & \\ & \ddots & \ddots & \ddots & \\ & & 1 & 0 & 0 \end{pmatrix}, \cdots, J_k^{k-1}(0) = \begin{pmatrix} 0 & & & \\ 0 & 0 & & \\ \vdots & \ddots & \ddots & \\ 1 & \cdots & 0 & 0 \end{pmatrix},$$

$$J_k^k(0) = O.$$

故 $J_k^m(0) = O$ 的充要条件为 $m \geqslant k$. 而且 $r(J_k(0)) = k-1, r(J_k^2(0)) = k-2, \cdots, r(J_k^{k-1}(0)) = 1$, $r(J_k^k(0)) = 0$.

性质 4　与 $J_k(\lambda)$ 可换的矩阵具有如下形状:

$$A = \begin{pmatrix} a_1 & & & & \\ a_2 & & & & \\ a_3 & & \ddots & \ddots & \\ \vdots & \ddots & & & \\ a_k & \cdots & a_3 & a_2 & a_1 \end{pmatrix}.$$

(事实上, 由 $\boldsymbol{J}_k(\lambda)=\lambda\boldsymbol{E}+\boldsymbol{J}_k(0)$, 则 $\boldsymbol{A}$ 与 $\boldsymbol{J}_k(\lambda_0)$ 可交换的充要条件为 $\boldsymbol{A}$ 与 $\boldsymbol{J}_k(0)$ 可交换. 计算可得.)

于是

$$\begin{aligned}\boldsymbol{A}&=a_1\boldsymbol{E}+a_2\boldsymbol{J}_k(0)+a_3\boldsymbol{J}_k^2(0)+\cdots+a_k\boldsymbol{J}_k^{k-1}(0)\\&=a_1\boldsymbol{E}+a_2(\boldsymbol{J}_k(\lambda)-\lambda\boldsymbol{E})+\cdots+a_k(\boldsymbol{J}_k(\lambda)-\lambda\boldsymbol{E})^{k-1}\\&=b_0\boldsymbol{J}_k^0(\lambda)+b_1\boldsymbol{J}_k(\lambda)+b_2\boldsymbol{J}_k^2(\lambda)+\cdots+b_{k-1}\boldsymbol{J}_k^{k-1}(\lambda).\end{aligned}$$

即 $\boldsymbol{A}$ 为 $\boldsymbol{J}_k(\lambda)$ 的多项式.

性质 5 令

$$\boldsymbol{Q}=\begin{pmatrix} & & 1\\ & \iddots & \\ 1 & & \end{pmatrix},$$

则

$$\boldsymbol{Q}^{-1}\boldsymbol{J}_k(\lambda_0)\boldsymbol{Q}=\boldsymbol{J}_k^{\mathrm{T}}(\lambda_0),$$

且 $\boldsymbol{Q}^{-1}=\boldsymbol{Q}^{\mathrm{T}}=\boldsymbol{Q}$.

由此可以证明:$\boldsymbol{A}$ 与 $\boldsymbol{A}^{\mathrm{T}}$ 相似.

性质 6

$$\boldsymbol{J}_k(\lambda)=\begin{pmatrix} & & 1\\ & \iddots & \\ 1 & & \end{pmatrix}\begin{pmatrix} & & 1 & \lambda\\ & \iddots & \iddots & \\ 1 & \iddots & & \\ \lambda & & & \end{pmatrix}$$

$$=\begin{pmatrix} & & & \lambda\\ & & \iddots & 1\\ & \iddots & \iddots & \\ \lambda & 1 & & \end{pmatrix}\begin{pmatrix} & & 1\\ & \iddots & \\ 1 & & \end{pmatrix},$$

且 $\begin{pmatrix} & & 1\\ & \iddots & \\ 1 & & \end{pmatrix}$ 可逆. 即若尔当块可以分解为两个对称矩阵的乘积, 且其中之一可逆.

由此可以证明下面的例子.

例 8.4.2 (武汉大学,2012) 证明: 对任意复方阵 $\boldsymbol{A}$, 都存在可逆矩阵 $\boldsymbol{P}$ 使得 $\boldsymbol{P}^{-1}\boldsymbol{A}\boldsymbol{P}=\boldsymbol{G}\boldsymbol{S}$, 其中 $\boldsymbol{G},\boldsymbol{S}$ 都是对称方阵且 $\boldsymbol{G}$ 可逆.

证 设 n 阶复方阵 $\boldsymbol{A}$ 的若尔当标准形为

$$\boldsymbol{J}=\begin{pmatrix}\boldsymbol{J}_1 & & \\ & \ddots & \\ & & \boldsymbol{J}_s\end{pmatrix},$$

其中

$$J_i=\begin{pmatrix}\lambda_i & & & \\ 1 & \lambda_i & & \\ & \ddots & \ddots & \\ & & 1 & \lambda_i\end{pmatrix}_{n_i\times n_i},$$

这里 $i=1,\cdots,s,n_1+n_2+\cdots+n_s=n$. 则存在可逆矩阵 $\boldsymbol{P}$ 使得 $\boldsymbol{P}^{-1}\boldsymbol{AP}=\boldsymbol{J}$.

由前所述可知 $\boldsymbol{J}_i=\boldsymbol{B}_i\boldsymbol{C}_i$, 其中

$$\boldsymbol{B}_i=\begin{pmatrix} & & 1\\ & \iddots & \\ 1 & & \end{pmatrix}$$

为实对称矩阵,

$$\boldsymbol{C}_i=\begin{pmatrix} & & 1 & \lambda\\ & \iddots & & \\ 1 & & \iddots & \\ & & & \\ \lambda & & & \end{pmatrix}$$

为复对称矩阵. 令

$$\boldsymbol{B}=\begin{pmatrix}\boldsymbol{B}_1 & & \\ & \ddots & \\ & & \boldsymbol{B}_s\end{pmatrix},\boldsymbol{C}=\begin{pmatrix}\boldsymbol{C}_1 & & \\ & \ddots & \\ & & \boldsymbol{C}_s\end{pmatrix},$$

则 $\boldsymbol{J}=\boldsymbol{BC}$, 其中 $\boldsymbol{B},\boldsymbol{C}$ 都是对称矩阵, 且 $\boldsymbol{B}$ 可逆, 满足 $\boldsymbol{P}^{-1}\boldsymbol{AP}=\boldsymbol{J}=\boldsymbol{BC}$, 令 $\boldsymbol{G}=\boldsymbol{B},\boldsymbol{S}=\boldsymbol{C}$ 即可.

例 8.4.3 (华东师范大学,2006) 证明: 任意复方阵可以表示为两个复对称矩阵之积, 且其中之一可逆.

性质 7 $\boldsymbol{J}_k(1)$ 为特征值全为 1 的若尔当块, 则对任意的自然数 m 有 $\boldsymbol{J}_k^m(1)$ 与 $\boldsymbol{J}_k(1)$ 相似.

证 $\boldsymbol{J}_k(1)$ 的不变因子为

$$1,\cdots,1,(\lambda-1)^k,$$

而

$$\boldsymbol{J}_k^m(1)=(\boldsymbol{E}+\boldsymbol{J}_k(0))^m,$$

计算可知 $\boldsymbol{J}_k^m(1)$ 的最小多项式为 $(\lambda-1)^k$. 从而 $\boldsymbol{J}_k^m(1)$ 的不变因子为

$$1,\cdots,1,(\lambda-1)^k.$$

即结论成立.

例 8.4.4 (重庆大学,2006) 若 $\boldsymbol{A}$ 的特征值全为 1, 则对任意的自然数 m 有 $\boldsymbol{A}^m$ 与 $\boldsymbol{A}$ 相似.

8.4.2 若尔当标准形的应用

例 8.4.5 (山东大学,2015) 设

$$A=\begin{pmatrix}3&0&8&0\\3&-1&6&0\\-2&0&-5&0\\0&0&0&2\end{pmatrix},$$

求 A 的若尔当标准形 J, 并求出 P, 使得 $P^{-1}AP=J$.

解 由于

$$\lambda E-A=\begin{pmatrix}\lambda-3&0&-8&0\\-3&\lambda+1&-6&0\\2&0&\lambda+5&0\\0&0&0&\lambda-2\end{pmatrix}\to\begin{pmatrix}\lambda-3&0&-8&0\\-3&\lambda+1&-6&0\\-1&\lambda+1&\lambda-1&0\\0&0&0&\lambda-2\end{pmatrix}$$

$$\to\begin{pmatrix}1&-(\lambda+1)&-(\lambda-1)&0\\-3&\lambda+1&-6&0\\\lambda-3&0&-8&0\\0&0&0&\lambda-2\end{pmatrix}$$

$$\to\begin{pmatrix}1&0&0&0\\0&-2(\lambda+1)&-3(\lambda+1)&0\\0&(\lambda+1)(\lambda-3)&(\lambda+1)(\lambda-5)&0\\0&0&0&\lambda-2\end{pmatrix}$$

$$\to\begin{pmatrix}1&0&0&0\\0&\lambda+1&0&0\\0&0&(\lambda+1)^2&0\\0&0&0&\lambda-2\end{pmatrix},$$

所以 A 的初等因子为

$$\lambda+1,(\lambda+1)^2,\lambda-2.$$

故 A 的若尔当标准形

$$J=\begin{pmatrix}-1&&&\\&-1&&\\&1&-1&\\&&&2\end{pmatrix}.$$

设 $P=(X_1,X_2,X_3,X_4)$ 使得 $P^{-1}AP=J$, 则有 $AP=PJ$, 于是有

$$(A+E)X_1=0,(A+E)X_3=0,(A+E)X_2=X_3,(A-2E)X_4=0.$$

解线性方程组 $(A+E)Y=0$ 得其一般解为 $Y=(-2y_3,y_2,y_3,0)^{\mathrm{T}}$, 其中,$y_2,y_3$ 是自由未知量, 其一个基础解系为

$$(0,1,0,0)^{\mathrm{T}},(-2,0,1,0)^{\mathrm{T}}.$$

取$\boldsymbol{X}_1=(0,1,0,0)^{\mathrm{T}}$,若取$\boldsymbol{X}_3=(-2,0,1,0)^{\mathrm{T}}$,则$(\boldsymbol{A}+\boldsymbol{E})\boldsymbol{Y}=\boldsymbol{X}_3$无解,为此设$\boldsymbol{X}_3=(-2y_3,y_2,y_3,0)^{\mathrm{T}}$,$\boldsymbol{X}_3$ 的取法应使得 $(\boldsymbol{A}+\boldsymbol{E})\boldsymbol{Y}=\boldsymbol{X}_3$ 有解. 由于

$$(\boldsymbol{A}+\boldsymbol{E},\boldsymbol{X}_3)=\begin{pmatrix}4&0&8&0&-2y_3\\3&0&6&0&y_2\\-2&0&-4&0&y_3\\0&0&0&3&0\end{pmatrix}\to\begin{pmatrix}1&0&2&0&-\frac{1}{2}y_3\\0&0&0&0&y_2+\frac{3}{2}y_3\\0&0&0&0&0\\0&0&0&3&0\end{pmatrix},$$

为了使得 $(\boldsymbol{A}+\boldsymbol{E})\boldsymbol{Y}=\boldsymbol{X}_3$ 有解, 需有 $y_2+\frac{3}{2}y_3=0$, 于是取 $\boldsymbol{X}_3=(-4,-3,2,0)^{\mathrm{T}}$, 可求出 $(\boldsymbol{A}+\boldsymbol{E})\boldsymbol{Y}=\boldsymbol{X}_3$ 的一个特解为 $(-1,0,0,0)^{\mathrm{T}}$,$\boldsymbol{X}_2$ 可取为 $(-1,0,0,0)^{\mathrm{T}}$. 求解 $(\boldsymbol{A}-2\boldsymbol{E})\boldsymbol{Y}=\boldsymbol{0}$ 可取 $\boldsymbol{X}_4=(0,0,0,1)^{\mathrm{T}}$. 从而

$$\boldsymbol{P}=\begin{pmatrix}0&-1&-4&0\\1&0&-3&0\\0&0&2&0\\0&0&0&1\end{pmatrix}.$$

例 8.4.6　(西南师范大学,2004) 设 V 为复数域上的 n 维线性空间,σ 为 V 的线性变换,i 是小于 n 的正整数. 证明: 存在维数为 i 的 σ 的不变子空间.

证　(法 1) 首先证明 σ 在 V 的基 $\boldsymbol{\alpha}_1,\cdots,\boldsymbol{\alpha}_n$ 下的矩阵为

$$\boldsymbol{J}_n(\lambda)=\begin{pmatrix}\lambda&1&&\\&\lambda&\ddots&\\&&\ddots&1\\&&&\lambda\end{pmatrix}$$

时, 结论成立. 由于

$$\sigma(\boldsymbol{\alpha}_1)=\lambda\boldsymbol{\alpha}_1,$$

$$\sigma(\boldsymbol{\alpha}_j)=\boldsymbol{\alpha}_{j-1}+\lambda\boldsymbol{\alpha}_j,j=2,\cdots,n.$$

令 $W=L(\boldsymbol{\alpha}_1,\cdots,\boldsymbol{\alpha}_i)$ 即可.

一般地, 设 σ 在 V 的基

$$\boldsymbol{\alpha}_{11},\cdots,\boldsymbol{\alpha}_{1r_1},\boldsymbol{\alpha}_{21},\cdots,\boldsymbol{\alpha}_{2r_2},\cdots,\boldsymbol{\alpha}_{s1},\cdots,\boldsymbol{\alpha}_{sr_s}$$

下的矩阵为若尔当形

$$\boldsymbol{J}=\begin{pmatrix}\boldsymbol{J}_1&&&\\&\boldsymbol{J}_2&&\\&&\ddots&\\&&&\boldsymbol{J}_s\end{pmatrix},$$

其中 $\boldsymbol{J}_i$ 为对角元为 λ_i 的 r_i 阶若尔当块,$r_1\leqslant r_2\leqslant\cdots\leqslant r_s,r_1+r_2+\cdots+r_s=n$.

若 $i\leqslant r_1$, 则由上面的证明可知

$$L(\boldsymbol{\alpha}_{11},\cdots,\boldsymbol{\alpha}_{1i})$$

即为 σ 的 i 维不变子空间.

若 $i > r_1$, 则存在 j 使得

$$r_1 + \cdots + r_j \leqslant i \leqslant r_1 + \cdots + r_{j+1}, \text{其中}, 2 \leqslant j \leqslant s,$$

令

$$L(\boldsymbol{\alpha}_{11}, \cdots, \boldsymbol{\alpha}_{jr_j}, \boldsymbol{\alpha}_{j+1,1}, \cdots, \boldsymbol{\alpha}_{j+1,t}), \text{其中 } t = i - (r_1 + \cdots + r_j),$$

即可.

(法 2) 设 σ 在 V 的基 $\boldsymbol{\alpha}_1, \cdots, \boldsymbol{\alpha}_n$ 下的矩阵为若尔当形矩阵 (上三角矩阵), 则

$$L(\boldsymbol{\alpha}_1), L(\boldsymbol{\alpha}_1, \boldsymbol{\alpha}_2), \cdots, L(\boldsymbol{\alpha}_1, \cdots, \boldsymbol{\alpha}_n)$$

都是 σ 的不变子空间. 从而结论成立.

例 8.4.7 (南京理工大学,2022) 设 V 是复数域 $\mathbb{C}$ 上的线性空间,φ 是 V 的线性变换. 求证: 存在 φ 的不变子空间 $V_0, V_1, V_2, \cdots, V_n$ 使得 $V_0 \subseteq V_1 \subseteq V_2 \subseteq \cdots \subseteq V_n$ 且 $\dim V_i = i, 1 \leqslant i \leqslant n$.

例 8.4.8 (武汉大学,2012) 设 $\boldsymbol{B} = \begin{pmatrix} 0 & 2011 & 11 \\ 0 & 0 & 11 \\ 0 & 0 & 0 \end{pmatrix}$, 证明:$\boldsymbol{X}^2 = \boldsymbol{B}$ 无解, 这里 $\boldsymbol{X}$ 为三阶未知复方阵.

证 (法 1) 反证法. 若存在复矩阵 $\boldsymbol{A}$ 使得 $\boldsymbol{A}^2 = \boldsymbol{B}$, 则有

$$2 = r(\boldsymbol{B}) = r(\boldsymbol{A}^2) \leqslant r(\boldsymbol{A}),$$

又 $0 = |\boldsymbol{B}| = |\boldsymbol{A}|^2$, 故 $r(\boldsymbol{A}) = 2$. 另外, 易知 $\boldsymbol{A}$ 的特征值都是 0, 故由若尔当标准形理论知存在可逆矩阵 $\boldsymbol{P}$ 使得

$$\boldsymbol{P}^{-1}\boldsymbol{A}\boldsymbol{P} = \begin{pmatrix} 0 & 1 & 0 \\ 0 & 0 & 1 \\ 0 & 0 & 0 \end{pmatrix},$$

于是

$$\boldsymbol{P}^{-1}\boldsymbol{B}\boldsymbol{P} = (\boldsymbol{P}^{-1}\boldsymbol{A}\boldsymbol{P})^2 = \begin{pmatrix} 0 & 0 & 1 \\ 0 & 0 & 0 \\ 0 & 0 & 0 \end{pmatrix},$$

故 $r(\boldsymbol{B}) = 1$. 矛盾.

(法 2) 反证法. 若存在复矩阵 $\boldsymbol{A}$ 使得 $\boldsymbol{A}^2 = \boldsymbol{B}$, 注意到 $\boldsymbol{B}$ 的特征值都是 0, 且代数重数为 3. 设 λ 是 $\boldsymbol{A}$ 的一个特征值, 则 λ^2 为 $\boldsymbol{B}$ 的特征值, 所以 $\lambda = 0$, 从而 $\boldsymbol{A}$ 的特征值都是 0. 于是 $\boldsymbol{A}$ 的若尔当标准形可能为

$$\boldsymbol{J}_1 = \begin{pmatrix} 0 & 0 & 0 \\ 0 & 0 & 0 \\ 0 & 0 & 0 \end{pmatrix}, \boldsymbol{J}_2 = \begin{pmatrix} 0 & 1 & 0 \\ 0 & 0 & 0 \\ 0 & 0 & 0 \end{pmatrix}, \boldsymbol{J}_3 = \begin{pmatrix} 0 & 1 & 0 \\ 0 & 0 & 1 \\ 0 & 0 & 0 \end{pmatrix}.$$

从而 $\boldsymbol{A}^2$ 的若尔当标准形为 $\boldsymbol{J}_1^2 = \boldsymbol{J}_2^2 = \boldsymbol{J}_1$ 或 $\boldsymbol{J}_3^2 = \boldsymbol{J}_2$. 因此 $\boldsymbol{A}^2$ 的秩不大于 1, 这与 $\boldsymbol{B} = \boldsymbol{A}^2$ 的秩为 2 矛盾. 所以 $\boldsymbol{X}^2 = \boldsymbol{B}$ 无解.

例 8.4.9　(第二届全国大学生数学竞赛初赛 (数学类), 2010) 设 $\boldsymbol{B}=\begin{pmatrix}0&10&30\\0&0&2010\\0&0&0\end{pmatrix}$, 证明:$\boldsymbol{X}^2=\boldsymbol{B}$ 无解, 这里 $\boldsymbol{X}$ 为三阶未知复方阵.

例 8.4.10　(西南大学,2011) 设 $\boldsymbol{A}=\begin{pmatrix}0&2011&1\\0&0&2011\\0&0&0\end{pmatrix}$, 证明:$\boldsymbol{X}^2=\boldsymbol{A}$ 无解, 这里 $\boldsymbol{X}$ 为三阶未知复方阵.

例 8.4.11　(大连理工大学,2023) 设 $\boldsymbol{A}=\begin{pmatrix}0&12&2022\\0&0&25\\0&0&0\end{pmatrix}$, 证明: 矩阵方程 $\boldsymbol{X}^2=\boldsymbol{A}$ 无解, 其中 $\boldsymbol{X}\in\mathbb{C}^{3\times3}$.

例 8.4.12　(扬州大学,2008) 设 $\boldsymbol{A}=\begin{pmatrix}20&-2&4\\-2&17&-2\\4&-2&20\end{pmatrix}, \boldsymbol{C}=\begin{pmatrix}8&-3&6\\3&-2&0\\-4&2&-2\end{pmatrix}$.

(1) 求矩阵 $\boldsymbol{A}$ 的所有特征值和对应的特征向量;

(2) 求实对称矩阵 $\boldsymbol{B}$, 使得 $\boldsymbol{A}=\boldsymbol{B}^2$;

(3) 求 $\boldsymbol{C}$ 的若尔当标准形;

(4) 证明:$\boldsymbol{C}=\boldsymbol{X}^2$ 有解.

例 8.4.13　(扬州大学,2019) 设 $\mathbb{C}^{3\times3}$ 是全体三阶复数矩阵组成的集合,

$$\boldsymbol{A}=\begin{pmatrix}0&1&2\\0&0&3\\0&0&0\end{pmatrix}\in\mathbb{C}^{3\times3}.$$

(1) 求矩阵 $\boldsymbol{A}$ 的若尔当标准形矩阵 $\boldsymbol{J}$;

(2) 证明: 在 $\mathbb{C}^{3\times3}$ 中, 矩阵方程 $\boldsymbol{X}^2=\boldsymbol{A}$ 无解.

例 8.4.14　(浙江大学,2022) 设 $\boldsymbol{A}=\begin{pmatrix}0&1&2&3\\0&0&1&2\\0&0&0&1\\0&0&0&0\end{pmatrix}$. 证明:

(1) 不存在矩阵 $\boldsymbol{B}$, 使得 $\boldsymbol{B}^2=\boldsymbol{A}$;

(2) 存在实矩阵 $\boldsymbol{S}$, 使得 $\boldsymbol{S}^2=\boldsymbol{E}_4+\boldsymbol{A}$.

证　(1) 反证法. 若存在矩阵 $\boldsymbol{B}$ 使得 $\boldsymbol{B}^2=\boldsymbol{A}$, 则

$$3=r(\boldsymbol{A})=r(\boldsymbol{B}^2)\leqslant r(\boldsymbol{B}),$$

再由 $0=|\boldsymbol{A}|=|\boldsymbol{B}|^2$, 可得 $|\boldsymbol{B}|=0$, 于是 $r(\boldsymbol{B})\leqslant 3$, 从而

$$r(\boldsymbol{B})=3,$$

设 λ 是 $\boldsymbol{B}$ 的任一特征值, 则 λ^2 是 $\boldsymbol{B}^2=\boldsymbol{A}$ 的一个特征值, 由 $\boldsymbol{A}$ 的特征值都是 0, 可得 $\lambda=0$, 即 $\boldsymbol{B}$ 的特征值都是 0, 于是 $\boldsymbol{B}$ 的若尔当标准形为

$$\boldsymbol{J}=\begin{pmatrix}0&1&0&0\\0&0&1&0\\0&0&0&1\\0&0&0&0\end{pmatrix},$$

即存在可逆矩阵 $\boldsymbol{P}$ 使得 $\boldsymbol{B}=\boldsymbol{P}^{-1}\boldsymbol{J}\boldsymbol{P}$, 于是

$$\boldsymbol{A}=\boldsymbol{B}^2=\boldsymbol{P}^{-1}\boldsymbol{J}^2\boldsymbol{P}=\boldsymbol{P}^{-1}\begin{pmatrix}0&0&1&0\\0&0&0&1\\0&0&0&0\\0&0&0&0\end{pmatrix}\boldsymbol{P},$$

这与 $\boldsymbol{A}$ 的秩为 3 矛盾. 所以结论成立.

(2) (法 1) 令

$$\boldsymbol{J}=\begin{pmatrix}0&1&0&0\\0&0&1&0\\0&0&0&1\\0&0&0&0\end{pmatrix},$$

则

$$\boldsymbol{E}_4+\boldsymbol{A}=\boldsymbol{E}_4+\boldsymbol{J}+2\boldsymbol{J}^2+3\boldsymbol{J}^3.$$

若存在实矩阵 $\boldsymbol{S}=(x_{ij})_{4\times4}$ 使得 $\boldsymbol{S}^2=\boldsymbol{E}_4+\boldsymbol{A}$, 则有

$$\boldsymbol{S}(\boldsymbol{E}_4+\boldsymbol{A})=\boldsymbol{S}\boldsymbol{S}^2=\boldsymbol{S}^2\boldsymbol{S}=(\boldsymbol{E}_4+\boldsymbol{A})\boldsymbol{S},$$

于是 $\boldsymbol{SA}=\boldsymbol{AS}$. 若 $\boldsymbol{S}$ 满足 $\boldsymbol{SJ}=\boldsymbol{JS}$, 可知 $\boldsymbol{SA}=\boldsymbol{AS}$. 由 $\boldsymbol{SJ}=\boldsymbol{JS}$ 可得

$$\begin{pmatrix}x_{11}&x_{12}&x_{13}&x_{14}\\x_{21}&x_{22}&x_{23}&x_{24}\\x_{31}&x_{32}&x_{33}&x_{34}\\x_{41}&x_{42}&x_{43}&x_{44}\end{pmatrix}\begin{pmatrix}0&1&0&0\\0&0&1&0\\0&0&0&1\\0&0&0&0\end{pmatrix}=\begin{pmatrix}0&1&0&0\\0&0&1&0\\0&0&0&1\\0&0&0&0\end{pmatrix}\begin{pmatrix}x_{11}&x_{12}&x_{13}&x_{14}\\x_{21}&x_{22}&x_{23}&x_{24}\\x_{31}&x_{32}&x_{33}&x_{34}\\x_{41}&x_{42}&x_{43}&x_{44}\end{pmatrix},$$

也就是

$$\begin{pmatrix}0&x_{11}&x_{12}&x_{13}\\0&x_{21}&x_{22}&x_{23}\\0&x_{31}&x_{32}&x_{33}\\0&x_{41}&x_{42}&x_{43}\end{pmatrix}=\begin{pmatrix}x_{21}&x_{22}&x_{23}&x_{24}\\x_{31}&x_{32}&x_{33}&x_{34}\\x_{41}&x_{42}&x_{43}&x_{44}\\0&0&0&0\end{pmatrix},$$

于是

$$x_{21}=x_{31}=x_{32}=x_{41}=x_{42}=x_{43}=0,$$

$$x_{11}=x_{22}=x_{33}=x_{44},x_{12}=x_{23}=x_{34},x_{13}=x_{24},x_{32}=x_{21}=x_{43},$$

即

$$S=\begin{pmatrix}x_{11}&x_{12}&x_{13}&x_{14}\\0&x_{11}&x_{12}&x_{13}\\0&0&x_{11}&x_{12}\\0&0&0&x_{11}\end{pmatrix},$$

由

$$\begin{pmatrix}1&1&2&3\\0&1&1&2\\0&0&1&1\\0&0&0&1\end{pmatrix}=E_4+A=S^2=\begin{pmatrix}x_{11}^2&2x_{11}x_{12}&2x_{11}x_{13}+x_{12}^2&2x_{11}x_{14}+2x_{12}x_{13}\\0&x_{11}^2&2x_{11}x_{12}&x_{12}^2+2x_{11}x_{13}\\0&0&x_{11}^2&2x_{11}x_{12}\\0&0&0&x_{11}^2\end{pmatrix},$$

可得 $x_{11}^2=1, 2x_{11}x_{12}=1, 2x_{11}x_{13}+x_{12}^2=2, 2x_{11}x_{14}+2x_{12}x_{13}=3$, 可取

$$x_{11}=1, x_{12}=\frac{1}{2}, x_{13}=\frac{7}{8}, x_{14}=\frac{17}{16},$$

即

$$S=\begin{pmatrix}1&\frac{1}{2}&\frac{7}{8}&\frac{17}{16}\\0&1&\frac{1}{2}&\frac{7}{8}\\0&0&1&\frac{1}{2}\\0&0&0&1\end{pmatrix}.$$

故结论成立.

(法 2) 令

$$J=\begin{pmatrix}0&1&0&0\\0&0&1&0\\0&0&0&1\\0&0&0&0\end{pmatrix},$$

则

$$E_4+A=E_4+J+2J^2+3J^3.$$

考虑形如

$$\begin{pmatrix}x_1&x_2&x_3&x_4\\0&x_1&x_2&x_3\\0&0&x_1&x_2\\0&0&0&x_1\end{pmatrix}$$

的矩阵 S, 则

$$S=x_1E_4+x_2J+x_3J^2+x_4J^3,$$

注意到 $J^4=O$, 于是

$$S^2=x_1^2E_4+(2x_1x_2)J+(x_2^2+2x_1x_3)J^2+(2x_1x_4+2x_2x_3)J^3,$$

由于

$$
\begin{cases}
x_1^2 = 1, \\
2x_1x_2 = 1, \\
x_2^2 + 2x_1x_3 = 2, \\
2x_1x_4 + 2x_2x_3 = 3,
\end{cases}
$$

显然有解, 故结论成立.

(法 3) 由于 $\boldsymbol{E}_4+\boldsymbol{A}$ 的特征值都是 1, 由例8.4.4可知, 实矩阵 $\boldsymbol{E}_4+\boldsymbol{A}$ 与 $(\boldsymbol{E}_4+\boldsymbol{A})^2$ 在实数域上相似, 即存在可逆实矩阵 $\boldsymbol{P}$, 使得

$$
\boldsymbol{E}_4+\boldsymbol{A}=\boldsymbol{P}^{-1}(\boldsymbol{E}_4+\boldsymbol{A})^2\boldsymbol{P}=[\boldsymbol{P}^{-1}(\boldsymbol{E}_4+\boldsymbol{A})\boldsymbol{P}]^2,
$$

令 $\boldsymbol{S}=\boldsymbol{P}^{-1}(\boldsymbol{E}_4+\boldsymbol{A})\boldsymbol{P}$, 则 $\boldsymbol{S}$ 为实矩阵, 且 $\boldsymbol{S}^2=\boldsymbol{E}_4+\boldsymbol{A}$.

例 8.4.15 (中国科学院大学,2011) 设 $\boldsymbol{A}$ 是 n 阶实方阵,$\boldsymbol{A}$ 的特征多项式有如下分解:

$$
f(\lambda)=\det(\lambda\boldsymbol{E}-\boldsymbol{A})=(\lambda-\lambda_1)^{r_1}(\lambda-\lambda_2)^{r_2}\cdots(\lambda-\lambda_s)^{r_s},
$$

其中 $\boldsymbol{E}$ 是 n 阶单位矩阵, 诸 λ_i 两两不等. 证明:$\boldsymbol{A}$ 的若尔当标准形中以 λ_i 为特征值的若尔当块的个数等于特征子空间 V_{λ_i} 的维数.

证 设 $\boldsymbol{A}$ 的若尔当标准形为

$$
\boldsymbol{J}=\begin{pmatrix}
\boldsymbol{J}_{k_1}(\lambda_i) & & & \\
& \ddots & & \\
& & \boldsymbol{J}_{k_s}(\lambda_i) & \\
& & & \boldsymbol{B}
\end{pmatrix},
$$

其中 $\boldsymbol{B}$ 是不以 λ_i 为特征值 (也就是对角元) 的若尔当块构成的矩阵, 即 $\boldsymbol{J}$ 中以 λ_i 为特征值的若尔当块有 s 个. 设 $\boldsymbol{B}$ 的阶数为 t, 则 $k_1+k_2+\cdots+k_s+t=n$. 由于存在可逆矩阵 $\boldsymbol{P}$ 使得 $\boldsymbol{P}^{-1}\boldsymbol{A}\boldsymbol{P}=\boldsymbol{J}$, 于是 $\boldsymbol{P}^{-1}(\boldsymbol{A}-\lambda_i\boldsymbol{E})\boldsymbol{P}=\boldsymbol{J}-\lambda_i\boldsymbol{E}$, 故

$$
\dim V_{\lambda_i}=n-r(\boldsymbol{A}-\lambda_i\boldsymbol{E})=n-r(\boldsymbol{J}-\lambda_i\boldsymbol{E}),
$$

而

$$
\boldsymbol{J}-\lambda_i\boldsymbol{E}=\begin{pmatrix}
\boldsymbol{J}_{k_1}(0) & & & \\
& \ddots & & \\
& & \boldsymbol{J}_{k_s}(0) & \\
& & & \boldsymbol{B}-\lambda_i\boldsymbol{E}_t
\end{pmatrix},
$$

其中

$$
r(\boldsymbol{J}_{k_j}(0))=k_j-1, j=1,\cdots,s, r(\boldsymbol{B}-\lambda_i\boldsymbol{E}_t)=t,
$$

于是

$$
\dim V_{\lambda_i}=n-(k_1-1)-\cdots-(k_s-1)-t=s.
$$

例 8.4.16 (南京大学,2015) 设三阶复矩阵 $\boldsymbol{A}=\begin{pmatrix}2&0&0\\a&2&0\\b&c&-1\end{pmatrix}$.

(1) 求 $\boldsymbol{A}$ 的所有可能的若尔当标准形;

(2) 给出 $\boldsymbol{A}$ 相似于对角矩阵的一个充要条件.

解 (1)(法 1) 显然 $\boldsymbol{A}$ 的特征值为 2(2 重),−1. 由于

$$\boldsymbol{A}+\boldsymbol{E}=\begin{pmatrix}3&0&0\\a&3&0\\b&c&0\end{pmatrix},\boldsymbol{A}-2\boldsymbol{E}=\begin{pmatrix}0&0&0\\a&0&0\\b&c&-3\end{pmatrix},$$

易知 $r(\boldsymbol{A}+\boldsymbol{E})=2$, 故特征值 -1 的几何重数为 1, 所以对角元为 -1 的若尔当块有一个.

若 $a=0$, 则 $r(\boldsymbol{A}-2\boldsymbol{E})=1$, 从而特征值 2 的几何重数为 2, 于是对角元为 2 的若尔当块有 2 个, 所以 $\boldsymbol{A}$ 的若尔当标准形为

$$\begin{pmatrix}2&&\\&2&\\&&-1\end{pmatrix}.$$

若 $a\neq 0$, 则 $r(\boldsymbol{A}-2\boldsymbol{E})=2$, 从而特征值 2 的几何重数为 1, 于是对角元为 2 的若尔当块有 1 个, 所以 $\boldsymbol{A}$ 的若尔当标准形为

$$\begin{pmatrix}2&&\\1&2&\\&&-1\end{pmatrix}.$$

(法 2) 由于 $\boldsymbol{A}$ 的特征多项式

$$f(\lambda)=(\lambda-2)^2(\lambda+1),$$

而 $\boldsymbol{A}$ 的所有初等因子的乘积是特征多项式, 故 $\boldsymbol{A}$ 的初等因子可能为

$$(\lambda-2)^2,\lambda+1 \text{ 或 } \lambda-2,\lambda-2,\lambda+1.$$

于是不考虑若尔当块的排列次序,$\boldsymbol{A}$ 的若尔当标准形可能为

$$\begin{pmatrix}2&&\\1&2&\\&&-1\end{pmatrix} \text{或} \begin{pmatrix}2&&\\&2&\\&&-1\end{pmatrix}.$$

(2) (法 1) 由 (1) 知 $a=0$ 时,$\boldsymbol{A}$ 可以对角化. 反之, 若 $\boldsymbol{A}$ 可对角化, 则 $\boldsymbol{A}$ 的若尔当标准形为

$$\boldsymbol{J}=\begin{pmatrix}2&&\\&2&\\&&-1\end{pmatrix},$$

此时 $\boldsymbol{A}$ 的不变因子组为

$$d_1(\lambda)=1,d_2(\lambda)=\lambda-2,d_3(\lambda)=(\lambda-2)(\lambda-1),$$

由

$$\lambda \boldsymbol{E}-\boldsymbol{A}=\begin{pmatrix}\lambda-2 & 0 & 0\\ -a & \lambda-2 & 0\\ -b & -c & \lambda+1\end{pmatrix},$$

显然 $\boldsymbol{A}$ 有二阶子式

$$\begin{vmatrix}-a & 0\\ -b & \lambda+1\end{vmatrix}=-a(\lambda+1),$$

而 $D_2(\lambda)=d_1(\lambda)d_2(\lambda)=\lambda-2$, 所以 $a=0$. 故 $\boldsymbol{A}$ 相似于对角矩阵的充要条件是 $a=0$.

(法 2) 由于 $\boldsymbol{A}$ 相似对角化的充要条件是其每一个特征值的代数重数等于几何重数, 即 $3-r(\boldsymbol{A}+\boldsymbol{E})=1, 3-r(\boldsymbol{A}-2\boldsymbol{E})=2$, 于是由

$$\boldsymbol{A}+\boldsymbol{E}=\begin{pmatrix}3 & 0 & 0\\ a & 3 & 0\\ b & c & 0\end{pmatrix}\to\begin{pmatrix}1 & 0 & 0\\ 0 & 1 & 0\\ 0 & 0 & 0\end{pmatrix},$$

$$\boldsymbol{A}-2\boldsymbol{E}=\begin{pmatrix}0 & 0 & 0\\ a & 0 & 0\\ b & c & -3\end{pmatrix}\to\begin{pmatrix}0 & 0 & 0\\ a & 0 & 0\\ 0 & 0 & 1\end{pmatrix},$$

可知 $\boldsymbol{A}$ 可相似对角化的充要条件是 $a=0$.

例 8.4.17 (西南大学,2023) 矩阵 $\boldsymbol{A}=\begin{pmatrix}2 & 0 & 0\\ a & 2 & 0\\ b & c & -1\end{pmatrix}$, 证明:$\boldsymbol{A}$ 可对角化当且仅当 $a=0$.

例 8.4.18 (中国海洋大学,2020) 已知矩阵 $\boldsymbol{A}=\begin{pmatrix}1 & 0 & 0 & 0\\ a & 1 & 0 & 0\\ a_1 & b & 2 & 0\\ a_2 & b_1 & c & 0\end{pmatrix}$ 与对角矩阵相似, 问:a, a_1, a_2, b, b_1, c 满足什么条件?

第 9 章

欧氏空间

9.1 内积

例 9.1.1 (北京理工大学,2000) 设 V 为 n 维欧氏空间, 证明: 如果 $\gamma_1,\gamma_2\in V$, 使对 $\forall\boldsymbol{\alpha}\in V$ 均有 $(\gamma_1,\boldsymbol{\alpha})=(\gamma_2,\boldsymbol{\alpha})$, 则 $\gamma_1=\gamma_2$.

证 (法 1) 由条件有

$$(\gamma_1,\gamma_1)=(\gamma_2,\gamma_1),(\gamma_2,\gamma_2)=(\gamma_1,\gamma_2),$$

故

$$(\gamma_1-\gamma_2,\gamma_1-\gamma_2)=(\gamma_1,\gamma_1)-2(\gamma_1,\gamma_2)+(\gamma_2,\gamma_2)=0.$$

从而 $\gamma_1-\gamma_2=\mathbf{0}$, 即 $\gamma_1=\gamma_2$.

(法 2) 由 $(\gamma_1,\boldsymbol{\alpha})=(\gamma_2,\boldsymbol{\alpha})$, 可得

$$(\gamma_1-\gamma_2,\boldsymbol{\alpha})=0,$$

由 $\boldsymbol{\alpha}$ 的任意性, 可得

$$(\gamma_1-\gamma_2,\gamma_1-\gamma_2)=0,$$

从而 $\gamma_1-\gamma_2=\mathbf{0}$, 即 $\gamma_1=\gamma_2$.

例 9.1.2 (西安建筑科技大学,2018) 设 $\boldsymbol{\alpha}_1,\boldsymbol{\alpha}_2,\cdots,\boldsymbol{\alpha}_n$ 是欧氏空间 V 的一组基, 证明:

(1) 如果 $\boldsymbol{\gamma}\in V$ 使得 $(\boldsymbol{\gamma},\boldsymbol{\alpha}_i)=0,i=1,2,\cdots,n$, 那么 $\boldsymbol{\gamma}=\mathbf{0}$;

(2) 如果 $\gamma_1,\gamma_2\in V$ 使得对任一 $\boldsymbol{\alpha}\in V$ 有 $(\gamma_1,\boldsymbol{\alpha})=(\gamma_2,\boldsymbol{\alpha})$, 那么 $\gamma_1=\gamma_2$.

例 9.1.3 (南京师范大学,2019) 设 V 是 n 维欧氏空间, 证明:

(1) 如果 $\boldsymbol{\alpha}_1,\boldsymbol{\alpha}_2,\cdots,\boldsymbol{\alpha}_n$ 是 V 的一组基,$\gamma_1,\gamma_2\in V,(\gamma_1,\boldsymbol{\alpha}_i)=(\gamma_2,\boldsymbol{\alpha}_i),i=1,2,\cdots,n$, 那么 $\gamma_1=\gamma_2$;

(2) 如果 $\boldsymbol{\alpha}_1,\boldsymbol{\alpha}_2,\cdots,\boldsymbol{\alpha}_n$ 是 V 的一组向量, 满足: 对于 $\gamma_1,\gamma_2\in V$, 只要 $(\gamma_1,\boldsymbol{\alpha}_i)=(\gamma_2,\boldsymbol{\alpha}_i),i=1,2,\cdots,n$, 就有 $\gamma_1=\gamma_2$, 那么 $\boldsymbol{\alpha}_1,\boldsymbol{\alpha}_2,\cdots,\boldsymbol{\alpha}_n$ 是 V 的一组基.

例 9.1.4 (南开大学,2005; 中国科学院大学,2019; 华东理工大学,2021) 设 $\boldsymbol{A}$ 为 n 阶实对称正定矩阵,$\boldsymbol{\alpha}_1,\cdots,\boldsymbol{\alpha}_n,\boldsymbol{\beta}$ 为 n 维欧氏空间 $\mathbb{R}^n$ 中的 $n+1$ 个向量. 若已知

(1) $\boldsymbol{\alpha}_i\neq\mathbf{0},i=1,\cdots,n$;

(2) $\boldsymbol{\alpha}_i^{\mathrm{T}}\boldsymbol{A}\boldsymbol{\alpha}_j=0,i\neq j,i,j=1,2,\cdots,n$;

(3) $\boldsymbol{\beta}$ 与 $\boldsymbol{\alpha}_i(i=1,\cdots,n)$ 正交.

证明:$\boldsymbol{\beta}=\mathbf{0}$.

证 (法 1) 首先, 证明 $\boldsymbol{\alpha}_1,\cdots,\boldsymbol{\alpha}_n$ 线性无关. 设

$$k_1\boldsymbol{\alpha}_1+\cdots+k_n\boldsymbol{\alpha}_n=\mathbf{0},$$

则有

$$0=(\boldsymbol{\alpha}_i,k_1\boldsymbol{A}\boldsymbol{\alpha}_1+\cdots+k_n\boldsymbol{A}\boldsymbol{\alpha}_n)=k_i\boldsymbol{\alpha}_i^{\mathrm{T}}\boldsymbol{A}\boldsymbol{\alpha}_i,$$

注意到 $\boldsymbol{\alpha}_i\neq\mathbf{0}$ 以及 $\boldsymbol{A}$ 正定可得 $k_i=0$. 从而 $\boldsymbol{\alpha}_1,\cdots,\boldsymbol{\alpha}_n$ 线性无关, 于是 $\boldsymbol{\alpha}_1,\cdots,\boldsymbol{\alpha}_n$ 是 V 的基.

其次, 设

$$\boldsymbol{\beta}=l_1\boldsymbol{\alpha}_1+\cdots+l_n\boldsymbol{\alpha}_n,$$

则由条件有

$$(\boldsymbol{\beta},\boldsymbol{\beta})=(\boldsymbol{\beta},l_1\boldsymbol{\alpha}_1+\cdots+l_n\boldsymbol{\alpha}_n)=0,$$

从而 $\boldsymbol{\beta}=\mathbf{0}$.

(法 2) 在 $\mathbb{R}^n$ 上定义内积

$$(\boldsymbol{\alpha},\boldsymbol{\beta})=\boldsymbol{\alpha}^{\mathrm{T}}\boldsymbol{A}\boldsymbol{\beta},$$

则由条件可知 $\boldsymbol{\alpha}_1,\cdots,\boldsymbol{\alpha}_n$ 为正交向量组, 从而 $\boldsymbol{\alpha}_1,\cdots,\boldsymbol{\alpha}_n$ 线性无关, 故 $\boldsymbol{\alpha}_1,\cdots,\boldsymbol{\alpha}_n$ 是 $\mathbb{R}^n$ 的基, 由条件可知 $\boldsymbol{\beta}$ 与 $\mathbb{R}^n$ 正交, 于是 $\boldsymbol{\beta}$ 与自身正交, 故 $\boldsymbol{\beta}=\mathbf{0}$.

例 9.1.5 (厦门大学,2021) 已知 $\boldsymbol{A}$ 为 n 阶正定矩阵, $\boldsymbol{X}_1,\boldsymbol{X}_2,\cdots,\boldsymbol{X}_n$ 为 n 维实非零列向量, 且当 $i\neq j$ 时, 有 $\boldsymbol{X}_i^{\mathrm{T}}\boldsymbol{A}\boldsymbol{X}_j=0$, 证明:$\boldsymbol{X}_1,\boldsymbol{X}_2,\cdots,\boldsymbol{X}_n$ 线性无关.

例 9.1.6 设 $\mathbb{R}$ 为实数域,$\boldsymbol{\alpha}_1,\boldsymbol{\alpha}_2,\cdots,\boldsymbol{\alpha}_s$ 是 $\mathbb{R}^n$ 中的向量, 且 $\boldsymbol{\alpha}_i\neq\mathbf{0}(i=1,2,\cdots,s)$, 当 $i\neq j$ 时,$\boldsymbol{\alpha}_i^{\mathrm{T}}A\boldsymbol{\alpha}_j=0$, 证明:$\boldsymbol{\alpha}_1,\boldsymbol{\alpha}_2,\cdots,\boldsymbol{\alpha}_s$ 线性无关, 其中 $\boldsymbol{A}$ 为 n 阶方阵

$$\boldsymbol{A}=\begin{pmatrix}2&1&0&\cdots&0\\1&2&1&\cdots&0\\0&1&2&\cdots&0\\\vdots&\vdots&\vdots&&\vdots\\0&0&0&\cdots&2\end{pmatrix}.$$

例 9.1.7 (北京邮电大学,2005; 太原科技大学,2006; 福州大学,2022) 设 $\boldsymbol{\alpha}_1,\boldsymbol{\alpha}_2,\cdots,\boldsymbol{\alpha}_m$ 为 n 维欧氏空间的 m 个向量, 令行列式

$$G(\boldsymbol{\alpha}_1,\boldsymbol{\alpha}_2,\cdots,\boldsymbol{\alpha}_m)=\begin{vmatrix}(\boldsymbol{\alpha}_1,\boldsymbol{\alpha}_1)&(\boldsymbol{\alpha}_1,\boldsymbol{\alpha}_2)&\cdots&(\boldsymbol{\alpha}_1,\boldsymbol{\alpha}_m)\\(\boldsymbol{\alpha}_2,\boldsymbol{\alpha}_1)&(\boldsymbol{\alpha}_2,\boldsymbol{\alpha}_2)&\cdots&(\boldsymbol{\alpha}_2,\boldsymbol{\alpha}_m)\\\vdots&\vdots&&\vdots\\(\boldsymbol{\alpha}_m,\boldsymbol{\alpha}_1)&(\boldsymbol{\alpha}_m,\boldsymbol{\alpha}_2)&\cdots&(\boldsymbol{\alpha}_m,\boldsymbol{\alpha}_m)\end{vmatrix},$$

证明:$G(\boldsymbol{\alpha}_1,\boldsymbol{\alpha}_2,\cdots,\boldsymbol{\alpha}_m)=0$ 的充要条件为 $\boldsymbol{\alpha}_1,\boldsymbol{\alpha}_2,\cdots,\boldsymbol{\alpha}_m$ 线性相关.

证 必要性.(法 1) 设

$$x_1\boldsymbol{\alpha}_1+\cdots+x_m\boldsymbol{\alpha}_m=\mathbf{0},$$

上式两边与 $\boldsymbol{\alpha}_i(i=1,2,\cdots,m)$ 作内积, 可得

$$\begin{cases}(\boldsymbol{\alpha}_1,\boldsymbol{\alpha}_1)x_1+(\boldsymbol{\alpha}_1,\boldsymbol{\alpha}_2)x_2+\cdots+(\boldsymbol{\alpha}_1,\boldsymbol{\alpha}_m)x_m=0,\\(\boldsymbol{\alpha}_2,\boldsymbol{\alpha}_1)x_1+(\boldsymbol{\alpha}_2,\boldsymbol{\alpha}_2)x_2+\cdots+(\boldsymbol{\alpha}_2,\boldsymbol{\alpha}_m)x_m=0,\\\qquad\vdots\\(\boldsymbol{\alpha}_m,\boldsymbol{\alpha}_1)x_1+(\boldsymbol{\alpha}_m,\boldsymbol{\alpha}_2)x_2+\cdots+(\boldsymbol{\alpha}_m,\boldsymbol{\alpha}_m)x_m=0.\end{cases}$$

由于此关于未知量 $x_1,x_2,\cdots,x_m$ 的线性方程组的系数行列式 $G(\boldsymbol{\alpha}_1,\boldsymbol{\alpha}_2,\cdots,\boldsymbol{\alpha}_m)=0$, 则此方程组有非零解, 所以 $\boldsymbol{\alpha}_1,\boldsymbol{\alpha}_2,\cdots,\boldsymbol{\alpha}_m$ 线性相关.

(法 2) 由 $G(\boldsymbol{\alpha}_1,\boldsymbol{\alpha}_2,\cdots,\boldsymbol{\alpha}_m)=0$, 知线性方程组

$$\begin{pmatrix}(\boldsymbol{\alpha}_1,\boldsymbol{\alpha}_1)&(\boldsymbol{\alpha}_1,\boldsymbol{\alpha}_2)&\cdots&(\boldsymbol{\alpha}_1,\boldsymbol{\alpha}_m)\\(\boldsymbol{\alpha}_2,\boldsymbol{\alpha}_1)&(\boldsymbol{\alpha}_2,\boldsymbol{\alpha}_2)&\cdots&(\boldsymbol{\alpha}_2,\boldsymbol{\alpha}_m)\\\vdots&\vdots&&\vdots\\(\boldsymbol{\alpha}_m,\boldsymbol{\alpha}_1)&(\boldsymbol{\alpha}_m,\boldsymbol{\alpha}_2)&\cdots&(\boldsymbol{\alpha}_m,\boldsymbol{\alpha}_m)\end{pmatrix}\boldsymbol{x}=\boldsymbol{0}$$

有非零解, 设其一个非零解为 $(k_1,k_2,\cdots,k_m)^{\mathrm{T}}$, 则有

$$0=k_1(\boldsymbol{\alpha}_i,\boldsymbol{\alpha}_1)+k_2(\boldsymbol{\alpha}_i,\boldsymbol{\alpha}_2)+\cdots+k_m(\boldsymbol{\alpha}_i,\boldsymbol{\alpha}_m)=(\boldsymbol{\alpha}_i,k_1\boldsymbol{\alpha}_1+k_2\boldsymbol{\alpha}_2+\cdots+k_m\boldsymbol{\alpha}_m),$$

于是

$$\begin{aligned}&(k_1\boldsymbol{\alpha}_1+k_2\boldsymbol{\alpha}_2+\cdots+k_m\boldsymbol{\alpha}_m,k_1\boldsymbol{\alpha}_1+k_2\boldsymbol{\alpha}_2+\cdots+k_m\boldsymbol{\alpha}_m)\\=&k_1(\boldsymbol{\alpha}_1,k_1\boldsymbol{\alpha}_1+k_2\boldsymbol{\alpha}_2+\cdots+k_m\boldsymbol{\alpha}_m)+\\&k_2(\boldsymbol{\alpha}_2,k_1\boldsymbol{\alpha}_1+k_2\boldsymbol{\alpha}_2+\cdots+k_m\boldsymbol{\alpha}_m)+\cdots+\\&k_m(\boldsymbol{\alpha}_m,k_1\boldsymbol{\alpha}_1+k_2\boldsymbol{\alpha}_2+\cdots+k_m\boldsymbol{\alpha}_m)\\=&0,\end{aligned}$$

即

$$k_1\boldsymbol{\alpha}_1+k_2\boldsymbol{\alpha}_2+\cdots+k_m\boldsymbol{\alpha}_m=\boldsymbol{0},$$

从而 $\boldsymbol{\alpha}_1,\boldsymbol{\alpha}_2,\cdots,\boldsymbol{\alpha}_m$ 线性相关.

充分性.(法 1) 由 $\boldsymbol{\alpha}_1,\boldsymbol{\alpha}_2,\cdots,\boldsymbol{\alpha}_m$ 线性相关, 知存在不全为 0 的数 $k_1,k_2,\cdots,k_m$ 使得

$$k_1\boldsymbol{\alpha}_1+k_2\boldsymbol{\alpha}_2+\cdots+k_m\boldsymbol{\alpha}_m=\boldsymbol{0},$$

两边与 $\boldsymbol{\alpha}_i(i=1,2,\cdots,m)$ 作内积, 可得

$$\begin{cases}(\boldsymbol{\alpha}_1,\boldsymbol{\alpha}_1)k_1+(\boldsymbol{\alpha}_1,\boldsymbol{\alpha}_2)k_2+\cdots+(\boldsymbol{\alpha}_1,\boldsymbol{\alpha}_m)k_m=0,\\(\boldsymbol{\alpha}_2,\boldsymbol{\alpha}_1)k_1+(\boldsymbol{\alpha}_2,\boldsymbol{\alpha}_2)k_2+\cdots+(\boldsymbol{\alpha}_2,\boldsymbol{\alpha}_m)k_m=0,\\\qquad\vdots\\(\boldsymbol{\alpha}_m,\boldsymbol{\alpha}_1)k_1+(\boldsymbol{\alpha}_m,\boldsymbol{\alpha}_2)k_2+\cdots+(\boldsymbol{\alpha}_m,\boldsymbol{\alpha}_m)k_m=0.\end{cases}$$

即 $(k_1,k_2,\cdots,k_m)^{\mathrm{T}}$ 是线性方程组

$$\begin{pmatrix}(\boldsymbol{\alpha}_1,\boldsymbol{\alpha}_1)&(\boldsymbol{\alpha}_1,\boldsymbol{\alpha}_2)&\cdots&(\boldsymbol{\alpha}_1,\boldsymbol{\alpha}_m)\\(\boldsymbol{\alpha}_2,\boldsymbol{\alpha}_1)&(\boldsymbol{\alpha}_2,\boldsymbol{\alpha}_2)&\cdots&(\boldsymbol{\alpha}_2,\boldsymbol{\alpha}_m)\\\vdots&\vdots&&\vdots\\(\boldsymbol{\alpha}_m,\boldsymbol{\alpha}_1)&(\boldsymbol{\alpha}_m,\boldsymbol{\alpha}_2)&\cdots&(\boldsymbol{\alpha}_m,\boldsymbol{\alpha}_m)\end{pmatrix}\boldsymbol{x}=\boldsymbol{0}$$

的非零解, 从而 $G(\boldsymbol{\alpha}_1,\boldsymbol{\alpha}_2,\cdots,\boldsymbol{\alpha}_m)=0$.

(法 2) 由 $\boldsymbol{\alpha}_1,\boldsymbol{\alpha}_2,\cdots,\boldsymbol{\alpha}_m$ 线性相关, 则存在不全为 0 的数 $k_1,k_2,\cdots,k_m$ 使得

$$k_1\boldsymbol{\alpha}_1+k_2\boldsymbol{\alpha}_2+\cdots+k_m\boldsymbol{\alpha}_m=\mathbf{0},$$

于是

$$0=(\boldsymbol{\alpha}_j,k_1\boldsymbol{\alpha}_1+k_2\boldsymbol{\alpha}_2+\cdots+k_m\boldsymbol{\alpha}_m)=\left(\boldsymbol{\alpha}_j,\sum_{i=1}^n k_i\boldsymbol{\alpha}_i\right),j=1,2,\cdots,m.$$

不妨设 $k_1\neq 0$, 将 $G(\boldsymbol{\alpha}_1,\boldsymbol{\alpha}_2,\cdots,\boldsymbol{\alpha}_m)$ 的第 1 列乘以 k_1, 第 $i(i=2,3,\cdots,m)$ 列乘以 k_i 后加到第 1 列, 可得

$$G(\boldsymbol{\alpha}_1,\boldsymbol{\alpha}_2,\cdots,\boldsymbol{\alpha}_m)=\frac{1}{k_1}\begin{vmatrix}\left(\boldsymbol{\alpha}_1,\sum\limits_{i=1}^n k_i\boldsymbol{\alpha}_i\right) & (\boldsymbol{\alpha}_1,\boldsymbol{\alpha}_2) & \cdots & (\boldsymbol{\alpha}_1,\boldsymbol{\alpha}_m)\\ \left(\boldsymbol{\alpha}_2,\sum\limits_{i=1}^n k_i\boldsymbol{\alpha}_i\right) & (\boldsymbol{\alpha}_2,\boldsymbol{\alpha}_2) & \cdots & (\boldsymbol{\alpha}_2,\boldsymbol{\alpha}_m)\\ \vdots & \vdots & & \vdots\\ \left(\boldsymbol{\alpha}_m,\sum\limits_{i=1}^n k_i\boldsymbol{\alpha}_i\right) & (\boldsymbol{\alpha}_m,\boldsymbol{\alpha}_2) & \cdots & (\boldsymbol{\alpha}_m,\boldsymbol{\alpha}_m)\end{vmatrix}=0.$$

例 9.1.8 (中国矿业大学 (北京),2022) 设 V 是 n 维欧几里得空间,$\boldsymbol{\alpha}_1,\boldsymbol{\alpha}_2,\cdots,\boldsymbol{\alpha}_n$ 是其中一组向量, 定义矩阵 $\boldsymbol{G}=(g_{ij})_{n\times n}$, 其中 $g_{ij}=(\boldsymbol{\alpha}_i,\boldsymbol{\alpha}_j)$. 证明: 向量组 $\boldsymbol{\alpha}_1,\boldsymbol{\alpha}_2,\cdots,\boldsymbol{\alpha}_n$ 线性相关当且仅当秩 $(\boldsymbol{G})\leqslant n-1$.

例 9.1.9 (南昌大学,2021; 电子科技大学,2021) 设 $\boldsymbol{\alpha}_1,\boldsymbol{\alpha}_2,\cdots,\boldsymbol{\alpha}_m$ 为 n 维欧氏空间 V 的一组向量, 记

$$\boldsymbol{\Delta}=\begin{pmatrix}(\boldsymbol{\alpha}_1,\boldsymbol{\alpha}_1) & (\boldsymbol{\alpha}_1,\boldsymbol{\alpha}_2) & \cdots & (\boldsymbol{\alpha}_1,\boldsymbol{\alpha}_m)\\ (\boldsymbol{\alpha}_2,\boldsymbol{\alpha}_1) & (\boldsymbol{\alpha}_2,\boldsymbol{\alpha}_2) & \cdots & (\boldsymbol{\alpha}_2,\boldsymbol{\alpha}_m)\\ \vdots & \vdots & & \vdots\\ (\boldsymbol{\alpha}_m,\boldsymbol{\alpha}_1) & (\boldsymbol{\alpha}_m,\boldsymbol{\alpha}_2) & \cdots & (\boldsymbol{\alpha}_m,\boldsymbol{\alpha}_m)\end{pmatrix}.$$

证明: 当且仅当 $|\boldsymbol{\Delta}|\neq 0$ 时,$\boldsymbol{\alpha}_1,\boldsymbol{\alpha}_2,\cdots,\boldsymbol{\alpha}_m$ 线性无关.

例 9.1.10 (上海交通大学,2000; 河北工业大学,2002; 西南大学,2015; 华中科技大学,2016; 湘潭大学,2021) 设 V 为 n 维欧氏空间,$\boldsymbol{\alpha}_1,\cdots,\boldsymbol{\alpha}_n$ 为 V 的一个基, 证明: 对任意 n 个实数 $b_1,\cdots,b_n$, 恰有一个向量 $\boldsymbol{\alpha}\in V$ 使得 $(\boldsymbol{\alpha},\boldsymbol{\alpha}_i)=b_i,i=1,\cdots,n$.

证 设

$$\boldsymbol{\alpha}=k_1\boldsymbol{\alpha}_1+\cdots+k_n\boldsymbol{\alpha}_n,$$

由

$$b_i=(\boldsymbol{\alpha},\boldsymbol{\alpha}_i)=k_1(\boldsymbol{\alpha}_1,\boldsymbol{\alpha}_i)+\cdots+k_n(\boldsymbol{\alpha}_n,\boldsymbol{\alpha}_i),i=1,2,\cdots,n,$$

有

$$\begin{pmatrix}(\boldsymbol{\alpha}_1,\boldsymbol{\alpha}_1) & (\boldsymbol{\alpha}_1,\boldsymbol{\alpha}_2) & \cdots & (\boldsymbol{\alpha}_1,\boldsymbol{\alpha}_n)\\ (\boldsymbol{\alpha}_2,\boldsymbol{\alpha}_1) & (\boldsymbol{\alpha}_2,\boldsymbol{\alpha}_2) & \cdots & (\boldsymbol{\alpha}_2,\boldsymbol{\alpha}_n)\\ \vdots & \vdots & & \vdots\\ (\boldsymbol{\alpha}_n,\boldsymbol{\alpha}_1) & (\boldsymbol{\alpha}_n,\boldsymbol{\alpha}_2) & \cdots & (\boldsymbol{\alpha}_n,\boldsymbol{\alpha}_n)\end{pmatrix}\begin{pmatrix}k_1\\ \vdots\\ k_n\end{pmatrix}=\begin{pmatrix}b_1\\ \vdots\\ b_n\end{pmatrix},$$

由 $\boldsymbol{\alpha}_1,\cdots,\boldsymbol{\alpha}_n$ 线性无关知, 上述方程组的系数矩阵可逆, 从而方程组只有唯一解, 从而结论成立.

9.2 正交补子空间

例 9.2.1 (东南大学,2000; 杭州师范大学,2004; 江苏大学,2005) 设 V 为 n 维欧氏空间,$\boldsymbol{\alpha}\neq\mathbf{0}$ 为V 中固定的向量. 求证: 子空间$W=\{\boldsymbol{x}\in V|(\boldsymbol{x},\boldsymbol{\alpha})=0\}$的维数为$n-1$,并求 $W^{\perp}$ 的标准正交基.

证 (法 1) 将 $\boldsymbol{\alpha}$ 单位化后的向量记为 $\boldsymbol{\alpha}_1$, 即 $\boldsymbol{\alpha}_1=\dfrac{\boldsymbol{\alpha}}{|\boldsymbol{\alpha}|}$. 将 $\boldsymbol{\alpha}_1$ 扩充为 V 的标准正交基

$$\boldsymbol{\alpha}_1,\boldsymbol{\alpha}_2,\cdots,\boldsymbol{\alpha}_n,$$

易知 $\boldsymbol{\alpha}_2,\cdots,\boldsymbol{\alpha}_n\in W$, 从而 $\dim W\geqslant n-1$. 若 $\dim W>n-1$, 则 $\dim W=n$, 又 W 是 V 的子空间, 故 $W=V$. 于是由 $\boldsymbol{\alpha}\in V=W$ 就有 $(\boldsymbol{\alpha},\boldsymbol{\alpha})=0$, 从而 $\boldsymbol{\alpha}=\mathbf{0}$, 这与条件矛盾. 故 $\dim W=n-1$.

由前面的证明易知 $\boldsymbol{\alpha}_2,\cdots,\boldsymbol{\alpha}_n$ 是 W 的标准正交基, 且 $V=L(\boldsymbol{\alpha}_1)\oplus W$, 故 $W^{\perp}$ 的标准正交基为 $\boldsymbol{\alpha}_1$.

(法 2) 只需证明 $W=L(\boldsymbol{\alpha})^{\perp}$ 即可. 显然 $W\subseteq L(\boldsymbol{\alpha})^{\perp}$, 下证 $L(\boldsymbol{\alpha})^{\perp}\subseteq W$. 任取 $\boldsymbol{\beta}\in L(\boldsymbol{\alpha})^{\perp}$, 则 $(\boldsymbol{\beta},\boldsymbol{\alpha})=0$, 即 $\boldsymbol{\beta}\in W$, 于是 $L(\boldsymbol{\alpha})^{\perp}\subseteq W$. 这就证明了 $L(\boldsymbol{\alpha})^{\perp}=W$. 故 $\dim W=n-1$, 且 $\dfrac{\boldsymbol{\alpha}}{|\boldsymbol{\alpha}|}$ 为 $W^{\perp}$ 的标准正交基.

例 9.2.2 (西北大学,2004) 设 V 是一个 n 维欧氏空间,$\boldsymbol{\alpha},\boldsymbol{\beta}$ 是 V 中两个线性无关的固定向量, 定义 $V_1=\{\boldsymbol{x}|(\boldsymbol{x},\boldsymbol{\alpha})=(\boldsymbol{x},\boldsymbol{\beta})=0,\boldsymbol{x}\in V\}$. 证明:$V_1$ 是 V 的 $n-2$ 维子空间.

例 9.2.3 (河北工业大学,2020) 设 V 是 n 维欧氏空间, 且 $\boldsymbol{\alpha}_1,\boldsymbol{\alpha}_2,\cdots,\boldsymbol{\alpha}_s(s<n)$ 是 V 中的正交向量组, 又 $W=\{\boldsymbol{\beta}\in V|(\boldsymbol{\beta},\boldsymbol{\alpha}_i)=0,i=1,2,\cdots,s\}$. 证明:

(1) W 是 V 的一个子空间;

(2) $\dim W=n-s$.

例 9.2.4 设 $\boldsymbol{\alpha}_1,\boldsymbol{\alpha}_2,\cdots,\boldsymbol{\alpha}_{n-1}$ 是 n 维欧氏空间 V 中的线性无关向量组,V 中的非零向量 $\boldsymbol{\beta}_1,\boldsymbol{\beta}_2$ 均与 $\boldsymbol{\alpha}_i(i=1,2,\cdots,n-1)$ 正交. 证明:

(1) (北京科技大学,2002)$\boldsymbol{\beta}_1,\boldsymbol{\beta}_2$ 线性相关;

(2) $\boldsymbol{\alpha}_1,\boldsymbol{\alpha}_2,\cdots,\boldsymbol{\alpha}_{n-1},\boldsymbol{\beta}_1$ 与 $\boldsymbol{\alpha}_1,\boldsymbol{\alpha}_2,\cdots,\boldsymbol{\alpha}_{n-1},\boldsymbol{\beta}_2$ 都线性无关.

例 9.2.5 (上海大学,2004) 设 V 是 n 维欧氏空间,σ 是 V 的线性变换,$\boldsymbol{\alpha}_1,\boldsymbol{\alpha}_2,\cdots,\boldsymbol{\alpha}_{n-1}$ 是 V 中的 $n-1$ 个线性无关的向量, 且 $\sigma(\boldsymbol{\beta})$ 与 $\boldsymbol{\beta}$ 分别与 $\boldsymbol{\alpha}_1,\boldsymbol{\alpha}_2,\cdots,\boldsymbol{\alpha}_{n-1}$ 正交 $(\boldsymbol{\beta}\neq\mathbf{0})$. 求证:$\boldsymbol{\beta}$ 是 σ 的特征向量.

例 9.2.6 (杭州师范大学,2019; 西南财经大学,2021) 设 $\boldsymbol{\alpha}_1,\boldsymbol{\alpha}_2,\cdots,\boldsymbol{\alpha}_m$ 是欧氏空间 V 中的一组向量,$\boldsymbol{\beta}\in V$ 为非零向量, 若

$$W_1=L(\boldsymbol{\alpha}_1,\boldsymbol{\alpha}_2,\cdots,\boldsymbol{\alpha}_m),W_2=L(\boldsymbol{\alpha}_1,\boldsymbol{\alpha}_2,\cdots,\boldsymbol{\alpha}_m,\boldsymbol{\beta}),$$

且 $(\boldsymbol{\beta},\boldsymbol{\alpha}_i)=0(i=1,2,\cdots,m)$. 证明:$W_1$ 的维数和 W_2 的维数不相等.

例 9.2.7 (扬州大学,2018) 设 V 是欧氏空间,$\boldsymbol{\beta},\boldsymbol{\alpha}_1,\boldsymbol{\alpha}_2,\cdots,\boldsymbol{\alpha}_s$ 是 V 中的向量组, 且 $\boldsymbol{\beta}\neq\mathbf{0}$,$L(\boldsymbol{\alpha}_1,\boldsymbol{\alpha}_2,\cdots,\boldsymbol{\alpha}_s)$ 表示由 $\boldsymbol{\alpha}_1,\boldsymbol{\alpha}_2,\cdots,\boldsymbol{\alpha}_s$ 生成的子空间, 证明: 如果内积 $(\boldsymbol{\beta},\boldsymbol{\alpha}_i)=0,\forall i=1,2,\cdots,s$, 则有维数关系:$\dim L(\boldsymbol{\beta},\boldsymbol{\alpha}_1,\boldsymbol{\alpha}_2,\cdots,\boldsymbol{\alpha}_s)=1+\dim L(\boldsymbol{\alpha}_1,\boldsymbol{\alpha}_2,\cdots,\boldsymbol{\alpha}_s)$.

例 9.2.8 (南京师范大学,2006) 设 $\boldsymbol{\alpha}_1,\cdots,\boldsymbol{\alpha}_5$ 为五维欧氏空间 V 的一组标准正交基,

$$W=\{a\boldsymbol{\alpha}_1+b\boldsymbol{\alpha}_2+c\boldsymbol{\alpha}_3+d\boldsymbol{\alpha}_4|a+b+c+d=0\},$$

(1) 证明: W 是 V 的子空间;

(2) 求 W 的一组基及维数;

(3) 求 W 的正交补.

证 (1) 任取 $\boldsymbol{\beta},\boldsymbol{\gamma}\in W$, 任取 $m\in\mathbb{R}$, 设

$$\boldsymbol{\beta}=k_1\boldsymbol{\alpha}_1+k_2\boldsymbol{\alpha}_2+k_3\boldsymbol{\alpha}_3+k_4\boldsymbol{\alpha}_4,k_1+k_2+k_3+k_4=0,$$

$$\boldsymbol{\gamma}=l_1\boldsymbol{\alpha}_1+l_2\boldsymbol{\alpha}_2+l_3\boldsymbol{\alpha}_3+l_4\boldsymbol{\alpha}_4,l_1+l_2+l_3+l_4=0,$$

则

$$\boldsymbol{\beta}+\boldsymbol{\gamma}=(k_1+l_1)\boldsymbol{\alpha}_1+(k_2+l_2)\boldsymbol{\alpha}_2+(k_3+l_3)\boldsymbol{\alpha}_3+(k_4+l_4)\boldsymbol{\alpha}_4,$$

$$m\boldsymbol{\beta}=mk_1\boldsymbol{\alpha}_1+mk_2\boldsymbol{\alpha}_2+mk_3\boldsymbol{\alpha}_3+mk_4\boldsymbol{\alpha}_4,$$

显然

$$(k_1+l_1)+(k_2+l_2)+(k_3+l_3)+(k_4+l_4)=0,$$

$$mk_1+mk_2+mk_3+mk_4=0,$$

故 $\boldsymbol{\beta}+\boldsymbol{\gamma},m\boldsymbol{\beta}\in W$, 从而 W 是 V 的子空间.

(2) 易知

$$\boldsymbol{\alpha}_1-\boldsymbol{\alpha}_2,\boldsymbol{\alpha}_1-\boldsymbol{\alpha}_3,\boldsymbol{\alpha}_1-\boldsymbol{\alpha}_4\in W$$

且线性无关, 又任取 $\boldsymbol{\beta}\in W$, 设

$$\boldsymbol{\beta}=a\boldsymbol{\alpha}_1+b\boldsymbol{\alpha}_2+c\boldsymbol{\alpha}_3+d\boldsymbol{\alpha}_4,a+b+c+d=0,$$

则

$$\boldsymbol{\beta}=(-b)(\boldsymbol{\alpha}_1-\boldsymbol{\alpha}_2)+(-c)(\boldsymbol{\alpha}_1-\boldsymbol{\alpha}_3)+(-d)(\boldsymbol{\alpha}_1-\boldsymbol{\alpha}_4),$$

于是

$$\boldsymbol{\alpha}_1-\boldsymbol{\alpha}_2,\boldsymbol{\alpha}_1-\boldsymbol{\alpha}_3,\boldsymbol{\alpha}_1-\boldsymbol{\alpha}_4$$

是 W 的一组基,$\dim W=3$.

(3) 任取

$$\boldsymbol{\beta}=x_1\boldsymbol{\alpha}_1+x_2\boldsymbol{\alpha}_2+x_3\boldsymbol{\alpha}_3+x_4\boldsymbol{\alpha}_4+x_5\boldsymbol{\alpha}_5\in W^{\perp}\subseteq V,$$

由 $\boldsymbol{\beta}\perp W$, 可得

$$0=(\boldsymbol{\alpha}_1-\boldsymbol{\alpha}_2,\boldsymbol{\gamma})=x_1-x_2,0=(\boldsymbol{\alpha}_1-\boldsymbol{\alpha}_3,\boldsymbol{\gamma})=x_1-x_3,0=(\boldsymbol{\alpha}_1-\boldsymbol{\alpha}_4,\boldsymbol{\gamma})=x_1-x_4,$$

即 $x_1=x_2=x_3=x_4$, 于是

$$\boldsymbol{\beta}=x_1(\boldsymbol{\alpha}_1+\boldsymbol{\alpha}_2+\boldsymbol{\alpha}_3+\boldsymbol{\alpha}_4)+x_5\boldsymbol{\alpha}_5.$$

令 $U=L(\boldsymbol{\alpha}_1+\boldsymbol{\alpha}_2+\boldsymbol{\alpha}_3+\boldsymbol{\alpha}_4,\boldsymbol{\alpha}_5)$, 则由上面的过程可知 $W^{\perp}\subseteq U$. 任取 $\boldsymbol{\gamma}\in U$, 设

$$\boldsymbol{\gamma}=k_1(\boldsymbol{\alpha}_1+\boldsymbol{\alpha}_2+\boldsymbol{\alpha}_3+\boldsymbol{\alpha}_4)+k_2\boldsymbol{\alpha}_5,$$

则

$$(\boldsymbol{\gamma}, \boldsymbol{\alpha}_1 - \boldsymbol{\alpha}_i) = 0, i = 2, 3, 4,$$

于是 $\boldsymbol{\gamma} \perp W$, 从而 $U \subseteq W^{\perp}$. 综上可知 $W^{\perp} = L(\boldsymbol{\alpha}_1 + \boldsymbol{\alpha}_2 + \boldsymbol{\alpha}_3 + \boldsymbol{\alpha}_4, \boldsymbol{\alpha}_5)$.

例 9.2.9 (北京邮电大学,2019) 用 $\mathbb{R}[x]_3$ 表示实数域 $\mathbb{R}$ 上次数小于 3 的一元多项式及零多项式的集合,$\mathbb{R}[x]_3$ 关于多项式的加法和数乘运算构成线性空间. 在 $\mathbb{R}[x]_3$ 上定义内积为 $(f(x), g(x)) = \int_0^1 f(x)g(x)\mathrm{d}x$. 设 W 是由零次多项式及零多项式组成的子空间, 求 W 的正交补子空间 $W^{\perp}$ 以及它的一个基.

例 9.2.10 (南开大学,2002,2016; 北京科技大学,2003; 华中师范大学,2011; 南京大学,2013; 山东师范大学,2014; 上海交通大学,2014; 上海师范大学,2018; 杭州电子科技大学,2019; 中国矿业大学,2020; 华南理工大学,2021; 南京师范大学,2022; 中南大学,2023) 设 V 为 n 维欧氏空间,V_1, V_2 为 V 的子空间, 且 $\dim V_1 < \dim V_2$. 证明:V_2 中存在非零向量与 V_1 中每个向量正交.

证 (法 1) 即证明存在非零向量 $\boldsymbol{\alpha} \in V_1^{\perp} \cap V_2$, 只需证明 $\dim(V_1^{\perp} \cap V_2) \geqslant 1$. 利用维数公式以及 $\dim V_1 < \dim V_2$, 并注意到 $V_1^{\perp} \cap V_2$ 是 V 的子空间, 可得

$$\begin{aligned}
\dim V_1^{\perp} \cap V_2 &= \dim V_1^{\perp} + \dim V_2 - \dim(V_1^{\perp} + V_2) \\
&= n - \dim V_1 + \dim V_2 - \dim(V_1^{\perp} + V_2) \\
&= \dim V_2 - \dim V_1 + (n - \dim(V_1^{\perp} + V_2)) \\
&> 0.
\end{aligned}$$

于是结论成立.

(法 2) 若 $\dim V_1 = 0$, 易知结论成立.

若 $\dim V_1 = r > 0$, 设

$$\boldsymbol{\alpha}_1, \boldsymbol{\alpha}_2, \cdots, \boldsymbol{\alpha}_r$$

为 V_1 的基,

$$\boldsymbol{\beta}_1, \boldsymbol{\beta}_2, \cdots, \boldsymbol{\beta}_s \quad (s > r)$$

为 V_2 的基，令

$$\boldsymbol{\gamma} = x_1\boldsymbol{\beta}_1 + x_2\boldsymbol{\beta}_2 + \cdots + x_s\boldsymbol{\beta}_s \in V_2,$$

由 $\boldsymbol{\gamma}$ 与 V_1 中的每个向量正交，有

$$\begin{cases}
0 = (\boldsymbol{\gamma}, \boldsymbol{\alpha}_1) = x_1(\boldsymbol{\beta}_1, \boldsymbol{\alpha}_1) + \cdots + x_s(\boldsymbol{\beta}_s, \boldsymbol{\alpha}_1), \\
0 = (\boldsymbol{\gamma}, \boldsymbol{\alpha}_2) = x_1(\boldsymbol{\beta}_1, \boldsymbol{\alpha}_2) + \cdots + x_s(\boldsymbol{\beta}_s, \boldsymbol{\alpha}_2), \\
\qquad \vdots \\
0 = (\boldsymbol{\gamma}, \boldsymbol{\alpha}_r) = x_1(\boldsymbol{\beta}_1, \boldsymbol{\alpha}_r) + \cdots + x_s(\boldsymbol{\beta}_s, \boldsymbol{\alpha}_r).
\end{cases}$$

此关于未知量 $x_1, \cdots, x_s$ 的线性方程组有 r 个方程 s 个未知量，而 $s > r$, 故此方程组有非零解，所以结论成立.

(法 3) 若 $\dim V_1 = 0$, 易知结论成立.

若 $\dim V_1 = r > 0$, 设 $\boldsymbol{\alpha}_1, \boldsymbol{\alpha}_2, \cdots, \boldsymbol{\alpha}_r$ 为 V_1 的标准正交基，将其扩充为 V 的标准正交基 $\boldsymbol{\alpha}_1, \boldsymbol{\alpha}_2, \cdots, \boldsymbol{\alpha}_r, \boldsymbol{\alpha}_{1(r+1)}, \cdots, \boldsymbol{\alpha}_n$. 令

$$W = L(\boldsymbol{\alpha}_{1(r+1)}, \cdots, \boldsymbol{\alpha}_n),$$

则易知 W 与 V_1 正交且 $\dim W = n - r$, 于是由 $\dim V_2 > \dim V_1 = r$ 有

$$\dim(V_2 \cap W) = \dim V_2 + \dim W - \dim(V_2 + W) > n - \dim(V_2 + W) \geqslant 0,$$

即 $V_2 \cap W$ 含有非零向量, 取 $\boldsymbol{\alpha} \in V_2 \cap W$, 则 $\mathbf{0} \neq \boldsymbol{\alpha} \in V_2$ 且 $\boldsymbol{\alpha}$ 与 V_1 中每个向量正交.

例 9.2.11 (浙江大学,2003; 西南大学,2012) 设 V 是 n 维欧氏空间,σ 是 V 的正交变换.$V_1 = \{\boldsymbol{\alpha} \in V | \sigma(\boldsymbol{\alpha}) = \boldsymbol{\alpha}\}, V_2 = \{\boldsymbol{\alpha} - \sigma(\boldsymbol{\alpha}) | \boldsymbol{\alpha} \in V\}$, 证明:

(1) V_1, V_2 是 V 的子空间;

(2) $V = V_1 \oplus V_2$.

证 (1) 略.

(2) (法 1) 只需证明 $V_1 = V_2^{\perp}$.

先证明 $V_1 \subseteq V_2^{\perp}$. 任取 $\boldsymbol{\alpha} \in V_1, \boldsymbol{\beta} \in V_2$, 则存在 $\boldsymbol{\gamma} \in V$ 使得 $\boldsymbol{\beta} = \boldsymbol{\gamma} - \sigma(\boldsymbol{\gamma})$, 且 $\sigma(\boldsymbol{\alpha}) = \boldsymbol{\alpha}$, 注意到 σ 是正交变换, 则

$$\begin{aligned}(\boldsymbol{\alpha}, \boldsymbol{\beta}) &= (\boldsymbol{\alpha}, \boldsymbol{\gamma} - \sigma(\boldsymbol{\gamma})) = (\boldsymbol{\alpha}, \boldsymbol{\gamma}) - (\boldsymbol{\alpha}, \sigma(\boldsymbol{\gamma})) \\ &= (\boldsymbol{\alpha}, \boldsymbol{\gamma}) - (\sigma(\boldsymbol{\alpha}), \sigma(\boldsymbol{\gamma})) = (\boldsymbol{\alpha}, \boldsymbol{\gamma}) - (\boldsymbol{\alpha}, \boldsymbol{\gamma}) \\ &= 0.\end{aligned}$$

即 $V_1 \perp V_2$, 从而 $V_1 \subseteq V_2^{\perp}$.

再证明 $V_2^{\perp} \subseteq V_1$. 任取 $\boldsymbol{\alpha} \in V_2^{\perp}$, 由于 $\boldsymbol{\alpha} - \sigma(\boldsymbol{\alpha}) \in V_2$, 故 $(\boldsymbol{\alpha}, \boldsymbol{\alpha} - \sigma(\boldsymbol{\alpha})) = 0$. 于是

$$\begin{aligned}(\boldsymbol{\alpha} - \sigma(\boldsymbol{\alpha}), \boldsymbol{\alpha} - \sigma(\boldsymbol{\alpha})) &= (\boldsymbol{\alpha}, \boldsymbol{\alpha} - \sigma(\boldsymbol{\alpha})) - (\sigma(\boldsymbol{\alpha}), \boldsymbol{\alpha} - \sigma(\boldsymbol{\alpha})) \\ &= (\sigma(\boldsymbol{\alpha}), \sigma(\boldsymbol{\alpha})) - (\sigma(\boldsymbol{\alpha}), \boldsymbol{\alpha}) \\ &= (\boldsymbol{\alpha}, \boldsymbol{\alpha}) - (\boldsymbol{\alpha}, \sigma(\boldsymbol{\alpha})) \\ &= (\boldsymbol{\alpha}, \boldsymbol{\alpha} - \sigma(\boldsymbol{\alpha})) \\ &= 0.\end{aligned}$$

从而 $\sigma(\boldsymbol{\alpha}) - \boldsymbol{\alpha} = \mathbf{0}$, 即 $\sigma(\boldsymbol{\alpha}) = \boldsymbol{\alpha}$, 故 $\boldsymbol{\alpha} \in V_1$. 即证明了 $V_2^{\perp} \subseteq V_1$. 从而 $V_1 = V_2^{\perp}$. 故结论成立.

(法 2)$\forall \boldsymbol{\alpha} \in V_1 \cap V_2$, 则 $\sigma(\boldsymbol{\alpha}) = \boldsymbol{\alpha}$, 且存在 $\boldsymbol{\beta} \in V$ 使得 $\boldsymbol{\alpha} = \boldsymbol{\beta} - \sigma(\boldsymbol{\beta})$, 于是由 σ 是正交变换有

$$(\boldsymbol{\alpha}, \boldsymbol{\alpha}) = (\boldsymbol{\alpha}, \boldsymbol{\beta} - \sigma(\boldsymbol{\beta})) = (\boldsymbol{\alpha}, \boldsymbol{\beta}) - (\boldsymbol{\alpha}, \sigma(\boldsymbol{\beta})) = (\boldsymbol{\alpha}, \boldsymbol{\beta}) - (\sigma(\boldsymbol{\alpha}), \sigma(\boldsymbol{\beta})) = 0,$$

故 $\boldsymbol{\alpha} = \mathbf{0}$, 于是 $V_1 \cap V_2 = \{\mathbf{0}\}$. 又

$$V_1 = \ker(I - \sigma), V_2 = \operatorname{Im}(I - \sigma),$$

于是

$$\dim(V_1 + V_2) = \dim V_1 + \dim V_2 - \dim(V_1 \cap V_2) = \dim V = n,$$

而 $V_1 + V_2$ 显然是 V 的子空间，故 $V = V_1 \oplus V_2$.

(法 3) 由法 1 的证明知 $V_1 \perp V_2$, 从而 $V_1 \subseteq V_2^{\perp}$. 又易知 $V_1 = \ker(\sigma - I), V_2 = \operatorname{Im}(\sigma - I)$, 故

$$\dim V_1 = \dim \ker(I - \sigma) = n - \dim \operatorname{Im}(I - \sigma) = \dim V_2^{\perp}.$$

从而 $V_1 = V_2^{\perp}$. 故结论成立.

例 9.2.12 (北京交通大学,2017) 设 V 是 n 维欧氏空间,σ 是 V 的正交变换, 令

$$V_1=\{\boldsymbol{\alpha}|\sigma(\boldsymbol{\alpha})=\boldsymbol{\alpha},\boldsymbol{\alpha}\in V\},V_2=\{\boldsymbol{\beta}|\boldsymbol{\beta}=\sigma(\boldsymbol{\gamma})-\boldsymbol{\gamma},\boldsymbol{\gamma}\in V\}.$$

证明:$V_2=V_1^{\perp}$.

9.3 正交变换与正交矩阵

设 $\boldsymbol{A}\in\mathbb{R}^{n\times n}$, 若 $\boldsymbol{A}^{\mathrm{T}}\boldsymbol{A}=\boldsymbol{A}\boldsymbol{A}^{\mathrm{T}}=\boldsymbol{E}$, 则称 $\boldsymbol{A}$ 为正交矩阵.

例 9.3.1 若 $\boldsymbol{A}$ 为正交矩阵, 则

(1) $|\boldsymbol{A}|=\pm1$, 即 $\boldsymbol{A}$ 可逆;

(2) $\boldsymbol{A}^{-1}=\boldsymbol{A}^{\mathrm{T}}$;

(3) $\boldsymbol{A}^{-1},\boldsymbol{A}^*$ 为正交矩阵;

(4) 若 $\boldsymbol{B}$ 也为正交矩阵, 则 $\boldsymbol{AB}$ 为正交矩阵;

(5) 若 $\boldsymbol{B}$ 也为正交矩阵, 则 $\boldsymbol{A}+\boldsymbol{B}$ 不一定为正交矩阵, 例如,

$$\boldsymbol{A}=\boldsymbol{B}=\begin{pmatrix}-1&0\\0&1\end{pmatrix};$$

(6) $\boldsymbol{A}^m$(m 为正整数) 为正交矩阵.

例 9.3.2 (西安电子科技大学,2006) 设 $\boldsymbol{\alpha}$ 为 n 维非零列向量, 证明:

$$\boldsymbol{H}=\boldsymbol{E}-\frac{2}{\boldsymbol{\alpha}^{\mathrm{T}}\boldsymbol{\alpha}}\boldsymbol{\alpha}\boldsymbol{\alpha}^{\mathrm{T}}$$

为正交矩阵.

证 由于

$$\begin{aligned}\boldsymbol{H}^{\mathrm{T}}\boldsymbol{H}&=\boldsymbol{E}-\frac{4}{\boldsymbol{\alpha}^{\mathrm{T}}\boldsymbol{\alpha}}\boldsymbol{\alpha}\boldsymbol{\alpha}^{\mathrm{T}}+\frac{4}{(\boldsymbol{\alpha}^{\mathrm{T}}\boldsymbol{\alpha})^2}\boldsymbol{\alpha}\boldsymbol{\alpha}^{\mathrm{T}}\boldsymbol{\alpha}\boldsymbol{\alpha}^{\mathrm{T}}\\&=\boldsymbol{E}-\frac{4}{\boldsymbol{\alpha}^{\mathrm{T}}\boldsymbol{\alpha}}\boldsymbol{\alpha}\boldsymbol{\alpha}^{\mathrm{T}}+\frac{4\boldsymbol{\alpha}^{\mathrm{T}}\boldsymbol{\alpha}}{(\boldsymbol{\alpha}^{\mathrm{T}}\boldsymbol{\alpha})^2}\boldsymbol{\alpha}\boldsymbol{\alpha}^{\mathrm{T}}\\&=\boldsymbol{E}.\end{aligned}$$

故结论成立.

例 9.3.3 (哈尔滨工程大学,2023) 设 $\boldsymbol{\alpha}$ 是非零的 n 维实列向量,$\boldsymbol{E}$ 是单位矩阵,

$$\boldsymbol{A}=\boldsymbol{E}-2\frac{\boldsymbol{\alpha}\boldsymbol{\alpha}^{\mathrm{T}}}{\boldsymbol{\alpha}^{\mathrm{T}}\boldsymbol{\alpha}}.$$

(1) 证明:$\boldsymbol{A}$ 为正交矩阵;

(2) 证明:$\boldsymbol{A}$ 可相似对角化, 并求与 $\boldsymbol{A}$ 相似的对角矩阵 $\boldsymbol{\Lambda}$.

例 9.3.4 (山东大学,2015) 设 $\boldsymbol{\alpha}_1,\boldsymbol{\alpha}_2,\cdots,\boldsymbol{\alpha}_n$ 是标准正交列向量组,k 为实数, 矩阵 $\boldsymbol{H}=\boldsymbol{E}-k\boldsymbol{\alpha}_1\boldsymbol{\alpha}_1^{\mathrm{T}}$.

(1) 证明:$\boldsymbol{\alpha}_1$ 是 $\boldsymbol{H}$ 的特征向量, 并求出对应的特征值;

(2) 证明:$\boldsymbol{\alpha}_2,\cdots,\boldsymbol{\alpha}_n$ 也是 $\boldsymbol{H}$ 的特征向量, 并求出对应的特征值;

(3) 当 $k<1$ 时, 证明:$\boldsymbol{H}$ 为正定矩阵.

例 9.3.5 (苏州大学,2023) 设 $k \in \mathbb{R}, \boldsymbol{\alpha} \in \mathbb{R}^n$ 为单位向量,$\boldsymbol{A} = \boldsymbol{E}_n - k\boldsymbol{\alpha}\boldsymbol{\alpha}^{\mathrm{T}}$.

(1) 证明:$\boldsymbol{A}$ 为正交矩阵当且仅当 $k = 0$ 或者 2;

(2) 证明:$\boldsymbol{A}$ 为正定矩阵当且仅当 $k < 1$.

例 9.3.6 (北京邮电大学,2007)$\boldsymbol{A} \in \mathbb{R}^{n\times n}, \boldsymbol{A} \neq \boldsymbol{O}, n \geqslant 3$. 则 $\boldsymbol{A}$ 为正交矩阵的充要条件为 $\boldsymbol{A}^{\mathrm{T}} = \boldsymbol{A}^*$或$\boldsymbol{A}^{\mathrm{T}} = -\boldsymbol{A}^*$, 即 $a_{ij} = A_{ij}$或$a_{ij} = -A_{ij}$.

证 必要性. 若 $|\boldsymbol{A}| = 1$, 则由 $\boldsymbol{A}\boldsymbol{A}^* = |\boldsymbol{A}|\boldsymbol{E} = \boldsymbol{E}$ 可得

$$\boldsymbol{A}^* = |\boldsymbol{A}|\boldsymbol{A}^{-1} = \boldsymbol{A}^{-1} = \boldsymbol{A}^{\mathrm{T}}.$$

若 $|\boldsymbol{A}| = -1$, 类似可得.

充分性. 由 $\boldsymbol{A}^{\mathrm{T}} = \boldsymbol{A}^*$ 得

$$|\boldsymbol{A}| = |\boldsymbol{A}^*| = |\boldsymbol{A}|^{n-1},$$

从而 $|\boldsymbol{A}| = 0, 1$或-1. 又 $\boldsymbol{A} \neq \boldsymbol{O}$, 不妨设 $a_{ij} \neq 0$, 则

$$|\boldsymbol{A}| = a_{i1}A_{i1} + \cdots + a_{ij}A_{ij} + \cdots + a_{in}A_{in} = \sum_{k=1}^{n} a_{ik}^2 > 0,$$

从而 $|\boldsymbol{A}| = 1$. 故结论成立.

若 $\boldsymbol{A}^{\mathrm{T}} = -\boldsymbol{A}^*$, 类似可证.

例 9.3.7 (中南大学,2007; 河海大学,2021) 设 $\boldsymbol{A}$ 为非零实方阵,$\boldsymbol{A}^{\mathrm{T}} = \boldsymbol{A}^*$. 证明:

(1) $|\boldsymbol{A}| \neq 0$;

(2) 若 λ 是 $\boldsymbol{A}$ 的特征值, 则 $|\lambda|^2 = |\boldsymbol{A}|$.

例 9.3.8 设 $\boldsymbol{A} = (a_{ij})_{n\times n}$ 为 n 阶实方阵,$n \geqslant 3$, 若

$$A_{ij} = a_{ij}, i, j = 1, \cdots, n,$$

且存在 $A_{ij} \neq 0$. 则 $\boldsymbol{A}$ 为正交矩阵.

例 9.3.9 (厦门大学,2015) 设 $\boldsymbol{A} = (a_{ij})$ 为三阶实矩阵, 满足 $A_{ij} = a_{ij}, i, j = 1, 2, 3$, 且 $a_{33} = -1$. 求解线性方程组

$$\boldsymbol{A}\begin{pmatrix} x_1 \\ x_2 \\ x_3 \end{pmatrix} = \begin{pmatrix} 0 \\ 0 \\ 1 \end{pmatrix}$$

的解, 并证明 (要求写出详细求解过程).

例 9.3.10 正交矩阵的特征值的模为 1, 从而实特征值为 1 或 -1, 虚特征值成对出现.

证 设 $\lambda \in \mathbb{C}$ 为正交矩阵 $\boldsymbol{A}$ 的任一特征值,$\boldsymbol{\alpha} \in \mathbb{C}^n$ 为对应的特征向量, 即

$$\boldsymbol{A}\boldsymbol{\alpha} = \lambda\boldsymbol{\alpha}, \boldsymbol{\alpha} \neq \boldsymbol{0},$$

两边取转置和共轭得

$$\boldsymbol{\alpha}^{\mathrm{T}}\boldsymbol{A}^{\mathrm{T}} = \lambda\boldsymbol{\alpha}^{\mathrm{T}}, \boldsymbol{A}\bar{\boldsymbol{\alpha}} = \bar{\lambda}\bar{\boldsymbol{\alpha}},$$

于是

$$\boldsymbol{\alpha}^{\mathrm{T}}\bar{\boldsymbol{\alpha}}=\boldsymbol{\alpha}^{\mathrm{T}}\boldsymbol{A}^{\mathrm{T}}\boldsymbol{A}\bar{\boldsymbol{\alpha}}=\lambda\bar{\lambda}\boldsymbol{\alpha}^{\mathrm{T}}\bar{\boldsymbol{\alpha}},$$

故 $\lambda\bar{\lambda}=1$. 从而结论成立.

例 9.3.11　设$\boldsymbol{A}$为n阶实方阵,$\boldsymbol{A}^{\mathrm{T}}\boldsymbol{A}=\boldsymbol{E}$, $|\boldsymbol{A}|=-1$,求证:$|\boldsymbol{A}+\boldsymbol{E}|=0$.即$-1$为$\boldsymbol{A}$的特征值.

证　(法 1) 由于

$$|\boldsymbol{A}+\boldsymbol{E}|=|\boldsymbol{A}+\boldsymbol{A}^{\mathrm{T}}\boldsymbol{A}|=|\boldsymbol{E}+\boldsymbol{A}^{\mathrm{T}}||\boldsymbol{A}|=-|(\boldsymbol{E}+\boldsymbol{A})^{\mathrm{T}}|=-|\boldsymbol{A}+\boldsymbol{E}|,$$

故 $|\boldsymbol{A}+\boldsymbol{E}|=0$.

(法 2) 易知 $\boldsymbol{A}$ 为正交矩阵, 由于正交矩阵的特征值的模为 1, 故实特征值为 1 或 -1, 虚特征值成对出现. 而矩阵的行列式为所有复特征值的乘积, 故必有特征值 -1. 于是 $|\boldsymbol{A}+\boldsymbol{E}|=0$.

例 9.3.12　设 $\boldsymbol{A}$ 为奇数阶正交矩阵,$|\boldsymbol{A}|=-1$, 证明:$\boldsymbol{A}$ 有特征值 -1.

例 9.3.13　$\boldsymbol{A}$ 为正交矩阵,$|\boldsymbol{A}|=-1$ 的充要条件为 $\boldsymbol{A}$ 有奇数个特征值为 -1.

例 9.3.14　设$\boldsymbol{A}$为n阶正交矩阵,$|\boldsymbol{A}|<0$, 且 n 为偶数, 则 $|\boldsymbol{A}-\boldsymbol{E}|=0$. 即 1 为 $\boldsymbol{A}$ 的特征值.

例 9.3.15　(太原科技大学,2006)设$\boldsymbol{A},\boldsymbol{B}$都是 n 阶正交矩阵,且$|\boldsymbol{A}|=-|\boldsymbol{B}|$,试证:$|\boldsymbol{A}+\boldsymbol{B}|=0$.

证　(法 1) 由于

$$\begin{aligned}|\boldsymbol{A}||\boldsymbol{A}+\boldsymbol{B}|&=|\boldsymbol{A}^{\mathrm{T}}||\boldsymbol{A}+\boldsymbol{B}|=|\boldsymbol{E}+\boldsymbol{A}^{\mathrm{T}}\boldsymbol{B}|\\&=|\boldsymbol{B}^{\mathrm{T}}\boldsymbol{B}+\boldsymbol{A}^{\mathrm{T}}\boldsymbol{B}|=|\boldsymbol{B}^{\mathrm{T}}+\boldsymbol{A}^{\mathrm{T}}||\boldsymbol{B}|\\&=|\boldsymbol{A}+\boldsymbol{B}||\boldsymbol{B}|.\end{aligned}$$

注意到 $|\boldsymbol{A}|=-|\boldsymbol{B}|$, 以及 $|\boldsymbol{B}|\neq 0$, 可得结论成立.

(法 2) 由于 $|\boldsymbol{A}\boldsymbol{B}^{\mathrm{T}}|=|\boldsymbol{A}||\boldsymbol{B}|=-|\boldsymbol{B}|^2=-1$, 且 $\boldsymbol{A}\boldsymbol{B}^{\mathrm{T}}$ 为正交矩阵, 故 $\boldsymbol{A}\boldsymbol{B}^{\mathrm{T}}$ 必有特征值 -1, 从而

$$|-\boldsymbol{E}-\boldsymbol{A}\boldsymbol{B}^{\mathrm{T}}|=0,$$

即

$$0=(-1)^n|\boldsymbol{B}\boldsymbol{B}^{\mathrm{T}}+\boldsymbol{A}\boldsymbol{B}^{\mathrm{T}}|=(-1)^n|\boldsymbol{A}+\boldsymbol{B}||\boldsymbol{B}^{\mathrm{T}}|.$$

注意到 $|\boldsymbol{B}^{\mathrm{T}}|\neq 0$, 可知结论成立.

例 9.3.16　(北京理工大学,2004; 华南理工大学,2016; 华中科技大学,2019) 设 $\boldsymbol{A},\boldsymbol{B}$ 为正交矩阵, 且 $|\boldsymbol{A}|+|\boldsymbol{B}|=0$, 证明:$|\boldsymbol{A}+\boldsymbol{B}|=0$.

例 9.3.17　(武汉大学,2012) 设 $\boldsymbol{A},\boldsymbol{B}$ 均为实正交矩阵, 且 $\det(\boldsymbol{A})+\det(\boldsymbol{B})=0$. 证明:$\boldsymbol{A}+\boldsymbol{B}$ 不可逆.

例 9.3.18　(河南大学,2004; 兰州大学,2008) 设 $\boldsymbol{A},\boldsymbol{B}$ 为 n 阶正交矩阵, 且 $|\boldsymbol{A}|+|\boldsymbol{B}|=0$. 证明: 存在实 n 维列向量 $\boldsymbol{\xi}\neq\boldsymbol{0}$ 使得 $\boldsymbol{A}\boldsymbol{\xi}=-\boldsymbol{B}\boldsymbol{\xi}$.

例 9.3.19 设三阶正交矩阵 $\boldsymbol{A}$ 的行列式为 -1, 证明:

$$\operatorname{tr}(\boldsymbol{A}^2)=2\operatorname{tr}(\boldsymbol{A})+\operatorname{tr}^2(\boldsymbol{A}).$$

证 由条件可知 $\boldsymbol{A}$ 的特征值为

$$-1, a+b\mathrm{i}, a-b\mathrm{i}\ (a^2+b^2=1, a, b\in\mathbb{R}),$$

从而 $\boldsymbol{A}^2$ 的特征值为

$$1,(a+b\mathrm{i})^2,(a-b\mathrm{i})^2,$$

计算可知结论成立.

例 9.3.20 设 $\boldsymbol{A}$ 为三阶正交矩阵, 且 $|\boldsymbol{A}|=1$. 证明: 存在实数 $t(-1\leqslant t\leqslant 3)$ 使得

$$\boldsymbol{A}^3-t\boldsymbol{A}^2+t\boldsymbol{A}-\boldsymbol{E}=\boldsymbol{O}.$$

证 设 $\lambda_1,\lambda_2,\lambda_3$ 为 $\boldsymbol{A}$ 的特征值, 由 $|\boldsymbol{A}|=1$ 知 λ_i 中必有一个为 1, 设 $\lambda_1=1,\lambda_2=a+b\mathrm{i},\lambda_3=a-b\mathrm{i}, a,b\in\mathbb{R}$, 计算可知

$$\lambda_1+\lambda_2+\lambda_3=\lambda_1\lambda_2+\lambda_2\lambda_3+\lambda_1\lambda_3,$$

令 $t=\lambda_1+\lambda_2+\lambda_3$, 则有

$$f(\lambda)=|\lambda E-\boldsymbol{A}|=(\lambda-\lambda_1)(\lambda-\lambda_2)(\lambda-\lambda_3)=\lambda^3-t\lambda^2+t\lambda-1,$$

从而由哈密顿–凯莱定理可知结论成立.

例 9.3.21 (南京大学,2007) 设 $\boldsymbol{A}$ 为三阶正交矩阵且 $|\boldsymbol{A}|=1$. 求证:

(1) 1 是 $\boldsymbol{A}$ 的一个特征值;

(2) $\boldsymbol{A}$ 的特征多项式为 $f(\lambda)=\lambda^3-a\lambda^2+a\lambda-1$, 其中 a 为某个实数;

(3) 若 $\boldsymbol{A}$ 的特征值全为实数, 并且 $|\boldsymbol{A}+\boldsymbol{E}|\neq 0$, 则 $\boldsymbol{A}^{\mathrm{T}}=\boldsymbol{A}^2-3\boldsymbol{A}+3\boldsymbol{E}$.

例 9.3.22 设 $\boldsymbol{A}$ 为 n 阶正交矩阵, 则

(1) $\boldsymbol{A}$ 的复特征值的模为 1, 从而 $\boldsymbol{A}$ 的实特征值只能为 1 或 -1, 虚特征值成对互为共轭.

(2) (广东工业大学,2013; 西安电子科技大学,2008; 苏州大学,2015) 若 $\lambda=a+b\mathrm{i}(a,b\in\mathbb{R},b\neq 0)$ 是 $\boldsymbol{A}$ 的特征值,$\boldsymbol{\xi}=\boldsymbol{\alpha}+\boldsymbol{\beta}\mathrm{i}(\boldsymbol{\alpha},\boldsymbol{\beta}\in\mathbb{R}^n)$ 是 $\boldsymbol{A}$ 的属于特征值 λ 的特征向量, 则 $\boldsymbol{\beta}\neq\boldsymbol{0},\boldsymbol{\alpha},\boldsymbol{\beta}$ 长度相等且正交.

证 只证明 (2). 由

$$\boldsymbol{A}(\boldsymbol{\alpha}+\boldsymbol{\beta}\mathrm{i})=(a+b\mathrm{i})(\boldsymbol{\alpha}+\boldsymbol{\beta}\mathrm{i})$$

可得

$$\boldsymbol{A}\boldsymbol{\alpha}=a\boldsymbol{\alpha}-b\boldsymbol{\beta}, \boldsymbol{A}\boldsymbol{\beta}=a\boldsymbol{\beta}+b\boldsymbol{\alpha}. \tag{$*$}$$

若 $\boldsymbol{\beta}=\boldsymbol{0}$, 则由 $\boldsymbol{A}\boldsymbol{\beta}=a\boldsymbol{\beta}+b\boldsymbol{\alpha}$ 可得 $b\boldsymbol{\alpha}=\boldsymbol{0}$, 而 $b\neq 0$, 故 $\boldsymbol{\alpha}=\boldsymbol{0}$, 这样 $\boldsymbol{\xi}=\boldsymbol{0}$, 矛盾. 从而 $\boldsymbol{\beta}\neq\boldsymbol{0}$.

下面证明 $\boldsymbol{\alpha},\boldsymbol{\beta}$ 长度相等且正交.

(法 1) 由式 $(*)$ 左乘 $\boldsymbol{A}^{\mathrm{T}}$ 可得

$$\boldsymbol{\alpha}=a\boldsymbol{A}^{\mathrm{T}}\boldsymbol{\alpha}-b\boldsymbol{A}^{\mathrm{T}}\boldsymbol{\beta}, \boldsymbol{\beta}=a\boldsymbol{A}^{\mathrm{T}}\boldsymbol{\beta}+b\boldsymbol{A}^{\mathrm{T}}\boldsymbol{\alpha},$$

于是

$$a\boldsymbol{\alpha} = a^2\boldsymbol{A}^{\mathrm{T}}\boldsymbol{\alpha} - ab\boldsymbol{A}^{\mathrm{T}}\boldsymbol{\beta}, b\boldsymbol{\beta} = ab\boldsymbol{A}^{\mathrm{T}}\boldsymbol{\beta} + b^2\boldsymbol{A}^{\mathrm{T}}\boldsymbol{\alpha},$$

两式相加, 注意到 $a^2 + b^2 = 1$ 可得

$$a\boldsymbol{\alpha} + b\boldsymbol{\beta} = \boldsymbol{A}^{\mathrm{T}}\boldsymbol{\alpha},$$

两边取转置可得

$$a\boldsymbol{\alpha}^{\mathrm{T}} + b\boldsymbol{\beta}^{\mathrm{T}} = \boldsymbol{\alpha}^{\mathrm{T}}\boldsymbol{A},$$

于是

$$a\boldsymbol{\alpha}^{\mathrm{T}}\boldsymbol{\alpha} + b\boldsymbol{\beta}^{\mathrm{T}}\boldsymbol{\alpha} = \boldsymbol{\alpha}^{\mathrm{T}}\boldsymbol{A}\boldsymbol{\alpha} = \boldsymbol{\alpha}^{\mathrm{T}}(a\boldsymbol{\alpha} - b\boldsymbol{\beta}) = a\boldsymbol{\alpha}^{\mathrm{T}}\boldsymbol{\alpha} - b\boldsymbol{\alpha}^{\mathrm{T}}\boldsymbol{\beta},$$

由于 $\boldsymbol{\beta}^{\mathrm{T}}\boldsymbol{\alpha} = \boldsymbol{\alpha}^{\mathrm{T}}\boldsymbol{\beta}$, 故由上式可得 $\boldsymbol{\alpha}^{\mathrm{T}}\boldsymbol{\beta} = 0$, 即 $\boldsymbol{\alpha}, \boldsymbol{\beta}$ 正交.

因为

$$a\boldsymbol{\alpha}^{\mathrm{T}}\boldsymbol{\beta} + b\boldsymbol{\beta}^{\mathrm{T}}\boldsymbol{\beta} = \boldsymbol{\alpha}^{\mathrm{T}}\boldsymbol{A}\boldsymbol{\beta} = \boldsymbol{\alpha}^{\mathrm{T}}(a\boldsymbol{\beta} + b\boldsymbol{\alpha}) = a\boldsymbol{\alpha}^{\mathrm{T}}\boldsymbol{\beta} + b\boldsymbol{\alpha}^{\mathrm{T}}\boldsymbol{\alpha},$$

所以 $\boldsymbol{\alpha}^{\mathrm{T}}\boldsymbol{\alpha} = \boldsymbol{\beta}^{\mathrm{T}}\boldsymbol{\beta}$. 即 $\boldsymbol{\alpha}, \boldsymbol{\beta}$ 长度相等.

(法 2) 由式 (*) 有

$$\boldsymbol{\alpha}^{\mathrm{T}}\boldsymbol{\alpha} = \boldsymbol{\alpha}^{\mathrm{T}}\boldsymbol{A}^{\mathrm{T}}\boldsymbol{A}\boldsymbol{\alpha} = (a\boldsymbol{\alpha} - b\boldsymbol{\beta})^{\mathrm{T}}(a\boldsymbol{\alpha} - b\boldsymbol{\beta}) = a^2\boldsymbol{\alpha}^{\mathrm{T}}\boldsymbol{\alpha} - 2ab\boldsymbol{\alpha}^{\mathrm{T}}\boldsymbol{\beta} + b^2\boldsymbol{\beta}^{\mathrm{T}}\boldsymbol{\beta},$$

$$\boldsymbol{\beta}^{\mathrm{T}}\boldsymbol{\beta} = \boldsymbol{\beta}^{\mathrm{T}}\boldsymbol{A}^{\mathrm{T}}\boldsymbol{A}\boldsymbol{\beta} = (a\boldsymbol{\beta} + b\boldsymbol{\alpha})^{\mathrm{T}}(a\boldsymbol{\beta} + b\boldsymbol{\alpha}) = b^2\boldsymbol{\alpha}^{\mathrm{T}}\boldsymbol{\alpha} + 2ab\boldsymbol{\alpha}^{\mathrm{T}}\boldsymbol{\beta} + a^2\boldsymbol{\beta}^{\mathrm{T}}\boldsymbol{\beta},$$

两式相减可得

$$(a^2 - b^2 - 1)(\boldsymbol{\alpha}^{\mathrm{T}}\boldsymbol{\alpha} - \boldsymbol{\beta}^{\mathrm{T}}\boldsymbol{\beta}) - 4ab\boldsymbol{\alpha}^{\mathrm{T}}\boldsymbol{\beta} = 0.$$

另外,

$$\boldsymbol{\alpha}^{\mathrm{T}}\boldsymbol{\beta} = \boldsymbol{\alpha}^{\mathrm{T}}\boldsymbol{A}^{\mathrm{T}}\boldsymbol{A}\boldsymbol{\beta} = (a\boldsymbol{\alpha} - b\boldsymbol{\beta})^{\mathrm{T}}(a\boldsymbol{\beta} + b\boldsymbol{\alpha}) = (a^2 - b^2)\boldsymbol{\alpha}^{\mathrm{T}}\boldsymbol{\beta} + ab(\boldsymbol{\alpha}^{\mathrm{T}}\boldsymbol{\alpha} - \boldsymbol{\beta}^{\mathrm{T}}\boldsymbol{\beta}),$$

于是有

$$\begin{cases}(a^2 - b^2 - 1)(\boldsymbol{\alpha}^{\mathrm{T}}\boldsymbol{\alpha} - \boldsymbol{\beta}^{\mathrm{T}}\boldsymbol{\beta}) - 4ab\boldsymbol{\alpha}^{\mathrm{T}}\boldsymbol{\beta} = 0,\\ ab(\boldsymbol{\alpha}^{\mathrm{T}}\boldsymbol{\alpha} - \boldsymbol{\beta}^{\mathrm{T}}\boldsymbol{\beta}) + (a^2 - b^2 - 1)\boldsymbol{\alpha}^{\mathrm{T}}\boldsymbol{\beta} = 0.\end{cases}$$

将其视为关于$(\boldsymbol{\alpha}^{\mathrm{T}}\boldsymbol{\alpha} - \boldsymbol{\beta}^{\mathrm{T}}\boldsymbol{\beta}), \boldsymbol{\alpha}^{\mathrm{T}}\boldsymbol{\beta}$ 的方程组,其系数行列式不为 0,所以方程组只有零解,故$\boldsymbol{\alpha}^{\mathrm{T}}\boldsymbol{\beta} = 0$, $\boldsymbol{\alpha}^{\mathrm{T}}\boldsymbol{\alpha} = \boldsymbol{\beta}^{\mathrm{T}}\boldsymbol{\beta}$. 即结论成立.

例 9.3.23 设 σ 为 n 维欧氏空间 V 的正交变换,σ 在 V 的标准正交基 $\boldsymbol{e}_1, \cdots, \boldsymbol{e}_n$ 下的矩阵为 $\boldsymbol{A}$, 则 $\boldsymbol{A}$ 为正交矩阵, 若复数 $a + b\mathrm{i}$ 为 $\boldsymbol{A}$ 的特征值,$\boldsymbol{\alpha} + \boldsymbol{\beta}\mathrm{i}(\boldsymbol{\alpha}, \boldsymbol{\beta} \in \mathbb{R}^n)$ 为对应的特征向量. 则

(1)

$$\boldsymbol{A}\boldsymbol{\alpha} = a\boldsymbol{\alpha} - b\boldsymbol{\beta}, \boldsymbol{A}\boldsymbol{\beta} = b\boldsymbol{\alpha} + a\boldsymbol{\beta},$$

$$\sigma(\hat{\boldsymbol{\alpha}}) = a\hat{\boldsymbol{\alpha}} - b\hat{\boldsymbol{\beta}}, \sigma(\hat{\boldsymbol{\beta}}) = b\hat{\boldsymbol{\alpha}} + a\hat{\boldsymbol{\beta}},$$

其中 $\hat{\boldsymbol{\alpha}} = (\boldsymbol{e}_1, \cdots, \boldsymbol{e}_n)\boldsymbol{\alpha}, \hat{\boldsymbol{\beta}} = (\boldsymbol{e}_1, \cdots, \boldsymbol{e}_n)\boldsymbol{\beta}$.

(2) 若 $b \neq 0$, 则 $|\boldsymbol{\alpha}| = |\boldsymbol{\beta}|, (\boldsymbol{\alpha}, \boldsymbol{\beta}) = 0$. 从而 $|\hat{\boldsymbol{\alpha}}| = |\hat{\boldsymbol{\beta}}|, (\hat{\boldsymbol{\alpha}}, \hat{\boldsymbol{\beta}}) = 0$.

(3) V 可以分解为一维或二维彼此正交的 σ 的不变子空间的直和.

证 只证明 (3). 对 V 的维数 n 用数学归纳法.

当 $n=1$ 时, 结论成立.

假设结论对 $n-1$ 成立.

设复数 $a+b\mathrm{i}$ 为 $\boldsymbol{A}$ 的特征值,$\boldsymbol{\alpha}+\boldsymbol{\beta}\mathrm{i}(\boldsymbol{\alpha},\boldsymbol{\beta}\in\mathbb{R}^n)$ 为对应的特征向量.

由 (1)(2) 可知 $V_1=L(\hat{\boldsymbol{\alpha}},\hat{\boldsymbol{\beta}})$ 为 σ 的二维不变子空间, 且 $V=V_1\oplus V_1^{\perp}$, 对 $V_1^{\perp}$ 利用归纳假设即可.

当 $\boldsymbol{A}$ 有特征值 1 或 -1 时. 类似可得.

例 9.3.24 (大连理工大学,2003) 设 V 是一个 n 维欧氏空间,σ 是正交变换, 在 V 的标准正交基下的矩阵为 $\boldsymbol{A}$, 证明:

(1) 若 $u+v\mathrm{i}$ 为 $\boldsymbol{A}$ 的一个虚特征根, 则存在 $\boldsymbol{\alpha},\boldsymbol{\beta}\in V$ 使得

$$\sigma(\boldsymbol{\alpha})=u\boldsymbol{\alpha}+v\boldsymbol{\beta},\sigma(\boldsymbol{\beta})=-v\boldsymbol{\alpha}+u\boldsymbol{\beta};$$

(2) 若 $\boldsymbol{A}$ 的特征值皆为实数, 则 V 可分解为一些两两正交的一维不变子空间的直和;

(3) (华东师范大学,2003) 若 $\boldsymbol{A}$ 的特征值皆为实数, 则 $\boldsymbol{A}$ 为对称矩阵.

例 9.3.25 (大连理工大学,2004) 设 V 为四维欧氏空间,σ 为 V 的一个正交变换. 若 σ 无实特征值, 则 V 可以分解为 σ 的两个正交的不变子空间的直和.

例 9.3.26 若实对称矩阵 $\boldsymbol{A}$ 的特征值的绝对值为 1, 则它为正交矩阵.

证 由于实对称矩阵的特征值均为实数, 故由 $\boldsymbol{A}$ 的特征值的绝对值为 1 知其特征值都是 1 或 -1, 故存在正交矩阵 $\boldsymbol{Q}$ 使得

$$\boldsymbol{A}=\boldsymbol{Q}^{\mathrm{T}}\begin{pmatrix}\boldsymbol{E}_r & \boldsymbol{O}\\ \boldsymbol{O} & -\boldsymbol{E}_{n-r}\end{pmatrix}\boldsymbol{Q}=\boldsymbol{E},$$

易知 $\boldsymbol{A}^{\mathrm{T}}\boldsymbol{A}=\boldsymbol{E}$, 故结论成立.

例 9.3.27 (杭州师范大学,2008) 设 $\boldsymbol{A}$ 为 n 阶实对称矩阵,$\boldsymbol{A}^4=\boldsymbol{E}$. 证明:$\boldsymbol{A}$ 是正交矩阵.

例 9.3.28 (重庆师范大学,2008) 如果实对称矩阵 $\boldsymbol{A}$ 满足 $\boldsymbol{A}^2+6\boldsymbol{A}+8\boldsymbol{E}=\boldsymbol{O}$, 证明:$\boldsymbol{A}+3\boldsymbol{E}$ 是正交矩阵.

例 9.3.29 $\boldsymbol{A}$ 为正交矩阵的充要条件为 $\boldsymbol{A}$ 的行 (列) 向量为欧氏空间 $\mathbb{R}^n$ 的标准正交基.

证 必要性. 只证明 $\boldsymbol{A}$ 的行向量为欧氏空间 $\mathbb{R}^n$(标准内积) 的标准正交基. 将 $\boldsymbol{A}$ 按行分块为

$$\boldsymbol{A}=\begin{pmatrix}\boldsymbol{\alpha}_1\\ \boldsymbol{\alpha}_2\\ \vdots\\ \boldsymbol{\alpha}_n\end{pmatrix},$$

由 $\boldsymbol{E}=\boldsymbol{A}\boldsymbol{A}^{\mathrm{T}}$ 有

$$\begin{pmatrix}1 & 0 & \cdots & 0\\ 0 & 1 & \cdots & 0\\ \vdots & \vdots & & \vdots\\ 0 & 0 & \cdots & 1\end{pmatrix}=\begin{pmatrix}\boldsymbol{\alpha}_1\\ \boldsymbol{\alpha}_2\\ \vdots\\ \boldsymbol{\alpha}_n\end{pmatrix}\left(\boldsymbol{\alpha}_1^{\mathrm{T}},\boldsymbol{\alpha}_2^{\mathrm{T}},\cdots,\boldsymbol{\alpha}_n^{\mathrm{T}}\right)=\begin{pmatrix}\boldsymbol{\alpha}_1\boldsymbol{\alpha}_1^{\mathrm{T}} & \boldsymbol{\alpha}_1\boldsymbol{\alpha}_2^{\mathrm{T}} & \cdots & \boldsymbol{\alpha}_1\boldsymbol{\alpha}_n^{\mathrm{T}}\\ \boldsymbol{\alpha}_2\boldsymbol{\alpha}_1^{\mathrm{T}} & \boldsymbol{\alpha}_2\boldsymbol{\alpha}_2^{\mathrm{T}} & \cdots & \boldsymbol{\alpha}_2\boldsymbol{\alpha}_n^{\mathrm{T}}\\ \vdots & \vdots & & \vdots\\ \boldsymbol{\alpha}_n\boldsymbol{\alpha}_1^{\mathrm{T}} & \boldsymbol{\alpha}_n\boldsymbol{\alpha}_2^{\mathrm{T}} & \cdots & \boldsymbol{\alpha}_n\boldsymbol{\alpha}_n^{\mathrm{T}}\end{pmatrix},$$

于是就有

$$\boldsymbol{\alpha}_i\boldsymbol{\alpha}_j^{\mathrm{T}}=\begin{cases}1, & i=j;\\ 0, & i\neq j.\end{cases}$$

故结论成立.

充分性. 必要性的证明返回去即可.

例 9.3.30 (浙江师范大学,2011) 如果 $\begin{pmatrix}a_{11}&a_{12}&a_{13}&a_{14}\\a_{21}&a_{22}&a_{23}&a_{24}\\a_{31}&a_{32}&a_{33}&a_{34}\\a_{41}&a_{42}&a_{43}&a_{44}\end{pmatrix}$ 为正交矩阵, 则齐次线性方程组 $\begin{cases}a_{11}x_1+a_{12}x_2+a_{13}x_3+a_{14}x_4=0,\\ a_{21}x_1+a_{22}x_2+a_{23}x_3+a_{24}x_4=0\end{cases}$ 的一个基础解系为 (　　　　　　).

例 9.3.31 (华中科技大学,2005; 福州大学,2009; 西北大学,2012; 南京师范大学,2023) 证明: 不存在正交矩阵 $\boldsymbol{A},\boldsymbol{B}$ 使 $\boldsymbol{A}^2=\boldsymbol{AB}+\boldsymbol{B}^2$.

证 (法 1) 反证法. 若存在正交矩阵 $\boldsymbol{A},\boldsymbol{B}$ 使 $\boldsymbol{A}^2=\boldsymbol{AB}+\boldsymbol{B}^2$. 则

$$\boldsymbol{AB}^{\mathrm{T}}=\boldsymbol{A}^{\mathrm{T}}\boldsymbol{A}^2\boldsymbol{B}^{\mathrm{T}}=\boldsymbol{A}^{\mathrm{T}}\boldsymbol{ABB}^{\mathrm{T}}+\boldsymbol{A}^{\mathrm{T}}\boldsymbol{B}^2\boldsymbol{B}^{\mathrm{T}}=\boldsymbol{E}+\boldsymbol{A}^{\mathrm{T}}\boldsymbol{B},$$

即

$$\boldsymbol{AB}^{\mathrm{T}}-\boldsymbol{A}^{\mathrm{T}}\boldsymbol{B}=\boldsymbol{E},$$

两边取迹

$$\begin{aligned}n=&\mathrm{tr}(\boldsymbol{AB}^{\mathrm{T}}-\boldsymbol{A}^{\mathrm{T}}\boldsymbol{B})=\mathrm{tr}(\boldsymbol{AB}^{\mathrm{T}})-\mathrm{tr}(\boldsymbol{A}^{\mathrm{T}}\boldsymbol{B})=\mathrm{tr}(\boldsymbol{AB}^{\mathrm{T}})-\mathrm{tr}((\boldsymbol{A}^{\mathrm{T}}\boldsymbol{B})^{\mathrm{T}})\\ =&\mathrm{tr}(\boldsymbol{AB}^{\mathrm{T}})-\mathrm{tr}(\boldsymbol{B}^{\mathrm{T}}\boldsymbol{A})=0.\end{aligned}$$

矛盾. 所以结论成立.

(法 2) 反证法. 若存在正交矩阵 $\boldsymbol{A},\boldsymbol{B}$ 使 $\boldsymbol{A}^2=\boldsymbol{AB}+\boldsymbol{B}^2$. 则

$$\boldsymbol{A}+\boldsymbol{B}=\boldsymbol{A}^2\boldsymbol{B}^{-1},\boldsymbol{A}-\boldsymbol{B}=\boldsymbol{A}^{-1}\boldsymbol{B}^2$$

都是正交矩阵, 从而注意到 $\boldsymbol{A},\boldsymbol{B}$ 均为正交矩阵, 于是 $\boldsymbol{A}^2,\boldsymbol{A}^{-1},\boldsymbol{B}^2,\boldsymbol{B}^{-1}$ 都是正交矩阵, 故

$$\begin{aligned}2\boldsymbol{E}&=(\boldsymbol{A}+\boldsymbol{B})^{\mathrm{T}}(\boldsymbol{A}+\boldsymbol{B})+(\boldsymbol{A}-\boldsymbol{B})^{\mathrm{T}}(\boldsymbol{A}-\boldsymbol{B})\\&=\boldsymbol{A}^{\mathrm{T}}\boldsymbol{A}+\boldsymbol{A}^{\mathrm{T}}\boldsymbol{B}+\boldsymbol{B}^{\mathrm{T}}\boldsymbol{A}+\boldsymbol{B}^{\mathrm{T}}\boldsymbol{B}+\boldsymbol{A}^{\mathrm{T}}\boldsymbol{A}-\boldsymbol{A}^{\mathrm{T}}\boldsymbol{B}-\boldsymbol{B}^{\mathrm{T}}\boldsymbol{A}+\boldsymbol{B}^{\mathrm{T}}\boldsymbol{B}\\&=4\boldsymbol{E}.\end{aligned}$$

矛盾. 从而结论成立.

例 9.3.32 (复旦大学高等代数每周一题 [问题 2014A06]) 证明: 不存在正交矩阵 $\boldsymbol{A},\boldsymbol{B}$ 使 $\boldsymbol{A}^2=c\boldsymbol{AB}+\boldsymbol{B}^2$, 其中 c 为非零常数.

下面介绍一些有关镜面反射的例子.

例 9.3.33 (东南大学,2010;陕西师范大学,2010,2011,2012;北京工业大学,2014;长安大学,2022) 设 $\boldsymbol{\eta}$ 是 n 维欧氏空间 V 中的单位向量, 定义

$$\sigma(\boldsymbol{\alpha})=\boldsymbol{\alpha}-2(\boldsymbol{\eta},\boldsymbol{\alpha})\boldsymbol{\eta},\forall\boldsymbol{\alpha}\in V.$$

证明:

(1) σ 是 V 上的一个正交变换, 这样的正交变换称为镜面反射;

(2) (浙江工商大学,2014) 如果 n 维欧氏空间 V 中, 正交变换 σ 以 1 作为一个特征值, 且属于特征值 1 的特征子空间的维数为 $n-1$, 那么 σ 是镜面反射.

证 (1) $\forall\boldsymbol{\alpha},\boldsymbol{\beta}\in V$, 由于

$$\begin{aligned}(\sigma(\boldsymbol{\alpha}),\sigma(\boldsymbol{\beta}))=&(\boldsymbol{\alpha}-2(\boldsymbol{\eta},\boldsymbol{\alpha})\boldsymbol{\eta},\boldsymbol{\beta}-(\boldsymbol{\eta},\boldsymbol{\beta})\boldsymbol{\eta})\\=&(\boldsymbol{\alpha},\boldsymbol{\beta})-2(\boldsymbol{\eta},\boldsymbol{\alpha})(\boldsymbol{\eta},\boldsymbol{\beta})-2(\boldsymbol{\eta},\boldsymbol{\alpha})(\boldsymbol{\eta},\boldsymbol{\beta})+4(\boldsymbol{\eta},\boldsymbol{\alpha})(\boldsymbol{\eta},\boldsymbol{\beta})\\=&(\boldsymbol{\alpha},\boldsymbol{\beta}).\end{aligned}$$

故 σ 是正交变换.

(2) 记 σ 的特征值为 1 的特征子空间为 V_1, 则 $V=V_1\oplus V_1^{\perp}$. 取 V_1 的一个标准正交基 $\boldsymbol{\eta}_1,\cdots,\boldsymbol{\eta}_{n-1}$ 与 $V_1^{\perp}$ 的一个标准基 $\boldsymbol{\eta}$, 则 $\boldsymbol{\eta}_1,\cdots,\boldsymbol{\eta}_{n-1},\boldsymbol{\eta}$ 是 V 的标准正交基. 设

$$\sigma(\boldsymbol{\eta})=k_1\boldsymbol{\eta}_1+\cdots+k_{n-1}\boldsymbol{\eta}_{n-1}+k\boldsymbol{\eta},$$

注意到 $\sigma(\boldsymbol{\eta}_i)=\boldsymbol{\eta}_i,i=1,\cdots,n-1$ 以及 σ 是正交变换, 有

$$\begin{aligned}1=(\boldsymbol{\eta},\boldsymbol{\eta})=(\sigma(\boldsymbol{\eta}),\sigma(\boldsymbol{\eta}))&=(k_1,\cdots,k_{n-1},k)G(\boldsymbol{\eta}_1,\cdots,\boldsymbol{\eta}_{n-1},\boldsymbol{\eta})(k_1,\cdots,k_{n-1},k)^{\mathrm{T}}\\&=k_1^2+\cdots+k_{n-1}^2+k^2,\\0=(\boldsymbol{\eta}_i,\boldsymbol{\eta})=(\sigma(\boldsymbol{\eta}_i),\sigma(\boldsymbol{\eta}))&=(0,\cdots,0,1,0,\cdots,0)G(\boldsymbol{\eta}_1,\cdots,\boldsymbol{\eta}_{n-1},\boldsymbol{\eta})(k_1,\cdots,k_{n-1},k)^{\mathrm{T}}\\&=k_i,i=1,\cdots,n-1.\end{aligned}$$

故 $k_1=\cdots=k_{n-1}=0,k^2=1$. 从而 $\sigma(\boldsymbol{\eta})=\boldsymbol{\eta}$ 或 $\sigma(\boldsymbol{\eta})=-\boldsymbol{\eta}$, 又 $\boldsymbol{\eta}\notin V_1$, 从而 $\sigma(\boldsymbol{\eta})=-\boldsymbol{\eta}$.

$\forall\boldsymbol{\alpha}\in V$, 设

$$\boldsymbol{\alpha}=l_1\boldsymbol{\eta}_1+\cdots+l_{n-1}\boldsymbol{\eta}_{n-1}+l\boldsymbol{\eta},$$

则由 $(\boldsymbol{\eta},\boldsymbol{\alpha})=(\boldsymbol{\eta},l_1\boldsymbol{\eta}_1+\cdots+l_{n-1}\boldsymbol{\eta}_{n-1}+l\boldsymbol{\eta})=l$, 有

$$\begin{aligned}\sigma(\boldsymbol{\alpha})&=\sigma(l_1\boldsymbol{\eta}_1+\cdots+l_{n-1}\boldsymbol{\eta}_{n-1}+l\boldsymbol{\eta})=l_1\boldsymbol{\eta}_1+\cdots+l_{n-1}\boldsymbol{\eta}_{n-1}-l\boldsymbol{\eta}\\&=\boldsymbol{\alpha}-l\boldsymbol{\eta}-l\boldsymbol{\eta}=\boldsymbol{\alpha}-2(\boldsymbol{\eta},\boldsymbol{\alpha})\boldsymbol{\eta}.\end{aligned}$$

从而结论成立.

例 9.3.34 (华南理工大学,2015) 设 V 为 n 维欧氏空间, 对任意单位向量 $\boldsymbol{\alpha}$, 定义

$$\gamma_{\boldsymbol{\alpha}}(\boldsymbol{x})=\boldsymbol{x}-2(\boldsymbol{\alpha},v)\boldsymbol{\alpha},\forall\boldsymbol{x}\in V.$$

证明:

(1) $\gamma_{\boldsymbol{\alpha}}$ 为 V 的正交变换, 称它为镜面反射;

(2) 设 $\boldsymbol{\xi},\boldsymbol{\eta}$ 为 V 的任意两个不同的单位向量, 则存在镜面反射 $\gamma_{\boldsymbol{\alpha}}$ 使得 $\gamma_{\boldsymbol{\alpha}}(\boldsymbol{\xi})=\boldsymbol{\eta}$;

(3) V 的任意一个正交变换均可以表示为镜面反射的乘积.

证　(1) $\forall \boldsymbol{x}, \boldsymbol{y} \in V$, 由于

$$\begin{aligned}(\gamma_{\boldsymbol{\alpha}}(\boldsymbol{x}), \gamma_{\boldsymbol{\alpha}}(\boldsymbol{y})) &= (\boldsymbol{x} - 2(\boldsymbol{\alpha}, \boldsymbol{x})\boldsymbol{\alpha}, y - 2(\boldsymbol{\alpha}, \boldsymbol{y})\boldsymbol{\alpha}) \\ &= (\boldsymbol{x}, \boldsymbol{y}) - 2(\boldsymbol{\alpha}, \boldsymbol{y})(\boldsymbol{x}, \boldsymbol{\alpha}) - 2(\boldsymbol{\alpha}, \boldsymbol{x})(\boldsymbol{\alpha}, \boldsymbol{y}) + 4(\boldsymbol{\alpha}, \boldsymbol{x})(\boldsymbol{\alpha}, \boldsymbol{y})(\boldsymbol{\alpha}, \boldsymbol{\alpha}) \\ &= (\boldsymbol{x}, \boldsymbol{y}).\end{aligned}$$

故 $\gamma_{\boldsymbol{\alpha}}$ 为 V 的正交变换.

(2) 令

$$\boldsymbol{\alpha} = \frac{\boldsymbol{\xi} - \boldsymbol{\eta}}{|\boldsymbol{\xi} - \boldsymbol{\eta}|},$$

注意到 $|\boldsymbol{\xi} - \boldsymbol{\eta}|^2 = (\boldsymbol{\xi} - \boldsymbol{\eta}, \boldsymbol{\xi} - \boldsymbol{\eta}) = 2(1 - (\boldsymbol{\xi}, \boldsymbol{\eta}))$, 则

$$\begin{aligned}\gamma_{\boldsymbol{\alpha}}(\boldsymbol{\xi}) &= \boldsymbol{\xi} - 2(\boldsymbol{\alpha}, \boldsymbol{\xi})\boldsymbol{\alpha} \\ &= \boldsymbol{\xi} - \frac{2}{|\boldsymbol{\xi} - \boldsymbol{\eta}|^2}(\boldsymbol{\xi} - \boldsymbol{\eta}, \boldsymbol{\xi})(\boldsymbol{\xi} - \boldsymbol{\eta}) \\ &= \boldsymbol{\xi} - \frac{2}{|\boldsymbol{\xi} - \boldsymbol{\eta}|^2}[(\boldsymbol{\xi}, \boldsymbol{\xi}) - (\boldsymbol{\eta}, \boldsymbol{\xi})](\boldsymbol{\xi} - \boldsymbol{\eta}) \\ &= \boldsymbol{\xi} - \frac{1}{1 - (\boldsymbol{\xi}, \boldsymbol{\eta})}[1 - (\boldsymbol{\eta}, \boldsymbol{\xi})](\boldsymbol{\xi} - \boldsymbol{\eta}) \\ &= \boldsymbol{\eta}.\end{aligned}$$

所以结论成立.

(3) 对 n 用数学归纳法.

当 $n = 1$ 时, 设 $\boldsymbol{e}$ 是 V 的标准正交基, 令

$$\gamma_{\boldsymbol{e}}(\boldsymbol{\alpha}) = \boldsymbol{\alpha} - 2(\boldsymbol{e}, \boldsymbol{\alpha})\boldsymbol{e}, \forall \boldsymbol{\alpha} \in V,$$

由 V 是一维线性空间可知,V 的正交变换 σ 只能是恒等变换或者 $\sigma(\boldsymbol{\alpha}) = -\boldsymbol{\alpha}, \forall \boldsymbol{\alpha} \in V$. 易知若 $\sigma(\boldsymbol{\alpha}) = -\boldsymbol{\alpha}$, 则 $\sigma = \gamma_{\boldsymbol{e}}$. 若 σ 是恒等变换, 则易知 $\sigma = \gamma_{\boldsymbol{e}}^2$. 即当 $n = 1$ 时结论成立.

假设结论对 $n - 1$ 维欧氏空间成立. 设 V 是 n 维欧氏空间,σ 是 V 的正交变换.

1) 若 σ 是恒等变换, 则 σ 是两个镜面反射的乘积, 故结论成立.

2) 若 σ 不是恒等变换, 设 $\boldsymbol{e}_1, \boldsymbol{e}_2, \cdots, \boldsymbol{e}_n$ 是 V 的标准正交基, 则存在某个 i 使得 $\sigma(\boldsymbol{e}_i) \neq \boldsymbol{e}_i$. 不妨设 $\sigma(\boldsymbol{e}_1) \neq \boldsymbol{e}_1$, 由于 $|\sigma(\boldsymbol{e}_1)| = |\boldsymbol{e}_1| = 1$, 则由 (2) 知存在镜面反射 $\boldsymbol{\gamma}$ 使得 $\boldsymbol{\gamma}(\sigma(\boldsymbol{e}_1)) = \boldsymbol{e}_1$, 易知 $\gamma\sigma$ 也是正交变换. 由于 $\forall \boldsymbol{\alpha} \in V_1 = L(\boldsymbol{e}_1)^{\perp}$, 则 $(\boldsymbol{\alpha}, \boldsymbol{e}_1) = 0$, 于是

$$(\gamma\sigma(\boldsymbol{\alpha}), \boldsymbol{e}_1) = (\gamma\sigma(\boldsymbol{\alpha}), \gamma\sigma(e_1)) = (\boldsymbol{\alpha}, \boldsymbol{e}_1) = 0,$$

此即 $\gamma\sigma(\boldsymbol{\alpha}) \in V_1$, 从而 V_1 是 $\gamma\sigma$ 的不变子空间. 由归纳假设 $\gamma\sigma|_{V_1} = \gamma_1\gamma_2\cdots\gamma_k$, 其中 $\gamma_i(i = 1, 2, \cdots, k)$ 为 V_1 的镜面反射, 将 γ_i 扩张到全空间 V 上, 满足 $\gamma_i(\boldsymbol{e}_1) = \boldsymbol{e}_1$, 不难证明得到的镜面反射还是镜面反射 (仍然记为 γ_i), 于是

$$\sigma = \boldsymbol{\gamma}^{-1}\gamma_1\gamma_2\cdots\gamma_k.$$

因为镜面反射的逆还是镜面反射, 所以结论成立.

例 9.3.35　(东南大学, 2011) 设 V 是 n 维欧氏空间, $\boldsymbol{\omega} \in V$ 是单位向量,V 上的变换 f 定义如下:

$$f(\boldsymbol{\eta}) = \boldsymbol{\eta} - 2(\boldsymbol{\eta}, \boldsymbol{\omega})\boldsymbol{\omega}, \forall \boldsymbol{\eta} \in V.$$

(1) 证明:f 是 V 上的正交变换.

(2) 在 $\mathbb{R}[x]_3$ 中定义内积: 对任意 $\phi(x),\psi(x)\in\mathbb{R}[x]_3,(\phi(x),\psi(x))=\int_0^1\phi(x)\psi(x)\mathrm{d}x$. 于是 $\mathbb{R}[x]_3$ 成为欧氏空间. 假设 $\boldsymbol{\alpha}=1,\boldsymbol{\beta}=x$, 分别求正实数 k 以及单位向量 $\boldsymbol{\omega}\in\mathbb{R}[x]_3$, 使得如上的正交变换 f 满足 $f(\boldsymbol{\alpha})=k\boldsymbol{\beta}$.

例 9.3.36 (中山大学,2017) 设 V 是一个 n 维欧几里得空间,σ 是 V 上的一个线性变换, 若有单位向量 $\boldsymbol{\eta}$ 使得 $\sigma(\boldsymbol{\alpha})=\boldsymbol{\alpha}-2(\boldsymbol{\eta},\boldsymbol{\alpha})\boldsymbol{\eta}$, 则称 σ 为镜面反射. 这里 $(\boldsymbol{\eta},\boldsymbol{\alpha})$ 表示 $\boldsymbol{\eta}$ 与 $\boldsymbol{\alpha}$ 的内积.

(1) 若 σ 是镜面反射, 证明:V 有正交分解 $V=\ker(id_V+\sigma)\oplus\ker(id_V-\sigma)$, 这里 id_V 表示 V 上的恒等变换, 对于线性变换 σ,$\ker\sigma$ 表示 σ 的核空间;

(2) 若 $\boldsymbol{\alpha},\boldsymbol{\beta}$ 为 V 上两个线性无关的单位向量, 求一个镜面反射 τ 使得 $\tau(\boldsymbol{\alpha})=\boldsymbol{\beta}$.

例 9.3.37 (西安电子科技大学,2013) 设 $\boldsymbol{\xi}$ 是 n 维欧氏空间 V 的非零向量, 对于给定的非零实数 k, 定义 V 的线性变换为

$$\sigma(\boldsymbol{\alpha})=\boldsymbol{\alpha}+k(\boldsymbol{\alpha},\boldsymbol{\xi})\boldsymbol{\xi},\forall\boldsymbol{\alpha}\in V.$$

(1) 设 $\boldsymbol{\xi}$ 在 V 的一组标准正交基 $\boldsymbol{\varepsilon}_1,\boldsymbol{\varepsilon}_2,\cdots,\boldsymbol{\varepsilon}_n$ 下的坐标为 $(a_1,a_2,\cdots,a_n)^{\mathrm{T}}$, 求 σ 在这组基下的矩阵 $\boldsymbol{A}$;

(2) 证明:σ 为正交变换的充要条件是 $k=-\dfrac{2}{(\boldsymbol{\xi},\boldsymbol{\xi})}$.

解 (1) 由于

$$\boldsymbol{\xi}=a_1\boldsymbol{\varepsilon}_1+a_2\boldsymbol{\varepsilon}_2+\cdots+a_n\boldsymbol{\varepsilon}_n,$$

于是

$$\begin{cases}\sigma(\boldsymbol{\varepsilon}_1)=\boldsymbol{\varepsilon}_1+k(\boldsymbol{\varepsilon}_1,\boldsymbol{\xi})\boldsymbol{\xi}=(1+ka_1^2)\boldsymbol{\varepsilon}_1+ka_1a_2\boldsymbol{\varepsilon}_2+\cdots+ka_1a_n\boldsymbol{\varepsilon}_n,\\ \sigma(\boldsymbol{\varepsilon}_2)=\boldsymbol{\varepsilon}_2+k(\boldsymbol{\varepsilon}_2,\boldsymbol{\xi})\boldsymbol{\xi}=ka_2a_1\boldsymbol{\varepsilon}_1+(1+ka_2^2)\boldsymbol{\varepsilon}_2+\cdots+ka_2a_n\boldsymbol{\varepsilon}_n,\\ \qquad\vdots\\ \sigma(\boldsymbol{\varepsilon}_n)=\boldsymbol{\varepsilon}_n+k(\boldsymbol{\varepsilon}_n,\boldsymbol{\xi})\boldsymbol{\xi}=ka_na_1\boldsymbol{\varepsilon}_1+ka_na_2\boldsymbol{\varepsilon}_2+\cdots+(1+ka_n^2)\boldsymbol{\varepsilon}_n,\end{cases}$$

故 σ 在这组基下的矩阵

$$\boldsymbol{A}=\begin{pmatrix}1+ka_1^2 & ka_2a_1 & \cdots & ka_na_1\\ ka_1a_2 & 1+ka_2^2 & \cdots & ka_na_2\\ \vdots & \vdots & & \vdots\\ ka_1a_n & ka_2a_n & \cdots & 1+ka_n^2\end{pmatrix}.$$

(2) (法 1) σ 为正交变换 $\Leftrightarrow\boldsymbol{A}$ 为正交矩阵. 注意到

$$\boldsymbol{A}=\boldsymbol{E}+k\boldsymbol{X}\boldsymbol{X}^{\mathrm{T}},$$

其中 $\boldsymbol{X}=(a_1,a_2,\cdots,a_n)^{\mathrm{T}}$. 于是 $\boldsymbol{A}$ 为正交矩阵 $\Leftrightarrow(\boldsymbol{E}+k\boldsymbol{X}\boldsymbol{X}^{\mathrm{T}})^{\mathrm{T}}(\boldsymbol{E}+k\boldsymbol{X}\boldsymbol{X}^{\mathrm{T}})=\boldsymbol{E}\Leftrightarrow 2k+k^2\boldsymbol{X}^{\mathrm{T}}\boldsymbol{X}=0\Leftrightarrow k=-\dfrac{2}{\boldsymbol{X}^{\mathrm{T}}\boldsymbol{X}}\Leftrightarrow k=-\dfrac{2}{(\boldsymbol{\xi},\boldsymbol{\xi})}$.

(法 2) 必要性. 由于 σ 为正交变换, 则对 $\boldsymbol{\xi}\in V$ 有

$$\begin{aligned}(\boldsymbol{\xi},\boldsymbol{\xi})&=(\sigma(\boldsymbol{\xi}),\sigma(\boldsymbol{\xi}))=(\boldsymbol{\xi}+k(\boldsymbol{\xi},\boldsymbol{\xi})\boldsymbol{\xi},\boldsymbol{\xi}+k(\boldsymbol{\xi},\boldsymbol{\xi})\boldsymbol{\xi})\\&=(\boldsymbol{\xi},\boldsymbol{\xi})+2k(\boldsymbol{\xi},\boldsymbol{\xi})^2+k^2(\boldsymbol{\xi},\boldsymbol{\xi})^3.\end{aligned}$$

由于 $\boldsymbol{\xi}\neq 0$, 故 $(\boldsymbol{\xi},\boldsymbol{\xi})>0$, 从而可得

$$2k(\boldsymbol{\xi},\boldsymbol{\xi})+k^2(\boldsymbol{\xi},\boldsymbol{\xi})^2=0,$$

由于 $k\neq 0$, 于是

$$k=-\frac{2}{(\boldsymbol{\xi},\boldsymbol{\xi})}.$$

充分性. 当 $k=-\dfrac{2}{(\boldsymbol{\xi},\boldsymbol{\xi})}$ 时, 任取 $\boldsymbol{\alpha},\boldsymbol{\beta}\in V$, 由于

$$\begin{aligned}(\sigma(\boldsymbol{\alpha},\sigma(\boldsymbol{\beta}))&=(\boldsymbol{\alpha}+k(\boldsymbol{\alpha},\boldsymbol{\xi})\boldsymbol{\xi},\boldsymbol{\beta}+k(\boldsymbol{\beta},\boldsymbol{\xi})\boldsymbol{\xi})\\&=(\boldsymbol{\alpha},\boldsymbol{\beta})+2k(\boldsymbol{\alpha},\boldsymbol{\xi})(\boldsymbol{\beta},\boldsymbol{\xi})+k^2(\boldsymbol{\alpha},\boldsymbol{\xi})(\boldsymbol{\beta},\boldsymbol{\xi})(\boldsymbol{\xi},\boldsymbol{\xi})\\&=(\boldsymbol{\alpha},\boldsymbol{\beta}).\end{aligned}$$

所以 σ 是正交变换.

例 9.3.38 (东华大学, 2022) 设 V 是 n 维欧氏空间, 对给定的 $\mathbf{0}\neq\boldsymbol{\eta}\in V, 0\neq k\in\mathbb{R}$, 定义 V 上的变换

$$\tau(\boldsymbol{\alpha})=\boldsymbol{\alpha}+k(\boldsymbol{\alpha},\boldsymbol{\eta})\boldsymbol{\eta},\boldsymbol{\alpha}\in V.$$

(1) 证明: τ 是 V 上的线性变换;

(2) 设 $\boldsymbol{\eta}$ 在 V 的一组标准正交基 $\boldsymbol{e}_1,\boldsymbol{e}_2,\cdots,\boldsymbol{e}_n$ 下的坐标为 $\boldsymbol{X}=(a_1,a_2,\cdots,a_n)^{\mathrm{T}}$, 求 τ 在该基下的矩阵;

(3) 证明: τ 是对称变换;

(4) 证明: τ 是正交变换当且仅当 $k=-\dfrac{2}{|\boldsymbol{\eta}|^2}$.

例 9.3.39 (东北大学,2022) 设 $\boldsymbol{\varepsilon}$ 是 n 维欧氏空间 V 中一单位向量, 定义 $\sigma(\boldsymbol{\alpha})=\boldsymbol{\alpha}-k(\boldsymbol{\alpha},\boldsymbol{\varepsilon})\boldsymbol{\varepsilon},\forall\boldsymbol{\alpha}\in V$. 证明:

(1) σ 是 V 的线性变换. 若 $k\neq 0$, 那么 σ 以 1 作为特征值, 且属于特征值 1 的特征子空间的维数为 $n-1$;

(2) σ 是对称变换;

(3) 当 $k=2$ 时, σ 是正交变换, 且 σ 的行列式等于 -1.

例 9.3.40 设 n 阶矩阵

$$\boldsymbol{M}=\boldsymbol{E}_n-2\boldsymbol{\alpha}\boldsymbol{\alpha}^{\mathrm{T}},$$

其中 $\boldsymbol{\alpha}$ 为 n 维实列向量且 $\boldsymbol{\alpha}^{\mathrm{T}}\boldsymbol{\alpha}=1$. 称 $\boldsymbol{M}$ 为实镜像矩阵. 则

(1) $\boldsymbol{M}$ 为对称矩阵;

(2) $\boldsymbol{M}$ 为正交矩阵;

(3) $\boldsymbol{M}^2=\boldsymbol{E}$;

(4) $|\boldsymbol{M}|=-1$;

(5) n 维欧氏空间 V 中的镜面反射

$$\sigma(\boldsymbol{\alpha})=\boldsymbol{\alpha}-2(\boldsymbol{\alpha},\boldsymbol{\eta})\boldsymbol{\eta},\forall\boldsymbol{\alpha}\in V$$

在 V 的任意一组标准正交基下的矩阵为镜像矩阵, 反之,V 中的线性变换 τ 在一组标准正交基下的矩阵为镜像矩阵, 则 τ 为镜面反射.

证 只证明 (4)(5).

(4) (法 1) 由于

$$|\boldsymbol{M}| = |\boldsymbol{E}_n - 2\boldsymbol{\alpha}\boldsymbol{\alpha}^{\mathrm{T}}| = |\boldsymbol{E}_n|(1 - 2\boldsymbol{\alpha}^{\mathrm{T}}\boldsymbol{E}_n^{-1}\boldsymbol{\alpha}) = 1 - 2\boldsymbol{\alpha}^{\mathrm{T}}\boldsymbol{\alpha} = -1,$$

故结论成立.

(法 2) 在标准内积下的欧氏空间 $\mathbb{R}^n$ 中,$\boldsymbol{\alpha}$ 是单位向量, 将 $\boldsymbol{\alpha}$ 扩充为 $\mathbb{R}^n$ 的标准正交基

$$\boldsymbol{\alpha}, \boldsymbol{\alpha}_2, \cdots, \boldsymbol{\alpha}_n,$$

令

$$\boldsymbol{Q} = (\boldsymbol{\alpha}, \boldsymbol{\alpha}_2, \cdots, \boldsymbol{\alpha}_n),$$

则 $\boldsymbol{Q}$ 为正交矩阵, 且

$$\boldsymbol{M}\boldsymbol{Q} = (\boldsymbol{E}_n - 2\boldsymbol{\alpha}\boldsymbol{\alpha}^{\mathrm{T}})(\boldsymbol{\alpha}, \boldsymbol{\alpha}_2, \cdots, \boldsymbol{\alpha}_n) = (-\boldsymbol{\alpha}, \boldsymbol{\alpha}_2, \cdots, \boldsymbol{\alpha}_n) = \boldsymbol{Q}\mathbf{diag}(-1, 1, \cdots, 1),$$

即 $\boldsymbol{Q}^{\mathrm{T}}\boldsymbol{M}\boldsymbol{Q} = \mathbf{diag}(-1, 1, \cdots, 1)$, 两边取行列式可得 $|\boldsymbol{M}| = -1$.

(5) 将 $\boldsymbol{\eta}$ 扩充为 V 的标准正交基 $\boldsymbol{\eta}_1 = \boldsymbol{\eta}, \boldsymbol{\eta}_2, \cdots, \boldsymbol{\eta}_n$, 则 σ 在此基下的矩阵为

$$\boldsymbol{A} = \mathbf{diag}(-1, 1, \cdots, 1) = \boldsymbol{E}_n - 2\boldsymbol{\alpha}\boldsymbol{\alpha}^{\mathrm{T}},$$

其中 $\boldsymbol{\alpha} = (1, 0, \cdots, 0)^{\mathrm{T}}$.

设σ在V的另一组标准正交基下的矩阵为$\boldsymbol{M}$,则 $\boldsymbol{M}$ 与 $\boldsymbol{A}$ 正交相似, 即存在正交矩阵 $\boldsymbol{P}$ 使得

$$\boldsymbol{M} = \boldsymbol{P}\boldsymbol{A}\boldsymbol{P}^{\mathrm{T}} = \boldsymbol{P}(\boldsymbol{E}_n - 2\boldsymbol{\alpha}\boldsymbol{\alpha}^{\mathrm{T}})\boldsymbol{P}^{\mathrm{T}} = \boldsymbol{E}_n - 2(\boldsymbol{P}\boldsymbol{\alpha})(\boldsymbol{P}\boldsymbol{\alpha})^{\mathrm{T}},$$

而

$$(\boldsymbol{P}\boldsymbol{\alpha})^{\mathrm{T}}(\boldsymbol{P}\boldsymbol{\alpha}) = \boldsymbol{\alpha}^{\mathrm{T}}\boldsymbol{P}^{\mathrm{T}}\boldsymbol{P}\boldsymbol{\alpha} = \boldsymbol{\alpha}^{\mathrm{T}}\boldsymbol{\alpha} = 1,$$

故 $\boldsymbol{M}$ 为镜像矩阵, 即结论成立.

若线性变换 τ 在 V 的标准正交基 $\boldsymbol{e}_1, \boldsymbol{e}_2, \cdots, \boldsymbol{e}_n$ 下的矩阵为镜像矩阵

$$\boldsymbol{M} = \boldsymbol{E}_n - 2\boldsymbol{X}\boldsymbol{X}^{\mathrm{T}},$$

设

$$\boldsymbol{X} = (x_1, x_2, \cdots, x_n)^{\mathrm{T}},$$

令

$$\boldsymbol{\eta} = (\boldsymbol{e}_1, \boldsymbol{e}_2, \cdots, \boldsymbol{e}_n)\boldsymbol{X},$$

则对 V 中的任意向量

$$\boldsymbol{\alpha} = (\boldsymbol{e}_1, \boldsymbol{e}_2, \cdots, \boldsymbol{e}_n)\boldsymbol{Y},$$

其中 $\boldsymbol{Y} = (y_1, y_2, \cdots, y_n)^{\mathrm{T}}$, 则有

$$\begin{aligned}
\tau(\boldsymbol{\alpha}) &= \tau(\boldsymbol{e}_1, \boldsymbol{e}_2, \cdots, \boldsymbol{e}_n)\boldsymbol{Y} \\
&= (\boldsymbol{e}_1, \boldsymbol{e}_2, \cdots, \boldsymbol{e}_n)\boldsymbol{M}\boldsymbol{Y} \\
&= (\boldsymbol{e}_1, \boldsymbol{e}_2, \cdots, \boldsymbol{e}_n)(\boldsymbol{E}_n - 2\boldsymbol{X}\boldsymbol{X}^{\mathrm{T}})\boldsymbol{Y} \\
&= (\boldsymbol{e}_1, \boldsymbol{e}_2, \cdots, \boldsymbol{e}_n)\boldsymbol{Y} - 2\boldsymbol{X}^{\mathrm{T}}\boldsymbol{Y}(\boldsymbol{e}_1, \boldsymbol{e}_2, \cdots, \boldsymbol{e}_n)\boldsymbol{X} \\
&= \boldsymbol{\alpha} - 2(\boldsymbol{\alpha}, \boldsymbol{\eta})\boldsymbol{\eta}.
\end{aligned}$$

易知 $\boldsymbol{\eta}$ 的长度为 1, 故 τ 为镜面反射.

例 9.3.41　设 $\boldsymbol{\alpha},\boldsymbol{\beta}$ 是欧氏空间 $\mathbb{R}^n$(标准内积) 的两个长度相等的向量，$\boldsymbol{\alpha}\neq\boldsymbol{\beta}$, 则存在镜像矩阵 $\boldsymbol{A}$ 使得 $\boldsymbol{A}\boldsymbol{\alpha}=\boldsymbol{\beta}$.

证　构造单位向量

$$\boldsymbol{u}=\frac{\boldsymbol{\alpha}-\boldsymbol{\beta}}{|\boldsymbol{\alpha}-\boldsymbol{\beta}|},$$

令

$$\boldsymbol{A}=\boldsymbol{E}-2\boldsymbol{u}\boldsymbol{u}^{\mathrm{T}},$$

则 $\boldsymbol{A}\boldsymbol{\alpha}=\boldsymbol{\beta}$.

事实上, 注意到 $\boldsymbol{\alpha}^{\mathrm{T}}\boldsymbol{\alpha}=\boldsymbol{\beta}^{\mathrm{T}}\boldsymbol{\beta}$, 有

$$|\boldsymbol{\alpha}-\boldsymbol{\beta}|^2=(\boldsymbol{\alpha}-\boldsymbol{\beta},\boldsymbol{\alpha}-\boldsymbol{\beta})=\boldsymbol{\alpha}^{\mathrm{T}}\boldsymbol{\alpha}-2\boldsymbol{\alpha}^{\mathrm{T}}\boldsymbol{\beta}+\boldsymbol{\beta}^{\mathrm{T}}\boldsymbol{\beta}=2(\boldsymbol{\alpha}^{\mathrm{T}}\boldsymbol{\alpha}-\boldsymbol{\alpha}^{\mathrm{T}}\boldsymbol{\beta})=2\boldsymbol{\alpha}^{\mathrm{T}}(\boldsymbol{\alpha}-\boldsymbol{\beta}).$$

从而 $|\boldsymbol{\alpha}-\boldsymbol{\beta}|=2\boldsymbol{\alpha}^{\mathrm{T}}\boldsymbol{u}$, 于是

$$\boldsymbol{A}\boldsymbol{\alpha}=\boldsymbol{\alpha}-2\boldsymbol{u}\boldsymbol{u}^{\mathrm{T}}\boldsymbol{\alpha}=\boldsymbol{\alpha}-\boldsymbol{u}|\boldsymbol{\alpha}-\boldsymbol{\beta}|=\boldsymbol{\alpha}-(\boldsymbol{\alpha}-\boldsymbol{\beta})=\boldsymbol{\beta}.$$

例 9.3.42　(电子科技大学,2016)(1) 设 $\boldsymbol{\alpha}=(1,3,4)^{\mathrm{T}},\boldsymbol{\beta}=(5,0,-1)^{\mathrm{T}}\in\mathbb{R}^3$, 试求一个三阶正交矩阵 $\boldsymbol{A}$ 使得 $\boldsymbol{A}\boldsymbol{\alpha}=\boldsymbol{\beta}$(不用写求解过程);

(2) 设非零向量 $\boldsymbol{\alpha},\boldsymbol{\beta}\in\mathbb{R}^n$. 证明: 存在正交矩阵 $\boldsymbol{A}$ 使得 $\boldsymbol{A}\boldsymbol{\alpha}=\boldsymbol{\beta}$ 当且仅当 $\boldsymbol{\alpha}^{\mathrm{T}}\boldsymbol{\alpha}-\boldsymbol{\beta}^{\mathrm{T}}\boldsymbol{\beta}=0$.

例 9.3.43　(汕头大学,2021) 解答如下问题:

(1) 设 $\boldsymbol{A}$ 是 n 阶正交矩阵, 即 $\boldsymbol{A}^{\mathrm{T}}\boldsymbol{A}=\boldsymbol{A}\boldsymbol{A}^{\mathrm{T}}=\boldsymbol{E}_n$. 证明: 如果 $\boldsymbol{A}$ 是上三角矩阵, 则 $\boldsymbol{A}$ 为对角矩阵, 且对角元为 1 或 -1.

(2) 设 $\boldsymbol{H}_n=\boldsymbol{E}_n-2\boldsymbol{u}\boldsymbol{u}^{\mathrm{T}}$, 其中 $\boldsymbol{u}$ 是单位向量, 即 $\boldsymbol{u}^{\mathrm{T}}\boldsymbol{u}=1$, 矩阵 $\boldsymbol{H}_n$ 称为豪斯霍尔德 (Householder) 矩阵. 证明: 豪斯霍尔德矩阵是正交矩阵.

(3) 设 $\boldsymbol{H}_n$ 的定义如 (2), 证明:$\det(\boldsymbol{H}_n)=-1$.

(4) 设 $\boldsymbol{x}=(2,2,1)^{\mathrm{T}}$, 求正交矩阵 $\boldsymbol{Q}$, 使得 $\boldsymbol{Q}\boldsymbol{x}=3(1,0,0)^{\mathrm{T}}$.

9.4　对称变换

例 9.4.1　n 维欧氏空间 V 的对称变换 σ 称为正定的, 若 σ 满足 $\forall\boldsymbol{\alpha}\in V,\boldsymbol{\alpha}\neq\boldsymbol{0}$ 有

$$(\sigma(\boldsymbol{\alpha}),\boldsymbol{\alpha})>0,$$

证明:σ 正定的充要条件为 σ 在 V 的标准正交基下的矩阵为正定矩阵.

证　必要性.(法 1) 设 σ 在 V 的标准正交基 $\boldsymbol{\alpha}_1,\boldsymbol{\alpha}_2,\cdots,\boldsymbol{\alpha}_n$ 下的矩阵为 $\boldsymbol{A}$, 则 $\boldsymbol{A}$ 是实对称矩阵, 且

$$\sigma(\boldsymbol{\alpha}_1,\boldsymbol{\alpha}_2,\cdots,\boldsymbol{\alpha}_n)=(\boldsymbol{\alpha}_1,\boldsymbol{\alpha}_2,\cdots,\boldsymbol{\alpha}_n)\boldsymbol{A}.$$

任取 $\boldsymbol{\alpha}=(\boldsymbol{\alpha}_1,\boldsymbol{\alpha}_2,\cdots,\boldsymbol{\alpha}_n)\boldsymbol{X}\in V$, 其中 $\boldsymbol{X}=(x_1,x_2,\cdots,x_n)^{\mathrm{T}}\neq\boldsymbol{0}$, 则

$$\sigma(\boldsymbol{\alpha})=(\boldsymbol{\alpha}_1,\boldsymbol{\alpha}_2,\cdots,\boldsymbol{\alpha}_n)\boldsymbol{A}\boldsymbol{X},$$

由 σ 正定有

$$0<(\sigma(\boldsymbol{\alpha}),\boldsymbol{\alpha})=(\boldsymbol{A}\boldsymbol{X})^{\mathrm{T}}\boldsymbol{X}=\boldsymbol{X}^{\mathrm{T}}\boldsymbol{A}\boldsymbol{X},$$

由 $\boldsymbol{\alpha}$ 的任意性可知 $\boldsymbol{A}$ 正定.

(法 2) 设 λ 是 σ 的任一特征值,$\boldsymbol{\alpha}\in V$ 是对应的特征向量, 则

$$\sigma(\boldsymbol{\alpha})=\lambda\boldsymbol{\alpha},\boldsymbol{\alpha}\neq\boldsymbol{0},$$

于是由条件有

$$0<(\sigma(\boldsymbol{\alpha}),\boldsymbol{\alpha})=(\lambda\boldsymbol{\alpha},\boldsymbol{\alpha})=\lambda(\boldsymbol{\alpha},\boldsymbol{\alpha}),$$

于是 $\lambda>0$, 从而结论成立.

充分性. 设 σ 在 V 的标准正交基 $\boldsymbol{\alpha}_1,\boldsymbol{\alpha}_2,\cdots,\boldsymbol{\alpha}_n$ 下的矩阵为 $\boldsymbol{A}$, 由条件知 $\boldsymbol{A}$ 正定. 任取 $\boldsymbol{\alpha}\in V$, 设 $\boldsymbol{\alpha}=(\boldsymbol{\alpha}_1,\boldsymbol{\alpha}_2,\cdots,\boldsymbol{\alpha}_n)\boldsymbol{X}$, 其中 $\boldsymbol{X}=(x_1,x_2,\cdots,x_n)^{\mathrm{T}}\neq\boldsymbol{0}$, 则

$$(\sigma(\boldsymbol{\alpha}),\boldsymbol{\alpha})=(\boldsymbol{A}\boldsymbol{X})^{\mathrm{T}}\boldsymbol{X}=\boldsymbol{X}^{\mathrm{T}}\boldsymbol{A}\boldsymbol{X}>0.$$

即 σ 正定.

例 9.4.2 (华南理工大学,2017) 设 σ 为欧氏空间 V 上的对称变换. 证明: 对 $\forall\boldsymbol{\alpha}\in V$ 都有 $(\sigma(\boldsymbol{\alpha}),\boldsymbol{\alpha})\geqslant 0$ 的充要条件是 σ 的特征值全是非负实数.

例 9.4.3 (上海大学,2001) 设 σ 为欧氏空间 V 上的对称变换, 证明: 对任意的 $\boldsymbol{\alpha}\neq\boldsymbol{0}$ 都有 $(\sigma(\boldsymbol{\alpha}),\boldsymbol{\alpha})<0$ 的充要条件为 σ 的特征值都小于 0.

例 9.4.4 (武汉大学,2003; 中国海洋大学,2020; 北京邮电大学,2022) 设 f 为 n 维欧氏空间 V 的对称变换, 证明:$\mathrm{Im}f=\ker f^{\perp}$.

证 (法 1) 任取 $f(\boldsymbol{\alpha})\in\mathrm{Im}f$, 则对任一 $\boldsymbol{\beta}\in\ker f$, 有

$$(f(\boldsymbol{\alpha}),\boldsymbol{\beta})=(\boldsymbol{\alpha},f(\boldsymbol{\beta}))=0,$$

即 $\mathrm{Im}f\subseteq\ker f^{\perp}$, 又

$$\dim\mathrm{Im}f=n-\dim\ker f=\dim(\ker f^{\perp}),$$

故结论成立.

(法 2) 只需证明 $\ker f=(\mathrm{Im}f)^{\perp}$. 首先, 任取 $\boldsymbol{\alpha}\in\ker f$, 对于任意的 $f(\boldsymbol{\beta})\in\mathrm{Im}f$, 注意到 $f(\boldsymbol{\alpha})=\boldsymbol{0}$, 以及 f 是对称变换, 可得

$$(\boldsymbol{\alpha},f(\boldsymbol{\beta}))=(f(\boldsymbol{\alpha}),\boldsymbol{\beta})=0,$$

从而 $\boldsymbol{\alpha}\in(\mathrm{Im}f)^{\perp}$, 即 $\ker f\subseteq(\mathrm{Im}f)^{\perp}$. 其次, 任取 $\boldsymbol{\alpha}\in(\mathrm{Im}f)^{\perp}$, 则对任意的 $\boldsymbol{\beta}\in V$, 有

$$0=(\boldsymbol{\alpha},f(\boldsymbol{\beta}))=(f(\boldsymbol{\alpha}),\boldsymbol{\beta}),$$

由 $\boldsymbol{\beta}$ 的任意性, 令 $\boldsymbol{\beta}=f(\boldsymbol{\alpha})$, 可得 $f(\boldsymbol{\alpha})=\boldsymbol{0}$, 即 $\boldsymbol{\alpha}\in\ker f$, 故 $(\mathrm{Im}f)^{\perp}\subseteq\ker f$. 综上就有 $\ker f=(\mathrm{Im}f)^{\perp}$.

例 9.4.5 V 为 n 维欧氏空间,σ,τ 为 V 的线性变换. 称 τ 为 σ 的共轭, 若 $\forall\boldsymbol{\alpha},\boldsymbol{\beta}\in V$, 有

$$(\sigma(\boldsymbol{\alpha}),\boldsymbol{\beta})=(\boldsymbol{\alpha},\tau(\boldsymbol{\beta})).$$

(1) τ 为 σ 的共轭的充要条件为 σ,τ 在同一个标准正交基下的矩阵互为转置;

(2) $\mathrm{Im}\sigma=\ker\tau^{\perp}$;

(3) 若 $\sigma\tau=\tau\sigma$,$\boldsymbol{\alpha}$ 为 σ 的特征向量, 则 $\boldsymbol{\alpha}$ 为 τ 的特征向量.

证 (1) 设 $\boldsymbol{\alpha}_1,\cdots,\boldsymbol{\alpha}_n$ 为 V 的标准正交基,σ,τ 在此基下的矩阵分别为 $\boldsymbol{A},\boldsymbol{B}$, 即

$$\sigma(\boldsymbol{\alpha}_1,\cdots,\boldsymbol{\alpha}_n)=(\boldsymbol{\alpha}_1,\cdots,\boldsymbol{\alpha}_n)\boldsymbol{A},\tau(\boldsymbol{\alpha}_1,\cdots,\boldsymbol{\alpha}_n)=(\boldsymbol{\alpha}_1,\cdots,\boldsymbol{\alpha}_n)\boldsymbol{B},$$

$\forall\boldsymbol{\alpha},\boldsymbol{\beta}\in V$, 设 $\boldsymbol{\alpha}=(\boldsymbol{\alpha}_1,\cdots,\boldsymbol{\alpha}_n)\boldsymbol{X},\boldsymbol{\beta}=(\boldsymbol{\alpha}_1,\cdots,\boldsymbol{\alpha}_n)\boldsymbol{Y}$. 于是 $\boldsymbol{X}^{\mathrm{T}}\boldsymbol{A}^{\mathrm{T}}\boldsymbol{Y}=(\boldsymbol{A}\boldsymbol{X})^{\mathrm{T}}\boldsymbol{Y}=(\sigma(\boldsymbol{\alpha}),\boldsymbol{\beta})=(\boldsymbol{\alpha},\tau(\boldsymbol{\beta}))=\boldsymbol{X}^{\mathrm{T}}\boldsymbol{A}\boldsymbol{Y}$, 由 $\boldsymbol{X},\boldsymbol{Y}$ 的任意性, 可得 $\boldsymbol{A}=\boldsymbol{A}^{\mathrm{T}}$.

(2) 只需证明 $\ker\tau=(\mathrm{Im}\sigma)^{\perp}$. 首先,$\forall\boldsymbol{\alpha}\in\ker\tau$, 则对任意的 $\sigma(\boldsymbol{\beta})\in\mathrm{Im}\sigma$ 有 $(\sigma(\boldsymbol{\beta}),\boldsymbol{\alpha})=(\boldsymbol{\beta},\tau(\boldsymbol{\alpha}))=0$, 故 $\ker\tau\subseteq(\mathrm{Im}\sigma)^{\perp}$.

其次,$\forall\boldsymbol{\alpha}\in(\mathrm{Im}\sigma)^{\perp}$, 则对任意 $\boldsymbol{\beta}\in V$, 有 $(\tau(\boldsymbol{\alpha}),\boldsymbol{\beta})=(\boldsymbol{\alpha},\sigma(\boldsymbol{\beta}))=0$, 由 $\boldsymbol{\beta}$ 的任意性, 令 $\boldsymbol{\beta}=\tau(\boldsymbol{\alpha})$ 可得 $\tau(\boldsymbol{\alpha})=\mathbf{0}$. 于是 $(\mathrm{Im}\sigma)^{\perp}\subseteq\ker\sigma$.

综上可知结论成立.

(3) 设 $\sigma(\boldsymbol{\alpha})=\lambda\boldsymbol{\alpha}$, 则利用共轭的定义及 $\sigma\tau=\tau\sigma$, 有

$$\begin{aligned}&(\tau(\boldsymbol{\alpha})-\lambda\boldsymbol{\alpha},\tau(\boldsymbol{\alpha})-\lambda\boldsymbol{\alpha})\\=&(\tau(\boldsymbol{\alpha}),\tau(\boldsymbol{\alpha}))-2\lambda(\tau(\boldsymbol{\alpha}),\boldsymbol{\alpha})+\lambda^2(\boldsymbol{\alpha},\boldsymbol{\alpha})\\=&(\sigma\tau(\boldsymbol{\alpha}),\boldsymbol{\alpha})-2\lambda(\sigma(\boldsymbol{\alpha}),\boldsymbol{\alpha})+\lambda^2(\boldsymbol{\alpha},\boldsymbol{\alpha})\\=&(\tau\sigma(\boldsymbol{\alpha}),\boldsymbol{\alpha})-2\lambda^2(\boldsymbol{\alpha},\boldsymbol{\alpha})+\lambda^2(\boldsymbol{\alpha},\boldsymbol{\alpha})\\=&\lambda(\tau(\boldsymbol{\alpha}),\boldsymbol{\alpha})-\lambda^2(\boldsymbol{\alpha},\boldsymbol{\alpha})\\=&\lambda(\sigma(\boldsymbol{\alpha}),\boldsymbol{\alpha})-\lambda^2(\boldsymbol{\alpha},\boldsymbol{\alpha})\\=&0.\end{aligned}$$

故 $\tau(\boldsymbol{\alpha})=\lambda\boldsymbol{\alpha}$. 即结论成立.

例 9.4.6 (四川师范大学,2014; 中国石油大学 (华东),2022) 设 ϕ 是欧氏空间 V 上的线性变换,ρ 是 V 的变换, 且对任意 $\boldsymbol{\alpha},\boldsymbol{\beta}\in V$, 有 $(\phi(\boldsymbol{\alpha}),\boldsymbol{\beta})=(\boldsymbol{\alpha},\rho(\boldsymbol{\beta}))$. 证明:

(1) ρ 是 V 的线性变换;

(2) $\mathrm{Im}\rho=(\ker\phi)^{\perp}$.

例 9.4.7 (厦门大学,2016) 设 σ,τ 是 n 维欧氏空间 V 的线性变换, 且对任意 $\boldsymbol{\alpha},\boldsymbol{\beta}\in V$, 总有 $(\sigma(\boldsymbol{\alpha}),\boldsymbol{\beta})=(\boldsymbol{\alpha},\tau(\boldsymbol{\beta}))$. 证明:

(1) $\ker\sigma=(\mathrm{Im}\tau)^{\perp}$;

(2) $V=\ker\sigma\oplus\mathrm{Im}\tau$.

例 9.4.8 (重庆大学,2013) 设 V 是 n 维欧氏空间, 求证:

(1) (西安电子科技大学,2015; 大连理工大学,2021) 对 V 中的每个线性变换 σ, 都存在唯一的共轭变换 σ^*, 即存在唯一的线性变换 σ^* 使得对 $\forall\boldsymbol{\alpha},\boldsymbol{\beta}\in V$, 有 $(\sigma(\boldsymbol{\alpha}),\boldsymbol{\beta})=(\boldsymbol{\alpha},\sigma^*(\boldsymbol{\beta}))$;

(2) σ 为对称变换当且仅当 $\sigma^*=\sigma$;

(3) σ 为正交变换当且仅当 $\sigma\sigma^*=\sigma^*\sigma=\varepsilon$, 其中,$\varepsilon$ 为 V 的恒等变换.

证 (1) 存在性. 设 σ 在 V 的标准正交基 $\boldsymbol{e}_1,\boldsymbol{e}_2,\cdots,\boldsymbol{e}_n$ 下的矩阵为 $\boldsymbol{A}$, 令 σ^* 是在 $\boldsymbol{e}_1,\boldsymbol{e}_2,\cdots,\boldsymbol{e}_n$ 下的矩阵为 $\boldsymbol{A}^{\mathrm{T}}$ 的线性变换, 则 $\forall\boldsymbol{\alpha},\boldsymbol{\beta}\in V$, 设

$$\boldsymbol{\alpha}=(\boldsymbol{e}_1,\boldsymbol{e}_2,\cdots,\boldsymbol{e}_n)\boldsymbol{X},\boldsymbol{\beta}=(\boldsymbol{e}_1,\boldsymbol{e}_2,\cdots,\boldsymbol{e}_n)\boldsymbol{Y},$$

其中 $\boldsymbol{X}=(x_1,x_2,\cdots,x_n)^{\mathrm{T}},\boldsymbol{Y}=(y_1,y_2,\cdots,y_n)^{\mathrm{T}}$, 则

$$(\sigma(\boldsymbol{\alpha}),\boldsymbol{\beta})=(\boldsymbol{A}\boldsymbol{X})^{\mathrm{T}}\boldsymbol{Y}=\boldsymbol{X}^{\mathrm{T}}\boldsymbol{A}^{\mathrm{T}}\boldsymbol{Y}=(\boldsymbol{\alpha},\sigma^*(\boldsymbol{\beta})).$$

唯一性. 若还存在线性变换 τ, 使得 $(\sigma(\boldsymbol{\alpha}),\boldsymbol{\beta})=(\boldsymbol{\alpha},\tau(\boldsymbol{\beta})),\forall\boldsymbol{\alpha},\boldsymbol{\beta}\in V$, 下证 $\tau=\sigma^*$.

设 τ 在 $\boldsymbol{e}_1,\boldsymbol{e}_2,\cdots,\boldsymbol{e}_n$ 下的矩阵为 $\boldsymbol{B}$,$\forall\boldsymbol{\alpha},\boldsymbol{\beta}\in V$, 设

$$\boldsymbol{\alpha}=(\boldsymbol{e}_1,\boldsymbol{e}_2,\cdots,\boldsymbol{e}_n)\boldsymbol{X},\boldsymbol{\beta}=(\boldsymbol{e}_1,\boldsymbol{e}_2,\cdots,\boldsymbol{e}_n)\boldsymbol{Y},$$

其中 $\boldsymbol{X}=(x_1,x_2,\cdots,x_n)^{\mathrm{T}},\boldsymbol{Y}=(y_1,y_2,\cdots,y_n)^{\mathrm{T}}$, 则

$$\boldsymbol{X}^{\mathrm{T}}\boldsymbol{A}^{\mathrm{T}}\boldsymbol{X}=(\sigma(\boldsymbol{\alpha}),\boldsymbol{\alpha})=(\boldsymbol{\alpha},\tau(\boldsymbol{\alpha}))=\boldsymbol{X}^{\mathrm{T}}\boldsymbol{B}\boldsymbol{X},$$

由 $\boldsymbol{X}$ 的任意性可知 $\boldsymbol{A}^{\mathrm{T}}=\boldsymbol{B}$, 从而 $\tau=\sigma^*$.

(2)(3) 略.

9.5 反对称变换

例 9.5.1 (吉林大学,2022) 设 V 是 $n(n\geqslant 2)$ 维欧氏空间,σ 是 V 的线性变换, 若 σ 是反对称变换, 且 σ^2 是正交变换, 证明: $\sigma^{-1}=\sigma^3$.

证 设 σ 在 V 的标准正交基 $\varepsilon_1,\varepsilon_2,\cdots,\varepsilon_n$ 下的矩阵为 $\boldsymbol{A}$, 则由 σ 是反对称变换可知 $\boldsymbol{A}^{\mathrm{T}}=-\boldsymbol{A}$. 再由 σ^2 是正交变换可知 $\boldsymbol{A}^2$ 是正交矩阵, 于是

$$\boldsymbol{E}=\boldsymbol{A}^2(\boldsymbol{A}^2)^{\mathrm{T}}=\boldsymbol{A}^2(\boldsymbol{A}^{\mathrm{T}})^2=\boldsymbol{A}^2(-\boldsymbol{A})^2=\boldsymbol{A}^4=\boldsymbol{A}^3\boldsymbol{A},$$

由 $\boldsymbol{A}^2$ 是正交矩阵, 从而可逆, 可知 $\boldsymbol{A}$ 可逆, 于是 $\boldsymbol{A}^{-1}=\boldsymbol{A}^3$, 故 $\sigma^{-1}=\sigma^3$.

例 9.5.2 (南京航空航天大学,2017) 设 $\boldsymbol{\gamma}$ 是 n 维欧氏空间 V 的线性变换,$\boldsymbol{\gamma}$ 满足条件: 对任意 $\boldsymbol{\alpha},\boldsymbol{\beta}\in V$, 有

$$(\boldsymbol{\gamma}(\boldsymbol{\alpha}),\boldsymbol{\beta})=-(\boldsymbol{\alpha},\boldsymbol{\gamma}(\boldsymbol{\beta})),$$

这里 $(\cdot,\cdot)$ 表示欧氏空间的内积, 证明:

(1) 若 $\boldsymbol{\gamma}$ 有特征值, 则其特征值必为 0;

(2) 若 $\boldsymbol{\gamma}$ 没有特征值, 则 $\boldsymbol{\gamma}$ 必可逆;

(3) $\boldsymbol{\gamma}^2$ 必有 n 个实特征值, 其特征值均小于或者等于 0;

(4) 若 n 为奇数, 则 $\boldsymbol{\gamma}$ 不可逆.

例 9.5.3 (华中科技大学,2022) 欧氏空间 V 上的一个变换 σ 称为反对称变换, 如果对任意的 $\boldsymbol{\alpha},\boldsymbol{\beta}\in V$, 都有

$$(\sigma(\boldsymbol{\alpha}),\boldsymbol{\beta})+(\boldsymbol{\alpha},\sigma(\boldsymbol{\beta}))=0.$$

证明:

(1) 反对称变换是线性变换;

(2) 若 σ 是反对称变换, 则 $\sigma-I$ 是可逆变换, 其中 I 表示恒等变换;

(3) 若 σ 是反对称变换, 则 $(\sigma+I)(\sigma-I)^{-1}$ 是正交变换.

9.6 其他问题

例 9.6.1 (安徽大学,2008; 云南大学,2009) 证明: 欧氏空间 V 中的向量 $\boldsymbol{\alpha},\boldsymbol{\beta}$ 正交的充要条件是对任意的 $t\in\mathbb{R}$, 有

$$|\boldsymbol{\alpha}+t\boldsymbol{\beta}|\geqslant|\boldsymbol{\alpha}|.$$

证 必要性. 若 $(\boldsymbol{\alpha},\boldsymbol{\beta})=0$, 则对任意 $t\in\mathbb{R}$, 有

$$\begin{aligned}|\boldsymbol{\alpha}+t\boldsymbol{\beta}|^2&=(\boldsymbol{\alpha}+t\boldsymbol{\beta},\boldsymbol{\alpha}+t\boldsymbol{\beta})\\&=(\boldsymbol{\alpha},\boldsymbol{\alpha})+2t(\boldsymbol{\alpha},\boldsymbol{\beta})+t^2(\boldsymbol{\beta},\boldsymbol{\beta})\\&=(\boldsymbol{\alpha},\boldsymbol{\alpha})+t^2(\boldsymbol{\beta},\boldsymbol{\beta})\\&\geqslant(\boldsymbol{\alpha},\boldsymbol{\alpha})\\&=|\boldsymbol{\alpha}|^2,\end{aligned}$$

即 $|\boldsymbol{\alpha}+t\boldsymbol{\beta}|\geqslant|\boldsymbol{\alpha}|$.

充分性. 由于对任意 $t\in\mathbb{R}$ 有

$$|\boldsymbol{\alpha}+t\boldsymbol{\beta}|\geqslant|\boldsymbol{\alpha}|,$$

即对任意 $t\in\mathbb{R}$ 有

$$t^2(\boldsymbol{\beta},\boldsymbol{\beta})+2t(\boldsymbol{\alpha},\boldsymbol{\beta})\geqslant0,$$

于是

$$\varDelta=4(\boldsymbol{\alpha},\boldsymbol{\beta})^2\leqslant0,$$

又显然 $4(\boldsymbol{\alpha},\boldsymbol{\beta})^2\geqslant0$, 故

$$(\boldsymbol{\alpha},\boldsymbol{\beta})^2=0,$$

注意到 $(\boldsymbol{\alpha},\boldsymbol{\beta})$ 是实数, 则

$$(\boldsymbol{\alpha},\boldsymbol{\beta})=0,$$

于是 $\boldsymbol{\alpha},\boldsymbol{\beta}$ 正交.

例 9.6.2 (中山大学,2016) 设 σ 为 n 维欧氏空间 V 上的投影变换, 即 $\sigma^2=\sigma$. 证明: 若任取 $\boldsymbol{\alpha}\in V,|\sigma(\boldsymbol{\alpha})|\leqslant|\boldsymbol{\alpha}|$, 则 $\ker\sigma\perp\mathrm{Im}\sigma$.

证 (法 1) 任取 $\boldsymbol{\beta}\in\ker\sigma$, 任取 $\sigma(\boldsymbol{\gamma})\in\mathrm{Im}\sigma$, 其中 $\boldsymbol{\gamma}\in V$, 对任意实数 t, 令

$$\boldsymbol{\alpha}=t\boldsymbol{\beta}+\sigma(\boldsymbol{\gamma}),$$

则 $\boldsymbol{\alpha}\in V$, 且由 $\sigma(\boldsymbol{\beta})=\mathbf{0},\sigma^2=\sigma$, 可得

$$\sigma(\boldsymbol{\alpha})=\sigma(t\boldsymbol{\beta}+\sigma(\boldsymbol{\gamma}))=\sigma^2(\boldsymbol{\gamma})=\sigma(\boldsymbol{\gamma}),$$

由 $|\sigma(\boldsymbol{\alpha})|\leqslant|\boldsymbol{\alpha}|$, 可得

$$(\sigma(\boldsymbol{\gamma}),\sigma(\boldsymbol{\gamma}))\leqslant t^2(\boldsymbol{\beta},\boldsymbol{\beta})+2t(\boldsymbol{\beta},\sigma(\boldsymbol{\gamma}))+(\sigma(\boldsymbol{\gamma}),\sigma(\boldsymbol{\gamma})),$$

于是对任意的实数 t 就有

$$t^2(\boldsymbol{\beta},\boldsymbol{\beta})+2t(\boldsymbol{\beta},\sigma(\boldsymbol{\gamma}))\geqslant0,$$

从而

$$\Delta = 4(\boldsymbol{\beta}, \sigma(\boldsymbol{\gamma}))^2 \leqslant 0,$$

于是 $(\boldsymbol{\beta}, \sigma(\boldsymbol{\gamma})) = 0$. 故结论成立.

(法 2) 反证法. 若 $\ker \sigma \perp \mathrm{Im}\sigma$ 不成立, 则存在 $\sigma(\boldsymbol{\alpha}) \in \mathrm{Im}\sigma, \boldsymbol{\beta} \in \ker \sigma$, 使得 $(\sigma(\boldsymbol{\alpha}), \boldsymbol{\beta}) \neq 0$. 令

$$\boldsymbol{\gamma} = \sigma(\boldsymbol{\alpha}) - \frac{(\sigma(\boldsymbol{\alpha}), \boldsymbol{\beta})}{(\boldsymbol{\beta}, \boldsymbol{\beta})}\boldsymbol{\beta},$$

则由 $\sigma^2 = \sigma, \sigma(\boldsymbol{\beta}) = \mathbf{0}$, 可得

$$(\sigma(\boldsymbol{\gamma}), \sigma(\boldsymbol{\gamma})) = (\sigma(\boldsymbol{\alpha}), \sigma(\boldsymbol{\alpha})).$$

然而

$$(\boldsymbol{\gamma}, \boldsymbol{\gamma}) = (\sigma(\boldsymbol{\alpha}), \sigma(\boldsymbol{\alpha})) - \frac{(\sigma(\boldsymbol{\alpha}), \boldsymbol{\beta})^2}{(\boldsymbol{\beta}, \boldsymbol{\beta})} < (\sigma(\boldsymbol{\alpha}), \sigma(\boldsymbol{\alpha})) = (\sigma(\boldsymbol{\gamma}), \sigma(\boldsymbol{\gamma})),$$

即

$$|\sigma(\boldsymbol{\gamma})| > |\boldsymbol{\gamma}|,$$

这与条件矛盾, 所以结论成立.

参考文献

[1] 赵建立, 王文省. 高等代数 [M]. 北京: 高等教育出版社,2016.

[2] 杨子胥. 高等代数习题解: 上册 [M]. 济南: 山东科学技术出版社,2001.

[3] 杨子胥. 高等代数习题解: 下册 [M]. 济南: 山东科学技术出版社,2001.

[4] 丘维声. 高等代数: 上册　大学高等代数课程创新教材 [M]. 北京: 清华大学出版社,2010.

[5] 丘维声. 高等代数: 下册　大学高等代数课程创新教材 [M]. 北京: 清华大学出版社,2010.

[6] 黎伯堂, 刘桂真. 高等代数解题技巧与方法 [M]. 济南: 山东科学技术出版社,2003.

[7] 于增海. 高等代数考研选讲 [M]. 北京: 国防工业出版社,2012.

[8] 刘洪星. 考研高等代数辅导: 精选名校真题 [M]. 北京: 机械工业出版社,2013.

[9] 研究生入学考试试题研究组. 研究生入学考试考点解析与真题详解: 高等代数 [M]. 北京: 电子工业出版社,2008.

[10] 姚慕生, 谢启鸿. 高等代数 [M]. 上海: 复旦大学出版社,2015.

[11] 王品超. 高等代数新方法: 上册 [M]. 济南: 山东教育出版社,1989.

[12] 王品超. 高等代数新方法: 下册 [M]. 徐州: 中国矿业大学出版社,2003.

[13] 樊恽, 郑延履, 刘合国. 线性代数学习指导 [M]. 北京: 科学出版社,2003.

[14] 陈现平. 一道考研题的推广及其几种证法 [J]. 大学数学.2017,5(33):96-99.

[15] 陈现平. 一道全国大学生数学竞赛题的五种解法及其推广 [J]. 高等数学研究.2017,1(20):94-95.

[16] 厦门大学高等代数精品课程 [Z].http://gdjpkc.xmu.edu.cn/.

[17] 谢启鸿高等代数官方博客 [Z].http://www.cnblogs.com/torsor/.

[18] 谢启鸿, 姚慕生. 高等代数 [M].4 版. 上海: 复旦大学出版社,2022.

[19] 樊启斌. 高等代数典型问题与方法 [M]. 北京: 高等教育出版社,2021.